U0799641

普通高等教育“十三五”规划教材

金属学原理

（第3版）

（上册）

余永宁　编著

北　京
冶金工业出版社
2024

内容简介

全书分为上册（1~4 章）、中册（5~8 章）和下册（9~11 章），共 11 章。第 1~4 章论述了晶体材料的结构，包括完整理想结构及结构的点缺陷、线缺陷、面缺陷和体缺陷；第 5 章讨论了材料中各相之间平衡的热力学关系——相图；第 6 章讨论了材料动力学的一个重要基元过程——原子扩散；第 7 章概述了相变的基本理论；第 8 章和第 10 章分别讨论了凝固过程和固态转变过程；第 9 章和第 11 章分别讨论了材料在受力发生塑性变形的结构变化规律和从塑性变形后的不稳定态恢复到稳定态的过程——回复和再结晶。

本书为高等学校教学用书，也可供从事材料科学与工程研究的相关人员参考。

图书在版编目(CIP)数据

金属学原理．上册/余永宁编著．—3 版．—北京：冶金工业出版社，2020.5（2024.6 重印）

普通高等教育“十三五”规划教材

ISBN 978-7-5024-8431-6

Ⅰ.①金…　Ⅱ.①余…　Ⅲ.①金属学—高等学校—教材　Ⅳ.①TG11

中国版本图书馆 CIP 数据核字（2020）第 034088 号

金属学原理（第 3 版）（上册）

出版发行	冶金工业出版社	**电　话**	(010)64027926
地　址	北京市东城区嵩祝院北巷 39 号	**邮　编**	100009
网　址	www.mip1953.com	**电子信箱**	service@mip1953.com

责任编辑　高　娜　宋　良　美术编辑　吕欣童　版式设计　孙跃红　禹　蕊

责任校对　石　静　责任印制　禹　蕊

三河市双峰印刷装订有限公司印刷

2000 年 1 月第 1 版，2013 年 10 月第 2 版，2020 年 5 月第 3 版，2024 年 6 月第 4 次印刷

787mm×1092mm　1/16；35.75 印张；864 千字；552 页

定价 78.00 元

投稿电话　(010)64027932　投稿信箱　tougao@cnmip.com.cn

营销中心电话　(010)64044283

冶金工业出版社天猫旗舰店　yjgycbs.tmall.com

（本书如有印装质量问题，本社营销中心负责退换）

第3版前言

时光荏苒，自2013年10月本书第2版出版以来，又过去了6年多的时间，科技进步日新月异，人们对金属材料的认知也不例外。故此，编者对《金属学原理》一书进行了第二次修订。

本次修订中，各章都补充了一些新的内容，更好地反映本领域的新进展，其中普遍增加了一些与纳米材料相关的内容。同时，改正了第2版存在的一些谬误。

考虑到本书篇幅长、第2版单册装订给读者使用带来的不便，第3版拆分为上、中、下册，分别出版。

在分册中，与第2版对照，部分章节顺序做了一些调整。具体调整情况为：第2版中的第4章（点缺陷和线缺陷）、第5章（面缺陷），在第3版中作为第3章和第4章，连同第2版的第1章（晶体学）、第2章（晶体结构），一起构成第3版的上册，主要介绍晶体结构和缺陷。第2版的第3章（相图）改为第3版第5章放在中册。其他各章顺序在修订前后保持不变。

重新修订本书，编者深切感到处于当今时代我们十分幸运，花费很有限的时间就能获取非常丰富的知识。读完这本书也许需要花费比较长的时间和很大精力，但是相比于前人获取这些知识所花费的时间和精力，显然是大大减少了。在此，作者不仅希望读者通过本书学习了解这些知识本身，也希望和大家分享一些金属材料专业领域的前辈们不断追求进步的过程。在过去的半个多世纪，前人不断发现问题，从不同角度出发，采用不同方法探索解决问题，进而不断获取各种研究结果。同时，对于已有的研究成果，人们还总是采用审视、批判的态度进行观察与思考，从而不断将研究工作推向前进，持续取得新的进展与突破。编者觉得，对于人才培养来说，了解和学习前人的探索精神、方法和批判的态度，可能比了解结果自身更为重要。编者在本书中提供了一些这方面的例子，希望读者能够用心体验并有所心得。

本书已列入北京科技大学校级规划重点教材，教材的编写与出版得到了北京科技大学教材建设经费的资助，在此表示感谢。

本书涉及内容相当广泛，受限于编者自身水平，书中难免有不妥之处，恳望读者批评指正，不胜感激。

编　者
2020 年 1 月
于北京科技大学

第2版前言

《金属学原理》第1版作为金属材料专业的教材于2000年正式出版，是普通高等教育“九五”国家级重点教材。出于拓宽专业面的需要，目前许多学校的材料科学与工程专业将相应的专业基础课程更名为“材料科学基础”。不过，以金属材料为主体的高校，该专业基础课程的内容仍以金属学原理为主。因此，应冶金工业出版社邀请，作者编写了《金属学原理》第2版，以适应学科发展的需要，方便有关专业的师生更好、更深入地了解金属学原理。本书内容仍以金属材料为主，其中很多原理也适用于一些非金属材料。本书主要读者为金属材料专业的高校学生，从事金属材料研究工作的专业技术人员，以及讲授本门课程的高校教师。

本书大部分内容经过重新编写，相对于第1版增加了不少的新内容，有关介绍也更为深入和详尽，因此篇幅增加很多。第1章把晶体学点群和空间群纳入正文，并较详细地介绍了晶体取向和取向分布的描述（包括极图、反极图、欧拉角和欧拉空间、罗德里格斯矢量和罗德里格斯空间、宏观织构与微观织构等）。第2章增加介绍离子晶体结构和准晶结构。第3章增加多元相图的简介，讨论了相图的几何关系，简单介绍了纳米颗粒中的两相平衡，在相图热力学与相图计算中增加了计算例题。第4章增加了有序合金中的点缺陷和线缺陷的讨论。第5章详细讨论晶界及相界的几何理论（包括CSL、DSC点阵、O点阵和取向关系）；广泛讨论界面迁移的驱动力、迁移率及溶质原子和第二相颗粒对界面迁移的影响；介绍多晶体中的晶界特征分布和取向连接性。第6章对有序合金中的扩散机制和相关系数进行了更详尽的讨论，并讨论了Kirkendall面的稳定性、不可逆过程热力学与扩散、外驱动力与扩散；较详细讨论了快速扩散通道；简单介绍了多重扩散偶的应用。因为“凝固”、“固态转变”有很多共同的基本理论，所以新辟了第7章“相变理论概述”，来概括转变的共同理论，其中一些理论如转变动力学也适用于“再结晶转变”。主要内容包括相变驱动力、经典形核和长大理论、相变动力学、第二相颗粒的竞争粗化（Ostwald熟化)。第 8 章讨论金属和合金的凝固，对移动界面形貌的稳定性、枝晶生长动力学作了较详细的讨论；提供包晶合金凝固的一些新资料；介绍触变行为与半固态成型的基本概念。第 9 章对形变孪晶的形成机制及影响因素、多晶体变形的组织结构、两相合金的塑性变形作了详细讨论。在第 10 章加大了对调幅分解的讨论篇幅，增加了马氏体转变（包括转变晶体学唯象理论、热力学、动力学、TRIP 效应、形状记忆效应和伪弹性等)、贝氏体转变（包括贝氏体铁素体、碳化物脱溶沉淀和碳化物晶体学、转变热力学和动力学、贝氏体转变机制不同观点的简述等）的内容。第 11 章对再结晶后的晶粒长大（包括正常长大和非正常长大)、动态再结晶都作了详细的讨论；特别是介绍和讨论各种连续再结晶机制与过程。

不同章节中，某些概念可能重复出现，某些内容也会发生相互穿插，如何安排内容的先后次序成为值得商榷的问题。例如，结构缺陷中讨论位错攀移以及界面迁移时都涉及扩散问题，而讨论扩散也需要关于晶体结构的知识。安排内容的先后次序时，依照重要性次序来安排，即先讨论晶体缺陷，再讨论扩散。又如，各种转变都会涉及界面（包括相界面）的迁移问题，虽然各种情况下界面迁移的驱动力不同，界面的结构也不相同，但是它们的迁移都具有一些相类似的规律，所以，把同相界面迁移的主要理论放在“界面”一章讨论，而异相界面迁移大都涉及扩散，将其放在“相变概论”中讨论。在其他地方遇到界面迁移时，再根据其具体特点加以补充。诸多事例不一一叙述。

本书正文中编入了为数不少的例题，以帮助读者准确理解其内容。同时，以章为单位提供了一定数目的练习题，以供读者解答和研究。

材料科学所涵盖的知识面非常广泛，专业知识博大精深，并且涉及广泛的基础知识。作者深感难以全面掌控，更不敢称全面精通。故此，本书内容难免因作者对所选文献内容的理解有误或不足而出现讹误，在此诚请读者批评指正。

作者编写本书，一来是信守与冶金工业出版社的约定，二来将其作为较系统地重新学习和总结材料学科的专业理论和新成果，并借此与同行们进行交流。有这样的机会，作者内心甚感欣慰。不过，作者完稿后回头看时，总感觉存在诸多不满意之处，为此内心有些惶恐。在此，作者将本书权作考试答卷交稿，唯盼有个合格的分数。对于要求学习更深一步的读者，作者诚心建议他们能够进一步阅读一些专著和专题综述。

本书涉及的内容绝大部分都是引自有关学者的工作成果，各章末尾列出了所参考的主要文献，但是并没有将全部的参考文献一一列出。在此，对所有列出的和省略的参考文献的作者致以深深的感谢。

本书的出版，得到了教育部本科教学工程——专业综合改革试点建设经费和北京科技大学教材建设基金的资助，北京科技大学教务处、材料科学与工程学院对本次修订给予了热情鼓励和大力支持；孟利博士协助查找了有关文献，特此一并致谢。

余永宁
2013 年 2 月
于北京科技大学

第1版前言

本书是在我校（北京科技大学）金属材料与热处理专业的金属学课程自编教材的基础上编写而成的。我校金属材料与热处理专业的金属学课程十多年来都使用自编教材，并在使用中边讲授边修改，故全书经过了十多次使用和三次以上的修改，本书即最新完成的修改版。

本书主要讨论金属材料科学与工程的基础知识和基础理论。通过学习，可使学生了解金属材料科学与工程的基本概念和方法。金属材料的基础知识和理论在近十多年来有很大发展，本书在编写中尽量摒弃旧的和不确切的概念和理论，采用新的和较准确的概念和理论。

本书所涉及的数学和物理知识，一般都没有超出学生在大学基础课程中的学习范围。但是，由于“金属学”课程新概念比较多，对初学者有一定的难度，因此在使用本书时应根据不同的对象和不同的要求，按三个层次进行选用：其一是只要求了解基本概念并知道这些概念的应用，这就可以避开其中大部分数学的描述和一些深层次的内容，这是最基本的要求；其二是在上述的基础上还需要了解基本概念的物理和数学根据，了解有关问题建立数学模型的思路，这就需要选读一些有关数学描述的内容；最高层次的要求是应用基本概念和基本理论去分析和解决一些简单问题，这就要求通读全书并进一步选读有关参考读物。

本书每章都有一定数量的练习题。练习题大体分为三种类型：第一种是通过做练习题使读者掌握金属材料科学与工程的一些基本数据及其数量级；第二种是通过做练习题帮助读者掌握基本概念和基本理论；第三种是需要读者通过思考和分析才能作出解答的，通过做这类练习题可提高读者的自学能力以及分析问题和解决问题的能力。读者可根据自己的要求选做适当的练习题。

现在正进行的高等教育改革，要求加强基础教育，拓宽专业面，着重培养学生独立获取知识的能力。在编写本书的过程中，编者也力求做到这一点。本书的分量是按120学时编写的，在新的“金属材料工程”专业中，可能授课学时有所减少，但本书仍可作为这一专业的专业基础课程教材或主要参考书。

在本书的编写和修改过程中，沈宝莲、贾成厂、朱国辉提出了很多宝贵意见，陈楠、吴勇等也做了不少工作，编者在此向他们一并表示感谢。

尽管编者在编写本书时努力注意概念准确和理论正确，但是由于水平所限，难免有错漏之处，诚恳希望读者给予指正。

编　者

1999年6月

符　　号

本书中尽量使用以下共同符号，个别情况在所在文本加以说明。

A	面积	m^2
$\mathbf{A}$	变换矩阵	
$\boldsymbol{a}$，$\boldsymbol{b}$，$\boldsymbol{c}$	点阵基矢	m
a_i	i 组元的活度	
a	热扩散系数	m^2/s
$\boldsymbol{B}$	在界面的任意线所截的位错净柏氏矢量	m
$\boldsymbol{b}$	位错的柏氏矢量	m
C	在热力学体系中的组元数	
c_i	i 组元体积浓度	kg/m^3，mol/m^3
c_p	等压热容	J
D；$\boldsymbol{D}$	扩散系数；扩散系数张量	m^2/s
D^B	晶界扩散系数	m^2/s
D^D	位错扩散系数	m^2/s
D^S	表面扩散系数	m^2/s
D^L	晶界扩散系数	m^2/s
D_i	i 组元禀性扩散系数	m^2/s
$\tilde{D}$	互扩散系数（化学扩散系数）	m^2/s
$^*D$	在纯材料中的自扩散系数	m^2/s
$^*D_i$	在多元系中 i 组元自扩散系数	m^2/s
d	多晶体的晶粒尺寸	m
$\mathcal{E}$；E；E	能；摩尔能；单位长度位错能	J；J/mol；J/m
E	杨氏模量	$Pa=J/m^3$
E_{el}；E_{co}	单位长度位错弹性应变能、核心能	J/m
f_0	在扩散过程中原子跳动相关因子	
F	自由度数	
$\boldsymbol{F}$；$\boldsymbol{f}$	力；单位长度的力	N；N/m
$\mathcal{G}$；G；g	吉布斯自由能；摩尔自由能；单位体积吉布斯自由能	J/mol；J/m^3
$\mathcal{H}$；H；h	焓；摩尔焓；单位体积焓	J/mol；J/m^3
h	高度；界面台阶高度	m
h	普朗克常数	$6.626\times10^{-34}J\cdot s$

$\boldsymbol{I}$	单位张量	
J; J_i	流量；i 组元流量	kg/(m^2·s), mol/(m^2·s)
K_0	压缩系数	N/m^2, Pa
k	热导率	J/(m·s·K)
K	速度常数；反应速度常数	
k_B	玻耳兹曼常数	1.38×10^{-23}J/K
$\boldsymbol{L}$; L_{ij}	Onsager 耦合张量；对应的系数	kg/(m^2·s·N), mol/(m^2·s·N)
M; $\boldsymbol{M}$	迁移率；迁移率张量	m/(s·Pa)
M_i^0	i 组元的相对原子或分子质量	kg/N_A
m	质量	kg
N_A	阿伏伽德罗数	6.023×10^{23}
n	单位体积原子数	原子数/m^3
n_i	i 组元的摩尔数	
$\boldsymbol{n}$	法线单位矢量	m^{-1}
p	压力	Pa = J/m^3
p	几率	
$\mathcal{Q}$; Q	激活能；摩尔激活能	J; J/mol
Q	热量	J
q	电荷	C
R	曲率半径	m
$\boldsymbol{R}$	层错矢量；反相畴矢量	m
r	距离，半径	m
$\boldsymbol{r}$	相对原点的位置	m
$\mathcal{S}$; S; s	熵；摩尔熵；单位体积熵	J/K; J/(K·mol); J/(K·m^3)
$\boldsymbol{s}$	界面台阶矢量	m
$\boldsymbol{T}$	位移矩阵	
T	热力学温度	K
T_m	熔点温度	K
t	时间	s
$\boldsymbol{t}$	位错切向（正向）单位矢量	m
$\mathcal{U}$; U; u	内能；摩尔内能；单位体积内能	J; J/mol; J/m^3
u_{ij}	i 原子与 j 原子间的结合能	J/原子
$\boldsymbol{u}$	位移场	m
$\mathcal{V}$; V_m; V_{at}	体积；摩尔体积；原子体积	m^3
$\boldsymbol{v}$; v	速度；速率	m/s
v	比体积	m^3
W; w	功；单位体积功（应变能密度）	J; J/m^3
w	位错宽度	m
w_i	i 组元的质量浓度	

x_i	i 组元的摩尔浓度（原子浓度）	
z；z_c	配位数，临界晶核有效配位数	
Z	Zeldovich 因子	s^{-1}
Γ	原子（分子）跳动频率	s^{-1}
Γ_i	单位面积 i 组元的吸附（偏析）量	mol/m^2
Γ	位错线张力	J/m
γ	切应变	
γ_s；γ_b；γ_{SFE}	比表面能；比界面能；层错能	J/m^2
γ_i	i 组元的活度系数	
δ	界面有效厚度	m
η	效率	
$\boldsymbol{\varepsilon}$；ε_{ij}	应变张量；应变张量分量	
ε	互换能；尺寸错配	J/mol
Φ	热力学势	
φ	相的数目	
κ^*	梯度能系数	J/m
λ	波长	m
λ	扩散的缩放比例因子，$x/(4Dt)^{1/2}$	
ρ	密度；位错密度	kg/m^3；m^{-2}
ρ	电阻率	$\Omega \cdot m$
ν	泊松比	
ν	原子振动频率	s^{-1}
$\boldsymbol{\nu}$	晶界法线单位矢量（第 5 章使用）	
μ	弹性切变模量	$Pa=J/m^3$
$\boldsymbol{\sigma}$；σ_{ij}；τ_{ij}	应力张量；应力张量的分量	$Pa=J/m^3$
σ_d	电导率	$m/(\Omega \cdot mm^2)$
μ；μ_i	化学势；i 组元化学势	J/mol
Θ	硬化率	$Pa=J/m^3$
θ	取向差角	(°)；rad
ζ	相（或物质）的相对量	
Ω	交互作用参数	J/mol

目　录

1　晶体学 …… 1
1.1　结晶状态及晶体的宏观特性 …… 1
1.2　点阵、晶体结构 …… 3
1.3　对称性，空间变换 …… 6
1.3.1　坐标架变换（操作） …… 7
1.3.2　对称变换（操作） …… 12
1.3.3　点对称变换（操作） …… 14
1.3.4　第一类操作和第二类操作的联系和区别 …… 22
1.3.5　非点式对称变换 …… 25
1.4　晶系和布拉维点阵 …… 30
1.4.1　二维晶体点阵类型（二维晶系） …… 31
1.4.2　三维晶体点阵类型（三维晶系） …… 32
1.4.3　布拉维点阵 …… 37
1.5　点阵直线和点阵平面 …… 43
1.5.1　点阵直线指数（方向指数） …… 43
1.5.2　点阵平面及平面指数 …… 46
1.5.3　六方（和三方）晶系的四轴坐标架的方向指数及面指数 …… 49
1.5.4　晶带及晶带定律 …… 52
1.6　倒易点阵 …… 55
1.6.1　倒易点阵的定义 …… 56
1.6.2　正点阵的基矢间夹角与倒易点阵基矢夹角之间的关系 …… 57
1.6.3　倒易点阵的基本性质 …… 58
1.6.4　由正点阵导出倒易点阵 …… 59
1.6.5　晶带与倒易面 …… 62
1.6.6　倒易矢量在晶体学中几何关系的应用 …… 64
1.7　晶体投影 …… 68
1.7.1　球面投影 …… 68
1.7.2　极射赤面投影 …… 69
1.7.3　吴氏网和极网 …… 71
1.7.4　标准投影图 …… 73
1.8　晶体学点群 …… 77
1.8.1　群的概念及群的基本性质 …… 77

1.8.2　点群的描述和图示 …… 79
1.8.3　32 种点群的导出 …… 80
1.8.4　11 种劳埃群 …… 95
1.8.5　确定（推导）物体点群的程序图 …… 95
1.9　空间群概念 …… 96
1.9.1　点式空间群 …… 97
1.9.2　非点式空间群 …… 99
1.9.3　空间群的推导方法简介 …… 100
1.9.4　空间群符号 …… 101
1.9.5　二维晶体学点群和平面群 …… 102
1.9.6　国际表简介 …… 104
1.9.7　按照对称性对晶体的分类 …… 107
1.10　晶体取向和取向分布的描述 …… 107
1.10.1　试样坐标架和晶体坐标架 …… 107
1.10.2　"理想取向"（密勒或密勒-布拉维指数）记号 …… 109
1.10.3　极图和反极图 …… 112
1.10.4　欧拉（Eular）角和欧拉空间 …… 118
1.10.5　以参考点阵某轴[*uvw*]旋转 *θ* 角（角/轴）表示晶体取向及两晶粒间的取向差 …… 124
1.10.6　罗德里格斯（Rodrigues）矢量和罗德里格斯空间 …… 127
1.10.7　宏观织构与微观织构 …… 135
练习题 …… 139
参考文献 …… 144

2　晶体结构 …… 146

2.1　晶体结构分类和晶体结构符号 …… 147
2.2　原子（离子）、分子堆垛和配位 …… 149
2.2.1　等径原子晶体的密排堆垛和配位 …… 149
2.2.2　两种或多种不等径原子晶体的堆垛和配位 …… 152
2.2.3　离子晶体的堆垛和配位 …… 154
2.2.4　共价晶体的堆垛和配位 …… 154
2.3　原子半径和离子半径 …… 155
2.3.1　金属原子半径 …… 156
2.3.2　离子半径 …… 157
2.3.3　共价半径 …… 162
2.3.4　范德华半径 …… 163
2.4　单质元素晶体结构 …… 164
2.4.1　面心立方结构 …… 164
2.4.2　密排六方结构 …… 167

2.4.3　体心立方结构 …… 170
2.4.4　简单立方结构 …… 173
2.4.5　金刚石 C 类型结构 …… 174
2.4.6　石墨、富勒烯、纳米碳管和石墨烯结构 …… 175
2.4.7　周期表中各族元素在常态（室温、1 大气压）的晶体结构 …… 177
2.5　元素的同素异构结构 …… 182
2.6　端际固溶体 …… 187
2.6.1　固溶体的类型 …… 187
2.6.2　控制端际固溶体固溶度的因素 …… 188
2.6.3　填隙（间隙）固溶体 …… 192
2.6.4　固溶体的微观结构 …… 193
2.7　金属化合物的晶体结构 …… 195
2.7.1　Hume-Ruthery 相（电子相） …… 195
2.7.2　间隙化合物 …… 197
2.7.3　尺寸因素化合物 …… 199
2.7.4　有序固溶体 …… 204
2.8　离子化合物的晶体结构 …… 210
2.8.1　拉姆伯格规则（Ramberg's Rule） …… 211
2.8.2　鲍林规则（Pauling's Rule） …… 211
2.8.3　氧化物的晶体结构 …… 215
2.9　硅酸盐结构特点 …… 225
2.10　共价化合物晶体结构 …… 226
2.11　准晶 …… 227
2.11.1　彭罗斯（Penrose）拼块及准周期的描述 …… 227
2.11.2　一维准晶 …… 231
2.11.3　二维准晶 …… 231
2.11.4　二十面体准晶相 …… 232
2.12　时间晶体 …… 235
练习题 …… 235
参考文献 …… 237

3　点缺陷，线缺陷 …… 238

3.1　点缺陷 …… 238
3.1.1　点缺陷的类型 …… 238
3.1.2　纯组元晶体空位浓度 …… 239
3.1.3　空位浓度的测量 …… 240
3.1.4　空位形成能和空位形成熵的估算 …… 243
3.1.5　双空位 …… 246
3.1.6　自间隙原子 …… 246

3.1.7　空位与溶质原子结合体 …… 247
3.1.8　在有序合金中的点缺陷 …… 248
3.1.9　辐照产生的点缺陷 …… 256
3.2　线缺陷 …… 258
3.2.1　位错理论发展简述 …… 260
3.2.2　位错的几何特征 …… 261
3.2.3　位错的观察 …… 267
3.2.4　位错的弹性性质 …… 270
3.2.5　作用在位错线上的力 …… 281
3.2.6　位错运动 …… 297
3.2.7　位错的起源和增殖 …… 320
3.2.8　位错塞积群 …… 327
3.2.9　典型晶体中的位错 …… 330
3.2.10　位错和点缺陷交互作用 …… 374
练习题 …… 381
参考文献 …… 385

4　晶态固体的表面和界面 …… 387

4.1　晶体表面 …… 388
4.1.1　表面能定义及热力学函数 …… 388
4.1.2　表面结构 …… 398
4.1.3　表面吸附及偏析 …… 403
4.2　固-固界面 …… 409
4.2.1　平移界面 …… 410
4.2.2　匀相界面 …… 413
4.2.3　异相界面 …… 504
4.3　多晶体和多相材料中的平衡 …… 521
4.3.1　与表面相交的晶界与表面之间的平衡 …… 521
4.3.2　多晶体中的晶粒平衡形貌 …… 522
4.3.3　多晶体中的晶界特征分布（CBCD） …… 527
4.3.4　多晶体的取向连接性 …… 530
4.3.5　多相系统晶粒的平衡形貌 …… 532
4.4　纳米颗粒和纳米材料的界面 …… 533
4.4.1　纳米颗粒表面 …… 533
4.4.2　纳米多晶体的界面 …… 535
练习题 …… 539
参考文献 …… 545

索引 …… 547

1 晶 体 学

现代使用的材料绝大部分是晶态材料。晶态材料包括单晶材料、多晶材料、微晶材料和液晶材料等。我们日常使用的各种金属材料大部分是多晶材料。

人们对晶体的认识是从天然的晶体开始的。由于天然晶体具有规则外形和宏观对称性，因此，最初人们认为只有规则外形的天然矿物才是晶体。到了20世纪初，发现了晶体X射线衍射，使人们能从微观更深的层次上来认识和研究晶体，间接地证明了晶体中的原子（原子团、分子）的规则排列。现代更可以用高分辨率电镜直接观察晶体中原子的规则排列，图1-1是用高分辨率电镜（HREM）观察硅晶体（111）面的原子排列情况。现在已经明确知道，物质结晶状态的本质特征是：**结构基元**（可以是原子、分子或配合离子）在空间呈不随时间变化的规则的三维周期排列。这一本质特征决定了晶体的宏观、微观特征和物理性质。

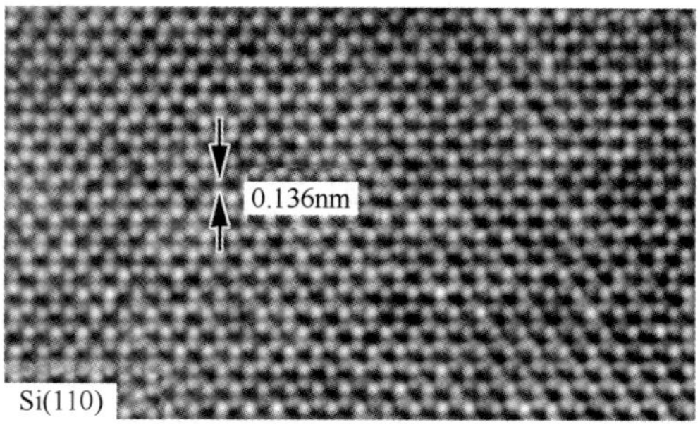

图1-1 用高分辨率电子显微镜观察硅的（110）面原子排列

人们在对晶体进行研究时总是把晶体的构造、生长和性质作为一个统一的综合问题来研究。通常用各种衍射方法、晶体化学方法、计算数学方法、对称性理论方法对理想晶体结构和实际晶体结构进行研究，在此基础上进一步研究晶体的生长、合成以及晶体物理问题。这些研究涉及分子生物、固体物理、金属学、矿物学及聚合物等广泛领域。对晶体结构以及晶体生长进行的综合研究，可以获得控制组分和实际结构的知识，从而可以用各种手段来控制晶态材料的性质，据此还能探索具有非常宝贵性质的新晶体。事实上，对晶体的综合研究已经使人们制成了并且正在发展一大批结构材料及功能材料。

从上面的叙述可知，晶体科学既是很多学科的基础，又是很多学科的边缘和交叉，它包含广泛的内容：（1）晶体几何学，研究晶体的外表几何形状及它们之间的规律性；（2）晶体结构学，研究晶体内部质点排列的规律性以及晶体结构的不完整性；（3）晶体生成学，研究天然以及人工晶体的发生、成长和变化过程及其机制；（4）晶体物理学，研究晶体的光学、电学、力学等物理性质以及和它们相关的结构对称性；（5）晶体化学，研究晶体的化学组成和晶体结构与晶体物理化学性质间的关系。晶体学的内容如此广泛，使得应用晶体学的各个学科大都只根据各自的需要选择其中的部分内容作为自己的专业知识。本章主要讨论晶体结构学中的基本知识——晶体几何学，其他一些内容例如晶体结构的不完整性、晶体生成学将在其他章节讨论。

1.1 结晶状态及晶体的宏观特性

前已叙及，物质结晶状态的本质特征是：结构基元在空间呈不随时间变化的三维周期排列，它决定了晶体的宏观和微观物理性质。不具有这种特性的物质例如石蜡、玻璃等是非晶态物质。有一些有机高分子聚合物，它们的结构基元具有一维或二维的近似长程有序排列，其性质介于晶体和非晶体之间，这种物质称为液态晶体，简称**液晶**。晶态物质可以由多个晶体组成，许多取向不同的单晶体晶粒随机排列的组合称**多晶体**，各个晶粒之间有晶界分隔开。当晶体颗粒尺度很小（约为微米级）时称为微晶。

为什么晶体结构会呈三维周期排列？原子间的交互作用力主要是键力，除了离子键基础上的静电力之外，还存在着其他类型如金属键、共价键以及范德华键等。每一种实际晶体中，各种键结合的机制都会存在，但在不同晶态物质中它们的相对贡献是不同的。虽然定量分析原子键合力十分困难，但我们可以用一个简单的双原子模型示意性地描绘这些力的本性。如果两个原子相距无穷远，则原子间的作用力等于零，把这时的势能作为能量的参考态，即为零值。当两个原子互相靠近，开始时引力为主要因素，由它引起的势能是负的，并且随距离减小其绝对值加大。当两个原子靠得很近时，原子核间的斥力变得重要了。斥力产生的原因是电子云发生重叠，根据泡利不相容原理，一些电子必将进入更高的能级中去，使得系统能量增加，斥力引起的势能是正的，势能随原子间距的减小而急剧增大。这样，总势能将会在某一间距 r_0时出现最小值（势阱），如图 1-2 所示。所以，在热力学零度下，原子按最低能态对应的间距周期排列。当不是绝对零度时，晶体中的原子处于热振动状态。由于势阱的非对称性，原子的热振动振幅和非简谐性随温度升高而增大，非简谐性使原子间距加大。随着原子振动加大，原子间距偏离 r_0越大，即势能越来越高，到一定距离后，原子便不能处在由键力维持的固定周期位置上，从而出现液态。当振动动能超过键合能时，原子不再可能维持凝聚状态，而出现汽化和升华。由此看来，晶态和非晶态都可以在一定条件下相互转化，当降低温度时，凝聚和晶化是必然的趋势。

晶体中结构基元的三维周期排列使晶体在宏观上具有一些共同的性质，它们是：

（1）**自限性**（自范性）。自限性是指晶体具有自发地形成封闭的几何多面体外形的趋势，并以此封闭（范围）着它本身。晶体的规则几何外形（具有棱角的表面）是晶体内部结构规律的反映，虽然有些晶体因受形成条件的限制，不具有规则几何外形，但是只要在平衡条件下，任何晶体都会长成规则的几何外形。通过晶体的溶解和蒸发等与晶体生长相反的过程也可以呈现规则的有棱角的表面。面和棱的存在以及它们之间的规则性是晶体的宏观特性之一。晶态多面体的类型并不是太多，并且它们的面间交角有严格的相互关系。如果取同一种晶态的几块晶体，在空间中把它们的一些面平行地放置（图 1-3），这

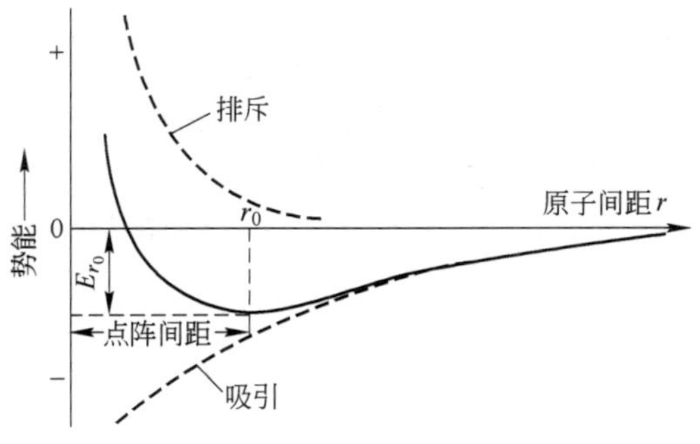

图 1-2 势能随原子间距的变化

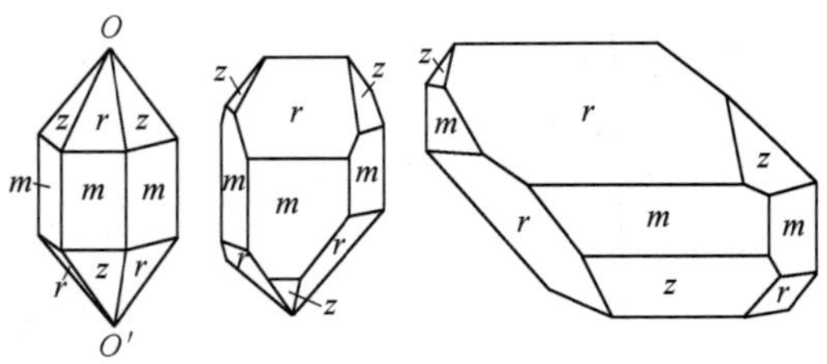

图 1-3 三块对应面发展成不同的石英晶体

些互相平行的面之间的夹角是守恒的。这些平行的面称为对应面，对应面的这种关系称为面角守恒定律。

(2) **均匀性**。晶态物质任意部分的所有性质是完全相同的，这就是均匀性。晶态物质的均匀性使得可以把它们看做是连续物质，允许我们不使用间断的原子结构的概念来唯象地描述它们的许多物理性质。

(3) **各向异性**。晶体的性质可以是标量（例如相对密度、热容量等）、矢量（例如热导率、磁导率、光折射率等）或更普遍情况下的张量（例如介电系数、弹性系数、扩散系数等）。标量性质与晶体的位向无关，即与坐标的取向无关，这些性质是各向同性的；而矢量和张量性质则完全取决于在晶体中的方向，即在晶体的不同方向上这些性质是不同的，这种依赖关系就是各向异性。除了单晶体外，在液晶以及在天然和合成的聚合物中都存在各向异性。各向异性并非是在一切方向上性质都不相同，相反，在某些不同的、不连续变化的或间断的方向上，存在着有规律的等同性。如果是多晶体，由于晶粒取向在空间随机分布，因而从宏观上讲，晶粒的各向异性被“平均”或“掩没”了，整体显出了“各向同性”，这种现象称伪各向同性。

(4) **对称性**。如前所述，晶体的各向异性是指晶体的性质在某些不同的、不连续变化或间断的方向上存在着有规律的等同性，这恰是晶体对称性的表现。以图 1-3 中的石英晶体为例，将第一块晶体沿O-O'轴转 120°或 240°，它的外形和原来的完全重合，这就是对称性。对称性的概念是自然科学中最普遍、最基本的概念之一，它贯穿于整个晶体学研究中，是晶体学的基础。关于对称性的概念，在 1.3 节将作详细讨论。

(5) **最小内能性**。在相同的热力学条件下，对于化学成分相同但呈不同物相的物体进行比较，当物体呈晶态时其内能最小。这就是图 1-2 分析的结论。

(6) **稳定性**。因为晶体具有最小内能，质点之间相互维系的作用力最强，晶体内的质点必须处在平衡位置，所以它是稳定的。因温度的影响，质点只在平衡位置做轻微的热振动。要破坏这种稳定排列必须做功，例如提高温度达到某个临界值，输入足够的热能才可以拆散这种稳定规则排列，即熔化。

1.2 点阵、晶体结构

晶体是由结构基元在空间呈不随时间变化的规则的三维周期排列而形成的，因此，研究晶体微观结构的首要任务就是研究周期排列的规律性。在研究结构基元周期排列的规律性时，结构基元本身的形状就不重要了，往往把它抽象为一个几何点。这样，结构基元的三维周期排列就被抽象为点（称结点）的三维周期排列。研究结构基元的三维周期排列规律就可以转化为研究点的三维周期排列规律。

现在讨论如何把一个晶体结构抽象为几何点的阵列。我们把晶体结构看成是结构基元组成的空间图案，这些图案基元按一定的周期平移后能自身重合（在以后的讨论中将会知道，这叫做平移对称）。若把每个基元抽象为一个几何点，显然，这些几何点也必须具有这种平移重合的特性。所以，在每个基元上选取的几何点，它们各自的物理和几何环境应该完全相同，这些点称为**等同点**。仔细观察图 1-4a 给出的图案，图案中有两种几何形貌的花。这两种花的环境是不同的，所以不能把每一朵花看做一个结构基元，但相邻两朵

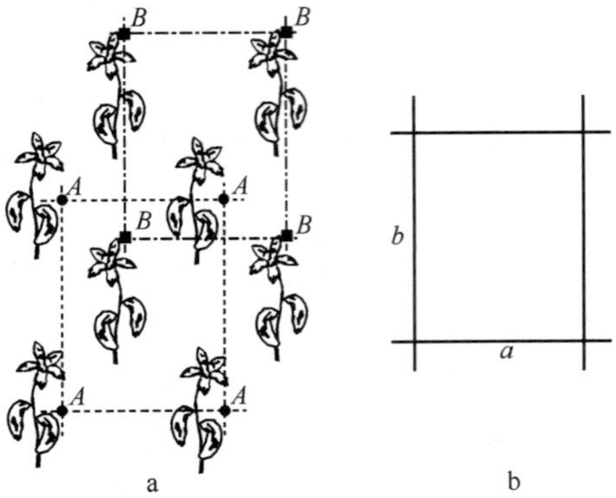

图 1-4 二维图案以及由它抽象出来的二维点阵
a—二维图案；b—对应图 a 的二维点阵

不同形貌的花的组合却是一个结构基元。由各个基元中的等同点（例如图中 A 点以及在各个基元中和它对应的点）组成的阵列就是这个图案的点阵（如图 1-4b 所示）。不论在基元中如何选取点，它和在其他基元中与它对应的等同点所构成的点阵都是相同的。例如图 1-4a 中 A 的等同点以及 B 点的等同点，它们抽象出来的点阵都是图 1-4b 表示的点阵。现在我们可以对**空间点阵**下一个完整的严格的定义：**由晶体结构抽象出来在空间排列的无限点的阵列，其中每一个点都和其他所有的点具有相同的环境，这种点的排列就称为空间点阵。**

点阵中任意两个点连接的矢量称为**点阵平移矢量**。根据点阵的平移对称性，可以选取**初基矢量** $\boldsymbol{a}$（简称基矢）来描述点阵平移矢量或点阵中的任意点。

对于一维点阵，选取连接最近邻的两个点的矢量作为初基平移矢量 $\boldsymbol{a}$（它只包含一个点），点阵中的任意点 $\boldsymbol{r}$（用从原点到这点的矢量 $\boldsymbol{r}$ 表示，它也是平移矢量）都可以用这个基矢来描述：

$$\boldsymbol{r} = p\boldsymbol{a} \qquad p = 0,\ \pm 1,\ \pm 2,\ \pm 3,\cdots \tag{1-1}$$

应该注意，因为点阵是无限个点的阵列，上面的描述和选取原点无关，无论原点如何选取，点阵是不会改变的。

对于二维点阵，则必须选择两个不共线的方向上连接最近邻点的矢量 $\boldsymbol{a}$、$\boldsymbol{b}$ 作初基矢量来描述点阵，这两个基矢构成的平行四边形称为**单位格子**，又称**初基单胞**、**P 单胞**（它只包含一个点）。点阵中的任意点（任意平移矢量 $\boldsymbol{r}$）都可以选取任意阵点作原点用两个基矢来描述：

$$\boldsymbol{r} = p_1\boldsymbol{a} + p_2\boldsymbol{b} \qquad p_1,\ p_2 = 0,\ \pm 1,\ \pm 2,\ \pm 3,\cdots \tag{1-2}$$

基矢的选择方式不是唯一的。例如图 1-5 的二维点阵中所有阴影平行四边形的两个非平行边都可以是基矢。但是，并不是所有由原点到两个最近邻点的非共线矢量都可以是基矢，即并不是所有由原点到最近邻点的两个矢量所构成的平行四边形都是初基单胞，例如图 1-5 中由 AC 和 AB 构成的平行四边形就不是初基单胞，它的两个非平行边并不是基矢。这个平行四边形中间还包含了一个阵点（即这个单胞包含不止一个点），这个阵点以及和它等价的阵点不可能用式(1-2)来描述。

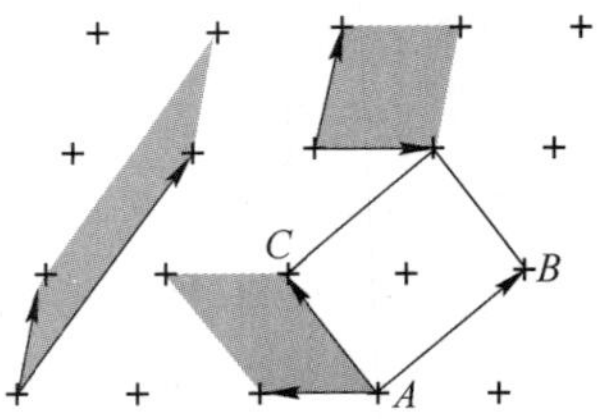

图 1-5 二维点阵及单位格子（单胞）即初基矢量的选取

对于三维点阵，可以选择非共面、非共线的 3 个方向上的最近邻点的矢量 $\boldsymbol{a}$、$\boldsymbol{b}$、$\boldsymbol{c}$ 来描述点阵。这三个基矢构成的平行六面体也称为简单格子或单胞（它只包含一个点）。点阵中任一点（任一平移矢量 $\boldsymbol{r}$）都可以选定任一阵点作原点用这 3 个基矢来描述：

$$r = p_1 a + p_2 b + p_3 c \qquad p_1,\ p_2,\ p_3 = 0,\ \pm 1,\ \pm 2,\ \pm 3, \cdots \tag{1-3}$$

同样，基矢的选择方式不是唯一的。图 1-6 描述了空间点阵中几种选取初基格子（单胞）的方法。但是，如果选择的平行六面体内部包含了阵点，即这个单胞包含不止一个阵点，以这个平行六面体的三个非平行边作为矢量是不可能用式(1-3)来描述空间的所有点（所有平移矢量）的，因而它们不能作为基矢，这个平行六面体也不是简单格子。

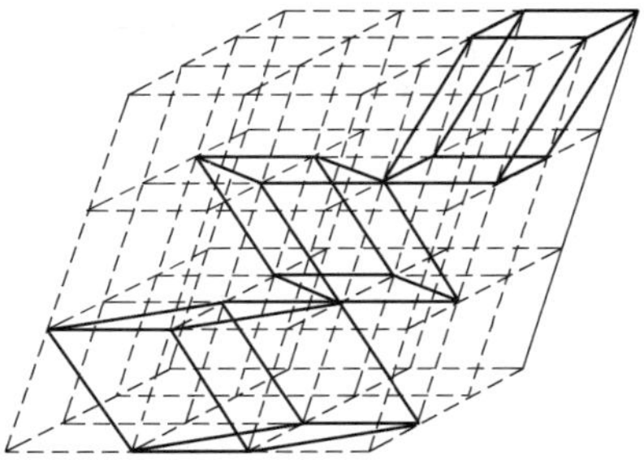

图 1-6　空间点阵及初基格子（单胞）及初基矢量的选取

根据上面的讨论，不论是一维、二维或三维点阵，初基格子（单胞）及初基矢量选择的原则是：**简单格子（又称 P 单胞，对二维点阵简化为一个平面，对一维点阵简化为一个线段）只包含一个阵点，简单格子的非平行边是初基矢量。**根据这个原则，简单格子（单胞）必有如下性质：(1) 每一个初基格子（单胞）只包含一个阵点；(2) 以一个阵点作原点，以简单格子（单胞）作周期平移，可以覆盖整个点阵；(3) 不管简单格子（单胞）如何选择，它们的体积（二维的是面积，一维的是线段长）相等。

综合以上的讨论，一个无限点阵由原点指向任一阵点的矢量 $T(\boldsymbol{r})$ 可以表达为：

$$T(\boldsymbol{r}) = \sum_{p_1}^{\infty}\sum_{p_2}^{\infty}\sum_{p_3}^{\infty}\delta(x_1 - p_1\boldsymbol{a},\ x_2 - p_2\boldsymbol{b},\ x_3 - p_3\boldsymbol{c}) = \sum_{p_1,\ p_2,\ p_3 = -\infty}^{\infty}\delta(\boldsymbol{r}' - \boldsymbol{r}_{p_1,\ p_2,\ p_3}) \tag{1-4}$$

式中，$\boldsymbol{r}'$是从原点引的任意矢量，它的端点不一定是阵点，当端点是阵点时 δ 函数等于 1，在其他处为零。上式表示了点阵中所有阵点的集合。

现在再回过来看点阵中那些包含不止一个阵点的格子：平行四边形（二维）、平行六面体（三维），这些非简单格子称为**复格子（复单胞）**。虽然构成这种初基胞的基本矢量不能按式(1-3)完全描述点阵的阵点，但是，有时为了更好地显示晶体的对称性，会选取这类复式初基胞来描述点阵。单胞的两个矢量（二维，两个棱 $\boldsymbol{a}$、$\boldsymbol{b}$），三个矢量（三维，三个棱 $\boldsymbol{a}$、$\boldsymbol{b}$、$\boldsymbol{c}$）以及它们之间的夹角：$\alpha = \boldsymbol{b}\hat{}\boldsymbol{c}$、$\beta = \boldsymbol{c}\hat{}\boldsymbol{a}$、$\gamma = \boldsymbol{a}\hat{}\boldsymbol{b}$ 称为**点阵参数**或**晶胞参数**，如图 1-7 所示，它们是描述单胞特征的基本参数。

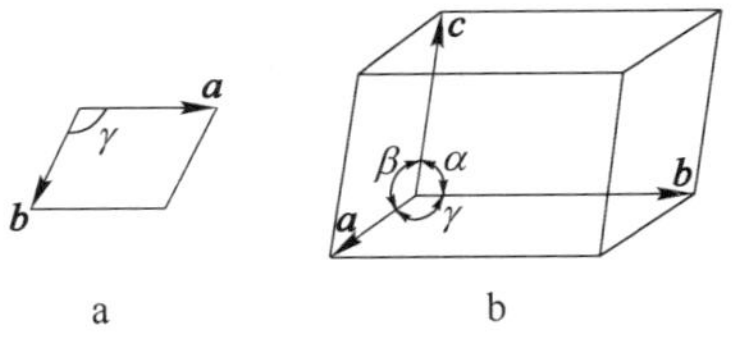

图 1-7　晶体点阵参数示意说明
a—二维点阵；b—三维点阵

现在再从另一角度看空间点阵，空间点阵是由无限多个单位格子构成的，这一具有严格三维周期性的格子又称为空间格子，晶体的空间点阵在此情况下称为晶格。晶体点阵和晶格具有相同意义，都是从实际晶体结构抽象出来的，表达了晶体周期性结构的规律。

既然晶体点阵是由晶体的结构基元抽象出来的，反过来说，可以由下式来说明晶体点阵和晶体结构的关系：

点阵 + 结构基元 = 晶体结构

晶体结构是具有物质内容的空间点阵结构，如果晶体是由完全相同的原子组成的，则每个原子就是一个结构基元，原子可以一一对应地和阵点重合。如果晶体结构基元由一个以上原子（同种或不同种原子）构成，则每一个结构基元的相应等同的原子都可以作为等同点抽象构成点阵，而不是由所有的原子作为等同点抽象来构成点阵。例如，氯化铯晶体（图 1-8）是 Cs^+ 和 Cl^- 按一定几何规律排列成的，每一个 Cs^+ 周围都有 4 个 Cl^-，而每一个 Cl^- 周围也同样都有 4 个 Cs^+，但显然，Cs^+ 和 Cl^- 周围的物理环境是不相同的，因此，单个 Cs^+ 或单个 Cl^- 不是结构基元，但若把一个 Cs^+ 和相邻的一个 Cl^- 结合起来却可以是结构基元。所以，任意用 Cs^+ 或 Cl^- 作为等同点抽象构成的点阵才是氯化钠晶体的空间点阵。

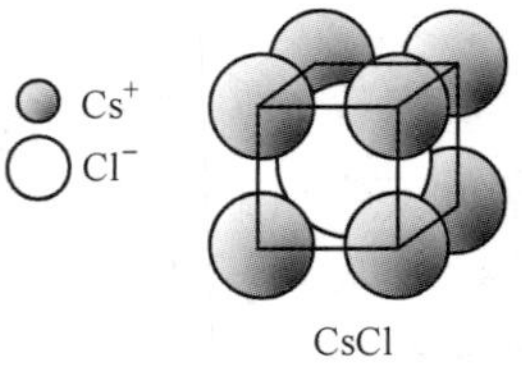

图 1-8　氯化铯晶体结构

每种晶体都有它特有的结构，但不同种类晶体（具有不同结构基元）可以有同种类型的空间点阵。例如，CsBr、CsI、ThBr 等的晶体结构和氯化铯的相似，它们抽象所得到的点阵类型是相同的。

例 1-1　图 1-9a 给出了由黑圆和白圆组成的二维花样（假设花样是无限排布的），试抽象出二维点阵，画出其简单格子（单胞）。为了提高格子的对称性，构造一个复格子（复单胞）。

解：黑圆和白圆的物理与几何环境不同，它们不能同时为等同点，但是所有白圆（或者所有黑圆）的物理和几何环境相同，抽象出的点阵如图 1-9b 所示。在图 1-9b 中的四边形 *A* 是点阵的简单格子，简单格子只含一个点，因为格子 4 个顶点各为相同的 4 个格子共享，所以属于这个格子的阵点有 4×(1/4)= 1 个。若把四边形稍挪动一定距离（如图 1-9b 中 *A* 的虚线所示），可以很清楚地看出这个单胞只含一个点，是简单格子（P 单胞）。在图 1-9b 中的矩形 *B* 的对称性要比四边形 *A* 高，所以在讨论点阵时，常常用它作为讨论的基本格子。但是矩形 *B* 包含 2 个阵点：格子 4 个顶角属于这个格子的是一个点，而中心的阵点也属于这个格子。若把矩形稍挪动一定距离也可以看出它含两个阵点。因这个格子含两个阵点，故它是一个复格子（复单胞）。

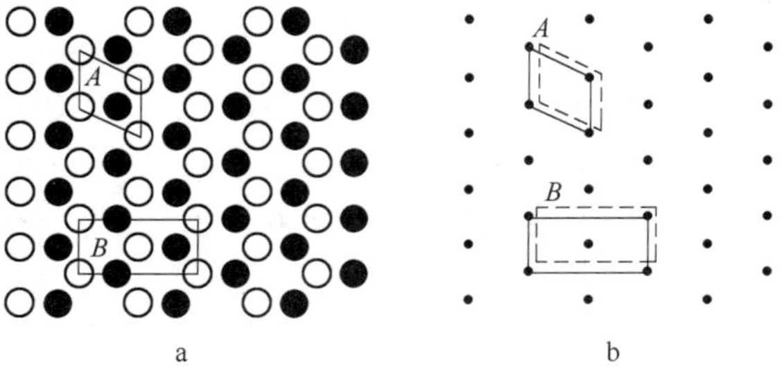

图 1-9　二维周期花样抽象的点阵
a—由黑圆和白圆组成的二维花样；
b—由图 a 抽象的二维点阵

1.3　对称性，空间变换

在讨论晶体宏观外形时，已经明显地看到晶体外形都具有一定的对称性。事实上，自然界广泛存在对称现象。原子、分子、植物、动物、人和机器以及许多艺术品都具有对称性，自然界规律也具有对称性。对称性基本上是在晶体学上发展并在逻辑上完善起来的，对称性理论是晶体学的基础。所以，在讨论晶体点阵和晶体结构之前，先讨论对称性和对称变换。现在，对称性理论已扩展到非晶态物体中。

对称性是一种数学的规律性，所用的数学是群论。本章将系统地介绍对称性的基础概念、点对称操作和相应的变换，由晶体对称性导出晶系，加入平移对称导出布拉维点阵。在这基础上反过来认识描述晶体外形的点群，最后简单介绍空间群的基本概念。

在描述任何物体（几何图形、晶体、函数）的变量空间时都可以对它的整体作适当的变换，如果这种变换使物体本身重合（即它在变换后不变亦即转换成自身），这样的物体就是对称的，这样的变换操作就是**对称性变换**。物体变换成自身意味着物体某部分变换后和另一部分重合，这就是说物体具有（或可以划分成）**等同部分**。前面讨论晶体结构时说过，结构基元可以看做是等同部分。但是，等同部分的等同性可因考察的方面和层次的变化而变化，例如有些物体各部分几何等同而物理性质不一定等同。根据上面的叙述，对称性还可以有另外的一种说法：**物体可以分割成等同的部分**。具有等同部分这一概念是很重要的，但是，这些部分本身一般是非对称的（例如图 1-4 中的一种花与其他同类的花就是等同部分，但花本身并非具有对称性）。这些等同部分的相对位置是有规律的，经过适当变换可以重合。

概括地说，对称性就是在描述物体变量的空间中物体经过某种变换后的不变性。

1.3.1 坐标架变换（操作）

在讨论对称变换前先讨论一般的坐标架变换。首先定义和选择变换的“**坐标架**”，定义一个称作 $\boldsymbol{S}$ 的正交坐标架（一般也可以定义任意 3 个非共面的矢量组成的坐标架），它的 3 个基矢为 $\boldsymbol{s}_i(i=1,2,3)$，任意矢量 $\boldsymbol{r}$ 在 $\boldsymbol{S}$ 坐标架可以表达为：

$$\boldsymbol{r}=r_1\boldsymbol{s}_1+r_2\boldsymbol{s}_2+r_3\boldsymbol{s}_3 \tag{1-5}$$

式中，r_1、r_2和 r_3是 $\boldsymbol{r}$ 在 $\boldsymbol{S}$ 基矢的 3 个分量，这 3 个分量可以写成单行矩阵（$r_1\quad r_2\quad r_3$）或单列矩阵：

$$\begin{bmatrix} r_1 \\ r_2 \\ r_3 \end{bmatrix}$$

列矩阵也可以简单地写成 $[r_1\quad r_2\quad r_3]$。为了避免在坐标架之间变换的混乱，采用 Mackenzie 和 Bowles 提出的符号表示，$\boldsymbol{r}$ 矢量在 $\boldsymbol{S}$ 坐标架表示为行矢量记为：

$$(\boldsymbol{r};\boldsymbol{S})=(r_1r_2r_3) \tag{1-6}$$

$\boldsymbol{r}$ 矢量在 $\boldsymbol{S}$ 坐标架表示为列矢量记为：

$$[\boldsymbol{S};\boldsymbol{r}]=[r_1r_2r_3] \tag{1-7}$$

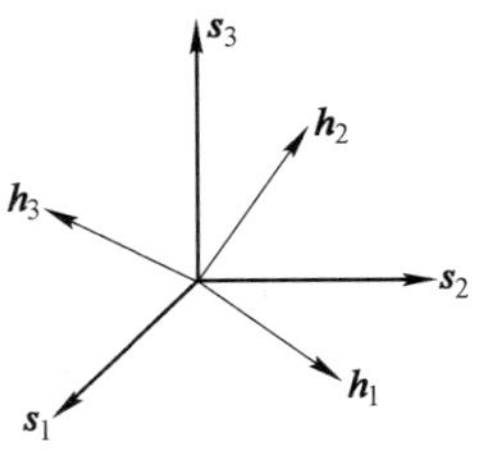

图 1-10 $\boldsymbol{H}$ 和 $\boldsymbol{S}$ 两个正交坐标架之间的关系

在这两种表达符号中，$\boldsymbol{r}$ 和 $\boldsymbol{S}$ 坐标架的相对位置以及用的圆括号（）和方括号［］是非常重要的，不能搞混。

讨论一个正交坐标架 $\boldsymbol{H}$($\boldsymbol{h}_i$为基矢）相对于参考坐标架 $\boldsymbol{S}$($\boldsymbol{s}_i$为基矢）之间的变换，$\boldsymbol{H}$ 和 $\boldsymbol{S}$ 坐标架之间的关系如图 1-10 及表 1-1 所示。

表 1-1 H 和 S 坐标架之间的关系

S \ H	h_1	h_2	h_3
s_1	l_{11}	l_{12}	l_{13}
s_2	l_{21}	l_{22}	l_{23}
s_3	l_{31}	l_{32}	l_{33}

用矩阵形式表示两个坐标架之间的关系：

$$\begin{bmatrix} s_1 \\ s_2 \\ s_3 \end{bmatrix} = \begin{bmatrix} l_{11} & l_{12} & l_{13} \\ l_{21} & l_{22} & l_{23} \\ l_{31} & l_{32} & l_{33} \end{bmatrix} \begin{bmatrix} h_1 \\ h_2 \\ h_3 \end{bmatrix} = \begin{bmatrix} l_{11}h_1 + l_{12}h_2 + l_{13}h_3 \\ l_{21}h_1 + l_{22}h_2 + l_{23}h_3 \\ l_{31}h_1 + l_{32}h_2 + l_{33}h_3 \end{bmatrix} \tag{1-8a}$$

式中，矩阵 $\boldsymbol{L}$ 为两个坐标间的变换矩阵。上式又可以表示为：

$$(s_1 s_2 s_3) = (h_1 h_2 h_3) \begin{bmatrix} l_{11} & l_{12} & l_{13} \\ l_{21} & l_{22} & l_{23} \\ l_{31} & l_{32} & l_{33} \end{bmatrix}^{-1} = (h_1 h_2 h_3) \begin{bmatrix} l_{11} & l_{21} & l_{31} \\ l_{12} & l_{22} & l_{32} \\ l_{13} & l_{23} & l_{33} \end{bmatrix}$$

$$= (l_{11}h_1 + l_{12}h_2 + l_{13}h_3 \quad l_{21}h_1 + l_{22}h_2 + l_{23}h_3 \quad l_{31}h_1 + l_{32}h_2 + l_{33}h_3) \tag{1-8b}$$

这里讨论的变换矩阵 $\boldsymbol{L}$ 是正交矩阵，所以它的逆阵 $\boldsymbol{L}^{-1}$ 与它的转置矩阵 $\boldsymbol{L}^{\mathrm{T}}$ 相等。$\boldsymbol{L}$ 矩阵是把 $\boldsymbol{S}$ 坐标架的分量通过 $\boldsymbol{L}$ 变换为以 $\boldsymbol{H}$ 坐标架表达的变换矩阵，所以又记为（$\boldsymbol{SLH}$）。（$\boldsymbol{SLH}$）矩阵的第一、第二和第三行分别是 $\boldsymbol{S}$ 坐标架 s_1、s_2 和 s_3 在 $\boldsymbol{H}$ 坐标架的三个分量，即 $l_{ij}(j=1, 2, 3)$ 是 $\boldsymbol{S}$ 坐标架第 i 分量在 $\boldsymbol{H}$ 坐标架 3 个基矢的分量。同理，（$\boldsymbol{SLH}$）矩阵的第一、第二和第三列分别是 $\boldsymbol{H}$ 坐标架 h_1、h_2 和 h_3 在 $\boldsymbol{S}$ 坐标架的 3 个分量，即 $l_{ij}(i=1, 2, 3)$ 是 $\boldsymbol{H}$ 坐标架第 j 分量在 $\boldsymbol{S}$ 坐标架 3 个基矢的分量。（$\boldsymbol{SLH}$）的逆阵（$\boldsymbol{SLH}$）$^{-1}$ 记为（$\boldsymbol{HLS}$），表示参考坐标架 $\boldsymbol{H}$ 分量通过 $\boldsymbol{L}^{-1}$ 变换为以 $\boldsymbol{S}$ 坐标架表达的变换矩阵。如果（$\boldsymbol{SLH}$）矩阵是正交矩阵，则矩阵的逆阵与其转置相等。（$\boldsymbol{SLH}$）矩阵的转置记为（$\boldsymbol{HL'S}$），即（$\boldsymbol{HLS}$）=（$\boldsymbol{HL'S}$）。

根据 $\boldsymbol{S}$ 与 $\boldsymbol{H}$ 坐标架之间的关系，一个矢量 $\boldsymbol{r}$ 可以用（$\boldsymbol{SLH}$）矩阵（或（$\boldsymbol{HLS}$）矩阵）对其在 $\boldsymbol{S}$ 坐标架到 $\boldsymbol{H}$ 坐标架（或反之）变换。例如，变换前 $\boldsymbol{S}$ 坐标架的 $\boldsymbol{r}$ 以变换后在 $\boldsymbol{H}$ 坐标架的 $\boldsymbol{r}'$ 表达的列矢量为：

$$[\boldsymbol{S};\boldsymbol{r}] = (\boldsymbol{SLH})[\boldsymbol{H};\boldsymbol{r}'] \tag{1-9a}$$

上式展开写为：

$$\begin{bmatrix} r_1 \\ r_2 \\ r_3 \end{bmatrix} = \begin{bmatrix} l_{11} & l_{12} & l_{13} \\ l_{21} & l_{22} & l_{23} \\ l_{31} & l_{32} & l_{33} \end{bmatrix} \begin{bmatrix} r'_1 \\ r'_2 \\ r'_3 \end{bmatrix} = \begin{bmatrix} l_{11}r'_1 + l_{12}r'_2 + l_{13}r'_3 \\ l_{21}r'_1 + l_{22}r'_2 + l_{23}r'_3 \\ l_{31}r'_1 + l_{32}r'_2 + l_{33}r'_3 \end{bmatrix}$$

如果把 $\boldsymbol{r}$ 表达为行矢量，则表达为：

$$(\boldsymbol{r};\boldsymbol{S}) = (\boldsymbol{r};\boldsymbol{H})(\boldsymbol{HLS}) = (\boldsymbol{r}';\boldsymbol{S})(\boldsymbol{HL'S}) \tag{1-9b}$$

上式展开写为：

$$(r_1 r_2 r_3) = (r'_1 r'_2 r'_3)\begin{bmatrix} l_{11} & l_{21} & l_{31} \\ l_{12} & l_{22} & l_{32} \\ l_{13} & l_{23} & l_{33} \end{bmatrix}$$

$$= (l_{11}r'_1 + l_{12}r'_2 + l_{13}r'_3 \quad l_{21}r'_1 + l_{22}r'_2 + l_{23}r'_3 \quad l_{31}r'_1 + l_{32}r'_2 + l_{33}r'_3)$$

这样，不管以列矢量或是行矢量变换，所得的 $\boldsymbol{r}$ 的各个分量是相同的。故可以写成：

$$r_i = \sum_{j=1}^{3} l_{ij} r'_j \tag{1-9c}$$

这种变换是以变换后的坐标架 $\boldsymbol{H}$ 表达参考坐标架 $\boldsymbol{S}$，即参考坐标架转动到 $\boldsymbol{H}$ 坐标架，这种变换称被动变换。

反过来，以变换前的坐标架 $\boldsymbol{S}$（即参考坐标架）表示变换后的坐标架 $\boldsymbol{H}$ 的矢量，例如，变换后在 $\boldsymbol{H}$ 坐标架的 $\boldsymbol{r}'$ 以变换前在 $\boldsymbol{S}$ 坐标架的 $\boldsymbol{r}$ 表达的列矢量为：

$$[\boldsymbol{H};\boldsymbol{r}'] = (\boldsymbol{HLS})[\boldsymbol{S};\boldsymbol{r}] \tag{1-10}$$

上式展开写为：

$$\begin{bmatrix} r'_1 \\ r'_2 \\ r'_3 \end{bmatrix} = \begin{bmatrix} l_{11} & l_{12} & l_{13} \\ l_{21} & l_{22} & l_{23} \\ l_{31} & l_{32} & l_{33} \end{bmatrix}^{-1} \begin{bmatrix} r_1 \\ r_2 \\ r_3 \end{bmatrix} = \begin{bmatrix} l_{11} & l_{21} & l_{31} \\ l_{12} & l_{22} & l_{32} \\ l_{13} & l_{23} & l_{33} \end{bmatrix} \begin{bmatrix} r_1 \\ r_2 \\ r_3 \end{bmatrix} = \begin{bmatrix} l_{11}r_1 + l_{21}r_2 + l_{31}r_3 \\ l_{12}r_1 + l_{22}r_2 + l_{32}r_3 \\ l_{13}r_1 + l_{23}r_2 + l_{33}r_3 \end{bmatrix}$$

如果把 $\boldsymbol{r}'$ 表达为行矢量，则表达为：

$$(\boldsymbol{r}';\boldsymbol{H}) = (\boldsymbol{r};\boldsymbol{S})(\boldsymbol{SLH}) \tag{1-11}$$

上式展开写为：

$$(r'_1 r'_2 r'_3) = (r_1 r_2 r_3)\begin{bmatrix} l_{11} & l_{12} & l_{13} \\ l_{21} & l_{22} & l_{23} \\ l_{31} & l_{32} & l_{33} \end{bmatrix}$$

$$= (l_{11}r_1 + l_{21}r_2 + l_{31}r_3 \quad l_{12}r_1 + l_{22}r_2 + l_{32}r_3 \quad l_{13}r_1 + l_{23}r_2 + l_{33}r_3)$$

又可以写成：

$$r'_i = \sum_{j=1}^{3} l_{ji} r_j \tag{1-12}$$

这种变换是参考坐标架不动，变换后的 H 坐标架的矢量用原来的参考坐标架表达，这种变换称主动变换。

矢量 $\boldsymbol{r}$ 变换为 $\boldsymbol{r}'$ 后，它的长度不会改变，即 $|\boldsymbol{r}| = |\boldsymbol{r}'|$。

例 1-2 证明矢量 $\boldsymbol{r}$ 经 $\boldsymbol{S}$ 坐标架与 $\boldsymbol{H}$ 坐标架之间变换后其长度不变。

解： 矢量 $\boldsymbol{r}$ 变换前的模为：

$$|\boldsymbol{r}| = (r_1^2 + r_2^2 + r_3^2)^{1/2}$$

矢量 $\boldsymbol{r}$ 经（$\boldsymbol{SLH}$）变换后的模为：

$$|\boldsymbol{r}'| = [r_1^2(l_{11}^2 + l_{12}^2 + l_{13}^2) + r_2^2(l_{21}^2 + l_{22}^2 + l_{23}^2) + r_3^2(l_{31}^2 + l_{32}^2 + l_{33}^2) + 2r_1r_2(l_{11}l_{21} + l_{12}l_{22} + l_{13}l_{23}) + 2r_2r_3(l_{21}l_{31} + l_{22}l_{32} + l_{23}l_{33}) + 2r_3r_1(l_{31}l_{11} + l_{32}l_{12} + l_{33}l_{13})]^{1/2}$$
$$= (r_1^2 + r_2^2 + r_3^2)^{1/2}$$

两者是相等的。

对于更一般的情况，矢量 $\boldsymbol{r}$ 绕 $\boldsymbol{u}$ 轴逆时针转动 θ 角到达新位置 $\boldsymbol{r}'$，如图 1-11a 所示，$\boldsymbol{O}$ 为原点。现在找出这种变换的两个坐标架的变换矩阵。在图中 $\boldsymbol{r}$ 记为 $\boldsymbol{OP}$，$\boldsymbol{r}'$记为 $\boldsymbol{OQ}$，$\boldsymbol{u}$ 轴在 $\boldsymbol{r}$ 转动到 $\boldsymbol{r}'$构成的平面法线 $\boldsymbol{ON}$ 方向上，$\boldsymbol{ON}$ 等于 $(\boldsymbol{u}\cdot\boldsymbol{r})\boldsymbol{u}$。图 1-11b 显示垂直于旋转轴的面。

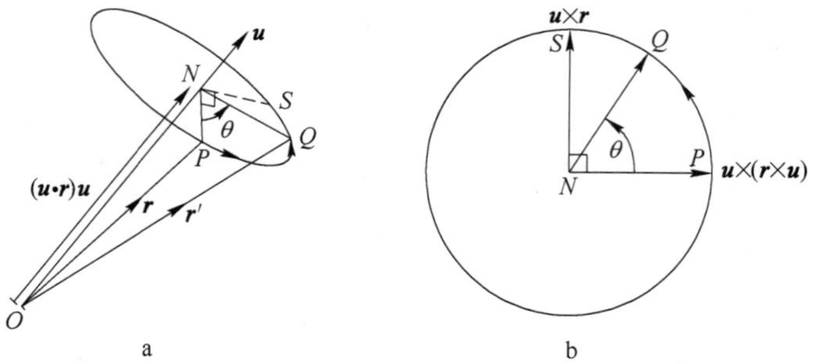

图 1-11 矢量 $\boldsymbol{r}$ 绕任意 $\boldsymbol{u}$ 轴转动 θ 角到达 $\boldsymbol{r}'$的情况（a）与垂直 $\boldsymbol{u}$ 轴的视图（b，P 和 Q 点是 $\boldsymbol{r}$ 和 $\boldsymbol{r}'$矢量的端点）

从图 1-11a 中看出，$\boldsymbol{NP} = \boldsymbol{OP} - \boldsymbol{ON} = \boldsymbol{r} - (\boldsymbol{u}\cdot\boldsymbol{r})\boldsymbol{u} = \boldsymbol{u}\times(\boldsymbol{r}\times\boldsymbol{u})$，引入 $\boldsymbol{NS}$，它垂直于 $\boldsymbol{NP}$ 和 $\boldsymbol{ON}$，因为 $|\boldsymbol{NP}| = |\boldsymbol{NS}|$，$\boldsymbol{NS} = \boldsymbol{u}\times\boldsymbol{r}$，所以：

$$\boldsymbol{NQ} = \cos\theta[\boldsymbol{r} - (\boldsymbol{u}\cdot\boldsymbol{r})\boldsymbol{u}] + \sin\theta(\boldsymbol{u}\times\boldsymbol{r}) \tag{1-13}$$

并且：

$$\boldsymbol{r}' = \boldsymbol{OQ} = \boldsymbol{ON} + \boldsymbol{NQ} = (\boldsymbol{u}\cdot\boldsymbol{r})\boldsymbol{u} + \cos\theta[\boldsymbol{r} - (\boldsymbol{u}\cdot\boldsymbol{r})\boldsymbol{u}] + \sin\theta(\boldsymbol{u}\times\boldsymbol{r})$$
$$= \boldsymbol{r}\cos\theta + \boldsymbol{u}(\boldsymbol{u}\cdot\boldsymbol{r})(1 - \cos\theta) + \sin\theta(\boldsymbol{u}\times\boldsymbol{r}) \tag{1-14}$$

上式有时称为“旋转公式”。若从 $\boldsymbol{r}$ 转换为 $\boldsymbol{r}'$的矩阵为 $\boldsymbol{g}$，用式(1-10)与上式对照，得：

$$g_{ij} = \cos\theta\delta_{ij} + u_iu_j(1 - \cos\theta) + \sum_{k=1}^{3}\varepsilon_{ijk}u_k\sin\theta \tag{1-15}$$

式中，u_i和 u_j是 $\boldsymbol{u}$ 在参考坐标架 $\boldsymbol{S}$ 的分量，δ_{ij}是 Kronecker δ，即：

$$\delta_{ij} = \begin{cases} 1 & \text{当 } i = j \text{ 时} \\ 0 & \text{当 } i \neq j \text{ 时} \end{cases} \tag{1-16}$$

ε 是置换张量：

$$\varepsilon_{ijk} = \begin{cases} 1 & \text{当 } i,\ j,\ k \text{ 是 } 1,\ 2,\ 3 \text{ 的偶置换时} \\ -1 & \text{当 } i,\ j,\ k \text{ 是 } 1,\ 2,\ 3 \text{ 的奇置换时} \\ 0 & \text{其他情况} \end{cases} \tag{1-17}$$

把式(1-15)展开，得：

$$g = \cos\theta\begin{bmatrix}1 & 0 & 0\\0 & 1 & 0\\0 & 0 & 1\end{bmatrix} + (1-\cos\theta)\begin{bmatrix}u_1\cdot u_1 & u_1\cdot u_2 & u_1\cdot u_3\\u_2\cdot u_1 & u_2\cdot u_2 & u_2\cdot u_3\\u_3\cdot u_1 & u_3\cdot u_2 & u_3\cdot u_3\end{bmatrix} + \sin\theta\begin{bmatrix}0 & u_3 & -u_2\\-u_3 & 0 & u_1\\u_2 & -u_1 & 0\end{bmatrix}$$

$$= \begin{bmatrix}(1-u_1^2)\cos\theta + u_1^2 & u_1u_2(1-\cos\theta) + u_3\sin\theta & u_1u_3(1-\cos\theta) - u_2\sin\theta\\u_1u_2(1-\cos\theta) - u_3\sin\theta & (1-u_2^2)\cos\theta + u_2^2 & u_2u_3(1-\cos\theta) + u_1\sin\theta\\u_1u_3(1-\cos\theta) + u_2\sin\theta & u_2u_3(1-\cos\theta) - u_1\sin\theta & (1-u_3^2)\cos\theta + u_3^2\end{bmatrix} \tag{1-18}$$

式(1-10)对应的矩阵是（$\boldsymbol{HgS}$），即它是以转换后的坐标架描述参考坐标架。如果相反，以参考坐标架描述变换后的坐标架，此时的变换矩阵应为（$\boldsymbol{Sg_1H}$），其变换矩阵 $\boldsymbol{g}_1$ 是式(1-18)的逆阵（因为是正交矩阵，故也等于其转置）：$\boldsymbol{g}_1=\boldsymbol{g}^{-1}=\boldsymbol{g}^{\mathrm{T}}$，$\boldsymbol{g}_1$ 为：

$$\boldsymbol{g}_1 = \begin{bmatrix}(1-u_1^2)\cos\theta + u_1^2 & u_1u_2(1-\cos\theta) - u_3\sin\theta & u_1u_3(1-\cos\theta) + u_2\sin\theta\\u_1u_2(1-\cos\theta) + u_3\sin\theta & (1-u_2^2)\cos\theta + u_2^2 & u_2u_3(1-\cos\theta) - u_1\sin\theta\\u_1u_3(1-\cos\theta) - u_2\sin\theta & u_2u_3(1-\cos\theta) + u_1\sin\theta & (1-u_3^2)\cos\theta + u_3^2\end{bmatrix} \tag{1-19}$$

当知道了变换矩阵后，反过来则可以知道变换是相对变换前的坐标架哪个轴转动多大的角度得来的。根据式(1-18)，得：

$$\cos\theta = 0.5(g_{11} + g_{22} + g_{33} - 1) = 0.5[\mathrm{trace}(\boldsymbol{g}) - 1] \tag{1-20a}$$

$$u_1 = \frac{g_{23} - g_{32}}{2\sin\theta} \qquad u_2 = \frac{g_{31} - g_{13}}{2\sin\theta} \qquad u_3 = \frac{g_{12} - g_{21}}{2\sin\theta} \tag{1-20b}$$

$$u_1 : u_2 : u_3 = (g_{23} - g_{32}) : (g_{31} - g_{13}) : (g_{12} - g_{21}) \tag{1-20c}$$

如果 $\theta=0°$ 或 $180°$，$\sin\theta=0$，则式(1-20b)失效，根据式(1-18)，各个分量可以表示为：

$$u_1 = \left(\frac{g_{11}+1}{2}\right)^{1/2} \qquad u_2 = \left(\frac{g_{22}+1}{2}\right)^{1/2} \qquad u_3 = \left(\frac{g_{33}+1}{2}\right)^{1/2} \tag{1-21}$$

例 1-3 $\boldsymbol{S}$ 坐标架与 $\boldsymbol{H}$ 坐标架的关系是：$\boldsymbol{H}$ 坐标架是绕 $\boldsymbol{S}$ 坐标架（参考坐标架）的 $\boldsymbol{Z}$ 轴（即第 3 轴）逆时针转动 θ 而成的坐标架，$\boldsymbol{S}$ 坐标架的 $\boldsymbol{r}$（三个分量 r_1、r_2、r_3）经变换为 $\boldsymbol{H}$ 坐标架的 $\boldsymbol{r}'$，(1) 求在 $\boldsymbol{S}$ 坐标架以 $\boldsymbol{r}$ 表达的列矢量；(2) 求在 $\boldsymbol{H}$ 坐标架的一个矢量 $\boldsymbol{r}'$ 经这一变换后，在 $\boldsymbol{H}$ 坐标架表达的行矢量。

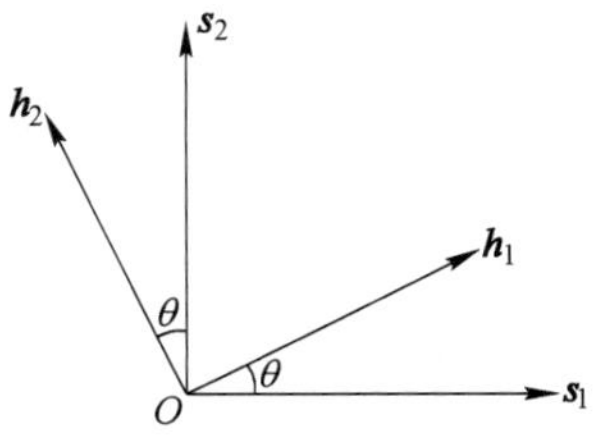

图 1-12 $\boldsymbol{H}$ 坐标架与 $\boldsymbol{S}$ 坐标架的关系

解：(1) $\boldsymbol{H}$ 坐标架是绕 $\boldsymbol{S}$ 坐标架的 $\boldsymbol{Z}$ 轴（即第 3 轴）转动 θ 后而成的坐标架，图 1-12 是两个坐标架的图示关系。

H 坐标架绕 ***S*** 坐标架第 3 轴转动 θ 角得到的变换矩阵（***SLH***）为：

$$(\boldsymbol{SgH}) = \begin{bmatrix} \cos\theta & -\sin\theta & 0 \\ \sin\theta & \cos\theta & 0 \\ 0 & 0 & 1 \end{bmatrix}$$

（***SgH***）也可以从更普遍的式(1-19)得出。现在转轴三个分量：$u_1=0$，$u_2=0$，$u_3=1$，代入式(1-19)得：

$$\boldsymbol{g} = \begin{bmatrix} (1-u_1^2)\cos\theta + u_1^2 & u_1u_2(1-\cos\theta) - u_3\sin\theta & u_1u_3(1-\cos\theta) + u_2\sin\theta \\ u_1u_2(1-\cos\theta) + u_3\sin\theta & (1-u_2^2)\cos\theta + u_2^2 & u_2u_3(1-\cos\theta) - u_1\sin\theta \\ u_1u_3(1-\cos\theta) - u_2\sin\theta & u_2u_3(1-\cos\theta) + u_1\sin\theta & (1-u_3^2)\cos\theta + u_3^2 \end{bmatrix}$$

$$= \begin{bmatrix} \cos\theta & -\sin\theta & 0 \\ \sin\theta & \cos\theta & 0 \\ 0 & 0 & 1 \end{bmatrix}$$

所得矩阵是相同的。

在 ***S*** 坐标架的 $\boldsymbol{r}$（分量为 r_1、r_2、r_3）的列矢量，经变换为在 ***H*** 坐标架的 $\boldsymbol{r}'$（分量为 r_1'、r_2'、r_3'）的列矢量后，根据式(1-9a)，在 ***S*** 坐标架以 $\boldsymbol{r}$ 表达的列矢量为：

$$(\boldsymbol{H};\boldsymbol{r}') = (\boldsymbol{HLS})[\boldsymbol{S};\boldsymbol{r}]$$

$$= \begin{bmatrix} \cos\theta & \sin\theta & 0 \\ -\sin\theta & \cos\theta & 0 \\ 0 & 0 & 1 \end{bmatrix} \begin{bmatrix} r_1 \\ r_2 \\ r_3 \end{bmatrix} = \begin{bmatrix} r_1\cos\theta + r_2\sin\theta \\ -r_1\sin\theta + r_2\cos\theta \\ r_3 \end{bmatrix}$$

即 $r_1' = r_1\cos\theta + r_2\sin\theta$；　$r_2' = -r_1\sin\theta + r_2\cos\theta$；　$r_3' = r_3$

（2）在 ***H*** 坐标架的一个矢量 $\boldsymbol{r}'$（分量为 r_1'、r_2'、r_3'）的行矢量，经变换为在 ***S*** 坐标架的 $\boldsymbol{r}$（分量为 r_1、r_2、r_3）的行矢量后，根据式(1-11)，在 ***H*** 坐标架以 $\boldsymbol{r}'$ 表达的行矢量为：

$$[\boldsymbol{S};\boldsymbol{r}] = (\boldsymbol{SLH})[\boldsymbol{H};\boldsymbol{r}']$$

$$= \begin{bmatrix} \cos\theta & -\sin\theta & 0 \\ \sin\theta & \cos\theta & 0 \\ 0 & 0 & 1 \end{bmatrix} \begin{bmatrix} r_1' \\ r_2' \\ r_3' \end{bmatrix} = \begin{bmatrix} r_1'\cos\theta - r_2'\sin\theta \\ r_1'\sin\theta + r_2'\cos\theta \\ r_3' \end{bmatrix}$$

即 $r_1 = r_1'\cos\theta - r_2'\sin\theta$；　$r_2 = r_1'\sin\theta + r_2'\cos\theta$；　$r_3 = r_3'$

1.3.2 对称变换（操作）

从对称的定义可知，考察物体 F 的（几何）对称性就是考察在某个变换（操作）前后物体是否自身重合，如果重合了，这种变换（操作）就是一种对称变换（操作）。

一个物体可以存在若干个对称操作，由两个或更多个相继的相同或不同的对称操作构成的操作也是对称操作。给定物体的对称操作的集合就是**对称群**。对称变换可以有两种完全等价的解释：在操作作用下，物体空间各点和全部位矢都相对一组固定参考轴移动，这种操作称**主动操作**；在操作作用下，保持物体空间各点和全部位矢都固定不动而使坐标移动，这种操作称**被动操作**。在这里讨论只采用主动操作。若采用主动操作，固定参考坐标架定为 $\boldsymbol{S}$ 坐标架，变换后的坐标架为 $\boldsymbol{H}$，则对称变换矩阵（操作）是（$\boldsymbol{SLH}$）。

物体某一点的空间位置 $\boldsymbol{r}$ 在 $\boldsymbol{S}$ 坐标架的 3 个坐标变量为 r_1、r_2 和 r_3，经（$\boldsymbol{SLH}$）变换后成为 $\boldsymbol{r}'$，根据式(1-9a) $\boldsymbol{r}'$ 的列矢量表达为：

$$[\boldsymbol{H};\boldsymbol{r}'] = (\boldsymbol{HLS})[\boldsymbol{S};\boldsymbol{r}] = (\boldsymbol{SLH})[\boldsymbol{S};\boldsymbol{r}]$$

（$\boldsymbol{SLH}$）可以作用在物体空间的全部变量上，也可以作用在部分变量上。如果（$\boldsymbol{SLH}$）作用在物体 F 在的空间变量后所得的结果不变，即：

$$F\{[\boldsymbol{H};\boldsymbol{r}']\} = F\{(\boldsymbol{SLH})[\boldsymbol{S};\boldsymbol{r}]\} = F\{[\boldsymbol{S};\boldsymbol{r}]\} \tag{1-22}$$

称 F 是对称物体，（$\boldsymbol{SLH}$）或 $\boldsymbol{L}$ 是对称变换（操作）。从广义来看，$\boldsymbol{r}$ 可以是描述物体的任何变量，这时 $\boldsymbol{r}$ 就可能不止是三维，而是三维以上的多维空间矢量。

前面说过，（$\boldsymbol{SLH}$）的变换总存在逆变换：$(\boldsymbol{SLH})^{-1} = (\boldsymbol{HLS})$，如果（$\boldsymbol{SLH}$）是对称变换，则其逆变换（$\boldsymbol{HLS}$）也是对称变换。

点 $\boldsymbol{r}$ 通过对称变换（$\boldsymbol{SLH}$）获得点 $\boldsymbol{r}'$，这两个点称为对称的等同点。空间物体可看做是点的集合，对称变换前后点的集合会完全重合。对称变换保持空间的度规性质不变，它是一种等体积变换，变换过程中空间不延伸，不扭曲，任何两点间距离保持不变。讨论空间的对称变换方式时，应采用一个不对称的实体作为对象，因为有任何对称性的实体经某些对称变换后仍会处在原处（例如一个球体绕通过球心的任何轴作任何角度的转动都留在原处），而使这些操作被“掩没”。现取不对称的四面体来讨论。取两个任意位置的等同的不对称的四面体 $ABCD$ 和 $A'B'C'D'$（图 1-13a），因为它们是等同的，所以它们的 6 个对应边完全相等。为了使 $ABCD$ 和 $A'B'C'D'$ 重合，进行如下操作：平移 $A'B'C'D'$ 使 A' 和 A 重合（图1-13b），绕 A 转动四面体使 B' 和 B 重合（图 1-13c），绕 AB 转动使 C' 和 C 重合（图 1-13d）。再看另一种操作：绕图 1-13b 中 ABC 和 $A'B'C'$ 面的交线 q 转动，使 B'、C' 同时与 B、C 重合。三角形 ABC 与 $A'B'C'$ 重合后，D' 只可能有两种位置：和 D 重合、相对 ABC 和 D 成镜面位置（图 1-13d）。前者已经获得了四面体的空间对称变换，后者再经过 D' 相对 ABC 面作镜面反映才获得四面体的空间对称变换。通过这个例子可以看出，任何保持空间度规的变换都可以分解为平移、旋转、反映或这些变换的组合。只包含平移和旋转变换及其组合的变换称为**第一类变换**或**本征运动**或简称**运动**，包含反映变换的称为**第二类变换**或**非本征运动**。

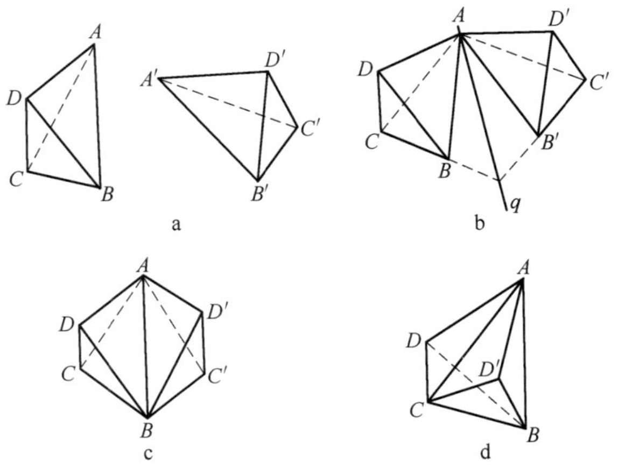

图 1-13　等同四面体及它们的重合过程
a—平移前；b—平移后；c—转动后；d—反映后

如果只有平移对称，设平移矢量为 $\boldsymbol{t}$，对称变换后 $\boldsymbol{r}'$ 为：

$$\boldsymbol{r}' = \boldsymbol{r} + \boldsymbol{t} \tag{1-23}$$

旋转、反映等操作和平移操作不同，在操作过程中，空间至少保持有一个点不动，这类对称操作称为**点对称操作**。点对称变换过程没有体积变化，是等体积变换，即 $\boldsymbol{r}$ 和 $\boldsymbol{r}_1$ 在变换前的 $|\boldsymbol{r} - \boldsymbol{r}_1|$ 与变换后的 $|\boldsymbol{r}' - \boldsymbol{r}_1'|$ 相等，这可以得出变换的矩阵的行列式一定是+1 或是−1。

若将点对称操作和平移操作组合，则 $\boldsymbol{r}$ 经 $\boldsymbol{L}$ 对称变换为 $\boldsymbol{r}'$ 的变换式为：

$$\boldsymbol{r}' = \boldsymbol{L}\boldsymbol{r} + \boldsymbol{t} \tag{1-24}$$

1.3.3 点对称变换（操作）

点对称操作保证操作前后最少有一点保持不动，因此也可能会有线或面保持不动，当然，还可能有整体不动，整体不动相当于没有操作（称**恒等操作**或**单位操作**）。在操作过程中保持不动的点、线或面都是**对称元素**。在讨论对称操作时总是离不开对称元素，对称元素通常用两种符号表示，一种是**国际符号**，另一种是**熊夫利斯符号**，因为后者还广泛存在，所以，我们对两种符号一并介绍。

研究晶体的宏观几何形貌是研究由晶面、晶棱、角隅等所封闭组成的有限空间多面体，这时认为在这一空间内分布的是连续、均匀的介质。宏观晶体学对称原理所阐述的是这些晶面、晶棱、角隅等在空间的相互关系，因此对称操作元素必通过并相交于晶体的重心。也就是说，点对称操作适用于研究晶体的宏观几何形貌，或者是研究一个独立的有限空间的连续介质物体。

1.3.3.1 恒等操作（又称单位操作）

恒等操作相当于没有任何操作。国际符号是 1，熊夫利斯符号是 E。合在一起记作 $1(E)$。从旋转的角度看，恒等操作等价于对任何轴旋转了 0°或 2π，很明显，它的操作矩阵是：

$$\{1(E)\} = \begin{bmatrix} 1 & 0 & 0 \\ 0 & 1 & 0 \\ 0 & 0 & 1 \end{bmatrix} \tag{1-25}$$

因为变换矩阵是单位矩阵，所以又称为单位操作。任何物体都具有这种对称性。

1.3.3.2 旋转操作

旋转操作是绕某一轴逆时针方向旋转 $2\pi/n=\theta$ 角度的对称操作，n 为正整数，是**旋转轴**的轴次。旋转轴就是这个操作过程中不动的线，是这个操作的对称元素。旋转操作的国际符号为 $n_{[uvw]}$，熊夫利斯符号为 $C_{n[uvw]}$，下标 [uvw] 表示旋转轴。

我们将在以后证明，在晶体学范畴中，旋转轴次 n 只能为 1、2、3、4 和 6。上面说过，恒等操作相当于绕旋转轴转动了 0°或 2π，所以，恒等操作的国际符号用 1。

$n(C_n)$ 连续操作了 m 次，则记作 $n^m(C_n^m)$。它的变换矩阵也相应于原操作矩阵自乘了 m 次。一般 $m \leqslant n$，当 $m=n$ 时，实际上共旋转了 360°，即回到原来位置，所以 $n^n(C_n^n) \equiv 1(E)$。

A 二次轴

$n=2$，$\theta=\pi$，国际符号是 2，熊夫利斯符号是 C_2，合在一起记作 $2(C_2)$。图 1-14a 描

绘了二次轴及其操作结果。图中有两只掌心都是向纸面上方的图形，这两只手掌通过垂直纸面的 $2(C_2)$ 对称操作彼此相关。垂直于纸面的轴习惯记作［001］，在国际表中，垂直于纸面的二次轴的图形符号以枣形符号来表示。经 $2_{[001]}$ 操作后，指向页顶的手旋转到指向页底。用在旁边标有“+”或“-”号的圆圈表示一般位置等价点（对称操作后相互重合的点称对称等价点，简称等价点），或在圆圈内加逗号来表示任何一般物体的状况，加了逗号的圆圈表示相对于不加逗号的圆圈改变了手性，即经操作后由右手变成左手。“+”号表示处在纸面上方；“-”号表示处在纸面下方。由于用圆圈表示的简洁性，在国际表中也采用它作为物体图示符号。图 1-14a 中，在垂直于纸面的 $2(C_2)$ 操作下，两个圆圈交换了位置，两者在纸上方的高度保持不变。因为操作没有改变手性，所以，两个都是空的圆圈。图 1-14a 中还给出另外一种取向的二次轴及与其相关的两个圆圈，这个二次轴的方向是［010］方向，它在纸面上。在国际表中，在纸面上的二次轴用带箭头的直线表示。绕这个二次轴操作之后，两个相关的圆圈都是空圆圈，但是一侧的圆圈在纸面上方，另一侧的圆圈在纸面的下方，它们距纸面的距离相等。根据式(1-18)，以 $\boldsymbol{a}_3$(即[001]轴)和 $\boldsymbol{a}_2$(即[010]轴)作二次旋转轴的变换矩阵为：

$$\{2_{[001]}\}=\begin{bmatrix}-1&0&0\\0&-1&0\\0&0&1\end{bmatrix}\qquad\{2_{[010]}\}=\begin{bmatrix}-1&0&0\\0&1&0\\0&0&-1\end{bmatrix}\tag{1-26}$$

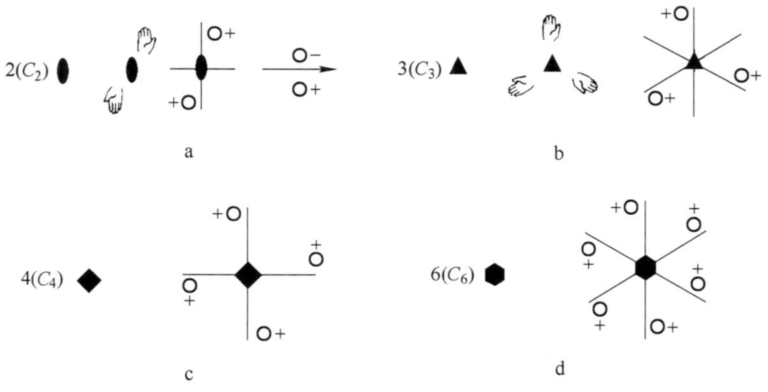

图 1-14　旋转对称轴操作及其图示符号

a—二次轴；b—三次轴；c—四次轴；d—六次轴

简单地看，$\{2_{[001]}\}$ 操作后，因为 $\boldsymbol{a}_3$ 轴没有动，它变换后的坐标和变换前的一样，所以第三列为（0，0，1），而 $\boldsymbol{a}_1$ 和 $\boldsymbol{a}_2$ 轴各自到了自身的反方向，所以第一列和第二列分别为（-1，0，0）和（0，-1，0）。连续进行两次二次旋转轴操作，即 $2\cdot2=2^2$ 或 $C_2\cdot C_2=C_2^2$，所得结果是恒等操作：

$$\{2^2_{[001]}\}=\begin{bmatrix}-1&0&0\\0&-1&0\\0&0&1\end{bmatrix}\begin{bmatrix}-1&0&0\\0&-1&0\\0&0&1\end{bmatrix}=\begin{bmatrix}1&0&0\\0&1&0\\0&0&1\end{bmatrix}=\{1(E)\}$$

B 三次轴

$n=3$，$\theta=2\pi/3$，国际符号是 3，熊夫利斯符号是 C_3，合在一起记作 $3(C_3)$。图 1-14b 描绘了三次轴及其操作结果。在国际表中，垂直于纸面的三次轴其图形符号以实三角形表示。根据式(1-18)，以 $\boldsymbol{a}_3$轴([001]轴)作为三次旋转轴的变换矩阵为：

$$\{3_{[001]}\}=\begin{bmatrix}-\frac{1}{2} & -\frac{\sqrt{3}}{2} & 0\\ \frac{\sqrt{3}}{2} & -\frac{1}{2} & 0\\ 0 & 0 & 1\end{bmatrix}\qquad \{3^2_{[001]}\}=\begin{bmatrix}-\frac{1}{2} & \frac{\sqrt{3}}{2} & 0\\ -\frac{\sqrt{3}}{2} & -\frac{1}{2} & 0\\ 0 & 0 & 1\end{bmatrix}\qquad \{3^3\}=1(E) \tag{1-27}$$

因为三次旋转轴每转过 120°就自身重合，所以，也常选用仿射坐标架：$\boldsymbol{a}_1$、$\boldsymbol{a}_2$轴的单位矢量长度相同，夹角为 120°，$\boldsymbol{a}_1$、$\boldsymbol{a}_2$轴都垂直于 $\boldsymbol{a}_3$轴（图 1-15）。以 $\boldsymbol{a}_3$轴为旋转轴，只可能有 $\boldsymbol{a}_1$和 $\boldsymbol{a}_2$轴交换位置。在这种坐标架下，作一次 $3(C_3)$操作后，$\boldsymbol{a}_1$转到 $\boldsymbol{a}_2$位置，$\boldsymbol{a}_2$转到$-(\boldsymbol{a}_1+\boldsymbol{a}_2)$位置。所以在这种坐标下以 $\boldsymbol{a}_3$轴作三次旋转轴的变换矩阵为：

$$\{3(C_3)\}=\begin{bmatrix}0 & -1 & 0\\ 1 & -1 & 0\\ 0 & 0 & 1\end{bmatrix}\qquad \{3^2(C_3^2)\}=\begin{bmatrix}-1 & 1 & 0\\ -1 & 0 & 0\\ 0 & 0 & 1\end{bmatrix} \tag{1-28}$$

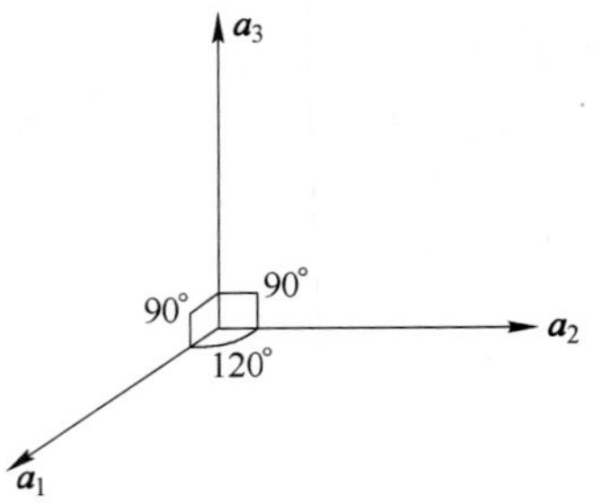

图 1-15 三次（六次）旋转轴变换矩阵采用的另一种坐标

用这种坐标架变换的优点是矩阵中各元素都是 0 或±1，而不像式(1-27)那样出现非整数。

C 四次轴

$n=4$，$\theta=\pi/2$，国际符号是 4，熊夫利斯符号是 C_4，合在一起记作 $4(C_4)$。图 1-14c 描绘了四次轴及其操作结果。在国际表中，垂直于纸面的四次轴其图示符号以实正方形来表示。根据式(1-18)，以 $\boldsymbol{a}_3$轴作为四次旋转轴的变换矩阵如式(1-29)所示。很容易看出，连续两次的四次轴操作等于一个二次轴操作，即：$4^2(C_4^2)\equiv 2(C_2)$。这说明一些对称操作可能隐含另一些对称操作。

$$\left.\begin{aligned}&\{4_{[001]}(C_{4[001]})\}=\begin{bmatrix}0 & -1 & 0\\ 1 & 0 & 0\\ 0 & 0 & 1\end{bmatrix}\qquad \{4^2_{[001]}(C^2_{4[001]})\}=\begin{bmatrix}-1 & 0 & 0\\ 0 & -1 & 0\\ 0 & 0 & 1\end{bmatrix}=\{2_{[001]}\}\\ &\{4^3_{[001]}(C^3_{4[001]})\}=\begin{bmatrix}0 & 1 & 0\\ -1 & 0 & 0\\ 0 & 0 & 1\end{bmatrix}\qquad \{4^4(C_4^4)\}\equiv\{1(E)\}\end{aligned}\right\} \tag{1-29}$$

D 六次轴

$n=6$，$\theta=\pi/3$，国际符号是 6，熊夫利斯符号是 C_6，合在一起记作 $6(C_6)$。图 1-14d 描绘了六次轴及其操作的结果。在国际表中，垂直于纸面的六次轴其图示符号以实正六边形表示。根据式(1-18)，以 $\boldsymbol{a}_3$轴作六次旋转轴的变换矩阵为：

$$
\left.
\begin{array}{ll}
\{6_{[001]}\} = \begin{bmatrix} \frac{1}{2} & -\frac{\sqrt{3}}{2} & 0 \\ \frac{\sqrt{3}}{2} & \frac{1}{2} & 0 \\ 0 & 0 & 1 \end{bmatrix} & \{6^2_{[001]}\} = \begin{bmatrix} -\frac{1}{2} & -\frac{\sqrt{3}}{2} & 0 \\ \frac{\sqrt{3}}{2} & -\frac{1}{2} & 0 \\ 0 & 0 & 1 \end{bmatrix} = \{3_{[001]}\} \\
\{6^3_{[001]}\} = \begin{bmatrix} -1 & 0 & 0 \\ 0 & -1 & 0 \\ 0 & 0 & 1 \end{bmatrix} = \{2_{[001]}\} & \{6^4_{[001]}\} = \begin{bmatrix} -\frac{1}{2} & \frac{\sqrt{3}}{2} & 0 \\ -\frac{\sqrt{3}}{2} & -\frac{1}{2} & 0 \\ 0 & 0 & 1 \end{bmatrix} = \{3^2_{[001]}\} \\
\{6^5_{[001]}\} = \begin{bmatrix} \frac{1}{2} & \frac{\sqrt{3}}{2} & 0 \\ -\frac{\sqrt{3}}{2} & \frac{1}{2} & 0 \\ 0 & 0 & 1 \end{bmatrix} & \{6^6\} = \{1(E)\}
\end{array}
\right\}
\tag{1-30}
$$

可以看出，$6^2(C_6^2)=3(C_3)$；$6^3(C_6^3)=2(C_2)$。和讨论三次轴时同样的理由，可采用图 1-15 的坐标架，这时以 $\boldsymbol{a}_3$轴为六次旋转轴的变换矩阵为：

$$
\{6_{[001]}\} = \begin{bmatrix} 1 & -1 & 0 \\ 1 & 0 & 0 \\ 0 & 0 & 1 \end{bmatrix} \quad \{6^5_{[001]}\} = \begin{bmatrix} 0 & 1 & 0 \\ -1 & 1 & 0 \\ 0 & 0 & 1 \end{bmatrix} \tag{1-31}
$$

1.3.3.3 平面反映（又称镜像反映或镜面）

平面反映操作的结果使操作前后的两个物体互为**镜像**。操作过程中，在**镜面**上的所有点都不动，所以镜面就是对称元素。平面反映操作的国际符号是 m，熊夫利斯符号是 σ，合在一起记作 $m(\sigma)$。空间任一点作镜面操作的方法是：过这一点向镜面作垂线，并延伸到镜面的另一边，在和原来点到镜面距离相等的位置上取点，这个点就是原来点的镜像。图 1-16a 描绘了平面反映及其操作结果。在国际表中，垂直于纸面的镜面其图形符号用一直线表示。一个在镜面右边手心向上的右手，它在镜面左边的镜像是一个手心向上的左手，因而平面反映操作是改变手性的。这种右手与左手的关系称为**对形关系**。旋转操作永远不能使右手系和左手系相互交换而彼此等价。如果两个物体具有相同的手性，称它们彼此**同宇**，否则是**非同宇**的。反映操作的结果是非同宇的。用圆圈表示任一物体，如果它在镜面的一侧为空圆圈的话，在另一侧则为带逗号的圆圈。如果镜面在纸面上，在国际表

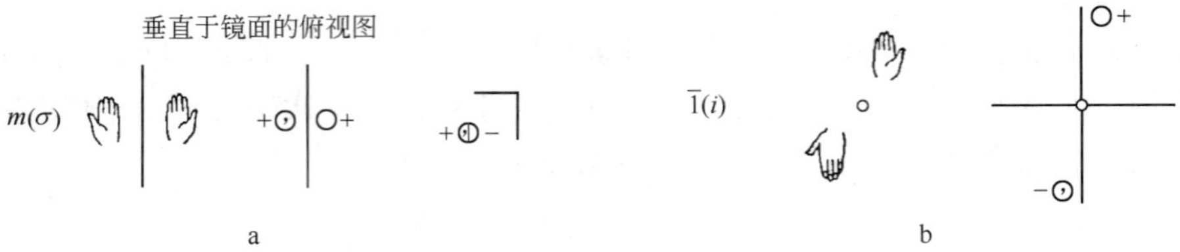

图 1-16 镜面、反演操作及其图示符号

a—平面反映；b—中心反演

中，它的图形符号用带直角的两个线段表示，代表有镜像对称关系的两个物体的圆圈会重叠在一起，并且手性相反。习惯上用一个分成两个半圆并分别在旁边标以“+”、“−”号（以表明一个处在纸面上方，另一个处在纸面下方）的圆圈表示，在一个半圆中带有逗号而另一个半圆中不带逗号，以表示镜面两侧物体手性的差别。很明显，连续进行两次镜像操作等于恒等操作。

镜面的熊夫利斯符号 σ 通常还带有下标。如果定义了坐标架的一个轴为主轴，垂直于这个主轴的镜面记为 σ_h，因为定义的主轴方向一般是竖直方向，所以镜面是水平放置，“h”表示水平；包含主轴并包含另一轴的镜面记为 σ_v，“v”表示垂直；包含主轴并包含其他两个轴的对角线的镜面记为 σ_d。如果选坐标架 $\boldsymbol{a}_3$ 轴为主轴，则 σ_h 的变换矩阵为：

$$\{m_{[001]}\} = \begin{bmatrix} 1 & 0 & 0 \\ 0 & 1 & 0 \\ 0 & 0 & -1 \end{bmatrix} \qquad \{m^2\} \equiv \{1(E)\} \tag{1-32}$$

1.3.3.4 反演、对称中心

空间任一点做反演操作的方法是：由这一点过规定的中心点连线并延伸，延伸到和原来点到中心点距离相等的位置处取一点，这两个点与规定的中心点具有反演对称关系。在操作过程中，这个中心点的位置保持不变，它就是反演（对称中心）的对称元素。图1-16b描绘了反演操作及其结果。在国际表中，反演（对称中心）的图形符号表示为一个小圆圈。一只手心向纸面上方、手指指向页顶的右手，经反演操作后变为手心向纸面下方、手指指向页底的左手。显然，这种操作结果是非同宇的。反演操作的国际符号是 $\bar{1}$，熊夫利斯符号是 i，合在一起记作 $\bar{1}(i)$。连续进行两次反演操作相当于恒等操作。如果坐标原点放在对称中心点，则反演的变换矩阵如下式所示。这个变换矩阵，对任何仿射坐标都是适用的。

$$\{\bar{1}(i)\} = \begin{bmatrix} -1 & 0 & 0 \\ 0 & -1 & 0 \\ 0 & 0 & -1 \end{bmatrix} \qquad \{\bar{1}^2(i^2)\} \equiv \{1(E)\} \tag{1-33}$$

例 1-4 证明一个二次轴与一个垂直于它的镜面组合，必然在其交点生出对称中心。

解：设在正交坐标架的 $\boldsymbol{a}_3$ 轴是二次轴，并且 $\boldsymbol{a}_1$-$\boldsymbol{a}_2$ 共面的面是镜面（垂直于 $\boldsymbol{a}_3$），它们的操作组合的变换矩阵是：

$$\begin{bmatrix}1&0&0\\0&1&0\\0&0&-1\end{bmatrix}\begin{bmatrix}-1&0&0\\0&-1&0\\0&0&1\end{bmatrix}=\begin{bmatrix}-1&0&0\\0&-1&0\\0&0&-1\end{bmatrix}$$

这就是过原点的反演操作。图 1-17 表述了这种操作组合的结果，图中 $\boldsymbol{a}_3$ 轴是二次轴，在 A 处一般位置点经二次对称操作后到达 B 位置，手性没有改变；再经垂直于对称轴的镜面操作，到达 C 位置，同时手性改变。从图中可看到，$Od=gB=Ag$，$Og=dB=Cd$，所以 $\triangle AgO=\triangle OdC$。这样，$AO=OC$，并且手性相反，所以 O 点就是对称中心。

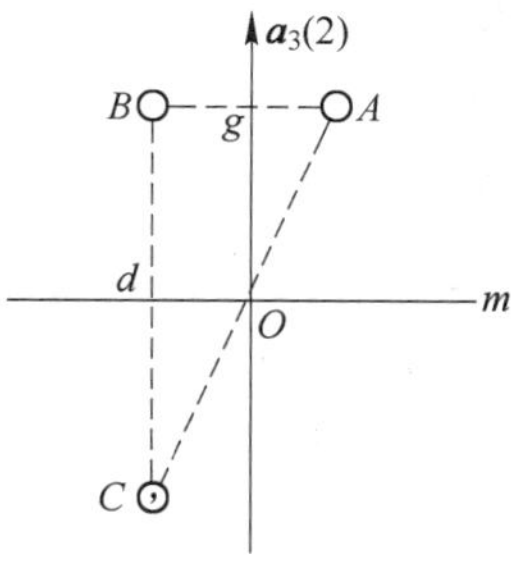

图 1-17　一个二次轴与垂直于它的镜面的组合

1.3.3.5　旋转反演与非真旋转

这种操作的国际方案和熊夫利斯方案不相同，熊夫利斯方案称这种操作为非真旋转。不论用哪一种方案，它都是由两种不同的操作复合而成的。一般来说组成这种复合操作的每一个操作本身不一定是对称操作。下面分别讨论这种操作的两种方案。

A　国际方案

国际方案的操作过程是先进行 $n(C_n)$ 旋转操作，接着再进行反演操作，这种复合操作是非同宇的。把这种复合操作写成两个操作的乘积（先操作的符号写在后面），即 $\bar{1}n(iC_n)$。用简略的国际符号代替 $\bar{1}n$，写成 $\bar{n}$，熊夫利斯符号写成 I_n。由于晶体中的对称限制，n 也只能为 1、2、3、4 和 6 五种，也就是说，旋转反演也只可能有 5 种情况。当 $n=1$ 时，$\bar{1}(I)$ 就是反演操作，不用再讨论，而 $n=2$ 时，显然就是镜面操作，$\bar{2}=m(\sigma)$，也不再讨论。

我们先讨论比较容易想象的 $\bar{4}(I_4)$ 操作，如图 1-18a 所示，一个掌心向纸面上方、手指指向页顶的右手（在图中的Ⅰ位置），转过 π/2 后再对原点作反演操作，即 $\bar{4}$ 操作，结果得到掌心向纸面下方、手指指向右方的左手（在图中的Ⅳ位置）；把这只左手再继续进行这种操作，即 $\bar{4}^2$ 操作，得到掌心向纸面上方、手指指向页底的右手（在图中的Ⅲ位置），这个结果表明 $\bar{4}^2\equiv 2$，即 $\bar{4}$ 操作隐含着 2 旋转轴操作。把第二次操作所得到的右手连续进行这种操作，即 $\bar{4}^3$ 操作，得到掌心向纸面下方、手指指向左方的左手（在图中的

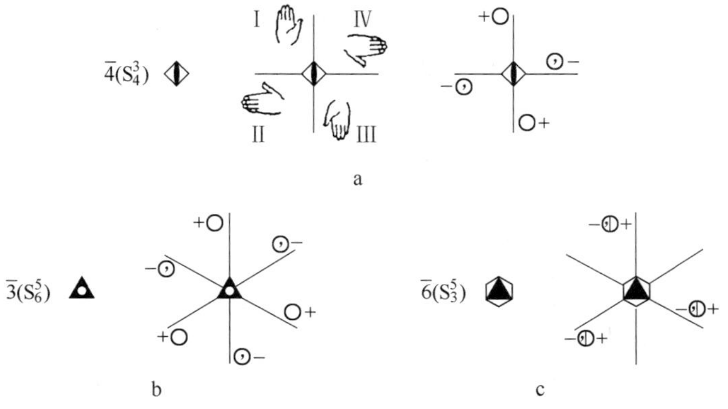

图 1-18　旋转反演操作及其图示符号

a—四次旋转反演；b—三次旋转反演；c—六次旋转反演

Ⅱ位置)，连续再进行这种操作，即 $\bar{4}^4$ 操作，得到进行全部操作前的右手，即 $\bar{4}^4 \equiv 1(E)$，为恒等操作。图 1-18a 还给出用带有表示高度、手性的圆圈表示 $\bar{4}$ 操作的常用简示图。应该注意到，具有 $\bar{4}$ 操作的图形中，既没有单独的 $\bar{1}$，也没有单独的 4 操作，所以，$\bar{4}$ 操作确实是一种新的对称操作。在国际表中，$\bar{4}$ 的图形符号是由空的正方形并在对角线方向上加上二次轴符号构成的。因为 $\bar{4}$ 是复合操作，所以变换矩阵是两种操作的乘积，相乘时，先操作的矩阵排在后面。若旋转轴定为 $\boldsymbol{a}_3$ 轴，则变换矩阵为：

$$\left.\begin{aligned}
\{\bar{4}_{[001]}\} &= \begin{bmatrix} -1 & 0 & 0 \\ 0 & -1 & 0 \\ 0 & 0 & -1 \end{bmatrix}\begin{bmatrix} 0 & -1 & 0 \\ 1 & 0 & 0 \\ 0 & 0 & -1 \end{bmatrix} = \begin{bmatrix} 0 & 1 & 0 \\ -1 & 0 & 0 \\ 0 & 0 & -1 \end{bmatrix} \\
\{\bar{4}^2_{[001]}\} &= \begin{bmatrix} 0 & 1 & 0 \\ -1 & 0 & 0 \\ 0 & 0 & -1 \end{bmatrix}\begin{bmatrix} 0 & 1 & 0 \\ -1 & 0 & 0 \\ 0 & 0 & -1 \end{bmatrix} = \begin{bmatrix} -1 & 0 & 0 \\ 0 & -1 & 0 \\ 0 & 0 & -1 \end{bmatrix} = \{2\} \\
\{\bar{4}^3_{[001]}\} &= \begin{bmatrix} -1 & 0 & 0 \\ 0 & -1 & 0 \\ 0 & 0 & 1 \end{bmatrix}\begin{bmatrix} 0 & 1 & 0 \\ -1 & 0 & 0 \\ 0 & 0 & -1 \end{bmatrix} = \begin{bmatrix} 0 & -1 & 0 \\ 1 & 0 & 0 \\ 0 & 0 & -1 \end{bmatrix} \\
\{\bar{4}^4_{[001]}\} &= \{1(E)\}
\end{aligned}\right\} \tag{1-34}$$

讨论 $\bar{3}(I_3)$ 操作。如图 1-18b 所示，图中靠近页顶在纸面上方的圆圈，转过 $2\pi/3$ 到左下方位置，继续进行一次中心反演操作，得出右上方在纸面下的改变了手性的圆圈。特别注意到，要连续经过六次（而不是三次）这样的操作才能回到原位。这种操作等价于 3 次旋转对称轴与对称中心的结合。在国际表中，$\bar{3}$ 对称元素的图形符号用中心带空圆圈的实心三角形符号表示。用图 1-15 的坐标架、以 $\boldsymbol{a}_3$ 作为旋转轴的 $\bar{3}$ 操作的变换矩阵为：

$$\left.\begin{aligned}
\{\bar{3}_{[001]}\} &= \begin{bmatrix} -1 & 0 & 0 \\ 0 & -1 & 0 \\ 0 & 0 & -1 \end{bmatrix}\begin{bmatrix} 0 & -1 & 0 \\ 1 & -1 & 0 \\ 0 & 0 & 1 \end{bmatrix} = \begin{bmatrix} 0 & 1 & 0 \\ -1 & 1 & 0 \\ 0 & 0 & -1 \end{bmatrix} \\
\{\bar{3}^2_{[001]}\} &= \begin{bmatrix} 0 & 1 & 0 \\ -1 & 1 & 0 \\ 0 & 0 & -1 \end{bmatrix}\begin{bmatrix} 0 & 1 & 0 \\ -1 & 1 & 0 \\ 0 & 0 & -1 \end{bmatrix} = \begin{bmatrix} -1 & 1 & 0 \\ -1 & 0 & 0 \\ 0 & 0 & 1 \end{bmatrix} = \{3^2_{[001]}\} \\
\{\bar{3}^3_{[001]}\} &= \{\bar{3}\cdot\bar{3}^2\} = \begin{bmatrix} 0 & 1 & 0 \\ -1 & 1 & 0 \\ 0 & 0 & -1 \end{bmatrix}\begin{bmatrix} -1 & 1 & 0 \\ -1 & 0 & 0 \\ 0 & 0 & 1 \end{bmatrix} = \begin{bmatrix} -1 & 1 & 0 \\ 0 & -1 & 0 \\ 0 & 0 & -1 \end{bmatrix} = \{\bar{1}\} \\
\{\bar{3}^4_{[001]}\} &= \{\bar{3}\cdot\bar{3}^3\} = \{\bar{3}\cdot\bar{1}\} = \{3\} \\
\{\bar{3}^5_{[001]}\} &= \{\bar{3}\cdot\bar{3}^4\} = \begin{bmatrix} 0 & 1 & 0 \\ -1 & 1 & 0 \\ 0 & 0 & -1 \end{bmatrix}\begin{bmatrix} 0 & -1 & 0 \\ 1 & -1 & 0 \\ 0 & 0 & 1 \end{bmatrix} = \begin{bmatrix} 1 & -1 & 0 \\ 1 & 0 & 0 \\ 0 & 0 & -1 \end{bmatrix} \\
\{\bar{3}^6_{[001]}\} &= \{1(E)\}
\end{aligned}\right\} \tag{1-35}$$

$\bar{6}$操作（图 1-18c）是不难理解的，它等价于 3 次旋转对称轴与镜面的结合。在国际表中，$\bar{6}$ 对称元素的图形符号是一个正六边形中含一个实三角形。应该注意的是，$\bar{6}^6=1(E)$；$\bar{6}^2=6^2$；$\bar{6}^3=m$；$\bar{6}^4=6^4$，我们不再列出它们的变换矩阵。用图 1-15 的坐标架给出余下的 $\bar{6}$ 和 $\bar{6}^5$ 的变换矩阵：

$$\{\bar{6}_{[001]}\}=\begin{bmatrix}-1&0&0\\0&-1&0\\0&0&-1\end{bmatrix}\begin{bmatrix}1&-1&0\\1&0&0\\0&0&1\end{bmatrix}=\begin{bmatrix}-1&1&0\\-1&0&0\\0&0&-1\end{bmatrix}$$

$$\{\bar{6}^5_{[001]}\}=\{\bar{6}\cdot\bar{6}^4\}=\begin{bmatrix}-1&1&0\\-1&0&0\\0&0&-1\end{bmatrix}\begin{bmatrix}-1&1&0\\-1&0&0\\0&0&1\end{bmatrix}=\begin{bmatrix}0&-1&0\\1&-1&0\\0&0&-1\end{bmatrix}\tag{1-36}$$

B 熊夫利斯方案

熊夫利斯方案的非真旋转是先做相应数目的旋转，紧接着对垂直于旋转轴的平面进行反映。这种操作的熊夫利斯符号是 $S_n=\sigma C_n$。因为选取的旋转轴是竖直方向，镜面就是水平面，镜面的下标为“h”，所以，这种操作符号常写作 $S=\sigma_{\mathrm{h}}C_n$。另外，恒有 $S_n^m\equiv(\sigma_{\mathrm{h}}C_n)^m$ 的关系。考察图 1-18，从手心向纸面上方、手指指向页顶的右手出发进行 S_4操作：转动 π/2 后再反映，得出的是掌心向纸页下方、手指指向左边的左手，这一操作与 $\bar{4}^3$ 等价，所以常常写作 $\bar{4}^3(S_4)$。连续进行 S_4操作，会发现 S_4和 $\bar{4}$ 操作的对应关系为：

S_4	$S_4^2=C_2$	S_4^3	$S_4^4=E$
$\bar{4}^3$	$\bar{4}^2=2$	$\bar{4}$	$\bar{4}^4=1$

考察图 1-18b 描述的 S_6 操作，连续地进行 S_6操作恰好导出图中按逆时针顺序的各位置，而按 $\bar{3}$ 操作则导出图中按顺时针的各个位置。因而 S_6 和 $\bar{3}$ 操作的对应关系为：

S_6	$S_6^2=C_3$	$S_6^3=i$	$S_6^4=C_3^2$	S_6^5	$S_6^6=E$
$\bar{3}^5$	$\bar{3}^4=3$	$\bar{3}^3=\bar{1}$	$\bar{3}^2=3^2$	$\bar{3}$	$\bar{3}^6=1$

考察图 1-18a，同样也可以发现 S_3和 $\bar{6}$ 有以下对应关系：

S_3	$S_3^2=C_3^2$	$S_3^3=\sigma_{\mathrm{h}}$	$S_3^4=C_3$	S_3^5	$S_3^6=E$
$\bar{6}^5$	$\bar{6}^4=6^4$	$\bar{6}^3=m$	$\bar{6}^2=6^2$	$\bar{6}$	$\bar{6}^6=1$

所有上列的两种方案操作的对应关系都可以用操作变换矩阵来证明。表 1-2 综合了点对称操作的类型以及它们的国际符号、熊夫利斯符号和图示符号。

表 1-2 点对称操作的类型以及它们的国际符号、熊夫利斯符号和图示符号

类 型	国际符号	熊夫利斯符号	图示符号	备 注
2 次旋转对称轴	2	C_2	⬮	
3 次旋转对称轴	3	C_3	▲	

续表 1-2

类 型	国际符号	熊夫利斯符号	图示符号	备 注
4 次旋转对称轴	4	C_4		
6 次旋转对称轴	6	C_6		
恒等操作	1	E		
反 演	$\bar{1}$	i		
3 次旋转反演轴	$\bar{3}$	I_3		等效于 3 次对称轴与对称中心的结合
4 次旋转反演轴	$\bar{4}$	I_4		
6 次旋转反演轴	$\bar{6}$	I_6		等效于 3 次对称轴与垂直于 3 次轴的镜面的结合
垂直于投影面的镜面	m	σ_v		等效于 $\bar{2}$
平行于投影面的镜面	m	σ_h		

1.3.3.6 逆变换、逆操作

我们在前面说过，一个对称变换（操作）总存在一个逆变换（操作），显然，这两个操作之积一定为恒等操作。设 $\boldsymbol{g}_1$ 操作和 $\boldsymbol{g}_2$ 操作的积为 $\boldsymbol{I}$，$\boldsymbol{g}_1 \cdot \boldsymbol{g}_2 = \boldsymbol{I}$，等号两边同乘以 $\boldsymbol{g}_1^{-1}$，$\boldsymbol{g}_1^{-1} \cdot \boldsymbol{g}_1 \cdot \boldsymbol{g}_2 = \boldsymbol{g}_1^{-1}$，则 $\boldsymbol{g}_2 = \boldsymbol{g}_1^{-1}$，即两个操作互为逆操作。我们把上面讨论的点对称操作和其对应的逆操作间的关系以熊夫利斯符号表示如下：

对称操作	逆操作	备 注
C_n^m	C_n^{n-m}	
S_n^m	S_n^{n-m}	n 为偶数，m 为任何数
S_n^m	S_n^{2n-m}	n 和 m 均为奇数
$S_n^m = C_n^m$	C_n^{n-m}	n 为奇数，m 为偶数

E、i 和 σ 的逆操作是它们的本身。

1.3.4 第一类操作和第二类操作的联系和区别

分析上面讨论的变换矩阵可知，第一类操作 g^{I} 的行列式等于+1，第二类操作 g^{II} 的行列式等于-1。任意多个第一类操作的组合（乘积）$g_1^{\mathrm{I}} g_2^{\mathrm{I}} g_3^{\mathrm{I}} \cdots = g_r$ 的行列式仍为+1。因此，任意多个第一类操作的乘积仍是第一类操作，也就是说转动的乘积最终还是转动，不可能由第一类操作组合得到第二类操作。偶数次第二类操作的乘积是第一类操作，而奇数次第二类操作的乘积仍是第二类操作。

下面的一些定理概括了上面的结果。

（1）**定理Ⅰ**。夹角为 $\theta/2$ 的两个镜面 m 和 m'，它们的交线一定是以 θ 为旋转角的对称旋转轴。即：

$$(m \cdot m')(\angle\theta/2) = n \qquad n = \frac{2\pi}{\theta} \tag{1-37}$$

从图 1-19a 看出，一个不对称四面体 T 经 m 反映后为 T'，再经 m'反映到 T''，即 T 经两次镜面操作到达 T''，因此 T 和 T''的手性是相同的；从 T、T'和 T''的任一个等同点向 m 和 m'交线作垂线，这 3 根线距离相等，所以，T''是绕此垂线旋转了 θ 角所得的结果。由这一定理可知，若有一个镜面 m 通过 n 次旋转轴，则必有 n 个镜面同时通过此旋转轴，这些镜面的夹角是旋转轴的旋转角的一半（$\theta/2$）。

（2）**定理Ⅱ**。通过两个平行的相距为 $t/2$ 的镜面 m 和 m'相继反映，等于一次平移为 t 的操作。这可从图 1-19b 直接看出。

（3）**定理Ⅲ**。通过两个旋转轴 $n(\alpha)$ 和 $n'(\beta)$ 的交点必然能找到第三个对称轴 $n''(\omega)$，后者的操作等于前两者的组合：$n(\alpha)\cdot n'(\beta) = n''(\omega)$。以图 1-20 的图形来证明这个定理。根据上述定理Ⅰ，可以用 $m_1 \cdot m_2$（夹角为 $\alpha/2$）和 $m_3 \cdot m_4$（夹角为 $\beta/2$）来代替 $n(\alpha)$ 和 $n'(\beta)$。m_2和 m_3是过 $n(\alpha)$ 和 $n'(\beta)$ 的同一个镜面。同样根据上述定理Ⅰ可知，m_1 和 m_4的交线必然是一个旋转轴，记为 $n''(\omega)$，ω 是 m_1 和 m_4夹角的一倍。用式子表达为：

$$n(\alpha)\cdot n(\beta) = (m_1 \cdot m_2)\cdot(m_3 \cdot m_4) = m_1 \cdot E \cdot m_4 = n''(\omega) \tag{1-38}$$

这就证明了这一定理。

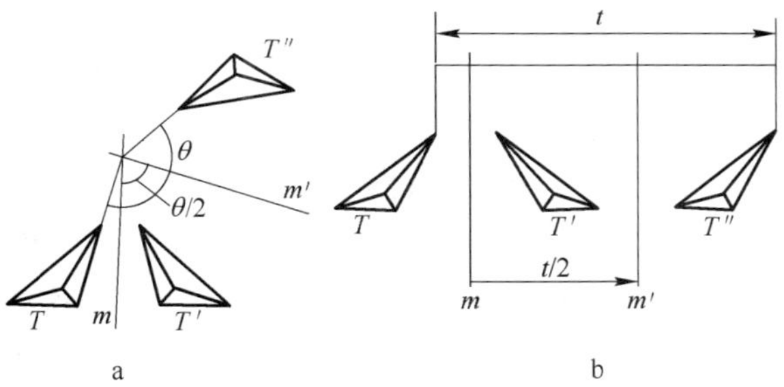

图 1-19　运动操作可看做两个镜面的相继反映

a—旋转（m 和 m'的交线是旋转轴）；b—平移（m 和 m'平行）

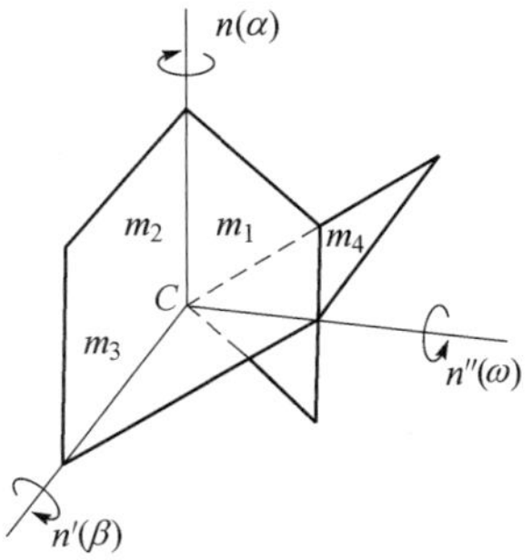

图 1-20　$n(\alpha)$ 和 $n'(\beta)$ 组合产生 $n''(\omega)$

通过这三个定理的叙述，我们看到，第一类操作可以化为偶数个第二类操作，但是，第一类操作的存在和使用是独立于第二类操作的。这样，任何对称操作都可以表示为一个或几个镜面反映操作的结果。由此可见，第二类对称性是空间和物体的基本性质，它在晶体学中有重要作用。

例 1-5　两个相交的镜面，交角 $\theta = 45°$（图 1-21a 中的 m_1和 m_2），导出这个组合的全部点对称元素以及等价位置点。

解：根据上述定理Ⅰ，两个相交的镜面的交线必然是一个旋转对称轴，旋转对称轴的旋转角是镜面交角的两倍。现在两个镜面的交角是 45°，故对称轴的转角是 2×45° = 90°，即是四次轴。根据上述的定理Ⅰ同时知道，只要有一个镜面通过 n 次轴，就有 n

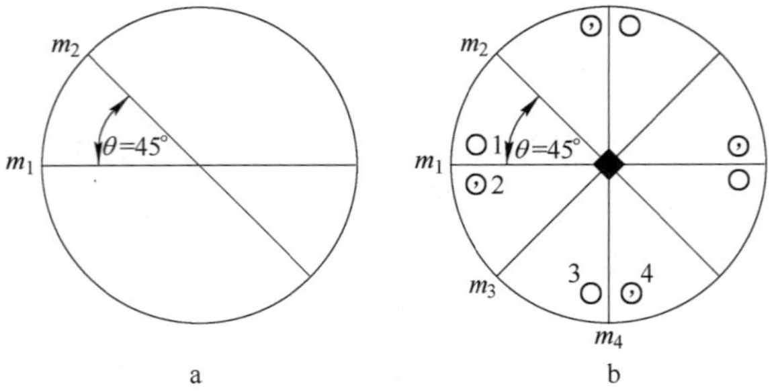

图 1-21 在极射赤面投影图中描述两个相交 45°的镜面的组合

a—相交 45°的 m_1 和 m_2 镜面；b—m_1 和 m_2 镜面组合后的全部点对称元素及等价位置点

个镜面通过这个轴。现在的对称轴是四次轴，所以应有 4 个镜面通过对称轴。从四次轴的操作可知，镜面之间的夹角都是 45°。图 1-21b 给出了这个组合的全部点对称元素：垂直纸面的镜面 m_1和 m_2的交线是四次轴，这个四次轴一次操作，把 m_1转到 m_4位置、把 m_2转到 m_3位置，这样再获得两个镜面。

在 1 处的一般位置点○经 m_1镜面操作到达 2 位置，同时手性改变；1 和 2 位置经四次轴操作到达 3 和 4 位置，这个转动没有改变各自的手性。如此类推，可以得到其余的等价位置点，共有 8 个等价位置点。

例 1-6 两个相交的二次轴，夹角为 45°（图 1-22a 中的 A_1和 A_2），导出这个组合的全部对称元素以及等价位置点。

解：根据上述的定理Ⅲ，在两个旋转对称轴的交点处必然能找到第三个对称轴，后者的操作等于前两者之组合。现在两个相交夹角为 45°的二次轴，在它的交点一定通过一个旋转轴，它等于这两个二次轴的组合。图 1-22b 中在 1 处的一般物体○，经 A_2二次轴操作到达 2 位置，然后再经 A_1二次轴操作到达 3 位置，很容易看出 3 位置是过两个二次轴交点并垂直于两个二次轴的四次轴顺时针操作一次的结果，所以存在一个过两个二次轴交点并垂直于两个二次轴的四次轴。经这个四次轴的操作，A_1和 A_2分别得到 A_3和 A_4两个二次轴。

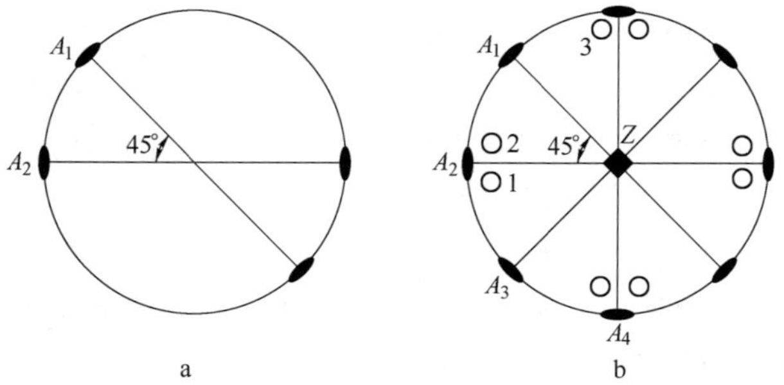

图 1-22 在极射赤面投影图中描述两个相交 45°的二次轴组合

a—相交 45°的 A_1 和 A_2 二次轴；b—A_1 和 A_2 二次轴组合后的全部点对称元素以及等价位置点

1 处的一般物体○，经 A_2二次轴操作到达 2 位置，这两个位置经垂直纸面的四次轴操作，共获得 8 个等价位置点。

例 1-7 找出正三角形、正四边形和正六边形的所有对称元素，并用对称元素符号标出其位置。

解：图 1-23a、b、c 分别为正三角形、正四边形和正六边形。对于正三角形，垂直于三角形中心有一个三次轴；垂直于三角形并过三角形的 3 个高都是镜面；这也可通过上面的定理Ⅰ来寻找这些镜面：因为其中一个镜面通过三次轴，所以必有 3 个镜面通过三次轴，相邻镜面之间的夹角是 $120°/2=60°$；很容易看出，正三角形的 3 个高是二次轴，这也可从上述定理Ⅲ来寻找这些二次轴：因为其中一个二次轴和三次轴相交并垂直，这两个旋转轴的复合操作必然得出另外一个和此操作等价的二次轴，显然它也垂直于三次轴；正三角形的对称元素及位置如图 1-23a 所示。对于正四边形，垂直于四边形中心有一个四次轴；垂直于四边形并过四边形的对角线是镜面；因为它通过四次轴，所以必有 4 个镜面通过四次轴，相邻镜面之间的夹角是 $90°/2=45°$，所以垂直四边形并过四边形的两个对角线、垂直于四边形并过 4 个边的两条对分线都是镜面；四边形的对角线及 4 个边的两条对分线都是二次轴，同样，它们也可以由其中任两个旋转轴导出其他的旋转轴；正四边形的对称元素及位置如图 1-23b 所示。对于正六边形，可按照讨论正三角形和正四边形的方法和思路导出它的全部对称元素：垂直于六边形中心有一个六次轴，垂直于六边形过六边形顶角连线以及过 6 对边的中分线都是镜面，相邻镜面之间的夹角是 $60°/2=30°$；镜面与六边形的交线都是二次轴；正六边形的对称元素及位置如图 1-23c 所示。

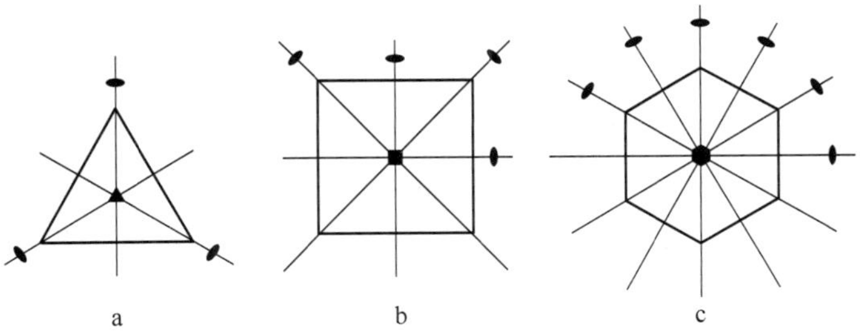

图 1-23 不同图形的对称元素及位置

a—正三角形；b—正四边形；c—正六边形

对于这样简单的图形，可以直观地找出它们的对称元素，不一定要应用相关原理去寻找，这里所作的比较繁琐的讨论，是想通过这些例子熟悉和应用上述的定理。

1.3.5 非点式对称变换

晶体内部结构是无限多个结构基元在三维空间中不连续地间断地周期地分布的，即在晶体内的物质点是不连续地间断地周期地分布的。这样就需要描述这些物质点在空间排布中的相互对称关系，描述这种关系的对称原理就是微观对称原理。晶体中无限多个结构基元各自都是在这个无限对称的图像中的一个独立对称部分（这个独立部分可以用点式对称操作来描述自身的对称性)，要使这个无限对称图像中某一个结构基元（独立对称部分）得以重合，除了点对称操作外，还必须加入一种平移对称操作。前面讨论过周期对称平移，它的平移矢量是单胞的3个基矢。这里讨论的平移，不包括这些平移。当平移对称加入后，晶体的微观对称性变得更加丰富多彩。加入平移后的对称操作再不能维持(最少）一点不动，称非点式对称操作。

从下面例题先看一个加入平移的简单例子。

例1-8 证明一个旋转轴 A^{α}（绕旋转轴逆时针转动 α）结合垂直 A^{α} 的平移 $\boldsymbol{t}$，等价于另一个旋转轴 B^{α}（绕旋转轴逆时针转动 α）。

解：如图1-24所示，垂直于 A^{α} 的线1和它上面的一点 P_1 经 A^{α} 旋转到达线2和 P_2，把线2和 P_2 平移 $\boldsymbol{t}$ 到达线3和 P_3。可以看出，在线3和线1的交点处垂直于纸面的轴必然是一个与 A^{α} 相同的旋转轴 B^{α}。B^{α} 轴的位置是处在 AA' 间的垂直等分线上，据底线 AA' 的距离 $d = |\boldsymbol{t}|\cot(\alpha/2)$。用式子表达为：

$$A^{\alpha} \cdot \boldsymbol{t} = B^{\alpha}$$

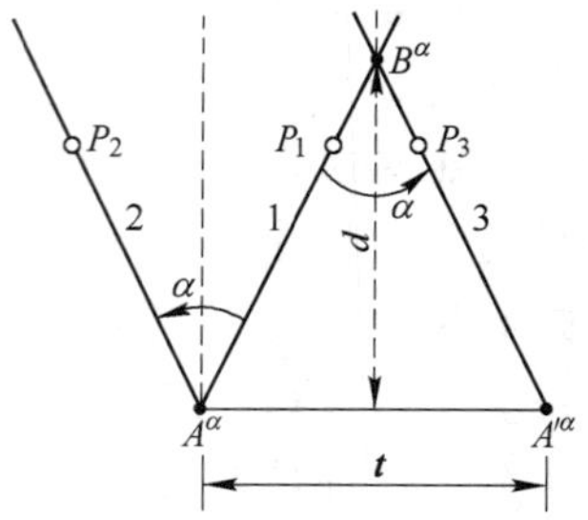

图1-24 绕旋转轴 A^{α} 逆时针转动 α 与垂直 A^{α} 的平移 $\boldsymbol{t}$ 的组合等价于绕另一个旋转轴逆时针转动 α 的说明

平移操作和旋转轴及镜面的结合，产生了**螺旋轴**和**滑移面**对称操作。非点式操作的空间变换解析与式(1-23)相似，因为平移矢量并非是完整的点阵平移矢量，所以这里应该用平移 $\boldsymbol{\tau}$ 来代替 $\boldsymbol{t}$。下面分别讨论这两种非点对称操作。

1.3.5.1 螺旋轴

螺旋轴的国际符号为 n_s，其中 n 是旋转轴次，s 是小于 n 的整数。螺旋轴操作是先旋转 $360°/n$，然后平移 $\boldsymbol{\tau} = \boldsymbol{t}s/n$（$\boldsymbol{t}$ 为与平移矢量 $\boldsymbol{\tau}$ 相平行的单位基矢)，操作后图像的等同部分重合，它就是旋转轴对称操作。这种复合操作的两种操作的先后次序不影响最后结果。和旋转轴一样，螺旋轴次可能有2、3、4和6四种（1次轴为恒等操作或不做操作，所以螺旋轴次不会为1)，相应的基转角为180°、120°、90°和60°，旋转后的平移矢量 $\boldsymbol{\tau} = \boldsymbol{t}s/n$。

n 次螺旋轴对 $\boldsymbol{r}$ 操作 n 次后，相当于平移了 $\boldsymbol{t}$ 矢量，由此可见为什么定义每次平移量都是 $\boldsymbol{t}s/n$，否则，转动一周后就破坏其基本的平移对称性。螺旋轴 n_s 的对称操作可表示为 $\{\boldsymbol{R}|\boldsymbol{\tau}\}$。所有可能的晶体学螺旋轴操作以及螺旋轴的符号表示于图1-25中，图中的数字表示平行螺旋轴的位置（以平行螺旋轴的单位平移矢量长度为单位)。图1-25中共有15种操作，但是，从图中可以看出，右旋的 3_2 螺旋轴相当于左旋的 3_1 螺旋轴；右旋的 4_3 螺旋轴相当于左旋的 4_1 螺旋轴；右旋的 6_5 和 6_4 螺旋轴分别相当于左旋的 6_1 和 6_2 螺旋轴；而 4_2 和 6_3 螺旋轴则左旋和右旋是等价的，所以实际只有11种螺旋轴操作。11种螺旋轴分别是 2_1、3_1、3_2、4_1、4_2、4_3、6_1、6_2、6_3、6_4、6_5。另外，根据上述的左旋和右旋关系，通常规定，在同轴次的螺旋轴 n_s 中，凡 $s \leqslant n/2$ 的螺旋轴为右旋螺旋轴，凡 $(\pi/2) < s < n$ 的螺旋轴为左旋螺旋轴，而 $s = n/2$ 的螺旋轴则无左右旋之分，称中性螺旋轴。

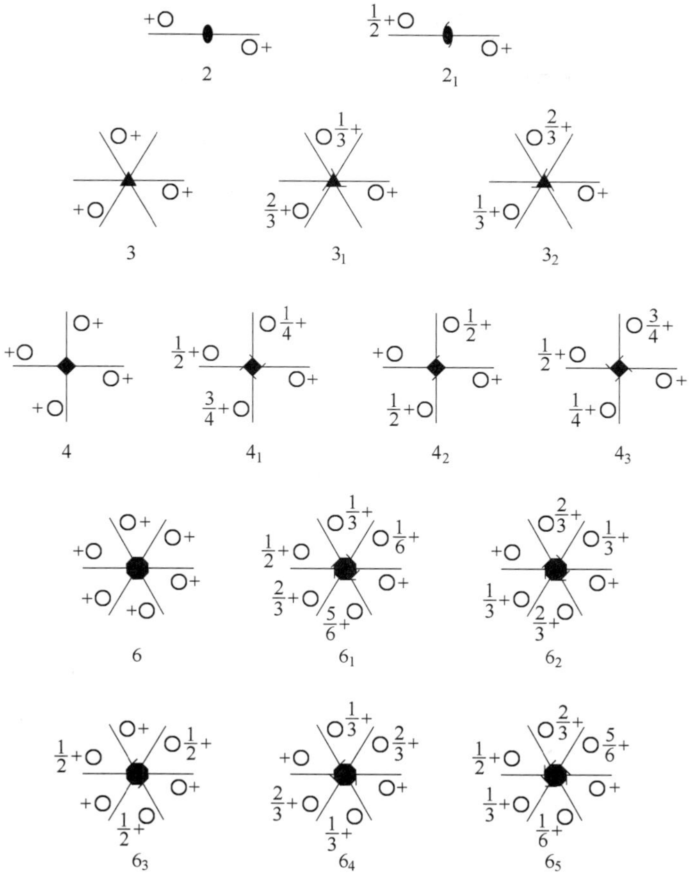

图 1-25 所有可能的晶体学螺旋轴操作和图示符号

一个一般点经过螺旋操作后，它的位置发生变化。作为例子，看一个一般点 $\boldsymbol{r}(x_1,\ x_2,\ x_3)$ 经 4_1 作用后的位置 $\boldsymbol{r}'(x'_1,\ x'_2,\ x'_3)$：

$$\{4_{[001]}\mid\tau(0,\ 0,\ 1/4)\}\boldsymbol{r}=\boldsymbol{r}'=\begin{bmatrix}0&-1&0\\1&0&0\\0&0&1\end{bmatrix}\begin{bmatrix}x_1\\x_2\\x_3\end{bmatrix}+\begin{bmatrix}0\\0\\1/4\end{bmatrix}=\begin{bmatrix}-x_2\\x_1\\1/4+x_3\end{bmatrix}$$

1.3.5.2 滑移面

上面讨论了真旋转和平移的组合，导出了螺旋轴。如果用非真旋转同平移组合，结果证明，只有 $\bar{2}$（或 m）这一种非真旋转可以同平移组合产生新的对称操作。这种由镜面和平移组合产生的对称元素称为滑移面。滑移面的基本操作可表示为 $\{m\cdot\tau\}$。它的对称群为 $\{m,\ \tau\}^p$，其中 $p=0,\ \pm1,\ \pm2,\ \cdots$晶体中有 3 种不同的滑移面：**轴向滑移**、**对角线滑移**和**金刚石滑移**。所有滑移中，都是经镜面操作后再平移单胞周期 t 的某一分数的距离。和螺旋轴的操作相同，镜面和平移两步操作的先后次序是不重要的。

轴向滑移中的镜面可以是 ab、bc、ca 面，平移矢量 $\boldsymbol{\tau}$ 是某一轴基矢的 1/2。很明显，镜面不可能和滑移方向垂直。若镜面垂直于 $\boldsymbol{a}$ 轴（即镜面是 bc 面），平移矢量 $\boldsymbol{\tau}=\boldsymbol{b}/2$，

这种轴向滑移称为 b 滑移面（图 1-26a）。对角线滑移又称为 n 滑移，它的平移矢量一般是 $(\boldsymbol{a}+\boldsymbol{b})/2$、$(\boldsymbol{b}+\boldsymbol{c})/2$、$(\boldsymbol{c}+\boldsymbol{a})/2$，图 1-26b 表示镜面垂直于 $\boldsymbol{c}$ 轴（即镜面是 ab 面），平移矢量是 $(\boldsymbol{a}+\boldsymbol{b})/2$ 的 n 滑移。金刚石滑移又称 d 滑移，它的平移矢量是四方和立方晶系的 $(\boldsymbol{a}+\boldsymbol{b})/4$、$(\boldsymbol{b}+\boldsymbol{c})/4$、$(\boldsymbol{c}+\boldsymbol{a})/4$ 或 $(\boldsymbol{a}+\boldsymbol{b}+\boldsymbol{c})/4$。

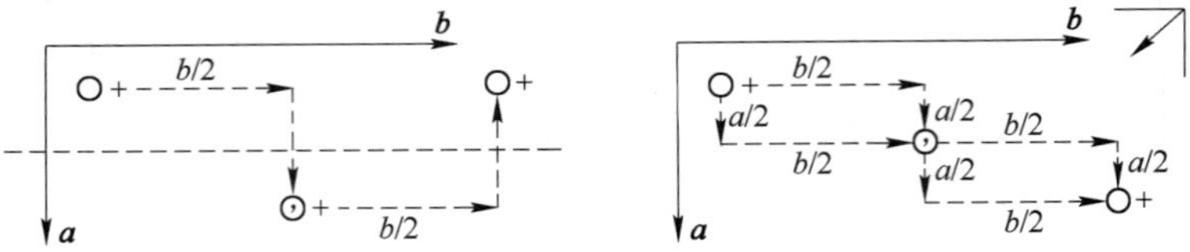

a　　　　　　　　b

图 1-26　滑移面操作及图示符号

a—b 滑移面；b—n 滑移面

作为例子，看一个一般位置点 r（x_1，x_2，x_3）经 n 滑移面作用后的位置 $\boldsymbol{r}'$（x_1'，x_2'，x_3'）：

$$\{m_{[001]}\mid\tau(1/2,\ 1/2,\ 0)\}r=\begin{bmatrix}1&0&0\\0&1&0\\0&0&-1\end{bmatrix}\begin{bmatrix}x_1\\x_2\\x_3\end{bmatrix}+\begin{bmatrix}1/2\\1/2\\0\end{bmatrix}=\begin{bmatrix}1/2+x_1\\1/2+x_2\\-x_3\end{bmatrix}$$

表 1-3 综合了非点对称操作类型及其图示符号。

表 1-3　非点对称操作的类型以及它们的图示符号

名称		符号	图示	
螺旋轴	2 次旋转轴	2_1	 垂直于投影面的 2_1 轴 平行于投影面的 2_1 轴	
	3 次旋转轴	3_1，3_2		
	4 次旋转轴	4_1，4_2，4_3		
	6 次旋转轴	6_1，6_2，6_3，6_4，6_5		
滑移面	滑移量是 $\boldsymbol{a}$ 矢量的一半	a	滑移面垂直于投影面	滑移面平行于投影面
	滑移量是 $\boldsymbol{b}$ 矢量的一半	b	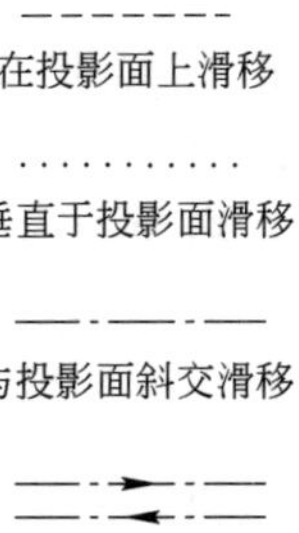 在投影面上滑移	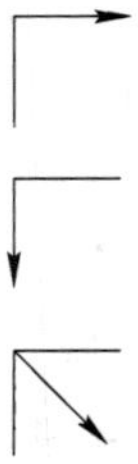
	滑移量是 $\boldsymbol{c}$ 矢量的一半	c	垂直于投影面滑移	
	滑移量是 $\boldsymbol{a}$+$\boldsymbol{b}$ 或 $\boldsymbol{b}$+$\boldsymbol{c}$ 或 $\boldsymbol{a}$+$\boldsymbol{c}$ 的一半	n	与投影面斜交滑移	
	在 F 或 I 晶胞滑移量是 $\boldsymbol{a}\pm\boldsymbol{b}$，$\boldsymbol{b}\pm\boldsymbol{c}$，$\boldsymbol{c}\pm\boldsymbol{a}$(F) 或 $\boldsymbol{a}\pm\boldsymbol{b}\pm\boldsymbol{c}$(I) 的 1/4	d	与 d 面斜交滑移	箭头指示滑移方向

例 1-9 图 1-27a 所示为一个二维的图案花样。画出一个单胞，说明它是简单单胞还是复式单胞，指出图案花样中的结构基元；画出它的对称滑移面，说明滑移面的类型。

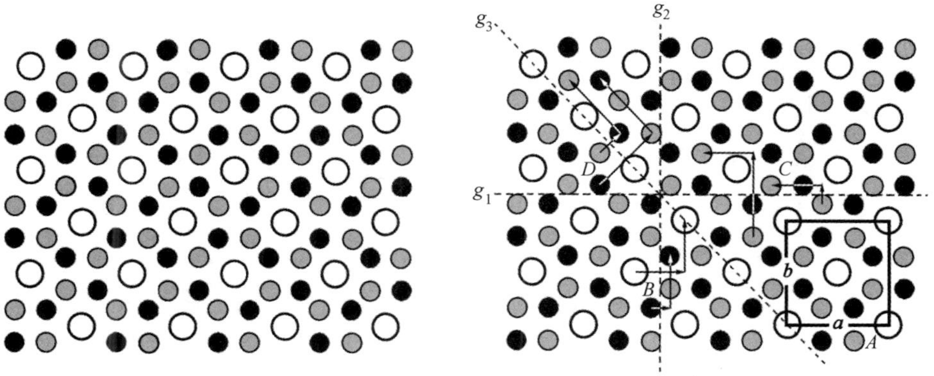

a　　　　　　　　　　b

图 1-27　由三种小圆组成的二维图案花样的单胞和对称滑移面

a—二维图案花样；b—*A* 处粗线为二维图案的单胞，虚线表示 g_1、g_2、g_3 三滑移面

解：把解答的图形表示于图 1-27b 中。图 1-27b 的 *A* 处画出了这个二维图案的单胞，虽然其中含有不止一种圆和多个圆，但它不是复式单胞，因为它只含一个结构基元。在单胞中含有 2 个大白圆、4 个灰小圆和 4 个黑小圆，它们合起来组成一个结构基元。图中用虚线画出它的 3 个滑移面：g_1、g_2和 g_3，为了看清这些滑移面的性质，都各自画出了其中两个圆的滑移操作。在 *C* 处用 2 个灰色的圆表示 g_1滑移面的操作（箭头表示），*B* 处用 2 个白色圆操作来说明 g_2滑移面的操作，这两个操作的镜面都平行于基矢，滑移量都是 1/2 基矢长度，所以它们是 *b* 滑移；*D* 处用 2 个黑色圆操作来说明 g_3滑移面的操作，其滑移面平行于单胞的对角线，滑移量是$(a+b)/2$，所以是 *n* 滑移。

例 1-10 证明镜面 *m* 与平移 ***t*** 组合在平移矢量的中点会引出一个平行于原来镜面的新的镜面 *m′*。

解：首先证明平移矢量 $\boldsymbol{t}_\perp$ 垂直于镜面的情况。如图 1-28a 所示，处于 1 位置的一般等价点○经镜面 *m* 操作到达 2 位置，并手性相反⊙。1 位置○和 2 位置⊙经平移 $\boldsymbol{t}_\perp$ 操作到达 3 位置⊙和 4 位置○。3 位置⊙和 1 位置○的手性相反，并且它们距 $\boldsymbol{t}_\perp$ 的中点垂线的距离相等，等于 $t/2-d$，所以，3 位置⊙可看做是 1 位置○经垂直于平移矢量 ***t*** 并处在 ***t***/2 处镜面 *m′*操作的结果。同样的分析可知，4 位置○是 2 位置⊙经垂直于平移矢量 ***t*** 并处在 ***t***/2 处镜面 *m′*操作的结果。即说明，在垂直于平移矢量 ***t*** 并处在 ***t***/2 处有一个新镜面 *m′*。镜面 *m* 与垂直于它的平移 $\boldsymbol{t}_\perp$ 组合表达为：

$$\boldsymbol{t}_\perp \cdot m = m' \qquad m' \text{ 在 } \boldsymbol{t}/2 \text{ 位置}$$

如果平移矢量不垂直于镜面，它总可以分解为一个垂直于镜面的平移矢量 $\boldsymbol{t}_\perp$ 和一个平行于镜面的平移矢量 $\boldsymbol{t}_\parallel$，如图 1-28b 所示。处于 1 位置的一般等价位置点○经镜面 *m* 操作到达 2 位置，并手性相反⊙。2 位置⊙平移到达 3 位置⊙，3 位置⊙可看做是 1 位置○

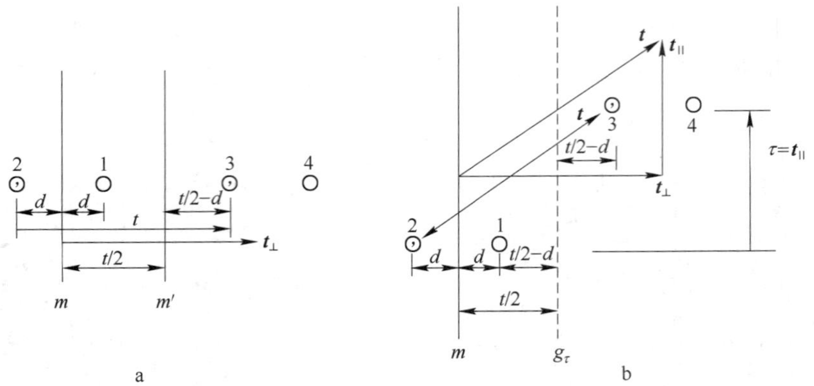

图 1-28　平移 $\boldsymbol{t}$ 与镜面 m 的组合

a—平移矢量 $\boldsymbol{t}_{\perp}$ 垂直于镜面；b—平移矢量不垂直于镜面

经处在 $\boldsymbol{t}_{\perp}/2$ 处并垂直于 $\boldsymbol{t}_{\perp}$（平行于 m）的滑移面 g_{τ} 操作的结果，滑移量 $\boldsymbol{\tau}=\boldsymbol{t}_{\parallel}$。镜面 m 与平移 $\boldsymbol{t}$ 组合表达为：

$$\boldsymbol{t}\cdot m=g_{\tau}\qquad \boldsymbol{\tau}=\boldsymbol{t}_{\parallel}\qquad g_{\tau}\text{ 在 }\boldsymbol{t}_{\perp}/2\text{ 位置}$$

注意，在特殊情况 $\boldsymbol{t}_{\parallel}=0$，即 $\tau=0$ 时上式就和图 1-28a的情况相同。这个结果可以推广到平移 $\boldsymbol{t}$ 与滑移面 g_{τ}的组合，如图 1-29 所示。组合表示为：

$$\boldsymbol{t}\cdot g_{\tau}=g_{\tau}+\boldsymbol{t}_{\parallel}\qquad g_{\tau}\text{在 }\boldsymbol{t}_{\perp}/2\text{ 位置}$$

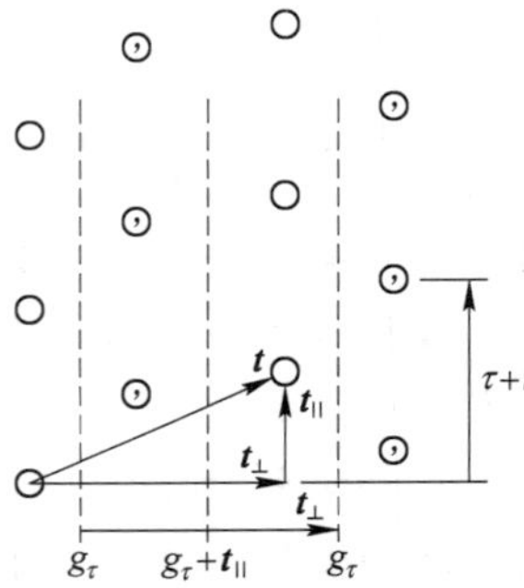

图 1-29　平移 $\boldsymbol{t}$ 与滑移面 g_{τ}的组合

1.4　晶系和布拉维点阵

虽然晶体是三维的，但是在某些情况下要讨论晶体的某些面（例如晶体表面、晶界等）上基元的排列，这就涉及二维点阵。从广义来看，二维点阵也是空间点阵。

空间点阵是由晶体结构抽象出来的，当空间点阵的每个结点放上结构单元便是真实的晶体，这时空间点阵的简单格子就是晶体点阵的一个基本单元，也称为晶体结构的单位晶胞或简称晶胞。同样，二维简单晶格平行四边形的 3 个晶格参数和三维简单格子平行六面体的 6 个参数也是描述晶胞的 6 个参数，称晶胞参数。晶胞参数（点阵参数）表达了晶体点阵的特征，而晶体的对称性是晶体内部结构的一种表象，它也包含着晶胞（单位格子）的各种特征。因此晶胞参数必须受晶体对称性的限制，根据晶体对称性的限制，二维晶体只能分属 4 种晶系，三维晶体只能分属 7 种晶系。本节将根据点对称操作的知识，讨论如何导出这些晶系。

首先应记住，我们讨论的是晶体点阵，晶体点阵的晶胞周期平移必须填满整个空间。5 次对称形体是不能填满空间的，图 1-30 所示为正五边形不能填满平面的情况。所以，对于晶体点阵，旋转轴次（包括非真旋转轴次）只能是1、2、3、4和6五种。

下面证明晶体点阵不能具有5次对称：考虑图1-31中两个阵点A和A'，它们相距一个平移单位$\boldsymbol{t}$。将某一旋转变换$\boldsymbol{g}$及它的逆变换$\boldsymbol{g}^{-1}$分别作用到A和A'点上，以过A点垂直于纸面的轴逆时针方向转动θ角，使A'点到达B点；又以过A'点垂直于纸面的轴顺时针方向转动θ角，使A点到达B'点。前面说过，对称操作的逆操作也是对称操作。所以，B和B'点应是阵点，这就要求BB'间距离t'必须是平移单位t的整数倍：$t'=mt$（m是整数）。由图1-31中可看到：

$$t' = -2t\cos\theta + t = mt$$

这样就获得：

$$\cos\theta = \frac{1-m}{2}$$

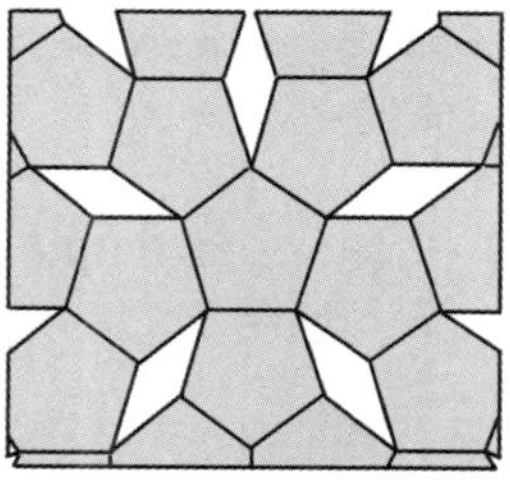

图1-30　正五边形不能填满平面的图示

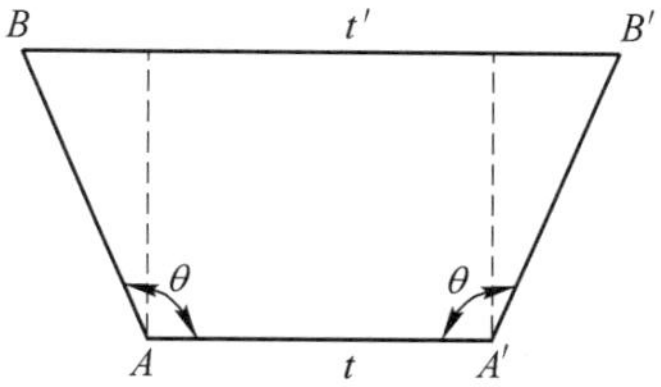

图1-31　晶体中旋转轴次的限制的说明

如果m是整数，$1-m=M$也是整数。在给定的$\boldsymbol{g}$变换作用下，为了使结果具有封闭性，θ角必在0°~180°之间，即$\cos\theta$在−1和+1之间，而$|\cos\theta|\leqslant 1$。上式可写成：

$$|M| \leqslant 2$$

于是M可以是−2、−1、0、+1、+2几种值。把这几个值代回上式，θ值分别对应为π、2π/3、π/2、π/3、0，所以，旋转轴次$n=2\pi/\theta$只能是2、3、4、6、1几种。

确定晶体点阵类型，即确定晶胞的类型。同一种晶体点阵，可以有无限多种划分简单晶胞的方式，本章前面已经讨论过选取简单晶胞的原则。在这里要强调的是，最重要和最首要的原则是这个晶胞必须能充分地反映出晶体点阵的对称性。在满足这个条件的前提下，再使晶胞的棱和棱之间的角度尽可能为直角，最后考虑选取简单晶胞的体积最小者。这些原则是法国晶体学家布拉维（A. Bravais）提出来的。

根据布拉维的这些原则，首先把旋转对称从低对称到高对称引入点阵，讨论它对晶体点阵参数的限制，从而得到4种二维晶系和7种三维晶系。点对称是讨论晶体宏观外形的，这些只是对晶体的宏观对称作的分类，没有考虑晶体的微观对称性。同一晶系的晶体，不管其微观对称性的高低，它们相应的晶胞的对称性是一样的。如果把简单的平移对称加入各种晶系，最后可以得到5种二维布拉维点阵和14种三维布拉维点阵。

1.4.1　二维晶体点阵类型（二维晶系）

因为晶体衍射图像经常表示为一组二维的点阵，它同样具有对称性。根据对称性划分二维点阵类型。

（1）斜方晶系。一个任意的二维点阵，其晶胞一定含有垂直于晶胞中心的2次轴，在这种情况下，两个基矢 $\boldsymbol{a}$ 和 $\boldsymbol{b}$ 的长度和夹角 γ 不受任何限制。这种点阵称斜方点阵，如图1-32a所示，即：

$$a \neq b \qquad \gamma \neq 90°$$

（2）正交晶系。当点阵引入垂直于晶胞中心的2次轴后，并通过2次轴包含一个镜面 m，在这种情况下，两个基矢 $\boldsymbol{a}$ 和 $\boldsymbol{b}$ 的长度可以不受限制，但是它们的夹角 γ 必须等于90°。这种点阵称正交点阵，如图1-32b所示，即：

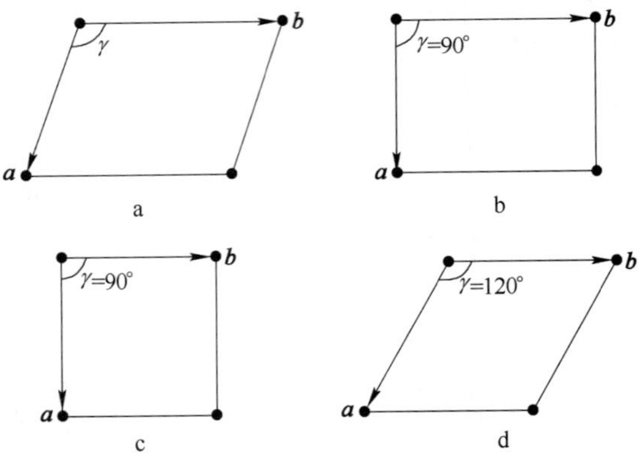

图1-32　四种二维晶系的晶胞
a—斜方晶系；b—正交晶系；c—正方晶系；d—六方晶系

$$a \neq b \qquad \gamma = 90°$$

（3）正方晶系。在二维点阵中垂直于晶胞中心引入4次轴，这样 $\boldsymbol{a}$ 和 $\boldsymbol{b}$ 的长度必须相等，并且它们的夹角 γ 必须等于90°。这种点阵称正方点阵，如图1-32c所示，即：

$$a = b \qquad \gamma = 90°$$

（4）六方晶系。在二维点阵中垂直于晶胞中心引入3次轴，这样 $\boldsymbol{a}$ 和 $\boldsymbol{b}$ 的长度必须相等，且它们的夹角 γ 必须等于120°。这种点阵称六方点阵，也称菱方点阵，如图1-32d所示，即：

$$a = b \qquad \gamma = 120°$$

但是，6次轴的两次操作等于3次轴的一次操作，所以，可以用6次轴取代3次轴，一般常把这种晶系称为六方晶系。表1-4综合列出了二维晶体点阵的4种晶系的特征对称性、点阵常数间的关系和5种布拉维点阵（布拉维点阵的讨论见1.4.3节）。

表1-4　二维晶体点阵的4种晶系的特征对称性、点阵常数间的关系

晶　系	特征对称性	轴长关系	轴夹角关系
斜　方	2	$a \neq b$	γ 任意
正　交	2，m	$a \neq b$	$\gamma = 90°$
立　方	4	$a = b$	$\gamma = 90°$
六方（菱方）	6，(3)	$a = b$	$\gamma = 120°$

注：一般物体都有恒等对称，所以没有列入表中。

1.4.2　三维晶体点阵类型（三维晶系）

三维晶体点阵有以下几种类型：

（1）三斜晶系。除了 $1(E)$ 或 $\bar{1}(i)$ 之外晶胞再没有其他的旋转对称性，在这种情况下，晶胞各个轴都不具有对称性，轴之间的夹角也无任何固定关系，所以晶胞的几何形状没有特别的限制，如图1-33a所示，点阵参数间的关系为：

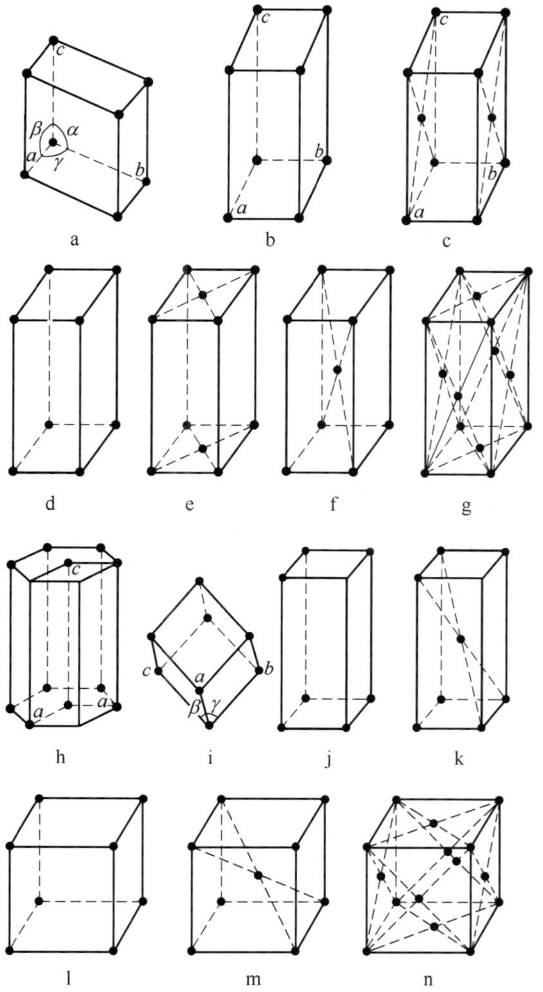

图 1-33 7 种晶系及 14 种布拉维点阵的单胞
a—三斜(P);b—简单单斜(P);c—底心单斜(C);
d—简单正交(P);e—底心正交(C);f—体心正交(I);
g—面心正交(F);h—六方(P);i—菱方(R);
j—简单四方(P);k—体心四方(I);l—简单立方(P);
m—体心立方(I);n—面心立方(F)

$$a \neq b \neq c \qquad \alpha \neq \beta \neq \gamma$$

(2) 单斜晶系。这种晶系的对称元素是二次旋转轴 $2(C_2)$ 或镜面 $m(\sigma)$。把二次对称轴 $2(C_2)$ 引入点阵，为了方便，把对称轴放在晶胞 $\boldsymbol{c}$ 轴上，这种放置称**第一种定向**；若把对称轴放在单胞 $\boldsymbol{b}$ 轴，称**第二种定向**。现按第一种定向来看二次旋转轴加到晶体点阵上给晶胞带来的限制。

取 $\boldsymbol{c}$ 和 $\boldsymbol{a}$ 共面的面为纸面（图 1-34）。由点阵概念可知，$\boldsymbol{c}$ 和 $\boldsymbol{a}$ 的端点是阵点，沿这些矢量正向和反向平移所得的点也必是阵点。当绕二次轴（$\boldsymbol{c}$ 轴）转动 π 角度后，$\boldsymbol{a}$ 转到 $\boldsymbol{a}'$ 位置（也在纸面上）。同样，$\boldsymbol{a}'$端点也是阵点位置。$-\boldsymbol{a}$ 端点引向 $\boldsymbol{a}'$端点的矢量 $\boldsymbol{d}$ 必平行于 $\boldsymbol{c}$，并必然有 $\boldsymbol{d}=n\boldsymbol{c}$ 的关系，其中 n 可以是包括 0 的任意整数。从图 1-34 可知：

$$d = 2a\cos\beta = nc$$

如果 $n=0$，β 就等于 $\pi/2$，按单胞选轴的原则，所选的轴就是真实晶系的 $\boldsymbol{a}$ 轴。若 $n\neq 0$，设 $n=1$，则 $d=c$。从原点 O 沿 $\boldsymbol{c}$ 轴引 d 长度到 M 点，M 点应是阵点。由 M 向 $\boldsymbol{a}'$端点引线并延伸相同距离到 N 点，N 点也应是阵点，很容易看出 ON 和 $\boldsymbol{c}$ 垂直。按单胞选轴原则，应选 ON 作真实晶系的 $\boldsymbol{a}$ 而不是开始选的那个"$\boldsymbol{a}$"轴，因而 $\boldsymbol{a}$ 和 $\boldsymbol{c}$ 垂直。设 $n=2$，则 $\boldsymbol{d}=2\boldsymbol{c}$，显然在 $\boldsymbol{d}$ 的中点 Q 应是一个阵点。因 OQ 和 $\boldsymbol{c}$ 轴垂直，根据选择单胞的原则，也应选 OQ 作真实的 $\boldsymbol{a}$。当 n 为其他整数时，也可按类似方法同样证明真实 $\boldsymbol{a}$ 轴一定和 $\boldsymbol{c}$ 轴垂直，同理也可证明 $\boldsymbol{b}$ 轴和 $\boldsymbol{c}$ 轴垂直。除此以外，单胞参数不受其他限制。所以，单胞的几何形状如图 1-33b 所示，第一种定向的点阵参数间的关系为：

$$a \neq b \neq c \qquad \alpha = \beta = 90° \neq \gamma$$

按同样道理讨论第二种定向，它的点阵参数间的关系为：

$$a \neq b \neq c \qquad \alpha = \gamma = 90° \neq \beta$$

(3) 正交晶系（斜方晶系）。在这种晶系晶胞中有两个或两个以上的 $2(C_2)$ 或 $\bar{2}$ 轴（即镜面）。在讨论单斜晶系时已说明，若晶胞的一个轴是二次对称轴时，则这个轴一定和晶胞的另外两个轴垂直。现在晶胞有两个轴是二次对称轴，很显然，一定要求晶胞 3 个轴互相垂直。但是，晶胞的这三个轴的长度没有任何限制，所以，晶胞的形状如图 1-33d 所示，点阵参数间的关系为：

$$a \neq b \neq c \qquad \alpha = \beta = \gamma = 90°$$

根据 1. 3. 4 节中定理Ⅲ，通过两个二次轴交点必有第三个二次轴，它和前两个二次轴垂直。就是说，相交于晶胞中心并平行于晶胞的 3 个轴的轴都是二次对称轴。

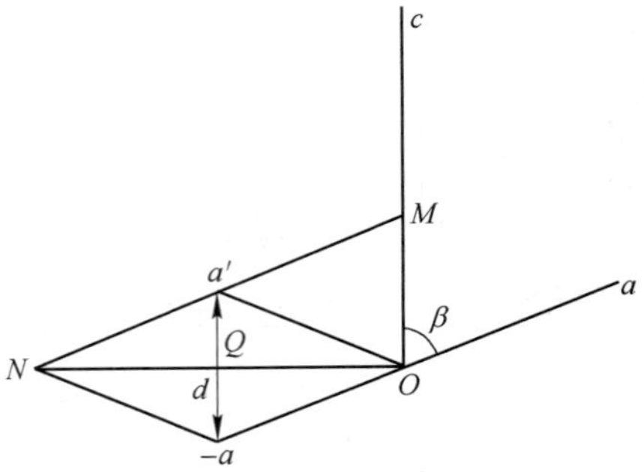

图 1-34 **c** 轴为 $2(C_2)$旋转轴时对单胞的限制

利用镜面和二次轴的适当组合也能导出正交晶系。

(4) 四方晶系（正方晶系）。考察点阵引入一个 $4(C_4)$或一个 $\bar{4}(S_4^3)$ 操作对单胞的限制。把 $4(C_4)$轴放在晶胞的 **c** 轴上，因为 $4(C_4)$隐含 $2(C_2)$，从讨论单斜晶系知道，这时的 **a** 和 **b** 轴一定垂直于 **c** 轴。为了不产生多余的晶胞轴，四次操作一定依次使 **a** 转动到 **b**，**b** 转动到−**a**，而−**a** 运动到 **b**，这就要求 **a** 和 **b** 轴垂直，并且这两个轴单位矢量的长度应相等。所以，晶胞的形状如图 1-33j 所示，点阵参数间的关系为：

$$a = b \neq c \qquad \alpha = \beta = \gamma = 90°$$

用 $\bar{4}(S_4^3)$ 也可以导出这一晶系。

(5) 立方晶系。从直观上看，一个立方系晶胞就是一个立方体，如图 1-33l 所示，点阵参数间的关系为：

$$a = b = c \qquad \alpha = \beta = \gamma = 90°$$

这样，人们一定以为决定这一类单胞的主要对称元素是过晶胞中心 3 个相互垂直的四次轴 $4(C_4)$。但是，仔细考虑后知道以晶胞的两个对角线为三次对称轴 $3(C_3)$就可以导出上述对点阵单胞参数的限制。

设一个三次对称轴 OD 和矢量 **a** 相交于 O 点，如图 1-35 所示。因为 OD 为三次对称轴，所以必会导出另外两个矢量 **b** 轴和 **c** 轴。这三个矢量 **a**、**b**、**c** 的长度相等：$a=b=c$；它们与 OD 间的夹角相等：$\angle AOD=\angle BOD=\angle COD$；这三个轴两两间的夹角也相等：$\angle AOC=\angle COB=\angle BOA$。**a**、**b**、**c** 构成的平行六面体，即可以构成一个晶胞，OD 就是这个晶胞的一条对角线。若晶胞的另一体对角线 CE 也是一个三次对称轴，则图 1-35 中的 CF、CO 和 CG 的长度应相等，它们和三次轴 CE 间的夹角也应该相等：$\angle OCE=\angle FCE=\angle GCE$；它们两两间的夹角也相等：$\angle OCF=\angle FCG=\angle GCO$。因为六面体每一个面都是平行四边形，所以$\angle OCF+\angle AOC=180°$。根据平行六面体的性质，知$\angle FCG=\angle BOA$，又根据上述的 OD 和 CE 两个三次轴的对称关系，结果得$\angle FCO=\angle COA=90°$，即这个晶胞是一个立方体。由此可见，只

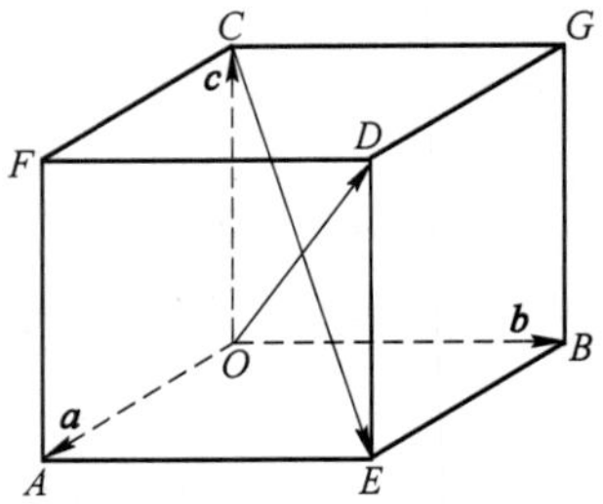

图 1-35 立方晶系晶胞参数所受限制的说明

要有两个三次轴就可以导出上述的晶胞参数的限制关系，也即导出立方晶系。

从上面的推导可以看出，立方系一定要有两个相交的三次对称轴，但不一定要有四次对称轴。广泛意义上来说，讨论晶系是讨论晶体的外形（或一个结构单元的“形”），在诸多“形”中，确实可以找到符合上述的晶胞参数限制而没有四次轴的“形”，如图 1-36 所示。图 1-36a 所示为一般的形，图1-36b、c 所示为晶体学的“形”，其中图 1-36c 具有三次反演轴。

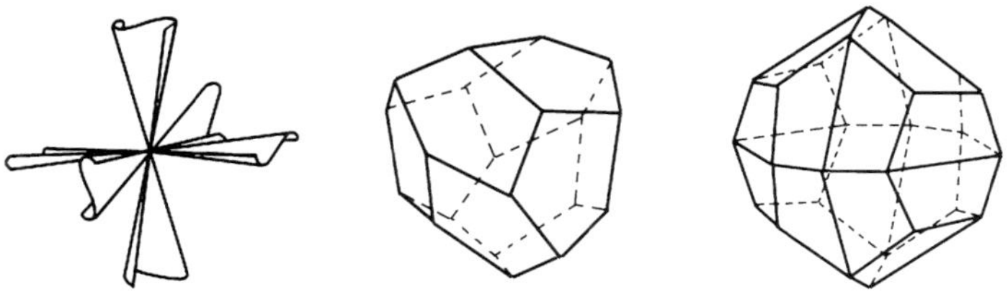

图 1-36 一个只有三次对称轴而没有四次对称轴的立方系的形

a—一般的形；b，c—晶体学上的“形”

晶胞体对角线 OD 的矢量 $\boldsymbol{d}=\boldsymbol{a}+\boldsymbol{b}+\boldsymbol{c}$。以 OD 为三次对称旋转轴，这个轴的单位矢量 $\boldsymbol{S}=\sqrt{3}/3[111]$，三次轴转动的角度 $\theta=2\pi/3$。根据式(1-18)，这一操作的变换矩阵为：

$$\{3_{[111]}\}=\begin{bmatrix}0&0&1\\1&0&0\\0&1&0\end{bmatrix} \tag{1-39}$$

其实，变换矩阵第一、二和三列是原来 $\boldsymbol{a}$、$\boldsymbol{b}$ 和 $\boldsymbol{c}$ 变换后的坐标位置，不用严格的推导就可以得到式(1-39)的变换矩阵。以 OD 方向作三次对称轴操作一次，$\boldsymbol{a}$ 转到 $\boldsymbol{b}$ 位置，$\boldsymbol{b}$ 转到 $\boldsymbol{c}$ 位置，$\boldsymbol{c}$ 转到 $\boldsymbol{a}$ 位置，所以第一列为[010]，第二列为[001]，第三列为[100]。

体对角线 CE 的矢量 $\boldsymbol{d}'=\boldsymbol{a}+\boldsymbol{b}-\boldsymbol{c}$，以 CE 为三次旋转对称轴，三次轴操作一次，$\boldsymbol{a}$ 到 $-\boldsymbol{c}$ 位置，$\boldsymbol{b}$ 到 $\boldsymbol{a}$ 位置，$-\boldsymbol{c}$ 到 $\boldsymbol{b}$ 位置。所以，它的变换矩阵是：

$$\{3_{[11\bar{1}]}\}=\begin{bmatrix}0&1&0\\0&0&-1\\-1&0&0\end{bmatrix} \tag{1-40}$$

由这两个三次轴组合，必然导出另外两个体对角线的三次轴：

$$\{3_{[111]}\}\cdot\{3^2_{[11\bar{1}]}\}=\begin{bmatrix}0&0&1\\1&0&0\\0&1&0\end{bmatrix}\begin{bmatrix}0&1&0\\0&0&-1\\-1&0&0\end{bmatrix}\begin{bmatrix}0&1&0\\0&0&-1\\-1&0&0\end{bmatrix}=\begin{bmatrix}0&-1&0\\0&0&-1\\1&0&0\end{bmatrix}=\{3_{[1\bar{1}1]}\}$$

$$\{3^2_{[1\bar{1}1]}\}\cdot\{3_{[111]}\}=\begin{bmatrix}0&1&0\\0&0&-1\\-1&0&0\end{bmatrix}\begin{bmatrix}0&1&0\\0&0&-1\\-1&0&0\end{bmatrix}\begin{bmatrix}0&0&1\\1&0&0\\0&1&0\end{bmatrix}=\begin{bmatrix}0&-1&0\\0&0&1\\-1&0&0\end{bmatrix}=\{3_{[\bar{1}11]}\}$$

再看 $3_{[111]}$ 和 $3_{[11\bar{1}]}$ 的组合：

$$\{3_{[111]}\}\cdot\{3_{[11\bar{1}]}\}=\begin{bmatrix}0&0&1\\1&0&0\\0&1&0\end{bmatrix}\begin{bmatrix}0&1&0\\0&0&-1\\-1&0&0\end{bmatrix}=\begin{bmatrix}-1&0&0\\0&1&0\\0&0&-1\end{bmatrix}=\{2_{[010]}\}$$

这个组合相当于过晶胞中点平行于 ***b*** 的二次轴的操作，同理，过晶胞中心平行于 ***a*** 轴和 ***c*** 轴的轴也都是二次轴。再仔细考察可以知道，如果再没有别的对称操作加进来，以上述的 4 个三次轴一定组合不出四次轴，所以，再次说明立方系晶体不一定有四次对称轴。相反，如果有 3 个互相垂直的四次轴，它们一定能组合出体对角线的三次轴。例如 $\{4_{[100]}\}\cdot\{4_{[010]}\}$ 组合得 $\{3_{[111]}\}$：

$$\{4_{[100]}\}\cdot\{4_{[010]}\}=\begin{bmatrix}1&0&0\\0&0&-1\\0&1&0\end{bmatrix}\begin{bmatrix}0&0&1\\0&1&0\\-1&0&0\end{bmatrix}=\begin{bmatrix}0&0&1\\1&0&0\\0&1&0\end{bmatrix}=\{3_{[111]}\}$$

（6）六方晶系。在点阵中引入单一的 $6(C_6)$ 或 $\bar{6}(S_3^5)$ 轴。现以晶胞的 ***c*** 轴作为六次对称轴。从前面讨论可知，一个六次对称轴必隐含一个同轴的二次和三次对称轴。在讨论单斜晶系时已说明，若晶胞的一个轴是二次对称轴时，则这个轴一定和晶胞的另外两个轴垂直，所以 ***a*** 和 ***b*** 轴必与 ***c*** 轴垂直。但是，为了不产生多余的晶胞轴，***a*** 和 ***b*** 轴间的夹角只能是 60°或 120°。如果 ***a*** 和 ***b*** 轴间的夹角是 60°，所得的单胞如图 1-37 中的 $OO'AB$（***c*** 轴垂直于纸面）所示；如果 ***a*** 和 ***b*** 轴间的夹角是 120°，所得的单胞如图1-37中的 $OO'BC$（***c*** 轴垂直于纸面）所示。很显然这两种单胞的形状和大小是一样的，只是坐标原点在单胞的位置不同。为了简明地显示六方对称，采用 ***a*** 和 ***b*** 轴间的夹角为 120°。六方晶系单胞形状如图1-33h所示，点阵常数间的关系为：

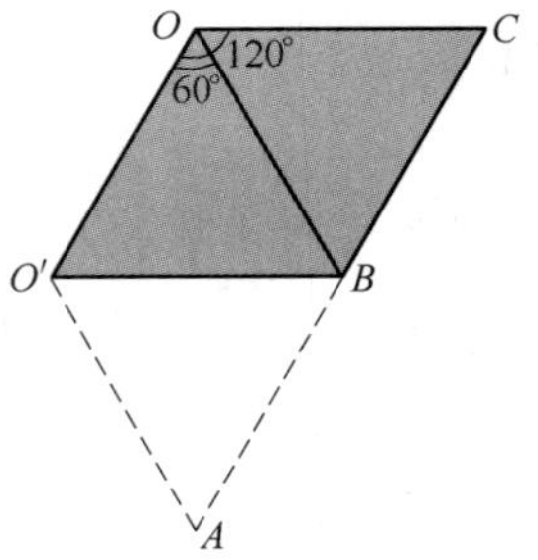

图 1-37　六方晶系单胞的选择

$$a=b\neq c\qquad \alpha=\beta=90^\circ\qquad \gamma=120^\circ$$

一个六方晶系的单胞不易显示出点阵和基矢族的真正对称性，如果把 3 个单胞拼凑成一个六面棱柱体就能显示出其真实的对称性。但是，把六方晶系单胞画成六面棱柱体，但这是不正确的。

（7）三方晶系（菱形晶系）。三方晶系的晶胞含有单一的 $3(C_3)$ 或 $\bar{3}(S_6^5)$ 轴。上面是用 $3(C_3)$ 来讨论六方晶系的，所以三方晶系也可以得出如同六方晶系的点阵参数的同样限制。但是还可以看到，当某一与 $3(C_3)$ 夹角为 ω 的 ***a*** 轴经 3、3^2 操作后，衍生出与对称轴夹角同为 ω 的 ***b*** 和 ***c*** 轴，***a***、***b*** 和 ***c*** 轴两两之间的夹角相等，这 3 个轴构成的六面体就是一个菱形晶胞，单胞的形状如图 1-33i 所示，点阵常数间的关系为：

$$a=b=c\qquad \alpha=\beta=\gamma\neq 90^\circ$$

其实菱形晶系是三方晶系的一种特殊情况。若在六方晶系晶胞一些特定位置再加上阵点，就构成了菱形单胞。关于在单胞内加上新阵点的详细情况，将在下一节讨论。

7 种晶系的对称性、点阵参数所受的限制综合列于表 1-5 中。7 种晶系按其对称性的高低分为低级晶系（三斜、单斜和正交晶系）、中级晶系（三方、四方和六方晶系）和高级晶系（立方晶系）。在表中还列出了各晶系所属的点群，关于点群将在1.8节讨论。

表1-5 7种晶系的特征对称性、点阵常数间的关系以及所属的点群

晶系		特征对称元素	轴长关系	轴夹角关系	所属点群
低级晶系	三斜	$1(E)$ 或 $\bar{1}(i)$	$a\neq b\neq c$	$\alpha\neq\beta\neq\gamma$	$1, \bar{1}$
	单斜	$2(C_2)$ 或 $\bar{2}(\sigma)$	$a\neq b\neq c$	第一种定向：$\alpha=\beta=90°\neq\gamma$ 第二种定向：$\alpha=\gamma=90°\neq\beta$	m，2，$2/m$
	正交	相互垂直的镜面或两个2或$\bar{2}$	$a\neq b\neq c$	$\alpha=\beta=\gamma=90°$	222，$mm2$，mmm
中级晶系	三方(菱方)	$3(C_3)$ 或 $\bar{3}(S_6^5)$	(1) 与六方晶系相同 (2) $a=b=c$	(1) 与六方晶系相同 (2) $\alpha=\beta=\gamma\neq90°$	3，$\bar{3}$，$3m$，32，$\bar{3}m$
	四方	$4(C_4)$ 或 $\bar{4}(S_4^3)$	$a=b\neq c$	$\alpha=\beta=\gamma=90°$	4，$\bar{4}$，$4/m$，$\bar{4}m2$，422，$4mm$，$4/mmm$
	六方	$6(C_6)$ 或 $\bar{6}(S_3^5)$	$a=b\neq c$	$\alpha=\beta=90°$　$\gamma=120°$	6，$\bar{6}$，$6/m$，622，$6mm$，$\bar{6}2m$，$6/mmm$
高级晶系	立方	4个3或$\bar{3}$按立方体对角线取向	$a=b=c$	$\alpha=\beta=\gamma=90°$	23，$m\bar{3}$，43，$\bar{4}3m$，$m\bar{3}m$

1.4.3 布拉维点阵

上面把点对称引入晶体点阵获得二维的4种晶系，三维的7种晶系，如果再把平移对称引入可以进一步导出各个晶系中的布拉维点阵。显然，已经导出二维的4种晶系和三维的7种晶系的晶体点阵就是4种二维和7种三维的布拉维点阵，其晶胞只含一个点，这些单胞称初基单胞，简称P单胞。

当试图把平移对称加入时，如果加入新阵点后不破坏原来晶胞的特征对称性，而且又构成新的点阵，它就是一种新的布拉维点阵。要满足这样的要求，加入的点必须处在原来晶胞的高对称位置，即处在晶胞的体心或面心位置。通过加入这样的阵点来考察是否形成新的布拉维点阵，这个过程实际上就是**点阵的有心化**过程。如果这样新的布拉维点阵存在，即在初基单胞（P单胞）中加入了新的阵点，这时的晶胞就变成了复单胞。

首先，考察二维点阵。在二维斜方P单胞中心加入阵点，因为斜方单胞的基矢长度和夹角没有限制，P单胞中心加入点后，可以划分为更小的仍然是斜方的P单胞，如图1-38a所示，所以不能引出新的布拉维点阵。

在正方P单胞中心加入阵点，把相邻两个中心阵点与它们邻近的原来单胞的两个阵点连接起来仍然是一个正方单胞，如图1-38b所示，所以也不能引出新的布拉维点阵。

在正交单胞中心加入阵点，首先，它没有破坏原来单胞的特征对称性，另外，因为$a\neq b$，所以它不能像正方点阵那样划分为更小的单胞（这时$\gamma\neq90°$），因此，它是一个真实的新的布拉维点阵，如图1-38c所示。结果，正交二维晶系有P点阵和有心的点阵（称

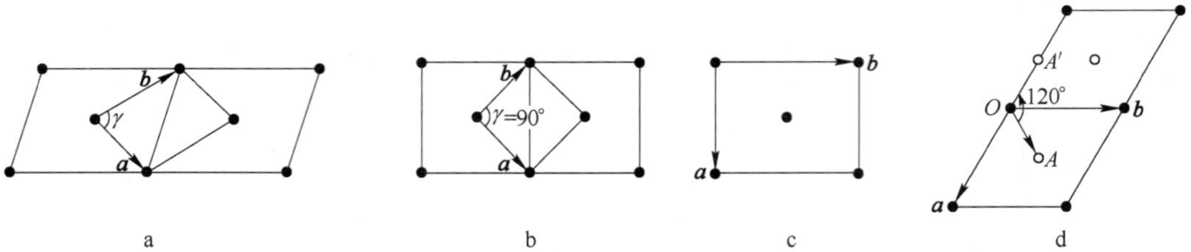

图 1-38　二维晶胞的有心化讨论

a—斜方晶胞；b—正方晶胞；c—正交晶胞；d—六方晶胞

C 点阵）两种布拉维点阵。

在六方单胞中心加入阵点，它会破坏 6 次轴对称。如图 1-38d 所示，如果绕着 O 点作 6 次旋转轴操作，那么中心点 A 会转到 A'点，显然，在那里不应该有阵点，它不符合原来的 6 次轴对称，所以六方单胞有心化不能构成新的布拉维点阵。

综合看，只有 5 种二维布拉维点阵，布拉维点阵的 P 单胞只含一个阵点，其坐标 $(x, y) = (0, 0)$。C 单胞含两个阵点，其坐标为 (0，0) 和(1/2，1/2)。图 1-39 为 5 种布拉维点阵的图示，在图中每种布拉维点阵用两个图描述，右边的图描述这种布拉维点阵的对称元素。

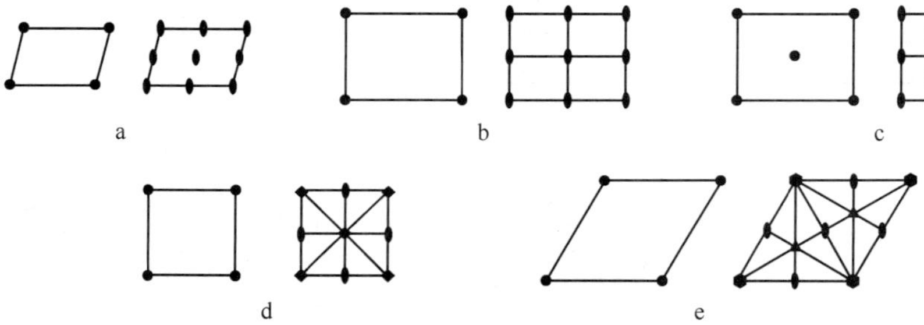

图 1-39　5 种二维布拉维点阵

a—斜方系 mp(2)；b—正交系 op；c—正交系 oc(2*mm*)；d—正方系 tp(4*mm*)；e—六方系 hp(6*mm*)

（各种点阵说明中的英文字母，第一个字母（m，o，t，h）是晶系英文的第一个字母，第二个字母（p，c）表示晶胞类型。括号中字母表示所属点群符号）

对于三维点阵，有心化的方式可以是体心、面心和底心三种。下面分别讨论每一种形式的有心化，然后讨论每一种晶系中有哪几种形式的有心化能满足布拉维点阵条件并构成新的点阵。

（1）体心化。把阵点加到 $(\boldsymbol{a}+\boldsymbol{b}+\boldsymbol{c})/2$ 矢量的端点上（图 1-40b）。这样的点阵用符号 I 表示，这种点阵的单胞含有两个阵点，它们的位置分别是(0,0,0)及(1/2,1/2,1/2)。

（2）面心化。把 3 个新的阵点加进 P 单胞，分别将它们放在单胞每个面的中心，即放在 $(\boldsymbol{a}+\boldsymbol{b})/2$、$(\boldsymbol{b}+\boldsymbol{c})/2$ 和$(\boldsymbol{c}+\boldsymbol{a})/2$ 矢量的端点上（图 1-40c），这样的点阵用符号 F 表示。这种点阵的单胞含有 4 个阵点，它们的位置分别是 (0，0，0)、(0，1/2，1/2)、(1/2，0，1/2)、(1/2，1/2，0)。

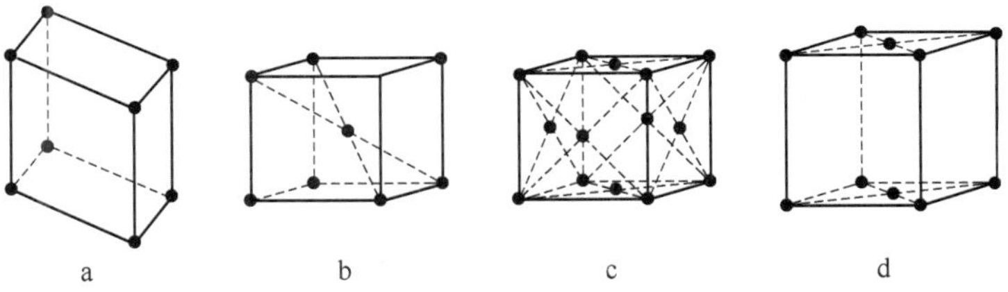

图 1-40　有心化
a—P 点阵；b—体心 I；c—面心 F；d—底心 C

（3）底心化（单面心化）。只在单胞的一个面的中心上附加新阵点，这种点阵的单胞含有两个阵点。有 3 种方式底心化：加到 ab 面上（图 1-40d），这种点阵用符号 C 表示，两个阵点的位置是（0，0，0）、（1/2，1/2，0）；加到 bc 面上，这种点阵用符号 A 表示，两个阵点的位置是(0，0，0）、（0，1/2，1/2）；加到 ca 面上，这种点阵用符号 B 表示，两个阵点的位置是（0，0，0）、（1/2，0，1/2）。

要强调的是，除了面心（F）和底心（单面心）外，不可能在两个独立面附加阵点而构成点阵。例如在 bc 面心及 ac 面心加入阵点，如图 1-41 所示，同时在(0，1/2，1/2)及(1/2，0，1/2)加入阵点。这样的点阵如果以矢量 $(\boldsymbol{a}+\boldsymbol{c})/2$ 作平移时，B 点(1/2，0，1/2)移到(1，0，1)位置，此处有一个阵点；而 A 点(0，1/2，1/2)却移到(1/2，1/2，1)位置，此处无阵点，说明 A 和 B 这两个阵点的几何环境是不同的，它们不符合点阵条件，所以并不可能形成点阵，也就是说，不可能有双面心的有心化。

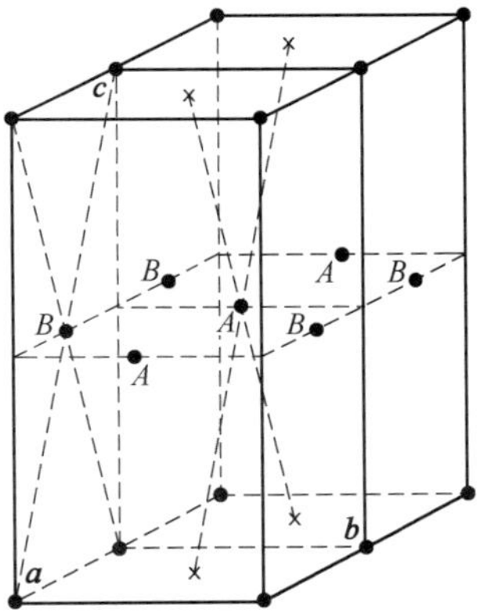

图 1-41　假设存在的双面心点阵

（4）特殊心化。由六方晶系单胞获得菱形单胞的有心化过程是特殊有心化过程，将在本节最后详细讨论。

现在讨论 7 种晶系晶胞可能的有心化，导出该晶系新的布拉维点阵。

（1）三斜系。这种晶系除了 1(E)或 $\bar{1}(i)$外，无其他点对称性，其单胞的点阵参数无任何限制。任何方式的有心化，最终也还是三斜系点阵，只不过它的单胞的棱长、棱夹角及单胞体积改变罢了。所以，三斜晶系只有一种布拉维点阵，P 点阵。

（2）单斜系。采用第一种定向讨论，以 c 轴作为唯一的 2(C_2)轴。我们先看 B 面有心化的情况。在 B 面中心加上阵点后，原来的 P 单胞就变成复单胞。有心化后的点阵符合点阵条件，所以它是属于单斜系的一种新的布拉维点阵。这种新的点阵中虽然也可以取出一个真正的 P 单胞，如图 1-42a 中虚线所示，但这个 P 单胞不满足单斜晶系的特征对称性，而复式单胞能保持单斜晶系的特征对称性，所以采用复式单胞。这种在 B 面有心化构成的点阵称 B 点阵，同理也可以有 A 点阵。现在再看 C 面的有心化（图1-42b），如果按图 1-42b 中虚线取 P 单胞，这个单胞没有改变单斜晶系的特征对称性，只不过是 $\boldsymbol{a}$、$\boldsymbol{b}$ 的长度和夹角改变了的 P 单胞罢了，所以没有构成新点阵。现在再看看体心和全面心有心化的情况。若在单胞体心加入阵点，如图 1-42c 所示，如果按图中的虚线取单胞，这个

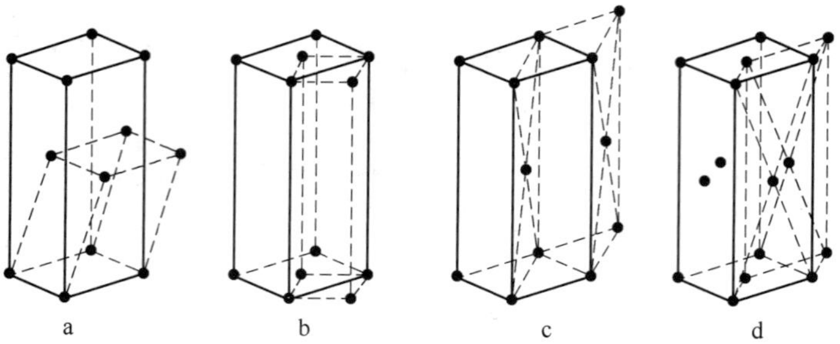

图 1-42　单斜晶系有心化

a—B 面单面心化；b—C 面单面心化；c—在体心放阵点；d—全面心化

单胞只不过是一个 $\boldsymbol{a}$、$\boldsymbol{b}$ 的长度和夹角都改变了的和 A 点阵或 B 点阵等价的底心单胞，也没有构成新点阵。若单胞全面心化，如图 1-42d 所示，也可按图中的虚线取出一个底心单胞，所以也没有构成新的点阵。综上所述，单斜晶系的第一定向只有 P 和 B（或 A）两种布拉维点阵。第二种定向则有 P 和 A（或 C）两种布拉维点阵，这两种定向是等价的。单斜晶系的布拉维点阵晶胞见图 1-33b、c。

（3）正交晶系。从单斜晶系的有心化讨论可知，因单斜晶系三个棱之间的夹角有一个不等于 90°，只有在由夹角为 90°的两个棱构成的面上底心才有可能构成新的点阵。正交晶系与单斜晶系不同之点是 3 个棱之间的夹角都是 90°，所以，正交晶系在 A、B、C 三个面单独有心化构成的底心阵点都是新的点阵，但这 3 种底心是等价的。由于正交单胞 3 个棱的交角都是 90°，正交晶系单胞中体心化和全面心化不可能像单斜晶系单胞那样能取出一个新单胞（见图 1-42c、d），因为这样取的单胞已破坏了各棱之间夹角要保持 90°的关系（即破坏原来的旋转对称性），所以，体心和全面心均构成新的点阵。综上所述，正交晶系有 P、底心、I、F 四种布拉维点阵，如图 1-33d～g 所示。

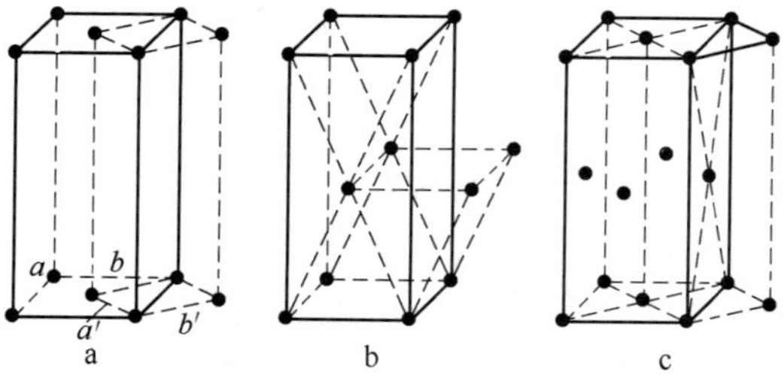

图 1-43　四方晶系的有心化

a—C 面单面心化；b—在体心放阵点；c—全面心化

（4）四方晶系。虽然四方晶系单胞各个面和棱垂直，但由于棱长受 $a=b$ 的限制，使得 C 面底心并不构成新的点阵。如果 C 面单面心化，如图 1-43a 所示，可以按图中虚线取 $a'=b'$但长度和原来单胞长度 a 不同的四方 P 单胞，所以它不构成四方系的新点阵。若在 A 或 B 面底心化，由于它破坏了 c 轴的四次旋转对称性，所以也不能构成新的点阵。若在单胞体心放上阵点，这个复单胞如图 1-43b 实线所示，它维持了四方系的特征对称性，也符合布拉维点阵条件，所以构成新的布拉维点阵。图中虚线是这种点阵的 P 单胞，但为了维持单胞的最高对称性，还是取实线所示的复单胞做这种点阵的单胞。全面心化的单胞可以简化为体心单胞，如图 1-43c 所示，所以不能构成新的点阵。综上所述，四方晶系可以有 P、I 两种布拉维点阵，如图 1-33j、k 所示。

例 1-11 导出在四方晶系中一个四次对称轴与非初基平移 $\boldsymbol{\tau}=(\boldsymbol{a}+\boldsymbol{b}+\boldsymbol{c})/2$ 组合的其他非点式对称元素。

解：四方晶系的 $a=b\neq c$，$\alpha=\beta=90°\neq\gamma$，四次对称轴只能放在 $\boldsymbol{c}$ 轴上。环绕四次轴有 4 个一般位置等价点，这四个点的位置分别表示为 (x, y, z)、$(\bar{x}, y, z)$、$(x, \bar{y}, z)$、$(\bar{x}, \bar{y}, z)$，其中 x、y 和 z 分别是点在 $\boldsymbol{a}$、$\boldsymbol{b}$ 和 $\boldsymbol{c}$ 轴的分量。经过四次对称轴与平移 $\boldsymbol{\tau}=(\boldsymbol{a}+\boldsymbol{b}+\boldsymbol{c})/2$ 操作后，这些点到达 $(x+1/2, y+1/2, z+1/2)$、$(\bar{x}+1/2, y+1/2, z+1/2)$、$(x+1/2, \bar{y}+1/2, z+1/2)$、$(\bar{x}+1/2, \bar{y}+1/2, z+1/2)$ 位置，由开始的 4 个等价点增加为 8 个等价位置点。这是一个体心点阵，这 8 个等价位置点可以完整地表达这一体心 I 点阵的全部对称性和点阵的非初基平移特征（图 1-44 中 $\boldsymbol{c}$ 轴垂直于纸面，图中的 1/2 表示各点的高度增加 $c/2$）。因为过体心点并与 $\boldsymbol{c}$ 轴平行的轴也是四次轴，所以晶胞平行于 $\boldsymbol{c}$ 轴的 4 个棱也是四次轴。不难看出，绕在 $\boldsymbol{a}$ 轴中心平行于 $\boldsymbol{c}$ 轴的轴转动 90°后再滑移 $c/2$ 就使得 $\boldsymbol{a}$ 轴顶角附近的 4 个等价位置点移到体心附近的 4 个点上去，所以在那里就存在一个 4_2 螺旋轴。用中心的四次轴操作，就得出 $\boldsymbol{a}$ 和 $\boldsymbol{b}$ 轴的中点处（以及等价位置）都会派生出 4_2 螺旋轴。同时也容易看出，绕在面对角线的 1/4 处平行于 $\boldsymbol{c}$ 的轴转动 180°后再滑移 $c/2$ 就使得原点（图中 O 点）附近的 4 个等价位置点移到体心附近的 4 个点上去，所以在那里存在 2_1 螺旋轴。用中心的四次轴操作，就得出两个面对角线距顶角 1/4 对角线长度处都会派生出 2_1 螺旋对称轴。

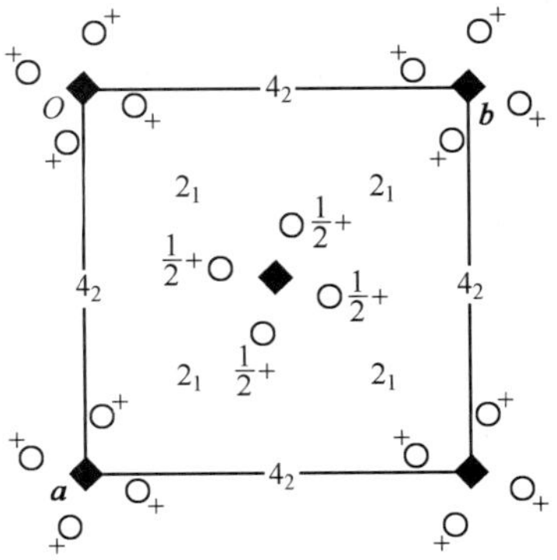

图 1-44 四方晶系的一个四次对称轴与非初基平移 $\tau=(a+b+c)/2$ 组合导出其他非点式对称元素

（5）立方晶系。在单胞任何一个面的单面心化都会破坏立方系体对角线为三次对称轴的对称性，所以，立方晶系不可能有底心点阵。体心化和全面心化并不破坏三次对称性，并且确实是一种新的点阵。这两种点阵的 P 单胞如图 1-45中的实线所示，显然这种 P 单胞完全没有立方晶系的特征对称性，所以，还是取复单胞作为这些点阵的单胞。综上所述，立方晶系有 P、I、F 三种布拉维点阵，如图 1-33l~n 所示。

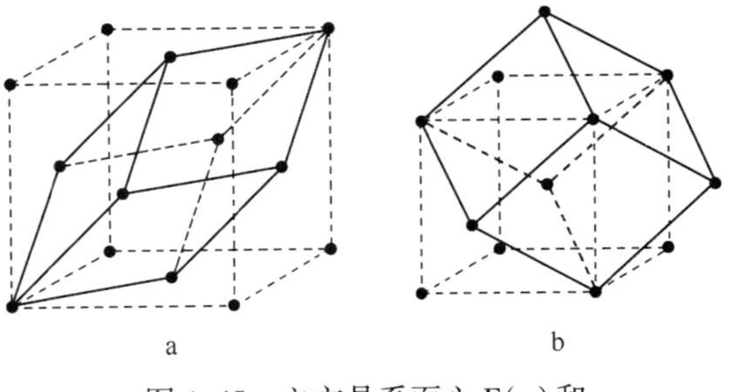

图 1-45 立方晶系面心 F(a)和体心 I 点阵（b）提取的 P 单胞

（6）六方晶系和三方晶系。由于这两种晶系联系密切，所以放在一起讨论。对于六方晶系，不可能有任何一种形式的底心、体心和全面心化，因为在这些位置放进阵点都会破坏晶系的特征对称性。现在讨论六方晶系的特殊有心化问题。

在六方 P 单胞的（1/3，2/3，2/3）和（2/3，1/3，1/3）即±(1/3，2/3，2/3)位置

放入阵点，如图 1-46a 所示。图 1-46a 是 4 个六方晶胞的投影图，其中○表示 $2c/3$ 高度，×表示 $c/3$ 高度。很容易看出，加进这些阵点后，每一个点也都具有相同的环境，因而这仍然是一个点阵，但这时已失去 $6(C_6)$ 或 $\bar{6}(S_3^5)$ 对称性，而仍有 3 或 $\bar{3}$ 对称性。这种新点阵就是三方晶系的一种特殊形式——菱方晶系，如图1-46b所示。因此三方晶系的单胞有两种选取方式：其一就是前面讨论过的选 $\boldsymbol{c}$ 轴为 3 次轴，此时 $a=b\neq c$、$\alpha=\beta=90°$、$\gamma=120°$，这种方式选取的单胞含 3 个阵点，是一个复单胞。另一种就是现在讨论的，亦称为菱方晶系的 $a=b=c$、$\alpha=\beta=\gamma$ 的方式，这种方式的单胞仅含一个阵点，是 P 单胞。因为把菱方晶系归入三方晶系，所以六方晶系的特殊有心化后没有增加新的布拉维点阵。在六方晶系的 P 单胞中也可以把阵点加到±(1/3, 2/3, 1/3)位置，这也同样构成菱形点阵，此点阵中的菱面体相对前一种转动了 180°，如图 1-46c 所示。通常把前者称为正定向，后者称为反定向。为了避免混乱，一般采用正定向。

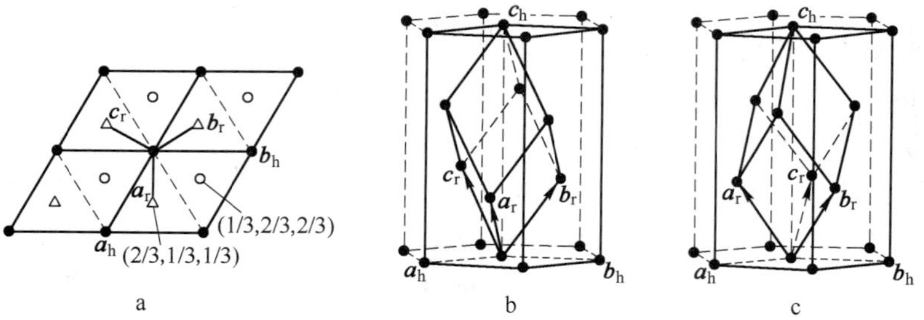

图 1-46 六方晶系和菱形晶系的关系

a—4 个六方晶胞的投影图；b—正定向；c—反定向

从三方晶系的单胞看出，任何一对面的单面心（底心）都会破坏晶系的特征对称性，但是如果单胞是体心或全面心，则都可以简化为更小的三方单胞，所以不会构成新的点阵。

至此已经导出了全部的 14 种布拉维点阵。在讨论的过程中知道，从所有以复单胞作为单胞的点阵中都可以取出非复式的初基单胞，但由于这些初基单胞不反映点阵的特征对称性，所以不采用它们。把 14 种布拉维点阵的单胞综合列于图 1-33 中。把各种晶系可能有的布拉维点阵综合于表 1-6 中。

表 1-6 各种晶系可能具有的布拉维点阵（共 14 种）

晶 系	可能具有的布拉维点阵			
	初基（P）	底 心	体心（I）	面心（F）
三 斜	√	同 P 点阵	同 P 点阵	同 P 点阵
单 斜	√	√	同底心点阵	同底心点阵
正 交	√	√	√	√
四 方	√	同 P 点阵或不可能	√	同 I 点阵
立 方	√	不可能	√	√
六 方	√	不可能	不可能	不可能
菱 方	√	不可能	同 P 点阵	同 P 点阵

1.5 点阵直线和点阵平面

晶体点阵中各个阵点直线以及各个阵点平面上原子（分子）的排列是不同的，晶体的性质是各向异性的。很多物理化学反应都在特定的晶面和特定的晶棱（晶向）发生，为了讨论方便，有必要约定如何赋予各个晶向和晶面名称。首先要强调，因为晶体点状的阵点无穷多，点阵直线和点阵平面也有无穷多，但是由于晶体点阵的周期重复性，平行的点阵直线的阵点排列是相同的，这些阵点方向的性质也是相同的；同样，平行的点阵平面的阵点排列是相同的，这些阵点平面的性质也是相同的。正因为如此，在研究晶体点阵直线和平面时，没有必要区分某个具体的方向或平面，一组平行的点阵直线记为同一个记号，一组平行的点阵平面也记为同一个记号。

1.5.1 点阵直线指数（方向指数）

点阵中任何两个阵点的连线（及其延线）构成点阵直线。点阵直线方向在非严格意义上又称为**晶向**。点阵中由原点（由于点阵中有无穷多的阵点，并且，讨论的点阵直线是代表一组平行的点阵直线，所以原点是可以任意选择的）到任一阵点的矢量 $\boldsymbol{r}$ 都可用式(1-3)来表示：

$$\boldsymbol{r}_{(p_1p_2p_3)} = p_1\boldsymbol{a} + p_2\boldsymbol{b} + p_3\boldsymbol{c}$$

式中，$\boldsymbol{a}$、$\boldsymbol{b}$、$\boldsymbol{c}$ 是单胞的 3 个基矢。p_1、p_2、p_3必然为有理数，并且也一定是整数。把 p_1、p_2、p_3简化成 3 个互质的整数 u、v、w，使 $u:v:w = p_1:p_2:p_3$，再把 u、v、w 写进方括号内即[uvw]，它就是 $\boldsymbol{r}$ 矢量方向的方向指数。如果 u、v、w 这 3 个数中有负数，在写方向指数时，在这个数字上面加一横线，例如，$u:v:w=-1:1:2$ 时，方向指数写成[$\bar{1}12$]。确定一个点阵直线的方向指数[uvw]有如下两种办法：

（1）把欲确定方向指数的阵点直线平移，使它通过原点（或者在阵点直线上任选一个阵点为原点），求直线上其他任一个阵点的坐标分量 p_1、p_2、p_3（最简单的是选最靠近原点的阵点），再把它简化为 3 个互质指数 u、v、w，即求得[uvw]。简单地说，选取距原点最近邻的点，这个点的坐标数就是所求的 u、v、w。

（2）在欲确定方向指数的阵点直线上任取两个阵点，它们的阵点坐标是 p_1、p_2、p_3 和 p_1'、p_2'、p_3'，将 p_1'-p_1、p_2'-p_2、p_3'-p_3简化为 3 个互质的整数 u、v、w，就获得由 p_1、p_2、p_3阵点指向 p_1'、p_2'、p_3'阵点的方向指数[uvw]。简单地说，选取两个最近邻的点，它们的 3 个坐标数差值的互质整数就是所求的 u、v、w。如果选取 p_1、p_2、p_3作原点，则从原点引向任何一个阵点的方向指数就是这个阵点的 3 个坐标数简化的 3 个互质整数。图 1-47 给出了一些点阵直线的方向指数的例子。

要特别注意，[uvw]和[$\bar{u}\bar{v}\bar{w}$]是指向相反的同一方向。凡是平行的阵点直线，它们的方向指数都是相同的。由于点阵的对称性，一些非平行的阵点直线经对称操作后完全重合，也就是说，这些阵点直线在几何上是完全等价的。把等价的阵点直线合归为同一种点阵直线类型，称为**方向族**，用⟨uvw⟩表示。点阵的对称性越高，归属于同一个方向族的点阵直线的数目就越多。下面讨论各晶系中同属一个方向族的等价方向的数目。

(1) 三斜系。这个晶系除了具有 $1(E)$ 或 $\bar{1}(i)$ 对称元素，再没有其他对称元素。点阵常数间的关系是：$a\neq b\neq c$，$\alpha\neq\beta\neq\gamma$。因而〈$uvw$〉只包含一个方向或[$uvw$]和[$\bar{u}\bar{v}\bar{w}$]两个等价指向。

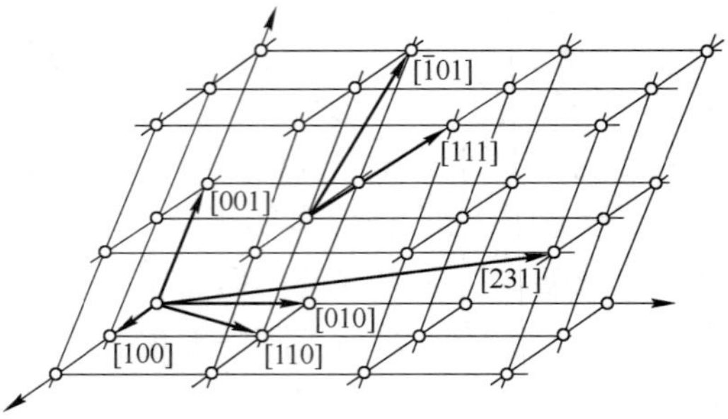

图 1-47 点阵直线的方向指数

(2) 单斜系。这个晶系具有单一的 $2(C_2)$ 和 $m(\sigma)$ 对称元素。若以第一种定向讨论，点阵常数间的关系是：$a\neq b\neq c$，$\alpha=\beta=90°\neq\gamma$。单胞的 3 个棱长不等，为了保证方向的等价性，在一个方向族指数的 3 个指数不可能交换位置。**c** 方向的 2 次轴只把 **a** 和 **b** 轴转到自身的反向，所以，同时改变 u 和 v 的正负号所得的方向是等价的，即[uvw]和[$\bar{u}\bar{v}w$]同属一个方向族。又考虑到镜面 m 使 **c** 轴也反映到自身的反向，所以单独改变指数中的 w 的正负号所得的两个方向同属一个方向族。结果，单斜系的〈uvw〉方向族包含[uvw]、[$\bar{u}\bar{v}\bar{w}$]、[$uv\bar{w}$]、[$\bar{u}\bar{v}w$]四个等价的指向。

(3) 正交系。这个晶系具有两个 $2(C_2)$ 或 $\bar{2}$ 特征对称元素，点阵常数间的关系是：$a\neq b\neq c$，$\alpha=\beta=\gamma=90°$。单胞的 3 个棱长不等，因而在一个方向族指数的 3 个指数不能交换位置，但 3 个棱都是 2 次轴，使得方向指数中的 3 个数字可以独立地改变正负号。结果，正交系方向族〈uvw〉包含[uvw]、[$\bar{u}vw$]、[$u\bar{v}w$]、[$uv\bar{w}$]、[$\bar{u}\bar{v}\bar{w}$]、[$u\bar{v}\bar{w}$]、[$\bar{u}v\bar{w}$]、[$\bar{u}\bar{v}w$]八个等价指向。

(4) 四方系。这个晶系具有唯一的 $4(C_4)$ 或 $\bar{4}(S_4^3)$ 特征对称元素，点阵常数间的关系是：$a=b\neq c$，$\alpha=\beta=\gamma=90°$。因为 **c** 轴是四次轴（$a=b$），所以一个方向族中 3 个指数的前两个指数 u 和 v 可以交换位置。单胞 3 个棱的垂面都是镜面，故一个方向族的 3 个指数都可以独立地改变正负号。结果，四方系方向族〈uvw〉包含[uvw]、[$\bar{u}vw$]、[$u\bar{v}w$]、[$uv\bar{w}$]、[vuw]、[$\bar{v}uw$]、[$v\bar{u}w$]、[$vu\bar{w}$] 8 个方向以及它们的反向共 16 个等价指向。

(5) 立方系。这个晶系含 4 个在立方体对角线方向的 $3(C_3)$ 对称元素，点阵常数间的关系是：$a=b=c$，$\alpha=\beta=\gamma=90°$。很明显，一个方向族的 3 个指数可以任意交换位置，它们也可以独立地改变正负号。如果 3 个指数 u、v、w 的顺序不变，每个指数独立地改变正负号就有[uvw]、[$\bar{u}vw$]、[$u\bar{v}w$]、[$uv\bar{w}$]及它们的反向共 8 个指向。u、v、w 三个指数互换共有 6 组，结果，立方系〈uvw〉方向族包含 $6\times4=24$ 个等价方向，$6\times8=48$ 个等价指向。

由于六方和三方系的晶胞直接反映点阵的对称性，等价晶向的方向指数中 3 个数字往往不同。关于六方系等价指向的方向指数的规律将在 1.5.3 节中讨论。上面讨论的 5 种晶系中〈uvw〉方向等价指向的数目的规律列于表 1-7 中。

表 1-7 所列的等价方向指数数目是根据 u、v 和 w 的数字各不相同并且也是非零的情况得出的。如果 3 个指数中出现相同数字，而相同的数字又处在可交换位置上的话，它们的交换就不会出现新的方向，使等价方向数目减少一半；如果指数中出现 0，0 是没有正负之分的，所以当 0 处在可单独改变正负号的位置上时，改变正负号也不会出现新的指向，结果，也使等价方向数目减少一半。以立方系为例，它的 3 个指数可以任意交换位

置，也可以独立地改变正负号，如果 $u=v$，则 u 和 v 换位不改变指向性质，因此，3 个指数互相交换位置的结果只有 3 组而不是 6 组指向，这样，等价指向数目减少了一半，即只有 24 个。例如〈112〉方向族只有 24 个等价指向。如果〈uvw〉方向族中 $u=v=w$，3 个指数互换位置不改变指向。3 个指数互相交换位置的结果只有 1 组而不是 6 组，所以，等价指向数目只有 8 个。例如〈111〉方向族只有 8 个等价指向指数。如果 3 个指数中出现一个 0，它没有正负之分，结果，等价指向数目减少一半，即只有 24 个。例如〈120〉方向族有 24 个等价指向。按照这些原则可知，〈110〉方向族因为它的指数有两个相同，等价指向数目应减少为 24 个，又因指数中有一个 0，等价指向数目进一步减少一半为 12 个。同理，〈100〉方向族的指数中除了两个指数相同外（它已把等价指向数目降为 24 个），出现了两个 0，每个 0 指数使等价指向数目减少一半，结果〈100〉方向族只有 6 个等价指向。

表 1-7　5 种晶系中〈uvw〉方向等价指向的数目的规律

晶　系	点阵常数的限制	〈uvw〉中 u、v、w 的交换方式	〈uvw〉包含的等价指向数
三　斜	$a\neq b\neq c$ $\alpha\neq\beta\neq\gamma$	u、v、w 不能交换位置，它们的正负号不能单独改变，只能同时改变	2
单斜（第一定向）	$a\neq b\neq c$ $\alpha=\beta=90°\neq\gamma$	u、v、w 不能交换位置，u 和 v 可以同时改变正负	4
正　交	$a\neq b\neq c$ $\alpha=\beta=\gamma=90°$	u、v、w 不能交换位置，但可以单独改变正负号	8
四　方	$a=b\neq c$ $\alpha=\beta=\gamma=90°$	只有 u 和 v 可以交换位置，u、v、w 都可以单独改变正负号	16
立　方	$a=b=c$ $\alpha=\beta=\gamma=90°$	u、v、w 都可以交换位置，并且都可以单独改变正负号	48

例 1-12　确定图 1-48 的立方单胞中的各晶向的指向指数。图中数字是各点所在面或线的位置。

解：确定指向指数是简单办法是：用后一个点坐标数减去前一个点的坐标数，然后取互质指数。

A：以 0，0，2/3 为原点，指向末点的坐标是 1，1，1/3，末点减原点坐标数为 1，1，(1/3 − 2/3)，指数为 $[33\bar{1}]$；

B：以 2/3，1，1 为原点，指向末点的坐标是 0，1，2/3，末点减原点坐标数为 −2/3，0，−1/3，指数为 $[\bar{2}0\bar{1}]$；

C：以 1，0，1/3 为原点，指向末点的坐标是 1/2，1，1/2，末点减原点坐标数为 −1/2，1，1/6，指数为 $[\bar{3}61]$；

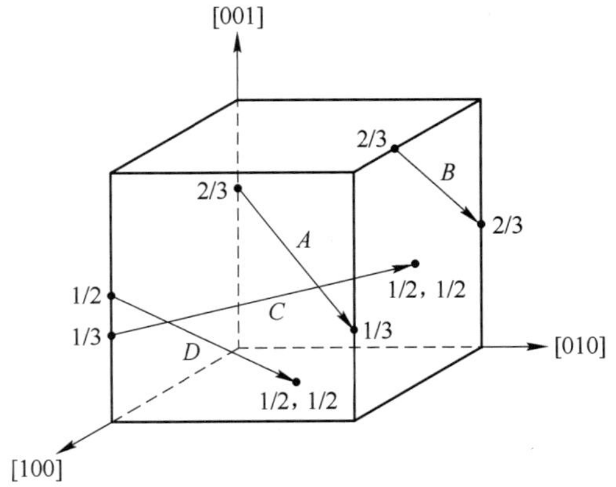

图 1-48　立方单胞中的晶向例子

D：以 1，0，1/2 为原点，指向末点的坐标是 1/2，1/2，0，末点减原点坐标数为 −1/2，1/2，−1/2，指数为 $[\bar{1}1\bar{1}]$。

例 1-13 图 1-49a 所示为四方晶系 A、B 和 C 晶向，写出它们的晶向指数，画出 [001]、[236] 和 $[\bar{1}20]$ 晶向，并讨论它们等价方向的数目。

解：对于图 1-49a 的 A 和 B 晶向，选单胞右前下方顶角 O' 为坐标原点，A 点坐标是（−1，−1，1），所以其晶向指数是 $[\bar{1}\,\bar{1}1]$；B 点的坐标是（−1，0，1），所以其晶向指数是 $[\bar{1}01]$。对于 C 晶向，选取单胞左后下方顶角 O 作原点，C 点坐标是（1/2，1/3，1/2），把坐标数化为整数，得其晶面指数是 [323]。

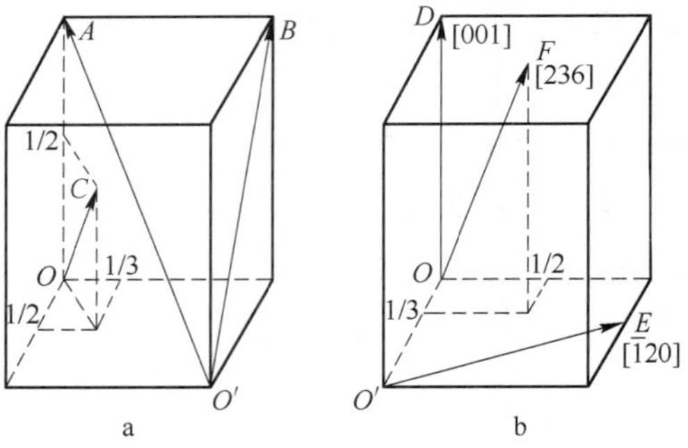

图 1-49　四方晶系的一些晶向指数

a—$O'A$、$O'B$ 和 OC 晶向；b—[001]、[236] 和 $[\bar{1}20]$ 晶向

在图 1-49b 中选取单胞左后下方顶角 O 作原点，[001] 晶向是从原点引向坐标（0，0，1）的方向，即图中的 D 晶向；[236] 晶向是从原点引向坐标（2，3，6）的方向，为了把晶向画在一个晶胞内，用坐标点最大指数（6）除其他两个指数，得（1/3，1/2，1），从原点指向坐标点（1/3，1/2，1）的方向就是所求的晶向，如图 1-49b 中的 F 晶向所示；$[\bar{1}20]$ 晶向是从原点引向坐标（−1，2，0）的方向，为了把晶向画在一个晶胞内，把坐标原点向具有负指数的坐标前移一个单位，即移到 O' 处，$[\bar{1}20]$ 晶向就是从 O' 引向坐标（−1/2，1，0）的方向，如图中的 E 晶向所示。

现在讨论的是四方晶系，因为 $a=b\neq c$、$\alpha=\beta=\gamma=90°$，晶向 $[uvw]$ 的等价晶向的指数中只有 u 和 v 可以交换位置，u、v、w 都可以单独改变正负号，等价晶向中有 8 个方向（16 个指向）。对于 [001] 晶向，因为有两个指数相同，并且它们处在可以交换的位置上，所以等价晶向数减少一半，为 4 个方向（8 个指向），但是又因有两个 0，每个 0 均使等价晶向数减少一半，等价数减少 3/4，即最后等价数目为 1 个方向（两个指向）。对于 $[\bar{1}20]$ 晶向，因为有一个 0，等价晶向数目减少一半，即等价数目为 4 方向（8 个指向）。对于 [236] 晶向，3 个指数不相同也不为 0，所以等价数目为 8 个方向（16 个指向）。

1.5.2　点阵平面及平面指数

点阵中由点阵组成的平面在非严格意义上又称为**晶面**。由坐标原点到平面上任两个点阵的矢量可以确定该平面的位置。任何一个点阵平面相对于坐标原点作平行移动（或坐标架相对平面移动），总能使点阵平面在坐标的 3 个参考轴上的截点是阵点，即平面在 3 个轴（它们的单位长度分别是 a、b 和 c）的截距分别是 p_1a、p_2b 和 p_3c，如图 1-50 所示，其中 p_1、p_2 和 p_3（称外斯指数）均为整数。这个平面的方程为：

$$\frac{x_1}{p_1a}+\frac{x_2}{p_2b}+\frac{x_3}{p_3c}=1 \tag{1-41}$$

如果以坐标轴单位长度表示，$x'_1 = x_1/a, x'_2 = x_2/b, x'_3 = x_3/c$,则得：

$$\frac{x'_1}{p_1} + \frac{x'_2}{p_2} + \frac{x'_3}{p_3} = 1 \qquad (1\text{-}42)$$

可将上式改写为：

$$h'x'_1 + k'x'_2 + l'x'_3 = p \qquad (1\text{-}43)$$

式中，$p = p_1p_2p_3$，$h' = p_2p_3$，$k' = p_3p_1$，$l' = p_1p_2$。由于p_1、p_2和p_3为整数，所以，h'、k'和l'也必为整数。通常把h'、k'和l'的公因子抽出，把它们简化为互质的整数h、k和l，把h、k和l写进圆括号内，即将（hkl）作为点阵平面符号。这种方法首先由密勒（W. H. Miller）引用，故称此为**密勒指数**，又称平面指数或**晶面指数**。

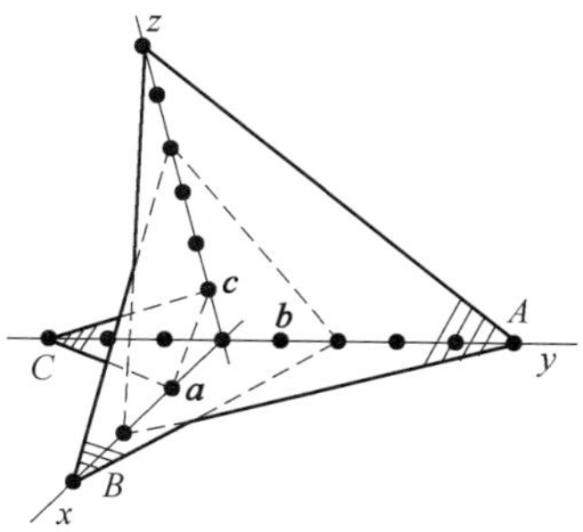

图 1-50 点阵平面的外斯指数

（A 面、B 面和 C 面的p_1、p_2、p_3分别为(2,5,6)、(3,2,4)、(1,$\bar{3}$,1)的平面）

从上面的讨论不难看出，因为$h:k:l$是点阵平面在坐标轴上截距长度（以单胞轴的长度为单位）的倒数简化成互质整数后的连比，所以可以用点阵平面在坐标轴上截距的倒数求互质整数的简单办法来确定该点阵平面的指数。这里要注意的是，当点阵平面和某一轴平行时，它和这一轴的截距为∞，截距的倒数为0。

根据面指数的定义可知，一个点阵平面的指数和坐标原点的选择无关，平行面的面指数相同，如果不考虑面的极性（即不考虑平面法线指向的方向），则(hkl)和（$\bar{h}\bar{k}\bar{l}$）是全同的面。由于点阵的对称性，一些非平行的点阵平面经对称操作后会完全重合，即这些面在几何上是完全等价的，把这些等价面归属为同一种面类型，称为晶面族，用{hkl}表示。点阵的对称性越高，归属于同一种面族的阵点面的数目越多。不同晶系点阵中，{hkl}所包含的等价面的数目是不同的。讨论晶面族等价面数目的方法和讨论方向族的方法一样，所得结果也是相同的。但是，如果不考虑面的极性，认为(hkl)和（$\bar{h}\bar{k}\bar{l}$）完全等同，则一个晶面族所包含的等价面的数目是表 1-7 所列出的数目的一半。当{hkl}中出现指数相同或0时，它引起的等价面数目的变化规律和方向族在同样情况下的变化规律是相同的。图 1-51 给出了一些晶面指数的例子。在图中讨论各个面的面指数时，为了讨论方便，选择不同坐标原点，图中的截距数字是相对不同原点得出的。图 1-51a 中的A面，坐标原点选择O_1，它的截距是（∞，∞，1），所以面指数是(001)；图 1-51a 中的B面，坐标原点选择O_2，它的截距是（−1/2，1，1），所以面指数是（$\bar{2}$11）；图 1-51a 中的C面，坐标原点选择O_3，它的截距是（1/2，−1/3，1），所以面指数是（2$\bar{3}$1）；图 1-51b 中的D面，坐标原点选择O_4，它的截距是（1/2，1/2，1/2），所以面指数是（111）；图 1-51b 中的E面，坐标原点选择O_5，它的截距是（1，−1/2，1/4），所以面指数是（1$\bar{2}$4）；图 1-51b 中的F面，坐标原点选择O_6，它的截距是（1，−1/3，−1/4），所以面指数是（1$\bar{3}$ $\bar{4}$）。

还要注意到，在分析晶体原子结构平面时，对于P单胞点阵而言，带有公因子指数的面，都是不含阵点的虚面，是没有意义的；但是对于复单胞点阵，会出现一些带有公因子指数的面，这些面是真实的阵点面。例如，立方系P单胞点阵的（200）面是虚面，因此（200）面是没有意义的；而I点阵的（200）面是实面，（100）面却是（200）面的一个平行面，（100）面是没有意义的。

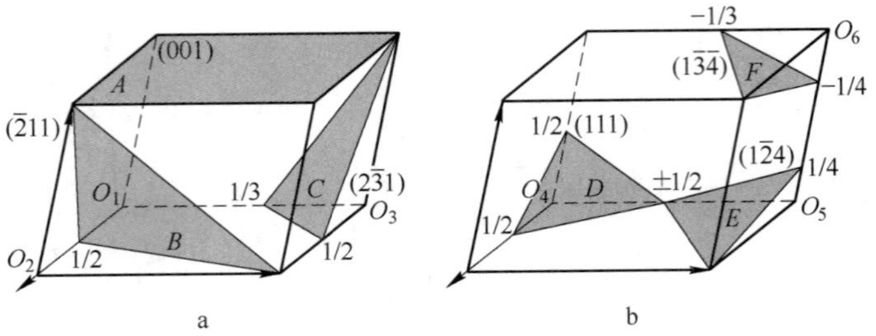

图 1-51 一些晶面指数的例子

例 1-14 图 1-52 画出了几个立方晶系 P 点阵的晶面，写出它们的密勒指数；讨论它们的等价面的数目，并把等价面指数写出来。

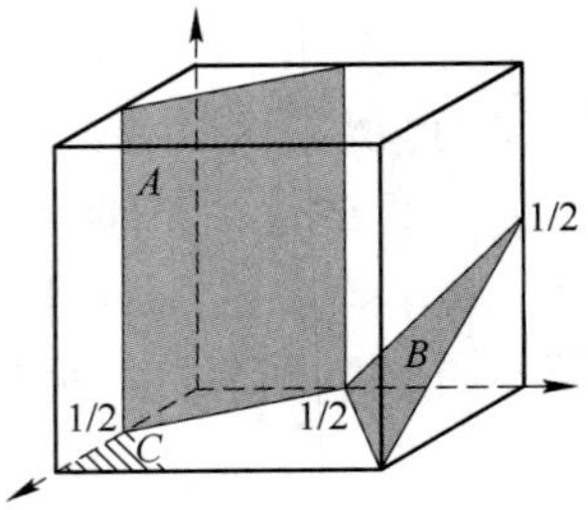

图 1-52 立方晶系 P 点阵的 A、B 和晶面

解：图中 A 面的截距为（1/2，1/2，∞），其面指数是（220），因为是 P 点阵，所以面指数应该是（110）；B 面的截距为（1，−1/2，1/2），其面指数是（$1\bar{2}2$）；C 面的截距为（∞，∞，1），所以其面指数是（001）。因为讨论的是立方系，$a=b=c$，$\alpha=\beta=\gamma=90°$，晶面（hkl）的等价晶面的 3 个数字相同，h、k、l 都可以交换位置，并且都可以单独改变正负号，这样，晶面（hkl）的等价晶面数为 48 个。但是，因（hkl）≡（$\bar{h}\bar{k}\bar{l}$），所以实际等价晶面只有 24 个。对于（110）晶面，有两个指数相同，又有一个指数为 0，等价晶面数是 24 的 1/4，即等于 6 个。对于（$1\bar{2}2$）晶面，有两个指数相同，等价晶面数是 24 的 1/2，即等于 12 个。对于（001）晶面，有两个指数相同，等价晶面数减少一半，两个相同的指数都为 0，等价晶面数又应减少为 1/4，所以最终的等价晶面数是 24 的 1/8，即等于 3 个。

现在再从数学角度来看看面指数的几何意义。如图 1-53 所示的一个点阵平面，它与 3 个参考轴相截于 A、B、C。从原点 O 引向平面 ABC 面的垂线为 OD。根据点阵的性质可知，任一个点阵面的所有平行面，它们包括了点阵中所有的阵点，这样，OD 一定是 ABC 面的面间距 d 的整数倍：$OD=md$，其中 m 为整数。由图 1-53 看出，从原点引向 ABC 面上任一点的矢量和此面法线单位矢量 $\boldsymbol{n}$ 的点乘都等于 $\overline{OD}$，即等于 md。这样：

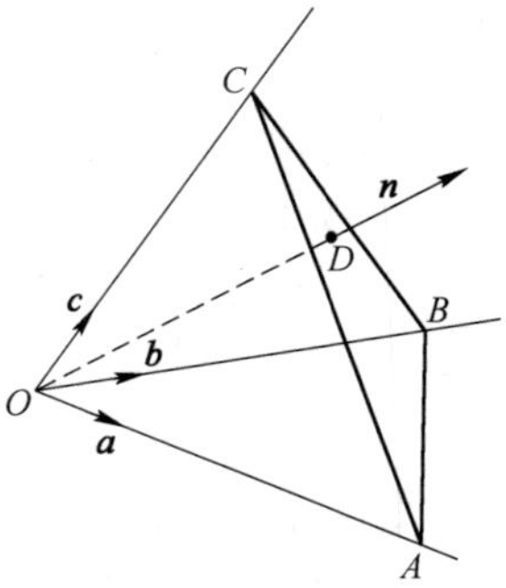

图 1-53 面指数的几何意义的讨论

$$\boldsymbol{OA}\cdot\boldsymbol{n}=\boldsymbol{OB}\cdot\boldsymbol{n}=\boldsymbol{OC}\cdot\boldsymbol{n}=md \qquad (1\text{-}44)$$

上式又可写成：

$$\frac{OA}{a}\boldsymbol{a}\cdot\boldsymbol{n}=\frac{OB}{b}\boldsymbol{b}\cdot\boldsymbol{n}=\frac{OC}{c}\boldsymbol{c}\cdot\boldsymbol{n}$$

即
$$h:k:l=\frac{a}{OA}:\frac{b}{OB}:\frac{c}{OC}=(\boldsymbol{a}\cdot\boldsymbol{n}):(\boldsymbol{b}\cdot\boldsymbol{n}):(\boldsymbol{c}\cdot\boldsymbol{n}) \tag{1-45}$$

可以看到，$h:k:l$ 是这个面的单位法线矢量 $\boldsymbol{n}$ 在 3 个坐标轴方向上的余弦值之比。由 h、k、l 的这些性质可知，单胞的 $\boldsymbol{a}$、$\boldsymbol{b}$、$\boldsymbol{c}$ 单位轴长度（即 a、b、c）内各有 h、k、l 个（khl）面通过；ab 面、bc 面和 ca 面的对角线各有 $h+k$、$k+l$ 和 $l+h$ 个（hkl）面通过。单胞的体对角线有 $h+k+l$ 个（hkl）面通过。

例 1-15　证明单胞的 $\boldsymbol{a}$、$\boldsymbol{b}$、$\boldsymbol{c}$ 单位轴长度（即 a、b、c）内各有 h、k、l 个（khl）面通过。

解：当选定坐标原点后，设（hkl）一组平行面中距原点最近的那个面在晶胞 $\boldsymbol{a}$、$\boldsymbol{b}$、$\boldsymbol{c}$ 三个轴的截距分别是 OA'、OB'和 OC'，因为是距原点最近的面，根据式(1-44)，有：

$$\boldsymbol{OA'}\cdot\boldsymbol{n}=\boldsymbol{OB'}\cdot\boldsymbol{n}=\boldsymbol{OC'}\cdot\boldsymbol{n}=d$$

因为每一个（hkl）都是真实的点阵面（或者是与之平行的面指数是 h、k、l 整数倍的面），截距的倒数 a/OA'、b/OB'和 c/OC'都是整数，并且分别等于 h、k 和 l。这样，上式可以改写成：

$$\frac{\boldsymbol{a}}{h}\cdot\boldsymbol{n}=\frac{\boldsymbol{b}}{k}\cdot\boldsymbol{n}=\frac{\boldsymbol{c}}{l}\cdot\boldsymbol{n}=d$$

即：$\boldsymbol{a}\cdot\boldsymbol{n}=hd$，$\boldsymbol{b}\cdot\boldsymbol{n}=kd$，$\boldsymbol{c}\cdot\boldsymbol{n}=ld$，说明在 a、b、c 长度内各有 h、k、l 个（khl）面通过。

图 1-54 是(324)面系列通过一个单胞的情况，可以看出，在 a 轴长度上有 3 个面通过，b 轴长度上有 2 个面通过，c 轴长度上有 4 个面通过。对于 ab 面的面对角线，在 a 长度有 3 个面截过之后再通过 b 长度有 2 个面截过，即 ab 面的面对角线有 $h+k$ 个面截过。同理，bc 面的面对角线有 $k+l$ 个面截过；ca 面的面对角线有 $l+h$ 个面截过。同理可以知道，晶胞的体对角线有 $h+k+l$ 个面通过。图 1-54 中的（324）面，有 3 + 2 + 4=9 个面截过体对角线。

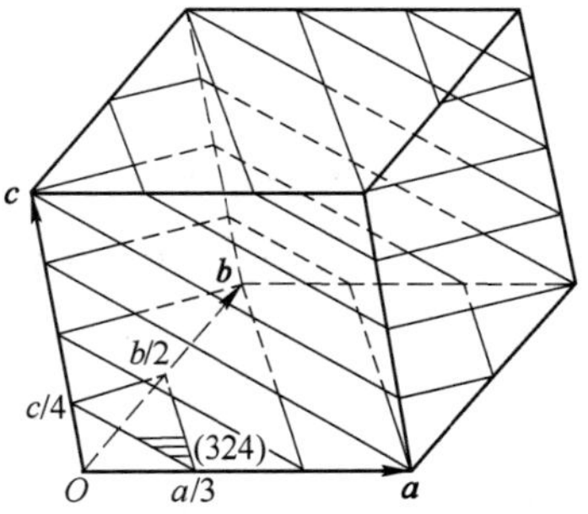

图 1-54　（324）面通过一个单胞的情况

1.5.3　六方（和三方）晶系的四轴坐标架的方向指数及面指数

由于六方（和三方）晶系的单胞不直接反映点阵的对称性，为了适应对称配置，常把 3 个单胞拼成一个六面柱体来描述这个点阵，如图 1-55a 所示，虽然它并不是真正的单胞，但用它来讨论一些问题是方便的。据此，采用四轴坐标。把原来的 $\boldsymbol{a}$ 和 $\boldsymbol{b}$ 轴标成 $\boldsymbol{a}_1$ 和 $\boldsymbol{a}_2$轴，$\boldsymbol{c}$ 轴保持不变，增加一个 $\boldsymbol{a}_3=-(\boldsymbol{a}+\boldsymbol{b})$ 轴。和三轴坐标晶向指数相似，四轴坐标下的直线方向指数[$uvtw$]的 u、v、t 和 w 是以该直线的任一阵点为原点，在直线上距原点最近的一个阵点坐标的 4 个轴分量。但对于晶向指数，这样做马上就遇到了困难，因为要用共面的 3 个基矢来表示在该面上的矢量的方式有无穷多种。例如图 1-56 中在 $\boldsymbol{a}_1$、$\boldsymbol{a}_2$、$\boldsymbol{a}_3$轴共面的面（称基平面）上的 $\boldsymbol{OA}$ 矢量，它在 $\boldsymbol{a}_1$ 和 $\boldsymbol{a}_2$ 轴的分量 U 和 V 是-2 和-1。按 $\boldsymbol{a}_1$、$\boldsymbol{a}_2$轴坐标表示它的直线指数是 $[\bar{2}\ \bar{1}]$，这种表示是唯一的。但是，它在 $\boldsymbol{a}_1$、$\boldsymbol{a}_2$、$\boldsymbol{a}_3$轴上的分量 u、v 和 t 可以有无限种：例如表示为-2，-1，0；0，1，2；-1，0，1；…如果按此写成直线指数则是 $[\bar{2}\ \bar{1}0]$；$[012]$；$[\bar{1}01]$；…又如图1-56中的 $\boldsymbol{OB}$ 矢量，它在 $\boldsymbol{a}_1$ 和 $\boldsymbol{a}_2$轴的分量 U 和 V 是-4，-3，按 $\boldsymbol{a}_1$、$\boldsymbol{a}_2$轴坐标表示它的直线指数是 $[\bar{4}\ \bar{3}]$，这种表示是唯一的。但是，它在 $\boldsymbol{a}_1$、$\boldsymbol{a}_2$、$\boldsymbol{a}_3$轴上的分量 u、v 和 t 可以是：-4，-3，0；-1，0，3；-5，-2，7；…按此写成直线指数则是 $[\bar{4}\bar{3}0]$；$[\bar{1}03]$；$[\bar{5}\bar{2}7]$；… 所以，要使一个阵点直线在四轴坐标的指数是唯一的，就必须附加一个约束条件。

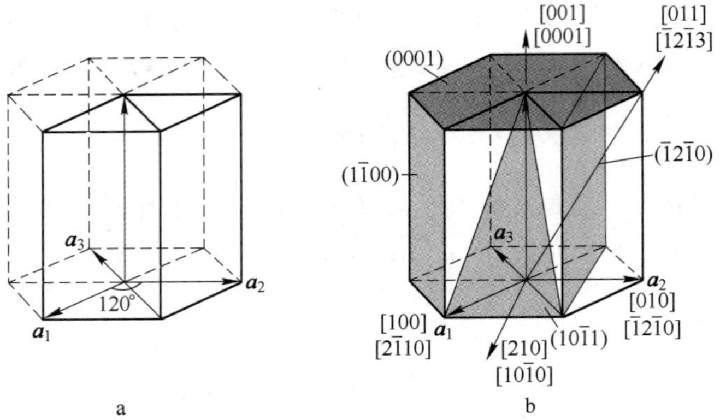

图 1-55 四轴坐标架

a—六方系的单胞（实线）及 3 个单胞拼成的六面棱柱体；b—晶面和晶向指数举例

$\boldsymbol{a}_1$、$\boldsymbol{a}_2$、$\boldsymbol{a}_3$三个轴的关系为：

$$\boldsymbol{a}_1 + \boldsymbol{a}_2 + \boldsymbol{a}_3 = 0 \qquad (1\text{-}46)$$

根据这个特点，要求指数 u、v 和 t 符合如下关系：

$$u + v + t = 0 \qquad (1\text{-}47)$$

附加了这个条件，四轴坐标定义的直线指数就是唯一的了。四轴坐标指数又称米勒-布拉维(Miller-Bravais) 指数。图 1-56 中的 $\boldsymbol{OA}$ 矢量的 $[uvt]$唯一地确定为 $[\bar{1}01]$，$\boldsymbol{OB}$ 矢量的$[uvt]$唯一地确定为 $[\bar{5}\bar{2}7]$。为了符合式(1-46)的条件，在四轴坐标架标定一个方向指数时，需用“凑步”的方法来定出正确的指数，这种操作是很麻烦的。由于三轴坐标方向指数比较容易确定，而四轴坐标方向指数又常用，因而，需要找出三轴坐标方向指数和四轴坐标方向指数间的转换关系。可以先确定一个直线方向的三轴坐标方向指数$[UVW]$，然后再按其与四轴坐标指数间的转换关系将其转换成四轴坐标方向指数$[uvtw]$。现在讨论这一转换关系，设某一矢量 $\boldsymbol{OP}$ 在三轴坐标和四轴坐标下分别表示为：

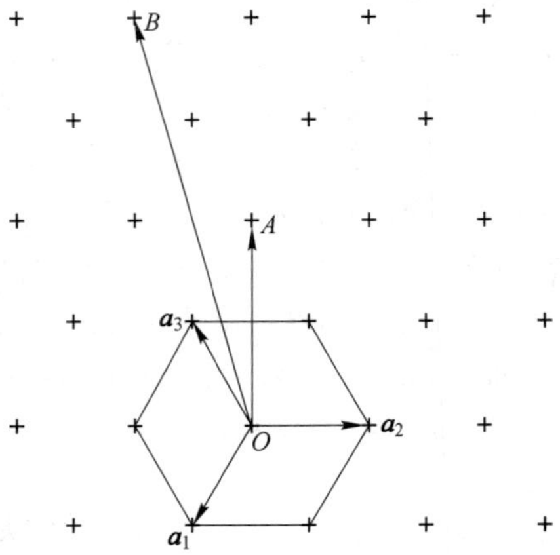

图 1-56 确定一个矢量在基面上 3 个基矢上的分量的方法

$$\boldsymbol{OP} = U\boldsymbol{a}_1 + V\boldsymbol{a}_2 + W\boldsymbol{c}$$

$$\boldsymbol{OP} = u\boldsymbol{a}_1 + v\boldsymbol{a}_2 + t\boldsymbol{a}_3 + w\boldsymbol{c}$$

考虑到式(1-46)和式(1-47)的关系，上两式合并得：

$$U\boldsymbol{a}_1 + V\boldsymbol{a}_2 + W\boldsymbol{c} = u\boldsymbol{a}_1 + v\boldsymbol{a}_2 + (u+v)(\boldsymbol{a}_1 + \boldsymbol{a}_2) + w\boldsymbol{c}$$

整理后得：

$$\begin{cases} U = 2u + v \\ V = u + 2v \\ W = w \end{cases} \tag{1-48}$$

及

$$\begin{cases} u = \dfrac{1}{3}(2U - V) \\ v = \dfrac{1}{3}(2V - U) \\ t = -(u + v) \\ w = W \end{cases} \tag{1-49}$$

上两式就是两种坐标的方向指数互相转换的关系式，如果所得数字是非互质的，最后应化为互质的整数。根据式(1-48)，图 1-56 中的 **OA** 晶向应是 $[\bar{1}010]$，**OB** 晶向应是 $[\bar{5}\,\bar{2}\,70]$。图 1-55b 给出六方系中一些方向的方向指数（三轴坐标指数和四轴坐标的指数）的例子。

六方晶系的面指数也用四轴坐标表示：$(hkil)$。确定一个面的面指数的方法和三轴坐标的方法一样：先找出该面在 4 个坐标轴上的截距长度（以轴基矢长作单位长度），求它们的倒数后，再抽取公因子将其化为互质的整数，最后就获得 4 个指数 h、k、i 和 l。$(hkil)$ 指数中的 h、k 和 i 间是有固定关系的。用图 1-57 说明如下。设某一面在 $\boldsymbol{a}_1$、$\boldsymbol{a}_2$ 和 $\boldsymbol{a}_3$ 轴的截距分别为 OA、OB 和 OD，从图中的几何关系得：

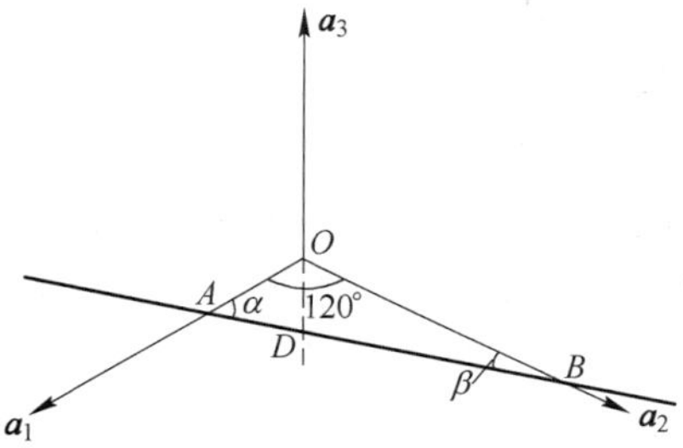

图 1-57 六方晶系镜面指数的 h、k 和 i 之间的关系

$$\frac{OD}{\sin\alpha} = \frac{OA}{\sin(60° + \beta)}; \qquad \frac{OD}{\sin\beta} = \frac{OB}{\sin(60° + \alpha)}$$

因为 $\alpha + \beta + 120° = 180°$，所以：

$$\frac{OD}{\sin\alpha} = \frac{OA}{\sin(120° - \alpha)}; \qquad \frac{OD}{\sin(60° - \alpha)} = \frac{OB}{\sin(60° + \alpha)}$$

上两式取倒数后，对比得：

$$\frac{\sin\alpha + \sin(60° - \alpha)}{OD} = \frac{\sin(120° - \alpha)}{OA} + \frac{\sin(60° + \alpha)}{OB}$$

因为 $\sin\alpha + \sin(60° - \alpha) = \sin(120° - \alpha) = \sin(60° + \alpha)$，故上式变为：

$$\frac{1}{OD}=\frac{1}{OA}+\frac{1}{OB}$$

而 OD 是 $\boldsymbol{a}_3$ 的负向，所以 h、k 和 i 间的关系为：

$$h+k+i=0 \tag{1-50}$$

从上面的讨论可知，六方系三轴坐标和四轴坐标间的面指数转换是很容易的，只要在三轴坐标的面指数（hkl）的 k 和 l 间加上 $i=-(h+k)$ 即得四轴坐标的面指数($hkil$)。图1-55b 给出了六方系一些面的面指数的例子。

由六方系对称性可看出，(100) 或 ($10\bar{1}0$) 和 ($1\bar{1}0$) 或 ($1\bar{1}00$) 两个面是等价的，但是很难从三轴坐标指数（100）和（$1\bar{1}0$）找出等价面指数间的规律性，而四轴坐标指数 (1010) 和 ($1\bar{1}00$) 却有规律性：即指数中的 h、k 和 i 三个数可以互换位置，这正反映了六方系六次对称轴的特点，同时也可以看出四轴坐标指数的优点。下面我们来看六方系晶面族的等价晶面的数目：虽然 $\{hkil\}$ 指数中的 h、k 和 i 可以互换位置，但注意到 $h+k+i=0$ 的关系，h、k 和 i 不能单独改变正负号。指数中的 l 不能和其他指数换位，但可以单独改变正负号。结果，$\{hkil\}$ 面族含 12 个等价面。由同样的道理可知，四轴坐标的指向族 $\langle uvtw\rangle$ 含 24 个等价指向。同样应该注意到，如果指数出现重复或出现 0，则等价面或指向的数目减少。

1.5.4 晶带及晶带定律

晶带的概念是从晶体外形引出的。两个晶面相交于一个晶棱，当晶面相交的棱彼此平行时，所有这些晶面构成一个晶带。晶面相交棱的直线称为**晶带轴**。晶带轴表示了晶带中各类晶面分布的特征，常以晶带轴作为晶带的标志，以晶带轴的方向指数表示该晶带的指数。晶带概念用于点阵时，平行于某一点阵直线的所有阵点平面的总体称为晶带，该点阵直线是晶带轴。

19 世纪初，外斯发现在晶体外形上晶面与晶棱间的互相依存关系：两个相交晶带轴构成的平面必为一可能的晶面，这称为晶带定律。这一规律显然是由晶体内部点阵排列的规律性所决定的。因为晶带轴就是“可能”的晶棱，即点阵直线；两个点阵直线构成的阵点平面，即是“可能”的晶面。根据已知晶体晶面相交的晶棱，利用晶带定律可以求得未知晶面的位置，并可导出一切可能的晶面在晶体上的分布状况。图 1-58 所示为晶带轴为 [$\bar{1}01$] 的晶带中的一些晶面。

现在看属于同一晶带轴的所有晶面(hkl)和晶带轴[uvw]间的关系。式(1-43)中当 $p=0$ 时，即(hkl)面过原点：

$$hx'_1+kx'_2+lx'_3=0$$

在这面上的任一阵点坐标（x_1，x_2，x_3）都满足上式，从原点到这个面上某一阵点的矢量的方向指数[uvw]中的 u、v 和 w 就是阵点的坐标分量。所以，在(hkl)面上任何

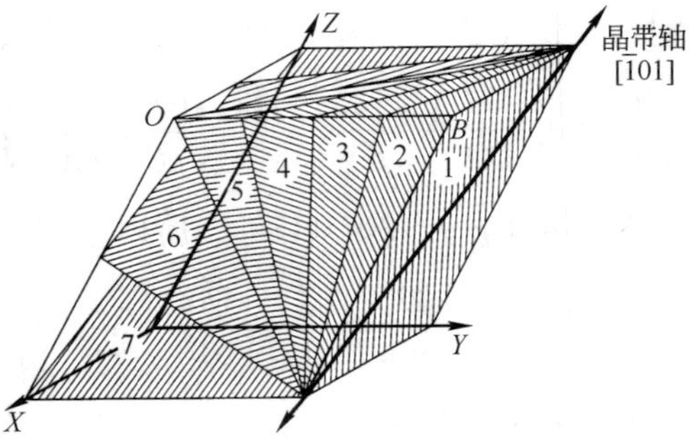

图 1-58 晶带轴为[$\bar{1}01$]的晶带中的一些晶面

1—(010)；2—(141)；3—(121)；4—(343)；5—(111)；6—(212)；7—(101)

[*uvw*]方向（亦可理解为平行于(*hkl*)面的任何[*uvw*]方向）的 *u*、*v* 和 *w* 都满足上式，故：

$$hu + kv + lw = 0 \tag{1-51}$$

这称为晶带定律。这一方程对任何晶系都是适用的。因为晶面指数和晶向指数都是代表一组平行的面和平行的晶向，所以广义的晶带定律是：

$$hu + kv + lw = p \tag{1-52}$$

式中，*p* 是整数。

例 1-16 在六方系晶胞中画出 $[11\bar{2}3]$ 晶向和 $(1\bar{1}00)$ 面，并讨论 $(1\bar{1}00)$ 面是否属于 $[11\bar{2}3]$ 晶带的晶面。

解：晶向指数其实就是表示一个矢量。四轴坐标晶向指数的 4 个指数分别是一个矢量在 4 个坐标轴的分量，可以直接根据四个坐标轴分量所走距离得出此矢量。为了把 $[11\bar{2}3]$ 画在一个晶胞内，只画这个矢量的 1/3（图 1-59）：从原点 *O* 出发沿 $\boldsymbol{a}_1$ 方向走 $\boldsymbol{t}_1 = \boldsymbol{a}_1/3$，再沿 $\boldsymbol{a}_2$ 方向走 $\boldsymbol{t}_2 = \boldsymbol{a}_2/3$，然后沿 $\boldsymbol{a}_3$ 的负方向走 $\boldsymbol{t}_3 = -2\boldsymbol{a}_3/3$，最后沿 $\boldsymbol{c}$ 方向走 $\boldsymbol{t}_4 = \boldsymbol{c}$ 到达 *p* 点，$\boldsymbol{Op}$ 就是 $[11\bar{2}3]/3$ 矢量，即是 $[11\bar{2}3]$ 晶向。还可以用式(1-50)把 $[11\bar{2}3]$ 晶向转换成三轴坐标指数在三轴坐标画出：

$$\begin{cases} U = 2u + v = 2 + 1 = 3 \\ V = u + 2v = 1 + 2 = 3 \\ W = w = 3 \end{cases}$$

四轴坐标 $[11\bar{2}3]$ 矢量相当于三轴坐标 [333] 矢量，它的 1/3 就是 [111]，从图 1-59 可看出，三轴坐标的 [111] 就是四轴坐标 $[11\bar{2}3]/3$。

因为四轴坐标的晶面指数很容易转换成三轴坐标晶面指数（把四轴坐标面指数的第三个指数去掉就是相应的三轴坐标面指数），所以四轴坐标的晶面一般是把指数转换为三轴坐标指数再画出。$(1\bar{1}00)$ 面的三轴坐标指数是 $(1\bar{1}0)$，它是图 1-59 中灰色表示的面。在图中看到，$[11\bar{2}3]$ 晶向是在（平行）$(1\bar{1}00)$ 面上，但晶带定律不能应用于四轴坐标，所以不容易从四轴坐标指数看出 $(1\bar{1}00)$ 面是否属于 $[11\bar{2}3]$ 晶带的晶面。如果转换成三轴坐标指数，晶带定律是适用的。很易看出 $(1\bar{1}0)$ 面属于 [111] 晶带的晶面(因 $1 \times 1 + (-1) \times 1 + 0 \times 1 = 0$)。

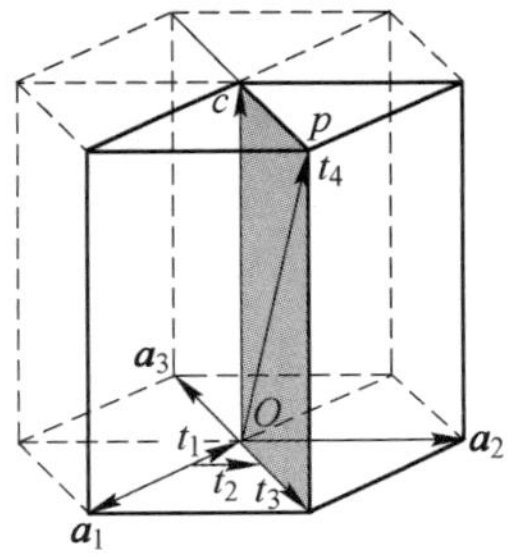

图 1-59　六方系晶胞中画出 $[11\bar{2}3]$ 晶向和 $(1\bar{1}00)$ 面

利用晶带定律可以得出一些有用的晶体学关系：

（1）晶带轴的方向指数。已知($h_1k_1l_1$)和($h_2k_2l_2$)同属一个晶带，设晶带轴为[*uvw*]。根据式（1-51）得：

$$\begin{cases} h_1u + k_1v + l_1w = 0 \\ h_2u + k_2v + l_2w = 0 \end{cases}$$

由上面两个方程求出 u、v 和 w 的连比关系：

$$u : v : w = \begin{vmatrix} k_1 & l_1 \\ k_2 & l_2 \end{vmatrix} : \begin{vmatrix} l_1 & h_1 \\ l_2 & h_2 \end{vmatrix} : \begin{vmatrix} h_1 & k_1 \\ h_2 & k_2 \end{vmatrix} \tag{1-53}$$

由此得到晶带轴的方向指数$[uvw]$。

(2) 两个晶向构成的面的面指数。已知$[u_1v_1w_1]$和$[u_2v_2w_2]$同属于这两个晶带轴构成的面（即由$[u_1v_1w_1]$和$[u_2v_2w_2]$构成的面）的面指数（hkl），根据式(1-51)得：

$$\begin{cases} hu_1 + kv_1 + lw_1 = 0 \\ hu_2 + kv_2 + lw_2 = 0 \end{cases}$$

由上面两个方程可求出 h、k 和 l 的连比关系：

$$h : k : l = \begin{vmatrix} v_1 & w_1 \\ v_2 & w_2 \end{vmatrix} : \begin{vmatrix} w_1 & u_1 \\ w_2 & u_2 \end{vmatrix} : \begin{vmatrix} u_1 & v_1 \\ u_2 & v_2 \end{vmatrix} \tag{1-54}$$

由此得出晶面的晶面指数（hkl）。

(3) 三个面同属于一个晶带的条件。设（$h_1k_1l_1$）、（$h_2k_2l_2$）和（$h_3k_3l_3$）同属一个晶带，其晶带轴为$[uvw]$。根据式(1-51)得：

$$\begin{cases} h_1u + k_1v + l_1w = 0 \\ h_2u + k_2v + l_2w = 0 \\ h_3u + k_3v + l_3w = 0 \end{cases}$$

若上式的 u、v 和 w 有非零解，要求下面的行列式为零：

$$\begin{vmatrix} h_1 & k_1 & l_1 \\ h_2 & k_2 & l_2 \\ h_3 & k_3 & l_3 \end{vmatrix} = 0 \tag{1-55}$$

由此得出 3 个面的面指数遵守的条件。

(4) 3 个点阵直线共面的条件。设 3 个点阵直线$[u_1v_1w_1]$、$[u_2v_2w_2]$、$[u_3v_3w_3]$共面的面为（hkl），即（hkl）同属于上述 3 个方向为晶带轴的晶带，根据式（1-51）得：

$$\begin{cases} hu_1 + kv_1 + lw_1 = 0 \\ hu_2 + kv_2 + lw_2 = 0 \\ hu_3 + kv_3 + lw_3 = 0 \end{cases}$$

若上式的 h、k 和 l 有非零解，要求下面的行列式为零：

$$\begin{vmatrix} u_1 & v_1 & w_1 \\ u_2 & v_2 & w_2 \\ u_3 & v_3 & w_3 \end{vmatrix} = 0 \tag{1-56}$$

由此得出 3 个共面的直线的方向指数遵守的条件。

例 1-17 $(12\bar{3})$、$(0\bar{1}1)$ 和 $(\bar{2}11)$ 三个晶面是否同属一个晶带轴？若是，它们的晶带轴是什么？

解：同属一个晶带轴的 3 个晶面的指数应满足式(1-55)，把它们的指数代入得：

$$\begin{vmatrix} 1 & 2 & -3 \\ 0 & -1 & 1 \\ -2 & 1 & 1 \end{vmatrix} = (-1-4+0)-(-6+0+1)=0$$

所以，这 3 个面是同属一个晶带轴的。其中两个面的交线方向一定是这些面的晶带轴，按照式(1-54)，$(0\bar{1}1)$ 和 $(\bar{2}11)$ 的晶带轴[uvw]的指数比是：

$$u:v:w=\begin{vmatrix} -1 & 1 \\ 1 & 1 \end{vmatrix}:\begin{vmatrix} 1 & 0 \\ 1 & -2 \end{vmatrix}:\begin{vmatrix} 0 & -1 \\ -2 & 1 \end{vmatrix}=-2:-2:-2$$

即晶带轴是[111]。如果晶面是低指数晶面，可以简单地直接用晶带定律试探性地除它们的晶带轴。例如现在讨论的 $(12\bar{3})$ 晶面，根据晶带定律很容易看出[111]就是平行这个面（或在这个面上），可以试探它是不是也在其他两个面上。试探后可知，它恰好也是平行于 $(0\bar{1}1)$ 和 $(\bar{2}11)$ 晶面，所以这 3 个晶面的晶带轴就是 [111]。

1.6 倒 易 点 阵

在描述空间点阵时知道，点阵是晶体内部结构在三维空间周期平移的数学抽象，是客观实体的数学抽象，它不但是一种数学表达，而且有严格的物理概念。倒易点阵是晶体点阵的倒易，它并不是一种客观存在，纯粹是一种数学抽象模型。这个抽象点阵的每一个阵点和其相应实在晶体点阵中的一个点阵平面有相对应的倒易关系，这个抽象的点阵就是**倒易点阵**，抽象的点阵空间称为**倒易空间**，与它相应的晶体内部结构空间称为正空间。初看起来，倒易点阵好像颇为抽象，甚至好像是臆造的，但它是一个非常有用的和简洁的描述和解释衍射现象的工具，是 P. P. 埃瓦尔德（1913）提出的。X 射线在晶体中的衍射与光学干涉十分相似，衍射过程中主体光栅与客体衍射像之间存在一个傅里叶变换关系，而晶体点阵与其倒易点阵也存在一个傅里叶变换关系，倒易点阵的阵点就是真实晶体的衍射点。因此，学习倒易点阵可以为学习晶体结构分析做基础准备。在本章中，倒易点阵使我们容易求出晶面的取向和晶面的面间距 $\boldsymbol{d}_{hkl}$ 等问题。

在物理课程中学习过晶体衍射的布拉格定律，空间点阵中的布拉格面是三维的，布拉格面之间的关系也是三维的，为了讨论方便，探求降低它们维数的表示方法。如果定义 $\boldsymbol{d}_{hkl}$ 矢量的方向为（hkl）面的法向，并且定义它的模等于（hkl）面的面间距，这样，在晶体学坐标下一组（hkl）面就简化为一个点（$\boldsymbol{d}_{hkl}$ 矢量的端点），一组晶带面就简化为一个平面的点。这样的简化存在的缺点是：在晶体坐标下这些点的坐标都不是整数，并且越接近原点其点密度越大，这种构图并不能简化原来的空间图像，反而使它更复杂了。

如果换一种思维，定义另一种矢量 $\boldsymbol{d}^*_{hkl}$ 矢量，它也与（hkl）晶面垂直，但它的模等于 $1/\boldsymbol{d}_{hkl}$，因为矢量长度的单位是 1/nm，这些点构成的空间是一个倒易空间。这些点也是周期重复排列，它们构成的点阵称倒易点阵。如果把倒易点阵中最靠近原点的倒易阵点连接起来，就会得到倒易单胞的形状，它与实空间单胞的形状有对应关系，当学习了固体中的电子能带理论后就知道，倒易单胞和布里渊区有一定的对应关系。图 1-60 给出了正点阵中（$hk0$）面的倒易阵点的排列，即倒易点阵中的(001)*面，以及这些倒易点的指数（这些指数也是正空间点阵的点阵平面指数）。

上述的简化考虑是非常有用的，一张远离光源的纤维布，当光透过纤维布时可以看见规则的光点排列，并且光点的大小强度（倒易点的权重）是不同的，如图 1-61 所示。如果按照二维晶体来表示，把纤维的间距表示为 $\boldsymbol{a}$ 和 $\boldsymbol{b}$，把规则二维光点的间距表示为 $\boldsymbol{a}^*$ 和 $\boldsymbol{b}^*$，它们之间有如下关系：

$$\boldsymbol{a}\cdot\boldsymbol{a}^*=1;\quad \boldsymbol{b}\cdot\boldsymbol{b}^*=1;\quad \boldsymbol{a}\cdot\boldsymbol{b}^*=0;\quad \boldsymbol{b}\cdot\boldsymbol{a}^*=0$$

并且每一方向上光点的间距是等距离增加的。这一实例和上面提出的想法是吻合的，这就是倒易点阵思想的来源。下面详细介绍倒易点阵的几何，不着重讨论倒易点的权重。

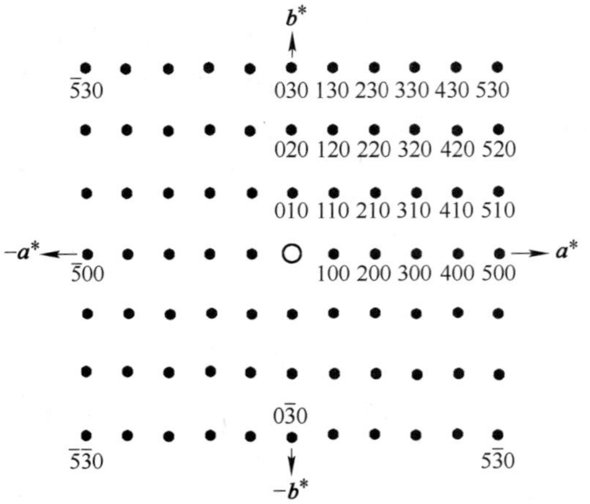

图 1-60　倒易点阵中的($hk0$)*面

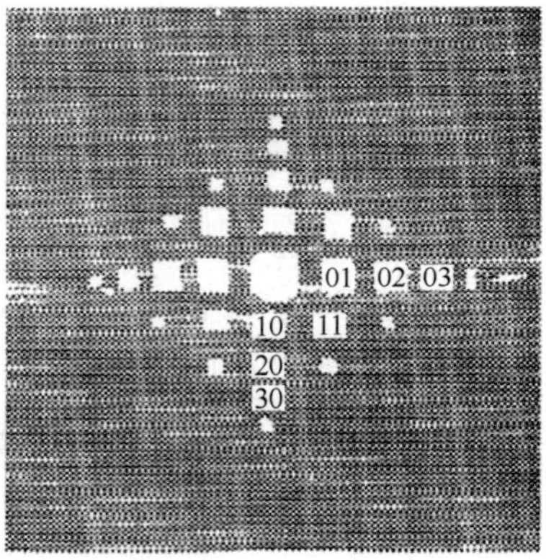

图 1-61　远离光源的纤维布发生的光学衍射花样

1.6.1　倒易点阵的定义

按照上面讨论的思路，正点阵（点阵参数分别是 $\boldsymbol{a}$、$\boldsymbol{b}$、$\boldsymbol{c}$ 和 α、β、γ）和倒易点阵（点阵参数分别是 $\boldsymbol{a}^*$、$\boldsymbol{b}^*$、$\boldsymbol{c}^*$ 和 α^*、β^*、γ^*）之间有如下关系：

$$\begin{cases}\boldsymbol{a}\cdot\boldsymbol{a}^*=\boldsymbol{b}\cdot\boldsymbol{b}^*=\boldsymbol{c}\cdot\boldsymbol{c}^*=1\\ \boldsymbol{a}\cdot\boldsymbol{b}^*=\boldsymbol{a}\cdot\boldsymbol{c}^*=\boldsymbol{b}\cdot\boldsymbol{a}^*=\boldsymbol{b}\cdot\boldsymbol{c}^*=\boldsymbol{c}\cdot\boldsymbol{a}^*=\boldsymbol{c}\cdot\boldsymbol{b}^*=0\end{cases}\tag{1-57}$$

正点阵和倒易点阵是互为倒易的。如果 $\boldsymbol{a}^*$、$\boldsymbol{b}^*$、$\boldsymbol{c}^*$、α^*、β^*、γ^* 定义为实点阵的点阵参数，则 $\boldsymbol{a}$、$\boldsymbol{b}$、$\boldsymbol{c}$、α、β、γ 是倒易点阵的点阵参数。还可以用另一种数学式来表达倒易点阵。设 Ω 为实点阵单胞的体积，则：

$$\Omega=\boldsymbol{c}\cdot(\boldsymbol{a}\times\boldsymbol{b})\tag{1-58}$$

而

$$\boldsymbol{c}\cdot\boldsymbol{c}^*=1=\frac{\Omega}{\Omega}=\frac{\boldsymbol{c}\cdot(\boldsymbol{a}\times\boldsymbol{b})}{\Omega}$$

因为 $(\boldsymbol{a}\times\boldsymbol{b}) \mathbin{/\!/} \boldsymbol{c}^*$，所以：

$$\boldsymbol{c}^* = \frac{1}{\Omega}(\boldsymbol{a}\times\boldsymbol{b})$$

同理

$$\boldsymbol{b}^* = \frac{1}{\Omega}(\boldsymbol{c}\times\boldsymbol{a});\quad \boldsymbol{a}^* = \frac{1}{\Omega}(\boldsymbol{b}\times\boldsymbol{c}) \tag{1-59}$$

若设 Ω^* 为倒易点阵的单胞体积，即：

$$\Omega^* = \boldsymbol{c}^*\cdot(\boldsymbol{a}^*\times\boldsymbol{b}^*) \tag{1-60}$$

按同样的方法可由倒易点阵基矢表达正点阵基矢：

$$\left.\begin{aligned} \boldsymbol{c} &= \frac{1}{\Omega^*}(\boldsymbol{a}^*\times\boldsymbol{b}^*)\\ \boldsymbol{b} &= \frac{1}{\Omega^*}(\boldsymbol{c}^*\times\boldsymbol{a}^*)\\ \boldsymbol{a} &= \frac{1}{\Omega^*}(\boldsymbol{b}^*\times\boldsymbol{c}^*) \end{aligned}\right\} \tag{1-61}$$

正点阵单胞的体积 Ω 和倒易点阵单胞的体积 Ω^* 之间也存在倒易关系。因为 $\boldsymbol{c}\cdot\boldsymbol{c}^* = 1$，将式(1-59)和式(1-61)代入，得：

$$\frac{1}{\Omega\Omega^*}(\boldsymbol{a}\times\boldsymbol{b})\cdot(\boldsymbol{a}^*\times\boldsymbol{b}^*) = 1 \tag{1-62}$$

利用矢量运算公式：

$$(\boldsymbol{A}\times\boldsymbol{B})\cdot(\boldsymbol{C}\times\boldsymbol{D}) = (A\cdot C)(B\cdot D) - (A\cdot D)(B\cdot C)$$

式(1-62)变成：

$$\frac{1}{\Omega\Omega^*}\{(\boldsymbol{a}\cdot\boldsymbol{a}^*)(\boldsymbol{b}\cdot\boldsymbol{b}^*) - (\boldsymbol{a}\cdot\boldsymbol{b}^*)(\boldsymbol{b}\cdot\boldsymbol{a}^*)\} = \frac{1}{\Omega\Omega^*} = 1$$

即

$$\Omega = \frac{1}{\Omega^*}\qquad \Omega^* = \frac{1}{\Omega} \tag{1-63}$$

1.6.2 正点阵的基矢间夹角与倒易点阵基矢夹角之间的关系

根据基矢之间夹角的定义，有：

$$\cos\alpha^* = \frac{\boldsymbol{b}^*\cdot\boldsymbol{c}^*}{|\boldsymbol{b}^*|\cdot|\boldsymbol{c}^*|}$$

把式(1-59)代入，得：

$$\cos\alpha^* = \frac{(\boldsymbol{c}\times\boldsymbol{a})\cdot(\boldsymbol{a}\times\boldsymbol{b})}{cba^2\sin\beta\sin\gamma} = \frac{(\boldsymbol{c}\cdot\boldsymbol{a})(\boldsymbol{a}\cdot\boldsymbol{b}) - (\boldsymbol{c}\cdot\boldsymbol{b})(\boldsymbol{a}\cdot\boldsymbol{a})}{cba^2\sin\beta\sin\gamma}$$

最后得：

$$\cos\alpha^* = \frac{\cos\beta\cos\gamma - \cos\alpha}{\sin\beta\sin\gamma}$$

同理得

$$\cos\beta^* = \frac{\cos\gamma\cos\alpha - \cos\beta}{\sin\gamma\sin\alpha} \qquad \cos\gamma^* = \frac{\cos\alpha\cos\beta - \cos\gamma}{\sin\alpha\sin\beta} \tag{1-64}$$

按同样的方法可用倒易点阵的 α^*、β^*、γ^* 来表达正点阵的 α、β、γ：

$$\left.\begin{aligned}\cos\alpha &= \frac{\cos\beta^*\cos\gamma^* - \cos\alpha^*}{\sin\beta^*\sin\gamma^*}\\ \cos\beta &= \frac{\cos\gamma^*\cos\alpha^* - \cos\beta^*}{\sin\gamma^*\sin\alpha^*}\\ \cos\gamma &= \frac{\cos\alpha^*\cos\beta^* - \cos\gamma^*}{\sin\alpha^*\sin\beta^*}\end{aligned}\right\} \tag{1-65}$$

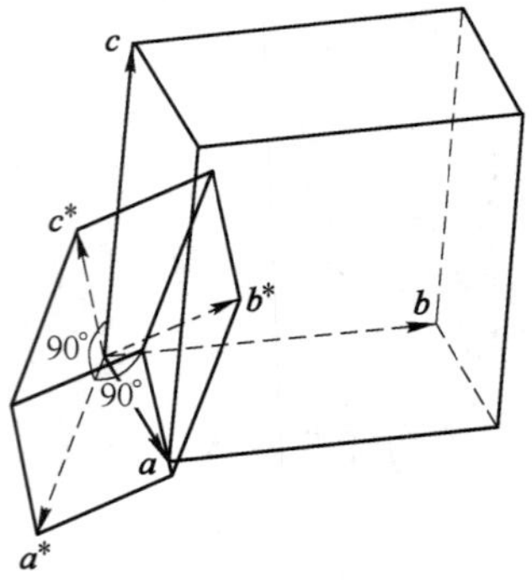

图 1-62 一个正点阵单胞和相应的倒易点阵单胞

图 1-62 给出了一个正点阵单胞和相应的倒易点阵单胞的示意图。

1.6.3 倒易点阵的基本性质

由倒易点阵的定义可以得出倒易点阵两个重要的基本性质：

（1）在倒易点阵中，从原点指向阵点[(hkl)]* 的倒易矢量 $\boldsymbol{H}_{hkl} = h\boldsymbol{a}^* + k\boldsymbol{b}^* + l\boldsymbol{c}^*$ 必和正点阵的（hkl）面垂直，即倒易点阵的阵点方向$[hkl]^*$和正点阵的（hkl）面垂直（与（hkl）面法线方向平行）：$[hkl]^* \perp (hkl)$。

（2）$\boldsymbol{H}_{hkl}$的模等于正点阵（hkl）面的面间距 d_{hkl}的倒数。

下面证明这两个基本性质。

在前面讨论过，（hkl）面的法线单位矢量 $\boldsymbol{n}_{hkl}$和 3 个基矢 $\boldsymbol{a}$、$\boldsymbol{b}$、$\boldsymbol{c}$ 点乘的结果分别是 d_{hkl}的 h、k、l 倍（见例 1-15），即：

$$\boldsymbol{a}\cdot\boldsymbol{n}_{hkl} = hd_{hkl} \qquad \boldsymbol{b}\cdot\boldsymbol{n}_{hkl} = kd_{hkl} \qquad \boldsymbol{c}\cdot\boldsymbol{n}_{hkl} = ld_{hkl}$$

将上面 3 个等式分别乘以 $\boldsymbol{a}^*$、$\boldsymbol{b}^*$、$\boldsymbol{c}^*$ 后相加：

$$(\boldsymbol{a}\cdot\boldsymbol{n}_{hkl})\boldsymbol{a}^* + (\boldsymbol{b}\cdot\boldsymbol{n}_{hkl})\boldsymbol{b}^* + (\boldsymbol{c}\cdot\boldsymbol{n}_{hkl})\boldsymbol{c}^* = d_{hkl}(h\boldsymbol{a}^* + k\boldsymbol{b}^* + l\boldsymbol{c}^*) \tag{1-66}$$

用 $\boldsymbol{a}$、$\boldsymbol{b}$、$\boldsymbol{c}$ 分别点乘式(1-66)左端，为 $\boldsymbol{a}\cdot\boldsymbol{n}_{hkl}$、$\boldsymbol{b}\cdot\boldsymbol{n}_{hkl}$、$\boldsymbol{c}\cdot\boldsymbol{n}_{hkl}$，这说明点乘前式(1-66)左端的矢量确为 $\boldsymbol{n}_{hkl}$，而式(1-66)右端的矢量是 $\boldsymbol{H}_{hkl}$方向，所以 $\boldsymbol{H}_{hkl}$平行于 $\boldsymbol{n}_{hkl}$，即 $\boldsymbol{H}_{hkl}$和晶面（hkl）面垂直。这就证明了第一个基本性质。

式(1-66)实际上可以写为：

$$\boldsymbol{n}_{hkl} = d_{hkl}\boldsymbol{H}_{hkl}$$

即

$$|\boldsymbol{H}_{hkl}| = \frac{1}{d_{hkl}} \tag{1-67}$$

这也就证明了第二个基本性质。

因为正点阵和倒易点阵之间是完全互为倒易的，所以必然有正点阵的$[uvw]$方向和倒易点阵的$(uvw)^*$垂直；$\boldsymbol{r}_{uvw} = u\boldsymbol{a} + v\boldsymbol{b} + w\boldsymbol{c}$ 的模是倒易点阵$(uvw)^*$面的面间距 d^*_{uvw}的倒

数，即：

$$[uvw] \perp (uvw)^* \tag{1-68}$$

$$|\boldsymbol{r}_{uvw}| = \frac{1}{d_{uvw}^*} \tag{1-69}$$

由上述倒易点阵的性质可以知道，倒易点阵中的一个阵点$[(hkl)]^*$代表了正点阵中的(hkl)面，所以，倒易点阵中阵点的分布就代表着正点阵中一系列面（一个晶带的面）的分布。由此看出，倒易点阵概念可以使正点阵中的问题简化。

1.6.4 由正点阵导出倒易点阵

根据倒易点阵的两个基本性质知道，倒易点阵的 3 个基矢 $\boldsymbol{a}^*$、$\boldsymbol{b}^*$、$\boldsymbol{c}^*$ 分别垂直于正点阵的（100）、（010）、（001）面，它们的夹角分别是正点阵中这 3 个面的夹角，它们的模分别是 $1/d_{100}$、$1/d_{010}$、$1/d_{001}$。如果 d_{hkl} 的单位是 nm，则 $\boldsymbol{a}^*$、$\boldsymbol{b}^*$、$\boldsymbol{c}^*$ 的单位是 nm^{-1}。求出了 $\boldsymbol{a}^*$、$\boldsymbol{b}^*$、$\boldsymbol{c}^*$ 的长度和它们间的夹角后，就确定了$[(100)]^*$、$[(010)]^*$、$[(001)]^*$三个倒易点，把 $\boldsymbol{a}^*$、$\boldsymbol{b}^*$、$\boldsymbol{c}^*$ 周期平移就获得了相应的倒易点阵。图 1-63 是一个由正点阵为单斜点阵（第一定向）导出倒易点阵的例子，因为单斜点阵的 $\boldsymbol{c}$ 轴与 $\boldsymbol{a}$、$\boldsymbol{b}$ 轴垂直，因此只简单地画出$(001)^*$，$\boldsymbol{c}$ 垂直于纸面组成的面，长度为 $1/c$。

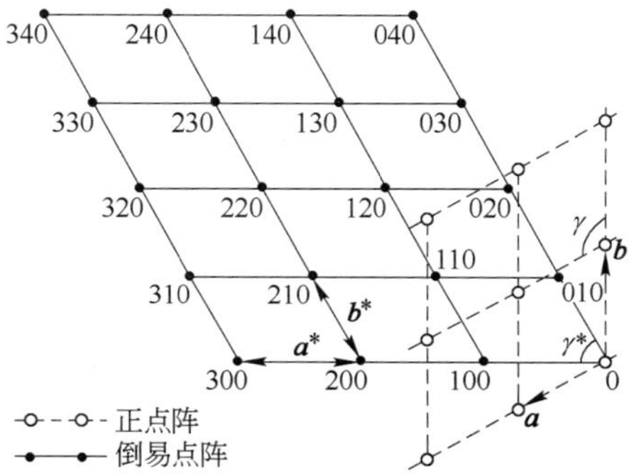

图 1-63 单斜晶系（第一定向）的正点阵与倒易点阵（c 和 c^* 轴垂直于纸面）

根据正点阵与倒易点阵的关系得出，正点阵与倒易点阵的晶系不会改变，若正点阵的布拉维点阵是 P 点阵时，所得的倒易点阵也是 P 点阵。表 1-8 列出了各种晶系正点阵（P 点阵）与其对应倒易点阵的点阵参数间的关系。

表 1-8 各种晶系正点阵（P 点阵）与其对应的倒易点阵的点阵参数间的关系

晶系		单斜	正交	六方	菱方	正方	立方
正点阵	单胞特征	$a \neq b \neq c$ $\alpha=\beta=90° \neq \gamma$	$a \neq b \neq c$ $\alpha=\beta=\gamma=90°$	$a=b\neq c$ $\alpha=\beta=90°$ $\gamma=120°$	$a=b=c$ $90° \neq \alpha=\beta=\gamma<120°$	$a=b\neq c$ $\alpha=\beta=\gamma=90°$	$a=b=c$ $\alpha=\beta=$ $\gamma=90°$
	单胞体积	$abc\sin\gamma$	abc	$\sqrt{3}a^2c/2$	$a^3\sqrt{1-3\cos^2\alpha+2\cos^3\alpha}$	a^2c	a^3
倒易点阵	a^*	$\dfrac{1}{a\sin\gamma}$	$\dfrac{1}{a}$	$\dfrac{2}{a\sqrt{3}}$	$\dfrac{\sin\alpha}{a\sqrt{1-3\cos^2\alpha+2\cos^3\alpha}}$	$\dfrac{1}{a}$	$\dfrac{1}{a}$
	b^*	$\dfrac{1}{b\sin\gamma}$	$\dfrac{1}{b}$	$\dfrac{2}{a\sqrt{3}}$	$\dfrac{\sin\alpha}{a\sqrt{1-3\cos^2\alpha+2\cos^3\alpha}}$	$\dfrac{1}{a}$	$\dfrac{1}{a}$
	c^*	$\dfrac{1}{c}$	$\dfrac{1}{c}$	$\dfrac{1}{c}$	$\dfrac{\sin\alpha}{a\sqrt{1-3\cos^2\alpha+2\cos^3\alpha}}$	$\dfrac{1}{c}$	$\dfrac{1}{a}$
	α	90°	90°	90°	$\cos^{-1}\left(-\dfrac{\cos\alpha}{1+\cos\alpha}\right)$	90°	90°

续表 1-8

晶系		单 斜	正 交	六 方	菱 方	正 方	立 方
倒易点阵	β	90°	90°	90°	$\cos^{-1}\left(-\dfrac{\cos\alpha}{1+\cos\alpha}\right)$	90°	90°
	γ	180°$-\gamma$	90°	60°	$\cos^{-1}\left(-\dfrac{\cos\alpha}{1+\cos\alpha}\right)$	90°	90°
	单胞特征	$a^* \neq b^* \neq c^*$ $\alpha^* = \beta^* = 90° \neq \gamma^*$	$a^* \neq b^* \neq c^*$ $\alpha^* = \beta^* = \gamma^* = 90°$	$a^* = b^* \neq c^*$ $\alpha^* = \beta^* = 90°$ $\neq \gamma^* = 60°$	$a^* = b^* = c^*$ $\alpha^* = \beta^* = \gamma^* \neq 90°$	$a^* = b^* \neq c^*$ $\alpha^* = \beta^* =$ $\gamma^* = 90°$	$a^* = b^* = c^*$ $\alpha^* = \beta^* =$ $\gamma^* = 90°$
	单胞体积	$\dfrac{1}{abc\sin\gamma}$	$\dfrac{1}{abc}$	$\dfrac{2}{\sqrt{3}a^2c}$	$\dfrac{1}{a^3\sqrt{1-3\cos^2\alpha+2\cos^3\alpha}}$	$\dfrac{1}{a^2c}$	$\dfrac{1}{a^3}$

注：单斜晶系是第一定向。

上面是基于各晶系的 P 单胞来讨论的。如果是经有心化了的点阵，则它的单胞是复式单胞。虽然由正点阵导出的倒易点阵也同属一个晶系，但倒易点阵的复式单胞的有心化形式不一定相同，即它们不一定属同一种布拉维点阵。

因为倒易点阵的阵点就是晶体的衍射点，为了了解上面提出的倒易点阵的布拉维点阵与正点阵可能不同的原因，要重新回到衍射的布拉格定律来讨论。根据布拉格定律，当用波长为 λ 的 X 射线入射晶体时，（hkl）晶面（间距为 d_{hkl}）发生加强衍射的条件是（见图 1-64）：

$$n\lambda = 2d_{hkl}\sin\theta \tag{1-70a}$$

或

$$\lambda = 2\left(\frac{d_{hkl}}{n}\right)\sin\theta \tag{1-70b}$$

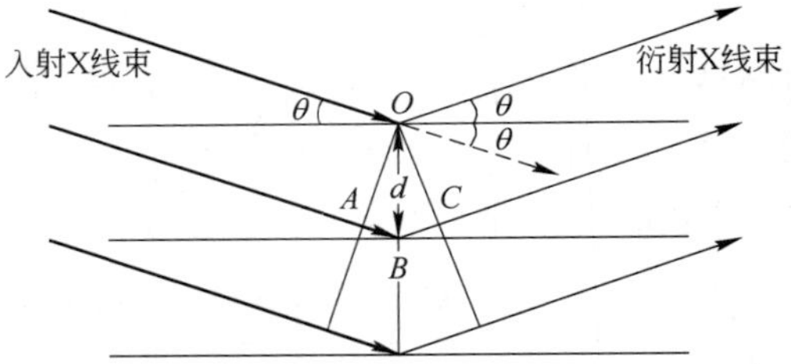

图 1-64　X 射线照射晶体发生的衍射

式中，θ 是 X 射线对（hkl）面的入射角，n 为整数。注意到当 $n>1$ 时，满足加强衍射的面间距是 d_{hkl}/n，在真实的点阵中，这些面并非是真实的面而是虚面，这些“虚面”的衍射就是真实面（$n=1$）的高阶衍射。当 $n<1$ 时，参与衍射的面的面间距是 d_{hkl} 的整数倍，它参与的衍射也只是原来的一阶衍射。所以，可以知道，在描述衍射的倒易点阵中，在倒易空间离原点最近的倒易阵点是正空间中离原点最近的真实面（面间距是它的整数倍的一组面）的一阶衍射点。例如在体心立方晶格中的（100）面，这一组面中离原点最近的面是（200）面而不是（100）面，如果这些面有加强衍射的话，（200）面的衍射是一阶衍射，而（100）面的面间距是（200）面的两倍，它参与的衍射仅是（200）面的衍射，所以在倒易点阵中不会出现[(100)]* 点，这种现象称消光效应。

现在从几何学角度讨论各种点阵的消光效应。对于正点阵是布拉维点阵 P 点阵的情况，在它的倒易点阵中的阵点[(hkl)]* 中 h、k、l 具有公因子的话，例如［（200）］* 倒易点反映正点阵的（200）面，而正点阵中（200）面并不是真实的点阵面。所以，在与 P 点阵相应的倒易点阵中，只有那些距原点最近的并且 3 个坐标数不含公因子（即互质的）的阵点才反映正点阵的真实阵点面。这样，倒易点阵中所有的阵点可以表示为：

$$\boldsymbol{H} = nh\boldsymbol{a}^* + nk\boldsymbol{b}^* + nl\boldsymbol{c}^* \quad (n = 0, \pm 1, \pm 2, \pm 3, \cdots) \tag{1-71}$$

式中，h、k、l 是互质整数。这样，P 点阵的倒易点阵的阵点包括正点阵的面指数为互质整数的所有面对应的点。

当正点阵经有心化后，即其单胞是复式单胞时，距原点最近的真实阵点面的 3 个面指数可能包含公因子，即式(1-71)中的 h、k、l 是在正点阵单胞中必须过经有心化添加的阵点的面的面指数。设有心化所添加的阵点坐标是[(*xyz*)]，若（*hkl*）过这一阵点，根据平面方程，则应符合晶带定律式(1-52)：

$$hx + ky + lz = 0(\text{或整数})$$

凡不符合上列关系的倒易阵点[(*hkl*)]* 将消失。

若正点阵是 I 点阵（即在单胞体心位置加上阵点），有心化所附加的阵点坐标是[(1/2,1/2,1/2)]，从式(1-56)可知，倒易点阵的阵点[(*hkl*)]* 中的 $h+k+l$ 必须等于偶数，否则这倒易阵点将消失。例如，在倒易点阵中的[(100)]*、[(010)]*、[(120)]*、[(210)]*、[(111)]* 等点消失。图 1-65a 中所示的单斜晶系点阵的倒易点阵，若把白点和黑点都包括进去，则是 P 点阵的倒易点阵。按照 I 点阵的消光规律，把 $h+k+l$ 等于奇数的点（图中的○点）去掉，余下的点（图中的●点）就是倒易点阵，结果倒易点阵的复式单胞变成面心单胞。这个单胞具有 4 个阵点，分别是[(000)]*、[(101)]*、[(011)]* 和[(110)]*。同时可以看到，复式单胞的棱长已不是 P 单胞时的 a^*、b^*、c^* 而是 $2a^*$、$2b^*$、$2c^*$。单胞体积变为 P 单胞时 Ω^* 的 8 倍。

若正点阵是 F 点阵（即晶胞的各个面的中心位置加上阵点），有心化所附加的阵点坐标是[(0,1/2,1/2)]、[(1/2,0,1/2)]、[(1/2,1/2,0)]。从式(1-56)可知，倒易点阵的阵点[(*hkl*)]* 中的 h、k、l 必须同时为奇数或同时为偶数，否则阵点将消失，即在倒易点阵中的[(100)]*、[(010)]*、[(120)]*、[(210)]*、[(110)]* 等点消失。图 1-65b中所示的单斜晶系点阵的倒易点阵，若把白点和黑点都包括进去，是 P 点阵的倒易点阵。按照 F 点阵的消光规律，把 h、k 和 l 非同奇数或非同偶数的点（图中的○点）去

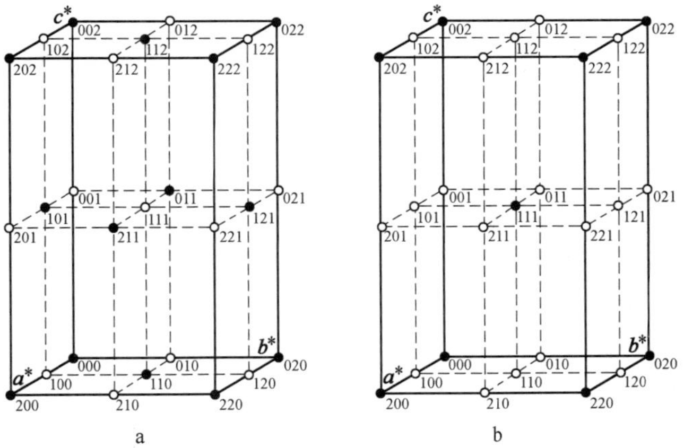

图 1-65 单斜晶系点阵的倒易点阵

a—正点阵为体心点阵；b—正点阵为面心点阵的倒易点阵

掉，余下的点（图中的•点）就是倒易点阵，它的复式单胞是体心单胞。这个单胞具有两个阵点，分别是［(000)］*、［(111)］*。同时可以看到，复式单胞的棱长已不是P单胞时的 a^*、b^*、c^* 而是 $2a^*$、$2b^*$、$2c^*$。单胞体积变为P单胞时 Ω^* 的8倍。

其他类型的有心化点阵可按同样的方法讨论。例如 C 面有心点阵，$[(hkl)]^*$ 中的 $h+k$ 等于奇数的阵点将会消失；倒易点阵的复式单胞仍是 C 面心单胞，不过这时单胞棱长变为 $2a^*$、$2b^*$、c^*，单胞体积变为 $4\Omega^*$。B 面有心点阵或 A 面有心点阵的 $[(hkl)]^*$ 中，它们的 h、k、l 中分别满足 $h+l$ 或 $k+l$ 等于奇数的阵点将会消失的关系，同时单胞的棱长和体积作相应的变化。

密排六方点阵因为加入的点的位置是[(2/3,1/3,1/2)]，过这个点的面是最靠近原点的面，根据广义晶带定律，这些（hkl）面符合 $2h/3+k/3$、$l/2$ 是整数才不会消光，即 $2h+k=3n$(整数)，l 是奇数是消光的。

我们在一开始讨论倒易点阵时就说道，倒易点阵的衍射理论是一般的衍射理论，正点阵衍射时可能的矢量正好是倒易点阵的 $\boldsymbol{H}_{hkl}$ 矢量。衍射点的每一个点的权重是不同的，衍射点消失与否取决于反映晶体结构的特征函数——结构因子 $\boldsymbol{F}_{hkl}$，按X衍射作详细讨论，所得结果和这里讨论的结果是完全一致的。

1.6.5 晶带与倒易面

在正点阵中晶带轴为 $[uvw]$ 的所有 (hkl) 晶面，在倒易点阵中成为在 $(uvw)^*$ 面上的各个 $[(hkl)]^*$ 阵点。因为 $(uvw)^*$ 面与 $[hkl]^*$ 方向也应有平行关系，所以，同属一个晶带的所有晶面的倒易点应分布在一个过原点的倒易面上。反过来说，倒易点阵中一个过原点的平面，它上面的倒易点代表正点阵中同属一个晶带的晶面。图1-66是说明这种关系的示意图。按这一关系，正点阵晶带轴 $[uvw]$ 与属于这一晶带的面 (hkl) 对应的倒易矢量 $[hkl]^*$ 一定垂直：$[uvw]\perp[hkl]^*$，即：

$$(u\boldsymbol{a}+v\boldsymbol{b}+w\boldsymbol{c})\cdot(h\boldsymbol{a}^*+k\boldsymbol{b}^*+l\boldsymbol{c}^*)=0$$

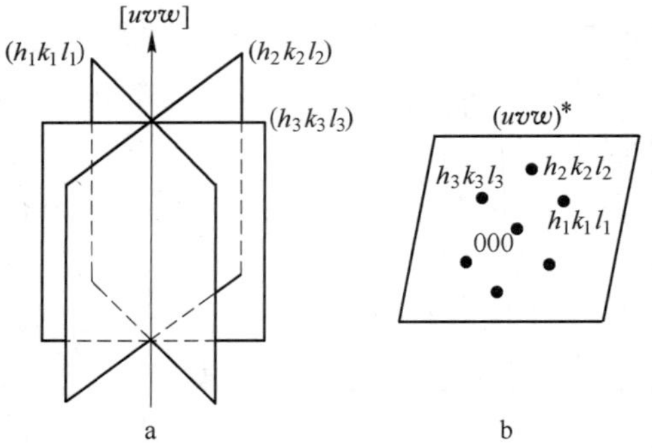

图1-66 晶带及其在倒易点阵中的位置
a—正点阵中属于晶带轴的晶面；b—同属一个晶带的晶面在倒易点阵中的相应位置

上式展开就是晶带方程：

$$uh+vk+lw=0$$

倒易点阵中的面 $(uvw)^*$ 也是一系列面，它的面间距 $d^*_{uvw}=1/|\boldsymbol{r}_{uvw}|$（见式(1-69)）。这些面中过原点的面称零阶面，按与倒易点阵原点的距离分为一阶、二阶、…、N 阶等面。零阶 $(uvw)^*$ 面代表正点阵的一个晶带。若认为 $(uvw)^*$ 面中所有面都属于 $[uvw]$ 晶带，这时的晶带称**广义晶带**。广义晶带只有在倒易点阵中才有明确意义。设在 N 阶倒易面上有倒易阵点 $[(hkl)]^*$，则：

$$\frac{\boldsymbol{H}_{hkl}\cdot\boldsymbol{r}_{uvw}}{|\boldsymbol{r}_{uvw}|}=Nd^* \tag{1-72}$$

所以，有如下关系：

$$hu + kv + lw = N$$

这个式子与式(1-52)相同。

怎样由正点阵作出某一个倒易面$(uvw)^*$(即正点阵属于$[uvw]$晶带轴的晶面的倒易点)？先以P点阵讨论，因为倒易面上的倒易点也是周期排列的，所以只要导出两个倒易点就可以周期平移获得倒易面。然后考察是否有遗漏的点和按实际的布拉维点阵考察是否有消光的点。据此，可按如下步骤作出倒易面：

（1）用晶带定律找出正点阵属于$[uvw]$晶带轴的两个晶面$(h_1k_1l_1)$和$(h_2k_2l_2)$，为了方便，尽量找出低指数面。

（2）计算$(h_1k_1l_1)$和$(h_2k_2l_2)$面的面间距的倒数$1/d_{h_1k_1l_1}$和$1/d_{h_2k_2l_2}$以及$(h_1k_1l_1)$和$(h_2k_2l_2)$面的夹角$(h_1k_1l_1)\hat{}(h_2k_2l_2)$(计算方法见1.6.6节)。根据这些数据，在倒易面上得出$[(000)]^*$、$[(h_1k_1l_1)]^*$和$[(h_2k_2l_2)]^*$三个倒易点。

（3）把$[(h_1k_1l_1)]^*$和$[(h_2k_2l_2)]^*$点周期地平移得出系列倒易点。

（4）若有遗漏的点（例如在$[(120)]^*$点与$[(380)]^*$点之间可能会有$[(240)]^*$点)，应将其补上。产生这种情况的原因是开始选择的（$h_1k_1l_1$）和（$h_2k_2l_2$）面不够恰当。

（5）考虑消光效应，根据所讨论实际点阵的布拉维点阵类型的消光规律，去掉不应出现的倒易点。

例1-18 作出正点阵是面心立方的$[1\bar{2}1]$晶带的倒易点分布图。

解：根据晶带定律，找出属于$[1\bar{2}1]$晶带的两个晶面：(012)和(210)面，求出$\boldsymbol{H}_{210}$及$\boldsymbol{H}_{012}$的长度和夹角。$|\boldsymbol{H}_{210}|$是正点阵(210)面的面间距d_{210}的倒数（计算方法见1.6.6节)，根据式(1-78)，得：

$$|\boldsymbol{H}_{210}| = \frac{\sqrt{0 + 1 + 2^2}}{a} = \frac{\sqrt{5}}{a}$$

式中，a是正点阵的晶胞的棱长。按同样关系知$|\boldsymbol{H}_{210}| = |\boldsymbol{H}_{012}|$。根据式（1-85)，$\boldsymbol{H}_{210}$和$\boldsymbol{H}_{012}$的夹角$\theta$为：

$$\cos\theta = \frac{2 \times 0 + 1 \times 1 + 2 \times 0}{\sqrt{2^2 + 1^2 + 0}\sqrt{0 + 1^2 + 2^2}} = \frac{1}{5}$$

即$\theta=78.46°$。根据计算结果，画出$[(210)]^*$、$[(000)]^*$、$[(012)]^*$三点位置，再以$\boldsymbol{H}_{210}$和$\boldsymbol{H}_{012}$为平移矢量进行平移获得如图1-67a所示的倒易点分布。因为正点阵是面心立方点阵，所以倒易点指数是全奇和全偶的点才能存在，应把$[(210)]^*$、$[(234)]^*$等指数不符合全奇全偶的点去掉，如图1-67b虚线所示。再仔细考察还发现，在$[(000)]^*$和$[(222)]^*$之间还应存在$[(111)]^*$点，按此补入遗漏的$[(111)]^*$、$[(135)]^*$等点。最后的倒易点分布如图1-67b所示。因为$\boldsymbol{H}_{20\bar{2}} \cdot \boldsymbol{H}_{222} = 0$，所以用$\boldsymbol{H}_{20\bar{2}}$和$\boldsymbol{H}_{222}$作基矢进行平移更为方便，如图1-67b实线所示。

从这个例子看到，虽然开始选择的属于所求晶带的两个正点阵面可以是任意的，但如果选择恰当可以省去一些步骤。例如在这个例子中，正点阵是面心立方，对于$[1\bar{2}1]$晶带，原来选择的（012）和（210）面在倒易点阵中是不存在的，因为它们的指数并非是

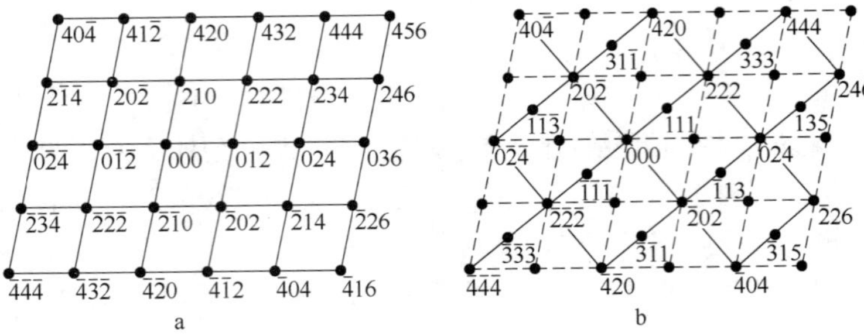

图 1-67 正点阵中属于面心立方的 [$1\bar{2}1$] 晶带的晶面的倒易点分布

a—用(210)和(012)求出的初步倒易点；b—补充点并考虑消光的倒易阵点分布

全奇或全偶；它们也并非是最低指数的面（这可能会遗漏点）。如果开始时选择指数较低的并且倒易点阵存在的（111）和（$20\bar{2}$）面（注意：因（$10\bar{1}$）面不存在），则可以免除上面讨论的补点和去点的步骤。

1.6.6 倒易矢量在晶体学中几何关系的应用

1.6.6.1 点阵平面间距公式

将式(1-67)左端自点乘，得：

$$\boldsymbol{H}_{hkl}\cdot\boldsymbol{H}_{hkl}=\frac{1}{d_{hkl}^2}$$

$$\begin{aligned}\frac{1}{d_{hkl}^2}&=(h\boldsymbol{a}^*+k\boldsymbol{b}^*+l\boldsymbol{c}^*)\cdot(h\boldsymbol{a}^*+k\boldsymbol{b}^*+l\boldsymbol{c}^*)\\&=h^2a^{*2}+k^2b^{*2}+l^2c^{*2}+2hka^*b^*\cos\gamma^*+2lhc^*a^*\cos\beta^*+2klb^*c^*\cos\alpha^*\end{aligned}\tag{1-73}$$

把式中倒易点阵的 $\boldsymbol{a}^*$、$\boldsymbol{b}^*$、$\boldsymbol{c}^*$、α^*、β^*、γ^* 按式(1-59)和式(1-64)换成正点阵的 $\boldsymbol{a}$、$\boldsymbol{b}$、$\boldsymbol{c}$、α、β、γ 就可获得计算点阵平面面间距的普遍公式：

$$\frac{1}{d_{hkl}^2}=\frac{\frac{h}{a}\begin{vmatrix}h/a&\cos\gamma&\cos\beta\\k/b&1&\cos\alpha\\l/c&\cos\alpha&1\end{vmatrix}+\frac{k}{b}\begin{vmatrix}1&h/a&\cos\beta\\\cos\gamma&h/b&\cos\gamma\\\cos\beta&l/c&1\end{vmatrix}+\frac{l}{c}\begin{vmatrix}1&\cos\gamma&h/a\\\cos\gamma&1&k/b\\\cos\beta&\cos\alpha&l/c\end{vmatrix}}{\begin{vmatrix}1&\cos\gamma&\cos\beta\\\cos\gamma&1&\cos\alpha\\\cos\beta&\cos\alpha&1\end{vmatrix}}\tag{1-74}$$

对于单斜晶系（第一定向），由于 $a\neq b\neq c$，$\alpha=\beta=90°\neq\gamma$，所以：

$$\frac{1}{d_{hkl}^2}=\frac{h^2}{a^2\sin^2\gamma}+\frac{k^2}{b^2\sin^2\gamma}+\frac{l^2}{c^2}-2hk\frac{\cos\gamma}{ab\sin^2\gamma}\tag{1-75}$$

对于正交晶系，由于 $a\neq b\neq c$，$\alpha=\beta=\gamma=90°$，所以：

$$\frac{1}{d_{hkl}^2}=\frac{h^2}{a^2}+\frac{k^2}{b^2}+\frac{l^2}{c^2} \tag{1-76}$$

对于四方晶系，由于 $a=b\neq c$，$\alpha=\beta=\gamma=90°$，所以：

$$\frac{1}{d_{hkl}^2}=\frac{h^2+k^2}{a^2}+\frac{l^2}{c^2} \tag{1-77}$$

对于立方晶系，由于 $a=b=c$，$\alpha=\beta=\gamma=90°$，所以：

$$\frac{1}{d_{hkl}^2}=\frac{h^2+k^2+l^2}{a^2} \tag{1-78}$$

对于六方晶系，由于 $a=b\neq c$，$\alpha=\beta=90°$，$\gamma=120°$，所以：

$$\frac{1}{d_{hkl}^2}=\frac{4}{3}\times\frac{h^2+k^2+hk}{a^2}+\frac{l^2}{c^2} \tag{1-79}$$

上面的面间距都是针对简单的 P 点阵计算的，如果点阵有心化后，就不能按上面的式子计算。例如，对于体心立方点阵，因为在点阵的［（1/2，1/2，1/2）］加入了阵点，原来简单立方点阵的（100）的面间距是（200）的面间距，它的面间距由原来的点阵常数 a 变为 $a/2$。所以，点阵有心化后，上面列出的面间距公式需要修正。从倒易点阵的消光效应可知，倒易点阵最靠近原点的倒易点是正点阵最靠近原点的面，由这些面计算得到的面间距才是真实点阵的面间距。除六方点阵外，有心化加入的点都处在高对称位置，即处在与点阵常数 $a/2$（或 $c/2$）相关的位置，所以，按照消光的规律，倒易点消光对应的正点阵晶面，其晶面间距是按 P 点阵计算的面间距的 1/2。例如 P 点阵的（100）面，面间距是 a，而 bcc 点阵的（100）面，它的倒易点是消光的，所以，它的面间距是 $a/2$；又例如 P 点阵的（111）面，面间距是 $a\sqrt{2}/2$，而 fcc 点阵的（110）面，它的倒易点是消光的，所以，它的面间距是 $a\sqrt{2}/4$。

对于六方点阵，因为加入的阵点位置是［（2/3，1/3，1/2）］，它并不是对称性高的位置，计算面间距不如其他点阵那样简单。根据倒易点阵的消光规则，可以总结出：当 $2h+k=3n$（整数），l 是奇数时，这些面的面间距应该是 P 点阵计算的 1/2；当 $2h+k=3n$（整数），l 是偶数时，这些面的面间距与 P 点阵计算的相同；如果 $2h+k=3n\pm1$（n 为整数），l 是偶数时，这类面的间距分布并不均匀，有两种面间距，分别等于 P 点阵计算的 1/3 和 2/3。例如，对于（100）面，$2h+k=2=3-1$，$l=0$ 为偶数；因为在［（2/3，1/3，1/2）］有附加的阵点，过 $a_2/3$ 点平行于（100）有一个面，然后过 a_2 点平行于（100）又有一个面，因此，有两种间距：$a/3$ 和 $2a/3$。当 $2h+k=3m\pm1$（n 为整数），l 是奇数时，则这类面的两种面间距分别是 P 点阵计算的 1/6 和 5/6。

1.6.6.2　求点阵平面的法线方向指数

正点阵中的面（hkl）与其法线［$h^h k^h l^h$］一般不同名。但是，（hkl）一定和它同名的倒易矢量［hkl］* 垂直，即［$h^n k^n l^n$］∥［hkl］*。因为只讨论方向，所以不考虑矢量的绝对长度，有：

$$h\boldsymbol{a}^*+k\boldsymbol{b}^*+l\boldsymbol{c}^*=h^n\boldsymbol{a}+k^n\boldsymbol{b}+l^n\boldsymbol{c}$$

用 $\boldsymbol{a}^*$、$\boldsymbol{b}^*$、$\boldsymbol{c}^*$ 分别点乘上式两端得：

$$h^n = \boldsymbol{a}^* \cdot \boldsymbol{a}^* h + \boldsymbol{a}^* \cdot \boldsymbol{b}^* k + \boldsymbol{a}^* \cdot \boldsymbol{c}^* l$$

$$k^n = \boldsymbol{b}^* \cdot \boldsymbol{a}^* h + \boldsymbol{b}^* \cdot \boldsymbol{b}^* k + \boldsymbol{b}^* \cdot \boldsymbol{c}^* l$$

$$l^n = \boldsymbol{c}^* \cdot \boldsymbol{a}^* h + \boldsymbol{c}^* \cdot \boldsymbol{b}^* k + \boldsymbol{c}^* \cdot \boldsymbol{c}^* l$$

把上面三个式子写成矩阵形式：

$$\begin{bmatrix} h^n \\ k^n \\ l^n \end{bmatrix} = \begin{bmatrix} \boldsymbol{a}^* \cdot \boldsymbol{a}^* & \boldsymbol{a}^* \cdot \boldsymbol{b}^* & \boldsymbol{a}^* \cdot \boldsymbol{c}^* \\ \boldsymbol{b}^* \cdot \boldsymbol{a}^* & \boldsymbol{b}^* \cdot \boldsymbol{b}^* & \boldsymbol{b}^* \cdot \boldsymbol{c}^* \\ \boldsymbol{c}^* \cdot \boldsymbol{a}^* & \boldsymbol{c}^* \cdot \boldsymbol{b}^* & \boldsymbol{c}^* \cdot \boldsymbol{c}^* \end{bmatrix} \begin{bmatrix} h \\ k \\ l \end{bmatrix} \tag{1-80}$$

当知道倒易点阵基矢 $\boldsymbol{a}^*$、$\boldsymbol{b}^*$、$\boldsymbol{c}^*$ 后就可求平面（hkl）的法线方向指数[$h^n k^n l^n$]。同理，可按下式求出与方向指数为[uvw]的方向相垂直的面的面指数(hkl)：

$$\begin{bmatrix} h \\ k \\ l \end{bmatrix} = \begin{bmatrix} \boldsymbol{a} \cdot \boldsymbol{a} & \boldsymbol{a} \cdot \boldsymbol{b} & \boldsymbol{a} \cdot \boldsymbol{c} \\ \boldsymbol{b} \cdot \boldsymbol{a} & \boldsymbol{b} \cdot \boldsymbol{b} & \boldsymbol{b} \cdot \boldsymbol{c} \\ \boldsymbol{c} \cdot \boldsymbol{a} & \boldsymbol{c} \cdot \boldsymbol{b} & \boldsymbol{c} \cdot \boldsymbol{c} \end{bmatrix} \begin{bmatrix} u \\ v \\ w \end{bmatrix} \tag{1-81}$$

例如，对于立方系，$\boldsymbol{a}^* \cdot \boldsymbol{a}^* = \boldsymbol{b}^* \cdot \boldsymbol{b}^* = \boldsymbol{c}^* \cdot \boldsymbol{c}^* = 1/a^2$；$\boldsymbol{a}^* \cdot \boldsymbol{b}^* = \boldsymbol{b}^* \cdot \boldsymbol{c}^* = \boldsymbol{c}^* \cdot \boldsymbol{a}^* = 0$。式(1-80)变成：

$$\begin{bmatrix} h^n \\ k^n \\ l^n \end{bmatrix} = \frac{1}{a^2} \begin{bmatrix} 1 & 0 & 0 \\ 0 & 1 & 0 \\ 0 & 0 & 1 \end{bmatrix} \begin{bmatrix} h \\ k \\ l \end{bmatrix} = \frac{1}{a^2} \begin{bmatrix} h \\ k \\ l \end{bmatrix} \tag{1-82}$$

$h^n : k^n : l^n = h : k : l$，所以，($hkl$)面的法线指数和面指数同名，即为[$hkl$]。对于其他晶系，由于单胞的3个棱长不完全相等，所以，晶面法线的方向指数中3个指数不可能化为互质的整数。从晶体点阵的角度看，这样的指数是没有意义的。如果为了特殊需要，也可用式(1-80)来求法线指数。

例如，对于六方晶系，（$hkil$）面的三轴坐标面指数为（hkl），设它的三轴坐标法线指数为[$h^n k^n l^n$]，根据式(1-80)，其变换矩阵为：

$$\begin{bmatrix} \boldsymbol{a}^* \cdot \boldsymbol{a}^* & \boldsymbol{a}^* \cdot \boldsymbol{b}^* & \boldsymbol{a}^* \cdot \boldsymbol{c}^* \\ \boldsymbol{b}^* \cdot \boldsymbol{a}^* & \boldsymbol{b}^* \cdot \boldsymbol{b}^* & \boldsymbol{b}^* \cdot \boldsymbol{c}^* \\ \boldsymbol{c}^* \cdot \boldsymbol{a}^* & \boldsymbol{c}^* \cdot \boldsymbol{b}^* & \boldsymbol{c}^* \cdot \boldsymbol{c}^* \end{bmatrix} = \begin{bmatrix} 4/3a^2 & 2/3a^2 & 0 \\ 2/3a^2 & 4/3a^2 & 0 \\ 0 & 0 & 1/c^2 \end{bmatrix} = \frac{1}{a^2} \begin{bmatrix} 4/3 & 2/3 & 0 \\ 2/3 & 1 & 0 \\ 0 & 0 & (a/c)^2 \end{bmatrix}$$

所以，[$h^n k^n l^n$]为：

$$\begin{bmatrix} h^n \\ k^n \\ l^n \end{bmatrix} = \frac{1}{a^2} \begin{bmatrix} 4/3 & 2/3 & 0 \\ 2/3 & 4/3 & 0 \\ 0 & 0 & a^2/c^2 \end{bmatrix} \begin{bmatrix} h \\ k \\ l \end{bmatrix} = \frac{1}{a^2} \begin{bmatrix} (4h+2k)/3 \\ (2h+4k)/3 \\ l(a/c)^2 \end{bmatrix} \tag{1-83}$$

即
$$[h^n k^n l^n] = [(2h+k) \quad (h+2k) \quad 3l(a/c)^2/2]$$

1.6.6.3 点阵平面的法线间的夹角

设两个面($h_1k_1l_1$)和($h_2k_2l_2$)，因为 $\boldsymbol{H}_{h_1k_1l_1}$ 与 $\boldsymbol{n}_{h_1k_1l_1}$ 平行，$\boldsymbol{H}_{h_2k_2l_2}$ 与 $\boldsymbol{n}_{h_2k_2l_2}$ 平行，所以 $\boldsymbol{H}_{h_1k_1l_1}$ 与 $\boldsymbol{H}_{h_2k_2l_2}$ 的夹角就是 $\boldsymbol{n}_{h_1k_1l_1}$ 与 $\boldsymbol{n}_{h_2k_2l_2}$ 的夹角。设($h_1k_1l_1$)和($h_2k_2l_2$)的夹角为 θ，则：

$$\cos\theta = \frac{\boldsymbol{H}_{h_1k_1l_1} \cdot \boldsymbol{H}_{h_2k_2l_2}}{|\boldsymbol{H}_{h_1k_1l_1}| \times |\boldsymbol{H}_{h_2k_2l_2}|} = \frac{(h_1\boldsymbol{a}^* + k_1\boldsymbol{b}^* + l_1\boldsymbol{c}^*) \cdot (h_2\boldsymbol{a}^* + k_2\boldsymbol{b}^* + l_2\boldsymbol{c}^*)}{|h_1\boldsymbol{a}^* + k_1\boldsymbol{b}^* + l_1\boldsymbol{c}^*| \times |h_2\boldsymbol{a}^* + k_2\boldsymbol{b}^* + l_2\boldsymbol{c}^*|} \tag{1-84}$$

对于立方系，由于 $a=b=c$，$\alpha=\beta=\gamma=90°$，$\Omega=a^3$；并且 $a^*=b^*=c^*=1/a$，故：

$$\cos\theta = \frac{h_1h_2 + k_1k_2 + l_1l_2}{(h_1^2 + k_1^2 + l_1^2)^{1/2}(h_2^2 + k_2^2 + l_2^2)^{1/2}} \tag{1-85}$$

对于四方系，由于 $a=b\neq c$，$\alpha=\beta=\gamma=90°$，$\Omega=a^2c$；并且 $a^*=b^*=1/a$，$c^*=1/c$，故：

$$\cos\theta = \frac{(h_1h_2 + k_1k_2)/a^2 + l_1l_2/c^2}{[(h_1^2 + k_1^2)/a^2 + l_1^2/c^2]^{1/2}[(h_2^2 + k_2^2)/a^2 + l_2^2/c^2]^{1/2}} \tag{1-86}$$

对于正交系，由于 $a\neq b\neq c$，$\alpha=\beta=\gamma=90°$，$\Omega=abc$；并且 $a^*=1/a$，$b^*=1/b$，$c^*=1/c$，故：

$$\cos\theta = \frac{h_1h_2/a^2 + k_1k_2/b^2 + l_1l_2/c^2}{(h_1^2/a^2 + k_1^2/b^2 + l_1^2/c^2)^{1/2}(h_2^2/a^2 + k_2^2/b^2 + l_2^2/c^2)^{1/2}} \tag{1-87}$$

对于六方晶系，由于 $a=b\neq c$，$\alpha=\beta=90°$，$\gamma=120°$，$\Omega=\sqrt{3}a^2c/2$；并且 $a^*=b^*=2\sqrt{3}/3a$，$c^*=1/c$，故：

$$\cos\theta = \frac{[h_1h_2 + (h_1k_2 + h_2k_1)/2 + k_1k_2] \times 4/3a^2 + l_1l_2/c^2}{[(h_1^2 + h_1k_1 + k_1^2) \times 4/3a^2 + l_1^2/c^2]^{1/2}[(h_2^2 + h_2k_2 + k_2^2) \times 4/3a^2 + l_2^2/c^2]^{1/2}} \tag{1-88}$$

对于单斜晶系（第一定向），由于 $a\neq b\neq c$，$\alpha=\beta=90°\neq\gamma$，$\Omega=abc\sin\gamma$；并且 $a^*=1/a\sin\gamma$，$b^*=1/b\sin\gamma$，$c^*=1/c$，故：

$$\cos\theta = \frac{\dfrac{h_1h_2}{a^2\sin^2\gamma} - \dfrac{(h_1k_2 + h_2k_1)\cos\gamma}{ab\sin^2\gamma} + \dfrac{k_1k}{b^2\sin^2\gamma} + \dfrac{l_1l_2}{c^2}}{\left(\dfrac{h_1^2}{a^2\sin^2\gamma} - \dfrac{2h_1k_1\cos\gamma}{ab\sin^2\gamma} + \dfrac{k_1^2}{b^2\sin^2\gamma} + \dfrac{l_1^2}{c^2}\right)^{1/2}\left(\dfrac{h_2^2}{a^2\sin^2\gamma} - \dfrac{2h_2k_2\cos\gamma}{ab\sin^2\gamma} + \dfrac{k_2^2}{b^2\sin^2\gamma} + \dfrac{l_2^2}{c^2}\right)^{1/2}} \tag{1-89}$$

例 1-19 求在四方系($c/a=1.4$)、六方系($c/a=1.7$)及立方系的(101)面与(132)面的夹角 θ。

解：对于四方系，把(101)面与(132)面的面指数以及 $c/a=1.4$ 代入式(1-86)：

$$\cos\theta_1 = \frac{(h_1h_2 + k_1k_2)c^2/a^2 + l_1l_2}{[(h_1^2 + k_1^2)c^2/a^2 + l_1^2]^{1/2}[(h_2^2 + k_2^2)c^2/a^2 + l_2^2]^{1/2}}$$

$$= \frac{(1\times 1+0)\times 1.4^2+1\times 3}{[(1^2+0)\times 1.4^2+1^2]^{1/2}\times[(1^2+3^2)\times 1.4^2+2^2]^{1/2}} = \frac{4.96}{8.36} = 0.593$$

$\theta_1 = \cos^{-1}0.593 = 53.6°$。对于六方系，把面指数及 $c/a=1.7$ 代入式(1-88)：

$$\cos\theta_2 = \frac{[h_1h_2+(h_1k_2+h_2k_1)/2+k_1k_2]4c^2/3a^2+l_1l_2}{[(h_1^2+h_1k_1+k_1^2)4c^2/3a^2+l_1^2]^{1/2}[(h_2^2+h_2k_2+k_2^2)4c^2/3a^2+l_2^2]^{1/2}}$$

$$= \frac{[1\times 1+(1\times 3+0)/2+0]\times 4\times 1.7^2/3+1\times 2}{[(1^2+0+0)\times 4\times 1.7^2/3+1^2]^{1/2}[(1^2+1\times 3+3^2)\times 4\times 1.7^2/3+2^2]^{1/2}}$$

$$= \frac{11.633}{16.20} = 0.718$$

$\theta_2=\cos^{-1}0.718=41.1°$。对于立方系，把面指数代入式(1-85)：

$$\cos\theta_3 = \frac{h_1h_2+k_1k_2+l_1l_2}{(h_1^2+k_1^2+l_1^2)^{1/2}(h_2^2+k_2^2+l_2^2)^{1/2}}$$

$$= \frac{1\times 1+0+1\times 2}{(1^2+0+1^2)^{1/2}(1^2+3^2+2^2)^{1/2}} = \frac{3}{5.29} = 0.567$$

$\theta_3=\cos^{-1}0.567=55.46°$。对于立方系，晶面的法线指数与面指数同名，并且晶轴3个坐标也是笛卡尔坐标架，因此可以直接用简单的点乘来求夹角。式(1-85)也就是这样点乘的结果。

1.7 晶体投影

虽然晶体中的晶面数目、大小及形状不相同，但因为晶体中晶面（晶棱）之间的夹角恒定不变，所以，在研究晶体几何时，我们更关心的是晶体中各个晶面之间的几何关系，而不关心这些面的大小和形状。这样，以晶面的法线而不是晶面作为对象来研究最为合适和最为方便。晶面所处的取向以及它们之间的几何关系是三维空间的立体关系，用立体图形来表示是很不方便的，所以常用晶体投影的办法把这些关系用平面图形表示出来。晶体的合理投影既是晶体几何学的重要手段，也是几何晶体学的一种重要的表达方式。在晶体投影方法中，最常用的是**极射赤面投影**。

在讨论极射赤面投影之前，先讨论一种球面投影，这种投影的结果不是平面的，但它是过渡到极射赤面投影的一种中间投影方式。

1.7.1 球面投影

把晶体的晶面、晶向以及它们之间的关系表达在一个球面上，这个球称**参考球**，这种表达方式就是球面投影。

球面投影的方法是把晶体放在参考球中心，要求晶体比参考球小得多，使得任何晶面和晶向都可以“通过”参考球中心。其实，因为任一晶面或晶向都是指一组平行的无限多的晶面或晶向，它们都可以平移通过参考球中心。一个晶向和参考球相交的点称**迹点**；

一个晶面延展和参考球相交为一个大圆，这个大圆就是该晶面在参考球上的**面痕**或称**迹径**，另外，又可以用该晶面的法线（通过参考球球心）和球面的交点表示该晶面，这个交点称**极点**，用面痕或极点表示该晶面。相对于法线方向的晶向来说，这一点就是法线的迹点。可以用两个面痕的夹角或极点之间的夹角量度这两个晶面的夹角。图 1-68 描述了两个晶面（*A* 面和 *C* 面）在参考球上的面痕、极点以及它们的夹角（α）之间的关系。两个晶面的夹角和对应面痕大圆的夹角以及两个晶面的极点 P_1 和 P_2 间的夹角都是 α。量度面痕夹角和量度极点夹角的结果是相同的。为了量度 P_1 和 P_2 之间的夹角，做通过 P_1 和 P_2 极点的有刻度的大圆（圆中虚线 *KLMN* 大圆），由 P_1 到 P_2 之间的圆弧量出 P_1 和 P_2 点之间的角度就是晶面夹角 α。

为了方便量度，可以在参考球面上引入**参考网格**。参考网格类似于地球的**经线**和**纬线**，经线是过球两极点的大圆，它们将**赤道**等分为 360 份（或等间距的不同份数）；纬线是平行于赤道的一系列小圆，相邻两个小圆之间的球心夹角相等（一般为 1°），这样将经线大圆分为 360 份。图 1-69 是参考网格的示意图。若要测量球面上两个极点（或迹点）*A* 和 *B* 之间的夹角，只需要转动罩在参考球上的整个参考网格，使 *A* 和 *B* 点落在同一条经线上，读出两极点之间的纬度，就是这两极点之间的夹角。

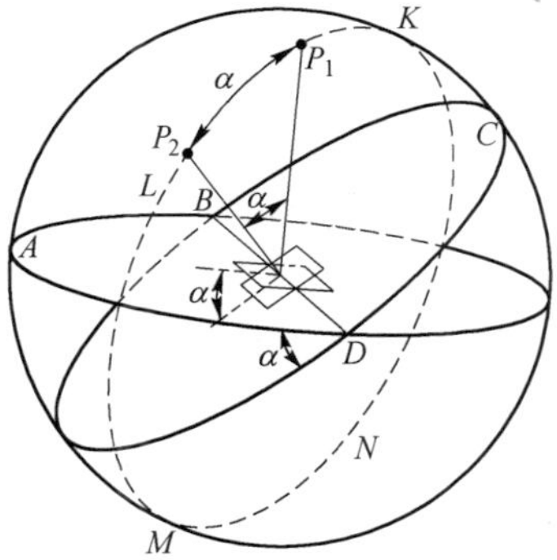

图 1-68 两个晶面的面痕和极点及其夹角的测量

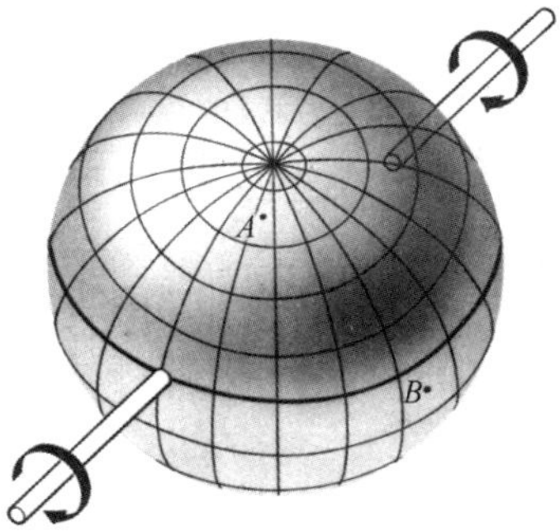

图 1-69 参考网格的示意图

1.7.2 极射赤面投影

球面投影虽然已把晶体几何图形的角关系变换到球面上，但它仍然是一个三维图形，用它来分析晶体各晶面在空间的配置关系也是不方便的，所以，往往把球面投影转化为一种平面投影关系。最普遍使用的方法是极射赤面投影，图 1-70 所示为这种投影方法的说明。先过参考球球心做一平面，以它作为投影面，投影面和参考球相交的大圆称为**基圆**，又称为**赤道平面**。垂直于投影面并过球心的轴 *NS* 为**投影轴**。投影轴在参考球上的两个交点 *S* 和 *N* 是参考球的**南极**和**北极**。这两个点又称下目测点和上目测点。处于上半球面上的极点（迹点）和下目测点相连，处于下半球面上的极点（迹点）和上目测点相连，它们的连线和投影面的交点就是这个极点（迹点）的极射赤面投影点。例如，图 1-70a 表示立方晶体的{100}三个晶面的法线与投影球上的 3 个极点。(001）面（*A* 面）的极点法线在参考球赤道面上方的球面投影为 *A* 点，将 *S* 点（下目测点）与 *A* 连线，与赤道面相交于“*A*”点，它就是 *A* 面的赤面投影。对于 *A* 极点（*A* 面）相对于参考坐标（参考球）

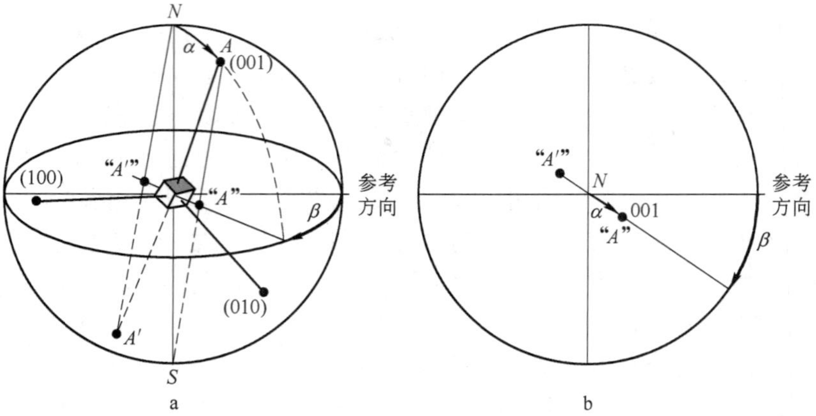

图 1-70 由球面投影转化为极射赤面投影

a—北半球的 *A* 极点和下目测点 *S* 的连线在赤道面（投影面）相交于"*A*"点，南半球的 *A*′极点和上目测点 *N* 的连线在投影面相交于"*A*′"点；b—*A* 和 *A*′极点的赤面投影图

的取向，可以用 *A* 点与 *N* 极的夹角 α 和 *A* 面法线与 *S* 轴共面的面与另一参考轴的夹角 β 表示（见图 1-70）。如果球面投影点在赤道面下方，例如 *A* 面法线的反向（$(00\bar{1})$ 面），球面投影点是 *A*′，这时目测点应改为 *N* 点（上目测点），*N* 与 *A*′连线与赤道面相交于"*A*′"点，它就是 *A* 面反向的赤面投影点。*N* 与 *A*′连线与赤道面相交于"*A*′"点，它就是 *A* 面反向的赤面投影点。图 1-70b 所示为 *A* 面的正向极点（(001) 面的极点）和反向（$(00\bar{1})$ 面的极点）极点的极射赤面投影图，在图中同时给出［001］极点与参考轴间的关系：晶体的［001］与 *N* 轴的夹角为 α，在投影图上［001］极点与投影图中心连线外延到大圆的点与参考轴极点间的夹角为 β。

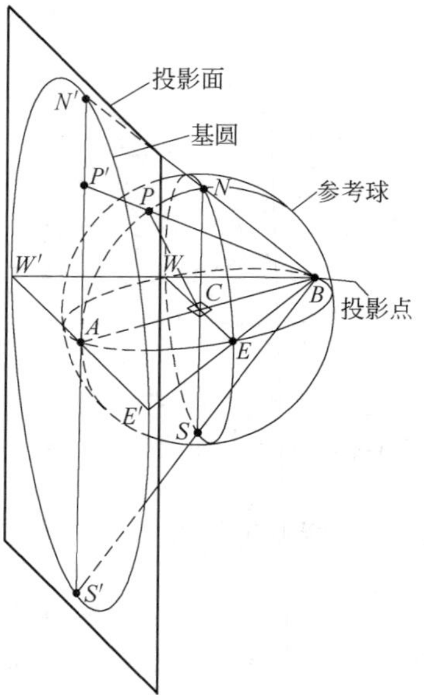

图 1-71 投影面放置在和投影球相切的面上

极射投影有时选取和视点另一侧（另一视点）相切的面作为投影面，如图 1-71 所示。投影时从视点和球面上极点的连线延长至投影面，所得交点就是投影点。这样的极射投影图和选择赤道面作投影面的完全一样，只是尺寸大小改变罢了。

和赤道面平行的晶面，它的极射投影点必在基圆中心；垂直于赤道面的晶面，它们的极点的投影必在基圆的圆周上。倾斜晶面的极点的极射投影必在基圆内，晶面法线与投影轴的夹角越小，则投影点距基圆中心越近；反之，就越趋向于基圆圆周。

投影球上的任意圆，不论是大圆或小圆，它们的极射投影一般是圆（图 1-72b、d、f）或圆弧（图 1-72a、c、e）。投影面在投影球上的面痕（亦称迹线）就是基圆，它的极射投影也一样是基圆（图1-72b）。在投影球上和投影面平行的小圆，它们的极射投影是以基圆中心为圆心的小圆（图 1-72d）。在投影球上和投影面倾斜的小圆的极射投影仍是小圆，但是，它的圆心并不是投影球上的圆心的投影（图 1-72f）。与投影面倾斜的大圆的极射投影是圆弧（图 1-72c），其实它是圆弧的极限情况。和投影面垂直的大圆的极射投影是过基圆圆心的直线（图 1-72a）。与投影面垂直的小圆的极射投影也是一个圆弧（图 1-72e）。

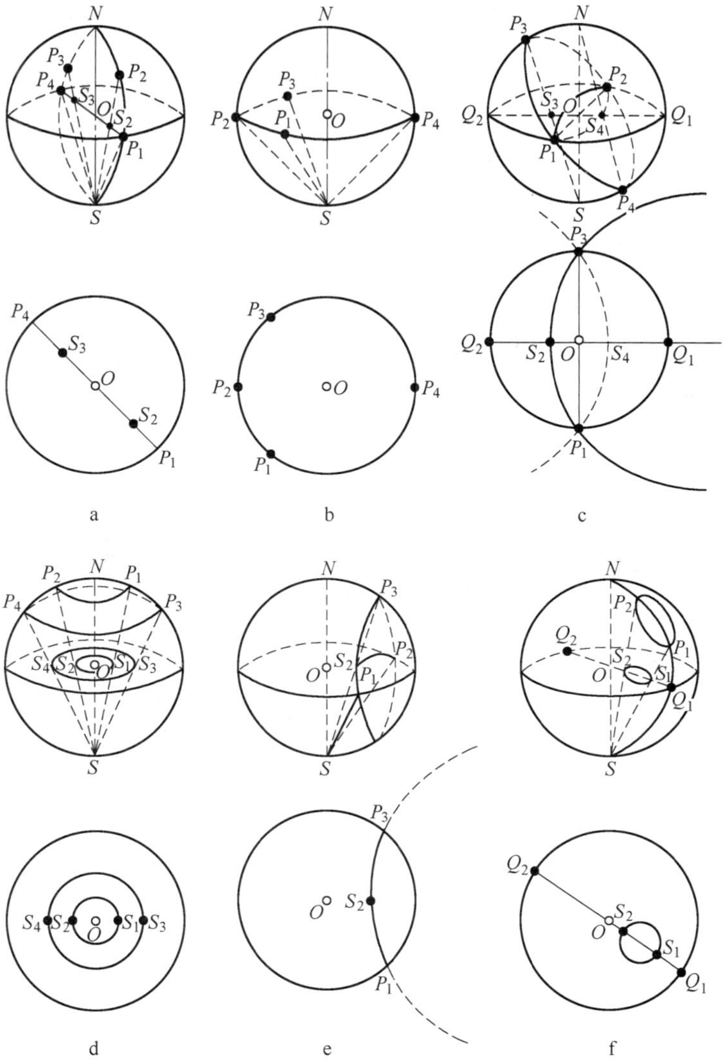

图 1-72　球面上的大、小圆的极射投影
a~c—大圆投影；d~f—小圆投影

1.7.3　吴氏网和极网

前面说过，在投影球上极点（或迹点）间的夹角是用由经线和纬线组成的网格来量度的，对于极点（或迹点）极射投影间的夹角，也同样是用由球面经线和纬线组成的网格的极射投影来量度的。以过 N 和 S 极的大圆作投影面，球面经线和纬线组成的网格的极射投影如图 1-73 所示，称为吴氏网。如果把目测点放在球面经线和纬线网格的 N 或 S

极，球面经线和纬线组成的网格的极射投影称为极网。吴氏网上的经线是南北极走向，纬线是东西走向的；极网上的经线是过基圆中心的辐射线，而纬线是以基圆中心为圆心的同心圆。

在吴氏网上除了标上 N 和 S 两极外，通常还在赤道标上 W(西)和 E(东)。使用吴氏网时，在描图纸上画一个和吴氏网基圆大小相同的圆作为极射投影基圆，在基圆上描出要测量的极点（或迹点）的极射投影点，然后把它叠在吴氏网上，使投影基圆和吴氏网保持同心，投影图相对吴氏网作同心转动到合适位置进行测量。下面讨论一些应用吴氏网的例子。

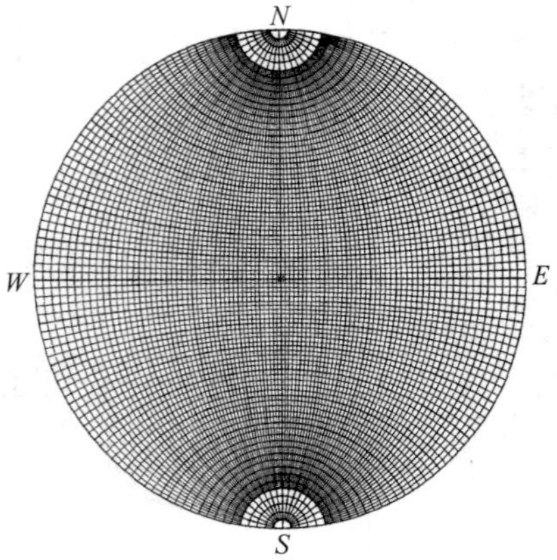

图 1-73 吴氏网

（1）**两极点（或迹点）之间角度测量**。测量图 1-74a 所示的极射投影图上 P_1'和 P_2'两个极点间的夹角，把投影基圆和吴氏网重叠，将投影图相对吴氏网同心转动，直至 P_1'和 P_2'落在吴氏网的同一条经线上为止（图 1-74b）。读出 P_1'和P_2'两点间的纬度差，它就是 P_1'和 P_2'间的夹角值，图 1-74b 读出的夹角为 30°。

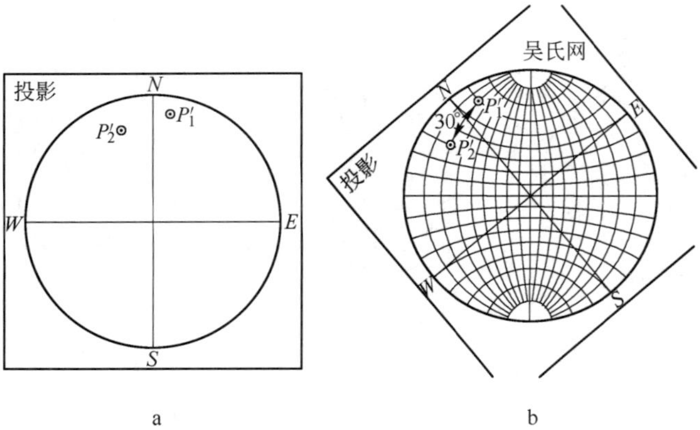

图 1-74 两极点之间的角度测量

a—投影图中的 P_1'和 P_2'极点；b—P_1'和 P_2'极点间的夹角测量

（2）**极点所对应的面痕（迹线）**。一个晶面可以用其极点或面痕来表示。因为面痕是投影面上的一个大圆，极点是晶面法线和投影球的交点，所以面痕大圆上的各点和该极点相距 90°。例如，若要求出图 1-75 投影图中极点 P_2'对应的面痕，可以把投影图基圆和吴氏网重叠，将投影图相对吴氏网同心转动，使 P_2'点落在吴氏网的赤道上，在赤道上从 P_2'点数 90°得出另一点，过这点的经线就是所求面痕的极射投影。根据晶带轴与晶带之间的关系，如果 P_2'是[uvw]迹点，则[uvw]晶带所含晶面的极点必落在 P_2'所对应的面痕上。

（3）**极点绕位于投影面上的轴转动**。将投影图和吴氏网重叠，把转动轴绕吴氏网中心转动使其与吴氏网的 N—S 轴重合，然后将需要转动的极点沿相应的纬度圆移动所需要转动的角度就获得结果。例如图 1-76 中转动轴已和 N—S 轴重合，把 A_1点和 B_1点绕 N—S

轴由 W 向 E 转动 60°（即沿纬度走过 60°）。从图看出，转动后，A_1 极点到达 A_2 点位置；而 B_1 点转动了 40°后就到了投影图的基圆边缘，因此它还应从边缘再向里转动（回转）20°到达 B_2 点位置。因为 A_1、A_2、B_1 极点在参考球上都是在投影面上侧，投影点以 ⊕ 标记，而 B_1 极点在投影面下侧，以 ⊖ 标记。B_1 极点的反向 B_2 极点却是在投影面上侧，也以 ⊕ 标记。

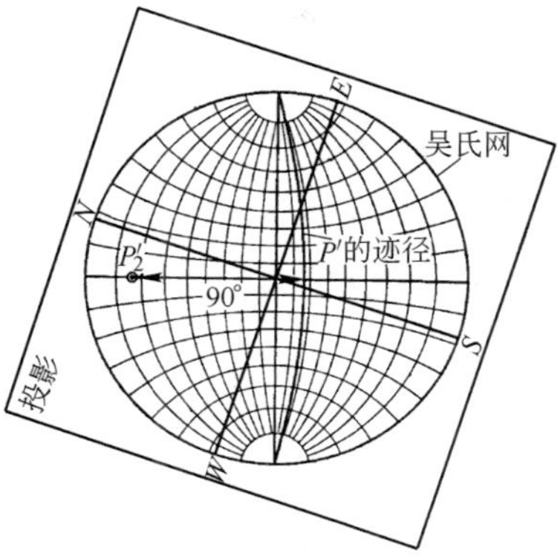

图 1-75　求极点对应的面痕（迹径）的示意图

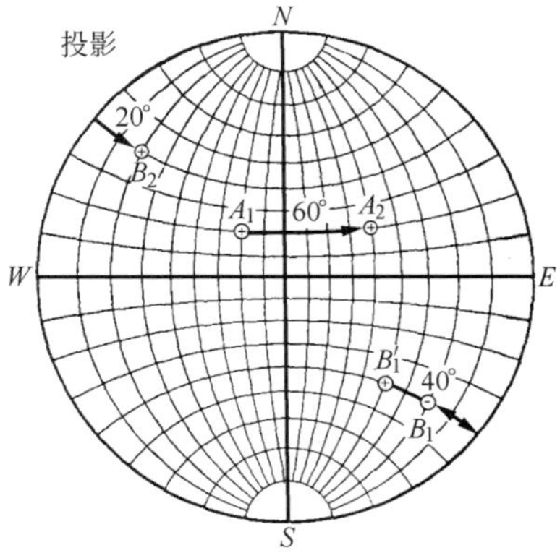

图 1-76　极点绕 N—S 轴转动

（4）**极点绕投影面法线转动**。任何极点绕投影面的法线转动时在参考球上的轨迹都是平行于投影面的小圆或圆弧。从图 1-72d 可知，这些小圆或圆弧的极射投影位置必在以基圆中心为圆心并过该极点的小圆或圆弧上。直接在这小圆周上从该极点按转动方向量度转动角度，就获得了转动后的位置。

（5）**极点绕倾斜轴转动**。绕与投影面倾斜的轴的转动可以分解为绕在投影面上的轴以及绕投影面法线的转动两种。首先将给定轴转动到与上述两种轴之一重合，然后按上述的方法转动所要求的角度，在完成给定的转动后，再将轴转回原来位置。注意，做每一个转动时，必须使投影面上所有极点做相同的转动。例如，求图 1-77a 中的 A_1 极点绕 B_1 轴以顺时针方向转动 40°，操作过程如图 1-77b 所示。首先把 B_1 转到吴氏网的赤道上，与此同时 A_1 也做相同的转动。然后绕 N—S 轴转动使 B_1 转到基圆中心处，这个转动的角度为 48°。同样，A_1 点也应绕 N—S 轴转动（即沿与纬度平行的线转动）相同的角度（48°）到 A_2 的位置，这时 B_2 垂直于投影面。把 A_2 沿着以 B_2 为中心的弧线转动所要求的角度（40°）到达 A_3 位置。最后，必须把 B_2 移回到 B_1 位置，这时 A_3 也同步地绕 N—S 轴逆转动（即沿与纬度平行的线转动）48°到达 A_4 的位置。这时，A_4 就是 A_1 绕 B_1 以顺时针方向转动 40°后的位置。略去了图 1-77b 转动轨迹后，各极点的位置如图 1-77c 所示。从参考球看，A_1 是一个极点，B_1 是一个迹点，A_1 绕 B_1 转动的轨迹在参考球上是一个以 B_1 轴为中心的小圆弧，这个圆弧的极射投影仍是一个圆弧，但是在投影图上的圆弧的圆心并不是 B_1 极点。由转动关系可知，A_1 和转动后的 A_4 与 B_1 点有相同的角度，现在讨论的情况为 76°。任意找一个和 B_1 点交角亦为 76°的点，例如图 1-77c 中的 D 点，在投影图上 A_1、A_4 和 D 点必在一个圆周上，用 A_1、A_4 及 D 三点就可以确定小圆中心 C 的位置。

1.7.4　标准投影图

为了一目了然地看出晶体中所有重要晶面的相对取向，通常制作标准投影图。制作这

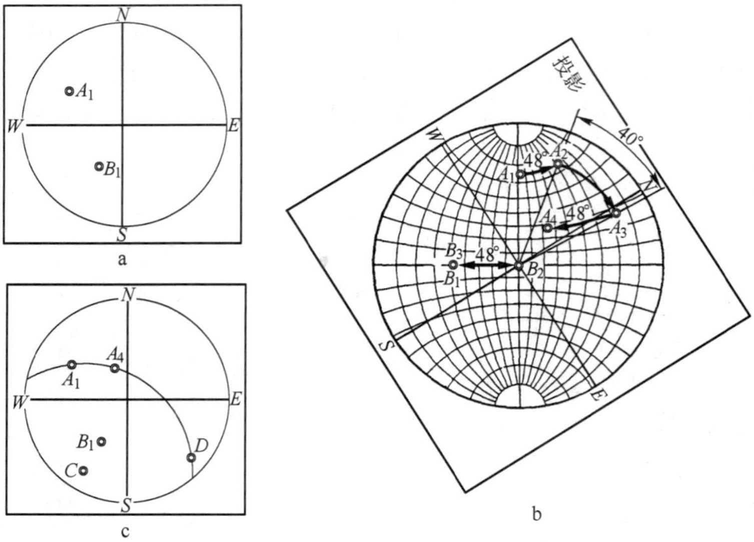

图 1-77 极点绕倾斜轴转动
a—转动前投影图；b—转动轨迹；c—转动后投影图

种投影图时，一般选择某个低指数晶面（例如（100）、（110）、（111）等）作为投影面，将其他重要晶面（重要晶面的数目视具体需要而定）的极点投影到这个面上。如果所选的投影面是（hkl），则此投影图就称作（hkl）标准投影图。图 1-78 是立方系（001）标准投影图的制作过程及其标准投影图。其实，制作标准投影图并不一定需要先作球面投影，可以根据各晶面相互关系直接利用吴氏网直接绘制出来。下面以（001）标准投影图为例说明制作方法。

因为是（001）面的标准投影图，所以，（001）极点在投影图基圆中心。（001）极点相对应的面痕是基圆圆周，因此以[001]为晶带轴的晶带的极点都在基圆圆周上。如果将圆周上任意确定一点定为（100），因（010）和（100）垂直，所以从（100）极点在大圆周上逆时针数 90°就得到（010）极点。（110）和（$\bar{1}$10）也属[001]晶带，计算它们与（100）和（010）的夹角，就可以定出它们的极点位置。（110）与（100）和（010）的夹角均为 45°，所以它的极点在基圆圆周（100）和（010）的极点中间位置上。（$\bar{1}$10）与（100）和（010）极点的夹角分别为 135°和 45°，它的极点在（010）极点沿大圆周逆时针转 45°处。以［100］为晶带轴的晶带在投影图过（010）及圆心的直径上，(0$\bar{1}$1）及（011）晶面属于此晶带，同样，计算它们与（001）及（010）的夹角就可以定出它们的极点的位置。以［010］为晶带轴的晶带位于投影面过（100）极点及圆心的直径上，（101）及（$\bar{1}$01）晶面属于此晶带，同样，计算它们和（010）及（001）的夹角就可定出它们的极点位置。过（010）及（101）的大圆弧是［$\bar{1}$01］晶带，而过（100）及（011）极点的大圆弧是［0$\bar{1}$1］晶带，而（111）同属［$\bar{1}$01］及［0$\bar{1}$1］晶带，所以这两个大圆弧的交点必是（111）极点。按照类似的办法可以一一定出各重要晶面的极点。

一个晶面在空间的取向可以由它的法线与 3 个晶轴［100］、［010］、［001］的夹角确定。所以，制作标准投影图时，首先确定 3 个晶轴的迹点，然后计算任意晶面法线和 3 个

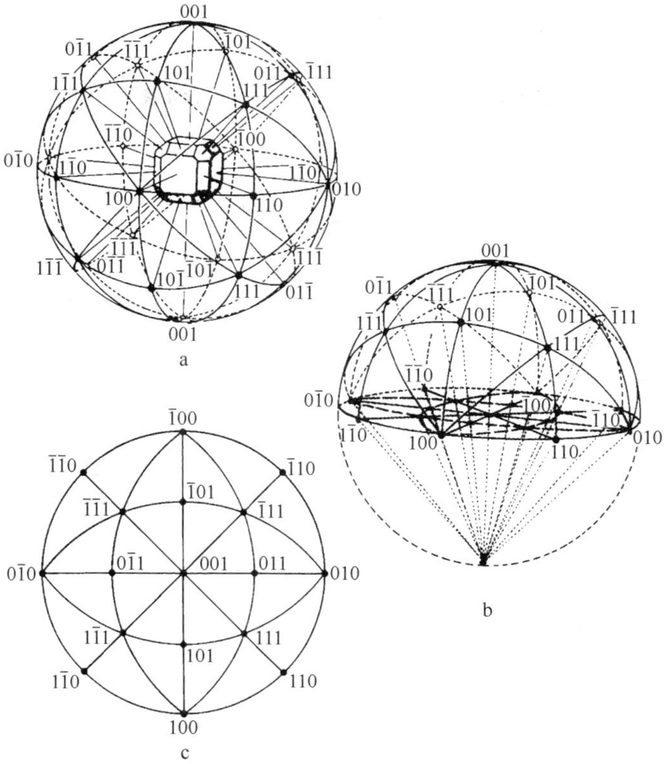

图 1-78 立方系（001）面标准投影图

a—球面投影；b—极射赤面投影；c—投影图

晶轴的夹角，在投影图上用吴氏网量出这些角度就可获得这个晶面的极点。这是制作标准极图最一般的方法。反过来，投影图上任一点对应的密勒指数可以由量度它们与投影图上（100）、（010）和（001）三个极点的夹角来确定。例如图1-79的 A 极点，用吴氏网量出它与（100）、（010）及（001）的夹角分别为 ρ、σ 和 τ，根据式(1-45)：

$$h:k:l=\boldsymbol{a}\cdot\boldsymbol{n}:\boldsymbol{b}\cdot\boldsymbol{n}:\boldsymbol{c}\cdot\boldsymbol{n}=a\cos\rho:b\cos\sigma:c\cos\tau \tag{1-90}$$

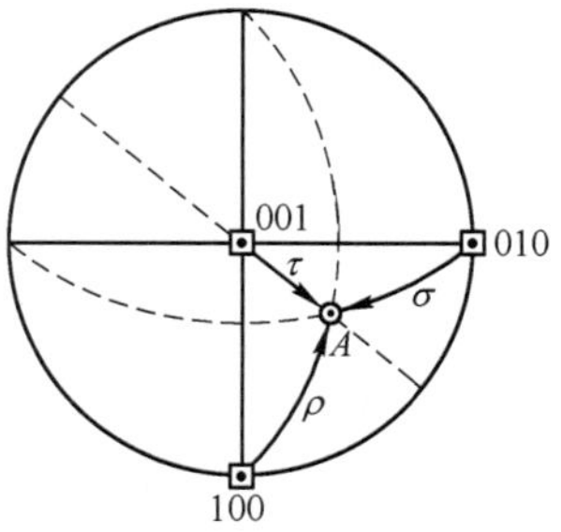

图 1-79 极点的密勒指数的测定

由上式就可以求出这个极点 A 对应的（hkl）。

因为晶体的对称性，标准投影图中可以因晶系的对称性把投影图划分为等价的部分。前面讨论过，对于立方系，一个任意的晶面或晶向（不包括指向）有 24 个等价面或方向，所以在标准投影图上有 24 个等价区，如图 1-80a 所示。在描述与取向有关的问题时，经常采用（001）标准投影图中［001］、［101］、［111］为顶点的单位三角形来讨论。对于正交晶系，一个任意的晶面或晶向（不包括指向）有 4 个等价面或方向，所以在标准投影图上有 4 个等价区，如图 1-80b 所示。在描述与取向有关的问题时，经常采用（001）标准投影图中以［001］、［100］、［010］为顶点的 1/4 投影图来讨论。对于六方晶系，一个任意的晶面或晶向（不包括指向）有 12 个等价面或方向，所以在标准投影图上有 12

个等价区，如图 1-80c 所示。在描述与取向有关的问题时，经常采用（0001）标准投影图中以[0001]、[11$\bar{2}$0]、[10$\bar{1}$0] 为顶点的 1/12 投影图来讨论。

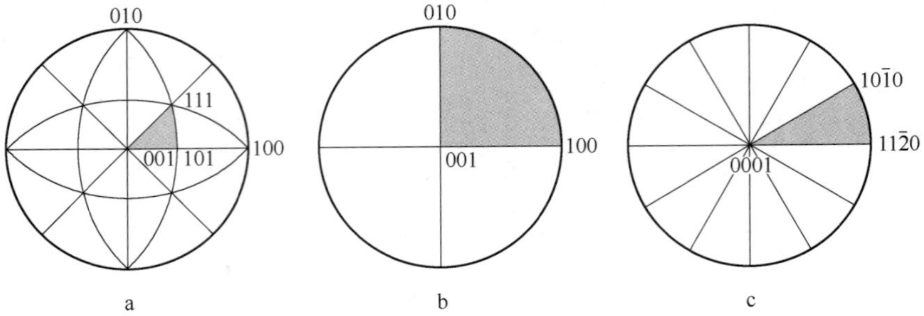

图 1-80 标准投影图中的等价单位三角形
a—立方系；b—正交系；c—六方系

一般的参考书常给出一些常用的低指数晶面作为投影面的标准投影图。但是由于各个晶系的不同几何特点，人们根据需要选取的投影面各不相同，所以无法也不可能提供所有任意晶系任意晶面作为投影面的标准投影图，但用计算机计算和绘制却很容易解决这个问题。用计算机绘制标准投影图的原理是很简单的。若选定（$h_1k_1l_1$）为投影面，它的法线作为参考坐标的 z 轴，极射投影图的中心极点就是（$h_1k_1l_1$）。再在（$h_1k_1l_1$）上选两个互相垂直的极点（$h_2k_2l_2$）和（$h_3k_3l_3$）作为参考坐标的 x 和 y 轴，它们的极点必然在投影基圆圆周上。这样，只要求出任一个晶面（hkl）极点在投影图上的坐标（x，y），就可绘制出（$h_1k_1l_1$）标准投影图。任一晶面（hkl）在投影图上的极点 P 坐标按如下办法求得。如图 1-81 所示，（$h_1k_1l_1$）是投影面，设任一晶面（hkl）在参考球上的极点是 P'，分别求出(hkl)^$(h_1k_1l_1)$的夹角 α 及(hkl)^$(h_2k_2l_2)$的夹角 β。设投影基圆半径为 1，则

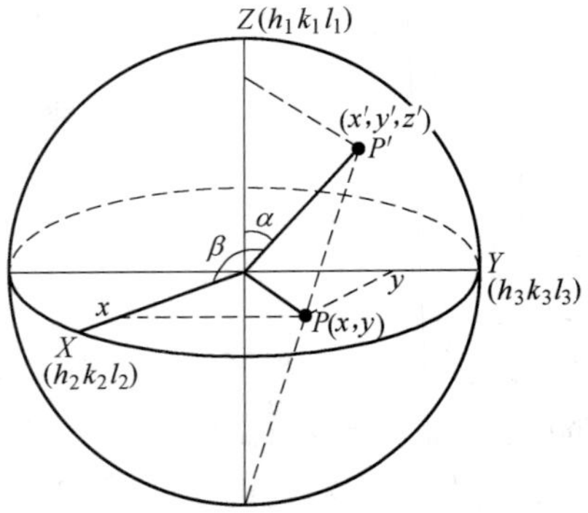

图 1-81 定出一个极点在投影图上的坐标位置（x，y）

P'点的空间坐标（x'，y'，z'）为（$\cos\beta$，$\sqrt{1-(\cos^2\alpha+\cos^2\beta)}$，$\cos\alpha$）。因为是极射投影，所以投影的径向长度缩小为原来的 $1/(1+\cos\alpha)$，所以 P'点在投影图上的投影 P 点的坐标（x，y）为：

$$\left.\begin{aligned} x &= \frac{\cos\beta}{1+\cos\alpha} \\ y &= \frac{(1-\cos^2\alpha-\cos^2\beta)^{1/2}}{1+\cos\alpha} \end{aligned}\right\} \tag{1-91}$$

例 1-20 用立方系（001）标准极射赤面投影图作出（111）标准投影图（只作出指数之和等于和小于 3 的极点）。

解：图 1-82a 所示为立方系（001）标准极射赤面投影图，因为要作出（111）标准

投影图，(111) 极点转到一定在投影图中心。把 (001) 标准投影图的 (111) 极点转到投影图中心位置，需要转动 54.74° (因为(111)^(001)的夹角等于 54.74°)。在投影图上各极点向同一方向转动相同角度，它们转动到达的新位置就是 (111) 标准投影图。可以利用吴氏网进行这些操作，这是最便捷的方法。首先把吴氏网叠放在 (001) 标准投影图上，转动吴氏网使其赤道线与 (001) 标准投影图上 (111) 极点和 (001) 极点重合，如图 1-82b 所示。(111) 极点沿着吴氏网赤道线移向中心 (移动了 54.74°)，其他极点沿着吴氏网纬线转动相同的角度 (54.74°)，到达新位置。这些操作相当于所有极点绕 $(1\bar{1}0)$—$(\bar{1}10)$ 极点连线轴转动了 54.74°，所以在转动前后这两个极点的位置不变。转动后的极点分布如图 1-82c 所示，它就是 (111) 标准极射赤面投影图。注意到 [111] 是三次对称轴，在图上极点相对投影图中心呈三次对称分布。

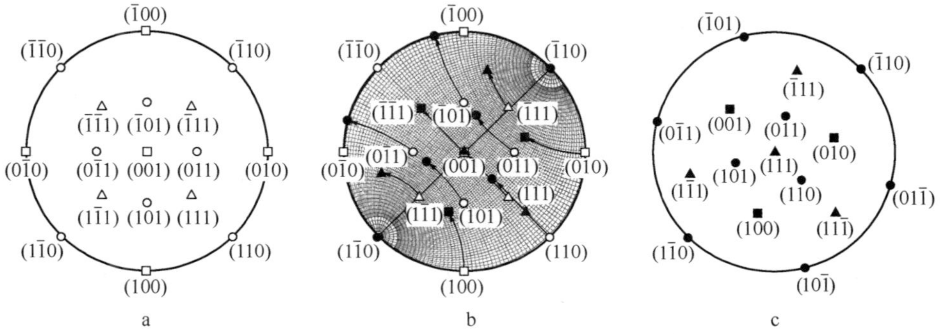

图 1-82　从立方系 (001) 标准极射赤面投影图获得 (111) 标准极射赤面投影图

1.8　晶体学点群

群是某些具有相互联系规律的元素的组合。晶体对称操作符合一定规律的组合，这种群就是**对称群**。晶体外形 (严格地说，是晶体的“形”，它并不一定是晶体的外形，而是与点群操作联系的等价面，是晶体学的一种术语，当然，它与晶体的外形密切相关) 是一个有限对称图像，对有限对称图像进行对称操作时，至少应保持一点不动，也就是说，这些对称操作都是点对称操作，它们组成点对称群，称为**点群**。通过点群可描述晶体外形 (有限尺寸物体) 的对称性和晶体宏观性质的最低对称性。讨论点对称操作会有哪些可能的组合方式，这样可以根据点对称性对晶体作进一步的划分。

为了阐明晶体对称群的原理，首先对群所具备的基本性质以及有关的一些基本概念加以说明。

1.8.1　群的概念及群的基本性质

群是具有相互联系规律的一些元素的组合。群的元素可以是字母、数字、对称操作、点阵等。群 G 可以表示为：

$$G = \{a_1,\ a_2,\ a_3,\ \cdots,\ a_n\}$$

式中，a_1，a_2，…，a_n为群的元素，n 为群的阶数。若 n 是一个有限数，则 G 是一个有限群；若 n 是一个无限数，则 G 是一个无限群。任何一个群都应具备如下 4 个基本性质：

（1）**封闭性**。群 G 的 n 个不等价元素中，任两个元素组合或一个同类元素自身组合都是群中的一个元素，即 a_i、$a_j \in G$，$a_i \cdot a_j \in G$，其中 i，$j=1$，2，…，n，符号“·”表示相互组合。

（2）群中所有元素遵守**结合律**。即 a_i，a_j，$a_k \in G$，则 $(a_i \cdot a_j) \cdot a_k = a_i \cdot (a_j \cdot a_k)$，但组合的次序不能改变。

（3）有唯一的**单位元素**（E）。单位元素又称**恒等元素**。它和群中任何一个元素的组合是元素本身，即 $a_i \in G$，则 $E \cdot a_i = a_i \cdot E = a_i$。

（4）群中每一个元素 a_i 必有一个相应的**逆元素** a_i^{-1}，使得 $a_i \cdot a_i^{-1} = a_i^{-1} \cdot a_i = E$。

我们现以一个四次旋转对称轴 4（C_4）的全部对称操作所构成的群 G_4 来说明群的这 4 个基本性质。群 G_4 表示为：

$$G_4 = \{C_4^1,\ C_4^2,\ C_4^3,\ C_4^4 \equiv E\}$$

可以看出，群 G_4 含一个恒等元素 $C_4^4 \equiv E$，群 G_4 中任两个元素组合必是群中另一个元素，例如 $C_4^1 \cdot C_4^2 = C_4^3$，这说明群 G_4 的封闭性。先使晶体绕 C_4 轴旋转 270°，然后旋转 180°，再紧接着旋转 90°，它们作用的结果明显地等于先使晶体旋转 270°再紧接着旋转 180°，然后再旋转 90°，这两组操作的效果均等于旋转了 180°，即 $(C_4^1 \cdot C_4^2) \cdot C_4^3 = C_4^1 \cdot (C_4^2 \cdot C_4^3) = C_4^2$，这说明群 G_4 符合结合律。晶体先绕 C_4 轴顺时针旋转 90°或 180°，再紧接着逆时针方向旋转 90°或 180°，先后两次操作之组合显然等于恒等操作 E，即 $C_4^1 \cdot C_4^{-1} = C_4^{-1} \cdot C_4^1 = E$，这说明群 G_4 中每一个元素都可找到一个逆元素。这样群 G_4 完全具有群的 4 个基本性质，因而它确实是一个群。

两个独立群的直接积。现有两个独立群 G_A 和 G_B。$G_A = \{a_1,\ a_2,\ \cdots,\ a_n\}$ 是 n 阶群，$G_B = \{b_1,\ b_2,\ \cdots,\ b_m\}$ 是 m 阶群。两个群中除恒等元素外，没有其他共有元素，两个群的元素间相乘有交换律，即 $a_i \cdot b_j = b_j \cdot a_i$。两个群的直接积 G 以 $G_A \otimes G_B$ 表示：

$$G = G_A \otimes G_B = \{a_1 b_1,\ a_1 b_2,\ \cdots,\ a_1 b_m,\ \cdots,\ a_2 b_m,\ \cdots,\ a_n b_m\} \tag{1-92}$$

G 仍然是一个群（证明从略），并且是 $n \times m$ 阶群。群的直接积是扩大群的一种最简单的方法，这个概念可直接应用于研究物理体系的对称性。

设在晶体几何外形中，已有两个独立的操作元素 ε' 和 ε''，这两个操作元素各自的点群分别为：

$$G' = \{E,\ x_2',\ \cdots,\ x_n'\}$$

$$G'' = \{E,\ x_2'',\ \cdots,\ x_n''\}$$

上式的 ε' 和 ε'' 的直接积一定是晶体几何外形的对称操作。把 ε' 和 ε'' 的元素排成表 1-9 的形式，其中 ε' 的元素排作第一行，ε'' 的元素排作第一列。表 1-9 中处于第 i 行和第 j 列位置上的是 x_i' 和 x_j'' 的组合（$x_i' \cdot x_j''$）。这些组合表示在如表 1-9 所示的乘法表中。

在这个晶体几何外形中，除了 ε' 和 ε'' 两个独立的对称元素外，两者组合的结果，一定还会产生其他对称元素。因此在这个晶体几何外形的点群 G 中，称群 ε' 和群 ε'' 是群 G 的**子群**。子群的定义是：若群 ε' 的全部元素是群 G 中的元素，并且两者的结合律相同，则称群 ε' 是群 G 的子群，而群 G 是群 ε' 的母群。如果对称元素 ε' 与 ε'' 组合后，可以得出此晶体几何外形的全部对称元素，则这样的两个对称元素称为群 G 中的两个**生殖元素**。

表 1-9 乘法表

E	x_2'	x_3'	…	x_n'
x_2''	$x_2''x_2'$	$x_2''x_3'$	…	$x_2''x_n'$
x_3''	$x_3''x_2'$	$x_3''x_3'$	…	$x_3''x_n'$
⋮	⋮	⋮	⋮	⋮
x_n''	$x_n''x_2'$	$x_n''x_3'$	…	$x_n''x_n'$

1.8.2 点群的描述和图示

晶体对称元素的对称操作可用相应的变换矩阵来表示，每一个对称操作对应一个矩阵，对称操作的组合与其相应的矩阵以相同的方式组合所得的结论是相同的。因此，点群可由一组矩阵表示，这一组矩阵组成的群与其相应的对称操作点群是**同构**或**同态**的群。同构是指两个群同阶并且有相同形式的乘法表，群中元素存在一一对应关系。同态是指两个不同阶的群，其中一个群是另一个群的 n 倍，它们的元素间存在 $n:1$ 的对应关系。点群的另一种表示是该点群的所有对称元素的极射投影以及一般位置点的**正规点**系（RPS）的极射投影。所谓一般位置点是指不处在对称元素上的点，而正规点系是指某一点经过点群所有对称操作导出的全部点的集合。很明显，在极射投影图中，一般位置点的正规点系的总点数（又称等价位置点数）和点群的阶数相等。如果处在对称元素上的点成为特殊位置点，因为它处在对称元素上，所以它的等价位置点数就会减少。点群中所有对称操作都经过一个共同点，在球面投影时，这个点应是参考球的中心；在极射投影时，这个点应在投影基圆的中心。

每一种点群都有自身的符号：熊夫利斯符号和国际符号。一般把两种符号并排写出，即熊夫利斯-国际符号。熊夫利斯符号诸如 C_n、D_n、$C_{n\mathrm{h}}$、$C_{n\mathrm{v}}$、$D_{n\mathrm{h}}$、$D_{n\mathrm{d}}$、S_4、T、O、T_{h}、T_{d}、O_{h}等，下标的 n 是数字 1、2、3、4 或 6，h、v 和 d 分别表示平行、垂直和在面对角线位置的镜面。点群的国际符号一般由 3 个位序组成，每一个位序都代表一个与特征对称元素取向有一定联系的方向，3 个位序代表的方向如表 1-10 所列。在国际符号中某一位序上所标出的对称元素就代表在该位序相应方向上所出现的对称元素。如在某一位序上标出的对称轴或旋转反演轴就代表在该位序相应方向为对称轴或旋转反演轴；在某一位序上标出的镜面就代表在该位序相应方向是镜面的法线方向。当在某一位序上同时存在对称轴及与其垂直的镜面时，则用 n/m 表示，例如 $2/m$，$4/m$ 等。按这种规则写出的国际符号称**完全符号**。另外还规定一种简略符号，它是完全符号的一个简化，例如完全符号某位序方向只有 1 次轴（即无对称轴）可以不写出来；又例如某些镜面不写它的法线方向等。一般情况下，完全符号中常包含一些多余的信息，而在其简略符号中已能找到全部对称元素。在下面的讨论中，除了在那些国际完全符号有意义的晶系外，其他晶系我们都只给出简略符号。

表 1-10 国际符号中 3 个位序代表的方向

晶 系	3 个位序所代表的方向		
	1	2	3
立方晶系	***a***，***b***，***c***	***a***±***b***±***c***	***a***±***b***，***b***±***c***，***c***±***a***
六方晶系	***c***	***a***，***b***，***a***+***b***	2***a***+***b***，***a***+2***b***，−***a***+***b***
四方晶系	***c***	***a***，***b***	***a***+***b***，***a***−***b***
正交晶系	***a***	***b***	***c***
三方晶系	***a***+***b***+***c***	***a***−***b***	2***a***+***b***
三方晶系（取六方晶胞）	***c***	***a***，***b***，***a***+***b***	2***a***+***b***，***a***+2***b***，−***a***+***b***
单斜晶系	***a***	***b***	***c***
三斜晶系	1 或 $\bar{1}$	—	—

1.8.3 32 种点群的导出

对晶体外形的研究，人们发现共有 32 种晶态，每一种晶态对应着一种点群。可以用不同方法导出 32 种点群。其中一种方法是从 5 种循环群 1(C_1)、2(C_2)、3(C_3)、4(C_4)、6(C_6)开始，再在每种循环群上加进各种新的对称操作，例如在垂直于循环群对称轴的方向加上 2 次对称轴；在垂直于循环轴的方向或包含循环轴加上镜面；用非真旋转轴代替真旋转轴等。用这些操作或者这些操作的某一种组合可能会得出一些新的点群，这样最终导出 32 种点群。这种导出方法的优点是通过导出过程可以使我们更彻底地了解对称操作。

另一种导出点群的方法是首先找出仅由真旋转构成的所有群，这种纯旋转结晶学点群共有 11 种。然后在这 11 种点群的基础上，把每一种都加上反演对称操作，又获得 11 种点群，这是 11 种中心对称的结晶学点群。由这 11 种中心对称点群，又可以找出与 11 种纯旋转点群不同的 10 种非中心对称子群，最后导出了 32 种点群。这是一种最快和最好的导出方法。上述两种导出方法有一个共同的缺点，就是导出点群后，还要再确定每一种点群分属于哪一种晶系。

用推导 7 种晶系的方法也可以推导出 32 种点群。每一种晶系在保证晶系的对称性不变的前提下，加入可能的对称操作，例如加入垂直于旋转轴（包含反演旋转轴）的 2 次轴或镜面、包含旋转轴加入镜面等依次导出属于每一种晶系的点群。这种导出方法的优点在于使点群与晶系的关系十分明确。我们在下面将用这种方法导出 32 种点群。

在导出点群时应该注意到在每一个点群中都有主导生殖对称元素，群内其他对称元素可以由主导生殖对称元素组合增殖生成。如果用一组矩阵表示点群，则生殖对称元素的变换矩阵就是点群的生殖矩阵。

三斜晶系。三斜晶系单胞的棱长及其夹角不受任何限制。它可能的对称操作是 1(C_1)或 $\bar{1}$(i)。此晶系可以有 2 个点群。

（1）如果物体只有一个 1(C_1)恒等操作，则它所属的点群是 1 阶的{C_1}或{1}。它的熊夫利斯符号是 C_1，国际简略符号是 1，即点群符号是 C_1-1。这种点群符号和其对称操作符号相同。因为 C_1-1 点群只有一种单一对称操作，所以，尽管点群符号和对称操作符号相同也不会引起混乱。这种点群的生殖对称元素就是 C_1(E)，生殖矩阵就是恒等操作的变换矩阵。点群的极射投影图和对应的一个形如图 1-83a 所示。在投影图中没有标出对称元素的投影，因为任何方向都可以是 1 次轴，故不能标出它的位置。因为经对称操作后任何点仍在原来位置，投影图中一般位置点的等价点只有 1 个。

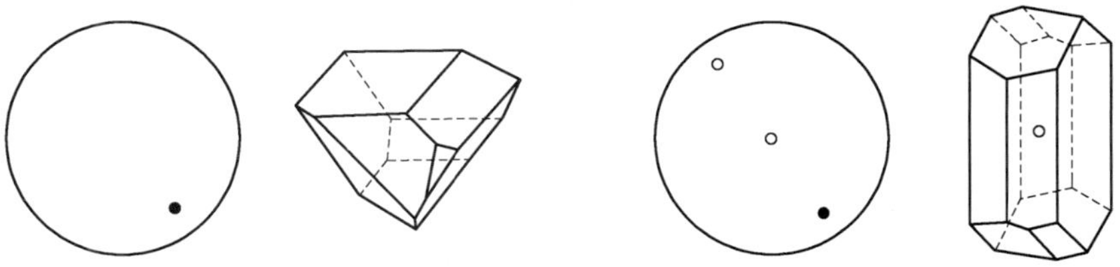

a　　　　　　　　　　　　b

图 1-83　三斜晶系各晶类的投影图和对应的一个形

a—点群 C_1-1；b—点群 C_i-$\bar{1}$

（2）如果物体有 1(E) 和 $\bar{1}$(i) 对称操作，则这个点群是 2 阶的：$\{E, i\}$ 或 $\{1, \bar{1}\}$。点群的熊夫利斯符号是 C_i，国际简略符号是 $\bar{1}$，即点群的符号是 C_i-$\bar{1}$。这个点群的生殖对称元素是 $\bar{1}$，生殖矩阵就是反演操作的变换矩阵。点群的极射投影图和对应的一个形如图 1-83b 所示，在图中标出了对称中心。一般位置点的等价点系是一个在上半球（用•表示）另一个在下半球（用∘表示）的 2 个等价点。

上述两种点群的极射投影再一次说明在投影图上一般位置的正规点系的数目和点群具有对称操作的数目相同，即与点群的阶数相同。

除了上述两种点群，我们不可能再增加任何对称操作而使物体仍属于三斜晶系，所以，属于三斜晶系的晶类只有两种。C_i-$\bar{1}$ 点群对称操作最多（不严格地说它具有这种晶系的最高对称性），称这种点群为该晶系的全对称点群。

单斜晶系。对称操作 2(C_2) 或 $\bar{2}$(σ_h) 规定了单斜晶系单胞棱长及夹角的关系，第一种定向：$a \neq b \neq c$，$\alpha = \beta = 90° \neq \gamma$；第二种定向：$a \neq b \neq c$，$\alpha = \gamma = 90° \neq \beta$。

（3）当物体具有单个 2 次对称轴时，它所属的点群是 2 阶的：$\{E, C_2\}$ 或 $\{1, 2\}$。它的熊夫利斯符号是 C_2，国际符号是 2，即点群符号是 C_2-2。第一定向生殖对称元素方向是在 ***c*** 轴，第二定向则在 ***b*** 轴。点群的符号也和单个对称操作相同。点群的极射投影图（第一种定向）和对应的一个形如图 1-84a 所示：2 次轴在投影图中心，一般位置点的等价点系是 2 个同在上半球的等价点。

（4）当物体具有单一的 $\bar{2}$ 即 m 对称时，它所属的点群是 2 阶的：$\{E, \sigma_h\}$ 或 $\{1, m\}$。它的熊夫利斯符号是 C_s，国际符号为 m，即点群符号是 C_s-m。这种点群的生殖元素是镜面，生殖矩阵就是镜面的变换矩阵。点阵的极射投影图（第一定向）和对应的一个形如图 1-84b 所示：大圆周是镜面的面痕，一般位置点的等价点系是在上半球和下半球的 2 个点，它们的投影位置重合，以⊙表示。

（5）当物体同时具有 2 和 $\bar{2}$ 即 m 对称时，由于 $\{2_{(001)}\} \cdot \{\bar{2}_{(001)}\} = \{\bar{1}\}$，说明必然存在反演对称性，所以它所属的点群是 4 阶的：$\{E, C_2, \sigma_h, i\}$ 或 $\{1, 2, m, \bar{1}\}$。它的熊夫利斯符号是 C_{2h}，其下标 2 表示有 2 次轴，下标 h 表示有一水平的（和 2 次轴垂直的）镜面。它的国际符号为 $2/m$，即点群的符号是 C_{2h}-$2/m$。因为 $\bar{1}$(i) 是由 2(C_2) 及 $\bar{2}$(m) 组合增殖出来的，所以此点群的基本生殖对称元素只是 2 次轴和镜面，生殖矩阵是 2 次轴及镜面的变换矩阵。点群的极射投影图（第一种定向）和对应的一个形如图 1-84c

所示：2 次轴在投影圆的中心，大圆周是镜面的面痕。一般位置点的等价点系有 4 个点，2 个在上半球，2 个在下半球，在投影图上，上半球和下半球的点重叠。

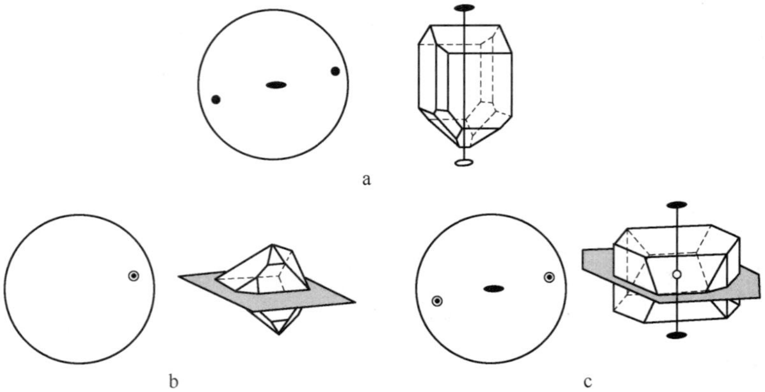

图 1-84 单斜晶系各晶类的投影图和对应的一个形

a—点群 C_2-2；b—点群 C_s-m；c—点群 C_{2h}-$2/m$

除了上述 3 种点群，我们不可能再增加任何对称操作而使物体仍属于单斜晶系，所以属于单斜晶系的晶类只有 3 种。C_{2h}-$2/m$ 的对称操作最多，它是该晶系的全对称点群。其他两个点群 C_2-2 及 C_s-m 的对称操作都包含在 C_{2h}-$2/m$ 的对称操作之中，所以点群 C_2-2 和 C_s-m 是点群 C_{2h}-$2/m$ 的子群。

可以按同样的方法获得第二定向的点群的投影图。

正交晶系。2 个互相垂直的 2 次轴或 2 个镜面规定了正交晶系单胞的棱长及其夹角的关系：$a \neq b \neq c$；$\alpha = \beta = \gamma = 90°$。

（6）当物体具有 2 个互相垂直的 2 次对称轴时，根据 1.3.4 节中的定理Ⅲ可知，必有和这 2 个 2 次轴垂直的第 3 个 2 次轴。所以，它所属的点群是 4 阶的：$\{E, C_{2[100]}, C_{2[010]}, C_{2[001]}\}$ 或 $\{1, 2_{[100]}, 2_{[010]}, 2_{[001]}\}$。点群的熊夫利斯符号是 D_2，国际完全符号是 222，简略符号也是 222，即点群符号是 D_2-222。由于第 3 个 2 次轴是前两个 2 次轴增殖出来的，所以这个点群的基本生殖对称元素只是 2 个互相垂直的 2 次轴，它们的变换矩阵是点群的生殖矩阵。点群的极射投影图和对应的一个形如图 1-85a 所示：图中除了有位于投影圆中心的 2 次轴外，还有两个在赤道面上的 2 次轴。一般位置点的等价点系共有 4 个点。从现在起我们不再详细分析它们的位置，读者可以根据对称操作自行分析。

（7）当物体具有 2 个互相垂直的镜面对称时，根据 1.3.4 节中的定理Ⅰ可知，2 个镜面的交线必是一个 2 次轴，所以，它所属的点群是 4 阶的：$\{E, C_{2[001]}, \sigma_{v[100]}, \sigma_{v[010]}\}$ 或 $\{1, 2_{[001]}, m_{[100]}, m_{[010]}\}$。点群的熊夫利斯符号是 C_{2v}，国际完全符号是 $mm2$，简略符号也是 $mm2$，即点群符号是 C_{2v}-$mm2$。因为 2 次轴是由 2 个垂直镜面增殖出来的，所以这个点群的基本生殖对称元素只是两个互相垂直的镜面，它们的变换矩阵就是点群的生殖矩阵。点群的极射投影图和对应的一个形如图 1-85b 所示：2 个相互垂直的镜面垂直于赤道面，其交线的迹点在投影图中心，是一个 2 次轴。一般位置点的等价点系共有 4 个点。

（8）把点群 222 和点群 $mm2$ 组合形成一个新点群，它仍保持正交晶系的对称性。因

这两个点群共同有 C_2和 E，使组合后减少了 2 个对称操作，即只余 6 个对称操作。但是，2 个镜面和一个在镜面上的 2 次轴组合，必获得和原来 2 个镜面垂直的第 3 个镜面。3 个相互垂直的镜面的组合，获得反演中心，即 $\{m_{[100]}\}\cdot\{m_{[010]}\}\cdot\{m_{[001]}\}=\{\bar{1}\}$。这样，又增加了两个对称操作，结果，这个点群是 8 阶的：$\{E, C_{2[001]}, C_{2[010]}, C_{2[001]}, \sigma_{v[100]}, \sigma_{v[010]}, \sigma_{v[001]}, i\}$ 或 $\{1, 2_{[100]}, 2_{[010]}, 2_{[001]}, m_{[100]}, m_{[010]}, m_{[001]}, \bar{1}\}$。它的熊夫利斯符号是 D_{2h}，国际完全符号是 $\frac{2}{m}\frac{2}{m}\frac{2}{m}$，省略符号是 mmm，即点群符号是 D_{2h}-mmm。其实，3 个互相垂直的镜面必然会增殖出 3 个互相垂直的 2 次轴（3 个镜面的两两交线），所以，这种点群的基本生殖对称元素是 3 个互相垂直的镜面，它们的变换矩阵就是点群的生殖矩阵。点群的极射投影图和对应的一个形如图 1-85c 所示：这个图其实是 D_2-222 点群及 C_{2v}-$mm2$ 点群投影的叠加。一般位置点的等价点系共有 8 个点。

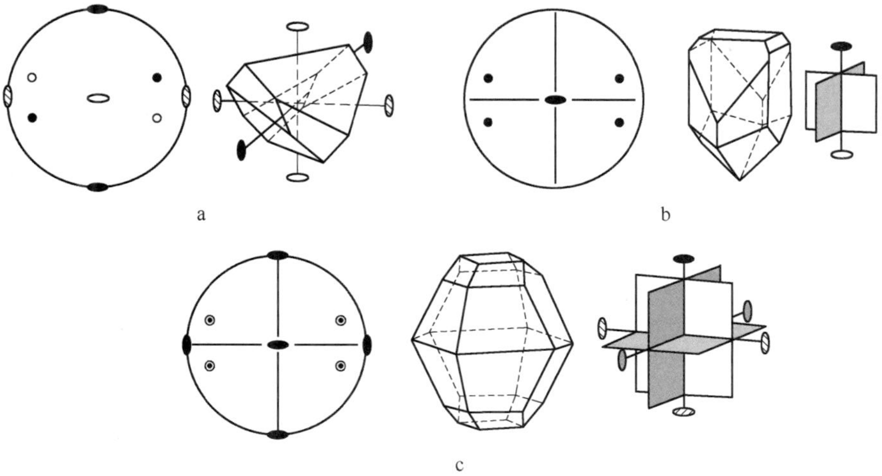

图 1-85　正交晶系各晶类的投影图和对应的一个形

a—点群 D_2-222；b—点群 C_{2v}-$mm2$；c—点群 D_{2h}-mmm

除了上述 3 种点群，我们不可能再增加任何对称操作而使物体仍属于正交晶系，所以，属于正交晶系的晶类只有 3 种。D_2-222 点群和 C_{2v}-$mm2$ 点群是点群 D_{2h}-mmm 的子群，D_{2h}-mmm 是该晶系的全对称群。

四方晶系。对称操作 4(C_4)或 $\bar{4}$(I_4) 规定了四方晶系单胞棱长及其夹角的关系：$a=b\neq c$；$\alpha=\beta=\gamma=90°$。

（9）当物体只有单个 4(C_4)操作时，它所属的点群是 4 阶的：$\{E, C_4^1, C_4^2=C_2, C_4^3\}$ 或 $\{1, 4, 4^2=2, 4^3\}$。点群的熊夫利斯符号 C_4，点群的国际完全符号是 411，简略符号是 4，即点群符号是 C_4-4。这种点群具有单一的对称操作，点群的符号和对称操作符号相同，生殖对称元素是 4 次轴，它的变换矩阵就是点群的生殖矩阵。点群的极射投影图和对应的一个形如图 1-86a 所示：在投影图中心有一个 4 次轴，一般位置点的等价点系有 4 个点。

（10）当物体只有单 1 个 $\bar{4}$(I_4, S_4^3) 操作时，它所属的点群是 4 阶的：$\{E, I_4, I_4^2=$

C_2，I_4^3} 或 {1，$\bar{4}$，$\bar{4}^2=2$，$\bar{4}^3$}。点群的熊夫利斯符号是 S_4，国际符号是 $\bar{4}$，即点群符号是 S_4-$\bar{4}$。这种点群的符号和对称操作符号也是相同的。点群的生殖对称元素就是 $\bar{4}$ 轴，它的变换矩阵就是点群的生殖矩阵。点群的极射投影图和对应的一个形如图 1-86b 所示：在投影图中心有一个 4 次反演轴。一般位置点的等价点系共有 4 个点。

(11) 在点群 4 中垂直于 4 次轴加上镜面 m，不改变四方晶系的对称性。由于 $\{4^2\}\cdot\{m\}=\{\bar{1}\}$，$\{4\}\cdot\{\bar{1}\}=\bar{4}$，这样由 4 和 m 这两个对称元素组合增殖出 $\bar{1}(i)$ 和 $\bar{4}(I_4,\ S_4^3)$ 两个新的对称操作。因为 $\bar{4}^2(I_4^2,\ S_4^2)=2(C_2)=4^2(C_4^2)$，所以这个点群是 8 阶的：{$E$，$C_4^1$，$C_4^2=I_4^2$，$C_4^3$，$I_4^1$，$I_4^3$，$\sigma_h$，$i$} 或 {1，4，$4^2=\bar{4}^2$，$4^3$，$\bar{4}^3$，$m$，$\bar{1}$}。点群的熊夫利斯符号是 C_{4h}，国际完全符号是 $\dfrac{4}{m}11$，简略符号是 $4/m$，即点群的符号是 C_{4h}-$4/m$。点群的生殖对称元素是 4 次轴和镜面 m，它们的变换矩阵就是点群的生殖矩阵。点群的极射投影图和对应的一个形如图 1-86c 所示：投影图中心有一个四次轴，投影大圆圆周是镜面的面痕。一般位置点的等价点系共有 8 个点。

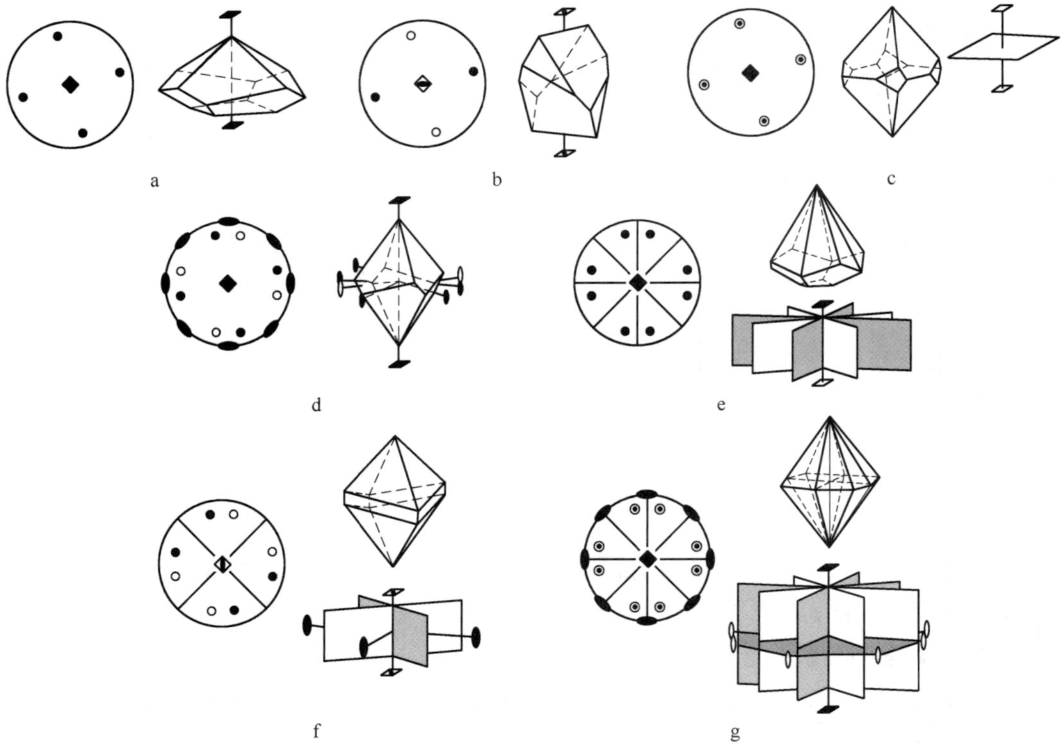

图 1-86　四方系各晶类的投影图和对应的一个形

a—点群 C_4-4；b—点群 S_4-$\bar{4}$；c—点群 C_{4h}-$4/m$；d—点群 D_4-422；e—点群 C_{4v}-$4mm$；f—点群 D_{2d}-$\bar{4}2m$；g—点群 D_{4h}-$4/mmm$

(12) 在点群 4 中垂直于 4 次轴方向加上一个 2 次轴，假定 2 次轴和 $\boldsymbol{a}$ 轴重合，这样也不改变四方晶系的对称性。4 次轴必然把 $\boldsymbol{a}$ 轴上的 2 次轴增殖产生一个和 $\boldsymbol{b}$ 轴重合的 2 次轴。同时，2 次轴和 4 次轴的组合又产生另一个 2 次轴：$\{2_{[010]}\}\cdot\{4_{[001]}\}=\{2_{[110]}\}$。这个 2 次轴在 [110] 方向，由 4 次轴再把这个 2 次轴增殖产生一个 [$1\bar{1}0$] 方向的 2 次轴。

这样，这个点群是 8 阶的：$\{E, C_4, C_4^2, C_4^3, C_{2[100]}, C_{2[110]}, C_{2[010]}, C_{2[1\bar{1}0]}\}$ 或 $\{1, 4, 4^2, 4^3, 2_{[100]}, 2_{[110]}, 2_{[010]}, 2_{[1\bar{1}0]}\}$。这个点群的熊夫利斯符号是 D_4，国际完全符号和简略符号都是 422，即点群符号是 D_4-422。因为四方晶系国际符号第三个序列是 $\boldsymbol{a}+\boldsymbol{b}$ 方向，所以，这个点群的国际符号中第三序列的 2 表明在 $\boldsymbol{a}+\boldsymbol{b}$ 方向有 2 次轴。点群的生殖对称元素是一个 4 次轴和一个在 $\boldsymbol{a}$ 方向的 2 次轴，它们的变换矩阵就是点群的生殖矩阵。点群的极射投影图和对应的一个形如图 1-86d 所示：投影图中心有一个 4 次轴以及在投影面上有 4 个夹角互为 45°的 2 次轴。一般位置点的等价点系共有 8 个点。

（13）在点群 4 中通过 $\boldsymbol{c}$ 和 $\boldsymbol{a}$ 轴加上镜面 m，这样不改变四方系的对称性。4 次轴必把这个镜面增殖产生另一个通过 $\boldsymbol{c}$ 和 $\boldsymbol{b}$ 的镜面。同时，4 次轴和镜面组合，又会产生另一个镜面：$\{m_{[010]}\}\cdot\{4_{[001]}\}=\{m_{[110]}\}$，4 次轴把这个镜面增殖产生另一个镜面 $\{m_{[1\bar{1}0]}\}$。这样，这个点群是 8 阶的：$\{E, C_4, C_4^2, C_4^3, 4\sigma_v\}$ 或 $\{1, 4, 4^2, 4^3, 4m\}$。上面括号内的 $4\sigma_v$ 和 $4m$ 表示 4 个镜面，为了简便，没有进一步写出它们的法线方向。点群的熊夫利斯符号是 C_{4v}，国际完全和简略符号都是 $4mm$，即点群符号是 C_{4v}-$4mm$。点群的生殖对称元素是一个 4 次轴和一个包含 $\boldsymbol{c}$ 和 $\boldsymbol{a}$ 轴的镜面，它们的变换矩阵就是点群的生殖矩阵。点群的极射投影图和对应的一个形如图 1-86e 所示：投影图中心有一个四次轴以及垂直于投影面的 4 个镜面，一般位置点的等价点系共有 8 个点。

（14）在点群 $\bar{4}$ 中垂直于 4 次非真旋转轴方向加上一个 2 次轴，假定 2 次轴和 $\boldsymbol{a}$ 轴重合，这没有改变四方系的对称性。$\bar{4}$ 操作必然把 $\boldsymbol{a}$ 轴上的 2 次轴增殖产生一个和 $\boldsymbol{b}$ 轴重合的二次轴。$\bar{4}$ 轴和垂直于它的 2 次轴组合产生镜面：$\{2_{[100]}\}\cdot\{\bar{4}_{[001]}\}=\{m_{[110]}\}$，$\bar{4}$ 轴会把这个镜面增殖产生一个新的镜面 $m_{[1\bar{1}0]}$。这样，这个点群是 8 阶的：$\{E, I_4, I_4^2=C_2, I_4^3, C_{2[110]}, C_{2[010]}, \sigma_{v[110]}, \sigma_{v[1\bar{1}0]}\}$ 或 $\{1, \bar{4}, \bar{4}^2=2, \bar{4}^3, 2_{[100]}, 2_{[010]}, m_{[110]}, m_{[1\bar{1}0]}\}$。点群的熊夫利斯符号是 D_{2d}，国际完全符号和简略符号都是 $\bar{4}2m$，即点群符号是 D_{2d}-$\bar{4}2m$。这种点群的生殖对称元素是 $\bar{4}$ 和 $2_{[100]}$，它们的变换矩阵就是点群的生殖矩阵。点群的极射赤面投影图和对应的一个形如图 1-86f 所示：在投影图中心有一个 $\bar{4}$ 轴，在赤道面上[100]及[010]方向有两个 2 次轴，垂直于赤道面法线方向为[110]及 $[1\bar{1}0]$ 两个镜面。一般位置点的等价点系有 8 个点。

（15）把点群 $4/m$ 和 $4mm$ 组合起来，因为 2 个点群都有四方晶系的对称性，组合起来的点群也保持了四方晶系的对称性。因原来 2 个点群共同有 C_4 和 E 对称元素，组合起来后减少了 4 个对称操作，即由原来的 8+8=16 个对称操作减为 12 个对称操作。但是，组合后水平的镜面和每一个垂直的镜面组合增殖产生一个 2 次轴，例如 $\{m_{[100]}\}\cdot\{m_{[010]}\}=\{2_{[010]}\}$，水平镜面和 4 个垂直的镜面组合共增殖出 4 个 2 次轴，即又增加了 4 个对称操作。结果，这个点群是 16 阶的：$\{E, C_4, C_4^2, C_4^3, C_{2[100]}, C_{2[010]}, C_{2[110]}, C_{[1\bar{1}0]}, I_4, I_4^3, \sigma_h, \sigma_{v[100]}, \sigma_{v[010]}, \sigma_{v[110]}, \sigma_{v[1\bar{1}0]}, i\}$ 或 $\{1, 4, 4^2, 4^3, 2_{[100]}, 2_{[010]}, 2_{[110]}, 2_{[1\bar{1}0]}, \bar{4}, \bar{4}^3, m_{[001]}, m_{[100]}, m_{[010]}, m_{[110]}, m_{[1\bar{1}0]}, \bar{1}\}$。点群的熊夫利斯符号是 D_{4h}，国际完全符号是 $\frac{2}{m}\frac{4}{m}\frac{2}{m}$，简略符号是 $4/mmm$，即点群符号是 D_{4h}-$4/mmm$。这种点群的生殖对称元素是 4 次轴以及和 4 次轴垂直的镜面、包含 4 次轴的镜面，它们的变换矩阵就是点群的生殖矩阵。这种点群的极射投影和对应的一个形如图 1-86g 所

示：图中心有一个 4 次轴，在投影面上有 4 个互为 45°的 2 次轴及垂直于投影面并包含 2 次轴的 4 个镜面。一般位置点的等价点系共有 16 点。

上面讨论的 7 种点群，在其中再加任何对称操作都不能保持四方晶系的对称性，所以属于四方晶系的晶类只有 7 种。其中点群 C_{4h}-$4/m$ 和 D_{4h}-$4/mmm$ 是中心对称的，点群 D_{4h}-$4mm$ 是四方晶系的全对称点群。

三方（菱方）晶系。$3(C_3)$或$\bar{3}(I_3,\ S_6^5)$ 对称操作规定了三方晶系单胞的棱长和夹角的关系：$a=b=c$，$\alpha=\beta=\gamma$。

（16）当物体具有单一的 3 次轴操作时，它所属的点群是 3 阶的：$\{E,\ C_3,\ C_3^2\}$ 或 $\{1,\ 3,\ 3^2\}$。点群的熊夫利斯符号是 C_3，国际符号是 3，即点群符号 C_3-3。这种点群符号和对称操作符号是一致的。这种点群的生殖对称元素就是 3 次轴，它的变换矩阵就是点群的生殖矩阵。点群的极射投影图和对应的一个形如图 1-87a 所示：图中心有一个 3 次轴。一般位置点的等价点系共有 3 个点。

（17）当物体具有单一的 $\bar{3}(I_3,\ S_6^5)$ 旋转轴对称操作时，它构成的点群是 6 阶的：$\{E,\ I_3,\ I_3^2,\ I_3^3=i,\ I_3^4=C_3,\ I_3^5\}$ 或 $\{1,\ \bar{3},\ \bar{3}^2,\ \bar{3}^3=\bar{1},\ \bar{3}^4=3,\ \bar{3}^5\}$。点群的熊夫利斯符号是 C_{3i}或 S_6，国际符号是$\bar{3}$，即点群符号是 C_{3i}-$\bar{3}$。点群的生殖对称元素是$\bar{3}$轴，它的变换矩阵就是点群的生殖矩阵。点群的极射投影和对应的一个形如图 1-87b 所示：图中心有一个 3 次反演轴。一般位置点的等价点系共有 6 个点。

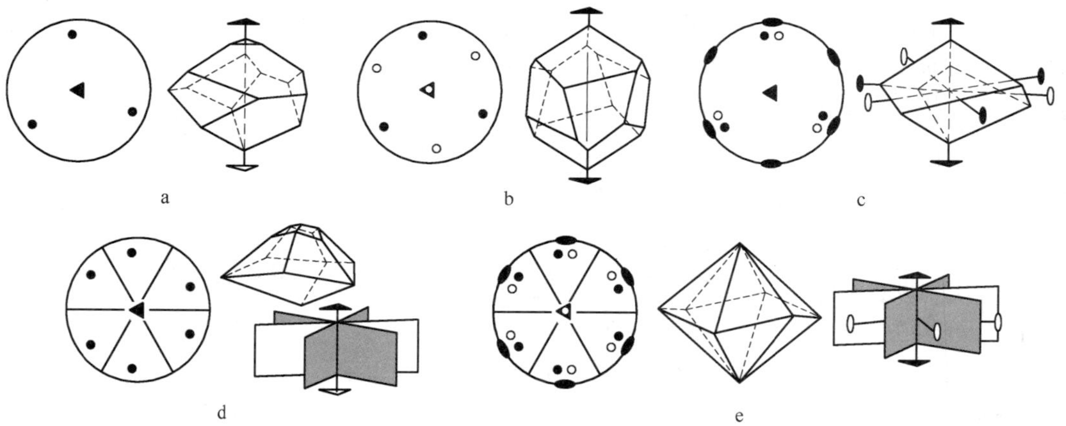

图 1-87　三方系各晶类的投影图和对应的一个形

a—点群 C_3-3；b—点群 C_{3i}-$\bar{3}$；c—点群 D_3-32；d—点群 C_{3v}-$3m$；e—点群 D_{3d}-$\bar{3}m$

（18）在点群 3 中垂直于 3 次轴方向加上一个 2 次轴，3 次轴必然把 2 次轴增殖产生另外两个 2 次轴。这样构成的一个点群仍保留三方晶系的对称性。它是 6 阶的：$\{E,\ C_3,\ C_3^2,\ C_2\}$ 或$\{1,\ 3,\ 3^2,\ 2,\ 2,\ 2\}$。这种点群的熊夫利斯符号是 D_3，国际完全符号和简略符号是 32，即点群符号是 D_3-32。这种点群的生殖对称元素就是 3 次轴和一个垂直于 3 次轴的 2 次轴，它们的变换矩阵就是点群的生殖矩阵。点群的极射投影图和对应的一个形如图 1-87c 所示：在投影图中心有一个 3 次轴，在投影面上有 3 个互成 120°的 2 次轴。一般位置点的等价点系共有 6 个点。

（19）在点群 3 中通过 3 次轴加入一个镜面，3 次轴必然把镜面增殖产生另外 2 个通过 3 次轴的镜面。这样构成的新点群仍保留三方晶系的对称性。这个点群是 6 阶的：$\{E, C_3, C_3^2, 3\sigma_v\}$ 或 $\{1, 3, 3^2, 3m\}$。点群的熊夫利斯符号是 C_{3v}，国际完全符号或简略符号是 $3m$，即点群符号是 C_{3v}-$3m$。这种点群的生殖对称元素是 3 次轴和过 3 次轴的镜面。它们的变换矩阵就是点群的生殖矩阵。点群的极射投影图和对应的一个形如图 1-87d 所示：投影图中心有一个 3 次轴和 3 个互成 120°并垂直于投影面的镜面。一般位置点的等价点系共有 6 个点。

（20）把点群 32 和点群 $3m$ 组合，这个新点群也应保持三方晶系的对称性。组合后，虽然 3 个 2 次轴及 3 个镜面它们各自成 120°，但是 3 个镜面都一定不能包含 2 次轴，因为如果是这样就必然会增殖一个水平镜面（和 C_3 轴垂直），这就破坏了 3 次对称性。结果，3 个 2 次轴只能和 3 个镜面垂直。因原来 2 个点群共同有一个 C_3 对称元素，组合后就减少了 3 个对称操作，即由原来的 6+6=12 个对称操作减为 9 个对称操作。但是，组合后一个镜面和与其垂直的 2 次轴组合增殖产生一个对称中心 $\bar{1}(i)$，对称中心和 3 次轴组合又增殖产生一个 3 次反演轴 $\bar{3}$，这样又增加了 I_3、I_3^5 和 $I_3^3=i$ 三个对称操作，结果，这个点群是 12 阶的：$\{E, C_3=I_3^4, C_3^2=I_3^2, 3C_2, 3\sigma_v, I_3, I_3^5, I_3^3=i\}$ 或 $\{1, 3=\bar{4}^4, 3^2=\bar{3}^2, 2, 2, 2, 3m, \bar{3}, \bar{3}^5, \bar{3}^2=\bar{1}\}$。点群的熊夫利斯符号是 D_{3d}，国际完全符号是 $\bar{3}\dfrac{2}{m}$，简略符号是 $\bar{3}m$，即点群符号是 D_{3d}-$\bar{3}m$。这种点群的生殖对称元素是 $\bar{3}(I_3, S_6^5)$ 和过 $\bar{3}$ 轴的镜面 $\sigma_v(m)$，这两种对称操作的变换矩阵就是点群的生殖矩阵。点群的极射投影图和对应的一个形如图 1-87e 所示：投影图中心有一个 3 次反演轴和 3 个互成 120°并垂直于投影面的镜面及 3 个在镜面对角线上的 2 次轴。一般位置点的等价点系共有 12 个点。

除了上述的 5 种点群，不可能增加任何对称操作而不改变三方晶系的对称性，所以，属于三方晶系的晶类只有 5 种。其中点群 D_{3d}-$\bar{3}m$ 是中心对称的，并且它是三方晶系的全对称点群。

六方晶系。六方晶系含有一个 6 次轴 $6(C_6)$ 或 6 次反演轴 $\bar{6}(I_6, S_3^5)$，规定了六方晶系单胞的棱长及其夹角关系：$a=b\neq c$，$\alpha=\beta=90°$，$\gamma=120°$。

（21）当物体具有单一的 $6(C_6)$ 轴时，它所属的点群是 6 阶的：$\{E, C_6, C_6^2, C_6^3, C_6^4, C_6^5\}$ 或 $\{1, 6, 6^2, 6^3, 6^4, 6^5\}$。点群的熊夫利斯符号是 C_6，国际符号是 6，即点群符号是 C_6-6。这个点群符号和对称操作符号是相同的。这种点群的生殖对称元素就是 6 次轴，它的变换矩阵就是点群的生殖矩阵。点群的极射投影图和对应的一个形如图 1-88a 所示：只有图中心存在一个 6 次轴。一般位置点的等价点系共有 6 个点。

（22）当物体具有单一的六次反演轴 $\bar{6}(I_6, S_3^5)$ 时，它所属的点群是 6 阶的：$\{E, I_6, I_6^2, I_6^3=\sigma_h, I_6^4, I_6^5\}$ 或 $\{1, \bar{6}, \bar{6}^2, \bar{6}^3=m, \bar{6}^4, \bar{6}^5\}$。$\bar{6}^3=m$，即这类点群有一个和 $\bar{6}$ 轴垂直的镜面。点群的熊夫利斯符号是 C_{3h}，国际符号是 $\bar{6}$，即点群符号是 C_{3h}-$\bar{6}$。点群的生殖对称元素就是 $\bar{6}$ 轴，它的变换矩阵就是点群的生殖矩阵。点群的极射投影图和对应的一个形如图 1-88b 所示：图中心有一个 6 次反演轴，投影面上有 1 个镜面，一般位置点的等价点系共有 6 个点。

（23）在点群 C_6-6 中加上一个和 6 次轴垂直的镜面，这个新点群不改变六方晶系的

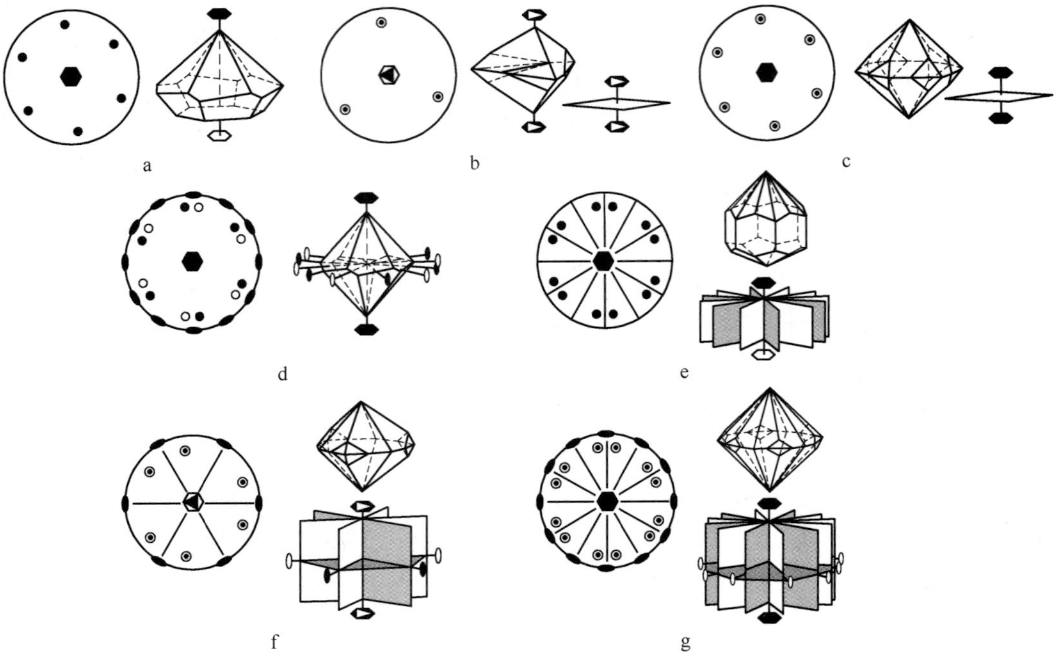

图 1-88 六方系各晶类的投影图和对应的一个形
a—点群 C_6-6；b—点群 C_{3h}-$\bar{6}$；c—点群 C_{6h}-6/m；d—点群 D_6-622；
e—点群 C_{6v}-6mm；f—点群 D_{3h}-$\bar{6}m2$；g—点群 D_{6h}-6/mmm

对称性。镜面和 6 次轴组合必增殖产生对称中心 $\bar{1}(i)$，从而也增殖产生 6 次反演轴 $\bar{6}$，连续两次 6 操作后进行 $\bar{1}$ 操作就增殖出 3 次反演轴$\bar{3}$。这样，这个点群是 12 阶的：$\{E, C_6, C_6^2=I_6^2, C_6^3, C_6^4=I_6^4, C_6^5, I_6, I_6^3=\sigma_h, I_6^5, I_3, I_3^5, i\}$ 或$\{1, 6, 6_2=\bar{6}^2, 6^3, 6^4=\bar{6}^4, 6^5, \bar{6}, \bar{6}^3=m, \bar{6}^5, \bar{3}, \bar{3}^5, \bar{1}\}$。点群的熊夫利斯符号 C_{6h}，国际符号 6/m，即点群符号为 C_{6h}-6/m。点群的生殖对称元素是 6 次轴及垂直于 6 次轴的镜面，它们的变换矩阵就是点群的生殖矩阵。点群的极射投影图和对应的一个形如图 1-88c 所示：在投影图中心有一个 6 次轴，投影面上有一个镜面，一般位置点的等价点系共有 12 个点。

（24）在点群 C_6-6 中垂直于 6 次轴方向加入一个 2 次轴，形成的新点群不会改变六方晶系的对称性。6 次轴把加入的 2 次轴增殖为 3 个和它垂直的 2 次轴，6 次轴和 3 个 2 次轴组合产生在原来 3 个 2 次轴对角线位置上的另外 3 个 2 次轴。这样，点群是 12 阶的：$\{E, C_6, C_6^2=C_3, C_6^3=C_2, C_6^4=C_3^2, C_6^5, 3C_2, 3C_2''\}$ 或$\{1, 6, 6^2=3, 6^3=2, 6^4=3^2, 6^5, 2', 2', 2', 2'', 2'', 2''\}$。其中 C_2'和 2′表示在六方系中 $\boldsymbol{a}_1$、$\boldsymbol{a}_2$、$\boldsymbol{a}_3$ 轴上的 2 次轴，C_2''和 2″表示在投影面上和 $\boldsymbol{a}_1$、$\boldsymbol{a}_2$、$\boldsymbol{a}_3$ 轴垂直的 2 次轴。点群的熊夫利斯符号是 D_6，国际完全符号和简略符号都是 622，即点群符号为 D_6-622。点群的生殖对称元素是 6 次轴，以及与其垂直的一个 2 次轴，它们的变换矩阵就是这个点群的生殖矩阵。点群的极射投影图和对应的一个形如图 1-88d 所示：在投影图中心有一个 6 次轴，在投影面上有 3 个互成 120°的 2 次轴及 3 个在投影面上和前 3 个 2 次轴垂直的 2 次轴，即在投影面上有 6 个互为 30°的 2 次轴。一般位置点的等价点系共有 12 个点。

（25）在点群 C_6-6 中通过 6 次轴加入 1 个镜面，形成的新点群不改变六方晶系的对称性。6 次轴把加入的镜面增殖成 3 个通过 6 次轴的镜面，6 次轴和这 3 个镜面组合增殖出在原来 3 个镜面对角线位置上的另外 3 个镜面。这样，点群是 12 阶的：$\{E, C_6, C_6^2 = C_3, C_6^3 = C_2, C_6^4 = C_3, C_6^5, 3\sigma_v, 3\sigma_d\}$ 或 $\{1, 6, 6^2 = 3, 6^3 = 2, 6^4 = 3^2, 6^5, 3m', 3m''\}$。点群的熊夫利斯符号是 C_{6v}，国际完全符号和省略符号是 $6mm$，即点群符号是 C_{6v}-$6mm$。点群的生殖对称元素是 6 次轴以及通过 6 次轴的 1 个镜面，它们的变换矩阵是这个点群的生殖矩阵。点群的极射投影图和对应的一个形如图 1-88e 所示：在投影图中心有一个 6 次轴及 6 个垂直于投影面互成 30°的镜面，一般位置点的等价点系共有 12 个点。

（26）在点群 C_{3h}-$\bar{6}$ 中垂直于 $\bar{6}$ 轴方向加入一个 2 次轴形成的新点群不改变六方晶系的对称性。$\bar{6}$ 轴把 2 次轴增殖成 3 个 2 次轴；$\bar{6}$ 轴和与其垂直的 2 次轴组合产生 3 个包含 $\bar{6}$ 轴和 2 次轴的镜面。这样，点群是 12 阶的：$\{E, I_6, I_6^2 = C_3, I_6^3 = \sigma_h, I_6^4 = C_3^2, I_6^5, 3C_2, 3\sigma_v\}$ 或 $\{1, \bar{6}, \bar{6}^2 = 3, \bar{6}^3 = m, \bar{6}^4 = 3^2, \bar{6}^5, 2, 2, 2, 3m\}$。点群的熊夫利斯符号是 D_{3h}，国际完全符号和简略符号是 $\bar{6}m2$，即点群符号是 D_{3h}-$\bar{6}m2$。点群的生殖对称元素是 $\bar{6}$ 轴和垂直于 $\bar{6}$ 轴的二次轴。它们的变换矩阵就是点群的生殖矩阵。点群的极射投影图和对应的一个形如图 1-88f 所示：在投影图中心有一个 $\bar{6}$ 轴和 3 个在投影面上互为 120°的 2 次轴，有 3 个垂直于投影面并过 2 次轴的镜面及在投影面上的镜面，一般位置点的等价点系共有 12 个点。

（27）把点群 C_{6h}-$6/m$ 和点群 C_{6v}-$6mm$ 组合起来形成的新点群仍保留六方晶系的对称性。因原来 2 个点群共同有 C_6 对称元素，组合后减少了 6 个对称操作，即由原来的 12+12=24 个对称操作减为 18 个对称操作。但是，组合后的 6 次轴和包含它的镜面组合增殖产生 6 个垂直于 6 次轴的 6 个 2 次轴，这又增加了 6 个对称操作，结果这个点群是 24 阶的，我们不具体写出其中的 24 个对称操作，读者可以自行写出。点群的熊夫利斯符号是 D_{6h}，国际完全符号是 $\dfrac{6}{m}\dfrac{2}{m}\dfrac{2}{m}$，简略符号是 $6/mmm$，即点群符号为 D_{6h}-$6/mmm$。点群的生殖对称元素是 6 次轴和垂直于它的 1 个镜面及 2 次轴，它们的变换矩阵就是点群的生殖矩阵。这种点群的极射投影图和对应的一个形如图 1-88g 所示：图中心有一个 6 次轴及 6 个在投影面上互成 60°的 2 次轴，有 6 个垂直于投影面并过 2 次轴的镜面及在投影面上的镜面，一般位置点的等价点系共有 24 个点。

除了上述 7 种点群，再加上其他任何对称操作都不可能保持六方晶系的对称性。所以六方晶系共有 7 种晶类，其中 C_{6h}-$6/m$ 和 D_{6h}-$6/mmm$ 点群具有中心对称性，D_{6h}-$6/mmm$ 是六方晶系的全对称点群。

立方晶系。4 个相互间夹角为 109°47′的 3 次轴决定了立方晶系单胞的棱长及其夹角的关系：$a=b=c$，$\alpha=\beta=\gamma=90°$。

（28）具有 4 个相同的夹角为 109°47′的 3 次轴，它们的相互组合必然增殖产生 3 个互相垂直的 2 次轴。立方晶系单胞的 3 个基轴就在这 3 个 2 次轴上，而 4 个 3 次轴位于立方单胞的 4 个体对角线上。点群是 12 阶的：$\{E, C_{3[111]}, C_{3[\bar{1}11]}, C_{3[1\bar{1}1]}, C_{3[11\bar{1}]}, C_{3[111]}^2, C_{3[\bar{1}11]}^2, C_{3[1\bar{1}1]}^2, C_{3[11\bar{1}]}^2, C_{2[100]}, C_{2[010]}, C_{2[001]}\}$ 或 $\{1, 3_{[111]}, 3_{[\bar{1}11]}, 3_{[1\bar{1}1]}, 3_{[11\bar{1}]}, 3_{[111]}^2, 3_{[\bar{1}11]}^2, 3_{[1\bar{1}1]}^2, 3_{[11\bar{1}]}^2, 2_{[100]}, 2_{[010]}, 2_{[001]}\}$。点群的熊夫利斯符号是 T，国际符号是 23，即点群符号是 T-23。因为国际符号第二序列对于立方系而言

是指 $\boldsymbol{a}+\boldsymbol{b}+\boldsymbol{c}$ 方向，所以在这个序位上写 3。点群的生殖对称元素是一个 2 次轴和体对角线上的 3 次轴，它们的变换矩阵就是点群的生殖矩阵。这种点群的极射投影图和对应的一个形如图 1-89a 所示：在投影图的{111}极点位置上有 4 个 3 次轴及 3 个单胞轴位置的 2 次轴。一般位置点的等价点系共有 12 个点。

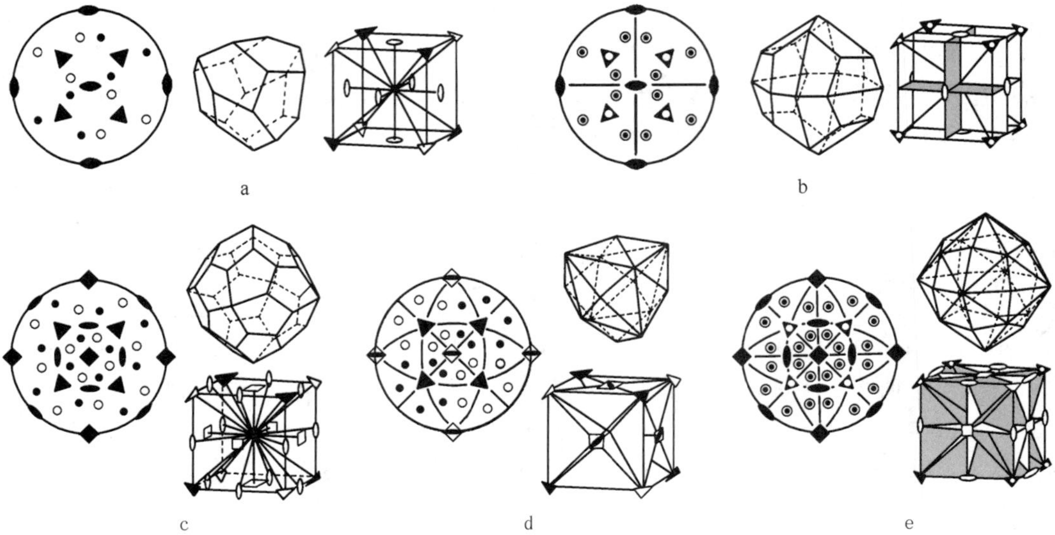

图 1-89　立方系各晶类的投影图和对应的一个形

a—点群 T-23；b—点群 T_{h}-$m\bar{3}$；c—点群 O-432；d—点群 T_{d}-$\bar{4}3m$；e—点群 O_{h}-$m\bar{3}m$

（29）在上述的点群 T-23 中垂直于 $\boldsymbol{c}$ 轴加 1 个镜面，形成的新点群仍保留立方晶系的对称性。加了水平镜面后，因为在水平面上有 2 个 2 次轴，根据 1.3.4 节所讨论的定理可知，一定会有通过 2 个 2 次轴垂直于投影面的镜面，3 个互相垂直的镜面组合增殖产生反演中心 $\bar{1}(i)$，而 $\bar{1}(i)$ 和 3 次轴组合，构成 3 次反演轴 $\bar{3}$。结果这个点群是 24 阶的。这个点群的元素太多了，这里不一一写出，读者可以根据讨论前面点群的办法，找出 24 个对称元素。这种点群的熊夫利斯符号是 T_{h}，国际完全符号是 $\frac{2}{m}\bar{3}$，简略符号是 $m\bar{3}$，即点群符号是 T_{h}-$m\bar{3}$。点群的生殖对称元素是镜面和 3 次反演轴 $\bar{3}$。它们的变换矩阵就是点群的生殖矩阵。点群的极射投影图和对应的一个形如图 1-89b 所示：在投影面的{111}位置上有 4 个 $\bar{3}$ 轴，单胞 3 个轴为 2 次轴，单胞 3 个轴两两构成 3 个镜面。一般位置点的等价点系共有 24 个点。

（30）把点群 T-23 中的 3 个 2 次轴换成 4 次轴，形成的新点群不改变立方晶系的对称性。4 次轴和 3 次轴组合增殖产生 {110} 方向的 2 次轴，结果增殖出 6 个 2 次轴。这样，点群是 24 阶的。读者可自行找出点群中 24 个对称元素。点群的熊夫利斯符号是 O，国际完全符号和省略符号是 432，即点群符号是 O-432。点群的生殖对称元素是 3 次轴和 4 次轴，它们的对称变换矩阵就是点群的生殖矩阵。点群的极射投影图和对应的一个形如图 1-89c 所示：在投影面上{111}位置处有 4 个 3 次轴，单胞的 3 个轴为 4 次轴，在〈110〉位置上有 6 个 2 次轴。一般位置点的等价点系共有 24 个点。

（31）点群 23 在{110}面加入镜面，3 次轴和镜面组合必然获得 6 个 {110} 面的镜面。原来的2次轴和加入的镜面组合，例如 $\{m_{[1\bar{1}0]}\}\cdot\{2_{[100]}\}=\{\bar{4}_{[001]}\}$，使原来的 $2_{[001]}$ 变成4次反演轴 $\bar{4}$。同理，原来的3个2次轴都变成4次反演轴，结果点群是24阶的。点群的熊夫利斯符号是 T_d，国际完全符号和简略符号是 $\bar{4}3m$，即点群符号是 T_d-$\bar{4}3m$。点群的生殖对称元素是 $\bar{4}$ 轴和3次轴，它们的变换矩阵是点群的生殖矩阵。点群的极射投影图和对应的一个形如图1-89d所示：在投影面的{111}位置处有4个3次轴，单胞的3个轴为 $\bar{4}$ 轴，6个{110}的镜面。一般位置点的等价点系共有24个点。

(32) 把点群 T_h-$m\bar{3}$ 和点群 O-432 组合起来，形成的新点群仍保留立方晶系的对称性。因原来2个点群共有4个 C_3，即共同有9个对称操作，组合后减少了9个对称操作；点群 T_h-$m\bar{3}$ 的3个 C_2 和点群 O-432 的3个 C_4 重合，这又减少了3个对称操作。组合后共减少了12个对称操作，即由原来24+24=48个对称操作减为36个对称操作。但是，镜面和包含它的2次轴增殖产生6个{110}方向的镜面，这增加了6个对称操作；反演中心和 C_4 组合又增殖出3个 I_4，因 $C_4^2=I_4^2$，这实际只增加了6个对称操作。结果点群是48阶的。点群具有3个4次轴，4个3次反演轴，6个2次轴，9个镜面和一个反演中心。点群的熊夫利斯符号是 O_h，国际完全符号是 $\frac{4}{m}\bar{3}\frac{2}{m}$，简略符号是 $m\bar{3}$m，即点群符号是 O_h-$m\bar{3}$m。点群的生殖对称元素是4次轴、$\bar{3}$ 反演轴和在〈110〉方向的2次轴，它们的变换矩阵是点群的生殖矩阵。点群的极射投影图和对应的一个形如图1-89e所示：在投影面上{111}位置处有4个 $\bar{3}$ 轴，单胞的3个轴为4次轴，过单胞的3个轴两两构成3个镜面及6个{110}的镜面。一般位置点的等价点系共有48个点。

除了上述5种点群外，立方晶系不可能再有其他晶类。5种点群中 T_h 和 D_h-$m3m$ 具有中心对称性，后者是该晶系的全对称点群。从这5种点群可以看到立方晶系不一定有4次轴，例如点群 T-23 和点群 T_h-$m\bar{3}$ 就没有4次轴。另外，立方晶系并不一定总是具有最高的对称性，例如四方晶系的点群 D_{4h}-4/mmm（16阶）和六方晶系的点群 D_{6h}-6/mmm（24阶）就比立方晶系的点群 T-23（12阶）的对称性高。

例1-21 如果有一个四次旋转对称轴，并且有一个垂直于四次轴的二次轴：(1) 用极射赤面投影图求出一般位置点的等价点系，这个点对称群是几阶的？(2) 画出这个点对称群其他的派生对称元素；(3) 写出这个点群的符号。

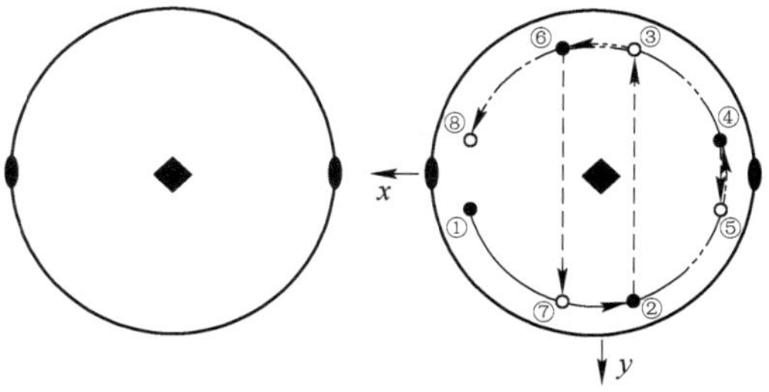

a　　b

图1-90 在极射赤面投影图求出一般位置点的等价点系

解：图1-90a所示为一个四次旋转对称轴和一个垂直于四次轴的二次轴的极射赤面投影图。设一坐标架，坐标架中心为四次轴与二次轴的交点，以四次轴为 Z 轴，二次轴为 X 轴。任意选一个一般位置点①(($x,y,-z$))，在投影面下侧，用实圆●表示，如图1-90b中的①点所示。(1) ①点经四次轴操作到达②点，即① $\xrightarrow{4}$ ②(($-y,x,-z$))，②点同样在投影图下侧。(2) ②点经二次轴操作到达③点，即② $\xrightarrow{2}$ ③(($-y,x,z$))，③

点在投影图上侧，用空心圆○表示。（3）②点经四次轴操作到达④点，即② $\xrightarrow{4}$ ④((−x,−y,−z))，④点在投影图下侧。(4) ④点经二次轴操作到达⑤点，即④ $\xrightarrow{2}$ ⑤((−x,y,z))，⑤点在投影图上侧。(5) ④点经四次轴操作到达⑥点，即④ $\xrightarrow{4}$ ⑥((y,−x,−z))，⑥点在投影图下侧。(6) ⑥点经二次轴操作到达⑦点，即⑥ $\xrightarrow{2}$ ⑦((y,x,z))，⑦点在投影图上侧。(7) ③点经四次轴操作到达⑧点，即③ $\xrightarrow{4}$ ⑧((−x,−y,z))，⑧点在投影图上侧。全部操作路线描述于图 1-90b 中。

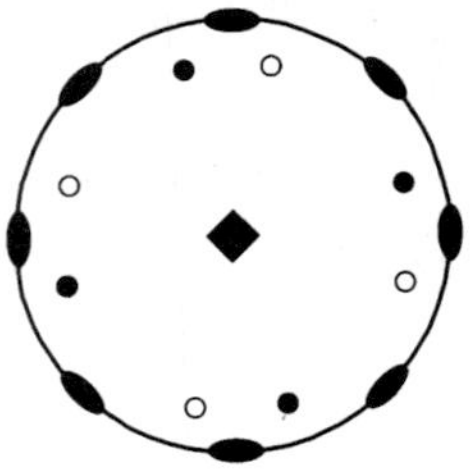

图 1-91　全部一般等价点位置

得出全部一般位置等价点（图 1-91）后，可以看出，由原来生殖对称元素衍生出新的对称元素。获得与四次轴垂直的另外两个二次轴，这些二次轴之间的夹角为 45°（参看例题 1-6）。点群符号是 D_4-422。

综合上面的讨论，把 32 种点群的符号、对称组合、主导生殖元素的方向、阶数以及点群导出方法综合列于表 1-11 中，把它们的极射投影图综合列于表 1-12 中，其中四方晶系采用第二定向，在图中的每一方格中，中间的圆是极射投影图，左上角是国际符号，右上角的 i 表示该点群具有中心对称，左下角给出这个点群的基本对称元素，右下角是国际完全符号。

表 1-11　32 种点群

晶族	晶系	对称组合	点群符号（熊夫利斯-国际）	主导生殖元素			阶数	导出方法
				a	**b**	**c**		
低级	三斜	C_1	C_1-1				1	
		(i)	C_1 − $\bar{1}$				2	
	单斜	C_2	C_2-2		2		2	
		(σ)	C_s-m		m		2	
		C_2 · (σ) · (i)	C_{2h}-2/m		2/m		4	C_2-2 和 C_s-m 组合
	正交	$3C_2$	D_2-222	2	2	2	4	
		C_2 · 2(σ)	C_{2v}-$mm2$	m	m	2	4	
		$3C_2$ · 3(σ) · (i)	D_{2h}-mmm	2/m	2/m	2/m	8	D_2-222 和 C_{2v}-$mm2$ 组合
				c	**a**	**a+b**		
中级	四方	C_4	C_4-4	4			4	
		I_4(S_4)	S_4- $\bar{4}$	$\bar{4}$			4	
		C_4 · (σ) · (i)	C_{4h}-4/m	4/m			8	垂直于 4 次轴加镜面
		C_4 · $4C_2$	D_4-422	4	2	2	8	垂直于 4 次轴加 2 次轴
		C_4 · 4(σ)	C_{4v}-4mm	4	m	m	8	包含于 4 次轴加镜面
		I_4 · $2C_2$ · 2m	D_{2d}- $\bar{4}2m$	$\bar{4}$	2	m	8	垂直于 $\bar{4}$ 次轴加 2 次轴
		C_4 · $4C_2$ · 5(σ) · (i)	D_{4h}-4/mmm	4/m	2/m	2/m	16	D_4-422 和 C_{4h}-4/m 组合
				c	**a**			

续表 1-11

晶族	晶系	对称组合	点群符号（熊夫利斯-国际）	主导生殖元素 a	b	c	阶数	导出方法
中级	三方	C_3	C_3-3	3			3	
		I_3（S_6）	$C_{3i}-\bar{3}$	$\bar{3}$			6	
		$C_3 \cdot 3C_2$	D_3-32	3	2		6	垂直 3 次轴加 2 次轴
		$C_3 \cdot 3$（σ）	C_{3v}-3m	3	m		6	包含 3 次轴加镜面
		$I_3 \cdot 3C_2 \cdot 3$（σ）	$D_{3d}-\bar{3}m$	$\bar{3}$	2/m		12	D_3-32 和 C_{3v}-3m 组合
				c	**a**	**2a+b**		
	六方	C_6	C_6-6	6			6	
		I_6（S_3）	$C_{3h}-\bar{6}$	$\bar{6}$			6	
		$C_6 \cdot$（σ）$\cdot$（i）	C_{6h}-6/m	6/m			12	垂直 6 次轴加镜面
		$C_6 \cdot 6C_2$	D_6-622	6	2	2	12	垂直 6 次轴加 2 次轴
		$C_6 \cdot 6$（σ）	C_{6v}-6mm	6	2	2	12	包含 6 次轴加 2 次轴
		$I_6 \cdot 3C_2 \cdot 3$（σ）	$D_{3h}-\bar{6}m2$	$\bar{6}$	m	2	12	垂直 $\bar{6}$ 轴加 2 次轴
		$C_6 \cdot 6C_2 \cdot 7$（σ）$\cdot$（i）	D_{6h}-6/mmm	6/m	2/m	2/m	24	C_{6h}-6/m 和 C_{6v}-6mm 组合
				a	**a+b+c**	**a+b**		
高级	立方	$4C_3 \cdot 3C_2$	T-23	2	3		12	
		$4C_3 \cdot 3C_2 \cdot 3(\sigma) \cdot (i)$	$T_h-m\bar{3}$	2/m	3		24	垂直 2 次轴加镜面
		$3C_4 \cdot 4C_3 \cdot 6C_2$	O-423	4	3	2	24	T-23v 中 2 轴换为 4 轴
		$4C_3 \cdot 3I_4 \cdot 6(\sigma)$	$T_d-\bar{4}23$	4	3	m	24	平行于 **a+b** 方向加镜面
		$3C_4 \cdot 4C_3 \cdot 6C_2 \cdot 9(\sigma) \cdot (i)$	$O_h-m\bar{3}m$	4/m	3	2/m	48	T_h-m3 和 O-423 组合

表 1-12　32 种点群的极射赤面投影图

对称操作	三　斜	单斜（第一定向）	四　方	三　方	六　方	立　方
一次真旋转轴	1 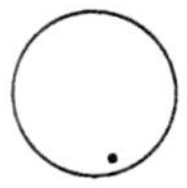 1　1	2 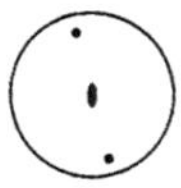 2　2	4 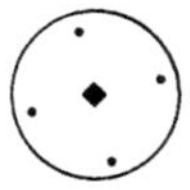 4　4	3 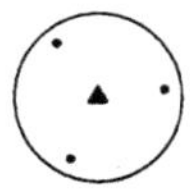 3　3	6 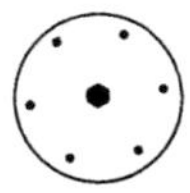 6　6	23 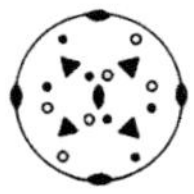 233　233
一次旋转反演轴	—	m 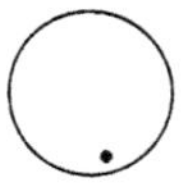 $\bar{2}$　m	$\bar{4}$ 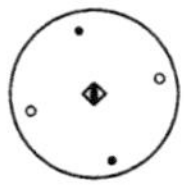 4　4	—	$\bar{6}$ 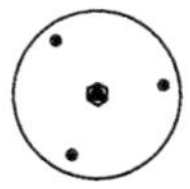 $\bar{6}$　$\bar{6}$	—
一次旋转轴和对称中心的组合或非真旋转轴和固有的对称中心的组合	$\bar{1}$　i 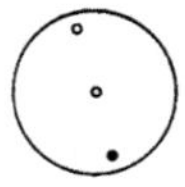 $\bar{1}$ 或反演　$\bar{1}$	$\frac{2}{m}$　i 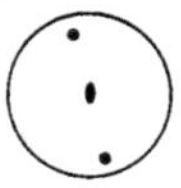 2 或 $\bar{2}$ 均 + 反演　$\frac{2}{m}$	$\frac{4}{m}$ 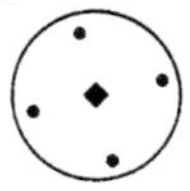 4 或 $\bar{4}$ 均 + 反演　$\frac{4}{m}$	$\bar{3}$　i 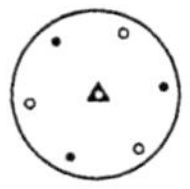 $\bar{3}$ 或 3 均 + 反演　$\bar{3}$	$\frac{6}{m}$　i 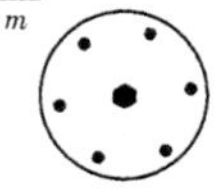 6 或 $\bar{6}$ 均 + 反演　$\frac{6}{m}$	$m\bar{3}$　i  $2\bar{3}\bar{3}$ 或 $\bar{2}\bar{3}3$ 或 233 + 反演　$\frac{2}{m}\bar{3}\bar{3}$
	单斜（第二定向）	正　交				
非平行旋转轴的组合	（1 · 2 = 2） 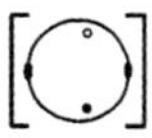	222 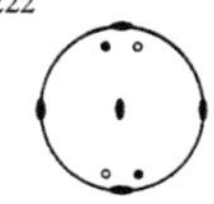 222　222	422 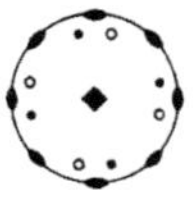 422　422	32 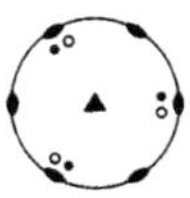 322　32(2)	622  622　622	432  432　432

续表 1-12

对称操作	三 斜	单斜（第一定向）	四 方	三 方	六 方	立 方
两个非真旋转轴和一个真旋转轴的组合但不包含对称中心	(1·$\bar{2}$=m) 	$2mm$  $2\bar{2}\bar{2}$　$2mm$	$4mm$ 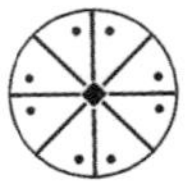 $4\bar{2}\bar{2}$　$4mm$	$3m$ 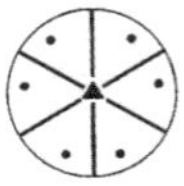 $3\bar{2}\bar{2}$　$3(m)m$	$6mm$ 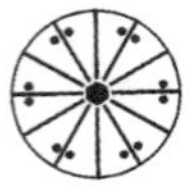 $6\bar{2}\bar{2}$　$6mm$	—
两个非真旋转轴和一个真旋转轴的组合但不包含对称中心	—	—	$\bar{4}2m$ 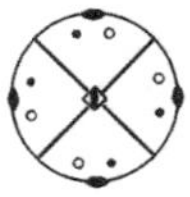 $4\bar{2}\bar{2}$　$\bar{4}m2$	—	$\bar{6}m2$  $6\bar{2}\bar{2}$　$\bar{6}m2$	$\bar{4}3m$  $\bar{4}3\bar{2}$　$\bar{4}3m$
非平行旋转轴的组合具有固有对称中心或必须加入对称中心	$\left(1\cdot 2+反演=\frac{2}{m}\right)$ 	mmm 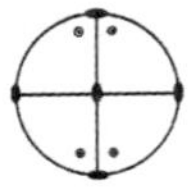 222 或 $2\bar{2}\bar{2}$ 均+反演　$\frac{2}{m}\frac{2}{m}\frac{2}{m}$	$4/mmm$ 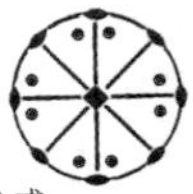 422 或 $\bar{4}\bar{2}2$ 或 $4\bar{2}\bar{2}$ 或 全部+反演　$\frac{4}{m}\frac{2}{m}\frac{2}{m}$	$\bar{3}m$ 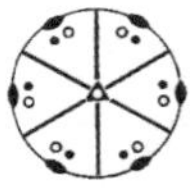 $\bar{3}\bar{2}2$ 或 322+反演　$\bar{3}\frac{2}{m}\frac{2}{m}$	$6/mmm$ 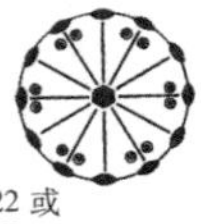 622 或 $\bar{6}\bar{2}2$ 或 $6\bar{2}\bar{2}$ 或 全部+反演　$\frac{6}{m}\frac{2}{m}\frac{2}{m}$	$m\bar{3}m(4/m\bar{3}m)$  $4\bar{3}2$ 或 432 或 432+反演　$\frac{4}{m}\bar{3}\frac{2}{m}$

例 1-22　图 1-92 给出了 5 个立方体。它们的面上刻上了特定花样（在平行面上的花样是相同的），说明它们分属哪一种点群。

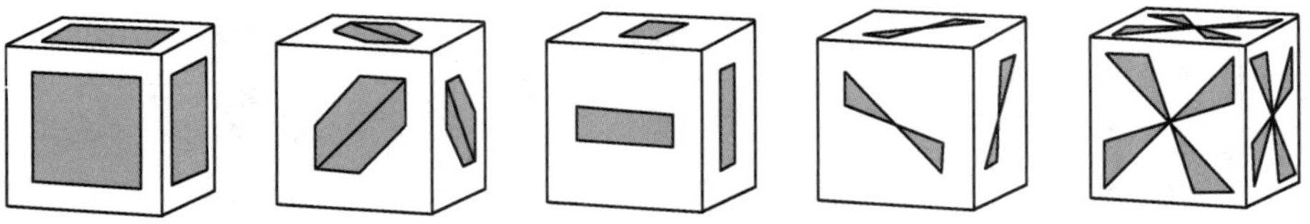

a　　b　　c　　d　　e

图 1-92　5 个在面上刻上了不同特定花样的立方体

解：图 1-92a 中立方体各个面上刻有平行于各个边的相同的正方形，它没有破坏立方体的对称性，所以它具有立方体的全部对称性，属于 O_h-$m\bar{3}m$ 的点群。图 1-92b 中立方体各个面上刻有平行于面对角线并以对角线为对称轴的图形，图形的取向不破坏体对角线的三次对称轴，显然立方体各{110}面是镜面，不具有垂直于立方体各面的四次对称轴，但是，具有这些轴线的四次旋转反演轴，所以它属于 T_d-$\bar{4}3m$ 点群。图 1-92c 中立方体各个面上刻有平行于各个边的相同的长方形，但各面上的长方形取向顺序转动 90°，首先看到{001}面是镜面，垂直于立方体各面的是二次对称轴，立方体对角线不是三次对称轴，但可以是三次旋转反演轴，所以它属于 T_h-$m\bar{3}$ 点群。图 1-92d 中立方体各个面上刻有通过各面中心呈中心对称的图形，它们的取向符合以立方体对角线为三次对称轴要求的对称性，垂直于立方体面的是二次对称轴，所以它属于 T-23 点群。图 1-92e 中立方体各个面上刻有以面中心为四次轴的对称图形，自然具有垂直于立方体面的四次对称轴，也隐含垂直于立方体面的二次对称轴，各面上图形的取向符合以立方体对角线为三次对称轴要求的对称性，所以它属于 O-432 点群。

1.8.4 11 种劳埃群

我们知道，因为晶体的（hkl）与（$\bar{h}\bar{k}\bar{l}$）是没有区别的，所以在晶体衍射的劳埃实验中，不论晶体是否具有中心对称，在衍射图上都呈现中心对称。因此，衍射试验只能辨别各种中心对称晶体类型，根据前面讨论可知，它们共有 11 种点群，这 11 种点群称为劳埃群，它们是：C_1-$\bar{1}$，C_{2h}-$2/m$，D_2-mmm，C_3-$\bar{3}$，D_3-$\bar{3}$m，C_4-$4/m$，D_4-$4/mmm$，C_6-$6/m$，D_6-$6/mmm$，T_3-$m\bar{3}$，O-$m\bar{3}m$ 等（同时参阅表 1-11）。表 1-13 列出了 11 种劳埃群和与它对应的非中心对称子群。

表 1-13 11 种劳埃群以及与它对应的非中心对称子群

晶　系	劳埃群	非中心对称子群	点式空间群 G_p（熊夫利斯符号）	对称元素数目
三　斜	$\bar{1}$	1	C_1	1
单　斜	$2/m$	2，m	C_2	2
正　交	mmm	222，mm2	D_2	4
三　方	$\bar{3}$	3	C_3	3
	$\bar{3}m$	$3m$，32	D_3	6
四　方	$4/m$	4，$\bar{4}$	C_4	
	$4/mmm$	$4mm$，$\bar{4}m2$，422	D_4	8
六　方	$6/m$	6，$\bar{6}$	C_6	6
	$6/mmm$	$6mm$，$\bar{6}m2$，622	D_6	12
立　方	$m\bar{3}$	23	T	12
	$m\bar{3}m$	$\bar{4}3m$，432	O	24

1.8.5 确定（推导）物体点群的程序图

讨论了 32 种点群后，再来分析一下点群的符号以及推导点群的程序。

先讨论熊夫利斯符号和晶系的关系。T 和 O 晶类属于立方系。符号下标的 3、4、6 表示该晶类下的三方、四方和六方晶系，但 $C_{3h}(=\bar{6})$ 和 D_{3h} 晶类例外，它们属于六方晶系。符号下标的 1、2 或无数字的晶类属于低级晶族中的三斜、单斜和正交晶系，但是 D_{2d} 例外，它属于四方晶系。

从点群符号和推导过程的关系看，最简单的是循环点群，它的符号是 C_n，如果垂直于主轴还有一个或一个以上的 2 次轴（用 C_2'），点群符号是 D_n。如果以上两个点群再加 1 个 σ_h 镜面，则点群符号分别是 C_{nh} 和 D_{nh}。如果有一个或一个以上 σ_v 镜面加到 C_n 上，就用符号 C_{nv} 表示。而 D_n 只能再加上 σ_d 镜面，点群符号是 D_{nd}。点群 S_4、S_6 和 C_i（也有时称为 S_2）都只有 S_n 类型的对称操作。立方系点群的符号有些特殊。其中点群 T 只有 C_2 和 C_3 类型对称操作。点群 T_h 是由点群 T 加上反演中心而得到的。点群 O 只有 C_2、C_3、C_4 对称操作，而 O_h 是由点群 O 加上反演中心而得到的。T_d 是 O_h 的子群，它是 T 点群加上镜面

σ_d而得到的。图 1-93a 是确定某一物体点群的程序图。首先根据是否有 3 次轴把立方点群单独分开考虑，然后，再按程序图仔细考查所有点群的对称操作，最后确定出所属的点群。

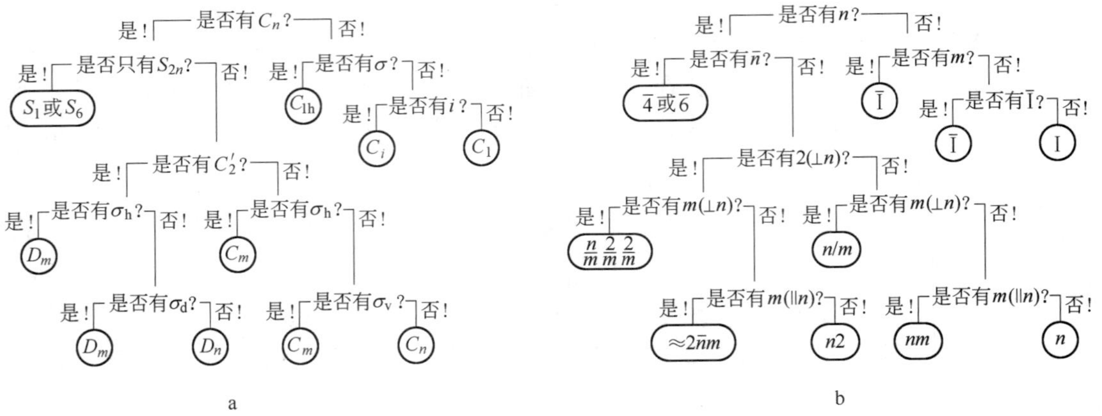

图 1-93 确定某一物体点群的程序图

a—熊夫利斯符号；b—国际符号

如果使用国际符号，同样也从最简单的循环点群 n 开始，如果有一个 2 次轴垂直于主轴，则在 n 后加上数字 2，得到 $n2$。如果还有镜面垂直于主轴 n，点群符号就写成 nm。如果还有与这种镜面不同的对角镜面，点群的符号写成 nmm（如 $4mm$、$3m$、$6mm$ 等）。如果既有竖直镜面又有水平镜面，那一定有 2 次轴，点群符号就写成 n/mmm（如 $4/mmm$、$6/mmm$ 等）。点群 $\bar{4}$ 和 $\bar{6}$ 的国际符号是很明白的。$\bar{4}2m$ 表示这点群除了有一个 $\bar{4}$ 次轴外，还有一个和主轴垂直的 2 次轴，一个包含主轴的镜面。$\bar{6}m2$ 表示这点群除了有一个 $\bar{6}$ 次轴外，还有一个和主轴垂直的镜面和 2 次轴。图 1-93b 是用国际符号推导点群的程序图。它和图 1-93a 是相似的。当确定（推导）出点群符号之后，就马上能知道点群的所有对称操作，这是点群符号的优点所在。只要画一张有几个对称操作的极射投影图，就能找出其他的对称操作。同时，还可以画出一般位置点的等价点系，对称操作数（点群的阶数）应该与一般位置点的等价点系总点数相同。在极射投影图上都是给出一般位置点的正规点系，因为只有这种点的正规点系才能很好地反映点群的对称性，而非一般位置点是处在对称元素上，它的正规点系的点数显然比一般位置点的要少。例如，处在 2 次轴上的点，经这 2 次轴对称操作后，它仍在原来位置，而不会像一般位置点那样转到另一位置而获得另一个新的点；极限情况是在点群中不动的点，不论经多少对称操作，它的等价点系的点数也仅是原来的一个点。从这些点的点系不能看出点群的对称性。

1.9 空间群概念

前面说过，点群是描述有限尺寸物体的对称性的，而对于由全部或部分的无限平移组成的群，在三维空间称为空间群。空间群是描述周期结构的对称性的，即**能使三维周期物体（无限大晶体）自身重复的几何对称操作的集合就是空间群**。

以图 1-94 所示的由一些分子(积木块)组成的周期结构(宏观晶体)来看周期结构与宏观晶体对称性的区别。很明显，晶体在图中两个粗箭头方向的宏观性质是相同的，因为它们与积木块中的箭头所成的角度相等。周期结构的对称性的特征是具有系列 g 和 g'滑移面，而宏观晶体的对称性只具有单一的镜面 m；在周期结构中有一系列的旋转轴或旋转反演轴，而在宏观晶体中只呈现单一的旋转轴和旋转反演轴。

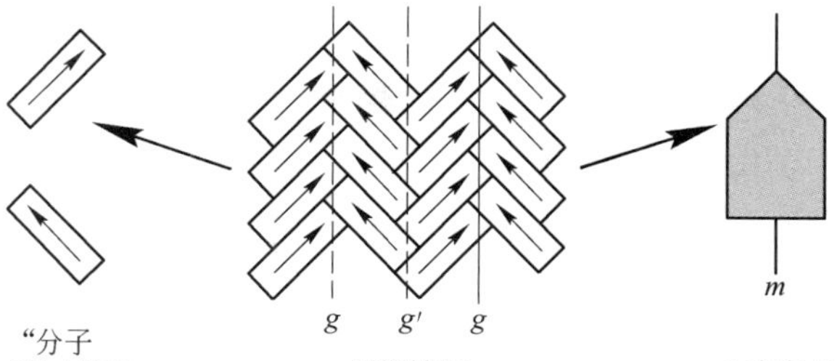

图 1-94 周期结构和宏观晶体的对称性

一个具有周期性的物体的对称操作必然包含平移操作。在 1.2 节中就已经介绍过用平移矢量来描述点阵的周期性，所有平移矢量的集合构成一个平移群。式(1-3)的 $r_{(p_1p_2p_3)}$ 实际上就表示一个平移群，它是一个无限群。空间群的全部对称操作是由点对称操作和平移操作组成的。以 $\{D/t\}$ 表示空间操作算符，则空间操作对一般位矢的作用可表示为：

$$r' = \{D/t\}\boldsymbol{r} = D\boldsymbol{r} + \boldsymbol{t} \tag{1-93}$$

式中，D 是点对称操作的变换算符；$\boldsymbol{t}$ 是平移操作。可以证明，由式(1-93)定义的操作集合仍然构成一个群(证明从略)。

点阵的空间对称操作中除了使单胞平移到每一个其他单胞的操作(对于有限群操作数为一数值 N，对于无限群操作数则为无穷大)之外，还有使初基单胞所含的实体(晶体结构中的结构基元)变换到本身的 h 个对称操作，所以，空间群共有 Nh 个对称操作，其中一组特殊操作是 h 个对称操作与平移群恒等操作(即零平移)的组合，即这个组合只有 h 个对称操作。这 h 个对称操作称为**空间群的基本操作**，而 h 个对称操作和初基点群平移(非零平移)的组合称为**空间群的非基本操作**。

在某些空间群的对称操作中，其中有可能存在比初基点群平移小的平移矢量 $\boldsymbol{\tau}$，它与旋转或镜面结合称为螺旋操作或滑移操作。这样，空间群可分为两大类：其中一类的对称操作全部作用于同一个公共点上的，不包含任何一个比初基平移还要小的平移矢量 $\boldsymbol{\tau}$，这类空间群称为点式空间群；另一类则至少有一个含有平移 $\boldsymbol{\tau}$ 的操作，这类空间群称非**点式空间群**。点式空间群有 73 种，非点式空间群有 157 种，空间群共有 230 种。在这里不详细地逐一讨论属于各种晶系的空间群，只是从一些基本原则和概念对两类空间群作简单介绍。

1.9.1 点式空间群

通常获得点式空间群的办法就是把 32 种点群和 14 种布拉维点阵直接组合，即每一种点群都可以同所属晶系中可能有的布拉维点阵 P、I、F 或 C 相结合。我们强调组合是由同属一种晶系的点群和布拉维点阵组合，因为把不属于同一种晶系的点群和布拉维点阵组合是不相容的，这里不作详细讨论。正交晶系包含有全部可能的布拉维 P、I、F 和 C 点阵，所以我们以正交晶系为例讨论如何以上述的方式组合来导出空间群。

正交点群有 D_2-222、C_{2v}-*mm*2 和 D_{2h}-*mmm* 三种。若取一个点对称性为 C_{2v}-*mm*2 的物体（结构基元）以合适的取向放到一个阵点上，由于具有平移对称性，也即每一个阵点都放上这样的物体。如果这个物体是由原子（或分子）按 C_{2v}-*mm*2 对称性排列起来的原子（或分子）集团组成的，那就构成了一种晶体结构。我们再回头来看以合适的取向放到阵点上的含义。如果希望每个阵点都具有正交对称性，那么放置物体时就必须使它的镜面和 2 次轴沿单胞某一轴方向放置。这样导出的晶体结构才会既有平移对称性又能使任何一个阵点都有 C_{2v}-*mm*2 的点对称性，而正是这两种类型的对称操作是描述整个晶体结构对称性的基本操作。

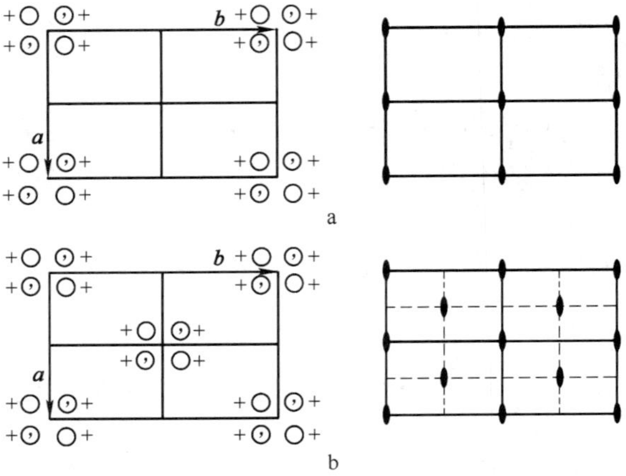

图 1-95　正交晶系的两种空间群

a—*Pmm*2；b—空间 *Cmm*2

图 1-95a 是在正交点阵的阵点上放上对称性为 C_{2v}-*mm*2 的物体（结构基元）的空间群的俯视图。图中画出了单胞的轮廓，原点选在左上角，***a*** 轴指向页底，***b*** 轴指向右，***c*** 轴垂直于纸面，指向外部。和前面讨论的方法一样，以圆圈排列来表示它的对称性，在左边的图中每个阵点的对称性用一般位置点的等价点系表示。其中每一个圆圈既可以代表晶体中单个原子，也可以代表原子集团。在图 1-95 右边的图上给出了对称元素的配置。在原点有一个沿 ***c*** 方向的 2 次轴和 2 个镜面（用粗线表示）。通过平移对称操作在其他阵点同样也有相同圆圈排列和对称元素配置。应该注意的是，这些点对称操作和平移对称操作的组合，又会引出许多新的非基本对称操作，这种现象在导出其他空间群时也会经常遇到。在现在的例子中在相邻的 2 次轴之间中点上出现了另一些 2 次轴，在通过 2 个相邻阵点的镜面之间中点上有另一些镜面（如图 1-95a 右边图形所示）。这种空间群的国际符号是 *Pmm*2，其中 *P* 代表初基点阵，*mm*2 代表空间群的基本操作。导出的非基本操作（即附加的 2 次轴和镜面）在符号上没有表示出来。按同样方法，把晶系的其余 2 个点群 D_2-222 和 D_{2h}-*mmm* 与 P 点阵结合，可以获得 *P*222 和 *Pmmm* 两个空间群。

图 1-95b 是在正交 C 点阵的阵点上放上对称性为 C_{2v}-*mm*2 的物体空间群的俯视图。其中左图是每个阵点的一般位置点等价点系，右图是对称元素的配置。同样，点对称元素和平移的组合又引出一些新的非基本对称操作。在右图中的虚线表示滑移面，这种滑移面是导出的非基本对称操作。这种空间群的国际符号是 *Cmm*2。按同样方法，把正交晶系其余的 2 个点群 D_2-222 和 D_{2h}-*mmm* 与 C 点阵结合，可以获得 *C*222 和 *Cmmm* 两个空间群。同理，由正交点群的 3 个点群再和正交 I 点阵、正交 F 点阵组合各可以获得 3 个空间群。*I*222、*Imm*2、*Immm* 和 *F*222、*Fmm*2、*Fmmm*。这样，对于正交晶系，总共有 3×4 = 12 种不同的空间群。

上述的推导过程也可以用来推导其他晶系的空间群。把上述办法依次用于 7 种晶系，共导出 66 种空间群。如果再考虑点群元素与布拉维点阵之间的取向关系，又能得到另一些空间群。例如，在正交晶系中，A、B 和 C 三种底心是彼此等价的，但是，当它们和点群 C_{2v}-$mm2$ 组合时，沿 $\boldsymbol{c}$ 方向的 2 次轴既可能垂直于有心面（C 底心情况）也可能平行于有心面（A 和 B 底心情况），这两种情况是互不相同的。所以除了原来导出的 2 次轴垂直于有心面的 $Cmm2$ 空间群外，还有另一个 $Amm2$ 空间群。这样，由于考虑到这种点对称元素相对于布拉维点阵的取向关系，又得到 7 种空间群（在表 1-14 中带有 * 号的 7 种），结果总共得出 73 种点式空间群。表 1-14 列出了 73 种点式空间群的国际符号及其所属的晶系。

表 1-14　73 种点式空间群

晶　系	布拉维点阵	空　间　群
三　斜	P	$P1$，$P\bar{1}$
单　斜	P	$P2$，Pm，$P2/m$
	B 或 C	$B2$，Bm，$B2/m$（第一种定向）
正　交	P	$P222$，$Pmm2$，$Pmmm$
	C，A 或 B	$C222$，$Cmm2$，$Amm2^*$，$Cmmm$
	I	$I222$，$Imm2$，$Immm$
	F	$F222$，$Fmm2$，$Fmmm$
四　方	P	$P4$，$P\bar{4}$，$P4/m$，$P422$，$P4mm$，$P\bar{4}2m$，$P\bar{4}m2^*$，$P4/mmm$
	I	$I4$，$I\bar{4}$，$I4/m$，$I422$，$I4mm$，$I\bar{4}2m$，$I\bar{4}m2^*$，$I4/mmm$
立　方	P	$P23$，$Pm3$，$P432$，$P\bar{4}3m$，$Pm3m$
	I	$I23$，$Im3$，$I432$，$I\bar{4}32$，$Im3m$
	F	$F23$，$Fm3$，$F432$，$F\bar{4}32$，$Fm3m$
三　方	P	$P3$，$P\bar{3}$，$P312$，$P321^*$，$P3m1$，$P31m^*$，$P\bar{3}1m$，$P\bar{3}m1^*$
（菱方）	R	$R3$，$R\bar{3}$，$R32$，$R3m$，$R\bar{3}m$
六　方	P	$P6$，$P\bar{6}$，$P6/m$，$P622$，$P6mm$，$P\bar{6}m2$，$P\bar{6}2m^*$，$P6/mmm$

1.9.2　非点式空间群

非点式空间群必包含一个非初基平移 τ 的非点式操作。因为引入了这种非点式操作，又可以导出 157 种非点式空间群。

空间群的点群和一般等价位置。当空间群的全部平移矢量 $\boldsymbol{t}$ 和 $\boldsymbol{\tau}$ 都等于零时所得到的操作的集合定义为**空间群的点群** G_p。前面说过，空间点阵的对称群中只有使初基单胞所含的实体变换到本身的 h 个对称操作才是空间群的基本操作，即除了使点阵周期重复的平移矢量 $\boldsymbol{t}$ 组成的平移群之外的 h 个对称操作是空间群的基本操作。对于点式空间群，因为本来就没有非初基平移矢量 $\boldsymbol{\tau}$，所以 G_p 的操作就是空间群 G 的基本操作。例如，假定 4_1 是 G 的对称操作，由它得到 G_p 的操作是 4，显然它不是该空间群的对称操作。但是，非点式空间群的 G_p 和非点式空间群具有同形性，有一一对应关系，并且 G_p 必然是 32 种点群之一。在描述点群时也已经使用**一般等价位置**的方法。在这里，一般等价位置同样是由一个一般位置点经 h 个对称操作作用于它而得到的。一般等价位置由 h 个位置组成，空间群的任何一个基本或非基本对称操作作用到这一组位置时，都不会再产生新的位置。在表达时，常用平移对称操作把这一组点集中排列到某个方便的原点周围。只要给出点阵（P、C、F、I）和一组 h 个一般等价位置，就可以完全描述该空间群。h 个一般位置使我们知道空间群的全部基本操作，从而知道所属的晶系，而点阵类型可以使我们知道平移点群的全部操作。

1.9.3 空间群的推导方法简介

关于 230 种空间群的推导工作，早在 1890 年就已由俄国晶体学家费多罗夫完成，其后又由德国科学家熊夫利斯和英国学者巴罗分别在 1891 年和 1894 年利用不同的推导方法，独立地得出了相同的结果。在文献上用得最多的是熊夫利斯方案，这套方案的基本概念简单，处理直截了当。这种方案是从 73 个点式空间群出发，然后试探用各种可能的滑移面和螺旋轴替换，看是否得出新的空间群。在这个过程中，既不能漏掉任何可能的空间群，又不能出现重复的空间群，结果可以导出全部的 230 种空间群。推导全部空间群的工作量很大，这里不作全面介绍，只就一个简单例子说明导出办法，这个例子可以使我们了解空间群的推导方法。其他的详细推导读者可以参阅有关专著。

三斜空间群除了有两种点式空间群 $P1$ 和 $P\bar{1}$ 之外，它不可能再有其他的非点式空间群。对于单斜晶系，它只有两种点阵，即 P 点阵和 B 点阵（第二种定向），而具有单斜对称性的点群有 C_2-2、$C_{1h}(C_s)$-m 和 C_{2h}-$2/m$ 三种。我们立刻可知，单斜晶系有 6 种点式空间群。由于这种晶系含有 2 和 m 对称操作，这意味着可能产生含有 2_1 螺旋轴和滑移面的空间群。我们由点群 C_2-2 出发，它和 P 点阵组合获得点式空间群 $P2$。如果用 2_1 替换 2 次轴，所得到的空间点群是 $P2_1$。图 1-96a、b 分别表示 $P2$ 和 $P2_1$ 两种空间群的俯视图。图中单胞轴的放置以及图中左和右两种图形的意义和图 1-95 的完全一样。从图中看出，对称元素 2 和 2_1 与平移操作组合又引出一些新的非基本操作：在两个 2 轴中点出现新的 2 轴，在两个 2_1 轴中点也出现新的 2_1 轴。现在点群 C_2-2 的空间群中已经不可能再有其他非点式操作了。继续以 C_2-2 点群和 B 点阵组合获得 $B2$ 点式空间群。仔细地考察 $B2$ 空间群，它的俯视图如图 1-96c 所示。从图中看出，2 次轴和平移操作结合会在两个 2 次轴中点出现非点式操作二次螺旋轴 2_1。虽然含有非点式操作，但因为它是非基本操作，所以这个空间群仍是点式空间群。如果用 2_1 螺旋轴替换 $B2$ 空间群的基本操作 2 旋转轴，它获得的是和原来的 $B2$ 相同的空间群，只是原点有了移动，所以这时没有得到新的空间群。我们看到，空间群 $P2$、$P2_1$、$B2$ 的点群都是 C_2-2，所以它们是与点群 C_2-2 同形的空间群。我们再讨论点群 C_s-m 的单斜点群。它和 P 点阵及 B 点阵组合获得 Pm 和

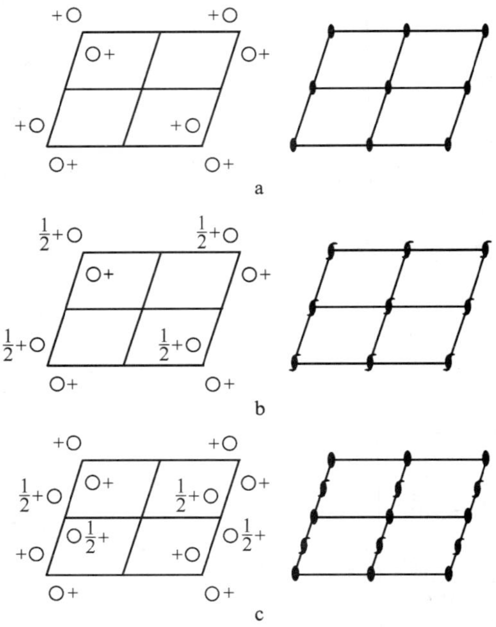

图 1-96 与点群 C_2 同形的空间群的俯视图

a—空间群 $P2$；b—空间群 $P2_1$；c—空间群 $B2$

Bm 两种点式空间群。因为 C_s-*m* 点群只有镜面操作，唯一可能的非点式操作是 ***b*** 滑移。把滑移操作考虑进去就得到 *Pb* 和 *Bb* 两种新的空间群。与点群 C_{2h}-*m* 同形的空间群共有 *Pm*、*Pb*、*Bm*、*Bb* 4 种。为了了解滑移操作，我们对 *Bb* 空间群作较详细的讨论。图 1-97 是 *Bb* 空间群的俯视图，图形的规则和图 1-96 的相同。从图中看出，在纸面上一个一般点（*x*，*y*，*z*）经 ***b*** 滑移操作后到达 $\left(x, \frac{1}{2}+y, -z\right)$ 位置，*B* 底心点 $\left(\frac{1}{2}+x, y, \frac{1}{2}+z\right)$ 经 ***b*** 滑移操作后到达 $\left(\frac{1}{2}+x, \frac{1}{2}+y, \frac{1}{2}-z\right)$ 位置，这 4 个点就是这种空间群的 4 个一般等价位置。仔细考虑这 4 个点，我们发觉由（*x*，*y*，*z*）经 ***n*** 滑移也可到达 $\left(\frac{1}{2}+x, \frac{1}{2}+y, \frac{1}{2}-z\right)$ 位置，即移动体对角线一半后再经垂直于 *z* 轴的镜面反映，这个镜面必在 *z* 和 *z*/2 位置的中点，即镜面必经过（0，0，1/4）点。所以空间群 *Bb* 也可以用 *Bn* 标记，但是，习惯上还是采用 *Bb* 标记。

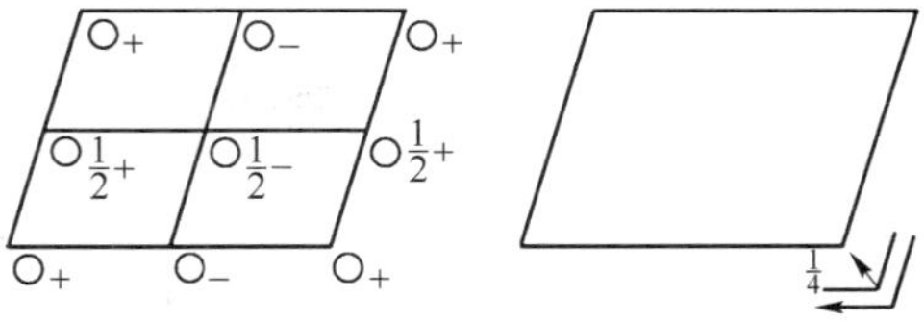

图 1-97　*Bb* 空间群的俯视图

1.9.4　空间群符号

在上面讨论时已引入了一些空间群符号，在这里再综合介绍空间群符号的规律性。和点群符号一样，空间群符号也有国际符号和熊夫利斯符号两种。空间群的熊夫利斯符号在同形点群符号上添加一个数字（1，2，3，…）指标后，就变成该点群的同形空间群了。例如前面讨论的 C_2-2 点群的同形空间群 C_2^1（即国际符号 *P*2），C_2^2（即国际符号 $P2_1$）和 C_2^3（即国际符号 *B*2）等。符号的数字指标表示这个空间群在同形点群中的顺序号码，最终号码表明属于同一点群有多少个同形空间群。空间群的国际符号由两部分组成，最前面的大写英文字母（*P*，*A*，*B*，*C*，*I*，*F*）表示空间群的平移群，在空间群中一定含有作为子群的平移群，它是用以描述晶体结构的周期性的；符号的第二部分是与其同形点群相应的同形对称元素。它们一般由 3 个位序组成，分别表示空间群中主导方向上的对称元素，所规定的方向与点群国际符号 3 个位序相应的方向相同（表 1-15）。对于简单点群的同形空间群，因为对称元素少，用一个位序也不至于引起混乱，这些空间群符号的第二部分只用一个位序。例如空间群 $P2_1/m$，*P* 代表平移群，它属于单斜初基点群，$2_1/m$ 表示在点阵中平行于 ***c*** 轴有 2 次螺旋轴（2_1）和垂直于 ***b*** 轴的镜面，相应空间群的点群为 2/*m*。$P2_1/m$ 是点群 2/*m* 的同形空间群。又例如空间群 *Imm*2 中，*I* 代表平移群，它属于正交体心点群，*mm*2 表示在 ***a*** 和 ***b*** 方向都是镜面法线，***c*** 轴方向上有 2 次轴，空间群的点群是 *mm*2。*Imm*2 是点群 *mm*2 的同形空间群。

熊夫利斯符号的优点是它使我们一眼就看出空间群的点群，并且它与参考轴的选取无关，但是它的数字是任意的，不能由它导出全部对称元素和一般等价位置。国际符号的优点是根据它能使我们找出此种空间群所具有的全部对称操作和一般等价位置，即从这样一个简单符号就可以充分描述空间群的全部特征，这正是国际符号突出成功之处。虽然从国际符号不能直观地看出空间群的点群，但要找出它也不困难，只要把所有的螺旋轴都用它们等价的点式旋转轴代替，所有的滑移面都用镜面代替，再略去点阵符号，最后得到的就是对应点群的国际符号了。例如空间群 Cc（即熊夫利斯符号 C_s^4）、$P2_1/C$（即熊夫利斯符号 C_{2h}^5）、$I2_12_12_1$（即熊夫利斯符号 D_2^9）、$Pna2_1$（即熊夫利斯符号 C_{2v}^9）等对应的点群分别是$m(C_s)$、$2/m(C_{2h})$、$222(D_2)$、$mm2(C_{2v})$。由于国际符号各位序有一定的轴向规定，所以，国际符号不允许单胞任意选取参考轴。

1.9.5 二维晶体学点群和平面群

二维点群和平面群比较简单，所以把点群和平面群一并讨论。用与导出三维晶体学点群类似的方法，对每种二维晶系在保证不改变其对称性的前提下，加入可能的对称操作，一次导出点群。二维晶体学点群共有 10 种，用等同点符号表达如图 1-98 所示。斜方系中，除了 1 恒等操作外，可以有 2 次轴（图 1-98a、b）；正交系可以有镜面，当通过镜面加上 2 次轴时，必然又有另一个垂直的镜面（图 1-98c、d）；正方系可以有 4 次轴，当通过 4 次轴加入过 4 次轴的镜面后，必然又有另外 3 个镜面，镜面间夹角为 45°（图 1-98e、f）；六方系若有 3 次轴，同时也可以通过 3 次轴加入镜面，这也必然有另外 2 个镜面，镜面间夹角为 60°（图 1-98g、h）；六方系若有 6 次轴，同时也可以通过 6 次轴加入镜面，这也必然有另外 5 个镜面，镜面间夹角为 30°（图 1-98i、j）。

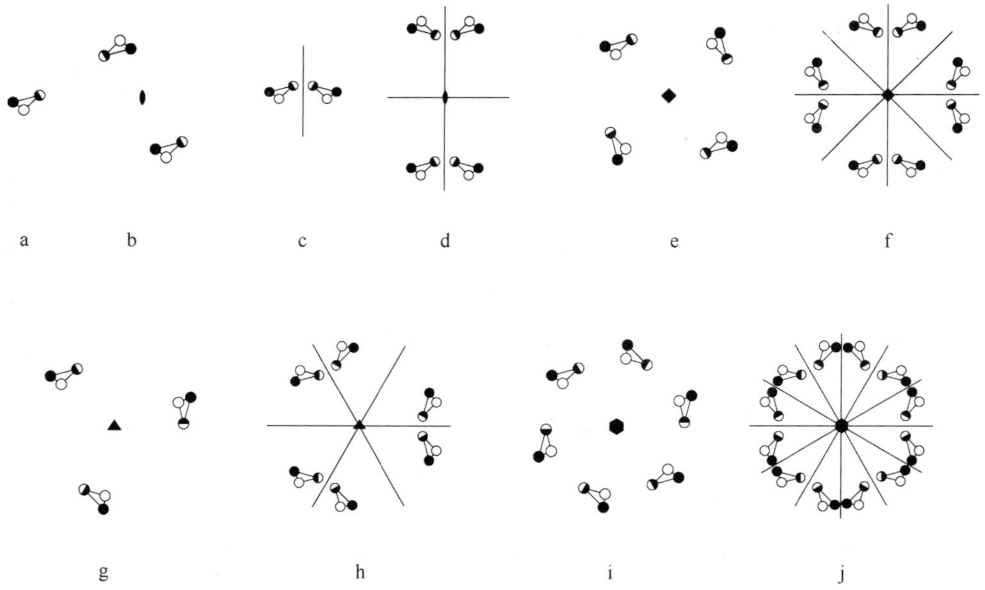

图 1-98　10 种二维晶体学点群

斜方：a—1；b—2；正交：c—m；d—2mm；正方：e—4；f—4mm；
六方：g—3；h—3m；i—6；j—6mm

再把非点对称（滑移面）操作引入，可以获得 17 种二维晶体学平面群。图 1-99 所示为 17 种晶体学平面群以及其中对称元素的位置。表 1-15 列出了这 17 种晶体学平面群以及平面群符号和它们在国际表中的序号。

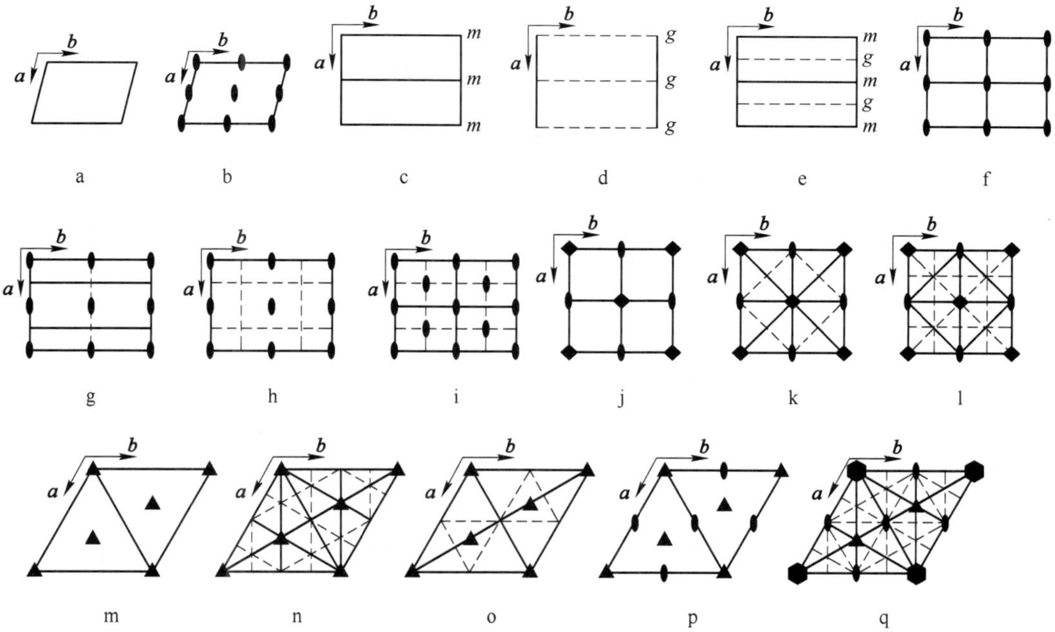

图 1-99 17 种晶体学平面群以及其中对称元素的位置

a—*P*1；b—*P*2；c—*Pm*；d—*Pg*；e—*cm*；f—*P*2*mm*；g—*P*2*mg*；h—*P*2*gg*；i—*C*2*mm*；j—*P*4；k—*P*4*mm*；l—*P*4*gm*；m—*P*3；n—*P*3*m*1；o—*P*31*m*；p—*P*6；q—*P*6*mm*

表 1-15 17 种二维晶体学平面群

晶 系	点 阵	点 群	平面群	序号①	图号
斜 方	mp	1	*P*1	1	1-99a
		2	*P*2	2	1-99b
正 交	oP，oc	*m*，2*mm*	*Pm*(*P*1*m*1)	3	1-99c
			Pg(*P*1*g*1)	4	1-99d
			Cm(*C*1*m*1)	5	1-99e
			*P*2*mm*	6	1-99f
			*P*2*mg*	7	1-99g
			*P*2*gg*	8	1-99h
			*C*2*mm*	9	1-99i
正 方	tP	4,4*mm*	*P*4	10	1-99j
			*P*4*mm*	11	1-99k
			*P*4*gm*	12	1-99l
六 方	hP	3,3*m*,6,6*mm*	*P*3	13	1-99m
			*P*3*m*1	14	1-99n
			*P*31*m*	15	1-99o
			*P*6	16	1-99p
			*P*6*mm*	17	1-99q

①国际表中的序号。

例 1-23 确定图 1-100 中各二维图像的平面群。

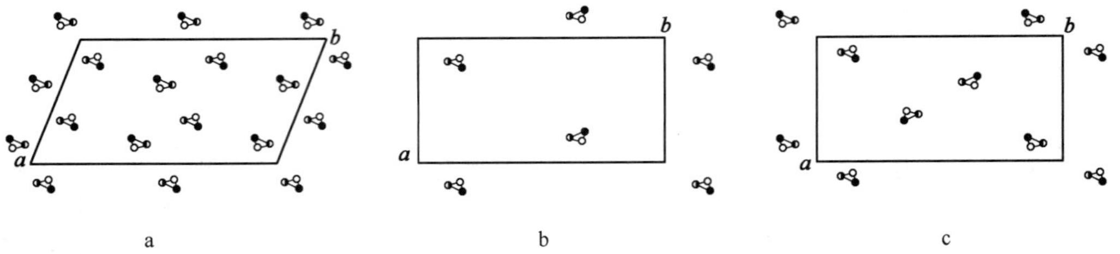

图 1-100 3 个二维图像

解：图 1-100a 是斜方 P 点阵，只具有 2 次轴，垂直于单胞中心和四个角都是 2 次轴，2 次轴的位置如图 1-99b 所示，它的平面群符号为 $P2$。图 1-100b 是正交 P 点阵，单胞的 ***b*** 轴以及过 ***a*** 轴中点并平行于 ***b*** 轴的面是 *b* 滑移面，*b* 滑移面的位置如图 1-99d 所示，它的平面群符号为 Pg。图 1-100c 也是正交 P 点阵，垂直于单胞中心、四个角上以及 ***a*** 和 ***b*** 轴的中心都是 2 次轴，过 ***a*** 的 1/4 及 3/4 处并平行于 ***b*** 轴的面是滑移面，过 ***b*** 轴的 1/4 及 3/4 处并平行于 ***a*** 轴的面也是滑移面，2 次轴和滑移面的位置如图 1-99h 所示，它的平面群符号为 $P2gg$。

1.9.6 国际表简介

如果想要全面了解某种晶体的对称性和相应空间的各种性质，简捷的方法是查阅晶体学国际表（International Table for Crystallography，Volume A，Space-Group Symmetry；Edited by Hahn，1983）。图 1-101 给出了国际表中介绍第 83 号空间群 $P4/m(C_{4h}^1)$ 的一页，以它作为例子来了解国际表的一般结构。图中第一行最右边是空间群的国际符号，它下面是空间群的熊夫利斯符号；往左是空间群序号（这个序号是从三斜晶系空间群 $P1$ 开始一直到立方系空间群 $Ia3d$ 为止，最后一个序号是 230）、空间群的完全符号、点群符号和晶系；往下两个图形分别是对称元素系（右图）和一般等价点系的位置（左图）；图下面从左到右分别给出了一般等价点系和特殊等价点系中点的数目、乌科夫符号（说明每种位置对称性高低程度，“*a*”代表最高，以字母顺序依次排下去，直到对称性最低的 $1(C_1)$ 为止）、点群的对称性、在给定原点下等价位置的坐标以及能出现衍射线的指数条件（参阅倒易点阵）。

例 1-24 描述 $P4_1$ 的对称元素位置及一般位置点的等价点。并根据空间群组建 Cs_3P_7 的晶体结构。

解：$P4_1$ 空间群和 $P4$ 空间群相似，但是其 4 次轴转成 4 次螺旋轴。$P4_1$ 和 $P4$ 都属于四方晶系。以 ***c*** 轴为 4_1，则在单胞中心平行于 ***c*** 轴也是 4 次螺旋轴。4 次螺旋轴每操作一次，一般等价点沿 ***c*** 轴上升 *c*/4。这样分布的 4_1 必然派生出垂直于 ***a*** 轴和 ***b*** 轴的二次螺旋轴。图 1-102a 为 $P4_1$ 的对称元素，图 1-102b 所示为由对称操作产生的等效点的位置：$\bigcirc^+$

表示其 **c** 轴任意高度 $z(0<z<c)$ 的等效点，○1/4+表示等效点处在任意高度加上 $c/4$ 的位置：$z+c/4$；同样其他等效点的位置也是如此表示。

四方　4/m　　　P4/m　　No.83　　P4/m　C_{4h}^{1}

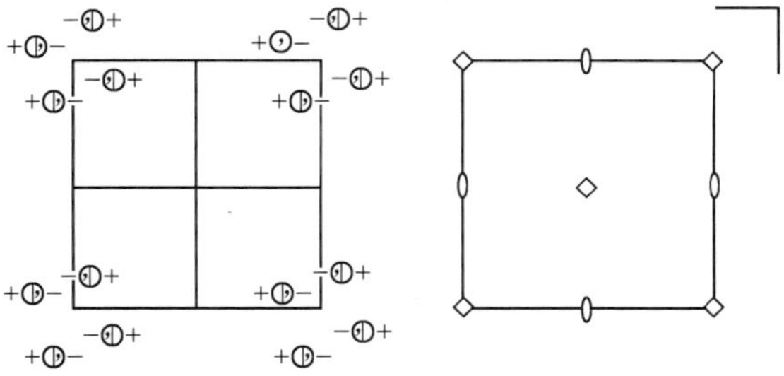

位置数	乌科夫符号	点对称性	中心原点在中心 等效位置坐标	反射条件 一般位置
8	1	1	$x, y, z; \bar{x}, \bar{y}, z; x, y, \bar{z}; \bar{x}, \bar{y}, \bar{z};$ $\bar{y}, x, z; y, \bar{x}, z; \bar{y}, x, \bar{z}; y, \bar{x}, \bar{z};$	hkl; $hk0$; $00l$ 无条件
				特殊位置
4	k	m	$x, y, 1/2; \bar{x}, \bar{y}, 1/2; \bar{y}, x, 1/2; y, \bar{x}, 1/2;$	无条件
4	j	m	$x, y, 0; \bar{x}, \bar{y}, 0; \bar{y}, x, 0; y, \bar{x}, 0;$	无条件
4	i	2	$0, 1/2, z; 1/2, 0, z; 0, 1/2, \bar{z}; 1/2, 0, \bar{z};$	hkl; $h+k=2n$
2	h	4	$1/2, 1/2, z; 1/2, 1/2, \bar{z};$	无条件
2	g	4	$0, 0, z; 0, 0, \bar{z};$	无条件
2	f	$2/m$	$0, 1/2, 1/2; 1/2, 0, 1/2;$	hkl; $h+k=2n$
1	e	$4/m$	$0, 1/2, 0; 1/2, 0, 0;$	hkl; $h+k=2n$
1	d	$4/m$	$1/2, 1/2, 1/2;$	无条件
1	c	$4/m$	$1/2, 1/2, 0;$	无条件
1	b	$4/m$	$0, 0, 1/2;$	无条件
1	a	$4/m$	$0, 0, 0;$	无条件

图 1-101　国际表的一页，第 83 号空间群 $P4/m(C_{4h}^{1})$

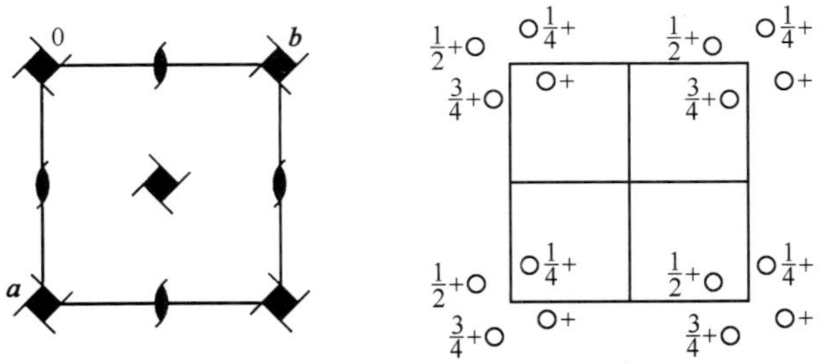

a　　　　b

图 1-102　$P4_1$空间群的图示

a—对称元素；b—有对称操作产生的等效位置

Cs_3P_7晶体结构属于 $P4_1$ 空间群。$a=b=0.9046$nm，$c=1.6714$nm。$\alpha=\beta=\gamma=90°$。4_1 轴平行于 c 轴，所有的原子必须放置在一般等效位置上。整个晶胞共有 12 个 Cs 原子和 28 个 P 原子，即 40 个原子。但是可以用 10 个原子来表示（3 个 Cs 原子和 7 个 P 原子），这

些原子经 4_1 操作后（如图 1-103b 中每个原子的 4 个位置）获得全部的 40 个原子。初始 3 个不同的 Cs 原子位置，记为 Cs1、Cs2 和 Cs3，这 3 个原子在晶胞中的位置如图 1-103a 所示，在下端靠近 ***b*** 轴的原子和在上端的原子是等效的。图 1-103b、c 所示为这 3 个 Cs 原子在 *b*—*c* 面和 *a*—*b* 面上的投影。这 3 个 Cs 原子经 4_1 操作后的 12 个原子位置在 *a*—*b* 面上的投影表示在图 1-103d 中。图 1-103 是全部原子（12 个 Cs 原子和 28 个 P 原子）在 *a*—*b* 面上的投影。原始的 3 个 Cs 原子和 7 个 P 原子在晶胞中的位置列于表 1-16 中。

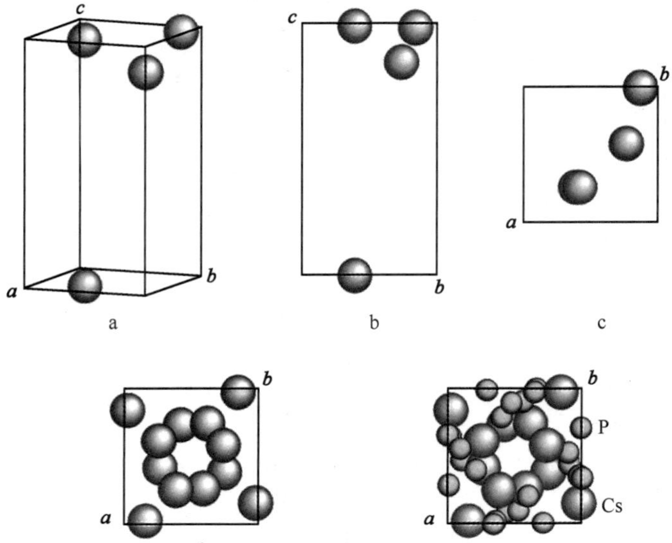

图 1-103 Cs_3P_7结构

a—3 个 Cs 原子在晶胞中的位置；b—在 *b*—*c* 面的投影；c—在 *a*—*b* 面的投影；d—经 4_1 操作后 12 个 Cs 原子在 *a*—*b* 面的投影；e—全部原子（12 个 Cs 原子和 28 个 P 原子）在 *a*—*b* 面上的投影

表 1-16 在 Cs_3P_7 晶胞中 3 个 Cs 原子和 7 个 P 原子的初始位置

原 子	乌科夫符号	原子坐标		
		x	*y*	*z*
Cs1	4a	−0.2565	0.3852	0
Cs2	4a	0.4169	0.7330	0.8359
Cs3	4a	0.0260	0.8404	0.9914
P1	4a	0.790	0.600	0.811
P2	4a	0.443	0.095	0.947
P3	4a	0.106	0.473	0.893
P4	4a	0.357	0.024	0.061
P5	4a	0.629	0.794	0.032
P6	4a	0.998	0.341	0.705
P7	4a	0.011	0.290	0.840

注意到即使这样比较简单的晶体结构也很难获得原子在晶胞中排列的信息，或者是如何建造晶体的，为此，需要用计算机画图，或者用多面体来描述结构（见第 2 章）。

1.9.7 按照对称性对晶体的分类

讨论了晶体、晶体对称性、晶系、布拉维点阵、晶体学点群和空间后，可以简单地把它们之间的关系用图 1-104 表示。每一个晶体在给定温度和压力下具有它的特定度规的特殊平移点阵，即每一个晶体有其自身的对称群。作为晶体周期结构，它分属于 230 种空间群的一种；作为点阵类别，它分属于 14 种布拉维点阵中的一种；而整个晶体“形”而言，它分属 32 种点群的一种；32 种点群中，不论是否具有中心对称，X 射线衍射花样都会强加入中心对称，因而只能区分 11 种点群，即 11 种劳埃群；最后晶体的“形”分属 7 种晶系。

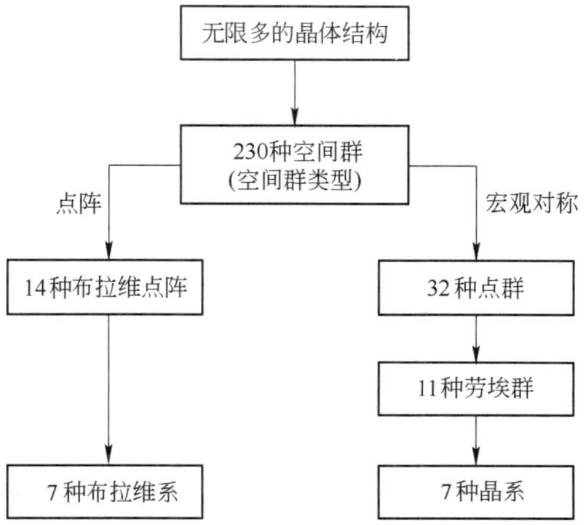

图 1-104 晶体的分类

1.10 晶体取向和取向分布的描述

在讨论与晶体相关的各种热力学和动力学过程中，经常涉及晶体（包括多晶体）的取向，例如单晶体的取向、多晶体的取向分布等。一般多晶体的取向是随机分布的，但是由于形成多晶体所经历的历史（如金属材料加工经历铸造、形变、再结晶、相变等过程），可能多晶体的分布偏聚在某些取向，即取向择尤分布（称织构）。如果从宏观尺度来表述取向的择尤分布，称宏观织构，如果从微观尺度描述取向的择尤分布（例如局部的取向分布），称微观织构。一般不指明是微观织构时，所谓的织构都是指宏观织构。

由于取向和取向分布在材料中的重要性，所以，在讨论了晶体学基本知识后，紧接着讨论如何描述晶体取向和取向分布。如果读者此时阅读以下内容觉得有点困难，可以在以后章节遇到取向或取向分布时再回头阅读本节的内容。

在描述晶体取向时，为了不引起混乱，必须设立参考坐标架，可以以试样外观的特征方向设立参考坐标架，也可以以某个晶粒的晶格坐标架作为参考坐标架。一般都习惯用正交的笛卡尔坐标架。

1.10.1 试样坐标架和晶体坐标架

如果讨论两个晶粒之间的取向关系，可以用这两个晶粒的晶格坐标架之间的关系表达，如果讨论晶粒相对参考坐标架的取向关系，则用这个晶粒的晶格坐标架与参考坐标架之间的关系表达。一般选择与试样外形的重要表面或方向相关的方向作为参考坐标架 $\boldsymbol{S}=(\boldsymbol{s}_1, \boldsymbol{s}_2, \boldsymbol{s}_3)$，例如经加工的材料选择与加工几何相关的方向。对于轧制板材，最经常选择轧制方向（RD）板厚方向即垂直轧制面的方向（ND）以及横向（TD，ND×RD 的方向）作为参考坐标架，如图 1-105 所示。其他如拉伸试样、棒状、丝状试样，只有一个对称轴，所以只有一个需要指定的试样坐标轴，其他两个方向轴可以任意指定。有时，试样没有明确的方向可选择，则试样坐标架可以任意选择，但习惯选试样实验工作的“主”面法线为 z 轴，按右手法则任意指定 x 和 y 轴（前提是要便于表达、讨论）。

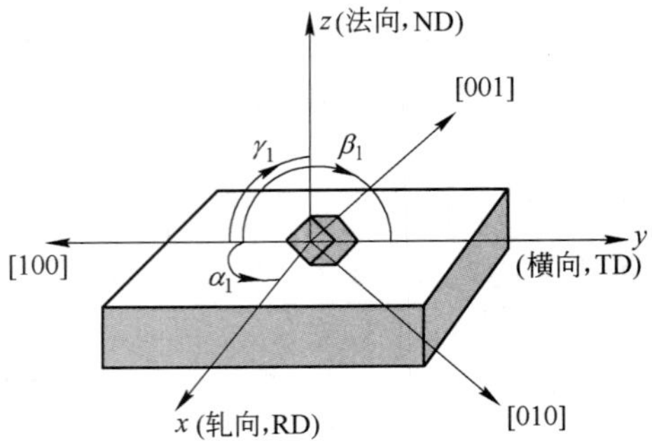

图 1-105 试样坐标架（参考坐标架）x、y、z 轴（或轧制板的 RD、TD、ND）与晶体坐标架 100、010、001（在图中描绘立方单胞）间的关系（α_1，β_1，γ_1 的余弦是取向矩阵第一列分量）

晶体坐标架 $C=(c_1, c_2, c_3)$ 的选择。晶体坐标架根据晶体的晶向定义，选择坐标轴的晶向原则上是任意的，但是习惯上应使坐标架反映晶体的对称性，例如对于晶胞轴正交的晶系（立方系、四方系和正交系），[100]、[010] 和 [001] 是正交的，采用它们做晶体坐标架（c_1，c_2，c_3），如图 1-106a 所示。对于六方和三方晶系，需要建立与晶胞轴相联系的正交坐标架，一般用（$[10\bar{1}0]$，$[\bar{1}2\bar{1}0]$，$[0001]$）=（c_1，c_2，c_3）或用（$[2\bar{1}\bar{1}0]$，$[01\bar{1}0]$，$[0001]$）=（c_1'，c_2'，c_3'）作晶体坐标架（如图 1-106b 所示）。对于其他一般的晶系，把它的 [100] 轴作一个坐标轴（c_1），然后在其 [100]—[010] 面上作出垂直于 c_1 的第二个坐标轴（c_2），最后在垂直于 [100]—[010] 面上作出第三个坐标轴（c_3），如图 1-106c 所示。这些坐标架的基矢随后要作归一化处理。

归一化处理过程为：若设定选择的晶体坐标架（正交坐标架 C）用原来的点阵的 3 个晶棱（点阵的基矢坐标架 A）表达，则用如下矩阵 $\boldsymbol{L}$ 左乘原来的晶体坐标基矢。按照式(1-9)，以一般晶系计算（图 1-106c），矩阵 $\boldsymbol{L}(\boldsymbol{CLA})$ 的各个分量为：

$$
\begin{aligned}
&l_{11}=a \qquad l_{12}=b\cos\gamma \qquad l_{13}=c\cos\beta \\
&l_{21}=0 \qquad l_{22}=b\sin\gamma \qquad l_{23}=\frac{c(\cos\alpha-\cos\beta\cos\gamma)}{\sin\gamma} \\
&l_{31}=0 \qquad l_{32}=0 \qquad l_{33}=\frac{c(1+2\cos\alpha\cos\beta\cos\gamma-\cos^2\alpha-\cos^2\beta-\cos^2\gamma)^{1/2}}{\sin\gamma}
\end{aligned}
\tag{1-94}
$$

例如，对于正交晶系，$a\neq b\neq c$，$\alpha=\beta=\gamma=90°$，则 $\boldsymbol{L}$ 为：

$$
\boldsymbol{L}=\begin{pmatrix} a & 0 & 0 \\ 0 & b & 0 \\ 0 & 0 & c \end{pmatrix} \tag{1-95}
$$

对于六方晶系，如果选择正交坐标系 $x(c_1)=[2\bar{1}\bar{1}0]$，$y(c_2)=[01\bar{1}0]$，$z(c_3)=[0001]$，因 $\alpha=\beta=90°$，$\gamma=120°$，$a=b\neq c$。根据式(1-94)，则 $\boldsymbol{L}$ 为：

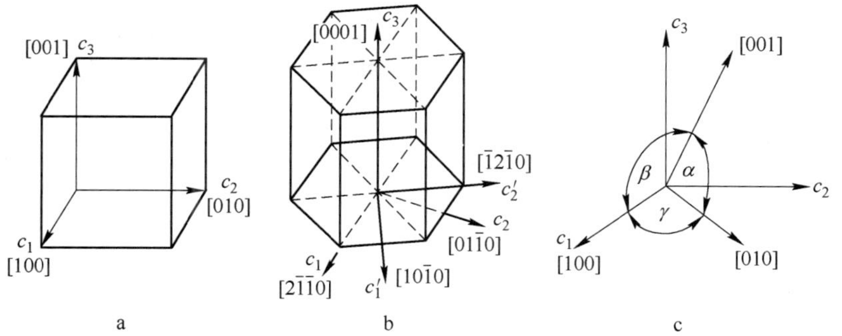

图 1-106　对立方系（a）、六方系（b）、一般晶系（三斜晶系）（c）建立的正交坐标架

$$\boldsymbol{L}=\begin{pmatrix} a & a\cos120° & 0 \\ 0 & a\sin120° & 0 \\ 0 & 0 & c \end{pmatrix}=a\begin{pmatrix} 1 & -1/2 & 0 \\ 0 & \sqrt{3}/2 & 0 \\ 0 & 0 & c/a \end{pmatrix} \tag{1-96a}$$

如果选择正交坐标系 $x(c_1')=[10\bar{1}0]$，$y(c_2')=[\bar{1}2\bar{1}0]$，$z(c_3)=[0001]$，此时不能应用式(1-94)，则 $\boldsymbol{L}$ 变为：

$$\boldsymbol{L}=\begin{pmatrix} a\cos30° & 0 & 0 \\ -a\sin30° & a & 0 \\ 0 & 0 & c \end{pmatrix}=a\begin{pmatrix} \sqrt{3}/2 & 0 & 0 \\ -1/2 & 1 & 0 \\ 0 & 0 & c/a \end{pmatrix} \tag{1-96b}$$

1.10.2　**“理想取向”**（密勒或密勒-布拉维指数）**记号**

一个实用取向的表示方法是密勒或密勒-布拉维指数。常规的方法是以试样坐标（参考坐标架 $\boldsymbol{S}$）的 x // [uvw] 和 z // (hkl) 的法线表示，当 [100] // x、[010] // y、[001] // z 时为理想取向，或初始取向。对于图 1-105 中讨论的晶体坐标架 $\boldsymbol{C}$ 与参考坐标间的关系是，晶体坐标架的 [100]、[010] 和 [001] 与参考坐标架（理想坐标架）的夹角为 α_1、β_1、γ_1 和 α_2、β_2、γ_2 以及 α_3、β_3、γ_3，则晶体坐标架的矢量以参考坐标架（理想坐标架）描述的变换矩阵 $\boldsymbol{L}((\boldsymbol{SLC}))$ 为：

$$\boldsymbol{L}=\begin{bmatrix} \cos\alpha_1 & \cos\alpha_2 & \cos\alpha_3 \\ \cos\beta_1 & \cos\beta_2 & \cos\beta_3 \\ \cos\gamma_1 & \cos\gamma_2 & \cos\gamma_3 \end{bmatrix} \tag{1-97}$$

相反，参考坐标架 $\boldsymbol{S}$ 的矢量以任意取向的晶体坐标架 $\boldsymbol{C}$ 描述的变换矩阵 $\boldsymbol{g}$ 应是上述矩阵的逆矩阵，即 $\boldsymbol{g}=\boldsymbol{L}^{-1}$（正交矩阵的逆阵也等于其转置矩阵），也表示为（$\boldsymbol{CgS}$）。这时 $\boldsymbol{g}$ 为：

$$\boldsymbol{g}=\boldsymbol{L}^{-1}=\begin{bmatrix} \cos\alpha_1 & \cos\beta_1 & \cos\gamma_1 \\ \cos\alpha_2 & \cos\beta_2 & \cos\gamma_2 \\ \cos\alpha_3 & \cos\beta_3 & \cos\gamma_3 \end{bmatrix} \tag{1-98}$$

如果晶体的（hkl）面的法线与参考坐标的 z 轴平行，[uvw] 与参考坐标的 x 轴平行，习惯写成(hkl)[uvw]，则矩阵 g 的第一列和第三列分别是[uvw]和(hkl)的法线在参考坐标的分量（方向余弦）。注意，有些文献中在表达转换矩阵时，不管是由参考坐标架 S 来描述转换后的 H 坐标架，或是反过来由转换后的坐标架 H 来描述参考坐标架，转换矩阵都用一个符号（例如 g 或 L）表示，也没有加以说明。但是，在这两种场合下这两个矩阵是互为逆阵的，这也是经常引起混乱的原因。如果采用 Mackenzie 和 Bowles 提出的符号，就可以避免混乱。

以 $[hkl]\times[uvw]=[rst]$ 获得另一个正交轴，$r=kw-vl$，$s=ul-hw$，$t=vh-uk$。按式(1-98)，变换矩阵 $g(CgS)$ 为：

$$g=\begin{bmatrix} u/H_{uvw} & r/H_{rst} & h/H_{hkl} \\ v/H_{uvw} & s/H_{rst} & k/H_{hkl} \\ w/H_{uvw} & t/H_{rst} & l/H_{hkl} \end{bmatrix}=\begin{bmatrix} u/H_{uvw} & (kw-lv)/H_{hkl}H_{uvw} & h/H_{hkl} \\ v/H_{uvw} & (lu-hw)/H_{hkl}H_{uvw} & k/H_{hkl} \\ w/H_{uvw} & (hv-ku)/H_{hkl}H_{uvw} & l/H_{hkl} \end{bmatrix} \tag{1-99}$$

式中，H_{hkl}、H_{rst}和 H_{uvw}分别为 [hkl]、[rst] 和 [uvw] 的模，而 $H_{rst}=H_{hkl}\times H_{uvw}$。$g$ 矩阵又称(hkl)[uvw]的取向矩阵。

例如，立方系晶体取向为（123）[$63\bar{4}$]，求出[rst]=[$\overline{17}\,22\,\overline{12}$]，则：

$$g=\begin{bmatrix} 0.768 & -0.582 & 0.267 \\ 0.384 & 0.753 & 0.535 \\ -0.512 & -0.308 & 0.802 \end{bmatrix}$$

也可以反过来由取向矩阵 g 的分量获取相应的密勒指数，经常是取最靠近的最低的整数密勒指数，但也常常有一定的偏差。例如，(0.662 0.684 0.306)[0.095 0.482 −0.871] → (221)[$01\bar{2}$]，左边的取向矩阵分量与右边的密勒指数(hkl)和[uvw]间偏离2°和6°。

对于六方系晶体，在计算时都采用三轴的晶面和晶向指数，所以，首先将四轴坐标指数（$hkil$）和 [$uvtw$] 转化为三轴坐标指数。（$hkil$）转化为（hkl），[$uvtw$]转化为[$2u+v$ $u+2v$ w]（见式(1-48)）。六方晶系的三轴面指数为（hkl）晶面，它的法线指数与晶面指数不同名，所以还要求出（hkl）晶面的法线指数。根据式(1-83)，（hkl）三轴坐标法线指数为：

$$[h^n k^n l^n]=[2h+k \quad h+2k \quad 3l(a/c)^2/2]$$

在求矩阵 g 时，还要把三轴坐标指数转换成正交坐标指数。若选正交坐标架为 $x=[10\bar{1}0]$，$y=[\bar{1}2\bar{1}0]$，$z=[0001]$（如图 1-106b 所示）。设四轴坐标指数（$hkil$）的晶面以及在这晶面上的 [$uvtw$] 晶向在正交参考坐标的指数分别为[$h^h k^h l^h$]和[$u^h v^h w^h$]，根据式(1-96b)：

$$[h^h k^h l^h]=[(2h+k)\sqrt{3}/2 \quad 3k/2 \quad 3l(a/c)/2] \quad [u^h v^h w^h]=[(2u+v)\sqrt{3}/2 \quad 3v/2 \quad wc/a]$$

它们可以简化为：

$$[h^h k^h l^h]=[2h+k \quad \sqrt{3}k \quad \sqrt{3}l(a/c)] \quad [u^h v^h w^h]=[\sqrt{3}(2u+v) \quad 3v \quad 2w(c/a)] \tag{1-100}$$

为了把上面的指数归一化，要计算它们的模 $H_{h^hk^hl^h}$ 和 $H_{u^hv^hw^h}$：

$$H_{h^hk^hl^h}=[(2h+k)^2+3k^2+3l^2(a/c)^2]^{1/2} \tag{1-101a}$$

$$H_{u^hv^hw^h}=[3(2u+v)^2+9v^2+4w^2(c/a)^2]^{1/2} \tag{1-101b}$$

根据式(1-98)，$\boldsymbol{g}((\boldsymbol{CgS}))$ 矩阵表达如下：

$$\boldsymbol{g}=\begin{bmatrix}\dfrac{(2u+v)\sqrt{3}}{H_{u^hv^hw^h}} & \dfrac{2\sqrt{3}kw(c/a)-3\sqrt{3}vl(a/c)}{H_{u^hv^hw^h}H_{h^hk^hl^h}} & \dfrac{2h+k}{H_{h^hk^hl^h}}\\ \dfrac{3v}{H_{u^hv^hw^h}} & \dfrac{3l(2u+v)(a/c)-2w(2h+k)(c/a)}{H_{u^hv^hw^h}H_{h^hk^hl^h}} & \dfrac{\sqrt{3}k}{H_{h^hk^hl^h}}\\ \dfrac{2w(c/a)}{H_{u^hv^hw^h}} & \dfrac{6vh-6uk}{H_{u^hv^hw^h}H_{h^hk^hl^h}} & \dfrac{\sqrt{3}l(a/c)}{H_{h^hk^hl^h}}\end{bmatrix} \tag{1-102}$$

注意：上式的面指数或方向指数都是四轴坐标指数。

若选正交坐标架为 $x=[2\bar{1}\bar{1}0]$，$y=[01\bar{1}0]$，$z=[0001]$（如图 1-106b 所示）。根据式(1-96a)，$[h^hk^hl^h]$和$[u^hv^hw^h]$为：

$$[h^hk^hl^h]=[\sqrt{3}h \quad h+2k \quad \sqrt{3}l(a/c)] \qquad [u^hv^hw^h]=[3u \quad \sqrt{3}(u+2v) \quad 2w(c/a)]$$

它们的模 $H_{h^hk^hl^h}$ 和 $H_{u^hv^hw^h}$ 为：

$$H_{h^hk^hl^h}=[3h^2+(h+2k)^2+3l^2(a/c)^2]^{1/2} \tag{1-103a}$$

$$H_{u^hv^hw^h}=[9u^2+3(u+2v)^2+4w^2(c/a)^2]^{1/2} \tag{1-103b}$$

根据式(1-98)，$\boldsymbol{g}((\boldsymbol{CgS}))$ 矩阵表达如下：

$$\boldsymbol{g}=\begin{bmatrix}\dfrac{3u}{H_{u^hv^hw^h}} & \dfrac{2(h+2k)w(c/a)-3(u+2v)l(a/c)}{H_{u^hv^hw^h}H_{h^hk^hl^h}} & \dfrac{\sqrt{3}h}{H_{h^hk^hl^h}}\\ \dfrac{\sqrt{3}(u+2v)}{H_{u^hv^hw^h}} & \dfrac{3\sqrt{3}lu(a/c)-2\sqrt{3}hw(c/a)}{H_{u^hv^hw^h}H_{h^hk^hl^h}} & \dfrac{h+2k}{H_{h^hk^hl^h}}\\ \dfrac{2w(c/a)}{H_{u^hv^hw^h}} & \dfrac{3h(u+2v)-3u(h+2k)}{H_{u^hv^hw^h}H_{h^hk^hl^h}} & \dfrac{\sqrt{3}l(a/c)}{H_{h^hk^hl^h}}\end{bmatrix} \tag{1-104}$$

如果只关心取向$(hkl)[uvw]$，则可以不管（$\boldsymbol{CgS}$）矩阵中的第二列。

例 1-25 六方晶系的取向为 $(\bar{5}7\bar{2}9)[2\bar{4}25]$，设 $c/a=1.633$。求（1）相对于正交坐标 $x=[10\bar{1}0]$，$y=[\bar{1}2\bar{1}0]$，$z=[0001]$ 的取向矩阵 $\boldsymbol{g}(\boldsymbol{CgS})$。（2）相对于正交坐标 $x=[2\bar{1}\bar{1}0]$，$y=[01\bar{1}0]$，$z=[0001]$ 的取向矩阵 $\boldsymbol{g}(\boldsymbol{CgS})$。

解：（1）首先把六方晶系指数变为该指定正交坐标架的指数$[h^hk^hl^h]$和$[u^hv^hw^h]$，根据式(1-101)计算它们的模 $H_{h^hk^hl^h}$ 和 $H_{u^hv^hw^h}$：

$$H_{h^hk^hl^h}=[(2h+k)^2+3k^2+3l^2(a/c)^2]^{1/2}$$
$$=[(-2\times5+7)^2+3\times7^2+3\times9^2\times(1/1.633)^2]^{1/2}=15.72$$

$$H_{u^hv^hw^h}=[3(2u+v)^2+9v^2+4w^2(c/a)^2]^{1/2}$$

$$= [3\times(2\times2-4)^2+9\times4^2+4\times5^2\times(1.633)^2]^{1/2}=20.26$$

根据式(1-102)，获得 $\boldsymbol{g}(\boldsymbol{CgS})$ 为：

$$g=\begin{bmatrix} \frac{(2\times2-4)\sqrt{3}}{20.26} & \frac{2\sqrt{3}\times7\times5\times1.633+3\sqrt{3}\times4\times9\times(1/1.633)}{20.26\times15.72} & \frac{-2\times5+7}{15.72} \\ \frac{-3\times4}{20.26} & \frac{(6\times2\times9-3\times4\times9)\times(1/1.633)-(-4\times5\times5+2\times7\times5)\times1.633}{20.26\times15.72} & \frac{\sqrt{3}\times7}{15.72} \\ \frac{2\times5\times1.633}{20.26} & \frac{6\times4\times5-6\times2\times7}{20.26\times15.72} & \frac{\sqrt{3}\times9\times(1/1.633)}{15.72} \end{bmatrix}$$

$$=\begin{bmatrix} 0 & 0.981 & -0.191 \\ -0.592 & -0.164 & 0.771 \\ 0.806 & 0.113 & 0.607 \end{bmatrix}$$

(2) 把六方晶系指数变为该指定正交坐标架的指数 $[h^h k^h l^h]$ 和 $[u^h v^h w^h]$，根据式(1-103)计算它们的模 $H_{h^hk^hl^h}$ 和 $H_{u^hv^hw^h}$：

$$H_{h^hk^hl^h}=[3h^2+(h+2k)^2+3l^2(a/c)^2]^{1/2}$$

$$=[3\times5^2+(-5+2\times7)^2+3\times9^2\times(1/1.633)^2]^{1/2}=15.72$$

$$H_{u^hv^hw^h}=[9u^2+3(u+2v)^2+4w^2(c/a)^2]^{1/2}$$

$$=[9\times2^2+3\times(2-2\times4)^2+4\times5^2\times(1.633)^2]^{1/2}=20.26$$

注意到在两种正交坐标系下着两个矢量的模是相同的。根据式(1-104)，获得 $\boldsymbol{g}(\boldsymbol{CgS})$ 为：

$$\boldsymbol{g}=\begin{bmatrix} \frac{3\times2}{20.26} & \frac{2\times(-5+2\times7)\times5\times1.633-3\times(2-2\times4)\times9\times(1/1.633)}{20.26\times15.72} & \frac{-\sqrt{3}\times5}{15.72} \\ \frac{\sqrt{3}\times(2-2\times4)}{20.26} & \frac{3\sqrt{3}\times9\times2\times(1/1.633)-2\sqrt{3}\times(-5)\times5\times1.633}{20.26\times15.72} & \frac{-5+2\times7}{15.72} \\ \frac{2\times5\times1.633}{20.26} & \frac{-3\times5\times(2-2\times4)-3\times2\times(-5+2\times7)}{20.26\times15.72} & \frac{\sqrt{3}\times9\times(1/1.633)}{15.72} \end{bmatrix}$$

$$=\begin{bmatrix} 0.296 & 0.773 & 0.551 \\ -0.513 & 0.624 & 0.573 \\ 0.806 & 0.113 & 0.607 \end{bmatrix}$$

1.10.3 极图和反极图

首先讨论一个极点在投影图上的位置。一个晶面的单位法线矢量 $\boldsymbol{u}$ 在晶体坐标架 $\boldsymbol{C}(\boldsymbol{c}_1, \boldsymbol{c}_2, \boldsymbol{c}_3)$ 的 3 个分量为(u_1,u_2,u_3)，则：

$$\boldsymbol{u}=u_1\boldsymbol{c}_1+u_2\boldsymbol{c}_2+u_3\boldsymbol{c}_3 \tag{1-105a}$$

设参考坐标架 $\boldsymbol{S}(\boldsymbol{s}_1, \boldsymbol{s}_2, \boldsymbol{s}_3)$ 的 3 个坐标轴在参考球上如图 1-70 所示（同时参看图 1-107c)，晶体某一晶面 $\boldsymbol{u}$ 的极点在参考坐标架的 3 个分量表达为：

$$\boldsymbol{u}=\boldsymbol{s}_1\sin\alpha\cos\beta+\boldsymbol{s}_2\sin\alpha\sin\beta+\boldsymbol{s}_3\cos\alpha \tag{1-105b}$$

注意，这里的 α、β 和 γ 与式(1-97)的 α_1、β_1 和 γ_1 不同。设从参考坐标架变换到晶体

坐标架的矩阵为 $\boldsymbol{g}(\boldsymbol{SgC})$，$[\boldsymbol{S};\ \boldsymbol{u}]=(\boldsymbol{SgC})[\boldsymbol{C};\ \boldsymbol{u}]$，故：

$$\begin{bmatrix}\sin\alpha\cos\beta\\ \sin\alpha\sin\beta\\ \cos\alpha\end{bmatrix}=\begin{bmatrix}g_{11} & g_{12} & g_{13}\\ g_{21} & g_{22} & g_{23}\\ g_{31} & g_{32} & g_{33}\end{bmatrix}\begin{bmatrix}u_1\\ u_2\\ u_3\end{bmatrix} \tag{1-106}$$

极图是常用来表达单晶体取向及多晶体取向在设定的坐标系内分布的一种图形。对单个晶体取向来说，表示被测晶体某一选定晶面{*hkl*}的一组极点在极射赤道平面投影图上的分布状态。极图的投影面是给定的特殊面，对于轧制材，一般取试样坐标 *Z*(ND)为法线的面(*a*=0)，即板面作投影面（见图 1-105），同时设定轧制方向 RD（它一定在投影面上），然后把选定的某个晶面{*hkl*}的极点投影到赤道平面上，称作{*hkl*}极图。

例如，图 1-107a 描述了立方晶体{100}极点的球面投影，图 1-107b 描述了{100}极点的赤面极射投影，图 1-107c 是投影图表示的{100}极图。图中 α、β 角可表达各点的位置，α 角表示（100）面法向与 ND 的夹角，β 角表示[100]绕 ND 转动与 RD 的夹角，另外两个点以此类推，这也是一般球坐标系的表示方法。因为{100}面族有 3 个等价面，所以在极图上有 3 个投影点，极图上 3 个投影点的分布表示了晶体相对于参考坐标的取向。

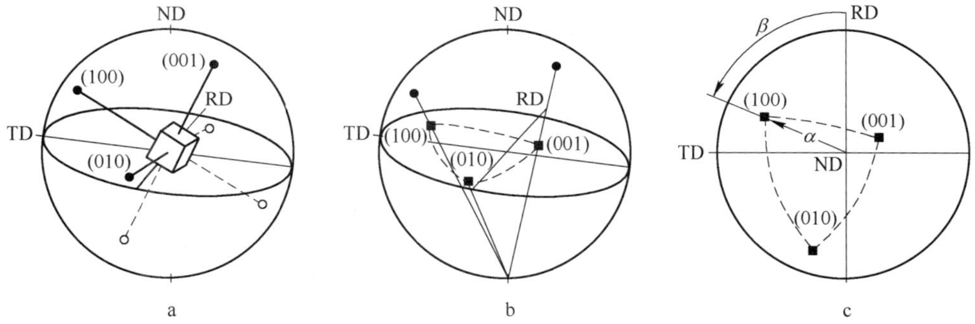

图 1-107 立方晶体{100}极点在极射赤面的投影
a—晶体{100}面在参考球上的球面投影；b—{100}极点的赤面极射投影；
c—{100}极图以及（100）极点在投影图上与参考坐标 ND、RD 的夹角 α 和 β

在{*hkl*}极图上显现的极点数就是{*hkl*}面的等价数目，这些极点表示晶粒相对参考系的取向。例如，立方系晶粒有 4 个{111}面，所以{111}极图就有 4 个极点，这 4 个极点表示晶体的取向。对于一般的（*hkl*）极图，按此类推。

如果把多晶体内所有晶粒都作上述投影，则会在球面和赤面上得到许多点。当多晶体每个晶粒的取向随机分布时，这个多晶体的任何{*hkl*}极图的极点几乎布满整个投影面。如果多晶体的取向有择尤分布（称织构），即{*hkl*}极图中的极点在某极点附近密集，则可以根据极点的密集程度来描述多晶体织构的强弱程度。因此，极图常用作描述织构（取向分布）。

根据极图的原理，如果多晶体材料轧制后有(*hkl*)[*uvw*]轧制织构，即多晶体中晶粒的（*hkl*）面大体平行于轧制面，即其法线大体平行于 ND，[*uvw*]大体平行于轧制方向 RD，那么，{*h′k′l′*}极图就是以(*hkl*)作投影面，将在投影面上的[*uvw*]极点设定为 RD，把各晶粒的{*h′k′l′*}极点投影到投影面上就获得{*h′k′l′*}极图，如图 1-108a 所示。若把每个极点代表的晶粒的体积作为这个极点的权重，则这些点的加权密度分布在赤面上就得到极密度的投影分布图，根据具体情况计算并画出等密度线，即可制成通常分析织构所用的等密度线极图，如图 1-108b 所示。与分析单晶体极图一样，分析多晶体极图时把各个织构组分（各个高密度点处）看做各个对应的单晶体取向所对应的极点位置，见下面例题分析。图 1-108c、d 所示为 3-D 极密度分布轮廓面与 2-D 标准极图的关系（图中为 {200} 极图）。

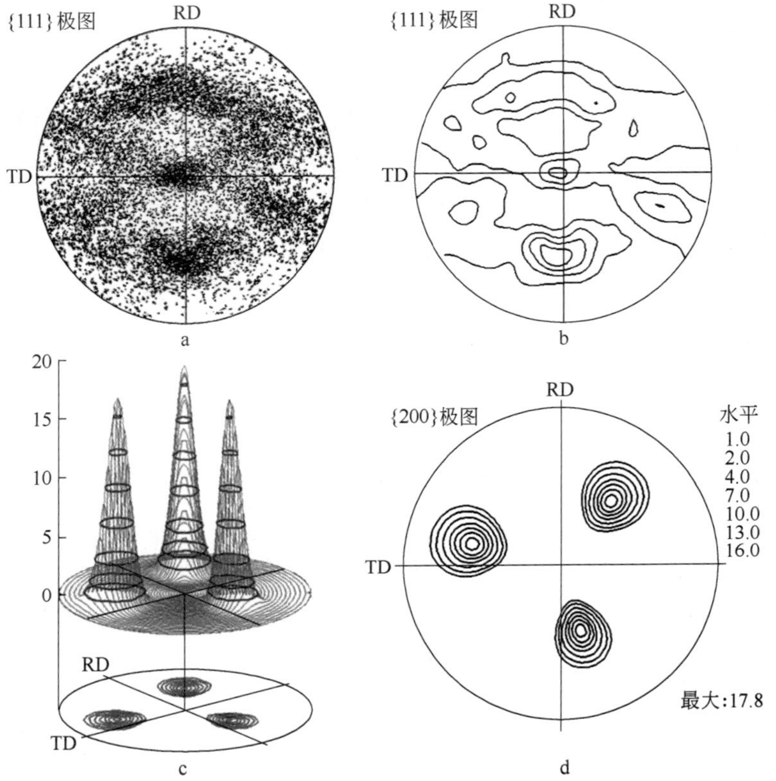

图 1-108　多晶体轧制织构极图的说明

a—多晶体晶体散点分布极图；b—极密度等高线分布图；c—3-D 极密度分布轮廓面，等极密度线投影；d—标准 2-D 极图（{200} 极图）

为了比较不同试样的极图（即织构分布状态），必须使获得相同的取向密度与测量仪器条件无关，通常的办法是所有数据以取向随机或均匀分布的密度的倍数表示。为了在极图上便于分析，在极图上画出等密度轮廓线，这些等密度线的间隔值增量通常不需要是线性的，更惯常是以对数或以 2 的幂形式增加的，等密度线密集的程度反映了这类织构的锋锐程度。图 1-109 所示为纯 Al 经应变量等于 3 轧制并在 350°退火 1000s 的{111}极图，图 1-109a 以等密度线表示，图 1-109b 以不同灰度表示密度间隔。

例 1-26　设 fcc 多晶体轧制织构为 $(0\bar{1}1)[\bar{2}\bar{1}\bar{1}]$，画出此织构的 (111) 极图。

解：坐标架：RD(x) = $[\bar{2}\bar{1}\bar{1}]$，ND(z) = $[0\bar{1}1]$。{111} 的 4 个面分别为 (111)、$(\bar{1}11)$、$(1\bar{1}1)$ 和 $(\bar{1}\bar{1}1)$。计算这 4 个面与 RD 和 ND 的夹角：

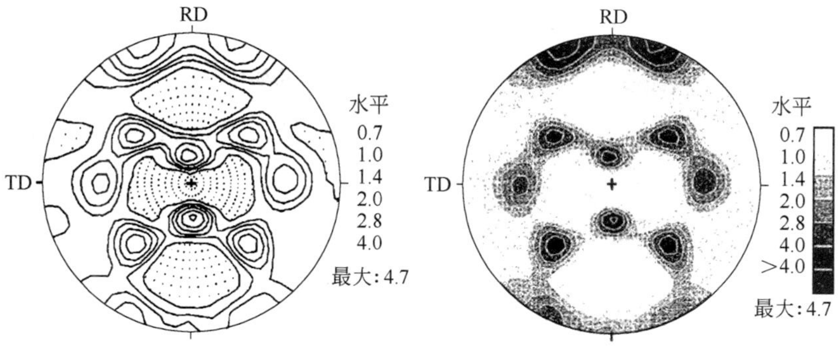

a　　　　b

图 1-109　纯 Al 经应变量等于 3 轧制并在 350°退火 1000s 的 {111} 极图

a—等强度线（以对数递增，强度小于 1 的区域以点表示）；b—与图 a 相同，但强度以灰度描述

(111)　$[111]\wedge[\bar{2}\,\bar{1}\,\bar{1}]$　$\alpha_x=\arccos[(-2-1-1)/(3^{1/2}\times 6^{1/2})]=160°$

$[111]\wedge[0\bar{1}1]$　$\alpha_z=\arccos[(-1+1)/(3^{1/2}\times 2^{1/2})]=90°$

$(\bar{1}11)$　$[\bar{1}11]\wedge[\bar{2}\,\bar{1}\,\bar{1}]$　$\beta_x=\arccos[(-2+1+1)/(3^{1/2}\times 6^{1/2})]=90°$

$[\bar{1}11]\wedge[0\bar{1}1]$　$\beta_z=\arccos[(-1+1)/(3^{1/2}\times 2^{1/2})]=90°$

$(1\bar{1}1)$　$[1\bar{1}1]\wedge[\bar{2}\,\bar{1}\,\bar{1}]$　$\gamma_x=\arccos[(-2+1-1)/(3^{1/2}\times 6^{1/2})]=118°$

$[1\bar{1}1]\wedge[0\bar{1}1]$　$\gamma_z=\arccos[(1+1)/(3^{1/2}\times 2^{1/2})]=35°$

$(\bar{1}\,\bar{1}1)$　$[\bar{1}\bar{1}1]\wedge[\bar{2}\,\bar{1}\,\bar{1}]$　$\delta_x=\arccos[(2+1-1)/(3^{1/2}\times 6^{1/2})]=62°$

$[\bar{1}\bar{1}1]\wedge[0\bar{1}1]$　$\delta_z=\arccos[(1+1)/(3^{1/2}\times 2^{1/2})]=35°$

在极射赤面投影图设定了 ND（在投影图中心）和 RD，按照上面的计算在图上量出各个 {111} 面相对 RD 和 ND 的夹角，获得（111）极图，如图 1-110 所示。

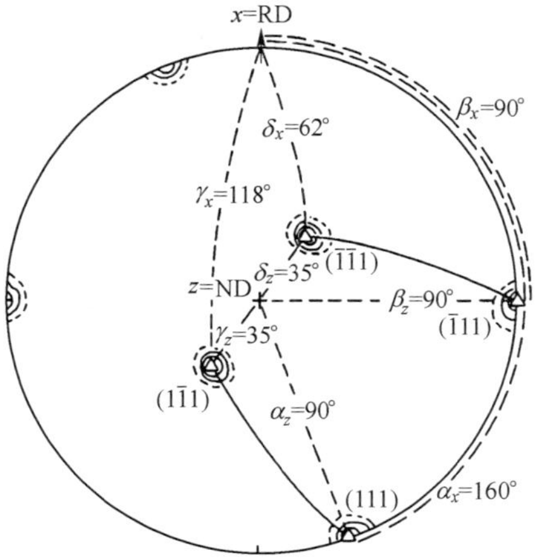

图 1-110　画出 fcc 多晶体$(0\bar{1}1)[\bar{2}\,\bar{1}\,\bar{1}]$轧制织构（111）极图

如果测得极图，反过来可以从极图求出投影面（hkl）和轧制方向[uvw]（RD）的密勒指数。例如，图 1-111 所示为测得的立方系多晶体的（111）极图，要从这一极图求投影面（轧制平面）和轧制方向 RD 的密勒指数，首先应标出这 4 个{111}极点的指数，如图 1-111 所示；再量出这 4 个 {111} 极点与 ND 之间的夹角，分别得：$(111)\hat{}(hkl)$ 为 28°、$(\bar{1}11)\hat{}(hkl)$ 为 51°、$(\bar{1}\bar{1}1)\hat{}(hkl)$ 为 83°、$(1\bar{1}1)\hat{}(hkl)$ 为 68°。根据 $(111)\hat{}(hkl)$ 为 28°，按照式(1-85)可得出：

$$\cos((111)\hat{}(hkl)) = \frac{h + k + l}{\sqrt{3}} \tag{1-107}$$

即 $111:\ \sqrt{3}\cos 28° = h + k + l$

同理有 $1\bar{1}1:\ \sqrt{3}\cos 68° = h - k + l$

$$\bar{1}\bar{1}1:\ \sqrt{3}\cos 83° = -h - k + l$$

解上面的 3 个联立方程，得（hkl）=（0.219，0.440，0.870）≈（124）。按同样方法，得：

$$111:\ \sqrt{3}\cos 118° = u + v + w$$

$$1\bar{1}1:\ \sqrt{3}\cos 90° = u - v + w$$

$$\bar{1}\bar{1}1:\ \sqrt{3}\cos 19.5° = -u - v + l$$

解上面的 3 个联立方程，得（uvw）=（−0.816，−0.407，0.440）≈［$\bar{2}\bar{1}1$］。因此，图 1-111 所示极图表示的织构是 (124)[$\bar{2}\bar{1}1$]。如果是单晶体，则图 1-111 极图上只有 4 个极点，这样的方法就是定出这个单晶体相对于参考坐标的取向。

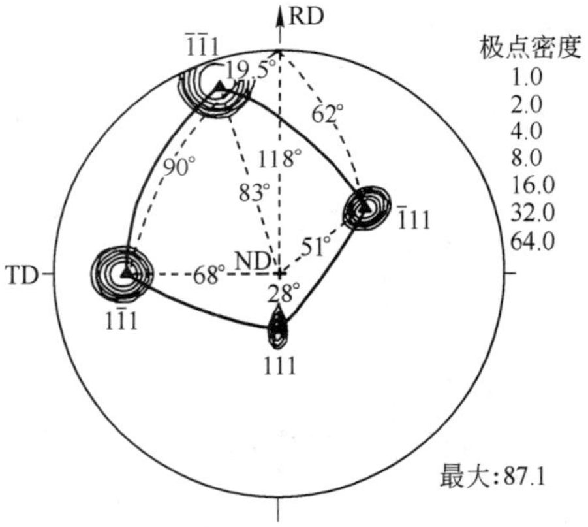

图 1-111　立方晶系的 {111} 极图

一个晶粒的取向需要 3 个独立变量来表达，所以在极图上要用 3 个或 3 个以上的极点来表示一个晶粒的取向，而极图是一个二维平面图，这样会导致在极图分析中选点和点的组合时不可避免地带有若干的任意性。这种任意性使得材料的极图不仅在织构较弱时会导致误判，甚至对于强织构时也有可能误判。

与极图相反，反极图是描述某一外观特征方向 $\boldsymbol{s}$（单位矢量）在晶体坐标架的空间分布的图形。晶体坐标架的 3 个轴一般选取晶体的 3 个晶向轴（或低指数的晶向）。其原理如同极图做法，只是换成晶体坐标架。以立方晶体为例，晶体坐标架的［001］处于投影球心，所有与设定的外观特征方向平行的晶向都交于球面上，形成球面投影图，然后对这些投影点作极射赤面投影。取与晶体的主轴垂直的面作为投影面，得到了晶向在投影面的交点也即知道了外观特征方向的分布，如图 1-112a 的[100]×[010]面上所示 RD、TD、ND 交点，这里按极图作图习惯只取上半球的交点，与图 1-107c 对比可以看到极图和反极图之间的倒易关系。同样，现以 γ_i 表示参考坐标架 $\boldsymbol{s}_i$ 与晶体［001］的夹角，δ_i 表示 $\boldsymbol{s}_i$ 在投影图上的极点与投影图中心连线外延到大圆的点与［100］极点间的夹角。这样，参考

坐标架 $\boldsymbol{S}(\boldsymbol{s}_1, \boldsymbol{s}_2, \boldsymbol{s}_3)$ 的 3 个分量以晶体坐标架 $\boldsymbol{C}(\boldsymbol{c}_1, \boldsymbol{c}_2, \boldsymbol{c}_3)$ 的 3 个分量表达为：

$$\boldsymbol{s}_i = \boldsymbol{c}_1\sin\gamma_i\cos\delta_i + \boldsymbol{c}_2\sin\lambda_i\sin\delta_i + \boldsymbol{c}_3\cos\gamma_i$$

设 $\boldsymbol{g}$ 为从晶体坐标架 $\boldsymbol{C}$ 变换到参考坐标架 $\boldsymbol{S}$ 的变换矩阵，即 $\boldsymbol{g}$ 是 $(\boldsymbol{CgS})$。则参考坐标（试样坐标）的矢量 $\boldsymbol{s}$（单位矢量）在晶体坐标的表达为 $[\boldsymbol{C};\ \boldsymbol{s}] = (\boldsymbol{CgS})[\boldsymbol{S};\ \boldsymbol{s}]$：

$$\begin{bmatrix} \sin\gamma\cos\delta \\ \sin\gamma\sin\delta \\ \cos\gamma \end{bmatrix} = \begin{bmatrix} g_{11} & g_{12} & g_{13} \\ g_{21} & g_{22} & g_{23} \\ g_{31} & g_{32} & g_{33} \end{bmatrix} \begin{bmatrix} s_1 \\ s_2 \\ s_3 \end{bmatrix} \tag{1-108}$$

为了便于分析，一般使用常出现择尤分布的 3 个晶向围成的取向三角形，它是反极图的一部分，与讨论欧拉空间等效分割的原则一样（见 1.10.4 节），由于测试样品和晶体一般具有对称性以及只考察方向轴向的分布状态，则选取小的等效区间就包含所有等价取向（如立方晶体的反极图投影面可分割出 24 个等价的取向三角形，选取其中的任一个），例如图 1-112b 的取向三角形 3 个顶点［001］、［011］、［111］（因为立方晶系面法线指数与面指数同名，故不作特别区分）。若不是随机分布，即材料试样的某外观特征方向择尤平行于多晶体材料中晶粒的某些晶向，反过来说，就是晶粒的某些晶向择尤取向（或形成线/丝织构）了。例如，多晶体材料经拉拔变形后，经常出现大量晶粒的某一晶向平行于拉拔方向，这种情况的反极图用来描述平行于拉拔方向的晶向在晶体坐标空间的分布，图 1-112b 所示为 Cu-30%Zn 合金的拔丝织构的反极图，在图中还标出了投影极点的相对密度分布。

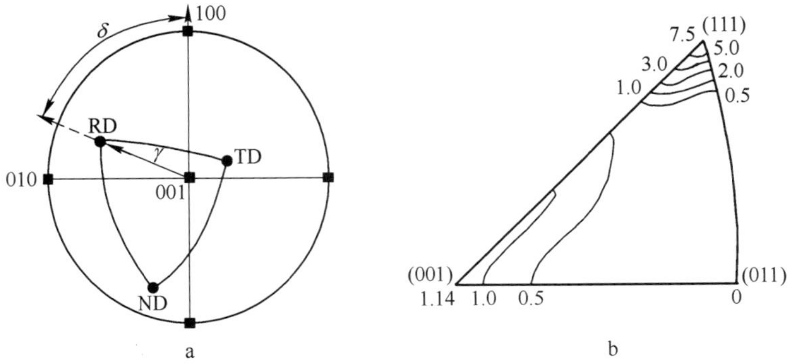

图 1-112 参考坐标架在晶体（001）面投影的极点（a）与 Cu-30%Zn 合金的拔丝织构的反极图（b）

对比图 1-107c 可以看到，其实，式(1-108)的矩阵是式(1-106)的逆阵，为 Cu-30%Zn 合金拔丝后拉拔轴向的反极图，其中的线为相对等密度线，所标的数字表示相对密度值，显示出拔丝轴向 DD 在该取向三角形中的择尤分布，即有 DD∥［001］及 DD∥［111］。

还应该注意到，反极图对描述轴对称试样（例如单向拉伸或压缩试样）的情况是很合适的，因为这时只需定义一个试样轴，表达织构用一个参考轴反极图就可以了。但是，对于其他情况（例如轧制板），用单个参考轴反极图描述是不充分的。虽然取向的完整空间表达需要三维的信息，但只要有了试样两个方向参考轴的反极图，第三个方向参考轴可以由两个方向的叉乘表示，从而可以获得第三个参考轴反极图的信息。

例如对于轧板，只要用 ND、TD、RD 三个方向中的两个方向的反极图描述织构就可以了。

1.10.4 欧拉（Eular）角和欧拉空间

极图和反极图是用二维图形来描述空间取向分布的，它们都有局限性。建立由 3 个欧拉角（φ_1、Φ、φ_2）构成的欧拉空间可以精确表达取向。选择参考坐标 $\boldsymbol{S}$（例如轧制板选择为 RD、TD、ND）。关于欧拉角的建立有不同的方法，但本质上是相同的。

本书采用邦厄 Bunge 定义的方法，定义 3 个欧拉角（φ_1、Φ、φ_2）。开始时，晶体坐标轴（[100]、[010]、[001]）与参考坐标轴重合（即理想取向），然后按如下操作定义 3 个欧拉角，如图 1-113a 所示：首先，以参考轴 ND（法向）转动 φ_1 角，使晶体坐标[100]和[010]转到图中相应的Ⅰ位置；然后以转动后的[100]轴（Ⅰ位置的[100]轴）转动 Φ 角，使[010]和[001]转到图中相应的Ⅱ位置；最后以转动后的[001]轴（Ⅱ位置的[001]轴）转动 φ_2 角，使[100]和[010]转到图中相应的Ⅲ位置。这样就得到一般的晶体坐标与参考坐标不重合的关系。图 1-113b 示出了以 ND 为法线的极射投影面描述 3 个转动过程的晶体坐标轴（[100]、[010]、[001]）位置的变化。

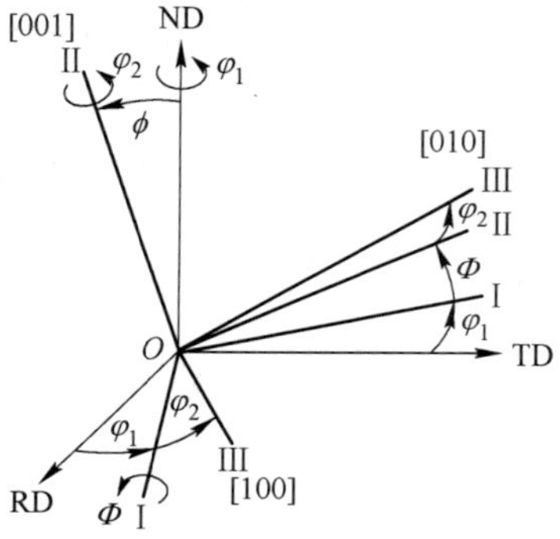

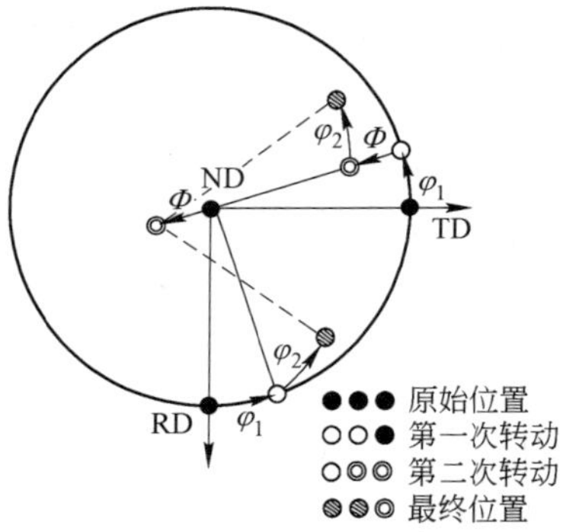

图 1-113 参考坐标架 $\boldsymbol{S}$ 与晶体坐标架 $\boldsymbol{C}$ 之间的转动欧拉角 φ_1、Φ、φ_2

a—图中Ⅰ、Ⅱ、Ⅲ顺序表示 3 次转动晶体轴的位置；b—以 ND 为法线的极射投影面描述 3 个转动过程的晶体坐标轴位置的变化，图中右下角的说明符号顺序是[100]、[010]、[001]

亚琛工业大学习惯用来定义 3 个欧拉角（φ_1、Φ、φ_2）的方法与邦厄 Bunge 定义的方法相反，是把与参考坐标不重合的晶体坐标转动使与参考坐标重合。

这里与式(1-8)表示的不同，式(1-8)表示主动操作，这里表示的是被动操作，即原坐标架（$\boldsymbol{S}$）的矢量用变换后的坐标架（$\boldsymbol{H}$）表达，变换矩阵是式(1-8)的逆阵（或转置）。上述的 3 种转动的变换矩阵分别为：

$$\boldsymbol{g}_{\varphi_1} = \begin{bmatrix} \cos\varphi_1 & \sin\varphi_1 & 0 \\ -\sin\varphi_1 & \cos\varphi_1 & 0 \\ 0 & 0 & 1 \end{bmatrix} \tag{1-109a}$$

$$
\boldsymbol{g}_{\Phi}=\begin{bmatrix} 1 & 0 & 0 \\ 0 & \cos\Phi_1 & \sin\Phi_1 \\ 0 & -\sin\Phi_1 & \cos\Phi_1 \end{bmatrix} \tag{1-109b}
$$

$$
\boldsymbol{g}_{\varphi_2}=\begin{bmatrix} \cos\varphi_2 & \sin\varphi_2 & 0 \\ -\sin\varphi_2 & \cos\varphi_2 & 0 \\ 0 & 0 & 1 \end{bmatrix} \tag{1-109c}
$$

按上述顺序进行三种操作，总的变换矩阵 $\boldsymbol{g}(\boldsymbol{HgS})$ 为：

$$
\boldsymbol{g}=\boldsymbol{g}_{\varphi_2}\cdot\boldsymbol{g}_{\Phi}\cdot\boldsymbol{g}_{\varphi_1}=\begin{bmatrix} \cos\varphi_2 & \sin\varphi_2 & 0 \\ -\sin\varphi_2 & \cos\varphi_2 & 0 \\ 0 & 0 & 1 \end{bmatrix}\begin{bmatrix} 1 & 0 & 0 \\ 0 & \cos\Phi & \sin\Phi \\ 0 & -\sin\Phi & \cos\Phi \end{bmatrix}\begin{bmatrix} \cos\varphi_1 & \sin\varphi_1 & 0 \\ -\sin\varphi_1 & \cos\varphi_1 & 0 \\ 0 & 0 & 1 \end{bmatrix}
$$

$$
=\begin{bmatrix} \cos\varphi_1\cos\varphi_2-\sin\varphi_1\sin\varphi_2\cos\Phi & \sin\varphi_1\cos\varphi_2+\cos\varphi_1\sin\varphi_2\cos\Phi & \sin\varphi_2\sin\Phi \\ -\cos\varphi_1\sin\varphi_2-\sin\varphi_1\cos\varphi_2\cos\Phi & -\sin\varphi_1\sin\varphi_2+\cos\varphi_1\cos\varphi_2\cos\Phi & \cos\varphi_2\sin\Phi \\ \sin\varphi_1\sin\Phi & -\cos\varphi_1\sin\Phi & \cos\Phi \end{bmatrix} \tag{1-110}
$$

从上式可以看到：

$$
g\{\varphi_1+2\pi,\ \Phi+2\pi,\ \varphi_2+2\pi\}=g\{\varphi_1,\ \Phi,\ \varphi_2\} \tag{1-111}
$$

同样还有：

$$
g\{\varphi_1+\pi,\ 2\pi-\Phi,\ \varphi_2+\pi\}=g\{\varphi_1,\ \Phi,\ \varphi_2\} \tag{1-112}
$$

这反映在 $\Phi=\pi$ 的面上 φ_1 和 φ_2 同时移动了 π。所以，最一般的情况 φ_1 和 φ_2 的取值范围都是 $0\sim2\pi$，Φ 的取值范围是 $0\sim\pi$。由 φ_1、Φ 和 φ_2 所取的范围构成欧拉空间，这样的空间称为非对称单元。在这样的非对称单元取向空间中，一个取向唯一地对应一个点。但是，因为试样的对称性和晶体的对称性用于讨论的欧拉空间不一定需要这样大，例如轧制板试样，通常假设试样存在两个 2 次轴，或存在两个对称镜面，其一通过 ND 和 RD，另一通过 ND 和 TD，这样试样就具有正交对称，欧拉角 φ_1 就减小为：$0°\leqslant\varphi_1\leqslant90°$。如果只存在上述的一个对称元素，则 $0°\leqslant\varphi_1\leqslant180°$，剪切形变试样经常具有单斜试样对称性。晶体的对称性会影响 Φ 和 φ_2 的范围，对称性高可进一步减小欧拉空间，一般来说，具有 n 次旋转对称轴会使欧拉空间减小 n 倍，这意味着欧拉角（φ_1，Φ，φ_2）与（φ_1，Φ，$\varphi_2\pm360°/n$）等价。如果具有 3 次旋转轴，则 $0°<\varphi_2<120°$ 足以表达所有取向。相应对于四方系（具有 4 次旋转轴）和六方系，φ_2 可分别减小到 90° 和 60°。附加的 2 次对称轴或镜面，会影响 Φ 的取值，Φ 可以从 180° 减小到 90°。表 1-17 列出了不同试样对称的非等价取向所需的欧拉空间大小。

对于立方系，一个取向在任何坐标架都有 24 种可能的等价表达，所以欧拉空间可以分为 24 个等价子空间。这是因为立方系有 3 个 4 次轴（即〈100〉）和 6 个 2 次轴（即〈110〉），需要 $0°\leqslant\varphi_1\leqslant360°$，$0°\leqslant\Phi$，$\varphi_2\leqslant90°$ 的欧拉空间，即只有 8 个等价空间（即等效于四方对称）；但还要考虑 4 个 3 次对称轴（即〈111〉）可进一步将欧拉空间分割成复杂形状的子空间，把上述每个四方对称的 8 个等价空间再分为 3 个等价子空间，即有 24 个等价空间。图 1-114 所示为在一个四方对称试样的等价空间中分出 3 个等价空间的情况。

表 1-17 不同试样对称的非等价取向所需的欧拉空间大小

晶 系	劳埃群	晶体对称		试样对称		
				正 交	单 斜	无（三斜）
		Φ	φ_2	φ_1	φ_1	φ_1
三斜	$\bar{1}$	180°	360°			
单斜	$2/m$	180°	180°			
正交	mmm	90°	180°			
三方	$\bar{3}$	180°	120°			
	$\bar{3}m$	90°	120°	90°	180°	360°
四方	$4m$	180°	90°			
	$4/mmm$	90°	90°			
六方	$6/m$	180°	60°			
	$6/mmm$	90°	60°			
立方	$m\bar{3}$	90°	180°	90°	180°	360°
	$m\bar{3}m$	90°	90°			

欧拉空间可以分成更小的等价空间，而且在每一个等价空间中包含了所有可能的等价取向。但是，一个等价空间中表示的取向具有多重性，考虑晶体对称并同时考虑试样对称（例如轧板具有正交对称 222）则多重性会增加。例如，立方系 $m\bar{3}m$，一般多重性因子 $Z=24\times4=96$。正如在讨论晶向指数族和晶面指数族的那样，如果这些晶向或晶面的法线和对称元素重合时，会降低等价指数的数目。例如，〈100〉晶向只有 3 个等价方向（不是指向），〈110〉晶向只有 6 个等价方向（不是指向）等。

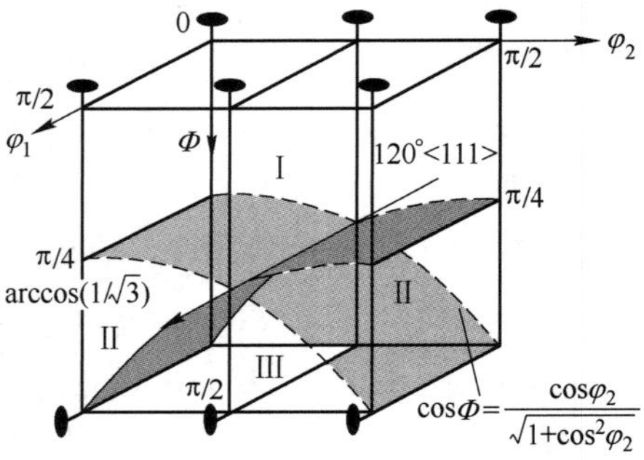

图 1-114 在四方对称试样的等价空间分出 3 个等价空间

如果考查两个晶粒间的取向差，以其中一个晶体坐标架作为参考坐标架，则试样的对称就是参考晶体的对称，晶体对称的应用使欧拉空间尺寸进一步减小。并且，因为取向差和反向取向差等价，所示欧拉空间一定减小一半。对于立方晶系，当给定两个晶粒的相对取向时，有 24 种取向角 θ（见下面讨论），这时，有 $24\times24\times2=1152$ 种等价欧拉子空间。

有择尤取向的多晶体，在欧拉空间中某些位置取向点会密集，根据这些密集点的欧拉角以及密集的程度，可以很好地描述多晶体的织构。当知道某种轧制板织构(取向)(*hkl*)[*uvw*]时，可以求出它对应的欧拉角。如果是六方晶系，则先按前面讨论的把四轴坐标指数转换为三轴坐标指数，再转换为正交坐标计算。

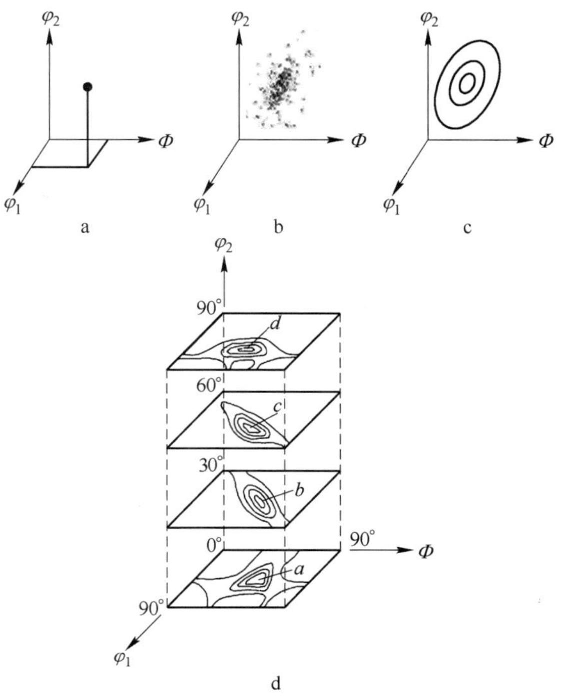

图 1-115 用欧拉空间来描述多晶体的取向分布
a—一个晶粒在欧拉空间表达为一个点；b—一个有择尤取向的多晶体试样的晶粒取向在欧拉空间表达为分布的“云”点；c—用插值法把取向分布描述为函数；d—以 4 个不同的 φ_1 截面表示取向分布

图 1-115 所示为用欧拉空间描述多晶体的取向分布的示意图。图 1-115a 表示一个晶粒取向在欧拉空间的位置；图 1-115b 表示多个取向在欧拉空间的分布；图 1-115c 表示用插值法把多晶体取向分布描述为连续的分布等密度面函数，这样的取向分布函数简称 ODF。因为三维空间表达不方便，往往把欧拉空间用若干个不同截面表示，这样把空间的分布等密度面截成分布等密度线，如图 1-115d 所示。一般常用每隔 5°（或 10°）的 φ_2 截面，即共用 19 个 φ_2 截面来描述 ODF。对于 bcc 结构材料，有时也用 φ_1 截面来描述 ODF。为了更清楚地了解 ODF 在某个 φ_2 截面的取向密度分布，把某个 φ_2 对应的取向密度描绘为连续的密度曲面，它是 φ_1 和 Φ 的函数。图 1-116a 所示为 $\varphi_2=0$ 的取向密度示意图，以等密度面对取向密度面截出等密度线，然后投影到相应的 $\varphi_2=0$ 截面上。在 φ_2 截面上的密度可以有多种方式表达：图 1-116b 所示为等密度线，图1-116c所示为用灰度表示各密度间隔，图 1-116d 所示为用颜色表示各密度间隔（因印刷关系，给出的仍是灰度图）。

例 1-27 若参考坐标架设为 TD、RD、ND，求立方晶系 (112)[$11\bar{1}$] 取向的欧拉角。

解：立方系晶面的法向指数与晶面指数同名，所以 ND 方向为［112］。现在 RD 方向是［$11\bar{1}$］，TD 方向是［112］×［$11\bar{1}$］= 3［$\bar{1}10$］，简化为［$\bar{1}10$］。立方系［112］晶向的模 H_{112}、［$11\bar{1}$］晶向的模 $H_{11\bar{1}}$ 和晶向［$\bar{1}10$］的模 $H_{\bar{1}10}$ 分别等于：

$$H_{112} = (1^2 + 1^2 + 2^2)^{1/2} = \sqrt{6}$$

$$H_{11\bar{1}} = (1^2 + 1^2 + 1^2)^{1/2} = \sqrt{3} \qquad H_{\bar{1}10} = (1^2 + 1^2 + 0)^{1/2} = \sqrt{2}$$

根据式(1-99)求出的 $\boldsymbol{g}$ 为：

$$\boldsymbol{g} = \begin{bmatrix} 1/\sqrt{3} & -1/\sqrt{2} & 1/\sqrt{6} \\ 1/\sqrt{3} & 1/\sqrt{2} & 1/\sqrt{6} \\ -1/\sqrt{3} & 0 & 2/\sqrt{6} \end{bmatrix}$$

如果只求欧拉角，只需知道变换矩阵 $\boldsymbol{g}$ 的第一和第三列。上式与式(1-110)对比，得：

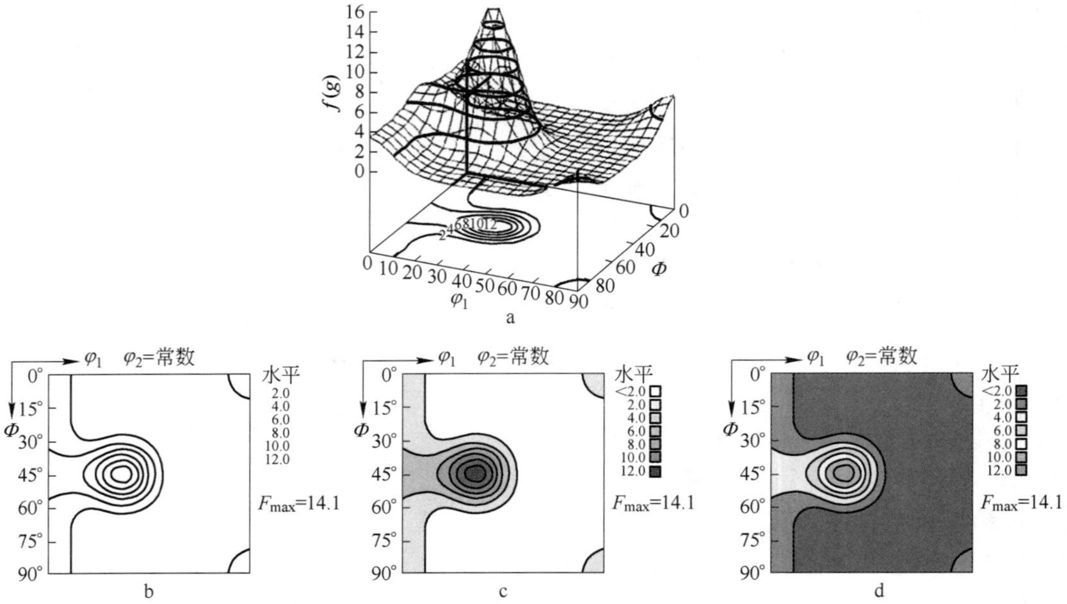

图 1-116 多晶体的取向密度分布

a—$\varphi_2=0$ 的取向密度函数（空间曲面）；b—相应的等密度线；c—以灰度表示各密度间隔；d—以颜色表示各密度间隔（因印刷关系，此处仍然为灰度）

$$\cos\Phi = g_{33} = 2/\sqrt{6} \quad \text{即}\ \Phi = \arccos(2/\sqrt{6}) = 35.26° \approx 35°$$

$$\cos\varphi_2\sin\Phi = g_{23} = 1/\sqrt{6} \quad \text{即}\ \cos\varphi_2 = (1/\sqrt{6})/\sin 35.26° = 0.707 \quad \varphi_2 = \cos^{-1}(0.707) = 45°$$

$$\sin\varphi_1\sin\Phi = g_{31} = -1/\sqrt{3} \quad \text{即}\ \sin\varphi_1 = (-1/\sqrt{3})/\sin 35.26° = -1.00 \quad \text{得}\ \varphi_1 = 270°$$

立方系 $\varphi_1=270°$ 和 $\varphi_1=-90°$ 等价，最后得立方晶系 $(112)[11\bar{1}]$ 取向对应的欧拉角是 $\varphi_1=-90°$，$\Phi=35°$，$\varphi_2=45°$。

例 1-28 Mg 的 $c/a=1.624$，求与 $(01\bar{1}0)[2\bar{1}\bar{1}0]$ 取向（即 $(01\bar{1}0)$ 面法线平行于参考坐标的 ND 轴，$[2\bar{1}\bar{1}0]$ 平行于参考坐标的 RD 轴）对应的欧拉角。

解：设正交坐标架为 $x=[10\bar{1}0]$，$y=[\bar{1}2\bar{1}0]$，根据式(1-102)，得出在正交坐标架下的取向：

$$[h^h k^h l^h] = [(2h+k) \quad \sqrt{3}k \quad \sqrt{3}l(a/c)] = [1 \quad \sqrt{3} \quad 0]$$

$$[u^h v^h w^h] = [(2u+v)\sqrt{3} \quad 3v \quad 2wc/a] = [3\sqrt{3} \quad -3 \quad 0]$$

算出 $H_{h^h k^h l^h}$ 和 $H_{u^h v^h w^h}$：

$$H_{h^h k^h l^h} = [1^2 + (\sqrt{3})^2 + 0]^{1/2} = [1+3+0]^{1/2} = 2$$

$$H_{u^h v^h w^h} = [3(2u+v)^2 + 9v^2 + w^2(c/a)^2]^{1/2} = [27+9+0]^{1/2} = 6$$

$$H_{r^h s^h t^h} = H_{u^h v^h w^h} \times H_{h^h k^h l^h} = 6 \times 2 = 12$$

根据式(1-102)求出 $\boldsymbol{g}$：

$$\boldsymbol{g}=\begin{bmatrix}\dfrac{(2u+v)\sqrt{3}}{H_{u^hv^hw^h}} & \dfrac{3\sqrt{3}vla^2-2\sqrt{3}kwc^2}{acH_{u^hv^hw^h}H_{h^hk^hl^h}} & \dfrac{2h+k}{H_{h^hk^hl^h}}\\ \dfrac{3v}{H_{u^hv^hw^h}} & \dfrac{(4hw+2kw)c^2-(6ul+3vl)a^2}{acH_{u^hv^hw^h}H_{h^hk^hl^h}} & \dfrac{\sqrt{3}k}{H_{h^hk^hl^h}}\\ \dfrac{2wc}{aH_{u^hv^hw^h}} & \dfrac{6uk-6vh}{H_{u^hv^hw^h}H_{h^hk^hl^h}} & \dfrac{\sqrt{3}la}{cH_{h^hk^hl^h}}\end{bmatrix}=\begin{bmatrix}\dfrac{3\sqrt{3}}{6} & 0 & \dfrac{0+1}{2}\\ -\dfrac{3}{6} & 0 & \dfrac{\sqrt{3}\times 1}{2}\\ 0 & 1 & 0\end{bmatrix}=\begin{bmatrix}0.866 & 0 & 0.5\\ -0.5 & 0 & 0.866\\ 0 & 1 & 0\end{bmatrix}$$

其实，求出了$[h^hk^hl^h]$和$[u^hv^hw^h]$后，直接求$[rst]=[h^hk^hl^h]\times[u^hv^hw^h]=[\sqrt{3}\bar{1}0]\times[1\sqrt{3}]=[004]$，简化为$[001]$。这时，$H_{h^hk^hl^h}=2$，$H_{u^hv^hw^h}=2$，$H_{r^hs^ht^h}=1$。矩阵$\boldsymbol{g}$为：

$$\boldsymbol{g}=\frac{1}{2}\begin{bmatrix}\sqrt{3} & 0 & 1\\ -1 & 0 & \sqrt{3}\\ 0 & 1 & 0\end{bmatrix}=\begin{bmatrix}0.866 & 0 & 0.5\\ -0.5 & 0 & 0.866\\ 0 & 1 & 0\end{bmatrix}$$

把$\boldsymbol{g}$与式(1-110)对比，得：

$$\cos\Phi=g_{33}=0 \qquad \Phi=\cos^{-1}(0)=90^\circ$$

$$\cos\varphi_2\sin\Phi=g_{23}=0.866 \qquad \cos\varphi_2\sin 90^\circ=\cos\varphi_2=0.866 \quad 得\ \varphi_2=30^\circ$$

$$\sin\varphi_1\sin\Phi=g_{31}=0 \qquad \sin\varphi_1\sin 90^\circ=\sin\varphi_1=0 \quad 得\ \varphi_1=0^\circ$$

结果：Mg$(01\bar{1}0)[2\bar{1}\bar{1}0]$取向对应的欧拉角分别是$\varphi_1=0^\circ$，$\Phi=90^\circ$，$\varphi_2=30^\circ$。

对于这样的问题，不涉及$\boldsymbol{g}$的g_{12}、g_{22}和g_{32}分量，即$\boldsymbol{g}$矩阵的第二列，一般可以不计算它们。

欧拉空间的其他表达及应用。按照欧拉角的定义，当$\Phi=0^\circ$（或180°）时，φ_1和φ_2的转角轴是相同的，即都是参考坐标的ND方向，因而在欧拉空间引起了很大的扭曲。例如，图1-117所示的（123）［634］取向在简化的3个等价欧拉空间中的3个等价点（图中的S_{I}、S_{II}和S_{III}点），若以(123)［634］为中心向周围等同地散开10°，则在欧拉空间S_{I}、S_{II}和S_{III}点周围的取向分布形状是不同的，Φ值小的取向分布有较大的扭曲。为了减小这种扭曲，用另一种取向空间（圆柱欧拉空间）描述：φ_1和Φ轴为极坐标，φ_2位于圆柱的中心线轴且垂直于两个极坐标轴，如图1-118a所示。按照欧拉角的定义，固定φ_1和Φ，则φ_2为绕［001］轴的旋转角。这样，ODF在$\varphi_2=0$的面投影就相应为（100）极图。φ_2截面表示在试样的坐标系中的晶体取向，称为晶体取向分布(COD)。同样，也可以一组等角度间隔的φ_2截面描述取向分布。另外，也可以φ_2和Φ轴为极坐标，φ_1轴位于圆柱的中心线垂直于两个极坐标轴，如图1-118b所示。这时，固定

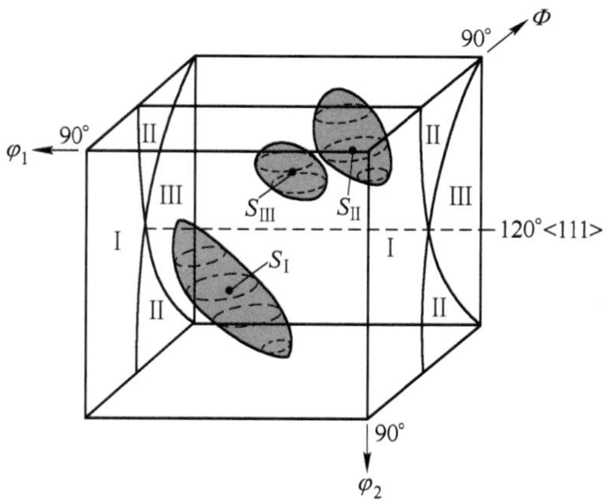

图1-117　(123)［634］取向在简化的3个等价欧拉空间中的3个等价点（图中的S_{I}、S_{II}和S_{III}点）以及在它们周围等同地散开10°的取向范围

φ_2和 Φ，则 φ_1为绕试样 ND 轴的旋转角，ODF 在 $\varphi_1=0$ 的面投影就相应为 ND 的反极图。因此，φ_1截面称为试样取向分布（SOD）。

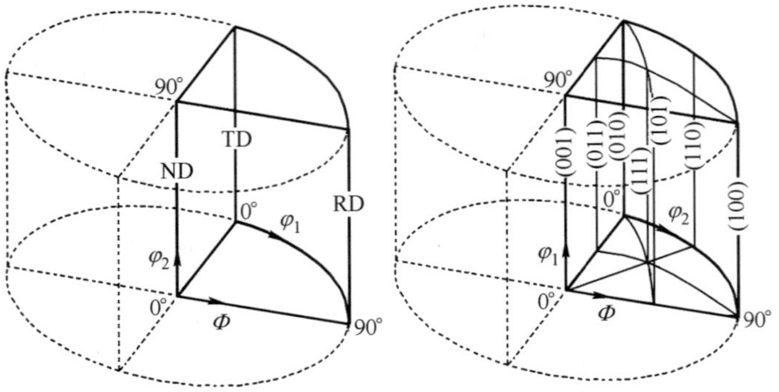

a b

图 1-118 在圆柱欧拉空间表达的取向

a—圆柱中心轴平行于 φ_2，织构在基面（$\varphi_2=0$）的投影，相应为一个极图；

b—圆柱中心轴平行于 φ_1，织构在基面（$\varphi_1=0$）的投影，相应为一个反极图

1.10.5 以参考点阵某轴[*uvw*]旋转 θ 角（角/轴）表示晶体取向及两晶粒间的取向差

前面的式(1-18)已经给出这种情况的变换矩阵 $\boldsymbol{L}$。根据式(1-20)和式(1-21)，可以反过来由变换矩阵得出转动轴 $\boldsymbol{u}$（其晶向指数为［*uvw*］）和旋转轴角 θ：

$$\cos\theta = 0.5(g_{11}+g_{22}+g_{33}-1) = 0.5[\mathrm{trace}(\boldsymbol{g})-1]$$

$$u_1=\frac{g_{23}-g_{32}}{2\sin\theta} \qquad u_2=\frac{g_{31}-g_{13}}{2\sin\theta} \qquad u_3=\frac{g_{12}-g_{21}}{2\sin\theta}$$

$$u:v:w=u_1:u_2:u_3=(g_{23}-g_{32}):(g_{31}-g_{13}):(g_{12}-g_{21})$$

讨论两个晶粒间的取向差时，在参考坐标架下晶粒 1 的取向矩阵为 $\boldsymbol{g}_1$，晶粒 2 的取向矩阵是 $\boldsymbol{g}_2$，如图 1-119a 所示，则从晶粒 1 取向转换到晶粒 2 取向的变换矩阵（取向差矩阵）是 $\boldsymbol{g}=\boldsymbol{g}_2\cdot \boldsymbol{g}_1^{-1}$，如图1-119b所示。一般把晶粒 1 点阵作为参考点阵，则 $\boldsymbol{g}_1^{-1}=\boldsymbol{I}$，$\boldsymbol{g}_2$ 就是从晶粒 1 取向转换到晶粒 2 取向的转换矩阵。这时直接用式(1-18)，其中的 $\boldsymbol{u}$ 是晶粒的某一个晶向轴［*uvw*］（注意，一定要用单位矢量），θ 就是两个晶粒间的取向差。

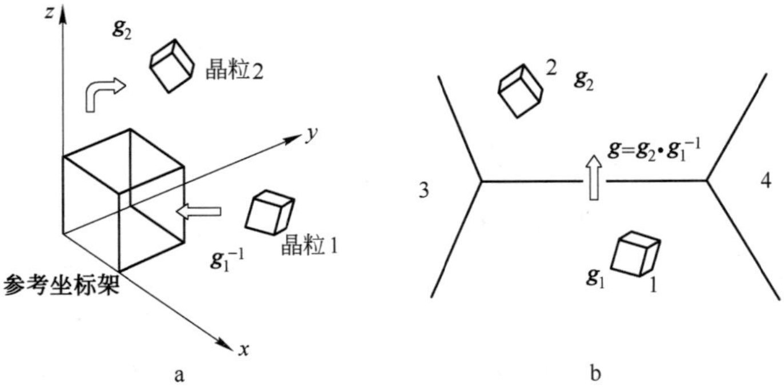

a b

图 1-119 两个晶粒间的取向关系

a—晶粒 1 和晶粒 2 相对于参考坐标的取向；b—晶粒 1 与晶粒 2 之间的取向关系

因为晶体的对称关系，两个具有相同相对取向的晶粒间变换的转动轴［*uvw*］和旋转角 θ 可以不一样，表述两个晶粒的取向差角通用惯例是取最小的 θ。例如，立方系的一个 B 晶粒的（110）$_B$ 面平行于另一个 A 晶粒的（001）$_A$ 面，$[1\bar{1}1]_B$ 平行于［100］$_A$，按式(1-99)，从 A 晶粒转变为 B 晶粒的取向，即 B 晶粒相对 A 晶粒晶体坐标架的取向为 $(110)[1\bar{1}1]$，求出另一个坐标轴的指向 $[rst]=[110]\times[1\bar{1}1]=[1\bar{1}\bar{2}]$，其取向矩阵 $\boldsymbol{g}(\boldsymbol{AgB})$（参阅式（1-99））为：

$$\boldsymbol{g}=\begin{bmatrix}1/\sqrt{3} & 1/\sqrt{6} & 1/\sqrt{2}\\ -1/\sqrt{3} & -1/\sqrt{6} & 1/\sqrt{2}\\ 1/\sqrt{3} & -2/\sqrt{6} & 0\end{bmatrix}=\begin{bmatrix}0.577 & 0.408 & 0.707\\ -0.577 & -0.408 & 0.707\\ 0.577 & -0.816 & 0\end{bmatrix}$$

即转动角的余弦 $\cos\theta=0.5\times(0.577-0.408+0-1)=-0.415$，$\theta=\arccos(-0.415)=114.6°$。转动轴［*uvw*］各指数是：

$$u=\frac{g_{23}-g_{32}}{2\sin\theta}=\frac{0.707+0.816}{2\sin114.6°}=0.838$$

$$v=\frac{g_{31}-g_{13}}{2\sin\theta}=\frac{0.577-0.707}{2\sin114.6°}=-0.071$$

$$w=\frac{g_{12}-g_{21}}{2\sin\theta}=\frac{0.408+0.577}{2\sin114.6°}=0.542$$

这种情况的 $\theta/[uvw]$ 为 $114.6°/[0.838\quad -0.071\quad 0.542]$。

因为晶体的对称性，对于立方系，如果 (hkl) 和 $[uvw]$ 的指数各不相同，并且没有 0，则同一个取向可以有 24 种等价的取向。如果指数相同或有 0，等价取向的数目会减少。现在讨论的情况是，立方系｛110｝有 6 个等价晶面，在每个｛110｝上有两个〈111〉方向，所以共有 12 个等价关系，如果是在四方对称的欧拉空间，则共有 12×4＝48 个等价关系。例如，$(\bar{1}10)[111]$ 就是 $(110)[1\bar{1}1]$ 的一种等价取向，它的取向矩阵 $\boldsymbol{g}$ 为：

$$\boldsymbol{g}=\begin{bmatrix}1/\sqrt{3} & 1/\sqrt{6} & -1/\sqrt{2}\\ 1/\sqrt{3} & 1/\sqrt{6} & 1/\sqrt{2}\\ 1/\sqrt{3} & -2/\sqrt{6} & 0\end{bmatrix}=\begin{bmatrix}0.577 & 0.408 & -0.707\\ 0.577 & 0.408 & 0.707\\ 0.577 & -0.816 & 0\end{bmatrix}$$

这时的取向差角 $\theta=90.4°$，转动轴［*uvw*］各指数是：$u=0.762$，$v=0.642$，$w=-0.085$。这种情况的 $\theta/[uvw]$ 为 $90.4°/[0.762\quad 0.642\quad -0.085]$。如果取 $(\bar{1}01)[111]$ 等价取向，它的取向矩阵 $\boldsymbol{g}$ 为：

$$\boldsymbol{g}=\begin{bmatrix}1/\sqrt{3} & -1/\sqrt{6} & -1/\sqrt{2}\\ 1/\sqrt{3} & 2/\sqrt{6} & 0\\ 1/\sqrt{3} & -1/\sqrt{6} & 1/\sqrt{2}\end{bmatrix}=\begin{bmatrix}0.577 & -0.408 & -0.707\\ 0.577 & 0.816 & 0\\ 0.577 & -0.408 & 0.707\end{bmatrix}$$

这时的取向差角 $\theta=56.6°$，转动轴［*uvw*］各指数是：$u=0.245$，$v=0.769$，$w=-0.590$。这种情况的 $\theta/[uvw]$ 为 $56.6°/[0.245\quad 0.769\quad -0.590]$。可见，等价取向的 $\theta/[uvw]$ 是不同的，所以，确定两个晶粒的取向差角时，应该找出所有等价的 $\theta/[uvw]$，其

中最小的 θ 为这两个晶粒间的取向差角。这里的取向差应是 56.6°。

从上面的 3 种等价取向矩阵看出，它们每列的数字都是相同的，只不过数字的排列次序和正负号有差别。这种情况是因为等效的面指数和方向指数都是相同的，只是指数的排列次序和正负号的差异。

对于六方晶系，密勒-布拉维指数与取向矩阵比较复杂，其取向矩阵 $\boldsymbol{g}$ 应采用式(1-103)表达。由此得出三轴坐标的 $\theta/[uvw]$（注意，采用式(1-103)时应把 $[rst]$ 计算出来，需要补入矩阵 $\boldsymbol{g}$ 的第二列）。

若希望直观地描述，可以利用极射投影作图法来解释两个晶粒之间的取向关系。例如图 1-120a 表示在 {001} 极图上的两个晶粒的取向，需要构造这两个取向各自对应的标准投影图，在标准投影图上过这两个取向同名极点（如图 1-120a 中选择 010_1 和 010_2）的相应两个大圆弧的交点，就是两个取向共同的极点，例如图 1-120a 中的 $11\bar{1}$，它就是这两个取向的取向差的旋转轴 $[11\bar{1}]$；然后，过旋转轴和这两个取向的同名极点构成的晶面的面痕在投影面的两个投影（大圆圆弧）之间的夹角就是取向差转动角 θ，如图 1-120a 中 $\theta=45°$。这两个晶粒之间的取向关系是晶粒 2 的取向以晶粒 1 的 $[11\bar{1}]$ 轴转动 45°获得，即 $45°/[11\bar{1}]$。据此轴角关系可以获得取向矩阵。

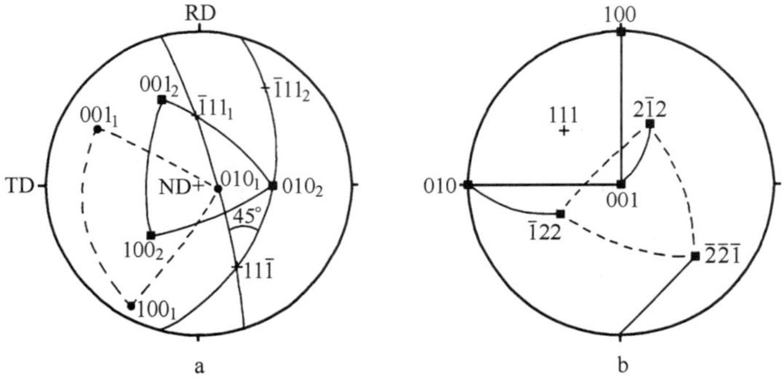

图 1-120 极射赤面投影描述取向和取向差

a—在参考坐标架的投影图上晶粒 1 和晶粒 2 的取向（{001} 极点），两个晶粒的共同极点的晶向为取向差旋转轴，取向差旋转轴与两个晶粒相同的极点构成的大圆之间的夹角为取向差旋转角；b—以一个晶粒的坐标架作为参考坐标架表述另一个晶粒的取向和取向差

上面讨论的是晶粒 1 和晶粒 2 在“绝对取向”情况下的解析取向差。同样，也可以其中一个晶粒的坐标架做参考坐标架作图解析两晶粒间的取向差。例如图 1-120b 描述了晶粒 2 在晶粒 1 的（001）标准投影图上的三个〈221〉方向：$[221]_2$、$[\bar{1}22]_2$ 和 $[2\bar{1}2]_2$，两个晶粒之间的取向差转轴的极点图中的+为 [111]。取向差角是以 [111] 为转动轴，从 $[2\bar{1}2]_2$ 点转到 $[001]_1$ 的角度，或从 $[\bar{1}22]_2$ 转到 $[010]_1$，从 $[\bar{1}22]_2$ 转到 $[\bar{1}00]_1$ 的角度。同样，据此可以获得取向矩阵。

取向和取向差可以用“旋动角/转动轴”，即“角/轴对”为参数描述三维取向空间。转动轴 $\boldsymbol{u}$ 在参考坐标架上用两个参量表示：ϑ（$\boldsymbol{u}$ 与 Z 轴的夹角）、ψ（$\boldsymbol{u}$ 在 X-Y 面上的投影与 X 轴的夹角），如图1-121a所示。$\boldsymbol{u}$（单位矢量）在参考坐标的各个分量分别为：

$$u_1 = \cos\psi\sin\vartheta \qquad u_2 = \sin\psi\sin\vartheta \qquad u_3 = \cos\vartheta \tag{1-113}$$

这样，“旋动角/转动轴”描述的取向空间的参数是 θ、ϑ 和 ψ。通过计算，可以获得

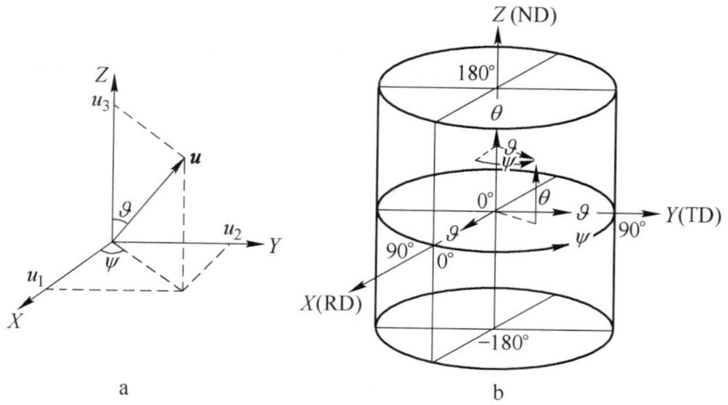

图 1-121　以“旋动角/转动轴”表示的三维取向空间
a—由“旋动角/转动轴”的空间参数 θ、ϑ 和 ψ 表达的取向 $\boldsymbol{g}(\boldsymbol{u})$ 与参考坐标的关系；b—“旋动角/转动轴”取向圆柱空间

欧拉角（φ_1，Φ，φ_2）与旋动参数（θ，ϑ，ψ）之间的关系：

$$\sin(\theta/2)\cdot\sin\vartheta=\sin(\Phi/2)\qquad \cos(\theta/2)=\cos(\Phi/2)\cdot\cos[(\varphi_1+\varphi_2)/2]$$

$$\psi=(\varphi_1-\varphi_2)/2 \tag{1-114}$$

θ、ϑ 和 ψ 所有可能的取向范围是：$0°\leqslant\theta\leqslant360°$，$0°\leqslant\vartheta\leqslant90°$，$0°\leqslant\psi\leqslant360°$。把它们简单地以圆柱空间表示，$\theta$ 平行于圆柱轴，ϑ 平行于 X 轴，以 X 轴逆时针转动的角度为 ψ，如图 1-121b 所示，这一取向空间称为“旋动角/转动轴”圆柱空间。对于轧制板，参考坐标轴 X、Y、Z 也可以用轧制板的 RD、TD、ND 表示。

1.10.6　罗德里格斯（Rodrigues）矢量和罗德里格斯空间

罗德里格斯矢量 $\boldsymbol{R}$ 是把旋转角 θ 和旋转轴 $\boldsymbol{u}$（$\theta/[uvw]$，$\boldsymbol{u}$ 为单位矢量）结合成为一个数学实体，它的定义为：

$$\boldsymbol{R}=\tan\left(\frac{\theta}{2}\right)\cdot\boldsymbol{u} \tag{1-115}$$

例如，前面叙述的 B 晶粒相对 A 晶粒晶体坐标架的取向为 $(101)[\bar{1}11]$ 时，$\theta/[uvw]$ 为 $56.6°/[0.245\quad 0.769\quad -0.590]$。B 和 A 晶粒间的罗德里格斯矢量 $\boldsymbol{R}$ 的 3 个分量为：

$$R_1=\tan\left(\frac{\theta}{2}\right)\cdot u=\tan\left(\frac{56.6°}{2}\right)\times0.245=0.132$$

$$R_2=\tan\left(\frac{\theta}{2}\right)\cdot v=\tan\left(\frac{56.6°}{2}\right)\times0.769=0.414$$

$$R_3=\tan\left(\frac{\theta}{2}\right)\cdot w=\tan\left(\frac{56.6°}{2}\right)\times(-0.590)=-0.318$$

这样的话，罗德里格斯矢量 $\boldsymbol{R}$ 就能构成一个正交立方体的三维空间，此空间中每一个 $\boldsymbol{R}$ 矢量反映一个取向或取向差。最小旋转角的 $\boldsymbol{R}$ 应是在 R 空间中最靠近原点（最短）的矢量，也是在 R 空间最惯常表示取向或取向差的矢量。剔除等价的大矢量，选择接近原点的矢量（即转角小的转动），将可以用来表示所有转动矢量的这些矢量所在的区域定义为基础区。这个由罗德里格斯矢量定义的基础区称为罗德里格斯-弗兰克空间（*R-F* 空间）或简称罗德里格斯空间（*R* 空间）。基础区的形状由晶体的对称性确定。对称性高的晶体的基础区为多边形，如果根据晶体的旋转对称轴选择参照坐标系，则基础区形状的对称轴与晶体的旋转轴相关，但对称元素未必相同。因为晶体的对称性，一种取向关系有多种等价关系，例如，立方晶系晶体有 48 种等价关系，即 *R-F* 空间可以划分为 48 个子空间，用其中一个表征晶粒的取向差即可，这相当于忽视了转轴的晶体指数的正负号和顺序。

对于立方对称，基础区的形状是截角（8 个角切割为等边三角形）立方体，即其外表被 6 个八边形形核 8 个等边三角形包围，如图 1-122 所示。在基础区同时标出 *XYZ* 轴，若描述取向，则 *XYZ* 轴放在试样轴上。如果描述取向差，则 *XYZ* 轴放在晶体轴上。

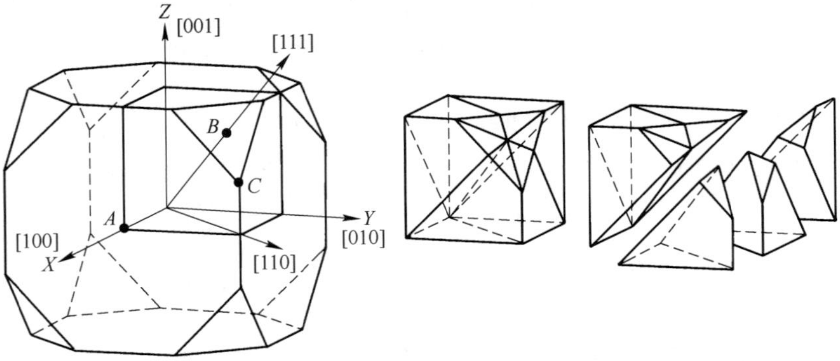

图 1-122 立方对称 *R* 空间的基础区

（图中给出了分解的 48 个子空间）

XYZ 轴基础区交点 *A* 的矢量 $\boldsymbol{R}=(0.4142,0,0)$，它表示的“角/轴对”为 45°/⟨100⟩；从 *XYZ* 坐标原点到切割的等边三角形中心 *B* 的矢量 $\boldsymbol{R}=(0.333,0.333,0.333)$，它表示的“角/轴对”为 60°/⟨111⟩；从 *XYZ* 坐标原点到切割的等边三角形角点 *C* 的矢量 $\boldsymbol{R}=(0.4142,0.4142,0.1716)$，它表示的“角/轴对”为 62.8°/$\langle 11(\sqrt{2}-1)\rangle$，它与 90°/⟨110⟩等价。表 1-18 列出了所有晶系的 *R* 空间的基础区。

表 1-18 所有晶系的 *R* 空间的基础区

晶 系	从原点到主要面的距离	说 明	子区域的分数
立 方	tan(π/8)	6 个八边形面垂直于四次轴，8 个等边三角形面垂直于三次轴	1/48
六 方	tan(π/4)	2 个十二边形面垂直于六次轴，12 个正方形面垂直于二次轴	1/12
三 方	tan(π/4)	2 个六边形面垂直于三次轴，6 个正方形面垂直于二次轴	1/6
四 方	tan(π/6)	8 个三边形面垂直于三次轴（即一个正八面体）	1/24
正 交	tan(π/4)	6 个面垂直于二次轴（即四边形）	1/8
二十面体	tan(π/10)	12 个五边形面垂直于五次轴（即正十二面体）	1/120

R 矢量的一个重要特点是它反映了取向和取向差的直线性，即在一个坐标架下，如果一组罗德里格斯矢量终点在一条直线上，则通过旋转改变参考系之后这些矢量的终点仍然在一条线上。同理，原坐标架下罗德里格斯矢量 **R** 决定的面，转动后仍然是面。这个特殊性质是其他方式矢量表示的旋转所不具备的。由于许多晶体具有旋转对称性，对于晶体的每个取向关系可以用不同的罗德里格斯矢量 **R** 来等价表示。因为罗德里格斯矢量 **R** 反映取向和取向差的直线性，所以一般小角度晶界取向差的矢量集中在原点附近，容易分辨；不少能够形成重位点阵关系（CSL，参阅第 5 章）的取向差是绕着晶体的低指数轴以不同转角 θ 形成的，在 *R-F* 空间中同一转轴转动的结果都落在一根直线上，因此使具有重位点阵的取向关系易于辨认，而且，满足重位点阵的取向差以 *R* 矢量描述时，其形式为整数比，比以转角表示更能反映角度的特殊性。如果选择一对正交（或立方）的晶体轴作参考轴，*R-F* 空间也可用来在母相的坐标系表示它与不同新相之间的取向关系。

虽然广泛使用欧拉空间描述织构，罗德里格斯空间也可以用来描述织构，尤其在描述微观织构时，罗德里格斯空间比欧拉空间更具优点。用罗德里格斯空间描述织构时，通常把试样轴与基础区轴重合。例如轧制试样的 RD、TD、ND 与 *X*、*Y*、*Z* 轴重合，因为试样的这 3 个轴都是二次对称轴，所以，只需使用 1/8 的基础区。但是，使用缩减的空间有可能损失一些有价值的信息，因为实际信息并不一定与假设的试样对称符合。例如，轧制过程可能使织构在轧板的一侧偏高于另一侧，如果用整个基础区描述，就可以明显地看出来。

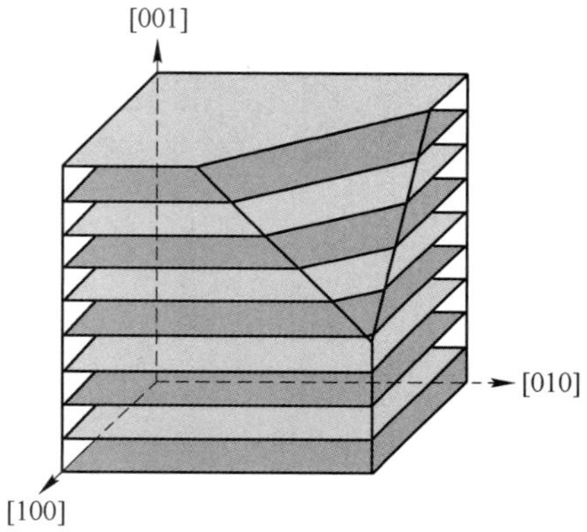

图 1-123 罗德里格斯空间垂直于［001］轴的等距离截面（每隔 10°的截面）

R-F 三维空间也常以二维图形表达，表达的方式有多种，最有用的是垂直于参考轴方向（例如［001］轴）每隔 5°的截面图或投影图。图 1-123 所示为罗德里格斯空间垂直于［001］轴的等距离截面（每隔 10°的截面）。

描述取向和取向差的不同方法各有特点和不足之处，可以根据实际情况选用。常用的描述取向和取向差的取向矩阵间关系的方法汇总于图 1-124 中。

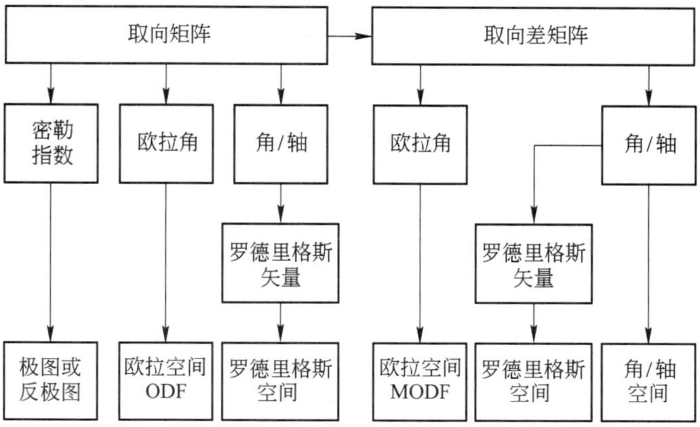

图 1-124 常用的描述取向和取向差的取向矩阵之间关系的方法
（ODF 是取向分布函数，MODF 是取向差分布函数）

例 1-29 参考坐标架设为 TD、RD、ND，(1) 求立方晶系 $(123)[63\bar{4}]$ 取向相对参考坐标架的取向矩阵 $\boldsymbol{g}$、$\theta/[uvw]$(角/轴)、罗德里格斯矢量 $\boldsymbol{R}$ 和欧拉角。(2) 随意求出另一种等价表达的取向矩阵、$\theta/[uvw]$(角/轴)、罗德里格斯矢量 $\boldsymbol{R}$ 和欧拉角。(3) 列出与 $(123)[63\bar{4}]$ 取向等价的一组所有 24 个取向的 $\boldsymbol{g}$、$\theta/[uvw]$(角/轴)、罗德里格斯矢量 $\boldsymbol{R}$ 和欧拉角。

解：(1) 首先求出与 $[123]$、$[63\bar{4}]$ 垂直的方向指数 $[rst]$：$[123]\times[63\bar{4}] = [rst] = [\bar{1}\ \bar{7}\ 22\bar{9}]$。$[123]$、$[63\bar{4}]$ 和 $[\bar{1}\ \bar{7}\ 22\bar{9}]$ 的模分别为：$H_{123} = 3.74$、$H_{63\bar{4}} = 7.81$ 和 $H_{\bar{1}\bar{7}22\bar{9}} = 29.223$。根据式(1-99)，取向矩阵 $\boldsymbol{g}$ 为：

$$\boldsymbol{g} = \begin{bmatrix} 6/7.81 & -17/29.223 & 1/3.74 \\ 3/7.81 & 22/29.223 & 2/3.74 \\ -4/7.81 & -9/29.223 & 3/3.74 \end{bmatrix} = \begin{bmatrix} 0.768 & -0.582 & 0.267 \\ 0.384 & 0.753 & 0.535 \\ -0.512 & -0.308 & 0.802 \end{bmatrix}$$

按照取向矩阵与 $\theta/[uvw]$ 的关系（见式(1-20)和式(1-21)），$\cos\theta$ 为：

$$\cos\theta = 0.5\times(g_{11}+g_{22}+g_{33}-1) = 0.5\times(0.768+0.753+0.802-1) = 0.6615$$

$$\theta = \arccos 0.6615 = 48.6°$$

转轴 $[uvw]$ 的各分量为：

$$u = \frac{g_{23}-g_{32}}{2\sin\theta} = \frac{0.535+0.308}{2\sin 48.6°} = 0.562$$

$$v = \frac{g_{31}-g_{13}}{2\sin\theta} = \frac{-0.512-0.267}{2\sin 48.6°} = -0.520$$

$$w = \frac{g_{12}-g_{21}}{2\sin\theta} = \frac{-0.582-0.384}{2\sin 48.6°} = -0.644$$

即 $\theta/[uvw]$ 为 $48.6°/[0.562\quad -0.520\quad -0.644]$。根据式(1-115)，罗德里格斯矢量 $\boldsymbol{R}$ 的各分量为：

$$R_1 = \tan\left(\frac{\theta}{2}\right)\cdot u = \tan\left(\frac{48.6°}{2}\right)\times 0.562 = 0.254$$

$$R_2 = \tan\left(\frac{\theta}{2}\right)\cdot v = \tan\left(\frac{48.6°}{2}\right)\times(-0.520) = -0.235$$

$$R_3 = \tan\left(\frac{\theta}{2}\right)\cdot w = \tan\left(\frac{48.6°}{2}\right)\times(-0.644) = -0.291$$

把取向矩阵与式(1-110)对比，求欧拉角 Φ、φ_1 和 φ_2：

$$\cos\Phi = g_{33} = 0.802 \qquad \Phi = \cos^{-1}0.802 = 36.7°$$

$$\sin\varphi_1\sin\Phi = g_{31} = -0.512 \qquad \sin\varphi_1 = -0.512/\sin 36.7° = -0.857$$

$$\varphi_1 = \sin^{-1}(-0.857) = -59° = 301°$$

$$\cos\varphi_2\sin\Phi = g_{23} = 0.535 \qquad \cos\varphi_2 = 0.535/\sin 36.7° = 0.895$$

$$\varphi_2 = \arccos 0.895 = 26.5°$$

(2) 选另一等价取向：$(231)[3\bar{4}6]$，根据上一种情况求出的 $[rst] = [\bar{1}\ \bar{7}\ 22\ \bar{9}]$，很易获得现在的 $[rst] = [22\ \bar{9}\bar{1}\ \bar{7}]$。其取向矩阵 $\boldsymbol{g}$ 为：

$$\boldsymbol{g} = \begin{bmatrix} 0.384 & 0.753 & 0.535 \\ -0.512 & -0.308 & 0.802 \\ 0.768 & -0.582 & 0.267 \end{bmatrix}$$

$\theta/[uvw]$ 中 θ 为：

$$\cos\theta = 0.5(g_{11} + g_{22} + g_{33} - 1) = 0.5 \times (0.384 - 0.308 + 0.267 - 1) = -0.3285$$

$$\theta = \arccos(-0.3285) = 109.2°$$

转轴 $[uvw]$ 的各分量：

$$u = \frac{g_{23} - g_{32}}{2\sin\theta} = \frac{0.802 + 0.582}{2\sin 109.2°} = 0.733$$

$$v = \frac{g_{31} - g_{13}}{2\sin\theta} = \frac{0.768 - 0.535}{2\sin 109.2°} = 0.124$$

$$w = \frac{g_{12} - g_{21}}{2\sin\theta} = \frac{0.753 + 0.512}{2\sin 109.2°} = 0.670$$

即 $\theta/[uvw]$ 为 $109.2°/[0.733\quad 0.124\quad 0.670]$。罗德里格斯矢量 $\boldsymbol{R}$ 的各分量为：

$$R_1 = \tan\left(\frac{\theta}{2}\right) \cdot u = \tan\left(\frac{109.2°}{2}\right) \times 0.733 = 1.030$$

$$R_2 = \tan\left(\frac{\theta}{2}\right) \cdot v = \tan\left(\frac{109.2°}{2}\right) \times 0.124 = 0.174$$

$$R_3 = \tan\left(\frac{\theta}{2}\right) \cdot w = \tan\left(\frac{109.2°}{2}\right) \times 0.670 = 0.942$$

求欧拉角 Φ、φ_1 和 φ_2：

$$\cos\Phi = g_{33} = 0.267 \qquad \Phi = \arccos 0.267 = 74.5°$$

$$\sin\varphi_1 \sin\Phi = g_{31} = 0.768 \qquad \sin\varphi_1 = 0.768/\sin 74.5° = 0.797 \qquad \varphi_1 = \arcsin 0.797 = 52.8°$$

$$\cos\varphi_2 \sin\Phi = g_{23} = 0.802 \qquad \cos\varphi_2 = 0.802/\sin 74.5° = 0.832 \qquad \varphi_2 = \arccos 0.832 = 33.7°$$

这种等价取向的取向差角比上一种的大，显然不能表示为取向差。对 $(123)[63\bar{4}]$ 的 24 种等价取向进行计算，对应最小取向差角的 $\theta/[uvw]$ 为 $48.6°/[0.562\quad -0.520\quad -0.644]$，相应的罗德里格斯矢量 $\boldsymbol{R}$ 在 R-F 空间的基础区面上，而 $109.2°/[0.733\quad 0.124\quad 0.670]$ 的罗德里格斯矢量 $\boldsymbol{R}$ 在 R-F 空间的基础区外。

(3) 列出一组等价取向，然后按照 (1) 的计算方法，计算结果见表 1-19。

从计算结果看出，相对于参考坐标的同一取向，可以由不同的 $\theta/[uvw]$ 获得。相对于参考坐标（理想取向）的取向差，应取最小的 θ 角。

表 1-19 与 $(123)[63\bar{4}]$ 等价的取向

理想取向	矩阵 $\boldsymbol{g}$	$\theta/[uvw]$	罗德里格斯矢量 $\boldsymbol{R}$			欧拉角/(°)		
			R_1	R_2	R_3	φ_1	Φ	φ_2
$(123)[63\bar{4}]$ ①	0.768 −0.582 0.267 0.384 0.753 0.535 −0.512 −0.308 0.802	48.6° 0.562 −0.520 −0.644	0.254	−0.235	−0.291	310.0	36.7	26.6
$(1\bar{2}\bar{3})[6\bar{3}4]$	0.768 −0.582 0.267 −0.384 −0.753 −0.535 0.512 0.308 −0.802	153.3° −0.937 0.272 −0.220	−3.944	1.146	−0.925	121.0	143.3	153.4
$(\bar{1}2\bar{3})[\bar{6}34]$	−0.768 0.582 −0.267 0.384 0.753 0.535 0.512 0.308 −0.802	155.3° 0.271 0.933 0.237	1.239	4.263	1.081	121.0	143.3	333.4
$(\bar{1}\bar{2}3)[\bar{6}\bar{3}\bar{4}]$	−0.768 0.582 −0.267 −0.384 −0.753 −0.535 −0.512 −0.308 0.802	149.3° −0.222 −0.240 0.945	−0.807	−0.872	3.441	301.0	36.7	206.6
$(\bar{1}\bar{3}\bar{2})[\bar{6}4\bar{3}]$	−0.768 0.582 −0.267 0.512 0.308 −0.802 −0.384 −0.753 −0.535	175.9° −0.339 −0.808 0.481	−9.371	−22.366	13.319	333.0	122.3	198.4
$(\bar{1}32)[\bar{6}\bar{4}3]$	−0.768 0.582 −0.267 −0.512 −0.308 0.802 0.384 0.753 0.535	140.4° 0.038 0.511 0.859	0.107	1.421	2.387	153.0	57.7	341.6
$(1\bar{3}2)[643]$	0.768 −0.582 0.267 0.512 0.308 −0.802 0.384 0.753 0.535	72.2° −0.816 0.061 −0.574	−0.595	0.045	−0.419	153.0	57.7	161.6
$(13\bar{2})[6\bar{4}\bar{3}]$	0.768 −0.582 0.267 −0.512 −0.308 0.802 −0.384 −0.753 −0.535	122.5° 0.922 −0.386 −0.041	1.679	−0.704	−0.075	333.0	122.3	18.4
$(\bar{2}\bar{1}\bar{3})[\bar{3}\bar{6}4]$	−0.384 −0.753 −0.535 −0.768 0.582 −0.267 0.512 0.308 −0.802	143.3° −0.482 0.876 0.013	−1.453	2.644	0.039	121.0	143.3	243.4
$(\bar{2}13)[\bar{3}6\bar{4}]$	−0.384 −0.753 −0.535 0.768 −0.582 0.267 −0.512 −0.308 0.802	125.6° 0.354 0.014 −0.935	0.688	0.027	−1.820	301.0	36.7	296.6
$(2\bar{1}3)[3\bar{6}\bar{4}]$	0.384 0.753 0.535 −0.768 0.582 −0.267 −0.512 −0.308 0.802	67.4° 0.022 −0.567 0.824	0.015	−0.378	0.550	301.0	36.7	116.6
$(21\bar{3})[364]$	0.384 0.753 0.535 0.768 −0.582 0.267 0.512 0.308 −0.802	178.6° −0.832 −0.457 −0.315	−68.086	−37.419	−25.75	121.0	143.3	63.4

续表 1-19

理想取向	矩阵 $\boldsymbol{g}$	θ/[uvw]	罗德里格斯矢量 $\boldsymbol{R}$			欧拉角/(°)		
			R_1	R_2	R_3	φ_1	Φ	φ_2
$(231)[3\bar{4}6]$	0.384　0.753　0.535 −0.512　−0.308　0.802 0.768　−0.582　0.267	109.2° 0.732　0.124　0.670	1.030	0.174	0.942	52.9	74.5	33.7
$(2\bar{3}\bar{1})[34\bar{6}]$	0.384　0.753　0.535 0.512　0.308　−0.802 −0.768　0.582　−0.267	106.7° −0.722　−0.680　0.126	−0.971	−0.914	0.169	232.9	105.5	146.3
$(\bar{2}3\bar{1})[\bar{3}\bar{4}\bar{6}]$	−0.384　−0.753　−0.535 −0.512　−0.308　0.802 −0.768　0.582　−0.267	168.4° 0.548　0.582　−0.600	5.414	−5.749	−5.921	232.9	105.5	326.3
$(\bar{2}\bar{3}1)[\bar{3}46]$	−0.384　−0.753　−0.535 0.512　0.308　−0.802 0.768　−0.582　0.267	113.9° −0.120　0.712　−0.692	−0.185	1.094	−1.602	52.9	74.5	213.7
$(312)[\bar{4}63]$	−0.512　−0.308　0.802 0.768　−0.582　0.267 0.384　0.753　0.535	141.2° −0.388　−0.334　−0.859	−1.102	−0.948	−2.442	153.0	57.7	71.6
$(3\bar{1}\bar{2})[\bar{4}\bar{6}\bar{3}]$	−0.512　−0.308　0.802 −0.768　0.582　−0.267 −0.384　−0.753　−0.535	137.1° 0.357　−0.871　−0.338	0.907	−2.216	0.860	333.0	122.3	108.4
$(\bar{3}1\bar{2})[46\bar{3}]$	0.512　0.308　−0.802 0.768　−0.582　0.267 −0.384　−0.753　−0.535	143.3° 0.854　0.350　−0.385	2.577	1.055	−1.163	333.0	122.3	288.4
$(\bar{3}\bar{1}2)[4\bar{6}3]$	0.512　0.308　−0.802 −0.768　0.582　−0.267 0.384　0.753　0.535	71.7° −0.537　0.625　0.567	−0.388	0.451	0.409	153.0	57.7	251.6
$(\bar{3}\bar{2}\bar{1})[4\bar{3}\bar{6}]$	0.512　0.308　−0.802 −0.384　−0.753　−0.535 −0.768　0.582　−0.267	138.9° −0.850　0.026　0.527	−2.269	0.068	1.407	232.9	105.5	236.3
$(\bar{3}21)[436]$	0.512　0.308　−0.802 0.384　0.753　0.535 0.768　−0.582　0.267	74.6° 0.579　0.814　−0.039	0.441	0.620	−0.030	52.9	74.5	303.7
$(3\bar{2}1)[\bar{4}\bar{3}6]$	−0.512　−0.308　0.802 −0.384　−0.753　−0.535 0.768　−0.582　0.267	177.3° 0.493　−0.351　0.796	20.621	−14.661	33.260	52.9	74.5	123.7
$(32\bar{1})[\bar{4}3\bar{6}]$	−0.512　−0.308　0.802 0.354　0.753　0.535 −0.765　0.582　−0.267	120.9° −0.028　−0.915　−0.403	−0.048	−1.613	−0.711	232.9	105.5	56.3

① $(123)[63\bar{4}]$ 的 θ 角最小。

例 1-30 画出立方系(123)[63$\bar{4}$]取向的(100)、(110)和(111)极图。

解：为了画出(123)[63$\bar{4}$]取向的上述极图，首先求出(123)的标准极射赤面投影图，并标出[63$\bar{4}$]方向，如图1-125所示。作(100)、(110)和(111)极图时，除了需要的极点，把其他极点去掉，就是该指定的极图，如图1-126所示。

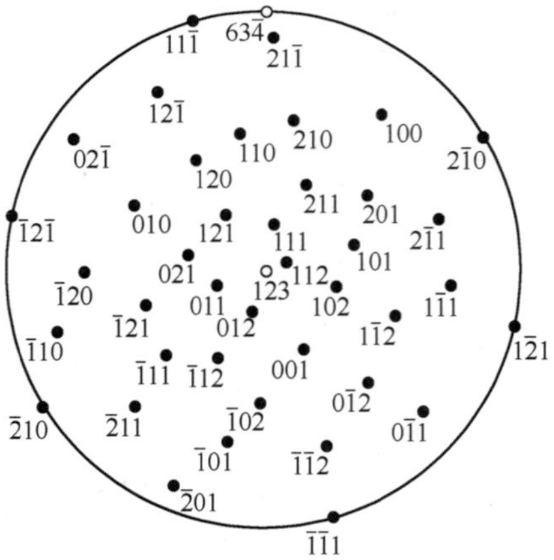

图 1-125 立方系(123)的标准极射赤面投影图

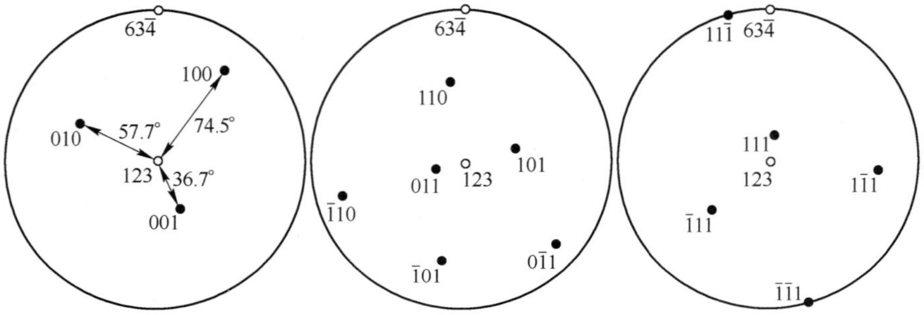

a b c

图 1-126 (123)[63$\bar{4}$]取向的极图

a—(100)极图；b—(110)极图；c—(111)极图

例 1-31 晶粒A相对参考坐标架（理想取向）的取向关系为45°/[123]；晶粒B相对参考坐标架的取向关系为35°/[111]；求晶粒B与晶粒A之间的取向差以及取向关系。

解：根据式(1-19)，获得晶粒A和晶粒B相对参考坐标的变换矩阵$\boldsymbol{g}_A$和$\boldsymbol{g}_B$：

$$\boldsymbol{g}_A = \begin{bmatrix} 0.728 & 0.608 & -0.315 \\ -0.525 & 0.791 & 0.315 \\ 0.441 & -0.063 & 0.895 \end{bmatrix}$$

$$\boldsymbol{g}_B = \begin{bmatrix} 0.879 & 0.391 & -0.271 \\ -0.271 & 0.879 & 0.391 \\ 0.391 & -0.271 & 0.879 \end{bmatrix}$$

由晶粒A转换到晶粒B的变换矩阵$\boldsymbol{g} = \boldsymbol{g}_B \cdot \boldsymbol{g}_A^{-1}$：

$$\boldsymbol{g} = \boldsymbol{g}_B \cdot \boldsymbol{g}_A^{-1} = \begin{bmatrix} 0.9639 & -0.2374 & 0.1202 \\ 0.2148 & 0.9608 & 0.1753 \\ -0.1571 & -0.1432 & 0.9771 \end{bmatrix}$$

从这一矩阵可知，晶粒B的取向是相对于晶粒A绕[0.515 −0.448 −0.731]轴转动 18.02°，即 $\theta/[uvw]$ 为 18.02°/[0.515 −0.448 −0.731]。根据式(1-113)，晶粒 B 取向由晶粒 A 的"旋动角/转动轴"描述的取向空间的参数 θ、ϑ 和 ψ 为：

$$\theta = 18.02°$$

$$\vartheta = \arccos(w) = \cos(-0.731) = 137.0°$$

$$\psi = \arccos(u/\sin\vartheta) = 41.0°$$

根据式(1-115)，罗德里格斯矢量 $\boldsymbol{R}$ 的各分量为：

$$R_1 = \tan(\theta/2) \times u = 0.082$$

$$R_2 = \tan(\theta/2) \times v = 0.071$$

$$R_3 = \tan(\theta/2) \times w = 0.116$$

把取向矩阵与式(1-110)对比，求出晶粒 A 作为参考坐标（理想取向）时晶粒 B 的欧拉角欧拉角 Φ、φ_1 和 φ_2：

$$\cos\Phi = g_{33} = 0.9771 \qquad \Phi = \cos^{-1}(0.9771) = 12.3°$$

$$\sin\varphi_1\sin\Phi = g_{31} = -0.1571 \quad \sin\varphi_1 = -0.1571/\sin(12.3°) = -0.797 \quad \varphi_1 = \arcsin(-0.797) = 47.5°$$

$$\cos\varphi_2\sin\Phi = g_{23} = 0.1753 \quad \cos\varphi_2 = 0.1753/\sin(12.3°) = 0.823 \quad \varphi_2 = \arccos 0.843 = 34.6°$$

另外，根据矩阵 $\boldsymbol{g}$ 的第一列和第三列知道晶粒 B 的 $(0.9639\ \ 0.2148\ \ -0.1571)_B \parallel (001)_A$、$[0.1202\ \ 0.1753\ \ 0.9771]_B \parallel [100]_A$。

1.10.7 宏观织构与微观织构

多晶材料中晶体取向偏离随机分布都称为织构。传统方法是用 X 射线衍射仪（或中子衍射）测量极图，然后再由极图数据计算 ODF 来描述织构。对于一般的多晶材料，X 射线衍射仪测量可获得 300000 个晶粒的取向信息，所以，这种测试是宏观的、统计的，测量的织构称宏观织构。这样的测量结果可以得到在试样中一些特定取向所占的体积分数，但它不能明确晶粒取向在试样中是如何分布的。随着分析技术的发展，例如电子背散射衍射（EBSD）和选区电子衍射（SAD）技术的出现，它们可以直接获得局部显微组织的晶粒取向，即把晶粒取向与空间位置联系起来，这样的"取向拓扑"——取向成像把显微组织与织构联系起来，称为微观织构。微观织构在本质上是单个取向的总体，而不像宏观织构的总体取向统计，因为微观织构的取向资料的分散性本质以及它直接与显微组织的联系，它可以比宏观织构对织构/取向的评定及描述得到更广泛和更复杂的信息。但是，半自动 EBSD 数据采集的典型范围在 100～1000 晶粒之间，即使全自动 EBSD 通常也小于 100000 晶粒（这里以平均晶粒尺寸约为 30μm 计算），所以，EBSD 分析不一定能反映整体宏观的信息。

根据微观织构的特点，它可以在如下领域应用：

（1）局部属性效应。当某些相近取向的晶粒团聚在一起时，如图 1-127a 中 * 标志的晶粒，会把这些取向具有的属性放大，位错滑动（见第 4 章）可以穿过这些相近取向的晶粒就是例子之一。

（2）界面参数和界面性质。如果知道了每个晶粒的取向，就可以计算相邻晶粒的取向差，从而提供有关晶界几何分布的信息，即晶粒之间的织构，这有时称为“介观织构”。这是非常有用的，因为它把晶界结构与性质联系起来。例如图 1-127b 中＊标志的晶粒，因为它们之间的取向很相近，所以它们邻接的晶界是小角度晶界，但它们与其他的非＊标志的晶粒邻接，则晶界是大角度晶界（见第 5 章）。

（3）晶粒的形貌和几何参数。如晶粒尺寸、形状和宏观位置等参数，这些信息是宏观织构测量不可能得到的。微观织构可以同时获得几何与取向参数，从而获得两者之间的关联性。例如，图 1-127c、d 中的＊取向晶粒，微观织构可以得出它的晶粒大小以及其在试样中所处的空间位置等信息。

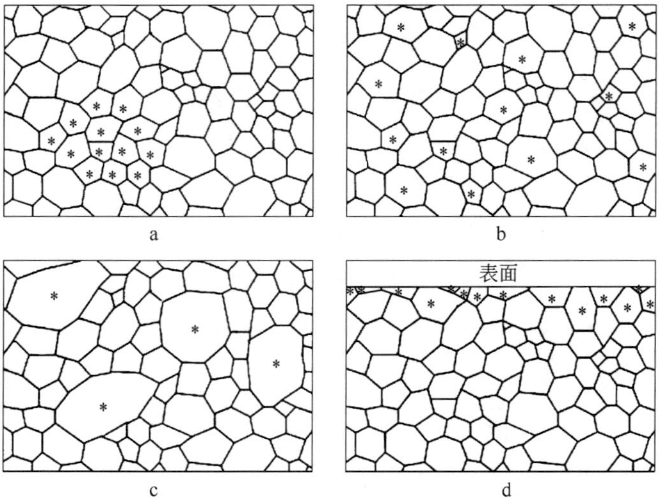

图 1-127 微观织构或取向拓扑的理想化描述

a—＊取向晶粒在显微组织中相邻接；b—＊取向晶粒在显微组织中分隔开；c—＊取向晶粒分布在显微组织的特殊尺寸晶粒中；d—＊取向晶粒分布在试样的特殊位置（例如表面）

（4）在单个晶粒内的取向变化。按经典的定义，一个晶粒只有单一的明确的取向。但是，在实际情况中，在晶粒内其取向可能连续或不连续地变化，这称为“取向起伏”，尤其在靠近界面处或经变形后晶粒内的应变不均匀分布就可能发生这样的情况（参见第 9 章）。

（5）相之间的关系。在图 1-127 中都是描述同一种相的晶粒关系，对于多相材料，相之间的关系也具有相同的模式，可以方便地研究各相的织构、取向分布，晶粒间取向差和相之间取向关系等。

（6）直接的 ODF 测量。传统描述宏观织构的 ODF 是通过测量几个极图的数据计算得到的，这些计算程序有其固有的误差，而微观织构测试技术是直接测量晶粒的取向而不是用计算方法得来，所以，可以避免这些误差，从而获得试样真实的晶粒取向分布。

从上面的讨论知道，微观织构技术具有很多特殊的优点。但微观织构技术一般测量量少，测量的结果不一定具有宏观统计意义，并且测试数据量大时会很费时间。如只需要知道宏观织构信息，一般不需要用微观织构技术测量。

无论宏观织构或是微观织构都可以用极图以及在欧拉空间或罗德里格斯空间表达。例如，图 1-128 所示为 Al-1.8%Cu 单晶经 80%变形量轧制后再在 300℃退火保温 300s 的部分再结晶试样的微观和宏观织构，图 1-128a 所示为用 EBSD 测量的形变以及再结晶区域的一些取向在极射赤面投影图的极点；图1-128b所示为由 EBSD 测量 500 个晶粒取向后计算得到的取向密度分布；图 1-128c 所示为用 X 射线测量极图计算得到的宏观织构。比较图 1-128b 和 c，它们相应的主峰位置吻合得很好，但定量比较它们的取向密度时发现相差很大，差别的原因是 X 射线测量的极点是取向的体积权重的表示，而用 EBSD 测量的是每个晶粒的取向，因而极点是取向数量的表示，两者是不同的。

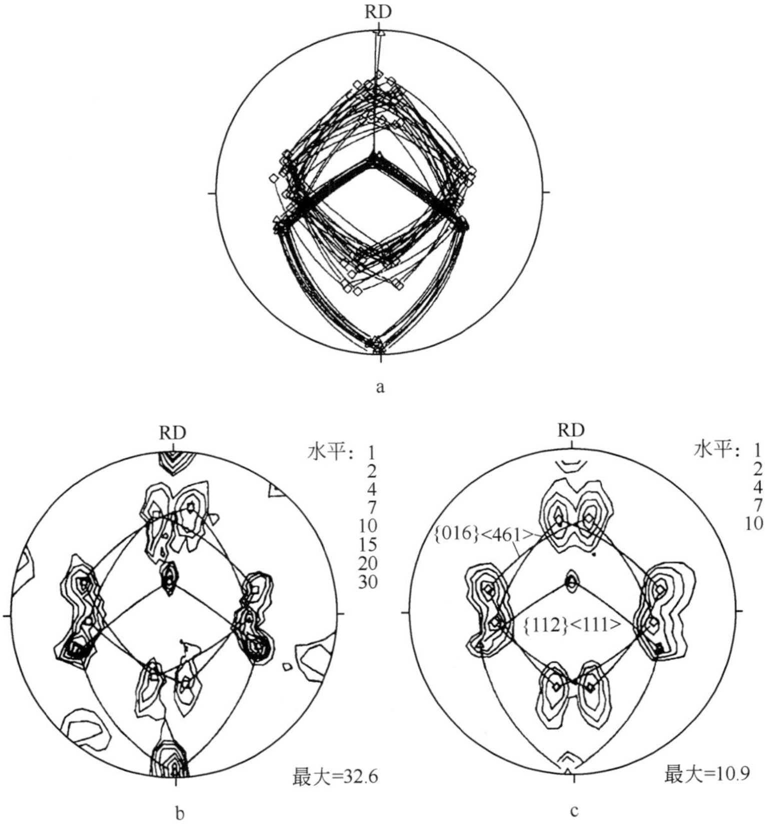

图 1-128 Al-1.8%Cu 单晶经部分再结晶的微观和宏观织构

a—用 EBSD 测量的形变以及再结晶区域的一些取向在极射赤面投影图的极点；b—由 500 个晶粒取向计算得到的取向密度分布；c—用 X 射线测量极图计算得到的取向密度分布

图 1-129 所示为 Al-1.3%Mn 经 92%压下量轧制后在 450℃退火 10s 在欧拉空间表示的织构。图1-129a所示为用 EBSD 测量获得 1000 个晶粒的取向，图 1-129b 所示为同一试样用 X 射线测量极图计算得到的等密度线分布 ODF。从图中看出，宏观织构峰值与晶粒密集的取向是相吻合的，但是有些细节却显示不出来。

前面说过，反极图通常用以描述轴对称试样的取向分布，因此一般情况下轴对称试样的织构只需一个反极图表述就可以了。但是，对于微观取向（或微观织构），即使试样是轴对称的，局部显微组织在变形过程中的转动，单靠一个压缩轴的反极图是不能完全描述它的取向的。例如，图 1-130 所示为对金属间化合物 NiAl 在 900℃经 70%单向压缩变形后

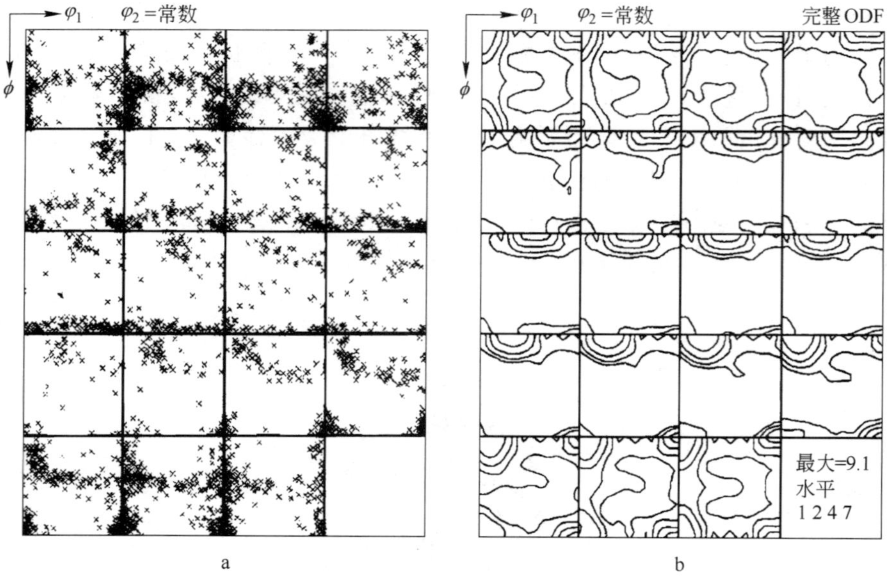

图 1-129 Al-1.3%Mn 轧制和退火后在欧拉空间表示的织构

a—用 EBSD 测量获得 1000 个晶粒的取向；b—用 X 射线测量极图计算得到的连续的 ODF

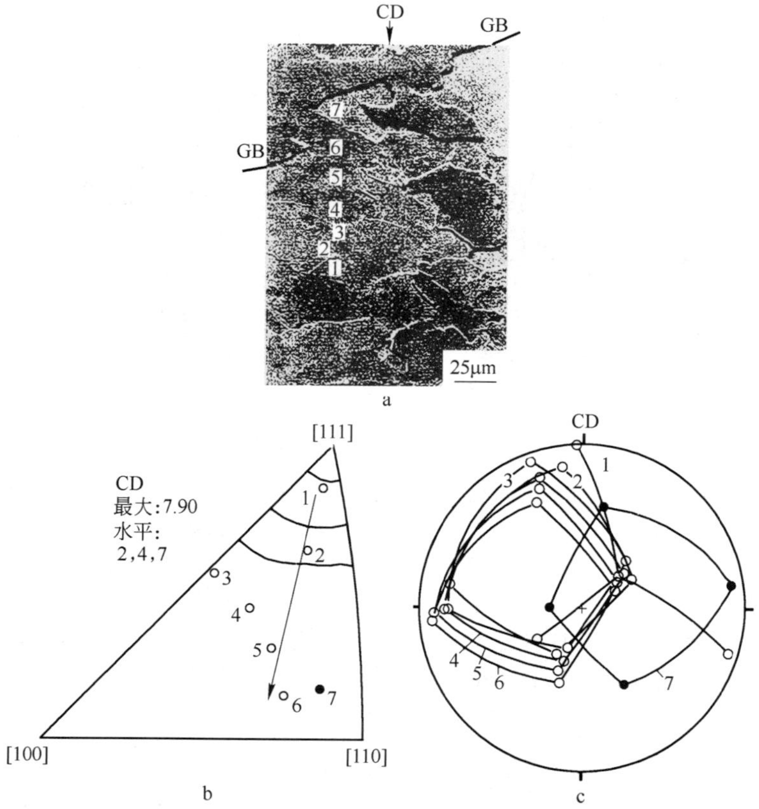

图 1-130 NiAl 在 900℃经 70%单向压缩变形后的横截面的显微组织及取向分析

a—标号 1~7 的亚晶（GB 是晶界，CD 是压缩方向）；b—在（a）中标号的 7 个亚晶取向表示在试样压缩轴反极图中，空心圆散点由 EBSD 测得，等密度线由 X 射线测得；c—1~7 亚晶的（111）极图

测得的宏观压缩轴的反极图，以及对局部显微组织（晶界邻近的亚晶）取向压缩轴反极图的差异说明这个问题。图 1-130a 所示为形变后显微组织，标出了晶界邻近的 7 个亚晶；图 1-130b 所示为由 X 射线测量试样的压缩轴反极图（以等密度线表示），在图中同时标出了晶界邻近的 1~7 个亚晶的取向位置(空心圆散点)。从图中看出，试样宏观织构明显地为⟨111⟩织构，但在显微组织局部就不一定能看出有这样的织构。从图中还看出，亚晶 6 和亚晶 7 的位置靠近，但是在图 1-130c 所示的（111）极图却发现这两个亚晶的取向十分不同。因此，再一次看到，要完全表达取向的三维取向信息，一个参考轴的反极图是不够的，需要两个参考轴的反极图。同时也可看出宏观织构与显微取向的差别。

练 习 题

1-1 从图 1-131 的图案中抽象出一个平面点阵。

1-2 图 1-132 的晶体结构中包含两类原子，从这个晶体结构中抽象出空间点阵，并指出其中一个结构基元。

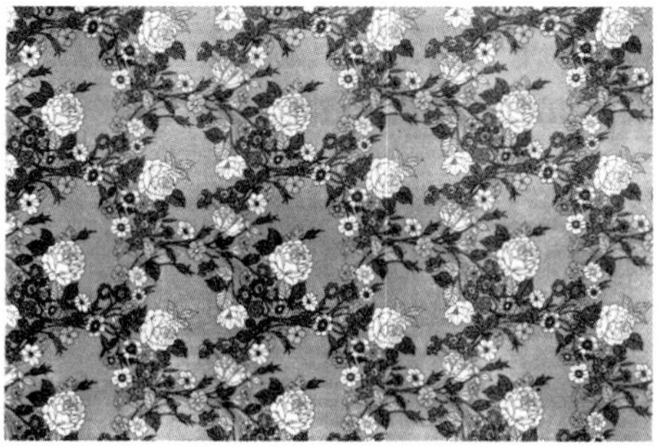

图 1-131 一个图案花样

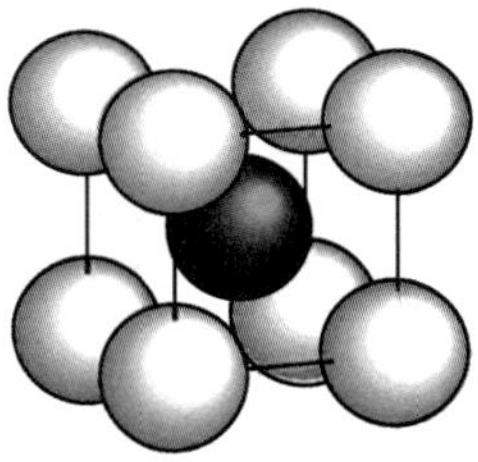

图 1-132 包含两类原子的晶体结构晶胞

1-3 用图 1-133a 中所标的 $\boldsymbol{a}_1$ 和 $\boldsymbol{a}_2$ 初基矢量来写出 $\boldsymbol{r}_1$、$\boldsymbol{r}_2$、$\boldsymbol{r}_3$ 和 $\boldsymbol{r}_4$ 的平移矢量的矢量式。用图 1-133b 中所标的初基矢量 $\boldsymbol{a}_1$、$\boldsymbol{a}_2$ 和 $\boldsymbol{a}_3$ 来写出图中 $\boldsymbol{r}$ 矢量的矢量式。

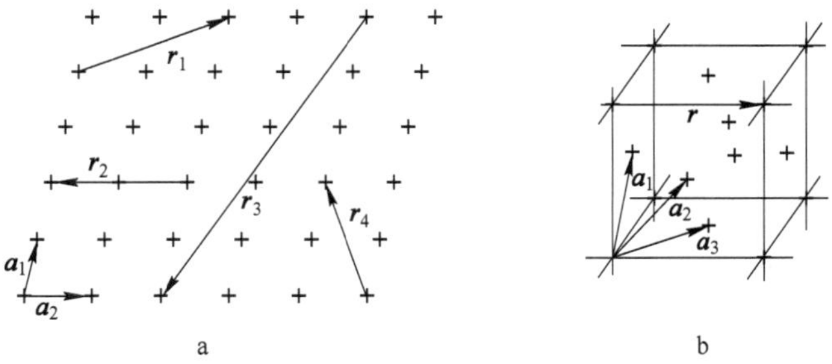

图 1-133 用点阵基矢描述点阵矢量

a—二维点阵；b—三维点阵

1-4 用矩阵乘法求出乘积 $\{2_{[100]} \cdot 4_{[001]}\}$ 的等价操作，再求 $\{4_{[001]} \cdot 2_{[100]}\}$ 的等价操作，这些结果说明什么？

1-5 画出图 1-134 中各个形体所有的对称元素。

1-6 画出图 1-135 中 4 种平面点阵（它是无限大的）除平移外的所有对称元素及其所在位置（在有限个阵点画出就可以了）。

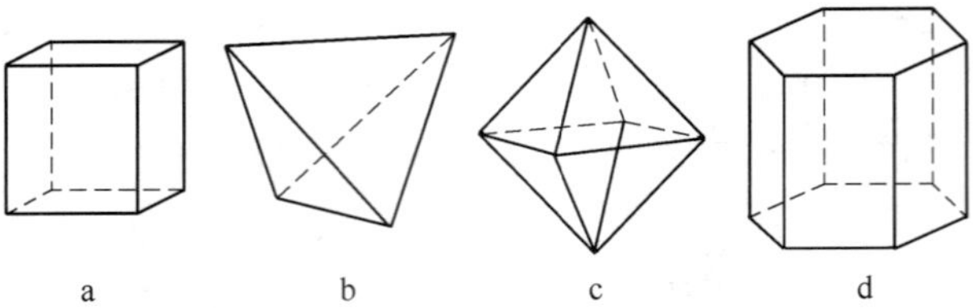

图 1-134　描绘各种多面体的对称元素

a—立方体；b—四面体；c—八面体；d—正六面柱体

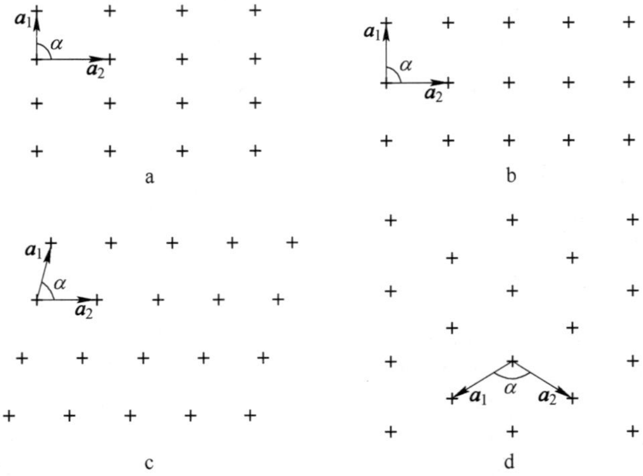

图 1-135　4 种二维点阵

a— $|\boldsymbol{a}_1| \neq |\boldsymbol{a}_2|$，$\alpha=90°$；b— $|\boldsymbol{a}_1| = |\boldsymbol{a}_2|$，$\alpha=90°$；

c— $|\boldsymbol{a}_1| = |\boldsymbol{a}_2|$，$\alpha\neq90°$；d— $|\boldsymbol{a}_1| = |\boldsymbol{a}_2|$，$\alpha=120°$

1-7　对于立方 P、I 和 F 点阵，如果在每个阵点放上硬球，证明可以填充的最大体积依次为 0.52、0.68 和 0.74。

1-8　某正交晶系单胞中，在如下位置有单原子存在：(1) [0, 1/2, 0]，[1/2, 0, 1/2] 两种位置都是同类原子；(2) [1/2,0, 0]，[0, 1/2, 1/2] 上是 A 原子，[0, 0, 1/2]，[1/2, 1/2, 0] 是 B 原子。问上面两种晶胞各属于哪一种布拉维点阵？

1-9　图 1-136 给出了 Cu、W、NaCl、ZnS、$MoSi_2$和 $BiLi_3$结构的晶胞，图中每种结构右边的图是投影图，其中数字表示原子的坐标位置。指出它们的结构基元（用坐标位置写出）和布拉维点阵。

1-10　在一个三斜单胞中画出 (010)、(110)、$(1\bar{2}1)$、(312) 等晶面，画出 $[1\bar{1}1]$、$[\bar{1}23]$、$[\bar{1}\bar{1}0]$ 和 [211] 等晶向。

1-11　用四轴坐标系画出六方晶系的 $(11\bar{2}0)$、$(\bar{1}012)$、$(10\bar{1}1)$ 等晶面及 $[11\bar{2}0]$、$[\bar{2}113]$、$[\bar{3}125]$ 等晶向。

1-12　写出图 1-137 中晶向的四轴坐标晶向指数。

1-13　列出三斜、单斜、正交及四方系中 {210} 面族包含面的数目及其指数；列出六方系中 $\{21\bar{3}0\}$ 面族包含面的数目及其指数。

1-14　一个四方晶系的 3 个正交轴的点阵常数 a、b 和 c 的长度分别为 0.3nm、0.3nm 和 0.7nm。(1) 画出此晶体的一个或多个单胞的示意图，并画出 (110)、$(3\bar{2}1)$ 和 $(0\bar{1}1)$ 面。(2) 列出不同取向的±1、±1 和 0 的面指数，指出哪些晶面在四方晶系是等价的。(3) 给出在四方晶系中如下各对晶向间的夹角：[110] 和 $[1\bar{1}0]$、[110] 和 $[10\bar{1}]$、[100] 和 [111]。(4) 在这种晶体中，$(1\bar{1}0)$ 和 $(11\bar{1})$ 面的晶带轴是什么？画出一个单胞显示这两个面和此晶带轴。

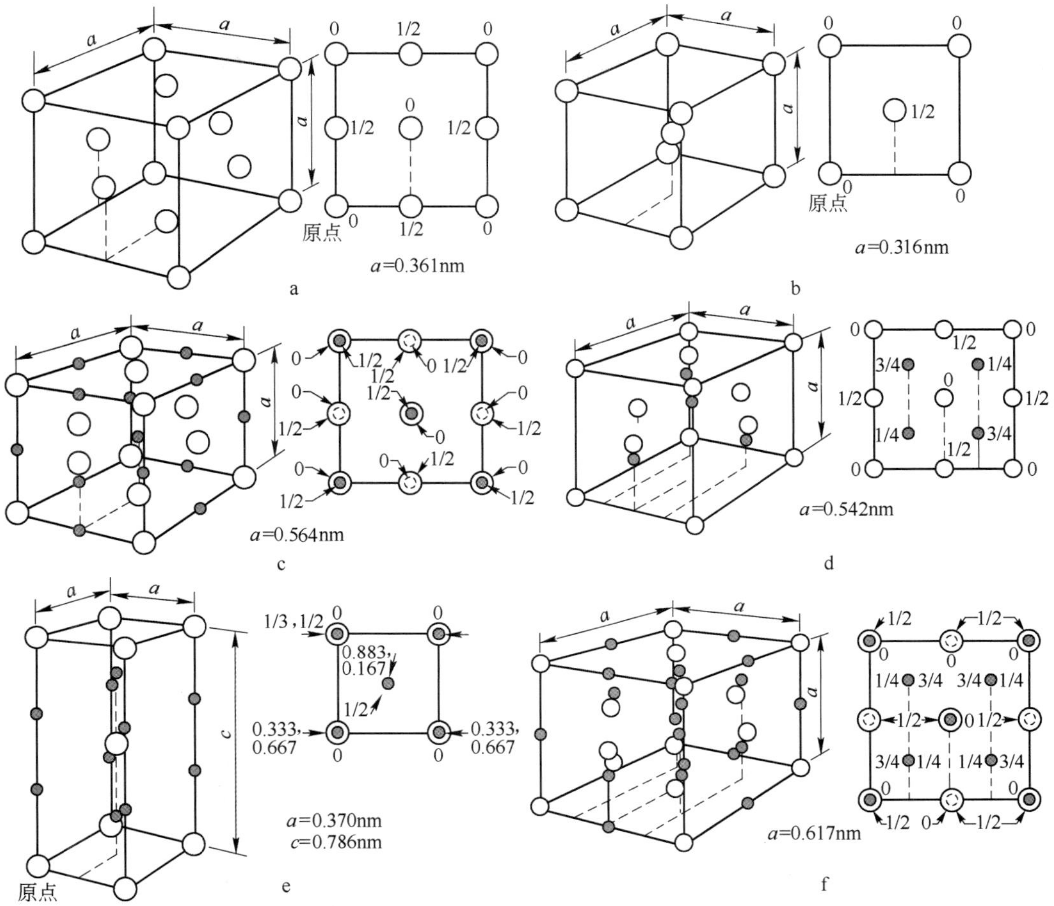

图 1-136 不同晶体结构的晶胞

a—Cu；b—W；c—NaCl；d—ZnS；e—$MoSi_2$；f—$BiLi_3$

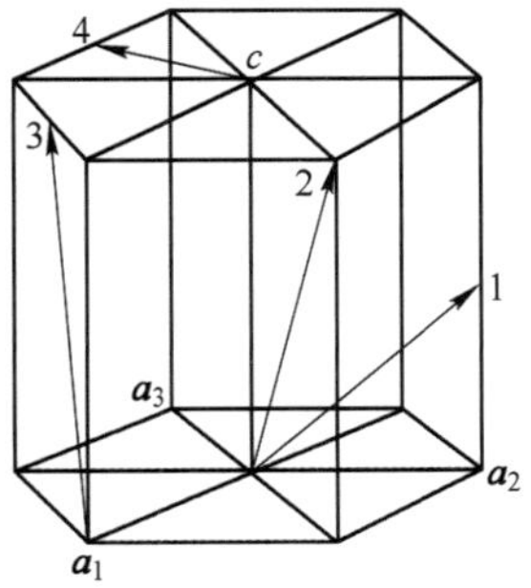

图 1-137 六方点阵的单胞和晶胞

1-15 $(1\bar{1}0)$、$(11\bar{2})$、$(\bar{3}12)$ 面是否同属一个晶带？如是，求出晶带轴的方向指数。

1-16 下列立方系的晶面：(234)、$(20\bar{1})$、$(1\bar{1}1)$、(241)、$(\bar{2}\,\bar{2}1)$、$(43\bar{1})$、(101)、(010) 和 $(4\bar{3}2)$ 中有哪些面属于同一个晶带？求出晶带轴。

1-17 画出面心立方点阵的 P 初基单胞，写出复式单胞的 (110) 和 (011) 在初基单胞中的面指数。从这个例子中你能否看出为什么这种点阵通常采用复式单胞来描述？

1-18 图 1-138 为钙长石 $Ca(Al_2Si_2O_8)$ 单晶体，它具有中心对称，各晶面标一英文字母，每一个棱用数字标出，标记相同数字的棱是平行的棱。选择 4 个面，由它们可以定出晶胞的棱 $\boldsymbol{a}$、$\boldsymbol{b}$、$\boldsymbol{c}$，尽可能确定各晶面和晶棱的密勒指数。

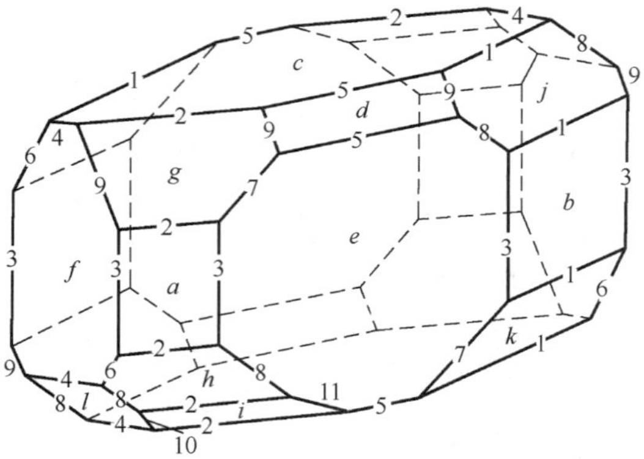

图 1-138　钙长石 $Ca(Al_2Si_2O_8)$ 单晶体

1-19　指出图 1-139 给出的装饰六面体中平行于〈100〉轴、平行于〈110〉轴和平行于〈111〉轴的旋转对称轴轴次。

1-20　图 1-140 给出一个二维晶体结构。(1) 在图中适当的有意义部分（或全部）标出等同点。(2) 选择基矢 $\boldsymbol{a}$、$\boldsymbol{b}$，画出单胞。(3) 单胞中包括多少个阵点，多少个原子？(4) 在图中有意义部分标出它存在的对称元素和对称元素的位置（假设晶体是无限大的）。(5) 写出它的计量成分式子。

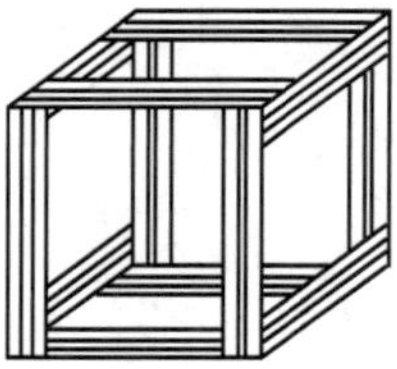

图 1-139　一种装饰六面体

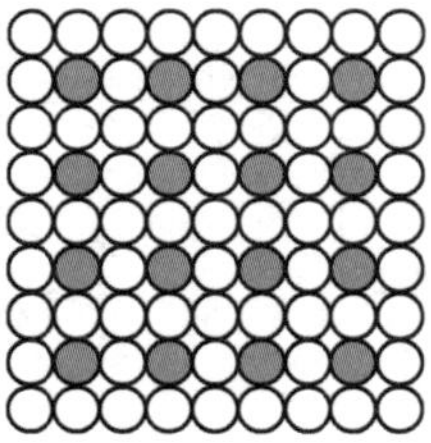

图 1-140　一种二维晶体结构

1-21　图 1-141 给出一个二维晶体结构，回答上题的各问题。

1-22　图 1-142 所示为一个汞-钡-铜氧化物晶胞。(1) 指出它属于哪一种布拉维点阵；(2) 给出它的点对称元素以及这些对称元素的位置；(3) 一个单胞中含几个阵点，含各类原子各多少个？写出这个氧化物的分子式。

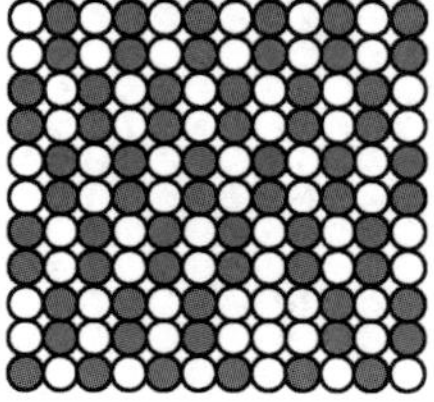

图 1-141　一种二维晶体结构

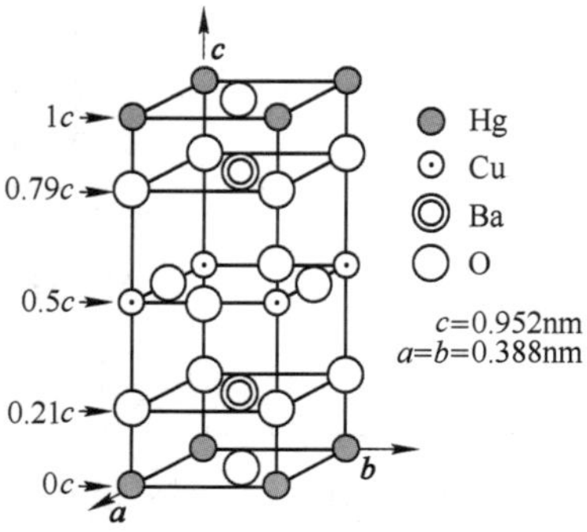

图 1-142　汞-钡-铜氧化物晶胞

1-23　四方点阵的初基单胞轴长 $a=2.5$nm、$c=7.5$nm，用坐标纸画出 $(h0l)$ 的倒易阵点（h，$l\leq\pm4$）。

1-24 （1）画出体心立方点阵［123］晶带的倒易点（各指数不大于 10）。（2）画出面心点阵$[11\bar{1}]$晶带的倒易点（各指数不大于 10）。

1-25 求 Be（六方系，$c/a=1.57$）的$(11\bar{2}3)$与$(\bar{1}\bar{1}20)$的夹角和这两个面的面间距。

1-26 证明面心立方的倒易点阵是体心立方，体心立方的倒易点阵是面心立方。

1-27 证明 P 单胞中的（hkl）面在单胞各轴长上分别各有 h、k 和 l 个面截过。

1-28 证明立方系 P 点阵中的（hkl）面是按每隔（$h^2+k^2+l^2$）个面重复堆垛的。如果不是 P 点阵，应如何修正？

1-29 四方系点阵的（111）面与（110）面的夹角为 26.81°，求它的轴比；再求（111）面与（101）面的夹角。

1-30 某点在极射赤面投影图上的坐标用从投影圆中心开始量的纬度和经度来表示。例如：N 极为 90°N、0°E；E 极为 0°N、90°E；以此类推。A 面的大圆通过 N、S 极，并通过 0°N、60°E，B 面的极点为 20°N、70°W，求两个面的夹角。画出 A 面和 B 面大圆的投影，量出这两个投影的夹角，验证极射赤面投影的保角性。

1-31 极点 A 的坐标为 20°N、50°E，把它绕投影图的法线顺时针转动 70°；从 N 向 S 看，以逆时针方向绕 N-S 轴转动 80°；绕坐标为 20°S、40°W 的极点顺时针转动 60°。求出上述每一种情况中极点 A 转动后的位置，并画出转动路线。

1-32 画一张立方系晶体的标准（011）投影图，在图上标出｛100｝、｛110｝和｛111｝的所有晶面的极点以及这些晶面构成的晶带的晶带圆。在画出的图中，若$(\bar{1}00)$为 N 极，$(01\bar{1})$极点为 E 极，求坐标为 17°W、24.1°S 的晶面的面指数。

1-33 投影球的半径为 1，（100）是投影面，计算立方系（132）极点在投影图上的位置。

1-34 画一张 Be（六方晶系，$c/a=1.57$）的标准（0001）极射赤面投影图。在图上标出$\{2\bar{1}\bar{1}0\}$、$\{10\bar{1}0\}$、$\{2\bar{1}\bar{1}1\}$和$\{10\bar{1}1\}$所有晶面的极点以及它们构成的晶带圆。

1-35 一个立方晶系单晶体的 3 个低指数晶面的极点，设 Z 轴为投影面的法线，X 轴和 Y 轴在投影面上，X、Y、Z 轴构成右手坐标系，α 是极点方向在投影面上与 Y 轴的夹角，从投影图上看，顺时针方向转动为正，γ 是晶面极点方向（晶面法线方向）与 X-Y 面的夹角，极点方向在投影图上方为正。3 个极点的 α 和 γ 角为：124°，10°；215°，9°；350°，16°。查看标准极图的低指数面间的夹角关系定出 3 个极点的面指数。

1-36 图 1-143 是一个立方系单晶体，它的取向是上题标定的取向。晶体的 A 面和投影面平行，B 面和 Y 轴成 70°（如图 1-143 所示），pq 是 A 面和 B 面的交线，与 X 轴平行。一个晶面和 A 面及 B 面相交的痕迹与 pq 的夹角分别是 $\alpha=55°$和 $\beta=157.5°$，求此面的面指数（hkl）。

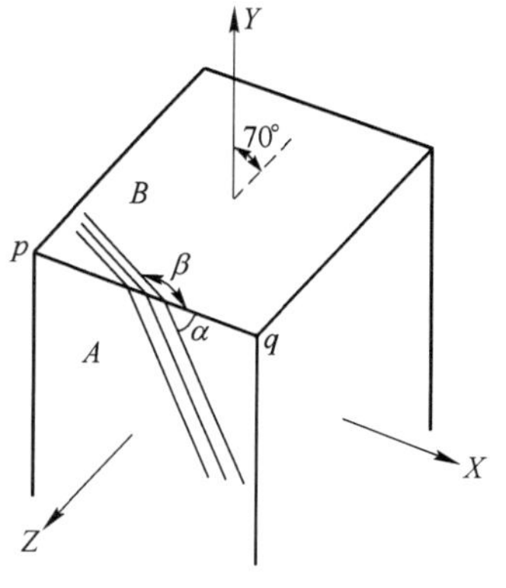

图 1-143　一个立方系单晶体以及某一晶面在单晶体表面相交的痕迹

1-37 如果有一个三次旋转反演轴，并且有一个通过三次轴的镜面。（1）用极射赤面投影图求出一般位置点的等价点系，这个点对称群是几阶的？（2）画出这个点对称群其他的派生对称元素；（3）写出这个点群的符号。

1-38 确定图 1-144 中各二维图像的平面群。

1-39 确定图 1-145 中立方体图形的对称元素及其位置。给出它们的点群符号。

1-40 图 1-146 中的图形，$a \neq b \neq c$，$\boldsymbol{a}$、$\boldsymbol{b}$ 和 $\boldsymbol{c}$ 轴相互垂直。给出它们的空间群符号。

1-41 根据图 1-147 给出的生殖对称元素，画出一般位置点的等价点系，导出所有其他对称元素。

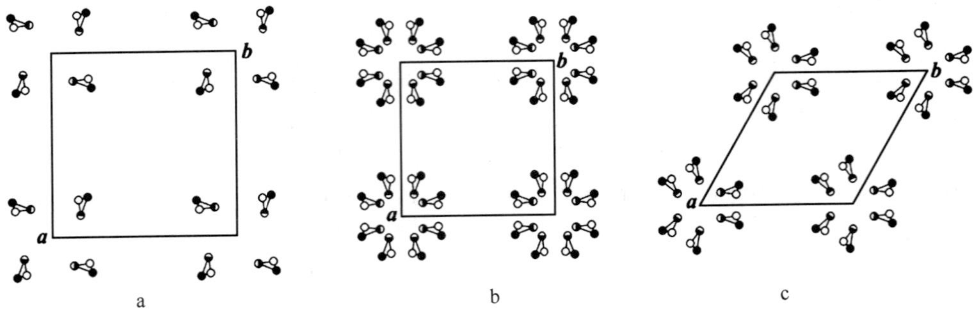

图 1-144 3 种不同排列的二维图案花样

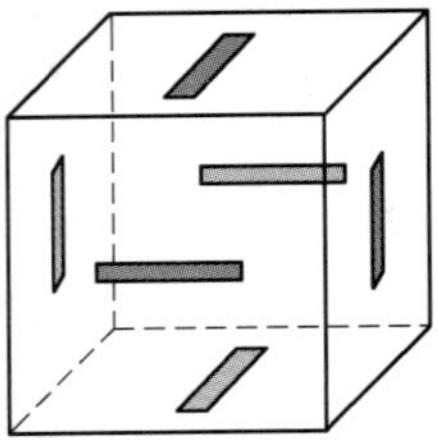

图 1-145 各对表面带不同痕带的立方体图形

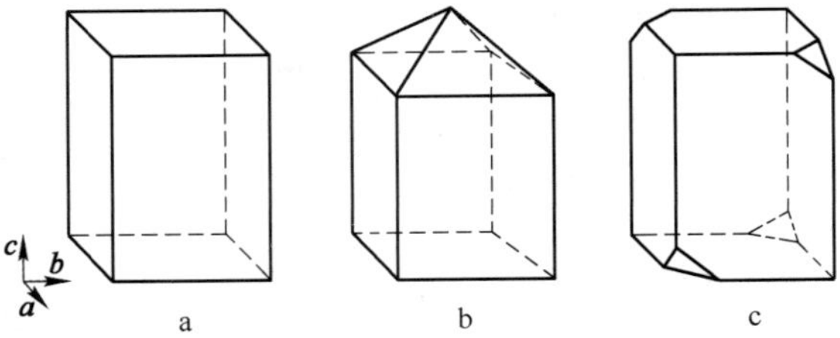

图 1-146 3 种 $a \neq b \neq c$，$\boldsymbol{a}$、$\boldsymbol{b}$、$\boldsymbol{c}$ 轴相互垂直的立体图形

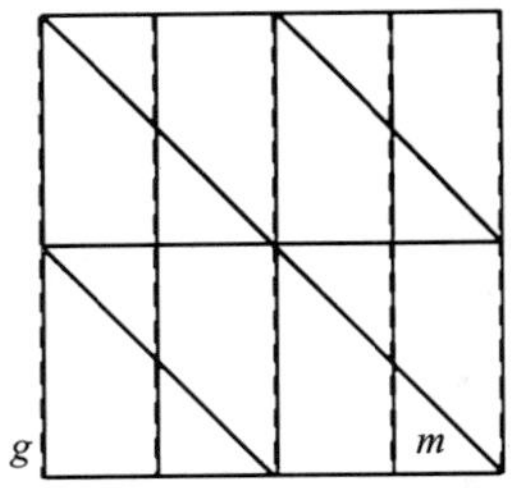

图 1-147 二维图形

1-42 求立方系(011)[100]取向(即[011]为 ND、[100]为 RD) 相对晶体坐标架的取向矩阵 $\boldsymbol{g}$、$\theta/[uvw]$(角/轴)、罗德里格斯矢量 $\boldsymbol{R}$ 和欧拉角。

1-43 求立方系 (111)$[\bar{1}23]$ 经(112) 面镜面操作后的取向及欧拉角。

1-44 Mg 的 $c/a = 1.624$，求 $(01\bar{1}0)[2\bar{1}\bar{1}0]$ 取向经 $(10\bar{1}2)$ 面作镜面操作后的取向及欧拉角。

参 考 文 献

[1] 本斯 G，格莱泽 A M. 固体科学中的空间群[M]. 俞文海，周贵恩，译. 北京：高等教育出版社，1984.

[2] 伐因斯坦 B K. 现代晶体学（第 1 卷），晶体学基础：对称性和晶体学方法[M]. 合肥：中国科技大学出版社，1990.

[3] 卡恩 R W，哈森 P，克雷默 E J. 材料科学与技术丛书（第 1 卷）：固体结构[M]. 北京：科学出版社，1998.

[4] Schwarzenbach D. Crystallography[M]. New York：John Wiley & Sons，Ltd.，1996.

[5] Richard J D Tilley. Crystals and Crystal Structures[M]. New York：John Wiley & Sons Ltd.，2006.

[6] Engler O，Randle V. Introduction to Texture Analysis：Macrotexture，Microtexture，and Orientation Mapping[M]. 2nd ed. London：Taylor & Francis Group LLC，CRC Press，2010.

[7] Gottstein G，Shvindlerman L S. Grain Boundary Migration in Metals：Thermodynamics，Kinetics，Applications[M]. 2nd ed. London：Taylor & Francis Group LLC，CRC Press，2010.

2 晶体结构

晶体结构是原子或分子在空间的三维有序周期排列，这种结构是凝聚态物质在平衡态时的显著特征。对于给定化学成分的晶体结构应对应着自由能 G 最小的状态，而自由能 $G=H-TS$ 取决于化学键、电子能带结构和几何因子。理论上，可以依靠电子能带理论导出正确的晶体结构，但是，由于晶体的薛定谔方程目前还无法求解，这就难以从理论上导出晶体结构。现在，已经有使用单电子近似的方法来预测简单晶体结构的成功尝试。在这里不详细讨论这些理论问题，只在原子尺度并根据一些经验规律来讨论晶体结构。

在讨论晶体结构之前，首先概括性地了解什么是材料结构和描述材料结构的一般方法。

材料结构是组成材料的组元在有限长度范围内排列的定量描述。由于材料是由大量原子（离子）组成的，这给描述带来困难。如果组成材料的原子（离子）是完美的有序、周期排列（即晶体），则可以完全地描述材料结构。对于这样的材料，可以找出一个对结构有代表性的单位，这个单位可以周期地复制出整个材料，这样，要描述材料结构，只需提供描述这个单位的方法就可以了。但是，材料永远都不会是这种理想状态，它会含有各种不完整性（缺陷），虽然晶体中缺陷所占的分数非常小（百万分之一甚至十亿分之一），我们仍需大量（可能超过 10^{10} 数量级）信息来确定一块宏观材料中的缺陷位置。当然，这样的任务不可能完成，并且也不是特别有用。

对材料结构特征的严格定量描述要引入一些描述符号。在材料中原子之间的结合方式非常多，通常由少量原子排列的小团可提供排列细节的有用信息。这样的小团称为多原子组合。根据材料的类型不同，多原子组合有多种形式。例如，描述液态水银结构时，显而易见多原子组合是选择单个水银原子；对于熔融的 NaCl，多原子组合应选择含等量钠离子和氯离子的单位；对于晶态的 NaCl，选择 4 个钠离子和 4 个氯离子组成的晶胞，虽然它不是结构的最小单位，但它能显示结构的重要对称性；对于长链的高分子结构，多原子组合选择构成长链的重复单元。另外，由于材料含有大量的原子（离子），一些平均的概念对描述结构是非常有用的。例如，表征材料中的杂质时，通常要知道它的平均浓度以及它们之间的平均相对距离，这比知道杂质原子在材料中的精确位置重要得多。对于结构均匀的材料，取材料的任一个能够得出精确统计结果的足够大体积进行平均就可以。事实上，真实材料的结构不会是完全均匀的（包括为了达到某种功能人为引入的不均匀性），这就要取靠近特定位置小体积中的平均值来描述这种不均匀结构。现在已有很多用以分析材料局部微区成分和结构的仪器。

我们知道，键合和键合类型强烈地影响材料的物理和化学性质，所以它们当然是重要的材料描述符号。键长、键角以及原子和离子尺寸也是结构的描述符号。原子、离子和分子组合成的结构，每个组元的三维形状以及组元之间的键合力和对称本质对材料结构都有重大的影响。除非极为简单的情况，现在还不可能以组成材料的组元的知识来预测材料的结构。对于巨大分子（高分子），它的构型、构象和异构体也是材料结构的重要描述符号。

第1章所讨论的对称元素以及对称操作可用以无限地重复一个小的结构单位，从而提供一组方便的复杂结构描述符号。

我们着重讨论金属键类型的晶体结构，但是，有些化合物的结合键类型并不单一。另外，虽然本书主要讨论金属基结构，而离子晶体也经常遇到，研究它们的晶体结构的方法也与研究金属键晶体类似，所以这里一并讨论离子晶体结构。在本章讨论晶体结构时，把晶体看做是完美无缺陷的理想晶体，关于晶体中的缺陷，将在本书的第3章和第4章讨论。

在本章介绍晶体结构的分类和晶体结构符号之后，首先讨论晶体中的原子（同类或异类原子）、离子、分子是如何堆垛的；各种堆垛的原子（同类和异类）、离子、分子的配位环境和配位数；再讨论堆垛后如何定义原子或离子半径，它们和堆垛之间的关系。上述这些都是原则方法，根据上面讨论的原则，作为应用，介绍各类晶体中一些常见的晶体结构。

2.1 晶体结构分类和晶体结构符号

自1912年劳埃发现了X射线的晶体衍射现象以来，材料科学研究者对大量晶体结构进行了测定，积累了大量有关晶体结构的数据。这些数据包括结构类型、点阵常数、键长和键角等，并且总结归纳了一些结构形成的规律。

晶体结构有多种分类方法。一种是按化学键类型来分类，例如离子键、共价键、金属键、范德华键等晶体结构。另一种是按化合物中各类原子的种类数目进行分类，例如单质晶体、二元化合物、多元化合物晶体等。显然，这两种分类方法都不是完美的。第一种方法的缺点是：(1) 有些晶体不是单一键型，例如层状结构的石墨在层内是共价键与金属键之间的中间键型，而层之间却是范德华键型；(2) 同一结构类型的晶体可能有不同的化学键，例如NaCl和TaC同属AX型晶体结构，但前者为离子键，后者主要是金属键；(3) 许多化合物晶体不是单一而是混合键型。第二种方法的缺点是：一些形式上相同的化合物其对称性却截然不同。例如NaCl和NiAs的晶体结构不同，但同属于AX型结构；NaCl和$AgBe_2$分属AX和AX_2型结构，但它们却具有相同的晶体结构。针对上述分类的缺点，考虑到晶胞的形状、大小与晶体生长习性间的联系等因素，将晶体结构分为等向型、层型和链型三种类型。尽管各种分类都有各自的特点和缺点，但是在讨论具体晶体结构时，通常不拘泥于其分类方法，而是根据具体场合的需要，有时应用这一种，有时应用另一种。

通常用两种符号表示晶体结构的类型。第一种符号是Strukturbericht符号，即结构符号，它是由《结构报告》年刊编者提出的。这类符号由大写英文字母加上一个数字构成。符号中的第一个大写字母表示结构的类型，后面的数字为顺序号。第一个字母表示的含义为：A表示纯组元，B表示AB型化合物，C表示AB_2型化合物，D表示A_mB_n型化合物，E~K表示更复杂的化合物，L表示合金，O表示有机化合物，S表示硅酸盐。字母后面的数字为顺序号，不同的顺序号表示不同的结构，例如A1是铜型结构，B2是CsCl型结构，

C3 是 FeS_2 结构等。表 2-1 列举了结构符号的一些例子。

表 2-1 结构符号的一些例子

符号		晶体类型	例子
A（纯组元）	A1（Cu 型）	面心立方	Cu，Ag，Au，Al
	A2（W 型）	体心立方	Fe，Mo，W，Na
	A3（Mg 型）	密排六方	Mn，Be，Zn，Cd
	A4（金刚石 C 型）	金刚石	C，Si，Ge，Sn
	A5（Zn 型）	体心四方	β-Zn
	A6（In 型）	体心四方	In
	A7（As 型）	菱形三方	α-Zn，Bi，Sb
	A9（石墨 C 型）	六方	石墨 C
B（AB 型化合物）	B1（NaCl 型）	岩盐结构	NaCl,KCl，NiO，MnO
	B2（CsCl 型）	氯化铯结构	CsCl，CsBr，AgMg，BaCd
	B3（闪锌矿型）	闪锌矿结构	ZnS，ZnSe，BeS，CdS
	B4（纤维锌型）	纤维锌矿结构	ZnS，ZnO，BeO，CdS，GaN
C（AB_2 型化合物）	C1（CaF_2 型）	面心立方结构	CaF_2，BaF_2，UO_2，ThO_2
	C4（TiO_2 型）	立方结构	TiO_2，SnO_2，MgF_2，FeF_2
	C14（$MnZn_2$ 型）	六方结构	$MnZn_2$，Fe_2W，$CdCu_2$，$TiZn_2$
	C15（Cu_2Mg 型）	面心立方	Cu_2Mg，Al_2U，Co_2Zr，$TiCo_2$
D（A_mB_n 型化合物）	DO_3（BiF_3 型）	四方	BiF_3，Fe_3Al，α-Fe_3Si，Ni_3Sn
	DO_{11}（Fe_3C 型）	正交	Fe_3C，Co_3B，Mn_3C，Ni_3C
	DO_{19}（Ni_3Zn 型）	六方结构	Ni_3Zn，Co_3Mo，Cd_3Mg，Fe_3Sn
	$D8_b$（FeCr 型）	四方结构	α-FeCr，σ-CoCr,σ-FeV，Co_2Mo_2
E～K	更复杂的化合物		
L（合金）	LI_0（CuAuI 型）	四方超结构	CuAu，AgTi，AlTi，CdPt
	LI_1（CuPt 型）	菱方超结构	CuPt
	LI_2（Cu_3AuI 型）	立方超结构	Cu_3Au，Ni_3Al，Au_3Cu，Ni_3Mn
O	有机化合物		
S	硅酸盐		

第二种称佩尔森符号（Pearson 符号），它的第一个小写英文字母表示所属晶系（用该晶系英文名的第一个字母表示），但因为三斜（Triclinic）晶系和四方晶系（Tetragonal）的第一个字母相同，所以三斜晶系用另一个英文 Anorthic（三斜）的字母 *a* 表示，因菱方点阵可看做与六方的特殊心 R 相同的点阵，所以菱方的第一个字母仍用六方的 *h*。第二个大写英文字母表示它所属的布拉维点阵类型（例如 P、I、F、C 等）。第三个数字表示单胞中的原子数。表 2-2 列出了基本的 Pearson 符号。这两种符号都可以使用，它们之间有对应关系，例如结构符号为 A1 对应的 Pearson 符号为 *c*F4，结构符号为 B2 对应的 Pearson 符号为 *c*P2 等。

表 2-2 Pearson 符号的含义

晶　系	布拉维点阵	Pearson 符号
三斜	P	aP
单斜	P C	mP mC
正交	P C F I	oP oC oF oI
四方	P I	tP tI
六方	P	hP
菱方	R	hR
立方	P F I	cP cF cI

2.2 原子（离子）、分子堆垛和配位

就原子的电子云分布来看，任何一个具有惰性气体原子电子构型的离子都呈球对称性，因此金属键合晶体的离子核也是球对称的，可以把原子看做球体。对于典型的离子晶体，离子极化并不是重要的因素，正、负离子趋近时，彼此的影响并不大，仍近似保持其球对称，故也可以把它看做球体。

2.2.1 等径原子晶体的密排堆垛和配位

对于金属、惰性元素的范德华晶体和一些纯离子晶体，因原子间的相互作用力是各向同性的，晶体结构倾向于最大限度地填满空间，即原子倾向于最紧密堆垛，这时体系能量最小，所以，最紧密堆垛就成为这类晶体结构的主导堆垛方式。对于共价键晶体，在满足每个原子价键数、原子大小和价键方向要求的同时，原子也尽量紧密堆垛。

从几何观点看，等直径球在一个二维平面的最紧密堆垛如图 2-1 所示。在这一层原子上方有两种可以最紧密堆垛的位置：如果把这层位置记为 A 位置，在这层上的 B 或 C 位置（图 2-1）就是可以最紧密堆垛的位置。在 A 层原子上方，如果第二层原子堆垛在 B 位置，则不可能同时堆垛在 C 位置。同样，如果第二层原子堆垛在 C 位置，则不可能同时堆垛在 B 位置。

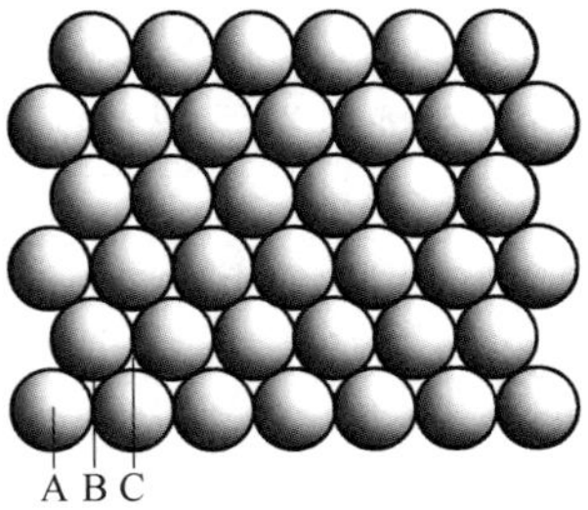

图 2-1 等直径球在一个二维平面的最紧密堆垛

当堆垛了第二层后，例如，如果第二层原子堆垛在 B 位置，则在第二层上面也产生两种可以堆垛的位置：C 或 A 位置，如图 2-2a 所示。当第三层原子堆垛在 A 位置，即回复到第一层位置，并且按这种方式重复堆垛下去时，原子层堆垛的序列是…ABABAB…。在后面将讨论到，该序列堆垛构成的晶体结构是密排六方（hcp）。当第三层原子堆垛在 C 位置，然后第四层堆垛回到 A 层即第一层位置，并且按这种方式重复堆垛下去时，原子层堆垛的序列是…ABCABCABC…，该序列堆垛构成的晶体结构是面心立方结构（fcc），如图 2-2b 所示。

虽然等直径球的这两种堆垛是最紧密堆垛，但是，球体也不能完全填满空间，堆垛球之间存在两种类型间隙：四面体间隙和八面体间隙。四面体间隙位置是下层的 3 个球与上

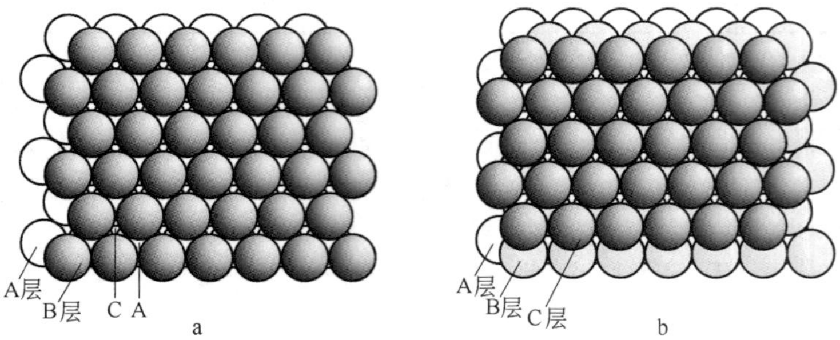

图 2-2　等直径球的两种最紧密堆垛

a—…ABABAB…；b—…ABCABCABC…

层一个球所包围的，这个位置的几何形状是四面体，如图 2-3a 所示；八面体间隙位置是下层的 3 个球与上层 3 个球所包围的，这个位置的几何形状是八面体，这个八面体的方形面由上下两层的原子组成，如图 2-3b 所示。这种紧密堆垛的原子数与四面体间隙数目的比值是 1∶2，与八面体间隙数目的比值是 1∶1。为了计算简单，将在讨论单质晶体结构时再作证明。

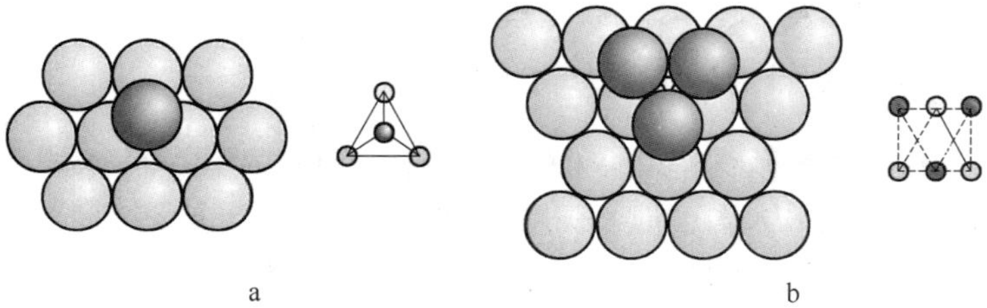

图 2-3　等直径球最紧密堆垛的两类间隙

a—四面体间隙；b—八面体间隙

因为堆垛排列中包含了间隙，所以空间并不是由原子所填满的。以致密度或称空间填充效率 η 衡量堆垛紧密程度，它定义为原子堆垛的结构中单位体积中的原子所占的体积。如果一个原子的体积为 V_{at}，单位体积 V 中含有 n 个原子，则堆垛的空间填充效率或致密度 η 为：

$$\eta = \frac{n \times V_{at}}{V} \tag{2-1}$$

对于等直径球，最紧密堆垛的致密度为 0.74。同样，为了计算简单，将在讨论单质晶体结构时再作证明。

衡量晶体结构堆垛紧密程度的还有原子数量的密度：**体密度**（ρ_V），它定义为单位体积中的原子数；**面密度**（ρ_P），它定义为单位面积中的原子数目（这些原子中心必须处于所讨论的面上）；**线密度**（ρ_L），它定义为单位长度上的原子数目（这些原子中心必须处于所讨论的线上）。

例 2-1　Cu 的固体密度 $\rho_{Cu} = 8.93 g/cm^3$，设 Cu 原子为球状，原子半径 $r = 0.128 nm$。求 Cu 晶体的堆垛致密度。

解：查得 Cu 的相对原子质量 $M_{Cu}=63.55$，所以，Cu 的摩尔体积 V_{Cu} 为：

$$V_{Cu}=M_{Cu}/\rho_{Cu}=(63.55/8.93)\,cm^3/mol=7.12cm^3/mol$$

每摩尔体积中有 $N_A=6.022\times10^{23}$ 个原子，每个原子体积 $V_{at}=4\pi r^3/3$，即每摩尔体积中 Cu 的体积为 $N_A\times V_{at}$，所以 Cu 的堆垛致密度 η 为：

$$\eta=\frac{N_A\times V_{at}}{V_{Cu}}=\frac{6.022\times10^{23}\times4\pi\times(0.128\times10^{-7})^3}{3\times7.12}=0.743$$

说明 Cu 晶体中原子是最紧密堆垛的。

当原子（离子）堆垛后，每个原子就出现周围环境，研究晶体结构时需要了解原子（离子）的周围的环境。周围环境的含义包括原子邻居的数目、特征以及它们之间的距离，这些环境特征用配位来描述。对于最简单的金属、离子化合物晶体结构，一个原子或离子周围的邻居原子处在对称位置上，距离也相同。最近邻的原子（或第一配位球上的原子）数目称配位数，简写为 CN。从图 2-2 可以清楚地看出，等径球紧密堆垛时，在同一层原子的每个原子周围有 6 个与之相切的原子，并在相近的上、下层各有 3 个原子与之相切，所以配位数等于 12。堆垛的次近邻形成第二配位球。如果第一配位球和第二配位球上的原子距离相差不大，有时可以把第一和第二个配位数球的数目都表示出来，例如，第一配位数是 8，第二配位数是 6，则 CN 可表示为 8+6。

配位数和致密度是相关的，致密度越高，CN 值越大。

等径球的堆垛方式除了上述的两种最紧密堆垛外，还存在很多配位数和堆垛密度相同的结构，例如金属元素钴的堆垛，根据统计，在 10 个 hcp 堆垛序发生一个 ABC 堆垛序，如…ABABABABCBCBCBC…堆垛（图 2-4a）；又例如有序的 *h*P4-La，堆垛序为…ABAC…；*h*R3-Sm 的堆垛序为…ABABCBCAC…（图 2-4b）等。

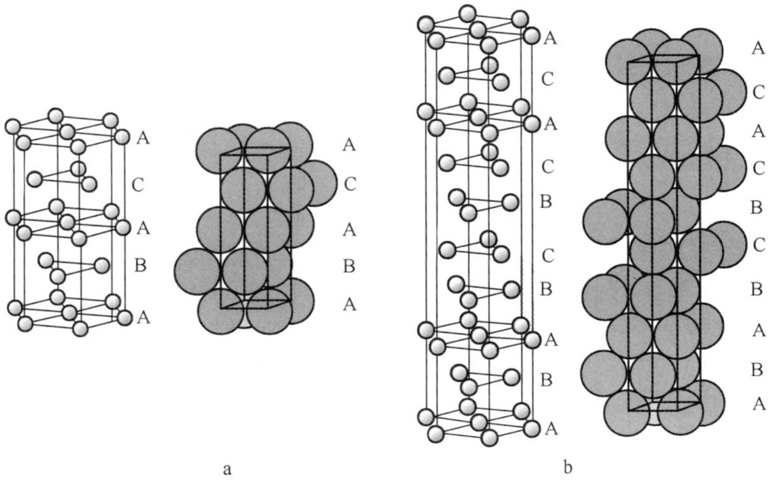

图 2-4　等径球的另一些不同堆垛方式

a—*h*P4-La 堆垛；b—*h*R3-Sm 堆垛

如果把第一配位球上相邻的原子中心用直线连接起来，可得到一个凸多面体，即顶点数等于配位数的配位多面体。顶点到中心的距离是原子间距，多面体棱边是最近邻原子之间的距离。这种多面体的类型很多，在下节具体讨论。具有相同 CN 的多面体可以不同，即它们具有不同的对称性。在结构中多面体可以是独立的，也可以通过共同的顶点、棱和面与其他多面体连接起来。配位多面体是描述原子堆垛特别是两种（或多种）直径不同的原子堆垛的一种重要方法。

2.2.2 两种或多种不等径原子晶体的堆垛和配位

从刚性等径球模型看，同类型原子最紧密堆垛的配位数只能是 12，致密度为 0.74，即大约有 1/4 的空间是空着的。这种紧密堆垛结构的堆垛效率不够高是因为其中存在四面体及八面体间隙。如果由两种（或更多种）原子（离子）组成晶体结构，因为原子尺寸不同，如果利用两种原子大小不同作适当组合进行堆垛，则可能出现更为紧密的堆垛，即其致密度比 0.74 高。

因为四面体间隙空间体积最小，如果以正四面体无限拼砌，会产生异常高堆垛密度的理想结构。然而很容易证明，只用正四面体拼砌是不可能完全填满空间的，即不能用相同的规则四面体来填充空间使之形成周期结构。但是如果允许四面体作适当变形就有可能绕过这个困难，可以堆垛获得 CN 比 12 大（例如 CN = 12，14，15，16 等）、致密度也大于 0.74 的结构。这类结构组成的相有学者称之为拓扑密堆相。拓扑密堆结构是由不规则四面体填充空间的密堆结构。卡斯珀（Kasper）提出一些可以满足上述堆垛方式的规则多面体，这些多面体具有如下特征：

（1）多面体的每个面都是三角形；

（2）多面体是凸形的；

（3）多面体每一个角和 5 或 6 个棱相连接。

这些多面体称为 Kasper 配位多面体。拓扑密堆相结构可以看成由 Kasper 配位多面体堆垛而成。较大的原子占据多面体的中心位置，位于多面体角上的原子可能处在五边形的中心轴线延长线上，它的表面配位数为 5；又可能处在六边形中心轴线的延长线上，它的表面配位数为 6。如果多面体顶角的表面配位数都为 5，则总配位数为 12；如果多面体顶角有一些表面配位数为 6，则总配位数大于 12。满足这些条件的多面体只有 4 种，它们的几何特征在表 2-3 和图 2-5 中给出。

表 2-3 Kasper 配位多面体的几何特征

多面体类型	配位数			
	12	14	15	16
面的数目	20	24	26	28
由 5(6) 个面配置成的顶点数目	12(-)	12(2)	12(3)	12(4)
棱边数	30	36	39	42

多面体的面数（F）、棱数（E）和角数（顶点数 V）符合欧拉（Euler）方程：

$$V - E + F = 2 \tag{2-2}$$

拓扑密堆相结构又可看成由原子密排层堆垛的层状结构。主层由较小的原子排列，排列成三角形、四角形和六角形网络图案，尺寸较大的原子组成次层，次层原子位置对应着主层最大空隙处。网络结构通常用如下符号表示：取网络中任一原子，依次写出围绕着它

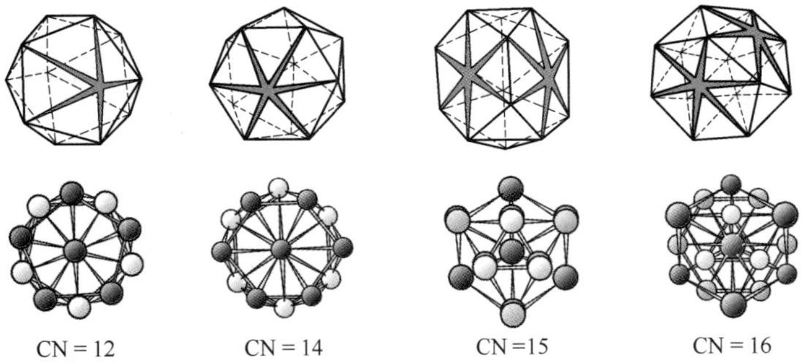

图 2-5 Kasper 配位多面体及其投影图

的多边形类型，例如三角形为 3，四边形为 4 等。如果有 n 个相邻接的 m 边形，则记为 m^n，如图 2-6a 和 b 所示的网络，它们的符号分别记为 3^6 和 4^4；如果有两类不同的多边形邻接，按同样的规则写出，如图 2-6c 所示的网络，1 个原子由 3 个相邻接的三角形以及 2 个相邻接的四边形围绕，符号记为 $3^3 \cdot 4^2$。图 2-6 给出了拓扑密堆相常见的 8 种原子排列网络层结构型。

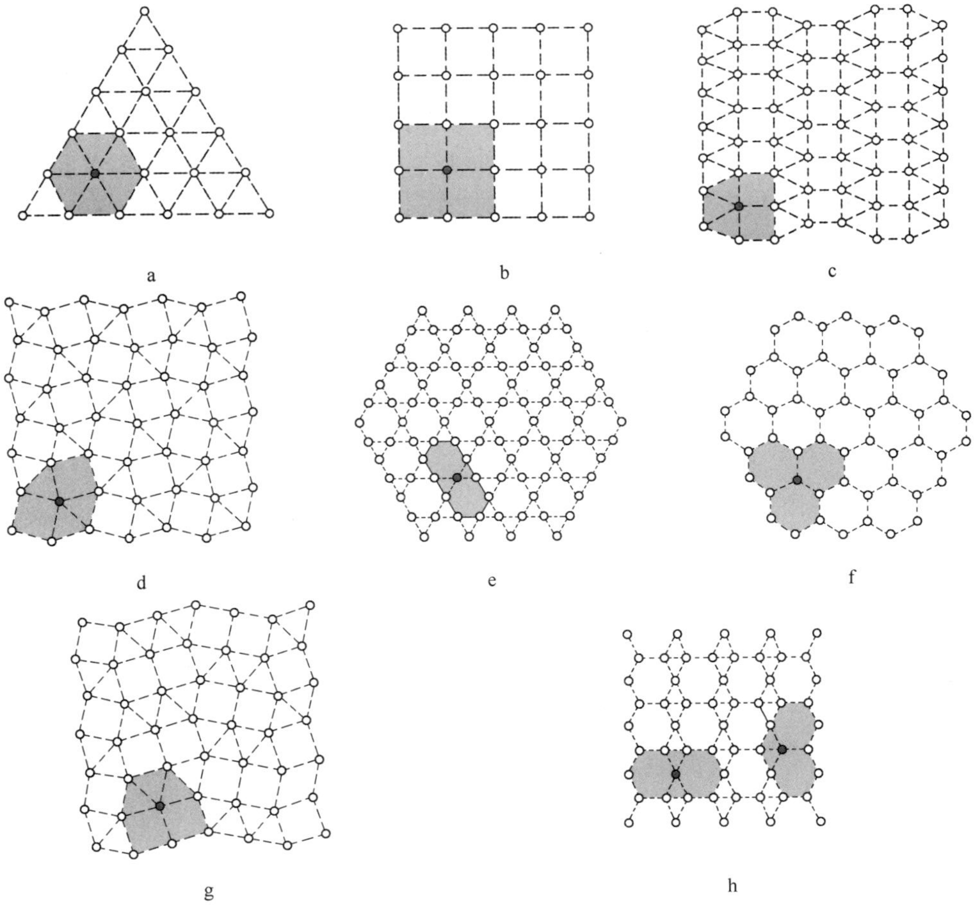

图 2-6 拓扑密堆相常见的 8 种原子排列网络层结构型

a—3^6；b—4^4；c，g—$3^3 \cdot 4^2$；d—$3^2 \cdot 4 \cdot 3 \cdot 4$；e—$6 \cdot 3 \cdot 6 \cdot 3$；f—$6^3$；h—1 个 $3 \cdot 6 \cdot 3 \cdot 6$，2 个 $3^2 \cdot 6^2$

2.2.3 离子晶体的堆垛和配位

离子晶体的结构基元是由一组正离子和负离子构成的电中性分子，离子晶体中离子的堆垛要考虑电性的作用，受到正、负离子的尺寸、电价、静电交互作用的控制。离子晶体的结构很大程度取决于正、负离子怎样堆垛才有最大静电吸力和最小静电斥力。

对于正离子和负离子尺寸相差不大的情况，如果按上述单质原子的密堆方式来堆垛，则会导致同号离子的相互接触，如图 2-7a 所示，这样会产生很大的排斥力，导致晶体的不稳定。在这种情况下，宁可排列成如图 2-7b 所示的方式，虽然这种排列不如图 2-8a 所示排列方式那样紧密，但是却比较稳定。

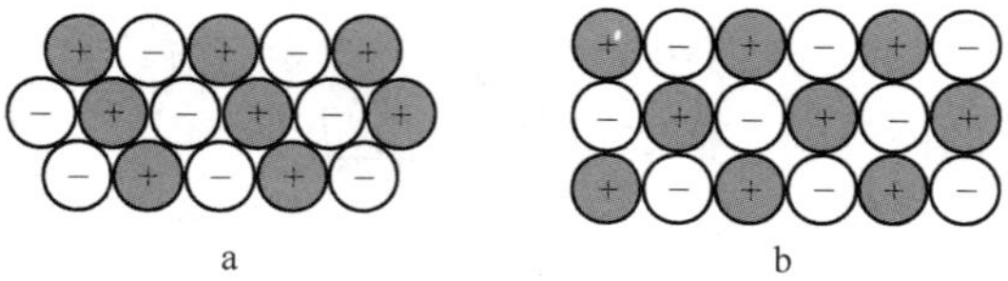

图 2-7　尺寸相差不大的异号离子在平面排列的示意图
a—同号离子相互接触；b—同号离子分隔开

在实际的离子晶体中，一般负离子的尺寸比正离子的大，所以通常把负离子作紧密堆垛（如图 2-2 所示），而正离子看做处在负离子堆垛的间隙多面体中，这种间隙多面体称为离子晶体中的配位多面体。正离子的这种填充方式可以把负离子均匀地撑开，使负离子之间的距离加大从而不再相互接触。这样的堆垛结构既有较高的致密度又可满足异号离子相间排列的要求。有些离子晶体也有用相反的方法：即把负离子看做处在正离子紧密堆垛的间隙中。

离子晶体中的配位多面体除了如图 2-3 所示的四面体和八面体外，还可能有六面体、十四面体和二十面体。处于六面体中心的正离子的配位数是 8，如图 2-8a 所示；处于十四面体和二十面体中心的离子的配位数都是 12，分别如图 2-8b、c 所示。这里的二十面体和上面讨论拓扑密堆相时所给出的二十面体的形状是一样的。

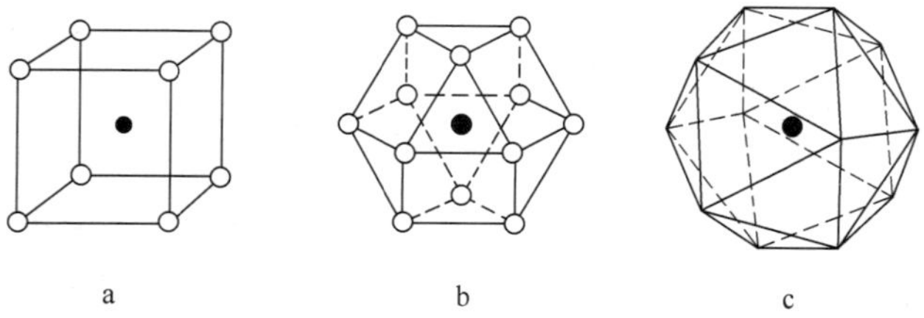

图 2-8　离子晶体中除四面体和八面体外的其他配位多面体
a—六面体；b—十四面体；c—二十面体

2.2.4 共价晶体的堆垛和配位

对于单质的共价晶体，由于共价键具有饱和性，所以每个原子所形成的共价键数目受原子自身电子组态的限制，即受它本身所提供的与其他原子组成共同电子对数目的制约。它的配位数和化学键数相等，并符合 8-N 规律，其中 N 为该元素在周期表中的族数。共价键具有方向性，由特定的键角来表征。键角可由结构的几何形状来确定。共享电子对（键）和未共享电子对构成相互排斥的负电荷中心，它们倾向于尽可能地分开，这个条件决定了配位模式以及相应的局域对称性，可以用术语“键连结构”来描述这种类型的晶体结构。它们可以构成二维网状或三维网状结构。例如，金刚石（碳）是四价的，它的配位数是 4，一个碳原子处在与其最近邻的 4 个碳原子构成的四面体中心，键角为 109.5°，形成四面体型配位的化学键，如图 2-9a 所示。这种类型的化学键可以在空间中重复，形成周期结构，整个晶体就是一个大分子，形成如图 2-9b 所示的六方金刚石结构（金刚石结构的详细讨论见 2.4.5 节）。前面说过，局域的理想堆垛（四面体间隙型）与长程周期结构不相容。但是，从金刚石结构的例子可以看到，局域的理想键连（四面体型配位）却和长程周期结构相容。因为受键饱和性和方向性的限制，这种堆垛的堆垛密度比较低。

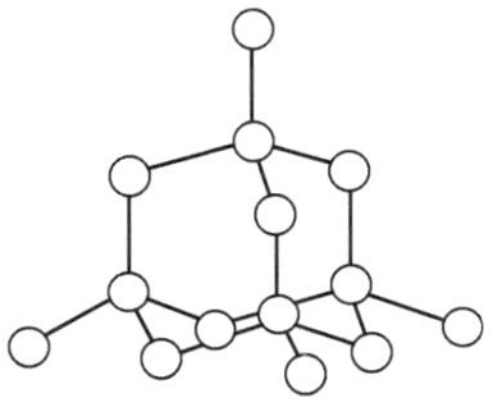
a

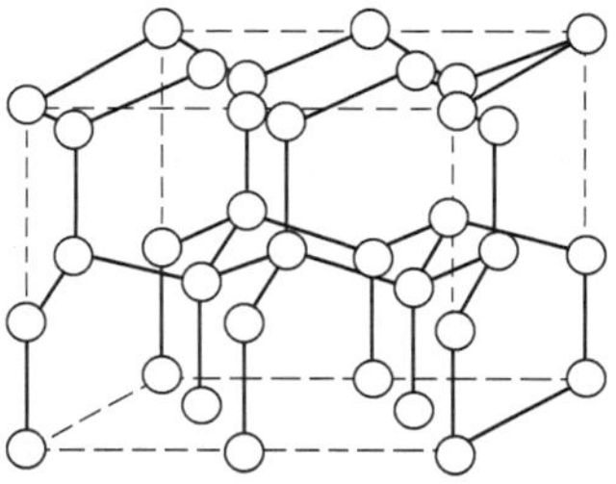
b

图 2-9　键连结构
a—金刚石结构；b—六方金刚石结构

在金刚石中两个共价键合碳原子的间距是 C—C 单键的键长，一般来说，共价键的键长在各种分子中有很好的守恒性，最大误差在±0.05nm 范围内。但在一些化合物中因受其他因素的影响，键长也会有变化。

2.3　原子半径和离子半径

晶体中的一些经验参数如键参数（或称原子参数，包括原子尺寸、电负性等），对于研究物质组成与晶体结构的关系以及材料中与化学键有关的其他物理、化学性质是很有用的。这里仅讨论原子尺寸。

一个孤立原子的尺寸由从核扩展的电子分布距离来确定。根据量子力学知道，因为电子轨道从原子核扩张，其扩张的大小取决于原子核附近的化学和物理环境。理论上，电子分布在无限远处才会是零，所以要确定一个孤立原子的尺寸是困难的。如果涉及化合物，最近邻的交互作用严重地干扰原子的电子云分布，结果会影响键合原子间的交互作用距离，使得原子尺寸的概念变得更难以确切描述。虽然 X-衍射（或中子、电子衍射）等试验可以测定晶体结构，但是它们只给出原子核心位置，而并不是给出原子尺寸，即严格地说，只获得原子交互作用距离，而不是原子尺寸。要把这个交互作用距离划分为属于哪个原子多少带有任意性。对于金属、惰性元素的范德华晶体和一些纯离子晶体，其原子间的相互作用力是各向同性的，假设原子（离子）为“球状”，它们与最近邻的原子（反号离子）相切，这样，对于纯金属晶体而言，两原子间距离的一半就设定为原子半径。即使这样简单设定，由于原子堆垛方式不同，其原子半径也不同。对于离子晶体（或化合物晶体），两个（异号）离子间距离只能设定为这两个离子半径之和，还不能直接确定每个离子的半径。如此看来，通常谈到的原子（离子）半径，总是在过分简化的条件下确定的。

就原子的电子云分布来看，任何一个具有惰性气体原子电子构型的离子都呈球对称性，因此金属键合晶体的离子核也是球对称的，可以把原子看做球体；对于典型的离子晶体，离子极化并不是重要的因素，正、负离子趋近时，彼此的影响并不大，仍近似保持其球对称，故也可以把它看做球体。这样，在这些晶体中，将两个最近邻原子或离子中心之间的距离定义为两个原子或两个离子半径之和。

2.3.1 金属原子半径

金属原子半径的定义为金属键晶体最近邻离子实中心距离的一半。同一种原子在不同堆垛晶体中的原子半径不同。堆垛越紧密（即配位数越大），原子半径越大。

根据电子理论，在结合键不改变的情况下，原子所占体积与晶体结构无关。事实上，除了锡、铈、钚等少数元素外，一般金属元素同素异构转变所带来的体积变化很小，通常小于 1%，这和理论预测是相同的。这一事实正是原子半径与配位数有关系的原因。因为同数量的同一种原子组成不同晶体结构（不同配位数）的体积不变，而它们的致密度是不同的，所以在致密度低的结构中原子半径应该小一些才能保持其体积不变。

单质金属原子的最紧密堆垛配位数为 12，所以以配位数为 12 的结构所对应的原子半径作为比较的标准。设配位数为 12 的结构所对应的原子半径为 1，不同配位数的原子半径相对配位数为 12 的结构所对应原子半径的大小如表 2-4 所列。表中列出的配位数大于 12 的晶体为拓扑密堆相结构。原子半径相对于配位数的这种修正对结构简单的元素是比较合适的，但对于具有复杂结构或非立方结构的金属，如镓、锑、锌、镉、铍、α-锰、钚等就不大适用，因为这些元素的配位数很难精确确定。

表 2-4 原子半径与配位数的关系（以配位数为 12 时的半径为 1）

配位数（CN）	4	6	8	10	12	14	16
修正系数	0.88	0.89	0.97	0.986	1	1.02	1.022

表 2-5 列出了周期表中的金属的原子半径（配位数等于 12）。对于碱金属和碱土金属，原子半径随着原子序数增加而缓慢地增加。在相同周期中的过渡金属的原子半径大小相近，但在同一族中原子半径随着原子序数增加而微弱增加。对于镧族和锕族元素也是如此。

表 2-5 金属的原子半径（配位数为 12） （nm）

Li 0.1562	Be 0.1128											B	C
Na 0.1911	Mg 0.1602											Al 0.1432	Si

续表 2-5

K	Ca	Sc	Ti	V	Cr	Mn	Fe	Co	Ni	Cu	Zn	Ga	Ge
0. 2376	0. 1974	0. 1641	0. 1462	0. 1346	0. 1282	0. 1264	0. 1274	0. 1252	0. 1246	0. 1278	0. 1349	0. 1411	
Rb	Sr	Y	Zr	Nb	Mo	Tc	Ru	Rh	Pd	Ag	Cd	In	Sn
0. 2546	0. 2151	0. 1801	0. 1602	0. 1468	0. 1400	0. 1360	0. 1339	0. 1345	0. 1376	0. 1445	0. 1568	0. 1663	0. 1545
Cs	Ba	La	Hf	Ta	W	Re	Os	Ir	Pt	Au	Hg	Tl	Pb
0. 2731	0. 2243	0. 1877	0. 1580	0. 1467	0. 1408	0. 1375	0. 1353	0. 1357	0. 1387	0. 1442		0. 1716	0. 1750

例 2-2　配位数为 12 的晶体结构的致密度 $\eta_{12}=0.74$，原子半径记为 r_{12}；配位数为 8 的晶体结构的致密度 $\eta_8=0.68$，原子半径记为 r_8。求这两种晶体的原子半径比值 r_8/r_{12}。

解：设晶体的摩尔体积为 V_{mol}（两种结构的摩尔体积是相等的）。1mol 配位数为 12 的晶体中原子所占的体积应是致密度乘以摩尔体积，即 $\eta_{12}V_{mol}$；同理，1mol 配位数为 8 的晶体中原子所占体积应是 $\eta_8 V_{mol}$。

如果从原子角度看，一个原子的体积是 $4\pi r^3/3$，则 1mol 原子的体积应是 $4N_A\pi r^3/3$，其中 N_A 是阿伏伽德罗常数。因此有：

$$\eta_{12}V_{mol}=\frac{4N_A\pi r_{12}^3}{3}\qquad \eta_8 V_{mol}=\frac{4N_A\pi r_8^3}{3}$$

将上两式相比，得：

$$\frac{r_8}{r_{12}}=\left(\frac{\eta_8}{\eta_{12}}\right)^{1/3}=\left(\frac{0.68}{0.74}\right)^{1/3}=0.97$$

这和表 2-4 给出的值是相同的。

为了消除晶体配位数对原子大小的影响，可用另一种方法来衡量原子大小，即原子结构体积 V_{as}，它定义为每个原子所占的体积（包括了空隙体积）。计算 V_{as} 的简单方法是把每个晶胞的体积除以每个晶胞的原子数。另外，也可以由它反过来给出原子半径 r，即将原子结构体积拟合成一个球体时的半径，$r=(3V_{as}/4\pi)^{\frac{1}{3}}$。因为原子所占的体积与晶体结构无关，所以显然这个原子半径 r 不受配位数的影响。

2. 3. 2　离子半径

上面已经说过，对于典型的离子晶体，其离子极化不严重，大多数离子可以近似看做一个球。在表 2-6 的 13、14、15 列（即周期表的 3A、4A、5A）孤立电子对例外，这些离子会有两种离子态，高价态 M^{2+} 可以看成是球状的，而低价态 $M^{(n-2)+}$ 则绝不是这样。例如 Sn，电子结构[Kr]$4d^{10}5s^25p^2$，在一个封闭壳内失去 2 个 p 电子，不再是稳定的离子，这时 Sn^{2n+} 的结构是[Kr]$4d^{10}5s^2$，孤立的电子对对离子施加立体化学的约束。如果再失去孤立的 s 电子对，结构变为[Kr]$4d^{10}$ 的 Sn^{4+}，则离子是稳定的，离子可以看成是球状。

表 2-6 离子半径 （单位：nm）

+1	+2	+3	+4 (+3)	+5 (+4) [3+]	+6 (+4) [3+]	+6 (+4) [3+] {2+}	+4 (+3) [2+]	+4 (+3) [2+]	+4 (+2)	+2 (+1)	+2	+3	+4 (2+)	+5 (3+)	−2 (6+)	−1
Li 0.088	Be 0.041(t)											B 0.026(t)	C① 0.006	N② 0.002	O 0.126	F 0.119
Na 0.116	Mg 0.086											Al 0.067	Si 0.040(t)	P 0.031(t) (0.056)	S 0.170	Cl 0.167
K 0.1521	Ca 0.114	Sc 0.0885	Ti 0.0745 (0.081)	V 0.068 (0.073) [0.078]	Cr [0.0755]	Mn (0.068) [0.079*] {0.097*}	Fe (0.079*) [0.092*]	Co (0.075*) [0.089*]	Ni (0.083)	Cu 0.087 (0.108)	Zn 0.089	Ga 0.076	Ge 0.068	As 0.064	Se (0.043t)	Br 0.182
Rb 0.163	Sr 0.1217	Y 0.104	Zr 0.086	Nb 0.078	Mo 0.074	Tc (0.078)	Ru 0.076	Rh 0.0755	Pd (0.100)	Ag (0.129)	Cd 0.109	In 0.094	Sn 0.083 (0.105)	Sb 0.075	Te (0.068)	I 0.206
Cs 0.184	Ba 0.150	La 0.1185	Hf 0.085	Ta 0.078	W 0.074 (0.079)	Re 0.066	Os 0.077	Ir 0.077	Pt 0.077 (0.092)	Au	Hg 0.116	Tl 0.1025	Pb 0.0915 (0.132)	Bi 0.086 (0.116)	Po	At

① C 在碳酸盐中，CO_3^{2-}；

② N 在硝酸盐中，NO_3^-。

如果把离子看做球状，则可把平衡时正、负离子间的最短距离看做两个离子半径之和。在求每个离子半径时，还必须解决划分这个距离成为两个半径的问题。所以，确定离子半径比确定金属或共价半径要难得多。如果决定了一种元素的离子半径，其他元素的离子半径就可从相关的离子接触距离推算出来。一般导出离子半径的方法是采用经常遇到的离子（例如 O^{2-}）作为标准，测出氧化物的正、负离子距离，以此距离减去氧离子半径就获得正离子半径。给出的离子半径一般都是相对于测定氧化物的正、负离子距离时的“标准离子”而言的，所以导致不同的出处给出的资料有所不同，虽然它们在给出系统都能自洽，但是，使用时还必须当心。此外，对于金属离子，它经常处在负离子排列结构的间隙中，它对周围的配位几何是敏感的。例如，相同的正离子，它处在 6 个氧离子围成的八面体间隙中的半径与处在 4 个氧离子围成的四面体间隙中的半径是不同的。同样，相同的正离子，处在氧离子八面体和处在硫离子八面体的半径也是不同的。表 2-6 列出了有代表性的离子半径。对于可以有多种化合价的原子，在表中也列出了对应不同价时的离子半径。

从表 2-6 可看出，离子半径有如下特点：

（1）除了较大的碱金属和碱土金属正离子外，正离子半径一般比负离子半径小。因为正离子是原子移去外层电子得到的，相对更正的核心的引力是电子轨道收缩；负离子则相反。

（2）离子半径随着原子序数增加而增加。这是因为在重离子周围的电子云比轻离子周围的电子云有更大的扩张。

（3）在同一周期的离子，它们具有相同的电子构型，例如 Na^+、Mg^{2+}、Al^{3+}都具有［Ne］的电子构型，随着内核的有效电子数增加，周围的电子云更往核心方向靠近，结果使离子半径急剧减小。

（4）对于多价的金属原子，和上述理由相同，高价离子的离子半径比低价的小。例如 Fe^{3+}的半径比 Fe^{2+}的小。

（5）增加负电荷比增加正电荷的影响要小得多。例如，F^-与 O^{2-}的半径相近，Cl^-与 S^{2-}的半径相近。

考虑和应用上述的特点时必须认识到，在晶体中的离子与计算的自由离子是十分不同的，这意味着都需要谨慎对待上述的特点。

对于一些负离子相互接触的晶体（除了 LiF 外的卤化物，其中的卤素离子是相互接触的），可以把正离子看做存在于负离子密堆的结构间隙中，这样，根据负离子的密堆结构和测出的摩尔体积，就可以算出负离子的半径。例如，设化合物的摩尔体积为 V_{mol}，负离子的密堆结构的致密度为 η，ηV_{mol}就是负离子所占据的体积，该体积除阿伏伽德罗常数 N_A 所得的商，即 $\eta V_{mol}/N_A$，就是每个负离子球的体积，由此便算出负离子的半径。

例 2-3 已知 BeO、Al_2O_3 和 $BeAl_2O_4$ 的摩尔体积分别为 8.44cm³、26.0cm³ 和 34.6cm³，并知负离子是以立方或六方紧密堆垛的，推算 O^{2-}的半径。

解：这 3 种化合物的摩尔体积之比约为：

$$8.44 : 26.0 : 34.6 \approx 1 : 3 : 4$$

它恰好是这 3 种化合物中氧原子数目之比，所以可以推断这些晶体是由氧离子密堆起来的，化合物中的正离子存在于氧离子密堆结构的间隙中。因为负离子以立方或六方紧密堆垛，故其致密度 $\eta=0.74$。对于 BeO，以 $r_{O^{2-}}$表示氧离子半径，氧离子球体积为：

$$\frac{4}{3}\pi r_{O^{2-}}^3 = \frac{\eta V_{mol}}{N_A}$$

即

$$r_{O^{2-}} = \left(\frac{3\eta V_{mol}}{4\pi N_A}\right)^{1/3} = \left(\frac{3\times 0.74\times 8.44\times(10^7)^3}{4\pi\times 6.02\times 10^{23}}\right)^{1/3} = 0.135\text{nm}$$

表 2-6 给出 O^{2-}的半径为 0.126，哥尔斯密德测得的结果为 0.132nm，鲍林以正负离子半径之比与离子有效核电荷数成反比为基础用量子力学理论计算的结果为 0.14nm。可见，这种推算是合理的。

例 2-4 在 MgO 和 MnO 中，Mg^{2+}和 Mn^{2+}都与 O^{2-}接触，测得 Mg^{2+}和 Mn^{2+}离子与 O^{2-}的间距分别为 0.210nm 和 0.224nm。根据上一例题计算出来的 O^{2-}半径，估算 Mg^{2+}和 Mn^{2+}离子的半径。

解：0.210nm 和 0.224nm 这一距离应该分别是 Mg^{2+}半径和 Mn^{2+}半径与 O^{2-}半径之和。例 2-3 推算得到 O^{2-}半径等于 0.135nm，故 Mg^{2+}的半径 $r_{Mg^{2+}}$为：

$$r_{Mg^{2+}} = 0.210 - 0.135 = 0.075\text{nm}$$

Mn^{2+}的半径$r_{Mn^{2+}}$为：

$$r_{Mn^{2+}} = 0.224 - 0.135 = 0.089\text{nm}$$

表 2-6 给出Mg^{2+}和Mn^{2+}的半径为 0.086nm 和 0.097nm。因为例 2-3 推算的O^{2-}半径比表 2-6 列出的大，所以估算的Mg^{2+}和Mn^{2+}的半径比表 2-6 列出的大。如果使用表 2-6 的数据，则：

$$r_{Mg^{2+}} = 0.210 - 0.126 = 0.084\text{nm}$$
$$r_{Mn^{2+}} = 0.224 - 0.126 = 0.098\text{nm}$$

这说明表 2-6 给出的数据是自洽的。

把离子近似看成一个球体，小球（正离子）处在大球（负离子）堆垛的间隙中。处在不同间隙的正离子将有不同的配位数。以r^+表示正离子的半径，r^-表示负离子的半径，按照下列规则来看正、负离子半径的比值与所得配位数之间的关系：(1) 正离子与负离子相接触；(2) 从空间几何角度看，正离子周围的负离子数目尽可能多；(3) 离子不能重叠。

当小的正离子与比其大得多的负离子结合时，总可以放置两个负离子与这个正离子接触，如图 2-10a 所示。这种配位结构是直线的。因为正离子太小，当放置第三个负离子再与这个正离子接触时就会发生负离子相互重叠，如图 2-10b 所示，离子间的排斥力不允许发生这种重叠。这样，对于较小的正离子，就不可能有配位数 CN＝3 的情况。当正离子增大到一定程度，使得正离子恰好能处于 3 个相切负离子的间隙中时，就可以出现 CN＝3 的情况，如图 2-10c 所示，这种配位结构是三角形的。从图中的几何关系可以算出，出现 CN＝3 的情况时r^+/r^-的临界值为 0.155。随着r^+/r^-继续增大，配位数有可能达到 4、6、8，直至 12。根据各种配位数对应的几何结构，可以计算出各种配位数的临界r^+/r^-比值。将这些r^+/r^-临界值、配位结构的形式以及各种配位数的关系列于表 2-7 中。值得注意的是，虽然对于一个给定的配位数可能的r^+/r^-是一个范围，其临界r^+/r^-比值是范围的最小值。

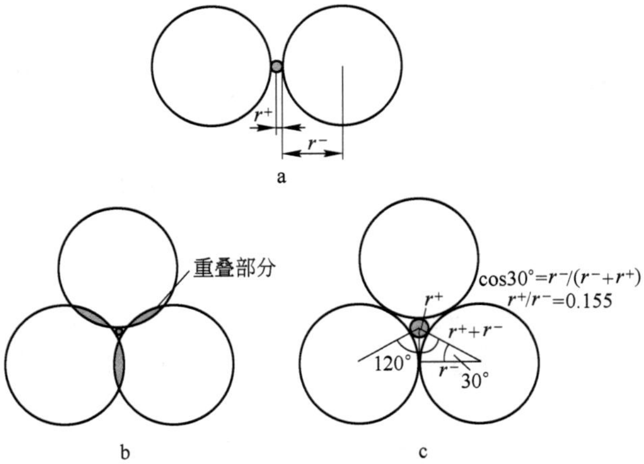

图 2-10　CN＝2 和 CN＝3 的几何结构

a—两个负离子“适配”；b—加入第三个负离子发生重叠；c—CN＝3 的r^+/r^-临界值计算

表 2-7 配位数的临界 r^+/r^- 值（其中几何图形是示意图）

配位数	几何图形		临界 r^+/r^- 值	r^+/r^- 稳定范围
2	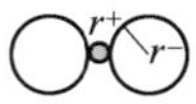	直 线	0	$0<r^+/r^-<0.155$
3	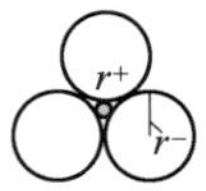	三角形	0.155	$0.155<r^+/r^-<0.225$
4	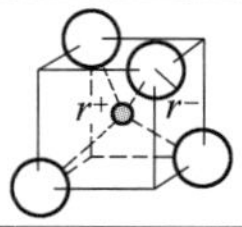	四面体	0.225	$0.225<r^+/r^-<0.414$
6	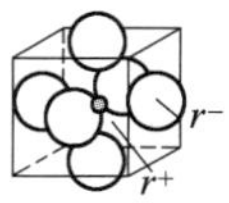	八面体	0.414	$0.414<r^+/r^-<0.732$
8	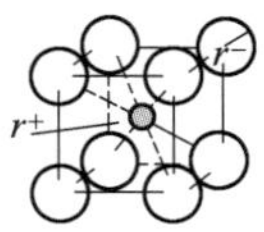	立方体	0.732	$0.732<r^+/r^-<1$
12	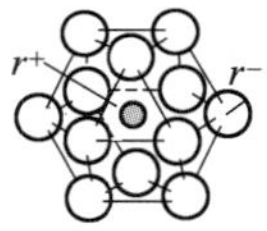	十四面体	1	$r^+/r^-=1$

r^+/r^-必须小于或等于 1。大多数离子化合物中的正离子半径都比负离子半径小，如果负离子半径小于正离子半径，这时应该以正离子半径与负离子半径的比值来估算负离子的配位数。若已知较小离子的配位数，则较大离子的配位数就可根据大离子与小离子的比值或化合物的化学计量来确定。

例 2-5 求配位数 CN=6 的离子半径比 r^+/r^-的范围。

解：配位数 CN=6 的离子半径比 r^+/r^-的范围应是 CN=6 和 CN=8 的临界 r^+/r^-之间。对于 CN=6 的情况，根据表 2-7 给出的几何结构，假设图中立方体的棱长为 a，因为正、负离子在平行于立方体棱的方向即〈100〉方向相切，所以 $r^++r^-=a/2$；又因负离子在立方体〈110〉方向相切，所以 $r^-+r^-=\sqrt{2}a/2$。把这两个关系式相除，得：

$$\frac{r^+ + r^-}{2r^-} = \frac{a/2}{\sqrt{2}a/2} = \frac{1}{\sqrt{2}}$$

即

$$r^+ = \frac{2r^-}{\sqrt{2}} - r^- = (\sqrt{2} - 1)r^-$$

故

$$\frac{r^+}{r^-} = \sqrt{2} - 1 = 0.414$$

对于 CN=8 的情况，根据表 2-7 给出的几何结构，假设图中立方体的棱长为 a，因为正、负离子在立方体的体对角线方向即〈111〉方向相切，所以 $r^++r^-=(3)^{1/2}a/2$；又因负离子在立方体棱方向即〈100〉方向相切，所以 $r^-+r^-=a$。把这两个关系式相除，得：

$$\frac{r^+ + r^-}{2r^-} = \frac{\sqrt{3}a/2}{a} = \frac{\sqrt{3}}{2}$$

即

$$r^+ = 2r^- \frac{\sqrt{3}}{2} - r^- = (\sqrt{3} - 1)r^-$$

故

$$\frac{r^+}{r^-} = \sqrt{3} - 1 = 0.732$$

这样，配位数 CN=6 的正、负离子半径比 r^+/r^- 的范围应是 0.414~0.732。

离子在紧密接触时，带电荷离子所建立的电场要对另一离子的电子云发生作用（或者相吸或者相斥），使离子的大小和形状改变，如果离子在晶体中固定不动，则正、负离子的极化可以相互抵消。但离子是在不停振动的，可以使正、负离子的间距瞬间发生变化，此时就会产生偶极，即产生极化。上面讨论正负离子半径比值与配位数的关系时假设离子是球状，即假设离子是没有极化得出的，如果离子发生极化，则上面得出的规律会出现偏差。如果极化很强，会使晶体的配位数降低，晶体结构发生变化。

对于离子化合物，常出现混合离子/共价特性的键合。事实上，r^+/r^- 比值不能预计某些离子化合物的准确配位数的原因之一，就是这些材料中的键具有混合离子/共价的特性。因为离子键的特点是组元间电子的转移，共价键的特点则是共用电子对，所以两种键型的比例取决于化合物组元的电负性差（ΔEN）。ΔEN 大时有利于生成离子键，ΔEN 小时有利于生成共价键。泡利计算说明电负性差约为 1.7 时，导致生成具有 50%离子特性和 50%共价特性的键。例如，SiO_2 化合物中，每个 Si 原子（EN=1.9）与每一个最近邻 O 原子（EN=3.44）共用一对电子，而电负性较大的 O 原子使得共用电子对由 Si 原子向 O 原子部分转移，这意味着含有电子的转移，即赋予结合键一些离子特性。因 ΔEN 为 1.54，所以可以认为 Si—O 键约有 45%离子性和 55%共价性。

2.3.3 共价半径

共价半径主要在有机化学（例如聚合物）中应用。获得一组共价半径的最简单方法是以共核分子（例如 H_2）中共价键合原子间距的一半作为共价半径。但是，在有机分子中由于双键以及相邻原子的电负性差的影响，使这种定义的共价半径难以获得一致的结果。

因为不同技术获得的原子位置是不同的，所以用从大分子获得的数据来估计共价半径会带来另一个问题。例如，中子衍射得出的是原子核位置的信息，而 X-射线衍射得出的是材料中电子密度的信息。这些差别的影响对很多原子并不严重，但是对于轻原子，特别是氢，这两者测量的原子间距的差别可以达到 0.1nm 之大。因此，这比金属或离子系统更难获得一组自洽的共价半径。

大量的对有机化合物的研究获得单键碳的共价半径为 0.767nm，以它为标准，由有机分子的键长减去碳的半径计算出其他原子的共价半径。这种方法最适合于以碳作为中心原子（如 CCl_4）的简单四面体分子，以此导出以碳为基的一组单键共价键。表 2-8 列出了由此方法获得的一些共价半径，为了比较，在表中还给出了双键和三键的半径。

表 2-8　共价半径　（单位：nm）

H 0.0299						
	Be 0.106	B 0.083	C 0.0767 0.0661① 0.0591②	N 0.0702 0.0618① 0.0545②	O 0.0659 0.049①	F 0.0619
		Al 0.118	Si 0.109	P(Ⅲ) 0.1088	S 0.1052	Cl 0.1023
		Ga 0.1411	Ge 0.122	As(Ⅲ) 0.1196	Se(Ⅱ) 0.1196	Br 0.1199
		In 0.141	Sn 0.139	Sb(Ⅲ) 0.137	Te(Ⅱ) 0.1391	I 0.1395

① 双键半径；
② 三键半径。

因为键的拉伸或压缩通常需要高的能量，所以键长在很大程度上是常数。键角也是比较稳定的，但不如键长那么稳定，因为要扭曲 3 个原子间的角度所需能量要比使键的长度改变小很多。双键和三键的键合比单键强，因而相应键长会减小。一般双键及三键的键长分别是单键键长的 85%～90%和75%～80%。

在共价键晶体中，因为共价键内的作用力是主要的，键与键之间的相互作用是次要的，所以，定义共价键合的两个原子（A 和 B）中心距离为两个原子的共价半径之和，A 和 B 原子间的距离近似为 A—A 共价距离和 B—B 共价距离的平均值。同类性质的键在不同分子中的键长是相近的，即共价键的键长在各种分子中有守恒性。

2.3.4　范德华半径

范德华键是由中性原子偶极导致的一种弱键，有这种交互作用连接的原子有较大的原子间距，因此，比其他化学作用强的化学键合的半径要大得多。范德华半径广泛地应用非键合半径的概念：假设范德华或非键合原子为相接触的硬球，测量在 X-Y-Z 的结构中原子 X 与其最近邻 Z 间的键长，从而获得范德华半径。一般范德华半径比共价半径大。因为范德华半径定义为相邻分子间距的一半，所以它受分子结构的影响较大。表 2-9 列出了一些范德华半径的值。

在讨论原子或离子半径时，要注意到元素或化合物的键型不一定是某种纯的结合键型。对于金属键为主的元素，第ⅠA 族金属中的结合键主要是金属键，但随着元素化合价的升高（也就是在元素周期表中由左向右移动），结合键开始呈现一些共价特性。金属中结合键共价特性的增加是造成周期表中每个周期内元素从左到右金属密度逐渐降低的部分原因。某些金属之间可形成具有特定金属组元原子比率的化学计量化合物，这些化合物都称作**金属间化合物**，例如，AlLi、Ni_3Al、Al_3V、AlSb、CuZn、Ti_3Al 和 Mg_2Si 等，它们大多呈现金属/共价键或者金属/离子混合键的特性。究竟形成金属/共价混合键还是金属/离子混合键取决于化合物中组元间电负性差（ΔEN）的大小，ΔEN 值大则倾向于形成金属/离子混合键。

表 2-9　范德华半径　（单位：nm）

H 0.120							
			C 0.170	N 0.155	O 0.152	F 0.147	
			Si 0.210	P 0.180	S 0.180	Cl 0.175	
			Ge 0.195	As 0.185	Se 0.190	Br 0.185	
			Sn 0.210	Sb 0.206	Te 0.206	I 0.198	Xe 0.200
				Bi 0.215			

2.4　单质元素晶体结构

本节讨论金属和半金属元素晶体结构。因为典型金属通常具有面心立方（fcc）、体心立方（bcc）和密排六方（hcp）3 种晶体结构，所以这里比较详细地讨论这些晶体结构。因为 Si 和 Ge 是重要的半导体的元素，它们的晶体结构属于金刚石结构，也详细讨论这种结构。

其他的金属和半金属分别按周期表的族类作简单介绍。在半金属（和非金属）元素的晶体中，原子间的结合键具有一定的共价键性质。由于共价键具有饱和性，所以每个原子所形成的共价键的数目受原子自身电子组态的限制，即受它本身所提供的与其他原子组成共同电子对数目的制约。它的配位数和它的化学键数相等，并符合 $8-N$ 规律，其中 N 为该元素在周期表中的族数。

因为晶体结构是由其晶胞在三维空间周期重复堆垛而成的，所以详细讨论晶体结构时只需讨论其晶胞即可。讨论晶胞的特征应包括如下内容：（1）原子堆垛及配位；（2）晶体结构中的间隙；（3）晶胞所含的原子数以及这些原子在晶体坐标中的点阵坐标数；（4）原子半径以及间隙半径与点阵常数的关系；（5）致密度；（6）晶体符号以及所属的空间群等。

2.4.1　面心立方结构

图 2-11a 所示为一个面心立方晶胞的示意图。把原子用一个小球或一个圆点表示，并用杆线把晶胞勾画出来，这类示意图称晶胞的杆-球模型。图 2-11b 所示为与晶胞相关的 14 个原子的原子实球堆垛模型，在一个晶胞内，顶角的原子只有 1/8 属于该晶胞，8 个顶角的原子共属于该晶胞的原子数为 1；在面上的原子只有 1/2 属于该晶胞，6 个面上的原子共属于该晶胞的原子数为 3，所以每个晶胞含 4 个原子。这 4 个原子位置的晶体坐标分别为

[(0, 0, 0)]、[(0, 1/2, 1/2)]、[(1/2, 0, 1/2)]和[(1/2, 1/2, 0)]。

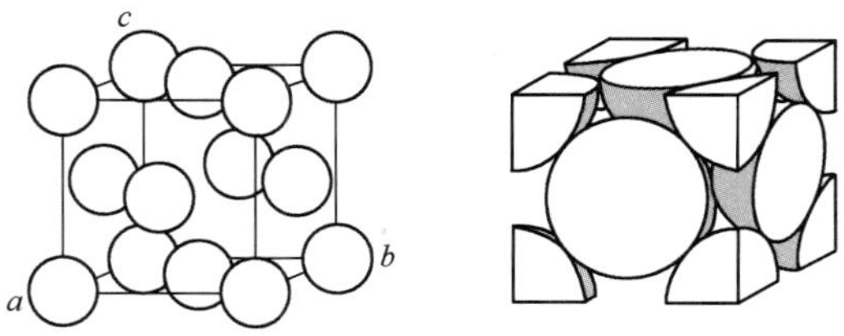

a　　　　b

图 2-11　面心立方晶胞

a—杆-球模型；b—原子实球堆垛模型

面心立方结构的堆垛就是图 2-2a 描述的紧密堆垛。这种结构的最密排面是 {111}，晶体结构是以密排面 {111} 按…ABCABCABC…顺序堆垛起来的。为了进一步看清其堆垛，图 2-12a 中描述了堆垛实体原子球与这些球在晶胞内原子位置的对应关系（图 2-12b），可以看出，矢量 [111] 的长度恰好是 3 个（111）面的面间距。因为这种结构是同类原子球的最紧密堆垛，所以其配位数 CN = 12，即任何一个原子都有 12 个最近邻原子。图 2-12c 所示为由晶胞的角度观察原子的最近邻原子的配置，图中 12 个浅灰色原子是深灰色原子的最近邻原子。

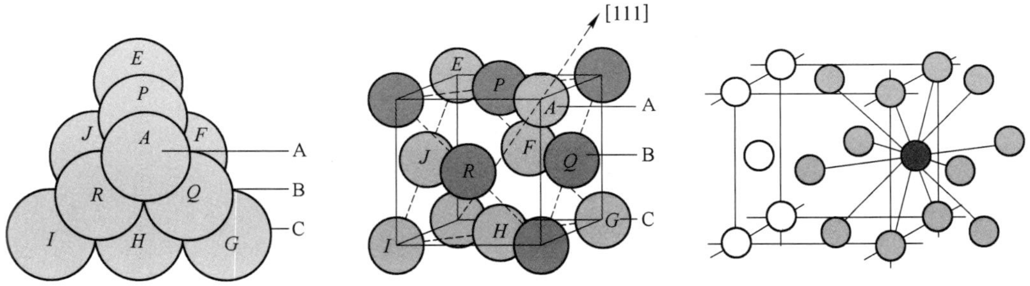

a　　　　b　　　　c

图 2-12　面心立方结构的堆垛和配位数

a—实球堆垛模型；b—与 a 相应的杆-球模型；c—配位数的说明

面心立方结构的最密排方向是 ⟨110⟩，即图 2-12b 中所示 *IG*（或 *IE*、*EG*）方向。面心立方结构中最近邻的原子球是相切的，如果以 a 表示晶胞棱的长度，即晶胞的点阵常数，则原子半径 r 是 a [110]/4 的长度，即 $r=\dfrac{\sqrt{2}a}{4}=0.3535a$。

2.2.1 节说到球体最密堆垛的致密度为 0.74，在这里利用面心立方结构加以证明。因为面心立方晶胞含 4 个原子，所以致密度 η 为：

$$\eta=\frac{4V_{\mathrm{at}}}{a^3}=\frac{4\times4\pi r^3/3}{a^3}=\frac{4\times4\pi(\sqrt{2}a/4)^3/3}{a^3}=\frac{\sqrt{2}}{6}=0.740$$

如 2.2.1 节所述，单质球的最紧密堆垛存在两种间隙：八面体间隙和四面体间隙。在面心立方结构中，一个晶胞内有 4 个八面体间隙，它们的中心位置的晶体坐标是 [(1/2,1/2,1/2)] 及其等效位置（即晶胞各个棱的中点），如图 2-13a 所示，原子数和八面体间隙数之比为 1∶1。八面体间隙中心与相邻的 6 个原子中心的距离为$a/2$，所以八面体间隙半径 r_{oc} 为：

$$r_{oc}=\frac{a}{2}-r=\left(\frac{1}{2}-\frac{\sqrt{2}}{4}\right)a=0.146a$$

或
$$r_{oc}=\frac{a}{2}-r=\left(\sqrt{2}-1\right)r=0.414r$$

在面心立方结构中，一个晶胞内有 8 个四面体间隙，它们的中心位置的晶体坐标是[(1/4,1/4,1/4)]及其等效位置（即晶胞体对角线离顶点的 1/4 处）如图 2-13b 所示，原子数和四面体间隙数之比为 1∶2。四面体间隙中心与相邻的 4 个原子中心的距离为 $a\langle 111\rangle/4$，所以八面体间隙半径 r_{te} 为：

$$r_{te}=\frac{\sqrt{3}a}{4}-r=\left(\frac{\sqrt{3}}{4}-\frac{\sqrt{2}}{4}\right)a=0.0794a$$

或
$$r_{te}=\frac{\sqrt{3}a}{4}-r=\left(\frac{\sqrt{3}}{4}\times\frac{4}{\sqrt{2}}-1\right)r=0.2247r$$

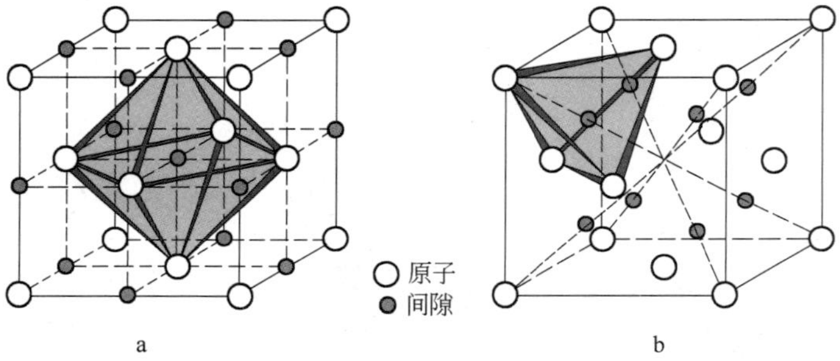

图 2-13 面心立方晶胞中的间隙位置
a—八面体间隙；b—四面体间隙

间隙尺寸比原子尺寸小很多，而四面体间隙比八面体间隙更小，八面体间隙尺寸与四面体间隙尺寸的比为 $r_{oc}/r_{te}=1.84$。某些半径较小的溶质或杂质原子处在八面体间隙中。

面心立方结构的结构符号是 Al(Cu 型)，Pearson 符号是 cF4，空间群是 $Fm\bar{3}m$。具有面心立方结构的金属有 Cu、Ag、Au、Al、α-Ce、α-Ca、β-Co、γ-Fe、Ir、Ni、Pb、Pt、Pd、γ-Mn、α-Rh、α-Sr、α-Th 等。

例 2-6 求面心立方结构最密排方向的线密度（单位长度含的原子数）、最密排面的面密度（单位面积含的原子数）、体密度（单位体积含的原子数）。

解：(1) 最密排方向的线密度。从图 2-12 可以看出，立方体的面对角线方向即〈110〉是最密排方向，在面对角线长度上有两个原子中心通过，所以最密排方向的线密度 ρ_L 为：

$$\rho_L=\frac{2}{a\sqrt{2}}=\frac{\sqrt{2}}{a}=\frac{1}{2r}$$

式中，r 是原子半径。该结果表明，每个原子直径长度上有一个原子，也就说明这个方向是最密排方向。

（2）最密排面的面密度。{111} 面是最密排面，图 2-12b 中（111）的 ΔIGE 是等边三角形，其边长是 $a\sqrt{2}$，高等于 $a\sqrt{2}\cos30°$，故三角形面积等于 $a\sqrt{2}\cos30° \times a\sqrt{2}/2 = a^2\sqrt{3}/2$。三角形顶角的原子只有1/6属于这个三角形，3 个顶角的原子属于这个三角形的原子数为 1/2；三角形边上的原子只有 1/2 属于这个三角形，即 3 条边上的原子属于这个三角形的原子数为 3/2。所以最密排面的面密度 ρ_P 为：

$$\rho_P = \frac{1/2 + 3/2}{a^2\sqrt{3}/2} = \frac{4}{a^2\sqrt{3}} = \frac{4\sqrt{3}}{3a^2} \quad 或 \quad \rho_P = \frac{4\sqrt{3}}{3a^2} = \frac{4\sqrt{3}}{3 \times 8r^2} = \frac{\sqrt{3}}{6r^2}$$

（3）体密度。一个晶胞中含 4 个原子，晶胞体积是 a^3，所以体密度 ρ_V 为：

$$\rho_V = \frac{4}{a^3} \quad 或 \quad \rho_V = \frac{4}{a^3} = \frac{4}{(4r/\sqrt{2})^3} = \frac{\sqrt{2}}{8r^3} = 0.1767/r^3$$

2.4.2 密排六方结构

图 2-14 所示为一个密排六方晶胞的示意图。图 2-14a 所示为晶胞的杆-球模型。在杆-球模型中，粗黑线画出的六面体（灰色部分）是布拉维单胞，它是密排六方的晶胞。为了显示其对称性，往往给出另一种六面棱柱体的晶胞。图 2-14b 所示为与晶胞相关的 9 个原子的原子实球模型。在一个晶胞内，顶角的原子只有 1/8 属于该晶胞，8 个顶角的原子共属于该晶胞的原子数为 1；在单胞内含有一个原子，所以每个单胞含 2 个原子。这 2 个原子位置的晶体坐标分别为[（0，0，0）]和[（2/3，1/3，1/2）]。因晶胞内的原子位置点并非是等同点，故晶胞属于 P 单胞。

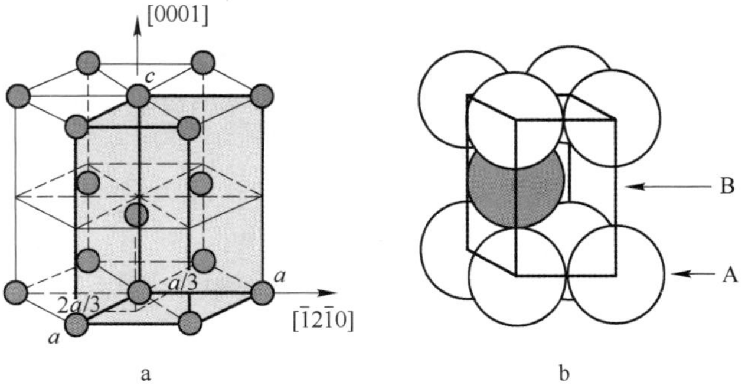

图 2-14 密排六方结构的晶胞

a—杆-球模型；b—原子实球模型

密排六方结构的堆垛就是图 2-2a 描述的紧密堆垛。这种结构的最密排面是 {0001}，晶体结构是以 {0001} 面按…ABABAB…顺序堆垛起来的。如果每层（0001）面之间的原子球都相切，则其堆垛密度和配位数与面心立方完全一样，即致密度 $\eta = 0.74$，配位数 CN = 12。两层（0001）的面间距为 $c/2$，（0001）面之间最近邻的原子距离为 d，从图 2-15b 可计算出 $d = a\sqrt{1/3 + (c/a)^2/4}$。若（0001）面之间的原子球相切，则这种堆垛是理想的密排堆垛，这时 $d = a$，c 轴和 a 轴的轴比 $c/a = \sqrt{8/3} = 1.633$。事实上大多数密排六方金属的轴比在1.58(铍)~1.89(镉)之间。当$c/a \neq 1.633$时，即$d \neq a$，在（0001）面上原子间的最近邻原子距离与相邻上、下层原子间最近邻距离不相等。图2-15a描述了密排六方结构中原子的配位数，图中12个深灰色原子是淡灰色原子的最近邻原子。在理想的堆垛情况下，每个原子中心和其最近邻原子中心的距离都是a，所以配位数CN = 12，如果$c/a \neq 1.633$，即非理想紧密堆垛时，（0001）面上近邻原子的距离与（0001）面层间的原子距离不等，配位数CN变为6+6，同时致密度小于理想堆垛时的0.74。

理想堆垛的密排六方结构的密排方向是$\langle 11\bar{2}0 \rangle$，因此，原子半径$r = a/2$。如果$c/a < 1.633$，则$r \neq a/2$。

和面心立方结构一样，密排六方结构有2种间隙：八面体间隙和四面体间隙。在密排六方结构中，一个晶胞内有2个八面体间隙，它们的中心位置的晶体坐标是[(2/3，1/3，3/4)]及其等效位置如图2-16a所示，原子数和八面体间隙数之比为1∶1。图中还给出了六面棱柱体晶胞中6个八面体间隙的位置（图中灰色圆点）。

如果是理想紧密堆垛，则和面心立方结构一样，八面体间隙半径$r_{oc} = 0.414r$。如果$c/a \neq 1.633$，即不是最紧密堆垛，则间隙半径比面心立方结构的间隙大。

在密排六方结构中，一个晶胞内有4个四面体间隙，它们的中心位置的晶体坐标是[(2/3，1/3，7/8)]及其等效位置，如图2-16b所示，图中也给出了六面棱柱体晶胞中12个八面体间隙的位置（图中灰色圆点），原子数和四面体间隙数之比为1∶2。如果是理想紧密堆垛，则和面心立方结构一样，四面体间隙半径$r_{te} = 0.2247r$。

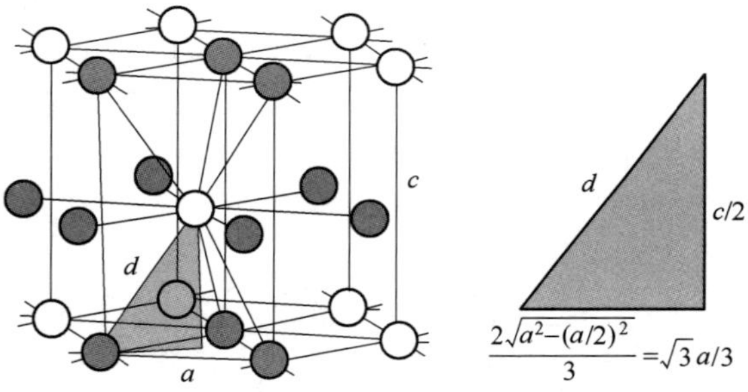

a　　b

图2-15　密排六方结构

a—原子配位数；b—理想密排时c/a轴比的计算

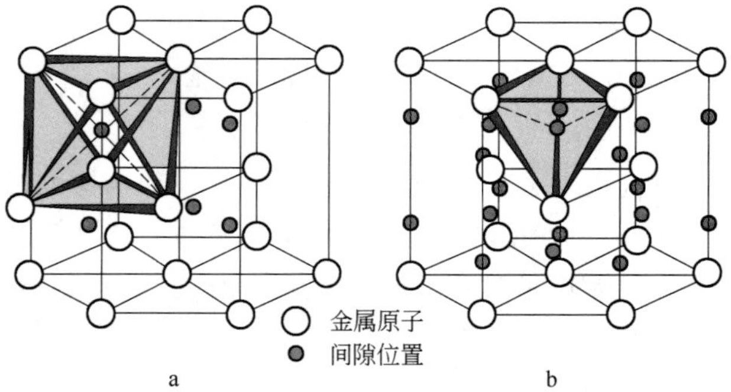

a　　b

图2-16　密排六方结构中的间隙

a—八面体间隙；b—四面体间隙

密排六方结构的结构符号是 A3(Mg 型)，Pearson 符号是 $hP2$，空间群是 $P6_3/mmc$。具有密排六方结构的金属的 c/a 一般都偏离理想的 1.633，例如锌、镉因为有部分共价键影响，在每层内的键与层之间的键相比较强和较短，结果 c/a 大于 1.633，如 Zn(c/a = 1.856)、Cd(c/a = 1.886)。c/a 比理想的 1.633 小的有 Mg(c/a = 1.624)、α-Zr(c/a = 1.593)、Be(c/a=1.585)、α-Ti(c/a=1.587)、α-Co(c/a=1.622)等。大多数金属的轴比在 1.58(铍)~1.89(镉) 之间。图 2-17 是各密排六方金属处在的 a/c 轴范围以及它们的晶胞体积。

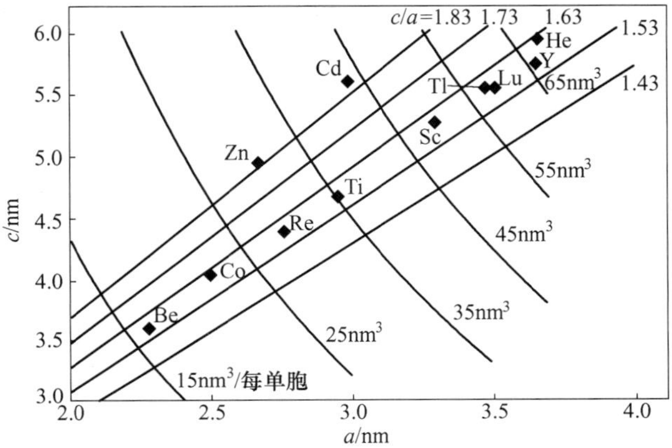

图 2-17 各密排六方金属的 a 轴和 c 轴的大小以及晶胞体积

例 2-7 求理想密排六方结构最密排方向的线密度、最密排面的面密度、体密度和致密度。

解：(1) 最密排方向的线密度。从图 2-14a 看出，最密排方向是 $\langle 11\bar{2}0\rangle$，即在单胞的 a 轴长度上有一个原子中心通过，所以最密排方向的线密度 ρ_L 为：

$$\rho_L = \frac{1}{a} = \frac{1}{2r}$$

这表示每个原子直径长度上有一个原子，也就说明这个方向是最密排方向。

(2) 最密排面的面密度。从图 2-14a 看出，{0001} 面是最密排面。面上最近邻 4 个原子的排列如图 2-18 所示。图中四边形中 4 个原子各只有 1/4 属于四边形，故四边形含一个原子。四边形边长是 a，高等于 $a\sin60°$，四边形面积等于 $a^2\sin60° = a^2\sqrt{3}/2$。所以最密排面的面密度 ρ_P 为：

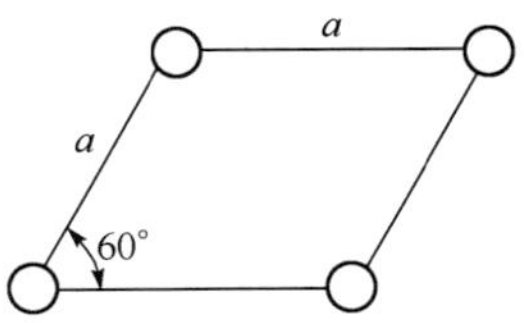

图 2-18 {0001} 面上最近邻 4 个原子的排列

$$\rho_P = \frac{2}{a^2\sqrt{3}} = \frac{2\sqrt{3}}{3a^2} \quad 或 \quad \rho_P = \frac{2\sqrt{3}}{3a^2} = \frac{2\sqrt{3}}{3(2r)^2} = \frac{\sqrt{3}}{6r^2}$$

(3) 体密度。一个单胞中含 2 个原子，晶胞体积是 $a^2c\sin60° = a^2c\sqrt{3}/2$。理想密排六方的轴比 $c/a = \sqrt{8/3}$，故晶胞体积是 $a^3\sqrt{2}$，所以体密度 ρ_V 为：

$$\rho_V=\frac{2}{a^3\sqrt{2}}=\frac{\sqrt{2}}{a^3}\quad 或\quad \rho_V=\frac{\sqrt{2}}{a^3}=\frac{\sqrt{2}}{(2r)^3}=\frac{\sqrt{2}}{8r^3}=0.1767/r^3$$

(4) 致密度。一个晶胞中含 2 个原子，每个原子的体积为 $4\pi r^3/3$，所以致密度 η 为：

$$\eta=\frac{2\times\frac{4}{3}\pi r^3}{a^3\sqrt{2}}=\frac{2\times\frac{4}{3}\pi(a/2)^3}{a^3\sqrt{2}}=\frac{\sqrt{2}}{6}\pi=0.740$$

理想密排六方结构的最密排线密度、最密排面密度、体密度、致密度和面心立方结构堆垛都是相同的。因为密排六方结构和面心立方结构的堆垛都是最密排堆垛，所以，这一结果并不奇怪。

例 2-8 求密排六方结构 Zn($c/a=1.856$)和 Cd($c/a=1.886$)的体密度和致密度。

解：(1) 体密度。一个单胞中含 2 个原子，晶胞体积是 $a^2c\sin60°=a^2c\sqrt{3}/2$，所以体密度 ρ_V 为：

$$\rho_V=\frac{2\times2}{ca^2\sqrt{3}}\quad 或\quad \rho_V=\frac{1.224}{(2r)^3}=\frac{0.153}{r^3}$$

(2) 致密度。一个晶胞中含 2 个原子，每个原子的体积为 $4\pi r^3/3$，因为 $c>a$，故原子半径 r 仍等于 $a/2$，所以致密度 η 为：

$$\eta=\frac{2\times2\times\frac{4}{3}\pi r^3}{ca^2\sqrt{3}}=\frac{4\times\frac{4}{3}\pi(a/2)^3}{ca^2\sqrt{3}}=\frac{2a\pi}{3c\sqrt{3}}$$

Zn 和 Cd 的轴比 c/a 分别等于 1.856 和 1.886，它们的致密度分别为：

$$\eta(\text{Zn})=0.652\quad \eta(\text{Cd})=0.641$$

结果表明，当 $c/a\neq1.633$ 即非理想密排时，体密度和致密度都降低。

2.4.3 体心立方结构

图 2-19 所示为一个体心立方晶胞的示意图。图 2-19a 所示为晶胞的杆-球模型，图 2-19b所示为包含在一个晶胞中每一个原子所占分数的部分实球模型。从图 2-19b 看出，一个晶胞内含 2 个原子（8 个顶角的原子各含 1/8，中心一个原子）。这两个原子位置的晶体坐标分别为[(0,0,0)]、[(1/2,1/2,1/2)]。

在体心立方结构中没有像面心立方中 {111} 那样的最密排面，体心立方结构中相对密排的面是 {110} 面，图 2-20a 是一个晶胞中的（110）投影图。从图中看出，若以 {110} 面堆垛，则每隔一层面就重复。把这两层标记为 α 和 β，体心立方以 {110} 面按 …αβαβαβ… 顺序堆垛而成。体心立方结构中每个原子有 8 个最近邻原子，例如晶胞中心的原子与晶胞的 8 个顶角原子是最近邻的，原子间距为 $\frac{a\sqrt{3}}{2}$，故配位数为 8。另外，它与和晶胞 6 个面相邻的 6 个晶胞中心原子为次近邻，原子间距为 a。因为最近邻与次近邻的

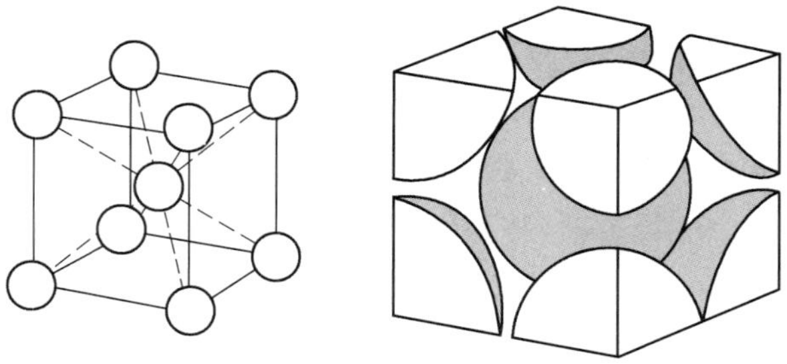

图 2-19 体心立方晶胞

a—杆-球模型；b—包含在一个晶胞内每个原子所占分数的实球模型

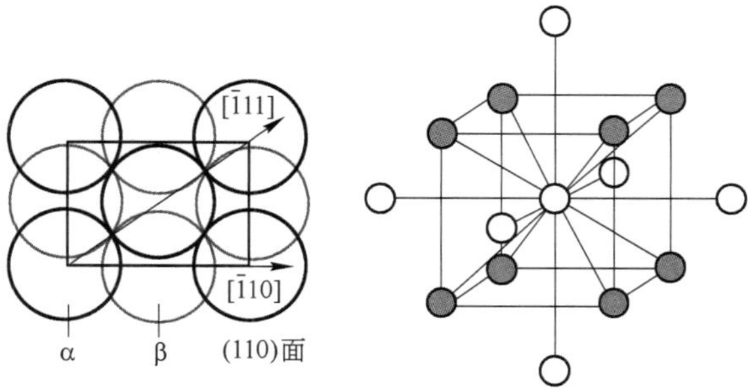

图 2-20 体心立方结构

a— {110} 面堆垛；b—原子及配位数

间距相差不是很大（约 15%），因此往往要考虑次近邻的作用，所以，体心立方结构的配位数也表示为 8+6，即有效配位数大于 8。图2-20b所示为以体心立方结构晶胞中心原子描述原子的配位关系。

因为体心立方原子的堆垛比原子最密排堆垛的致密程度低，所以它的致密度比面心立方和理想密排六方的低。体心立方晶胞中含 2 个原子，每个原子的体积为 $4\pi r^3/3$，所以致密度 η 为：

$$\eta = \frac{2 \times \dfrac{4\pi r^3}{3}}{a^3} = \frac{2 \times \pi \dfrac{4}{3}(\sqrt{3}a/4)^3}{a^3} = \frac{\sqrt{3}}{8}\pi = 0.680$$

从图 2-20 看出，体心立方结构的最密排方向是〈111〉。在〈111〉方向原子是相切的，因此原子半径 r 是 $a\langle 111\rangle/4$ 的长度，所以原子半径 r 与点阵常数 a 的关系为 $r = \dfrac{\sqrt{3}a}{4}$。

体心立方结构也有两种间隙，一种是扁八面体间隙，另一种是四面体间隙。图 2-21a 所示为一个扁八面体间隙，它的中心在晶胞（001）面的中心，距（001）面 4 个角上原子中心的距离是 $\dfrac{a\sqrt{2}}{2}$，但距上、下两个原子中心的距离为 $a/2$，所以这个八面体不是正八面体而是一个扁八面体。八面体间隙的晶体坐标位置是[(1/2, 1/2, 0)]，晶胞的每个棱边中心及晶胞立方体6个面的中心都是其等效位置，所以每个晶胞有6个八面体间隙，原子数和八面体间隙数之比为1∶3。对于八面体间隙，以其中心到距最近邻原子中心的距离定义为间隙半径与原子半径之和，则八面体半径 r_{oc} 为：

$$r_{oc} = \frac{a}{2} - r = \left(\frac{1}{2} - \frac{\sqrt{3}}{4}\right)a = 0.067a$$

或

$$r_{oc} = \frac{a}{2} - r = \left(\frac{1}{2} \times \frac{4}{\sqrt{3}} - 1\right)r = 0.155r$$

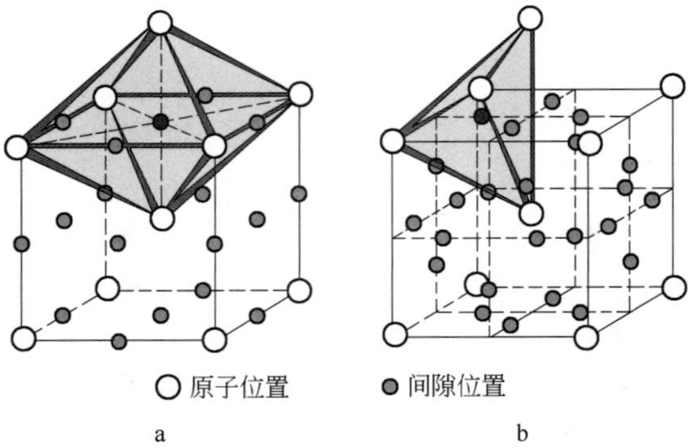

图 2-21　体心立方结构的间隙
a—八面体间隙；b—四面体间隙

图2-21b所示为一个四面体间隙的位置，它由[100]和[001]方向各两个原子组成，因此四面体这两个方向棱的长度都是 a，其他4条棱的长度是 $a\sqrt{3}/2$，所以它也不是一个正四面体。四面体的中心位置的晶体坐标是[(1/2, 1/4, 0)]及其等效位置，所以一个晶胞含有12个四面体间隙，原子数和四面体间隙数之比为1∶6。四面体间隙的中心位置与相邻的任一个原子中心位置（例如[(0, 0, 0)]）的距离是原子半径与四面体间隙半径之和，所以四面体间隙半径 r_{te} 为：

$$\begin{aligned} r_{te} &= \left[\left(\frac{1}{2}\right)^2 + \left(\frac{1}{4}\right)^2\right]^{1/2} a - r \\ &= \left\{\left[\left(\frac{1}{2}\right)^2 + \left(\frac{1}{4}\right)^2\right]^{1/2} - \frac{\sqrt{3}}{4}\right\} a \\ &= 0.126a \end{aligned}$$

或

$$\begin{aligned} r_{te} &= \left[\left(\frac{1}{2}\right)^2 + \left(\frac{1}{4}\right)^2\right]^{1/2} \frac{4}{\sqrt{3}}r - r \\ &= \left\{\left[\left(\frac{1}{2}\right)^2 + \left(\frac{1}{4}\right)^2\right]^{1/2} \frac{4}{\sqrt{3}} - 1\right\} r \\ &= 0.291r \end{aligned}$$

虽然体心立方结构的致密度比面心立方结构的低，但它的间隙数量多，比较分散，每个间隙的体积比较小，因此在体心立方结构中可能填入间隙的杂质或溶质原子的数量比面心立方结构少。

体心立方结构的结构符号是 A2(W 型)，Pearson 符号是 $cI2$，空间群是 $Im\bar{3}m$。具有体心立方结构的金属有：V、Nb、Ta、Mo、Ba、Rb、β-Ti(>880℃)、α-Fe(<910℃)、δ-Fe(>1400℃)、α-W、β-Li、β-Na 等。

例 2-9　求体心立方结构最密排方向的线密度、密排面的面密度、体密度和致密度。

解：(1) 最密排方向的线密度。从图 2-18 看出，立方体的体对角线方向即〈111〉是最密排方向，在体对角线长度上有两个原子中心通过，所以最密排方向的线密度 ρ_L 为：

$$\rho_L = \frac{2}{a\sqrt{3}} = \frac{1}{2r}$$

上面的结果表明每个原子直径长度上有一个原子，也就说明这个方向是最密排方向。

(2) 密排面的面密度。体心立方结构没有最密排面，它的密排面是 {110}。从图 2-18 看出，(110) 面是长方形，两个边长分别是 $a\sqrt{2}$ 和 a，面积是 $a^2\sqrt{2}$。长方形顶角的 4 个原子只有 1/4 属于这个长方形，长方形面的中心有一个原子，故总共属于这个长方形的原子数为 4×1/4+1=2。所以密排面的面密度 ρ_P 为：

$$\rho_P = \frac{4 \times 1/4 + 1}{a^2\sqrt{2}} = \frac{2}{a^2\sqrt{2}} = \frac{\sqrt{2}}{a^2}$$

(3) 体密度。一个晶胞中含 2 个原子，晶胞体积是 a^3，所以体密度 ρ_V 为：

$$\rho_V = \frac{2}{a^3} \quad 或 \quad \rho_V = \frac{2}{a^3} = \frac{2}{(4r/\sqrt{3})^3} = \frac{3\sqrt{3}}{32r^3} = 0.1624/r^3$$

2.4.4　简单立方结构

图 2-22a 所示为一个简单立方晶胞的杆-球模型。一个晶胞内含 1 个原子（8 个顶角的原子各含1/8），这个原子所在位置的晶体坐标为[(0,0,0)]。

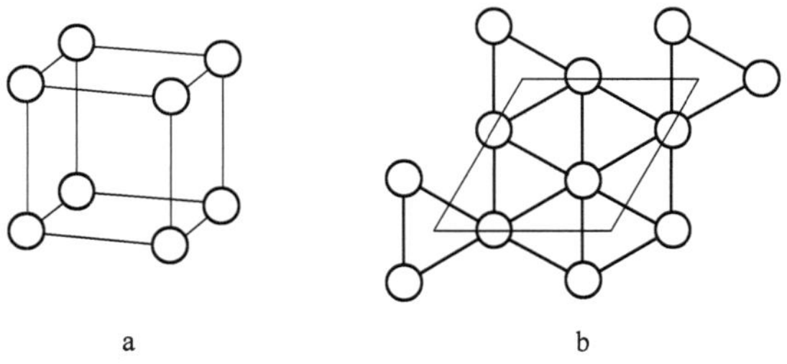

图 2-22　简单立方晶胞
a—杆-球模型；b—在（111）上的投影

简单立方结构中相对密排的面是 {100} 面，密排方向是〈001〉，原子半径 $r=a/2$。每个晶胞含一个原子，原子位置是［(0,0,0)］。因此，致密度 $\eta = 4\pi r^3/3a^3 = 4\pi(a/2)^3/3a^3 = 0.523$。从［111］方向观看是六方排列（图 2-22b），但其（111）面并不是最紧密排列的面，即在（111）面上原子实球并不相切。每个原子的最近邻原子数目为 6，即配位数 CN=6。晶胞的中心位置([1/2,1/2,1/2])是六面体间隙，原子数和六面体间隙数之比为 1∶1。晶胞的体对角线长度等于一个原子直径和一个六面体间隙直径之和，所以，间隙半径 $r_6 = a(\sqrt{3}/2 - 1/4)/2 = 0.308a$。

简单立方结构的结构符号是 A_k(α-Po 型)，Pearson 符号是 cP1，空间群是 $Pm\bar{3}m$。具有简单立方结构的金属有 α-Po 等。

2.4.5 金刚石 C 类型结构

金刚石 C 和 Si、Ge、Sn 等元素属于第ⅣA 族元素，它们的固态以共价键键合。每个原子的共价键数目是 8−4=4，它们的配位数是 4。Si 是重要的半导体材料，它具有金刚石 C 类型结构，Ge、α-Sn 以及碳的一种同素异构结构（金刚石 C 型）也具有这种结构。

图 2-23a 所示为金刚石结构单胞的杆-球模型，结构中每个原子按四面体方向和另外 4 个原子以共价键相键合（图 2-23a 中的粗黑线所示），这种键合方式不能形成封闭的分子，只能形成一种在三维空间无限延伸的大分子。这种结构是面心立方结构，也可以看成是由 2 个面心立方点阵穿插而成，这 2 个面心立方点阵沿体对角线相对位移 $a/4\langle 111\rangle$；或者看成是面心立方点阵中每个阵点包含 2 个原子，例如在 [(0,0,0)] 和 [(1/4,1/4,1/4)] 位置的两个原子组合成一个结构单元。

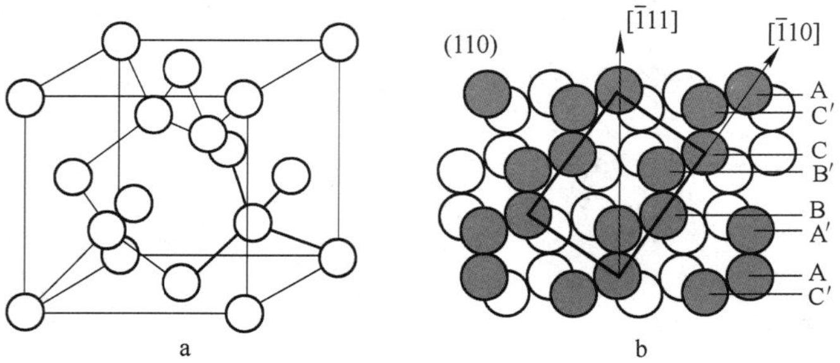

图 2-23 金刚石结构

a—晶胞的杆-球模型；b—从（110）面观看原子层的排列

很明显，这种结构的堆垛方式也类似于 fcc 结构堆垛，即每两层原子组合按 fcc 堆垛排列。图 2-23b 所示为（110）面，其中包含了最近邻原子的投影，这两层原子分别以浅色和深色的球表示，可以看出它的堆垛顺序为…AA′BB′CC′AA′BB′CC′…。最近邻原子的中心距是 [(0,0,0)] 和 [(1/4,1/4,1/4)] 的距离，即原子直径等于 $a\sqrt{3}/4$，半径 $r = a\sqrt{3}/8$。一个晶胞含 8 个原子，所以其空间充填率 η 为：

$$\eta = \frac{8 \times 4\pi r^3}{3a^3} = \frac{8 \times 4\pi(a\sqrt{3}/8)^3}{3a^3} = 0.340$$

虽然 fcc 的堆垛致密度很高（0.74），但金刚石结构的堆垛致密度却很低，只有 0.34。这意味着金刚石结构的间隙比较大。

金刚石结构的结构符号是 A4(金刚石 C 型)，Pearson 符号是 cF8，空间群是 $Fd\bar{3}m$。

硅晶体具有金刚石结构，它的点阵常数 a=0.543nm，最近邻距离为 0.243nm。硅的键合方式使电子完全约束在共享的共价键对中，没有可供导电的自由电子，但在热和光的激发下，可以激发一些电子参与导电。当掺杂原子（大多为Ⅲ或Ⅴ族）加入硅中时，它们会置换晶体中硅的位置。这样的掺杂可以成为附加的导电电子源或空穴。例如，磷（V族）就是代位施主，因为它的4个电子参与和硅构成共价键，第5个电子很容易分离出来作为导电电子；第Ⅲ族原子（例如硼和铝）加入硅中因为缺少1个电子参与和硅键合，导致空穴导电，它们是代位受主。硅的结构性能取决于其晶体学取向，〈111〉方向抗拉强度最高，{111}面是密排面，最容易氧化。这些都是制造大规模集成电路（VLSI）要考虑的重要因素。

2.4.6 石墨、富勒烯、纳米碳管和石墨烯结构

碳元素的最大特点之一是存在着众多同素异形体，如人们熟悉的无定形碳外有金刚石和石墨。

常温下稳定的石墨是层状结构，sp^2杂化构成平面的六角网络，如图2-24a所示。在层面上碳之间是共价键，键角为120°，层中的强键合使原子团在二维上无限延伸，形成三配位的网络。碳是四价的，原子在层中有3个共价键，另一个键却不固定，活动于六边环上方或下方的一个平面内。原子层之间是弱的范德华键。

石墨结构的结构符号是A9，Pearson符号是*h*P4。

富勒烯是单质碳被发现的第三种同素异形体。任何由碳一种元素组成，以球状，椭圆状，或管状结构存在的物质，都可以被叫做富勒烯，富勒烯指的是一类物质。富勒烯与石墨结构类似，但石墨的结构中只有六元环，而富勒烯中可能存在五元环。1985年罗伯特·柯尔等人制备出了C60。富勒烯的结构和建筑师Fuller的代表作相似，所以称为富勒烯，如图2-24b所示。初步研究表明，富勒烯类化合物在抗HIV（艾滋病毒）、酶活性抑制、切割DNA、光动力学治疗等方面有独特的功效。

因为石墨结构的六角网络层之间是弱的范德华键结合，可以层之间剥离，事实上，这是石墨作为润滑剂的原理。但是，一直以来，科学家们认为，剥离单层的石墨烯是不可能稳定存在的。英国曼彻斯特大学物理学家安德烈·盖姆和康斯坦丁·诺沃肖洛夫，在理论上不可行的情况下依然进行了尝试，从2002年开始寻找石墨烯。在制得了十个分子厚度的石墨后，尝试着再去掉九层，他的团队最终成功从石墨中分离出石墨烯，证实它可以单独存在（如图2-24d所示），在2004年发表了研究成果，两人因此共同获得2010年诺贝尔物理学奖。

石墨烯是由碳原子sp^2杂化链接的单原子层构成的，其理论厚度仅为0.35nm，是目前发现的最薄二维材料。在发现碳纳米管的时候，科学家们也用卷曲的石墨烯来描述碳纳米管的结构。石墨烯并不是平坦而是波状状的，这或许能够解释石墨烯为什么能够稳定存在的原因。

石墨烯有着众多的奇特性质，首先，单层的晶体能够稳定地存在就足以令人惊奇，它是目前世上最薄（透光率可达97.7%）却是最坚硬的纳米材料（强度是结构钢的276倍，而密度只是钢的1/6）。其次，它几乎全透明，具有非常高的导热性（是硅的100倍）和非常低电阻率（比铜和银更低），载流子迁移率最高（是硅的100倍）。

石墨烯的各种优异特性使它有着广泛的潜在应用。例如晶体管，触摸面板，散热薄膜，超级电容器，光电探测器，高调剂器，激光器等；还有在控制污染，海水淡化，高效电池等方面有很大的应用前景。但是毕竟对石墨烯的研究才起步，对于石墨烯的研究还有

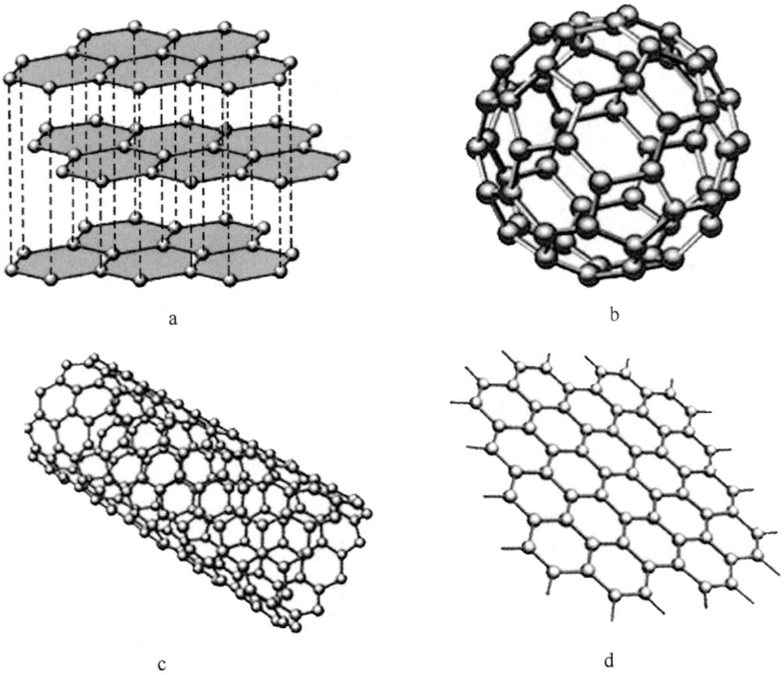

图 2-24　石墨、富勒烯、纳米碳管和石墨烯和结构

很长的路要走。

碳纳米管比石墨烯出现更早。碳纳米管可以想象为由一部分石墨烯片层卷曲而成是由石墨烯卷曲而成的。碳纳米管主要由呈六边形排列的碳原子构成数层到数十层的同轴圆管。层与层之间保持固定的距离，约 0.34nm，直径一般为 2~20nm。碳纳米管的主体管部分，两端各由半个富勒烯封口，如图 2-24c 所示。碳纳米管的结构特征可由连接两个网点（O-A）的蜷矢 $\boldsymbol{C}$（见图 2-25）来确定：

$$\boldsymbol{C} = n\boldsymbol{a}_1 + m\boldsymbol{a}_2$$

式中，n 和 m 为整数；$\boldsymbol{a}_1$ 和 $\boldsymbol{a}_2$ 是六角网络中的单位矢量，分别为 $(1,\ \sqrt{3})a/2$ 和 $(1,\ -\sqrt{3})a/2$，其中 $a_1 = a_2 = \sqrt{3}a_{C—C}$，$a_{C—C}$是碳—碳键长。

可以想象按如下过程把石墨平面网络构成纳米碳管（图 2-25a）：选一个格点 O，从 O 点引矢量 $\boldsymbol{C}(OA)$，沿 $\boldsymbol{C}$ 方向，把 O 点和 A 点蜷接起来形成小管就成为单层壁纳米碳管（图 2-25b），矢量 $\boldsymbol{C}$ 与 $\boldsymbol{a}_1$ 方向的夹角 θ 是蜷角，碳管的直径 $d = |C|/\pi$；在图 2-25a 中过 O 点作垂直于 $\boldsymbol{C}$ 的线 $\boldsymbol{T}(OB)$，B 点是该直线过二维网络的第一个格点，矢量 $\boldsymbol{T}(OB)$ 称平移矢量，过 A 点作垂直于 $\boldsymbol{C}$ 的线与过 B 点垂直于 OB 的线相交于 B' 点，矩形 $OAB'B$ 内的原子数目是一个单壁纳米管的单胞原子数目。

纳米碳管可以是多层壁管，多层壁管由二至数十层间距约为 0.34nm 的同心轴石墨圆柱面套构而成。纳米碳管的径向尺寸较小，管的外径一般在几到几十纳米，但管的长度比其直径大得多。因此，可把纳米碳管看成典型的一维纳米材料。纳米碳管的六边形排列方式不同其性能也不同。如果其六边形有两条边与纳米碳管的轴线平行，这类纳米碳管称锯齿型纳米碳管（图 2-26a），随着直径的变化，它可以从导体变成半导体；如果其六边形有两条边与纳米管的轴线垂直，这类纳米碳管称扶手椅型纳米碳管（图2-26b），它具有

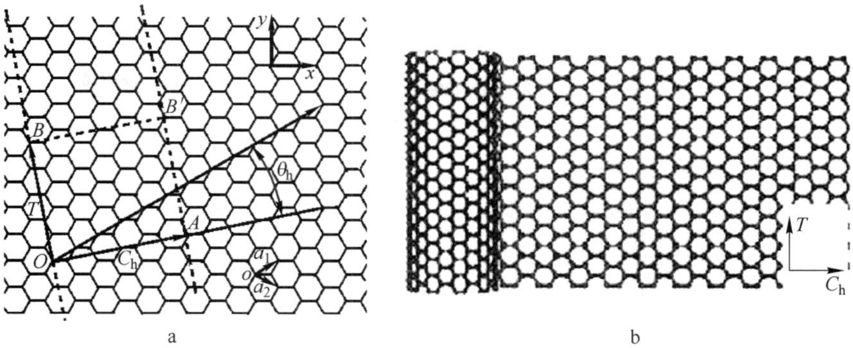

图 2-25 纳米管的蜷矢与蜷角以及蜷矢与相对应的纳米管

a—纳米管的蜷矢和蜷角；b—蜷矢与相对应的纳米管

类似于金属的导电性；如果其六边形边与纳米碳管的轴线不平行也不垂直，则碳原子在纳米碳管的截面上呈现螺旋状排列，这类纳米碳管称手性型纳米碳管（图 2-26c），它具有半导体特性，但螺旋方式和纳米碳管直径的差异也会使其导电性能各不相同。

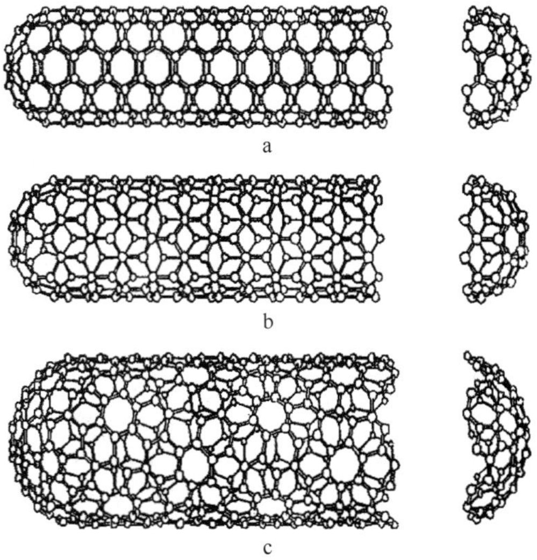

图 2-26 单壁纳米管模型

a—扶手椅型（n）纳米管；b—锯齿型纳米碳管（n, 0）；c—手性型纳米碳管（n, m）

碳纳米管作为一维量子纳米材料，重量轻，六边形结构连接完美，具有许多异常的力学、电学和化学性能。纳米碳管还具有极佳的储氢能力，氢可以以很大密度填充单壁纳米碳管内部和纳米碳管束之间的空隙，所以它也是有潜力的储氢材料。碳纳米管这些非常引人注目的特异性能，因此成为现代材料研究的热点之一。

2.4.7 周期表中各族元素在常态（室温、1 大气压）的晶体结构

（1）ⅠA 和ⅡA 族元素的晶体结构。在ⅠA 和ⅡA 族元素中，Na、α-Ca、α-Sr 等元素的晶体结构属于 cF4（fcc Cu 型）结构；K、Rb、α-Cs、Ba、Li 等元素的晶体结构属于 cI2（bcc W 型）结构；Be、Mg 等元素的晶体结构属于 hP2（hcp Mg 型）结构。

（2）ⅢB 和ⅣB 族元素的晶体结构。在ⅢB 和ⅣB 族元素中，Ac 的晶体结构属于 *c*F4（fcc Cu 型）结构；Y、Zr、Ti、Hf 等元素的晶体结构属于 *h*P2（hcp Mg 型）结构；其中 α-La 元素的晶体结构属于 *h*P4 型结构（参见图 2-4a）；Ti 在压力大于 3GPa 时的结构是六方结构，图 2-27 所示为 ω-Ti 晶胞的杆-球模型，每个晶胞含 3 个原子，它们在晶胞的位置分别为[(0,0,0)]、[(1/3,2/3,1/2)]、[(2/3,1/3,1/2)]。这种结构的 Pearson 符号是 *h*P3，空间群是 *P*6/*mmm*。

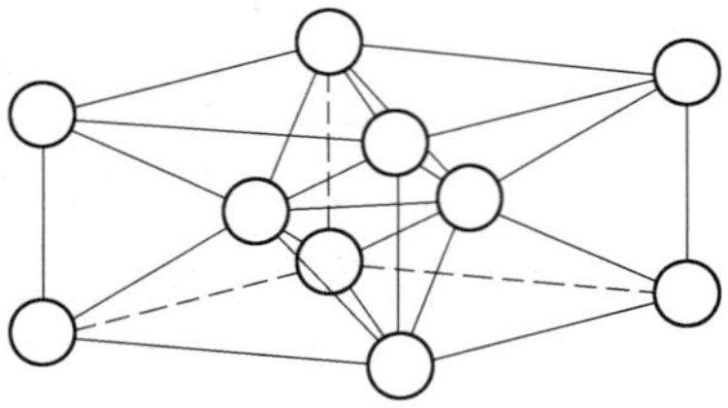

图 2-27　ω-Ti 晶胞的杆-球模型

（3）ⅤB 和ⅥB 族元素的晶体结构。在ⅢB 和ⅣB 族元素中，所有元素如 V、Nb、Ta、Cr、Mo、W 等元素的晶体结构都属于 *c*I2（bcc W 型）结构。

（4）ⅦB 和Ⅷ族元素的晶体结构。在ⅦB 和Ⅷ族元素中，Ni、Pd、Pt、Ir、Rh 等元素的晶体结构属于 *c*F4（fcc Cu 型）结构；α-Fe 元素的晶体结构属于 *c*I2（bcc W 型）结构；Tc、Ru、Re、Os、Co 等元素的晶体结构为 *h*P2（hcp Mg 型）结构。

其他元素的晶体结构如 α-Mn 晶体属于复杂立方结构，复杂结构可能是源于其反铁磁性。图 2-28a 所示为一个晶胞模型，图 2-28b 所示为晶胞在（001）面上的投影。这个晶胞可以用 3×3×3 个体心立方单胞组成（共有 27×2 并加入 4 个原子组成，其中有 20 个原子略经移动原来的位置），一个晶胞共有 58 个原子。晶胞中 58 个原子分 4 类，它们的位置（及其等效位置）分别为：2 个[(0,0,0)]、8 个[(0.316,0.316,0.316)]、24 个[(0.356,0.356,0.034)]、24 个[(0.089,0.089,0.282)]。有两种类型的 Mn 处在配位数 CN=16 的配位多面体中心，一种处在配位数 CN=14 的 Kasper 配位多面体中，一种处在二十面体中。这种结构的结构符号是 A12，Pearson 符号是 *c*I58，空间群是 $I\bar{4}3m$。

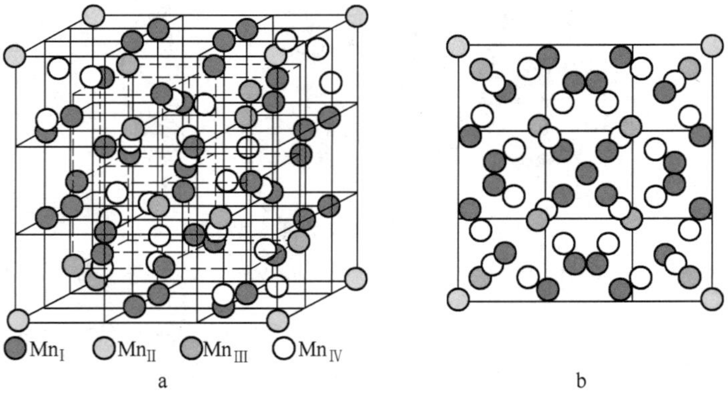

图 2-28　α-Mn 的晶体结构

a— 一个晶胞的示意图；b—晶胞原子在（001）上的投影

β-Mn 的晶体结构也属于复杂立方结构，复杂结构也可能是源于其反铁磁性。图 2-29a 所示为一个晶胞模型，图 2-29b 所示为晶胞在（001）面上的投影。一个晶胞含有 20 个原子，20 个原子分为两类，它们的位置（及其等效位置）分别为：8 个[(0.063,0.316,0.316)]，它们处在畸变的二十面中，配位数是 12；12 个[(0.125,0.020,0.452)]，它们处在 CN=14 的畸变 Kasper 配位多面体中。这种结构的结构符号是 A13，Pearson 符号是

cP20，空间群是 $P4_132$。

（5）ⅠB 和ⅡB 族元素的晶体结构。在ⅠB 和ⅡB 族元素的晶体结构中，Cu、Ag、Au 等元素的晶体结构属于 cF4（fcc Cu 型）结构；Zn、Cd 等元素的晶体结构都属于 hP2（hcp Mg 型）结构。ⅡB 族中α-Hg的晶体结构属于菱方结构，图 2-30 所示为以六方晶系表示的晶胞，这种晶胞可以看做是由立方 P 单胞沿 3 次轴压缩导出的。每个菱方晶胞含一个原子，原子位置为[(0,0,0)]。如果取六方晶胞，则每个晶胞含 3 个原子，原子位置为[(0,0,0)]、[(1/3,2/3,2/3)]和[(2/3,1/3,1/3)]。这种结构的结构符号是 A10，Pearson 符号是 hR1，空间群是 $R\bar{3}m$。

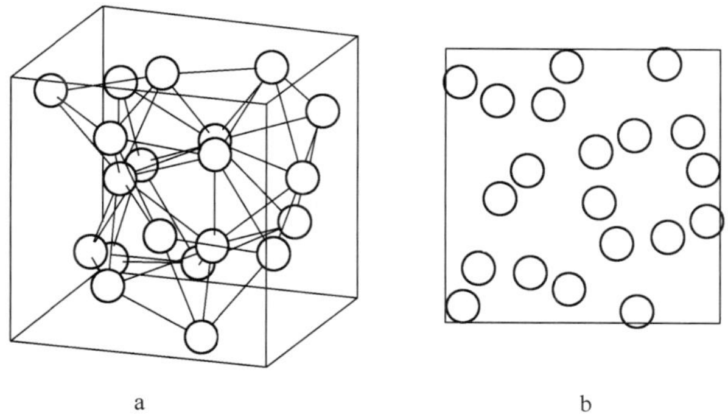

图 2-29 β-Mn 的晶体结构

a— 一个晶胞的示意图；b—晶胞原子在（001）上的投影

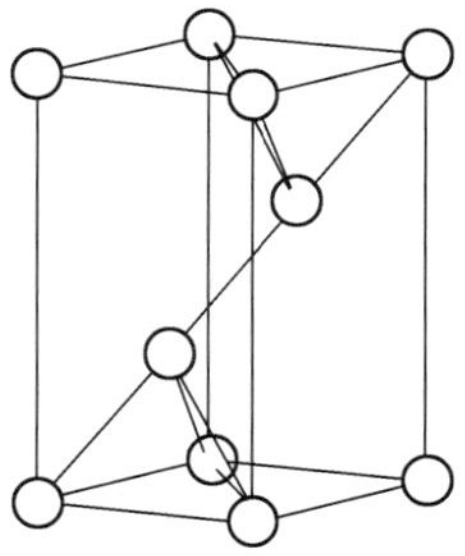

图 2-30 α-Hg 的晶体结构

（6）ⅢA 和ⅣA 族元素的晶体结构。在ⅢA 和ⅣA 族元素的晶体结构中，Al、Pb 等元素的晶体结构属于 cF4（fcc Cu 型）结构；Si、Ge、α-Sn（小于 291K）等元素的晶体结构属于 cF8（金刚石 C 型）结构；Tl 元素的晶体结构属于 hP2（hcp Mg 型）结构。

ⅢA 族中的 α-Ga 晶体结构属于正交结构，图 2-31a 所示为一个晶胞示意图，图 2-31b 所示为在（010）面的投影，图 2-31c 所示为在（100）面的投影。图 2-31b、c 显示了在结构中平行于（100）面的畸变六方 6^3 网络层，层的高度在 $x=0$ 和 1/2 处。在层内的键比层之间的键强。每个晶胞含 8 个原子，它们的位置（及其等效位置）处在[(0, 0.155, 0.081)]。这种结构的结构符号是 A11，Pearson 符号是 oC8，空间群是 $Cmca$。

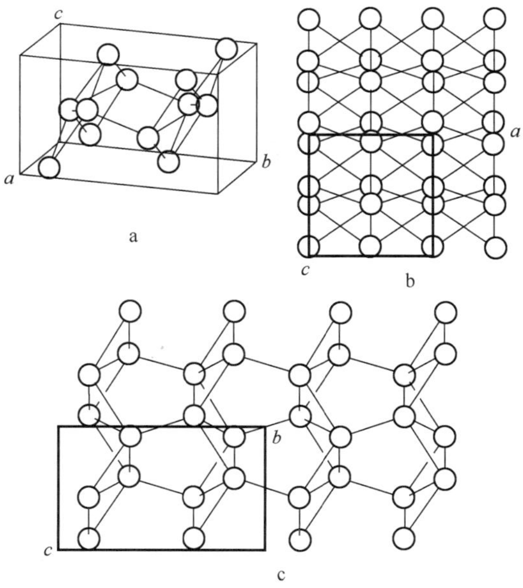

图 2-31 正交 Ga 的晶体结构

a—晶胞的示意图；b—在（010）面的投影；c—在（100）面的投影

ⅢA 族 In 的晶体结构属于体心四方结构，图 2-32 所示为一个晶胞的杆-球模型，在一个晶胞中包含 2 个原子，它们所在位置的晶体坐标分别为[(0,0,0)]、[(1/2,1/2,1/2)]。每个原子有 4 个最近邻原子，配位数 CN=4。In 型结构的结构符号是 A6，

Pearson 符号是 $tI2$，空间群是 $I4/mmm$。

ⅣA 族中的 β-Sn（大于 291K）的晶体结构属于体心四方晶体结构，图 2-33 所示为一个 β-Sn（白锡）晶胞的杆-球模型，在一个晶胞中包含 4 个原子（8 个顶角的原子各含 1/8，中心一个原子，两对侧面上的原子各含 1/2）。这 4 个原子所在位置的晶体坐标分别为[(0,0,0)]、[(1/2,1/2,1/2)]、[(0,1/2,1/4)]、[(1/2,0,3/4)]。从结构上看，β-Sn 晶体结构是畸变的金刚石结构。每个原子有 4 个最近邻，8 个次近邻原子，配位数 CN=4+8。β-Sn 型结构的结构符号是 A5，Pearson 符号是 $tI4$，空间群是 $I4_1/amd$。

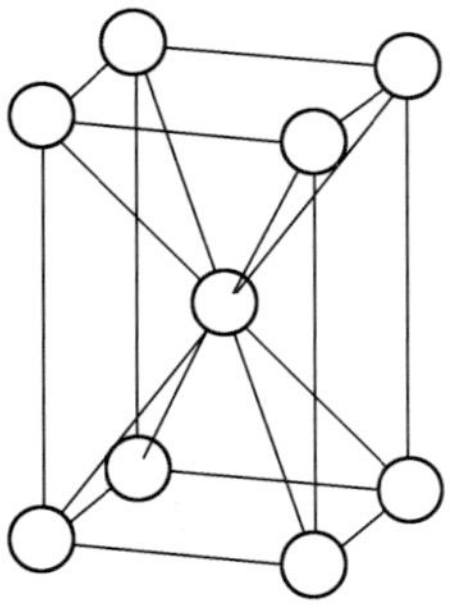

图 2-32 In 晶胞的杆-球模型

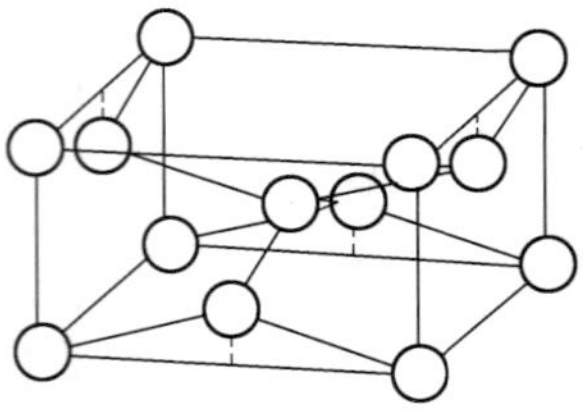

图 2-33 β-Sn 的晶体结构

例 2-10 β-Sn 的轴比 $c/a=0.546$，求致密度。

解：以 t 表示轴比 c/a，从图 2-33 所示的 β-Sn 结构可知，原子半径 r 为：

$$r = [(a/2)^2 + (c/4)^2]^{1/2}/2 = a(4 + t^2)/8$$

晶胞的体积等于 $a^2c=a^2t$，一个晶胞含有 4 个原子，所示致密度 η 为：

$$\eta = \frac{4 \times 4\pi[a(4 + t^2)^{1/2}/8]^3}{3a^3t} = \frac{4 \times \pi \times (4 + 0.546^2)^{3/2}}{3 \times 8^3 \times 0.546} = 0.534$$

（7）ⅤA 和ⅥA 族元素的晶体结构。ⅤA 和ⅥA 族元素具有较强的电负性，因而不易形成金属键，只能形成共价键。除了 α-Po 的晶体结构属于 $cP1$（α-Po 型结构，见图2-21）外，其他元素的原子因一个原子的结合键形不成立体网络，原子在晶体中往往呈层状或链状排列，层内或链内以共价键结合，层与层之间或链与链之间则以金属键或范德华键结合。ⅤA 族元素的共价键数目为 8−5=3。As、Sb、Bi 等元素在室温下稳定存在的晶体结构是菱方（三方）晶系。

ⅤA 族 α-As 的晶体结构是菱形三方晶体结构，图 2-34 所示为 α-As 型晶体结构。图 2-34a 所示为沿着六方轴堆垛的共价键合褶皱原子层的排列。图 2-34b 所示为晶胞的杆-球模型，这种结构也可看成是由两套近于面心立方晶胞穿插而成，其中一套晶胞的原子稍偏离另一套的菱形棱的中点。图 2-34c 所示为六方晶胞原子在（001）面的投影，其中 z 以及数字表示原子在 c 轴的位置，而 z 是相对于 c 轴的任意高度。每个晶胞含 4 个原子，若采用六方单胞，它们的位置是[(0,0,±z)]、[(1/3,2/3,2/3±z)]、[(2/3,1/3,1/3±z)]、[(2/3,1/3,1/3±z)]。这种结构可以看成是畸变的简单立方（α-Po）结构，对于 α-Po，

在层内的原子间距 d_1 等于层间的距离 d_2。对于 As 型结构的晶体，如果 d_2/d_1 的比值越接近于 1，则其金属特性越强。

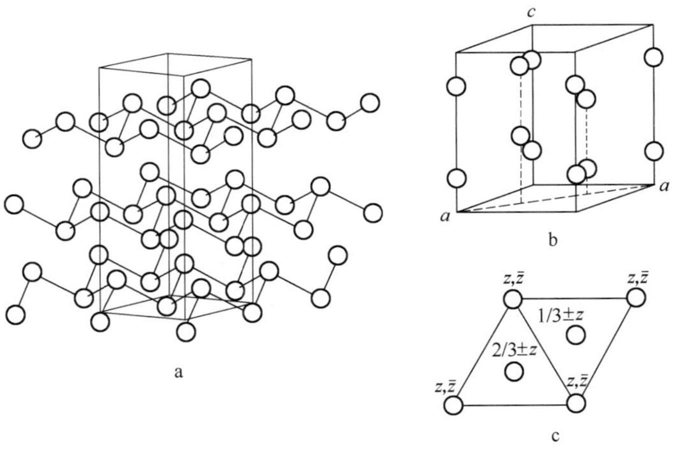

图 2-34 As 型晶体结构

a—沿着六方轴堆垛的褶皱原子层的排列；b—晶胞的杆-球模型；c—在(001)面上的投影

α-As 型晶体结构的结构符号是 A7，Pearson 符号是 hR2，空间群是 $R\bar{3}m$。属于这种结构的晶体有 α-As(d_2/d_1 = 1.25)、α-Sb(d_2/d_1 = 1.17)、α-Bi(d_2/d_1 = 1.12)、γ-Se(d_2/d_1 = 1.49)、γ-Te(d_2/d_1 = 1.31)等。

ⅥA 族 Se、Te 等元素的共价键数目为 8−6=2。图 2-35 所示为 α-Se 的晶体结构，图 2-35a 显示它的螺旋式原子键，图 2-35b 所示为晶胞在（001）面上的投影。原子沿 c 轴方向平行地呈螺旋状排列，原子链内是共价键合，而链之间是范德华键键合。若取六方晶胞，则每个晶胞含 3 个原子，沿 c 方向的原子按 3_1 轴排列形成链状，这是右旋结构，同时也存在左旋结构。这种晶体结构的结构符号是 A8，Pearson 符号是 hP3，空间群是 $P3_221$。

（8）ⅦA 族元素的晶体结构。ⅦA 族 F、Cl、Br 和 I 等元素不是金属或半金属元素，在这里也顺带介绍它们的晶体结构特点。这一组元素每个原子的共价键数目为 8−7=1，原子通过共用 1 个电子对形成双原子分子，这些分子由范德华键结合成晶体。例如，碘的晶体结构如图 2-36 所示，图 2-36a 显示碘分子在晶体中的堆垛，图 2-36b 所示为分子在晶胞中的排列。

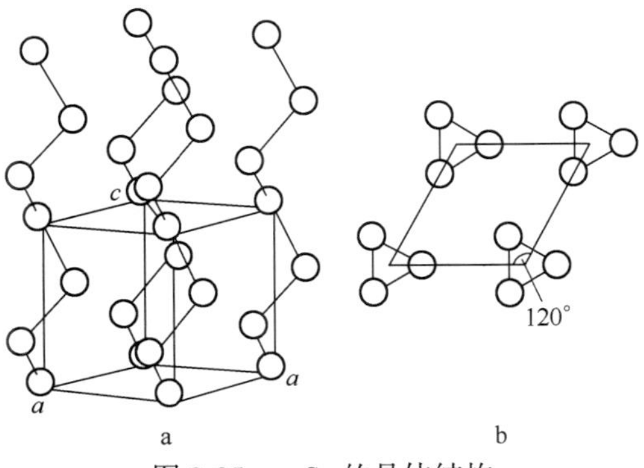

图 2-35 α-Se 的晶体结构

a—晶体中的螺旋式原子键；

b—晶胞原子在（001）面上的投影

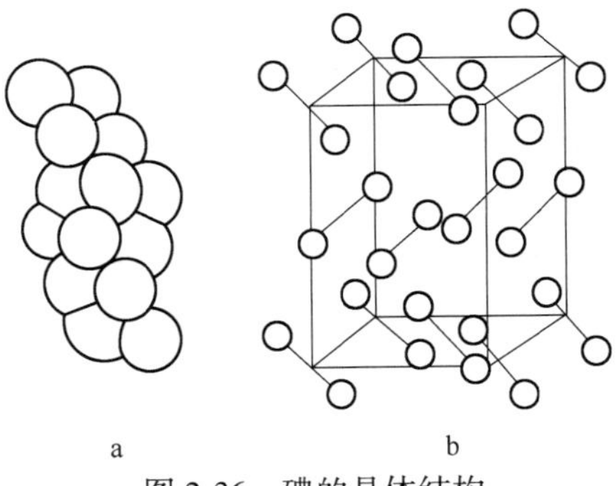

图 2-36 碘的晶体结构

a—碘分子中的堆垛；

b—碘分子在晶胞中的排列

2.5 元素的同素异构结构

很多材料的晶体结构在特定温度、压力或外场下会发生从一种结构到另一种结构的转变，即在不同温度（压力）下的稳定结构不同。单质元素中的这种现象称同素异构性，化合物中的这种现象称多形性。这些转变大都是一级相变（见第 7 章），转变后相应的原子间距、配位数都会改变。

在温度变化产生的同素异构的热力学根据：每个相的摩尔自由能 G 都有如下关系：

$$G = U - pV - TS \tag{2-3}$$

式中，U 是摩尔内能，主要由键结合能决定，与晶体结构密切相关；p 是压力；V 是体积；T 是热力学温度；S 是摩尔熵；pV 是膨胀功，对于凝聚态系统，随着温度变化或多形性转变其体积变化都很小，在这里可以忽略。

在热力学温度为 0K 时，自由能只有内能项，随着温度增加 TS 项变得越来越重要。两种结构在某个温度发生转变时，自由能的变化 ΔG 为：

$$\Delta G = \Delta U - T\Delta S \tag{2-4}$$

内能由晶体结构决定，将一个密堆结构和一个比较开放的结构相比，在 0K 时密堆结构的内能 U_1 低于比较开放结构的内能 U_2，这两个结构的内能差随温度变化不大；熵值和晶体排列的规整度有关，在相同温度下密堆结构的熵值总是低于比较开放结构的熵值。已知熵值是自由能-温度曲线的斜率，这意味着较开放结构的自由能-温度曲线随温度升高其下降速度比密堆结构快，因此这两个结构的自由能-温度曲线最终会在某一温度相交，使得高温下较开放结构的自由能比密堆的低，从而发生同素异构转变。

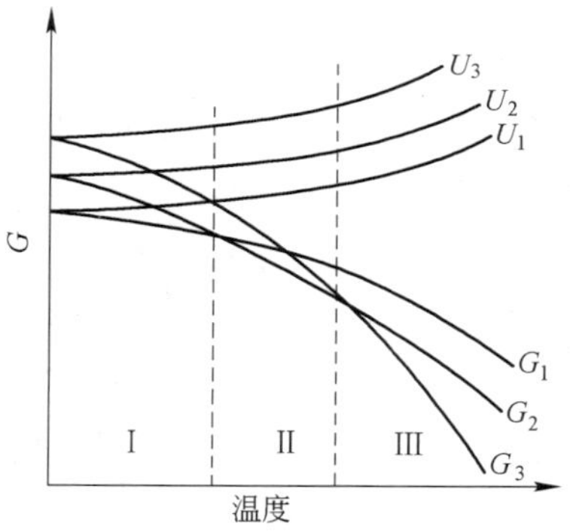

图 2-37 同素异构或多形性结构的自由能及内能随温度变化的关系曲线

图 2-37 所示为同素异构的 3 种结构的自由能-温度曲线，其中下标 1、2 和 3 分别表示其晶体结构的开放程度大小，3 的最大，1 的最小。按上面的分析，G_1 在 0K 时最低，也就是说，在 0K 时第一种结构是稳定的；而 G_3 总会在某一高温降为最低值，也就是说，在高温时第三种结构是稳定的；在中间温度范围内 G_2 是最低的，即第二种结构在中间温度范围是稳定的。

举一个铁随温度变化发生同素异构转变的例子：铁在 1394℃ 以上的稳定结构是体心立方结构（δ-Fe），在 912 ~ 1394℃ 范围内的稳定结构是面心立方结构（γ-Fe），而在 912℃ 以下又重新回到体心立方结构（α-Fe）为稳定结构。其中，在 1394℃ 下发生的体心立方 δ-Fe 向面心立方 γ-Fe 的转变符合一般的相变规律，也就是说，在 1394℃ 以下，δ-Fe 的吉布斯自由能曲线在 γ-Fe 之上。但是，低温下由面心立方结构（密堆结构）向体心立方结构（较不密堆结构）的转变，看起来不符合一般的转变规律。这是受 α-Fe 铁磁转变影响的结果，其中电子体系的自由能起到关键作用。

考察 α-Fe 中的铁磁性转变。铁磁性转变也是一种相变，它发生于多种具有铁磁性的材料中。发生铁磁性转变时，相邻原子的电子自旋由随机排列转变为相互平行排列，即由无序转变为有序排列。这种变化一方面通过电子体系的交换能降低体系的内能，另一方面因为电子体系自旋发生有序变化而影响体系的熵，因而在铁磁性转变中，电子体系的自由能的变化会影响整个体系的自由能。显然，按照相变的一般规律，低温下的稳定相应当是内能及熵均低的有序相，即铁磁性相，而高温下无序的非磁性相是稳定的。事实也确实如此：α-Fe 在低温下显示铁磁性，当温度超过 768℃时为顺磁性，习惯上将发生铁磁性转变的临界温度称作居里温度。与此铁磁性转变相关联，铁磁性转变过程中电子自旋体系的熵变在实验上表现为 α-Fe 的比定容热容 c_V 随温度的变化曲线在居里温度附近出现尖峰，如图 2-38a 所示，作为对比，在图中也给出了无磁性转变面心立方结构 c_V-T 的正常变化曲线。这意味着加热过程中外界必须提供额外的热量来破坏铁磁性 α-Fe 相中电子体系的有序性。

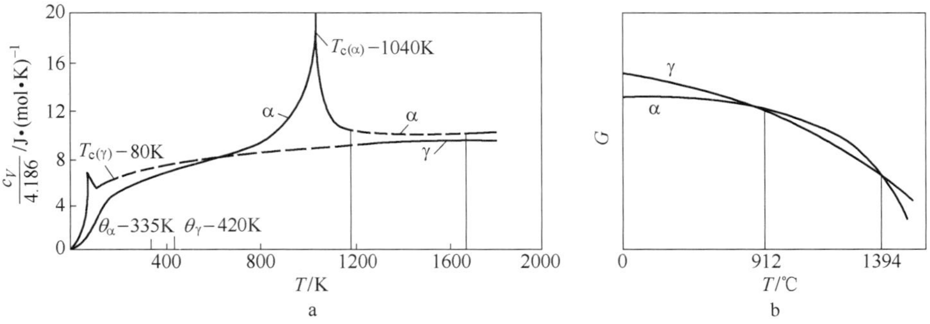

图 2-38 铁的同素异构转变

a—α-Fe 和 γ-Fe 的 c_V-T 曲线（θ 是德拜温度，$T_{c(\alpha)}$ 和 $T_{c(\gamma)}$ 分别是 α-Fe 和 γ-Fe 的居里温度）；

b—α-Fe 和 γ-Fe 的 G-T 曲线

因为晶体结构的关系，在这个温度范围内铁磁性转变只存在于具有体心立方结构的 α-Fe 中，而具有面心立方结构的 γ-Fe 不发生这种转变。与电子体系自旋有序相关联的铁磁性转变使得体心立方的 α-Fe 在低温下自旋有序时内能低，同时熵也很低。这样，与具有面心立方结构的 γ-Fe 相比，它的自由能曲线在低温区位置低而且斜率小。这和一般情况下体心立方结构与面心立方结构的自由能曲线的相对位置与斜率的关系正好相反。正因如此，α-Fe 的自由能曲线与 γ-Fe 的自由能曲线在低温下产生另一个相交点（在 912℃），如图 2-38b 所示，在该温度以下，具有体心立方结构的 α-Fe 是稳定的。从铁由高温到低温的整个降温相变过程看，体心立方铁又重新变成稳定相。不过，这里需注意：α-Fe 的居里温度明显低于 γ-Fe 向 α-Fe 转变的相变温度，而且图 2-38a 的热容曲线显示：与铁磁性转变相对应的额外热容尖峰一直延续到较高温度下。这是因为铁磁性转变为二级相变（见第 7 章），其中电子自旋的有序—无序转变并非在一个温度下完成。在居里点以上，电子自旋的长程有序消失，但是短程有序会维持到更高的温度下。图 2-39 所示为计算的在一个大气压（101325Pa）下 Fe 的液相、fcc 和 bcc 结构的吉布斯自由能与温度的关系，在图的下部同时标出了各相的稳定温度范围。所得计算结果和分析是符合的。

压力变化也会使一些元素发生同素异构变化。一般情况下，增加压力如同降低温度一样，会使晶体结构转变为密堆结构。图 2-40 所示为温度和压力变化所引起的 Fe 结构的变化。从图可看出，当压力增加后，凝固直接生成致密的 γ 相而不是 δ 相，同时，致密的 γ 相存在的温度和压力范围也扩大。在低温时，压力增加到约大于 13GPa 后，由铁磁 α 相转变为致密非磁轻微压缩的六方 ε 相。

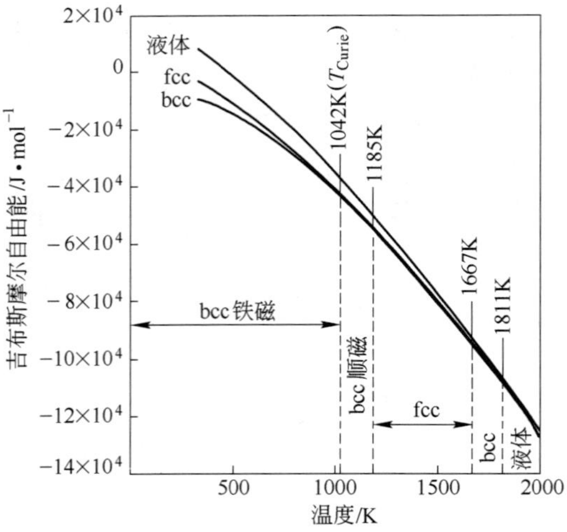

图 2-39 在一个大气压下 Fe 的液相、fcc 和 bcc 结构的吉布斯自由能与温度的关系

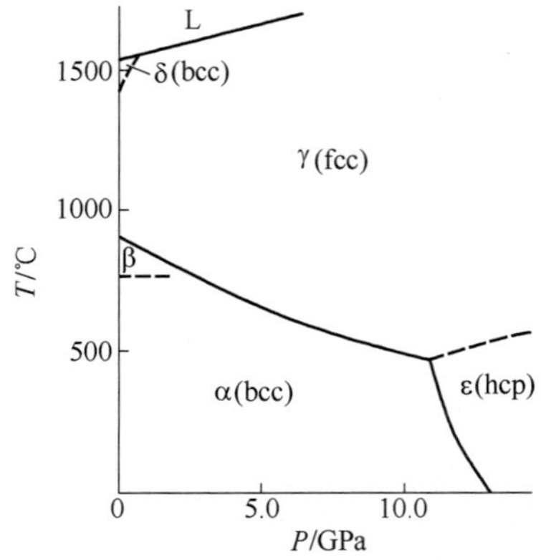

图 2-40 Fe 的结构随温度和压力的变化
（其中的 β 相是顺磁的 bcc 相）

对于单质元素，一般 ns、np、$(n-1)$d 及 $(n-2)$f 电子态间能量差别很小的金属元素族，例如周期表ⅡA 族、过渡族、镧族稀土等元素会出现同素异构。在金属元素中，有 37 个元素具有同素异构。具有同素异构的元素一般在低温时以 fcc、hcp 等密排结构存在，而高温时则以较不致密的结构稳定存在。同样，在高压时也会以致密结构存在。表 2-10 列出了一些元素的结构以及其同素异构的数据。表中每个元素的第一行依次列出元素化学符号、原子序数和在常态下的原子体积。各个异构相给出了存在的温度 T(K) 和压力 p(GPa)界限，Pearson 符号 PS、结构原型 PT，如果存在不同点阵常数的轴比 c/a，还列出其比值。

表 2-10 一些元素的同素异构数据

元素	T/K	p/GPa	PS	PT	c/a	元素	T/K	p/GPa	PS	PT	c/a
ⅠA 和ⅡA 族元素											
Li	3	$V_{at}=21.60\times10^{-3}$nm³				Be	4	$V_{at}=8.11\times10^{-3}$nm³			
α	<70		hR3	Sm		α			hP2	Mg	1.568
β			cI2	W		β	>1543		cI2	W	
γ		>6.9	cF4	Cu		γ		>28.3	hP8		0.789
Na	11	$V_{at}=39.50\times10^{-3}$nm³				Mg	12	$V_{at}=23.24\times10^{-3}$nm³			
α	<40		hR3	Sm		α			hP2	Mg	1.624
β			cI2	W		β		>50	cI2	W	

续表 2-10

元素	T/K	p/GPa	PS	PT	c/a	元素	T/K	p/GPa	PS	PT	c/a
K	19	$V_{at}=75.33\times10^{-3}\,nm^3$				Ca	20	$V_{at}=43.62\times10^{-3}\,nm^3$			
α			cI2	W		α			cF4	Cu	
β		>12	cF4	Cu		β	>728	或>19.5	cI2	W	
						γ		>32	cP1	α-Po	
Cs	55	$V_{at}=117.79\times10^{-3}\,nm^3$				Ba	56	$V_{at}=63.36\times10^{-3}\,nm^3$			
α			cI2	W		α			cI2	W	
β		>2.37	cF4	Cu		β		>5.33	hP2	Mg	1.581
β′		>4.22	cF4	Cu		γ		>7.5			
γ		>4.27	tI4			δ		>12.6			
δ		>10									
ε		>72	cF4								
ⅢB 和ⅣB 族元素											
Sc	21	$V_{at}=24.97\times10^{-3}\,nm^3$				Ti	22	$V_{at}=17.65\times10^{-3}\,nm^3$			
α			hP2	Mg	1.592	α			hP2	Mg	1.587
β	>1610		cI2	W		β	>1155		cI2	W	
γ		>19	tP4			ω		>2	hP3	ω-Ti	
Zr	40	$V_{at}=23.28\times10^{-3}\,nm^3$				La	57	$V_{at}=37.17\times10^{-3}\,nm^3$			
α			hP2	Mg	1.593	α			hP4	α-La	2×1.613
β	>1136		cI2	W		β	>583	或>2.3	cF4	Cu	
ω		>2	hP3	ω-Ti		γ	>1138		cI2	W	
ω′		>30	cI2	W		δ		>7.0			
ⅤB 和ⅥB 族元素											
V	23	$V_{at}=13.82\times10^{-3}\,nm^3$				Cr	24	$V_{at}=12.00\times10^{-3}\,nm^3$			
			cI2	W					cI2	W	
Nb	41	$V_{at}=17.98\times10^{-3}\,nm^3$				Mo	42	$V_{at}=15.58\times10^{-3}\,nm^3$			
			cI2	W					cI2	W	
Ta	73	$V_{at}=18.02\times10^{-3}\,nm^3$				W	74	$V_{at}=15.85\times10^{-3}\,nm^3$			
			cI2	W					cI2	W	
ⅦB 和Ⅷ族元素											
Mn	25	$V_{at}=12.21\times10^{-3}\,nm^3$				Fe	26	$V_{at}=11.78\times10^{-3}\,nm^3$			
α			cI58	α-Mn		α			cI2	W	
β	>1000		cP20	β-Mn		γ	>1185		cF4	Cu	
γ	>1373		cF4	Cu		δ	>1667		cI2	W	
δ	>1411		cI2	W		ε		>13	hP2	Mg	1.603
Tc	43	$V_{at}=14.26\times10^{-3}\,nm^3$				Ru	44	$V_{at}=13.57\times10^{-3}\,nm^3$			
			hP2	Mg	1.604				hP2	Mg	1.582

续表 2-10

元素	*T*/K	*p*/GPa	PS	PT	*c*/*a*	元素	*T*/K	*p*/GPa	PS	PT	*c*/*a*
ⅦB 和Ⅷ族元素											
Re	75	$V_{at}=14.71\times10^{-3}nm^3$				Os	76	$V_{at}=13.99\times10^{-3}nm^3$			
			*h*P2	Mg	1.615				*h*P2	Mg	1.580
Co	27	$V_{at}=11.08\times10^{-3}nm^3$				Ni	28	$V_{at}=10.946\times10^{-3}nm^3$			
ε			*h*P2	Mg	1.623				*c*F4	Cu	
α	>695		*c*F4	Cu							
Rh	45	$V_{at}=13.75\times10^{-3}nm^3$				Pd	46	$V_{at}=14.72\times10^{-3}nm^3$			
			*c*F4	Cu					*c*F4	Cu	
Ir	77	$V_{at}=14.15\times10^{-3}nm^3$				Pt	78	$V_{at}=15.10\times10^{-3}nm^3$			
			*c*F4	Cu					*c*F4	Cu	
ⅠB 和ⅡB 族元素											
Cu	29	$V_{at}=11.81\times10^{-3}nm^3$				Zn	30	$V_{at}=15.20\times10^{-3}nm^3$			
			*c*F4	Cu					*h*P2	Mg	1.856
Ag	47	$V_{at}=17.05\times10^{-3}nm^3$				Cd	48	$V_{at}=21.60\times10^{-3}nm^3$			
			*c*F4	Cu					*h*P2	Mg	1.886
Au	79	$V_{at}=16.96\times10^{-3}nm^3$				Hg	80	$V_{at}=23.13\times10^{-3}nm^3$			
			*c*F4	Cu		α	<234.3		*h*R1	α-Hg	
						β		>3.7	*t*I2	α-Pa	
						γ		>12	*o*P4		
						δ		>37	*h*P2	Mg	1.76
ⅢA 和ⅣA 族元素											
Al	13	$V_{at}=16.60\times10^{-3}nm^3$				Si	14	$V_{at}=12.02\times10^{-3}nm^3$			
			*c*F4	Cu		α			*c*F8	Cd	
						β		>12	*t*I4	β-Sn	0.552
						γ		>13.2	*h*P1	BiIn	
						δ		>36	o?		
						ε		>43	*h*P2	Mg	
						ζ		>78			
Ga	31	$V_{at}=19.58\times10^{-3}nm^3$				Ge	32	$V_{at}=22.63\times10^{-3}nm^3$			
α			*o*C8	α-Ga		α			*c*F8	C	
β	<130	>1.2	*c*I12			β		>11	*t*I4	β-Sn	0.551
γ	>330	>3.0	*t*I2	In	1.588	γ		>75	*h*P1	BiIn	0.92
						δ		>106	*h*P4		
Sn	50	$V_{at}=34.16\times10^{-3}nm^3$				Pb	82	$V_{at}=30.32\times10^{-3}nm^3$			
α	<291		*c*F8	C		α			*c*F4	Cu	
β	>291		*t*I4	β-Sn	0.546	β		>13.7	*h*P2	Mg	1.650
γ		>9.2	*t*I2	Pa	0.91	γ		>190	*c*I2	W	
δ		>40	*c*I2	W							
ⅤA 和ⅥA 族元素											
As	33	$V_{at}=21.52\times10^{-3}nm^3$				Se					
α			*h*R2	α-As	2.805	α			*h*P3	α-Se	1.135

续表 2-10

元素	T/K	p/GPa	PS	PT	c/a	元素	T/K	p/GPa	PS	PT	c/a
VA 和ⅥA 族元素											
β		>25.0	cP1	α-Po		β		>14	mP3		
						γ		>28	tP4		
						δ		>41	hR2		
Sb	51	$V_{at}=30.21\times10^{-3}\,nm^3$				Te	52	$V_{at}=33.98\times10^{-3}\,nm^3$			
α			hR2	α-As	2.617	α			hP3	α-Se	1.330
β		>8	mP4	β-Sb		β		>4.0	mP4	β-Te	
γ		>28	tI2	W		γ		>6.6	oP4		
						δ		>10.6	hR1	β-Po	
						ε		>27	cI2	W	
Bi	83	$V_{at}=35.39\times10^{-3}\,nm^3$				Po	84	$V_{at}=38.14\times10^{-3}\,nm^3$			
α			hR2	α-As	2.609	α			cP1	α-Po	
β		>2.6	mC4	β-Bi		β		>327	hP1	β-Po	
γ		>3.0	mP4	β-Sb							
δ		>4.3									
ε		>9.0	cI2	W							

2.6 端际固溶体

当不同元素的原子以不同的比例分别占有同一晶体点阵的不同位置时，就形成固溶体。因为这些固溶体在相图中都是与相图端部联系，故也称为端际固溶体（有时又称初次固溶体）。当溶质原子无序地置换溶剂原子位置（或无序地处在溶剂的间隙）时，固溶体就已经丧失了平移对称性。但是如果放宽对称性的要求，采用统计对称性概念，则仍然可以把固溶体看做具有溶剂点阵的对称性。

第二种原子在溶剂中占据的分数是固溶度。根据热力学知道，任何的金属或化合物，绝对不具有溶解度是不可能的，因为极少量的第二类原子的加入，虽然会使体系的焓增加从而使体系的自由能增加，但是，溶入的极少量的原子使体系的组态熵急剧增加，从而使自由能减少，这一减少量远远超过焓的增加量。结果，金属或化合物在固态都表现出一定的溶解度。

对于化合物（出现在相图的中部，有时也称中间相），从溶解度的观点看，也可以把它看做是“纯组元”。因为化合物通常具有固定原子（离子）比例，形成固溶体表明它偏离定比的成分。在典型的金属合金体系中，其化合物的固溶度通常比较大，即与化学定比没有明显的关系。但是对于（离子键很强的）离子化合物，溶解度是很小的，即偏离其定比成分是很小的，对于实际应用可以忽略。

2.6.1 固溶体的类型

虽然固溶体可以有多种组元融合，但为了说明概念，以二元系为例说明。

在纯组元中溶入其他元素组成固溶体，因为基体是纯元素，这种固溶相出现在平衡相图的端部，所以称端际固溶体或初次固溶体，简称固溶体。

根据溶质原子在溶剂晶体结构中的位置可将固溶体分为置换（或代位）固溶体和填隙（或间隙）固溶体。形成固溶体的组元原子尺寸相差不大，溶质原子取代了溶剂原子在晶体结构中的位置，形成置换固溶体，如图 2-41a 所示。如果两种组元可在整个二元系的各种成分比例下置换，它们就形成连续固溶体。如果形成固溶体的组元原子的尺寸差足够大，使小的组元原子可以处在大尺寸组元点阵的间隙位置中，则形成填隙固溶体，如图 2-41b 所示。显然，填隙固溶体只有有限的溶解度，永远不可能有连续型的固溶体。

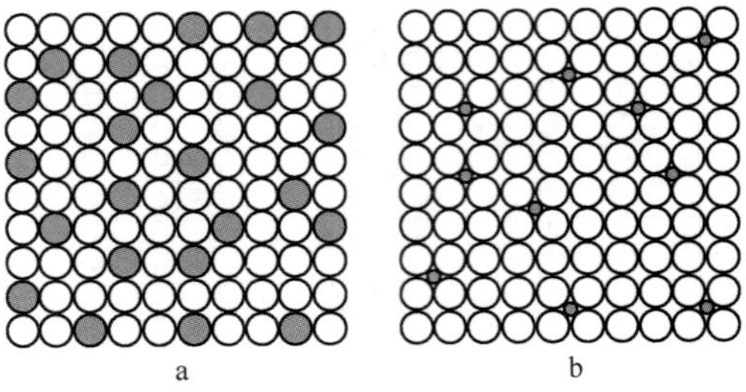

图 2-41　固溶体
a—置换固溶体；b—填隙固溶体

对于有一定成分范围的中间相，这些相可以依据其（或可能的）成分范围确定一个理想成分，相成分的变化可以想象为具有理想成分的化合物的固溶体，或称二次固溶体。

2.6.2　控制端际固溶体固溶度的因素

原子间的所有交互作用力源于电子力的作用，它们必须受量子力学定律约束。现在，已经有很多根据这一概念关于相稳定范围的估算，即所谓第一原理的计算。但是，这些即使经过细心构思的理论，也只能对少数较简单的情况下得出较满意的结果。这些理论不能包括或说明一些决定结构的重要因素：例如原子尺寸的差异，化学亲和性等。根据休姆-罗瑟里（Hume-Rothery）及其合作者 30 年的研究，总结出对端际固溶体溶解度极限的半经验性规律：休姆-罗瑟里规律，这些规律也适用于具有比较大溶解度的中间相。休姆-罗瑟里的控制固溶体固溶度因素的半经验性规律有：尺寸因素、电负性效应、价电子浓度和相对价效应等。下面分别讨论这些因素。

2.6.2.1　尺寸因素

形成合金的各组元原子尺寸（溶质原子半径 r_{sol}、溶剂原子半径 r_{solv}）的相对差 $\delta(\delta=(r_{sol}-r_{solv})/r_{solv})$超过约 14%~15%时，则固溶度必有限。这是因为溶质原子取代了溶剂原子在晶体结构中的位置后，必然会使晶格发生畸变，即在溶质原子周围产生了晶格的弹性应变。每个溶质原子引起的畸变能的估算见第 3 章 3.2.10.1 节及第 7 章的式(7-53)。晶体的总弹性畸变能随溶质浓度增加而增加，溶质浓度到达某一值后晶体变得不稳定。因为金属基体的弹性模量不同，所以，实际上，对于高熔点金属（相应高的弹性模量），尺寸因素的有利范围会减小，约在 8%~10%；对于熔点低的软金属，尺寸因素的有利范围可比 15%略高一些。但在有利的尺寸因素范围内，固溶度主要由其他因素控制，尺寸因素则并不那么重要。因此，在某种意义上说，尺寸因素规律是强调限制形成固溶体的否定定律。

在讨论尺寸因素时，原子直径是用前面讨论所定义的在晶胞中最近邻的原子距离。但是，当晶体结构是各向异性或是复杂结构以及配位数低的情况时，原子尺寸有多种表达，例如六方晶体结构在基面的原子间距与基面层间的原子间距不同，按配位数为 12 的原子尺寸也不同。另外，实验指出，按点阵间距定义的溶质原子尺寸通常与纯溶质的原子尺寸有所不同，所以，以原子尺寸来描述尺寸因素会遇到困难。对于稀固溶体，尺寸因素也可以用在固溶体中的溶质原子体积 V_α 与纯溶剂原子体积 V_0 的相对差值 $(V_\alpha - V_0)/V_0$（即体积尺寸因素）表示。这样的描述需要测量溶质的原子体积。根据 Ellner 的测量研究，很多固溶体的原子体积在开始时随成分呈线性变化（这种线性关系溶质成分范围通常可达 30%~40%摩尔浓度），任何端际固溶体或中间相固溶体的有效溶质原子尺寸，可以由固溶体的原子体积随成分变化的曲线外推到纯溶质坐标所得的有效原子体积（偏摩尔体积）来获得。对ⅡB 和ⅢA 族各种金属（Zn、Cd、In、Tl）在过渡族（Ni、Pt、Pd）中的固溶体的广泛研究发现，在低浓度时溶质的有效原子体积随成分呈线性变化的直线外推到纯溶质一端所获得的纯溶质有效原子体积，对不同的溶剂都是相同的。例如，图 2-42 所示的 Ga 在 Pt、Pd 和 Ni 中的固溶体原子体积的变化，不论溶剂是 Pt、Pd 或 Ni，固溶体原子体积外推到纯 Ga 坐标轴所获得的 Ga 的有效原子体积 V_{Ga}^{m} 都相同。

纯溶剂组元的原子体积 V_0 和溶质原子平均体积 $\overline{V}_s$ 之差 $(V_0 - \overline{V}_s)$ 与测量或计算的纯溶剂偏摩尔混合焓 ΔH_0 和溶质平均偏摩尔混合焓 $\Delta \overline{H}_s$ 之差 $(\Delta H_0 - \Delta \overline{H}_s)$ 呈线性关系，根据这一关系可以获得体积尺寸因素相应的化学表达。

2.6.2.2 电负性效应

两个组元能形成稳定的中间化合物必将限制一次固溶体的溶解度。两组元的电负性差越大，越易形成稳定化合物，则固溶度越低（参见第 5 章图 5-96）。电负性差 $\Delta\chi<0.4\sim0.5$ 时（各元素的电负性见表 2-14），才有可能获得较大的固溶度。

Darken-Garry 综合考虑了尺寸因素以及电负性价效应对溶解度的影响，建立了 Darken-Garry 图（简称 D-G 图）。D-G 图以原子半径及电负性为坐标，把各元素的原子半径（CN=12 的半径）及电负性绘于图中，以讨论的元素为中心，在原子半径坐标左右各取 15%的宽度，在电负性坐标上下各取 40%的宽度，这样围成的四边形所包含的元素原则上可以在所讨论元素中有较大的固溶度。图 2-43 所示为以 Ta 为中心的 D-G 图。因为在

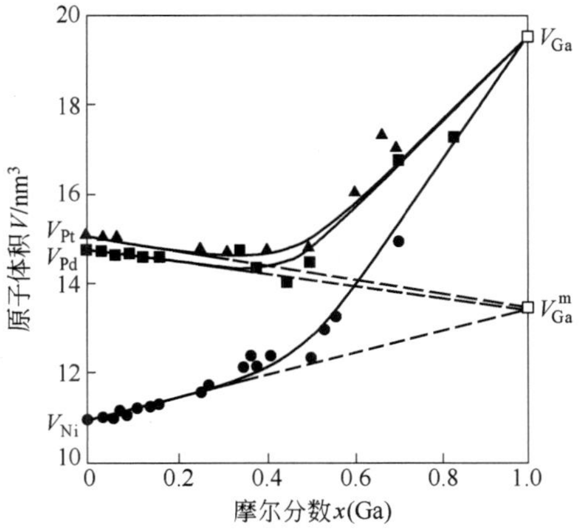

图 2-42 二元系 Pt-Ga、Pd-Ga 和 Ni-Ga 的原子体积随成分的变化曲线

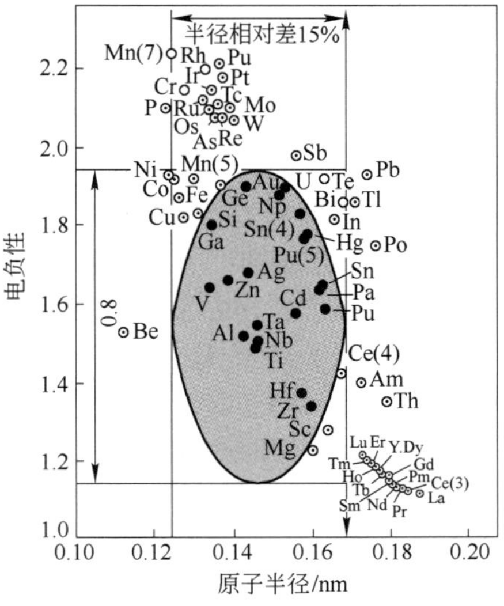

图 2-43 电负性-原子半径（CN=12）图
（椭圆范围内的原子对 Ta 有较大溶解度）

长方形4个角附近的范围内，它的尺寸因素和电负性都处在有利于溶解度的边缘，中心元素都较难获得比较大的固溶度，所以一般把长方形改成椭圆形。处于椭圆内的元素在中心元素中有较大的固溶度。

根据对1455个体系的实验资料的统计考察，有75%的系统符合D-G图的预测，这种预测对锕系金属和稀土金属特别有效。

2.6.2.3 价电子浓度（VEC）

价电子浓度定义为晶体结构中价电子总数与原子总数的比值。设溶质原子分数为 x，溶剂和溶质的原子价分别为 V 和 v，则价电子浓度VEC为：

$$\mathrm{VEC} = xv + (1 - x)V \tag{2-5}$$

在合金特别是贵金属和其合金的研究中，价电子浓度是一个非常有效的参量。但是，价电子浓度的物理意义却不像化学成分那样简单，因为很难区分溶剂和溶质原子的价电子成为合金导带的共有电子的过程，通常只考虑s和p电子参与这样的过程。然而，很多情况下d电子向导带迁移和s-d杂化使问题复杂化。即使假定忽略了d带，而且确定的元素有确定的价，但是，还是不能完全确定是否所有的s+p电子都进入导带。在合金系中（包括过渡元素、稀土、锕系、镧系和超铀元素），对于价数和相应的电子浓度的变化有不同的观点，取决于考虑特定问题的性质。在这里讨论电子浓度时，通常把过渡元素（例如Fe、Co、Ni、Pd和Pt等）定为0价。

价电子浓度对固溶体的溶解度有重要影响。很多合金系中，价电子浓度是决定固溶度极限的重要因素。图2-44a画出了以3种贵金属（Cu、Ag、Au）为基的初次固溶体的最大固溶度范围。图右面是合金系出现的具有密排六方结构的中间相的VEC范围，若合金系出现的中间相是体心立方结构，则画在图2-44b中。除了Cu-In和Cu-Sn系外，出现立方结构中间相的合金系的初次固溶体的固溶度比出现密排六方结构中间相的合金系高，即图2-44b体系（除Cu-In和Cu-Sn）的初次固溶体固溶度比图2-44a体系的高。同时，还可看到银基合金初次固溶体的最大固溶度对应的VEC约为1.4。金基合金则对应1.2~1.3，铜基合金的初次固溶体的最大固溶度对应的VEC稍为分散，但大体也在1.4附近。这些数据与电子能态面刚刚与布里渊区接触时的电子浓度相符。当电子浓度超过这些界限后，超额的电子要去占据更高的能级，使体系能量迅速增加从而使体系不稳定，所以溶解度极限也对应着这样的电子浓度界限。但是，这些结论还存在不少混乱和争议，这些数据的“符合”也可能是一种偶合，所以，上述只能是一种解释，而不是真正的理论。

一些过渡族金属的固溶体，特别是具有面心立方结构的过渡金属固溶体，也有类似的关系。对于Nb、Ta、Mo和W在Re基体中以及Mo和W在Os基体中形成的一次固溶体，如果以平均族数AGN来看（平均族数是指相应的惰性气体原子壳外的电子总数），面心立方结构最大固溶度对应的AGN值约为8.4，V和Cr在γ-Fe和Ni中的固溶体也有类似效应。体心立方结构的金属也可能存在类似关系，例如Rh和Ru在具有体心立方结构的Mo中的最大固溶度对应的AGN约为6.6。

2.6.2.4 相对价效应

Hume-Rothery及其合作者的早期研究指出，两元素的固溶度与它们的相对价有关。高价元素在低价元素溶剂中的固溶度总是大于低价元素在高价元素溶剂中的固溶度，称相对价效应。单价的Cu、Ag或Au与周期表中B族元素（它们的价数大于1）合金化时，

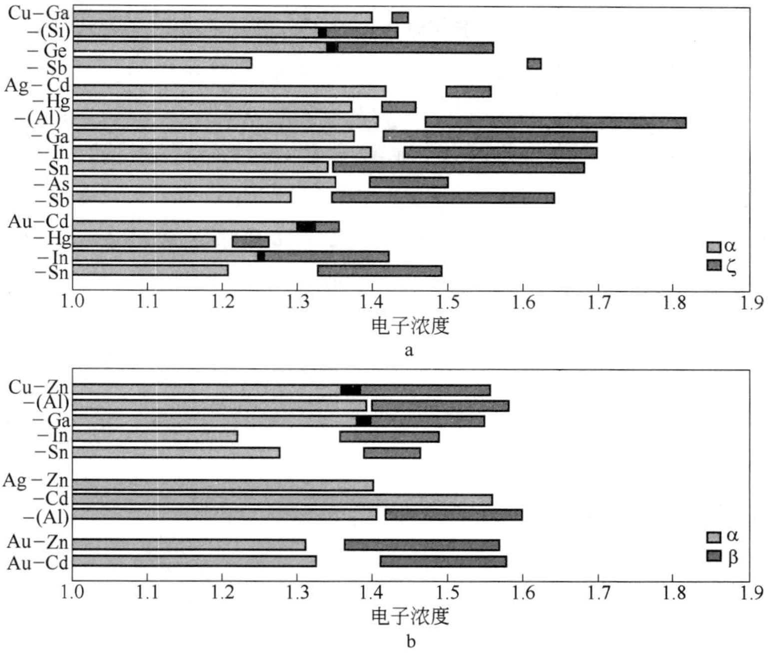

图 2-44 以贵金属为基的一次固溶体及出现的中间相的溶解度范围
（黑色是重叠部分）

这一效应是正确的。但是当两种高价元素形成合金时，相对价效应则不一定正确，即不能指出两者中哪一种元素为基的固溶体将具有较大的溶解度，所以相对价效应实际上还不是一个一般性的原理。

要获得连续互溶的固溶体，除了两组元原子符合获得大溶解度的条件外，还有一个必要条件，那就是两组元原子的晶体结构必须相同，这个道理是显而易见的。

例 2-11 Ni、Pb、Sn 等元素与溶剂 Cu 组成固溶体，估计各固溶体固溶度的大小顺序。哪些元素有可能与 Cu 形成连续固溶体？

解：从周期表查出各元素的点阵类型，从表 2-12 查出原子半径，从表 2-14 查出电负性等数据如下：

元素	Cu	Ni	Pb	Sn
原子序数	29	28	82	50
原子半径/nm	0.128	0.144	0.175	0.158
晶体结构	fcc	fcc	fcc	btc
电负性	1.9	1.88	2.33	1.96

计算各元素与 Cu 的原子半径相对差 $\delta(\Delta r/r)$ 和电负性差：

元素	Ni	Pb	Sn
δ	12.5%	36.7%	23%
电负性差	−0.02	0.43	0.06

比较上面计算的结果看出，Ni 对 Cu 的 $\delta=12.5\%<15\%$，其电负性与 Cu 的负电性相差很少，所以 Ni 在 Cu 中有最大的溶解度；Pb 对 Cu 的 $\delta=36\%$，远比 15%大得多，并且电负性与 Cu 的负电性相差 0.43，超出可能获得较大溶解度的 0.4，尺寸因素和电负性因素都对获得大溶解度不利，所以它在 Cu 的溶解度会非常有限；虽然 Sn 对 Cu 的 $\delta=23\%>15\%$，但电负性与 Cu 的负电性相差不大，所以它在 Cu 中会有一定的溶解度。

Ni 和 Pb 的点阵类型和 Cu 一样。由上面讨论可知 Pb 在 Cu 中的溶解度非常有限，所以它绝对不能与 Cu 形成连续固溶体。Ni 对 Cu 无论在尺寸因素或者电负性因素都非常有利，并且点阵类型也和 Cu 相同，所以它极有可能与 Cu 形成连续固溶体。

查看实际的相图可知 Cu 与 Ni 是完全连续互溶的，在 600℃下 Pb 在 Cu 中的溶解度不超过 0.09%（原子分数）；Sn 在 Cu 中的最大溶解度（在 520~588℃）为 9.1%（原子分数）。这与上面的估计是相符合的。

2.6.3 填隙（间隙）固溶体

如果溶质原子尺寸很小，它溶入溶剂基体时处在晶胞的间隙位置，形成填隙固溶体（图 2-41b）。金属大多具有紧密堆垛结构，它的间隙尺寸比金属原子尺寸小得多（见第 2.4 节），只有如氢、氧、氮、碳和硼（它们原子半径都小于 0.1nm，分别是 0.046nm、0.060nm、0.071nm、0.077nm 和 0.097nm）才有可能作为溶质与金属构成填隙固溶体。实际金属晶体结构中的间隙半径都比上述的几个非金属原子的原子半径小，例如 γ-Fe 中的八面体间隙半径为 0.053nm，α-Fe 的八面体间隙半径为 0.019nm，四面体间隙半径为 0.036nm，上述的非金属原子填入这些位置会引起很大的晶格畸变，所以，填隙固溶体的溶解度都是非常低的。

在面心立方结构中最大的间隙是八面体间隙，溶质处在这些间隙位置。碳和氮在 γ-Fe 中的最大原子固溶度分别为 8.9%和 10.3%。因为每个晶胞中八面体间隙数目和原子数目相等，都是 4，因而在最大溶解度时，只有 $8.9/(100-8.9)=9.77\%$ 和 $10.3/(100-10.3)=11.5\%$ 的八面体间隙被碳原子和氢原子占据。

体心立方结构的致密度虽然比面心立方结构的小，但其间隙分散，每一个间隙的尺寸比较小。其四面体间隙直径 $r_{in}=0.291r_{at}$，八面体间隙在〈110〉方向尺寸为 $0.633r_{at}$，在〈100〉方向尺寸为 $0.154r_{at}$。虽然八面体间隙尺寸在一个方向上比四面体间隙小，但在另一个方向上比四面体间隙大得多，所以填隙型溶质原子处在八面体间隙中。溶质原子溶入八面体间隙，在〈100〉方向引起畸变较大，在〈110〉方向引起畸变较小，这样对其周围引起的畸变是不均匀的，它是一种四方畸变。如果溶质原子在晶体中所有的八面体间隙位置随机分布，在宏观上的畸变还是均匀的，整体仍保持体心立方结构；但如果溶质原子是择尤分布，例如都处在 x 轴（或其他轴）上的八面体间隙中，则在宏观上晶体结构就变成体心四方。由于体心立方结构的间隙尺寸比面心立方结构的小，所以其填隙固溶体的溶解度更低。例如碳和氮在 α-Fe 中的最大原子固溶度分别为 0.1%和 0.4%。因为一个晶胞中八面体间隙数目和原子数比为 3，因而在最大溶解度时也只有 $0.1/(300-0.1)=0.033\%$ 及 $0.4/(300-0.4)=0.134\%$ 的八面体间隙分别被碳原子及氮原子所占据。

在多元系中，根据溶质原子大小，有些原子置换溶剂原子位置，另一些小原子则处在填隙位置，这类固溶体既是置换型又是填隙型的。如 Fe-Cr-C 合金固溶体中，Cr 是取代 Fe 位置，C 则处于间隙位置。

例 2-12 Fe-Mn-C 合金固溶体具有面心立方结构，Mn 和 C 的质量分数为 12.3%及 1.34%，测得点阵常数 $a=0.3642\text{nm}$，合金密度 $\rho=7.83\text{g/cm}^3$。计算说明 Mn 和 C 在 Fe 中各是什么类型的固溶体。

解：首先把合金的质量分数换成摩尔分数。Fe、Mn 和 C 的相对原子质量分别为 55.85、54.94 和 12，计算过程及结果如下所列：

组　元	Fe	Mn	C	Σ
质量分数	0.8636	0.123	0.0134	
相对原子质量	55.85	54.94	12	
100g 合金中的物质的量	86.36/55.85 =1.546	12.3/54.94 =0.2239	1.34/12 =0.1117	1.8816
摩尔分数	1.546/1.8816 =0.8217	0.2239/1.8816 =0.119	0.1117/1.8816 =0.0593	

再计算固溶体中每个原子的平均质量 $\bar{A}$，阿伏伽德罗常数是 $6.0238\times10^{23}/\text{mol}$，得：

$$\bar{A}=\frac{0.8217\times55.85+0.119\times54.94+0.0593\times12}{6.0238\times10^{23}}=8.8219\times10^{-23}\text{g}$$

求每个晶胞的原子数：

$$n=\frac{a^3\times\rho}{\bar{A}}=\frac{(0.3642\times10^7)^3\times7.83}{8.8219\times10^{23}}=4.2876$$

因为 Fe-Mn-C 合金固溶体具有面心立方结构，每个晶胞含 4 个原子，现在计算得每个晶胞含 4.2876 个原子，说明其中一个或全部溶质组元都是间隙溶质原子。上面的计算结果说明平均每个晶胞含 0.2876 个间隙原子，间隙原子的摩尔分数应是 0.2876/4.2876= 0.067，而 Mn 实际的摩尔分数是 0.2239，所以 Mn 不是间隙组元，Mn 与 Cu 形成置换固溶体；而 C 实际的摩尔分数是 0.0593，这和 0.067 接近，所以 C 是间隙组元，它与 Cu 形成间隙固溶体。

2.6.4 固溶体的微观结构

从宏观的角度看，处于热力学平衡的固溶体可以看成溶质原子分布是完全无序、均匀的，但是当把尺度缩小到原子尺度范围看时，固溶体中的溶质原子不会完全无序分布(见第 5 章相图热力学)。事实上，在微观角度溶质原子是不均匀分布的，溶质原子往往倾向于短程有序排列或形成同类原子的团簇。图 2-45a 所示为原子的团簇，图 2-45b 所示为异类原子的短程有序。不论是团簇或是短程有序，这些分布的小集团是随着时间和空间的起伏而变化的，即是时聚时散的。

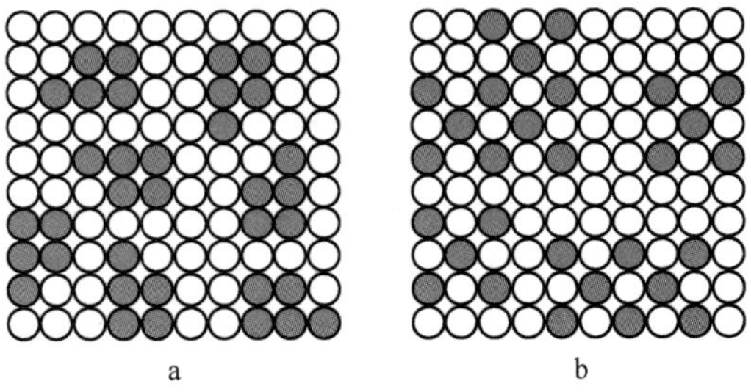

图 2-45　固溶体中溶质的微观不均匀分布
a—团簇；b—短程有序

异类原子可以部分有序或完全有序分布。完全有序的固溶体或称为超结构（参见本章2.7.4.1~2.7.4.3节）。因为完全有序时各类原子处在各自的亚点阵位置，与化合物相似，所以也有人把这类固溶体看做是化合物。

为了描述固溶体的微观不均匀性，引入短程序参数 α。若A、B形成固溶体，x_A 是A组元的摩尔分数，P_A 是在B原子周围存在A原子的几率，定义 α 为：

$$\alpha = 1 - \frac{P_A}{x_A} \tag{2-6}$$

若 $P_A = x_A$，则 $\alpha = 0$，表明在B原子周围出现A的几率和固溶体中A的原子分数相等，固溶体是完全无序的；若 $P_A > x_A$，则 $\alpha < 0$，表明在B原子周围出现A的几率超过A的原子分数，异类原子倾向为近邻，出现短程序；如果 $P_A < x_A$，则 $\alpha > 0$，表明在A原子周围倾向于出现A原子，即同类原子倾向为近邻，出现团簇。例如，在Au-Cu、Au-Ni等固溶体中，存在一定程度的短程有序；在Al-Ag、Al-Zn等固溶体中，存在一定程度的团簇。

形成固溶体后，它的性能与组成它的组元的性能有很大的不同，这归因于溶质引起溶剂结构的变化。前面已经讨论到溶质原子溶入后引起基体的弹性畸变，从而也改变固溶体的点阵常数。最简单的看法是：固溶体的点阵常数随成分变化遵循费伽（Vegard）定律，即固溶体的点阵常数随组成固溶体组元点阵常数呈直线变化。虽然这一规律仅在很多离子盐晶体是合适的，但它在金属体系却并不完全符合。由于溶质原子和溶剂原子尺寸不同，当一个溶质原子取代了溶剂原子在晶体结构中的位置后，必然会使晶格发生畸变，即在溶质原子周围产生晶格的弹性应变。溶质原子所引起的点阵畸变并不限于其邻近局部地区，而会波及相当远的区域。溶质原子加入后，使固溶体的点阵常数（原子间距）变化。图2-46给出了固溶体偏离费伽定律的示意图（同时参见图2-42）。事实上，由于溶剂与溶质组元的交互作用，点阵常数对费伽定律的偏离有可能出现正偏差也可能出现负偏差。

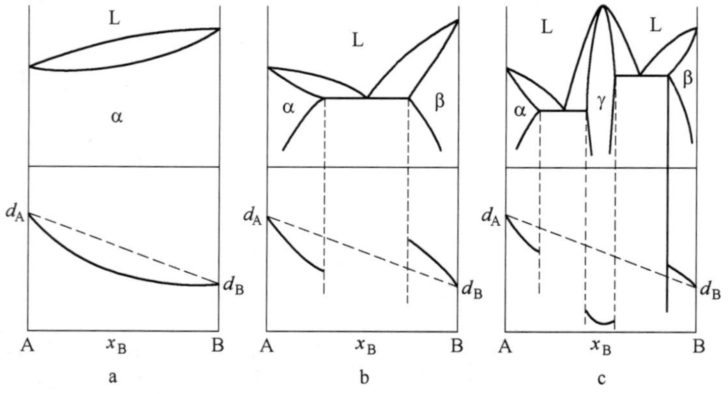

图2-46 固溶体点阵最近距离 d 随成分变化

a—无限互溶固溶体；b—有限溶解度的固溶体；c—具有中间相的二次固溶体

（虚线表示费伽定律）

Friedel对稀的和浓的固溶体用原子体积、体积弹性模量和压缩系数来计算对这一线性费伽定律的偏离。设溶剂和溶质是可压缩的，压缩系数分别为 K_{01} 和 K_{02}，泊松比为 ν，溶剂和溶质由原子体积导出的原子半径分别为 r_1 和 r_2。在基体一个尺寸为溶剂原子半径的空洞中塞入一个尺寸为溶质原子半径的球，两者都发生弹性变形来调整获得共同的平均尺寸。对于稀溶体，固溶体的由原子体积导出的平均原子半径 r（不同于 r_1 和 r_2）与浓度 c 间的关系为：

$$\frac{r - r_1}{cr_1} = \frac{r_2 - r_1}{r_1} \cdot \frac{\alpha + (K_{01}/K_{02})}{\alpha + 1} \tag{2-7}$$

其中：

$$\alpha = \frac{(1 - \nu)K_{01}}{2(1 - 2\nu)K_{02}}$$

用上式计算所得结果与实际偏离费伽定律进行比较，对于溶质原子比溶剂原子大的情况符合得很好。但相反，即溶质原子比溶剂原子小的情况则通常并不符合。

2.7 金属化合物的晶体结构

在系统的平衡相图中，化合物和中间相出现在相图中部。对于合金体系，若相的组元成分符合计量配比，并且相成分的可变范围非常小（即成分不可变），则这种相是计量化合物，或更确切地称为化合物。若相的成分可变，即它可处于某一成分范围，则这种相称为中间相。化合物的类型很多，本节重点讨论以金属键为主的化合物。金属键来源于自由电子，其组成原子的单独性质对结构形成的影响不大，即这些原子对近邻原子的种类、组元间的化学成分比的要求比较宽容，所以，金属键结构有形成固溶体的强烈倾向，并且可以显著地偏离化合物的化学计量成分比。金属键结构中常存在许多缺陷。

在金属化合物类型中，近几十年发展了称为金属间化合物的一类化合物。所谓金属间化合物是指由两种或多种金属组元按比例组成的具有不同于其组成元素的长程有序晶体结构，并且具有金属基本特性的化合物。因为这类化合物的性能可以介于高温合金和陶瓷之间，能够比 Ni 基高温合金有更高的高温比强度，又有比先进高温陶瓷材料更高的塑性和韧性，所以是有发展前途的材料。

2.7.1 Hume-Ruthery 相（电子相）

Hume-Ruthery 等发现很多化合物的价电子浓度（VEC）对其结构起控制作用，这些由价电子浓度控制其稳定性的化合物称为电子相或 Hume-Ruthery 相。电子相首先是在研究由ⅠB 族贵金属（Cu、Ag、Au）与ⅡA、ⅢA、ⅣA 族元素所形成的合金（例如 Cu-Zn、Cu-Al、Au-Mg、Ag-Sn 等）时发现的，后来在过渡元素形成的（例如 Fe-Al、Ni-Al、Co-Zn）合金系中也发现了这类化合物。

与固溶体的价电子浓度相似，化合物的价电子浓度定义为晶体结构中价电子总数与原子总数的比值，例如对于 A_mB_n 化合物，若 A 和 B 原子价分别为 V 和 v，则化合物的价电子浓度定义为：

$$\mathrm{VEC} = (mV + nv)/(m + n) \tag{2-8}$$

当化合物的价电子浓度分别为 21/14、21/13、21/12 附近时各对应出现相同的结构，这类化合物称电子相或 Home-Ruthery 相。电子相的稳定性与简单的金属电子理论相联系，源于费米面和布里渊区的交互作用对费米面态密度 $N(\varepsilon)$ 的影响。若化合物的计量成分对应的电子浓度在 3/2=21/14 附近，多数情况下出现无序的体心立方结构（β 相）或者密排六方结构的 ζ 相。组成电子相的两个组元原子尺寸相差大时，倾向于形成体心立方结构 β 相；若原子尺寸相差小时倾向出现密排六方结构的 ζ 相。还有少数合金出现复杂立方的 β-Mn 结构。

若化合物计量成分对应的电子浓度为 21/13，在很多合金中出现复杂立方的 γ 相（γ-黄铜结构）。这种结构可以看成是由 27 个体心立方结构晶胞堆积形成的一个大立方体，如图 2-47 所示。它的边长为小晶胞点阵常数的 3 倍，大立方体中含有 54 个原子（图 2-47a），再把大立方体顶角及中心位置的原子抽走，余下的 52 个原子位置经小量调整而得到 γ 晶胞，如图 2-47b 所示。这种结构的结构符号是 $D8_2$，Pearson 符号是 *c*I52，空间群是 $I\bar{4}3m$。

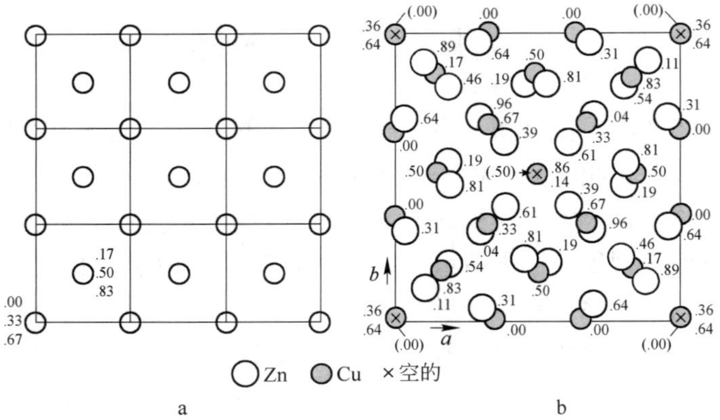

图 2-47 γ-黄铜结构

a—含 54 个原子的大立方晶胞；b—抽走顶角和中心原子后，余下的 52 个原子位置经小量调整的 γ 相晶胞（图中数字为 *c* 轴的高度）

若化合物计量成分对应的电子浓度为 7/4=21/12 时，则出现密排六方结构，其轴比 *c/a* 比理想轴比小，约为 1.55~1.58。表 2-11 中列出了出现对应各种电子浓度的不同结构电子相的合金系的一些例子。

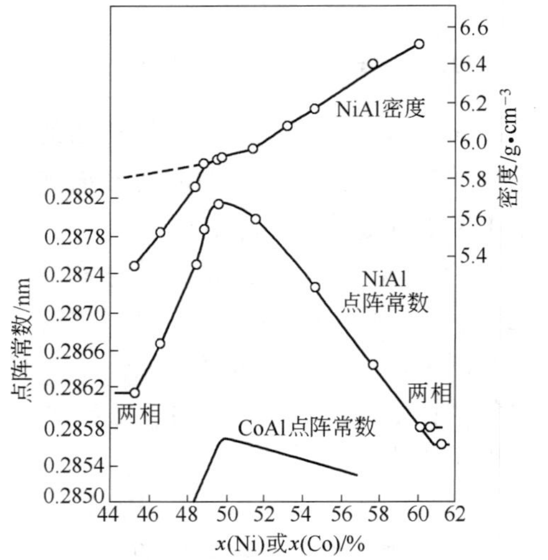

图 2-48 β-NiAl 的密度、β-NiAl 和 β-CoAl 点阵常数随 Ni(Co) 原子含量的变化

根据合金理论，当电子浓度保持不变或减小时，合金可能产生空位，这是保持最佳电子能量的缘故。典型的例子是电子浓度为 3/2=21/14 的 β 相，如 β-NiAl 和 β-CoAl，计量成分是 B2 结构，它们是电子浓度为 3/2（Ni、Co 过渡族元素的价电子为零）的电子相。在非计量成分的富 Al 合金中确实看到了晶体密度突然下降和点阵收缩，如图 2-48 所示。这种现象间接说明为了使电子浓度不超过 3/2，当 *x*(Al)>50% 时，必然伴随产生

（零价的）空位，以使Ni(Co)原子数和空位数之和与Al原子数相当。空位处在原来Ni(Co)原子的位置，这种空位不同于将在第3章讨论的热空位，称结构空位。这种含结构空位的相又称缺位固溶体。

在γ-黄铜结构的γ-Cu_9Al_4、γ-Cu_9Ga_4中也有类似的情况。理论研究指出，γ结构的电子相在每个单胞中只能有87~88个电子，以使电子浓度不超过1.68~1.7（γ结构每个单胞中有52个原子，见图2-47)，若电子浓度超过这一范围，就会出现结构空位（有序相点缺陷的详细讨论见第3章3.1.8节）。

表2-11　一些电子化合物的例子

电子浓度 结构	立方对称				六方对称（hcp）	
	1.36~1.59 无序的bcc结构	1.54~1.70 γ-黄铜结构		1.40~1.54 β-Mn结构	1.22~1.83 $c/a\approx1.633$	1.65~1.89 $c/a\approx1.57$
	β	γ		μ	ζ	ε
合　金	Cu-Be	Cu-Zn	Mn-Zn	Cu-Si	Cu-Ga	Cu-Zn
	Cu-Zn	Cu-Cd	Mn-In	Ag-Al	Cu-Si	Ag-Zn
	Cu-Al	Cu-Hg	Fe-Zn	Au-Al	Cu-Ge	Ag-Cd
	Cu-Ga	Cu-Al	Co-Zn	Co-Zn	Cu-As	Au-Zn
	Cu-Sn	Cu-Ga	Ni-Zn		Cu-Sb	Au-Cd
	Mn-Zn	Cu-In	Ni-Cd		Ag-Cd	Li-Sn
	Ag-Zn	Cu-Si	Ni-Ga		Ag-Hg	Li-Cd
	Ag-Cd	Cu-Sn	Ni-In		Ag-Al	
	Ag-Al	Ag-Li	Pd-Zn		Ag-Ga	
	Ag-In	Ag-Zn	Pt-Zn		Ag-In	
	Au-Al	Ag-Cd	Pt-Cd		Ag-Sn	
	Au-Mg	Ag-Hg			Ag-As	
		Ag-In			Ag-Sb	
		Au-Zn			Au-Cd	
		Au-Ga			Au-Hg	
		Au-In			Au-In	
		Zn-Cd			Au-Sn	
					Mn-Zn	

2.7.2　间隙化合物

间隙化合物通常是由原子半径较大的过渡金属（M）与原子半径比较小的非金属（X=H，B，C，N，O）等组成的化合物，非金属原子占据金属原子结构的间隙位置。这类相也称黑格相（Hägg Phases)，这类相的X元素占据位置的一般情况是：

r_X/r_M = 0.23，占据四面体间隙，X原子的CN=4

r_X/r_M = 0.41 ~ 0.59，占据八面体间隙，X原子的CN=6

$r_X/r_M<0.59$的化合物也称为间隙相。如果$r_X/r_M>0.59$，例如硼化物和硅化物以及铬、锰、铁、铝的碳化物，则会形成复杂的结构。由于 Hägg 理论是从几何尺寸提出的规律，所以，一直认为形成间隙化合物的控制因素主要是原子尺寸因素。后来发现，在这类化合物中的电子浓度起非常重要的作用，所以，也有人把这类化合物归于电子化合物类型。

间隙化合物的晶体结构与化合物的价电子浓度有很明确的关系，一些常在合金钢中出现的间隙化合物的价电子浓度与结构的关系列于表 2-12 中。注意，在这里的价电子浓度 VEC 与式(2-8)的计算方法不同，它是价电子数（包括过渡金属及非金属的价电子）与骨架原子数（即并非处在间隙位置的原子）的比值，其中过渡族金属的价电子把 d 或 f 电子计算在内。例如 Ti、V、Cr、Mn、Fe 和 Co 的价电子数分别是 4、5、6、7、8 和 9。又例如 V_2C，V 的价电子数为 5，C 的价电子数为 4，骨架原子数为 2，所以 V_2C 的 $VEC=(2\times5+4)/2=7$。VEC 在 4~6 之间，形成体心立方结构；VEC 在 7~8 之间形成密排六方结构；VEC 在 8~10 之间形成面心立方结构。但是，价电子浓度在 7~8 之间的 M_2X 一般是密排六方结构，而价电子浓度大于 8 时，例如 Mo_2N 和 W_2N，则是面心立方结构。价电子浓度与结构的关系甚至对纯金属也是适用的（表 2-12）。

表 2-12　间隙化合物的晶体结构类型及价电子浓度

晶体结构	间隙化合物/金属	电子浓度
bcc	Ti，Zr，Hf	4
	V，Nb，Ta	5
	Cr，Mo，W	6
hcp	V_2C，Nb_2C，Ta_2C/Re	7
	Nb_2N，Ta_2N	7.5
	Mo_2C，W_2C /Ru，Os	8
fcc	TiC，ZrC，HfC /Fe	8
	Mo_2N，W_2N	8.5
	VC，NbC，TaC/Co，Rh，Ir	9
	TiN，ZrN，HfN	9
	VN，$NbN_{0.94}$/Ni，Pd，Pt	10
六方 P	WC，NbN	10

铁-碳合金系统中的一个重要相 Fe_3C（称渗碳体）是结构复杂的间隙化合物（$r_X/r_M>0.59$），它具有正交结构，晶胞点阵常数是 $a=0.50890$nm，$b=0.67433$nm，$c=0.45235$nm。一个晶胞含 12 个铁原子，4 个碳原子。图 2-49 所示为 Fe_3C 晶体结构的说明，其中图 2-49a 所示为 c 轴方向的投影，图中的大圆圈表示铁原子，小圆圈表示碳原子，在它们旁边给以编号，编号为 1 与 3、2 与 4、5 与 7、6 与 8 的铁原子的 a 轴和 b 轴坐标相同，在图 2-49a 中给出了铁和碳各编号原子在 c 轴方向的位置。Fe_3C 的晶体结构可以看做由 6 个铁原子构成的三角棱柱与棱柱内的一个碳原子的三角棱柱连接而成，如图 2-49b 所示，三角棱柱的每一个角（铁原子）为 2 个三角棱柱共享。Fe_3C 晶体结构的结构单元由 4 个取向不同的三角棱柱构成。从图 2-49b 看出，三角棱柱在 c 轴方向分两层，分别用实线和虚线表示，每层三角棱柱体都有两种取向。Fe_3C 中铁原子之间是纯金属键，铁原子和碳原子之间可能同时存在金属键和离子键。

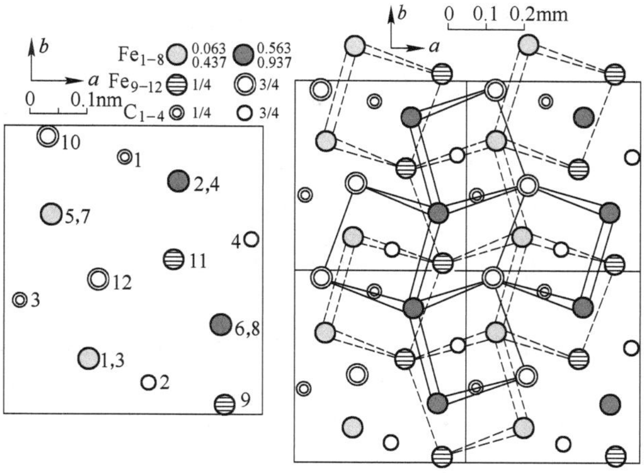

a　　　　b

图 2-49　Fe_3C 结构

a—晶胞在 *a*—*b* 平面的投影；b—4 个相邻的晶胞以及 Fe 原子组成的三角棱柱的投影

属于这种结构的晶体有 Co_3B、Co_3C、Mn_3C、Ni_3C、Pd_3P 等。Fe_3C 型晶体的结构符号是 DO_{11}，Pearson 符号是 *o*P16，空间群是 *Pnma*。

2.7.3 尺寸因素化合物

研究了很多金属间化合物后知道，两组元原子间距 d_{AB}（A 原子和 B 原子间最短距离）和浓度权重平均原子半径 $\bar{r}$（例如，A_mB_n 化合物中 $\bar{r}=(mr_A+nr_B)/(m+n)$）密切相关，相关因子约为 0.99~1.00。另外，代表结构特征的轴比 *c/a* 及 *b/a* 和致密度都处在很窄的范围，近 700 种不同结构化合物的平均致密度是 0.74±0.04（纯组元最密堆垛 fcc 和 hcp 的致密度是 0.74）。这些都表明，在很多化合物的稳定结构中，原子尺寸起很大作用，并且倾向于紧密堆垛。在 2.2.2 节中讨论了由不同尺寸原子组成的化合物的最紧密堆垛方式，以这种方式紧密堆垛的结构通常称拓扑密堆相（TCP 结构），它们的类型很多，下面只简单介绍几种典型的相：$Cr_3Si(A_3B)$型相、Laves 相和 σ 相。

2.7.3.1 $Cr_3Si(A_3B)$型简单 TPC 结构

Cr_3Si 型晶体结构是一种简单的拓扑密堆相（TCP 结构），Si(B)原子排成 bcc 结构，而 Cr(A)原子则处在 bcc 晶胞的四面体间隙位置中，一个 bcc 晶胞含 12 个四面体间隙位置，现在只有一半间隙位置被 Cr 占据，如图 2-50 所示，这种结构可以看成是 bcc 的衍生结构。这种结构又称 β-W 型结构，在离子晶体中称为 W_3O 型结构。Si(A)原子的配位数为 12，它们全部都是 Cr(B)原子；Cr 原子的配位数为 14，其中 10 个 Si(A)原子，4 个 Cr(B)原子。构成这类化合物的 B 原子

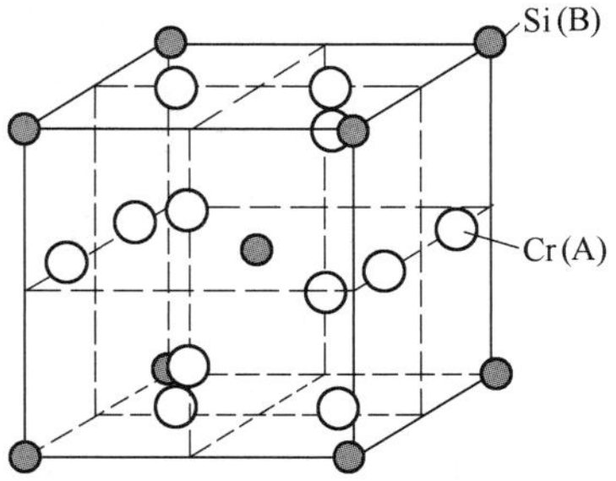

图 2-50　$Cr_3Si(A_3B)$型结构晶胞的球-杆模型

为 Ga、Sn、Au、Si 等，A 原子为 Nb、V、Cr 等。

这类结构的结构符号是 A15，Pearson 符号是 *c*P8，空间群是 $Pm\bar{3}n$。

2.7.3.2 Laves 相

很多二元以及三元合金系有通式为 AB_2 的化合物，它可借助于两种不同大小的原子配合排列成密堆结构，称为 Laves 相。理论上 Laves 相的 A 原子和 B 原子半径比值 r_A/r_B 为 1.255，实际上该比值约在 1.05~1.68 范围内。有研究者分析了 164 种 Laves 相，除了 26 种之外，其他所有相的 r_A/r_B 均在 1.1~1.4 范围内。Laves 相的晶体结构是密排堆垛，其表达式近似为 AB_2，有 3 种类型：

（1）C14 结构，典型的相是 $MgZn_2$，是一般堆垛序为 ABABAB…的六方结构。

（2）C15 结构，典型的相是 $MgCu_2$，是一般堆垛序为 ABCABABC…的立方结构。

（3）C36 结构，典型的相是 $MgNi_2$，是堆垛序为 ABACABAC…的六方结构。

Laves 相结构中最多的是 $MgCu_2$ 型结构，其次为 $MgZn_2$ 型结构，极少数的为 $MgNi_2$ 型结构。

A $MgZn_2$ 型结构

$MgZn_2$ 属于密排六方结构，每个晶胞有 4 个 Mg 原子和 8 个 Zn 原子，每个晶胞共含 12 个原子。结构中 Mg(A)和 Zn(B)原子的配位数分别为 16 和 12。4 个 Mg 原子在晶胞的位置是：[(1/3, 2/3, z)], [(2/3, 1/3, 1/2+z)], [(2/3, 1/3, −z)], [(1/3, 2/3, 1/2−z)]；2 个 Zn 原子的位置是：[(0,0,0)], [(0,0,1/20)]；另外 6 个 Zn 原子的位置是：[(x, 2x, 1/4)], [(−2x, x, 1/4)], [(x, −x, 1/4)], [(x, −2x, 3/4)], [(2x, x, 3/4)], [(−x, x, 3/4)]。这种结构也可看做是由 CN16 和 CN12 配位多面体相互配合堆垛起来的。如沿［001］方向观察，则它又可看成由 A 和 B 原子层按一定次序排列而成。图 2-51a 所示为 $MgZn_2$ 的一个六方晶胞，图 2-51b 所示为 Mg(A)的堆垛示意图，图 2-51c 所示为 Zn(B)原子层排列示意图。A 原子构成六方网络的双原子面，堆垛顺序为…XYXY…；B 原子组成小四面体，四面体顶与顶、底与底相连接，每一密排层成为 3·6·3·6 网络（同时参阅图 2-6）。A 原子层和 B 原子层穿插在一起，较大的 A 原子镶嵌在小四面体之间的空隙中。

$MgZn_2$ 型 Laves 相的结构符号是 C14，Pearson 符号是 *h*P12，空间群是 $P6_3/mmc$。

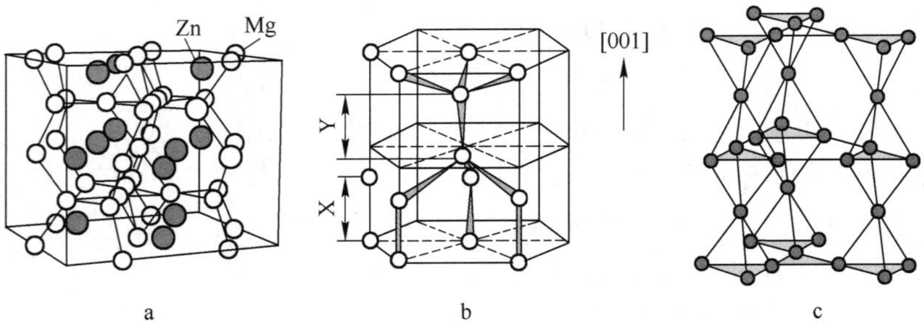

图 2-51 $MgZn_2$ 型 Laves 相晶体结构

a—Mg(A)和 Zn(B)在晶体的排列；b—Mg(A)原子的堆垛；c—Zn(B)原子的堆垛

B Cu_2Mg 型结构

Cu_2Mg 属于立方结构，一个晶胞中含 8 个 Mg 原子，16 个 Cu 原子。$MgCu_2$ 型结构的晶胞如图 2-52a 所示。8 个 Mg 原子在晶胞的位置是[(0,0,0)]，[(0,1/2,1/2)]，[(1/2,0,1/2)]，[(1/2,1/2,0)]，[(3/4,1/4,3/4)]，[(3/4,3/4,1/4)]，[(1/4,1/4,1/4)]，[(1/4,3/4,3/4)]；16 个 Cu 原子在晶胞的位置是[(5/8,5/8,5/8)]，[(5/8,1/8,1/8)]，[(1/8,5/8,1/8)]，[(1/8,1/8,5/8)]，[(3/8,7/8,1/8)]，[(3/8,3/8,5/8)]，[(7/8,7/8,5/8)]，[(7/8,3/8,1/8)]，[(7/8,1/8,3/8)]，[(7/8,5/8,7/8)]，[(3/8,1/8,7/8)]，[(3/8,5/8,3/8)]，[(1/8,3/8,7/8)]，[(1/8,7/8,3/8)]，[(5/8,3/8,3/8)]，[(5/8,7/8,7/8)]。从另一角度看，可以把它的大晶胞分为 8 个小立方体，Mg 原子处在大立方体 8 个角、6 个面心以及晶胞内相间的 4 个小立方体中心位置，另外 4 个小立方体内各有 1 个由 Cu 原子组成的四面体，四面体中心和小立方体中心重合。这样，每个 Mg 原子有 4 个 Mg 原子和 12 个 Cu 原子与其近邻，CN=16；每个 Cu 原子有 6 个 Mg 原子和 6 个 Cu 原子与其近邻，CN=12，因而它可以看做由 CN12 和 CN16 配位多面体相互配合堆垛起来的。如果沿［111］方向观察，则它又可看成是由Mg(B)原子和 Cu(A)原子层按一定次序排列起来的。图 2-52b 所示为 Mg(B)和 Cu(A)原子层的排列示意图。Mg(A)原子构成具有六方网络的双层原子（这两层的原子上下对应），每 3 个双层作重复排列，即…XYZXYZ…排列。第一双层 X 在图中以 8 个原子为代表；第二双层 Y（在图中以 2 个原子为代表）等同于 X 层，但沿侧向有所偏移；第三双层 Z 也等同于 X 层，侧向亦有所偏移；第四双层回复到 X 层位置。Cu(A)原子组成四面体，四面体顶点与顶点相连接，形成层状，每一密排层成为 3・6・3・6 网络。Mg(B)原子层和 Cu(A)原子层穿插在一起，较大的 Mg(B)镶嵌在小四面体之间的空隙中，如图 2-52c 所示。

$MgCu_2$ 型相的例子有：Al_2Ca、Al_2U、CdCuZn、Co_2U、Co_2Zr、Cr_2Ti、Al_2Ca、FeNiTi、Fe_2U、Fe_2Zr、Al_2Ca、MgNiZn、Al_2Ca、$TiCo_2$、ZrW_2 等。

$MgCu_2$ 型相的结构符号是 C15，Pearson 符号是 $cF24$，空间群是 $Fd\bar{3}m$。

C $MgNi_2$ 型结构

$MgNi_2$ 是密排六方结构，每个晶胞有 8 个 Mg 原子，16 个 Ni 原子，晶胞共有 24 个原子。4 个 Mg 原子的位置是：[(0, 0, z)]，[(0, 0, 1/2+z)]，[(0, 0, $-z$)]，[(0, 0, 1/2$-z$)]，另 4 个 Mg 原子的位置是：[(1/3, 2/3, z)]，[(2/3, 1/3, 1/2+z)]，[(2/3, 1/3, $-z$)]，[(1/3, 2/3, 1/2$-z$)]；4 个 Ni 原子的位置是：[(1/3, 2/3, z)]，[(2/3, 1/3, 1/2+z)]，[(2/3, 1/3, $-z$)]，[(1/3, 2/3, 1/2$-z$)]，另 6 个 Ni 原子的位置是：[(1/2,0,0)],[0,1/2,0)],[(1/2,1/2,0)],[(1/2,0,1/2)],[(0,1/2,1/2)],[(1/2,1/2,1/2)]，还有 6 个 Ni 原子的位置是：[(x, 2x, 1/4)]，[$-2x$, $-x$, 1/4)]，[(x, $-x$, 1/4)]，[($-x$, $-2x$, 3/4)]，[(2x, x, 3/4)]，[($-x$, x, 3/4)]。如果沿［001］方向观察，它可看成是由 Mg(A)和Ni(B)原子层按一定次序排列而成的。图 2-53a 所示为 A 原子（Mg）层，图 2-53b 所示为 B 原子（Ni）层排列示意图。A 原子构成六方网络的双原子面，堆垛顺序为…XYXZXYXZ…；B 原子组成小四面体，小四面体的连接方式是上述两种结构连接方式的混合。每一密排层也排成 3・6・3・6 网络。表 2-13 综合给出了 Laves 相 3 种结构中 A 和 B 原子的排列情况。

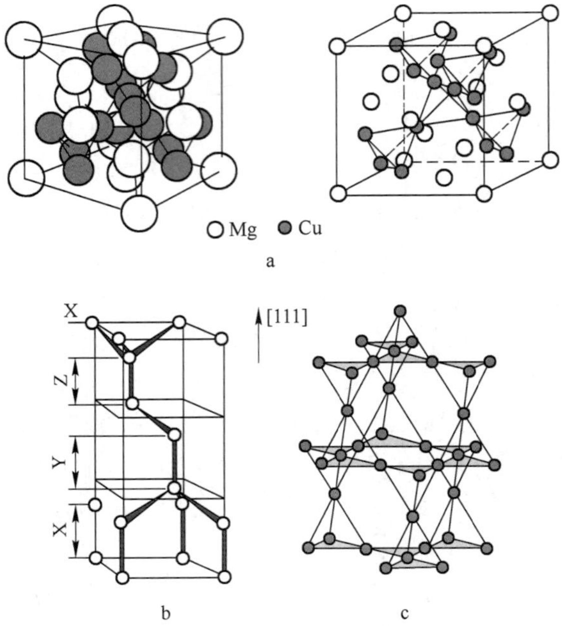

图 2-52　$MgCu_2$ 型 Laves 相晶体结构

a—晶胞；b—Mg 原子分布和双原子层堆垛方式；c—Cu 原子分布和四面体堆垛方式

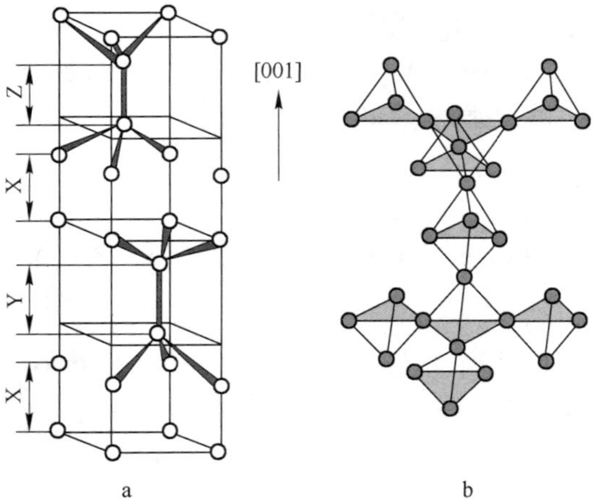

图 2-53　$MgNi_2$ 型晶体结构

a—Mg(A)原子的堆垛；b—Ni(B)原子的堆垛

$MgNi_2$ 型结构的结构符号是 C36，Pearson 符号是 *h*P24，空间群是 $P6_3/mmc$。

表 2-13　Laves 相 3 种结构中 A 和 B 原子的排列情况

结构类型	排列情况	
	A 原子	B 原子（小四面体）
$MgZn_2$	…XYXY…（沿［001］）	顶点连顶点，底面连底面
$MgCu_2$	…XYZXYZ…（沿［111］）	顶点连接顶点
$MgNi_2$	…XYXZXYXZ…（沿［001］）	上述两种排列的混合

除了尺寸因素之外，价电子浓度对 Laves 相的结构类型和稳定性亦起重要作用。价电子浓度在1.33~1.75 范围为 $MgCu_2$ 结构；在 1.8~1.9 范围为 $MgNi_2$ 结构；在 1.8~2.0 范围为 $MgZn_2$ 结构。从价电子浓度的观点来看，也可以把 Laves 相看做一种电子相。

许多合金系能形成 Laves 相，例如在合金钢中原子尺寸较小的合金元素锰、镍、铬可以置换铁的位置与尺寸大的合金元素钨、钼、铌等形成 $(W,Mo,Nb)(Fe,Ni,Mn,Cr)_2$ Laves 相。在高合金的不锈钢、铁基高温合金和镍基高温合金中会出现 Laves 相，它的出现往往对这些合金的性能有损害，所以通常通过控制合金成分和进行适当热处理来抑制 Laves 相的出现。有些场合也会利用 Laves 相，例如耐热钢（奥氏体耐热钢）常利用 Laves 相作强化相。

2.7.3.3　σ 相

σ 相分子式写做 AB 或 A_xB_y。其中组元 A 为ⅤB、ⅥB、Ⅷ族过渡金属，组元 B 为ⅦB 和Ⅷ族元素，如 FeCr、FeV、FeMo、CrCo、MoCrNi、WCrNi、$(Cr、Mo、W)_x(Fe、Co、Ni)_y$ 等。因 σ 相有一定的成分范围，所以其分子式只是大致的比例值。σ 相的结构比较复杂，具有四方点阵，$c/a \approx 0.52$，每个单胞有 30 个原子。图 2-54 所示为晶胞在（001）面上的投影。晶胞中的原子处于 5 种不同的位置，沿［001］方向以 4 层重复排列。第一层是底面，第二、三、四层在 c 轴方向的高度分别为 c/4、c/2 和 3c/4。图 2-54a 中标记为 a 的原子共有 2 个，配位数为 12，在第一及第三层各有 1 个；标记为 g 的原子共有 4 个，配位数为 15，在第一及第三层各有两个；标记为 i 和 j 的两种不同原子，各有 8 个，配位数分别为 14 和 12，而两类原子在第一及第三层各有 4 个；标记为 k 的原子共有 8 个，配位数为 14，在第二及第四层各有 4 个。第一层原子组成六边形和三角网格，第三层原子分布与第一层相同，仅是取向不同。第二和第四层原子恰好处在其下一层的六边形中心上。图 2-54b、c 所示为第一和第三层的原子排列。较大的原子倾向于占据配位数较高的图中标记为 g 的位置，较小的原子倾向于占据配位数较低的图中标记为 a 以及 j 的位置，标记为 i 以及 k 的位置则可能被大原子或小原子占据。

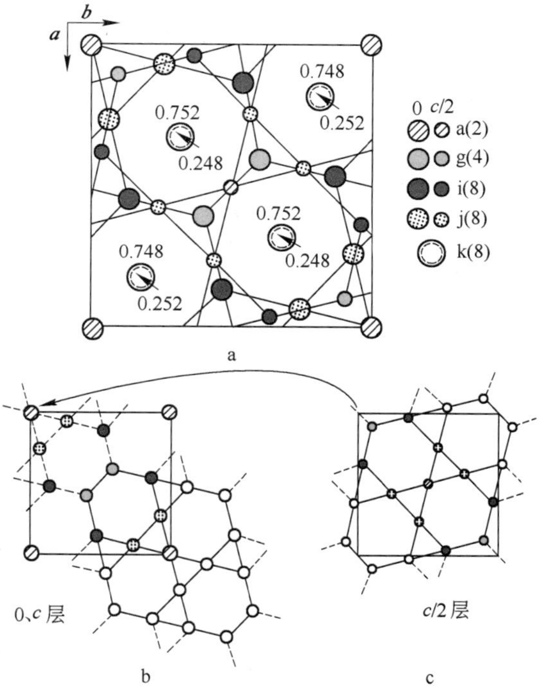

图 2-54　σ 相各原子在（001）面上的投影以及各层原子分布

a—在（001）面上的投影；b—在 0 和 c 层原子的分布；c—在 0 和 $\frac{c}{2}$ 层原子的分布

这种晶体结构的结构符号是 $D8_b$，Pearson 符号是 $tP30$，空间群是 $P4_2mmm$。

在二元合金系中，两组元 A 和 B 原子大小之差的相对值应小于 13%，否则不能形成 σ 相；σ 相出现在 s 层价电子加上 d 层价电子的价电子浓度在 6.2~7.2 范围，即约在 7 左右。但有学者怀疑金属原子是否有如此高的平均电子浓度，认为很可能只能高达 5.76。σ

相浓度范围比较宽，不同合金系的σ相存在的理论温度稳定范围不相同，加入第三组元会影响σ相存在的浓度范围和温度范围。由经验得知，出现σ相的二元系中两组元之一的晶体点阵必为体心立方，另一个为面心立方或密排六方点阵。σ相硬度高，脆性大。在耐热钢和高温合金中会出现σ相，它的存在会降低钢和合金的塑性和韧性，一般都应避免它的析出。

2.7.4 有序固溶体

固溶体中各类原子按一定规则排列的结构称有序结构，趋于有序结构的过程称有序化，形成有序结构的固溶体称有序固溶体。形成有序固溶体的驱动力是异类原子的结合能比他类原子平均结合能更低，但是，有序分布会降低熔体的组态熵，所以当温度升高到某一临界温度 T_c 时，无序结构更为稳定而转变为完全无序结构（参见第5章5.2.4节）。

有序固溶体类似化合物，在X射线衍射图谱中会出现新的线条，所以有序固溶体也称超结构，因为这样，也有人认为有序固溶体是化合物。但是，严格来说，有序固溶体与金属间化合物还是有区别的：有序固溶体在临界温度以上，转变为完全无序的、结构相同的固溶体；而化合物在高温时失稳，或熔化、或转变为其他结构的固相。

当研究一个复杂的晶体结构时，往往将它与类似的简单原子排列结构比较，找出其类似点。某些对称性和规则性较好的简单结构经过一些扰乱衍生成更复杂的原子排列，可能的扰乱方式包括：用不同类的原子有序地取代原来的原子；有序地去掉原来的一些原子；在一些未被占据的位置加入原子等；相反的过程称为退化过程，产生的结构称退化结构。获得衍生结构的方式很像获得固溶体的方式，但是要注意它仅是两种结构在几何方式上的类似，而并不意味着复杂结构是由这种简单结构产生的。显然，衍生结构的对称操作比作为参考结构的少，晶胞比参考结构的大，或者既减少了对称操作又增加了晶胞尺寸。

因为有序固溶体在高于 T_c 温度时转变为完全无序的固溶体，所以当研究它的结构时，可以由其无序的固溶体衍生的结构来讨论。

2.7.4.1 面心立方衍生的有序结构（超结构）

面心立方衍生的有序结构主要有 Cu_3Au 型、CuAu 型及 CuPt 型3种结构。

A Cu_3Au Ⅰ型（LI_2 型）超结构

这种结构相当于在面心立方点阵中，晶胞的顶角是Au原子，晶胞各面心是Cu原子，如图2-55a所示。Au原子在晶胞的位置是：[(0,0,0)]；Cu原子在晶胞的位置是：[(0,1/2,1/2)],[(1/2, 0,1/2)],[(1/2,1/2,0)]。Cu原子有8个Cu原子为最近邻，原子间距是 $\sqrt{a}/2$，有4个Au原子为最近邻，原子间距也是 $\sqrt{a}/2$，如图2-55b所示；Au原子有6个Au原子为最近邻，原子间距是 a，有12个Cu原子为最近邻，原子间距是 $\sqrt{a}/2$，如图2-55c所示。Cu和Au的这种有序排列，使得这种晶体结构的布拉维点阵由F点阵变为P点阵。这类超结构已在近60种合金中发现，例如 α'-$AlNi_3$、$AlZr_3$、Au_3Cu、Cu_3Au Ⅰ、$CoPt_3$、Cr_3Pt、Fe_3Ga、$FePd_3$、Ni_3Fe、Ni_3Mn、Sn_3U 等。

这种超结构的结构符号是 LI_2，Pearson 符号是 $cP4$，空间群是 $Pm\bar{3}m$。

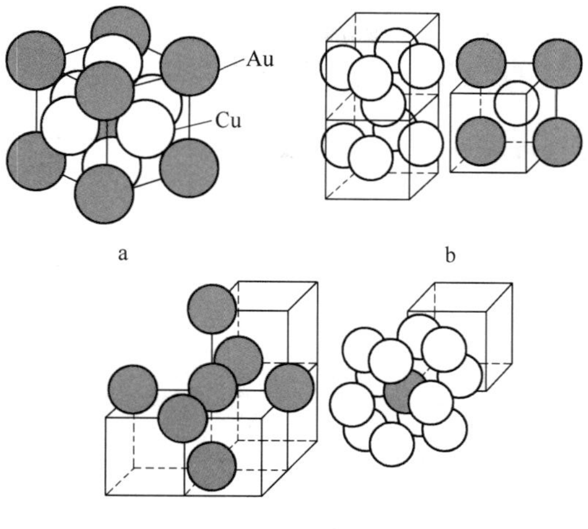

图 2-55 Cu_3Au Ⅰ型超结构

a—晶胞的球-杆模型；b—Cu 原子的配位；c—Au 原子的配位

B CuAu Ⅰ型（LI_0 型）

这种结构可以想象为面心立方点阵中，Cu 和 Au 原子在（002）面按一层 Cu 一层 Au 分层排列，如图 2-56a 所示。因为 Cu 原子比较小，Cu 和 Au 的这种有序排列使 c 轴比 a 轴短，$c/a=0.92$，变成四方点阵，同时布拉维点阵也变成 P 点阵。四方点阵的“面心立方”可以用更小的单胞表示，变为“体心立方”P 点阵，如图 2-56b 所示。Au 原子在 P 晶胞的位置是：［(0,0,0)］；Cu 原子在 P 晶胞的位置是：［(1/2,1/2,1/2)］。Cu 原子有 8 个 Au 原子为最近邻，原子间距是 $\sqrt{(a/2)^2+(c/2)^2}$，如图 2-56b 所示，有 4 个 Cu 原子为最近邻，原子间距是 $\sqrt{a}/2$，如图 2-56c 所示。Au 原子有 8 个 Cu 原子为最近邻，原子间距是 $\sqrt{(a/2)^2+(c/2)^2}$，有 4 个 Au 原子为最近邻，原子间距是 $\sqrt{a}/2$，如图 2-56d 所示。这类超结构的例子有 AgTi、AlTi、CuAu Ⅰ、θ-CdPt、NiPt、γ″-FePd、θ-MnNi 等。

这种超结构的结构符号是 LI_0，Pearson 符号是 tP2，空间群是 $P4/mmm$。

C 面心立方衍生的长周期超结构

长周期有序超结构是以一定大小的区域改变其位向交替地在一维（或二维）周期排列。CuAu Ⅱ型结构是一维长周期超结构的典型的例子，CuAu Ⅱ超结构单胞中的原子排列和 CuAu Ⅰ相同，但沿着［010］方向的排列有差异。沿着［010］方向每 M 个单胞组成单元，相邻单元的取向是（010）面作$(\boldsymbol{a}+\boldsymbol{c})/2$位移，如图 2-57 所示。它们虽然都是有序排列，但它们的相位不同，同一相位的有序区域称有序畴，有时也称为反相畴。两个不同位相之间的界面称反相畴界。如果忽略了有序排列所引起的微量尺寸变化，则两个反向畴界（APB）之间的距离 $d=Mb$，M 是超结构的半周期。CuAu Ⅱ型超结构沿 $\boldsymbol{b}$ 方向作长周期排列，是一维长周期超结构，$M=5$，如图 2-57c 所示，由 10 个原来的 fcc 晶胞组成一个大晶胞。由于 Cu 和 Au 原子的尺寸不同，这样的有序排列后大晶胞的 $a\neq b'\neq c$，但晶胞的 $\alpha=\beta=\gamma=90°$，所以这个大晶胞属于正交晶系，并且在晶胞的反相畴界中心的是一个阵点，一个晶胞共含有 40 个原子。

这种结构的 Pearson 符号是 oI40，空间群是 $P4/mmm$。

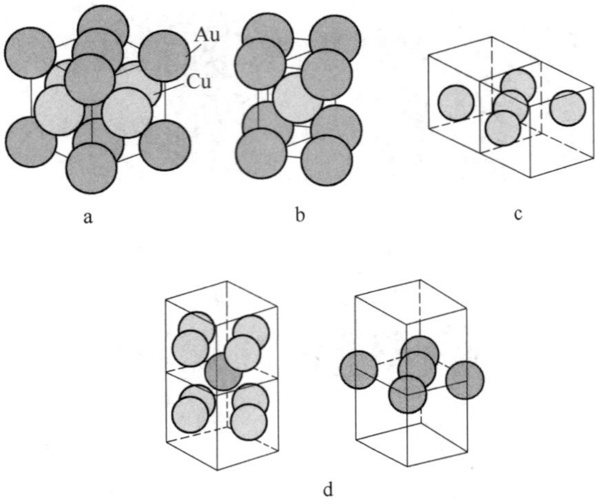

图 2-56　CuAu Ⅰ 型超结构

a—Cu 和 Au 原子在（002）面分层排列；b—用更小的 P 单胞表示，Cu 原子有 8 个最近邻 Au 原子；c—Cu 原子的 4 个最近邻 Cu 原子；d—Au 原子有 8 个最近邻 Cu 原子和 4 个最近邻 Au 原子

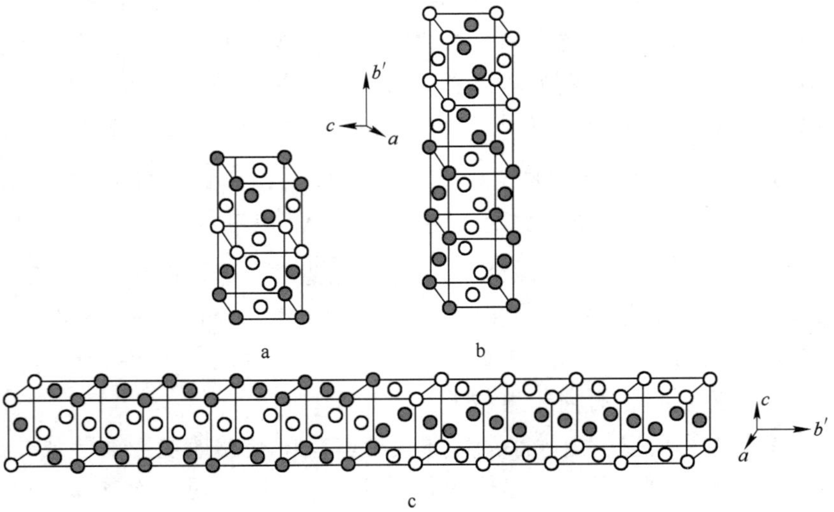

图 2-57　CuAu Ⅱ 长周期超结构

a—同位相的一个单元；b—两个反相畴；c—长周期结构

如果这样的长周期结构的 $M=1$，即每隔一个原来的 fcc 晶胞位相相反，每隔一个原来的 fcc 晶胞就有一个 APB，如图 2-57a 所示，这种结构是 $D2_2$ 结构，如果 $M=2$，即每隔两个原来的 fcc 晶胞就有一个 APB，如图 2-57b 所示，这种结构是 $D2_3$ 结构。显然，如果这类晶体的｛010｝面的 APB 能低则有利于出现这类长周期结构，如果正常｛111｝面的 APB 低则有利于出现无序的 fcc 结构。

某些 AB_3 合金有二维长周期超结构，它们的原子在两个方向上作周期排列，反相畴界的间隔分别为 M_1a 和 M_2b。

D CuPtI 型（LI_1 型）超结构

这种结构可以想象在面心立方点阵中，Cu 和 Pt 原子在（111）面按一层 Cu 和一层 Pt 分层排列，如图 2-58a 所示。由于 Cu 和 Pt 的原子尺寸不同，立方点阵歪扭成菱形点阵。这种超结构的结构符号是LI_1，Pearson 符号是 hR32，空间群是 $R\bar{3}m$。

当 $x_{Pt} > 50\%$时，多余的铂原子又在以 Cu 排列的（111）面有序地取代 Cu 的位置；当合金成分恰好是 Cu_3Pt_5 时，则原来富铜的原子面呈现如图 2-58b 所示完全有序的排列，这种结构是 CuPtⅡ型结构。

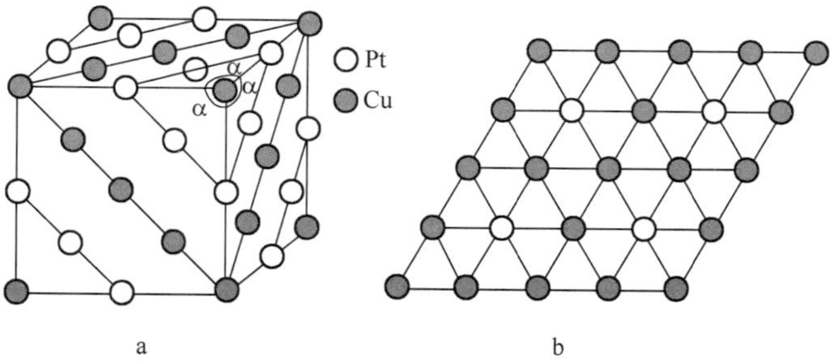

图 2-58 CrPtⅠ型超结构

a—CuPt 型超结构；b—Cu_3Pt_5 的富铜（111）面上的原子分布

2.7.4.2 体心立方衍生的有序结构

从结构角度看，在 2.7.2 节中介绍的 β-NiAl 和 CoAl 等电子相就是 bcc 衍生的有序 B2 结构。下面再介绍一些这种有序结构。

A CuZn 型（B2 型）超结构

在体心立方点阵的 CuZn 型（B2 型）超结构中，铜原子占据体心位置，锌原子占据顶角位置，或者相反（两者是等效的），如图 2-59 所示。这时的点阵已由 I 点阵退化变成 P 点阵。这类超结构的例子有 AgCd、AgZn、AgMg、CoTi、NiTi、FeAl、FeCo、FeTi、FeV、β-NiAl、AuZn、CuBe 等。

这种超结构的结构符号是 B2，Pearson 符号是 cP2，空间群是 $Pm3m$。

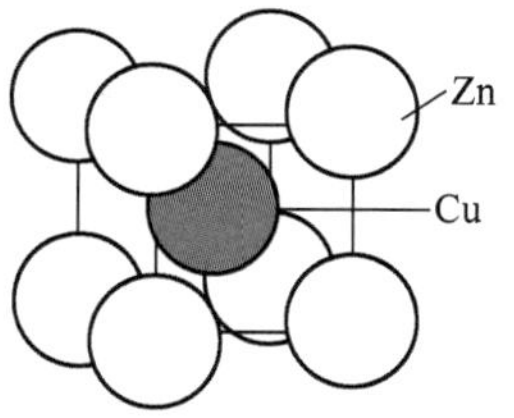

图 2-59 CuZn 型（B2 型）超结构

这类结构中有一些也如 NiAl 那样受电子浓度的影响，例如 FeAl 相，当其成分不是计量成分时，也会形成 Fe 或 Al 的反位原子和 Fe 或 Al 的空位。

B Fe_3Al 型（DO_3 型）超结构

Fe_3Al 型超结构可以看成由 8 个体心立方单胞组成的一个大单胞，把阵点分成 4 种位置，如图 2-60 所示。a 位置是大单胞的 8 个顶点及 6 个面心位置；b 位置是大单胞的 6 个棱中点及大单胞的中心点位置；c 和 d 位置是各小单胞的 4 个中心位置，但它们是交错分布的，即 c 位置旁边都是 d 位置，反之亦然。这类超结构的例子有 Fe_3Si、γ-Cu_3Sn、Cu_3Al、Mn_3Si、Ni_3Sn 等，还有三元的 Cu_2MnAl、Cu_2MnGa、Cu_2MnSn、Ni_2TiAl 等。例如，Cu_2MnAl 的结构是：铜原子占据 a、b 位置，锰和铝分别占据 c 和 d 位置。Cu_2MnAl 超结构显示铁磁性，而它的组元 Cu、Mn 和 Al 都不具有铁磁性，可以看出有序排列同时改变了电子结构。

Fe_3Al 型超结构的结构符号是 DO_3，Pearson 符号是 *c*F16，空间群是 *Fm*3*m*。

在 Fe_3Al 型超结构中，如果铁占据 a、b、d 位置，Al 占据 c 位置，这时，点阵类型演变为面心立方点阵，当 $x_{Al}>25\%$后，铝再占据 d 位置，直到 $x_{Al}=50\%$时，就演变成如图 2-59 所示的 B2 型超结构。

C　体心立方衍生的长周期超结构

体心立方衍生的长周期超结构有多种，典型的是 $MoSi_2$ 型（$C11_b$ 型）结构。这种结构的晶胞可以看成由 3 个 bcc 晶胞构成，但 *c* 轴有很大的压缩，即 $c/a<3$，是四方晶系，每个“bcc 晶胞”中心的原子位置并不处在正好中心的位置，如图 2-61 所示。晶胞的原子位置是：8 个顶角和中心是 Mo 原子，其余的原子位置是 Si 原子，如图 2-61b 所示，一个晶胞含 6 个原子。这类结构的例子有 $AgZr_2$、$AlCr_2$、Au_2Be、Au_2Mn、$CuTi_2$、Hg_2Mg、Ni_2Ta、Si_2W 等。

这种结构的结构符号是 $C11_b$，Pearson 符号是 *t*I6，空间群是 *I*4/*mmm*。

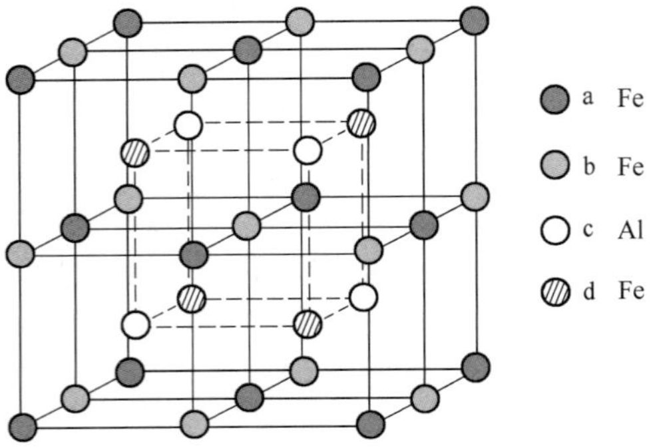

图 2-60　体心立方点阵中的 4 种位置和 Fe_3Al 型（DO_3 型）超结构

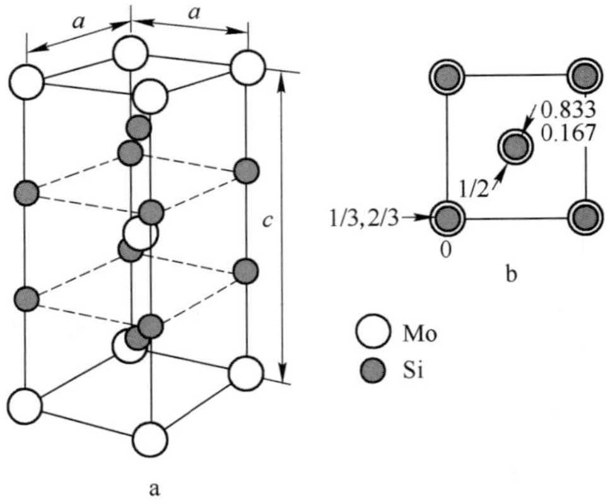

图 2-61　$MoSi_2$ 结构

a—晶胞的球-杆模型；b—在（001）面的投影（数字是在 *c* 轴的位置）

2.7.4.3　密排六方衍生的有序结构

Ti_3Al 型（DO_{19}型）超结构。Ti_3Al 型（DO_{19}型）超结构是典型的从密排六方衍生的有序结构。这种结构可以看成由 4 个密排六方单胞组成一个大单胞，Al 原子占据大单胞 8 个顶点以及一个小单胞内的位置，其余点阵位置全部由 Ti 原子占据，如图 2-62a 所示。这种结构也可以从（100）面（$(10\bar{1}0)$面）每 8 层重复堆垛而成，如图 2-62b 中的 a～h 层面所示。从图可看出，在每两层之间即 ab、cd、ef、gh 4 对（$10\bar{1}0$）面之间是反相畴界（APB），在 b-c 和 f-g 之间的反相畴记作 APB-Ⅰ，在 d-e 和 h-a 之间的反相畴记作 APB-Ⅱ。

这类超结构的例子有 Cd_3Mg、Mg_3Cd、Co_3Mo、Co_3W、Ni_3In、Ni_3Sn、Pt_3V、Mn_3Ge 等。它的结构符号是 DO_{19}，Pearson 符号是 *h*P8，空间群是 $P6_3/mmc$。

在非计量成分并含高空位浓度（在第 3 章讨论）的材料中经常出现包含空位有序排列的衍生结构和超结构。例如 Cr_2S_4、Cr_3S_4、Cr_5S_6、Cr_7S_6 等化合物的结构都是从计量成

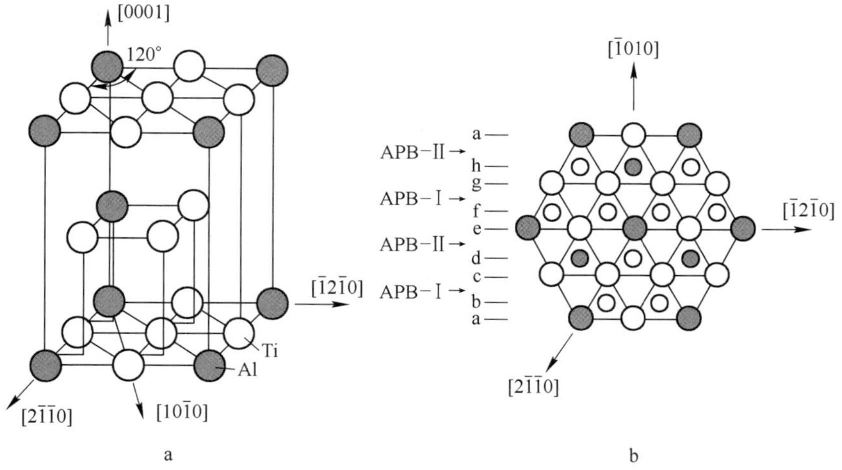

图 2-62 Ti_3Al 型（DO_{19}型）超结构

a—Ti_3Al 的晶胞；b—每 8 层（100）面重复堆垛

分为 CrS 的结构派生而来的，它们是 CrS 结构中 Cr 所占据的位置有序地被不同量的空位占据（即去掉 Cr 原子）而衍生出来的。

2.7.4.4 有序参数

能发生有序化并具有理想配比有序成分的合金在适当低温下就会转变为超结构，A 和 B 原子就会占据各自的有序位置。把有序时两类原子应该占据的位置分别记为 α 和 β 位置，即各自有自己的亚点阵。在极低温度下，原子排列完全有序，即在 α(β) 位置找到 A(B) 原子的概率为 1。当温度升高时，原子的热运动使 A(或 B)原子迁入错误的 β(或 α) 位置，使原子的有序分布程度降低。设系统有 N 个原子位置，A 和 B 原子的原子分数分别为 x_A 和 x_B，如果完全有序，则 Nx_A 位置完全由 A 原子占据，Nx_B 位置完全由 B 原子占据。如果原子完全无序随机分布，则有 Nx_A^2 个 A 原子和 Nx_Ax_B 个 B 原子占据 A 位置，Nx_B^2 个 B 原子和 Nx_Ax_B 个 A 原子占据 B 位置。如果是部分有序状态，在错误位置的 A 原子（即 A 原子处在 B 位置）的数目为 Nx_w，很显然，也有 Nx_w 个 B 原子处在错误位置。A 位置被错误原子（即 B 原子）占据的几率 $p_A = x_w/x_A$，被正确原子（即 A 原子）占据的几率 $r_A = 1 - p_A$。对于 B 位置也有相同的表达式，注意，这里的 $r_A \neq r_B$。据此，定义长程有序参数 L 为：

$$L = \frac{r_A - x_A}{1 - x_A} = \frac{r_B - x_B}{1 - x_B} = 1 - \frac{x_w}{x_A x_B} \tag{2-9}$$

如果 $x_w = 0$，L 获得最大值，等于 1，即完全长程有序。如果 A 和 B 是随机分布，$x_w = x_Ax_B$，则 $L=0$。如果 $x_w > x_Ax_B$，L 变为负值，长程有序必会再次增加，因为这只是相应的位置符号不同而已。例如，对于 A∶B = 1∶1 的有序合金，所有 A 原子都处在 B 位置，则 $L=-1$，这在物理上与 $L=1$ 并没有区别。因为只有 L 的数值是重要的，所以我们讨论时只考虑 $0 \leq x_w \leq x_Ax_B$ 的情况。

对于长周期超结构，虽然它在局部范围完全有序，但用长程有序参数 L 描述时却认为它偏离完全有序。为了描述这种情况，提出另一个短程有序参数 σ，它定义为：

$$\sigma = (q - q_r)/(q_m - q_r) \tag{2-10}$$

式中，q 是在给定温度下最近邻异类原子的摩尔分数；q_r 和 q_m 是在最大无序和最大有序时最近邻的异类摩尔分数。完全有序时，$\sigma=1$；完全无序时，$\sigma=0$。L 是针对整个点阵排列的，而 σ 是针对近邻原子排列的。注意，式(2-10)和前面讨论的式(2-6)是略有不同的，式(2-6)是相对于完全无序固溶体的，而式(2-10)是相对于完全有序固溶体的。

对于任何超结构，随着温度上升，长程有序参数和短程有序参数都降低。直至达到有序→无序转变的临界温度 T_c 时，长程有序参数 L 降为零，而短程有序参数 σ 仍不会完全为零，随温度继续升高，σ 也继续降低。因为从有序到无序的转变可以是形核长大型转变，也可能是连续型转变（见第 9 章讨论），所以，有序度随温度的变化有两种形式，如图 2-63 所示。在热力学零度时，晶体以最高的有序（最低的自由能态）排列，这时组态熵为零。对于连续型转变机制，当温度升高时由于熵的影响，长程有序参数 L 连续地降低，直到某一临界温度 T_c 时降为零，短程有序度也相应降低，但是，即使到达 T_c 或 T_c 以上温度，仍存在一定的短程有序，如图2-63a所示。对于形核长大转变型的有序-无序转变，加热一直到接近 T_c 温度时，长程有序参数 L 只是稍许减小，一旦到达 T_c 温度时，L 突然变为零。和上面讨论的理由相同，在 T_c 以上温度仍存在一定的短程有序，如图2-63b所示。

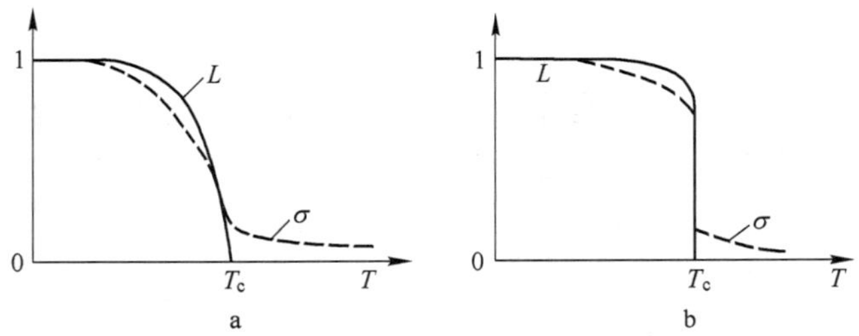

图 2-63　两种不同转变机制的无序→有序转变的长程有序参数 L 和短程有序参数 σ 随温度的变化
a—连续型；b—形核长大型

概括说来，当无序固溶体完全有序化后，恢复了严格意义上的平移对称性，一般情况下，点阵类型也改变了。由于点阵类型改变，它的倒易点阵也改变了。倒易点阵是正点阵的衍射花样，因此，有序化后，其衍射花样也改变。例如 Cu_3Au 的有序相是简单立方，无序相是面心立方。在有序态时，其倒易点阵的倒易阵点全部存在，而无序态时因面心立方的消光效应一些倒易阵点消失，因此有序态的衍射点要比无序态多，超点阵也因此得名。

2.8　离子化合物的晶体结构

在日常使用的晶体器件中，离子晶体占有重要的地位，多数盐类、碱类（金属氢氧化物）和金属氧化物的晶体结构都是离子晶体结构。前面说过，离子晶体的结构很大程度上取决于正负离子怎样堆垛成有最大静电吸力和最小静电斥力的状态。离子晶体中离子的稳定排列是最低能量的排列。经过对大量离子晶体的研究已经可成功解释大多数离子晶体的规则，这就是拉姆伯格规则和鲍林规则。这里先讨论这些规则，然后再讨论一些具体的离子晶体。

2.8.1 拉姆伯格规则（Ramberg's Rule）

当体系存在多种离子时，正、负离子会如何配对结合？从热力学看，稳定的配对是体系自由能最低的配对结合。拉姆伯格根据离子半径和离子电荷来预测离子的结合，这些准则称拉姆伯格规则。

（1）拉姆伯格第一规则。小离子和小离子配对、大离子和大离子配对是稳定的配对结合。例如，LiCl 和 KF 两种离子化合物共存进行分解并重新组合时，因为 Li^+ 的半径（0.088nm）小于 K^+ 的半径（0.1521nm），F^- 的半径（0.119nm）小于 Cl^- 的半径（0.167nm），所以，最终变成 LiF 和 KCl。

（2）拉姆伯格第二规则。等电荷的离子对配对，即高电荷的正离子与高电荷的负离子配对、低电荷的正负离子与低电荷的负离子配对，是较稳定的配对结合。如果正、负离子半径相近时，这一规则更为重要。例如，MgF_2 和 Li_2O 两种离子化合物共存进行分解并重新组合时，最终变成 MgO 和 2LiF。

（3）拉姆伯格第三规则。大小不同但电荷相同的正离子与大小相近但电荷不同的负离子，较稳定的配对是：小的正离子与高电荷的负离子配对结合，大的正离子与低电荷的负离子配对结合。例如，K_2S 和 LiCl 两种离子化合物共存进行分解并重新组合时，因为 K^+ 和 Li^+ 的半径相差较大但电价相同，而 Cl^- 的半径（0.167nm）与 S^{2-} 的半径（0.170nm）相近，所以，较大的 K^+ 与电价低的 Cl^- 配对，较小的 Li^+ 与电价高的 S^{2-} 配对，最终变成 2KCl 和 Li_2S。

（4）拉姆伯格第四规则。大小相近但电荷不同的正离子与大小不同但电荷相同的负离子，较稳定的配对是：小的负离子与高电荷的正离子配对结合，大的负离子与低电荷的正离子配对结合。例如，MgS 和 Li_2O 两种离子化合物共存进行分解并重新组合时，因为 Mg^{2+} 的半径（0.086nm）与 Li^+ 的半径（0.088nm）相近，但 Mg^{2+} 的电价比 Li^+ 高，而 S^{2-} 的半径（0.170nm）和 O^{2-} 的半径（0.126nm）相差较大但电价相同，所以，较小的 O^{2-} 与高电价的 Mg^{2+} 配对结合，较大的 S^{2-} 与电价低的 Li^+ 配对，最终变成 MgO 和 Li_2S。

拉姆伯格规则可以不通过热力学计算来预测离子的配对结合方式。对于两种化合物进行复反应分解并重新化合生成新的生成物、高温熔融态下生长晶体及其化学反应，拉姆伯格规则有指导意义。这规则对简单的二元化合离子晶体符合得较好。

2.8.2 鲍林规则（Pauling's Rule）

离子晶体结构形式往往是正离子处于由负离子组成的配位多面体中心，而配位多面体的性质取决于正、负离子半径的比值 r^+/r^-。离子晶体可看做由配位多面体按一定方式连接起来的。配位多面体一般是规则或近似规则的多面体。

（1）鲍林第一规则。本章前面已经讨论了离子晶体中离子堆垛的原则，概括起来就是鲍林第一规则：

1）正离子与负离子相接触，否则晶体是不稳定的；

2）正离子周围的负离子数目在几何配置上尽可能高；

3）离子不能重叠，这是离子间排斥力的结果。

在离子化合物中，负离子的尺寸往往比正离子尺寸大，在离子化合物结构中通常是正离子处在周围负离子构成的多面体中，正、负离子间的距离取决于离子半径之和，而配位数取决于正、负离子半径比 r^+/r^-，参见表 2-7。

鲍林第一规则把注意力集中在作为离子晶体构建基块的正离子配位多面体上。一个稳定的结构不论在宏观区域还是在微观原子尺度范围内都要维持电中性。这样，对于稳定结构，配位多面体在空间中按此近邻交互作用达到最优化的方式排列。

有些离子晶体的配位数可以大于半径比值所允许的值，这可能是增加配位数所获得的静电能超过使周围离子变形所消耗能量的缘故。当中心正离子具有较高的电荷而周围负离子具有高的原子序数和比较大的尺寸并易于变形时，这一点特别重要。

（2）鲍林第二规则。这一规则是估算局部电中性的基础。从正离子到每一个配位负离子的静电键合强度 S 的定义为 Z_+/CN，其中 Z_+ 是正离子的电荷数，CN 是配位数。例如，处于配位四面体中的 Si 为四价，最近邻负离子是 4 个，所以 $S=4/4=1$；又例如处在配位八面体中的 Al 为三价，最近邻负离子是 6 个，所以 $S=3/6=1/2$。在一个稳定的离子晶体结构中每个负离子的电价 Z_- 等于或近似等于从邻近正离子到该负离子的各静电键合强度 S_i 的总和：

$$Z_- = \sum_i S_i = \sum_i \frac{Z_{+i}}{\mathrm{CN}_i} \qquad (2\text{-}11)$$

这就是鲍林第二规则，也称电价规则。这一规则反映的原理是：在结构中，当正电位比较高的地方放置电价较高的负离子时，结构就会稳定，而 S_i 是有关正离子在该处所引起正电位的量度。电价规则的应用范围可以推广至全部离子型结构中，甚至在很多离子型不很完全的结构中。

电价规则可用以指导推测负离子多面体的连接方式，例如推测出一个负离子与相连正离子（同类或不同类的正离子）的数目，或者一个配位多面体的顶点为几个多面体公用等。

例 2-13 在 SiO_2 晶体中，预测其结构的配位多面体的类型、负离子的静电键合强度 S 以及配位多面体的连接方式。

解：从表 2-6 查得 $r_{O^{2-}}=0.126\text{nm}$，$r_{Si^{4+}}=0.040\text{nm}$，离子半径比为：

$$\frac{r_{Si^{4+}}}{r_{O^{2-}}} = \frac{0.040}{0.126} = 0.317$$

根据离子半径比值，从表 2-7 知 Si 的配位数 CN=4，配位多面体是正四面体。Si 为四价，故静电键合强度 $S=4/4=1$。已知 O^{2-} 是二价的，即 $Z_-=2$，根据式(2-11)：

$$Z_- = \sum_i S_i = 2$$

且已知 $S=1$，故可知求和的 i 为 2，所以四面体顶点上的每个 O^{2-} 为两个四面体共用。

例 2-14 预测 TiO_2 晶体结构的配位多面体类型、负离子的静电键合强度 S 以及配位多面体的连接方式。

解：从表 2-6 查得 $r_{O^{2-}}=0.126\text{nm}$，$r_{Ti^{4+}}=0.0745\text{nm}$，离子半径比为：

$$\frac{r_{Ti^{4+}}}{r_{O^{2-}}}=\frac{0.0745}{0.126}=0.591$$

根据离子半径比值，从表 2-7 知 Ti 的配位数 CN=6，配位多面体是八面体。Ti 为四价，故静电键合强度 $S=4/6=2/3$。已知 O^{2-}是二价的，即 $Z_-=2$，根据式(2-11)：

$$Z_-=\sum_i S_i=2$$

且已知 $S=2/3$，故可知求和的 i 为 3，所以八面体顶点上的每个 O^{2-} 为 3 个八面体共用。

(3) 鲍林第三规则。这个规则指出：在一个配位多面体结构中，如果有共用的棱特别是共用的面，则会降低这个结构的稳定性，这个效应对高电价与低配位数的正离子特别显著。这一规则的物理意义是，两个多面体共棱或共面时，多面体中心的正离子间距离缩短，使互相排斥的库仑力增大，从而使结构不稳定。

例 2-15 如果两个配位四面体顶点相连接时其中心的距离为 1，证明配位四面体共棱和共面时中心的距离分别为 $1/\sqrt{3}$和 1/3。

解：图 2-64 所示为配位四面体的 3 种连接方式：共用顶点（图 2-64a）、共用棱（图 2-64b）和共用面（图 2-64c）。从图 2-64 看出，当共用 1 个顶点时，2 个四面体中心的距离就是中心到顶点距离的 2 倍；当共用 2 个顶点即共用棱时，2 个四面体中心的距离就是中心到棱距离的 2 倍；当共用 3 个顶点即共用面时，2 个四面体中心的距离就是中心到面距离的 2 倍。为了计算方便，用面心立方晶胞 3 个四面体间隙来计算（图 2-64d）。

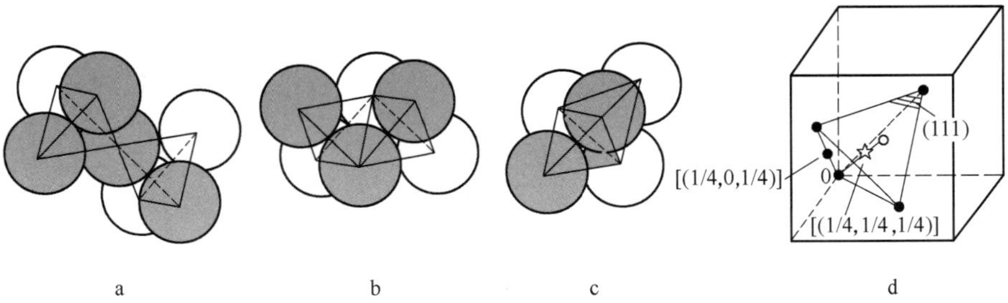

图 2-64 配位四面体的 3 种连接方式
a—共用顶点；b—共用棱；c—共用面；d—面心立方相邻的四面体间隙

设图 2-64d 中立方体的边长为 1，原点以及相连 3 个侧面的面心构成四面体的 4 个顶点。这个四面体的中心位置坐标是[(1/4,1/4,1/4)]，四面体中心到原点即四面体中心到顶点的距离为：

$$[(1/4-0)^2+(1/4-0)^2+(1/4-0)^2]^{1/2}=\sqrt{3}/4$$

在图 2-64d 所示立方体所表示的四面体中，四面体一条棱的中心坐标是[(1/4,0,1/4)]，四面体中心到棱的距离就是中心点到这点的距离，故其长度是：

$$[(1/4-1/4)^2+(1/4-0)^2+(1/4-1/4)^2]^{1/2}=1/4$$

该四面体中从原点到所对的面距离是（111）面的面间距，它等于$\sqrt{3}/3$。四面体中心与面之间的距离就是（111）面的面间距与中心到顶点距离之差，故其长度是：

$$\sqrt{3}/3-\sqrt{3}/4=\sqrt{3}/12$$

所以，四面体共顶点、共棱及共面时四面体中心距离之比为：

$$\sqrt{3}/4:1/4:\sqrt{3}/12=\sqrt{3}:1:3\sqrt{3}=1:1/\sqrt{3}:1/3=1:0.577:0.333$$

因为增加共享顶点数减小了四面体中心（即正离子）的距离，正离子间的斥力加大，所以如鲍林第三规则所述，这会降低结构的稳定性。

例 2-16 如果 2 个配位八面体顶点相连接时其中心的距离为 1，证明配位八面体共棱和共面时中心的距离分别为$1/\sqrt{2}$和$1/\sqrt{3}$。

解：图 2-65 所示为配位八面体的 3 种连接方式：共用顶点(图 2-65a)、共用棱(图 2-65b)和共用面(图 2-65c)。从图 2-65 中看出，当共用 1 个顶点时，2 个八面体中心的距离就是中心到顶点距离（图中的 OA）的 2 倍；当共享 2 个顶点即共用棱时，2 个八面体中心的距离就是中心到棱距离（图 2-65d 中的 OB）的 2 倍；当共享 3 个顶点即共用面时，2 个八面体中心的距离就是中心到面距离（图 2-65d 中的 OC）的 2 倍。

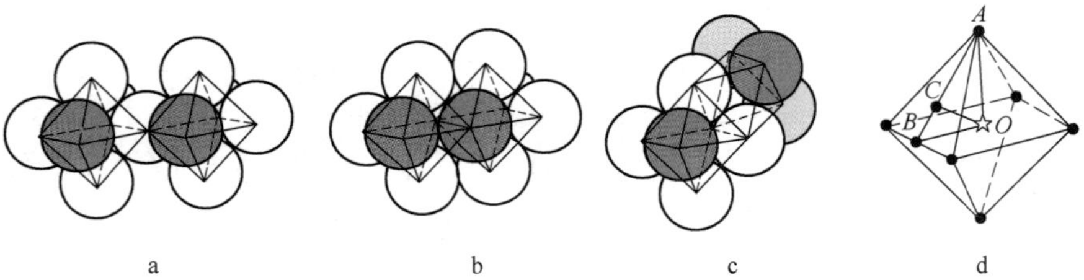

图 2-65 配位八面体的 3 种连接方式

a—共用顶点；b—共用棱；c—共用面；d—八面体中心到棱中点的距离

设八面体中 OA 长度为 1，则棱长为$\sqrt{2}$，OB 长度为$\sqrt{2}/2$。AB 是等边三角形的高，AC 的长度应是 $2AB/3$，$\triangle OAB$ 是直角三角形，所以 $(AB)^2=(OA)^2+(OB)^2$，即：

$$AC=2AB/3=2(AC^2+OB^2)^{1/2}/3=2[1+(\sqrt{2}/2)^2]^{1/2}/3=\sqrt{2/3}$$

而$\triangle OCB$ 也是直角三角形，故 $OC^2=OA^2-AC^2$，即：

$$OC=(OA^2-AC^2)^{1/2}=(1-2/3)^{1/2}=1/\sqrt{3}$$

所以，八面体共顶点与共棱及共面时八面体中心距离之比为：

$$OA:OB:OC=1:\sqrt{2}/2:\sqrt{3}/3=1:0.707:0.577$$

（4）鲍林第四规则。该规则指出，含有一种以上正离子的晶体中，高电价低配位数的正离子倾向于不共享（或少共享，最多共享 1 个）配位多面体的顶点。这一规则的物理意义和第三规则相同。

（5）鲍林第五规则。该规则指出，在离子晶体中，不同尺寸的配位多面体很难有效地堆垛在一起。即是说，在晶体中不同配位多面体的类型数量倾向于最少。从这个规则可知，在离子晶体中，化学性质相同的离子周围的配位情况也应相似。

鲍林规则是根据经验总结得出的，适用于以离子键为主的离子晶体。鲍林规则的优点是：它把“无限大”的离子晶体结构问题转化为最近邻化学键的作用问题，同时也有其理论基础。理论基础建立在“晶体结构应处于最低的位能和最高稳定性”的概念上。鲍林规则对分析复杂的多元离子晶体结构是很有用的。

很多化合物的键性并不是单纯的，很多“离子”晶体含有一定的共价键成分。鲍林提出用电负性差值 ΔX 来估算化合物离子键所占的百分比，如表 2-14 所列。但是要注意，这个表只是提供参考，因为所谓“离子特性百分比”的含义从量子力学的角度看是不明确的。而电负性的概念也具争议，有人认为把电负性作为一个唯一的参数单独使用是不可靠的。它只有和其他键参数联合使用时，才有可能说明和预测一些物理化学现象。

表 2-14 电负性差值与单化学键的离子特性百分数

电负性差	0.1	0.2	0.3	0.4	0.5	0.6	0.7	0.8	0.9	1.0	1.1
离子特性百分数	0.5	1	2	4	6	9	12	15	19	22	26
电负性差	1.2	1.3	1.4	1.5	1.6	1.7	1.8	1.9	2.0	2.1	2.2
离子特性百分数	30	34	39	43	55	59	55	59	63	67	70
电负性差	2.3	2.4	2.5	2.6	2.7	2.8	2.9	3.0	3.1	3.2	
离子特性百分数	74	76	79	82	84	86	88	89	91	92	

2.8.3 氧化物的晶体结构

大多数简单金属氧化物结构的特点是：氧离子排成密堆或接近密堆结构，尺寸小的金属离子排列在这种密堆结构的间隙中。下面讨论一些典型的氧化物结构。

2.8.3.1 岩盐结构

岩盐结构（又称 NaCl 型结构）晶胞中离子排列如图 2-66a 所示，X 表示负离子，M 表示正离子。大尺寸的负离子以立方紧密堆垛方式堆垛成 fcc 结构，尺寸较小的正离子处在负离子结构的八面体间隙中，如图 2-66b 所示。图 2-66c 所示为离子配位体的堆垛情况，可以看出，这种结构由最密排立方堆垛八面体以及在八面体中心填入正离子构成。这个结构可以看成点阵的结构基元由 1 个正离子 M 和 1 个负离子 X 组成，一个晶胞有 8 个原子。

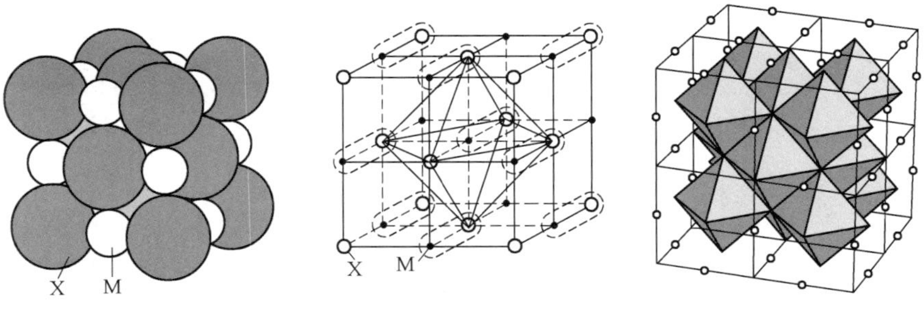

a b c

图 2-66 NaCl 结构

a—晶胞中离子的排列；b— 一个 X 离子和一个 M 离子组成一个结构基元，M 处在 X 排列的 8 面体间隙中；c—离子配位体的排列（2 个 8 面体共同一条棱）

这类氧化物稳定结构的离子半径比值应处在 0.414~0.732 范围，正离子处在负离子的配位八面体的中心，所以正离子的配位数是 6。又因正、负离子的电价应相同，若正离子是 N 价，则其静电键合强度 $S=N/6$。负离子也是 N 价，根据鲍林第二规则可知，负离子的配位数也是 6。

岩盐结构符号为 B1，Pearson 符号为 cF8，空间群是 $Fm\bar{3}m$。

具有这种结构的氧化物有 MgO、CaO、SrO、BaO、CdO、MnO、FeO、CoO、NiO、UO 和 VO 等。这些氧化物中，碱土金属氧化物的正离子除了 Mg^{2+} 外，其离子半径都比较大，氧化物的离子半径比值大于 0.732。例如 Ca^{2+}、Sr^{2+} 和 Ba^{2+} 与 O^{2-} 的离子半径比值分别是 0.905、0.966 和 1.19，因此氧离子的密堆已产生畸变，结构变得比较开放。若在瓷料中含有这些氧化物，因它们易于吸水而性能变坏。除 CsCl、CsBr 和 CsI 外，所有碱卤化物的晶体结构也都是这种结构，碱土金属硫化物也具有这种结构。另外，如 HfC、HfN、VC、TiC、ZrC、PbS、PbSe、UC 等化合物亦具有这种结构。

2.8.3.2　闪锌矿（立方 ZnS）晶体结构

Zn 和 S 的电负性差 ΔEN=0.93，它们之间的离子键特性只有约 19%，这个化合物的键型主要是共价键。

这里以它的结构特征来讨论有同样结构的氧化物。晶胞中原子排列如图 2-67a 所示，X 表示负离子，M 表示正离子。大尺寸的负离子以立方紧密堆垛成 fcc 结构，小尺寸的正离子处在负离子结构的四面体间隙中，因为化合物的计量成分规定了两类离子的数目相等，而在面心立方结构中原子数与四面体间隙的比是 1∶2，所以，只能有一半的四面体间隙被充填。如果 M 离子填充立方晶胞上层［110］方向的两个四面体间隙位置，则另外两个 M 离子填充立方晶胞下层［$\bar{1}$10］方向的两个四面体间隙位置，如图 2-67b 所示。显然，立方 ZnS 结构可以看做是由 Zn 和 S 取代金刚石结构中的 C 衍生出来的。图 2-67c 所示为离子配位体的堆垛情况，4 个四面体共用一个顶点。这种结构可以看成由最密排立方堆垛四面体构成，其中一半四面体中心填入正离子。立方点阵的结构基元由 1 个正离子 M 和 1 个负离子 X 组成，一个晶胞有 8 个原子。

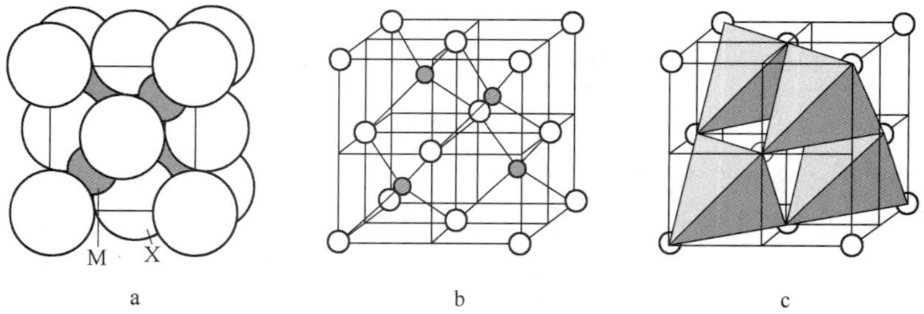

图 2-67　闪锌矿（立方 ZnS）结构
a—晶胞中离子的排列；b—晶胞的球-杆模型；c—配位四面体的排列情况（4 个四面体共用一个顶点）

这类化合物的稳定结构要求离子半径比值在 0.414~0.255 范围。因正离子处在负离子四面体中心，正离子的配位数为 4。若正离子的电价是 N，则其静电键合强度 $S=N/4$。又因负离子的电价相同，根据鲍林第二规则可知，负离子的配位数也是 4。

这类结构的结构符号为 B3，Pearson 符号为 cF8，空间群是 $F\bar{4}3m$。

AlSb、CdS、CdSe、CdTe、$CuFeS_2$、GaP、GaSb、InAs、InP、InSb、β-MnS、β-SiC、ZnS、ZnSe 等具有这种结构，高温下 BeO 也具有这种结构。

2.8.3.3 纤维锌矿（六方 ZnS）晶体结构

和闪锌矿（立方 ZnS）晶体结构一样，这里只是以它的结构特征来讨论有同样结构的氧化物。这种结构的晶胞原子排列如图 2-68a 所示，X 表示负离子，M 表示正离子。大尺寸的负离子堆垛成六方紧密结构，小尺寸的正离子处在负离子结构的四面体间隙中。因为化合物的计量成分规定了两类离子的数目相等，而在密排六方结构中原子数与四面体间隙之比是 1∶2，所以，只能有一半的四面体间隙被充填。这种结构可以想象为 2 个沿 c 轴错开 $3c/8$ 的密排六方点阵穿插，每个点阵占据另一点阵的四面体间隙位置。配位四面体的排列如图 2-68b 所示，配位四面体共享顶点。可以看出，这种结构由最密六方堆垛四面体构成，其中一半四面体中心填入离子。点阵的结构基元由 2 个 M 离子和 2 个 X 离子组成，一个晶胞有 4 个原子。

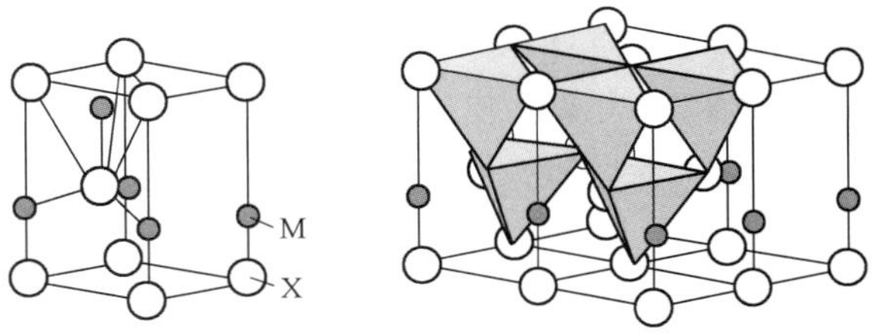

图 2-68 纤维锌矿（六方 ZnS）结构
a—晶胞中离子的排列；b—配位四面体堆垛的情况（4 个四面体共用一个顶点）

结构中正离子和负离子的配位数都是 4，稳定结构要求离子半径比值在 0.255~0.414 范围，并且正、负离子的电价应相同。BeO 和 ZnO 晶体具有这种结构。这类氧化物的正离子配位数是 4，电价是 2，故其静电键合强度 $S=1/2$。此外，AlN、GaN、InN，CdS、CuH、InN、γ-MnS 以及很多本征半导体如 GaAs、GaSb、InSb、AlP 等都具有这种结构。

这类结构的结构符号为 B4，Pearson 符号为 hP4，空间群是 $P6_3mc$。

有些化合物如 ZnS、BN、SiC 等可以具有立方 ZnS 和六方 ZnS 两种结构形式。

2.8.3.4 金红石晶体结构

TiO_2 的晶体结构是金红石结构的典型例子。金红石结构属四方晶系。钛离子和氧离子的半径比值是 0.591，所以钛离子处在氧离子的八面体配位中。正离子的配位数为 6，电价是 4，故其静电键合强度$S=2/3$。氧离子是 2 价，所以每个氧离子的配位数是 3。图 2-69a 所示为 TiO_2 晶胞中的离子排列。在晶胞中钛离子处在 8 个顶角和晶胞中心位置，4 个氧离子分别处在[(0.31，0.31，0.0)]、[(1-0.31，1-0.31，0)]、[(1/2+0.31，1/2-0.31，1/2)]以及[(1/2-0.31，1/2+0.31，1/2)]位置。这种结构又可看成是大尺寸的氧负离子立方紧密堆垛，小尺寸的金属离子（Ti^{4-}）处在氧八面体的中心。因八面体间隙数和氧离子数相等，而 TiO_2 的正离子数与负离子数之比是 1∶2，所以有一半八面体间隙是空着的。可以看到，每一个氧离子与 3 个钛氧八面体相连接。在 1 个晶胞内含 4 个氧离子和 2 个钛离子。

图 2-69b 所示为氧离子组成的配位八面体的排列情况，相邻的 2 个八面体共用一条

棱，八面体连接成长链，链和链沿垂直方向以共用顶点连成三维骨架。

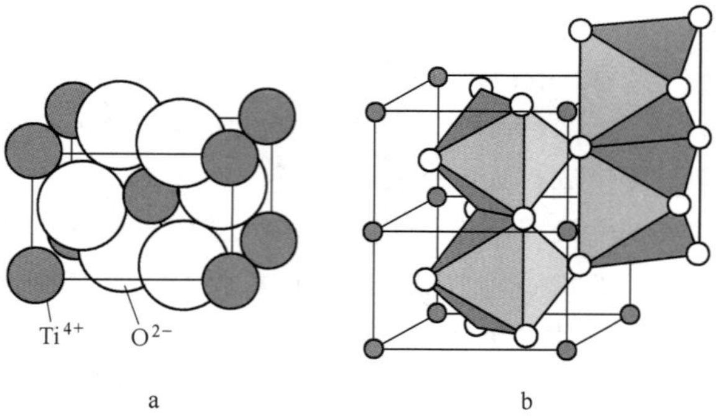

图 2-69 金红石（TiO_2）结构

a—晶胞中离子的排列；b—配位八面体的排列（3 个八面体共用一个顶点）

这种结构的结构符号是 C4，Pearson 符号为 tP6，空间群是 $P4_2/mmm$。

FeO_2、PbO_2、TeO_2、SnO_2 和 NbO_2 等氧化物具有金红石结构，此外，MnF_2、CoF_2、ZnF_2、NiF_2、SnF_2、MgF_2 和 NbF_2 等氟化物也具有这种结构。

2.8.3.5 萤石（CaF_2）型结构及反萤石（M_2X）晶体结构

萤石型晶体结构属立方晶系，萤石型结构的典型例子是 CaF_2 结构，图 2-70a 所示为 CaF_2 晶胞中的离子排列。钙离子和氟离子半径的比值是 0.78，所以钙离子应处在氟离子的六面（立方）配位体中。CaF_2 结构由氟离子组成简单立方结构，钙离子处在立方体的中心，但因为氟离子数是钙离子数的 2 倍，所以，每隔一个立方体才放置 1 个钙离子，即有一半立方体是空着的。钙离子处在氟离子组成的配位六面体中，所以正离子的配位数为 8，电价是 2，故其静电键合强度 $S=1/4$。氟离子是 1 价，所以每个氧离子的配位数是 4。CaF_2 的晶体结构又可以看做是钙离子排列成面心立方，氟离子放置在面心立方结构的 8 个四面体间隙位置上（图 2-70a）。图 2-70b 所示为氟离子组成的配位六面体的堆垛排列情况。1 个面心立方晶胞中含 4 个钙离子和 8 个氟离子。

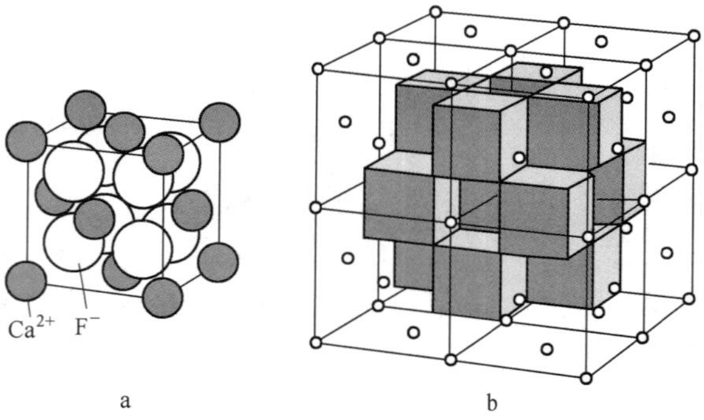

图 2-70 萤石（CaF_2）结构

a—晶胞中离子的排列；b—配位六面体的排列（两个六面体共用一条棱）

这种结构的结构符号是 C1，Pearson 符号为 cF12，空间群是 $Fm\bar{3}m$。

ThO_2、UO_2、CeO_2 和 PrO_2 等氧化物具有这种结构，此外，BaF_2、PbF_2、SrF_2、HgF_2、CdF_2、ZrF_2 和 HfF_2 等氟化物也具有这种结构。

还有一种正、负离子排列位置与 CaF_2 结构相反的化合物，这种结构称反萤石结构。从图 2-70a 看出，正结构中的负离子位置恰好在正离子组成的密排立方结构四面体间隙位置，而反萤石结构中正、负离子位置与萤石相反，所以反萤石结构中的正离子则处在负离子立方密堆结构的四面体间隙中。这种结构的化学式是 M_2X，Li_2O、Na_2O 和 K_2O 氧化物具有这种结构，此外，Li_2S、Na_2S 和 K_2S 等硫化物以及 Li_2Se、Na_2Se、K_2Se、Li_2Te、Na_2Te 和 K_2Te 等化合物均具有这种结构。

2.8.3.6 尖晶石晶体结构

很多 AB_2O_4 类型化合物例如 $MgAl_2O_4$（尖晶石）具有立方的尖晶石结构。图 2-71a 所示为尖晶石结构的晶胞，这个结构可以看成由岩盐结构和闪锌矿（立方 ZnS）结构复合而成。氧离子按密排立方堆垛，在一个面心立方晶胞内有 4 个原子、8 个四面体间隙和 4 个八面体间隙。因此，对于 AB_2O_4，12 个间隙中只有 3 个会填入正离子，其中 2 个八面体间隙填入三价正离子，1 个四面体间隙填入二价正离子，如图 2-71c 所示。AB_2O_4 类型结构由 8 个这样的原胞组成一个晶胞，晶胞中含 32 个氧离子、16 个 A 正离子和 8 个 B 正离子，即共含 56 个离子。图 2-71b 所示为各离子的相对位置示意图。

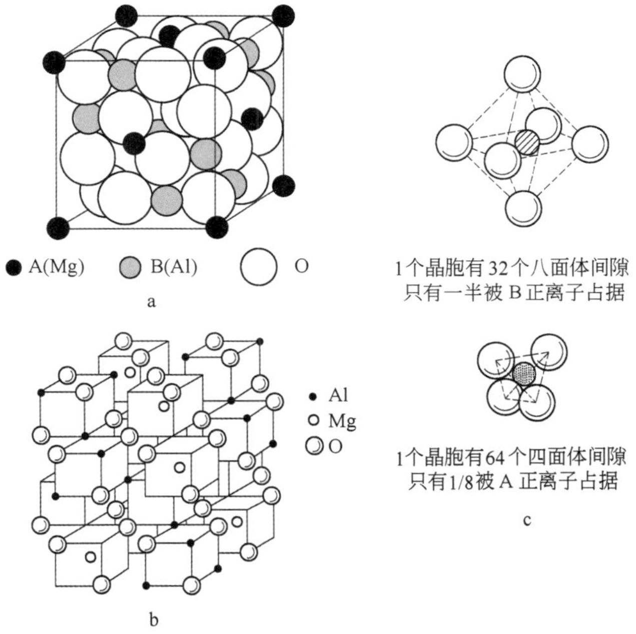

图 2-71 尖晶石（AB_2O_4 型）结构

a—尖晶石的晶胞；b—各离子的相对位置；c—A 和 B 离子所占的四面体和八面体间隙

图 2-72 所示为晶胞中各种离子排列的情况（只给出部分离子），同时表示出了四面体和八面体间隙。为了看清晶胞中离子的排列，在图 2-72 中示出了晶胞内平行于（001）面各层（共 8 层，除了底层外，每层距底层 1/8 点阵常数的高度）的离子排列情况。底层、1/4 层、1/2 层和 3/4 层含有氧离子和八面体间隙中的 B 正离子，但是要注意并非所有八面体间隙都被 B 正离子占据；1/8 层、3/8 层、5/8 层和 7/8 层含有四面体间隙中的 A 正离子，各层所占据的四面体间隙位置不同。事实上，正离子排列相对理想排列有一定的畸变，图 2-72 中的箭头给出了其畸变的方向。A 的配位数是 4，B 的配位数是 6，O 的配位数是 4。

这种结构的结构符号为 $H1_1$，Pearson 符号为 $cF56$，空间群是 $Fd3m$。

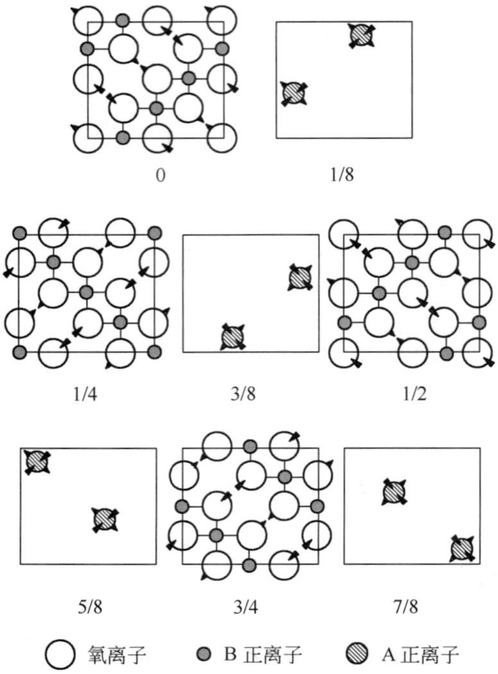

图 2-72　AB_2O_4 型结构晶胞中的离子排列情况

具有尖晶石型结构的氧化物可以有多种不同的组合，如 $A^{2+}B_2^{3+}O_4^{2-}$、$A^{4+}B_2^{2+}O_4^{2-}$，$A^{6+}B_2^{+}O_4^{2-}$等，其中 $A^{2+}B_2^{3+}O_4^{2-}$ 是最典型和最普遍的类型。A 正离子可以是二价的 Mg^{2+}、Fe^{2+}、Co^{2+}和 Zn^{2+}等，B 正离子可以是三价的 Al^{3+}、Cr^{3+}、Fe^{3+}和 Co^{3+}等。

还有另一种类型的尖晶石结构，称为反尖晶石结构（为了区分，把前面讨论的结构称为正结构）。现在讨论的反尖晶石结构中，A 正离子占据 1/4 八面体间隙，B 正离子占据 1/4 八面体间隙和 1/8 四面体间隙，即 $B(AB)O_4$。铁氧体就具有反尖晶石结构，Fe_3O_4 可以看成 $Fe^{2+}Fe_2^{3+}O_4^{2-}$。此外 $FeMgFeO_4$、$FeTiFeO_4$、$ZnSnZnO_4$、$FeNiFeO_4$ 等也具有反尖晶石结构。

2.8.3.7　α-Al_2O_3 型晶体结构

α-Al_2O_3 型结构为菱形晶系，3 个棱之间的夹角为 55.17°。因为菱方晶系可看成是具有特殊心的六方晶系，可以用六方晶系来讨论它。氧离子按密排六方堆垛，而铝离子与氧离子半径比是 0.431，所以处在氧离子的八面体间隙中。这类氧化物中正离子的配位数是 6，电价是 3，故其静电键合强度 $S=1/2$，氧离子是负二价，所以负离子的配位数是 4。图 2-73a 所示为以六方晶系形式给出 α-Al_2O_3 结构的晶胞中的离子排列，图 2-73b 所示为晶胞内的八面体（只给出部分），图 2-73c 所示为（0001）面上投影看到的氧离子八面体的连接方式。因为密排六方结构中原子数和八面体间隙数相同，所以有 1/3 八面体间隙没有被填充。同时为了使铝离子排列的间距最大，每 3 个相邻（不论是平面方向或是垂直方向）的八面体间隙应有 1 个有规则地空着，这样铝离子在每层八面体间隙中有 3 种不同的排列方式，如图 2-73d 所示。图中每个结点都是八面体间隙，有圈的结点表示为铝离子占据，这 3 种排列形式分别标记为 Al_D、Al_E 和 Al_F。因为密排六方氧离子以每两层重复排列，把这两层分别标记为 O_A 和 O_B，则 α-Al_2O_3 结构中离子的排列是 $O_AAl_DO_BAl_EO_AAl_FO_BAl_DO_AAl_EO_BAl_F$，按每 12 层重复排列，如图 2-73a 所示。晶胞中每两层氧离子层中有 2 个氧离子和 2 个八面体间隙。这个晶胞含 6 个氧离子，而 6 个间隙中只有 2/3 即 4 个被铝离子占据，所以 1 个晶胞含 10 个离子。如从菱形晶系考虑，菱形晶胞的体积恰好与六方的相同，所以，一个菱形晶胞也是含 10 个离子。

实际上，氧离子的密排六方排列是稍有畸变的，由于每对共面的{Al}O_6（表示 6 个氧离子组成的八面体及中心一个铝离子）八面体中 2 个铝离子靠得很近，所以沿 c 轴有较强的正离子间斥力，这导致两种不同的 Al—O 键长：3 个短键和 3 个长键。

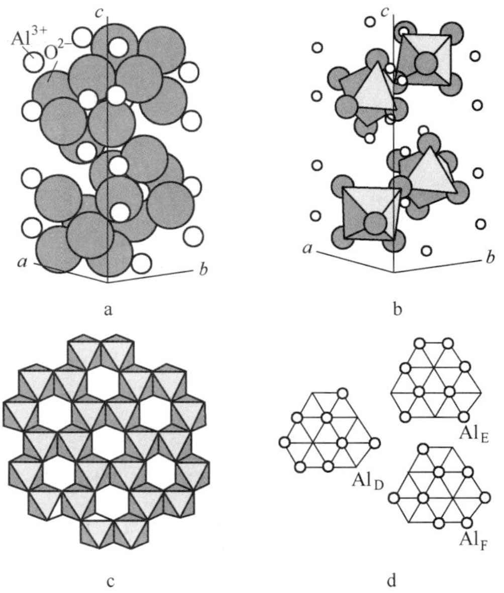

图 2-73 α-Al_2O_3 型结构

a—以六方晶系形式表示晶胞中离子的排列；b—晶胞中的配位八面体（部分）；c—在（0001）面投影看到的氧离子八面体连接方式；d—铝离子在八面体间隙中的 3 种不同排列位置

这种结构的结构符号是 $D5_1$，Pearson 符号为 hR10，空间群是 $R\bar{3}c$。

Fe_2O_3、Cr_2O_3、Ti_2O_3、V_2O_3、Ga_2O_3 和 Rh_2O_3 等氧化物都具有这种结构。

2.8.3.8 钙钛矿型（$CaTiO_3$）晶体结构

钙钛矿晶体结构属立方晶系，$CaTiO_3$ 的结构是钙钛矿结构的典型例子。图 2-74a 所示为 $CaTiO_3$ 晶胞中的离子排列。$CaTiO_3$ 结构是简单立方结构，钙离子处在立方体的顶角，氧离子处在立方体 6 个面的面心，钛离子处在立方体的体心。钛离子和氧离子半径的比值是 0.485，所以钛离子应处在氧离子的八面配位体中心。钙离子半径（0.106nm）比钛离子半径（0.064nm）大得多，而比氧离子半径（0.132nm）小一些，所以钙离子和氧离子一起构成立方密排阵列，使小的钛离子处在其八面体间隙中。一个面心立方晶胞有 4 个八面体间隙，间隙数与面心立方框架原子数之和相同，而钛的离子数和氧离子数加钙离子数之比是 4∶1，所以，只有 1/4 间隙含钛离子，钛离子填充到以面心立方框架中心为中心的八面体，即恰好由氧离子构成的八面体中。图 2-74b 所示为由氧离子组成的配位八面体的排列情况。一个面心立方晶胞含 3 个氧离子、1 个钙离子和 1 个钛离子。同样，钙钛矿（ABO_3）结构是 A 和 B 离子取代尖晶石（α-Al_2O_3）结构中的 Al 而衍生出的结构。

这种结构的结构符号是 $E2_1$，Pearson 符号为 cP5，空间群是 $Pm3m$。

这类 ABO_3 化合物，A 和 B 离子的电价数不局限为 2 和 4，也可以是 1 和 5 或 3 和 3 等，但要求正离子的电价总数一定和氧离子的电价数相等。具有这类理想结构的 ABO_3 化合物并不多见，实际中这类化合物总是或多或少地偏离理想结构。例如常用做压电材料的 $BaTiO_3$ 具有这类结构，但是它畸变成为四方体，而中心的钛并不处在 4 个氧离子组成的平面上。由于钛离子的偏离形成局部电偶极矩，该电偶极矩的强度可以被外加的力或电场

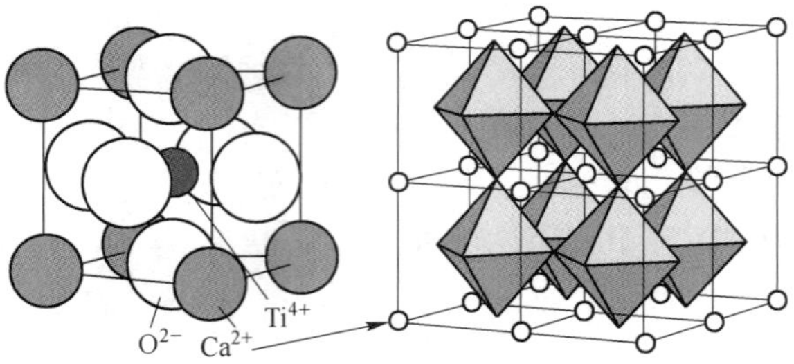

a　　b

图 2-74　钙钛矿（$CaTiO_3$）结构

a—晶胞中离子的排列；b—配位八面体的排列

改变，它可作为将电压转换为机械能或相反的变换器。

具有钙铁矿结构（ABO_3）的化合物很多，A、B 是二价、四价的化合物除了上述的 $CaTiO_3$ 和 $BaTiO_3$ 外，还有 $SiTiO_3$、$CdTiO_3$、$PbTiO_3$、$CaZrO_3$、$SrZrO_3$、$BaZrO_3$、$CaSnO_3$、$SrSnO_3$、$BaSnO_3$、$CaCeO_3$、$SrCeO_3$、$BaCeO_3$、$CdCeO_3$、$PbCeO_3$、$BaPrO_3$、$SrHfO_3$、$BaHfO_3$ 和 $BaThO_3$ 等氧化物；A 和 B 是三价的有 $YAlO_3$、$LaAlO_3$、$LaCrO_3$、$LaMnO_3$、$YAlO_3$ 和 $LaFeO_3$ 等氧化物；A、B 是一价、五价的有 $NaNbO_3$、$KNbO_3$ 和 $NaWO_3$ 等氧化物。此外还有 $KMgF_3$、$KNiF_3$ 和 $KZnF_3$ 等氟化物。注意到这里最后列出的氟化物，因为氟是一价的，前面的两种正离子分别是一价和二价。

2.8.3.9　钛铁矿（$FeTiO_3$）型晶体结构

这类化合物的通式（ABO_3）和钙钛矿结构（$CaTiO_3$）相似，但是，由于这里的 A 离子半径比较小，故不能像钙钛矿结构中那样与氧一起作密排堆垛。这时氧离子单独进行密排六方堆垛，A 和 B 离子交替地放置在密排六方的八面体间隙中。钛铁矿结构和 α-Al_2O_3 结构相似，如果把 α-Al_2O_3 结构中的三价铝离子用 A 和 B（二价和四价或一价和五价）离子相间取代，就成为钛铁矿结构。显然这种结构的对称性比 α-AlO_3 结构的低。

具有钛铁矿结构（ABO_3）的化合物有 $MgTiO_3$、$NiTiO_3$、$CoTiO_3$、$LiTaO_3$ 和 $LiNbO_3$ 等。这些晶体如 $LiTaO_3$ 和 $LiNbO_3$ 是应用广泛的压电晶体，并具有很好的非线性光学性能。

2.8.3.10　氯化铯（CsCl）型晶体结构

铯离子和氯离子的半径比值是 0.912，铯离子应处在氯离子组成的配位六面体中，即铯离子的配位数 CN = 8，所以其静电键合强度 $S = 1/8$。氯也是一价的，所以它的配位数也是 8。这样，CsCl 结构属简单立方点阵，简单立方的晶胞就是配位六面体，晶胞中离子的排列是氯离子处在顶角，铯离子处在立方中心，或者相反，如图 2-75 所示。晶胞的 6 个面都与邻近的六面体相连接。CsCl 结构也可看成是氯和铯离子各自组成简单立方晶胞，然后两者沿体对角线相对移动对角线长度的一半而成。

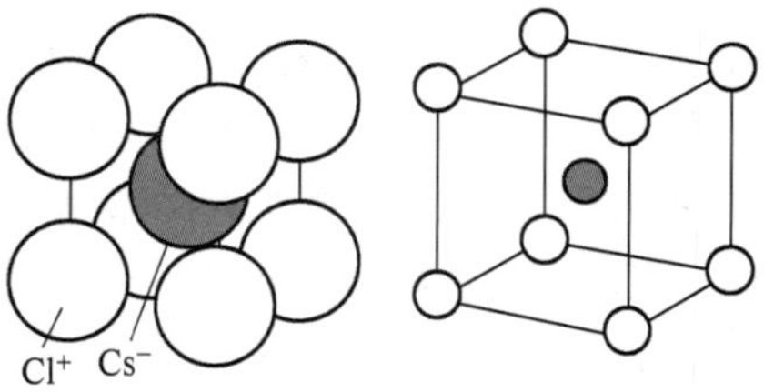

a　　b

图 2-75　CsCl 型结构

a—晶胞中离子的排列；b—配位六面体

这种结构的结构符号是 B2，Pearson 符号为 cP2，空间群是 $Pm\bar{3}m$。

具有 CsCl 结构的化合物有 CsCl、CsBr、CsI、RbCl、ThCl、TlBr 和 NH_4Cl 等，注意到这些化合物都不是氧化物。因为这类化合物结构比较简单，也是具有代表性的晶体结构类型，所以放在这里一起讨论。

讨论了一些典型的氧化物的晶体结构后，现在讨论氧化物结构的一般特征。从上面讨论的氧化物可知，氧化物结构最显著的特点是氧离子进行紧密排列而金属离子排放在氧密排结构的间隙中。因此，要了解一个氧化物的结构首先是掌握氧离子的排列方式，并且要熟悉四面体和八面体间隙的分布。按负离子堆垛情况对一些简单离子晶体结构的分类列于表 2-15 中。

表 2-15　按负离子堆垛对一些简单离子晶体结构的分类

负离子堆垛	M 和 O 的配位数	正离子位置	结构名称	实　例
密排立方	6∶6 MO	全部 oct	岩　盐	NaCl，KCl，LiF，KBr，MgO，CaO，SeO，BaO，CdO，VO，MnO，FeO，CoO，NiO
密排立方	4∶4 MO	1/2 tet	闪锌矿	ZnS，BeO，SiC
密排立方	4∶8 M_2O	全部 tet	反萤石	Li_2O，Na_2O，K_2O，Rb_2O，硫化物
畸变的密排立方	6∶3 MO_2	1/2 oct	金红石	TiO_2，GeO_2，SnO_2，PbO_2，VO_2，NbO_2，TeO_2，MnO_2，RuO_2，OsO_2，IrO_2
密排立方	12∶6∶6 ABO_2	1/4 oct（B）	钙钛矿	$CoTiO_3$，$SrTiO_3$，$SrSnO_3$，$SrZrO_3$，$SrHfO_3$，$BaTiO_3$
密排立方	4∶6∶4 AB_2O_4	1/8 tet（A）	尖晶石	$FeAl_2O_4$，$ZnAl_2O_4$，$MgAl_2O_4$
密排立方	4∶6∶4 $B(AB)O_4$	1/6 tet（A） 1/2 oct（A，B）	反尖晶石	$FeMgFeO_4$，$MgTiMgO_4$
密排六方	4∶4 MO	1/2 tet	纤维锌矿	ZnS，ZnO，SiC
密排六方	6∶6 MO	全部 oct	砷化镍	NiAs，FeS，FeSe，CoSe
密排六方	6∶4 M_2O_3	2/3 oct	α-Al_2O_3	Al_2O_3，Fe_2O_3，Cr_2O_3，Ti_2O_3，V_2O_3，Ga_2O_3，Rh_2O_3
密排六方	6∶6∶4 ABO_3	2/3 oct（A，B）	钛铁矿	$FeTiO_3$，$NiTiO_3$，$CoTiO_3$
密排六方	6∶4∶4 A_2BO_4	1/2 oct（A）	橄榄石	Mg_2SiO_4，Fe_2SiO_4
简单立方	8∶8 MO	全部立方体	CsCl	CsCl，CsBr，CsI
简单立方	8∶4 MO_2	1/2 立方体	萤　石	ThO_2，CeO_2，PrO_2，UO_2，ZrO_2，HfO_2，NpO_2，PuO_2，AmO_2
连接的四面体	4∶2 MO_2		硅　石	SiO_2，GeO_2

注：tet 为四面体间隙；oct 为八面体间隙。

例 2-17　(1)若氧离子作密排立方排列，示意画出可适合作为正离子位置间隙的类型及其位置。求出这些间隙的半径与氧离子半径的比值。

（2）用鲍林规则说明要求下列各种情况获得稳定结构所需要的正离子价：

1）所有八面体间隙被填满；

2）所有四面体间隙被填满；

3）一半八面体间隙被填满；

4）一半四面体间隙被填满。

对每种情况给出例子。

解：（1）作密排立方排列有两种可被填入的间隙：八面体间隙和四面体间隙。它们的位置和单质的密排立方（面心立方）间隙位置相当，参见图 2-13。同样，间隙半径与氧离子半径的比值也和单质密排立方（面心立方）的间隙半径与原子半径的比值相同，即八面体间隙半径与氧离子半径的比值是 0.414，四面体间隙半径与氧离子半径的比值是 0.2247。

（2）根据鲍林规则，在一个稳定的离子晶体结构中每个负离子的电价 Z_- 等于或近似等于从邻近正离子到该负离子各静电键合强度 S_i 的总和：

$$Z_- = \sum_i S_i = \sum_i \frac{Z_{+i}}{\mathrm{CN}_i}$$

现设正离子电价为 Z_+，因为是氧离子多面体，$Z_-=2$，又因为现在讨论同一种电价的正离子，所以上式可改写成：

$$Z_+ = 2\frac{\mathrm{CN}}{i}$$

1）所有八面体间隙被填满的情况。八面体中心位置的配位数 CN=6，因所有八面体被填满，一个八面体的顶点由 6 个八面体共享，即 $i=6$，所以 $Z_+=2\times6/6=2$。这时填入的正离子电价应为 2。这种结构属于岩盐结构（NaCl 型结构），例如 MgO、MnO 和 FeO，它们的正离子半径与氧离子半径的比值分别是 0.59、0.69 和 0.66，处于 0.414~0.732 范围，配位数应是 6，它们正好属于这种结构。

2）所有四面体间隙被填满的情况。四面体中心位置的配位数 CN=4，因所有四面体被填满，一个四面体的顶点由 8 个四面体共享，即 $i=8$，所以 $Z_+=2\times4/8=1$。这时填入的正离子电价应为 1。这种结构属于反萤石结构，例如 Li_2O 和 Na_2O，它们的正离子半径与氧离子半径的比值都大于 0.225，可以处在四面体间隙，它们属于这种结构。

3）一半八面体间隙被填满的情况。八面体中心位置的配位数 CN=6，因只有一半八面体被填满，一个八面体的顶点由 3 个八面体共享，即 $i=3$，所以 $Z_+=2\times6/3=4$。这时填入的正离子电价应为 4。这种结构属于金红石结构，例如 TiO_2 和 PbO_2，它们的正离子半径与氧离子半径的比值分别是 0.484 和 0.636，处于 0.414~0.732 范围，配位数应是 6，它们正好属于这种结构。

4）一半四面体间隙被填满的情况。四面体中心位置的配位数 CN=4，因只有一半四面体被填满，一个四面体的顶点由 4 个四面体共享，即 $i=4$，所以 $Z_+=2\times4/4=2$。这时填入的正离子电价应为 2。这种结构属于闪锌矿结构，例如 BeO 和 ZnS，它们的正离子半径与负离子半径的比都比 0.225 大得多，可以处在四面体间隙，它们属于这种结构。

例 2-18 尽管密排立方堆垛和密排六方堆垛的密度相同，但是大多数氧化物的氧离子是密排立方堆垛的，为什么？

解：观察密排立方和密排六方的八面体间隙和四面体间隙位置（图 2-13 和图 2-16），当所有间隙连接起来时，密排立方中间隙四面体和间隙八面体共用顶点或棱边；但在密排六方中，当所有间隙连接起来时，不论间隙四面体或间隙八面体的间隙之间都会有共用的面。根据鲍林第三规则知道，配位体之间以面共用连接要比以顶角共用或棱边共用的稳定性差，所以大多数氧化物的氧离子按密排立方堆垛。

2.9 硅酸盐结构特点

在硅酸盐结构中，硅与氧的结合方式起关键作用，硅与氧的结合形成硅酸盐的骨架。硅酸盐结构具有以下几个共同特点：

（1）因为硅离子半径与氧离子半径的比值是 0.295，所以硅离子处在氧离子组成的四面体中心，即构成硅酸盐的基本单元是 $[SiO_4]^{4-}$ 硅氧四面体。硅和氧之间的距离约为 0.160nm，而硅与氧离子半径之和为 0.039+0.132=0.171nm，它大于硅和氧之间的距离，这说明硅和氧之间不是纯离子键结合，而是有部分共价键结合。

（2）根据鲍林电价规则，Si^{4+}是 4 价，其配位数是 4，所以静电键合强度 $S=1$，这样，SiO_4^{4-} 四面体顶点的 O^{2-} 只能为两个 SiO_4^{4-} 四面体共享（在硅酸盐中 Si^{4+}离子间不存在直接的键，键的连接是通过 O^{2-}来实现的，这是与有机化合物的重要区别，因为 1 个氧离子只与 2 个硅离子连接，这样的低配位数使得 SiO_2 不可能作密排堆垛，所以硅酸盐结构一般是比较开放的结构）。

（3）在硅酸盐结构中硅氧四面体可以孤立存在或是以共享顶点的多种方式连接。

（4）Si—O—Si 的键合不是直线的，它们之间的键角大约为 145°。

硅酸盐中硅氧四面体最普遍的连接方式有 4 种：（1）零维硅氧四面体团——硅氧四面体是孤立的或是有限个硅氧四面体组成的硅氧四面体团，这种硅酸盐亦称岛状硅酸盐。（2）一维硅氧团结构——硅氧四面体间共享 1 个顶点构成单链结构，这种硅酸盐亦称链状硅酸盐。（3）二维层状结构——硅氧四面体有 3 个顶点共用的层结构硅酸盐，这种硅酸盐亦称层状硅酸盐。（4）三维硅氧四面体空间网络——硅氧四面体所有顶点都共用，形成三维骨架结构的硅酸盐，这种硅酸盐亦称骨架状硅酸盐。

在硅酸盐晶体结构中，铝离子可以有序或无序地置换硅氧四面体中的硅，Al^{3+}形成铝氧四面体，与硅氧四面体一起组成硅酸盐骨架。因为铝正离子比硅正离子少一个电荷，所以 Al^{3+}置换 Si^{4+}时必须再引入其他正离子以维持电中性。铝离子与氧离子的离子半径比为 0.42，它也可以处在氧离子组成的八面体中心，所以 Al^{3+} 又可以作为硅氧四面体骨架外的正离子，起平衡电荷的作用。铝在硅酸盐中可形成铝氧四面体和硅氧八面体。

在硅酸盐晶体结构中，还往往含有一些附加的负离子，如 F^-、Cl^-、OH^- 和 O^{2-} 等，其作用是平衡电荷。

2.10 共价化合物晶体结构

具有共价键的化合物大多由ⅣA 族和附近元素组成。通常共价键比金属键和离子键强，所以共价化合物具有高硬度和高弹性；从电子能态看，它们大多是半导体或电介质。有不少晶体的共价键带有一定的金属性或离子性。

金刚石结构是典型的共价结构。如前所述，金刚石中每个碳与 4 个近邻碳原子共享 4 对共价键，构成 1 个有心四面体，很多共价化合物具有这种四面体结构。正如前面所述，立方 ZnS（闪锌矿）和六方 ZnS（纤维锌矿）是以共价键为主的晶体。立方 BN 的晶体结构类似于金刚石结构，其中 B 处在四面体中心，N 处在四面体顶角（或相反）。这种结构和立方 ZnS（闪锌矿）结构一样（图 2-67）。BN 还可以有六方 ZnS（纤维锌矿）结构（图 2-68）和与石墨相似的六方结构。这时，在基面上每个 B（或 N）与相邻 3 个 N(B) 按 120°键角张开连接，基面之间（层之间）的另一个键则与邻层的 N(B) 连接，如图 2-76 所示，它是石墨的衍生结构。SiC 也具有六方 ZnS（纤维锌矿）结构。

周期表中ⅣA 族两侧等距离的元素可以形成共价键化合物，如 GaP、GaSb、InAs 和 AlP 等Ⅲ-Ⅴ族化合物；BeO、ZnO、ZnS、CdS、CdSe、CdTe 和 HgSe 等Ⅱ-Ⅵ族化合物；CuCl、CuBr 和 AgI 等Ⅰ-Ⅶ族化合物。所有这些化合物的价电子数和原子数之比都是 4，它们的结构都具有和立方 BN 相似的四面体共价结构。随着离ⅣA 族距离的增加和内壳层电子数的增加，共价键强度减弱，键合的离子性和金属性增强。

许多三元、四元和多元化合物也具有四面体原子配位体，它们具有类似的结构。这些多元化合物中，通过以周期表中不同元素替代二元化合物的元素，可以得到价电子数与原子数之比为 4 的多元化合物。例如用二价 Cd 和四价 Sn 取代 InAs 中的 In，得到 CdSnAs，而用 Ag 和 In 取代 CdSe 中的 Cd，可得到 $AgInSe_2$，这样就得到 $A^{I}B^{III}C^{V}$ 和 $A^{II}B^{IV}C_2^{V}$ 型化合物。这些化合物具有黄铜矿 $CuFeS_2$ 型结构，如图 2-77 所示。可以看出，四面体结构是由 S 和相关原子构成的。

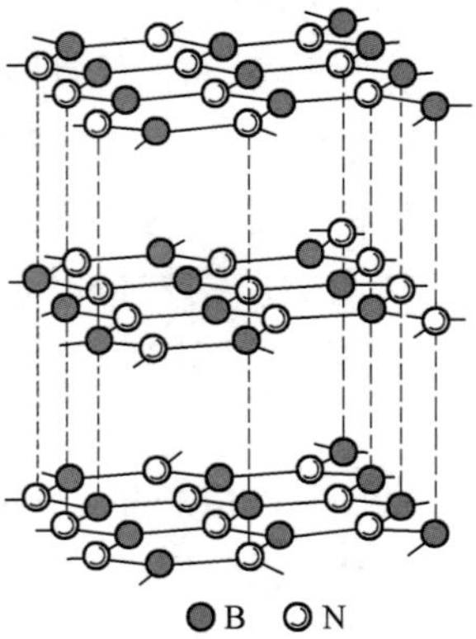

图 2-76 石墨变体型 BN

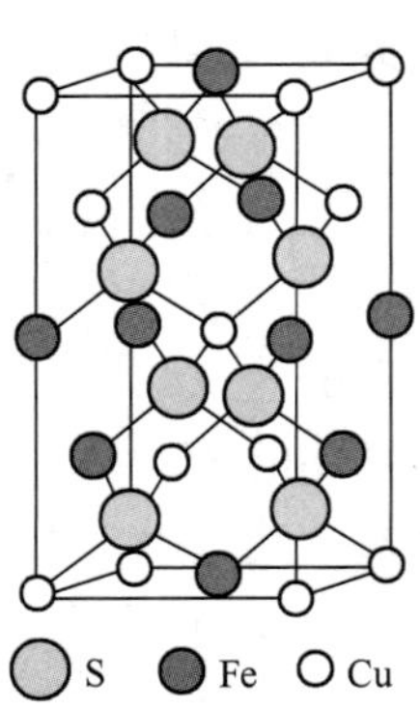

图 2-77 黄铜矿 $CuFeS_2$ 结构

有一系列以共价键为主的化合物晶体具有八面体配位的结构，例如，具有 NaCl 型结构（图 2-66）的 PbS、PbSe、SnTe 和 SnAs 等；Bi_2Te_3 型也是八面体的层堆垛结构，Bi_2Se_3、Bi_2Te_2S 等也属于这类结构。具有八面体配位结构的离子键比具有四面体结构的离子键的离子性（有时也可能是金属性）稍强，所以，可以用密堆理论来描述和解释这些结构。由于许多化合物中的原子半径相近，可以把它们看做近似等同球的交替堆垛。上述 NaCl 型结构以及八面体层状堆垛结构正是这样形成的。

2.11　准　　晶

准晶是准周期性晶体的简称。在第 1 章讨论时指出，原子三维周期排列的晶体不可能有 5 次及高于 6 次的对称轴，这些对称称晶体学对称。很明显，五边形的平移是不能填满平面的。在 1984 年末，谢特曼（Shechtman）等在急冷 Al-Mn 合金的电子衍射图中发现了具有二十面体对称性的斑点分布（谢特曼因为发现准晶而获得 2011 年诺贝尔化学奖），说明这种材料中具有五次对称轴，这类具有 5 次及高于 6 次对称轴的对称称非晶体学对称。随后，斯泰因哈特（Steinhardt）用两种菱面体准周期排列的模型解释了衍射现象，并引进准晶这一概念。

图 2-78a 所示为 Al_3CuSe 完整有序的二十面体准晶的 HRTEM 图像，右边的图像是左边的放大图像。图 2-78b 所示为 $Zn_{56.8}Mg_{34.6}Ho_{8.7}$ 二十面体准晶单晶形貌的照片，这是一个具有非晶体学 5 次对称的准晶例子。

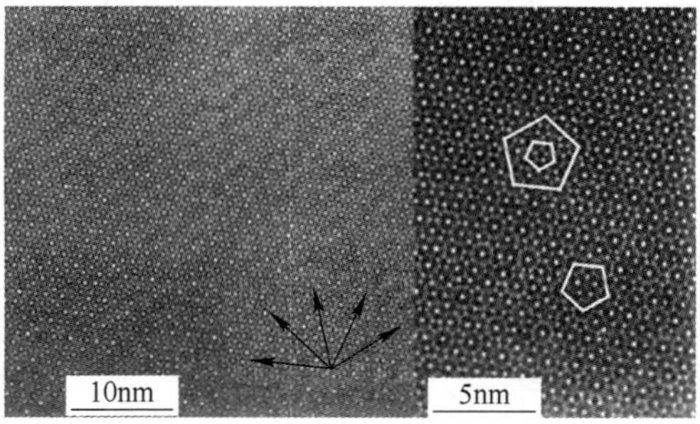

a

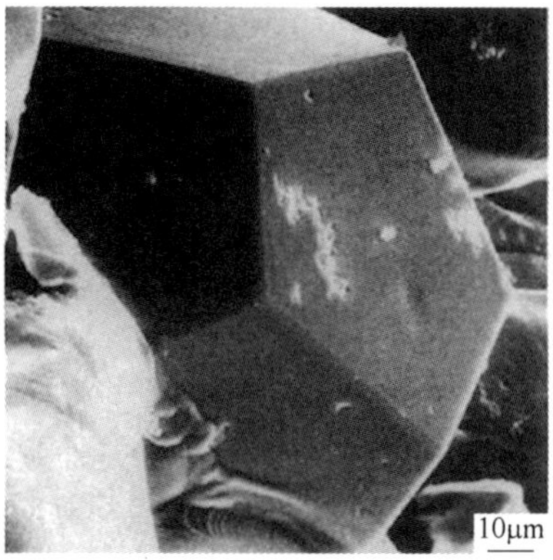

b

图 2-78　Al_3CuSe 二十面体准晶的 HRTEM 图像（a）与 $Zn_{56.8}Mg_{34.6}Ho_{8.7}$ 二十面体准晶单晶形貌（b）

2.11.1　彭罗斯（Penrose）拼块及准周期的描述

1974 年，数学家彭罗斯（Penrose）在准晶发现之前已经从理论上对准晶的存在给出了预言。他设计出一种没有周期的五次对称的拼图，并称之为彭罗斯拼图（PT）。拼图由两种单胞（风筝和镖或宽、窄菱形）（图 2-79）构造。图 2-79a 所示的四边形的 4 个角分别是 72°、72°、144°、72°，这种四边形被形象地称为风筝，它由顶角是 36°、底角是 72°的等腰三角形腰边连接而成；图 2-79b 所示的四边形的 4 个角分别是 36°、72°、36°、216°，这种四边形被形象地称为镖，它由顶角是 108°，底角是 36°的等腰三角形腰边连接而成；图 2-79c 中的菱形的 4 个角分别是 36°、144°、36°、144°，它由顶角是 36°，底角是 72°的等腰三角形底边连接而成，因为菱形比较瘦长，故称窄菱形；图 2-79d 中的菱形的 4 个角分别是 72°、108°、72°、108°，它由顶角是 108°、底角是 36°的等腰三角形底边连接而成，因为菱形比较宽阔，故称宽菱形。不论是上述的四边形或是菱形，它们所有的角度都是 π/5 的整倍数。这些四边形和菱形的边长有两种取值，分别记为 1 和 τ。两种边长之比 $\tau = 2\cos(\pi/5) = 1.61803398\cdots$，恰好是黄金分割无理数。

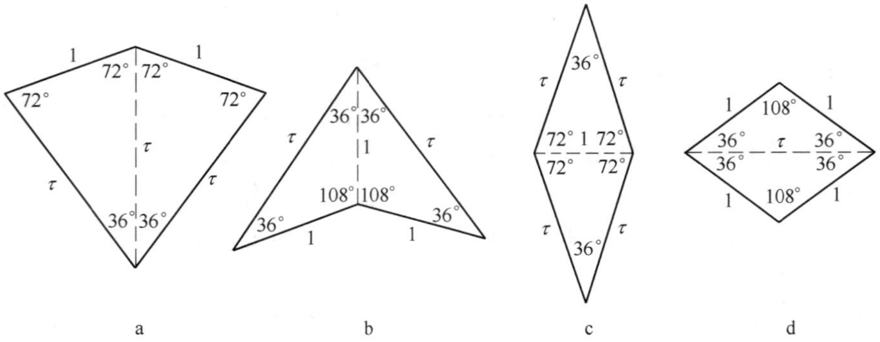

图 2-79　可以铺满平面的两种四边形或两种菱形
a—风筝四边形；b—镖四边形；c—窄菱形；d—宽菱形

由两种菱形可以拼砌出铺满平面并且具有五次对称的图形，如图 2-80a 所示，这是著名的 PT 的一种。这种拼图虽然不具有周期平移性，但也呈现某种长程序。两种菱形之间的连接有严格规定，排错就会产生位置颠倒（准晶的一种缺陷）。从拼图中间的五角形可以清楚看出许多局部区域具有五次对称性，所有拼块的边都和一个正五边形边的方向平行。拼图左上方的一串菱形（粗线）都有平行边，在 5 个方向可以找到这种菱形串。另外，拼图中存在明显的局域同构性，同时局域相同的结构反复在不同地方出现。在拼图的右下方用粗线勾画出宽、窄两种菱形，可看出彭罗斯拼块可以按一定程序进行缩小或放大，表明彭罗斯拼砌也具有相似性及自相似性。

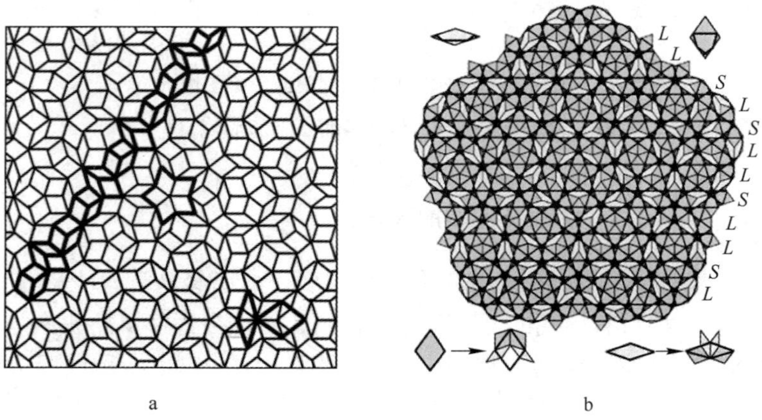

图 2-80　一种彭罗斯拼图（a）及带有安曼线的拼图（b）

另一方面，图中的菱形是按一定规则连接起来的，数学家安曼（R. Ammann）用线元素以一种特殊的方式来缀饰彭罗斯拼砌以显示图形的准周期性，如图 2-80b 中的平行线所示，这些线显示安曼准点阵。图 2-80b 上侧显示两种菱形拼块中的 Ammann 线，图 2-80b 下侧说明一个拼块可以由更小的比例因子为 τ 的拼块组成。Ammann 线平行于五边形的 5 个边，显示出五次对称，而且平行线间距是按宽（L）窄（S）顺序有规律地相间排列，显示出排列的准周期性。图 2-80b 所示排列的准周期性是 $\cdots LSLLSLLSLSLL\cdots$。宽（$L$）窄（$S$）的相间排列中，$S$ 总是单个的，而 L 的排列则或单或双，并且宽（L）窄（S）的长度比是τ。这种 L、S 数的准周期性排列符合菲波那契链（Fibonacci Sequence，FS）的数列规则，菲波那契链数列是在 13 世纪菲波那契研究兔子繁殖时得出的。

例 2-19 按兔子增殖的规律导出 FS 的数列，并用数学式子表达。

解：设 1 个大兔子（L）每月生 1 个小兔（S），即 $L\to LS$；1 个月后，小兔子（S）长大成为大兔子（L），即 $S\to L$，按此类推，得：

Fibonacci 链	L/S	Fibonacci 数（F_n）	F_{n+1}/F_n
L		1	
LS	$1/1=1$	2	$2/1$
LSL	$2/1=2$	3	$3/2$
$LSLLS$	$3/2=1.5$	5	$5/3$
$LSLLSLSL$	$5/3=1.666\cdots$	8	$8/5$
$LSLLSLSLLSLLS$	$8/5=1.6$	13	$13/8$
$LSLLSLSLLSLLSLSLLSLSL$	$13/8=1.625$	21	$21/13$
$\vdots$	$\vdots$	$\vdots$	$\vdots$
	$\tau=1.618033\cdots$	∞	$\tau=1.618033\cdots$

从表中 Fibonacci 数（F_n）的前后项的数值可知，$F_{n+1}=F_{n-1}+F_n$，前、后项的比值 $F_{n+1}/F_n=(F_{n-1}+F_n)/F_n$，当 n 趋于∞时，这个比值趋于$\tau=1.618033\cdots$。Fibonacci 链可靠矩阵 $\begin{pmatrix}1 & 1\\ 1 & 0\end{pmatrix}$ 增殖出来。例如在 LS 后，则：

$$\begin{pmatrix}L\\ S\end{pmatrix}\Rightarrow\begin{pmatrix}1 & 1\\ 1 & 0\end{pmatrix}\begin{pmatrix}L\\ S\end{pmatrix}\Rightarrow\begin{pmatrix}L+S\\ L\end{pmatrix}$$

即得 LSL；随后：

$$\begin{pmatrix}1 & 1\\ 1 & 0\end{pmatrix}\begin{pmatrix}L+S\\ L\end{pmatrix}\Rightarrow\begin{pmatrix}L+S+L\\ L+S\end{pmatrix}$$

即得 $LSLLS\cdots$。

准周期点阵不是任意的，它和相应的高维周期点阵相关。例如，如图 2-81 所示的一个二维的正方周期点阵，选取一个斜率为 τ 的条带，其宽度正好容纳一个单胞。将条带中的阵点垂直投影到斜率也为 τ 的直线 AB 上，则可得 $LSLLSLLS\cdots$准周期系列，并且 L 与 S 的长度之比恰好就是 τ 。如果改变条带斜率，条带中的阵点也垂直投影到斜率为 τ 的直线上，则得到另一种 L 和 S 分布的准周期系列。从此可看到，准周期点阵可以由高维空间的周期点阵导出；或者反过来看，在一个周期点阵中蕴藏着低维的准周期点阵。在图 2-80 的二维准点阵中，除了平行线宽（L）窄（S）间距之比为 τ 外，宽窄菱形（或“风筝”四边形与“镖”四边形）面积之比也为 τ 。此外，两种菱形的增大（或缩小）也可以由例 2-19 中给出的矩阵来获得：

$$\begin{pmatrix} L' \\ S' \end{pmatrix} = \begin{pmatrix} 1 & 1 \\ 1 & 0 \end{pmatrix}\begin{pmatrix} 1 & 1 \\ 1 & 0 \end{pmatrix}\begin{pmatrix} L \\ S \end{pmatrix} = \begin{pmatrix} 2 & 1 \\ 1 & 1 \end{pmatrix}\begin{pmatrix} L \\ S \end{pmatrix} \tag{2-12}$$

例如，从图 2-80a 右下角用粗线画出的宽、窄菱形可看出，2 个宽菱形和 1 个窄菱形组成 1 个高级的宽菱形，1 个宽菱形和 1 个窄菱形组成 1 个高一级的窄菱形。

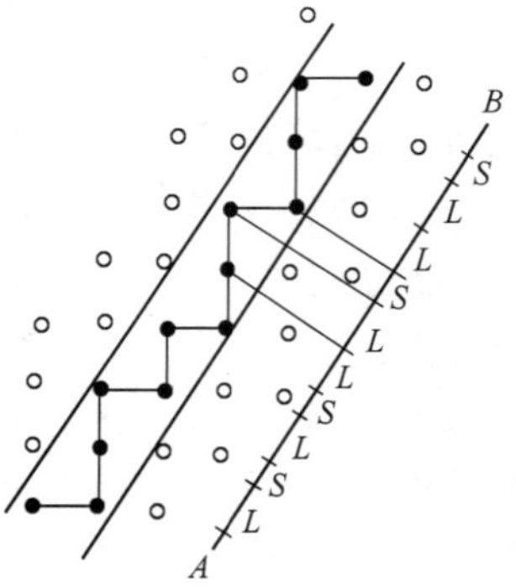

图 2-81 从二维周期点阵导出一维准周期的例子

例 2-20 在二维正方点阵中作出具有任意斜率但宽度正好容纳一个单胞的条带，证明向条带上阵点斜率为 τ 的直线作垂直投影所得的 L 和 S 的宽度比一定为 τ 。

解：在二维正方点阵（设点阵常数为 1）中斜率为任意值的条带，条带中的阵点用黑点标出，如图 2-82 所示。黑阵点向斜率为 τ 的直线 AB 作垂直投影，得 L 及 S 线段。在图的右侧把 CDF 部分放大，在这个局部放大的图中，Cc 和 fF 的长度分别是 L 和 S 的长度，并因为它们平行于 AB 线，所以其斜率也等于 τ 。从图 2-82 中很易看出，$\angle DCc = \angle FDf$，并设为 α。又从图 2-82 看出，$Cc = \cos\alpha$，$Ff = \sin\alpha$。所以：

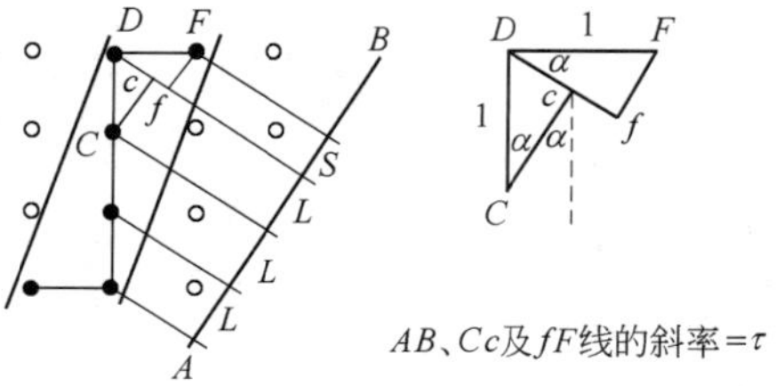

图 2-82 L 与 S 的比值的证明

$$\frac{L}{S} = \frac{Cc}{Ff} = \frac{\cos\alpha}{\sin\alpha} = \cot\alpha$$

而 $\cot\alpha$ 恰好是线段 Cc 的斜率，也就是 AB 线的斜率 τ 。因为不论所选的条带斜率为多少，都具有图 2-82 右图所示的几何关系。所以，只要投影的基线斜率是 τ ，投影后准周期系列的 L/S 都等于 τ 。

实验结果表明，准晶结构与准周期拼砌之间存在密切关系，所以准周期的彭罗斯拼砌作为一级近似可以作为准晶的点阵模型，上述的 Ammann 准点阵就是其中的一种。用各种方式将原子或原子团放置在点阵结点上，得到准周期结构模型。把准周期拼砌的概念推广到三维空间中，图 2-83 所示为两种三维 PT 的彭罗斯拼块单胞，它们分别是宽的和窄的菱形六面体，棱长都相等，菱方的锐角等于 $\theta = \arctan 2 = 63.44°$，它们的体积以及频率的比值都为 $\tau:1$。由三维彭罗斯拼块宽菱形体和窄菱形体可以拼砌得到十角形准晶相（decagonal quasicrystals，DQCs）和二十面体对称的准晶相（icosahedral quasicrystals，IQCs）。

图 2-84 所示为由菱形六面体单元拼砌填满空间具有 5 次旋转对称轴的多面体。

从图 2-81 的二维周期点阵与一维准周期之间的关系可以看出，准晶结构通常可以描

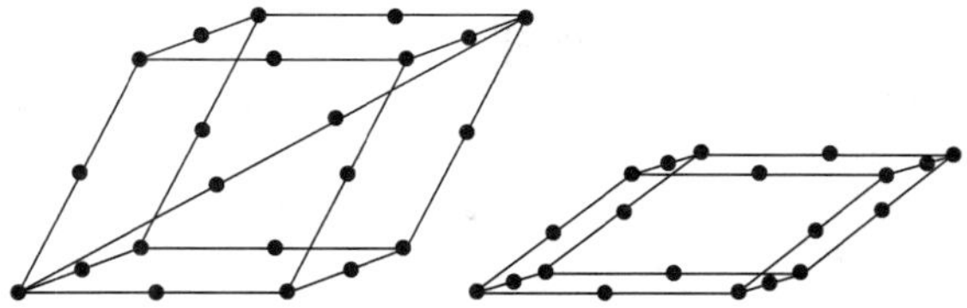

图 2-83　两种三维 PT 的彭罗斯拼块单胞

a—宽菱形六面体；b—窄菱形六面体

述为高维周期结构的剖面，例如 5 次旋转对称在三维与有序平移不相容，但可以是四维点阵的操作。这样，在三维空间 $\mathbf{R}^3$ 的非晶体学对称在 n 维空间 $\mathbf{R}^n$ 变为晶体学对称，因此很自然地非晶体学对称的准周期结构在 $\mathbf{R}^n$ 描述为周期结构。对于二维准周期的轴向准晶，其周期的嵌入空间为五维 $\mathbf{R}^5$；对于如图 2-78b 所示的三维准周期二十面体准晶，其周期的嵌入空间为五维 $\mathbf{R}^6$；而一维准周期结构，其周期的嵌入空间为四维 $\mathbf{R}^4$。

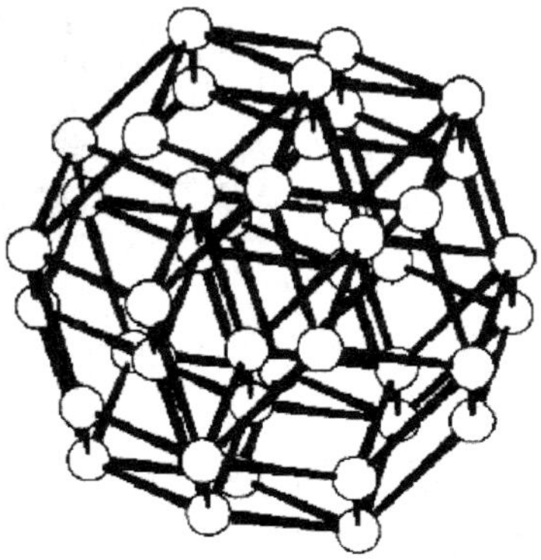

图 2-84　由菱形六面体单元拼砌填满空间具有 5 次旋转对称轴的多面体

2.11.2　一维准晶

一维准晶是一种二维晶层在其法线方向的准周期堆垛结构。现在，只发现很少的并且是亚稳的这类准晶相，这些相的结构单元沿着一个方向按 FS 序排列，这些相也称为菲波那契链相（Fibonacci Phases）。研究比较清楚的是以 cP2-CsCl 型结构为基的 Al-Pd、Al-Cu 和 Al-Cu-Ni 相，空位沿着［111］方向有序地准周期排列。菲波那契链相也经常发生在二十面体准晶相↔晶体相以及十角形准晶相↔晶体的中间态中。十角形准晶相↔晶体的中间态的例子可在 Al-Ni-Si、Al-Co-Cu 和 Al-Cu-Mn 系中找到。例如，在良好退火的 $Al_{65}Cu_{20}Fe_{10}Mn_5$ 中，发现了由十角形准晶相转变产生稳定的一维准晶相的例子，它的结构是每六层沿着 10 次对称轴和每八层垂直于 10 次对称轴周期排列。

2.11.3　二维准晶

二维准晶由准周期有序原子层周期地堆垛构成，它兼有准晶以及规则晶体的结构特征。到现在为止，已知按衍射对称存在八角形、十角形和二十面体准晶。

（1）八角形准晶相。已知八角形准晶相都是亚稳相，与 CF20-βMn 有密切关系。它的结构是以点阵常数 $a = 6.315$nm 的 β-Mn 结构单元沿着准周期相的周期方向平移构成的。图 2-85 所示为 Cr-Ni-Si 八角形准晶相的例子，图 2-85a 是 HRTEM 影像，影像显示出 8 次对称，图 2-85b 中箭头所指为以 β-Mn 结构单元（影线标志）拼砌八角形准晶相的模型，图 2-85b 中影线的 β-Mn 结构单元如箭头所指的上侧图形所示。

八角形准晶相有 $Ni_{10}SiV_{15}$、$Cr_5Ni_3Si_2$、Mn_4Si、$Al_3Mn_{82}Si_{15}$、Fe-Mn-Si 等。

（2）十角形准晶相。已经发现有多于 20 种沿着 10 次对称轴以 n 层周期排列的十角形准

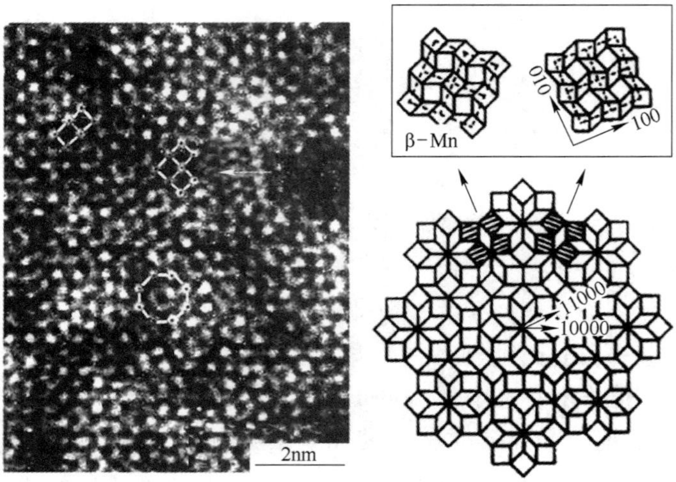

a　　　　　　　　b

图 2-85　Cr-Ni-Si 八角形准晶相的 HRTEM 影像（a）以及以 β-Mn 结构单元（影线标志）拼砌八角形准晶相的模型（b）

晶相。两层周期排列的有：Al-Cu-Me(Me＝Co，Rh，Ir)，Al-Ni-Me(Me＝Co，Fe，Rh，Ru)，Zn-Mg-Re(Re＝Y，Dy，Ho，Er，Tm，Lu)；六层周期排列的有：Al-Mn-Pd，Al-Mn-Fe-Ge，Ga-Co-Cu，Ga-Cu-Fe-Si，Ga-V-Ni-Si；八层周期排列的有：Al-Ni-Ru, Al-Pd-Me(Me＝ Fe，Ru，Os)。图 2-86 所示为稳定的十角形准晶相的成分范围（三元系成分描述见第 5 章）。

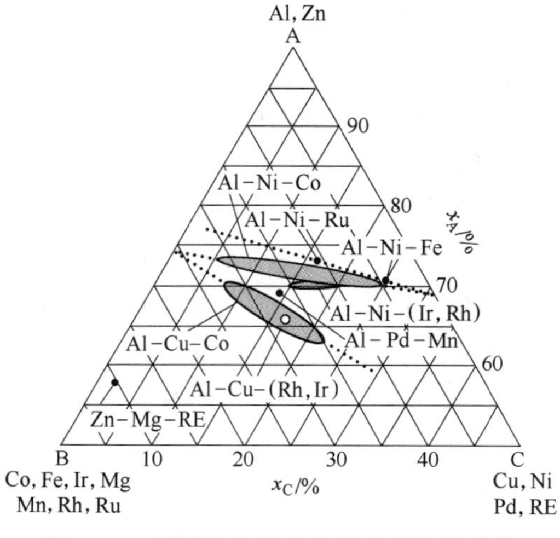

图 2-86　两类稳定的十角形准晶相的成分

($A_xB_yC_z$, $x+y+z=100$, $50\leqslant x\leqslant 100$, $0\leqslant y\leqslant 50$, $0\leqslant z\leqslant 50$)

2.11.4　二十面体准晶相

二十面体原子簇具有高的原子堆积密度和对称性，因此从这两方面看，它都是一种稳定的原子组态。图 2-87 所示为稳定的二十面体准晶相的成分范围。

概括而言，准晶的结构特点是：(1) 在某一个方向上具有长程取向序但没有长程的平移对称性；(2) 取向序具有晶体周期性所不允许的点对称性，如 5，8，10，12 次旋转对称

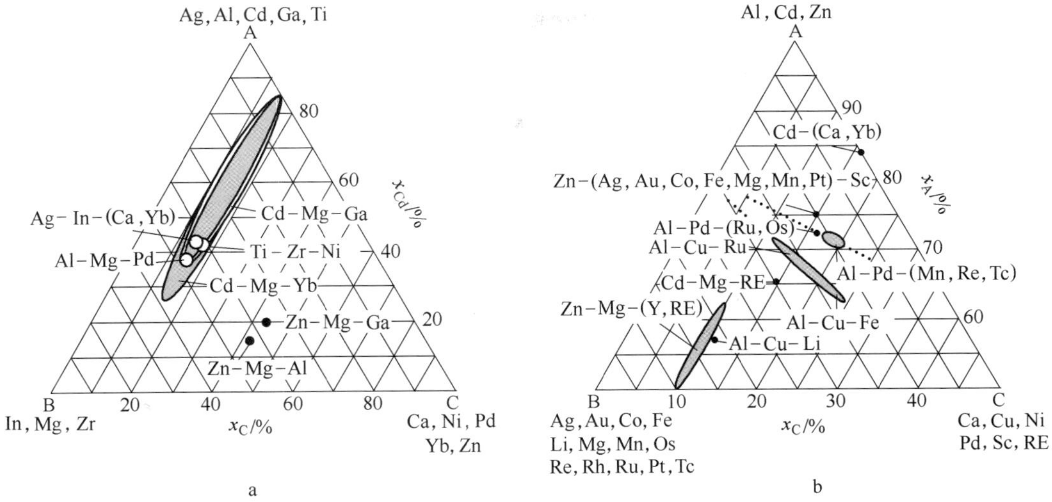

图 2-87 两类（a 和 b）稳定的二十面体准晶相的成分

（图 b 的 $A_xB_yC_z$，$x+y+z=100$，$50\leqslant x\leqslant 100$，$0\leqslant y\leqslant 50$，$0\leqslant z\leqslant 50$）

轴。目前已在数十个合金体系中用快冷、铸造、喷涂、离子轰击等多种方法获得准晶。

在准晶发现之前，晶体区别于非晶，一般要求该固体具有规则外形，而其内部结构中的原子、离子或分子在空间排列成具有三维周期性的点阵。根据这个定义，传统的晶体学理论在 19 世纪就已基本发展完善。然而这一传统对晶体定义的最大缺陷是把原子排列有序和三维周期性混为一谈，因为从一个更自然的角度看，非晶与晶体的区分在于其内部结构中的原子、离子或分子是否呈有序排列，而有序是否会导致三维周期性在没有被证实的情况下作为常识被默认了。

由于三维周期性的限制，传统定义的晶体中只能出现 1、2、3、4、6 次旋转对称轴，其他如 5 次以及 6 次以上的旋转对称轴被认为是禁止的。当 Shechtman 发现准晶时，晶体学界展开了激烈的辩论，其焦点就是三维周期是不是结构有序的必要条件。

如果重温一下关于不可能存在 5 次对称的证明，它的前提是晶体平移周期必需是有公度（common measure）的。所谓“公度”和“非公度”（incommensurate），例如，对于两条线段 a 和 b，如果存在线段 d，使得 $a=md$，$b=nd$（m，n 为自然数），那么称线段 d 为线段 a 和 b 的一个公度；并称线段 a 和 b 为可公度线段或可通约线段。如果对于线段 a 和 b，这样的线段 d 不存在，那么称线段 a 和 b 为无公度线段或不可通约线段。

所谓无公度晶体，是不能按同一公共尺度去衡量，即该类晶体不具备普通晶体的三维的整周期的平移对称性，不能用同一平移矢量使晶胞中全部粒子复原的晶体。凡是晶体物质均存在平移，区别仅在于平移的长度或平移的公度性（有公度及无公度）不同而已。虽然在 X 射线晶体学诞生不久，人们就发现了非公度相的存在，这样，应该说，在某种意义上就否定了三维周期性对晶体的必要性。

如果两种半径不同的原子，在一个平面上无法“摆平”，例如，图 2-88 所示的 Al-Mn 系的 $Al_{12}Mn$ 二十面体，比较合理的堆垛方式是由五个半径较大的原子（例如铝原子）放置在一个五边形的顶角（图中黑球）组成的五边形（第一层），此时在五角形中心再放锰原子时已无法放置到与五边形角的同一高度的位置上，锰原子（图中白球）就应放在铝五角形之上稍高一点的位置（第二层）。第三层仍放铝原子（图中灰球）呈五边形，只是该五边形要旋转一个角度（36°），如果我们再在上下两个五边形用盖帽的方式各加一个铝原子的话就形成一个 $Al_{12}Mn$ 二十面体了。

这样的二十面体作为基本结构单元来构筑准晶体时，显然还是需要用平移操作来实现。但用作平移操作的平移向量不可能是有公度的。透射电镜的电子衍射图及高分辨像揭示了准晶体行列、面网及晶格的特征。

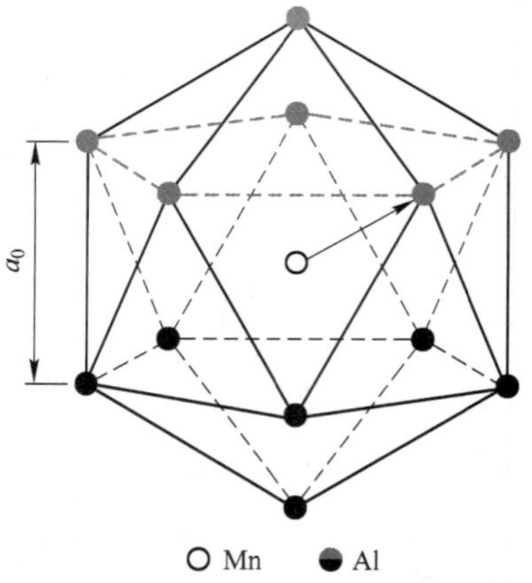

图 2-88 $Al_{12}Mn$ 二十面体

在 1987 年，施倪承、李国武等在对安康矿（$BaTi_6V_2O_{16}$）获得的衍射图上，看到在安康矿主衍射点的附近滋生出了许多围绕主衍射点的卫星衍射点。这些衍射点用该矿物原有的晶格常数是无法指标的。在两个粗大的衍射点（主衍射点）之间有一些弱衍射点，这些衍射点并不位于主衍射点中间的位置，经测量它们约位于主衍射点间距 4/9 的地方。怎样解释这种现象呢？他们用主衍射点的数据测定其平均的晶体结构，测定结果如图 2-89 所示。由图可看出 $(Ti,V)O_6$ 八面体以共棱和共顶角方式围成近似方形的孔道，在孔道中间充填的是钡离子。八面体连接成的孔道空间实在太大了，因此钡离子充填在此孔道里显得有些“晃荡”，从而造成钡离子位置的不确定性，因而可肯定该矿物晶体结构的无公度性是与钡离子的占位有关的，并在平均结构的基础上利用高维空间群理论解出了其调制结构模型。

无公度相的无公度平移特性不是由于“违法”旋转轴引起的，而是由原有的晶体学方向在化学成分或占位程度等畸变参数引起的，非公度调制结构可以看成是三维晶体中部分原子位置，占有率或元素类型发生不同于原有晶体周期的有规律变化，而非公度化合物则可看成两个或多个具有不同三维周期晶体在原子尺度上叠加，都可以看做是三维周期性晶体的衍生结构，因此人们依然被结构有序和三维周期性看成是必须同时存在的现象。

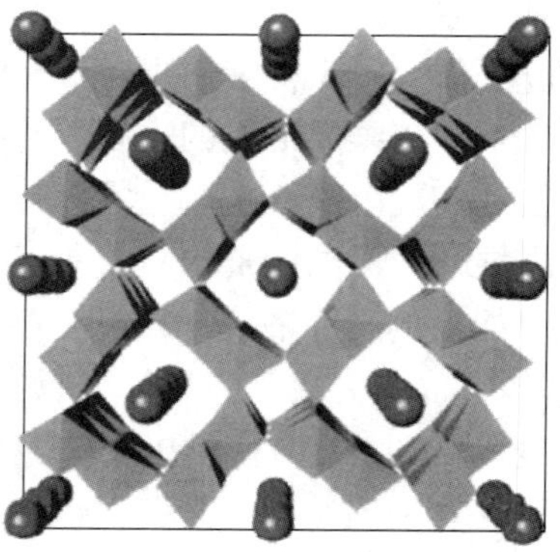

图 2-89 $BaTi_6V_2O_{16}$的平均晶体结构图

准晶概念和 Penrose 拼砌对固体物理的深远影响为：

（1）准晶，粗略说，就是将两类晶体结构单元进行复合，也就是一类在原子尺度规则排列的复合材料，注意这复合材料中不可以有任何空隙。复合材料学家一直以来为此而自豪。

（2）准晶结构没有长程平移序，或者说是两类长程平移序参量在空间相对错开（例如相对转动一个角度）后再叠加起来。因此，一切需要满足平移对称的物理过程之特征长度不再存在。例如晶格滑移（参见第 9 章 9.1 节，滑移决定力学行为）和晶格振动格波（格波传递热量）就需要这种长程序，因此，准晶的力学性能和热学性能就会与传统晶体不同。

（3）将两类或者多类特征尺度互不公度的物理元素进行组合，这是固体物理发展的精髓思想之一。上面提到的准周期超晶格、分形结构、波矢的准位相匹配、现代超材料等等都是此一精髓思想的实现，蔚为壮观！

诺贝尔奖评选委员会高度评价了谢赫特曼研究的，同时也对全世界的科学家发出了忠告："保持开放的头脑，敢于质疑现有知识，是科学家最重要的品质"。还可以看到，自然科学一些重要的概念、理论和现象，距离为人类创造显性价值往往很远，但这些概念、理论和现象却是人类认识客观世界的基石。准晶就是一个例子！

2.12 时间晶体

前面讨论的晶体结构是给予三维空间的，如果考虑加入时间的四维空间，情况又如何？

诺贝尔物理学奖得主弗朗克-韦尔切克（Frank Wilczek）发表最新（2012 年）研究成果称，可做周期性运动的"时间晶体"可能确实存在。"时间晶体"是一种新的物质形态，属于非平衡态。常规晶体是一个三维物体，它们的内部原子按照有规则的顺序重复排列而构成。从四维考虑，时间晶体在时空中拥有一种周期性结构。时间晶体可以随着时间改变，它的结构可以随着时间像一个普通的晶体进行周期性的重复。就如一个钟的移动的指针周期性的回到它的原始位置。与普通的钟或者其他周期性的过程不同的是，时间晶体和空间晶体一样会是最低限度的能量的一种状态。可以将它看做是一只可以永远保持走时精确无误的钟，即便是在宇宙达到热寂之后也是如此。研究人员认为，这种神奇的结构类似于永动机，处于一种永动状态，但并不违背能量守恒定律。

时间晶体主要特点为：

（1）时间晶体的运动应该不消耗任何能量，相反，它应该处于一种稳定的最小能量状态，就像钻石和其他传统的晶体一样。即使这样，它仍然是处于一种永动状态。

（2）时间晶体并不违背能量守恒定律。通常情况下，所谓的永动机肯定不会长久，因为它们并不是处于一种基态，它们的能量会随着运动而消耗，最终能量会消耗殆尽。在时间晶体中，能量是守恒的，因为没有任何能量被移走。但是在这些物质中，物体中原子的运动速率并非为零。

由于"时间晶体"是一种非常新颖的物质形态，研究人员还没有想好如何利用它，不过由于理论上非平衡态物质具有绝佳的存储能力，这方面的研究成果或许可用于开发量子计算机。

时间晶体的超级稳定性可以作为对抗退相干效应的有力武器，来保证一个量子态的寿命。如果量子态可以被强化，它还可用于制造更稳定的量子计算机内存，和进行更精确的测量。

练 习 题

2-1 计算面心立方、体心立方结构（100）、（110）、（111）等晶面的面密度，计算密排六方结构的（0001）、$(10\bar{1}0)$ 晶面的面密度。

2-2 镁具有 hcp 结构，$c/a=1.624$，体密度 $\rho_V=1.74g/cm^3$。求 a、c、原子半径 r 和致密度。

2-3 为什么大部分共价固体为低密度材料，离子固体为中等密度材料，而金属为高密度材料？

2-4 氢原子溶解在铝中形成什么类型固溶体？它应存在于点阵的什么位置？为什么？

2-5 铜的密度为 $8.96g/cm^3$。(1) 计算铜的点阵常数和原子半径。(2) 测得 $x_{Au}=40\%$ 的 Cu-Au 固溶体点阵常数 $a=0.3795nm$，密度为 $14.213g/cm^3$，计算说明该合金是什么类型的固溶体。

2-6 计算单质原子配位数为 6 的晶体结构的致密度，并计算此时的原子半径与相应配位数为 12 时的原子半径的比值。

2-7 Si 的密度是 $2.55\times10^6g/m^3$，计算它的点阵常数。

2-8 设 Cu-Zn 合金固溶体的点阵常数随 Zn 原子增加呈线性变化，求 $x_{Zn}=3\%$ 合金的理论密度。

2-9 黄铜（CuZn）具有 B2 结构，其 Zn 与 Cu 原子之比为 46∶54，在 450℃时若有 90% 的（1/2，1/2，1/2）位置被铜原子占据，则有多少百分数的（0，0，0）位置被铜原子占据？

2-10 下面列出了 3 种假想合金的原子质量、密度和原子半径。对每一种合金确定它们的晶体结构是面心立方、体心立方或是简单立方，并给出证明。

合金	原子质量/$g\cdot mol^{-1}$	密度/$g\cdot cm^{-3}$	原子半径/nm
A	77.4	8.22	0.125
B	107.6	13.42	0.133
C	127.3	9.23	0.142

2-11 碳化铁（FeC_3）是正交结构的金属间化合物，其点阵常数 $a=0.4514nm$，$b=0.5080nm$，$c=0.6734nm$，密度为 $7.66g/cm^3$。确定晶胞中的铁原子和碳原子的数目。

2-12 纯铁在 912℃由 bcc 结构转变为 fcc 结构，体积减小 1.06%，根据 fcc 结构的原子半径计算 bcc 结构的原子半径。它们的相对变化为多少？如果假定转变前后原子半径不变，计算转变后的体积变化。这些结果说明了什么？

2-13 一种假想的 M_2X 晶态化合物，已知 $r_M=0.12nm$，$r_{M^+}=0.13nm$；$r_X=0.15nm$，$r_{X^-}=0.14nm$。(1) 解释为什么 $r_M<r_{M^+}$，而 $r_X>r_{X^-}$。(2) 假设该化合物是纯离子键合，计算正离子和负离子两者的配位数。

2-14 推测 CsCl 的晶体结构，计算 CsCl 的理论密度（实验测得的密度是 $3.99g/cm^3$），并计算 CsCl 晶体结构的致密度（假设离子沿体对角线接触）。

2-15 根据离子电荷和离子半径推测下列离子化合物的晶体结构类型：CsI、Ni_2O、KI。证明您的选择，并求其 CsI 的致密度。

2-16 Si 和 Al 的相对原子质量非常相近（分别是 28.09 和 26.98），而 SiO_2 和 Al_2O_3 的密度却相差很大（分别是 $2.65g/cm^3$ 和 $3.96g/cm^3$）。用晶体结构以及鲍林规则解释这一差异。

2-17 尽管负离子作立方密堆排列和六方密堆排列的密度都相同，但多数氧化物结构的负离子作立方密堆排列，只有少数氧化物结构的负离子作六方密堆排列。请给予解释。

2-18 计算 Al_2O_3 晶体结构的致密度（可按六方点阵计算，$a=0.4759nm$，$c=1.2989nm$，密度是 $3.99g/cm^3$）。

2-19 MgO、SrO 和 BaO 都具有岩盐晶体结构，为什么这些化合物的硬度和熔点依次减小？

2-20 GaAs 和 GaP 的晶体结构都是闪锌矿结构，它们的密度分别是 $5.307g/cm^3$ 和 $4.130g/cm^3$。在 GaAs 中要加入质量分数为多少的 GaP 才使其晶胞的棱长为 0.557nm？

2-21 一个假想的 MX 型陶瓷材料，其密度是 $2.65g/cm^3$，其单胞是立方对称的，棱长为 0.43nm，M 和 X 的相对原子质量分别是 86.6 和 40.3。请判断这种材料可能属于如下哪种晶体结构：岩盐、氯化铯或闪锌矿？试证明您的选择。

2-22 钛酸钡是一种重要的铁电陶瓷，它的晶体结构是钙钛矿类型。(1) 它属于什么点阵类型？(2) 在这种结构中离子的配位数是多少？(3) 这种结构服从鲍林规则吗？充分讨论之。

2-23 很多具有层状结构的陶瓷含一层铝氧团层（铝处于八面体间隙）和一层硅氧团层（硅处于四面体间隙）。在这类结构中，Al 通常可以取代 Si，而 Si 永不取代 Al。请给予解释。

2-24 在硅酸盐结构中，SiO_4^{4-} 四面体硅氧原子团可以连成链、环和片等。在磷酸盐 PO_4^{3-} 及硫酸盐 SO_4^{2-} 中也有类似的含氧四面体，但是这些四面体通常是孤立的。请给予解释。

2-25 方石英的密度是 2.32g/cm^3，计算方石英的点阵参数。在一个晶胞内含多少个离子？

参 考 文 献

[1] Walter Steurer, Crystal Structures of Metallic Elements and Compounds in Physical Metallurgy. Fifth edition. Elsevier Science B V. eds. D. E. Laughlin and K. Hono. 2014, Vol. 1: 1-99.

[2] Pfeiler Wolfgang. Alloy Physics: A Comprehensive Reference[M]. Weinheim: Wiley-VCH Verlag GmbH & Co., 2007.

[3] Richard J D Tilley. Crystals and Crystal Structures[M]. New York: John Wiley & Sons Ltd., 2006.

[4] Kingery W David, Bowen H K, Donald R Uhlmann. Introduction to Ceramics[M]. New York: John Wiley & Sons, Inc., 1976.

[5] 卡恩 R W, 哈森 P, 克雷默 E J. 材料科学与技术丛书（第 11 卷）：陶瓷的结构与性能[M]. 北京：科学出版社，1998.

[6] 张克从. 近代晶体学基础(上册)[M]. 北京：科学出版社，1987.

[7] 陈敬中. 现代晶体化学[M]. 北京：科学出版社，2010.

[8] Alfred Shapere and Frank Wilczek. Physical Review Letters, 109, 160402 (2012).

3 点缺陷，线缺陷

在晶体生长过程中，大量结构单元（原子或分子）完全无误地排列成完整晶体是不太容易的。当原子或分子堆砌偶尔出现错误时，就形成晶体缺陷。在第 2 章中讨论晶体结构时，把晶体看成是完美和无缺陷的，这只是一个理论上的概念。虽然晶体中的这些不完整性所占的分数（摩尔分数或体积分数）非常小，但对于材料的很多性能来说，起主要作用的却是这些非完整性，晶体的完整性只居于次要的地位。这时，晶体的完整性退居为舞台背景，不完整性（缺陷）却扮演着主要角色。

按缺陷引起严重畸变的范围大小，可把缺陷分为点缺陷、线缺陷、面缺陷和体缺陷四类。点缺陷引起的严重畸变局限在几个原子壳范围内，因为严重畸变的尺度相对整体晶体的体积而言很小，看成是“点”。线缺陷引起的严重畸变范围是线型的，即线的长度很长，而在线周围严重畸变的范围只涉及几个原子半径的距离，相对于整体晶体可把它看成是“线”。面缺陷引起的严重畸变是面型的，即面的面积很大，而在面两侧严重畸变的范围只有几个原子的厚度，相对于整体晶体可把它看成是“线”。体缺陷引起的严重畸变范围是直径约为几十或几百个原子半径的球体积。本章只讨论点缺陷和线缺陷，面缺陷和体缺陷在第 4 章讨论。

3.1 点 缺 陷

点缺陷引起的严重畸变局限在几个原子壳层范围内，它可以是固有的，也可以是外来的。图 3-1 所示为 Pt 表面的扫描隧道显微镜（STM）像，图中可清楚地看到表面的空位。

3.1.1 点缺陷的类型

图 3-2 描述了在单元素晶体中通常见到的点缺陷：空位（点阵位置的空位，图中“*a*”）和自间隙原子（图中“*b*”），它们是晶体的禀性点缺陷，空位和自间隙原子对称为弗兰克尔（Frenkel）缺陷（图中的“*a*”和“*b*”看成一对）。外来置换原子（图中“*c*”）和间隙溶质原子（图中“*d*”）是非禀性点缺陷。这些缺陷可以组成复合缺陷：空位对（双空位，图中“*e*”），空位和间隙原子对（图中“*f*”），空位和置换原子对（图中“*g*”），三空位以及空位丛集团等。由于外来单个溶质原子原则上可以看成是固溶体（关于固溶体的形成规律已经在第 2 章讨论过），故在本章不再讨论。

空位和自间隙原子是晶体中固有的点缺陷，晶体含有一定的空位和自间隙原子浓度才会处于平衡态。正常情况下在完整晶体中原本应该有原子占据的位置空着，这个位置就是空位。如果把一个原子强制地移入表面、界面和线缺陷中，那么就在原子原来的位置留下一个空位，所以，表面、界面和线缺陷是空位的源和阱。如果点阵原子移入间隙位置，则产生一个空位的同时，也产生一个自间隙原子。

图 3-1 Pt 表面的 STM 像

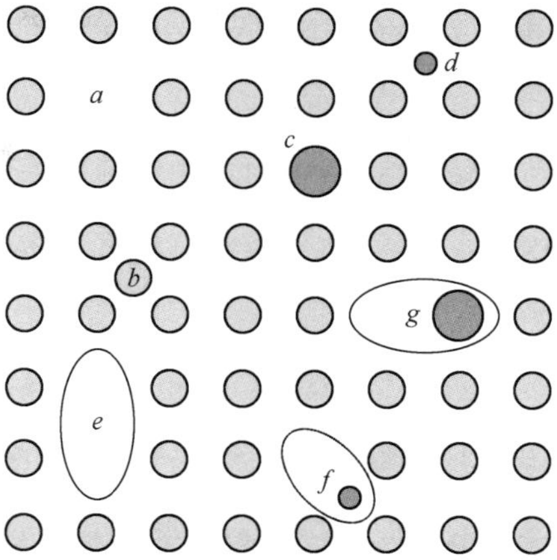

图 3-2 单元素晶体中通常见到的点缺陷

a—空位；*b*—自间隙原子；*c*—置换溶质原子；*d*—间隙溶质原子；*e*—双空位；*f*—间隙原子-空位对；*g*—置换原子-空位对（若“*a*”和“*b*”看做是一对，则是弗兰克尔缺陷）

3.1.2 纯组元晶体空位浓度

从图 3-3 看到，若原子从晶体内部某一位置移走，使原来位置周围原子的配位数改变，即破坏了一些最近邻键和引起体积改变，从而相应提高了焓值，这就是空位的形成焓 $\Delta\mathcal{H}_f=\Delta\mathcal{E}_f+P\Delta\mathcal{V}_f$，其中 $\Delta\mathcal{E}_f$是形成每个空位引起的内能变化，$\Delta\mathcal{V}_f$是形成每个空位引起的体积变化；同时，形成空位也使它周围的原子振动模式有所改变，从而改变了熵值，这就是空位的形成熵 $\Delta\mathcal{S}_f$（关于空位形成焓和形成熵将在下面再作分析）。所以，一个空位的形成自由能 $\Delta\mathcal{G}_f$为：

$$\Delta\mathcal{G}_f=\Delta\mathcal{H}_f-T\Delta\mathcal{S}_f=\Delta\mathcal{E}_f+P\Delta\mathcal{V}_f-T\Delta\mathcal{S}_f \tag{3-1}$$

空位形成引起的体积变化与原子体积 V_{at}为同一个数量级，约等于 $10^{-29}m^3$，在大气压力下，$P\Delta\mathcal{V}_f\approx10^{-24}J$ 或 $10^{-5}eV$，所以，除非在极高压力下，否则这一项可以忽略。

如果晶体中含 n 个空位和 N 个原子，则因空位的存在使系统的自由能增加 $n\Delta\mathcal{G}_f$。另外，在晶体中空位和原子的可能混合方式有很多种，这又会增加体系的熵值，这部分熵值称作混合熵或构型熵 $\Delta\mathcal{S}_{mix}$。构型熵可以由玻耳兹曼方程得出：

$$\Delta\mathcal{S}_{mix}=k_B\ln\omega_{mix} \tag{3-2}$$

式中，ω_{mix}是 n 个空位和 N 个原子在 $N+n$ 个位置可能的不同排列方式数，它等于 $(N+n)!/N!\,n!$。利用 Stirling 近似式 $\ln x!\approx x\ln x-x$，构型熵表达为：

$$\Delta\mathcal{S}_{mix}=k_B\ln\omega_{mix}=k_B\ln\frac{(N+n)!}{N!\,n!}=k_B[(N+n)\ln(N+n)-N\ln N-n\ln n] \tag{3-3}$$

体系的总自由能变化 $\Delta\mathcal{G}$ 为：

$$\Delta\mathcal{G}=n(\Delta\mathcal{H}_f-T\Delta\mathcal{S}_f)-k_BT[(N+n)\ln(N+n)-N\ln N-n\ln n] \tag{3-4}$$

上式的第一项是系统加入 n 个空位的形成能，它是正值，随着空位的数量增加而线性增加，如图 3-3 所示。第二项是系统加入 n 个空位引起的构型熵，它是负值，随着空位加入，开始时 $\mathcal{G}$ 急剧下降，然后下降的幅度减小，如图 3-3 所示。在这两项的共同作用下，系统的自由能在空位某个 n^* 值出现最小值，这也就是空位的平衡数目。

在给定温度下求出 $\mathrm{d}\Delta\mathcal{G}/\mathrm{d}n=0$ 对应的 n 值是平衡态应该含的空位数目 n^*。

$$\frac{\mathrm{d}\Delta\mathcal{G}}{\mathrm{d}n}=\Delta\mathcal{H}_\mathrm{f}-T\Delta\mathcal{S}_\mathrm{f}+k_\mathrm{B}T\ln\frac{n}{N+n}=0$$

并且
$$\frac{\mathrm{d}^2\Delta\mathcal{G}}{\mathrm{d}n^2}>0 \tag{3-5}$$

所以，空位的平衡浓度 x_v 是：

$$x_\mathrm{v}=\frac{n}{N+n}=\exp\left(-\frac{\Delta\mathcal{G}_\mathrm{f}}{k_\mathrm{B}T}\right)=\exp\left(\frac{\Delta\mathcal{S}_\mathrm{f}}{k_\mathrm{B}}\right)\exp\left(-\frac{\Delta\mathcal{H}_\mathrm{f}}{k_\mathrm{B}T}\right) \tag{3-6a}$$

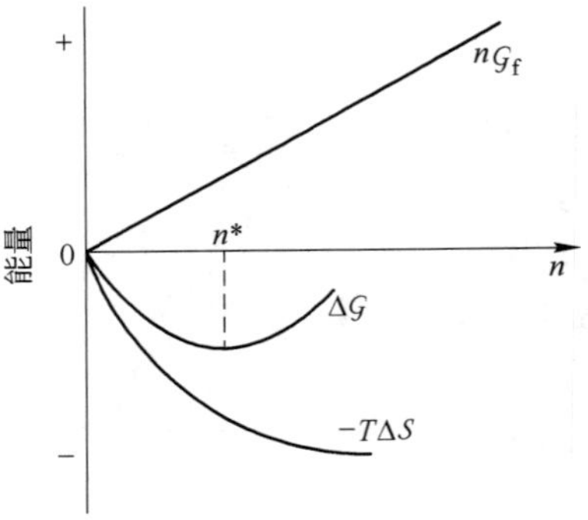

图 3-3　晶体加入 n 个空位引起系统的自由能变化

上式右端第一项的数值约等于 3，与温度无关。从上式看出，空位平衡浓度随温度变化十分强烈。如果空位的形成能以摩尔量表示，则上式可写成：

$$x_\mathrm{v}=\frac{n}{N+n}=\exp\left(-\frac{\Delta G_\mathrm{f}}{RT}\right)=\exp\left(\frac{\Delta S_\mathrm{f}}{R}\right)\exp\left(-\frac{\Delta H_\mathrm{f}}{RT}\right) \tag{3-6b}$$

式中，ΔG、ΔS 和 ΔH 是摩尔量；R 是气体常数。从下面的讨论估计可知，一般金属晶体的空位浓度都很低，在接近熔点时其空位浓度也大约只有 10^{-4}。

有时单个点缺陷 α 和 β 结合形成复合点缺陷 αβ 对可能在能量上是合适的，例如空位与间隙溶质原子复合、空位与空位复合称双空位等，复合引起的能量比它们单独存在的能量低。它们复合与分离的平衡反应如下：

$$\alpha+\beta\longleftrightarrow\alpha\beta:\ \Delta\mathcal{G}_{\mathrm{a},\alpha\beta} \tag{3-7}$$

$\Delta\mathcal{G}_{\mathrm{a},\alpha\beta}$ 是结合自由能，定义为形成复合点缺陷 αβ 的自由能与形成单个点缺陷 α 和 β 的自由能加和值之差：

$$\Delta\mathcal{G}_{\mathrm{a},\alpha\beta}=\Delta\mathcal{G}_{\mathrm{f},\alpha\beta}-(\Delta\mathcal{G}_{\mathrm{f},\alpha}+\Delta\mathcal{G}_{\mathrm{f},\beta}) \tag{3-8}$$

复合点缺陷浓度 $x_{\alpha\beta}$ 为：

$$x_{\alpha\beta}=Ax_\alpha x_\beta\exp\left(-\frac{\Delta\mathcal{G}_{\mathrm{f},\alpha\beta}}{k_\mathrm{B}T}\right) \tag{3-9}$$

式中，A 是取决于复合点缺陷几何的因子，其数值约为 10。

3.1.3　空位浓度的测量

因为空位浓度都很低，所以用实验方法测量空位浓度比较困难。常用的方法有示差膨胀法、正离子湮没法和电阻法等。

3.1.3.1　示差膨胀法

这一方法是同时测量微观和宏观热膨胀。一个含 N 个原子及 n 个空位的纯组元晶体，它在 T 温度下的体积是：

$$\mathcal{V}(T)=NV_\mathrm{at}^0(T)+n\Delta\mathcal{V}_{\mathrm{f,v}}(T) \tag{3-10}$$

式中，$V_\mathrm{at}^0(T)$ 是在假想无缺陷晶体中的原子体积；$\Delta\mathcal{V}_{\mathrm{f,v}}$ 是空位形成体积。因原子在空位周围发生松弛，故原子的真实体积 $V_{at}(T)$ 与 $V_{at}^0(T)$ 不同，可以通过测定点阵常数来确定。$V_{at}(T)$ 与 $V_{at}^0(T)$ 间的关系为：

$$V_{at}(T)=\frac{N}{N+n}V_{at}^0(T)+\frac{n}{N+n}\Delta\mathcal{V}_{f,\ v}(T) \tag{3-11}$$

根据这一式子，晶体在 T 温度下的体积简单写成：

$$\mathcal{V}(T)=(N+n)V_{at}(T)$$

考虑到晶体在 T 与在 T_0 的体积差，把 $\mathcal{V}(T_0)$、$V_{at}(T_0)$ 和 $n(T_0)$ 简单记为 $\mathcal{V}_0$、$V_{at,0}$ 和 n_0，则晶体在 T 与在 T_0 的体积差为：

$$\frac{\mathcal{V}(T)-\mathcal{V}_0}{\mathcal{V}_0}=\frac{(N+n)V_{at}(T)-(N+n_0)V_{at,0}}{(N+n_0)V_{at,0}}$$

$$\approx\frac{n}{N}-\frac{n_0}{N}+\frac{V_{at}(T)-V_{at,0}}{V_{at,0}} \tag{3-12}$$

上式右端所有的三项的值都是很小的，特别是第二项可以忽略。则上式变为：

$$\frac{\Delta\mathcal{V}}{\mathcal{V}_0}-\frac{\Delta V_{at}}{V_{at,0}}\approx\frac{n}{N}=\frac{x_v}{1-x_v}\approx x_v \tag{3-13}$$

式中，$\Delta\mathcal{V}=\mathcal{V}(T)-\mathcal{V}_0$，$\Delta V_{at}\equiv V_{at}(T)-V_{at,0}$。对于立方结构晶体，$\Delta\mathcal{V}/\mathcal{V}_0$ 及 $\Delta V_{at}/V_{at,0}$ 分别由测量宏观膨胀量和测量微观线膨胀量获得。以长度为 L 的膨胀试样进行测量，宏观线膨胀为 $\Delta L/L_0$，用 X 射线测量点阵常数 a 获得微观线膨胀为 $\Delta a/a_0$，根据这些数据，空位浓度 x_v 为：

$$x_v\approx3\left(\frac{\Delta L}{L_0}-\frac{\Delta a}{a_0}\right) \tag{3-14}$$

从这个式子可以看到，这种测量空位浓度的方法并不需要知道空位形成体积 $\Delta\mathcal{V}_{f,v}$。图 3-4a 所示为 Simmonsh 和 Ballufi 在 1960 年对纯铝所作的实验结果，为了看清 $\Delta L/L_0$ 与 $\Delta a/a_0$ 的差值，在图上侧给出高温阶段的数据放大图。在高温时 $\Delta L/L_0$ 与 $\Delta a/a_0$ 的差别说明有超额空位产生。若把自间隙摩尔浓度 x_i 一起考虑进去，则式(3-14)变成：

$$x_v-x_i\approx3\left(\frac{\Delta L}{L_0}-\frac{\Delta a}{a_0}\right) \tag{3-15}$$

如果点缺陷是以自间隙为主，则上式会是负值。实际上自间隙原子的平衡浓度非常低，可以忽略，所以这种情况不会出现。图 3-4b 所示为空位浓度 $x_v(3(L/L_0-a/a_0))$ 与温度的关系。

例 3-1 根据图 3-4 的资料求纯铝的空位形成焓，并设想这种实验方法应该注意哪些问题。

解：若知道在 T_1 和 T_2 两个温度下的空位浓度 x_{v1} 和 x_{v2}，它们的比值为：

$$\frac{x_{v1}}{x_{v2}}=\frac{\exp(-\Delta\mathcal{H}_f/k_BT_1)}{\exp(-\Delta\mathcal{H}_f/k_BT_2)}$$

由图 3-4 量出在 650℃时 $(\Delta L/L-\Delta a/a)=0.15\times10^{-4}$，在 600℃时 $(\Delta L/L-\Delta a/a)=0.09\times10^{-4}$，即在 650℃和 600℃温度下的空位浓度分别为 $3\times0.15\times10^{-4}$ 和 $3\times0.09\times10^{-5}$。代入上式得：

$$\frac{0.15}{0.09} = \exp\left[-\frac{\Delta\mathcal{H}_f}{k_B}\left(\frac{1}{923}-\frac{1}{873}\right)\right]$$

上式两边取对数，整理得：

$$\Delta\mathcal{H}_f = -8.617\times10^{-5}\frac{\ln(0.15/0.09)}{1/923-1/873} = 0.71\text{eV}$$

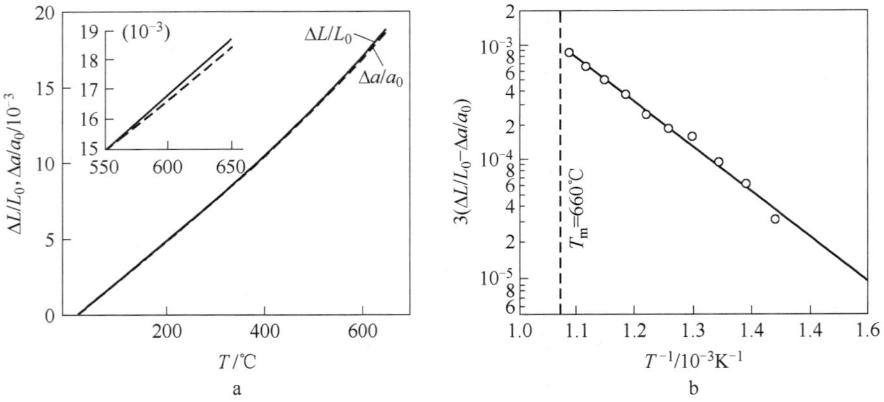

图 3-4 实验结果

a—纯铝的宏观和微观热膨胀 $\Delta L/L_0$ 和点阵常数线膨胀 $\Delta a/a_0$；b—空位浓度 x_v 与温度的关系

计算所得 Al 的空位形成焓为 0.71eV。和下面表 3-1 的数据比较，略有差别。因为空位浓度很低，$\Delta L/L_0$与 $\Delta a/a_0$的差别很小，在量度图 3-4 时会引起误差，所以计算的空位形成焓不会很准确。

实验时，只有在高温时才可能测出 $\Delta L/L_0$与 $\Delta a/a_0$的差别。而 $\Delta a/a_0$往往在室温下测量，为了保持高温的空位浓度到室温，要用急冷的办法，使得在冷却过程中尽量减少空位在各种尾闾中湮没。另外，这种测量方法没有考虑到高温时会出现双空位的情况，这也会引起误差。

3.1.3.2 正电子湮没谱测定法

正电子注入到金属晶体中会与电子复合湮没而放射出 γ 射线，正电子的平均寿命的数量级为 1×10^{-10}s。因原子振动周期的数量级为 10^{-13}s，因而相对来说，正电子的寿命是不短的。当晶体中存在空位时，因为空位（空缺的点阵位置）失去心部的电子，使局部电子密度显著降低，它会抓获入射的高能正电子，这些抓获在空位中的正电子的寿命比完整点阵中的自由电子寿命高 20%～80%。抓获概率与空位浓度成正比，所以正电子寿命可以作为空位浓度的量度。显然，这种方法不能获得空位浓度的绝对值，然而可以比较精确地测出空位形成焓，但不能测出空位的形成个熵。

3.1.3.3 电阻法

残余电阻与空位浓度正比，所以测量电阻的变化很易察觉到晶体中空位的存在。通常这种测量在低温进行，因为由空位而产生的电阻很小，低温测量可以减小热振动引起的电阻的影响。

试样从高温 T_q快速冷却（淬火）到足够低的温度 T_r以防止空位迁动，然后在 T_r温度

测量此试样的电阻 $\rho(T_q;T_r)$，这一电阻值包含了在 T_q 高温时平衡空位浓度所引起的电阻。再在低温 T_r 测量以获得在此温度下空位平衡浓度引起的电阻 $\rho_0(T_r)$，$\Delta\rho(T_q;T_r)=\rho(T_q;T_r)-\rho_0(T_r)$，与 T_q 温度的空位浓度成正比。在不同 T_q 温度下重复这一实验，画出 $\Delta\rho(T_q;\ T_r)$ 与 T^{-1} 的曲线，就可以求出空位形成焓 $\Delta\mathcal{H}_{f,v}$。金属的很多空位形成焓的资料是用这种方法获得的。

从高温淬火下来获得的过饱和空位浓度，它会迁移到空位阱而湮没，在恒温下测量电阻随时间的变化，即空位浓度随时间的变化。空位湮没的速度受单个空位迁移动力学控制，测量在不同温度下空位浓度随时间的变化，就可以测量空位迁移激活焓。空位湮没的动力学描述为：

$$\frac{\mathrm{d}\Delta x}{\mathrm{d}t}=-K\Delta x \tag{3-16}$$

式中，Δx 是空位的超额浓度；K 是速度常数，它正比于空位扩散系数（见第 4 章）及空位阱的密度。超额的空位浓度简单地随时间指数衰减：

$$\Delta x(t)\sim\exp(-Kt) \tag{3-17}$$

Δx 由电阻变化测量，因 K 正比于空位扩散系数，故正比于空位跳动频率，所以可以由空位浓度衰减速率与温度的关系测量出空位迁移的激活焓 $\Delta\mathcal{H}_{m,v}$。

要注意的是，超额空位还可以由塑性变形、高能粒子辐照引入，但空位迁移激活焓则最通常由淬火实验测定。因为自间隙原子的平衡浓度很低，对于自间隙原子迁移的研究，则常用电子辐照使产生自间隙原子及空位对，自间隙原子及空位对可通过调整入射电子能量以及入射量来控制，通过测量电阻来研究自间隙原子的迁移率。在退火（保温）实验中，电阻随时间或温度的变化呈现不同的阶段，这反映出不同阶段的机制不同：邻近的空位-间隙原子对的对消，空位及间隙原子的丛集，在阱中湮没等等，需要对它恰当的诠释和分析才可获得正确的结果。

3.1.4 空位形成能和空位形成熵的估算

对于单个空位来说，形成一个空位就断开 z（配位数）个键，对内能的贡献是 $u(z/2)$，其中 u 是键能，即空位形成焓约等于一个原子的键能。在实际金属中，键能（空位形成能 $\Delta\mathcal{H}_f$）和内聚能 $\mathcal{E}_c$（每原子的升华热）都粗略地和熔点 T_m 成正比。图 3-5 所示为 fcc 和 bcc 纯金属的空位形成焓、内聚能以及空位迁移激活能 $Q_{m,v}$ 与 k_BT_m 的关系。这些关系可以表达为：

$$\mathcal{E}_c\approx(29\pm1)k_BT_m \tag{3-18}$$

$$\Delta\mathcal{H}_f\approx(11\pm1)k_BT_m \tag{3-19}$$

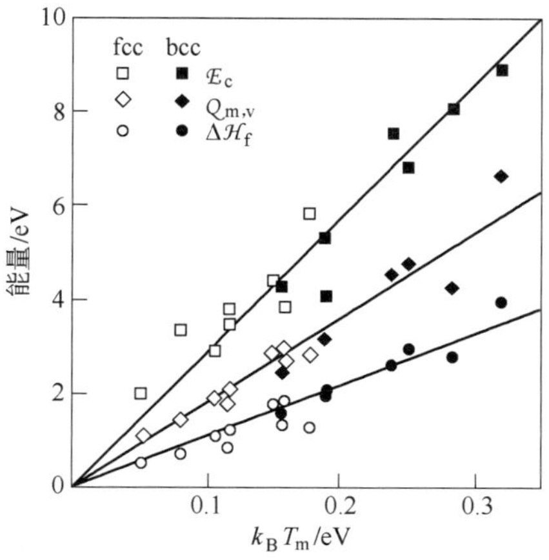

图 3-5 纯金属的空位形成焓 $\Delta\mathcal{H}_f$、内聚能 $\mathcal{E}_c$ 以及空位迁移激活能 $Q_{m,v}$ 与 k_BT_m 的关系

$\Delta\mathcal{H}_f\approx\mathcal{E}_c/3$，实验测出的值与预测值之间的偏差来源于预测值没有考虑原子的松弛。表 3-1 列出了内聚能、空位形成焓以及一些自间隙原子形成焓的实验资料。

表 3-1　内聚能$\mathcal{E}_c$、空位形成焓$\Delta\mathcal{H}_f$和迁移能$Q_{m,v}$以及自间隙原子形成焓$\Delta\mathcal{H}_{f,i}$和迁移能$Q_{m,i}$的实验资料

材　料	T_m/K	$\mathcal{E}_c$/eV	空　位		自间隙原子	
			$\Delta\mathcal{H}_f$/eV	$Q_{m,v}$/eV	$\Delta\mathcal{H}_{f,i}$/eV	$Q_{m,i}$/eV
fcc						
Al	934	3.39	0.67	0.61	3.0~3.6	0.112~0.115
γ-Fe	1811	4.28	1.40	1.26		
Ni	1728	4.44	1.78	1.04		0.15
Cu	1358	3.49	1.28	0.70	1.6~4.2	0.117
Pd	1828	3.89	1.85	1.03		
Ag	1235	2.95	1.11	0.66		0.088
Pt	2041	5.84	1.35	1.43	1.1~1.5	0.063
Au	1337	3.81	0.93	0.71		
Pb	601	2.03	0.58	0.43		0.01
bcc						
V	2183	5.31	2.2	0.5~0.7		
Cr	2180	4.1	2.0	0.95		
α-Fe	1811	4.28	1.95~1.73① 1.79~1.85②	1.11	4.7~5.0	0.3
Nb	2750	7.57	3.07	0.55		
Mo	2896	6.82	3.0	1.35		0.083
Ta	3269	8.1	3.1	0.7		
W	3695	8.9	3.6	1.70		0.054
hcp						
Zn	693	1.35	0.53			
Cd	594	4.14	0.41			

①铁磁态；
②顺磁态。

因为空位形成后其邻近的原子会向空位方向发生松弛，所以空位形成体积$\Delta\mathcal{V}_f$一定会小于原子体积V_{at}。空位形成体积的实验数据不多，有限的资料给出空位形成体积在（0.5~0.95）V_{at}之间。至今积累的用多体势的计算机模拟以及用第一原理计算的理论值指出，空位形成体积与泊松比ν有关。图 3-6 所示为用计算机模拟和用第一原理计算的在纯金属中一个空位的弛豫体积$\Delta\mathcal{V}_r$与基体的泊松比ν之间的线性关系。按照这一关系，泊松比越大，则弛豫体积越大，所以空位形成体积$V_{at}+\Delta\mathcal{V}_r$比原子体积小得多。空位形成体积对于讨论在高压力下的扩散是很重要的。

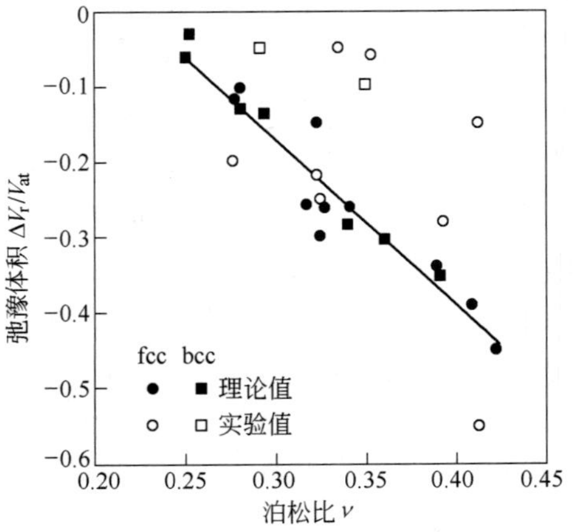

图 3-6　用计算机模拟和用第一原理计算的在纯金属中一个空位的弛豫体积$\Delta\mathcal{V}_r$与基体的泊松比ν之间的关系

根据实验资料估算一些金属的空位形

成熵（非构型熵部分）为：Al 为 $0.7k_B$，Cu 为 $2.8k_B$，Ag 为 $1.5k_B$，Au 为 $0.72k_B$，Mo 为 $1.6k_B$，W 为 $3.2k_B$。

根据上面讨论的空位形成焓和形成熵，可以估计典型金属在接近熔点温度 T_m 时的空位浓度：

$$x_v(T_m) = \exp\left(\frac{\Delta S_f}{k_B}\right)\exp\left(-\frac{\Delta H_f}{k_B T_m}\right) \approx \exp(2 \pm 2)\exp(-11 \pm 1) \approx 10^{-4\pm1} \tag{3-20}$$

空位浓度对温度非常敏感，与温度有强烈的关系。例如当温度降至 $T_m/2$ 时，空位浓度则降至 $10^{-8\pm1}$。对于合金固溶体，空位浓度可以用固溶体熔点（固相线温度）作类似的估计。

例 3-2 根据表 3-1 给出的空位形成焓以及上面讨论给出的空位形成熵，估算 Mo、Al 和 Zn 在接近熔点温度（用熔点温度估算）和室温（300K）时的空位浓度，并计算熔点温度与室温下的空位浓度之比。

解：（1）Mo 的熔点温度是 2896K，$\Delta\mathcal{H}_f = 3.0\text{eV}$，$\Delta S_f = 1.6k_B$。已知玻耳兹曼常数 $k_B = 8.617\times10^{-5}\text{eV}\cdot\text{at/K}$。根据式(3-6)，在熔点温度时的空位浓度 x_v 是：

$$x_v \approx \exp\left(\frac{\Delta S_f}{k_B}\right)\exp\left(-\frac{\Delta\mathcal{H}_f}{k_B T}\right) = \exp(1.6)\exp\left(-\frac{3.0}{8.617\times10^{-5}\times2896}\right) = 2.98\times10^{-5}$$

在 300K 时的空位浓度 x_v 是：

$$x_v \approx \exp(1.6)\exp\left(-\frac{\Delta\mathcal{H}_f}{k_B T}\right) = \exp\left(-\frac{3.0}{8.617\times10^{-5}\times300}\right) = 1.97\times10^{-50}$$

熔点温度与室温的空位浓度之比是：

$$\frac{2.98\times10^{-5}}{1.97\times10^{-50}} = 1.78\times10^{45}$$

（2）Al 的熔点温度是 934K，$\Delta\mathcal{H}_f = 0.67\text{eV}$，$\Delta S_f = 0.7k_B$，在熔点温度时的空位浓度 x_v 是：

$$x_v \approx \exp(0.7)\exp\left(-\frac{\Delta\mathcal{H}_f}{k_B T}\right) = \exp(0.7)\exp\left(-\frac{0.67}{8.617\times10^{-5}\times934}\right) = 4.88\times10^{-4}$$

在 300K 时的空位浓度 x_v 是：

$$x_v \approx \exp(0.7)\exp\left(-\frac{\Delta\mathcal{H}_f}{k_B T}\right) = \exp(0.7)\exp\left(-\frac{0.67}{8.617\times10^{-5}\times300}\right) = 1.12\times10^{-11}$$

熔点温度与室温的空位浓度之比是：

$$\frac{4.88\times10^{-4}}{1.12\times10^{-11}} = 4.36\times10^{7}$$

（3）Zn 的熔点温度是 693K、$\Delta\mathcal{H}_f = 0.53\text{eV}$，设 $\exp(\Delta S_f/k_B) \approx 1.0$。在熔点温度时的空位浓度 x_v 是：

$$x_v \approx \exp\left(-\frac{\Delta\mathcal{H}_f}{k_B T}\right) = \exp\left(-\frac{0.53}{8.617\times10^{-5}\times693}\right) = 1.40\times10^{-4}$$

在 300K 时的空位浓度 x_v 是：

$$x_v \approx \exp\left(-\frac{\Delta\mathcal{H}_f}{k_B T}\right) = \exp\left(-\frac{0.53}{8.617 \times 10^{-5} \times 300}\right) = 1.25 \times 10^{-9}$$

熔点温度与室温的空位浓度之比是：

$$\frac{1.40 \times 10^{-4}}{1.25 \times 10^{-9}} = 1.12 \times 10^{5}$$

从上面对 3 种不同熔点温度金属空位浓度的估算结果可以看到：（1）熔点温度高的金属，其接近熔点温度时的空位平衡浓度也比熔点温度低的金属低；（2）对于高熔点温度的金属，一方面由于空位形成焓高，另一方面由于室温距离熔点温度的温差大，所以熔点温度与室温的空位平衡浓度的比值比低熔点温度的金属大得多。

3.1.5 双空位

在高温时可能形成空位对，即双空位。因为与单空位相比，双空位破坏的键数目少，相应引起的弹性应变能低；两个空位连接起来也比单个存在时晶体的熵值小。双空位结合自由能是双空位的形成能 $\Delta\mathcal{G}_{f,vv}$ 与两个单空位形成能 $2\Delta\mathcal{G}_f$ 之差：

$$\Delta\mathcal{G}_{a,vv} = \Delta\mathcal{G}_{f,vv} - 2\Delta\mathcal{G}_f \tag{3-21}$$

双空位的平衡浓度 x_{vv} 为：

$$x_{vv} \approx \frac{z}{2}\exp\left(-\frac{2\Delta\mathcal{G}_f}{k_B T}\right)\exp\left(-\frac{\Delta\mathcal{G}_{a,vv}}{k_B T}\right) \approx \frac{z}{2}\exp\left(-\frac{\Delta\mathcal{G}_{f,vv}}{k_B T}\right) \tag{3-22}$$

点阵中的总空位浓度是：

$$\begin{aligned} x_{v,tot} &= x_v + 2x_{vv} \\ &\approx \exp\left(-\frac{\Delta\mathcal{G}_f}{k_B T}\right)\left[1 + z\exp\left(-\frac{\Delta\mathcal{G}_f + \Delta\mathcal{G}_{a,vv}}{k_B T}\right)\right] \end{aligned} \tag{3-23}$$

如果两个空位很强结合，$\Delta\mathcal{G}_{a,vv}$ 是负值，并且，与 $\Delta\mathcal{G}_f$ 相比它不能忽略，则上式的方括弧项有相当的数值。fcc 金属在高温时相当显著，它对扩散有重要作用。计算得出贵金属的双空位结合焓在 -0.1～-0.3eV 之间，双空位的迁移率比单空位的高。对 bcc 金属的双空位研究得不多，双空位的稳定结构不是两个空位相邻接，而是在此近邻位置连结，而它的迁移率大小与单空位的差不多。

3.1.6 自间隙原子

在 fcc 结构中的自间隙原子位置是八面体间隙，但是稳定结构是〈100〉方向的哑铃结构，如图 3-7a 所示。在 bcc 结构中的自间隙原子位置也是八面体间隙，但是稳定结构是〈110〉方向的哑铃结构，如图 3-7b 所示。

以弗兰克尔缺陷对形成焓 $\Delta\mathcal{H}_{f,F}$ 与空位形成焓 $\Delta\mathcal{H}_{f,v}$ 之差来估算自间隙原子的形成焓 $\Delta\mathcal{H}_{f,i}$，对铝、铜和铁所得的结果表明自间隙原子的形成焓比空位形成焓约高 2～4 倍，因为金属晶体结构都是密排或较密排结构，所以，自间隙原子的形成焓比空位的形成焓大。一些金属的自间隙原子的形成焓也列在表 3-1 中。

如果不发生弛豫，自间隙原子的形成体积 $\Delta\mathcal{V}_{f,i}$ 等于 V_{at}，根据实验和模拟，得到 $\Delta\mathcal{V}_{f,i}$ 在（0.1～1.1）V_{at} 范围。形成体积是正的，并比原来的原子体积大，这意味着在自间隙原子周围发生了较大的畸变，这也是形成焓比较高的原因。对于自间隙原子的形成熵 $\Delta\mathcal{S}_{f,i}$，还没有实验的估算资料。

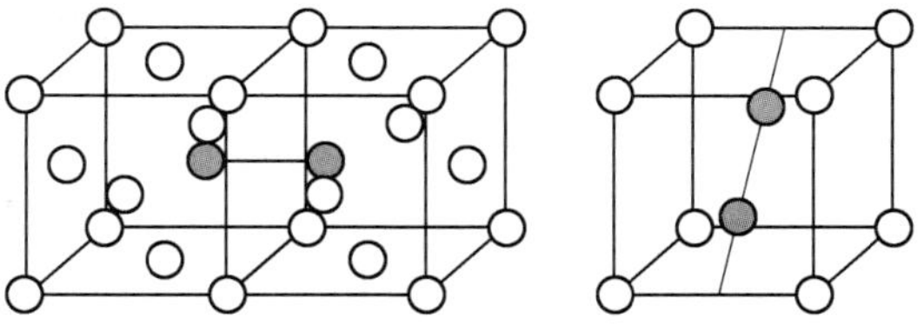

图 3-7 金属中自间隙原子的结构

a—fcc 晶体中自间隙原子在〈100〉方向称哑铃结构；
b—bcc 晶体中自间隙原子在〈110〉方向称哑铃结构

可以按讨论空位浓度的类似方法得出自间隙原子的平衡浓度，结果与式(3-6)相似，只需把式(3-6)中的空位形成焓和形成熵改为自间隙原子形成焓和形成熵即可：

$$x_i = \exp\left(\frac{\Delta\mathcal{S}_{f,i}}{k_B}\right)\exp\left(-\frac{\Delta\mathcal{H}_{f,i}}{k_B T}\right) \tag{3-24}$$

因形成焓较大，若假设 $\Delta\mathcal{H}_{f,i} \approx 3\Delta\mathcal{H}_{f,v} = 33k_B T_m$，暂忽略形成熵的影响，在熔点温度 T_m 下，自间隙原子平衡浓度约为 10^{-14}；而在 $T_m/2$ 时，其平衡浓度是 10^{-28}。这样低的浓度，一般都可以忽略。

3.1.7 空位与溶质原子结合体

由于弹性的或电的交互作用，空位与溶质原子有可能形成空位-溶质原子的结合体。考虑 A-B 二元合金的稀固溶体，含有 N_A 个 A 原子和 N_B 个 B 原子（$N_A > N_B$）。在点阵中 B 原子的最邻近位置数目是 zN_B，其中 z 是配位数，其他的位置数是 $N_A - zN_B$。在这些位置找到空位的概率分别是 $\exp(-\Delta\mathcal{G}_f/k_B T)\exp(-\Delta\mathcal{G}_{a,vs}/k_B T)$ 和 $\exp(-\Delta\mathcal{G}_f/k_B T)$，其中 $\Delta\mathcal{G}_{a,vs}$ 是空位与溶质原子的结合能。孤立空位数目 n_v 和与溶质原子结合的空位数目 n_{vs} 分别是：

$$n_v = (N_A - zN_B)\exp\left(-\frac{\Delta\mathcal{G}_f}{k_B T}\right) \tag{3-25}$$

$$n_{vs} = zN_B\exp\left(-\frac{\Delta\mathcal{G}_f + \Delta\mathcal{G}_{a,vs}}{k_B T}\right) \tag{3-26}$$

这些值除以总位置数就是孤立空位和与溶质原子结合的空位浓度，总位置数是 $N_A + N_B + n_v + n_{vs}$。对于一个典型的情况，$z=12$，$x_B \equiv N_B/(N_A+N_B) = 1\times10^{-2}$，$\Delta\mathcal{G}_{a,vs} = -0.15\Delta\mathcal{G}_f$，图 3-8 给出了它们的单空位浓度 x_v（点线）、空位-溶质原子结合体浓度 x_{vs}（虚线）和总浓度 x_{tot}（实线）与 $\Delta\mathcal{G}_f/k_B T$ 的关系。在这个例子中，溶质浓度比较低，单空位的浓度实际上与纯金属晶体的相等。因为在低温时空位与溶质原子相吸的交互作用更为突出，所以在低温时 x_{vs} 比 x_v 高，并导致固溶体的总空位浓度比纯金属的高。对 Al 来说，$\Delta\mathcal{G}_f \approx 0.7\text{eV}$，$\Delta\mathcal{S}_f/k_B \approx 0.7$，在熔点（934K）和在室温下图 3-8 的横坐标分别为 8 和 26。结合能 $\Delta\mathcal{G}_{a,vs} = -0.15\Delta\mathcal{G}_f(\approx -0.1\text{eV})$ 应用到溶质原子 Mg，在 520K（相应 $\Delta\mathcal{G}_f/k_B T = 15$，此时 $x_{vs} = x_v$）以下，空位主要是与溶质原子结合。

在氢作为间隙原子的金属固溶体中，发现有非常多的数量（近 10%）的空位，这些空位称“超大量空位”。这是因为溶质原子与空位有非常大的吸引力，其结合能约为0.3~0.4eV，大大降低了有效的空位形成能，现在已经有相当多的关于间隙氢溶质原子吸引空位形成空位团簇的证据。

3.1.8 在有序合金中的点缺陷

由于很多新材料和功能材料是有序合金及金属间化合物，人们对特别是作为高温使用的高强度轻合金的过渡铝化物、镓化物和硅化物等材料有越来越大的兴趣。它们的很多奇特的性能来源于在有序结构中的空位。

有序 AB 合金的结构可以看成是由 A 位置构成的亚点阵（称 α 亚点阵）及由 B 位置构成的亚点阵（称 β 亚点阵）相互穿插而成，在这样的点阵中的点缺陷比单元素点阵的点缺陷复杂得多。在每个亚点阵都可以发生空位和自间隙原子，在每个亚点阵中的点缺陷多少取决于材料。有序合金特有的禀性点缺陷是反位原子，即在 α 亚点阵中的 B 原子或在 β 亚点阵中的 A 原子，它们又称反结构原子或置换缺陷。随着反位原子的数量增加，有序度降低，甚至最后会变成无序结构。图 3-9 描述了有序 AB 合金中的点缺陷，A 原子是黑圆，B 原子是白圆，两种原子分别排列在 α 和 β 亚点阵中。

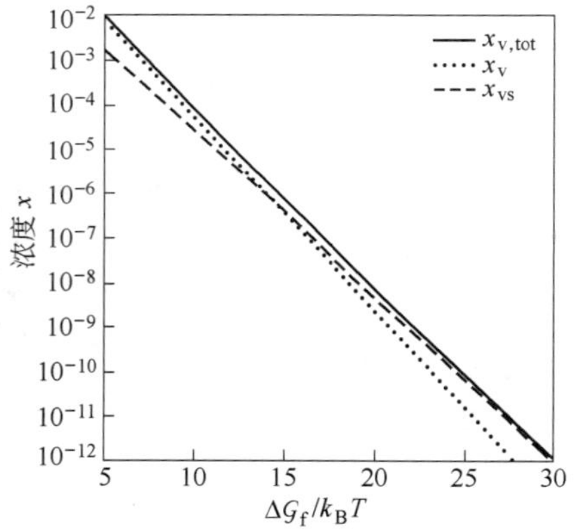

图 3-8 一个典型的金属系固溶体中单空位浓度 x_v、空位-溶质原子结合体浓度 x_{vs} 和总浓度 x_{tot} 与 $\Delta\mathcal{G}_f/k_BT$ 的关系

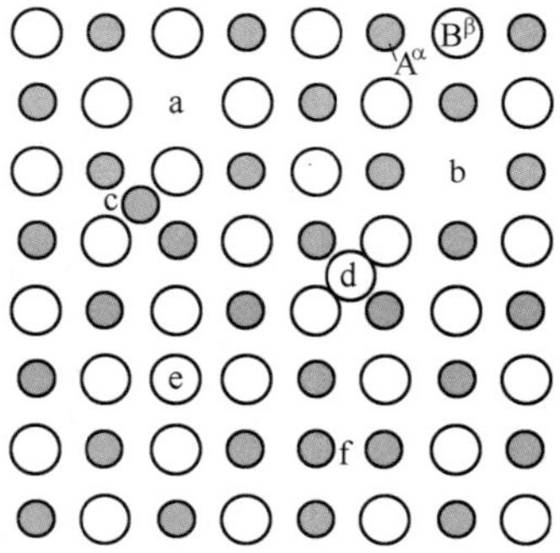

图 3-9 有序 AB 合金中的点缺陷

a—在 α 亚点阵中的空位 $\mathcal{V}^\alpha$；b—在 β 亚点阵中的空位 $\mathcal{V}^\beta$；c—A 原子间隙原子 I_A；d—B 原子间隙原子 I_B；e—反位原子 B^α；f—反位原子 A^β

在有序合金中各种亚点阵位置的比例要保持一定值，例如有序 AB 合金两个原子点阵位置要保持 1∶1，A_3B 则保持 3∶1。由于这样的原因，点缺陷的数目不能是任意的。例如在有序 AB 合金中空位要成对地出现，即一个 $\mathcal{V}^\alpha$ 和一个 $\mathcal{V}^\beta$；在 A_3B 中则要出现 3 个 $\mathcal{V}^\alpha$ 和一个 $\mathcal{V}^\beta$，这类缺陷一般称为肖脱基（Schottky）缺陷。这些缺陷也可以组成复合体。不论是上面讨论的弗兰克尔缺陷或是这里讨论的肖脱基缺陷，都不需要指定它们中的单个缺陷紧靠在一起，它只是一个统计热力学的概念。

有序合金及金属间化合物通常有一定的稳定成分范围，当偏离其计量成分时需要以禀性点缺陷，即空位和反位原子来实现，这些点缺陷强烈地影响材料的性质。例如对于具有 B2 结构的铝铁和铝镍化合物，当其成分偏离计量成分时，它的硬度和扩散系数都激烈地增加，这都是来源于它的点缺陷密度的增加。

对于具有有序-无序转变的合金，其长程有序度随温度上升而逐渐下降，直至转变临界温度时变为 0。长程有序度伴随反位原子浓度的增加而降低，而合金在成分稳定范围但偏离计量成分时，也像增加温度那样产生反位原子而降低其有序度。另一方面，某些金属间化合物却不常是这样的情况。例如，FeAl、NiAl、CoAl、NiGa 和 CoGa 等通常可以承受很高的空位浓度，特别是富 Al 和富 Ga 成分时是这样。图 3-10 所示为 Ni_3Al 和 NiAl 的点阵常数随 Al 成分的变化情况。Ni_3Al 的计量成分是 $x(Al)=0.25$，从图看到，Ni_3Al 的点阵常数随 Al 浓度增加（包括 $x(Al)>0.25$ 时）而线性增加。因为 Al 的原子体积比 Ni 的大，这种点阵常数的改变完全是因为 Al 原子数量增加，即在 $x(Al)<0.25$ 时，在 Al 的亚点阵有反位 Ni 原子；而在 $x(Al)>0.25$ 时，在 Ni 的亚点阵有反位 Al 原子。但是，NiAl 的计量成分是 $x(Al)=0.5$，在 $x(Al)<0.5$ 时 NiAl 的点阵常数随 Al 浓度增加而线性增加，但当 $x(Al)>0.5$ 时，NiAl 的点阵常数反而随 Al 浓度增加而线性减小。这表明在 $x(Al)<0.5$ 时，在 Al 的亚点阵有反位 Ni 原子；而在 $x(Al)>0.5$ 时，在 Ni 亚点阵出现空位而不是反位 Al 原子，使得点阵常数下降。这也说明在这种化合物中空位形成焓非常低，可以有很高的空位浓度。这也可以解释虽然它是有序合金，但它的自扩散系数也不是很低。

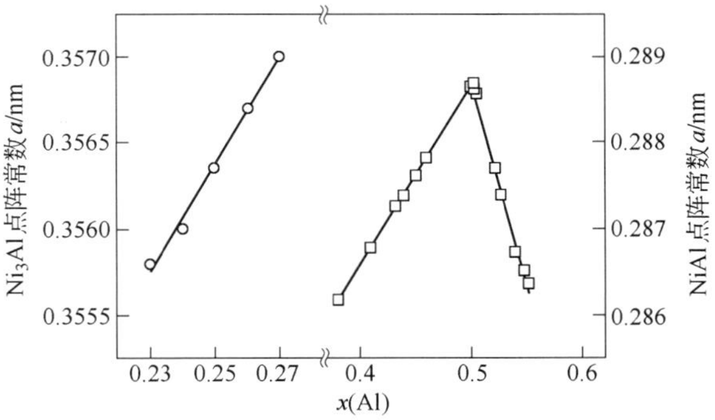

图 3-10 Ni_3Al 和 NiAl 的点阵常数随 Al 成分的变化

为了讨论方便，把图 3-9 表示的各种点缺陷以及正常位置原子给予编号：1 为 α 亚点阵中的空位 $\mathcal{V}^{\alpha}$，2 为 β 亚点阵中的空位 $\mathcal{V}^{\beta}$，3 为反位原子 B^{α}，4 为反位原子 A^{β}，5 为正常位置原子 A^{α}，6 为正常位置原子 B^{β}。

一个 A_mB_n 有序合金，考虑含有 N 个单胞的系统，这里的单胞并不一定是晶体学单胞，而是含有 m 个 α 位置以及 n 个 β 位置的结构单元。A 和 B 的原子数分别为 N_A 和 N_B，A 和 B 的摩尔分数为：

$$x_A=\frac{N_A}{N_A+N_B}\equiv\frac{c_A}{c_A+c_B} \tag{3-27}$$

$$x_B=\frac{N_B}{N_A+N_B}\equiv\frac{c_B}{c_A+c_B} \tag{3-28}$$

式中，$c_A\equiv N_A/N$，$c_B\equiv N_B/N$。现在问题是要求在给定成分和温度下 4 种缺陷（上面编号的 1、2、3 和 4）的平衡数目。讨论的系统有组元 A、B 和空位，把空位也看做是一个组元，形式上是三元系，所以要找出 3 个组元在两个亚点阵的平衡分布。用 N_i 代表各种缺陷的数目，并且要注意到各个 N_i 并非是独立的。首先，原子数目要守恒，即：

$$N_4+N_5=N_A \tag{3-29}$$

$$N_3+N_6=N_B \tag{3-30}$$

另外，空位数目不是常数，即系统的 N 也不是常数。但是，有序合金要保持亚点阵位置数的比例，即：

$$N_1 + N_3 + N_5 = mN \tag{3-31}$$

$$N_2 + N_4 + N_6 = nN \tag{3-32}$$

这样，有 7 个变量：6 个 N_i和 N。因为有 4 个约束条件(式(3-29)~式(3-32))，所以只有 3 个独立变量。如果把式(3-31)和式(3-32)合并，得：

$$\frac{N_1 + N_3 + N_5}{m} = \frac{N_2 + N_4 + N_6}{n} \tag{3-33}$$

这就有 6 个变量 N_i和 3 个约束条件，也就是有 3 个独立变量。系统具有这 4 种缺陷的自由能 $\mathcal{G}(N,N_i;T)$为：

$$\mathcal{G}(N,N_i;T) = \mathcal{G}^0(N;T) + \sum_{i=1}^{4} N_i \mathcal{G}_i^\infty - TS_C \tag{3-34}$$

式中，右端第一项是无缺陷晶体的自由能，第二项是存在的 4 种缺陷引起的自由能变化，第三项是系统的构型熵对自由能的贡献。$\mathcal{G}_i^\infty$ 是缺陷形成自由能，与它相对应的结构变化如图 3-11 所示。

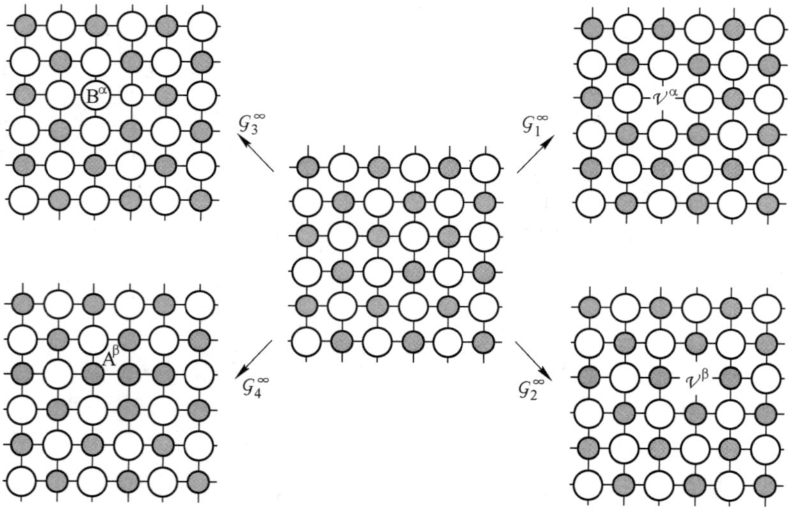

图 3-11　与 $\mathcal{G}_i^\infty$ 相对应的各种结构变化

假设各种缺陷在亚点阵中随机分布，则构型熵 S_C为：

$$S_C = k_B \ln \frac{(mN)!}{N_1!\ N_3!\ N_5!} \frac{(nN)!}{N_2!\ N_4!\ N_6!} \tag{3-35}$$

用 Stirling 近似简化上式，代入式(3-34)，加入 3 个约束方程式（3-44）、式(3-29)和式(3-30)，以 Lagrange 待定乘子法得出包含 3 个待定乘子的新方程：

$$\begin{aligned}\mathcal{G} = {} & \mathcal{G}^0 + \sum_{i=1}^{4} N_i \mathcal{G}_i^\infty - k_B T(mN\ln mN + nN\ln nN - \sum_{i=1}^{6} N_i \ln N_i) + \\ & \lambda_1\left(\frac{N_1 + N_3 + N_5}{m} - \frac{N_2 + N_4 + N_6}{n}\right) + \lambda_2(N_4 + N_5 - N_A) + \lambda_3(N_3 + N_6 - N_B)\end{aligned} \tag{3-36}$$

式中，λ_1、λ_2和λ_3是待定乘子。对于热平衡条件，$(\partial \mathcal{G}/\partial N_i)_{N_{j\neq i}}=0$得出一组6个$N_i$方程，由这些方程消去3个待定乘子，经一些数学处理后得：

$$\left(\frac{N_1}{mN}\right)^m\left(\frac{N_2}{nN}\right)^n=\exp\left(-\frac{\mathcal{G}_S}{k_B T}\right) \tag{3-37}$$

$$\frac{N_2N_3}{N_1N_6}=\exp\left(-\frac{\mathcal{G}_{XB}}{k_B T}\right) \tag{3-38}$$

$$\frac{N_1N_4}{N_2N_5}=\exp\left(-\frac{\mathcal{G}_{XA}}{k_B T}\right) \tag{3-39}$$

其中

$$\mathcal{G}_S\equiv\mu^0+m\mathcal{G}_1^\infty+n\mathcal{G}_2^\infty \tag{3-40}$$

$$\mathcal{G}_{XB}\equiv\mathcal{G}_2^\infty+\mathcal{G}_3^\infty-\mathcal{G}_1^\infty \tag{3-41}$$

$$\mathcal{G}_{XA}\equiv\mathcal{G}_1^\infty+\mathcal{G}_4^\infty-\mathcal{G}_2^\infty \tag{3-42}$$

式(3-37)、式(3-38)和式(3-39)是确定缺陷平衡浓度的基本方程，它们分别称为产生肖脱基缺陷方程、B-反位原子无序方程和A-反位原子无序方程，它们是描述下列反应速度的平衡方程：

$$(\text{null})\longrightarrow m\mathcal{V}^\alpha+n\mathcal{V}^\beta \tag{3-43}$$

$$\mathcal{V}^\alpha+\mathrm{B}^\beta\longrightarrow\mathrm{B}^\alpha+\mathcal{V}^\beta \tag{3-44}$$

$$\mathrm{A}^\alpha+\mathcal{V}^\beta\longrightarrow\mathcal{V}^\alpha+\mathrm{A}^\beta \tag{3-45}$$

式(3-43)表明在A_mB_n化合物中的肖脱基缺陷由m个$\mathcal{V}^\alpha$和n个$\mathcal{V}^\beta$组成。联合式(3-38)和式(3-39)，得：

$$\frac{N_3N_4}{N_5N_6}=\exp\left(-\frac{\mathcal{G}_{XB}+\mathcal{G}_{XA}}{k_B T}\right) \tag{3-46}$$

上式与下面产生反位的反应相对应：

$$\mathrm{A}^\alpha+\mathrm{B}^\beta\longrightarrow\mathrm{B}^\alpha+\mathrm{A}^\beta \tag{3-47}$$

上面讨论的$\mathcal{G}_S$、$\mathcal{G}_{XB}$和$\mathcal{G}_{XA}$是控制缺陷浓度的能量，它们是原子交互作用能的函数，同时也是缺陷浓度的函数，因为在具体位置产生点缺陷的能量取决于它周围的原子构型。

$\mathcal{G}_S$、$\mathcal{G}_{XB}$和$\mathcal{G}_{XA}$等能量都涉及原子（或空位）的交互作用能，按照Bragg-Williams(B-W)的近似分析，简单地只考虑最近邻的交互作用，以u_{pq}表示最近邻p和q的交互作用能，p和q可以代表A、B或空位$\mathcal{V}$。引入有效对交互作用能（EPI）：

$$\varepsilon_{AB}=u_{AA}+u_{BB}-2u_{AB} \tag{3-48}$$

$$\varepsilon_{AV}=u_{AA}+u_{VV}-2u_{AV} \tag{3-49}$$

$$\varepsilon_{BV}=u_{BB}+u_{VV}-2u_{BV} \tag{3-50}$$

式(3-48)是第5章讨论规则溶体交互作用参数的式(5-52)的两倍，因为这里讨论交互作用能，所以符号相反。为了更好地理解EPI，用图3-12示意说明。图3-12a说明配位数是z的AB化合物产生一对反位原子引起晶体的能量变化为：在反应前的能量是$2zu_{AB}$，反应后的能量是$zu_{AA}+zu_{BB}$，所以，$z\varepsilon_{AB}=zu_{AA}+zu_{BB}-2zu_{AB}$。图3-12b说明A原子在假想的A$\mathcal{V}$点阵中与空位$\mathcal{V}$交换位置引起能量变化为：$z\varepsilon_{AV}=zu_{AA}+zu_{\mathcal{V}\mathcal{V}}-2zu_{A\mathcal{V}}$。

根据各种有序合金A_mB_n的结构（见第2章），获得m、n、z_{pq}（p原子与q原子最近

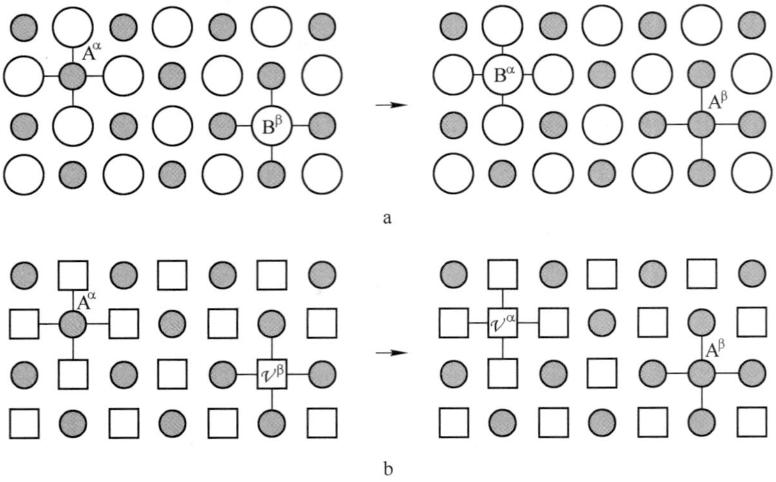

图 3-12 有效对交互作用能（EPI）的示意说明

a—一对反位原子引起晶体的能量变化；b—A 原子在假想的 A$\mathcal{V}$点阵中与空位 $\mathcal{V}$交换位置引起能量变化

邻接目)，表 3-2 列出各种有序合金的 m、n、z_{pq}。再估算 ε_{pq}，其中原子-原子的交互作用能 ε_{AB}可由有序合金的热力学性质（形成焓和热力学活度）估算，而空位-原子交互作用能可以用纯固相的空位形成能估算：有两种模型提供估算，如表 3-3 所列。最后求出 $\mathcal{G}_S$、$\mathcal{G}_{XB}$和 $\mathcal{G}_{XA}$等能量，从而可以计算点缺陷浓度。

表 3-2 各种有序合金的 m、n、z_{pq}

结 构	m	n	z_{AA}	z_{AB}	z_{BA}	z_{BB}
LI_0(CuAu)	1	1	4	8	8	4
B_{19}(AuCd)	1	1	4	8	8	4
B_2(CsCl)	1	1	0	8	8	0
DO_3(Fe_3Al)	3	1	4(α),8(γ)	4(α),0(γ)	8	0
DO_{19}(Ni_3Sn)	3	1	8	4	12	0
DO_{22}(Al_3Ti)	3	1	8	4	12	0
LI_2(Cu_3Au)	3	1	8	4	12	0

表 3-3 计算点缺陷浓度与空位有关的 EPI 能量的模型

模 型	$\varepsilon_{AV}/\varepsilon_{AB}$	$\varepsilon_{BV}/\varepsilon_{AB}$	应 用
Ⅰ	-1	-0.5	TiAl，Ni_3Al
Ⅱ	-1	-0.05	NiAl，NiGa，CoAl，CoGa

作为例子，以上述的 B-W 近似以及模型Ⅰ讨论 LI_0和 B2 有序合金的点缺陷浓度，目的是看形成缺陷时缺陷的配置以及 EPI 能量。

图 3-13 所示为不同成分 x_B=0.45、0.50、0.55 的 LI_0有序合金的空位和反位摩尔分数 c_i随 ε_{AB}/k_BT 的变化。图中每条线的斜率反映出缺陷有效形成能的高低，线的斜率（特别

是反位原子线斜率）对合金成分是非常敏感的。如果斜率特别低，说明该缺陷的形成能低，可以认为是“组分缺陷”。现在讨论的例子，在富 A 成分合金的反位原子 A_β 和富 B 成分合金的反位原子 B_α 就是这类缺陷。

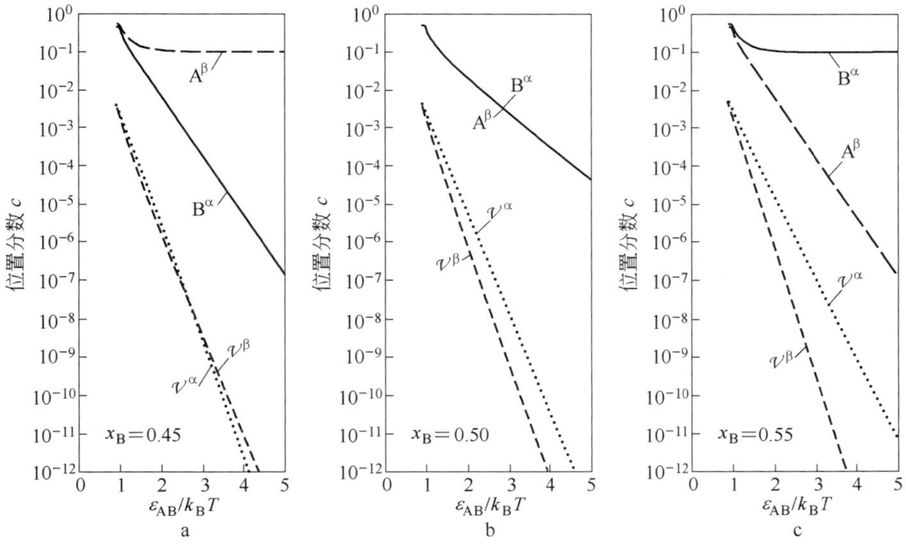

图 3-13　不同成分 x_B 的 LI_0 有序合金的空位和反位摩尔分数随 ε_{AB}/k_BT 的变化

（以 EPI 能模型 I 即 $\varepsilon_{AV}/\varepsilon_{AB}=-1$，$\varepsilon_{BV}/\varepsilon_{AB}=-0.5$ 计算）

a—$x_B=0.45$；b—$x_B=0.5$；c—$x_B=0.55$

图 3-14 所示为 $k_BT/\varepsilon_{AB}=0.3$、0.5、0.7 时的 c_i 与成分 x_B 之间的关系。从图中可以清楚地看到，$\mathcal{V}^\alpha$ 和 $\mathcal{V}^\beta$ 的位置分数对于计量成分而言是非对称的，而 A^β 和 B^α 的位置分数对于计量成分而言则差不多是对称的。从图 3-14 还看到，如图 3-13a 所表示的那样，在计量成分时空位主要处在 α 亚点阵中。按照 B-W 近似，由式(3-38)和式(3-39)获得这两种空位浓度的比率为：

$$\left(\frac{c_1}{c_2}\right)^2\frac{c_4c_6}{c_3c_5}=\exp\left(\frac{\mathcal{G}_{XB}-\mathcal{G}_{XA}}{k_BT}\right) \tag{3-51}$$

对于 LI_0 结构，在浓度低时，$\mathcal{G}_{XB}-\mathcal{G}_{XA}\approx 4(\varepsilon_{BV}-\varepsilon_{AV})$，在现在的情况下这个数值是正的，所以空位偏重处在 α 亚点阵中。

图 3-15 所示为不同成分 $x_B=0.45$、0.5、0.55 的 B2 有序合金的空位和反位摩尔分数 c_i 随 ε_{AB}/k_BT 的变化。图 3-16 所示为 $k_BT/\varepsilon_{AB}=0.3$、0.5、0.7 时的 c_i 与成分 x_B 之间的关系。即使与 LI_0 结构的 EPI 相同，B2 有序合金的空位浓度也比 LI_0 结构的高得多，这一差别是因为配位数的不同（见表 3-2）：LI_0 有序合金的 z_{AA} 和 z_{BB} 都是 4，而 B2 结构的 z_{AA} 和 z_{BB} 都是 0，在 LI_0 有序合金中无论形成 $\mathcal{V}^\alpha$ 或 $\mathcal{V}^\beta$ 都要破坏 4 个 A—B 键，而在 B2 有序合金中无论形成 $\mathcal{V}^\alpha$ 或形成 $\mathcal{V}^\beta$ 都破坏 0 个 A—B 键，其他情况相同，所以在 B2 有序合金中的空位浓度比 LI_0 合金中的高。同时看到，在成分富 A 合金中，空位浓度并不低，特别是 $\mathcal{V}^\beta$（在简单模型中，它都是可以忽略的）并不比 $\mathcal{V}^\alpha$ 和 B^α 的浓度低。

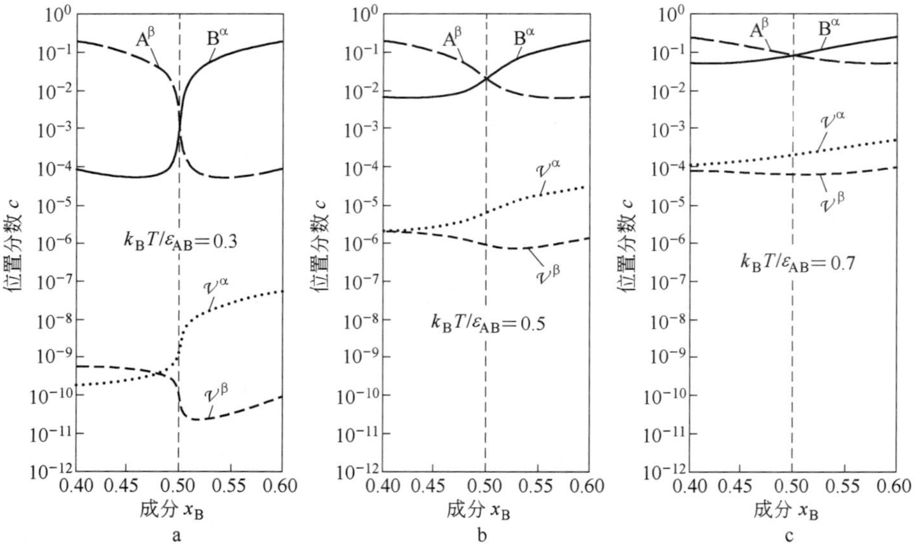

图 3-14　LI_0有序合金以 EPI 能模型计算的 c_i与成分 x_B 之间的关系

a—$k_BT/\varepsilon_{AB}=0.3$；b—$k_BT/\varepsilon_{AB}=0.5$；c—$k_BT/\varepsilon_{AB}=0.7$

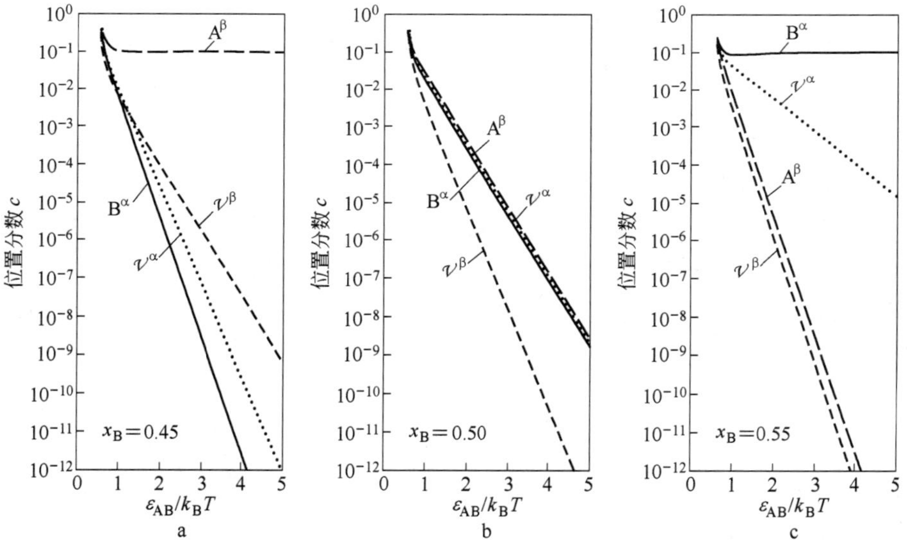

图 3-15　不同成分 x_B 的 B2 有序合金的空位和反位摩尔分数随 ε_{AB}/k_BT 的变化

（以 EPI 能模型 I 即 $\varepsilon_{AV}/\varepsilon_{AB}=-1$，$\varepsilon_{BV}/\varepsilon_{AB}=-0.5$ 计算）

a—$x_B=0.45$；b—$x_B=0.5$；c—$x_B=0.55$

按照点缺陷形成的倾向，可以把 B2 结构的点缺陷分为两类：置换无序和三重缺陷。前一种材料反位原子是主要的缺陷，而后一种材料，在富 A 成分时反位原子 A^{β}是主要的缺陷，在富 B 成分时反位原子 B^{α}是主要的缺陷。形成这两种类型缺陷的反应分别是：

$$A^{\alpha}+B^{\beta}\longrightarrow B^{\alpha}+A^{\beta} \tag{3-52}$$

$$A^{\alpha}+B^{\beta}\longrightarrow 2\mathcal{V}^{\alpha}+A^{\beta}+B^{\beta} \tag{3-53}$$

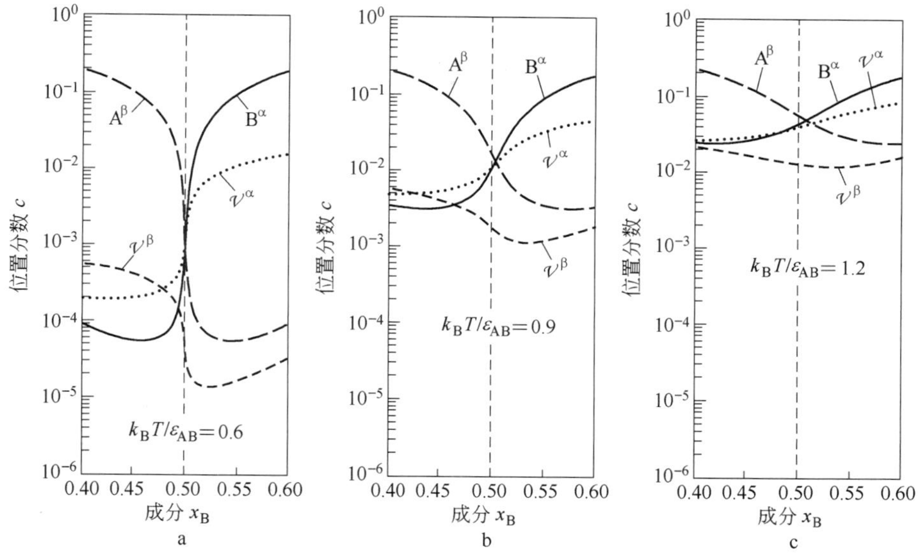

图 3-16 B2 有序合金以 EPI 能模型计算的 c_i 与成分 x_B 之间的关系

a—$k_BT/\varepsilon_{AB}=0.6$；b—$k_BT/\varepsilon_{AB}=0.9$；c—$k_BT/\varepsilon_{AB}=1.2$

式(3-53)产生的三重缺陷的过程如图 3-17 所示。在表面形成一个新单胞而在内部留下一对 $\mathcal{V}^{\alpha}$ 和 $\mathcal{V}^{\beta}$，A 原子再填入 $\mathcal{V}^{\beta}$ 中变成 A^{β} 和 $\mathcal{V}^{\alpha}$，结果形成 $2\mathcal{V}^{\alpha}+A^{\beta}$ 三重缺陷。NiAl、NiGa、CoAl 和 CoGa 是典型的三重缺陷化合物，它们是一直到熔点都保持有序的化学稳定性的金属间化合物。这些材料的形成焓都很高，A-B 的 EPI 能 ε_{AB} 是正的并且数值很高。空位-原子的 EPI 能 ε_{AV} 是负的，其数值与 ε_{AB} 一样大。另外，ε_{BV} 即使是正的，其数值也很小。相邻的 B 原子的键合能很弱，甚至其交互作用可能是相斥的，这是因为周围是 B 原子的位置可能性很小，难以容纳以多个 B 原子，所以在这个位置容易形成空位 $\mathcal{V}^{\alpha}$，这就解释了为什么在这些材料中观察到高的 α 亚点阵空位浓度。

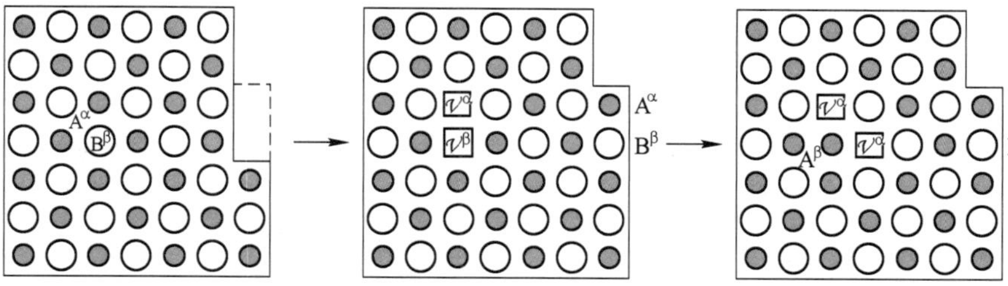

图 3-17 在 AB 化合物中产生三重缺陷的说明

在具有 B2 结构的 NiAl、NiGa、CoAl 和 CoGa 化合物中观察到大量的三重缺陷，这与它们在高温时有比较宽阔的稳定成分范围以及与一般热空位不同的常称作“结构空位”或“组分空位”、“成分空位”有关。当一个化合物相偏离其计量成分时，产生点缺陷以维持两个亚点阵位置数目比率，这些点缺陷就称为“结构缺陷”或称“组分缺陷”。上面指出过，过渡金属（TM）的铝化物和镓化物中，在富 TM 成分时，A^{β} 通常是主要的缺陷（即组分缺陷），而在贫 TM 成分时，$\mathcal{V}^{\alpha}$ 空位数量往往超过 B^{α} 反位原子的数量，即有大量的“结构空位”。从图 3-10 看到 NiAl 有序合金在富 Al（贫 Ni）时点阵常数的减小就是产生结构空位的间接证明。但是，因为在高温下的空位浓度在冷却时常常没有被完全湮灭而保留到低温，这些被“冻结”下来的空位也常被误认为是“结构空位”。事实上，无法确定已经存在的空位究竟是因热平衡还是因结构形成的，这样看来，似乎难以充分利用“热缺陷”和“结构缺陷”这一区别。

3.1.9 辐照产生的点缺陷

各种高能射线（如中子、电子、α-粒子、质子、氘核、铀裂变碎片、γ 射线、X 射线等）辐照材料都会产生“辐照损伤”，因而这种现象对某些材料特别是在核反应堆使用的材料非常重要。

当粒子辐照金属晶体时，粒子与点阵原子碰撞，点阵原子获得反冲能。当反冲能高于点阵原子能发生永久位移而形成弗兰克尔缺陷对的阈值 $\mathcal{E}_d$（包括原子离开正常位置以及产生的空位和间隙原子所需最小分离距离的能量）时，就可以形成弗兰克尔缺陷。这个阈值随温度降低而升高，例如 Cu 在 500K 时为 10eV，而在 80K 时为 17eV。点阵原子在离开平衡位置以及空位和间隙原子所需最小分离距离受点阵结构影响时，阈值随撞击方向与晶体取向不同而异，即它是各向异性的。作为例子，图 3-18 表示了 Cu 的阈能的各向异性。从图中看出，最小阈值方向是在〈110〉和〈100〉方向。

不同类型的辐照粒子的能量不同，它对原子在被轰击后产生的行为是不同的。图 3-19 所示为不同粒子辐照引起的点缺陷示意图。通常电子辐照能量比较低，只能产生一对弗兰克尔缺陷，如图 3-19c 所示。α-粒子能量比电子高，它辐照时产生一对弗兰克尔缺陷后，还有剩余的能量，这个能量不足再产生点缺陷，它将分配给附近的一群原子，使其振动加强，温度升高，这个局部热点称为热峰，如图 3-19b 所示。快中子辐照具有很高的能量（约 2MeV），并且它是不带电的，原子核周围的电场对它没有影响，它可以穿入材料很深的距离。快中子与原子的初级碰撞所产生的离位原子也有很大的反冲能，这个离位原子可以和其他原子相撞继续产生离位原子，即次生离位原子，这样的过程就是所谓的级联反应。随着入射粒子发生的逐次碰撞，其能量将逐次传递给被碰撞的靶粒子，本身能量不断损耗，形成慢化过程。多次碰撞后，离位原子的自由程逐渐减小，直至各次生离位原子的间距达到原子间距的数量级时，将在较大范围内产生一大群无序态的原子，称为离位峰，也就是一个疏松区。同时在原路上留下大量的弗兰克尔缺陷对，如图 3-19a 所示。

快中子是重的入射粒子，正面碰撞时，受撞击的靶的原子核最大的反冲能为：

$$\mathcal{U}_{\max} = \frac{4mM\mathcal{E}}{(m+M)^2} \tag{3-54}$$

式中，$\mathcal{E}$ 是入射粒子能量；m 和 M 分别是入射粒子和靶的相对原子质量。对于 Cu，$\mathcal{U}_{\max} \approx \mathcal{E}/16$；如果 $\mathcal{U}_{\max} \gg \mathcal{E}_d$，一个原子从点阵位置激发后，它仍具有很高的能量，可以继续作为一个撞击粒子，把另一个点阵原子激发，这种过程称级联。级联过程中所有位移的原子数 n（不计入间隙原子与邻近的空位复合）为：

$$n = \frac{\overline{\mathcal{U}}}{2\mathcal{E}_d} \tag{3-55}$$

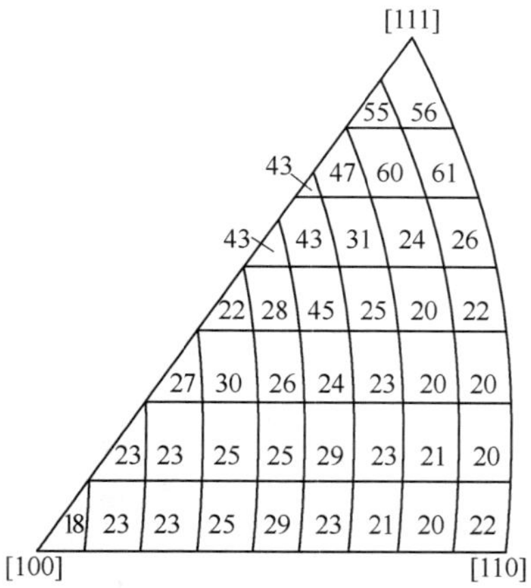

图 3-18 Cu 阈能 E_d 的各向异性

（阈能单位是 eV）

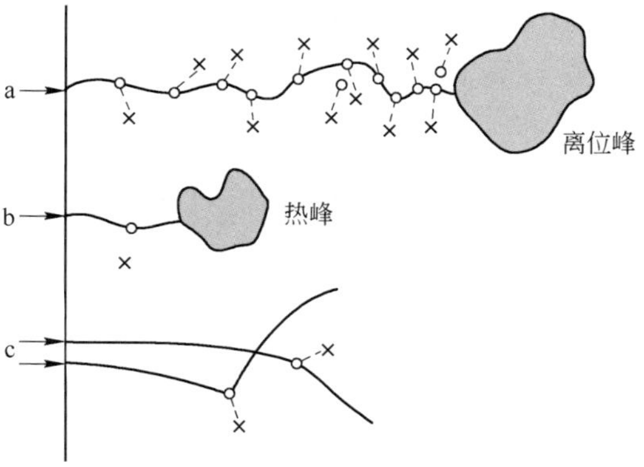

图 3-19 不同粒子辐照引起的点缺陷

a—快中子辐照；b—α-粒子辐照；c—电子辐照

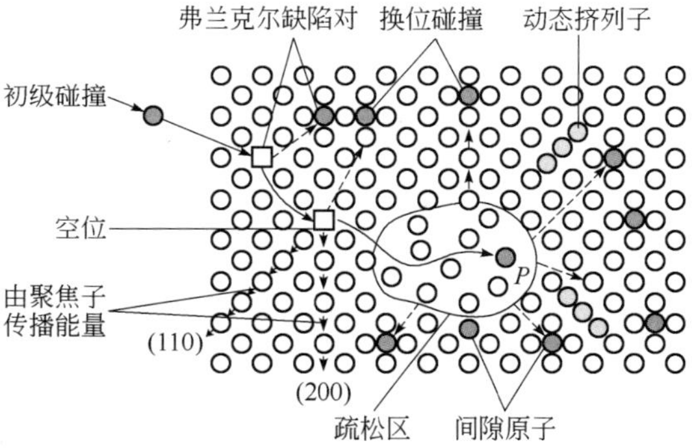

图 3-20 描述初级碰撞的 Seeger 模型

式中，$\overline{U}$ 为平均转移能，约等于 $U_{max}/2$。例如，具有 1MeV 的电子入射 Cu 内，其 $U_{max}\approx 68\text{eV}$，平均转移能 $\overline{U}\approx 33\text{eV}$，Cu 的 $E_d\approx 25\text{eV}$，在第二次撞击之前，能量已减弱至阈值之下，因此，只产生一个弗兰克尔缺陷对。但是，具有 1MeV 的中子入射时，$\overline{U}\approx 22\text{keV}$，$n=\overline{U}/2E_d\approx 400$，即会有很多级联位移原子。还要注意到，一些产生的空位和自间隙原子会复合而自湮灭。图 3-20 是描述初级碰撞的 Seeger 模型，描述了初级碰撞整个路程发生的变化，P 是初级碰撞的终点。

实际的级联已用电子显微镜成像和场离子显微镜成像观察到。通过计算机模拟也可获得级联的信息。图3-21所示为用计算机对 Cu 模拟得出的一个位移级联的图示，模拟的立方体边缘为 125 个最近邻原子间距。模拟采用 $\overline{U}\approx 2\times10^5\text{eV}$，在图的左下方进行初始撞击。图中的大点子是空位及空位团，小点子是自间隙原子。从图 3-21 可看出，一个级联中的缺陷密度波动很大，一些自间隙原子会逃离级联路径按单个缺陷存在，而在级联路径留下空位，这些空位倾向于聚集，称为空位团，这些空位团就是空洞。因表面能的各向异性，空洞往往呈多面体形状。图 3-22 所示为 Ni 晶体在 500℃ 经受 400keV 的 $^{14}N_2^+$ 离子辐照后产生的多面体形状的空洞的照片。对于自间隙原子，它的稳定组态是哑铃状组态（见图 3-7）。

例 3-3 快中子撞击铁原子核，快中子能量是 2MeV，质量是 1。估计其最大的反冲能以及产生点缺陷的数目。

解：铁的相对原子质量是 55.847，快中子质量为 1。根据式(4-54)，最大的反冲能是：

$$\mathcal{U}_{max}=\frac{4mM\mathcal{E}}{(m+M)^2}=\frac{4\times2\times55.847\times1}{(55.847+1)^2}=0.138\text{MeV}=138000\text{eV}$$

根据式(3-55)，级联过程中所有位移的原子数 n 为：

$$n=\frac{\overline{\mathcal{U}}}{2\mathcal{E}_d}=\frac{\mathcal{U}_{max}}{4\mathcal{E}_d}=\frac{138000}{4\times25}=1380$$

因为产生一个离位原子就有一个空位，所以总的缺陷数是 2×1380＝2760。

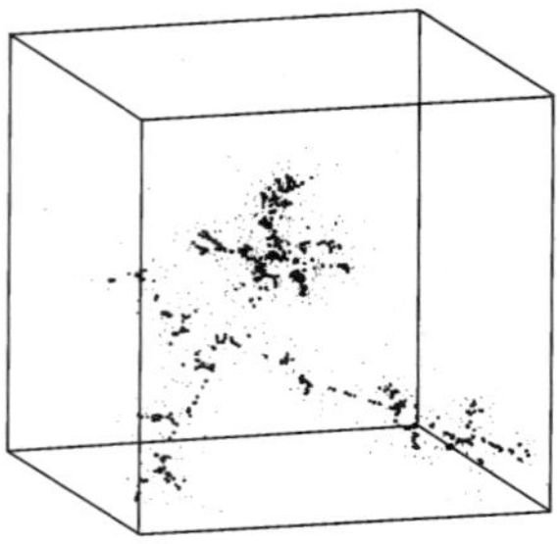

图 3-21　对 Cu 计算机模拟得出的一个位移级联

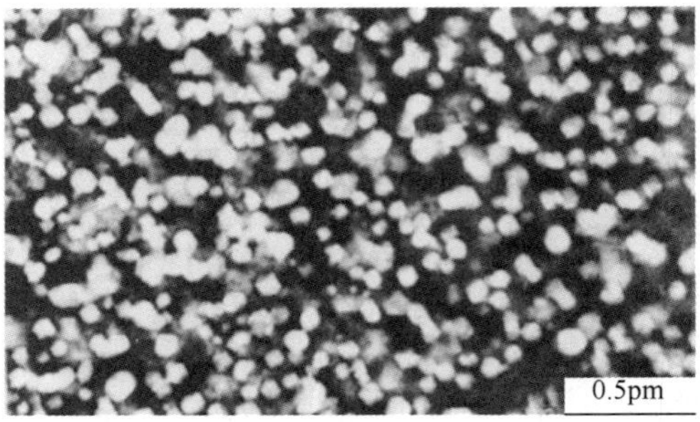

图 3-22　Ni 晶体在 500℃经受 400keV 的 $^{14}N_2^+$ 离子辐照产生的多面体形状的空洞

3.2　线　缺　陷

线缺陷是指晶体中原子（或分子）出现的严重错排仅集中在线附近小区域内，远离这条线只有弹性畸变，并且这些畸变随着离开这条线距离的增加而急剧减小。可以把严重错排区域用一个类似的管道来描述，这个管道的直径通常仅有几个原子尺寸大小，并贯穿于晶体之中。在管道内，原子间的坐标与在完整有序介质中很不同，而在管道之外原子的坐标接近于完整有序介质。这里所谓的管道内部和管道外部之间并无明确界线，它们之间是逐渐过渡的，并且管道的截面也不一定是圆形。管道内部这个定义不很精确的区域是线缺陷的核心。

早在知道晶体材料中存在线缺陷之前，20 世纪初数学家沃特拉（V. Volterra）就提出了线缺陷的概念和模型，他研究了连续弹性介质中一个割面两侧变形再重新黏合后的数学奇异性问题。制造沃特拉线缺陷的过程步骤如下：

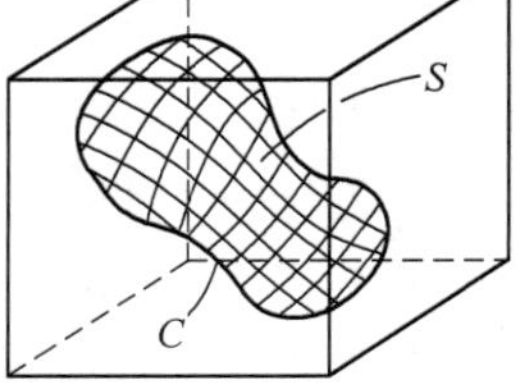

图 3-23　制造线缺陷的沃特拉过程

(1) 在弹性体内割开一个以 C 为界的割面 S，如图 3-23 所示。

(2) 使割面两侧相对位移 $\boldsymbol{D}(\boldsymbol{r})$。在相对移动过程中割面两侧不发生歪曲变形。

(3) 割面两侧位移后，如果产生空隙，在空隙中填满相同的物质；如果产生重叠，把多余的物质去掉。

(4) 把割面的两侧重新黏合，并去除操作过程所加的外力。

经这样的操作后就产生内应力场，其内应力沿 C 环是不连续奇异性的，C 环称为沃特拉线缺陷。这个线缺陷的弹性性质显然取决于缺陷环 C 的位置以及产生线缺陷时割面两侧的相对位移 $\boldsymbol{D}(\boldsymbol{r})$。但是，无论割面两侧位移多大，周界的应力是无限大的。讨论它的弹性应力场时，为了避免周界的应力发散，一般沿周界挖一个空心管道，这个非常小的空心管道区域就是介质中的线缺陷。根据割面两侧相对位移 $\boldsymbol{D}(\boldsymbol{r})$ 的性质，线缺陷可分为两类。如果 $\boldsymbol{D}(\boldsymbol{r})$ 只含有刚性平移分量 $\boldsymbol{b}$，则形成的线缺陷称位错。位错的存在破坏了沿位错线局部晶体的平移对称，但在位错线邻域之外，晶体仍保持其平移对称性。如果 $\boldsymbol{D}(\boldsymbol{r})$ 只有刚性旋转分量 $\boldsymbol{\theta}=\boldsymbol{\omega}\times\boldsymbol{r}$，$\boldsymbol{r}$ 是原点在割面上的矢径，$\boldsymbol{\omega}$ 是旋转矢量，则形成的线缺陷称向错。向错的存在，破坏了沿向错线局部晶体的旋转对称性。

图 3-24 所示为在弹性介质中产生沃特拉位错过程的示意图，图中的位错线都平行于 z 轴。图 3-24a 中产生位错的割面法线和割面位移都平行于 y 轴，位移后在位移空隙插入额外的材料，这样就在圆柱中心产生一个刃型位错。图 3-24b 中产生位错的割面法线平行于 y 轴，割面位移平行于 x 轴，位移后在圆柱中心产生一个刃型位错。图 3-24c 中产生位错的割面法线平行于 y 轴，割面位移平行于 z 轴，位移后在圆柱中心产生一个螺型位错。

图 3-25 所示为在弹性介质中产生沃特拉向错过程的示意图，图中的向错线都平行于 z 轴。图 3-25a 中产生向错割面的位移是绕平行于 z 轴的轴（平行于向错线的轴）转动 θ 角，转动后在空隙填入额外的材料，这样在圆柱中心产生一个楔型向错。图 3-25b 中产生向错割面的位移是绕平行于 x 轴的轴（垂直于向错线的轴）转动 θ 角，转动后在空隙填入额外的材料，这样在圆柱中心产生一个扭型向错。图 3-25c 中产生向错割面的位移是绕平行于 y 轴的轴转动 θ 角，转动后在空隙填入额外的材料，这样在圆柱中心也产生一个扭型向错。

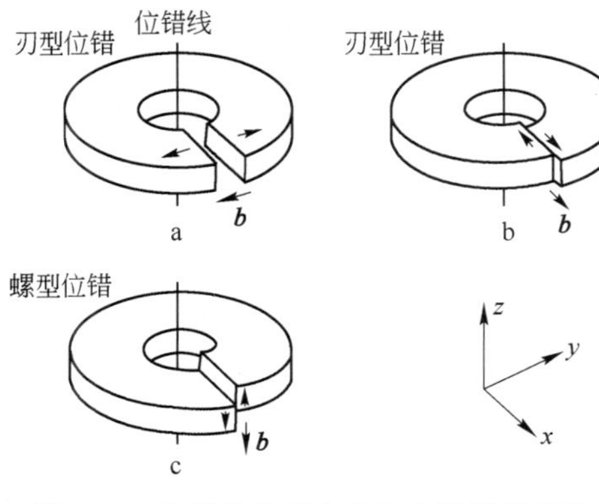

图 3-24 在弹性介质中产生位错的沃特拉过程示意图（位错线平行于 z 轴）

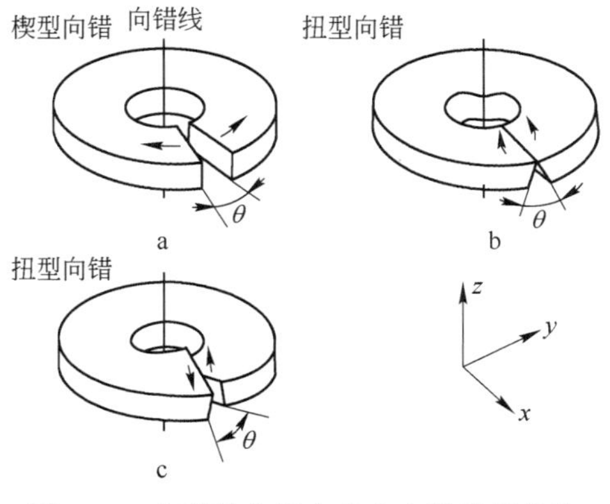

图 3-25 在弹性介质中产生向错的沃特拉过程的示意图（向错线平行于 z 轴）

在晶体中位错是普遍存在的缺陷。由于晶体排列的周期性，产生沃特拉位错割面两侧的刚性平移矢量并非是任意的，只能是晶体中的平移矢量，否则会打乱晶体排列的规则性。同时，在后面讨论可以知道，这个平移矢量一般是晶体的最短平移矢量，这样位错才会是低能量的。即使是这样，相对于空位来说，位错线的能量也是不小的，加以它是线型的，在自由能中它的排列熵项的值永远抵不过它的焓项值，所以它是一种非平衡的缺陷。位错对晶体的各种性能都有不同程度的影响，尤其是对力学性能影响极大，从 20 世纪 30 年代至今，位错已经有大量的研究结果和成熟理论，这些是本章讨论线缺陷的重点内容。产生沃特拉向错割面两侧需要刚性旋转，而晶体的旋转对称性最多为六次对称，也就是说，在晶体中产生楔型向错最小的旋转角也要 60°，这样会引起很高的能量，所以在晶体中除了个别特殊情况，一般不会出现向错。而在液晶中向错却是常见的线缺陷，这章只对它作简单的介绍。显然，向错也是一种非平衡的缺陷。

还要注意的是，产生线缺陷的沃特拉过程只是用以描述线缺陷的奇异性本质和描述线缺陷的结构的，而实际的线缺陷并不是用沃特拉过程的方式产生的。

3.2.1 位错理论发展简述

在 20 世纪初，人们发现晶体的实际强度和理论计算的强度相差几个数量级，人们就设想晶体中一定存在某种缺陷，晶体的塑性变形是由这些缺陷的移动而进行的。根据塑性变形的晶体学性、不均匀性和滑移行为是逐渐扩展的等特点，这种缺陷应该可以使形变过程在局部地方发生、扩展，而不需要两个晶面作整体的相对刚性滑动。如果是这样，就有可能降低晶体滑移所需要的力。为了符合塑性形变的特点，这些缺陷至少必须满足如下 3 个条件：

（1）由这种缺陷移动引起的滑移要符合滑移的基本特征。

（2）这种缺陷是易动的，按这种设想所估计的临界分切应力应和实测值相近，同时它不像点缺陷那样容易受热激活影响。

（3）能说明这些缺陷的来源和增殖。

在 1907 年，沃特拉（V. Volterra）解决了一类弹性体中内应力不连续的弹性问题，把它称为位错。在 1934 年，波拉尼（M. Polanyi）、奥罗万（E. Orowan）和泰勒（G. I. Taylor）差不多同时独立提出有关这类晶体缺陷（位错）的模型，特别是泰勒明确地把沃特拉位错引入晶体。约菲用正交的尼科耳镜观察岩盐形变，看到岩盐形变时有亮线从晶体一侧传播到另一侧，这个现象说明晶体形变滑移时局部地区有应力集中，并说明滑移是从一侧传播到另一侧的。泰勒注意到这种实验现象，他根据设想的位错排列形状，计算了位错移动所产生的硬化曲线。1939 年柏格斯（Burgers）提出描述位错的一个重要特征量——柏氏矢量，同时引入了螺型位错。在 1940 年皮尔斯（Peierls）提出后来在 1947 年由纳巴罗（Nabarro）修正的位错点阵模型，这个模型突破了一般弹性力学范围，提出了位错宽度的概念，估算了位错开动的应力，这一应力正是和实际晶体屈服应力处在同一数量级。1947 年，科特雷尔（Cottrell）阐明了溶质原子和位错的交互作用并用以解释低碳钢的屈服现象，第一次成功地利用位错理论解决了金属力学性能的具体问题。同年，肖克莱（Shockley）描绘了面心立方形成扩展位错的过程。在 1950 年弗兰克（Frank）和里德（Read）共同提出了位错的增殖机制。上面所列出的是早期位错理论发展的重要过程，那时单个位错的移动规律，位错的交互作用等理论基本已经解决。在 1953 年奈（Nye）和 1954 年比尔拜（Bilby）以及以后的克朗尼（kröner）提出的无限小位错连续分布模型，为研究更复杂的位错组态提供了方法。在解决任意形状位错线的性质方面，由柏格斯在 1939 年提出的位移公式、皮奇（Peach）和克朗尼（Kröner）在 1950 年提出的应力场公式和位错受力公式及布林

(Blin) 在1955年提出的交互作用能公式等，基本上能解决任意形状位错线的性质问题。在1956年，门特（Menter）直接用电镜观察到铂酞花青晶体中位错的存在，同年，赫希（Hirsch）等应用相衬法在电镜中观察到位错的移动，位错理论就在更坚实的基础上发展了。

经过二三十年的探索，直至20世纪50年代末用电镜观察到位错存在之前，已经发展了一套成熟位错基本理论。这些理论描述了位错的几何特性和弹性性质，描述了位错的移动和说明了位错移动与晶体塑性形变的关系，解释了晶体的实际强度比理论强度低的原因，描述了位错自身以及与其他缺陷的交互作用，提出了位错增值的机制等等。这些理论在观察到位错存在以后，都得到一一的证明。现在，晶体中存在位错已是从事材料科学工作的人们所熟知的了，并且了解到，不论是单独的位错或者是大量存在的位错都会对晶态固体的化学、物理和机械行为有巨大的影响。

后来，随着实验设备和计算机技术的发展，对位错核心的组态以及在复杂结构中的位错等方面的研究取得很多很有成效的结果。

3.2.2 位错的几何特征

3.2.2.1 典型位错的几何形态

晶体中有两类典型的位错：刃型位错和螺型位错。

图3-26所示为简单立方晶体中刃型位错的示意图。在晶体中的（001）面取一个割面*ADFE*（图3-26a），割面上、下两侧相对滑动一个点阵常数 $\boldsymbol{b}$ 后重新黏合起来，如图3-26b所示。经过这样的操作后，在割面的边缘留下一根位错线（图中的*FE*），在位错上侧多了一个半原子面（图中的*EFGH*），*E*和*F*分别是位错在晶体两边表面的露头。这种位错的额外半原子面下方存在一个楔型间隙，故称这种位错为刃型位错（或简称刃位错）。位错附近的原子排列如图3-26c所示（为了简单，图中只画出沿位错线方向3个原子层厚的晶体）。从原子排列模型也可以看出，原子的严重错排区集中在位错线附近，离位错较远的地方重新恢复接近完整晶体的排列。如果把图3-26c所示的晶体倒转，则额外半原子面在下侧。习惯上把半原子面在上方的称正刃型位错，用“⊥”符号表示；半原子面在下方的称负刃型位错，用符号“T”表示，所谓正刃型位错和负刃型位错都是相对而言的，如果把晶体倒转，则正、负号相反。从图3-26c中看出，也可以在晶体（100）面取一个割面，割面两侧相对张开位移 $\boldsymbol{b}$，再填入一个半原子面来获得同样的刃型位错。这个操作过程与图3-26b所示的相同。可见，获得同一位错的沃特拉过程与割面位置无关，只与割面两侧的相对位移以及割面的边缘位置有关。

图3-27所示为描述简单立方晶体中左螺型位错的示意图。在晶体中的（001）面取一个割面*ADFE*（图3-27a、b），割面左、右两侧沿［100］方向相对位移一个点阵常数 $\boldsymbol{b}$，位移后右侧割面在*A′DFE′*位置，然后重新黏合起来，在割面的边缘留下一根位错线（图中的*DF*）。图3-27c所示为图3-27b的［001］方向侧视投影图（画出多层原子面），其中“○”表示割面右侧原子，“●”表示割面左侧原子。如果绕位错线以原子间距为步长作回路，这个回路是一根螺旋线，如图3-27d所示，螺型位错（简称螺位错）因此得名。因为图3-27d的螺线是左螺线，所以这个位错称左螺型位错，用“ᘓ”符号表示。如果绕位错所得的是右螺线，则称这个位错为右螺型位错，用“ᘔ”符号表示。注意，左螺型位错和右螺型位错之间没有相对意义，它们是绝对的，即一根右螺型位错不论从哪一个角度看

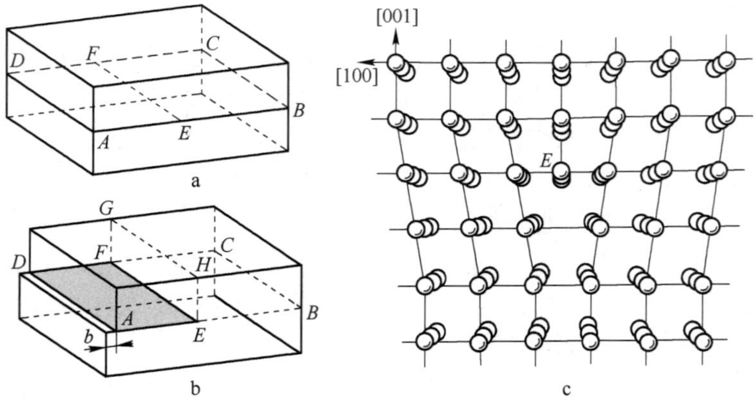

图 3-26 简单立方晶体中刃型位错的示意图

a—晶体中平行于（001）面的 *ADFE* 割面；b—产生位错的沃特拉过程；c—正刃位错的原子模型

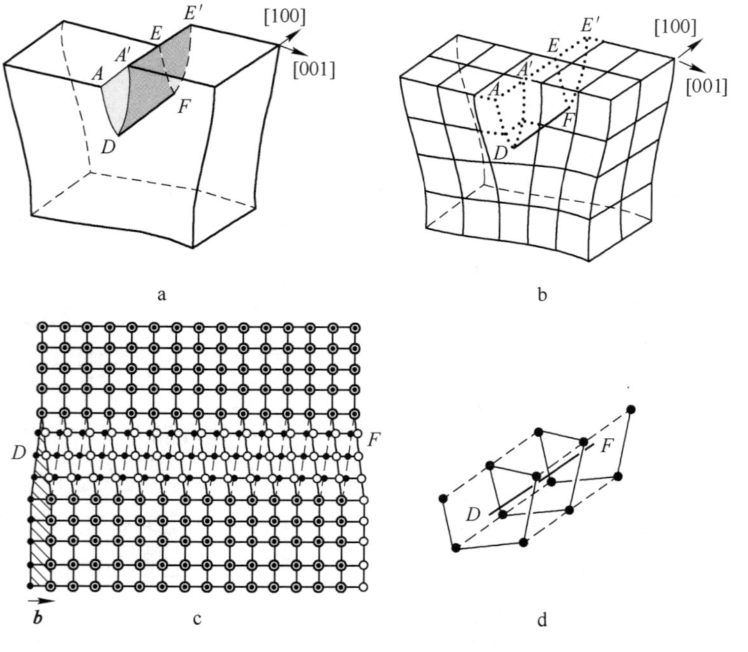

图 3-27 简单立方晶体中左螺型位错的示意图

a—左螺位错模型；b—产生左螺位错的沃特拉过程；c—在［001］方向的侧视投影的原子模型；d—在 *DF* 线邻近原子的螺线排列

都不会变成左螺型位错。

从产生刃型位错和螺型位错的沃特拉过程可以知道，产生刃型位错的割面位移是垂直于位错线的，而产生螺型位错的割面位移是平行于位错线的。如果割面的位移既不垂直又不平行于位错线，这样生成的位错称混合型位错（简称混型位错）。图 3-28 所示为简单立方晶体中混合型位错模型的示意图。在晶体中的（001）面上取一个割面 *ADF*（图 3-

28a)，*ADF* 是割面边缘的曲线，割面上、下两侧沿［010］方向相对位移一个点阵常数 $\boldsymbol{b}$，位移后重新黏合起来，在割面的边缘留下一根位错线（图中的 *ADF*）。图 3-28b 所示为图 3-28a 的顶视投影图（画出多层原子面），其中“∘”表示割面上侧原子，“•”表示割面下侧原子。从图 3-28 中看出，*A* 点是螺型位错，*F* 点是刃型位错，位错线的其他部分都是混合型位错。

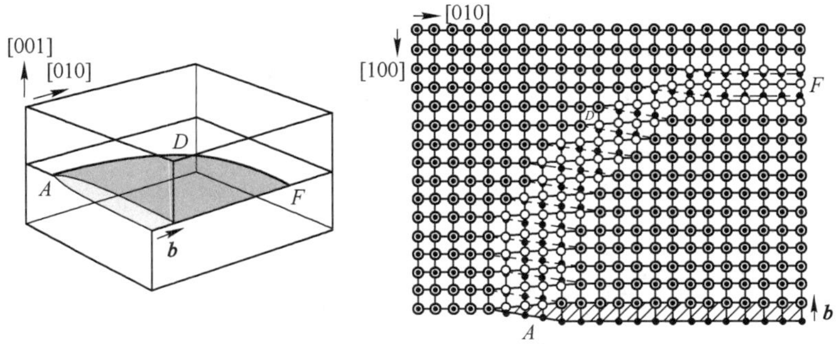

a　　　　　　b

图 3-28　简单立方晶体中混合型位错模型

a—产生位错的沃特拉过程；b—在［001］方向顶视投影的原子模型

虽然在产生沃特拉位错的过程都有一个割面，但割面最终重新黏合后不再留下任何痕迹，如上面已经提及的：产生位错的沃特拉过程与其割面的位置无关。所以，描述位错的几何要素就只有位错线位置和割面的相对位移。位错线某点的位置用该点的切线单位矢量 $\boldsymbol{t}$（切矢量）定义，相对位移矢量 $\boldsymbol{b}$ 表示。位错线某处的 $\boldsymbol{t}$ 和 $\boldsymbol{b}$ 就是唯一确定位错的结构和性质的几何要素。

3.2.2.2　柏氏回路及柏氏矢量

产生沃特拉位错的割面相对位移 $\boldsymbol{b}$ 是刚性的，生成位错后，位错四周产生了位移场。绕着位错的闭合回路每一点的位移叠加值，应该就等于原来割面的相对位移 $\boldsymbol{b}$，这个矢量称柏氏矢量。因为产生任一根位错的沃特拉过程只有一个割面位移 $\boldsymbol{b}$，所以，一根位错线只有唯一一个柏氏矢量。

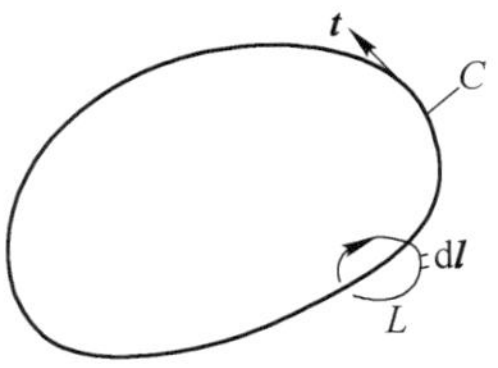

图 3-29　绕位错线作闭合回路计算 $\boldsymbol{b}$

从数学的角度看，对于连续统一体，$\boldsymbol{b}$ 由绕位错的回路 L 的弹性位移 $\mathrm{d}\boldsymbol{u}(l)$ 的线积分得出，如图3-29所示。

$$\boldsymbol{b}=\oint_L \mathrm{d}\boldsymbol{u}(l) \tag{3-56}$$

根据式(3-56)的意义，可以不用计算的方法而用作图的办法求出 $\boldsymbol{b}$。通过绕位错线作闭合回路然后在完整晶体作同一回路来对比的办法得出回路各处位移的叠加，从而获得 $\boldsymbol{b}$。这种方法是 Burgers 提出的，所以，上面所说的回路称为柏氏回路，所出来的位错的平移矢量 $\boldsymbol{b}$ 称柏氏矢量。求出柏氏矢量的具体步骤如下：

（1）人为定义位错线的正向（切方向）单位矢量 $\boldsymbol{t}$。

（2）以 $\boldsymbol{t}$ 方向绕位错线在几乎完整晶体处按原子步作右旋的闭合回路。

（3）在完整晶体中以原子步作相同的回路，因为在绕位错的回路中包含了由位错存在而引起的晶体畸变，所以在完整晶体中这一回路它必然是不闭合的，由此从不闭合回路的终点 F 指向起点 S 的矢量 $\boldsymbol{FS}$，就是柏氏矢量 $\boldsymbol{b}$。

这种方法用的是右旋回路，并且定义柏氏矢量是从终点 F 指向起点 S 的，所以这种方法记为 RH/FS 法。因为位错线的切向的指向是人为规定的，所以当规定位错线的切向相反时，所得的柏氏矢量也同时反向。

图 3-30 所示为确定柏氏矢量的例子。在图 3-30a、b 左图中的 $MNOPQ$ 是绕刃型位错和螺型位错的柏氏回路，而在图 3-30a、b 右图中的 $MNOPQ$ 是在完整晶体中作的相同回路，这两个回路都不闭合。从不闭合回路的终点指向始点的矢量 $\boldsymbol{QM}$ 就是柏氏矢量。

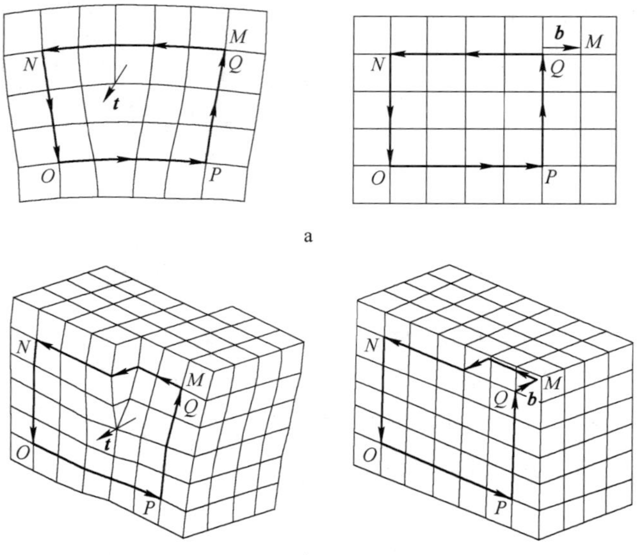

图 3-30　柏氏矢量的确定
a—刃型位错；b—螺型位错

既然柏氏矢量是表征位错线的一个特征矢量，用它和位错切矢量应该可以明确地定义位错的类型。从图 3-30 看出，位错线切矢量和其柏氏矢量垂直（即 $\boldsymbol{t}\cdot\boldsymbol{b}=0$）的是刃型位错，$\boldsymbol{t}\times\boldsymbol{b}$ 指向半原子面一方。位错线切矢量和其柏氏矢量平行的是螺型位错，若 $\boldsymbol{t}\cdot\boldsymbol{b}=|\boldsymbol{b}|$ 是右螺型位错，$\boldsymbol{t}\cdot\boldsymbol{b}=-|\boldsymbol{b}|$ 是左螺型位错。位错线切矢量和其柏氏矢量既非垂直又非平行的是混合型位错。在后面的讨论中可知，直刃位错与直螺位错的应力场没有重叠部分，所以，可以把它认为是刃位错分量与螺位错分量的叠加。若 $\boldsymbol{b}$ 与 $\boldsymbol{t}$ 的夹角为 φ，可以把混型位错看成是柏氏矢量等于 $b\sin\varphi$ 的刃型分量与柏氏矢量等于 $b\cos\varphi$ 的螺型分量的叠加。

定义位错线与柏氏矢量共面的面为滑移面。刃型位错的滑移面是唯一的，只有一个滑移面；因为螺型位错的位错线切矢量与柏氏矢量是同线的，所以滑移面不是唯一的。

例 3-4　在 fcc 单晶体中做了如下操作获得的是什么位错？柏氏矢量是什么？

(1) 抽出 (111) 面的一个圆片，然后圆片两侧再重新粘合。

(2) 沿 (111) 面切开一部分，割面边缘是 $[0\bar{1}1]$ 和 $[10\bar{1}]$，切面两侧相对位移 $a[0\bar{1}1]/2$。

(3) 插入两个 $(1\bar{1}0)$ 半原子面，此面终止在 (111) 面上。

解：(1) 抽出 (111) 面的一个圆片后再重新粘合，相当于把 (111) 面割开，相对向内位移一个 (111) 面的面间距 $a[111]/3$，然后去掉重合的部分，所以其边缘形成的位错的柏氏矢量是割面相对位移的矢量 $\boldsymbol{a}[111]/3$。因为位错线处在 (111) 面上，柏氏矢量与位错线垂直，所以它是刃型位错。

(2) 割面两侧相对位移 $a[0\bar{1}1]/2$，所以位错的柏氏矢量就是 $\boldsymbol{a}[0\bar{1}1]/2$。割面边缘是 $[0\bar{1}1]$ 切方向的位错线，位错线与柏氏矢量平行，它是螺型位错；割面边缘是 $[10\bar{1}]$ 方向的位错，位错线与柏氏矢量既不平行也不垂直，它是混合型位错。

(3) 插入两个 $(1\bar{1}0)$ 半原子面相当于把 $(1\bar{1}0)$ 面割开，然后相对向外位移两个 $(1\bar{1}0)$ 面的面间距 $a[0\bar{1}1]/2$，再填充原子，所以割面边缘位错的柏氏矢量就是 $\boldsymbol{a}[0\bar{1}1]/2$。因割面边缘终止在 (111) 面上，所以位错线是 $(1\bar{1}0)$ 面和 (111) 面的交线，交线的方向是 $[1\bar{1}0]\times[111]=[11\bar{2}]$，即位错线的方向是 $[11\bar{2}]$。$[11\bar{2}]$ 与柏氏矢量 $\boldsymbol{a}[0\bar{1}1]/2$ 垂直，所以它是刃型位错。

例 3-5 一个圆筒状的“半原子面”插入晶体，如图 3-31 所示，半原子面的底端（如图中的 C 线）是否构成位错，为什么？

解：一个圆筒状的“半原子面”插入晶体，相当于圆筒面同时径向位移一个原子间距。如果把圆筒面看做是割面，这个割面处的位移矢量方向不同。按照产生位错的沃特拉过程要求，只能有一个割面的位移矢量。所以半原子面底端的 C 线并不是位错线。整个圆筒面为一面缺陷。

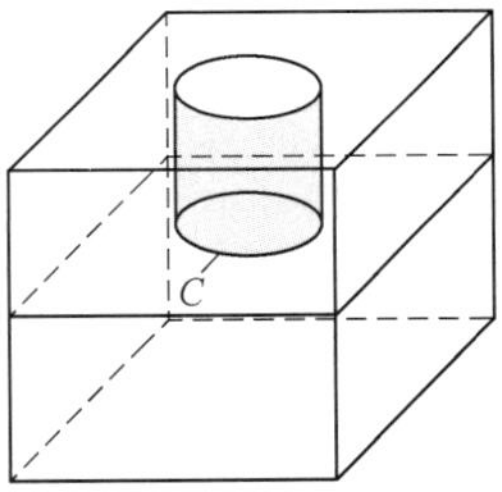

图 3-31 圆筒状的“半原子面”插入晶体

因为柏氏矢量是位错周围的晶格畸变量的叠加，所以无论一根位错的柏氏回路怎样任意扩大、移动，只要在扩大和移动过程不和原位错线或其他位错线相遇，那么，回路中包含的畸变不会改变，由它确定的柏氏矢量也不会改变，这就是柏氏矢量的守恒性。从这一点引申，我们可以得到如下的重要概念：

(1) 一根不分岔的位错线，不论它的形状如何变化，它只有一个恒定的柏氏矢量。

(2) 确定一根位错线的结构要同时给出位错的切方向和柏氏矢量，如果将位错线的指向（切方向）反向，则柏氏矢量同时也反向。

(3) 一根位错线不能终止在晶体内部，只能终止于晶体表面或晶界。若它终止在晶体中部，则必和其他位错线连接，相交于一点，或者自成封闭的位错环。

从产生刃位错的 Volterra 过程可以知道，奇异线（位错线）两侧相差 $\boldsymbol{b}$ 的位移，但若位错线终点在晶体内，在终点处是没有这一位移的，因而是不可能的。例如，设一根位错终止在晶体内部 O 点，如图 3-32a 所示，绕着这根位错作柏氏回路 L 获得柏氏矢量为 $\boldsymbol{b}$。把这一柏氏回路扩大移动到位错线终点 O 以外，如图 3-32a 中的 L'。从两个角度来看这个柏氏回路：如果把它看做是从 L 扩大移动得来的，那么它获得的柏氏矢量是 $\boldsymbol{b}$；但是把它看做是独立所作的回路，则这个回路没有包围任何位错，它获得的柏氏矢量应为 0。同一个回路，不同角度所得的结果相悖，所以这个问题的前提是错误的，即一根位错线不能终止在晶体内部。

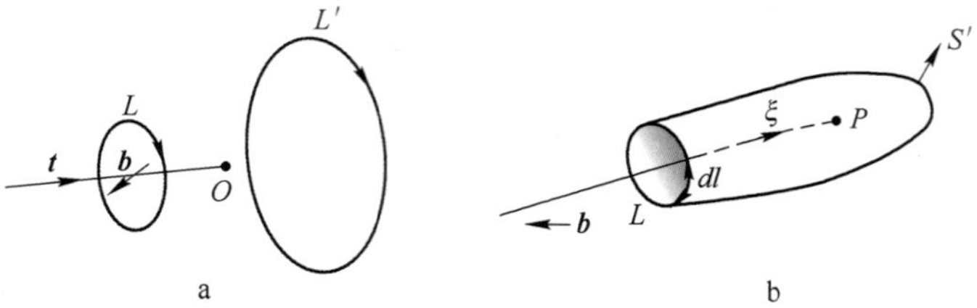

图 3-32 柏氏矢量

还可以用数学方法证明（按斯托克斯定理，把闭路线积分换成面积分）：

假设一根位错终止在晶体内部，绕这根位错作一右旋回路 L，如果它是一根真实的位错，那么，柏氏矢量的某一分量 $\boldsymbol{b}_i$ 为

$$b_i = \oint_L \frac{\partial u_i}{\partial x_k}\mathrm{d}x_k = \oint_L \left(\frac{\partial u_i}{\partial x_1}\mathrm{d}x_1 + \frac{\partial u_i}{\partial x_2}\mathrm{d}x_2 + \frac{\partial u_i}{\partial x_3}\mathrm{d}x_3\right) \tag{3-57}$$

如果以回路 L 为界作一曲面 S'，它把位错终点 P 包含在曲面 S' 内侧，如图 3-32b 所示，根据 Stokes 定理，对 L 的线积分可换成对 S' 的面积分

$$b_i = \oint_L \frac{\partial u_i}{\partial x_k}\mathrm{d}x_k = \int_S \boldsymbol{\varepsilon}_{klm} \frac{\partial^2 u_i}{\partial x_l \partial x_m}\mathrm{d}s'_k = 0 \tag{3-58}$$

式中，$\boldsymbol{\varepsilon}_{klm}$ 是置换张量（置换符号），它的值为

$$\boldsymbol{\varepsilon}_{klm} = \begin{cases} \text{若 } \boldsymbol{k},\ \boldsymbol{l},\ \boldsymbol{m} \text{ 是偶置换}, & =+1 \\ \text{若 } \boldsymbol{k},\ \boldsymbol{l},\ \boldsymbol{m} \text{ 是奇置换}, & =-1 \\ \text{任两个下标相同}, & =0 \end{cases} \tag{3-59}$$

式（3-58）的结果与原来假设的矛盾，这说明假设的前提是错误的。

(4) 交汇在一点的各位错线，如果从交汇点向外的方向定为位错线的切向（或相反），则这些位错的柏氏矢量总和为零。

若以 $\boldsymbol{b}_i$ 表示第 i 根位错的柏氏矢量，则 $\Sigma \boldsymbol{b}_i = 0$。这类似于电路中的 Kirchoff 定律。

证明：设柏氏矢量分别为 $\boldsymbol{b}_1$、$\boldsymbol{b}_2$、$\boldsymbol{b}_3$ 的 3 个位错汇聚于 O 点，如图 3-33 所示。如把绕 $\boldsymbol{b}_1$ 位错线的柏氏回路扩大，移动到包围其他两个位错的区域。从两个角度来看这个柏氏回路：因为在移动过程中完全没有遇上其他位错，所以这个回路所确定的柏氏矢量始终不变，仍为 $\boldsymbol{b}_1$。从另一方面看，这回路包括了 $\boldsymbol{b}_2$、$\boldsymbol{b}_3$ 两个位错，因而这回路所累积的点阵畸变应为这两个位错点阵畸变之和，即 $\boldsymbol{b}_2 + \boldsymbol{b}_3$。但是考虑到大回路和两个小回路的方向相反，故：

$$\boldsymbol{b}_1 = -(\boldsymbol{b}_2 + \boldsymbol{b}_3)$$

即

$$\Sigma \boldsymbol{b}_3 = 0$$

既然位错不能终止在晶体位错内部，因此，在晶体中的位错组态常是位错网络，图 3-34 是晶体经充分退火后的位错网络排列的示意图。除了位错网络外，位错还可以单独地以位错环的形式存在。在经强烈冷加工后，晶体中的位错组态很复杂，经常出现像发团一样的位错“缠结”。

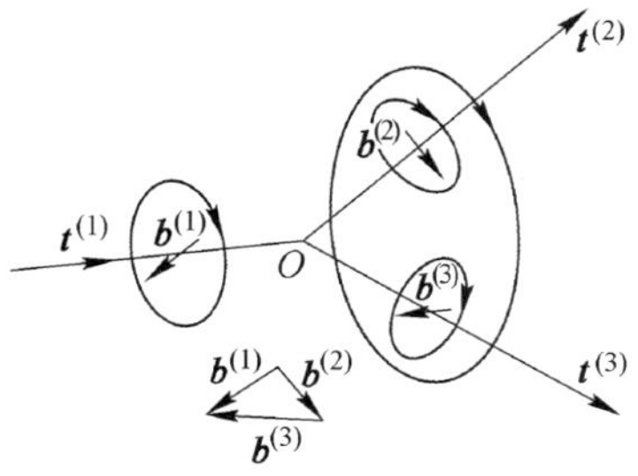

图 3-33 柏氏矢量守恒性的说明

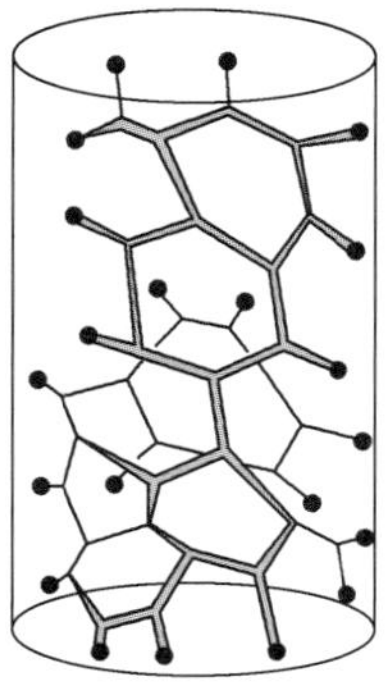

图 3-34 经充分退火的晶体中位错网络排列的示意图

虽然位错是一种非平衡缺陷，但是由于位错网络中位错结点的力学平衡，也因为位错很容易增殖，所以除非特殊制作的晶体（晶须），否则在晶体中很难去除位错。以 ρ 表示晶体中总位错含量，称位错密度。位错密度定义为单位体积中含位错的总长度，即 $\rho = L/\mathcal{V}$，其中 L 为体积 $\mathcal{V}$ 中的位错线总长度。ρ 的量纲是 m^{-2} 或 cm^{-2}。另一种更为方便的定义是在单位面积上截过的位错数目。如果所有的位错线平行且垂直于截面，这两种定义的密度值是相同的。但对于完全随机排列的位错组态，按体视学原理可知，体密度是面密度的 2 倍。在充分退火的金属晶体中，ρ 通常在 $10^6 \sim 10^8 cm^{-2}$ 之间。位错密度随塑性变形而快速增加，强烈冷加工金属 ρ 的典型值约为 $10^{10} \sim 10^{12} cm^{-2}$。在非金属晶体中 ρ 通常低些，例如在精心制备的半导体晶体中 ρ 可低至 $10 cm^{-2}$。在位错密度为 ρ 的网络间位错的平均距离的数量级为 $\rho^{-1/2}$。

3.2.3 位错的观察

观察位错的方法可以分间接观察和直接观察两类。在位错概念引入晶体之初，限于当时的实验条件还未能直接观察到位错，人们曾经采用多种间接的方法研究位错的排列组态、位错密度和柏氏矢量等。这些方法有浸蚀坑法、缀饰法等。最早对位错进行直接观察的是门特在 1956 年用电子显微镜对铂酞花青晶体的位错观察，因为当时的电子显微镜的分辨率不高，所以选择点阵常数比较大的铂酞花青晶体并用两层晶体叠加的水纹图形来观察位错。随着电子显微镜的不断发展，透射电子显微术（TEM）已是研究位错性质和过程的常用方法。当出现高分辨率电子显微镜技术后，能够直接观察到原子面和原子影像，这样可以更直接地观察位错。X 射线拓扑法也能直接观察位错，但是其分辨率比电镜低得多。此外，还可以用场离子显微镜直接观察在晶体表面上位错的露头。

近年来，计算机模拟方法也广泛应用于分析电镜所获得的位错影像，也用以推测位错附近的原子排列结构。

（1）浸蚀坑法。位错在晶体表面的露头被浸蚀后会出浸蚀坑，出现浸蚀坑是因为在位错露头附近的原子排列不同于晶体表面的其他地方，从而在位错附近的晶体性质与其他地方的晶体性质有很大的差异：位错附近有很大的点阵畸变、位错附近有杂质富集等。这些差异使在浸蚀过程中这些地方的原子更容易去掉，从而出现浸蚀坑。浸蚀坑的大小和形状与位错类型、位错附近杂质富集的程度有关。浸蚀的方法有热浸蚀、化学浸蚀和电解浸蚀等。图 3-35 所示为位错在表面的露头处出现的浸蚀坑示意图。图3-35a所示为刃位错的浸蚀坑，呈圆锥状；图 3-35b 所示为螺位错的浸蚀坑，呈螺旋状，这是晶体依靠螺位错长大（参见第 7 章 7.4.3.1 节）的反过程。图 3-36 是氟化锂表面浸蚀出的位错露头的浸蚀坑，每一个坑对应一个位错的露头。在讨论界面时将知道（参见第 4 章 4.2.2.2 节），图中连续并排的位错实质上是小角度晶界。

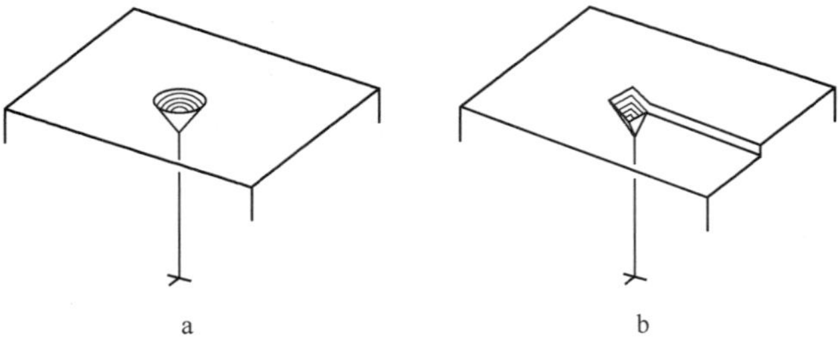

图 3-35　在位错露头处产生的浸蚀坑
a—刃位错；b—螺位错

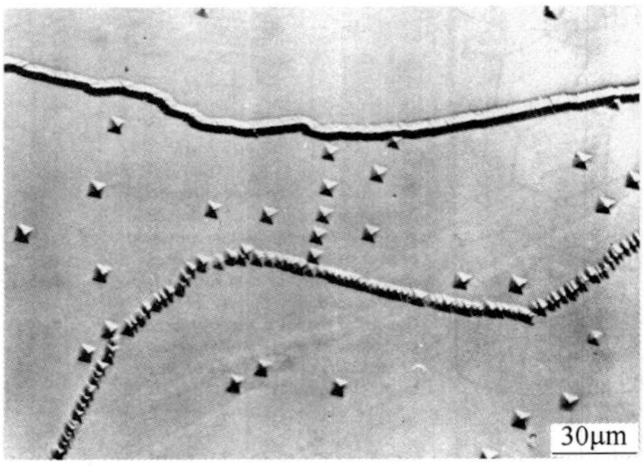

图 3-36　氟化锂表面的浸蚀坑

很显然，只能对低位错密度（$<10^{10}\mathrm{m}^{-2}$）材料用浸蚀坑的方法来显示位错，因为过高的位错密度会使浸蚀坑相互重叠而不能分辨。

（2）缀饰法。对于含位错的盐类透明的晶体，因为位错是沉淀物易于形核的地方，可以引入在位错上的沉淀相来缀饰位错，使位错可以在光学显微镜下观察到。图 3-37 所示为用杂质缀饰 KCl 晶体中的位错网络（晶体是透明的，白色的网络是被缀饰的位错）。这种方法也只限于应用在低位错密度的晶体中。

（3）电子显微镜法。电子显微镜是用高能电子穿过晶体薄膜来观察位错。对能量在 10^5 ~ 10^9eV 的电子来说，厚度小于 100 ~ 1000nm 的薄膜晶体是透明的。由于位错附近的晶体畸变，原子面弯曲，若弯曲的原子面所处的布拉格角使电子衍射而偏离主电子束，通过不同的衍射面使位错成像，这是一种应变衬度成像现象。图 3-38a 所示为在电镜上透过薄膜晶体观察到的真实位错影像，图 3-38b 所示为该晶体薄膜的三维图像示意图。位错从晶体薄膜上端延伸至薄膜下端。因为图 3-38a 观察到的图像是三维的投影图，所以位错在薄膜的上、下端点都投影到图像中，不要误会其端点是处在晶体内部。

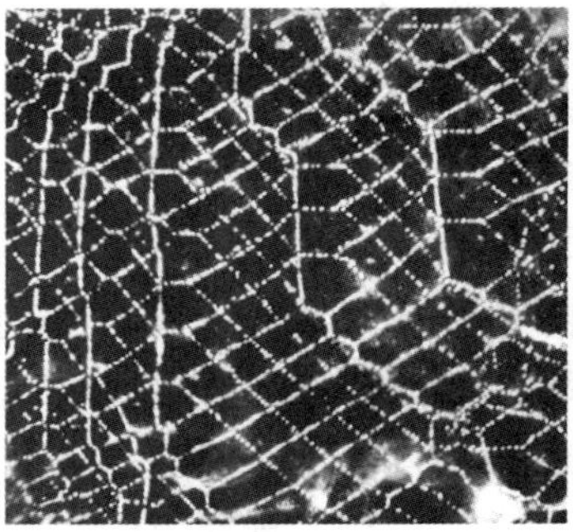

图 3-37　用杂质缀饰 KCl 晶体中的位错网络

高分辨率电镜技术可以直接观察到原子的影像，这样，用高分辨率电镜技术可以更直接地观察位错。图 3-39a 所示为 Ga 晶体中刃型位错的高分辨电子显微像，亮点代表原子，图中还画出了柏氏回路。图 3-39b 所示为 PbTe 薄膜中的位错，影像面是（100）面，亮点代表原子，PbTe 具有 NaCl 晶体结构，因此刃型位错下侧具有两个超额半原子面。

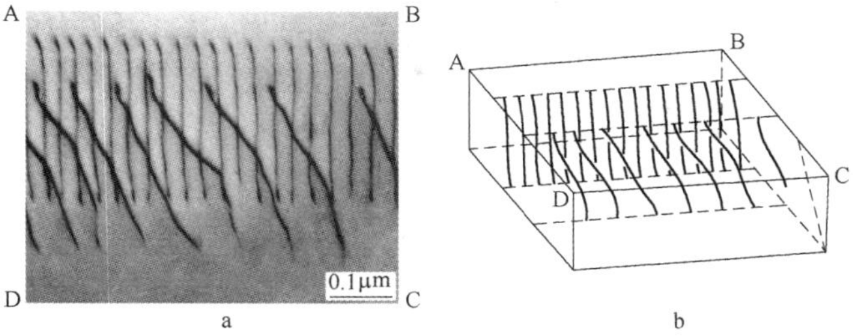

图 3-38 电子显微镜观察位错

a—观察晶体薄膜中的位错影像；b—晶体薄膜的三维示意图

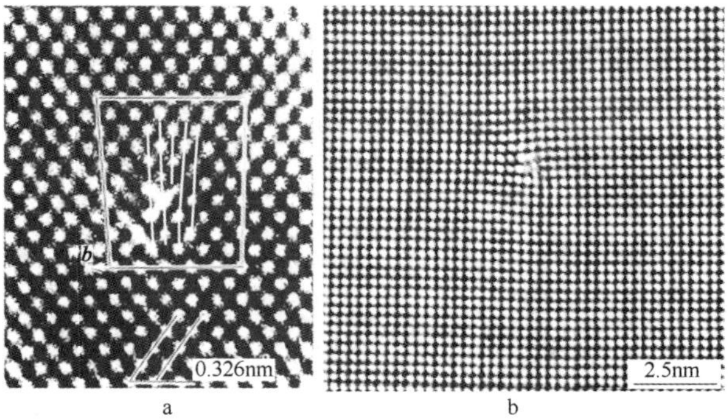

图 3-39 高分辨电子显微镜观察到的位错影像

a—Ga 晶体中的刃型位错；b—PbTe 薄膜中的位错，影像面是（100）面（亮点代表原子）

图 3-40 为扫描透射电镜（STEM）的电子层析成像 3D 重建，展示奥氏体钢中位错网络的三维空间排列，通过这种层析重建，可以直接测定位错密度。

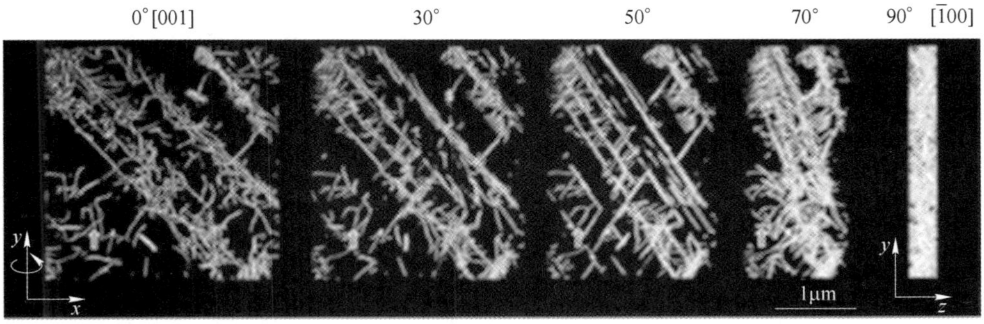

图 3-40 奥氏体钢试样的双轴 STEM 层析成像，重建三维位错排列的投影视图

（试样倾斜角度在每幅图像中表示）

（4）X 射线衍射拓扑法。X 射线衍射法和电镜的电子衍射法相似，通常适用于单晶体试样，利用位错附近衍射条件和位错外的基体不同而获得位错影像。X 射线比电子透入试样的深度大些，但其分辨率比电子衍射的低，也只适合用在低位错密度（10^6cm^{-2}）的场合。图 3-41 所示为 Si 单晶位错的 X 射线衍射拓扑影像。

（5）场离子显微镜（FIM）法。场离子显微镜的分辨率可达 0.2～0.3nm，可以显示出原子的位置。图 3-42a 所示为场离子显微镜的原理简图。试样是一根短细丝，一端焊接在电极上，另一端经电解浸蚀成直径约为 10~30nm 的尖端。整个设备保持 10^{-6}Torr（等于 1/760 大气压）真空，但放入少量的 He 或 Ne 等造影气体，使气压为 10^{-3}Torr，然后在电极和屏幕间加上 5~15kV 高压，屏幕为负极。在这样的高压下（试样尖端电压达 5V/at），试样表面裸露出正的金属离子。两极间的电场使造影气体原子极化，以高速向金属表面碰撞。碰撞时把自己的自由电子传递给表面试样的正离子，自己变成正离子。在电场的作用下，它沿着电力线方向打到屏幕上，使屏幕出现一个光点，这个光点反映了试样表面一个原子的中心位置，从而在屏幕可以看到试样尖端的原子排列情况。因为场电离过程强烈地依赖于电场，造影气体原子在高场强位置上优先电离，因此使顶角或突出位置的原子电离。又因为试样表面上晶体不同区域的曲率半径不同，像的亮度也有变化。因为观察到的是试样的尖端表面，所以在图中影像点大部分排列成一系列同心圆，每个同心圆环反映了试样晶体的极面。图 3-42b所示为 TiAl 中一根与（001）面相交的螺位错的 FIM 像。图中见到（001）面的一组同心圆环已转变为一组双头螺线。一条明亮的螺线为铝原子面的边缘，一条较暗的螺线为钛原子面的边缘。这是一个超位错，关于超位错在后面讨论有序合金时再作详细讨论。

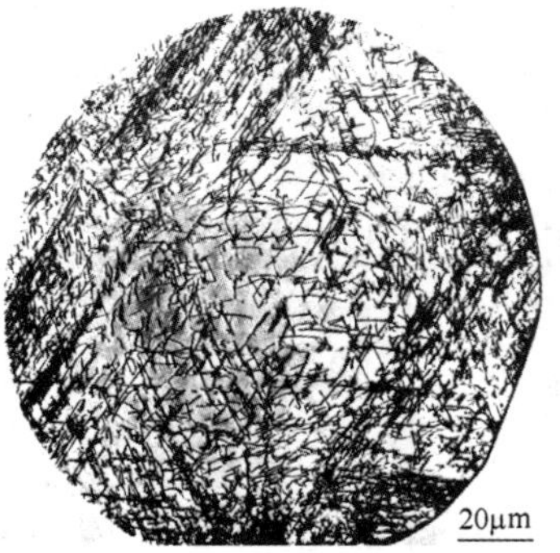

图 3-41　Si 单晶位错的 X 射线衍射拓扑影像

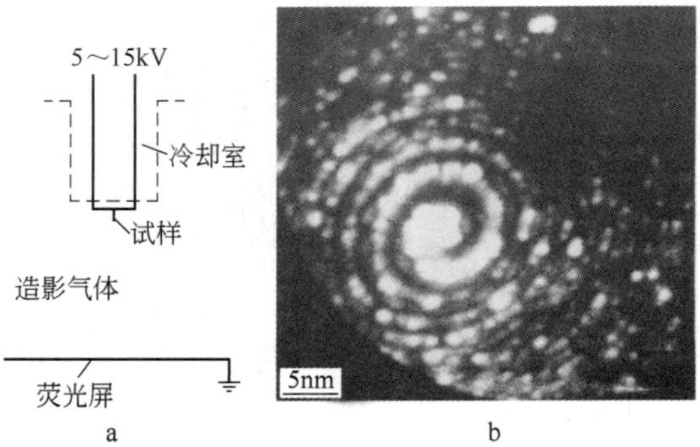

图 3-42　场离子显微镜观察位错

a—场离子显微镜的原理简图；b—TiAl 中一根与（001）面相交的螺位错的 FIM 像

根据场离子显微镜的原理可知，它还可以观察表面的空位、晶界、有序相的原子排列，此外还可以利用场蒸发逐层去掉表面原子观察研究表面三维结构。

3.2.4　位错的弹性性质

位错线是局部畸变的区域，在它附近必然产生长程弹性应力场和弹性应变能。为了研究这一应力场和能量，我们假设晶体是一个连续的各向同性的弹性介质，并忽略位错中心附近的点阵结构的影响，根据线弹性理论就可以获得非常接近真实情况的位错应力场的表达形式。当知道了应力场后，可以求出位错存在所引起的弹性应变能，从而可以解决位错间的弹性交互作用、位错和点缺陷以及其他弹性场的弹性交互作用等问题。

为了简化，主要讨论直位错的弹性性质。弯曲位错的情况比较复杂，这里只给出应用的结果。幸运的是，知道直位错的弹性性质后，就可以定性地、半定量地（甚至可以定量地）解释和了解大部分位错的行为以及位错行为与晶体性能的关系。

3.2.4.1　弹性理论的基本概念

在讨论位错的弹性性质之前，先概括地介绍弹性理论的基本概念。

弹性体在力的作用下，会产生位移场 $\boldsymbol{u}$，应变场 $\boldsymbol{\varepsilon}$ 和应力场 $\boldsymbol{\sigma}$。位移场 $\boldsymbol{u}$ 是矢量场，在笛卡尔直角坐标系下，设 3 个相互垂直按右手旋转的坐标为 x、y 和 z，它们的单位矢量分别为 $\boldsymbol{e}_x$、$\boldsymbol{e}_y$ 和 $\boldsymbol{e}_z$，则 $\boldsymbol{u}$ 表达为：

$$\boldsymbol{u} = u_x\boldsymbol{e}_x + u_y\boldsymbol{e}_y + u_z\boldsymbol{e}_z \tag{3-60}$$

A 应力矢量、应力张量、应变张量

在外力 $\boldsymbol{f}$ 作用下，弹性体 D 内每一点都处于受力状态，过某一点 P 沿某一截面 S 截开，截面外法线单位为 $\boldsymbol{n}$，截面两侧有相互作用力，如图 3-43 所示。

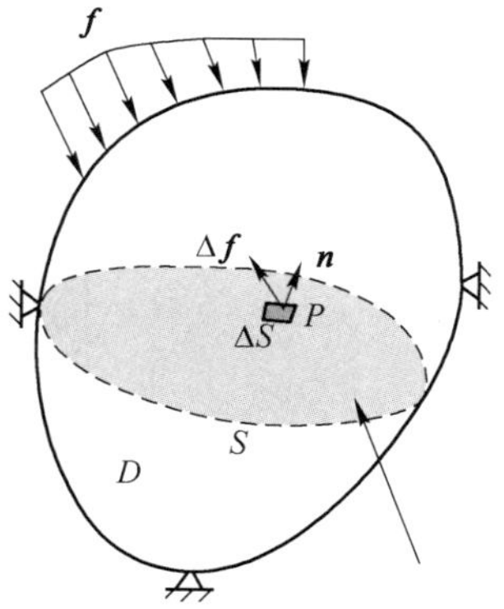

图 3-43 弹性体受力分析

在截面某面元 ΔS 受力 $\Delta \boldsymbol{f}$，这个力的方向一般不与法线方向相同。这个面元单位面积所受的面力 $\Delta \boldsymbol{f}/\Delta S$ 称为这点在 $\boldsymbol{n}$ 方向的应力矢量，记为 $\boldsymbol{f}^{(n)}$。显然，过这点不同截面（即不同的截面 $\boldsymbol{n}$）的 $\boldsymbol{f}^{(n)}$ 是不同的。为了正确表示这点的受力状态，取参考坐标系（x、y、z）3 个基矢（$\boldsymbol{e}_x$、$\boldsymbol{e}_y$、$\boldsymbol{e}_z$）为法线的截面的 3 个应力矢量 $\boldsymbol{f}^{(x)}$、$\boldsymbol{f}^{(y)}$、$\boldsymbol{f}^{(z)}$ 来表示。这 3 个应力矢量通常都不会和这 3 个基面的法线平行，再把这 3 个应力矢量各在 3 个基矢上投影，获得 9 个分量：

$$\sigma_{ij} = \boldsymbol{f}^{(i)} \cdot \boldsymbol{e}_j \qquad (i,\ j = x,\ y,\ z) \tag{3-61}$$

上式展开的 9 个分量为：

$$\boldsymbol{\sigma} = \begin{bmatrix} \sigma_{xx} & \sigma_{xy} & \sigma_{xz} \\ \sigma_{yx} & \sigma_{yy} & \sigma_{yz} \\ \sigma_{zx} & \sigma_{zy} & \sigma_{zz} \end{bmatrix} \tag{3-62}$$

可以证明，应力是张量。相应的应变场 $\boldsymbol{\varepsilon}$ 也是张量：

$$\boldsymbol{\varepsilon} = \begin{bmatrix} \varepsilon_{xx} & \varepsilon_{xy} & \varepsilon_{xz} \\ \varepsilon_{yx} & \varepsilon_{yy} & \varepsilon_{yz} \\ \varepsilon_{zx} & \varepsilon_{zy} & \varepsilon_{zz} \end{bmatrix} \tag{3-63}$$

在静力场下，应力张量和应变张量都是对称张量，$\sigma_{ij}=\sigma_{ji}$，$\varepsilon_{ij}=\varepsilon_{ji}$，其中 i、j 分别可以是 x、y、z。注意，这里的应变张量中的 ε_{ij} 等于工程切应变 γ_{ij} 的 1/2。因为是对称张量，应力张量和应变张量各只有 6 个独立分量。对于应力，两个下标表示的意义是：其中一个下标表示力作用面的法线方向，另一个下标表示力的方向。当两个下标相同时是正应力，当两个下标不同时是切应力。有时把应力张量 σ_{ij}（$i \neq j$）切应力写成 τ_{ij}。对于应变，两个下标表示的意义是：两个下标相同时，表示是该方向的正应变，两个下标不同时，表示是这两个垂直方向的切应变。无论应力或应变，当两个下标所表示的方向同为正或同为负时，则该量是正的；否则是负的。图 3-44a 所示为作用在直角坐标（x，y，z）中一个小体积元的各个应力分量。如果是在柱坐标下，应力和应变下标的 i、j 则分别可以是 r、θ、z，图 3-44b 所示为在柱坐标 r、θ 处一个小体积元的各个应力分量。

所谓张量，是指按一定的张量规则进行坐标变换的量。表达一种材料的某种物理性质的量应该是材料的禀性量，但是所设的参考坐标不同，它的数学表达式有所不同，显然不同坐标下所表达的式子一定要按某种规则进行变换才能保证不改变这些性质的禀性。矢量

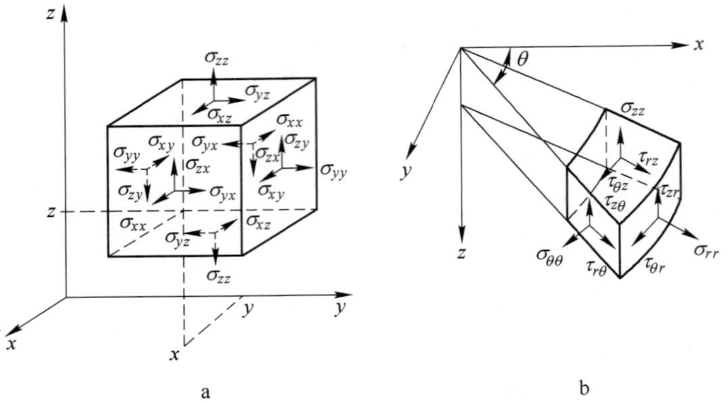

图 3-44 作用在一个小体积元的各应力分量

a—直角坐标；b—柱坐标

是一阶张量，应力、应变是二阶张量。矢量有 3 个分量，例如矢量 $\boldsymbol{P}$ 的分量是 p_i，它的下标 i 可以分别为 x、y、z；二阶张量有 9 个分量，例如二阶张量 M 的分量是 m_{ij}，同样，它的下标 i 和 j 也可以分别为 x、y、z。假设在第一个坐标与第二个坐标间的变换矩阵为 $\boldsymbol{A}$（见第 1 章式(1-8a)，这里的 x、y、z 等效于式(1-8a)的 x_1、x_2、x_3），某一矢量 $\boldsymbol{P}$ 在第一坐标下的分量是 p_j，它在第二坐标 $\boldsymbol{p}'$ 下的分量是 p_i'，p_i'和 p_j间的关系是：

$$p_i' = \sum_{j=x,\ y,\ z} A_{ij} p_j \tag{3-64}$$

若某一二阶张量 $\boldsymbol{M}$ 在第一坐标下的分量是 m_{kl}，它在第二坐标下 $\boldsymbol{M}'$的分量是 m_{ij}'，则 m_{ij}'与 m_{kl}间的关系是：

$$m_{ij}' = \sum_{k=x,\ y,\ z} \sum_{l=x,\ y,\ z} A_{ik} A_{jl} m_{kl} \quad \text{或写成} \quad \boldsymbol{M}' = \boldsymbol{A} \cdot \boldsymbol{M} \cdot \boldsymbol{A}^{(T)} \tag{3-65}$$

如果知道某点的应力张量 $\boldsymbol{\sigma}$，可以求出过这点任何方向截面（$\boldsymbol{n}$）上的应力矢量$\boldsymbol{f}^{(n)}$：

$$\boldsymbol{f}^{(n)} = \boldsymbol{n} \cdot \boldsymbol{\sigma} \tag{3-66}$$

上式是张量运算。$\boldsymbol{f}^{(n)}$ 在坐标架也有 3 个分量，$\boldsymbol{f}^{(n)}$ 的第 j 分量 $f_j^{(n)}$（$j=x$，y，z）为：

$$f_j^{(n)} = n_x \sigma_{xj} + n_y \sigma_{yj} + n_z \sigma_{zj} \tag{3-67}$$

式中，n_x、n_y、n_z分别是截面法线 $\boldsymbol{n}$ 在坐标架的 3 个分量。

B 应变场 $\boldsymbol{\varepsilon}$ 和位移场 $\boldsymbol{u}$ 的关系

位移场 $\boldsymbol{u}$ 与应变场 $\boldsymbol{\varepsilon}$ 的关系是：

$$\varepsilon_{ij} = \frac{1}{2}\left(\frac{\partial u_j}{\partial x_i} + \frac{\partial u_i}{\partial x_j}\right) \tag{3-68}$$

对于柱坐标，位移场在坐标架的 3 个分量 u_r、u_θ、u_z，它们和应变的关系为：

$$\begin{cases} \varepsilon_{rr} = \dfrac{\partial u_r}{\partial r}, \qquad \dfrac{1}{r}\dfrac{\partial u_\theta}{\partial \theta}, \qquad \varepsilon_{zz} = \dfrac{\partial u_z}{\partial z} \\ \varepsilon_{r\theta} = \dfrac{1}{2}\left(\dfrac{1}{r}\dfrac{\partial u_r}{\partial \theta} + \dfrac{\partial u_\theta}{\partial r} - \dfrac{u_\theta}{r}\right) \\ \varepsilon_{rz} = \dfrac{1}{2}\left(\dfrac{\partial u_r}{\partial z} + \dfrac{\partial u_z}{\partial r}\right), \qquad \varepsilon_{\theta z} = \dfrac{1}{2}\left(\dfrac{\partial u_\theta}{\partial z} + \dfrac{\partial u_z}{r\partial \theta}\right) \end{cases} \tag{3-69}$$

应变分量包含 6 个方程，但是因为应变场是由位移场导出的，而位移只有 3 个独立的分量，所以这 6 个方程是相关的，是通过应变连续方程联系的。应变场的 3 个正应变之和等于体积变化率 $\Delta\mathcal{V}/\mathcal{V}$：

$$\Delta\mathcal{V}/\mathcal{V} = \varepsilon_{xx} + \varepsilon_{yy} + \varepsilon_{zz} \tag{3-70}$$

作用在体积元的正应力平均值称平均压力或有效压力（平均水静压力）p：

$$p = \frac{1}{3}(\sigma_{xx} + \sigma_{yy} + \sigma_{zz}) \tag{3-71}$$

C 本构关系（称胡克定律）

对于各向同性弹性介质，应力场和应变场间的本构关系是：

$$\begin{gathered}\sigma_{xx} = (\lambda + 2\mu)\varepsilon_{xx} + \lambda(\varepsilon_{yy} + \varepsilon_{zz})\\ \sigma_{yy} = (\lambda + 2\mu)\varepsilon_{yy} + \lambda(\varepsilon_{zz} + \varepsilon_{xx})\\ \sigma_{zz} = (\lambda + 2\mu)\varepsilon_{zz} + \lambda(\varepsilon_{xx} + \varepsilon_{yy})\\ \sigma_{xy} = 2\mu\varepsilon_{xy} \quad \sigma_{yz} = 2\mu\varepsilon_{yz} \quad \sigma_{zx} = 2\mu\varepsilon_{zx}\end{gathered} \tag{3-72}$$

式中，μ 和 λ 称为拉梅系数。拉梅系数与工程的弹性系数切变模量 G、杨氏模量 E、泊松比 ν、压缩系数 K_0的关系是：

$$G = \mu \qquad \nu = \lambda/2(\lambda + \mu) \qquad E = 2\mu(1 + \nu) \qquad K_0 = E/3(1 - 2\nu) \tag{3-73}$$

各向同性弹性体的各种弹性常数中，只有两个是独立的，即其中任意两个可以表达其余的弹性常数。

弹性体中建立了应力场后，则弹性体具有弹性应变能。因弹性体应力场各处的应力不同，所以各处的弹性应变能密度 w（定义为单位体积的弹性应变能）不同。w 表达为：

$$w = \frac{1}{2}\sum_{i=x,\ y,\ z}\sum_{j=x,\ y,\ z}\sigma_{ij}\varepsilon_{ij} \tag{3-74}$$

如果讨论用的是柱坐标系，则在上述各种关系中除了位移场与应变的关系不同外，其他关系都可应用。

3.2.4.2 直位错的应力场

A 直螺型位错

为了计算应力场，首先应选定模型。取一个中空圆柱体，设内径为 r_0。现在用的坐标系 x、y、z。把坐标的 z 轴放在圆柱体的中心轴上，沿 xz 面将圆柱体切开一半，如图 3-45a 所示，然后沿此割面将其两侧在 z 方向上相对位移 $\boldsymbol{u}_z = \boldsymbol{b}$，再粘合起来，如图 3-45b 所示。真实的晶体当然是没有空洞的，因为位错芯部分的畸变很大，超出弹性力学能讨论的范围，所以在用弹性理论处理时应避开这一区域。这样的模型所产生的应力场和一个右螺位错的长程应力场相当。从模型可直观地看出，它的应变场是纯切应变场。

因为上述模型的割面可以在任一径向面上作出，所以弹性应变是轴对称的，采用柱坐标计算比较方便。设割面处 $\theta = 0$，这个模型的位移边界条件是：

$$\begin{gathered}u_x = u_y = 0 \qquad u_z = f(x,\ y)\\ u_z\big|_{\theta=0} = 0 \qquad u_z\big|_{\theta=2\pi} = b\end{gathered} \tag{3-75}$$

用经典的弹性力学方法求出位移场为：

$$u_z = \frac{b}{2\pi}\theta = \frac{b}{2\pi}\arctan\frac{y}{x} \tag{3-76}$$

根据柱坐标下位移与应变的关系式(4-69)，应变为：

$$\varepsilon_{z\theta}=\frac{\gamma_{z\theta}}{2}=\frac{b}{4\pi r}\qquad(\text{其他应变分量为 }0)\tag{3-77}$$

柱坐标与笛卡尔坐标的关系如图 3-46 所示，即从柱坐标到笛卡儿坐标的转换矩阵是：

	x	y	z
r	$\cos\theta$	$\sin\theta$	0
θ	$-\sin\theta$	$\cos\theta$	0
z	0	0	1

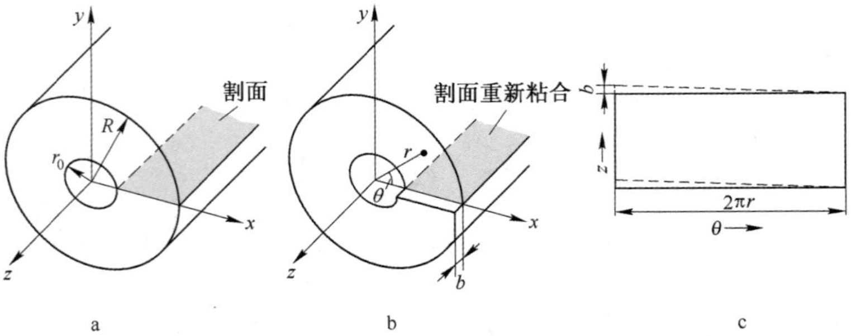

图 3-45 计算直螺型位错弹性应力场的模型

a—中空圆柱体沿 x-z 面切开一半；b—割面沿 z 轴切动 b，螺型位错模型；
c—距圆柱中心 r 的圆柱面展开，虚线是切动后的形状

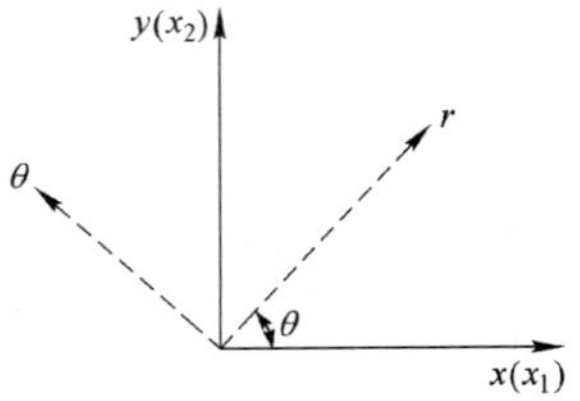

图 3-46 柱坐标与笛卡尔坐标的关系

从柱坐标到笛卡尔坐标的转换矩阵 $\boldsymbol{A}$ 是：

$$\boldsymbol{A}=\begin{bmatrix}\cos\theta & \sin\theta & 0\\ -\sin\theta & \cos\theta & 0\\ 0 & 0 & 1\end{bmatrix}\tag{3-78}$$

两个坐标还有 $r^2=x^2+y^2$，$\tan\theta=y/x$ 的关系。若 ε' 为柱坐标的应力场，根据式(3-65)，则在直角笛卡尔坐标的应力场 ε 为：

$$\boldsymbol{\varepsilon}=\boldsymbol{A}\cdot\boldsymbol{\varepsilon}'\cdot\boldsymbol{A}^{(T)}$$

最后获得直角坐标下的应变场为：

$$\begin{cases}\varepsilon_{xz}=\dfrac{\gamma_{xz}}{2}=-\dfrac{b}{4\pi}\cdot\dfrac{y}{x^2+y^2}\\[2ex] \varepsilon_{yz}=\dfrac{\gamma_{yz}}{2}=\dfrac{b}{4\pi}\cdot\dfrac{x_1}{x^2+y^2}\\[2ex] \varepsilon_{xx}=\varepsilon_{yy}=\varepsilon_{zz}=\varepsilon_{xy}=0\end{cases}\tag{3-79}$$

根据胡克定律由应变场求出相应的应力场。对于柱坐标，应力场为：

$$\begin{cases}\sigma_{z\theta}=2\mu\varepsilon_{z\theta}=\mu\gamma_{z\theta}=\dfrac{\mu b}{2\pi r}\\[2ex] \sigma_{rr}=\sigma_{\theta\theta}=\sigma_{zz}=\sigma_{zr}=\sigma_{r\theta}=0\end{cases}\tag{3-80}$$

对于直角坐标，应力场为：

$$\sigma_{xz}=2\mu\varepsilon_{xz}=-\frac{\mu b}{2\pi}\cdot\frac{y}{x^2+y^2}$$

$$\sigma_{yz} = 2\mu\varepsilon_{yz} = \frac{\mu b}{2\pi} \cdot \frac{x}{x^2 + y^2} \tag{3-81}$$

$$\sigma_{xx} = \sigma_{yy} = \sigma_{zz} = \sigma_{xy} = 0$$

位错的应变场和应力场与 z_3 无关。对于螺型位错的位移场这种简单情况，可以用一种非严格的简单办法来求出应力场。如果把距中心轴为 r 的圆柱面以割面两侧为起点和终点拉开成平面，如图 3-45c 的实线所示，割面经切动 $\boldsymbol{b}$ 后，变为图 3-45c 的虚线形状，很容易获得 $\gamma_{z\theta}$为：

$$\gamma_{z\theta} = \frac{b}{2\pi r} \tag{3-82}$$

结果和式(3-77)一样。以上讨论的是右螺型位错，如果要讨论左螺型位错，它的应变场和应力场的所有分量均与上述结果反号。

应力和应变与 $1/r$ 成反比，当 $r\rightarrow 0$（即 $x\rightarrow 0$，$y\rightarrow 0$）时，应力将无限大，这是不合理的。前面已经讨论过，位错芯是严重畸变区，在这里不适用于线弹性理论，因而上述结果不适用于位错芯区域，这也是弹性模型采用空心圆柱的原因，空心区域的半径 r_0是核心区域，称位错芯。从式(3-80)看出，当$r\approx b$ 时，应力达到理论切变强度（参见式(3-139)），同时应变超过 10%，因而合理的 r_0取值范围在 b 到 $4b$ 之间，即绝大多数场合 $r_0\leqslant 1\text{nm}$。

B 直刃型位错

取一个内径为 r_0的中空的圆柱体，把坐标的 z 轴放在圆柱体的中心轴上，将圆柱体沿 xz 面切开一半，如图 3-47a 所示，然后再沿此割面将其两侧在 x 方向相对位移 b，再粘合起来，如图 3-47b 所示。这样的模型所产生的应力场和一个刃型位错产生的长程应力场相当。

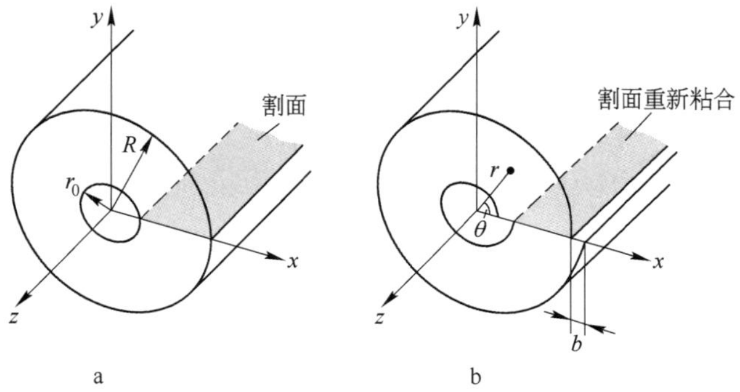

图 3-47 计算直刃型位错应力场模型

a—中空圆柱体沿 xz 面切开一半；b—割面沿 x 轴切动 $\boldsymbol{b}$

这时的位移边界条件是：

$$u_z = 0 \qquad u_y = f(x,\ y) \qquad u_x\big|_{\theta=0} = 0 \qquad u_1\big|_{\theta=2\pi} = b \tag{3-83}$$

这是平面应变问题。按照弹性理论，因为应力场与 z 无关，在柱坐标下找出一个应力函数 $\varphi(r,\theta)$，应力场各分量与应力函数的关系为：

$$\sigma_{rr} = \frac{1}{r}\cdot\frac{\partial\varphi}{\partial r} + \frac{1}{r^2}\cdot\frac{\partial^2\varphi}{\partial\theta^2} \quad \sigma_{\theta\theta} = \frac{\partial^2\varphi}{\partial r^2} \quad \sigma_{r\theta} = \frac{1}{r^2}\cdot\frac{\partial\varphi}{\partial\theta} - \frac{1}{r}\cdot\frac{\partial^2\varphi}{\partial r\partial\theta} \tag{3-84}$$

用分离变量法把应力函数 $\varphi(r,\theta)$ 看成是 r 的函数 $f(r)$ 及 θ 的函数 $\psi(\theta)$ 的乘积：$\varphi(r,\theta)=f(r)\psi(\theta)$。从图 3-47 的模型看到，$\sigma_{\theta\theta}$项在 $\theta=0$ 和 $\theta=\pi$ 的面上承受的是纯切应

力，即 $\sigma_{\theta\theta}=0$；另外，$\sigma_{\theta\theta}$在 $\theta=\pi/2$ 和 $\theta=3\pi/2$ 的面上获得最大和最小值，可以设想 $\sigma_{\theta\theta}$ 应具有 $\sin\theta$ 的形式，而 $\sigma_{\theta\theta}$是应力函数对 r 的二阶导数，所以应力函数的 $\psi(\theta)$ 也应是 $\sin\theta$ 的形式，即 $\varphi(r,\theta)=f(r)\sin\theta$。从弹性理论知道，平面问题的应力函数是双调和函数，$\nabla^2\nabla^2\varphi=0$，根据边界条件，求出应力函数，最后获得应力场：

$$\begin{cases}\sigma_{rr}=-\dfrac{\mu b}{2\pi(1-\nu)r}\sin\theta \\ \sigma_{\theta\theta}=-\dfrac{\mu b}{2\pi(1-\nu)r}\sin\theta \\ \sigma_{r\theta}=\dfrac{\mu b}{2\pi(1-\nu)r}\cos\theta \\ \sigma_{zz}=\nu(\sigma_{rr}+\sigma_{\theta\theta}) \\ \sigma_{rz}=\sigma_{\theta z}=0\end{cases} \tag{3-85}$$

式中，ν 是泊松比。根据柱坐标到笛卡尔坐标的转换矩阵式(3-78)以及不同坐标张量的转换式(3-65)，在直角笛卡尔坐标的应力场 σ 为：

$$\begin{cases}\sigma_{xx}=-Dy\dfrac{(3x^2+y^2)}{(x^2+y^2)^2} \\ \sigma_{yy}=Dy\dfrac{(x^2-y^2)}{(x^2+y^2)^2} \\ \sigma_{zz}=\nu(\sigma_{xx}+\sigma_{yy}) \\ \sigma_{xy}=Dx\dfrac{(x^2-y^2)}{(x^2+y^2)^2} \\ \sigma_{xz}=\sigma_{yz}=0\end{cases} \tag{3-86}$$

式中
$$D=\frac{\mu b}{2\pi(1-\nu)}$$

应力场和 z 无关。若讨论的位错与此反号，则应力场各分量全部反号。和讨论螺位错的应力场时的理由相同，这些式子都不能应用于位错芯区域。

刃位错的平均压力 p 为：

$$p=\frac{1}{3}(\sigma_{xx}+\sigma_{yy}+\sigma_{zz})=\frac{2(1+\nu)}{3}\cdot D\cdot\frac{y}{x^2+y^2}=-\frac{1}{3}\frac{\mu b(1+\nu)}{\pi(1-\nu)}\cdot\frac{y}{x^2+y^2} \tag{3-87}$$

平均压力的正负取决于 y 的正负，当 $y>0$ 即在滑移面的上侧是受压力，当 $y<0$ 即在滑移面下侧是受张力。这和刃位错模型相吻合。

例 3-6 根据刃位错柱坐标下的应力场 σ 式(3-85)，求直角坐标下的应力场 σ'_{xy}的表达式。

解：根据张量的坐标变换式（3-65）得：

$$\begin{aligned}\sigma'_{xy}&=\sum_{k=x,y,z}\sum_{l=x,y,z}A_{xk}A_{yl}\sigma_{kl}\\&=A_{xx}A_{yx}\sigma_{xx}+A_{xy}A_{yy}\sigma_{yy}+A_{xz}A_{yz}\sigma_{zz}+A_{xx}A_{yy}\sigma_{xy}+A_{xy}A_{yx}\sigma_{yx}+\\&\quad A_{xy}A_{yz}\sigma_{yz}+A_{xz}A_{yy}\sigma_{zy}+A_{xx}A_{yz}\sigma_{xz}+A_{xz}A_{yx}\sigma_{zx}\end{aligned}$$

将由柱坐标变换为直角坐标的矩阵 **A**（式(3-78)）以及柱坐标下的应力场（式(3-85)）代入上式，得：

$$\sigma'_{xy}=-\cos\theta\sin\theta(-D\sin\theta/r)+\sin\theta\cos\theta(-D\sin\theta/r)+(\cos^2\theta-\sin^2\theta)(-D\cos\theta/r)$$
$$=(\cos^2\theta-\sin^2\theta)(-D\cos\theta/r)$$

式中，$D=\mu b/2\pi(1-\nu)$。因为 $r^2=x^2+y^2$，$x=r\cos\theta$，$y=r\sin\theta$，上式变为：

$$\sigma'_{xy}=(\cos^2\theta-\sin^2\theta)(-D\cos\theta/r)=-D\cdot\frac{x^2-y^2}{r^2}\cdot\frac{x}{r^2}$$
$$=-\frac{\mu bx}{2\pi(1-\nu)}\cdot\frac{x^2-y^2}{(x^2+y^2)^2}$$

这就导出了式(3-86)的 σ_{xy} 项。

了解应力场分布的特点对分析与位错有关的问题是很有用的。刃位错应力场的特点。在滑移面上方（$y>0$），σ_{xx} 是负的，即受压力，而在滑移面下方（$y<0$），σ_{xx} 是正的，即受张力；在 $x=0$ 及 $x=\pm y$ 处，$\tau_{xy}=0$，即 τ_{xy} 以此为界限改变正负号；在滑移面上（$y=0$）只有切应力 τ_{xy}，并且 τ_{xy} 为最大值。图 3-48 是正刃位错周围的应力场的正值和负值的分布。

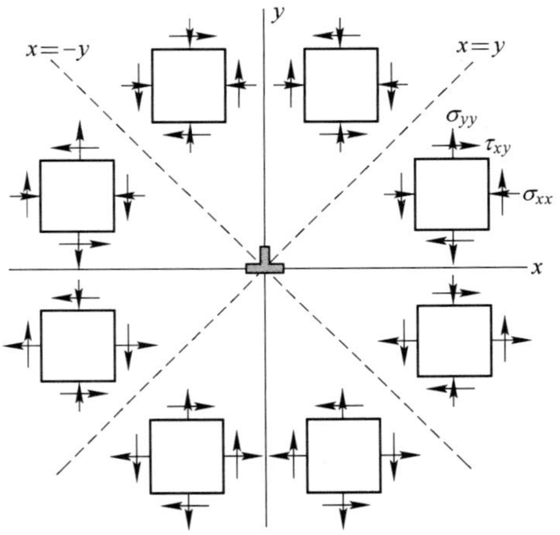

图 3-48 正刃位错周围的应力场的正值和负值的分布

为了了解各应力分量大小的分布，常在 x-y 平面上画出应力场的等应力线。为此，将式(3-86)以 r 和 θ 表达（$r^2=x^2+y^2$，$\tan\theta=y/x$），得：

$$\begin{cases}\sigma_{xx}=-D\dfrac{\sin\theta(2+\cos2\theta)}{r}\\[2ex]\sigma_{yy}=D\dfrac{\sin\theta\cos2\theta}{r}\\[2ex]\sigma_{xy}=D\dfrac{\cos\theta\cos2\theta}{r}\end{cases}\tag{3-88}$$

设各应力等于某一常数 K，用上式得出的各应力分量的等应力线的方程。图 3-49 是刃位错各应力分量的等应力线。从等应力线的形状和分布可以概括上面对应力场性质的分析。σ_{yy} 的图形与 σ_{xy} 的图形相比刚好转动 90°。

C 混型直位错的应力场

从上面讨论的直刃位错和直螺位错的应力场可以看出，它们的应力场没有重叠的分量，它们的应力场之间没有交互作用。这正是混型位错可以分解为螺位错和刃位错的原因，也因为如此，混型直位错的应力场也就等于其刃型分量和螺型分量位错的应力场叠加。

3.2.4.3 位错的应变能

因为位错周围存在弹性应力场，所以位错使晶体的能量增加。这个能量因位错的长短而不同，所以以单位长度位错增加晶体的能量来定义位错能量。位错增加的能量包括弹性

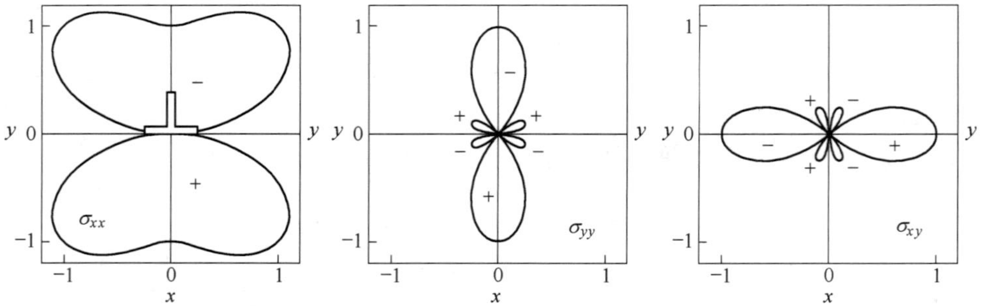

图 3-49　刃位错周围应力场等应力线形状
（各分量的应力值相等，各图的坐标单位是 $\mu b/[2\pi(1-\nu)\sigma_{ij}]$）

应变能 E_{el} 和核心能量 E_{co} 两部分，E_{co} 指核心区域的能量，E_{el} 指储存在核心以外的能量。

位错的弹性应变能等于位错的弹性场的弹性能密度 w（见式(3-74)）对整个晶体的积分。对于螺位错，在柱坐标下只有一项应力分量，应变能密度 $w=\varepsilon_{z\theta}\sigma_{z\theta}=\gamma_{z\theta}\sigma_{z\theta}/2$。晶体体积按图 3-45 的空心圆柱计算，故单位长度螺位错的应变能 $E_{el(S)}$ 为：

$$
\begin{aligned}
E_{el(S)} &= 2\pi\int_{r_0}^{R} w r\mathrm{d}r = 2\pi\int_{r_0}^{R}\varepsilon_{z\theta}\sigma_{z\theta} r\mathrm{d}r \\
&= \frac{\mu b^2}{4\pi}\int_{r_0}^{R}\frac{\mathrm{d}r}{r} = \frac{\mu b^2}{4\pi}\ln\frac{R}{r_0}
\end{aligned}
\tag{3-89}
$$

同样可以用应变能密度在晶体体积积分的方法来计算刃位错弹性应变能 $E_{el(E)}$，但因刃位错的应力场并不像螺位错那样具有简单的对称形式，所以其积分式十分复杂。现从“制造”位错的沃特拉过程的物理意义来求位错的应变能，即把 E_{el} 看做是“制造”位错时割面位移反抗位错自身应力场所做的功。对于图3-47b所示割面上单位长的面积元 $\mathrm{d}A=\mathrm{d}x$，在 x 方向相对位移 αb（$0\leqslant\alpha\leqslant1$）时，相当于已形成一个柏氏矢量大小为 αb 的刃位错，这个位错在滑移面上 x 处的切应力 τ'_{xy} 为：

$$
\tau'_{xy} = \frac{\mu\alpha b}{2\pi(1-\nu)}\cdot\frac{1}{x}
$$

在这个切应力的作用下，割面 $\mathrm{d}x$ 位移 $b\mathrm{d}\alpha$ 做的功 $\mathrm{d}W$ 为：

$$
\mathrm{d}W = \frac{\mu\alpha b^2\mathrm{d}\alpha}{2\pi(1-\nu)}\cdot\frac{\mathrm{d}x}{x}
$$

割面位移从 0 到 b（即 α 从 0 到 1），整个割面克服位错自身应力场做的功（即位错的 $E_{el(E)}$）为：

$$
\begin{aligned}
E_{el(E)} &= \int_0^1\int_{r_0}^{R}\frac{\mu b^2\alpha}{2\pi(1-\nu)}\cdot\frac{\mathrm{d}\alpha\mathrm{d}x}{x} = \frac{1}{2}\int_{r_0}^{R}\frac{\mu b^2}{2\pi(1-\nu)}\cdot\frac{\mathrm{d}x}{x} \\
&= \frac{\mu b^2}{4\pi(1-\nu)}\ln\frac{R}{r_0}
\end{aligned}
\tag{3-90}
$$

用同样方法计算螺位错，所得结果和式(3-89)表示的一样。对于混型位错，它的 E_{el} 也可以简单地由它的刃型分量和螺型分量的应变能加和得出。一个柏氏矢量 $\boldsymbol{b}$ 与位错线 $\boldsymbol{t}$ 的交角为 φ 的混型位错，其刃型分量的柏氏矢量等于 $b\sin\varphi$，螺型分量的柏氏矢量等于

$b\cos\varphi$。根据式(3-89)和式(3-90)，单位长度混型位错的弹性应变能 $E_{el(M)}$ 为：

$$E_{el(M)} = \frac{\mu b^2}{4\pi}\left(\frac{\sin^2\varphi}{1-\nu} + \cos^2\varphi\right)\ln\frac{R}{r_0} = \frac{\mu b^2}{4\pi K}\ln\frac{R}{r_0} = E(\varphi)\ln\frac{R}{r_0} \tag{3-91}$$

其中 $$\frac{1}{K} = \frac{\sin^2\varphi}{1-\nu} + \cos^2\varphi \qquad E(\varphi) = \frac{\mu b^2}{4\pi K}$$

$E(\varphi)$称为能量因子。

比较刃位错、螺位错和混型位错的应变能的式子可知，螺位错的应变能最小，刃位错的最高，刃位错的应变能比螺位错的高 $1/(1-\nu)$，一般金属的 ν 约为 0.3，即刃位错的应变能比螺位错的高约 1.5 倍。从能量式子看出，当 $r_0\to 0$ 及 $R\to\infty$ 时，位错应变能均趋于无限大。在前面已经说过，位错应力场的式子在位错芯附近不适用，所以 r_0 不能取零值；而 $R\to\infty$ 是没有实际意义的，因为实际晶体不是无限大的，并且在实际晶体中的亚结构尺寸限制了应力场的范围。另外，在含有许多位错的晶体中，位错倾向于形成使叠加的长程应力场互相抵消的某种组态，以使系统总能量降低（从而每根位错的能量也降低），所以 R 值约为随机排列位错间距的一半。又因 R 处在对数项中，所以，位错能量大部分集中在位错芯附近，而当 R 相当大时，位错应变能对 R 值的选择不大敏感。

上面的讨论完全没有考虑位错芯部分的能量，这部分能量的计算相当复杂。对 E_{co} 的早期估计指出，它约为直位错总能量的 10%～25%。把这一数值计算在内，可以用式(3-89)把单位长度位错的总能量改写为：

$$E = \frac{\mu b^2}{4\pi K}\ln\frac{R}{\lambda b} \tag{3-92}$$

用计算实际的原子间势能的方法对一系列材料进行计算，求得 $\lambda\approx 1/4$，这一 λ 值支持了上面对 E_{co} 的估计。值得注意的是，$\lambda = 1/4$ 仅适用于求位错的总能量，它并不意味着位错芯区域 r_0 仅为 $b/4$。

从上面的各个公式可看到，相对来说，单位长度位错的能量与位错类型、R 和 r_0 值的变化关系不大。如果取 $r_0\approx b$（约为 2.5×10^{-8}cm），取 $R\approx10^{-4}$cm，则单位长度位错应变能约为：

$$E = \alpha\mu b^2 \tag{3-93}$$

式中，α 是一个系数，对于离子晶体，$\alpha\approx 3\sim5$；对于共价晶体，$\alpha\approx 1\sim4$；对于金属晶体，$\alpha\approx 0.5\sim2$，平均值约为 0.7，一般粗略地取 0.5。对于金属晶体，若取 $\mu = 40$GPa，$b = 0.25$nm，则单位长度位错应变能约为 2.5nJ/m，如果把应变能分摊在每个原子面（即 b 长度位错线）上，位错应变能约为 $\mu b^3\approx 0.65$aJ(4eV)。可以看出，位错的弹性应变能还是很大的。

位错存在引起体系的排列熵值并不大，按 Cottrell 的估算，分摊到每 b 长度位错线的排列熵值对晶体自由能的贡献最大也约为 $-2k_BT$，在 300K 时 k_BT 为 1/40eV，即使在高温，位错的排列熵也不足以抵消位错的焓对自由能的贡献，所以，从热力学角度来看，在无应力的晶体中位错的平衡浓度应为零。虽然晶体中的位错是不稳定的，但是，由于位错间相互作用，形成了一种亚稳组态，即使经长时间的充分退火，也不能完全消除位错。一般经充分退火的金属，其位错密度 ρ 仍达 $10^6\sim10^8$cm^{-2}。

例 3-7 说明上述导出式(3-90)的数学意义。

解：位错的弹性应变能等于位错的弹性场的弹性能密度 w 对整个晶体的积分。根据高斯定理，应力与应变乘积的体积分可以转化成应力矢量与位移乘积的面积分，积分域面是包围被积体积的边界面。从图 3-47b 看出，包围被积体积的边界面包括：圆柱两端的顶面、圆柱的外柱面、两侧割面。

对于圆柱顶面，应力矢量只有 σ_{zz} 分量，而 $u_z=0$，因此在顶面的面积分为 0；对于圆柱外柱面，应力矢量的值与 r 成反比，当圆柱半径 R 相当大时，外表面的应力矢量值可以忽略，因此在外柱面的面积分也近似为 0。现在，整个面积分只剩割面两侧的面积分。割面的法线为 θ 方向，它的应力矢量为（见式(3-67)）：

$$f_{\theta}^{(\theta)} = n_{\theta}\sigma_{\theta r}e_r + n_{\theta}\sigma_{\theta\theta}e_{\theta} + n_{\theta}\sigma_{\theta z}e_z$$

因为在割面处 $\theta=0$ 的法线矢量只有 n_{θ} 分量，即 $n_{\theta}=1$。在割面上的位移只有 u_{θ} 分量，刃位错的 $\sigma_{\theta z}=0$，在割面两侧，$\theta=0$ 和 2π，$\sigma_{\theta\theta}=0$，$\sigma_{r\theta}=\mu b/2(1-\nu)\pi$，位移 u_{θ} 从开始为 0 到终态的 b，应力矢量也是从开始的 0 到终态的值，所以沿割面两侧应力矢量与位移乘积可看做是终态的应力矢量与平均位移 $b/2$ 乘积的积分，即：

$$E_{\mathrm{el}} = \int_{r_0}^{R} f_{\theta}^{(\theta)} \cdot b\mathrm{d}r = \frac{1}{2}\int_{r_0}^{R}\sigma_{\theta r} b\mathrm{d}r = \int_{r_0}^{R}\frac{\mu b^2}{4\pi(1-\nu)}\cdot\frac{\mathrm{d}r}{r} = \frac{\mu b^2}{4\pi(1-\nu)}\ln\frac{R}{r_0}$$

结果与讨论的式(3-90)的结果一样。

例 3-8 写出距位错中心为 R_1 范围内的位错弹性应变能式子。如果弹性应变能为 R_1 范围的一倍，则与位错中心的距离 R_2 应为多大？这个结果说明什么？

解：距位错中心为 R_1 范围内的位错弹性应变能为：

$$E_{\mathrm{el(R_1)}} = \frac{\mu b^2}{4\pi K}\ln\frac{R_1}{r_0}$$

如果弹性应变能为 R_1 范围的一倍，则所涉及的与位错中心的距离 R_2 为：

$$2\frac{\mu b^2}{4\pi K}\ln\frac{R_1}{r_0} = \frac{\mu b^2}{4\pi K}\ln\frac{R_2}{r_0}$$

即

$$R_2 = \frac{R_1^2}{r_0}$$

因为 r_0 很小，并且 R_2 还与 $(R_1)^2$ 成比例，所以 R_2 比 R_1 大得多。故应变能密度随与位错中心的距离加大而快速衰减，即是说，位错的应变能集中在位错附近的区域。

例 3-9 经退火的金属，位错密度 ρ 为 $10^8\mathrm{cm}^{-2}$，计算单位体积的总应变能，设切变模量 $\mu=4\times10^{10}\mathrm{Pa}$，柏氏矢量 $b=0.25\mathrm{nm}$，位错芯的能量是其弹性应变能的 1/10。

解：近似认为总体位错中一半是螺位错、一半是刃位错。位错应力场影响的范围约为位错平均间距的一半，即约等于 $\rho^{-1/2}$，则单位体积中的总应变能 E_{tot} 为：

$$\begin{aligned}E_{\mathrm{tot}} &= \rho\frac{\mu b^2}{4\pi}\left[\frac{1}{2} + \frac{1}{2(1-\nu)}\right]\ln\frac{\rho^{-1/2}}{\lambda b} \\ &= 10^{12}\times\frac{4\times10^{10}\times(0.25\times10^{-9})^2}{4\pi}\times\left[\frac{1}{2}+\frac{1}{2(1-0.3)}\right]\ln\frac{10^{-6}}{(1/4)\times0.25\times10^{-9}} \\ &= 2.34\times10^3\mathrm{J/m^3}\end{aligned}$$

3.2.4.4 各向异性弹性体中位错的弹性性质

在各向异性弹性体中，位错的应力场很难用解析法求解，一般用数值解来求解，情况十分复杂。最简便的处理方法是把各向同性介质中弹性性质计算式中的μ、ν材料常数改用合适的值，再用各向同性介质中的弹性性质计算式去处理相应的各向异性弹性体的位错弹性性质。这些合适的μ、ν等数值称作**有效各向同性常数**。求有效各向同性常数的方法是：用数值解求出各向异性介质中刃型位错和螺型位错的能量，把它们代入各向同性介质中计算位错能量式反过来再求出μ'、ν'，它们就是有效各向同性常数。表 3-4 中汇集了用这一方法计算的常见立方金属的有效各向同性μ'和ν'值。表中除了带“ * ”号的那一列数值外，用其他数值近似求出无限长直位错的各向异性应力场和能量的误差在 1%～2%。要注意的是，给定金属的有效常数随不同晶面而不同，这取决于材料各向异性的程度。已经证实，对于一些复杂位错问题，这些数值能很好地描述各向异性的结果。

表 3-4 某些常见立方金属的位错有效切变模量μ'和泊松比ν'

fcc	A	项　目	$[1\bar{1}0]$ (111)	[110] (111)	$[11\bar{2}]$ (111)	[111] (111)	
Ag	3.01	μ'/GPa	26.6	4.35	27.8	48.7*	
		ν'	0.449	0.918	0.434		
Al	1.21	μ'/GPa	25.9	22.6	25.9	39.7*	
		ν'	0.360	0.447	0.359		
Au	2.90	μ'/GPa	24.7	6.70	25.9	48.9*	
		ν'	0.498	0.872	0.484		
Cu	3.21	μ'/GPa	42.1	10.1	44.2	69.0*	
		ν'	0.431	0.864	0.413		
Ni	2.51	μ'/GPa	78.6	64.4	80.7	126.3*	
		ν'	0.363	0.526	0.351		
bcc	**A**	**项　目**	**$[\bar{1}11]$ (110)**	**[111] (110)**	**[100] (110)**	**[110] (110)**	**$[\bar{1}11]$ (211)**
Cr	0.69	μ'/GPa	128.4	120.8	114.6	150.4*	128.4
		ν'	0.102	0.187	0.260		0.103
Fe	2.35	μ'/GPa	62.5	80.5	98.1	115.9*	62.5
		ν'	0.473	0.341	0.060		0.485
Mo	0.77	μ'/GPa	130.1	122.7	116.2	175.6*	130.1
		ν'	0.248	0.291	0.358		0.249
Nb	0.51	μ'/GPa	44.3	37.4	34.6	63.0*	44.3
		ν'	0.270	0.391	0.474		0.278
Ta	1.56	μ'/GPa	61.2	68.3	74.9	104.9*	61.2
		ν'	0.428	0.365	0.254		0.432
V	0.78	μ'/GPa	50.1	47.5	45.8	74.5*	50.1
		ν'	0.313	0.355	0.397		0.314

注：除前 3 列以外的后面几列标题指明了位错所在的面和 b 方向，这些面不一定是滑移面。带*号的是$\mu'/(1-\nu')$值。各向异性比 A 是金属偏离各向同性固体（$A=1$）的程度。

3.2.5 作用在位错线上的力

我们先讨论广义力的定义。如果物体的能量为 E_t，它随广义坐标 η 的变化而变化，

那么就认为物体在 η 方向受广义力 F_η 为：

$$F_\eta = -\frac{\partial E_t}{\partial \eta} \tag{3-94}$$

当外力加到晶体上时，位错会响应。位错移动时能量会发生改变，因而位错就受到一种机械力的作用。从真实物理图像看，位错受力并不是简单地是一个力作用在位错线上，作用的弹性力是连续地遍及整个应变介质的，所以式（3-94）所表达的力是作用在位错线的组态上的，在构成这一组态的各个原子所受的力是不同的，所以位错线只是受一种如式（3-94）定义的虚力。但是，为了方便起见，我们把位错看成是一根实体的“线”，这个力作用在这根线上。作用在位错上的机械力也可以由晶体中的各种内应力源引起，这些内应力源可以是其他位错、点缺陷，甚至是位错自身的作用力等。另外，位错会对热力学变化产生响应，从而也会受化学力。

3.2.5.1 在应力场下位错受力（Peach-Koehler 方程）

在应力场作用下，位错移动反抗外力做功引起晶体势能变化，从而位错受力。为了容易了解位错在外力场作用下的受力，首先了解位错移动的类型。位错的柏氏矢量不因位错移动而改变，所以位错移动扫过的面的两侧，必引起相对移动 $\boldsymbol{b}$。单位长度位错 $\boldsymbol{t}$ 向任意方向移动了 $\mathrm{d}\boldsymbol{d}$，位错线扫过的面积 $\mathrm{d}\boldsymbol{A}$ 为：

$$\mathrm{d}\boldsymbol{A} = \boldsymbol{t} \times \mathrm{d}\boldsymbol{d} = \boldsymbol{n}\mathrm{d}A$$

式中，$\boldsymbol{n}$ 是 $\mathrm{d}A$ 的法向单位矢量。位错移动引起的体积变化 $\Delta\mathcal{V}$ 为：

$$\Delta\mathcal{V} = \boldsymbol{b} \cdot \mathrm{d}\boldsymbol{A} = \boldsymbol{b} \cdot \boldsymbol{n}\mathrm{d}A \tag{3-95}$$

若位错线在 $\boldsymbol{t}$ 与 $\boldsymbol{b}$ 共面的面（称滑移面）移动时，$\boldsymbol{b} \cdot \boldsymbol{n} = 0$，即 $\Delta\mathcal{V} = 0$，这种移动称保守移动，它就是我们在第 9 章讨论的滑移。若位错不在滑移面上移动时，$\boldsymbol{b} \cdot \boldsymbol{n} \neq 0$，$\Delta\mathcal{V} \neq 0$，这种移动称非保守移动。非保守移动伴随着体积变化，为了保持晶体的连续性，必须通过物质输运来补偿位错附近的体积变化。实际上一般的非保守移动可以分解为在滑移面上的移动（称滑移，保守移动）和垂直于滑移面的移动（称攀移，非保守移动）。现在分别讨论位错在滑移及攀移方向的受力。

位错在滑移面滑动没有引起体积变化，只是使滑移面两侧相对切动 $\boldsymbol{b}$，所以在任意一个外加应力场 σ 作用下，只要找出它在滑移面上柏氏矢量方向（滑移方向）的分切应力 τ_g，就可以求得位错滑动引起的势能变化 δW_p。设长度为 δL 的位错在滑移面扫过 δd 距离，则在 $\delta L \delta d$ 面积上在 $\boldsymbol{b}$ 方向的切力为 $\tau_g \delta L \delta d$，位错移动时外力做功为 $b\tau_g \delta L \delta d$，这相当于晶体势能减小 $\delta W_p = -b\tau_g \delta L \delta d$。根据受力的定义，单位长度位错在滑移面上受的滑移力 F_g 为：

$$F_g = -\frac{\delta W_p}{\delta L \delta d} = \tau_g b \tag{3-96}$$

上式只给出受力的大小，力的方向和位错移动方向相同，即各处受力方向和位错线垂直。注意，位错线可以是不同形状的，但是，只要是在滑移面上的同一根位错线，在均匀应力场作用下，位错线各处受的滑移力大小相等，而力的方向处处垂直于位错线。

刃位错的攀移伴随着刃位错的半原子面的扩大或缩小，一般把半原子面缩小称正攀移，半原子面扩大称负攀移。处在坐标 z 轴上的一根刃位错，位错的滑移面为 xz 面。当长度为 δL 的位错向上（向 z 轴正向）攀移 δd 间距时，体积变化 $\Delta\mathcal{V} = -b\delta L\delta d$，外加应力

场 σ 中只有 σ_{xx} 分量对这一体积变化做功，这功等于 $-\sigma_{xx}b\delta L\delta d$，这个功相当于晶体势能减小 $\delta W_p=\sigma_{xx}b\delta L\delta d$。根据受力的定义，单位长度位错线受的攀移力 F_c 为：

$$F_c=-\frac{\delta W_p}{\delta L\delta d}=-\sigma_{xx}b \tag{3-97}$$

受力方向是攀移 y 方向（垂直滑移面方向），这个力也处处和位错线垂直。如果 σ_{xx} 是正的，即半原子面受张压力，有利于半原子面扩张，所以位错受力方向是 y 的负向。相反，如果 σ_{xx} 是负的，则位错受力方向是 y 的正向（指向半原子面的方向）。推广来看，在外加应力场 σ 作用下，只要找到该应力场在刃位错半原子面的正应力 σ_{cc}，就可以求出刃位错在攀移方向所受的力（等于 $-\sigma_{cc}b$）。

螺位错在任何方向的移动都是滑移，所以螺位错在各个方向所受的力都是滑移力。

广泛来看，在法线矢量为 $\boldsymbol{n}$（单位矢量）的面上，应力场 $\boldsymbol{\sigma}$（注意它是对称张量）在这个面上的应力矢量 $\boldsymbol{f}^{(n)}$ 为（见式(4-66)，因为 $\boldsymbol{\sigma}$ 是对称张量，所以 $\boldsymbol{\sigma}\cdot\boldsymbol{n}=\boldsymbol{n}\cdot\boldsymbol{\sigma}$）：

$$\boldsymbol{f}^{(n)}=\boldsymbol{\sigma}\cdot\boldsymbol{n}=\sum_{i=x,\ y,\ z}\sum_{j=x,\ y,\ z}\sigma_{ij}n_je_i$$
$$=[\boldsymbol{e}_x\boldsymbol{e}_y\boldsymbol{e}_z]\left(\begin{bmatrix}\sigma_{xx}&\sigma_{xy}&\sigma_{xz}\\\sigma_{yx}&\sigma_{yy}&\sigma_{yz}\\\sigma_{zx}&\sigma_{zy}&\sigma_{zz}\end{bmatrix}\begin{bmatrix}n_x\\n_y\\n_z\end{bmatrix}\right) \tag{3-98}$$

当单位长度位错 $\boldsymbol{t}$ 移动了 $\mathrm{d}\boldsymbol{d}$，即位错线扫过的面积为（$\boldsymbol{t}\times\mathrm{d}\boldsymbol{d}$）时，应力场 $\boldsymbol{\sigma}$ 在这块面积上的应力矢量为 $\boldsymbol{\sigma}\cdot(\boldsymbol{t}\times\mathrm{d}\boldsymbol{d})$（因为（$\boldsymbol{t}\times\mathrm{d}\boldsymbol{d}$），已包括了位错扫过的面的面积，这个力是作用在整个面上的力)，而位错扫过的面相对位移了 $\boldsymbol{b}$，所以位错移动使晶体做功（能减小)：

$$-\delta W_p=[\boldsymbol{\sigma}\cdot(\boldsymbol{t}\times\mathrm{d}\boldsymbol{d})]\cdot\boldsymbol{b}=(\boldsymbol{\sigma}\cdot\boldsymbol{b})\cdot(\boldsymbol{t}\times\mathrm{d}\boldsymbol{d})=[(\boldsymbol{\sigma}\cdot\boldsymbol{b})\times\boldsymbol{t}]\cdot\mathrm{d}\boldsymbol{d} \tag{3-99}$$

根据受力的定义，由上式获得单位长度位错受力 $\boldsymbol{F}$ 为：

$$\boldsymbol{F}=(\boldsymbol{\sigma}\cdot\boldsymbol{b})\times\boldsymbol{t} \tag{3-100}$$

这是张量式子，称 Peach-Koehler 方程。这个方程除了得出位错受力的大小外，还说明了位错受力的方向。从这式子看出，位错线受力处处与位错线垂直；若在均匀应力场作用下，不论位错线的形状如何，位错处处受力的大小相同。按照与式(3-98)相同的方法计算 $\boldsymbol{\sigma}\cdot\boldsymbol{b}$，式(3-100)又可以写成如下形式：

$$\boldsymbol{F}=\left\{[\boldsymbol{e}_x\boldsymbol{e}_y\boldsymbol{e}_z]\left(\begin{bmatrix}\sigma_{xx}&\sigma_{xy}&\sigma_{xz}\\\sigma_{yx}&\sigma_{yy}&\sigma_{yz}\\\sigma_{zx}&\sigma_{zy}&\sigma_{zz}\end{bmatrix}\begin{bmatrix}b_x\\b_y\\b_z\end{bmatrix}\right)\right\}\times\boldsymbol{t} \tag{3-101}$$

上式还可以写成 F 的分量形式，$F_i(i=x,y,z)$：

$$F_i=\sum_{j=x,\ y,\ z}\sum_{k=x,\ y,\ z}\sum_{l=x,\ y,\ z}\varepsilon_{ijk}\sigma_{jl}b_lt_k \tag{3-102}$$

式中，σ 的两个下标不同，就是切应力 τ；ε_{ijk} 是置换张量（式（3-59））。

例 3-10 设立方单晶体所受外加应力场为 σ，应力场各个分量用晶体坐标表达。在晶体中的位错：(1) 位错线的切方向是 [010]，柏氏矢量是 [001]a，a 是晶体的点阵常数。(2) 若柏氏矢量仍为 [001]a，位错线切方向是 [001]，求位错所受的滑移力和攀移力。

解：用简单的方法求解。

(1) 根据位错的切矢量［010］和柏氏矢量[001]a 可知，位错线是刃位错，其滑移面是（100）。应力场在滑移面柏氏矢量的分切应力是 σ_{xz}，所以，单位长度位错线在滑移面上受的滑移力 F_g 为：

$$F_g = \sigma_{xz} b = \sigma_{xz} a$$

力的方向是在滑移面上并垂直于位错线，即［001］方向。柏氏矢量方向的正应力是 σ_{zz}，所以单位长度位错线所受的攀移力 F_c 是：

$$F_c = \sigma_{zz} b = \sigma_{zz} a$$

力的方向是垂直于滑移面，即［100］方向。

(2) 根据位错的切矢量［001］和柏氏矢量[001]a 可知，位错线是螺位错。过位错线的任何面都是螺位错的滑移面，螺位错没有攀移力，以两个相互垂直的面（（100）面和（010）面）讨论螺位错的受力。应力场在（100）面［001］方向的分切应力是 τ_{xz}，所以，单位长度位错线在（100）面上受的滑移力 $F_{g(100)}$ 为：

$$F_{g(100)} = \sigma_{xz} b = \sigma_{xz} a$$

力的方向是在（100）面上并垂直于位错线，即［010］方向。应力场在（010）面［001］方向的分切应力是τ_{yz}，所以，单位长度位错线在（010）面上受的滑移力 $F_{g(010)}$ 为：

$$F_{g(010)} = \sigma_{yz} b = \sigma_{yz} a$$

力的方向是在（010）面上并垂直于位错线，即［100］方向。

例 3-11 设立方单晶体所受外加应力场为 σ，应力场各个分量用晶体坐标表达。在晶体中的位错：位错线切方向是［112］，柏氏矢量是 $a[1\bar{1}0]/2$，a 是晶体的点阵常数。求位错所受的总力、滑移力以及攀移力。

解：在晶体坐标下，位错线切向的单位矢量是 $[112]/\sqrt{6} = (1/\sqrt{6})(\boldsymbol{e}_x + \boldsymbol{e}_y + 2\boldsymbol{e}_z)$，位错的柏氏矢量为 $a[1\bar{1}0]/2 = a(\boldsymbol{e}_x - \boldsymbol{e}_y)/2$，位错线与柏氏矢量垂直，是刃位错，滑移面是位错线与柏氏矢量共面的面，即 $(11\bar{1})$ 面。根据式(3-100)，先求 $\boldsymbol{\sigma}\cdot\boldsymbol{b}$：

$$\boldsymbol{\sigma}\cdot\boldsymbol{b} = [\boldsymbol{e}_x\boldsymbol{e}_y\boldsymbol{e}_z]\begin{bmatrix}\sigma_{xx} & \sigma_{xy} & \sigma_{xz}\\ \sigma_{yx} & \sigma_{yy} & \sigma_{yz}\\ \sigma_{zx} & \sigma_{zy} & \sigma_{zz}\end{bmatrix}\begin{bmatrix}b_x\\ b_y\\ b_z\end{bmatrix} = a/2[\boldsymbol{e}_x\boldsymbol{e}_y\boldsymbol{e}_z]\begin{bmatrix}\sigma_{xx} & \sigma_{xy} & \sigma_{xz}\\ \sigma_{yx} & \sigma_{yy} & \sigma_{yz}\\ \sigma_{zx} & \sigma_{zy} & \sigma_{zz}\end{bmatrix}\begin{bmatrix}1\\ -1\\ 0\end{bmatrix}$$

$$= a/2[(\sigma_{xx} - \sigma_{xy})\boldsymbol{e}_x + (\sigma_{yx} - \sigma_{yy})\boldsymbol{e}_y + (\sigma_{zx} - \sigma_{zy})\boldsymbol{e}_z]$$

单位长度位错线受力 $\boldsymbol{F}$ 为：

$$\boldsymbol{F} = (\boldsymbol{\sigma}\cdot\boldsymbol{b})\times\boldsymbol{t} = a/2[(\sigma_{xx} - \sigma_{xy})\boldsymbol{e}_x + (\sigma_{yx} - \sigma_{yy})\boldsymbol{e}_y + (\sigma_{zx} - \sigma_{zy})\boldsymbol{e}_z]\times[1/\sqrt{6}(\boldsymbol{e}_x + \boldsymbol{e}_y + 2\boldsymbol{e}_z)]$$

$$= (a/2\sqrt{6})[(2\sigma_{yx} + \sigma_{zy} - 2\sigma_{yy} - \sigma_{zx})\boldsymbol{e}_x + (2\sigma_{xy} + \sigma_{zx} - 2\sigma_{xx} - \sigma_{zy})\boldsymbol{e}_y + (\sigma_{xx} + \sigma_{yy} - 2\sigma_{xy})\boldsymbol{e}_z]$$

因为是刃位错，位错所受的滑移力 F_g 等于总力在柏氏矢量方向的投影，即 $F_g = (\boldsymbol{F}\cdot\boldsymbol{b})/b$：

$$F_g = (\boldsymbol{F}\cdot\boldsymbol{b})/b$$

$$= \{(a/2\sqrt{6})[(2\sigma_{yx} + \sigma_{zy} - 2\sigma_{yy} - \sigma_{zx})\boldsymbol{e}_x + (2\sigma_{xy} + \sigma_{zx} - 2\sigma_{xx} - \sigma_{zy})\boldsymbol{e}_y + (\sigma_{xx} + \sigma_{yy} - 2\sigma_{xy})\boldsymbol{e}_z]\}\cdot[(\boldsymbol{e}_x - \boldsymbol{e}_y)/\sqrt{2}]$$

$$=(a/4\sqrt{3})[(2\sigma_{yx}+\sigma_{zy}-2\sigma_{yy}-\sigma_{zx})-(2\sigma_{xy}+\sigma_{zx}-2\sigma_{xx}-\sigma_{zy})]$$
$$=(a/2\sqrt{3})(\sigma_{xx}-\sigma_{yy}-\sigma_{xz}+\sigma_{yz})$$

位错所受的攀移力 F_c 等于总力在滑移面法线方向的投影，滑移面法线方向的单位矢量 $\boldsymbol{n}=[11\bar{1}]/\sqrt{3}$，即 $F_c=\boldsymbol{F}\cdot\boldsymbol{n}$：

$$F_c=\boldsymbol{F}\cdot\boldsymbol{n}$$
$$=\{(a/2\sqrt{6})[(2\sigma_{yx}+\sigma_{zy}-2\sigma_{yy}-\sigma_{zx})\boldsymbol{e}_x+(2\sigma_{xy}+\sigma_{zx}-2\sigma_{xx}-\sigma_{zy})\boldsymbol{e}_y+(\sigma_{xx}+\sigma_{yy}-2\sigma_{xy})\boldsymbol{e}_z]\}\cdot[(1/\sqrt{3})(\boldsymbol{e}_x+\boldsymbol{e}_y-\boldsymbol{e}_z)]$$
$$=(a/6\sqrt{2})[(2\tau_{yx}+\sigma_{zy}-\sigma_{yy})+(\sigma_{xy}+\sigma_{zx}-2\sigma_{xx}-\sigma_{zy})-(\sigma_{xx}+\sigma_{yy}-2\sigma_{xy})]$$
$$=a\sqrt{2}(\sigma_{xy}/2-\sigma_{xx}-\sigma_{yy})$$

还可以用另一种方法来求解这一问题。设一新坐标架，把新坐标架的 x' 轴放在柏氏矢量方向 $[1\bar{1}0]$ 上，把 z' 放在位错线切方向 $[112]$ 上，那么，y' 轴的方向就是 $[11\bar{1}]$。把在原坐标架表述的应力场 $\boldsymbol{\sigma}$ 转换到以新坐标架表述：$\boldsymbol{\sigma}'$。在新坐标轴体系下，位错所受的滑移力就等于 $\sigma'_{x'y'}b$，位错的攀移力等于 $\sigma'_{x'x'}b$。新坐标架与原晶体坐标架的转换矩阵 $\boldsymbol{A}$ 是：

$$\boldsymbol{A}=\begin{bmatrix}1/\sqrt{2} & -1/\sqrt{2} & 0\\ 1/\sqrt{3} & 1/\sqrt{3} & -1/\sqrt{3}\\ 1/\sqrt{6} & 1/\sqrt{6} & 2/\sqrt{6}\end{bmatrix}$$

根据式(3-63)，新坐标架的 $\sigma'_{x'y'}$ 和 $\sigma'_{x'x'}$ 分别是：

$$\sigma'_{x'y'}=A_{xx}A_{yx}\sigma_{xx}+A_{xx}A_{yy}\sigma_{xy}+A_{xx}A_{yz}\sigma_{xz}+A_{xy}A_{yx}\sigma_{yx}+A_{xy}A_{yy}\sigma_{yy}+A_{xy}A_{yz}\sigma_{yz}+A_{xz}A_{yx}\sigma_{zx}+A_{xz}A_{yy}\sigma_{zy}+A_{xz}A_{yz}\sigma_{zz}$$
$$=\sigma_{xx}/\sqrt{6}+\sigma_{xy}(1/\sqrt{6}-1/\sqrt{6})-\sigma_{xz}/\sqrt{6}-\sigma_{yy}/\sqrt{6}+\sigma_{yz}/\sqrt{6}$$
$$=(1/\sqrt{6})(\sigma_{xx}-\sigma_{yy}-\sigma_{xz}+\sigma_{yz})$$
$$\sigma'_{x'x'}=A_{xx}A_{xx}\sigma_{xx}+A_{xx}A_{xy}\sigma_{xy}+A_{xx}A_{xz}\sigma_{xz}+A_{xy}A_{xx}\sigma_{yx}+A_{xy}A_{xy}\sigma_{yy}+A_{xy}A_{xz}\sigma_{yz}+A_{xz}A_{xx}\sigma_{zx}+A_{xz}A_{xy}\sigma_{zy}+A_{xz}A_{xz}\sigma_{zz}$$
$$=\sigma_{xx}/2-\sigma_{xy}+\sigma_{yy}/2$$

位错受的滑移力 $\sigma'_{x'y'}b$ 为：

$$F_g=\sigma'_{x'y'}b=(1/\sqrt{6})(\sigma_{xx}-\sigma_{yy}-\sigma_{xz}+\sigma_{yz})\times a/\sqrt{2}=(a/2\sqrt{3})(\sigma_{xx}-\sigma_{yy}-\sigma_{xz}+\sigma_{yz})$$

位错受的滑移力 $\sigma'_{x'x'}b$ 为：

$$F_c=\sigma'_{x'x'}b=(\sigma_{xx}/2-\sigma_{xy}+\sigma_{yy}/2)\times\sqrt{2}a/2=\sqrt{2}a(\sigma_{xx}+\sigma_{yy}-\sigma_{xy}/2)$$

所得的结果和上面根据式(3-98)计算的相同。这里的攀移力与上面计算的结果符号相反，这是因为后一种计算方法主要给出了数值大小，所以正负号并不重要。

例 3-12 当位错的柏氏矢量平行于 x 轴时，请证明不论位错线是什么方向，外应力场的 σ_{zz} 分量都不会对位错产生作用力。

解：在外加应力场下单位长度位错线所受的滑移方向力是 τb，其中 τ 是外应力场在位错滑移面滑移方向的分切应力。如果是刃位错，则在攀移方向所受的力是 σb，其中 σ

是外应力场在以柏氏矢量方向为法线的面上的正应力。因位错的柏氏矢量是 x 方向，位错滑移的分切应力的下标中必含 x，而在柏氏矢量方向的正应力为 σ_{xx}。现在外应力场是 σ_{zz}，所以应力在滑移面柏氏矢量方向上的分切应力为0，σ_{xx}也为0。结果，无论位错线的取向如何，位错都不会受力。

3.2.5.2 位错的线张力

当应力源是位错自身的应力场时，原则上也可按上面讨论位错受力的方法来求出自身的作用力（自力）。对于一根直位错，自力等于0，如果是弯曲位错，则在某处的位错段会因受到其他部分的位错段的应力场而受力。因为在位错芯处的应力发散使得自力分析复杂化，用这种方法发生困难，处理这个问题的最简单方法是线张力近似法。这种方法把位错线看成是一根有张力的弹性绳，因为位错的弹性能和它的长度成正比，故有尽量缩短的趋势，所以位错就有线张力。线张力 Γ 定义为每增加单位长度位错线所引起的能量的增加，$\Gamma=E$，在变形晶体中一根任意位错的能量的计算是很繁琐的，所以一般简单地以单位长度直位错的能量来表示线张力 $\Gamma=\alpha\mu b^2$（见式(3-93)）。

上式是假设刃型、螺型和混型位错的单位长度上的能量都是相等而得出的，所以在线张力为常数的近似条件下，弯曲位错线是一段圆弧。要作精确的描述，则必须说明在式(3-91)中位错能量随能量因子$E(\varphi)$的变化，φ 是位错线与柏氏矢量 $\boldsymbol{b}$ 的夹角。螺位错的 φ 数值最小，它等于0或 π，所以一个位错环会出现一个扭矩使位错变为螺型取向，使整体位错环的形状近似为椭圆形，它的主轴平行于柏氏矢量，轴比近似为 $1/(1-\nu)$。但是，还有另外的因素要考虑，即这样的扭转会增加位错线的总长度。这时，位错的线张力应是：

$$\Gamma=E+\frac{\partial^2 E}{\partial\varphi^2}=E\left[1+\frac{1}{E(\varphi)}\cdot\frac{\partial^2 E(\varphi)}{\partial\varphi^2}\right] \tag{3-103}$$

如果简单地把线张力近似为 $\Gamma=E$，则刃位错的 Γ 值比螺位错的大 $1/(1-\nu)\approx1.4$ 倍。若包括导致螺位错稳定而刃位错不稳定的 $\partial^2E/\partial\varphi^2$这一因子，则情况相反，螺位错能量的 Γ 超过刃位错约$(1+\nu)/[(1-\nu)(1-2\nu)]\approx4.6$ 倍。若要更为精确的描述则应计算自身的交互作用能，例如如图 3-50 所示的直线段构成的刃位错，Hirth 等给出：

$$\Gamma=\frac{\mu b^2}{4\pi(1-\nu)}\ln\frac{gL}{r_0} \tag{3-104}$$

式中，L 是位错环（拱出段的）长度；g 是数字因子。对于图 3-50 中的 a、b 和 c 位错，g 分别等于 6.41、1.11 和 0.18。这个结果可以定性地了解：对于图 3-50a 的情况，A 和 B 位错段长度相等但为反号位错，形成位错环时必须对抗它们间的相互吸引而做功；对于图 3-50b 的情况，没有 B 位错段，形成这种位错结构所做的功比前者小，从而 Γ 就比前者小；对于图 3-50c 的情况，相斥的位错段长度更小，所以 Γ 最小。从式(3-104)看到，拱出段的线张力取决于拱出段的长度而不是拱出段的半径 R，这一结果对固溶强化或弥散强化理论是非常重要的。

上述的线张力模型计算的力仅与位错的局部曲率有关，而与远离此处的位错线的形状无关。所以，自力的线张力近似只是对 $r\gg b$ 的圆或椭圆来说才是合理的处理，否则这种处理是无效的。但这时自力的计算是复杂的。但在一般情况下，线张力总是自力的主项，所以线张力还是自力的很好的描述。但对一般的计算来说，$\Gamma=E$ 已是足够好的近似。

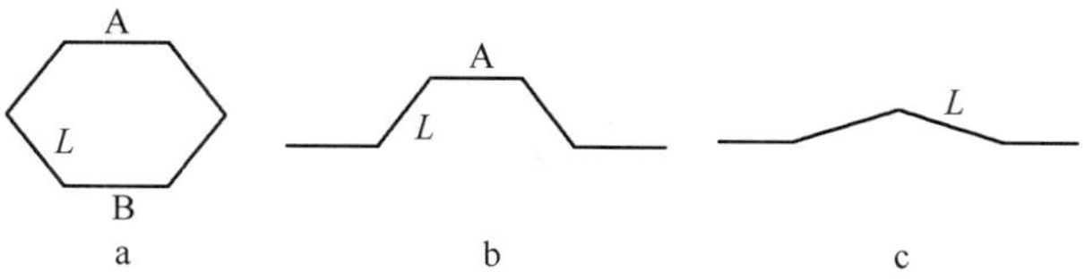

图 3-50 刃位错的 3 种拱起结构，柏氏矢量 **b** 垂直于纸面

位错线弯曲时，位错的线张力使位错线受一指向曲率中心的力，这力力求把位错线变直，只有位错存在反向的力时位错才能保持弯曲状态。对于在滑移面弯曲的位错，曲率半径为 r 长度为 δs 的弧线，它在曲率中心所对的圆心角为 $\delta\theta$，如图 3-51 所示。线张力在 δl 上产生指向曲率中心的力为 $2\Gamma\sin(\delta\theta/2)\approx\Gamma\delta\theta=\Gamma\delta l/r$，如果要维持这一弯曲状态，必须在 δs 上加一个和上述的力反向而大小相等的力。设在外加的应力场下单位长度位错线上滑移力为 $\tau_g b$，则位错在平衡时有如下近似关系：

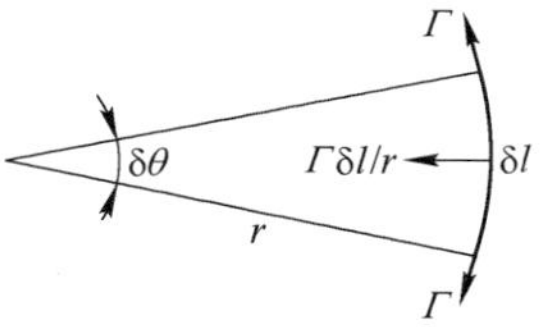

图 3-51 在线张力作用下的弯曲位错线段

$$\Gamma\delta\theta=\Gamma\frac{\delta l}{r}=\tau_g b\delta l$$

即
$$\tau_g=\frac{\Gamma}{br}=\frac{\alpha\mu b}{r} \tag{3-105}$$

例 3-13 设晶体的滑移面上有位错环，柏氏矢量大小为 0.25nm，位错滑移的阻切应力为 $10^{-4}\mu$，求位错环的半径为多大时才不会因张力的作用而收缩消失？

解：位错环因张力作用而产生一个指向环中心的力，使位错环有收缩的倾向。当向心力等于或小于位错滑动阻力时位错就不能收缩。根据式(3-105)，不会收缩消失的位错环半径 r 为：

$$r\geqslant\alpha\frac{\mu b}{\tau_{zu}}\approx\frac{0.25\mu}{2\times10^{-4}\mu}=1.25\times10^{3}\text{nm}$$

3.2.5.3 位错所受的化学力（渗透力）

如果晶体中有过饱和的点缺陷存在，它们在刃位错线上沉积，就会使位错攀移。可以想象，过饱和点缺陷存在会在位错攀移方向施加一个附加的作用力，这种力是化学力，又称“渗透力”。

当晶体不存在应力时，晶体中的空位平衡浓度为(见式(3-6))：

$$x_v=\exp\left(-\frac{\Delta\mathcal{G}_f}{k_BT}\right)$$

当晶体存在外压力 P 时，形成一个空位要求附加的功为：$P\delta\mathcal{V}$，$\delta\mathcal{V}$ 是形成一个空位引起的体积变化，它等于原子体积 V_{at} 减去形成空位使邻近原子向空位位置陷下的弛豫体积：$\delta v+\delta v'$。δv 是局部体积变化，$\delta v'$ 是满足自由表面边界条件的映像收缩体积。所以，当存在产生空位同时存在内压力 p 时，则产生空位还要做额外的功 $p(\delta v+\delta v')$，这时，空位的平衡浓度为：

$$\begin{aligned} x_{\mathrm{v}} &= \exp\{-[\Delta \mathcal{G}_{\mathrm{f}} + PV_{\mathrm{at}} - (P+p)(\delta v + \delta v')]/k_{\mathrm{B}}T\} \\ &= x_0 \exp\{-[PV_{\mathrm{at}} - (P+p)(\delta v + \delta v')]/k_{\mathrm{B}}T\} \\ &= x_0 \exp(-PV_{\mathrm{at}}/k_{\mathrm{B}}T) \end{aligned} \tag{3-106}$$

式中，x_0是讨论位错问题时通常用的包括映像项在内的基准浓度（如果位错远离表面，映像项$(P+p)\delta v'$可以忽略）。当在位错上产生一个空位，所作的静功为：

$$\delta W = -\sigma_{xx} b_x ah + \overline{\mathcal{G}}_{\mathrm{v}} = -\sigma_{xx} V_{\mathrm{at}} + k_{\mathrm{B}} T\ln(x_{\mathrm{v}}/x_0) \tag{3-107}$$

式中，$\sigma_{xx}b_x$是作用在刃位错（滑移面的法线方向是 y，b_x是位错柏氏矢量的刃型分量）上的 Peach-Koehler 力；a 是原子尺寸的位错线长度；h 是位错攀移的距离，所以 $b_x ah = V_{\mathrm{at}}$；$\overline{\mathcal{G}}_{\mathrm{v}}$ 是参考态 x_0的空位化学势（见式(3-107)），x_{v}是实际的空位浓度。单位长度位错在 y 方向（攀移方向）所受的力为：

$$F_{\mathrm{cl}} = \frac{1}{a} \cdot \frac{\partial W}{\partial y} = \frac{1}{ah}\delta W = -\sigma_{xx} b_x + \frac{k_{\mathrm{B}} T b_x}{V_{\mathrm{at}}} \ln\left(\frac{x_{\mathrm{v}}}{x_0}\right) = F_{\mathrm{el}} + F_{\mathrm{os}} \tag{3-108}$$

式中，F_{el}和 F_{os}分别是对位错攀移的弹性力和渗透力。即位错所受的渗透力为：

$$F_{\mathrm{os}} = \frac{k_{\mathrm{B}} T b_x}{V_{\mathrm{at}}} \ln\left(\frac{x_{\mathrm{v}}}{x_0}\right) \quad \text{或} \quad F_{\mathrm{os}} = \frac{k_{\mathrm{B}} T(\boldsymbol{t} \times \boldsymbol{b})}{V_{\mathrm{at}}} \ln\left(\frac{x_{\mathrm{v}}}{x_0}\right) \tag{3-109}$$

上式中前面的式子是标量方程，后面的式子是矢量方程，$\boldsymbol{t}$ 是位错的切向。更一般的情况，F_{el}应该包括在 y 方向（滑移面法线方向）上总的 Peach-Koehler 力（即包括位错螺型分量在 y 方向的力）。可以看出，在实际的空位浓度 x_{v}与参考态的空位浓度 x_0不同（如果不考虑表面映像效应，与远离表面的平衡空位浓度相同），则会对位错产生渗透力。如果位错受的总攀移力 $F_{\mathrm{cl}}=0$，则由式(3-108)得位错（核心）的局部空位浓度为：

$$x_{\mathrm{co}} = x_0 \exp(\sigma_{xx} V_{\mathrm{at}}/k_{\mathrm{B}} T) \tag{3-110}$$

还可以用另一种简单的方式导出位错所受的渗透力。前面的讨论知道，在刃位错半原子面法线方向的正应力 σ_{cc}会使单位长度位错线承受攀移方向的力（垂直滑移面的力）：$F_{\mathrm{cl}} = -\sigma_{\mathrm{cc}} b$ 。从广义看，体系因体积变化会引起体系的自由能 G 变化，其变化率就是体系受的正应力 σ_{cc}。

$$\frac{\partial \mathcal{G}}{\partial \mathcal{V}} = \sigma_{\mathrm{cc}} \tag{3-111}$$

若有 N 个原子和 n 个空位，引起体系的自由能变化为：

$$\Delta \mathcal{G} = n\mathcal{G}_{\mathrm{f}} - k_{\mathrm{B}} T[(N+n)\ln(N+n) - N\ln N - n\ln n]$$

$\mathcal{G}_f$ 是空位的形成自由能。若空位数目改变 dn 使 $\Delta\mathcal{G}$ 的变化为

$$\begin{aligned} \frac{\mathrm{d}\Delta \mathcal{G}}{\mathrm{d}n} &= \Delta h_{\mathrm{f}} - T\Delta s_{\mathrm{f}} + k_{\mathrm{B}} T\ln\frac{n}{N+n} = G_f + k_{\mathrm{B}} T\ln x_{\mathrm{v}} \\ &= -k_{\mathrm{B}} T\ln x_0 + k_{\mathrm{B}} T\ln x_{\mathrm{v}} = k_{\mathrm{B}} T\ln\frac{x_v}{x_0} \end{aligned} \tag{3-112}$$

式中，n 是空位的数目；x_0是空位平衡浓度；x_{v}是实际空位浓度。

设空位体积约等于 b^3，引入了 n 个空位，体系体积改变了 nb^3，体系的经受的正应力为：

$$\frac{\mathrm{d}\Delta\mathcal{G}}{\mathrm{d}\mathcal{V}}=\frac{\mathrm{d}\Delta\mathcal{G}}{\mathrm{d}nb^3}=\frac{k_BT}{b^3}\ln\frac{x_v}{x_0}\equiv\sigma_{cc} \tag{3-113}$$

所以，单位长度刃位错受的攀移力为：

$$F_c=\sigma_{cc}b=\frac{k_BT}{b^2}\ln\frac{x_v}{x_0} \tag{3-114}$$

在外加应力作用下，因为位错的局部空位浓度 x_v 与靠近表面的空位浓度 x_0 不同，则存在空位浓度梯度，引起空位扩散从而使位错攀移。尽管具有一定的过饱和点缺陷（例如高温淬火获得的过饱和空位浓度）会提供位错的攀移力，但在一般情况下，渗透力并不是很大。

3.2.5.4 位错间的交互作用力

按照受力的普遍定义，求出两个位错之间的交互作用能随两个位错间距的变化率，就是这两个位错间的交互作用力。

如果只需简单了解两位错是相斥还是相吸，简单的判别方法就是考察两个位错叠加前后的能量的变化，如果能量增加，这两个位错是相斥的，反之是相吸的。设柏氏矢量分别为 $\boldsymbol{b}_A$ 和 $\boldsymbol{b}_B$ 的两个位错，根据柏氏矢量守恒，合成后的位错柏氏矢量 $\boldsymbol{b}=\boldsymbol{b}_A+\boldsymbol{b}_B$。因为位错单位长度能量分别正比于柏氏矢量的平方，因此若 $b^2>(b_A)^2+(b_B)^2$，则两个位错合成在能量上不利，这两个位错是相斥的；相反，若 $b^2<(b_A)^2+(b_B)^2$，则两个位错合成在能量上有利，这两个位错是相吸的。从几何上来看，若 $\boldsymbol{b}_A$ 与 $\boldsymbol{b}_B$ 的交角是锐角，必然有 $b^2>(b_A)^2+(b_B)^2$ 的关系，所以两者相斥；若 $\boldsymbol{b}_A$ 与 $\boldsymbol{b}_B$ 的交角是钝角，必然有 $b^2<(b_A)^2+(b_B)^2$ 的关系，所以两者相吸。这种判别位错是相互吸引还是相互排斥的判据称 Frank 判据。因为上述方法是用柏氏矢量平方作为位错能量的衡量，没有考虑位错的类型，所以，若 $b^2=(b_A)^2+(b_B)^2$，则两个位错是相吸还是相斥还要具体分析位错的类型。

计算两个位错间交互作用力的简单方法是：把其中一个位错（例如 A 位错）的应力场看做另一位错（例如 B 位错）的外加应力场 $\boldsymbol{\sigma}^{(A)}$，这个应力场对 B 位错的力就是 A 位错对 B 位错的作用力 $\boldsymbol{F}^{A\to B}$。所以可以用式(3-100)的 Peach-Koehler 方程写出普遍的作用力式子：

$$\boldsymbol{F}^{A\to B}=(\boldsymbol{\sigma}^{(A)}\cdot\boldsymbol{b}^{(B)})\times\boldsymbol{t}^{(B)} \tag{3-115}$$

A 平行螺型位错之间的交互作用

设 A 和 B 两个平行右螺型位错的柏氏矢量分别为 $\boldsymbol{b}_A$ 和 $\boldsymbol{b}_B$，为了讨论方便，把 A 位错放在坐标的 z 轴上，B 位错处在（x，y）处。如果讨论 A 位错对 B 位错的作用力，这个力就是 A 位错的应力场对 B 位错的作用力。平行的直位错在位错线方向上（即 z 方向）没有交互作用力，只讨论 x 和 y 方向的力就可以了。螺型位错在任何面上受的力都是滑移力，所以讨论 B 位错在 x 方向受力，即是 B 位错在平行于 x-z 面的滑移面上的受力。因为 $\boldsymbol{b}_B$ 平行于 z 轴，所以 A 位错使 B 位错在这个滑移面受力的分切应力为（σ_{yz}）$_A$。（σ_{yz}）$_A$ 由式(3-79)给出，A 位错对 B 位错在 x 方向的作用力 $(F_x)^{A\to B}$ 为：

$$(F_x)^{A\to B}=(\sigma_{yz})_A b_B=\frac{\mu b_A b_B}{2\pi}\cdot\frac{x}{x^2+y^2} \tag{3-116}$$

两个位错同号则相互排斥，异号则相吸。讨论 y 方向受力时，即是 B 位错在平行于 y-z 面的滑移面上的受力。A 位错使 B 位错在这个滑移面上受力的分切应力为（σ_{xz}）$_A$，（σ_{xz}）$_A$ 由式(3-79)给出，A 位错对 B 位错在 y 方向的作用力 $(F_y)^{A\to B}$ 为：

$$(F_y)^{A\to B} = (\sigma_{xz})_A b_B = \frac{\mu b_A b_B}{2\pi} \cdot \frac{y}{x^2 + y^2} \tag{3-117}$$

如果讨论 A 位错与 B 位错间的径向（即 $\boldsymbol{r}$ 方向）交互作用，因为这时的滑移面是 r-z 面，A 位错使 B 位错在这个滑移面上受力的分切应力为（$\sigma_{z\theta}$）$_A$，（$\sigma_{z\theta}$）$_A$ 由式(3-77)给出，A 位错对 B 位错在 $\boldsymbol{r}$ 方向受力（F_r）$^{A\to B}$ 为：

$$(F_r)^{A\to B} = (\sigma_{z\theta})_A b_B = \frac{\mu b_A b_B}{2\pi r} \tag{3-118}$$

这个力的指向是 $\boldsymbol{r}$ 的正向。其实，F_r 是 F_x 和 F_y 合成的结果。

B 平行刃型位错之间的交互作用

设同号刃型位错 A 和 B 的柏氏矢量分别为 b_A 和 b_B，A 位错放在 z 轴，B 位错处在（x，y）处，它们的柏氏矢量都平行于 x 轴，它们的滑移面都平行于 x-z 面。讨论 A 位错对 B 位错的作用力时，同样把 A 位错的应力场看做外加应力场。B 位错在 x 方向受力是 B 位错在滑移面上的受力，A 位错在 B 位错滑移面滑移方向上的分切应力为（σ_{xy}）$_A$，（σ_{xy}）$_A$ 由式(3-86)给出，根据式(3-96)，A 位错对 B 位错在 x 方向受力（F_x）$^{A\to B}$ 为：

$$(F_x)^{A\to B} = (\sigma_{xy})_A b_B = \frac{\mu b_A b_B}{2\pi(1-\nu)} \cdot \frac{x(x^2 - y^2)}{(x^2 + y^2)^2} \tag{3-119}$$

y 方向受力是 B 位错的攀移力，能使 B 位错攀移的 A 位错应力是（σ_{xx}）$_A$，（σ_{xx}）$_A$ 由式(3-84)给出，根据式(3-96)，A 位错对 B 位错在 y 方向受力（F_y）$^{A\to B}$ 为：

$$(F_y)^{A\to B} = \frac{\mu b_A b_B}{2\pi(1-\nu)} \cdot \frac{y(3x^2 + y^2)}{(x^2 + y^2)^2} \tag{3-120}$$

B 位错对 A 位错的作用力大小和上两式计算的一样，不过力的方向相反。

因为滑移是塑性形变的一种主要机制，位错所受的滑移力是大家很关心的一个量。下面将进一步讨论（F_x）$^{A\to B}$。B 位错在滑移面滑动时，B 位错位置的 y 坐标不变，这时（σ_{xy}）$_A$ 仅随 x 而变。在 $x=\pm y$ 及 $x=0$ 时（σ_{xy}）$_A$ 等于零，同时在 $x\to\pm\infty$ 时（τ_{xy}）$_A$ 也为零，即 A 位错对 B 位错在无穷远及 $x=\pm y$ 处的作用力为零。在两个零值位置之间必有一个位置出现极值，并且越过受力为零的位置后受力的方向必改变，即力变号。因为在讨论问题时 y 不变，x 可以以 y 来量度。设 $n=x/y$，代入式(3-119)，得：

$$(F_x)^{A\to B} = \frac{\mu b_A b_B}{2\pi(1-\nu)y} \cdot \frac{n(n^2 - 1)}{(n^2 + 1)^2} \tag{3-121}$$

如果 A 和 B 位错的柏氏矢量相同，以 $\mu b^2/2\pi(1-\nu)y$ 作单位，则 F_x 和 n 的关系如图 3-52a 的实线所示。为了求出 F_x 的极值以及极值对应的 n 值，令 $\partial F_x/\partial n=0$，得 $n=\pm 2.414$（即 $\theta=\arctan(y/x)=3\pi/8$），此位置获得相斥极大值。$n=\pm 0.414$（即 $\theta=\pi/8$）是相吸的极大值，对应 F_x 的最大值为 $\pm 0.25\mu b^2/2\pi y(1-\nu)$。若 A 和 B 位错反号，则 F_x 和 n 的关系如图 3-52a 的虚线所示。当 A 位错存在时，B 位错（不论是同号还是反号）在滑移面滑动迟早会受到的附加阻力为：

$$F_{max}^{A\to B} = \frac{0.25\mu b^2}{2\pi(1-\nu)y} \tag{3-122}$$

这种现象称 Taylor 阻塞，它对晶体塑性变形的加工硬化起很大作用。B 位错在 $x=0$

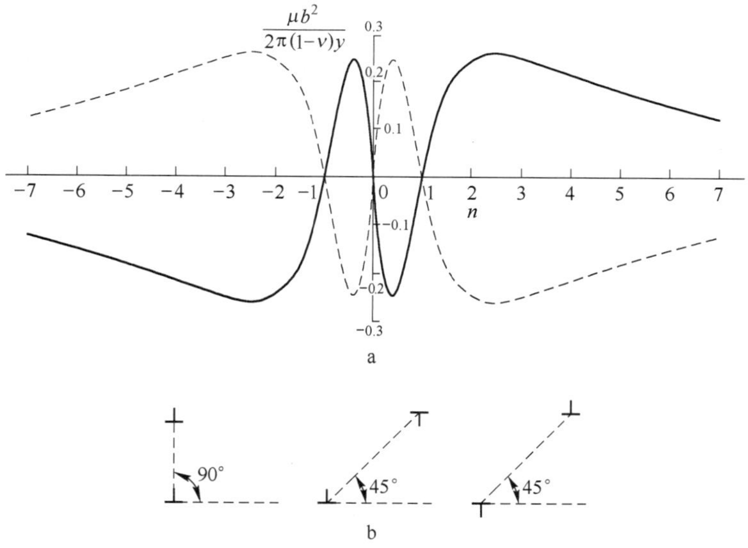

图 3-52 两平行刃型位错的相互作用力
a—实线是两个同号位错间的作用力，虚线是两个异号位错间的作用力；b—位错的稳定位置

及 $x=y$ 位置处受 A 位错的作用力为零，但从图 3-52a 看出，若 B 位错处在 $x=y$ 位置，如果它稍偏离这一位置，将立刻受到使 B 位错离开这一位置的力，所以这个位置只是准稳定位置。若 B 位错处在 $x=0$ 位置，如果它稍偏离这一位置，将立刻受到使 B 位错回复到 $x=0$ 位置的力，所以在这个位置是稳定平衡位置。同号刃型位错在垂直于滑移面方向的排列是稳定的，异号刃型位错在 $x=y$ 方向的排列是稳定的。位错的稳定位置如图 3-52b 所示。位错排列成这种位错墙实际上是小角度晶界（参见第 4 章）。

C 平行刃型位错和螺型位错之间的交互作用

因为平行的刃型位错和螺型位错的应力场没有重叠的分量，所以，它们间的交互作用为零。

D 平行混合型位错之间的交互作用

因为一个混合型位错可以看成是其螺型分量和刃型分量位错的叠加，所以，两个平行混合型位错间的交互作用可直接看成是其螺型分量之间交互作用与刃型分量位错之间交互作用之和。

进一步看，任意两个无限长的平行直位错间的单位长度的交互作用的径向力 $F_d^{A\to B}$ 和切向力 $F_\theta^{A\to B}$ 可分别表达为：

$$F_d^{A\to B}=\frac{\mu}{2\pi d}\left[(\boldsymbol{b}^{(A)}\cdot\boldsymbol{t})(\boldsymbol{b}^{(B)}\cdot\boldsymbol{t})+\frac{1}{1-\nu}(\boldsymbol{b}^{(A)}\times\boldsymbol{t})\cdot(\boldsymbol{b}^{(B)}\times\boldsymbol{t})\right] \tag{3-123}$$

$$F_\theta^{A\to B}=\frac{\mu}{2\pi(1-\nu)d}\{(\boldsymbol{b}^{(A)}\cdot\boldsymbol{d})[(\boldsymbol{b}^{(B)}\times\boldsymbol{d})\cdot\boldsymbol{t}]+(\boldsymbol{b}^{(B)}\cdot\boldsymbol{d})[(\boldsymbol{b}^{(A)}\times\boldsymbol{d})\cdot\boldsymbol{t}]\} \tag{3-124}$$

式中，$\boldsymbol{d}$ 是两个位错径向间距的矢量。

例 3-14 求两个相互垂直的异号螺位错间的交互作用力。

解：设一个柏氏矢量为 $\boldsymbol{b}_A$ 的右螺位错 A 放在 y 轴上，它的切向和 y 轴同向，另一个柏氏矢量为 $\boldsymbol{b}_B$ 的左螺位错 B 放在 x-z 面并平行于 x 轴，它的切向和 x 轴正向反向，与位错 A 相距 h，这两个位错的相对位置如图 3-53a 所示。

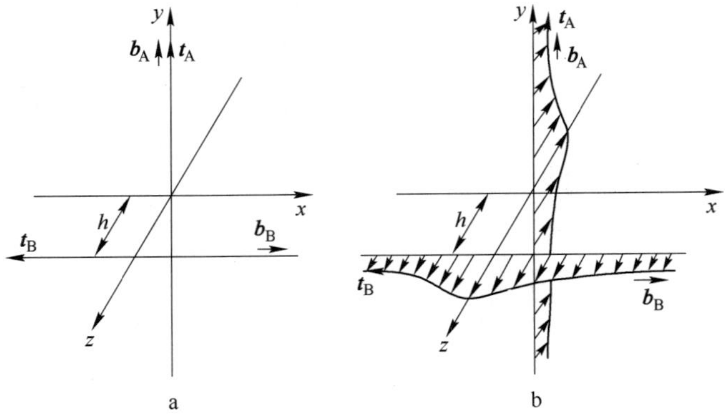

图 3-53 两个相互垂直的反号螺位错的交互作用力

讨论位错 A 对位错 B 的交互作用力。式(3-81)所示的是位错线放在 z 轴的右螺位错应力场，现在的位错线都不是放在 z 轴，所以应用式(3-81)时要作适当的坐标变换：对于 A 位错，把式(3-81)中的 x 换成 z，y 换成 x，z 改成 y。在图 3-53 所示坐标下，螺位错 A 的应力场只有 σ_{xy} 和 σ_{zy} 项，而位错 B 的 b_B 是 x 方向，所以 A 位错只有 σ_{xy} 才会对 B 位错有作用力，因为位错 B 的位置是（x，0，h），故位错 A 对位错 B 的作用力的大小为：

$$F^{A\to B}=\frac{\mu b_A b_B}{2\pi}\cdot\frac{h}{x^2+h^2}$$

力的方向是 z 轴方向，并且力的大小随 x 而变，如图 3-53b 所示。

讨论位错 B 对位错 A 的交互作用力。现在的位错线平行于 x 轴，并距 x 轴 h 的距离，所以应用式(3-81)时要作适当的坐标变换：对于 B 位错，把式(3-81)中的 x 换成 z，y 不变，z 换成 x。除了坐标要改变外，又因为位错 B 是左螺位错，所以还要变号。在图 3-53 所示坐标下，螺位错 B 的应力场只有 σ_{yx} 和 σ_{zx} 项，而位错 A 的 b_A 是 y 方向，所以 B 位错只有 σ_{yx} 才会对 B 位错有作用力，因为位错 A 相对于位错 B 的位置是（0，0，h），故位错 A 对位错 B 的作用力的大小为：

$$F^{B\to A}=-\frac{\mu b_A b_B}{2\pi}\cdot\frac{h}{y^2+h^2}$$

力的方向是 z 轴负向，并且力的大小随 y 而变，如图 3-53b 所示。

从上面的式子看，$F^{A\to B}\neq F^{B\to A}$，不要误解作用力之间不符合牛顿定律，因为 $F^{A\to B}$（或 $F^{B\to A}$）是指整根 A 位错（或整根 B 位错）对 B 位错（对 A 位错）某处的作用力，显然这两者不必相等。如果看整根 A 位错对整根 B 位错（或整根 B 位错对整根 A 位错）的作用力，即对上面式子的变量从 $-\infty$ 到 $+\infty$ 积分，则两者是相同的。

3.2.5.5 映像力

如果晶体很大，位错的应变能因位错位置改变而引起的变化很小，是可以忽略的，因而位错不会受力。但是，如果位错靠近自由表面，它的一部分应变能会被松弛掉，越靠近表面，松弛的能量越多，这就说明位错会受到自由表面的吸引力。一个平行于表面距表面为 l 的直螺位错，如图 3-54a 所示，因为它的应变能一部分被松弛掉，计算其单位长度的弹性应变能的式(3-89)积分上限应改为位错与表面的距离 l，得：

$$E_{el} = \frac{\mu b^2}{4\pi}\ln\frac{l}{r_0} \tag{3-125}$$

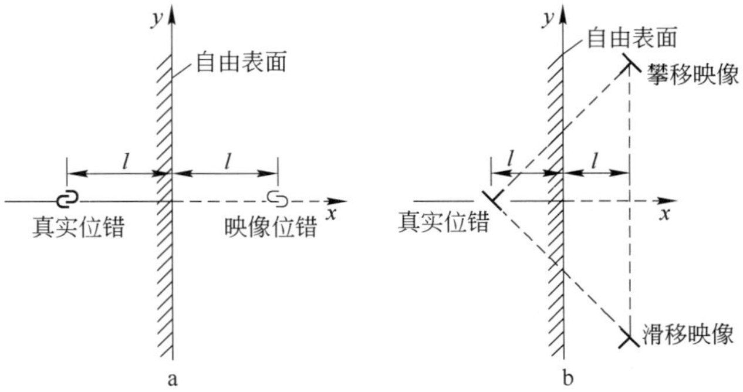

图 3-54 靠近界面的位错映像力的模型

根据受力的定义，单位长度位错所受自由表面的吸力 F_{im} 为：

$$F_{im} = \frac{\partial E_{el}}{\partial l} = \frac{\mu b^2}{4\pi l} \tag{3-126}$$

这个力相当于在无限大介质中自由表面外侧与该位错的镜面对称位置放入一个反号螺位错（图3-54a）对真实位错的作用力。这样，可以按放入这一假想位错的方法来求表面对位错的作用力，因为这一假想位错是真实位错相对于自由表面的映像，故称它为映像位错，位错受自由表面的作用力因此又称为映像力。

位错受映像力的根本原因是位错应力场要满足自由表面的边界条件。前面讨论的位错应力场是假设位错存在于无限大介质中的，而当位错靠近自由表面时，会松弛了应力场部分应力，并且表面是自由表面（即表面没有力作用），这相当于在原来无限大介质计算的应力场中，附加一个与原来应力场叠加的应力场，使表面成为自由表面。这个附加的应力场对原来位错有作用力，这就是映像力的来源。对于靠近自由表面的螺位错，要满足边界条件所附加的应力场恰好是映像位错的应力场。对于靠近自由表面的刃位错，如果按照映像位错的方法附加一个映像位错的应力场来处理，仍然不能满足自由表面的边界条件，还需要再附加另外一个应力场才能满足表面自由边界条件。幸好这个另外附加的应力场对原位错无作用力，所以，自由表面对刃位错的作用也可以如处理螺位错那样用其映像位错的应力场来处理。这时，如果图 3-54a 的位错是刃位错，在图示的坐标下，刃型映像位错对真实位错的在滑移面上的作用力为 $(\sigma_{xy})_{im}b$，其中 $(\sigma_{xy})_{im}$ 是映像位错在真实位错处的应力分量，映像位错与真实位错的距离为 $2l$，故刃位错所受的映像力 F_{im} 为：

$$F_{im} = \frac{\mu b^2}{4\pi(1-\nu)l} \tag{3-127}$$

如果靠近表面的一个柏氏矢量不垂直于表面的刃位错，如图 3-54b 所示，这时自由表面对位错的力要由两个映像位错来计算：其一是真实位错滑移面延伸到表面的对称位置的滑移映像位错，另一是真实位错半原子面延伸到表面的对称位置的攀移映像位错，这两个映像位错对真实位错的力就是自由表面对位错的力。和前面讨论柏氏矢量垂直于表面的刃位错的映像力一样，这两个映像位错合成的应力场，也并不符合自由表面的要求，只是用来计算自由表面对位错的力。

另外，还要注意的是上面是用线弹性理论处理的，如果位错非常靠近表面，即其距离是位错核心尺度的大小，位错核心的效应变得重要，因而，上面的讨论就不适用了。

处在两个弹性模量不同的晶体界面附近的位错，界面也会对它产生映像力。如果位错处在弹性模量低的材料一边，因它越过界面的应力场的应变能比原来的大，所以界面对位错给予斥力；相反，位错处在弹性模量高的材料一边时，界面对位错给予吸力。例如图 3-55 所示弹性模量为 μ_{I} 的 Ⅰ 侧晶体和弹性模量为 μ_{II} 的 Ⅱ 侧晶体的界面，在 Ⅰ 侧距界面距离为 l 处有一平行界面柏氏矢量是 $\boldsymbol{b}$ 的螺位错 A，界面对它有映像力作用。按照映像位错的方法来讨论，Ⅰ 侧的应力场由真实位错的应力场和以界面为镜面的对称位置柏氏矢量为 $\gamma\boldsymbol{b}$ 的映像位错 C 的应力场共同描述，γ 是一个待定的系数。Ⅱ 侧的应力场则由另一个假象位错 B 的应力场描述，这个假象位错 B 放在以界面为镜面 C 位错的对称位置（即原来真实位错 A 的位置），柏氏矢量为 $\beta\boldsymbol{b}$，β 也是一个待定的系数。这样的描述方法一定要保证两侧的位移场和应力场在界面连续，根据这一要求，可以求出 γ 和 β，问题得以解决。

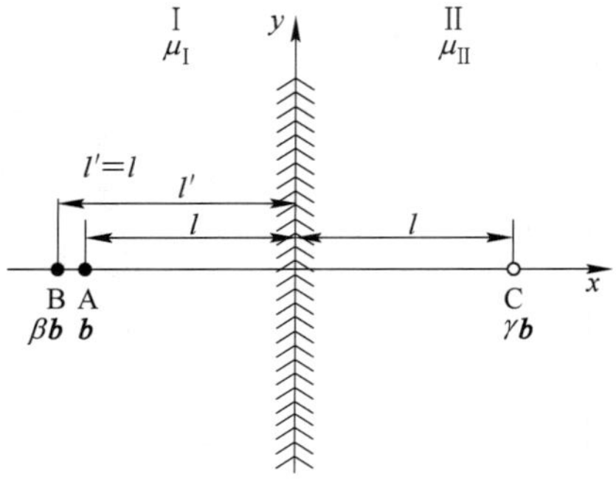

图 3-55　靠近界面并且界面两侧的弹性模量不同时的映像力

在图 3-55 所示的坐标下，Ⅰ 侧和 Ⅱ 侧的位移 $(u_z)_{\mathrm{I}}$ 和 $(u_z)_{\mathrm{II}}$ 分别为（参见式(3-76)，并注意位错位置不过坐标原点）：

$$(u_z)_{\mathrm{I}} = \frac{b}{2\pi}\left(\arctan\frac{y}{x+\lambda} + \gamma\arctan\frac{y}{x-\lambda}\right)$$

$$(u_z)_{\mathrm{II}} = \frac{b}{2\pi}\left(\beta\arctan\frac{y}{x+\lambda}\right) \tag{3-128}$$

根据边界的连续条件，$x=0$ 时 $(u_z)_{\mathrm{I}} = (u_z)_{\mathrm{II}}$，得：

$$\beta = 1 - \gamma \tag{3-129}$$

Ⅰ 侧和 Ⅱ 侧的应力场的 σ_{xz} 分量为（参见式(3-79)，并注意位错位置的不同）：

$$(\sigma_{xz})_{\mathrm{I}} = -\frac{\mu_{\mathrm{I}} b}{2\pi}\left[\frac{y}{(x+l)^2+y^2} + \frac{\gamma y}{(x-l)^2+y^2}\right]$$

$$(\sigma_{xz})_{\mathrm{II}} = -\frac{\mu_{\mathrm{II}} b}{2\pi}\cdot\frac{\beta y}{(x+l)^2+y^2} \tag{3-130}$$

根据边界连续条件，$x=0$ 时，$(\sigma_{xz})_{\mathrm{I}}=(\sigma_{xz})_{\mathrm{II}}$，得：

$$\mu_{\mathrm{II}}\beta=\mu_{\mathrm{I}}(1+\gamma) \tag{3-131}$$

联合式(3-129)和式(3-131)，解得：

$$\gamma=\frac{\mu_{\mathrm{II}}-\mu_{\mathrm{I}}}{\mu_{\mathrm{II}}+\mu_{\mathrm{I}}} \qquad \beta=\frac{2\mu_{\mathrm{II}}}{\mu_{\mathrm{I}}+\mu_{\mathrm{II}}} \tag{3-132}$$

位错 C 的应力场对真实位错 A 的作用力就是映像力：

$$F_{\mathrm{im}}=\frac{\mu_{\mathrm{I}}(\mu_{\mathrm{II}}-\mu_{\mathrm{I}})b^2}{4\pi(\mu_{\mathrm{I}}+\mu_{\mathrm{II}})}\cdot\frac{1}{l} \tag{3-133}$$

当 $\mu_{\mathrm{II}}=0$ 时，即现在的界面就是自由表面，此时 $\gamma=-1$，上式简化成式(3-126)。当 $\mu_{\mathrm{I}}=\mu_{\mathrm{II}}$，即不存在内界面时，$\gamma=0$，映像力也为零。若 $\mu_{\mathrm{I}}>\mu_{\mathrm{II}}$，$F_{\mathrm{im}}$是正值，位错所受映像力是把位错吸向界面。若 $\mu_{\mathrm{I}}<\mu_{\mathrm{II}}$，$F_{\mathrm{im}}$是负值，位错所受映像力是把位错斥离界面。

对于同一种材料的晶粒界，晶体弹性各向异性也会使弹性模量在界面两侧有差异，这样，位错也受映像力。

若自由表面覆盖一层厚度为 δ 的其他覆盖物，覆盖物的切变模量比原来材料的模量大的话，如果位错离表面的距离 $l\gg\delta$，映像应力场主要是由覆盖物以外的真空部分引起的，所以，位错吸向表面，但当 l 与覆盖物的距离等于或小于 δ 时，表面覆盖物层的映像力起主要作用，位错受斥力。所以，对待“自由表面”时要慎重，因为若它被污染或氧化后，就不能按作自由表面讨论。

处理刃位错和内界面的作用要复杂得多，Head 的处理结果表明：若用上面对螺位错的分析的方法处理，所得结果与严格处理的结果相比相差不会超出 15%。这也说明对于复杂情况也可用简单的映像位错方法近似处理。

在薄膜晶体中（例如在透射电镜观察的样品中），映像力将起重要作用。同时还必须注意到，靠近晶体表面的第 2 个位错既受自身的映像力又受第 1 个位错的真实位错和其映像位错的应力场作用的力，因此，位错偶极子、位错环和弯曲位错与表面的交互作用就非常复杂，一般只能用映像力给出近似结果。

例 3-15 一片厚度为 d 的薄晶片，在距一侧表面为 l 处有一平行于表面的右螺位错（$b=0.3\mathrm{nm}$），如图 3-56 所示。(1) 证明此位错所受的映像力为：

$$F=\frac{\mu b^2}{4\pi d}\sum_{n=-\infty}^{\infty}\frac{1}{n+l/d}$$

式中的加和项可近似等于 $\cot(\pi l/d)$。

(2) 设 $d=2\mu\mathrm{m}$，$l=(1/3)\mu\mathrm{m}$，位错移动的阻切应力为 $10^{-4}\mu$。问此位错会不会逸出晶体？

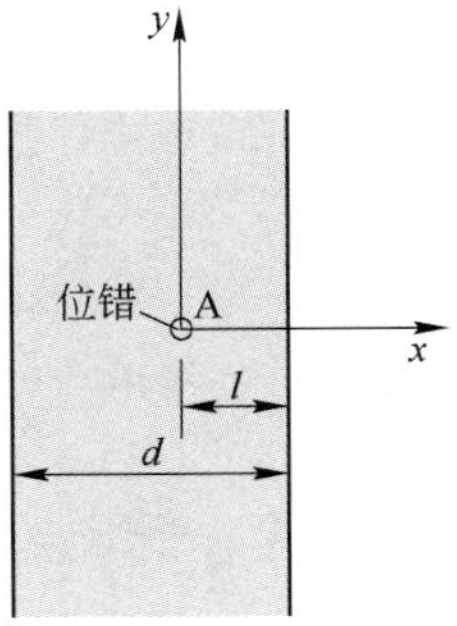

图 3-56 在薄板中平行板面的螺位错

解：(1) 位错靠近两个自由表面，用映像位错来计算自由表面对它的作用力。以右边表面为镜面在与 A 位错对称位置放入映像位错（左螺位错）B，同样，以左边表面为镜面在与 A 位错对称位置放入映像位错（左螺位错）C，如图 3-57 所示。这两个映像位错对 A 位错的作用力为（以指向 x 正向为正）：

$$\frac{\mu b^2}{4\pi}\left(\frac{1}{l}-\frac{1}{d-l}\right)=\frac{\mu b^2}{4\pi d}\left(\frac{1}{l/d}-\frac{1}{1-l/d}\right)$$

考虑到左边表面对B位错也存在映像位错，即在以左边表面为镜面与B位错对称位置放入映像位错E（右螺位错），右边表面对C位错也存在映像位错，即在以右边表面为镜面与C位错对称位置放入映像位错D（右螺位错），如图3-57所示。这两个映像位错对A位错的作用力为：

$$\frac{\mu b^2}{4\pi}\left(\frac{1}{d}-\frac{1}{d}\right)=0$$

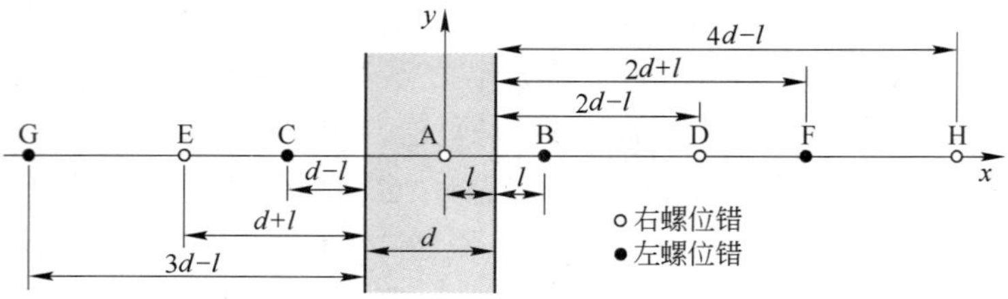

图3-57　求薄板中位错受镜像力所附加的映像位错位置

同样道理，D和E位错的映像位错G和F（左螺位错）对A位错的作用力为：

$$\frac{\mu b^2}{4\pi}\left(\frac{1}{d+l}-\frac{1}{2d-l}\right)=\frac{\mu b^2}{4\pi d}\left(\frac{1}{1+l/d}-\frac{1}{2-l/d}\right)$$

把作用在A位错的这几项作用力加和，从负到正排列：

$$\frac{\mu b^2}{4\pi d}\left(-\frac{1}{2-l/d}-\frac{1}{1-l/d}+\frac{1}{l/d}+\frac{1}{1+l/d}\right)$$

$$n=-2\quad n=-1\quad n=0\quad n=+1$$

上式每项下面的 n 的值恰好与 $\frac{\mu b^2}{4\pi d}\sum_{n=-\infty}^{\infty}\frac{1}{n+l/d}$ 的 n 相对应。上图的映像位错不断对应出新的映像位错，直至无穷。其中映像位错如果是右螺位错，它们对A位错的作用力相互对消，只有左螺映像位错对A位错才有作用力。按上面的排列类推，就可以获得两侧表面对A位错的作用力：

$$F=\frac{\mu b^2}{4\pi d}\sum_{n=-\infty}^{\infty}\frac{1}{n+l/d}$$

（2）因为作用力的加和项可以简化为余切函数，即：

$$F=\frac{\mu b^2}{4\pi d}\cot\left(\frac{\pi l}{d}\right)$$

若 $d=2\mu m$，$l=1/3\mu m$，位错移动的阻切应力为 $10^{-4}\mu$，位错所受的映像力不小于 $10^{-4}\mu$ 则可以逸出晶体。

$$\frac{b}{4\pi d}\cot\left(\frac{\pi l}{d}\right)=\frac{0.3\times10^{-3}}{4\pi\times2}\cot\left(\frac{\pi\cdot1/3}{2}\right)=2.07\times10^{-5}\leqslant10^{-4}$$

说明位错不能逸出晶体。

3.2.6 位错运动

前面讨论过，位错有两种类移动：保守移动和非保守移动。保守移动就是位错在滑移面的滑动，位错滑动后不会使晶体体积发生变化；非保守移动是位错离开滑移面的移动，这种移动会使晶体体积发生变化。但是非保守移动的本质是由在滑移面的滑动和垂直于滑移面的攀移合成，所以位错移动基本上就是滑动和攀移两种移动，下面分别讨论位错的这两种基本移动。

3.2.6.1 晶体滑移与位错滑动

晶体的塑性变形主要是晶体的晶面相对切动而产生永久变形。若在形变前把晶体表面仔细抛光，形变后在表面上会观察到很细的滑移痕迹，称滑移线和滑移带。图 3-58 所示为形变的 Ni 基高温合金 γ 相单晶体的三维原子力显微镜电镜（AFM）视图，扫描尺寸是 16μm×16μm。图 3-58a 为晶体表面的 AFM 视图，显示有晶体学取向的台阶，它们是滑移带，台阶高度是滑移量；图 3-58b、c 是在 a 图中的滑移带的精细结构视图，揭示了滑移带是由很多细的滑移线组成的，滑移线台阶的距离周期约为 20nm。

晶体的塑性变形可以设想为晶体沿某个晶面整体相对滑动产生永久变形，如图 3-59a 所示。根据“制造”位错的沃特拉过程可以知道，位错线运动扫过的面的两侧必相对移动一个柏氏矢量 ***b***，因此又可以设想位错在滑移面的滑动而产生永久变形。图 3-59b 所示为设想正号刃位错和负号刃位错滑动产生的永久变形，根据位错受力可知，在相同的切应力作用下，反号位错滑动的方向相反；图 3-59c 所示为设想右螺位错和左螺位错滑动产生永久变形，同样，在相同的切应力作用下，右螺位错和左螺位错滑动的方向相反。当然，混型位错滑动也会产生相同的效果。

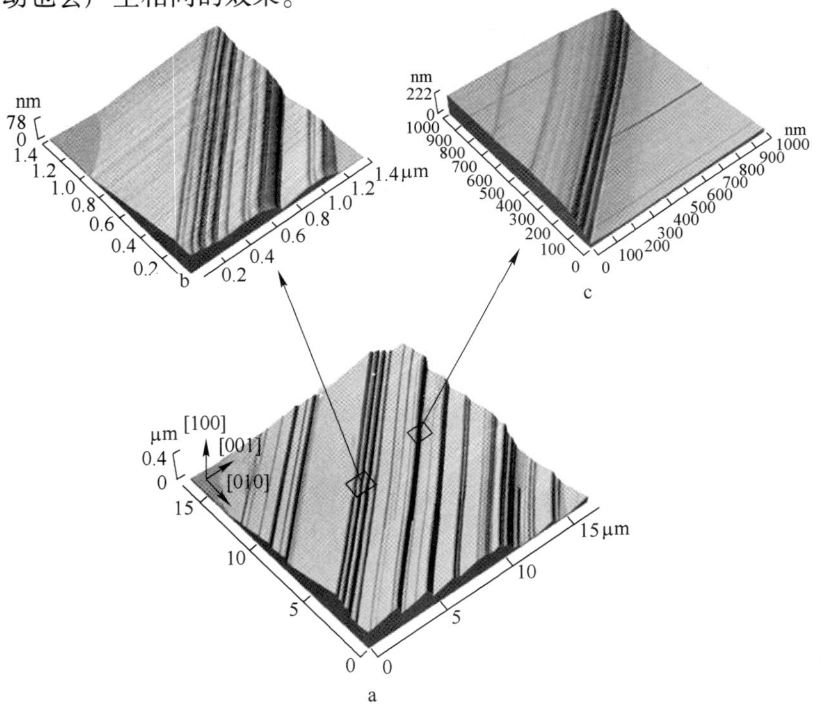

图 3-58 形变的 Ni 基高温合金 γ 相单晶体的三维原子力显微镜电镜（AFM）视图

a—晶体表面的有晶体学取向的滑移带；b，c—在 a 图中的滑移带的精细结构视图

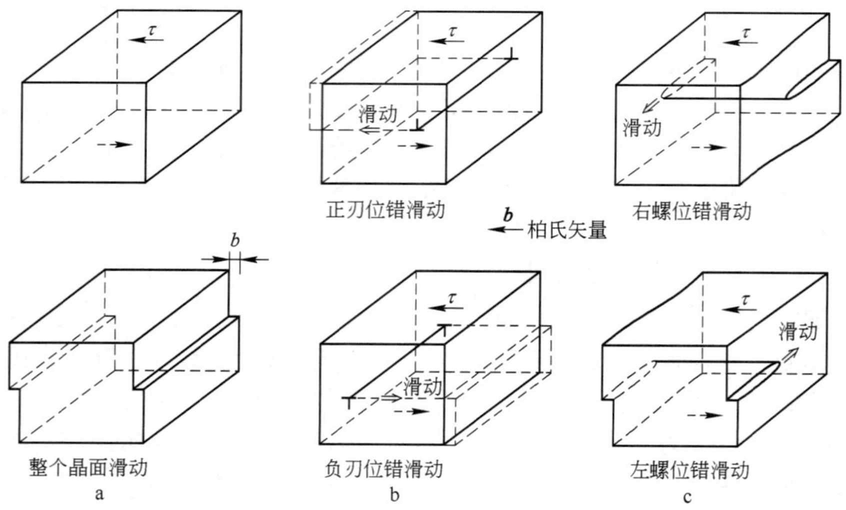

图 3-59 晶体中晶面相对切动产生永久变形的可能方式

3.2.6.2 理论切变强度

讨论晶面整体相对滑移产生的永久变形所需要的应力。用简单的一维原子交互作用力来估计晶体中整个晶面相对切动所需的切应力，这个应力是理论计算的切应力，称理论切变强度。图 3-60a 所示为晶体中两个相邻的原子面相对滑动的过程。在切动前，原子处在平衡位置，因为原子是周期排列的，原子间的势能函数应是切动量的周期函数。设切动方向为 x，原子间距为 b，则在切动面上每个原子的原子间势函数 $\mathcal{U}(x)$ 近似地用余弦函数（图 3-60b）表示：

$$\mathcal{U}(x)=\mathcal{U}_0+\mathcal{U}_1\cos\left(\frac{2\pi x}{b}\right) \tag{3-134}$$

式中，$\mathcal{U}_0$和 $\mathcal{U}_1$是常数；x 是上层原子相对下层原子的移动距离。产生位移所需的切应力 $\tau(x)$ 为：

$$\tau(x)=-N_0\frac{\mathrm{d}\mathcal{U}}{\mathrm{d}x}=\frac{2\pi N_0\mathcal{U}_1}{b}\sin\left(\frac{2\pi x}{b}\right) \tag{3-135}$$

式中，N_0是在切动晶面上每单位面积的原子数。$\tau(x)$ 曲线如图 3-60c 中的虚线所示，它的反号值也可以认为是原子离开平衡位置受原子间的作用产生的回复力。在稳定平衡位置（$x=0$，图 3-60a 中的 A 位置）与非稳定平衡位置（$x=b/2$，图 3-60a 中的 Q 位置）之间 $x=b/4$ 时需要的切应力最大，它是：

$$\tau_{\max}=\frac{2\pi N_0\mathcal{U}_1}{b} \tag{3-136}$$

当切变量很小时，可以用胡克定律 $\tau=\mu\gamma$。因为切动的两层原子面面间距是 a，上层原子面切动 x 产生的切应变是 x/a，故：

$$\mu=\lim_{\gamma\to 0}\left(\frac{\mathrm{d}\tau}{\mathrm{d}\gamma}\right)=\frac{2\pi N_0\mathcal{U}_1}{b}\cdot\frac{2\pi}{ab}=\frac{4\pi^2N_0\mathcal{U}_1}{ab^2} \tag{3-137}$$

这样，$\mathcal{V}_1$的值就是：

$$\mathcal{V}_1 = \frac{b^2\mu}{4a\pi^2 N_0} \tag{3-138}$$

把 $\mathcal{V}_1$的值代入式(3-136)就得出晶体两层晶面之间整体切动所需的最大切应力，这个应力就是理论计算的晶体切变强度。

$$\tau_c = \tau_{max} = \frac{2\pi N_0 \mathcal{V}_1}{b} = \frac{2\pi N_A}{b} \cdot \frac{b^2\mu}{4a\pi^2 N_0} = \frac{b\mu}{2a\pi} \approx \frac{\mu}{2\pi} \tag{3-139}$$

上面的分析基于把回复力假设为正弦曲线，实际上考虑到原子间斥力的短程性，回复力曲线不是正弦曲线，并且峰值也没有正弦曲线高，如图 3-60c 中实线所示，所以上面的估计是过高的。通过更详细的分析，发现 τ_{max} 的更合理值约为 $\mu/30$。可见，理论切变强度和切变模量相差约 1 个数量级。但是，实验测定的切变强度很低，它比理论切变强度低两三个数量级。这就是认为塑性变形的机制不可能是晶面整体滑动的原因。

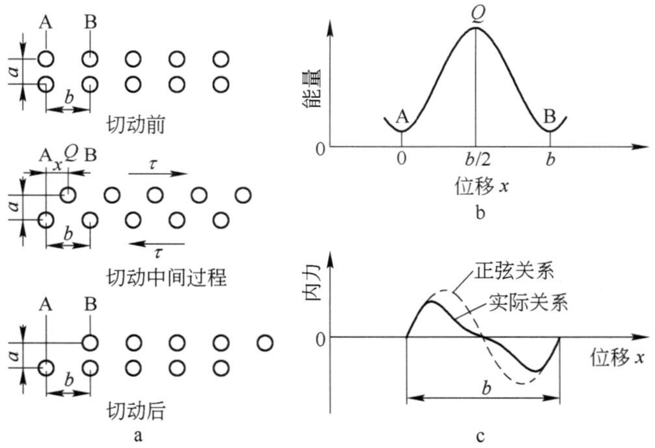

图 3-60 理论切变强度的估算

a—原子面的滑动过程；b—原子切位移的原子间势函数；c—原子间的回复力

3.2.6.3 位错的易滑动性

因为位错的存在，塑性变形不需要整个滑移面滑动，而是通过位错从晶面的一侧滑动到另一侧来完成整个滑移面的滑动。图 3-61 所示为一个刃位错在切应力的作用下在滑移面上的滑动过程，位错的逐步滑动完成了整个滑移面的相对滑移。例如图 3-61a 中刃位错附近的几个原子列位置作小量的位置调整，位错就移动了一个柏氏矢量的距离，如图 3-61b所示。位错附近的原子列连续地作这样的调整，滑移面上的滑移就逐步地传播，最终完成整个滑移面的滑移，如图 3-61d 所示。显然，位错的滑动是容易的，所以由位错滑动完成的滑移所需的力比整个滑移面滑移所需的力要小得多。对于螺位错也可以用类似的方式理解它的移动性。我们将在后面有关的各节中以不同方法估算位错滑动所需要的切应力，证明它确实比理论强度低两三个数量级。现在已清楚，位错运动是晶体材料一系列机械行为的基础。

从图 3-61 看到，位错运动扫过的面的两侧相对位移 $\boldsymbol{b}$，在很多场合下我们关心位错运

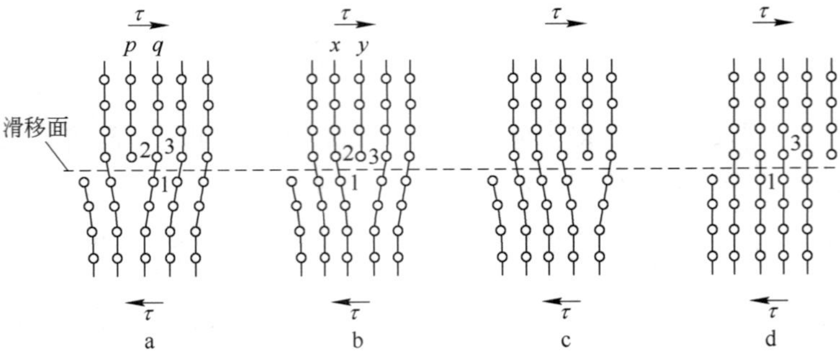

图 3-61 刃位错在滑移面上的滑动

动后扫过的面两侧的实际位移方向，这要根据运动的位错的实际结构来确定。如果一个位错的切方向和柏氏矢量已经确定，那么这个位错的结构也确定了。根据位错线的切向 $\boldsymbol{t}$ 和柏氏矢量 $\boldsymbol{b}$ 以及位错的运动方向来确定位错扫过的面两侧滑动的方向，可以总结为如下的右手法则：把食指指向位错线切向 $\boldsymbol{t}$，中指指向位错运动 $\boldsymbol{v}$ 方向，则拇指指向沿 $\boldsymbol{b}$ 方向位移的那一侧晶体。这个规则如图 3-62 所示。

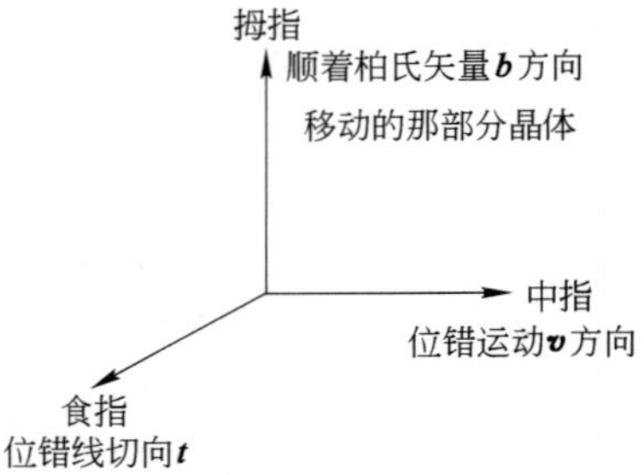

图 3-62 判定晶体滑动方向的右手法则的说明

3.2.6.4 螺位错的交滑移

螺位错的柏氏矢量和位错线平行，所以原则上通过位错线的任何面都是可能的滑移面。在下面的关于晶格阻力的讨论将会知道，位错在不同的晶面滑动要克服的晶格阻力是不同的，所以，在实际晶体中螺位错也是倾向于在某些特殊的晶面（晶体的滑移系）滑动。螺位错可以在以其柏氏矢量方向为晶带轴的晶带面之间滑动，从一个滑移面移动再转到另一个滑移面“顺序”地运动，这个过程称交滑移。图3-63a所示为铝单晶体形变后在表面上看到的交滑移的痕迹。图 3-63b 所示为描述交滑移过程的模型。在 fcc 晶体中，能量最低的稳定位错的柏氏矢量是 $a\langle 110\rangle/2$，位错最容易滑动的晶面是 $\{111\}$。螺位错可以在以它的柏氏矢量方向 $\langle 110\rangle$ 为交线的两个 $\{111\}$ 面上转移完成交滑移。图 3-63b 中的Ⅰ描述了 $b=a[\bar{1}01]/2$ 的位错在（111）面上滑动，$(1\bar{1}1)$ 面也包含 $[\bar{1}01]$ 方向，如果在某点位错滑动受阻，或局部应力场发生改变，使得在另一个滑移面上滑动有利，那么螺位错可以交滑移到这个面上，并在这个面上滑动，如图 3-63b 的Ⅲ所示。同样，在合适的条件下，这个过程可以反向进行，即螺位错滑回原来的（111）面，这称为双交滑移，如图 3-63b 中的Ⅳ所示。双交滑移是位错绕过滑移面上障碍物的重要机制。

3.2.6.5 位错交截

一般晶体中一定存在位错，经良好退火的晶体中位错密度也约为 $10^6\sim10^8\,cm^{-2}$ 的数量级，所以一根在滑移面上滑动的位错必与穿过滑移面的其他位错（这些位错称林位错）相交截，位错滑动发生位错相交截是很普遍的现象。

两个位错相交截后，两个位错都会产生一小段和对方柏氏矢量 $\boldsymbol{b}$ 大小和方向相同的位

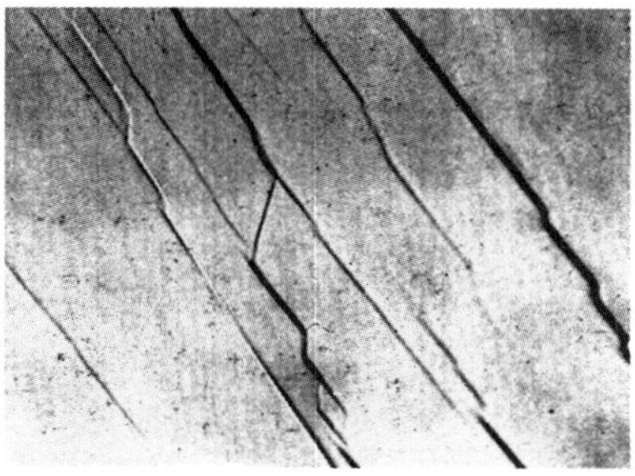

a

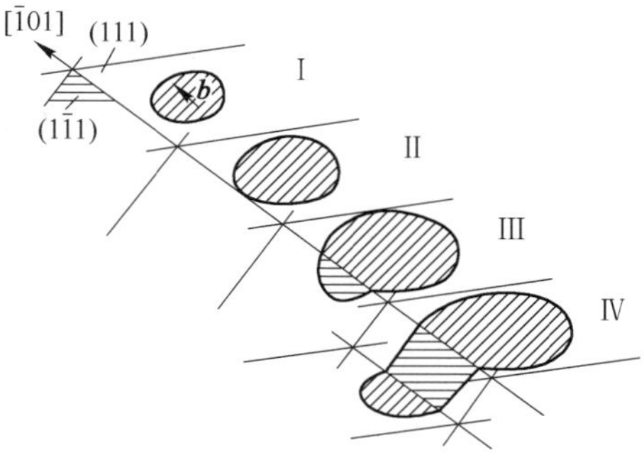

b

图 3-63 交滑移（影线区是位错扫过的区域）

a—形变铝单晶体表面观察到的交滑移痕迹；b—fcc 金属中交滑移过程的示意说明

错。如果这小段位错的滑移面和自身位错的滑移面相同，由于位错的线张力作用，通过滑移可使这小段位错消失，这种位错小段称作弯结。如果这小段位错的滑移面和自身位错的滑移面不同，小段位错不可能靠张力使其滑移消失，这种位错小段称为割阶。图 3-64 所示为一个位错环上的弯结和割阶。

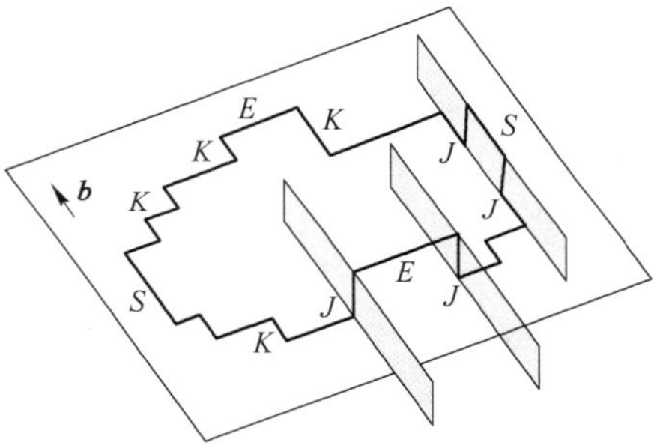

图 3-64 一个位错环上的弯结和割阶

E—刃型位错；*S*—螺型位错；*K*—弯结；*J*—割阶

下面看一些位错交截的例子。图 3-65a 所示为两个柏氏矢量平行的刃位错交截的情况。不在同一滑移面上的两个位错线：AB 和 XY，AB 位错的柏氏矢量为 $\boldsymbol{b}_2$，XY 位错的柏氏矢量 $\boldsymbol{b}_1$，位错 XY 在滑移面上按图中的箭头方向滑动割过 AB 位错后，在自身产生一小段长度和方向与 $\boldsymbol{b}_2$ 相同的 QQ′位错段，而在 AB 位错产生一小段长度和方向与 $\boldsymbol{b}_1$ 相同的 PP′位错段，根据图 3-62 描述的规则，确定这些小位错段在原来位错线的走向。从图 3-65a 看出，QQ′段和 PP′段位错都在自身位错的滑移面上，可以靠位错线张力使位错伸直而消失，所以这两段位错都是弯结。图 3-65b 所示为刃位错 AB 与右螺位错 XY 交截的情况。两个位错的柏氏矢量分别为 $\boldsymbol{b}_1$ 和 $\boldsymbol{b}_2$，刃位错 AB 在滑移面上按图中的箭头方向滑动割过 XY 位错后，在自身产生一小段长度和方向与 $\boldsymbol{b}_2$ 相同的 PP′位错，而在螺位错 AB 则产生一小段长度和方向与 $\boldsymbol{b}_1$ 相同的 QQ′位错。从 3-65b 看出，PP′段位错的滑移面（图中灰色的面）与原来位错的滑移面不同，所以不能靠滑移消失，它是割阶。对于螺位错，虽然理论上通过螺位错的任何面都是螺位错的滑移面，但是螺位错在不同面上滑移所需要克服的阻力是不同的，所以真实的滑移面数目不会是无限多，而是有限的几个（视晶体结构而定）滑移面。在螺位错产生的位错段 QQ′是刃位错，它能否消失要看这段刃位错的滑移面是否与原来螺位错的真实滑移面相同。如果相同，可以靠滑移消失，是弯结；如果不同，不能靠滑移消失，是割阶。

再看一些位错交截的例子。图 3-66a 所示为一个柏氏矢量为 $\boldsymbol{b}_A$ 的刃位错 A 滑动（滑

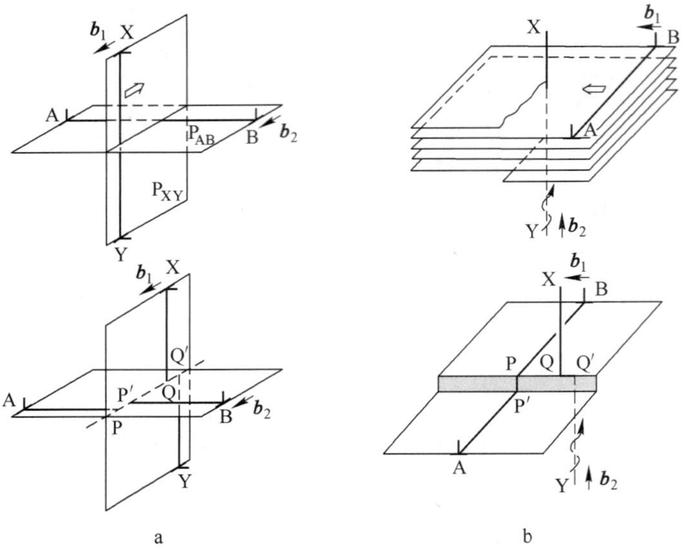

图 3-65 位错交截的例子

a—两个柏氏矢量平行的刃位错交截；b—刃位错 AB 与右螺位错 XY 交截（上图是交截前，下图是交截后的情况）

动方向如图中粗箭头所示）与穿过滑移面的刃位错 B、C 及左螺位错 D 交截的情况。根据图 3-62 描述的规则，位错 A 滑动使扫过的滑移面下侧切动 $\boldsymbol{b}_A$。位错 A 与 B、C 及左螺位错 D 交截后均产生大小和方向为 $\boldsymbol{b}_A$ 的一小段位错，即在 B 位错的 B_1B_2、C 位错的 C_1C_2 和 D 位错的 D_1D_2 位错段。B 位错是刃位错，B_1B_2 位错段也是刃位错，但是它的滑移面和原来 B 位错的不同，不能靠滑移消失，所以 B_1B_2 是割阶。C 位错也是刃位错，但 C_1C_2 位错段是螺位错，它的滑移面和原来 C 位错的滑移面是同一个面，它可以通过滑移使 C 位错重新变直而消失，所以 C_1C_2 是弯结。D 位错是螺位错，D_1D_2 位错段是刃位错，原则上 D_1D_2 位错段的滑移面是原来位错 C 的一个滑移面，但 D_1D_2 是割阶或是弯结还要看原来的 D 位错的真实滑移面而定。位错 A 截过 B、C、D 三个位错，相对 A 位错来说，它也被 B、C、D 三个位错反向滑动截过。B 位错的柏氏矢量和 A 位错线平行，所以在 A 位错不会被截出任何的小段位错。C 位错对 A 位错截出 A_1A_2 位错段，它是螺位错，滑移面和原来 A 位错的一样，会在张力的作用下消失，所以它是弯结。D 位错对 A 位错截出的 $A_1'A_2'$ 位错段是刃位错，它的滑移面和原来 A 位错的不同，不会由张力引起滑移而消失，它是割阶。

图 3-66b 所示为一个柏氏矢量为 $\boldsymbol{b}_A$ 的左螺位错 A 滑动（滑动方向如图中粗箭头所示）与穿过滑移面的刃位错 B、C 及左螺位错 D 交截的情况。根据图 3-62 描述的规则，位错 A 滑动使扫过的滑移面下侧切动 $\boldsymbol{b}_A$。位错 A 与 B、C 及左螺位错 D 位错交截后均产生大小和方向为 $\boldsymbol{b}_A$ 的一小段位错，即在 B 位错的 B_1B_2、C 位错的 C_1C_2 和 D 位错的 D_1D_2 位错段。B 位错是刃位错，B_1B_2 位错段是螺位错，它的滑移面和原来 B 位错的相同，可以靠滑移消失，所以 B_1B_2 是弯结。C 位错是刃位错，C_1C_2 位错段也是刃位错，它的滑移面和原来 C 位错的滑移面不同，它不能靠滑移消失，所以 C_1C_2 是割阶。D 位错是螺位错，D_1D_2 位错段是刃位错，D_1D_2 是割阶或是弯结还要看原来的 D 位错的真实滑移面而定。位错 A 截

过B、C、D三个位错，它也被B、C、D三个位错反向滑动截过。B位错的柏氏矢量和A位错线平行，所以在A位错不会被截出任何的小段位错。C位错对A位错截出A_1A_2位错段，它是螺位错，它的滑移面和原来A位错的一样，会在张力的作用下消失，所以它是弯结。D位错对A位错截出的$A_1'A_2'$位错段是刃位错，它的滑移面和原来A位错的不同，不会由张力引起滑移而消失，它是割阶。当两位错相截产生的小位错段是混型位错时，它有可能分解出一段弯结和一段割阶。

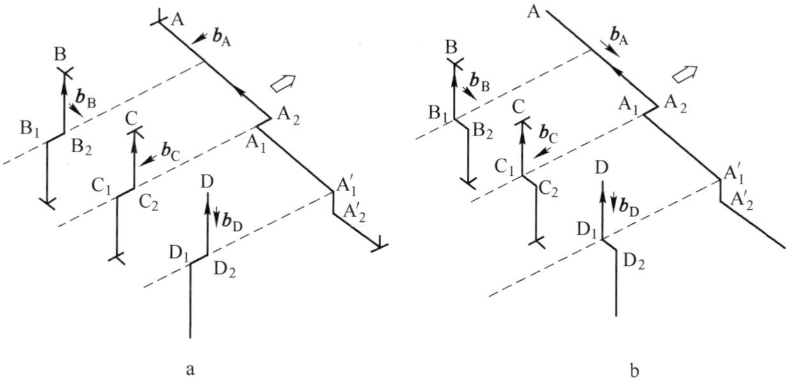

图3-66 位错交截的例子

a—一个刃位错A与刃位错B、C及左螺位错D交截；b—一个左螺位错A与刃位错B、C及左螺位错D交截

两个位错交截后产生的割阶长度只有一个或几个原子间距，由于它的长程应力场会被原位错的应力场抵消，所以它的能量比按增加位错长度所增加的位错能量要小，其能量和位错芯部能量相当。但是，位错交截过程需要花费的能量，比形成割阶的能量大得多。两个非平行的位错发生交截前靠近时，在靠近点附近有交互作用，这种交互作用涉及的范围取决于两个位错的交角θ和两个位错间距离r的大小，如果两个位错相互垂直，交互作用涉及的位错长度趋于零；如果两个位错平行，则交互作用涉及整根位错，所以交互作用涉及的位错长度集中在中间一段长度约为$\pi r\cos\theta$的位错段上。如果两个位错相斥，若有足够的外力也能使位错靠近，并可以如上述的过程一样相互交割过；如果两个位错相吸引，则两个位错容易相吸会合在一起，形成一段新的称之为会合位错的位错段。

图3-67所示为形成会合位错的过程。图3-67a所示为两个相交的滑移面上各有一段LL′及MM′螺位错，它们的柏氏矢量$\boldsymbol{b}_2$和$\boldsymbol{b}_1$的交角是钝角，这两个位错是相吸的。当位错靠近时，由于吸力作用，在靠近MM′的一段LL′位错在另一个滑移面滑动使和MM′平行，如图3-67b所示。两段相吸结合成柏氏矢量为$\boldsymbol{b}_3=\boldsymbol{b}_2+\boldsymbol{b}_1$的新位错段NN′，如图3-67c所示。为了进一步减小能量，位错线的排列就转化成如图3-67d所示的结构。两位错继续滑动要从这种会合状态拉开。拉开时，除了形成割阶做功外，还必须把会合位错缩回以达到脱离的目的，这要做附加功。对fcc、bcc金属进行估算的结果表明，附加的功是割阶形成能的一半，所以这一项不能忽略。因而，形成会合位错增加了位错交割时的阻力，它对形变阻力有较大贡献。

位错滑动时与穿过滑移面的林位错交割，不论与之交割的位错是相斥或是相吸都要附加能量，所以会对位错滑动产生阻力。若在交割后位错留下割阶，割阶对位错的继续运动

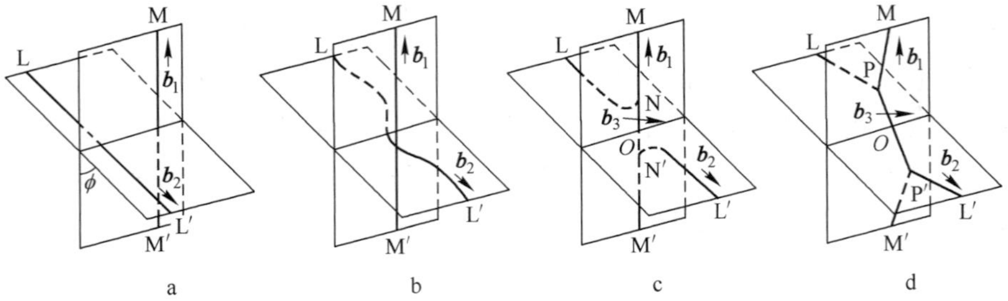

图 3-67 会合位错形成的示意图

也会产生运动阻力。

例 3-16 简单立方晶体（100）面有一个 $\boldsymbol{b}=[0\bar{1}0]$ 的刃型位错。(1) 在（001）面有一个 $\boldsymbol{b}=[010]$ 的刃型位错和它相割，相割后两个位错产生弯结还是割阶？(2) 在（001）面有一个 $\boldsymbol{b}=[100]$ 的螺型位错和它相割，相割后两个位错产生弯结还是割阶？

解：两位错相割后，在两位错上各留下一个大小和方向与对方位错的柏氏矢量相同的一小段位错，如果这小段位错在原位错的滑移面上，则它是弯结；否则是割阶。为了讨论方便，设（100）面上 $\boldsymbol{b}=[0\bar{1}0]$ 的刃型位错为 A 位错，(001) 面上 $\boldsymbol{b}=[010]$ 的刃型位错为 B 位错，(001) 面上 $\boldsymbol{b}=[100]$ 的螺型位错为 C 位错。

(1) A 位错与 B 位错相割后，A 位错产生方向为 [010] 的小段位错，A 位错的滑移面是（100），$[010]\cdot[100]=0$，即小段位错是在 A 位错的滑移面上，所以它是弯结；而在 B 位错产生方向为 $[0\bar{1}0]$ 的小段位错，B 位错的滑移面是（001），$[0\bar{1}0]\cdot[001]=0$，即小段位错在 B 位错的滑移面上，所以它也是弯结。

(2) A 位错与 C 位错相割后，A 位错产生方向为 [100] 的小段位错，A 位错的滑移面是（100），$[100]\cdot[100]\neq 0$，即小段位错不在 A 位错的滑移面上，所以它是割阶；而在 C 位错产生方向为 $[0\bar{1}0]$ 的小段位错，C 位错的滑移面是（001），$[0\bar{1}0]\cdot[001]=0$，即小段位错在 B 位错的滑移面上，所以它是弯结。

3.2.6.6 位错滑动的晶格阻力（P-N 阻力）

位错还受一种来源于晶体的不连续排列的本性以及位错芯原子排列的特征的非弹性力，这力就是位错移动时所受到的周期性的晶格阻力。这种阻力大小取决于位错的类型，特别是位错芯结构。这种力是前面的讨论所不能解决的，所以，要建立新的、涉及位错芯原子排布的模型来解决。Peierls(1940)最早注意到这一点阵施加于位错上的力的周期本质，Nabarro(1947)对它作定量的计算，这一模型称为 P-N 模型。后来又有很多人对模型进行了讨论和修正，因为 P-N 模型的原创性，尽管经过很多修正，仍称 P-N 模型。现介绍 Joos 和 Duesbery(1997)修正后的模型。

这个模型设上下两块粘合弹性半晶体，上侧晶体有 $n+1$ 个原子层，下侧晶体有 n 个原子层，如图 3-68 所示。两块弹性半晶体对接粘合起来，在 $x=+\infty$ 处，A 和 B 将对齐，在 $x=-\infty$ 处，A' 和 B' 将对齐。上、下两侧的原子对的错配逐步加大直至中心达最大，结果构成一个刃位错。假设两块半晶体原子对的交互作用切应力 τ_{xy} 是正弦形式：

$$\tau_{xy} = \tau_c \sin\frac{2\pi f(x)}{b} \qquad \tau_c = \frac{\mu b}{2\pi a} \tag{3-140}$$

式中，τ_c 是最大的切变阻力，相当于理论切变强度（参见式(3-139)）。从上式看出，这个模型和 Volterra 模型的根本差异表现在讨论粘合面两侧的位移的不同。Volterra 模型认为粘合面两侧的位移有一个不连续的跃变，位移是 $\boldsymbol{b}$，因而只有在位错芯处才有晶体学上的不连续。现在的模型则认为晶体学上的不连续遍布整个粘合面，即相当于整个粘合面沿 x 方向遍布“位错”，$f(x)$ 表征上、下晶块在 x 处的相对移动，它是连续函数。这样，$df(x)/dx$ 就相当于在 x 处的“位错”的柏氏矢量函数 $\boldsymbol{b}(x)$。切变阻力从 $\pm\infty$ 向中心连续地逐步增加，到接近中心处已不再是线弹性，并达到理论强度。但是，距中心更近的距离时，点阵的对称使切变阻力重新下降为 0。这样就有效地分摊开位错核心周围的点阵错配从而去掉核心的奇异性。

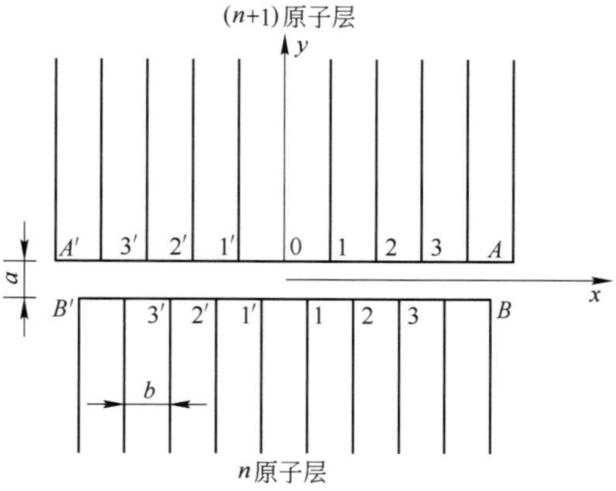

图 3-68 两块弹性半晶体
（上层晶体多一个超额原子面，上、下两侧连接起来就构成一个刃位错）

在粘合面上，可以看成遍布了无限多个平行于 z 轴的柏氏矢量为无限小的刃位错，它产生的弹性应力（σ_{xy}，这里用 σ_{xy} 以区分弹性回复切应力 τ_{xy}）在粘合面对抗周期切变阻力而平衡。根据这一平衡，获得如下积分方程：

$$\frac{\mu}{2\pi(1-\nu)}\int_{-\infty}^{\infty}\frac{df(x')/dx'}{x-x'}dx' = \tau_c \sin\frac{2\pi f(x)}{b} \tag{3-141}$$

式中，$df(x')/dx'$ 就是在 x 处的位错的柏氏矢量密度 $b(x)$。因为所有无限多的散布位错叠加起来是一个 Volterra 位错，所以：

$$\int_{-\infty}^{\infty}\frac{df(x')}{dx'}dx' = b \tag{3-142}$$

解式(3-141)的积分方程，得：

$$f(x) = \frac{b}{\pi}\arctan\frac{x}{\xi} + \frac{b}{2} \tag{3-143}$$

式中

$$\xi = \frac{\mu b}{4\pi(1-\nu)\tau_c} \tag{3-144}$$

从式(3-143)看出，当 $x=0$ 即位错中心处时，$f(x)=b/2$；当 $x=\infty$ 时，$f(x)=b$，即上下两侧对齐；当 $x=\xi$ 时，$f(x)=3b/4$，也就是从位错中心沿 x 方向到达 ξ 的范围集中了位错 3/4 的畸变，把 ξ 定义为位错的半宽度。把式(3-143)代入式(3-140)，得出沿 x 轴的刃位错应力分布（它等于切变阻力的相反数）为：

$$\sigma_{xy}(x) = -\tau_{xy}(x) = 2\tau_c\frac{x\xi}{x^2+\xi^2} \tag{3-145}$$

式中，两个切应力符号是为了区分粘合两侧原子的回复切应力（τ_{xy}）和遍布位错的切应力（σ_{xy}），回复切应力是位错切应力的相反数。当 $x\to 0$ 时，$\sigma_{xy}\to 0$，即去除了位错中心的奇异性，同样，其他的应力分量也去掉位错中心的奇异性。但是当 $x=\xi$ 时，$\sigma_{xy}=\mu b/2\pi a$，即等于理论强度。把 ξ（位错的半宽度）称作位错核心半径。把正弦形式切变阻力的 τ_c 代入上式，并且 $x\gg\xi$，得：

$$\sigma_{xy}=\frac{\mu b}{2\pi(1-\nu)x} \tag{3-146}$$

它和线弹性位错的相同。图 3-69 所示为线弹性位错（虚线）和点阵模型位错（实线）在位错中心周围的切应力分布，点阵模型位错在 $x=\xi$ 处切应力达到理论强度值。

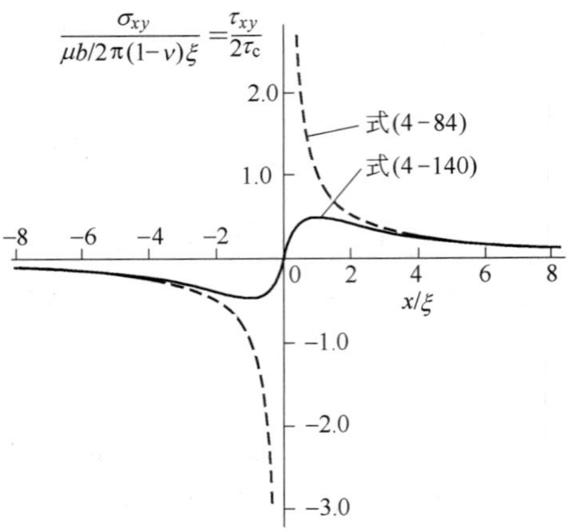

图 3-69 刃位错中心周围的切应力分布

例 3-17 以式(3-143)和式(3-135)导出式(3-145)。

解：把式(3-143)代入式(3-140)，得：

$$\sigma_{xy}(x)=-\tau_{xy}(x)=-\tau_c\frac{2\pi f(x)}{b}=-\tau_c\left[\frac{2\pi}{b}\left(\frac{b}{\pi}\arctan\frac{x}{\xi}+\frac{b}{2}\right)\right]$$

$$=-\tau_c\left(2\arctan\frac{x}{\xi}+\pi\right)=\tau_c\left(2\arctan\frac{x}{\xi}\right)$$

设 $\arctan(x/\xi)=\theta$，则：

$$\sigma_{xy}=\tau_c\sin(2\theta)=2\tau_c\sin\theta\cos\theta$$

从图 3-70 看到，$\sin\theta=x/(\xi^2+x^2)^{1/2}$，$\cos\theta=\xi/(\xi^2+x^2)^{1/2}$，代入上式得：

$$\sigma_{xy}(x)=2\tau_c\frac{x\xi}{x^2+\xi^2}$$

导出了式(3-145)。

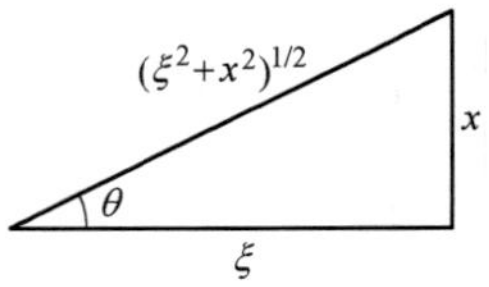

图 3-70 $\arctan(x/\xi)=\theta$ 的几何关系

位错宽度 2ξ 是表征位错结构的一个重要参数，位错宽度的大小主要取决于原子间的势能和晶体结构。如果理论强度 $\tau_c=\mu b/2\pi a$，从式(3-144)可知，相应的 ξ_s 为：

$$\xi_s=\frac{a}{2(1-\nu)} \tag{3-147}$$

这说明位错宽度是很窄的，但是这一数值是过低估计的，位错宽度通常在 $b\sim 5b$ 之间。密排金属的位错宽度比较宽，如金刚石等共价键晶体的位错宽度却是很窄的。因为 $f(x)$ 相当于 $b(x)$，为了了解 $f(x)$、$b(x)$ 和 2ξ 之间的关系，画出 b–$f(x)$ 以及 $b(x)=\mathrm{d}f(x)/\mathrm{d}x$ 对 x 的变化，如图 3-71 所示。$b(x)$ 是在黏合面的位错的柏氏矢量分布函数，在图中的 $b(x)$ 曲线从 $-\infty$ 到 $+\infty$ 积分，即曲线下面的面积等于 b。曲线清楚地描述了错排集中在何处，若位错宽度比较宽，则 $b(x)$ 曲线在中心处的值比较高，向两边以缓慢方式降落，相反，如果位错宽度比较窄，则曲线在中心处的值比较高，向两边以快速方式降落。图 3-71a 所示为位错比较宽的情况，图 3-71b 所示为位错比较窄的情况，图 3-71c 所示为一个全错分解为两根部分位错（见下面的典型晶体中位错的讨论）的情况，部分位错的间距为 d，柏氏矢量分布函数只出现在两个部分位错附近。

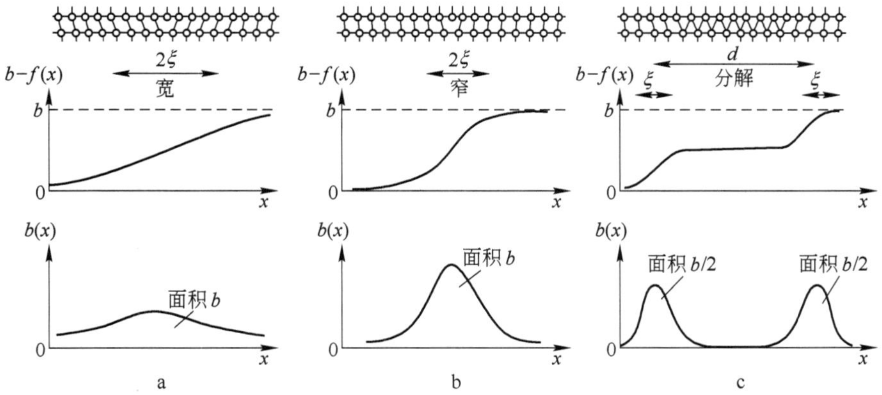

图 3-71 晶体中宽位错宽度（a）、窄位错宽度（b）和分解为部分位错（c）的原子位置、$b\text{-}f(x)$ 和柏氏矢量分布函数 $b(x)$

按照式(3-89)求单位长度位错的应变能的同样方法，很容易得出这个模型的位错弹性应变能：

$$E_{\mathrm{el}} = \frac{b}{2}\int_0^R \sigma_{xy}(x)\,\mathrm{d}x = \frac{\mu b^2}{4\pi(1-\nu)}\ln\frac{R}{\xi} \tag{3-148}$$

上式的积分下限取 0，因为这个模型已经去掉中心的奇异性。现在位错的应变能公式与线性模型位错的公式(3-90)相似，只是 ξ 取代了式(3-90)中的 r_0。

位错核心区域的原子错排导致位错核心具有能量并且阻碍位错运动，这种阻碍来源于晶体不连续排列的本性以及位错芯原子排列的特征。当位错在周期排列的点阵移动时会改变其能量，从而位错移动时受到周期性的晶格阻力。但是，式(3-148)与位错的位置无关，这是因为这里的处理仍然按弹性连续体处理，所以它不能表达位错移动会受力的事实。从一级近似看，在粘合面两侧的原子列对（如图 3-68 中的 i-i' 原子列对，i 代表任一数字）的交互作用，在位错芯的原子对间有很大的切向分离，这一分离随着离开中心而迅速减小。这一切动分离使两块晶体之间的薄层内储存错配能，此错配能也是随离开中心位置而迅速减小。当位错移动离开其对称位置时，错配能以交互作用距离 b 作周期变化，产生使位错中心回到对称位置的回复力，从而给予位错移动时的周期晶格阻力。因为原子列对相对位移为 $f(x)$，所以在一原子列对的错配能为：

$$\begin{aligned} E_{\mathrm{m}}(x) &= b\int_0^{f(x)} \tau_{xy}(x)\,\mathrm{d}f = \frac{b^2}{2\pi}\tau_{\mathrm{c}}\left[1+\cos\left(2\arctan\frac{x}{\xi}\right)\right] \\ &= \frac{b^2}{2\pi}\tau_{\mathrm{c}}\frac{\xi^2}{x^2+\xi^2} \end{aligned} \tag{3-149}$$

若原子列位置表示为 $x=mb$，再将从 $m=-\infty$ 到 $m=\infty$ 对每列原子的错配能相加，可以估算整排位错的错配能 E_m：

$$E_m = \frac{\mu b^2}{4\pi^2(1-\nu)}\sum_{m=-\infty}^{m=+\infty}\frac{\chi}{m^2+\chi^2} \tag{3-150}$$

式中，$\chi=\xi/b$ 是长度无量纲因子。当位错中心移动了 u 时，上侧原子位置相对下侧原子移动 $f(mb-u)$，错配能改变为：

$$E_m = \frac{\mu b^2}{4\pi^2(1-\nu)}\sum_{m=-\infty}^{m=+\infty}\frac{\chi}{(m-\eta)^2+\chi^2} \tag{3-151}$$

式中，$\eta=u/b$。这一无穷数列可以表达为简化形式：

$$E_m = \frac{\mu b^2}{4\pi(1-\nu)}\left[\frac{\sinh(2\pi\xi/b)}{\cosh(2\pi\xi/b)-\cos(2\pi u/b)}\right] \tag{3-152}$$

我们关心 $\xi/b>1.0$ 和 $2\pi\xi/b\gg1.0$ 即位错半宽度大于 b 以及错半宽度远大 $b/2\pi$ 的情况，这可把上式变为更有用的形式：

$$E_m(u) = \frac{\mu b^2}{4\pi(1-\nu)}\left[1+2\exp\left(-\frac{2\pi\xi}{b}\right)\cos\frac{2\pi u}{b}\right] \tag{3-153}$$

从上式来看，位错的错配能是随位置周期改变的，表现在上式的第二项上。如果位错静止，则第一项为错排能，把它与式(3-148)相加就是单位长度位错的总能量：

$$E = \frac{\mu b^2}{4\pi(1-\nu)}\left(1+\ln\frac{R}{\xi}\right) = \frac{\mu b^2}{4\pi(1-\nu)}\ln\frac{eR}{\xi} \tag{3-154}$$

和前面的式(3-89)对比，得：

$$\frac{R}{\lambda b} = \frac{eR}{\xi} \qquad \lambda = \frac{\xi}{eb} = \frac{a}{2be(1-\nu)} \approx 0.26$$

这就是在讨论位错的总能量时认为 $\lambda\approx1/4$ 的原因。当位错滑动一个 b 距离要越过一个能垒，这个能垒称为 P-N 势垒 E_P，等于：

$$E_P = \frac{\mu b^2}{\pi(1-\nu)}\exp\left(-\frac{2\pi\xi}{b}\right) \tag{3-155}$$

位错移动的晶格阻力为：

$$\tau_{xy}(u) = -\frac{1}{b}\left[\frac{dE_m(u)}{du}\right] = \frac{\mu}{1-\nu}\exp\left(-\frac{2\pi\xi}{b}\right)\sin\frac{2\pi u}{b} \tag{3-156}$$

最大晶格阻力称 P-N 力（$\tau_{P\text{-}N}$）：

$$\tau_{P\text{-}N} = \frac{\mu}{1-\nu}\exp\left(-\frac{2\pi\xi}{b}\right) = \frac{\mu}{1-\nu}\exp\left[-\frac{\pi a}{(1-\nu)b}\right] \tag{3-157}$$

若把位错能克服晶格阻力而滑动就看做是晶体的屈服，设 $a\approx b$，一般金属的 $\nu\approx1/3$，则从上式的 $\tau_{P\text{-}N}\approx10^{-4}\mu$，即 $\tau_{P\text{-}N}$ 约等于实际的屈服应力。可以看出，这一模型成功地说明切变强度比理论切变强度低，并正确地预测了实际屈服切变强度的数量级，也再一次说明位错的易动性。在这里再次强调，$\tau_{P\text{-}N}$ 和晶体的屈服应力还是有区别的，$\tau_{P\text{-}N}$ 是位错在晶体中滑移所需的临界分切应力，而晶体屈服应力则是晶体宏观塑性形变的临界分切应力，这时已有相当的位错开动，即这个切应力已包括了其他一些位错交互作用的影响。

通过对位错的晶格阻力的讨论，我们对理论强度的实际意义有了进一步的认识：理论强度标志着晶体屈服强度的上限，即晶体处于最硬的状态下（原子键合强度充分发挥作用的情况下）的屈服强度。在计算位错的晶格阻力 $\tau_{P\text{-}N}$ 时，没有考虑晶体中其他缺陷的作用，即它是晶体中其他缺陷全部被清除后使位错移动所需的临界切应力，相当于晶体处于最软状况下（位错最容易运动的情况下）的屈服强度，也就是屈服的下限。金属的软、硬本质取决于位错的晶格阻力。

从式(3-144)看到，ξ 与理论切变强度成反比。若理论强度等于 $\mu b/2\pi a$，对应的位错宽度为 ξ_s。但如图 3-60c 所示，原子间的回复力不完全是正弦形的，所以实际的理论强度 τ' 比 $\mu b/2\pi a$ 小，所对应的位错宽度 ξ 比 ξ_s 大，设 $\xi = n\xi_s$。把这一重要关系考虑进式(3-157)，得：

$$\tau_{P\text{-}N} = \frac{\mu}{1-\nu}\exp\left(-\frac{2\pi\xi_s}{b}n\right) \tag{3-158}$$

式中

$$n = \frac{\tau'}{\tau_s} = \frac{\mu b}{2\pi a\,\tau_s} \tag{3-159}$$

式(3-156)~式(3-158)陈述的 P-N 阻力认为是在没有热激活情况下（在 0K）的形变阻力。若设 $n=2$，对 fcc 金属（在 {111} 面滑移），bcc 金属（在 {110} 面滑移），hcp 金属（在基面滑移）以及在适当的滑移面滑移的其他晶体刃位错的 $\tau_{P\text{-}N}$ 计算，与实验测量并外推到 0K 的 $\tau_{P\text{-}N}$ 相比较，如图 3-72 所示，两者是相当吻合的。但是，因为螺位错的结构（特别是 bcc 晶体的螺位错）比较复杂，因此难以给出简单的 P-N 理论参数，而如图 3-72 中的关于 bcc 晶体外推到 0K 的高的 $\tau_{P\text{-}N}$ 阻力，有很多证据表明是由螺位错而不是刃位错控制的，所以，使用其中资料时应谨慎对待。

从图 3-72 看到，密排金属 fcc 和 hcp（基面滑移）的 $\tau_{P\text{-}N}$ 比较低，也即位错宽度比较宽；bcc 金属的 $\tau_{P\text{-}N}$ 比密排金属的高；而共价键晶体以及离子晶体的位错宽度很窄，$\tau_{P\text{-}N}$ 很高，几乎不能滑移变形。

位错处于 Peierls 能谷时其核心能量最低，图 3-73 描述了以 z 轴方向为 Peierls 能谷的位错线能量与它在滑移面上位置间的函数关系。单位长度位错的能量 E_0 因 Peierls 能而以振幅为 E_P（通常小于 E）周期为 a（x 方向点阵的重复距离）呈周期变化。一个与 Peierls 能谷斜交的位错线，位错线可能出现如图3-73所示的形状：从一个能谷位置通过弯结 m 延伸到相邻的能谷位置。弯结 m 的形状和长度取决于 P-N 势垒 E_P 以及位错线张力之间的平衡。一方面，位错力图尽可能多地躺在 Peierls 能谷位置，使 m 的长度减短；另一方面，位错也希望尽可能地缩短长度来降低能量，使得 $m \gg a$。由这两方面的要求取得平衡来决定弯结的形状和长度。因此，E_P 高会使 m 值低，反之使 m 值高。

另外，因为弯结的尺度很小，在位错线上会出现平衡浓度。仿照计算空位平衡浓度的方法，获得在位错线上弯结（或割阶）的平衡浓度为：

$$x_k \approx \frac{1}{a}\exp\left(-\frac{W_k}{k_B T}\right) \tag{3-160}$$

式中，W_k 是弯结形成能。

至此，我们看到有 3 种类型的弯结：因位错滑动与林位错交割而产生的弯结；因位错跨过 Peierls 势垒产生几何要求的几何必须弯结；热平衡弯结。第一种因位错交割产生的弯结有可能因位错张力而消失，但后两者是不可能消失的。

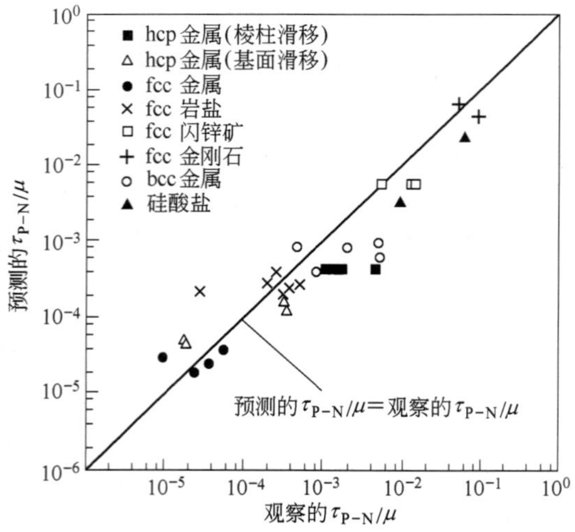

图 3-72　一些金属和其他晶体按修正 P-N 模型预测的 τ_{P-N} 与实测的 τ_{P-N} 的比较

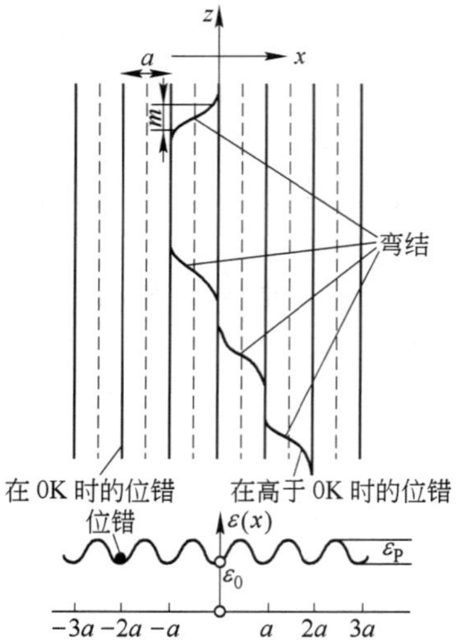

图 3-73　E_P 使位错线势能随位错线位置改变的示意图

位错在滑动时，如果位错不存在弯结，并认为位错只需克服 τ_{P-N}（即不考虑位错滑动的其他阻力）就可以滑动，则在低温时，位错要整根翻越 Peierls 势垒才能滑动，对于 τ_{P-N} 低的晶体有可能存在这样的翻越。对于 τ_{P-N} 比较高的晶体，则要在一定温度下发生，原子热运动会使位错芯排列稍微“模糊”，从而使 τ_{P-N} 有所降低后，也有可能发生这种整根翻越。对于高 τ_P 的情况，如果位错存在弯结，可以靠弯结的侧向滑动来使整根位错向前滑动，显然，侧向是非密排方向，弯结的侧向移动所需的分切应力比整根位错翻越 Peierls 势垒的低。当弯结侧向滑动了弯结的平均距离后，整根位错就向前滑动了一个面间距（约为 a）。当滑动耗尽了弯结后，则要等待热激活使位错在某些地方翻越 Peierls 势垒而出现双弯结。这样的双弯结两端的位错是反号的，它们会相互吸引。这样形核拱起的长度要足够大才能使双弯结稳定存在，这个稳定距离的典型值约为 $20b$，它远比上面讨论的 m 值大。

如果在很低的应力作用下，已存在的弯结会开始滑动，直至滑动到位错端部的结点为止（这时所产生的塑性变形是很小的，它是屈服前的微塑性），结果在 Peierls 能谷留下长段的位错。要继续变形，或者整根位错翻越 Peierls 能势（在 0K 及极低温的情况），或者靠热激活形成双弯结，由弯结的侧向滑动来使整根位错向前滑动（在较高温的情况）。因此，随着温度升高，热激活变得越来越重要，在一定的应变速率下对应的流变应力（即维持塑性变形的应力）下降，直到某一临界温度 T_c 时流变应力几乎维持不变。通常把流变应力 τ 分成几乎和温度无关的非热分量 τ_μ 及一个和温度以及变形速度有关的热分量 τ^*。图 3-74a 所示为理想的流变应力与温度的关系。温度的影响取决于形成稳定双弯结的能量，这个能量又以一种非简单的方式随 E_P 增加而增加。弯结形成能越高，流变应力越易在较高的温度下降低到 τ_μ 的水平。变形速度（$\dot{\gamma}$、$\dot{\varepsilon}$）越高，流变应力也要在较高的温度降低到 τ_μ 的水平。当温度到达约为熔点温度的一半（约 $T_m/2$）时，流变应力突然下降，这是因为发生蠕变的缘故。对于 bcc 金属，弯结形成能较高，与温度以及变形速度有关的流变应力热分量对温度和变形速度非常敏感。图 3-74b 所示为 Fe-0.03%C 合金在两种应变速度下屈服应力随温度的变化，从图看到，流变应力的非热分量约为 50MPa，而热分量在 0K 时超过 1000MPa，流变应力随温度降低的幅度非常大。对于 fcc 金属，弯结形成能较低，流变应力热分量对温度和变形速度不大敏感。图 3-74c 所示为 Cu-2%Zn 合金在 3 种应变速率下屈服应力随温度的变化，从图看出，流变应力的非热分量约为 75MPa，而热分量在 0K 时也只比 200MPa 高一些，流变应力随温度降低的幅度没有 bcc 金属那样大，同时，变形速率相差近 8 个数量级，流变曲线相差不是很大。所以，fcc 晶体只有在非常低的温度时晶格阻力对流变应力才会有明显的影响（在第 9 章 9.2.2 节将详细讨论热激活对流变应力的影响）。

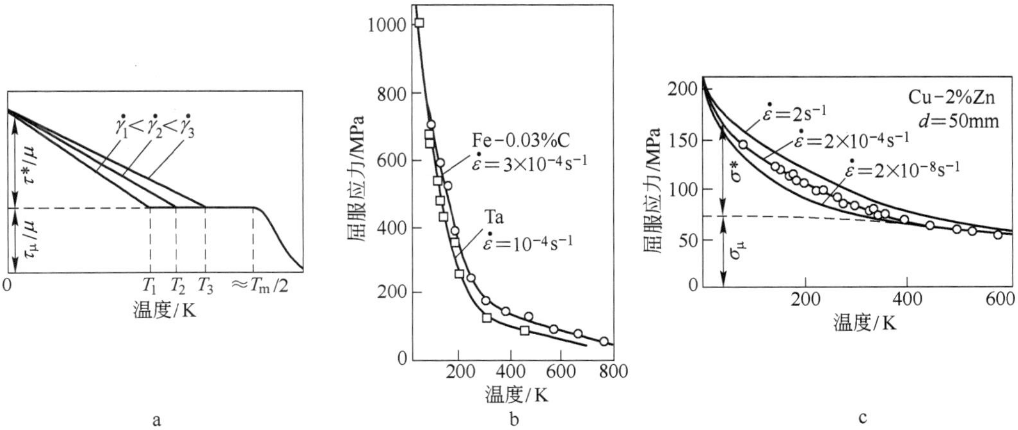

图 3-74 Peierls 机制对流变应力随温度与变形速率的变化的影响

a—理想曲线；b—bcc 金属；c—晶粒尺寸 d=50mm 的 Cu（fcc 结构）

例 3-18 分析 fcc、bcc、hcp 和金刚石立方晶体中位错最可能的柏氏矢量以及最可能的滑移面。

解：位错的柏氏矢量一般是晶体点阵的平移矢量。位错能量与其柏氏矢量的平方成正比，并且从位错滑动的晶格阻力看，稳定且容易滑动的位错的柏氏矢量应是晶体的最短平移矢量。fcc 晶体最短的平移矢量是 $a\langle 110\rangle/2$，bcc 晶体最短的平移矢量是 $a\langle 111\rangle/2$，hcp 晶体最短的平移矢量是 $a\langle 11\bar{2}0\rangle/3$，所以，这些矢量分别是这些晶体最可能的柏氏矢量。位错滑动晶格阻力最小的面是面间距最大的面，而密排面的面间距最大，所以位错最可能的滑移面是最密排面或较密排的面。fcc 晶体的最密排面是 {111} 面，bcc 晶体的密排面是 {110} 面，所以，这些面是其位错最可能的滑移面。hcp 晶体的密排面因其轴比 c/a 不同而异，若 $c/a>1.633$，则密排面是 (0001)，它是位错最可能的滑移面；若 $c/a<1.633$，则还可能出现其他滑移面。

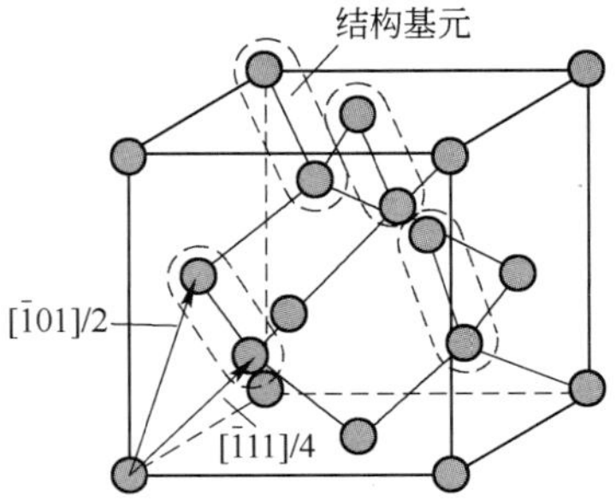

图 3-75 金刚石晶体结构

从图 3-75 所示的金刚石立方晶体看，$\langle 111\rangle/4$ 是最短的矢量，但它不是晶体的平移矢量，所以它不能是位错的柏氏矢量。金刚石立方晶体的布拉维点阵是面心立方，一个结构基元含两个原子，结构基元以⟨110⟩/2 矢量平移获得金刚石立方晶体结构，所以位错最可能的柏氏矢量应为⟨110⟩/2。金刚石立方晶体的密排面是｛111｝，位错最可能的滑移面就是｛111｝。

3.2.6.7 位错滑动速度

位错滑动速度取决于外应力场的大小、晶体纯度、温度和位错类型等。图 3-76 所示为几种材料中位错滑动速度 v 的范围与外加切应力 τ（在位错滑移面上柏氏矢量方向的分切应力）的关系，从图看出，位错可以在很大速度范围内移动，并且对所加的分切应力非常敏感。在很高和很低的应力下，v 与 τ 接近线性关系，而由低温到高温的过渡范围则是非线性关系。从图看出，位错移动速度随应力增加而在很大范围内增加。当位错以高于 $0.1c_t$（c_t 为横波声速）的速度移动时，则认为位错是高速移动。因为位错周围有位移场，位错的高速滑动相当于弹性波在弹性体的传播，所以认为横波声速 c_t 是位错匀速滑动的速度极限。位错在高速移动时，位错的应力场、能量都会改变，上面讨论的静态位错的位移场、应力场等都不再适用。

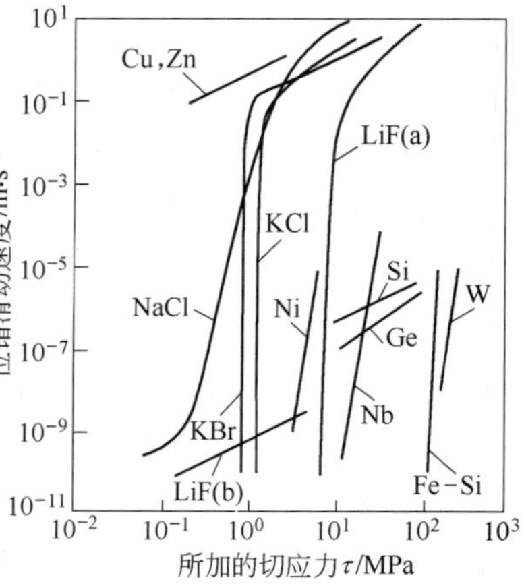

图 3-76 一些晶体中位错速度 v 与外加切应力 τ 的关系
（Ge 和 Si 晶体的数据分别在 450℃ 和 850℃ 获得，其余的均在 20℃ 获得）

从图 3-76 看出，材料不同，位错滑动速度与应力的关系有很大的差异。根据实验总结，位错滑动速度与所加分切应力之间在很大的速度范围内符合如下的经验公式：

$$v = \left(\frac{\tau}{\tau_0}\right)^n \tag{3-161}$$

式中，τ_0 是位错以单位速度滑动所需要的分切应力；n 是常数，因材料而异。对于 LiF，n 值很大，约为25，当其速度增加至 $10^{-3}c_t$（约等于1m/s）时，n 值迅速减小。温度对位错滑动速度与所加分切应力之间的关系有很大的影响，例如，测得 $w(\mathrm{Si}) = 3\%$ 的 Fe-Si 合金的位错滑动速度在 10^{-4}m/s 以下时与所加分切应力之间的关系符合式(3-161)，τ_0 随温度下降而增加，并且在 293K 时，$n \approx 35$；在 78K 时，$n \approx 44$。

对于多数 fcc 和 hcp 金属，当位错滑动速度在 1m/s 附近范围时，位错滑动速度与分切应力满足下式关系：

$$v = A\tau^m \tag{3-162}$$

式中，A 是材料常数，对于纯的晶体，在 300K 时 $m \approx 1$，随着合金元素的加入，m 增加到 2~5 的范围。位错在低速运动范围时，在相同分切应力下，一般刃位错的滑动速度比螺位错约高 50 倍。温度降低到 77K 时，m 增加到 4~12 的范围内。

3.2.6.8 位错攀移

A 位错攀移速度

位错攀移伴随体积的变化，伴随点缺陷的产生，因而引起攀移的外力所做功的最低限度能补偿形成点缺陷所需要的能量。在所加的应力场下，单位长度位错受的攀移力为 $F_c = \sigma b$（见式(3-97)），设 b 长度位错攀移了 b 距离，则外力做功为 $F_c b^2 = \sigma b^3$。若点缺陷形成能为 E_f，则位错攀移所需的应力 $\sigma = E_f/b^3$。如果形成的点缺陷是空位，空位形成能 E_f 约等于 $\mu b^3/5$，所以，位错攀移需要外力 σ 和切变模量 μ 为同一数量级，即和理论强度相当，因而单靠外力位错攀移是不可行的。

位错攀移引起的体积变化必须由一种非机械过程来弥补，即伴随物质输运（扩散，见第6章）过程，所以攀移速度是由扩散过程控制的。一个刃位错在攀移方向单位长度所受的总力 F_c 是应力场所加的弹性力 $-\sigma b$ 和非饱和空位浓度所加的化学力 F_{os} 之和（见式(3-108)），即：

$$F_{cl} = \frac{k_B T b}{V_{at}} \ln \frac{x_v}{x_0} - \sigma b$$

式中，σ 是刃位错在柏氏矢量方向所受的正应力。如果所加应力场和不平衡空位浓度对位错的力恰好相等，位错的攀移力为零，这时在位错核心的空位浓度 x_{co} 应是（见式(3-110)）：

$$x_{co} = x_0 \exp(\sigma V_{at}/k_B T)$$

实际扩散控制的位错攀移过程是：在外力场作用下，位错发生攀移，与此同时位错邻近产生不平衡浓度的空位，对位错产生化学力，这个力的方向与应力场的作用力相反，空位浓度达到 x_{co} 后，位错就停止攀移。这时位错邻近的空位浓度与基体远处的不同，这就建立了一个空位浓度场，引起空位扩散。点缺陷扩散到（或离开）位错核心，打破了位错与邻近空位的平衡关系，减小了化学力，反过来又促使位错进行攀移。如此，位错与邻近空位浓度局部平衡以及扩散打破平衡的反复过程使位错不断攀移，显然，这个过程的速度受空位的长程扩散速度所控制。根据上述过程建立扩散方程，求解获得直位错的攀移速度 v_n 为：

$$v_n = \frac{2\pi D_s}{b\ln(R/r_0)}\left[1 - \exp\left(\frac{\sigma V_{at}}{k_B T}\right) + \frac{\delta x_v}{x_0}\right] \tag{3-163}$$

式中，D_s 是点阵扩散系数；δx_v 是晶体中的过饱和空位浓度；R 和 r_0 是讨论位错应力场时所设定的位错应力场范围和位错核心范围。无论是存在外加的分应力 σ 或是存在过饱和空位浓度 δx，位错都有攀移的倾向，如果晶体中没有过饱和空位浓度，则上式的 $\delta x_v/x_0$ 项等于0；如果没有外应力场，则上式与外加应力相关的指数项等于0。在低温时攀移速度是很低的，攀移可以忽略；只有在高温时，才有可察觉的攀移速度。若温度足够高，即 $k_B T \gg \sigma V_{at}$，这时上式的对数项展开，并只取其线性项，上式简化为：

$$v_n = \frac{2\pi D_s}{b\ln(R/r_0)}\left(-\frac{\sigma V_{at}}{k_B T} + \frac{\delta x}{x_0}\right) \tag{3-164}$$

例 3-19 当外加应力场在刃位错柏氏矢量方向的正应力 $\sigma \approx 10^9$ Pa（是理论强度数量级）时，估计一根直位错在室温下（300K）的攀移速度。已知在室温下 D_s 约为 10^{-35} cm^2/s，b 约为 2.5×10^{-8} cm，$\ln(R/r_0) \approx 10$。

解：因为现在讨论的是在低温的位错攀移，所以要应用式(3-158)。设原子体积 $V_{at} \approx$

b^3，则：

$$v_n = \frac{2\pi D_s}{b\ln(R/r_0)}\left[1 - \exp\left(\frac{\sigma V_{at}}{k_B T}\right)\right] \approx \frac{2\pi \times 10^{-39}}{0.25 \times 10^{-9} \times 10}\left\{1 - \exp\left[\frac{10^9 \times (0.25 \times 10^{-9})^3}{1.38 \times 10^{-23} \times 300}\right]\right\}$$

$$= -1.07 \times 10^{-28}\text{m/s} = -3.85 \times 10^{-23}\text{cm/hr}$$

攀移速度如此低，所以在低温时攀移过程是难以发生的。

从计算知道，整根位错攀移几乎是不可能的，从点缺陷扩散看，一整列原子移出或移入是很难的，实际上点缺陷只能单个地移出或移入。当单个点缺陷移入或移出刃位错时，位错线上产生一对割阶。图 3-77 示意地表示了一小段刃位错攀移同时产生的两个割阶，割阶是位错线上的台阶。当位错存在割阶时，位错可以靠割阶侧向攀移而攀移，当割阶从位错一侧攀移到另一侧时，整根位错就向上攀移了 b 的距离。这样的过程使位错攀移容易得多。和晶体中具有平衡空位浓度类似，在位错上的割阶也有相应的平衡浓度 x_j，x_j定义为单位长度位错线上的割阶数目。若割阶的平均距离为 L，则 $x_j = 1/L$。这时，整根位错的攀移速度 v 就取决于割阶的侧向攀移速度 v_j和割阶的浓度 x_j，它们间的关系为：

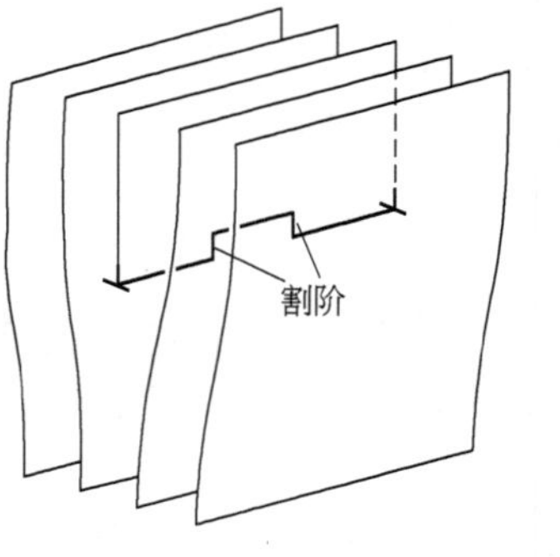

图 3-77　刃位错上的割阶

$$v = bx_jv_j \approx D_s x_j \frac{Fb}{k_B T} \tag{3-165}$$

式中，D_s是自扩散系数；F 是单位长度位错所受的攀移力。虽然位错的侧向攀移比整根位错攀移容易，但是 v_j也是由扩散控制的，位错总的攀移速度还是很低的，所以在低温时攀移是难以进行的。

B　棱柱位错和保守攀移

过饱和浓度空位通常在晶体的密排面上沉积而湮灭，空位在密排面沉积成空位片，如图 3-78a 所示，当点缺陷在密排面沉积的点缺陷片达到一定尺寸后，它不再稳定，缺陷片两侧的晶面会崩塌下来形成位错环，如图 3-78b 所示。这个位错环的柏氏矢量是密排面的面间距，并垂直于位错环，位错环在其所在面上的移动是攀移，它的滑移面是以位错环为边缘垂直于密排面的棱柱，所以又称这种位错环为棱柱位错环。对于过饱和自间隙原子也会发生类似情况，形成棱柱位错环，如图 3-78c 所示。

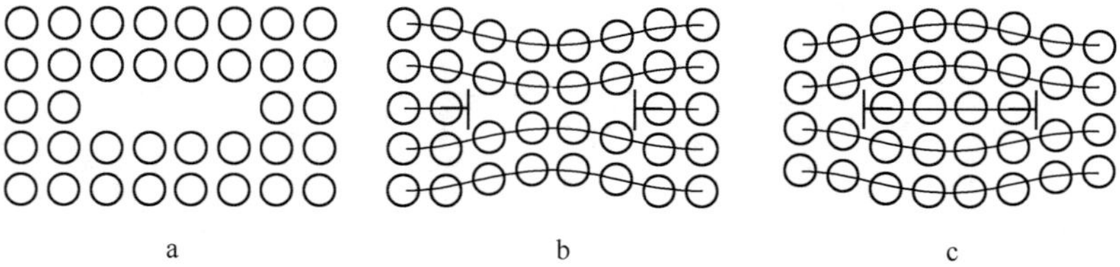

a　　b　　c

图 3-78　过饱和点缺陷在密排面上沉积形成的棱柱位错环

棱柱位错环可以以整个环在位错所在的面上攀移移动。从图 3-78 看出，位错环相对的两侧是反号位错，如果一个空位形成的位错环向同一方向攀移，若一侧放出空位，另一侧则吸收空位。由于位错本身是快速扩散通道，空位可以沿着位错环从一侧扩散到对面的一侧使位错环一起向同一方向移动。对于间隙原子形成的棱柱位错环，按相似的原理也可以在位错所在的面作整体移动。位错环这样的移动没有改变晶体体积，不需要长程扩散，所以称为保守攀移。正因为保守攀移不需要长程扩散，所以攀移速度是比较快的。图 3-79 所示为电镜观察到的在刃位错（图中黑线）作用下棱柱位错环（箭头所指）的保守攀移过程，时间顺序是从图 3-79a～c。

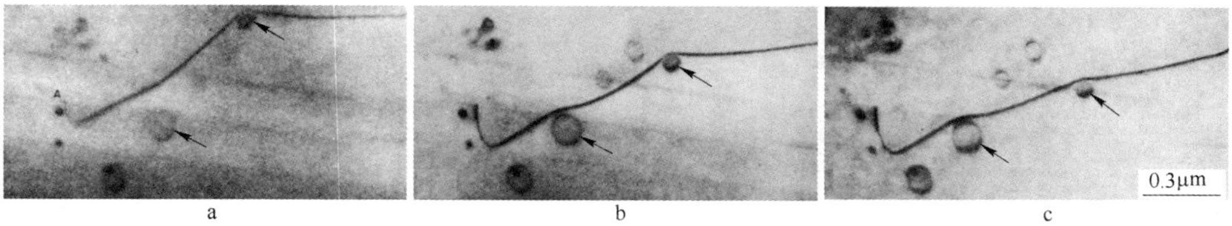

图 3-79 电镜观察到的在刃位错（图中黑线）作用下棱柱位错环（箭头所指）的保守攀移过程

3.2.6.9 螺旋状位错线（位错螺线）

在晶体中经常观察到螺旋状的位错线，下面讨论位错螺线形成的过程。在棱柱滑移面上一根两端 A 和 B 点被钉扎的位错 AB，其柏氏矢量与位错线斜交，如图 3-80a 所示。位错线有刃型分量和螺型分量，当有过饱和空位即有化学力存在时，刃型分量位错可以攀移。而螺型分量可以在棱柱滑移面上滑移，如图 3-80b 所示。随着攀移和滑移的进行，位错绕着钉扎点 A 和 B 形成双螺旋线，如图 3-80c 所示。位错弯曲曲率引起的力以及螺线匝与匝之间的交互作用力与化学力平衡，螺旋位错线达到平衡态，使在每个钉扎点的螺线大约地形成圆锥形。图 3-81 所示为 $w(\mathrm{Cu})=4\%$ 的 Al-Cu 合金从高温淬火后在电镜下观察到的螺旋状位错线。因为透射电镜试样是有一定厚度的薄膜，故观察到的螺线是空间螺线的投影。

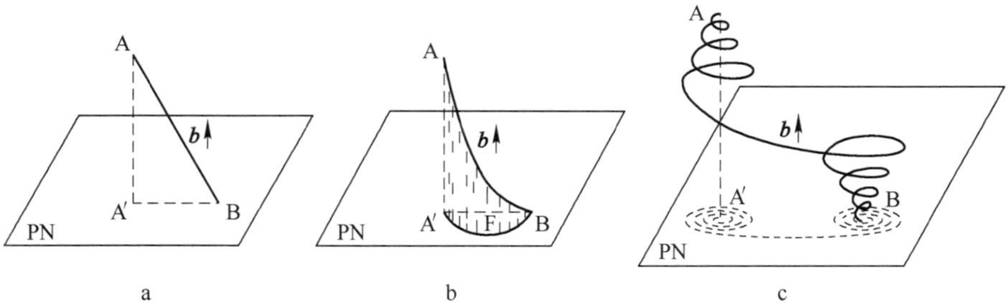

图 3-80 一个在棱柱面的两端被钉扎的混型位错由攀移和滑移形成的螺旋状位错线

3.2.6.10 带割阶的位错滑移

一个带割阶的混型位错滑移时，割阶也可以在它本身的滑移面滑移。图 3-82a 所示为带割阶的 AA′混型位错，割阶为 PP′，AA′位错滑动到 BB′位置的过程中，割阶 PP′也在它自身的滑移面（图中的PP′Q′Q灰色的面）滑动到达 QQ′位置，虽然割阶也可以跟着滑移，但是割阶的滑移面不一定是滑移阻力最小的面，所以割阶整根对位错的滑动还是有一些阻碍作用。如果是如图 3-82b 所示的一个带割阶的纯螺位错 AA′，割阶为 PP′，AA′位错滑动到 BB′位置的过程中，割阶 PP′要通过攀移到达 QQ′位置，因为攀移远比滑移困难，所以，割阶对整体位错移动起钉扎作用，整根位错的滑动速度由割阶攀移速度控制。

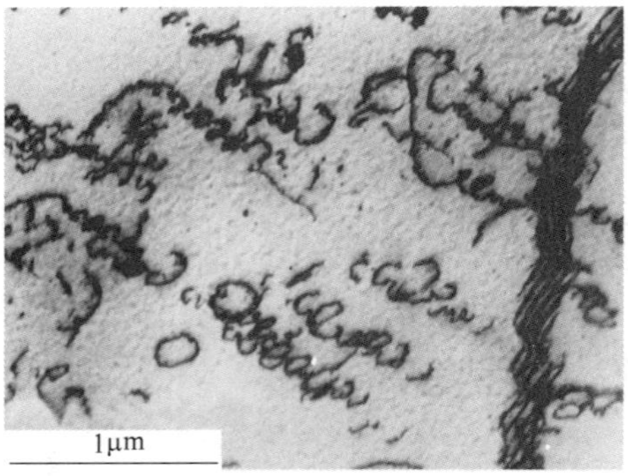

图 3-81　$w(Cu)=4\%$的 Al-Cu 合金从高温淬火后在电镜下观察到的螺旋状位错线

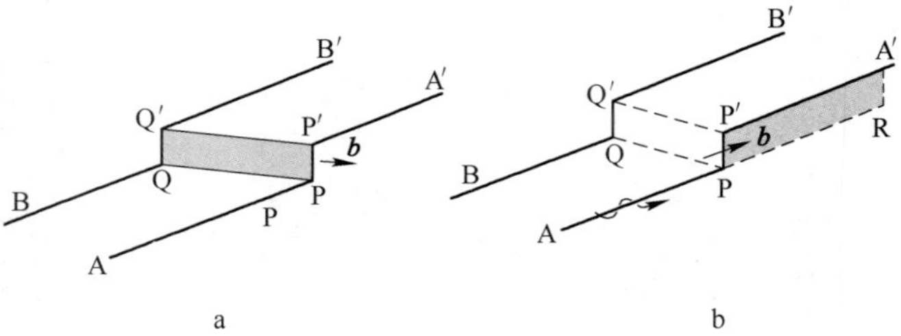

图 3-82　带割阶的混型位错（a）和带割阶的螺位错（b）的滑动

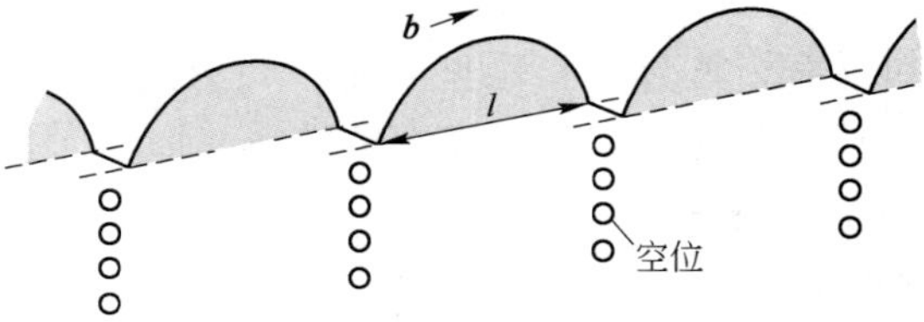

图 3-83　带割阶的螺位错滑动后在割阶后面留下一串空位

带割阶的纯螺位错的滑移是一种攀移和滑移的混合形式。当一个割阶被滑动位错带着运动时，随着滑动方向不同，可能产生空位或者间隙原子。设带一些同号割阶的右螺位错在滑移面滑动，割阶间距为 l，如图 3-83 所示。在外加应力 τ 的作用下，螺位错在自身的滑移面上向上滑动，割阶是刃位错，它的半原子面在位错的上侧，它在螺位错滑动方向移动是正攀移。螺位错开始滑动时割阶难以移动，对螺位错滑动起钉扎作用。在割阶之间的螺位错在切应力作用下向上拱弯，拱弯的曲率引起的向心力与位错受的外力平衡时位错不再拱弯。这时，若割阶跟着整根位错向前滑动一个原子间距 a，则每 l 长位错线要形成一个空位。位错线前进 a 距离外力做功约为 τbla，如果这个功等于一个空位的形成能，则这个过程会进行；如果外力做功不足以补偿空位形成能，这个过程还需要热激活来帮助。所以，位错上的割阶总是对位错滑动产生拖曳力。如果图 3-83 所示的带割阶的右螺位错向下滑动，则割阶跟着移动时要形成间隙原子，因为间隙原子的形成能比空位大 2～4 倍，这样的过程是难以进行的，所以滑动时形成空位的带割阶螺位错比形成间隙原子的螺位错容易滑动得多。

对于位错线同时存在反号割阶的更一般的情况，位错滑动时，一些割阶产生空位而另一些割阶则产生间隙原子。在低应力时，控制位错滑动速度的过程是产生间隙原子的割阶移动。在高应力下，若两种割阶的数目相同，并交替以 l 距离排列，如果外应力场增加，即在位错滑动方向的分切应力增加，它对位错滑动所做的功也相应增加，当这个功达到空位和间隙原子形成焓之和的一半（即 $\tau \approx (\mathcal{H}_v + \mathcal{H}_j)/2lba$）时，位错可以不依靠热激活而移动。另外，由于异号割阶的存在，侧向移动只需要很小的热激活就可以发生，割阶可能会以多种保守方式进行侧向移动以及割阶的对消的混杂过程。要使割阶作侧向保守移动，割阶必须处于不稳定的弹性平衡状态，以致一旦发生侧向移动，就可以持续发生下去。如果侧向移动容易发生，则所有割阶都滑到位错段的两端，螺位错可以在两个端点之间拱弯滑动，构成一个F-R源（见下节讨论）。割阶也可能相互对消，但一般来说，正在移动的位错中的割阶，如果不伴随着割阶的攀移过程，它们不可能对消。例如，由位错交割而产生的割阶一般并不排列成一直线，这样，仅靠侧向滑动并不能使割阶对消。图 3-84a 表示一个位错（虚线）中两个异号割阶 A′和 B′，在同一应力作用下，它们的侧向滑动方向相反，A′侧向移动到 A 位置，B′侧向移动到 B 位置，如图 3-84a 的实线所示，移动后它们仍未能对消。如果割阶发生攀移，则两个割阶可能对消。例如，如果割阶 A 向上攀移，B 割阶侧向滑动，这样的过程重复，A 和 B 就会复合对消，图 3-84b 描述了这一过程。位错核心是一个高扩散率的通道，点缺陷在两个异号割阶之间的位错通道扩散是比较容易的，A 割阶放出一个点缺陷向前攀移一个原子间距，点缺陷快速扩散到 B 割阶也使 B 割阶向前攀移一个原子间距，这样，两个割阶不会对消，但可以同步跟着位错一起作保守攀移向前移动，如图 3-84c 所示。

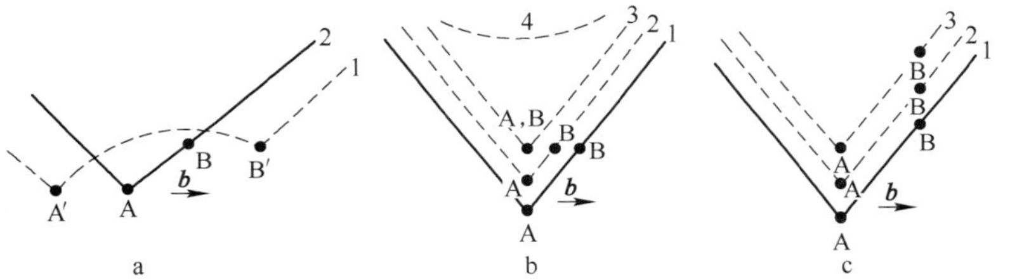

图 3-84　带异号割阶的位错滑动（图中数字表示位错移动的顺序）
a—两个异号割阶相对滑动；b—异号割阶中一个往上攀移另一个侧向滑动；c—两个异号割阶同时攀移

如果割阶的高度大于一个原子间距，这些割阶称长割阶或超割阶。根据割阶的长度不同，带割阶螺位错的移动有两种方式。当割阶的长度很大时，在割阶两侧的位错可以互不相干地在上、下两个滑移面上滑动，如图 3-85a 所示。在下面的讨论将知道，这种情况上、下两个滑移面上的位错滑动就是单边的位错源。当割阶长度是中等（例如几个原子距离长度）时，螺位错分别在上、下两个滑移面滑动，因为上、下滑移面距离不远，它们是一对反号位错，会相互吸引出现一对刃位错偶极子，如图 3-85b 所示。如果在滑移面柏氏矢量方向所受的切应力为 τ，则单位长度位错受的滑移力是 τb，如果滑移力超过偶极子间的吸引力，则位错会如图 3-85a 那样相对独立地滑过。位错究竟以哪种方式滑动，取决于割阶的长度（图中的 MN 长度）。根据位错偶极子间相互的最大作用力（见式(3-122)），得出位错相对独立滑动的判据：

$$\tau b \geqslant \frac{0.25\mu b^2}{2\pi(1-\nu)y} \tag{3-166}$$

式中，y 是割阶长度（图中的 MN 长度）。一般变形所加的切应力约为 $10^{-3}\mu$，根据上式估计 MN 长度约为 $60b$。

图 3-86 所示为经 1%变形的 $w(\mathrm{Si})=3\%$ 的 Fe-Si 合金平行于滑移面（011）的薄膜透射电镜照片，在图中标出了 $[\bar{1}\bar{1}1]$ 和 $[2\bar{1}1]$ 方向。因为 bcc 晶体的滑移面是 $\{110\}$ 面，最短的平移矢量（即柏氏矢量）是 $\langle 111\rangle/2$，所以在图中平行于 $[\bar{1}\bar{1}1]$ 方向的位错是螺

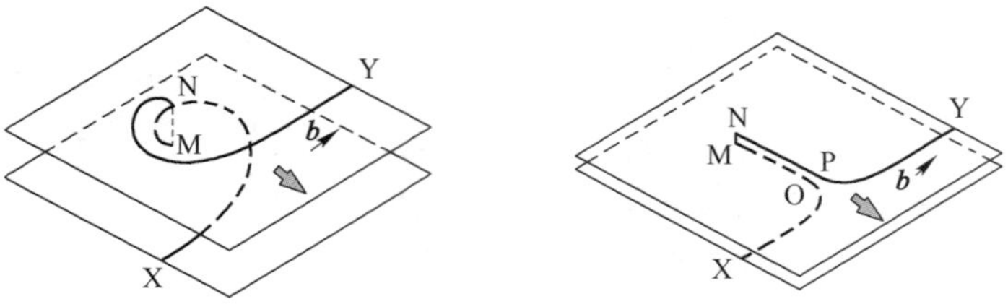

a b

图 3-85 带长割阶的螺位错滑动的行为

a—带很长的割阶，位错可以在上、下滑移面相对滑过；b—中等长割阶，因上、下滑移面距离很近，上、下滑移面的位错相互吸引而形成 MO 和 NP 所示的位错偶极子

（灰色箭头是位错滑动方向）

位错，平行于 $[2\bar{1}1]$ 方向的位错是刃位错。图中 F 和 P 处是螺位错的割阶，A 处是位错偶极子，C 和 B 处是锁定的位错偶极子，D 处是割阶两侧滑移面上的位错独立地滑动。

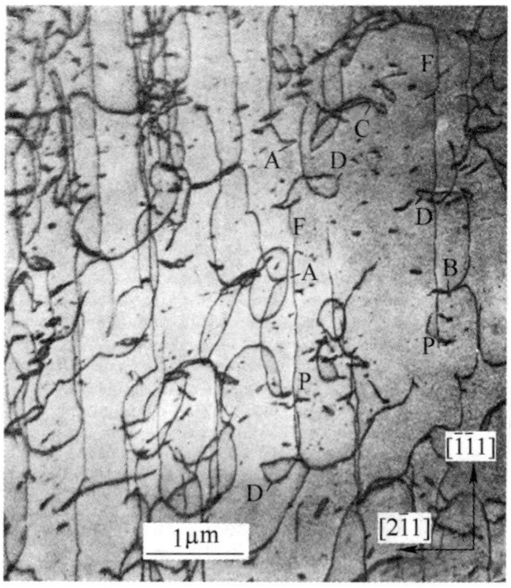

图 3-86 经 1%变形的 $w(Si)=3\%$的 Fe-Si 合金平行于滑移面（011）的薄膜透射电镜照片

3.2.6.11 位错运动和晶体宏观塑性变形

位错的运动会引起晶体的宏观塑性变形。考虑一体积为 *hld* 的晶体，为简化起见，设它仅含平行的直刃位错，如图 3-87a 所示。在足够高的切应力作用下，刃位错滑动，正号位错向右、负号位错向左滑动。晶体顶面将会如图 3-87b 表示的那样相对于底面塑性位移 *L*。如果一根位错完全扫过滑移面（即扫过了 *d* 距离），则对 *L* 的贡献为 *b*。由于 *b* 比 *d* 和 *h* 小得多，则走过距离为 x_i的 *i* 位错对 *L* 的贡献应是$(x_i/d)b$。这样，如果 *N* 根位错移动后，则总位移量是：

$$L = \frac{b}{d}\sum_{i=1}^{N} x_i = N\bar{x}\frac{b}{d} \tag{3-167}$$

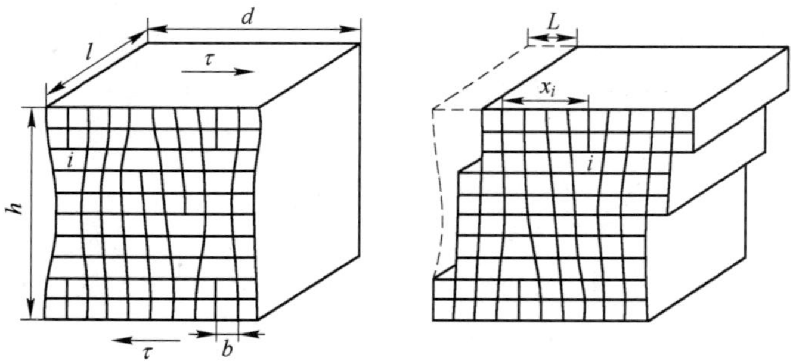

a b

图 3-87 位错运动和晶体宏观塑性变形的关系

a—在晶体中存在一组平行的刃位错；b—在切应力作用下刃位错的滑动，位错 *i* 移动了 x_i距离

式中，$\bar{x}$ 是每根位错移动的平均距离。宏观塑性切应变 γ_p 由 L/h 给出，而移动位错密度 $\rho_m = Nl/hld$，所以塑性切应变为：

$$\gamma_p = \Phi b \rho_m \bar{x} \tag{3-168}$$

因为在晶体中的位错并不如图 3-84 那样规则排列，所示上式乘以一个系数 Φ，一般 Φ 值约为 0.5。应变速率 $\dot{\gamma}_p$ 为：

$$\dot{\gamma}_p = \frac{d\gamma_p}{dt} = \Phi b \rho_m \bar{v} \tag{3-169}$$

式中，$\bar{v}$ 是位错平均滑动速度。这个关系对螺型和混型位错亦成立。由于位错扫过滑移面的平均面积 A 等于 $l\bar{x}$，式(3-168)的另一形式为 $\gamma = bnA$，此处 n 是单位体积内的位错线数。应该强调的是，上面各式中出现的 ρ_m 是可动位错密度，因为不移动的位错对塑性应变无贡献。

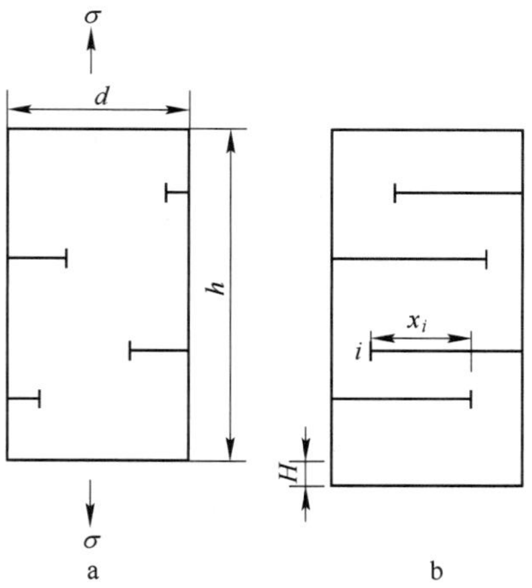

图 3-88 在正应力作用下刃位错的攀移
a—试样原始状态；b—位错攀移后试样发生塑性变形

位错的攀移对宏观塑性变形同样有贡献，但是，因为位错攀移引起体积变化，所以位错攀移的宏观变形的贡献是正应变。例如图 3-88 所示的一组刃位错在其半原子法线方向的正应力作用下发生攀移，位错线攀移扫过的面相当于一个厚度为 b 的原子面插入或移出晶体。如同对位错滑移的分析一样，如果位错移动距离 x_i，它将为宏观的塑性位移 H 贡献$(x_i/d)b$。显然，总塑性拉伸应变（H/h）平行于柏氏矢量，它的正应变以及正应变速率也可以分别由式(3-168)和式(3-169)给出，但这时的应变应是正应变。对于混型位错，同样的关系也成立，但此时 b 应是柏氏矢量的刃型分量的大小。

在讨论位错运动与宏观塑性变形量的关系时，简单地把位错看成都是平行的，实际晶体中的位错是随机分布的，所以上面讨论的应变和应变速率的式子要乘上一个约为 1/2 的因子修正。

例 3-20 爆破成型加工工件，应力波持续的时间约 10^{-6}s，若工件变形量为 10%，可动位错密度为 $10^{10}cm^{-2}$，则位错的平均速度为多大？已知 $b=0.3$nm。

解：应力波持续时间约 10^{-6}s 内工件变形量为 10%，即应变速率 $\dot{\gamma}$ 约为：

$$\dot{\gamma} = \frac{0.1}{10^{-6}} = 10^5 s^{-1}$$

应变速率 $\dot{\gamma}$ 与可动位错密度 ρ_V 及位错平均移动速度 $\bar{v}$ 的关系是 $\dot{\gamma} = \Phi \rho_V \bar{v} b$，位错平均速度为：

$$\bar{v} = \frac{\dot{\gamma}}{\Phi \rho_V b} = \frac{10^5}{0.5 \times 10^{10} \times 0.3 \times 10^{-7}} = 6.7 \times 10^2 cm/s$$

3.2.7 位错的起源和增殖

从熔融状态凝固的晶体中，就已经有与经良好退火晶体相当的位错密度（10^{-8} ~ $10^{-6}cm^{-2}$），即是说，在晶体形成的过程中，已经产生了大量的位错。这些位错是如何产生的？另外，每一个位错逸出晶体仅提供一个原子间距的滑移量，这样，即使在晶体中已存在一定量位错，经形变后，这些位错是否应该耗尽？事实上，晶体经塑性形变后，位错密度不是减小而是大幅度地增加，经严重冷变形的金属的位错密度可达 10^{10} ~ $10^{12}cm^{-2}$。这说明在晶体形成以后的加工过程中位错还会大量增殖，这些位错是如何增殖的？如果这些问题得不到解答，塑性变形的位错机制和位错理论都难以成立。

3.2.7.1 在刚长成的新鲜晶体中的位错

位错在晶体成长时已经会被大量引入，在刚长成的新鲜晶体中的位错有两种主要的来源：

（1）在依靠其成长为晶体的“籽晶”中本来就存在位错和其他缺陷，其中一些位错穿出表面导致晶体绕着它生长，晶体生成时，位错一起进入成长的晶体中。

（2）在晶体成长过程中位错的“偶然”形核，所谓位错形核，是指在晶体中萌生位错。主要的机制有：凝固界面不同部分的碰挤而产生位错；在杂质颗粒或在很大的温度梯度区域由于热收缩不同而产生的内应力使位错非均匀形核；材料之间在外延时接触产生的点阵错配引起位错。在急冷或受辐照的材料中的过饱和空位或间隙原子萌生位错环及位错环的长大。

3.2.7.2 位错的均匀形核

在完整晶体中萌生位错，即位错的均匀形核，是需要很大应力的。设想在完整晶体滑移面上在分切应力 τ 作用下萌生一对平行的反号螺位错，单位长度位错受力为 τb，把这对反号位错推开一定距离后才不致因相互吸引而重新复合。位错推开距离 d 时外力做功为 τbd，两根位错的能量分别等于 $(\mu b^2/4\pi)\ln(d/r_0)$，因此，萌生一对位错并推开距离为 d 后，晶体总能量 ΔE_T 的变化是：

$$\Delta E_T = 2 \times \frac{\mu b^2}{4\pi}\ln\frac{d}{r_0} - \tau bd \tag{3-170}$$

ΔE_T 随着 d 的增大而增大，d 到达某一临界值 d^* 时，ΔE_T 到达临界值 ΔE_T^*，然后 ΔE_T 随着 d 的增大而减小。上式对 d 求导并令它等于0，即：

$$\frac{d\Delta E_T}{dd} = 0 = \frac{\mu b^2}{2\pi}\cdot\frac{1}{d^*} - \tau b$$

$$d^* = \frac{\mu b}{2\pi\tau}$$

把 d^* 代回式(3-170)，并设 $r_0 \approx b$，这个过程的激活能 ΔE_T^* 为：

$$\Delta E_T^* = \frac{\mu b^2}{2\pi}\left(\ln\frac{\mu}{2\pi\tau} - 1\right) \tag{3-171}$$

现在讨论的是均匀形核，即在 $\Delta E_T^* = 0$ 时才会使萌生的位错对分开成为稳定状态。当 $\Delta E_T^* = 0$ 时，需要的临界应力 τ_c 是：

$$\tau_c = \frac{\mu}{2\pi e} \approx \frac{\mu}{15} \tag{3-172}$$

这个应力相当于理论强度，说明在无缺陷晶体中靠外力萌生位错几乎是不可能的。

3.2.7.3 在应力集中处位错的非均匀形核

虽然不可能通过位错的均匀形核萌生位错，但在一定条件下在晶体某些地方位错可以非均匀形核方式产生。例如在表面形核时，由于映像力作用，可以减少形核激活能；表面台阶向晶体内萌发半位错环时，因为减小了一部分表面能，这也降低了形核激活能；在夹杂与基体接触处由热膨胀不同引起的应力集中诱发位错形核。图 3-89 所示为因热应力促使萌生位错的图片，图中所示的基体是 AgCl 晶体，其中含玻璃球夹杂，在冷却时因玻璃与基体的收缩率不同产生热应力，在夹杂旁萌生了一系列棱柱位错。

图 3-89 在 AgCl 晶体中的玻璃球夹杂旁萌发的棱柱位错

3.2.7.4 位错增殖源

A F-R 源

在塑性形变过程中，位错密度随变形过程而增加。位错可以以多种方式增殖，这些增殖位错的地方称为位错源。图 3-90 所示为描述一种称作 Frank-Read 位错源（F-R 源）的增殖过程。AB 是一段长度为 l，滑移面是纸面的位错，A 和 B 点由不在纸面的位错线连接着，它是位错网的结点，如图 3-90a 所示。在外力作用下位错线在滑移面上滑动，因 A 和 B 点受不在滑移面上的位错固定着，它们不能动，所以在 A 和 B 之间的位错朝受力方向弯曲、扩大。位错开始拱弯时，其曲率半径逐渐减小，为了克服弯曲位错由张力引起的向心力，使位错继续拱弯的切应力要加大。当位错拱弯的曲率半径是 $l/2$（如图 3-90b 所示）后，因为 A 和 B 点不动，位错继续滑动则要绕着 A 和 B 点发生螺形转动，位错线的曲率减小，如图 3-90c 所示。位错进一步滑动，绕着 A 和 B 点的位错螺线扩大，两边的螺线靠近，如图 3-90d 所示，因为两边的位错螺线 C 和 C′是反号的，它们互相吸引、对消，最后把位错分成两部分：一部分是一个完整的位错环，另一部分则回到原来开始时的 AB 位置，如图 3-90e 所示。这样的过程相当于增殖了一个位错，这个过程不断重复就可以不断地从位错源放出位错。这种机制对形成宽的滑移带起着重要的作用。因为螺位错的能量比刃位错的低，所以位错源发出的位错环不是圆形而是椭圆形的，椭圆的长轴与位错的柏氏矢量平行。

图 3-91 所示为 X 射线原位形貌观察单晶 Si 变形的 F-R 位错源，位错源已经放出若干个六边形位错环。

图 3-92 是对 Mn 晶体在 300K 原位观察 F-R 源的开动情况，观察时间顺序是从图 3-92a～k，在图3-92a开始观察到位错源（箭头所指）开动，放出的位错环逐渐扩张，位错环不是圆形而是椭圆形的，椭圆长轴方向是螺型分量方向，这是因为螺位错的能量比刃位错的能量低。从图 3-92f 开始，位错源放出第二个位错；从图 3-92i 开始，位错源放出第

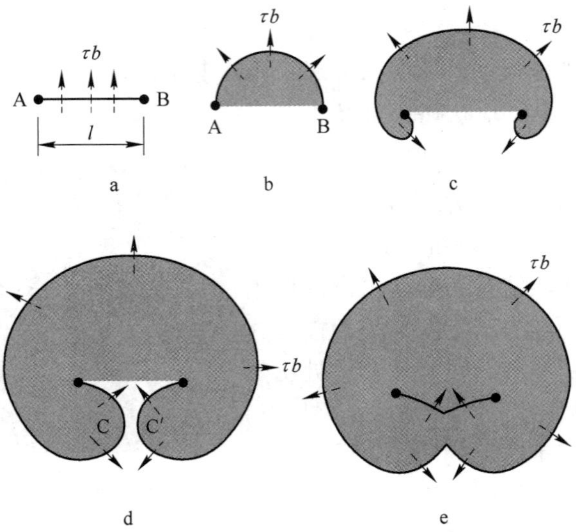

图 3-90 F-R 位错源增殖位错的示意图

三个位错。

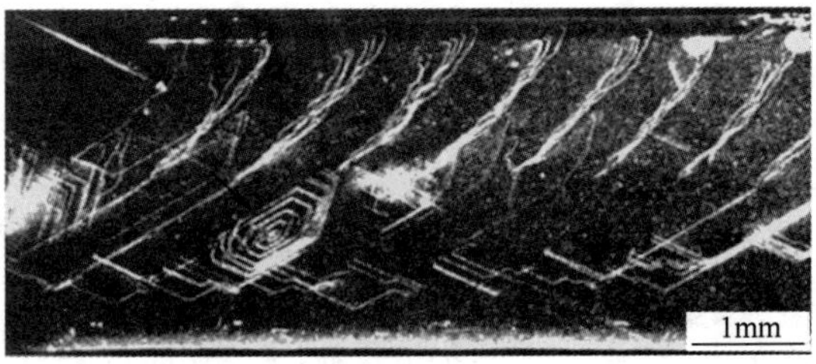

图 3-91 X 射线原位形貌观察单晶 Si 变形的 F-R 位错源（箭头所指处）

根据式(3-105)，使一个位错弯曲所需要的力和位错的曲率半径成反比，F-R 源开动时，位错弯曲的最小曲率半径是 AB 长度的一半，即 $l/2$，因而开动位错 F-R 源最低限度位错受的外力 $F=2\Gamma/l$，而位错线张力约为 $\mu b^2/2$，所以开动 F-R 源的最小分切应力约为 $\mu b/l$。一般金属晶体中 l 约为 1μm，b 约为 0.1nm，故开动 F-R 源所需的分切应力约为 $10^{-4}\mu$。这个值接近晶体的实际屈服应力。

B 双交滑移的位错源

经过双交滑移的位错如果在倾斜的交滑移面上的那部分位错不可动，它们可以成为在 2 个原滑移面上的钉扎点（见图 3-63b），这对钉扎点可作为 F-R 位错源开动，这就是双交滑移的位错增殖机制。

C 单边 F-R 源

当位错线上的割阶长度很大时（大于 20μm），割阶两端所连接的位错间的相互作用可以忽略，它们各自可以自由地在滑移面上移动（见图 3-93b 和图 3-85a）。这两个位错的一端是被割阶钉扎的，位错只能以这点为轴心作旋转移动，它们每转一圈，就相当于放出 1 个位错到晶体外，晶体滑移面相对滑动了 b，所以，这也是一种增殖位错的源，这种位错源称单边 F-R 源。但是，这种源的寿命不会很长，因为在上、下两个滑移面上转动的位错，它们可以交滑移回原来的滑移面而留下位错偶极子。图 3-93 上图所示为原位观察

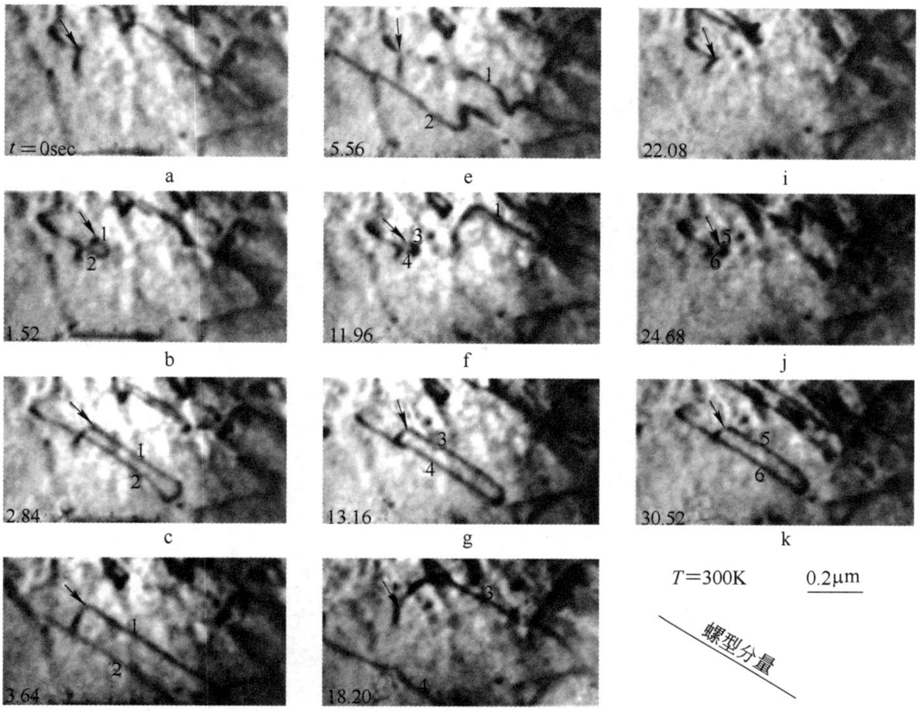

图 3-92 原位观察 Mn 晶体的 F-R 源增殖位错

（箭头所指是位错源，观察时间顺序是从 a~k）

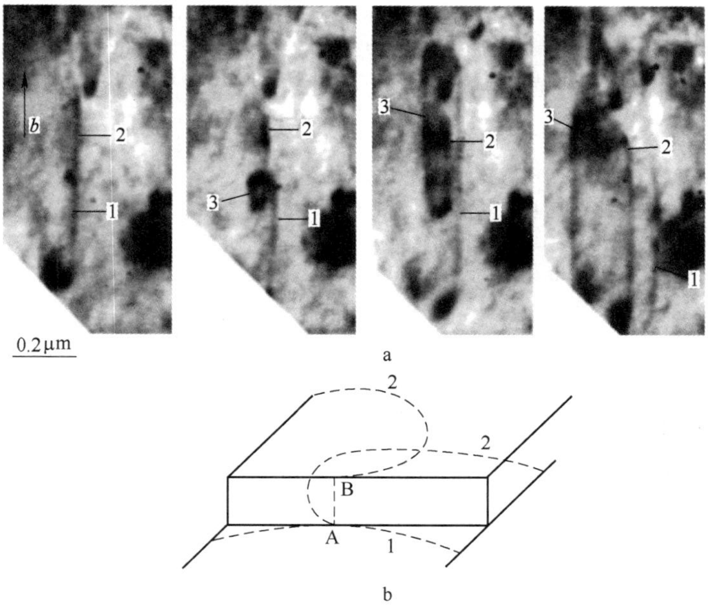

图 3-93 原位观察 Mn 晶体的单边 F-R 源增殖位错（a）及示意说明（b）

Mn 晶体的单边 F-R 源增殖位错（时间顺序是从左到右），图中标号 3 是割阶，图 3-93b 是增殖机制示意说明，图中的数字与 a 图相对应。

D 晶界源

多晶体经受塑性变形时，可以观察到晶界（特别是晶界的三交叉结点）发射出位错。有几种可能的晶界发射位错机制：构成小角度的位错网络（见第 5 章）可能作为 F-R 源放出位错；晶界台阶在应力作用下提供位错形核的非均匀位置，在晶界前沿塞积的位错群引起的应力集中（见下节）迫使位错形核；晶界迁动在它通过的点阵萌生位错；晶粒长大时从被吞并的晶粒过来的原子的偶然错排而形成的位错等等。

图 3-94a 所示为用透射电镜观察到的由电子束加热在晶界台阶发射出位错的照片；图 3-94b 所示为 Fe-18Cr-14Mn-0. 6N 奥氏体钢淬火因应力集中在晶界的三交叉结点（A）以及在晶界（B）发射出位错的透射电镜照片。图 3-95 所示为 200nm Cu 薄膜从 500℃冷却到 40℃时在晶界的三交叉结点放射出位错的照片，图 3-95a 为弱束 TEM 照片，白线显示位错，图 3-95b 是图 3−95a 的示意说明。

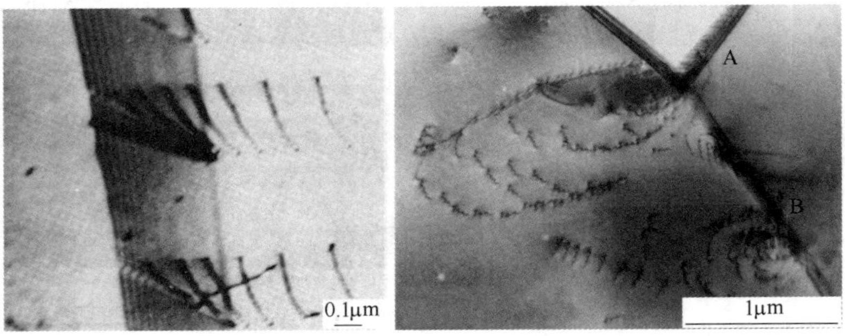

a　　　　b

图 3-94　透射电镜观察晶界发射位错

a—由电子束加热在晶界台阶发射出位错的照片；b—经淬火的 Fe-18Cr-14Mn-0. 6N 奥氏体钢在晶界的三交叉结点（A）以及在晶界（B）发射出位错的透射电镜照片

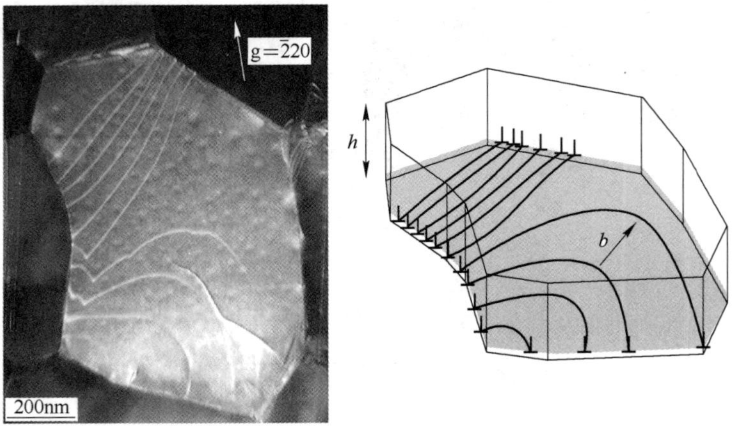

a　　　　b

图 3-95　200nm 的 Cu 薄膜从 500℃冷却到 40℃在晶界的三交叉结点放射出位错

a—弱束 TEM 照片，白线显示位错；b—图 a 的示意说明，灰色面是滑移面，*h* 是薄膜厚度

例 3-21 设开动 F-R 源需要的切应力为 $10^{-4}\mu$，μ 是切变模量。如果位错的极限速度 $v=10^3$m/s，估计由此位错源发射位错成为在光学显微镜下可以看到的滑移带所需的时间。

解：光学显微镜的分辨率约为光的波长，约为 1000b，即要看到滑移带需要位错源发出 1000 个位错。位错的柏氏矢量 $b \approx 2.5\times10^{-10}$nm，开动 F-R 源的切应力 τ 与位错源的长度 l 的关系为 $\tau=\mu b/l$。位错源产生一个位错环所需时间约等于 l/v，这样，形成 1000 个位错所需时间 t 为：

$$t = 10^3 l/v = \frac{10^3 \mu b}{\tau v} = \frac{10^3 \mu \times 2.5 \times 10^{-10}}{10^{-4}\mu \times 10^3} = 2.5 \times 10^{-6}\text{s}$$

E Bardeen-Herring 源

F-R 源的增殖是通过位错滑移进行的，按同样的方式，位错可以通过攀移来增殖，这种位错源称 Bardeen-Herring 源（简称 B-H 源）。B-H 源的开动过程和图 3-90 描述的相似，不过图中 AB 位错的柏氏矢量垂直于纸面，位错在纸面上的移动是攀移。这时，每增殖一个位错环，在环内就多了一层（或少了一层）原子面。如果有过饱和空位浓度存在，空位在 B-H 源沉积，就使 B-H 源攀移开动。据估计，开动一个长度为 10^{-4}cm 的 B-H 源所需要的过饱和空位浓度在 300K 时约为平衡浓度的 1.05 倍，在 600K 时约为 1.02 倍，可见开动 B-H 源所需要的空位浓度偏离平衡浓度并不大。图 3-96 所示为w(Mn) = 3%的 Al-Mn 合金从 550℃淬火由 B-H 源增殖出的同心位错环的透射电镜照片。

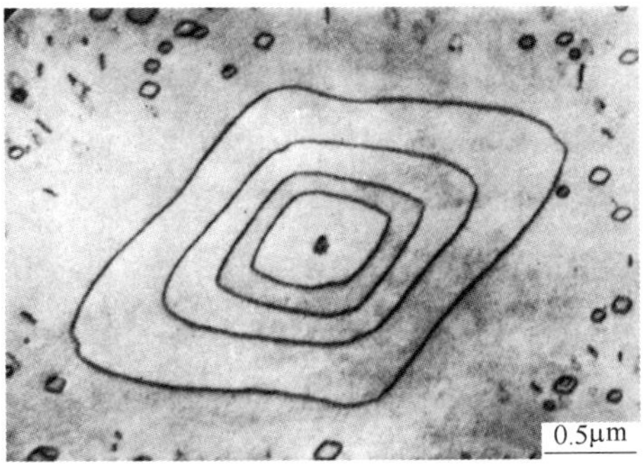

图 3-96 w(Mn) = 3%的 Al-Mn 合金从 550℃淬火由 B-H 源增殖出的同心位错环的透射电镜照片

例 3-22 设三维位错密度 $\rho=10^6$cm^{-2}，如果认为位错源开动就是塑性变形的开始，估算 Pb、Cu、Al 和 Ni 开始塑性变形的切应力。已知它们的切变模量分别是 Al 为 2.6×10^{10} Pa；Cu 为 4×10^{10}Pa；Pb 为 0.5×10^9Pa；Ni 为 7.9×10^{10}Pa。它们的点阵常数分别是 Al 为 0.40nm；Cu 为 0.36nm；Pb 为 0.49nm；Ni 为 0.35nm。

解：长度为 l 的位错源开动所需的切应力约为：

$$\tau = \frac{\mu b}{l}$$

可以把三维位错网络结点之间的距离视为位错源的长度，三维位错网络密度可近似为二维位错密度 ρ_s。这样位错结点间距约为 $\sqrt{1/\rho_s}$，故位错源的长度 $l \approx \sqrt{1/\rho} = 10^{-3}$cm。所讨论的金属都是面心立方结构，柏氏矢量与点阵常数的关系是 $b = a/\sqrt{2}$，根据 a 计算 b，得 Al 的 $b=0.283$nm；Cu 的 $b=0.255$nm；Pb 的 $b=0.346$nm；Ni 的 $b=0.247$nm。它们的位错源开动所需的应力为：

Al $$\tau=\frac{\mu b}{l}=\frac{2.6\times10^{10}\times0.283\times10^{-9}}{10^{-5}}=0.736\times10^{6}\text{Pa}$$

Cu $$\tau=\frac{\mu b}{l}=\frac{4\times10^{10}\times0.255\times10^{-9}}{10^{-5}}=1.02\times10^{6}\text{Pa}$$

Pb $$\tau=\frac{\mu b}{l}=\frac{0.5\times10^{9}\times0.346\times10^{-9}}{10^{-5}}=0.173\times10^{6}\text{Pa}$$

Ni $$\tau=\frac{\mu b}{l}=\frac{7.9\times10^{10}\times0.247\times10^{-9}}{10^{-5}}=1.9\times10^{6}\text{Pa}$$

所估算的值和实际晶体的屈服强度为同一数量级。

例 3-23 设晶体位错密度$\rho=10^8\text{cm}^{-2}$，空位形成能为 0.6eV，问需要从多高的温度淬火至室温（设为 300K）才能使晶体的 B-H 源动作？若从 1000K 淬火下来，B-H 源能否开动？开动的 B-H 源平均能攀移多大距离？典型的数据为：柏氏矢量 $b\approx0.25\text{nm}$，$\mu b^3\approx4\text{eV}$，$\nu\approx1/3$，$V_{at}\approx b^3$，$\Gamma\approx\mu b^2$，在 300K 时 $k_BT\approx1/40\text{eV}=6.25\times10^{-3}\mu b^3$。

解：按照上一例题对位错源长度的估计，位错源长度 l 约为 10^{-4}cm，则 $l\approx4\times10^3b$。在无应力晶体中只有化学力能使刃位错攀移，当化学力大于位错源拱弯的最小曲率半径引起的向心力时，B-H 源就能开动。根据式(3-109)和式(3-104)，得：

$$\frac{k_BTb}{V_{at}}\ln\frac{x}{x_0}\geqslant\frac{\Gamma}{r}$$

现 $r=l/2=2\times10^3b$。能使 B-H 源开动的空位高温平衡浓度与低温平衡浓度之比为：

$$\ln\frac{x}{x_0}\geqslant\frac{\Gamma V_{at}}{k_BTbr}=\frac{\mu b^2\times b^3}{6.25\times10^{-3}\mu b^3\times b\times2\times10^3b}=0.08$$

淬火温度 T 与 300K 下的空位平衡浓度之比 x/x_0 为：

$$\frac{x}{x_0}=\exp\left\{-\frac{\mathcal{H}_{v(f)}}{k_B}\left(\frac{1}{T}-\frac{1}{300\text{K}}\right)\right\}$$

则 $$\frac{1}{T}=\frac{1}{300\text{K}}-\frac{k_B}{\mathcal{H}_{v(f)}}\ln\frac{x}{x_0}=\frac{1}{300\text{K}}-\frac{8.614\times10^{-5}}{0.6}\times0.04\frac{1}{\text{K}}=3.33\times10^{-3}\frac{1}{\text{K}}$$

即 $$T=301.0\text{K}$$

可见，只需要很小的过饱和空位浓度 B-H 源就可以动作，但是，攀移距离必须大于位错源的长度，这样才能真正作为位错源开动放出位错。

若从 1000K 淬火下来，空位浓度 x 为：

$$x=\exp\left\{-\frac{\mathcal{H}_{v(f)}}{k_B}\times\frac{1}{1000\text{K}}\right\}=\exp\left\{-\frac{0.6}{8.614\times10^{-5}}\times\frac{1}{1000}\right\}=9.43\times10^{-4}$$

因为在 300K 的空位平衡浓度比这个浓度低几个数量级，可以忽略，当上式的浓度完全消散后，B-H 源就停止动作。位错密度为 ρ，设平均有一半是刃位错，位错攀移 Δl 后在单位体积中吸收的空位数目 n 是：

$$n=\frac{\rho\Delta lb}{2V_{at}}$$

所以位错攀移的距离 Δl 为：

$$\Delta l=\frac{2nV_{at}}{\rho b}=\frac{2x}{\rho b}=\frac{2\times 9.43\times 10^{-4}}{10^{8}\times 0.25\times 10^{-7}}=7.54\times 10^{-4}\text{cm}$$

上式考虑了 $nV_{at}=x$ 的关系。这个距离和 B-H 位错源的长度相当，所以，即使从 1000K 淬火下来，晶体的大多数位错源没有开动，而是只有拱弯，只有少数位错源开动。

3.2.8 位错塞积群

由同一个位错源放出的位错滑动遇到障碍使位错在障碍物前运动受阻，这个源放出的位错就在障碍物前排列起来，这一组位错的组态称为塞积群。使位错滑动受阻的障碍有晶界、第二相颗粒、不动位错等。为了定量地描述塞积群，把塞积群中的位错从障碍物前按 1、2、3、…、n 顺序编号，整个塞积群长度记为 L。图 3-97a 所示为位错的双边塞积，例如在晶粒中心有位错源，在应力作用下增殖位错，位错移动在晶界受阻，位错在晶界前沿塞积起来就是这种塞积群，注意这时塞积群的位错是沿着晶界的位错环。图 3-97b 所示为位错的单边塞积，即位错只在一边移动遇到障碍。

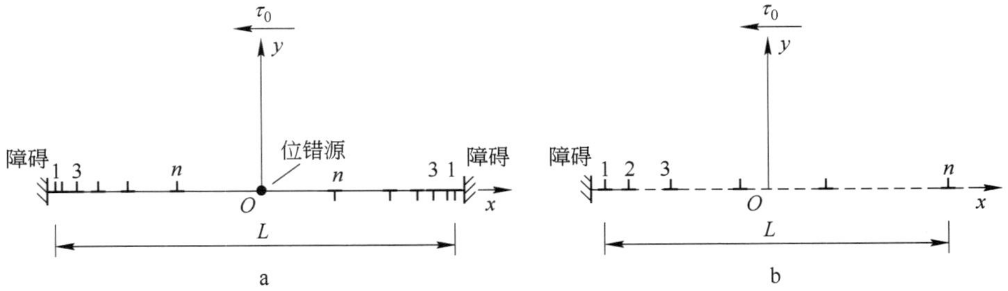

图 3-97 位错塞积群

a—双边塞积；b—单边塞积

定量讨论塞积群时，把坐标原点放在塞积群的中点。障碍物只对塞积群的领头位错有作用力，这样，除了领头位错外，塞积群中每一个位错受到外加应力场作用的同时也受塞积群中所有其他位错的作用。若塞积群中有 n 个位错，其中第 j 个位错受的总力 F_j 为：

$$F_j=\frac{\mu b^2}{2\pi K}\sum_{\substack{i=1\\ i\neq j}}^{n}\frac{1}{x_j-x_i}+\tau_0 b \tag{3-173}$$

式中，K 值视位错类型而定；τ_0 是使位错在滑移面上受力的所加应力场的应力分量。在平衡时，F_j 应为零，这样式(3-173)就有 $n-1$ 个方程，解这个 $n-1$ 个联立方程就可以求得每一个位错的位置 x_j。当塞积群的每个位置确定后，塞积群的一切弹性性质就可以确定。求解联立方程很麻烦，可用一种比较简单的近似方法来求塞积群中位错的分布。这种办法是把位错塞积群中的位错看做沿整个塞积长度连续分布，这些位错的柏氏矢量相同，都是 $\boldsymbol{b}$，而在各处的位错密度（塞积群中单位长度的位错数目）不同，以 $n(x)$ 表示，在 $x\sim x+\mathrm{d}x$ 有 $n(x)\mathrm{d}x$ 个位错存在。这样，对于刃型位错塞积群，式(3-173)等于零时可写成：

$$\tau_0 b-\int_{-a}^{a}\frac{\mu b^2}{2\pi(1-\nu)}\cdot\frac{n(x')\mathrm{d}x'}{x'-x}=0 \tag{3-174}$$

式中，$a=L/2$。用契贝谢夫多项式的希尔伯特（Hilbert）变换很容易解上面的积分方程，对于双边塞积，解方程(3-174)得位错分布 $n(x)$：

$$n(x)=\frac{2\tau_0(1-\nu)}{\mu b}\cdot\frac{x}{(a^2-x^2)^{1/2}} \tag{3-175}$$

图 3-98a 所示为按式(3-175)得出的 $n(x)$ 分布曲线，从图看出，曲线是中心对称的，即塞积群两边的位错数目相等并反号，还可看出，塞积群内位错的分布是不均匀的，$n(x)$ 呈抛物线状，在靠近障碍物一边，位错密度大，在塞积群中心位错密度为 0。在塞积群中的位错总数 N 应为：

$$N=\int_0^a n(x)\,\mathrm{d}x=\frac{(1-\nu)L\tau_0}{\mu b} \tag{3-176}$$

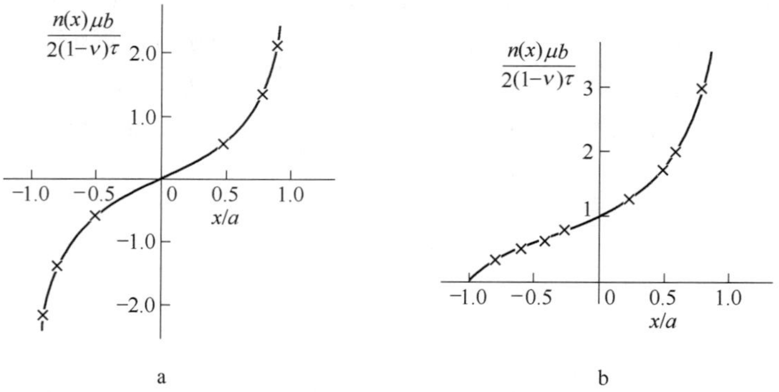

图 3-98　塞积群中位错的分布
a—双边塞积；b—单边塞积

上式的积分限不是从 $-a$ 到 a，而是从 0 到 a。这是因为位错中心一侧的每根位错与中心另一侧对应的位错都是同一根位错。位错在双边塞积的情况下，当塞积群的长度 L 固定时（例如晶粒尺寸固定），塞积群中位错的数目与所加的应力成正比，或者，当所加的应力相同时，塞积群中位错的数目与塞积群的长度成正比。如果位错群是单边塞积，同样可以解出塞积群中的位错分布，为：

$$n(x)=\frac{2\tau_0(1-\nu)}{\mu b}\left(\frac{x+a}{a-x}\right)^{\frac{1}{2}} \tag{3-177}$$

图 3-98b 所示为按式(3-177)得出的 $n(x)$ 分布曲线。和双边塞积的情况不同，这里塞积群中都是同号位错，$n(x)$ 也呈抛物线状，在靠近障碍物一边处位错密度最大，而在塞积群末端，位错密度为 0。在塞积群中的位错总数 N 应为：

$$N=\int_{-a}^a n(x)\,\mathrm{d}x=\frac{(1-\nu)L\tau_0}{\mu b} \tag{3-178}$$

虽然上式与式(3-176)的结果相同，但是这里的塞积长度不是固定的，可因所加的应力大小而改变。

式(3-177)和式(3-176)对领头位错（即编号为 1 的位错）是不适用的，因为塞积群中所有位错对领头位错的力的方向都与外加力场作用在领头位错的力相同，是障碍物给予领头位错反作用力领头位错才得以平衡。现在用虚功原理估算塞积群对障碍物的作用力。设在所加应力作用下领头位错向障碍物方向移动了 δx，由于整个塞积群要保持平衡，所以每个位错也移动 δx。这样，应力对塞积群做功为 $\tau_0 nb\delta x$。而障碍物只对领头位错有作用，设施予领头位错的切应力为 τ，当领头位错移动 δx 时，障碍物这一反作用力做功为 $\tau b\delta x$。上述两种功应相等，故：

$$\tau = n\tau_0 \tag{3-179}$$

上式表明，塞积群在障碍物处产生了很大的应力集中，应力为所加应力的 n 倍，应力集中对材料塑性变形行为有很大影响。为了松弛这一应力，塞积群中前沿的位错可能逸出塞积群，这称为塞积群钝化；应力集中可能在障碍物附近萌生裂纹，也可能激发另一个位错源的开动。图 3-99 所示为经淬火的 Fe-18Cr-14Mn-0.6N 奥氏体钢中位错在 B-B 界面前塞积（塞积群中约有 40 个位错），塞积群前沿（A 处）的应力集中激发 F-R 源开动。新位错源放出的位错在滑移面两个方向：向试样薄膜顶面和向底面滑动。从图片还可看出，塞积群中的位错分布不均匀，位错间距呈抛物线分布。

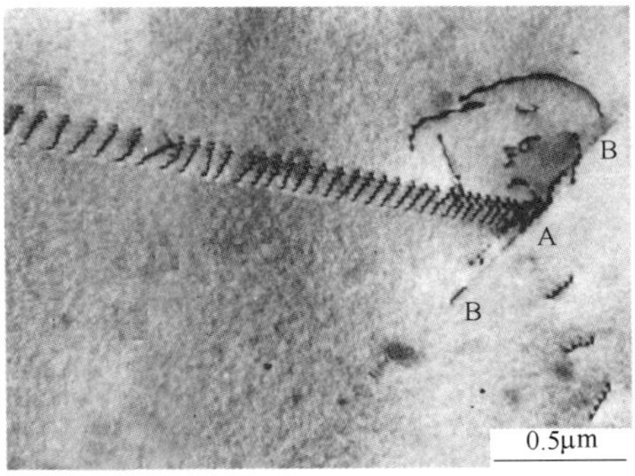

图 3-99 经淬火的 Fe-18Cr-14Mn-0.6N 奥氏体钢中位错在 B-B 界面前塞积

塞积群的应力场是群内所有位错应力场的叠加，而这种计算比较繁琐，但是，在离开塞积群很远的区域，可以把整个塞积群看成是处于塞积群中心处（离位错源到领头位错约 3/4 处）的一个柏氏矢量为 $n\boldsymbol{b}$ 的大位错，用这个大位错的应力场来表示塞积群的应力场。

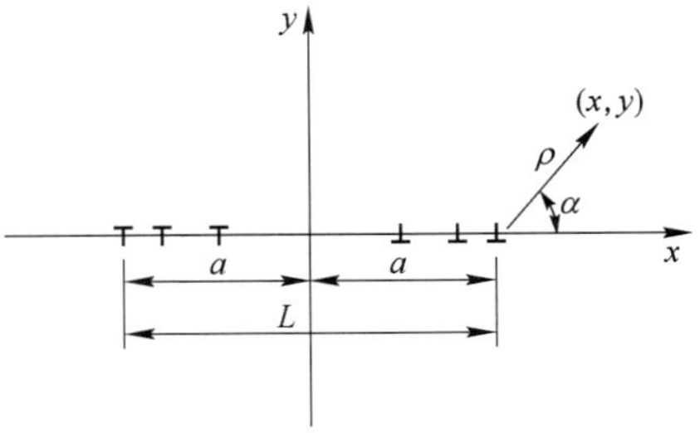

图 3-100 描述滑移位错双边塞积群前沿的坐标

从塞积群的位错分布的形式看，它和裂纹所产生的变形形式相似，所以也可以用塞积群前沿的应力场来描述裂纹前的应力场。为了把塞积群应力场和裂纹前沿的应力场对比，把塞积群应力场转化为以塞积群前端坐标（ρ，α）表示（见图 3-100）。例如对于滑移刃位错的双边塞积群，由塞积群中各位错应力场的叠加获得整个塞积群的应力场前沿的应力场的 τ_{xy} 分量为：

$$\tau_{xy} = \frac{K_{\mathrm{II}}}{\sqrt{2\pi\rho}}\cos\frac{\alpha}{2}\left(1 - \sin\frac{\alpha}{2}\sin\frac{3\alpha}{2}\right) \tag{3-180}$$

式中，$K_{\mathrm{II}} = \tau(\pi a)^{1/2}$ 称为第Ⅱ类裂纹的应力强度因子；τ 是外加的切应力。此应力分量以及按同样方法计算的其他应力分量与用弹性力学求解的第Ⅱ类裂纹前沿的应力场一致。

同样，螺位错塞积群和攀移刃位错塞积群前沿的应力场与Ⅰ型、Ⅲ型裂纹前沿的应力场一致。

3.2.9 典型晶体中的位错

在前面的讨论中，除了讨论位错的点阵模型外，只是泛泛地用一根位错线和一个柏氏矢量来描述位错，而很少和实在的晶体结构联系。前面已经说过，位错滑移后为了不破坏晶体的周期性，一般来说，柏氏矢量是晶体点阵中的平移矢量，柏氏矢量为点阵单位平移矢量的位错称为全位错。为了使位错自身的能量最低，晶体中稳定的全位错的柏氏矢量是晶体最短的平移矢量，这和观察到的晶体滑移方向是一致的。若柏氏矢量不是晶体点阵的平移矢量，那么，当这种位错扫过晶体之后，位错扫过的面两侧必产生错排，即出现错误的堆垛，这种错误堆垛称为堆垛层错或简称层错。在个别情况下，如果这些错排不导致增加太多能量，那么，这种位错是可能存在的。这类位错称部分位错，也有学者称之为不全位错或半位错。按照位错的沃特拉过程，部分位错必然是层错的边界线。

3.2.9.1 面心立方晶体中的位错

面心立方晶体中最短的平移矢量是 $a\langle 110\rangle/2$，所以面心立方晶体中全位错的柏氏矢量是 $a\langle 110\rangle/2$，最密排的面是 $\{111\}$ 面，所以滑移面是 $\{111\}$。

A $\{111\}$ 面的堆垛

在第 2 章中已经讨论过晶体的堆垛，为了更好地了解面心立方晶体中的各种位错，再重复讨论 fcc 晶体的堆垛。fcc 结构最密排面 $\{111\}$ 是每隔三层重复堆垛排列的，即堆垛顺序为：

$$\cdots ABCABCABCABC\cdots$$

图 3-101a 所示为面心立方 $(\bar{1}11)$ 面原子排列示意图，图中标明了 A、B 和 C 层的投影位置，在图中同时标出了一些常用的晶向。图 3-101b 所示为 $(\bar{1}11)$ 面的原子堆垛情况。因为 A 层与 B 层或与 C 层邻接时，它们相邻层的键合情况是一样的，所以发生由 B 错排为 C 的层错可能是稳定层错。由 B 层滑到 C 层的矢量是 $\langle 211\rangle/6$ 类型矢量，为了清楚地看到 $(\bar{1}11)$ 面的堆垛以及产生这类层错的切动，应找一个和 $(\bar{1}11)$ 面垂直并且和 $(\bar{1}11)$ 交线为 $\langle 211\rangle/6$ 的面来描述，(110) 面就是这样的面。(110) 面和 $(\bar{1}11)$ 面的交线是 $[1\bar{1}2]$，所以在 (110) 面上的每一根 $[1\bar{1}2]$ 方向线就表示一层 $(\bar{1}11)$ 面，如图 3-101c 所示。因为 (110) 面是按每两层重复堆垛的，图 3-101c 是两层 (110) 面的投影。从图 3-101c也可看出，$(\bar{1}11)$ 面每隔三层重复堆垛。

B 堆垛层错

如果某一层 $(\bar{1}11)$ 面相对近邻一层切动 $a\langle 112\rangle/6$，例如 C 层带着 C 层以上的晶体相对 B 层切动 $a[1\bar{1}2]/6$，即从 C 位置切动到 A 位置，切动后 C 层以上的晶体各层位置作如下变化：C→A，A→B，B→C，结果变成：

$$\cdots ABCABCAB \,\vdots\, ABCABCABC\cdots$$

在上式的 B ⋮ A 处发生了错误堆垛，即发生了堆垛层错。这种层错称内禀层错（Ⅰ型层错），又因为这种层错是通过滑移形成的，故又称滑移型层错。晶体相对移动而获得层错的移动矢量称层错矢量 $\boldsymbol{R}$，上述层错的层错矢量 $\boldsymbol{R}=a[1\bar{1}2]/6$。图 3-102 所示为Ⅰ型层错的堆垛。图 3-102a 是 $\{111\}$ 面的投影，图3-102b是从 (110) 面观察 $(\bar{1}11)$ 面的堆垛发生的Ⅰ型层错。从图中可以看出，原来密排方向（$[\bar{1}10]$ 方向）发生了两个原子长度

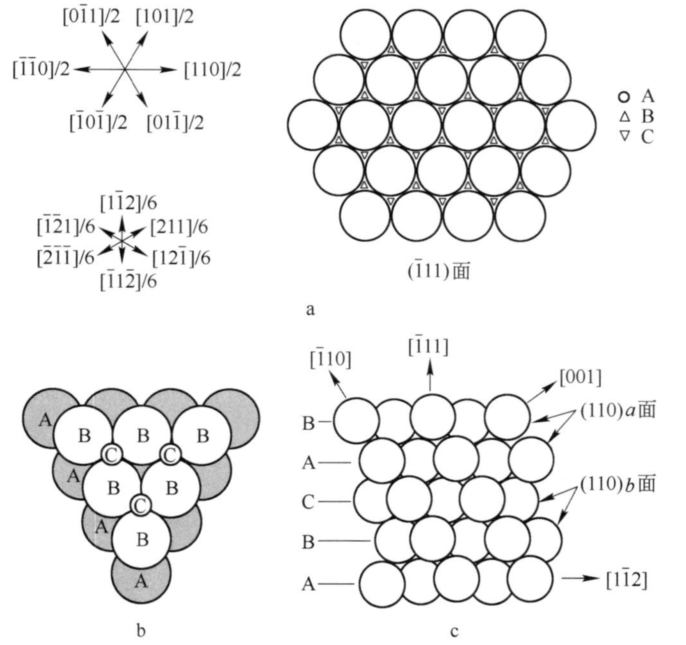

图 3-101 fcc 晶体 {111} 面的堆垛
a—fcc 晶体（$\bar{1}$11）面各层原子排列的投影以及在（$\bar{1}$11）面上常用的晶向；
b— {111} 原子堆垛的投影；c—从（110）面观察（$\bar{1}$11）面的堆垛

的曲折，产生了一个原子厚度的孪晶层，在错排处出现了几层密排六方的排列（即 ABAB 排列）。这种层错也可以通过抽去一层（$\bar{1}$11）面（例如抽去 C 层）而形成，如图 3-102b 的[C]所示。这个层错虽然与滑动产生的层错结构相同，但是产生的方式不同，它的层错矢量相当于 {111} 面的面间距，即 $\boldsymbol{R}=a[\bar{1}11]/3$。

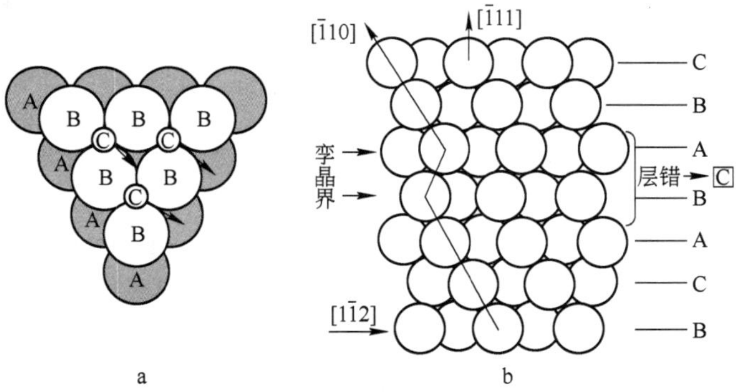

图 3-102 fcc 结构中的 I 型层错
a—（$\bar{1}$11）面堆垛的投影；b—在（110）面观察（$\bar{1}$11）面的堆垛

如果在 $(\bar{1}11)$ 面的堆垛中任意插入一层 $(\bar{1}11)$ 面（例如在 B 和 C 层之间插入一层 A），于是堆垛顺序变成：

$$\cdots ABCABCAB \,\vdots\, A \,\vdots\, CABCABC\cdots$$

在上式的 B ⁞ A ⁞ C 处发生错误堆垛，即发生层错。这种层错称外延层错（E 型层错），层错矢量 $\boldsymbol{R}=a[\bar{1}11]/3$。图 3-103 所示为从（110）面观察外延层错的情况，从图中看出，原来的密排方向（$[\bar{1}10]$ 方向）发生了 3 个原子长度的曲折，产生了两个原子厚度的孪晶层。这种层错又可以通过固定某层 {111} 面，然后两侧分别切动 $a[211]/6$ 和 $a[\bar{1}\,\bar{2}1]/6$ 来获得 E 型层错，因为这两个切动矢量相加为 $a[1\bar{1}2]/6$，所以这种方式产生的 E 型层错的层错矢量是 $\boldsymbol{R}=a[1\bar{1}2]/6$。

因为层错使晶面堆垛产生错排，所以会使晶体能量增加，单位面积层错所增加的能量称层错能 γ_{SFE}。不同的层错矢量所引起的层错能不同。不是任何层错矢量的层错都能稳定存在的，只有如上所述的少数层错能比较低的层错，它们才可能稳定存在。为了说明这点，我们仔细考察上述的两类层错，虽然层错使原子面发生了错排，但是它的每一层原子和最近邻原子层间都是最紧密接触，因而没有破坏原子间最近邻键合情况，而仅是次近邻原子间键合情况发生变化，所以这样的错排引起的能量增加是很小的。通过计算 fcc 晶体 {111} 面的各种层错矢量刚性平移前后的层错能量发现，除了 $\boldsymbol{R}=a\langle110\rangle/2$（它平移前后能使晶体恢复完整堆垛，实际上没有产生层错）外，其他的层错矢量刚性平移前后都会使能量升高，即有层错能，但 $\boldsymbol{R}=a\langle112\rangle/6$ 的平移使晶体能量为局部最小值。图 3-104 是对 Cu 的 {111} 面层错能随层错矢量的变化的计算机模拟结果，这个模拟计算说明了 $\boldsymbol{R}=a\langle112\rangle/6$ 的层错能获得局部的最小值。

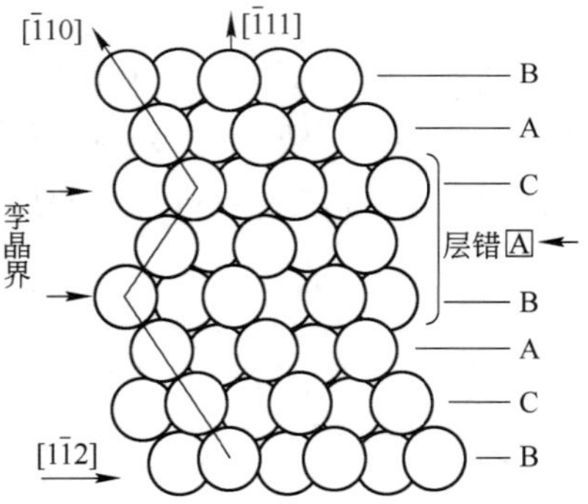

图 3-103 fcc 结构在（110）面观察 $(\bar{1}11)$ 面的堆垛 E 型层错

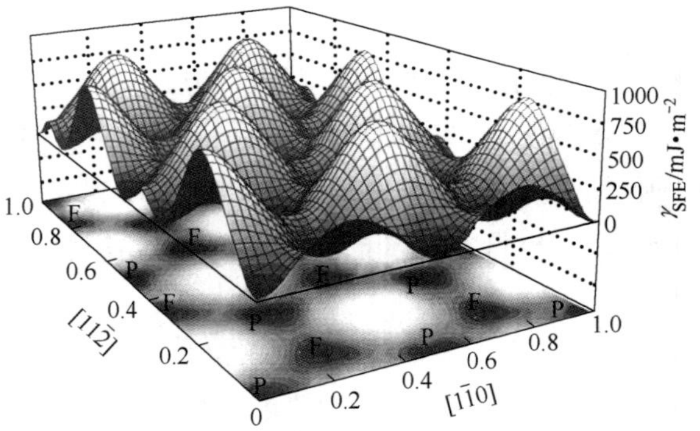

图 3-104 Cu（111）面的层错能 γ_{SFE} 随层错矢量的变化的计算机模拟结果

（图中 P 的 $\boldsymbol{R}=a\langle110\rangle/2$，这相当于全位错矢量，所以层错能为 0；F 的 $\boldsymbol{R}=a\langle112\rangle/6$，这是 I 型层错，层错能面获得局部的最小值）

层错能 γ_{SFE} 因不同的材料而不同，对不同金属估算的层错能列于表 3-5 中。从表中的数据看出，相对晶界能（约为 800~1000mJ/m^2）来说，层错能是比较低的。

表 3-5 一些金属的层错能（Murr，1975）

金 属	$\gamma_{SFE}/mJ \cdot m^{-2}$	金 属	$\gamma_{SFE}/mJ \cdot m^{-2}$
Al	166	Zn(hcp)	140
Cu	78	Mn	125
Ag	22	91Cu：9Si	5
Au	45	Zr(hcp)	240
Ni	128	304 不锈钢	21
Co(fcc)	15	70Cu：30Zn(黄铜)	20

一些研究者注意到，在高温时合金的层错能 γ_{SFE} 的对数与合金浓度 c 的 $[c/(1+c)]^2$ 函数呈线性关系，例如图 3-105 所示的 Cu-Si 合金的层错能与合金浓度间就是这种关系。研究指出，对于两个完全互溶的 fcc 金属的固溶体，所有成分固溶体的层错能值处于两个组元金属的层错能值之间。贵金属-过渡金属合金的层错能值与纯贵金属的层错能值为同一数量级，对大多数的 Ag 基和 Au 基合金 I 型和 E 型层错对的测量（参见图 3-124）结果表明，它们的层错能大体相等。

与薄膜试样表面斜交的面缺陷在透射电镜下观察到条纹衬度，条纹平行于薄膜表面，所以与薄膜试样表面斜交的层错在电镜下观察到条纹衬度。图 3-106a 所示为奥氏体不锈钢（fcc 结构）中一组层错的电镜照片，图 3-106b 所示为在（013）极射投影图中相应于图 3-106a 中层错的极点。层错条纹平行于薄膜试样表面，在图片中条纹总宽度反映了该层错面（{111} 面）与试样斜交的投影宽度，所以，根据各组层错的投影宽度可以计算试样的厚度。

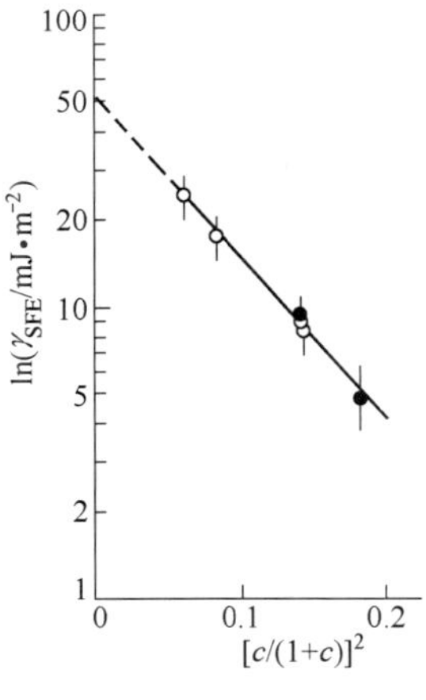

图 3-105 Cu-Si 合金的层错能的对数与合金浓度的关系

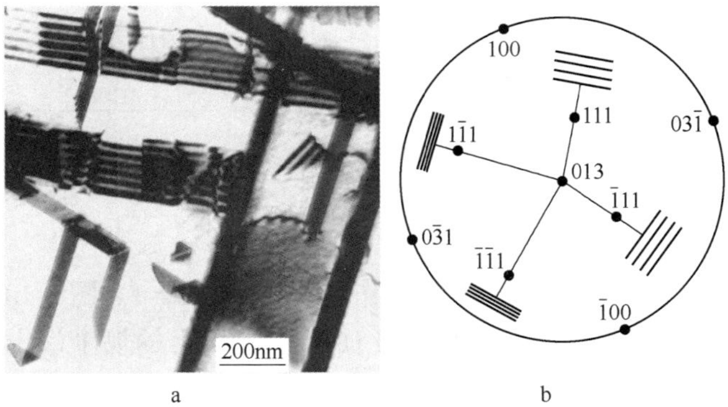

图 3-106 奥氏体不锈钢中的层错
a—一组层错的透射电镜照片（层错两端是部分位错）；
b—在（013）极射投影图中相应于 a 图层错的极点

C 汤普逊（Thompson）符号

面心立方晶体的滑移面和孪生面都是 {111} 面，全位错的柏氏矢量是 $a\langle 110\rangle/2$，而可能稳定存在的层错的层错矢量是 $a\langle 112\rangle/6$，内禀层错和外延层错还可以靠抽出（或插入）一层 {111} 面而得到，即层错矢量是 $a\langle 111\rangle/3$。这些矢量是讨论 fcc 位错时经常出现的矢量，为了方便地讨论 fcc 晶体中的各种位错以及位错反应，引入一种汤普逊符号。

在晶胞中取 4 个邻近的原子，它们的位置为：[（0，0，0）]，[（1/2，0，1/2）]，[（0，1/2，1/2）] 和 [（1/2，1/2，0）]，把这 4 个原子位置分别记为 D、A、B 和 C。把 A、B、C 和 D 两两相连，构成一个正四面体，这个四面体称为汤普逊四面体，如图 3-107a所示。在这个四面体中包含了 fcc 各种类型位错的柏氏矢量和滑移面。

四面体顶角 A、B、C 和 D 所对的底面分别记为 a、b、c 和 d 面。在讨论时，如果这些面的法线指向四面体外，视为正面，若法线指向四面体内，则视为负面，记为 $\bar{a}$、$\bar{b}$、$\bar{c}$ 和 $\bar{d}$。a、b、c 和 d 面的中心点分别记为 α、β、γ 和 δ。以 d 面为基础，四面体沿 DA、DB 和 DC 剪开，把 a、b 和 c 三个面展开形成一个大等边三角形，这个三角形称汤普逊三角形，如图 3-107b 所示。四面体中的 A、B、C、D、α、β、γ 和 δ 点间任何连线所构成的矢量，都是 fcc 晶体中有关位错的重要矢量。以英文字母 A、B、C、D 和希腊字母 α、β、γ 和 δ 任意组成的矢量符号称为汤普逊符号。

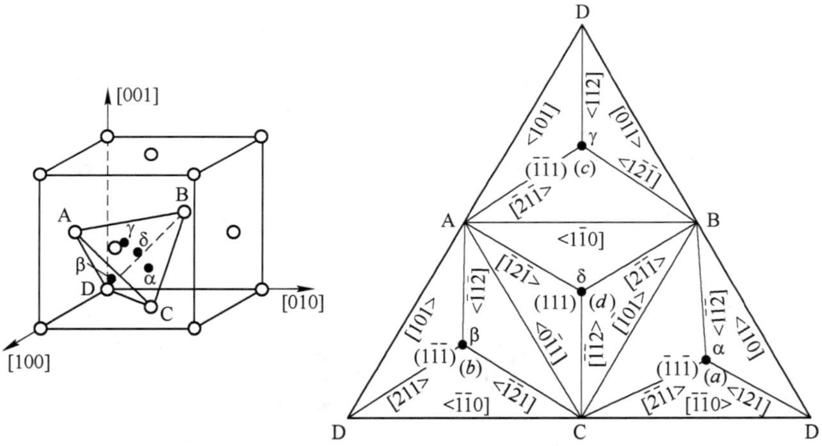

a　　　　b

图 3-107　汤普逊四面体（a）和汤普逊三角形（b）

为了简便，用点阵常数 a 作为单位，即 $a=1$。图 3-107b 的中全部 $\langle 110\rangle/2$ 和 $\langle 112\rangle/6$ 用所对应的汤普逊记号表示。组成汤普逊符号的规律总结如下：

（1）由任两个英文字母组成的汤普逊符号表示 $\langle 110\rangle/2$ 型矢量，共有 12 种，例如 DA 是 $[101]/2$；CB 是 $[\bar{1}01]/2$；BC 是 $[10\bar{1}]/2$ 等。当符号中两个字母的顺序调换后，相当于是和原来矢量反向的矢量，例如 CB = −BC。

（2）Aα、Bβ、Cγ、Dδ 或 αA、βB、γC、δD 八个符号是 $\langle 111\rangle/3$ 型矢量。例如 Aα 是 $[\bar{1}1\bar{1}]/3$，同样有 Aα = −αA 等关系。

（3）由一个英文字母和一个希腊字母组成的符号，除了在（2）中所提到的 8 种符号外，其他都是 $\langle 112\rangle/6$ 型矢量，共有 24 种。例如 Cα 是 $[\bar{2}\bar{1}1]/6$；Bγ 是 $[1\bar{2}\bar{1}]/6$ 等。同样也有 Cα = −αC 等关系。

（4）由希腊字母组成的符号是⟨110⟩/6 型矢量，共 12 种，例如 αβ 是 $[1\bar{1}0]/6$ 等。

设 X、Y、U 和 V 表示包括英文字母和希腊字母的任意字母，XY/UV 表示从 XY 矢量中点引向 UV 矢量中点并延伸长度为这两点距离两倍的矢量。从这一定义可知：XY+YV=XV；XY+UV=XU/YV；XY/UV=−UV/XY；XY/UV=YX/UV=XY/VU=YX/VU。按这些定义，还可引出几类有用的符号。

（5）由（2）所列的符号中的任两个符号组成的新符号，例如 δD/Cγ 是⟨110⟩/3 型矢量，共有 12 种。

（6）δγ/BD 符号及与此同类的符号是⟨013⟩/6 型矢量，共有 24 种。

（7）δD/Bγ 符号及与此同类的符号是⟨123⟩/6 型矢量，共有 48 种。

把上述的矢量综合列于表 3-6 中。

表 3-6　fcc 晶体的汤普逊类型符号及与其对应的矢量符号

汤普逊类型符号	b 矢量类型	b^2	汤普逊类型符号	b 矢量类型	b^2
AB	$\langle\bar{1}10\rangle/2$	$a^2/2$	δD/Cγ	$\langle 110\rangle/3$	$2a^2/9$
Aα	$\langle 111\rangle/3$	$a^2/3$	δγ/BD	$\langle\bar{3}0\bar{1}\rangle/6$	$5a^2/18$
Aβ	$\langle\bar{1}1\bar{2}\rangle/6$	$a^2/6$	δD/Bγ	$\langle\bar{1}23\rangle/6$	$7a^2/18$
αβ	$\langle\bar{1}10\rangle/6$	$a^2/18$	CB/αδ	$\langle 0\bar{1}0\rangle/3$	$a^2/9$

D　全位错与部分位错

面心立方结构的全位错的柏氏矢量是⟨110⟩/2。图 3-108 是说明在滑移面 $(\bar{1}11)$ 面（汤普逊符号的（b）面）柏氏矢量为[110]/2（汤普逊符号为 DC）的刃位错的示意图。其中图 3-108a 表示刃位错的半原子面位置，图 3-108b 是从缺半原子面的一侧向上看滑移面上下的原子排列情况。这个刃位错的半原子面是（110）面，在[110]/2 间隔内含有 2 层（110）面（严格来说是（220）面），所以图 3-108a 中包含了 2 层半原子面（图中的实线和虚线），而在图 3-108b 中这 2 层半原子面表现为弯曲的原子列。滑移时，若全位错向左移动，则图 3-108b 上层原子（白圆圈）向右滑动，滑动的距离为[110]/2，即从△位置到相邻的△位置，对应图 3-108a 中 2 层半原子面向左移动了 $[\bar{1}\bar{1}0]/2$。

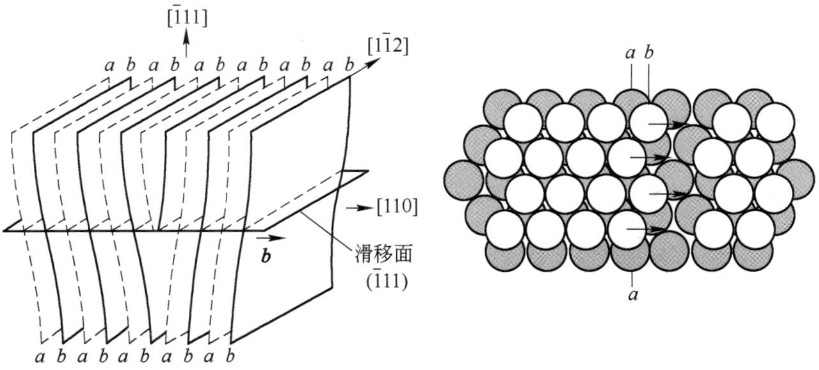

a　　　　　　　　　　b

图 3-108　fcc 结构在 $(\bar{1}11)$ 面上柏氏矢量为 $a[110]/2$ 的全位错

a—垂直于 $(\bar{1}11)$ 面的（110）面排列，表示半原子面的位置；b—滑移面上、下两侧原子排列，灰色的是有半原子面的一侧

从沃尔特拉的“制造”位错过程知道，层错的边界就是位错线，它的柏氏矢量就是该层错的层错矢量。

如果层错是 $\{111\}$ 面相对切动 $a\langle 112\rangle/6$ 而形成的，即层错矢量 $\boldsymbol{R}=a\langle 112\rangle/6$，那么层错边缘的位错线的柏氏矢量也就是 $a\langle 112\rangle/6$，这个矢量并非 fcc 结构的单位平移矢量，所以它是部分位错。这种部分位错称为肖克莱（Shockley）部分位错。图 3-108 所示为在 $(\bar{1}11)$（(b) 面）面上的一个纯刃型肖克莱位错。其中上面的图是 (110) 面，水平线是 $(\bar{1}11)$ 面，位错线和纸面垂直；下面的图是层错面 $(\bar{1}11)$ 上、下两侧原子排列的投影。图中实线表示没有层错存在时的完整晶体，虚线表示出现了层错后的晶体排列。层错是由一部分晶体滑动了 $a[\bar{1}1\bar{2}]/6(A\delta)$，即图 3-109中的 C 层滑到 A 位置，C 层以上的晶体也跟着一起滑动形成的。从图 3-109 看出，这种部分位错的滑移面就是层错所在面，即 $\{111\}$ 面，肖克莱位错的滑动伴随层错的扩大或缩小。若肖克莱位错作非保守移动离开滑移面，则会使晶体产生严重错排，要耗费很大能量，所以，肖克莱位错实际上是不可能攀移的。

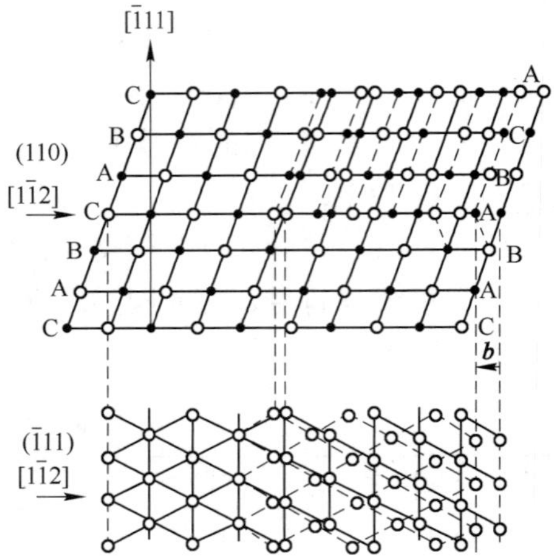

图 3-109 fcc 结构中在 $(\bar{1}11)$ 面上的纯刃型肖克莱部分位错

如果层错是由抽去或插入一层 $\{111\}$ 面而形成的，即层错矢量 $\boldsymbol{R}=\langle 111\rangle/3$，那么层错与边缘的位错的柏氏矢量就是 $\langle 111\rangle/3$，这个矢量并非是 fcc 结构的单位平移矢量，所以这个位错也是部分位错，这种部分位错称为弗兰克（Frank）部分位错。图 3-110 所示为层错在 $(\bar{1}11)$ 面的弗兰克位错，上侧的图是从（110）面看，下侧的图是层错所在的 $(\bar{1}11)$ 面上下两侧原子排列的投影。图 3-110a 所示为抽去一层（111）面所产生的层错

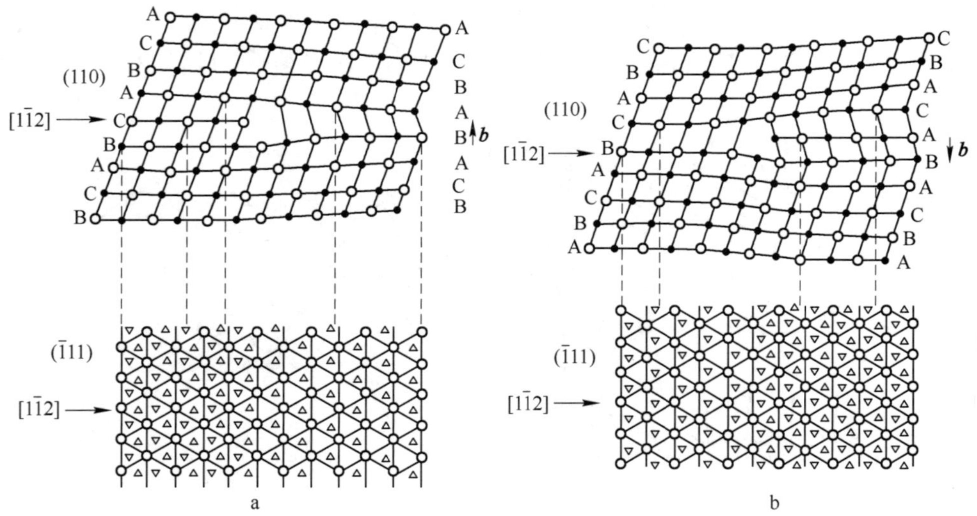

图 3-110 从 fcc 结构的（110）面观察在 $(\bar{1}11)$ 面上的 S-弗兰克位错（a）和 D-弗兰克位错（b）

(层错是 I 型) 边缘的部分位错，称负弗兰克位错。因为 I 型层错引起的 {111} 面堆垛有两层错排，又称单弗兰克位错 (S-弗兰克位错)。图 3-110b 所示为插入一层 (111) 面所产生的层错 (层错是 E 型) 边缘的部分位错，称正弗兰克位错。因为 E 型层错引起的 {111} 面堆垛有三层错排，又称双弗兰克位错 (D-弗兰克位错)。无论是正弗兰克或负弗兰克位错都是棱柱位错，它们在层错所在的 ($\bar{1}11$) 面上的移动都是攀移运动，攀移移动伴随层错的扩大或缩小。位错滑移会使位错离开层错所在的面，导致晶体产生严重错排，要耗费很大能量，所以，弗兰克位错实际上是不可能滑移的。若有很大的过饱和空位 (例如从高温淬火至低温时) 或有过饱和的自间隙原子 (例如经严重辐照时)，过饱和空位 (或间隙原子) 在密排晶面沉积成空位片 (原子层片)，当空位片 (原子层片) 尺寸达到一定尺寸时，它们不稳定，空位片 (间隙原子片) 两侧晶面“崩塌”下来形成一片层错，周边是 S-弗兰克位错 (D-弗兰克位错)，如图 3-78 所示。

S-弗兰克位错和 D-弗兰克位错的柏氏矢量都是 $\langle 111\rangle/3$，可以根据位错的切向矢量 $\boldsymbol{t}$ 和柏氏矢量 $\boldsymbol{b}$ 的关系来判别是 S 还是 D 弗兰克位错。若 $\boldsymbol{t}\times\boldsymbol{b}$ 的方向指向非层错一侧，它是 S-弗兰克位错环；若 $\boldsymbol{t}\times\boldsymbol{b}$ 的方向指向层错一侧，它是 D-弗兰克位错环。

E 扩展位错

一个在 ($\bar{1}11$) 面 ((b) 面) 上的全位错移动使滑移面两侧的晶体相对位移 $a[110]/2$(DC)，即在图3-111a中 B 层从 B 位置到邻近的另一个 B 位置。如果把这一移动分成两步：第一步从 B 位置移动到邻近的 C 位置，即移动 $[211]/6$(Dβ)，然后再从 C 位置移动到另一个 B 位置，即移动 $[12\bar{1}]/6$(βC)，这两步移动都是使原子从密排缝隙滑过，显然这样移动比较容易。当完成了第一步移动时，相应形成一窄带 (此时窄带约为

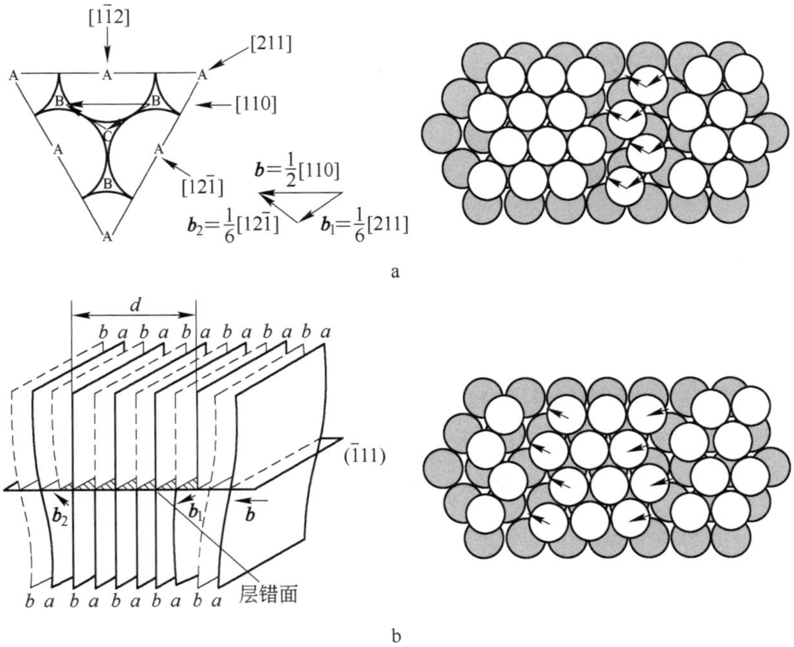

图 3-111 fcc 结构的全位错分解成扩展位错

a—分解；b—分解后扩展

一排原子宽度）的层错，如图 3-111a 的原子排列图所示。在这个窄带层错的两侧是柏氏矢量分别为 $[211]/6(\mathrm{D\beta})$ 和 $[12\bar{1}]/6(\mathrm{\beta C})$ 的肖克莱位错。这个过程使一个全位错分解为两个肖克莱部分位错，位错分解过程中柏氏矢量应该守恒，过程的反应式为：

$$\begin{array}{ccccc} \frac{a}{2}[110] & \longrightarrow & \frac{a}{6}[211] & + & \frac{a}{6}[12\bar{1}] \\ \mathrm{DC} & \longrightarrow & \mathrm{D\beta} & + & \mathrm{\beta C} \end{array} \tag{3-181}$$

一个全位错分解为两个部分位错且中间夹着一个层错带，这一位错整体组态称为扩展位错。单纯从位错的自身能量看，因为 $[12\bar{1}]$ 和 $[211]$ 方向的夹角是锐角（为 60°），即分解前的柏氏矢量平方（$a^2/2$）大于分解后两个位错的柏氏矢量平方和（$a^2/6+a^2/6=a^2/3$），全位错的这一分解是可行的。但是因为分解后的两个部分位错相斥，它们之间的层错区域宽度增加，如图 3-111b 所示。这样，全位错能否真正分解为两个部分位错还需要考虑两个部分位错之间的层错的能量。

设一个混合全位错的柏氏矢量和位错线的夹角为 φ，它分解为两个肖克莱位错后，两个位错的柏氏矢量与位错线的夹角分别是 $\varphi+30°$ 和 $\varphi-30°$，如图 3-112 所示。两个部分位错间单位长度的斥力为：

$$F=\frac{\mu b^2}{8\pi d}\cdot\frac{2-\nu}{1-\nu}\left(1-\frac{2\nu\cos 2\varphi}{2-\nu}\right) \tag{3-182}$$

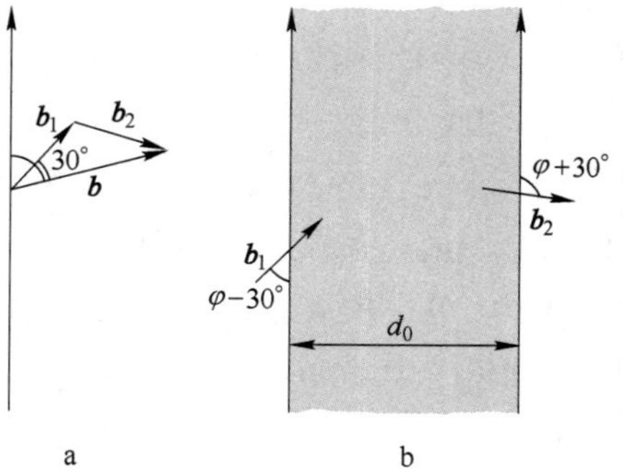

图 3-112 扩展位错分解前（a）和分解扩展后（b）的柏氏矢量关系

式中，$b=a\sqrt{6}/6$ 是部分位错的柏氏矢量长度；d 为两个部分位错的距离。由于两部分位错间有层错存在，在层错能的作用下力求使两个部分位错复合，这个力的数值等于层错能 γ_{SFE}。当扩展位错处于力学平衡时，即 $F=\gamma_{\mathrm{SFE}}$ 时，两个部分位错的平衡间距 d_0 为：

$$d_0=\frac{\mu b^2}{8\pi\gamma_{\mathrm{SFE}}}\cdot\frac{2-\nu}{1-\nu}\left(1-\frac{2\nu\cos 2\varphi}{2-\nu}\right) \tag{3-183}$$

从上式可看出，层错能越高，扩展位错的平衡宽度越窄。

图 3-113a 所示为 Cu-7%Al 合金在透射电镜下观察到的扩展位错照片。

注意到因为 $\boldsymbol{g}$ 和 $\boldsymbol{b}$ 的关系，其一端的部分位错显示出强烈的衬度，而另一端的部分位错基本看不到。图 3-113b 所示为在图 3-113a 中的 ABCD 框内的立体薄膜试样示意图，图中描述了框内的扩展位错分布。图 3-114 是铜中刃位错分解的原子模拟。

例 3-24 已知 Ag 和 Al 的层错能 γ_{SFE} 分别是 20 和 166 mJ/m^2，它们的螺位错分解为扩展位错，求其扩展位错的平衡宽度。

解：Ag 和 Al 的晶体结构都是 fcc 结构，点阵常数 a 分别是 0.404 和 0.407 nm，部分位错的柏氏矢量 $b=a\sqrt{6}/6$，故 Ag 和 Al 的部分位错柏氏矢量 $\boldsymbol{b}$ 的大小分别为 0.165 和 0.166 nm，Ag 和 Al 的切变模量 μ 分别是 3.38×10^{10} 和 2.65×10^{10} Pa，Ag 和 Al 的泊松比 ν 分别是 0.354 和 0.347。根据式(3-183)，因为全位错是螺位错，所以 $\varphi=0°$，Ag 位错的扩展平衡宽度为：

$$d_0 = \frac{\mu b^2}{8\pi\gamma_{SFE}} \cdot \frac{2-\nu}{1-\nu}\left(1 - \frac{2\nu\cos 2\varphi}{2-\nu}\right)$$

$$= \frac{3.38 \times 10^{10} \times (0.165 \times 10^{-9})^2}{8\pi \times 20 \times 10^{-3}} \times \frac{2-0.354}{1-0.354}\left(1 - \frac{2 \times 0.354}{2-0.354}\right) = 2.66 \times 10^{-9}\mathrm{m} = 2.66\mathrm{nm}$$

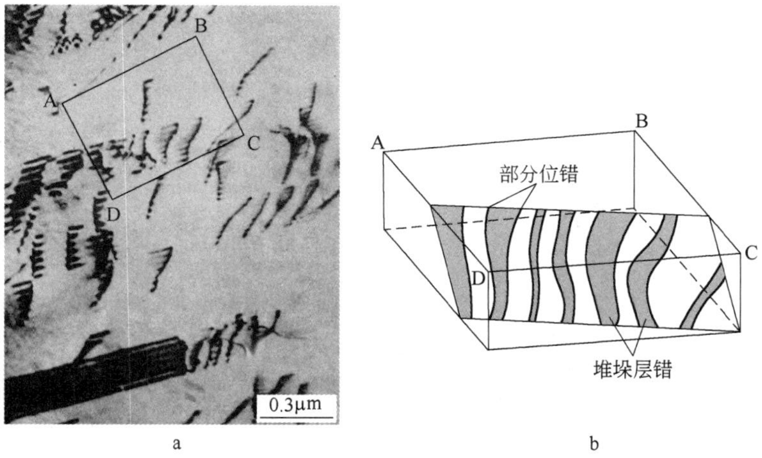

图 3-113 Cu-7%Al 合金的扩展位错
a—在透射电镜下观察到的扩展位错；b—a 图中的 ABCD 框内的立体薄膜试样示意图

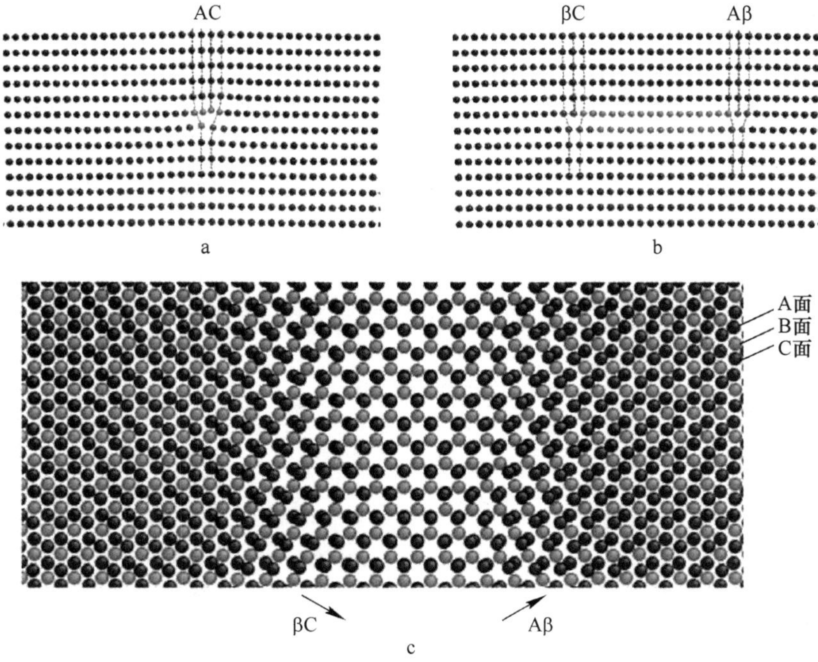

图 3-114 铜中刃位错分解的原子模拟。位错在位错线的投影中显示（a）分解前和（b）分解后。（c）从滑移面上方看的晶体，滑移面周围以不同的颜色显示三个｛111｝面
（Mishin, Y., Mehl, M. J., Papaconstantopoulos, D. A., Voter, A. F., Kress, J. D., 2001. Structural stability and lattice defects in copper: ab initio, tightbinding, and embedded-atom calculations. Phys. Rev., B 63, 224106.）

Al 位错扩展的平衡宽度为：

$$d_0 = \frac{2.65 \times 10^{10} \times (0.166 \times 10^{-9})^2}{8\pi \times 166 \times 10^{-3}} \times \frac{2 - 0.347}{1 - 0.347}\left(1 - \frac{2 \times 0.347}{2 - 0.347}\right) = 0.257 \times 10^{-9}\text{m} = 0.257\text{nm}$$

Ag 的层错能很低，所以扩展位错的平衡宽度很宽，而 Al 的层错能很高，它的扩展位错的平衡宽度不到两个柏氏矢量的宽度，所以，实际上是没有扩展的。

扩展位错的结构是层错两个边缘都是肖克莱位错，从式(3-181) DC→Dβ+βC 看，没有说明两个肖克莱位错是如何配置的，即 Dβ 位错和 βC 位错各在层错的哪一侧，也没有说明层错是 I 型层错还是 E 型层错。根据分析可以得到如下规律：如果是在 {111} 的正面顺着位错的切方向（正向）看，在层错左边的部分位错的柏氏矢量是由希腊字母-英文字母组成的（例如 βC），右边的部分位错的柏氏矢量是由英文字母-希腊字母组成的（例如 Dβ），则中间的层错是 I 型的；若在层错左边的部分位错的柏氏矢量是由英文字母-希腊字母组成的（例如 Dβ），右边的部分位错的柏氏矢量是由英文希腊-字母组成的（例如 βC），则中间的层错是 E 型的。如果在 {111} 的负面看，则与上述的情况相反。

扩展位错不能离开层错所在的面运动，所以当扩展位错在滑移面滑动遇到障碍而要发生交滑移时，它必须事先把两个部分位错束集成全位错，然后才可以交滑移，交滑移到另一个滑移面上后，位错仍然可以重新扩展。部分位错束集过程是要增加能量的，所以，扩展位错交滑移是困难的。

图 3-115a 所示为 fcc 结构在 $(\bar{1}11)$ 面（$(\bar{b})$ 面）上全位错的柏氏矢量为 [110]/2(DC) 的位错发生交滑移的过程，因为是从负面观察的，在层错的位错切向左面位错的柏氏矢量是 Dβ，如图 3-115a 所示，此扩展位错中的层错是 I 型的，扩展位错的束集发生 Dβ+βC→DC 反应。图 3-115b 所示为扩展的 DC 位错从 $(\bar{b})$ 面交滑移到 $(\bar{a})$ 面的过程。因 $(\bar{a})$ 面也是 DC 全位错的滑移面，当扩展位错束集为 DC 全位错后（图 3-115b 的 Ⅱ），它可以交滑移到 $(\bar{a})$ 面，并在 $(\bar{a})$ 面重新扩展：DC→Dα+αC（图 3-115b 的 Ⅲ），在两个面的交线上两个结点向外扩展，位错最后完全转移到 $(\bar{a})$ 面滑移（图 3-115b 的 Ⅳ）。

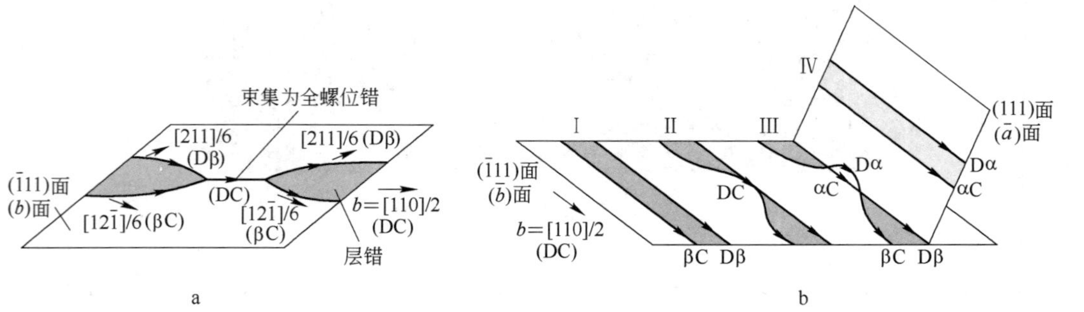

图 3-115 扩展位错的交滑移

a—扩展位错的束集；b—扩展位错通过束集进行交滑移（Ⅰ～Ⅳ为交滑移过程的阶段）

另一种交滑移方式是扩展位错中领先滑动的位错发生分解，例如上面讨论的在 $(\bar{b})$

面上的 Dβ+βC 扩展位错，其滑动的领先位错 Dβ 发生分解：

$$\frac{1}{6}[211] \longrightarrow \frac{1}{6}[121] + \frac{1}{6}[1\bar{1}0] \qquad (3\text{-}184)$$

$$D\beta \longrightarrow D\alpha + \alpha\beta$$

这个反应是增加能量的。其中 Dα 位错的滑移面是 $(\bar{a})$ 面，所以它可以在 $(\bar{a})$ 面滑动，而 αβ 位错不能动，留在 $(\bar{b})$ 面和 $(\bar{a})$ 面的交线上，如图 3-116a 所示。当在 $(\bar{b})$ 面上后面的 βC 位错滑动与 αβ 位错相遇时，发生反应如图 3-116b 所示：

$$\frac{1}{6}[12\bar{1}] + \frac{1}{6}[1\bar{1}0] \longrightarrow \frac{1}{6}[21\bar{1}] \qquad (3\text{-}185)$$

$$\beta C + \alpha\beta \longrightarrow \alpha C$$

αC 位错也可以在 $(\bar{a})$ 面滑移，结果完成了整个交滑移过程，扩展位错 Dα+βC 在 $(\bar{a})$ 面上滑动，如图 3-116b 所示。

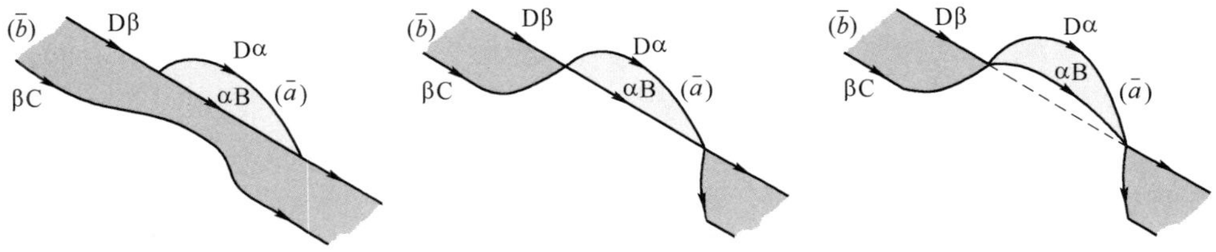

图 3-116 扩展位错通过位错反应进行交滑移

扩展位错的这两种方式交滑移都要增加能量，前者是扩展位错束集需要额外能量，后者是领先的部分位错分解需要额外能量。这样，扩展位错的交滑移就需要外力或者热激活的帮助。层错能越低，位错扩展的宽度越宽，交滑移需要的额外能量越大，所以交滑移越困难。因此，fcc 金属中位错的交滑移的难易程度是应力、温度和层错能 γ_{SFE} 的敏感函数。

扩展位错不可能整体攀移，人们曾经提出过好几种关于扩展位错攀移的机制，现讨论一种割阶在扩展位错上直接形核攀移的机制。图 3-117 所示为一种可能的攀移形核方式。在部分位错上沉积一排空位，例如在 (c) 面上的 γA+Bγ 扩展位错中的 Bγ 位错线上沉积一排空位，如图 3-117a 所示。这一排空位边缘可看做是一个在 (d) 面上 π 形的全位错环，它的柏氏矢量为 BA，如图 3-117b 所示。全位错分别在 (c) 面和 (d) 面扩展形成一个完整的双割阶，π 形全位错各段分别扩展，最终使原来的扩展位错攀移，如图 3-117c 所示。这种结构的扩展程度取决于层错能大小和位错环的大小，最大能量的临界结构是难以定义的，但是可想象，临界形成能 E_c 是弹性能、所加应力、温度和空位过饱和度等的函数。结果，攀移速度是形核速率、割阶的移动速度、温度和过饱和空位浓度等的函数。如果位错是混型的，攀移速度会更大。

F 压杆位错与位错阻塞

若在两相交的 {111} 面上各有一扩展位错，它们相遇后，领头的肖克莱位错可能发生反应而在两个滑移面的交线上形成另一个部分位错，这个部分位错既不能在相交的两个滑移面上滑动，又因它在相交的两个滑移面上各牵着一片层错，也不能在它自身的滑移面

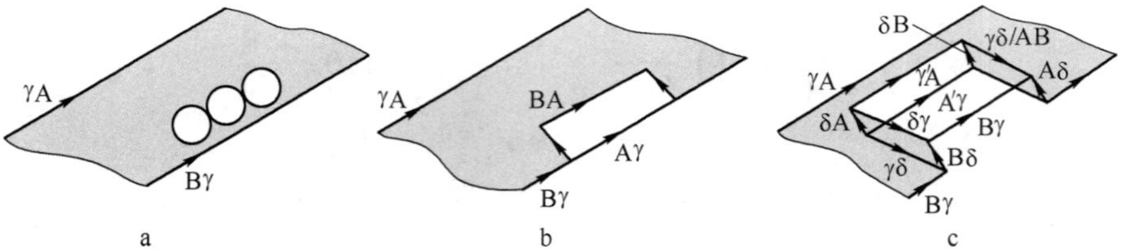

图 3-117 在部分位错上形成割阶使扩展位错攀移

上滑动，是一组不动的位错结构，后来的位错会因它而被阻塞。

例如在(111)面((d)面)及($\bar{1}11$)面（($\bar{b}$)面）上各有一全位错，柏氏矢量分别为$a[\bar{1}10]/2$(AB)和$a[101]/2$(DA)，如图3-118a所示。如果它们没有分解，两个位错向(d)面与($\bar{b}$)面的交线$[0\bar{1}1]$(CA线)滑动，相遇时发生反应：

$$\frac{a}{2}[\bar{1}10]+\frac{a}{2}[101]\longrightarrow\frac{a}{2}[011] \qquad (3\text{-}186)$$
$$\text{AB} + \text{DA} \longrightarrow \text{DB}$$

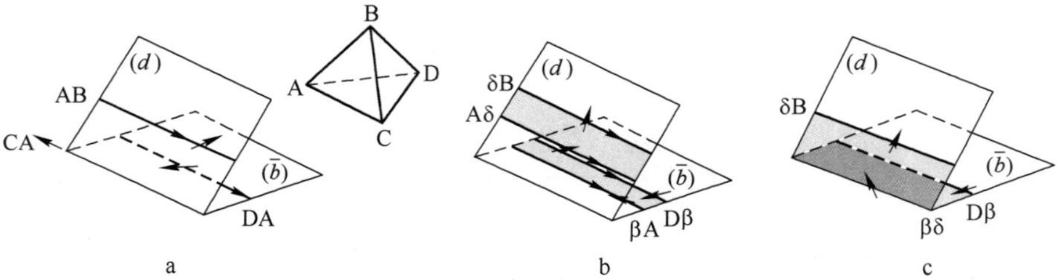

图 3-118 压杆位错（面角位错）的形成，L-C 阻塞
（图中同时给出了相应的汤普逊四面体）

从能量观点看，这个反应是可行的。生成的DB位错的滑移面既不是(d)面也不是($\bar{b}$)面，所以不能在这两个滑移面滑动，它自身的滑移面是(100)，也不是最可行的滑移面，最终这个位错不能滑动，成为后来位错的阻塞，这个位错称Lomer-Cottrell位错（简称L-C位错），这种阻塞又称L-C阻塞。如果两个全位错各自分解成扩展位错，如图3-118b所示：

$$\begin{aligned}
&\frac{a}{2}[\bar{1}10]\longrightarrow\frac{a}{6}[\bar{1}2\bar{1}]+\frac{a}{6}[\bar{2}11] && \text{在}(111)\text{面}\\
&\text{AB}\longrightarrow \text{A}\delta+\delta\text{B} && (d)\\
&\frac{a}{2}[101]\longrightarrow\frac{a}{6}[211]+\frac{a}{6}[1\bar{1}2] && \text{在}(\bar{1}11)\text{面}\\
&\text{DA}\longrightarrow \text{D}\beta+\beta\text{A} && (\bar{b})
\end{aligned} \qquad (3\text{-}187)$$

两个扩展位错向(d)面与($\bar{b}$)面的交线$[0\bar{1}1]$(CA线)滑动，领头的部分位错相遇后发生如下的位错反应：

$$\frac{a}{6}[\bar{1}2\bar{1}]+\frac{a}{6}[1\bar{1}2]\longrightarrow\frac{a}{6}[011] \qquad (3\text{-}188)$$
$$A\delta \quad + \quad \beta A \quad \longrightarrow \quad \beta\delta$$

从能量观点看，这个反应是可行的。反应生成的 βδ 位错是一个纯刃位错，滑移面是（100）面。这个位错各在（d）面与（$\bar{b}$）面通过层错分别和一个肖克莱部分位错相联系，它的形式像压着楼梯地毯的压杆，如图 3-118c 所示，故称为压杆位错，又称面角位错。这个位错不能在（d）面与（$\bar{b}$）面上滑动，由于被两片层错拖住，又不能在自己的滑移面上移动，结果变成了不动的位错结构，这个面角位错结构类型也称 Lomer-Cottrell 位错（简称 L-C 位错，L-C 阻塞）。不论是分解为扩展位错还是没有分解为扩展位错发生的反应，都成为后来位错的阻塞，这些阻塞效应对材料加工硬化起重要作用。

面心立方金属和合金在变形时会产生大量的 L-C 位错，当变形的拉伸轴取向不同时，它在各个滑移系的分切应力不同，在不同的相邻滑移面的位错会发生形成 L-C 位错的反应，图 3-119 所示为拉伸轴在标准极射投影三角形的不同取向拉伸变形时形成的 L-C 位错类型。

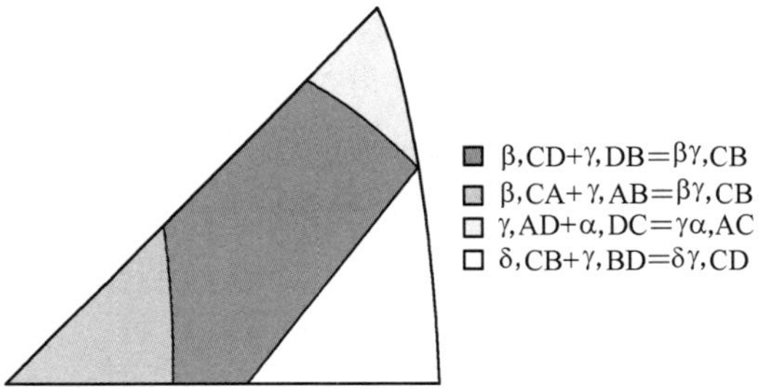

图 3-119 拉伸轴的不同取向引发形成 L-C 位错的反应

除了形成 L-C 位错，形成面角位错的类型还有很多。在面心立方晶系中每个｛111｝面上有 6 个肖克莱位错的柏氏矢量（包括指向），两个相交的｛111｝面可能有 36 种形成压杆位错的肖克莱位错反应。在｛111｝面组成的汤普逊三面体有 6 个棱，每个棱两边的｛111｝面可能有 36 种形成压杆位错的肖克莱位错反应，所以总共有 216 种可能的反应，但其中有 144 种是两个位错相斥的，不能发生反应，48 种是可滑动的，只有 24 种是反应形成不动的压杆位错。若以（a）和（d）面为例看，形成这 4 种类型压杆位错的反应为（其中所标的锐角或钝角表示两个层错面间的夹角类型）：

$$\underset{(a)}{\underline{D\alpha+\alpha B}}+\underset{(d)}{\underline{B\delta+\delta A}}\longrightarrow\underset{(a)}{\underline{D\alpha}}+\alpha\delta+\underset{(d)}{\underline{\delta A}} \qquad \text{（锐角，L-C 阻塞）} \quad (3\text{-}189)$$

$$\underset{(d)}{\underline{B\delta+\delta A}}+\underset{(a)}{\underline{D\alpha+\alpha C}}\longrightarrow\underset{(d)}{\underline{B\delta}}+\delta D/A\alpha+\underset{(a)}{\underline{\alpha C}} \qquad \text{（锐角）} \quad (3\text{-}190)$$

$$\underset{(a)}{\underline{\alpha D+C\alpha}}+\underset{(d)}{\underline{B\delta+\delta A}}\longrightarrow\underset{(a)}{\underline{\alpha D}}+CB/\alpha\delta+\underset{(d)}{\underline{\delta A}} \qquad \text{（钝角，Hirsh 阻塞）} \quad (3\text{-}191)$$

$$\underset{(a)}{\underline{B\alpha+\alpha D}}+\underset{(d)}{\underline{\delta C+B\delta}}\longrightarrow\underset{(a)}{\underline{B\alpha}}+\alpha\delta/DC+\underset{(d)}{\underline{B\delta}} \qquad \text{（钝角）} \quad (3\text{-}192)$$

上面所有的反应获得的角面位错都是其他滑动位错的阻塞，式(3-189)的反应类型和上面讨论的 L-C 阻塞相同，式(3-191)反应所得的阻塞称 Hirth 阻塞。形成 L-C 阻塞的反应降低的能量最多，其次是形成 Hirth 阻塞的反应，这两种阻塞最易出现。

例 3-25　证明式(3-189)～式(3-192)的反应是可行的。

解：从 Frank 能量判据看，这 4 个反应反应前都是两个肖克莱位错，它们的柏氏矢量 b 的类型是 $a\{112\}/6$，$b^2=a^2/6$。因为是两个肖克莱位错，所以反应前位错的柏氏矢量平方和等于 $a^2/3$。

式(3-189)的压杆位错柏氏矢量是 $\alpha\delta=a[101]/6$，柏氏矢量平方和等于 $a^2/18$，小于 $a^2/3$，反应可行；

式(3-190)的压杆位错柏氏矢量是 $\delta D/A\alpha=a[101]/3$，柏氏矢量平方和等于 $2a^2/9$，小于 $a^2/3$，反应可行；

式(3-191)的压杆位错柏氏矢量是 $CB/\alpha\delta=a[0\bar{1}0]/3$，柏氏矢量平方和等于 $a^2/9$，小于 $a^2/3$，反应可行；

式(3-192)的压杆位错柏氏矢量是 $\alpha\delta/DC=a[0\bar{1}\ \bar{3}]/6$，柏氏矢量平方和等于 $5a^2/18$，小于 $a^2/3$，反应可行。

比较上列 4 种反应，能量降低最多的反应是式(3-189)的反应，即 L-C 阻塞出现的几率最大；其次是式(3-191)的反应，Hirth 阻塞出现的几率也较大。其他两种反应降低的能量不大，这些反应出现的几率较低。

实际上，像图 3-118 两个平行的扩展位错相遇的机会并不大，因为在大多数的情况下，两个滑移面上的扩展位错并不平行，所以，面角位错往往是在两个相交的滑移面上滑移的位错相交截时进行反应而形成的。图 3-120 所示为以产生 L-C 阻塞的压杆位错作为例子说明产生压杆位错的更合理机制。在（c）面上的扩展位错 Dγ+γB 和在（$\bar{d}$）面上的扩散位错 δC+Bδ 分别在各自的滑移面滑移相遇相交截时，在相遇处发生反应，结点沿着两个滑移面交线 XY 拉开，形成柏氏矢量为 γδ 的压杆位错，最终构成了L-C阻塞。按照类似的交截方式也可以表述形成其他类型的压杆位错。图 3-121 所示为Cu-7%Al合金的电镜照片，显示在 XY 线上形成的 L-C 阻塞，F 处是堆垛层错，N 处是交替排列的收缩和打开位错结点。

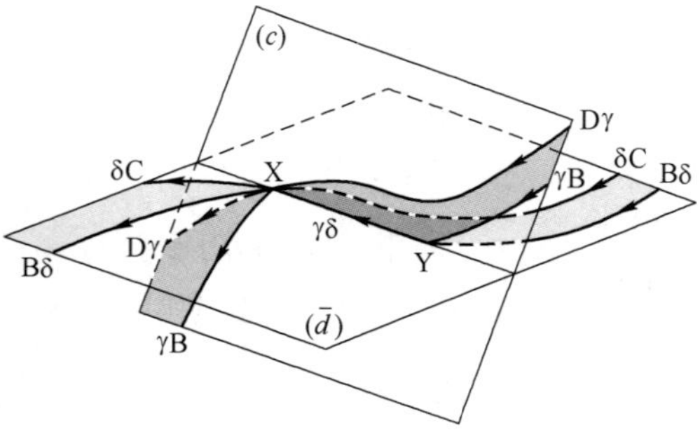

图 3-120　在两个相交的滑移面上滑动的扩展位错交截形成压杆位错

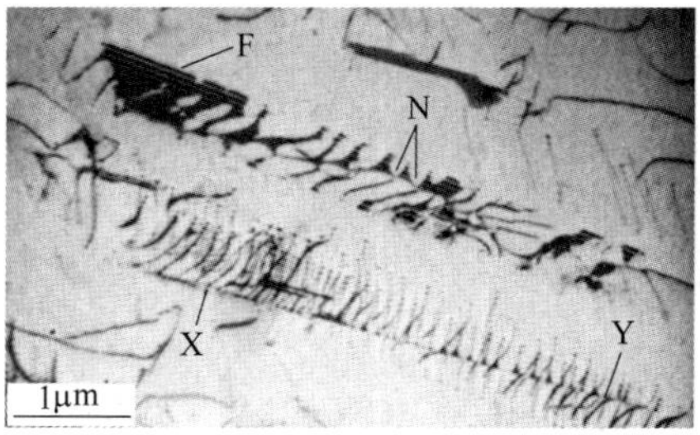

图 3-121　Cu-7%Al 合金中在 XY 线上形成的 L-C 阻塞

G 扩展位错交截和割阶的扩展

两个不同滑移面上的扩展位错相遇会发生交截，交截时扩展位错必须束集为全位错才能相互交割。图 3-122 所示为扩展位错交截的情况。图 3-122a 所示为两个扩展位错滑动靠近，图 3-122b 所示为在靠近的两个部分位错的应力场作用下位错束集，图 3-122c 所示为交截后在扩展位错留下的割阶。

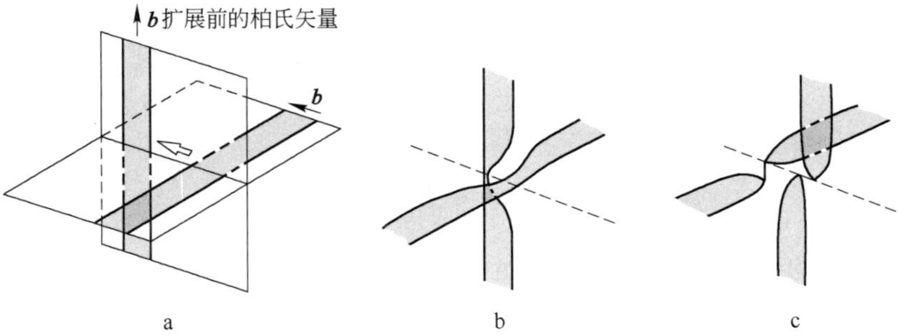

图 3-122 扩展位错的交截

a—两个扩展位错滑动靠近；b—位错束集；c—交截后在扩展位错留下的割阶

位错交截后产生的割阶也会扩展，为了清楚地了解割阶的扩展，用长割阶来描述割阶扩展。单位割阶（即约一个原子间距长的割阶）只看做长割阶的极端情况，不仔细讨论它的原子模型的细节。

图 3-123 所示为在（d）面一个带长割阶柏氏矢量是 AB 的纯刃位错扩展的情况，在图中附上相对应的汤普逊四面体。图 3-123a 是未扩展的情况，割阶 PQ 平行于汤普逊四面体的 CD 方向；割阶首先分解为一个压杆位错以及在（a）和（b）面上各一个肖克莱位错，即：

$$\mathrm{AB} \longrightarrow \underset{(b)}{\underline{\mathrm{A}\beta}} + \beta\alpha + \underset{(a)}{\underline{\alpha\mathrm{B}}} \tag{3-193}$$

其中压杆位错保持在原来 PQ 线上。如果只考虑位错能量，上式所列的反应是降低能量的，把层错能考虑进去，则在低层错能时这个过程才可以发生。分解后的结构如图 3-123b所示。柏氏矢量为 Aβ 和 αB 的肖克莱位错分别在（b）面和（a）面上滑动，并且与上、下的（d）面扩展位错中的肖克莱位错反应，形成压杆位错。在上侧（d）面的反应是：

$$\mathrm{B}\alpha + \delta\mathrm{B} \longrightarrow \delta\alpha \quad 在(a)面和(d)的交线上 \tag{3-194}$$

$$\delta\mathrm{A} + \mathrm{A}\beta \longrightarrow \delta\beta \quad 在(b)面和(d)面交线上 \tag{3-195}$$

在下侧（d）面的反应是：

$$\alpha\mathrm{B} + \mathrm{B}\delta \longrightarrow \alpha\delta \quad 在(a)面和(d)面交线上 \tag{3-196}$$

$$\mathrm{A}\delta + \beta\mathrm{A} \longrightarrow \beta\delta \quad 在(b)面和(d)面交线上 \tag{3-197}$$

图 3-123c 所示为割阶分解的肖克莱位错和上侧（d）面的部分位错反应后的情况；图 3-123d 所示为割阶分解的肖克莱位错和上、下侧（d）面部分位错反应后的情况，此时，割阶已完全分解扩展。当在应力的作用下，（d）面上的扩展位错发生滑动，如果受力的方向有利于（d）面上扩展位错以 Aδ 位错领先移动，则割阶在（a）面上分解的位错连同压杆位错全部复合，即：

$$\alpha B + \delta\beta + \beta\delta + \beta\alpha \longrightarrow \beta B$$

生成在（b）面的弗兰克位错。在足够大的应力作用下，位错带着割阶移动，此时 βB 位错攀移放出空位。如果受力的方向有利于（d）面上扩展位错以 δB 位错领先移动，则割阶在（b）面上分解的位错连同压杆位错全部复合，即：

$$A\beta + \delta\beta + \beta\delta + \beta\alpha \longrightarrow A\alpha \tag{3-198}$$

生成在（a）面上的弗兰克位错 Aα，在足够大的应力作用下，位错带着割阶移动，Aα 位错攀移放出空位。这两种情况如图 3-123e、f 所示。

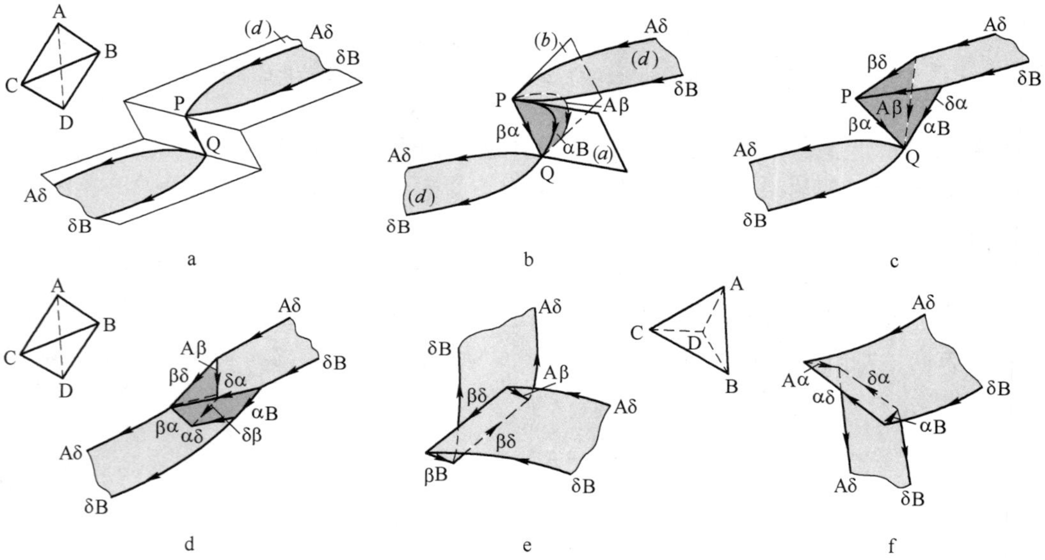

图 3-123　割阶的完全分解

a—割阶未扩展；b—割阶分解为压杆位错以及在（a）面和（b）面上各一个肖克莱位错；c—割阶分解的肖克莱位错与上侧的（d）面的扩展位错中的部分位错反应生成压杆位错；d—割阶完全扩展的情况，即割阶分解的肖克莱位错和下面的（d）面的扩展位错中的部分位错反应生成压杆位错；e，f—在受应力条件下扩展割阶扩展的变化（图中同时给出了相应的汤普逊四面体）

H　位错的扩展结点

若在同一滑移面上两组平行位错相交，通过位错反应能形成平面上的位错网络。例如在（d）面上两组柏氏矢量分别为 CA 和 AB 的位错相交，如图 3-124a 中的虚线所示。在结点处发生如下反应：

$$CA + AB \longrightarrow CB$$

反应后形成位错网络，如图 3-124a 中的实线所示。如果这些位错扩展，则构成一种扩展的网络，图3-124b、c 表示其中两个相邻结点 P 和 Q 邻接的位错的扩展情况（设各位错扩展所得层错为内禀层错）。在 Q 结点，由于位错张力的作用，Q 点不能保持收缩状态，而相邻的 Cδ、Aδ 和 Bδ 位错各自连成一根位错推开使结点打开。P 结点不能扩展，最终形成了收缩结点（P 点）和打开结点（Q 点）交替排列的位错网络，如图 3-124c 所示。如果 E 型层错能与 I 型层错能相差不大，为了进一步降低收缩结点的能量，在收缩结点相联系的三片层错中各萌生一个肖克莱位错，例如在 δC-Aδ 间的层错中萌生一个 δB 位错环，在环内的层错是 E 型层错，δB 位错再与原来的两个肖克莱位错反应：δB+δC→Ad；δB+δA→δC。同样，在结点另外的两个层错中也萌生肖克莱位错并进行类似的反应，结果也使结点打开，打开的结点相间为 E 型和 I 型层错，如图 3-124e 所示。在图 3-121 所示的 Cu-7%Al 合金电镜照片中，可以看到交替排列的收缩位错结点和打开位错结点。

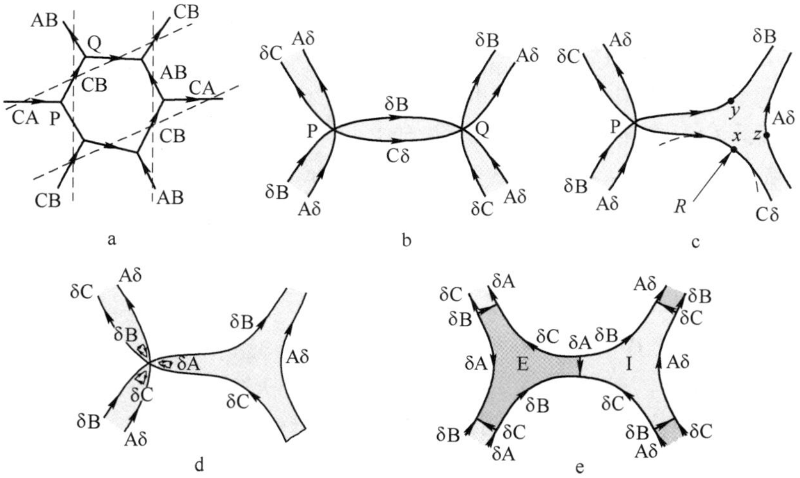

图 3-124 在同一个滑移面上两组位错相交发生反应和扩展形成收缩结点和打开结点交替排列的位错网络

根据打开结点的平衡形状可以估算出层错能的值，由实验测定层错的平衡尺寸来计算层错能。例如，可以从位错宽度估算层错能，又可以从打开结点的平衡曲率半径（如图 3-124c 中的 x、y 或 z 点的曲率半径）引起的向心力与层错能平衡估算。这样的估算没有考虑邻近位错的影响，只是近似的估算。

I 棱柱位错环和层错四面体

棱柱位错环（弗兰克位错环）可以由过饱和浓度空位（或间隙原子）在密排面沉积成空位片（或原子片）形成。弗兰克位错环通常都以密排方向为界，即位错线沿着 {111} 面上的⟨110⟩方向形成六边形或三边形的位错环。

实验发现，在应力作用下也可以靠滑移形成弗兰克位错环。例如在 ($\bar{c}$) 面上柏氏矢量为 AD 的带割阶的位错，割阶在（a）面及（d）面的交线上，如图 3-125a 所示。在割阶一侧的位错束集并交滑移到（b）面上，在应力作用下束集点 P 向割阶的另一端 Q 移动，使割阶两端的扩展位错处于不同的面上，即处在 ($\bar{c}$) 和（b）面上。割阶不能在（a）面及（d）面上滑移，但是它可以分解为弗兰克位错和一个可以在 ($\bar{a}$) 面上滑移的肖克莱位错，如图 3-125b 所示，其反应为：

$$AD \longrightarrow A\alpha + \alpha D \qquad 在(\bar{a})面上 \tag{3-199}$$

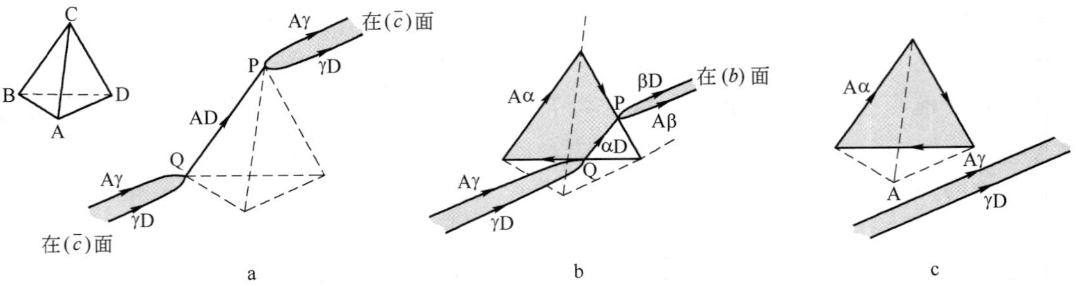

图 3-125　在一个长割阶处由交滑移产生三角形弗兰克位错的过程

如果忽略位错的类型，则在这个反应前后位错能量是相同的，但是由于反应后产生了层错，所以这个过程亦需在外力帮助下才能进行。在 $(\bar{c})$ 面以及在 (b) 面的位错带着束集点 P 和 Q 滑动，同时割阶在 $(\bar{a})$ 面分解，如图 3-125b所示。最后，当 P 点和 Q 点相遇后，在 $(\bar{a})$ 面就留下柏氏矢量为 Aα 的一个三角形弗兰克位错环，如图 3-125c 所示。图 3-126 所示为 Ni 加热到 600℃保温 10min 后淬火至液氮放出一系列的棱柱位错环。

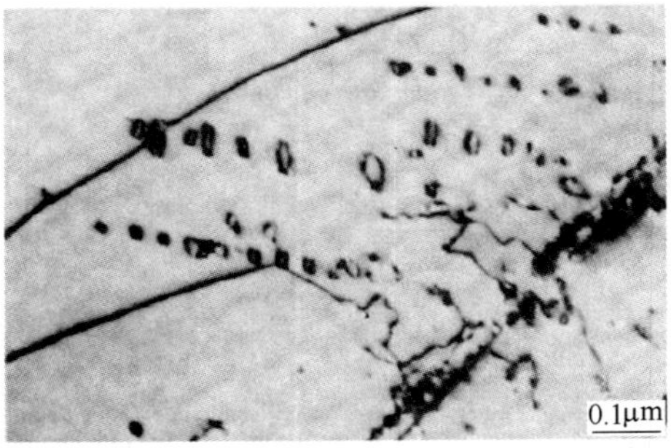

图 3-126　Ni 加热到 600℃保温 10min 后淬火至液氮放出一系列的棱柱位错环

因为 Ni 的层错能不是很高，故保持了原来的棱柱位错环而不分解。如果晶体的层错能很低，弗兰克位错环会分解为一个压杆位错和一个肖克莱位错，肖克莱位错滑动到与原位错环所在面相交的另一个 {111} 面上。例如，图 3-127a 所示的在 $(\bar{a})$ 面上柏氏矢量为 Aα 的弗兰克位错环，位错线为三角形边 CBD，三角形内是层错。三根位错线分别发生如下反应：

$$A\alpha \longrightarrow \gamma\alpha + A\gamma \qquad (沿 DB 线) \tag{3-200}$$

$$A\alpha \longrightarrow \delta\alpha + A\delta \qquad (沿 BC 线) \tag{3-201}$$

$$A\alpha \longrightarrow \beta\alpha + A\beta \qquad (沿 CD 线) \tag{3-202}$$

式中，柏氏矢量为 γα、δα 和 βα 的位错是压杆位错，它们留在各自原来的位错线位置上，柏氏矢量为 Aγ、Aδ 和 Aβ 的位错分别在 (c) 面、(d) 和 (b) 面上滑动，如图 3-127a 所示，而柏氏矢量为 Aγ、Aδ 和 Aβ 的肖克莱位错又分别两两结合在它们两两所在的面的交线上形成另一种压杆位错，反应如下：

$$A\delta + \gamma A \longrightarrow \gamma\delta; \qquad A\beta + \delta A \longrightarrow \delta\beta; \qquad A\gamma + \beta A \rightarrow \beta\gamma$$

这些反应都符合弗兰克能量判据的要求。结果形成“切割层错四面体”，如图 3-127b 所示。如果层错能更低，在 (c) 面、(d) 和 (b) 面上的肖克莱位错一直滑动到四面体的顶点，就成为一个 4 个面都由层错包围的层错四面体。

如果弗兰克位错环是六边形的，则在 6 个边上的层错带分别以锐角和钝角型相间排列，如图3-127c所示。在六边形的每一对对边的位错向相反的方向滑动，它们形成的位错必然一边是 S-肖克莱位错，对边是 D-肖克莱位错，即它们一边是 I 型层错，对边是 E 型层错，实际上较少出现这种分解的情况。

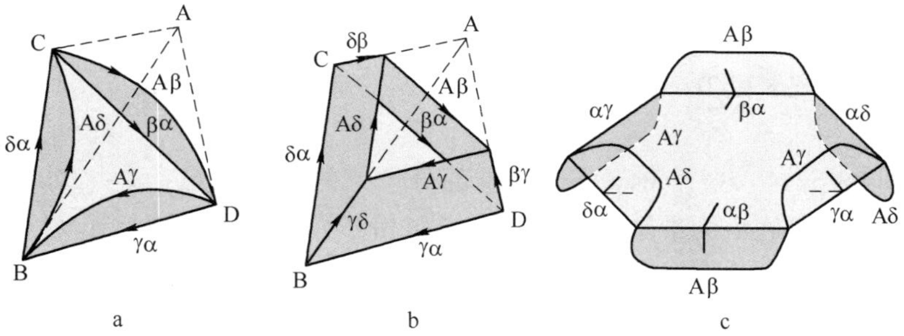

图 3-127 弗兰克位错环的分解

a—分解为压杆位错和肖克莱位错，肖克莱位错分别在各自滑移面上滑动；b—肖克莱位错两两反应形成新的压杆位错，构成层错切割四面体；c—六角型弗兰克位错环的分解

图 3-128 所示为在透射电镜下观察到的淬火 Au 中的层错四面体。观察到的四面体形状取决于四面体相对于薄膜式样面的取向，试样薄膜面与（110）面平行。

3.2.9.2 密排六方晶体中的位错

密排六方晶体中最短的平移矢量是 $a\langle 11\bar{2}0\rangle/3$，所以密排六方晶体中全位错的柏氏矢量最常见的是 $a\langle 11\bar{2}0\rangle/3$，最密排的面是 $\{0001\}$ 面，所以最常见的滑移面是 $\{0001\}$ 面。因为密排六方晶体的 c/a 不同，全位错的柏氏矢量还可能有 $a\langle 11\bar{2}3\rangle/3$，滑移面还可能有 $\{10\bar{1}0\}$ 面。经常用双棱锥来描述密排六方的位错柏氏矢量，如图 3-129 所示。

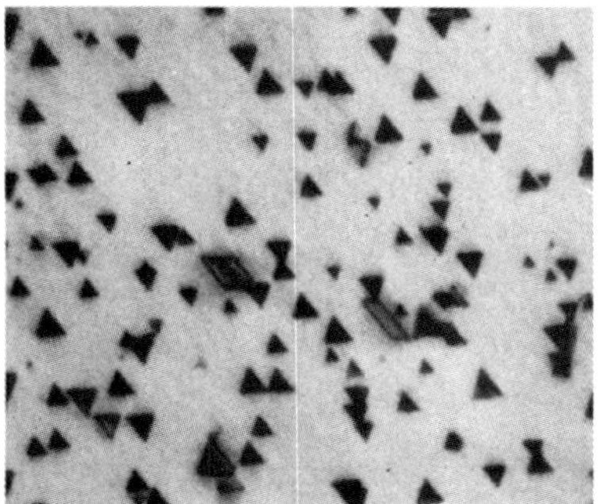

图 3-128 在透射电镜下观察到的淬火 Au 中的层错四面体

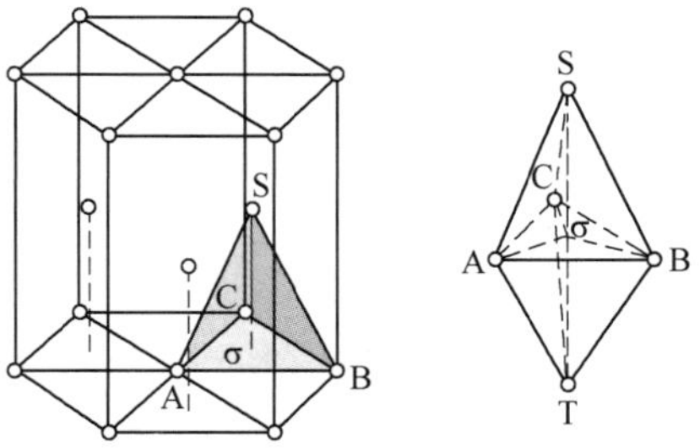

图 3-129 在密排六方点阵中的位错柏氏矢量

a—在晶胞中的柏氏矢量；b—描述密排六方的位错柏氏矢量的双棱锥

（1）在以 ABC 三角形为底面的棱锥体中，AB、BC、CA、BA、CB 和 AC 表示全位错的柏氏矢量，是 $\langle 11\bar{2}0\rangle/3$ 类型的柏氏矢量。

（2）垂直于棱锥体底面的 ST 和 TS 也是全位错的柏氏矢量，是 $\langle 0001\rangle$ 类型的柏氏矢量。

（3）柏氏矢量为 SA/TB（即 ST+AB）的也是全位错的柏氏矢量，它们共有 12 种，是 $\langle 11\bar{2}3\rangle/3$ 类型的柏氏矢量。

（4）Aσ、Bσ、Cσ、σA、σB 和 σC 是肖克莱部分位错的柏氏矢量，是 $\langle \bar{1}100\rangle/3$ 类型的柏氏矢量。

（5）σS、σT、Sσ 和 Tσ 是垂直于棱锥体底面的部分位错柏氏矢量，是 $\langle 0001\rangle/2$ 类型的柏氏矢量。

（6）AS、BS、CS、SA、SB 和 SC 等是部分位错的柏氏矢量，是 $\langle \bar{2}203\rangle/6$ 类型的柏氏矢量。注意，虽然这个矢量是从一个原子指向相邻另一个原子的矢量，但因为 S 位置并不是等同点位置，所以具有这种柏氏矢量的位错是部分位错。

理想的 hcp 晶体（$c/a=(8/3)^{1/2}\approx 1.633$）中位错的柏氏矢量综合列于表 3-7 中。

表 3-7 理想的 hcp 晶体中的位错柏氏矢量

类　型	AB	TS	SA/TB	Aσ	σS	AS
b	$\langle 11\bar{2}0\rangle/3$	$[0001]$	$\langle 11\bar{2}3\rangle/3$	$\langle \bar{1}100\rangle/3$	$[0001]/2$	$\langle \bar{2}203\rangle/6$
b	a	c	$(c^2+a^2)^{1/2}$	$a/\sqrt{3}$	$c/2$	$(a^2/3+c^2/4)^{1/2}$
b^2	a^2	$8a^2/3$	$11a^2/3$	$a^2/3$	$2a^2/3$	a^2

A　密排六方结构中的层错

hcp 基面｛0001｝的原子排列情况和 fcc 中的｛111｝面是一样的，但 hcp 晶体的｛0001｝面是每两层重复堆垛的，其堆垛顺序为：

…ABABABAB…

hcp 结构的 c/a 轴比因材料而异，只有 $c/a=(8/3)^{1/2}\approx 1.633$ 的理想情况（没有一种实际的 hcp 材料是这种情况的）才可能像 fcc 那样密排堆垛，所以 hcp 中位错的滑移行为比 fcc 复杂。

（0001）面的堆垛可以有不影响最近邻关系的 3 种不同的堆垛层错。第一种层错按如下方式产生：抽出一层基面原子面，这样使得两层相同位置的面（例如 AA 或 BB）相邻接，产生能量非常高的层错，为了降低能量，此层错上部的晶体滑动 $a\langle 10\bar{1}0\rangle/3$，这个过程中堆垛顺序变化是：

…ABABABAB…→…ABAB ┆ BABA…→…ABAB ┆ CBCB…

上式虚线是错排的中心位置，最终形成的层错称 I_1 型层错。第二种层错是在完整晶体中滑移 $a\langle 10\bar{1}0\rangle/3$ 得来的，这个过程的堆垛顺序变化是：

…ABABABAB…→…ABAB ┆ CACA…

上式虚线是错排的中心位置，最终形成的层错称 I_2 型层错。图 3-130a 所示为对镁计算的基面层错能图，说明这种层错存在的相对稳定性。在图中看到，在相对于原点的层错矢量为 $a[11\bar{2}0]/6 + a[1\bar{1}00]/6 = a[10\bar{1}0]/3$ 时有局部的能量最低值。I_1 和 I_2 型层错都是内禀层错。第三种层错是外延层错 E，它是由插入一层额外原子面所产生的，这个过程中的堆垛顺序变化是：

…ABABABAB…→…ABAB ┆ C ┆ ABAB…

上式双虚线是错排的中心位置。这种层错引入了一薄层 fcc 的堆垛（ABC），其层错

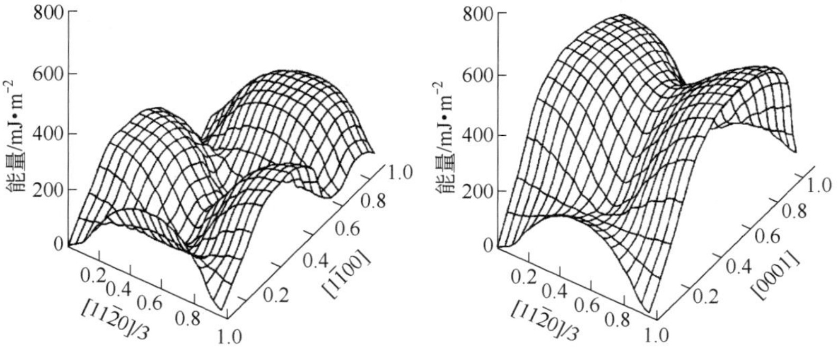

图 3-130 镁的层错能面形状的计算结果

a—基面；b—棱柱面

能的主要贡献来自次近邻原子面堆垛顺序的改变，因此，$\gamma_{SF(E)} \approx 3\gamma_{SF(I_2)}/2 \approx 3\gamma_{SF(I_1)}$。现在还没有基面层错能的确切值，其估计值约在 15~900mJ/m^{2}范围。

对于棱柱面，一般很难有稳定的层错存在。但按紧约束估算及使用对势和多体势进行模拟的结果表明，在一些金属中可能存在层错矢量为$\langle 11\bar{2}x\rangle/6$ 的亚稳层错，其中 $x \approx 0.7 \sim 0.9$。图 3-130b 所示的对镁的棱柱面层错能的计算证明了这点。

B 部分位错

因为 hcp 的(0001)面和 fcc 的(111)面的排列一样，所以以$\langle 11\bar{2}0\rangle/3$-(0001)为滑移系的金属的情况和 fcc 金属的$\langle 1\bar{1}2\rangle/2$-{111}滑移相似，全位错可以分解成以 2 个肖克莱部分位错为边界的 I_2层错带，即扩展位错。柏氏矢量反应为：

$$\frac{1}{3}\langle 11\bar{2}0\rangle \longrightarrow \frac{1}{3}\langle 10\bar{1}0\rangle + \frac{1}{3}\langle 01\bar{1}0\rangle$$

$$AB \longrightarrow A\sigma + \sigma B \tag{3-203}$$

部分位错的柏氏矢量与全位错的柏氏矢量的夹角也是±30°，所以两个位错相斥，在两个位错之间夹着一片 I_2型错层。当位错相斥的力与层错使位错收缩靠近的力相等时，形成扩展位错结构，如图 3-131 所示。扩展位错中的层错宽度同样可以用式(3-183)计算。图 3-132 所示为在 1700℃变形的单晶 SiC 中的扩展位错的电镜照片，观察的方向为［0001］方向，同样还可观察到如 fcc 晶体的位错结点打开的情况（图 3-132 中箭头所示）。

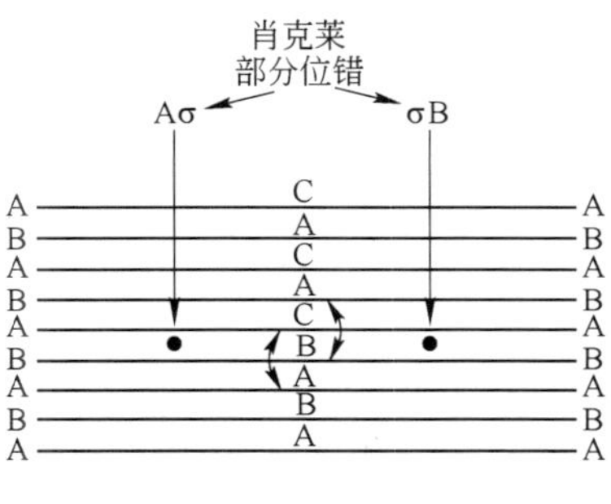

图 3-131 全位错 AB 分解为扩展位错（双箭头指示基面的两重堆垛错误）

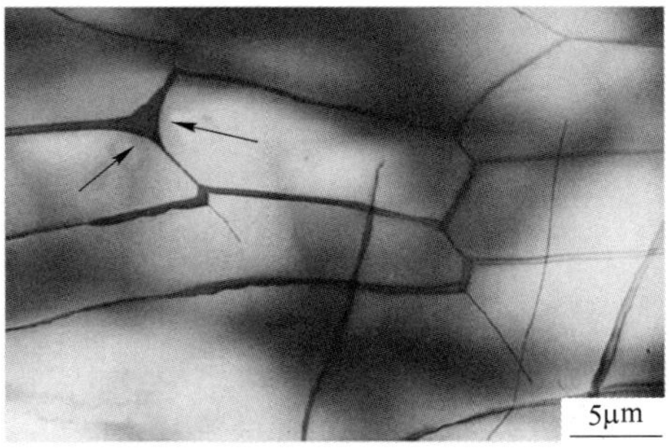

图 3-132 在 1700℃变形的 SiC 单晶中的扩展位错和打开的位错结点（箭头所示）的电镜照片

前面说过，基面滑移的金属的全位错在一定条件下也可能在柱面 $\{1\bar{1}00\}$ 上滑动，但这种滑动所需的临界分切应力要比基面的高 1~2 倍，这是因为棱柱面上的亚稳层错能比基面上的稳定层错能高。计算机模拟结果表明，即使位错在 $\{1\bar{1}00\}$ 上分解，螺位错仍然可能在（0001）面上作有限的扩展，从而使位错在棱柱面上滑动需要很高的临界分切应力。

当存在过饱和空位或间隙原子时，空位或间隙原子也会沉积形成小片并形成位错环。空位或间隙原子一般在基面沉积，图 3-133a 所示为在基面的空位沉积片。空位片两侧崩塌下来便形成 A 和 A 或 B 和 B 层邻接的高层错能排列，层错边缘是弗兰克部分位错，位错的柏氏矢量是[0001]/2(σS)，如图 3-133b 所示。为了降低能量，要把与层错相邻的一层的堆垛改变。例如，如果原来的高能层错是 BB 相邻排列，若把上面的 B 层连带上部晶体一起移动 $[\bar{1}100]/3$(Aσ)，使 B 到 C 位置，A 到 B 位置，这相当于有一个 $[\bar{1}100]/3$(Aσ) 的肖克莱位错在层错面扫过；然后再在原层错的上面一层（即原来层错中的 B 层的上一层 A，现在经第一次移动后变为 B 层）再移动 $[1\bar{1}00]/3$，使 B 到 A 位置，C 到 B 位置，这相当于有一个和上述的肖克莱位错反号的位错即 $[1\bar{1}00]/3$(σA) 位错在层错面上一层面扫过，结果形成了 E 型层错。这个过程中基面的堆垛变化为：

…BABBABA…→…BABCBCB…→…BABCABA…

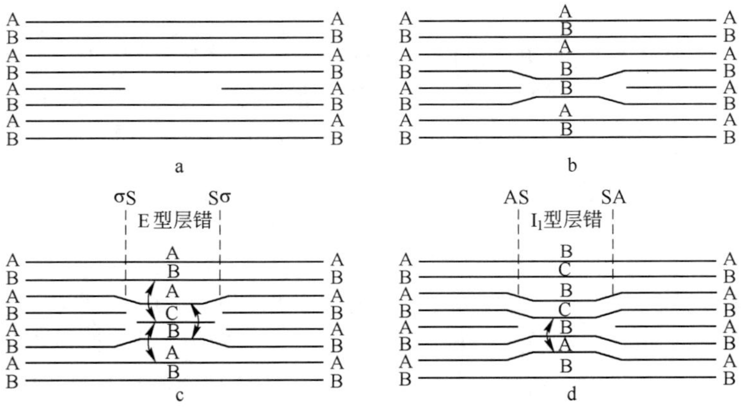

图 3-133　一层沉积的空位片形成棱柱位错环

a—一层空位片；b—空位两侧崩塌使两个 B 层邻接；c—形成高能 E 型层错；d—形成低能 I_1 型层错

（双箭头指示基面的两重堆垛错误）

这个过程的反应是：

$$\frac{1}{2}[0001] + \frac{1}{3}[\bar{1}100] + \frac{1}{3}[1\bar{1}00] \longrightarrow \frac{1}{2}[0001] \tag{3-204}$$

$$\sigma S \quad + \quad A\sigma \quad + \quad \sigma A \quad \longrightarrow \quad \sigma S$$

虽然堆垛经过了这些变化，但层错矢量没有改变，仍是[0001]/2。在层错边缘是 σS 弗兰克部分位错，如图 3-133c 所示。另外，也可以只有上述的第一个步骤直接消除高能层错。这个过程中基面的堆垛变化为：

…BABBABA…→…BABCBCB…

即过程的反应是：

$$\frac{1}{2}[0001]+\frac{1}{3}[\bar{1}100]\longrightarrow\frac{1}{6}[\bar{2}203] \tag{3-205}$$

$$\sigma S \quad + \quad A\sigma \longrightarrow AS$$

这时产生的是 I_1 型层错，在层错边缘是 AS 弗兰克部分位错，如图 3-133d 所示，因为 I_1 型层错能比 E 型层错能低，所以主要是以这种反应方式消除高能层错。

若间隙原子在基面沉积，在 A 与 B 层之间沉积一片 C 层的间隙原子片，如图 3-134a 所示。形成的层错为 E 型层错，层错矢量为[0001]/2(σS)，边缘是 σS 弗兰克部分位错，如图 3-134b 所示。因为 E 型层错的层错能较高，在合适的条件下会萌生一个肖克莱位错扫过层错面使层错变为 I_1 型层错，过程的反应如式(3-200)所示。层错矢量为 $[\bar{2}203]/6$(AS)，如图 3-134c 所示。

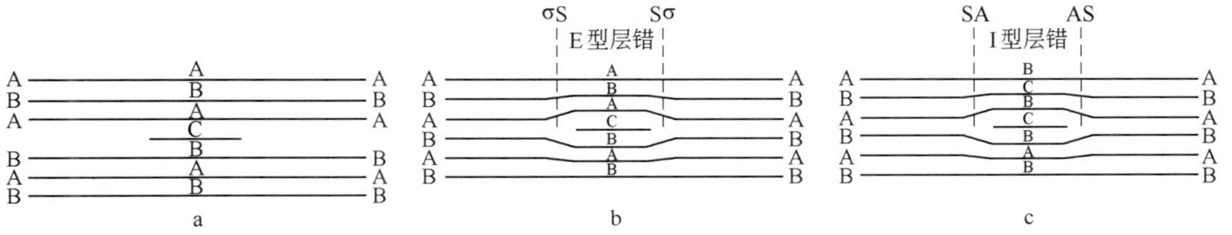

图 3-134 间隙原子在基面沉积

a—在基面上的间隙原子片；b—形成 E 型层错，层错矢量是 σS；c—形成 I_1 型层错，层错矢量是 SA

有时还会发现（例如在锌和镉中）柏氏矢量为［0001］的棱柱全位错环，相信这是由双层间隙原子在基面上沉积而产生的。在经大剂量辐照的钛和锆中，可以看到在棱柱面上柏氏矢量为 $\langle 11\bar{2}0\rangle/3$ 的全位错环。

3.2.9.3 体心立方晶体中的位错

体心立方晶体全位错的柏氏矢量是⟨111⟩/2，它是 bcc 晶体的最密排方向，实际观察到的滑移方向也是⟨111⟩，这和位错理论所预期的相同。bcc 晶体的最密排面是 {110} 面，孪生面即有可能产生稳定的堆垛层错的面是 {112} 面，因而，晶体中哪一个面是滑移面取决于层错能的大小。在大多数的体心立方晶体中，主要的滑移面是 {110} 和 {112}。实际观测也常看到 {123} 的滑移面，也看到 {*hkl*} 这样的非晶体学滑移面，它们是由一系列 {110} 或 {110} 和 {112} 面的交滑移小台阶构成的。

A 堆垛层错

在实验中没有观察到 bcc 金属的堆垛层错，而且它很容易发生交滑移的现象表明其层错具有很高的能量，约为 200～1000mJ/m²，这由对钼的 {110} 和 {112} 面计算的层错能 γ_{SFE} 图（图 3-135）所证实。从计算看出，在 {110} 面和 {112} 面这两个面不可能出现稳定的层错。因此，位错的简单分解模型是不恰当的，必须从位错核心结构来了解位错的行为。

bcc 结构的孪生面为 {112}，所以，{112} 面肯定是易发生层错的面，并且也应该是发生层错的主要的面。{110} 面是通常的滑移面，亦有可能在此面上发生层错。

bcc 晶体结构可以看做是由 {112} 面按六层为周期重复堆垛而成的。若每一层

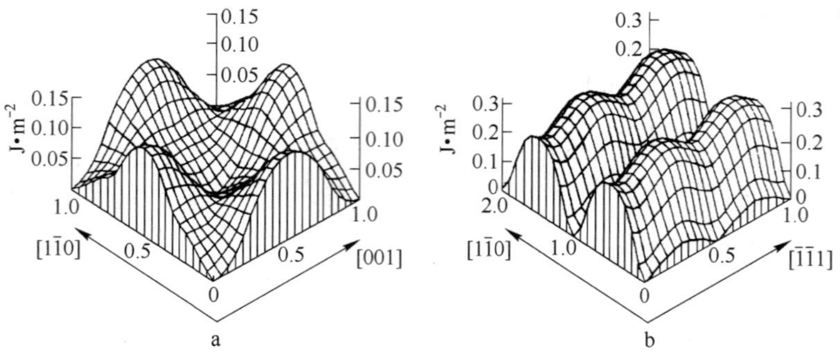

图 3-135 钼的层错能面形状的计算结果

a—{110}面；b—{112}面

{112} 面记以 a、b、c、d、e、f 符号，则 bcc 结构 {112} 面的堆垛次序是：

…abcdefabcdef…

图 3-136a 所示为六层 (1$\bar{1}$2) 面的空间位置，图 3-136b 所示为相邻的六层 (1$\bar{1}$2) 面的原子位置在 (1$\bar{1}$2) 面的投影。为了更容易看清 {112} 面的堆垛和产生层错的情况，选择一个垂直于 {112} 面同时又包含产生层错时的切动方向（⟨111⟩方向）的面来讨论是最合适的，这些面是 {110} 面。图 3-136c 所示为（110）面的原子排列，（110）面和 (1$\bar{1}$2) 面垂直，它们的交线是孪晶切动方向 [$\bar{1}$11] 。在这个面上，每一个 [$\bar{1}$11] 方向线就是一层 (1$\bar{1}$2) 面。

{112} 面有 3 种可能的层错。第一种是孪生层错，又称第一类层错，因为孪生矢量为⟨111⟩/6，所以，若 {112} 面的某一层按孪生方向切动⟨111⟩/6 后就产生一层孪晶。例如图 3-136c 中的 a 层带着后面的 bcde…各层一起切动 [$\bar{1}$11]/6 或反向切动 [1$\bar{1}\bar{1}$]/3，切动部分各层的位置作如下改变：

…abcdefabcdef…→…abcdef ⋮ efabcde…

上式虚线处是错排的中心位置。这种层错是内禀层错，记为 I_1。若每一层面都发生这类层错，则构成实在的孪晶。如果插入两层原子面，这两个原子面的记号和左侧的两层面的记号相同，例如在 ef 两层面后紧接着插入 ef 两层原子面，则原子面排列的顺序和上列相同，即亦构成第一类层错 I_1。

和密排结构不同，bcc 结构层错总是或多或少引起畸变。例如，在垂直于层错面上的原子面间距会改变。从由 3-136c 可以看出，a 层和 e 层原子球实际上是相切的，切动前这两层面的间距为 $a\sqrt{6}/3$（a 为点阵常数），切动后，a 层和 e 层原子球仍相切，但是两个原子的连线恰好垂直于层错面，所以，这两层原子面的面间距为 $a\sqrt{3}/2$。这样，切动前后在垂直于层错面上这两层原子面的间距变为 $(\sqrt{3}/2 - \sqrt{6}/3)a = 0.049a$。整个层错面都会发生畸变，这也就是层错能比较高的原因。

构成第二类层错的切动方向和构成第一类层错的相反，例如，图 3-136c 中的 a 层带着后面各层切动 [1$\bar{1}\bar{1}$]/6 或者 [$\bar{1}$11]/3，则切动后各层的位置作如下改变：

…abcdefabcdef…→…abcdef ¦ cdefabc…

上式虚线处是错排的中心位置。这种层错也是内禀层错，记为 I_2。如果任意抽去两层

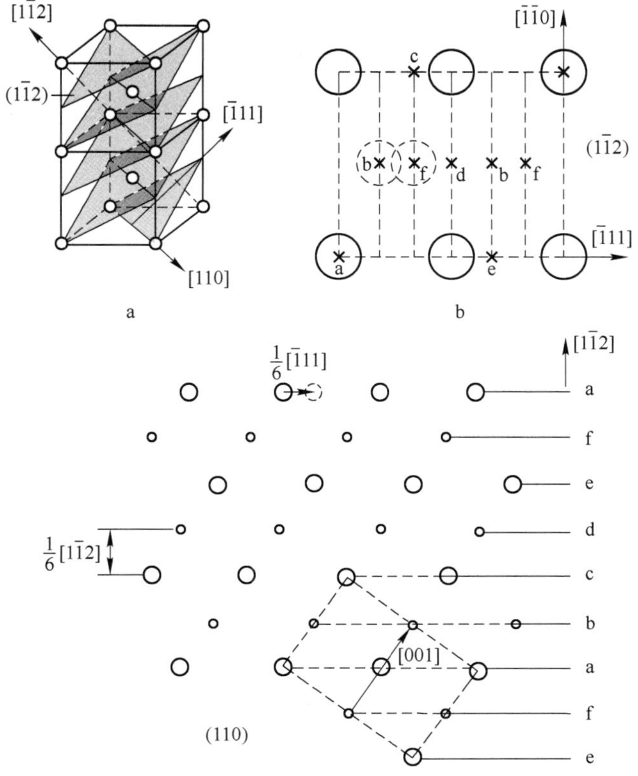

图 3-136 bcc 结构的｛112｝面堆垛情况

a—在晶胞中（1$\bar{1}$2）面的排列；b—（1$\bar{1}$2）面的原子排列以及各层（1$\bar{1}$2）面的原子投影位置；
c—（110）面的原子排列，每一个［$\bar{1}$11］方向表示一层（1$\bar{1}$2）面

｛112｝面，也可以构成这类层错。这类层错比 I_1 层错的扰乱严重些，所以这类层错的层错能比 I_1 层错大一些。

如果插入两层｛112｝面，但插入的位置和产生 I_1 层错时的不同，例如，把 fa 这两层插入 c 和 d 层之间，得：

…cdefabcdefab…→…cdefabcf ¦ adefab…

上式虚线处是错排的中心位置。这类层错相当于由两个紧靠的 I_2 层错组成，上面虚线位置以及虚线以左两层的位置就是 I_2 层错。这类层错称外延层错，记为 E。

看｛110｝面产生层错的情况。bcc 晶体的｛110｝面的堆垛是每两层重复的，所以，｛110｝面的堆垛次序是…ababab…。图 3-137a 所示为（$\bar{1}$10）面的原子排列的情况，其中虚线是相邻一层（$\bar{1}$10）面原子位置的投影。若图中的 b 层移到 b′或 b″位置，或 a 层移到 a′或 a″位置，即（$\bar{1}$10）面切动［110］/8 或［$\bar{1}\bar{1}$0］/8，则构成如下的堆垛顺序：

…abababab…→…abab ¦ a′b′a′b′…　　　（切动［110］/8）

…abababab…→…abab ¦ a″b″a″b″…　　　（切动［$\bar{1}\bar{1}$0］/8）

虚线是层错中心位置。这类层错称为第三类层错。因为 a 层原子切动到 a′或 a″位置

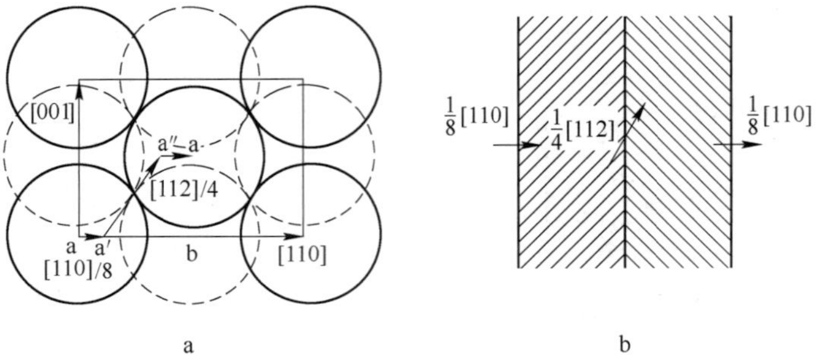

图 3-137 bcc 结构 {110} 面的堆垛（a）与 $(1\bar{1}0)$ 面上全位错核心的平面扩展示意图（b）

（亚稳位置）时，这层原子移近了 b 层的间隙中心位置，这两层面的面间距（即垂直于层错面方向的间距）缩小为 $(\sqrt{2}/2-\sqrt{30}/8)a=0.026a$。这两层原子间的结合键受到严重歪曲，并使最近邻的原子数目从正常的 8 个变为 9 个。可以推想这类层错的层错能比 I_1 层错能高得多。

B 位错核心的扩展

若在 $(1\bar{1}0)$ 面上柏氏矢量为 $a[111]/2$ 的全位错滑移，滑移面上层的原子（设是 a 层）从 a 位置滑动到邻近的另一个 a 位置，即完成 $a[111]/2$ 的滑动。如果这个滑移分三步进行（见图 3-137a）：第一步滑动 aa′，即滑动 $a[110]/8$；第二步滑动 a′a″，即滑动 $a[112]/4$；第三步为 a″到 a′，即滑动 $a[110]/8$，这三步的结果相当于滑动了 $a[111]/2$。这三步滑动的第二步是使原子从下层原子排列的缝隙滑过，比一步滑动容易。三步滑动相当于 1 个全位错的按如下方式分解为：

$$\frac{a}{2}[111] \longrightarrow \frac{a}{8}[110]+\frac{a}{4}[112]+\frac{a}{8}[110] \tag{3-206}$$

因为 bcc 的层错能很高，事实上这 3 个位错不可能扩展成如 fcc 中的扩展位错，只能认为是核心的扩展，上面的式子是表示 $a/2[111]$ 核心在 {110} 面上平面扩展为 2 个 $a[110]/8$ 核心和一个 $a[112]/4$ 核心，它们也称之为分位错。分位错之间是不稳定的高能层错。分位错与肖克莱部分位错不同，分位错是不稳定层错的边界。图 3-137b 所示为 $a/2[111]$位错的平面扩展的示意图。3 个分位错同在一个滑移面上，它们可以一起滑移。对于纯螺位错，位错核心可能作非共面式扩展。在以〈111〉为交线 3 个 {110} 面上的非共面扩展的情况是：

$$\frac{a}{2}[111] \longrightarrow \frac{a}{4}[111]+\frac{a}{8}[110]+\frac{a}{8}[101]+\frac{a}{8}[011] \tag{3-207}$$

相交于 [111] 的 $(1\bar{1}0)$、$(10\bar{1})$ 和 $(0\bar{1}1)$ 面分别是 $a[110]/8$、$a[101]/8$ 和 $a[011]/8$ 分位错的滑移面，3 个分位错在这 3 个面滑开构成螺位错核心的非共面扩展。图 3-138a 是这种扩展的示意图，图3-138b所示为 [111] 晶带的 {110} 和 {112} 面的取向。图 3-138c 所示为由计算机模拟所得的在（111）面上的原子位置和位移差（用箭头表示），但位移的方向是垂直于纸面。图 3-138d 是图 3-138c 的另一种等效的组态。

纯螺全位错也可以在 {112} 面可共面扩展和非共面扩展。例如在 $(11\bar{2})$ 面上的柏氏矢量为 $a[111]/2$ 的螺位错，其核心可作如下分解：

$$\frac{a}{2}[111] \longrightarrow \frac{a}{3}[111] + \frac{a}{6}[111] \tag{3-208}$$

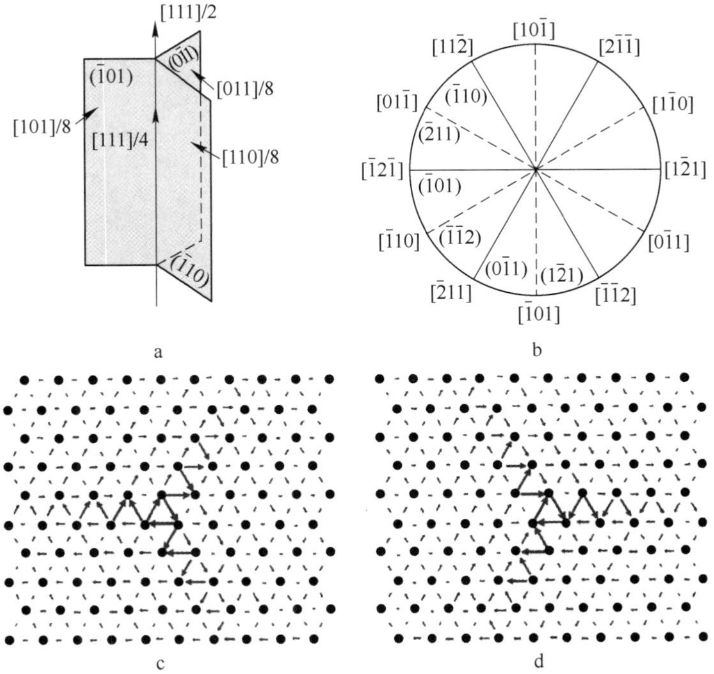

图 3-138 螺位错核心在 {110} 面的非共面扩展

a—非共面扩展示意图；b— [111] 晶带的 {110} 和 {112} 面的取向；c—非共面扩展后在 (111) 面上的原子位置和位移差（用箭头表示），位移差的方向垂直于纸面；d—c 图的另一种等价组态

2 个分位错共处在 ($11\bar{2}$) 面上，它可以在滑移面上一起滑移，图 3-139a 示意表示了这种平面扩展。柏氏矢量为 $a[111]/2$ 的纯螺位错核心也可以在以 ⟨111⟩ 为交线的 3 个 {112} 面非共面扩展：

$$\frac{a}{2}[111] \longrightarrow \frac{a}{6}[111] + \frac{a}{6}[111] + \frac{a}{6}[111] \tag{3-209}$$

3 个分位错分别处在以 [111] 为交线的 3 个 {112} 面，即 ($11\bar{2}$)、($1\bar{2}1$) 和 ($\bar{2}11$) 面上，如图3-139b所示。图 3-139c 所示为从 [111] 方向看这种核心非共面扩展。这种中心无分位错的三叶结构是不稳定的，其中 1 个 $a[111]/6$ 分位错会回到中心上去，变成图 3-139d 所示的任何一种形式的结构。

因为核心作非共面扩展的位错必须把分位错收缩变成共面扩展的形式才可以滑移，所以螺位错滑移的临界分切应力比刃位错的高。正因为滑移时分位错要收缩成共面扩展形式，位错滑移表现出“各向异性”性质。例如如图 3-140a 所示的 3 个在 {112} 面非共面扩展的螺位错，因为 3 个分位错的柏氏矢量相同，所以在均匀应力场下，3 个分位错受力的大小和方向是相等的，但在滑移面上受力大小则不相同。设①分位错所受的力在图 3-140a Ⅰ影线区并在滑移面上，指向背离三叶位错的中心，如图 3-140b 所示。这时①分位错会在滑动面上滑动，远离中心位置，扩宽其层错，而②和③分位错在各自滑移面上的分

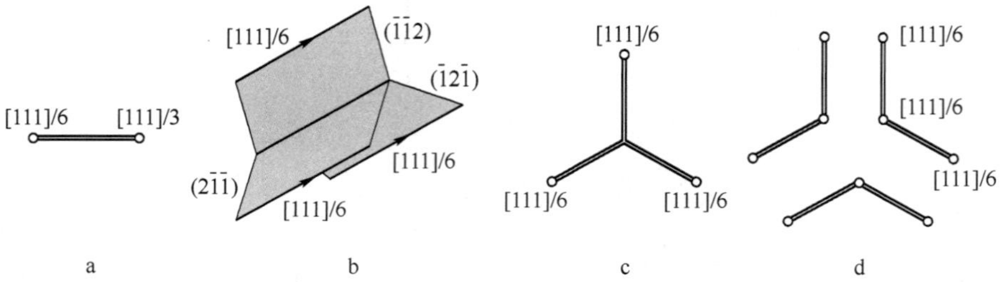

图 3-139 螺位错核心在 {112} 面的共面与非共面扩展

a—a[111]/2 位错核心在 (11$\bar{2}$) 面上共面扩展；b—a[111]/2 螺位错核心在 3 个以 [111] 为交线的 {112} 面上非共面扩展；c—从 [111] 方向看位错核心的三叶结构；d—位错核心非共面扩展的稳定形式

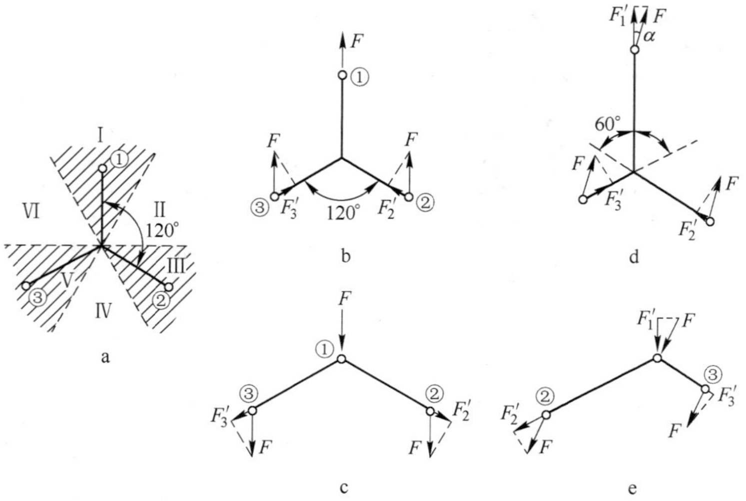

图 3-140 螺位错核心的非共面扩展以及在受力下表现的“各向异性”

力指向中心，大小相等，这分力使②和③分位错滑向中心，收窄其层错。如果所施加的力足够大，②和③分位错在滑移面上所受的力足够使它们滑回中心，整体位错变成在①分位错的滑移面共面扩展形式，整体位错在①分位错的滑移面滑动。若①分位错受力与图 3-140b的相反，如图 3-140c 所示，这时 3 个分位错在滑移面上的分力与图 3-140b 的相反，①分位错会向中心滑动，收窄其层错，而②和③分位错在各自滑移面上的分力的方向背离中心，大小相等，这分力使②和③分位错滑动背离中心，扩宽其层错。三叶位错难以复合成共面结构，位错整体无论在②分位错还是③分位错的滑移面上都难以滑动，是不动结构。因为这种结构只是位错芯的结构，在施加更大的力后，整体位错也可能在①分位错的滑移面上滑动。

若①分位错受力在图 3-140a Ⅰ影线区，受力方向背离中心并与滑移面有一定的夹角，如图 3-140d 所示，这时①分位错在滑移面上的分力是背离中心，①分位错在其滑移面上滑动远离中心，扩宽其层错。②和③分位错在滑移面的分力也指向中心，但它们的大小不相同，它们都在滑移面上滑向中心，收窄其层错。施加足够大的力后，它们也可以变成①分位错的滑移面共面扩展形式，整体位错在①分位错的滑移面滑动。但是，与上述图 3-

140b 的不同，因为位错所受的力与①分位错的滑移面有一定的夹角，尽管位错所受力的大小与图 3-140b 的相同，但它在①分位错的滑移面上的分力比较小，而在②和③分位错的滑移面上的分力并不相等，要是这组位错变成①分位错的滑移面共面扩展形式并整体位错在①分位错的滑移面滑动，则所需施加的力要比上述图 3-140b 的大。若①分位错受力与图 3-140d 的相反，如图3-140e所示，这时 3 个分位错在滑移面的分力与图 3-140d 的相反，①分位错会向中心滑动，收窄其层错，而②和③分位错在各自滑移面上的分力的方向背离中心，大小不相等，这分力使②和③分位错滑动背离中心扩展的宽度不同，②分位错扩展的宽度比③分位错的宽。它们也难以复合成共面结构，但在施加足够大的力时，整体位错也可能在②分位错的滑移面滑动。

同理，可以分析位错受力的方向在图 3-140a 不同影线区域时位错的扩展结构以及位错可以滑动所需施加力的情况。可以看到，施加的力是当位错受力方向不同时，分位错扩展的结构不同，使整体位错共面滑动需要施加的力大小就不相同，这就使位错滑移表现出“各向异性”性质，说明了 bcc 晶体滑移时临界分切应力定律（参见第 9 章 9.1.2 节）失效的原因。

对在 {110} 面非共面扩展的三叶位错受力和滑动的讨论发现，在 {110} 面位错滑移也可以表现出“各向异性”的结果。

C　棱柱位错

空位或间隙原子在最密排面 {110} 面沉积形成位错环，它们的柏氏矢量为 $\langle 110\rangle/2$ 类型。在位错环内是高层错能的层错，它是不稳定的。为了降低能量，在层错面会萌发 $\langle 001\rangle/2$ 型位错或 $\langle 1\bar{1}0\rangle/2$ 型位错并扫过层错面使层错消除，形成一个全位错环：

$$\frac{1}{2}\langle 110\rangle + \frac{1}{2}\langle 001\rangle \longrightarrow \frac{1}{2}\langle 111\rangle \tag{3-210}$$

$$\frac{1}{2}\langle 110\rangle + \frac{1}{2}\langle 1\bar{1}0\rangle \longrightarrow \langle 100\rangle \tag{3-211}$$

前一种反应生成的位错的能量较低，在很多金属中都观察到这种柏氏矢量的位错环。但在 α-Fe 及其合金中，很大部分位错环的柏氏矢量是 $\langle 100\rangle$ 型的，这种结果还未能得到很好的解释。

3.2.9.4　有序合金中的位错

在有序合金中，不同类型的原子占据有序结构中各自的亚点阵位置，例如 AB 有序合金的结构可看成由 A 和 B 的亚点阵穿插而成，每个原子的最近邻都是异类原子。由于结构的有序特点，在有序合金中的位错和无序固溶体中的很不同。在无序结构中的平移矢量，一般却并不是有序结构中的平移矢量。所以，如果一个与有序结构相应的无序晶体的平移矢量的全位错，在有序晶体的滑移面上移动后，虽然不会改变晶体的几何结构，但在滑移面上、下侧的原子排列的相位是“错误”的，从而产生反相畴界（APB）。在有序结构中这样的位错不是全位错，只是部分位错。若在滑移面上有另一个柏氏矢量相同的部分位错滑动过来，则会恢复原来的有序排列，但是两个同号的部分位错之间有斥力作用，它们会保持一定的距离，这样的两个位错连同它们之间的反相畴界的组态称超位错，在 APB 两侧的位错称超部分位错。和 fcc 结构的扩展位错相似，部分位错是层错的边界，而有序结构的超部分位错是 APB 的边界。超位错中两个超部分位错间的平衡距离（即 APB

的平衡宽度）可以用式(3-183)来计算，不过这时应用反相畴界能代替层错能，并且用现在的位错柏氏矢量来计算。超位错中两个超部分位错的平衡距离反比于 APB 能，所以这一平衡宽度取决于合金的长程有序度，合金的有序度越高，超位错越窄。

有序结构的类型很多，这里只以 B2、LI_0和 LI_2为例讨论有序结构中的位错行为特点。

A　B2 型（CuZn 型）结构

B2 型（AB）合金在无序时是体心立方结构，有序后 A 和 B 按 {001} 面分层排列，演变为四方结构，如图 3-141a 所示。无序结构的全位错柏氏矢量是⟨111⟩/2，滑移面是{110}。如果位移矢量 $\boldsymbol{R}$ 是[111]/2，对于 $(1\bar{1}0)$ 面，是反相畴界面，因 $\boldsymbol{R}\cdot\boldsymbol{n}=0$，所以这个反相畴界是保守的，如图 3-141b 所示；如果反相畴界是（100），位移矢量 $\boldsymbol{R}$ 是[111]/2 的话，因 $\boldsymbol{R}\cdot\boldsymbol{n}=1/2$，这相当于插入一层（200）面，即多了一层 Cu 或 Zu 原子面，这种反相畴界是非保守的，如图 3-141c 所示。

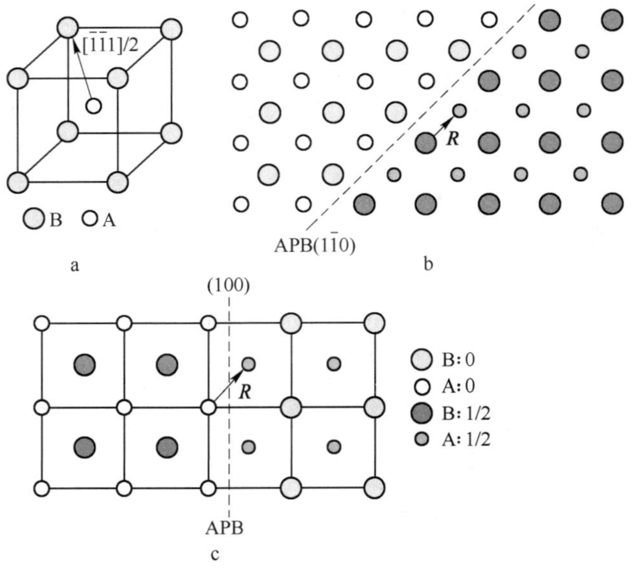

图 3-141　B2 型（CuZn 型）有序结构及其中的反相畴界

a—CuZn 型结构及位移矢量 $\boldsymbol{R}$；b—在 $(1\bar{1}0)$ 面的保守反相畴界；c—在（100）面的非保守反相畴界

当柏氏矢量为[111]/2 的位错在 $(1\bar{1}0)$ 滑过后，滑过的两侧不改变几何结构只改变化学环境（图3-141b），所以产生了 APB；如果再有一个[111]/2 位错滑过，化学环境恢复原来状态。这样就构成一个由两个[111]/2 位错以及它们中间的 APB 带构成的［111］超位错。超位错中两个位错的距离取决于 APB 能的大小。对于 CuZn 有序结构，在 {110} 面的 APB 能是 83mJ/m^2，刃型超位错的间距为 88nm，螺型超位错的间距为 56nm。

例 3-26　具有 B2 型有序结构的 AB 相，在（101）面上有一个柏氏矢量 $\boldsymbol{b}=a[\bar{1}11]/2$ 的纯刃型位错，说明位错滑动后是如何破坏有序排列的？若此时有序相中有一对与柏氏矢量 $\boldsymbol{b}=a[\bar{1}11]/2$ 平行的同号位错，它们一起移动会有什么效果？试推测这对位错是否稳定。

解：B2 结构 AB 相的晶胞如图 3-141a 所示。它可看做由 A 和 B 的简单立方点阵穿插而成。为了看清位错存在时晶体中原子排列情况，找出垂直于（101）面并包含$[\bar{1}11]$方向的面，这个面为$(12\bar{1})$面。$(12\bar{1})$面的堆垛顺序是每隔六层重复，即堆垛顺序为…abcdefabcdef…。图 3-142a 所示为$(12\bar{1})$面的原子排列，图中虚线是另外五层面原子排列位置（只用一个或两个原子位置表示）的投影，其中虚线连接的"⊗"表示 B 原子，虚线连接的"○"表示 A 原子。

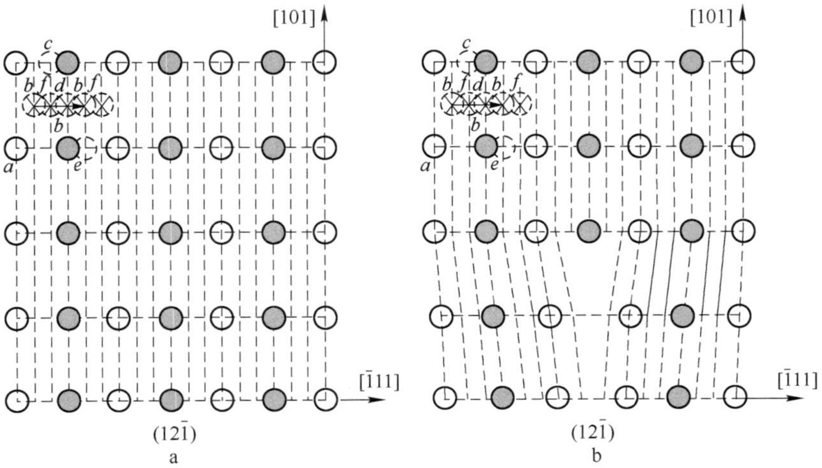

图 3-142 B2 型有序结构$(12\bar{1})$面的原子排列
a—$(12\bar{1})$面的投影；b—从$(12\bar{1})$看滑移纯刃型位错原子排列情况

图 3-142b 所示为在$(12\bar{1})$看滑移面为（101）面，柏氏矢量 $\boldsymbol{b}=a[\bar{1}11]/2$ 的纯刃型位错原子排列情况。该刃型位错是抽去了 3 排$(12\bar{1})$半原子面而形成的。从图 3-142b 看出，滑移面为（101），$\boldsymbol{b}=a[\bar{1}11]/2$ 的纯刃型位错半原子面的下侧已经是 APB，如果位错移动又更会在滑移面上产生 APB，引起能量增加很多，所以是不稳定的。如果有一对这样的平行同号位错组成一个超位错，即抽去 6 层原子面，它是柏氏矢量 $\boldsymbol{b}=a[\bar{1}11]$ 的超位错，它存在时以及滑动后也不会产生 APB，它有可能稳定存在。但是它的能量比单个位错存在时的能量大 4 倍，这样的超位错如果分解为两个柏氏矢量为 $\boldsymbol{b}=a[\bar{1}11]/2$ 的超部分位错，能量会减少一半，因此，这种分解是可能的。分解后的两个位错会相斥，推开一定距离。在这两个位错之间存在 APB，两个位错的平衡距离取决于 APB 能的大小。这一对位错连同 APB 一起滑动，滑动后不会产生新的 APB 或层错，所以这种结构实际上可以稳定存在。

B　LI_0型（CuAu Ⅰ 型）结构

CuAu Ⅰ 型（LI_0型）结构的晶胞如图 3-143a 所示，A 和 B 原子在（002）面按一层 A 一层 B 分层排列，由于 A 和 B 原子半径不同，有序化后演变成四方点阵。这种结构可能产生反相畴界的位移矢量 $\boldsymbol{R}$ 是[011]/2 和$[\bar{1}01]/2$。有序化的结果是⟨110⟩/2 矢量中各矢量不再是等同的。上述的[011]/2 和$[\bar{1}01]/2$是从一个原子指向异类原子的矢量，另一类矢量（例如[110]/2）是从同类原子指向同类原子的矢量。图 3-143b、c 所示为 LI_0有序结构的（111）面原子排列，其中大圆表示纸面一层的原子，小圆表示近邻一层原子。可以看到，$[1\bar{1}0]/2$ 矢量是由同类原子指向同类原子的矢量，而 $[10\bar{1}]/2$ 却是由一类原子指向异类原子的矢量。

图 3-143b 中所示的 af（$[1\bar{1}0]/2$）位错可以分解为 ab 和 bf（〈112〉/6 类型）两个肖克莱位错，因为 af 是从同一类原子指向相同类型原子的矢量，所以，这种分解只改变几何结构，不改变化学环境，即只会产生层错（SFE）但不会形成 APB。图 3-143b 中的 ae 超位错可以分解为 ac+ce 两个超部分位错，超部分位错各自又可以分解为两个〈112〉/6 类型的肖克莱位错，使得超位错由 4 个部分位错构成。超部分位错 ac 的分解：ac→ab+bc，当滑动由 a 移到 b 时，它改变了化学环境，又改变了几何结构，所以在两个超部分位错之间既有 APB 又有堆垛层错：APB+SFE，即一种复杂堆垛层错（CSFE）；而滑动再由 b 移到 c 后完成了超部分位错的滑移，所以层错消失，只余下 APB；另一个超部分全位错 ce 也分解为两个肖克莱位错：ce→cd+de，它是在有 APB 的基础上分解的，当滑动由 c 移到 d 时，因为 d 位置与 e 位置及原来的 a 位置的化学环境相同，所以在这一对部分位错间只有层错存在。图 3-143d 所示为 ae 超位错分解为 4 个部分位错的结构示意图。

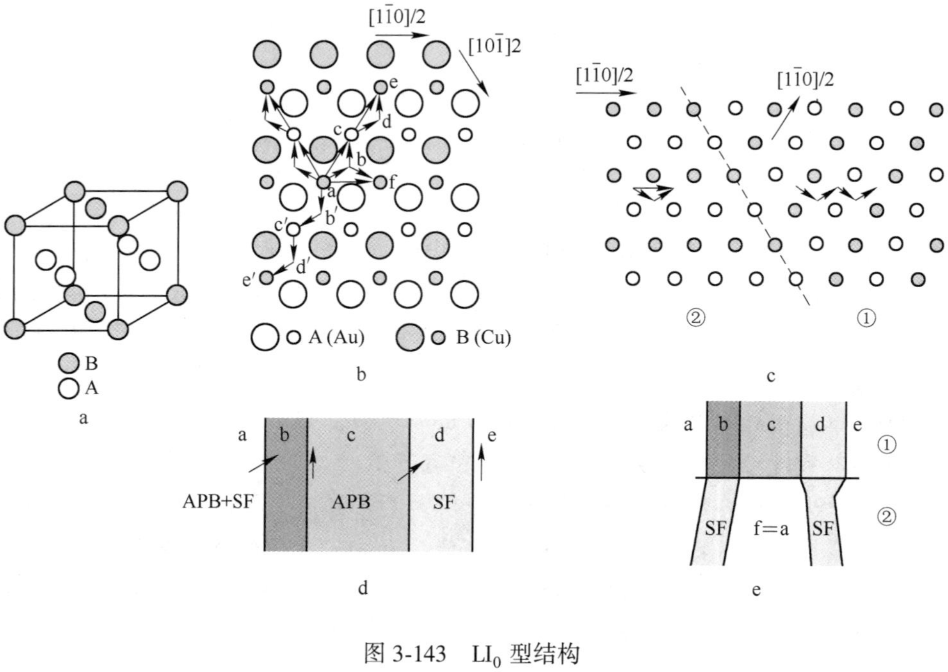

图 3-143 LI_0 型结构

a—LI_0型结构的晶胞；b—（111）滑移面的原子排布，在图中同时指出滑移路径；c—在（111）上的孪晶界痕迹；d—超位错结构的示意图，中间的带是纯 APB，左边的带含 APB 和层错，右边的带只含层错；e—在 c 图的孪晶界两侧的超位错

由于 LI_0型结构在原来无序时的 3 个立方轴都可能是有序后四方结构的 c 轴，所以一种畴的结构可以成为有序结构的孪晶，即 APB 可以是孪晶界，孪晶界是｛112｝类型面（这种孪晶不同于第 9 章讨论的形变孪晶，它不会引起形状的改变）。例如图 3-143c 所示为位移矢量为 $[10\bar{1}]/2$ 产生的反相畴①和反相畴②，这两个畴互为孪晶，APB 也就是有

序结构的孪晶面。位错可以直接越过孪晶界面传播。当一个 [$\bar{1}01$] 超位错从①畴进入这样的孪晶型的②畴时，它会产生不同的结构。在①畴中它产生如上述的 4 个部分位错结构，而在②畴中，因为位错的柏氏矢量是由同类原子指向同类原子，所以当位错滑过后，不会产生 APB。最后在孪晶界面两侧的位错结构如图 3-143e 所示，这时层带的宽度有所改变。

C　LI_2 型或 $Cu_3Au(B_3A)$ 型结构

LI_2 型结构的晶胞如图 3-144a 所示。如果是完全无序，它是 fcc 结构，有序和无序态的晶胞相同，但有序时的晶胞变成初基单胞。有序后降低了它的对称性，变成每个单胞具有 1 个结构基元的简单立方结构。A(Au)原子占据单胞的 8 个角位置，B(Cu)原子占据 6 个面心位置。在晶体中可能有 4 种类型的有序畴：Ⅰ型是 A 占据晶胞的（0，0，0）位置，Ⅱ型是 A 占据晶胞的（0，1/2，1/2）位置，Ⅲ型是 A 占据晶胞的（1/2，0，1/2）位置，Ⅳ型是 A 占据晶胞的（1/2，1/2，0）位置。这 4 类畴相互连接就足以使晶体形成反相畴界的网络。

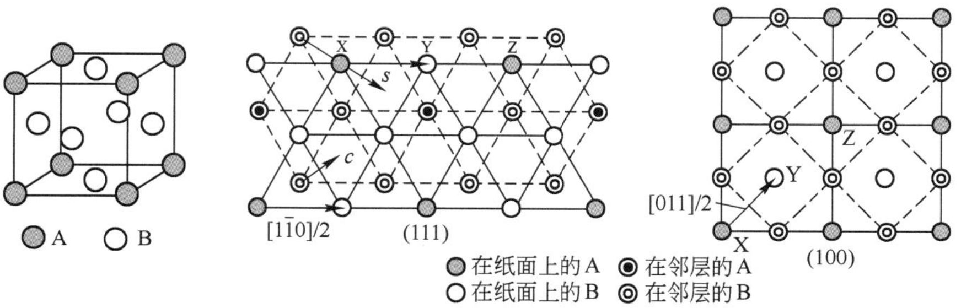

a　　b　　c

图 3-144　$LI_2(B_3A)$型超点阵晶体结构

a—$LI_2(B_3A)$超点阵的晶胞；b—（111）面相邻两原子层的排列；c—（100）面相邻两原子层的排列

$LI_2(B_3A)$超结构的滑移面是 {111} 面和 {100} 面，位错的柏氏矢量是⟨110⟩；在 {100} 滑移面上还可以有柏氏矢量为⟨100⟩的位错。图 3-144b、c 是 LI_2 超结构的两层 {111} 和 {100} 面原子排列的投影。在图 3-144b 的 {111} 面中，一层面切动⟨110⟩/2（例如 X 切动到 Y 位置），因为这个矢量是从一类原子指向异类原子的矢量，切动后将产生 APB，因此超位错的柏氏矢量应是⟨110⟩矢量。在图3-144c的 {100} 面中，一层面切动⟨110⟩/2（例如 X 切动到 Y 位置），这个矢量也是从一类原子指向异类原子的矢量，这种切动也产生 APB，其超位错的柏氏矢量也应是⟨110⟩矢量。但在 {100} 面与 {111} 面的 APB 不同，在 {111} 面从 X 切动到 Y 后两层面之间的最近邻排列发生变化，而在 {100} 面从 X 切动到 Y 后没有使两层面之间的最近邻排列发生变化，只是次近邻排列发生变化。正因为如此，在 {111} 面的 APB 能显然比 {100} 面的 APB 能高。APB 能的典型值约为 10~100mJ/m^2。在 LI_2结构中不论在 {111} 或 {100} 面上一个柏氏矢量为⟨110⟩的超位错都会以由一片 APB 连接的两根⟨110⟩/2 类型超部分位错的形式存在。两个超部分位错间的距离由两个位错的弹性斥力和 APB 能之间的平衡决定。

仔细考虑 $LI_2(B_3A)$超结构的位错反应。图 3-145 所示为（111）面的原子排布以及一些可能的位错的柏氏矢量，在图中用 *ac*、*ce* 标出无序时的全位错的柏氏矢量，它们是〈110〉/2 类型矢量，用 *ae* 标出超位错的柏氏矢量，是〈110〉类型矢量。在｛111｝面上一个〈110〉超位错可以扩展为两个〈110〉/2 超部分位错，如图 3-145a 中的 $ae \rightarrow ac+ce$。因为从 *a* 位置到 *c* 位置改变了化学环境，但没有改变几何结构，所以在 *ac* 和 *ce* 位错之间夹着一个 APB：

$$[10\bar{1}] \longrightarrow [10\bar{1}]/2 + \mathrm{APB} + [10\bar{1}]/2 \quad (3\text{-}212)$$

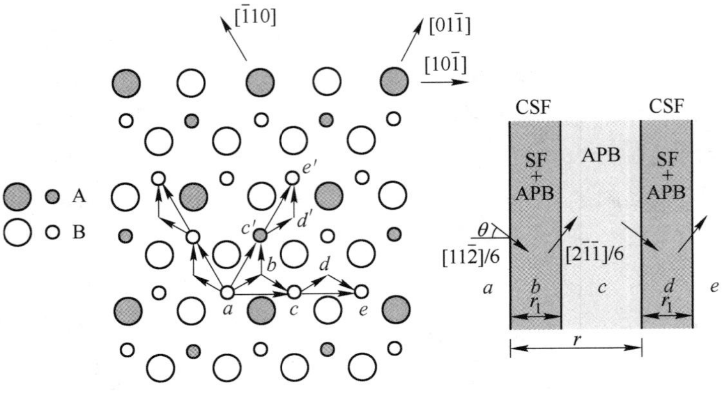

图 3-145 LI_2型（B_3A 型）结构中的位错

a—（111）面的原子排布及位错的柏氏矢量；b—超位错分解的结构示意图

图 3-146 所示为完全有序的 Cu_3Au 中的超位错扩展的透射电镜照片。图 3-147a 是这种结构的示意图。在式(3-212)的反应中，其中 *ac* 位错（〈110〉/2 超部分位错）也可能按在无序合金的 fcc 中那样再分解扩展，扩展为 *ab* 和 *bc* 部分位错（〈112〉/6 肖克莱位错）：

$$[10\bar{1}]/2 \longrightarrow [11\bar{2}]/6 + \mathrm{CSF} + [2\bar{1}\bar{1}]/6 \quad (3\text{-}213)$$

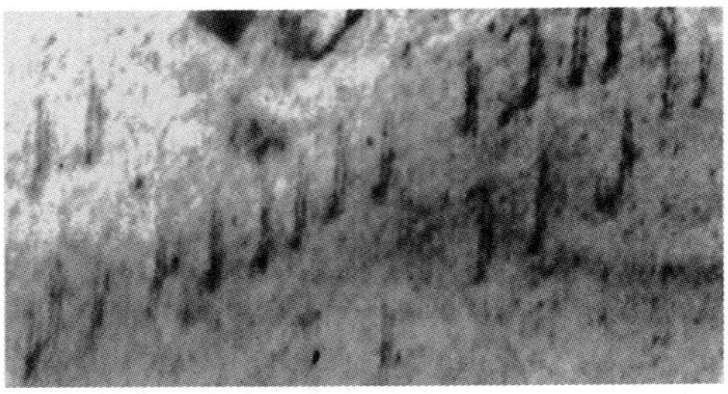

图 3-146 完全有序的 Cu_3Au 中的超位错扩展的透射电镜照片

在分解过程中，从 *a* 位置到 *b* 位置既改变了化学环境又改变了几何结构，所以产生了 APB 又产生了层错，结果在两个部分位错之间形成一种复杂堆垛层错（CSF）。而从 *b* 位置到 *c* 位置恢复了原来的几何结构，但没有恢复化学环境，所以只留下 APB。同样，从 *e* 位置到 *d* 位置既改变了化学环境又改变了几何结构，所以产生复杂堆垛层错（CSF）；而从 *d* 位置到 *c* 位置只恢复了原来的几何结构，所以只留下 APB；结果构成了如图 3-145b 和图 3-147b 所示的 4 个界面的三带结构，两侧的层带含层错及 APB（即 CSF），中间的层带只含 APB。如果层错能很高，两侧的全位错不能分解为 Shockley 位错对，这样，超位错由两个全位错以及中间的 APB 构成，即回到图 3-147a 所示的结构。

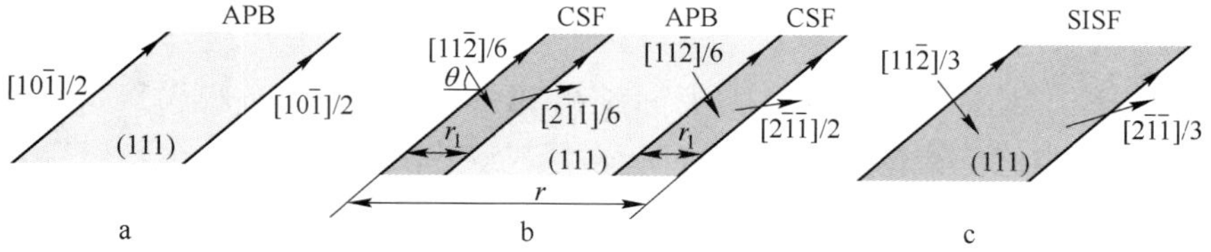

图 3-147 在 LI_2超点阵 {111} 面的⟨110⟩位错的 3 种形式

图 3-145b 中复杂堆垛层错的宽度 r_1以及 APB 的宽度 $r-r_1$（图中的 r 和 r_1）分别为：

$$\left.\begin{aligned} r_1 &= \frac{\mu b^2}{2\pi(\gamma_{APB} + S^2\gamma_{CSF})} f_1(\theta) \\ r - r_1 &= \frac{\mu b^2}{2\pi S^2\gamma_{CSF}} f(\theta) \end{aligned}\right\} \quad r_1 \ll (r - r_1) \tag{3-214}$$

式中，γ_{APB}是反相畴界能；γ_{CSF}是堆垛层错能和复杂堆垛层错；S 是长程有序度；$f_1(\theta)$和 $f(\theta)$是量纲为 1 的 θ 角函数；θ 角是不全位错柏氏矢量与位错线的夹角（见图 3-145b 及图 3-147b）。如果原来全位错是刃位错，$\theta=30°$；全位错是螺位错，$\theta=-30°$。Marcinkowski 等对完全有序（$S=1$）的 Cu_3Au 中刃位错进行计算，取 $\gamma_{CSF}=93mJ/m^2$，并假设 $\gamma_{APB}=40mJ/m^2$，获得 $r=102nm$，$r_1=17nm$。他们的实验观察结果是 $r=95\sim130nm$（没有确定 θ 角）。他们对 Ni_3Mn 以 $\gamma_{CSF}=75mJ/m^2$，$\gamma_{APB}=20mJ/m^2$，$S=1$，$\theta=-30°$ 计算得，$r=176nm$，$r_1=3nm$，而测量得 $r=110\sim170nm$。对 Ni_3Mn 的实验观察表明，r 和 r_1随着有序度 S 减小而减小，这与预测的相符合。

如果在 {111} 面上相对滑移⟨112⟩/3 矢量，即图 3-144b 中的 **s** 矢量，则滑动后产生一种超点阵内禀堆垛层错（SISF）：

$$[10\bar{1}] \longrightarrow [11\bar{2}]/3 + SISF + [2\bar{1}\bar{1}]/3 \tag{3-215}$$

图 3-147c 为这种扩展位错的整体结构的示意图。对于某些合金，这种层错也可能是稳定的。这样，在 LI_2超点阵中的 {111} 面上的⟨110⟩超位错就有 4 种基本形式：第一种是单个的超位错；第二种是两个超部分位错并夹着一层稳定的 APB，如图 3-147a 所示；第三种是每个超部分位错分解为⟨112⟩/6 肖克莱位错，它们夹着一层稳定的 CSF，如图 3-147b所示；第四种是两个⟨112⟩/3 超位错并夹着一层稳定的 SISF，如图 3-147c 所示。

虽然 {100} 面的 APB 能比在 {111} 面的低，但是，实验发现，Cu_3Au 和 Ni_3Mn 等一些合金中的超位错主要在 {111} 面分解扩展，在低温至中温条件下以{111}⟨110⟩滑移为主。这是因为：(1) 在无序合金中[110]/2 位错在 {111} 面上扩展，有序合金可能继承下来也在 {111} 面上扩展，它需要克服一定能垒才能交滑移到 {100} 面，使得螺位错稳定地在 {111} 面上；(2) 在 {111} 面上的超位错的总能量比在 {100} 面上的低，这是因为前者分解为弹性能较低的部分位错；(3) {111} 是密排面，在 {111} 面上的 P-N 力比 {100} 面的低。但是在高温时，{100} 滑移面的滑移却是主要的。

因为 $LI_2(B_3A)$超结构的位错结构的多样性，它的屈服应力（或流变应力）随着温度有强烈的变化：屈服应力在低温时随着温度升高而升高，在某个温度 T_p出现峰值。相对一般金属而言，这种现象是反常的，即反常屈服应力（YSA）。当温度超过峰值温度 T_p

后，屈服应力则随温度升高而下降。图 3-148 为这种现象的示意图。

在室温以下，如图 3-148 中温度坐标轴上标的（a）处，{111} 面上的超位错按式（3-215）分解反应，其中的 $[11\bar{2}]/3$ 位错进一步分解：

$$[11\bar{2}]/3 \longrightarrow [\bar{1}2\bar{1}]/6 + \mathrm{CSF} + [2\bar{1}\bar{1}]/6 + \mathrm{APB} + [11\bar{2}]/6 \tag{3-216}$$

一对超肖克莱位错束集为 $[10\bar{1}]/2$ 位错交滑移到（010）面，增加整体位错的滑动阻力，这种位错结构称 G（Giamei）阻塞，如图 3-151a 所示。这种分解是需要热激活帮助的，但这种分解模式不是一定存在的。

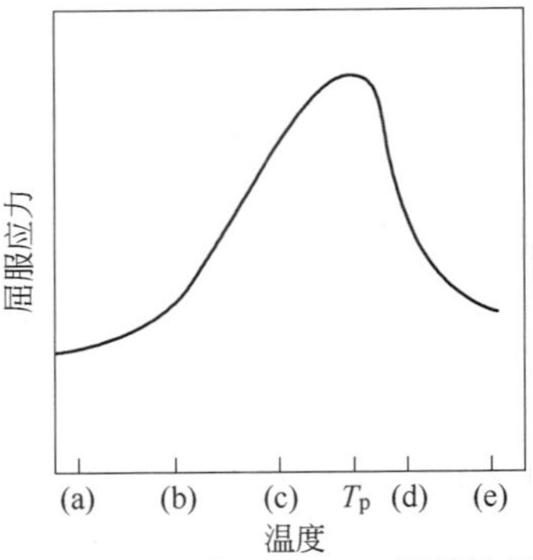

图 3-148　一些 $LI_2(B_3A)$ 超结构的屈服应力随温度变化的示意图

在室温附近，如图 3-148 中温度坐标轴上标的（b）处，{111} 面螺型超位错按式(3-211)分解扩展为两个螺型超部分位错后（图 3-149a），其中一个超部分位错会交滑移到 {100} 面，因为在 {100} 面上的 P-N 力比较高，所以，另一个超部分位错仍保留在 {111} 面上，如图 3-149b 和图 3-151b 所示。这种结构使位错继续在 {111} 面上滑动受到限制，称 K-W（Kear-Wilsdorf）阻塞。事实上，在这些温度下变形可以看到大量的长且直的螺位错。若 {111} 面上的两个超部分位错各自都分解为两个肖克莱位错，则形成更强的 K-W 阻塞，如图 3-151c 所示。超部分位错需要束集后才能交滑移到 {100} 面上，温度越高，热激活使这些阻塞更易发生，即增加位错在 {111} 面滑动的临界分切应力。这是温度升高使形变阻力增加，即出现反常屈服应力（YSA）效应的原因。大多数 LI_2 合金都出现这种现象，并且在其他的有序结构中也出现 K-W 阻塞现象。

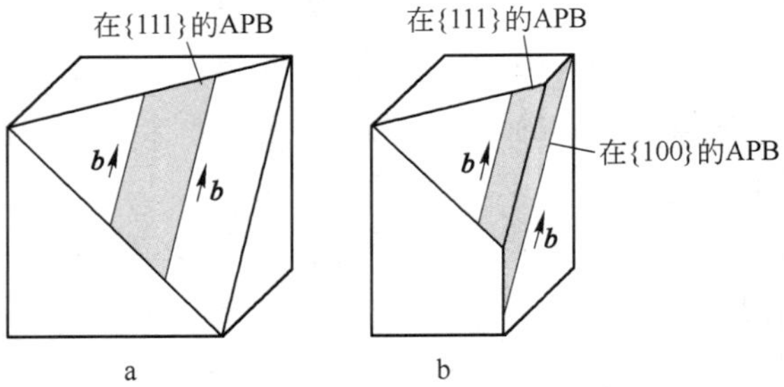

图 3-149　K-W 阻塞的形成

a—在 {111} 面上螺型超部分位错，位错之间夹着一片 APB；b—交滑移到 {100} 面形成 K-W 阻塞

当温度超过峰值温度 T_p 时，如图 3-148 中温度坐标轴上标的（c）处，滑移面改变为 {001}。$[1\bar{1}0]$ 超位错可以扩展为两个 $[1\bar{1}0]/2$ 超部分位错，中间夹着一层在 {001} 上的 APB。一个刃型超部分位错也分解为两个〈112〉/6 类型的肖克莱位错，这两个肖克莱位错扩展到以〈110〉为轴的两个相交的 {111} 面上，例如：

$$\frac{1}{2}[1\bar{1}0] \longrightarrow \frac{1}{6}[1\bar{1}\bar{2}] + \mathrm{CSF}(1\bar{1}1) + \frac{1}{6}[1\bar{1}0] + \mathrm{CSF}(\bar{1}11) + \frac{1}{6}[1\bar{1}2] \tag{3-217}$$

$$\mathrm{BA} \longrightarrow \mathrm{B}\alpha + \mathrm{CSF}(1\bar{1}1) + \alpha\beta + \mathrm{CSF}(\bar{1}11) + \beta\mathrm{A}$$

这样的分解形成 L-C 阻塞。两个超部分位错分解扩展，形成一对 L-C 阻塞（DL），如图 3-150a所示。图 3-150b 所示为 Ni_3Ga 在 600℃形变后观察到的双 L-C 阻塞的 HREM 照片。

在这个温度段，除了超刃型部分位错分解产生双 L-C 阻塞外，也可以产生单 L-C 阻塞

(SL)，同时，其超螺型部分位错亦会分解产生 K-W 阻塞，如图 3-151d 所示。

当温度更高时，[001](010) 和 [010](001) 同时发生滑移，超位错会分解形成：

$$[010] \longrightarrow [11\bar{2}]/6 + \mathrm{CSF}(111) + [031]/6(\text{压杆}) + \mathrm{CSF}(11\bar{1}) + [\bar{1}21]/6 \tag{3-218}$$

这种位错结构也是一种阻塞，与 [001](010) 和 [010](001) 成 45°，称 B5 阻塞，如图 3-151e 所示。在 T_p 温度以上，热激活可以帮助解阻塞，所以温度升高，使屈服应力下降。

图 3-152a 所示为 Ni_3Al 多晶体的流变应力随温度的变化，图 3-152b 所示为 Ni_3Ga 不同取向的拉伸（压缩）轴的屈服应力（或流变应力）随温度的变化。在低应变量（例如 $10^{-6} \sim 10^{-5}$）下，这种温度关系不明显，但当应变量到达 10^{-3} 时这种关系就很明显了。

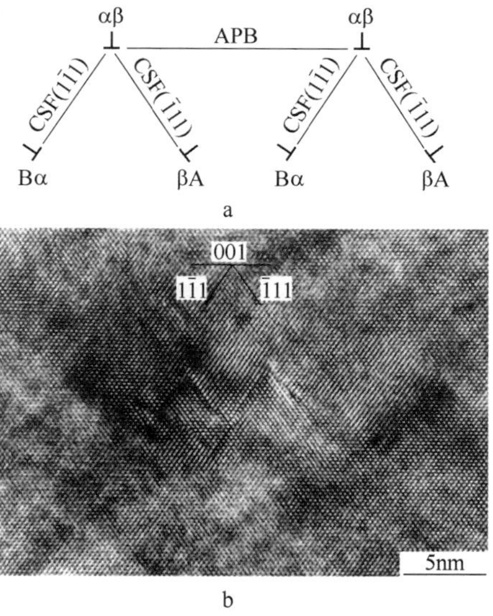

图 3-150 双 L-C 阻塞
a—〈110〉{100} 刃位错分解形成双 L-C 阻塞的说明；b—Ni_3Ga 在 600℃ 形变后观察到的双 L-C 阻塞的 HREM 照片

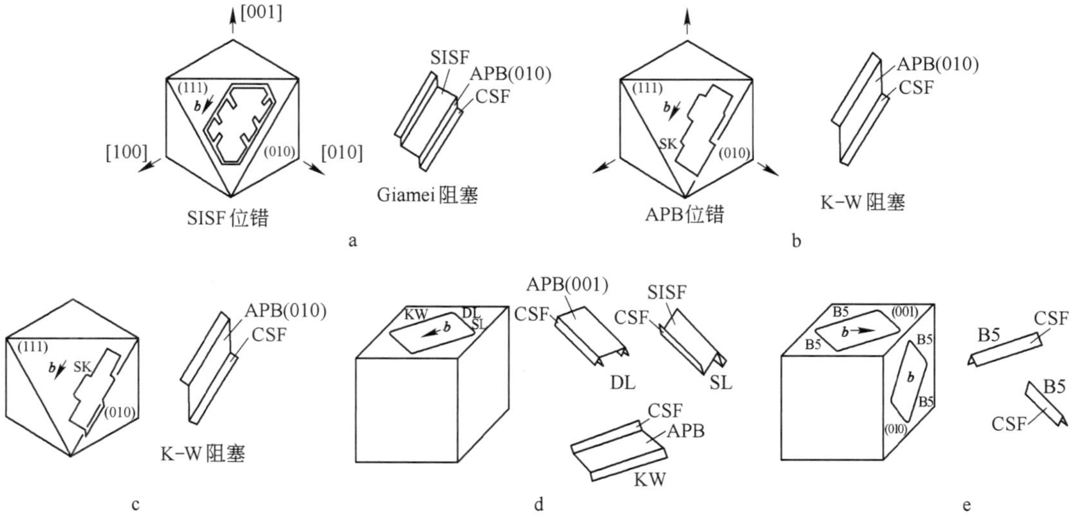

图 3-151 $LI_2(B_3A)$ 超结构的几种分解和形成几种阻塞（SK 是超弯结）

D Fe_3Al(DO_3型) 结构

DO_3 型结构是体心立方的衍生结构，由 8 个体心立方单胞组成的一个大单胞，把阵点分成 4 种位置，见图 3-153a。其中 a 位置是大单胞的 8 个顶点及 6 个面心等位置；b 位置是大单胞的 6 个棱中点及大单胞的中心点等位置；c 和 d 位置是各小单胞的 4 个中心位置，但它们是交错分布的，即 c 位置旁边都是 d 位置，反之亦然。在 Fe_3Al 型有序结构

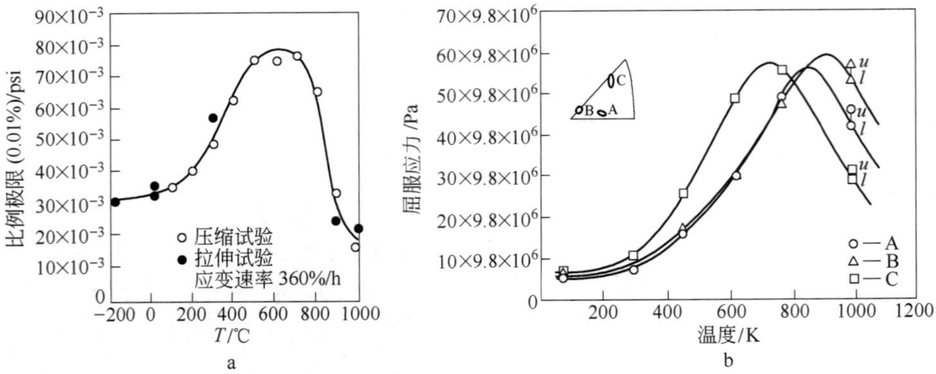

图 3-152　LI$_2$(B$_3$A)超结构力学性能随温度的变化

a—Ni_3Al 多晶体的流变应力随温度的变化；b—Ni_3Ga 不同取向的拉伸（压缩）轴的屈服应力随温度的变化

中，Fe 占据 a、b、d 位置，铝占据 c 位置。当 Al 原子分数超过 25%后，铝占据 d 位置，直到原子分数为 50%时，就演变成如图 3-141a 所示的 B2 型有序结构。DO_3型结构的主滑移系是{110}〈111〉。从大晶胞看，构成这类结构的 APB 的位移矢量为 $\boldsymbol{R}_1=[111]/4$ 和 $\boldsymbol{R}_2=[100]/2$。当 $[\bar{1}11]/4$ 位错在（110）滑移面滑过后，产生错误的最近邻原子对（Al-Al 对)，伴随产生保守 APB；若再有一个 $[\bar{1}11]/4$ 位错滑过，这时最近邻没有错误排列，但次近邻有错误排列，所以仍有反相界存在，但此 APB 的能量是比较低的。一个完整的超位错由 4 个〈111〉/4 分位错组成，在分位错之间存在 APB，如图 3-153b 所示，其中 γ_2的反相界能比 γ_1低。

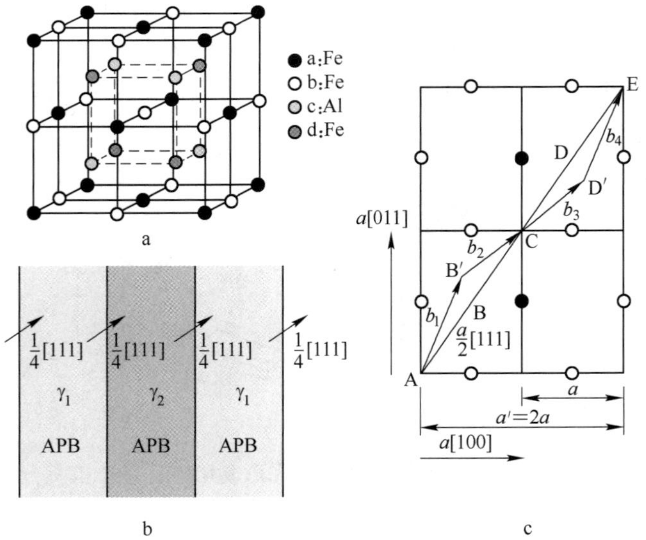

图 3-153　DO_3 型晶体结构和位错结构

a—晶体结构；b—在 $(0\bar{1}1)$ 面上的超位错的结构；c—Fe_3Si 晶体 $(0\bar{1}1)$ 面的原子排布以及位错柏氏矢量

对 DO_3型结构的 Fe_3Si 中的超位错的精细观察发现，分位错的矢量都与［111］方向有所偏离。图3-153c是完全有序的 DO_3结构的｛110｝面的原子排布，其中 AB、BC、CD、

DE 都是[111]/4 矢量，AE=[111]是一个超位错矢量。直觉看出，如果滑移不是遵循 AB、BC、CD 和 DE 直线途径，而是按如图 3-153c 所示的 AB′、B′C、CD′和 D′E 的 Z 字形途径，产生的错排能会低一些。这样相应超位错中的分位错矢量 $\boldsymbol{b}_1$、$\boldsymbol{b}_2$、$\boldsymbol{b}_3$ 和 $\boldsymbol{b}_4$ 不再是简单的晶体学平移矢量。根据对称的理由，应该是 $\boldsymbol{b}_1=\boldsymbol{b}_4$ 和 $\boldsymbol{b}_2=\boldsymbol{b}_3$，这些矢量偏离[111] 方向大约 3°。

其他的有序合金，其位错核心结构对合金的性能亦起重要作用，这里不详细讨论。

3.2.9.5 共价晶体中的位错

许多用做光电器件的化合物的晶体结构属于金刚石晶体（共价晶体）结构，所以，这类结构的位错受到关注，它也作为复杂结构位错的例子。共价晶体的结合键的方向性对位错性质有强烈的影响。

金刚石结构属于 fcc 点阵，结构单元由两个原子组成（见图 3-75），而每个原子与四面体顶角原子键合，最短的平移矢量是〈110〉/2，由它与次近邻原子连接。图 3-154a 所示为金刚石晶体四面体键合和重要晶体学方向的结构图，图 3-154b 所示为在（$1\bar{1}0$）面的垂直投影的原子排布。

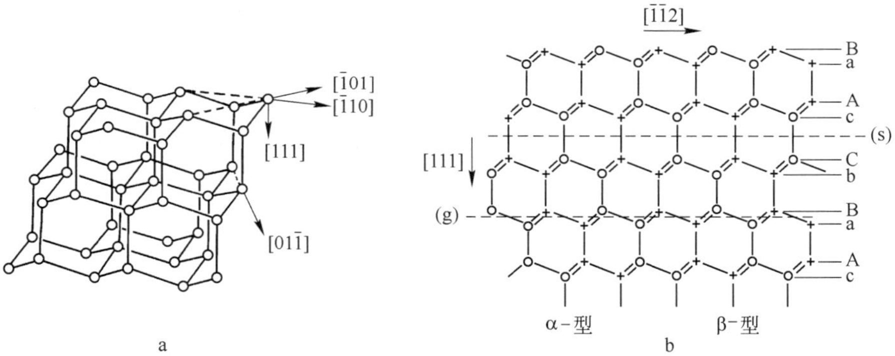

图 3-154 金刚石晶体

a—显示四面体键合和重要晶体学方向的结构图；b—在（$1\bar{1}0$）面的垂直投影（α（○）表示原子在纸面，β（+）表示原子在纸面之下，虚线表示垂直于纸面的（111）滑移面，（g）表示滑移态滑移面，（s）表示曳行态滑移面）

金刚石晶体的（111）面的堆垛顺序和 fcc 金属晶体相似，不同的是把两层相近的原子看成是一层，堆垛顺序是…AaBbCcAaBbCc…。相同字母例如 Aa 组成的层表示如同简单的 fcc 晶体的一层（111）面。

和 fcc 晶体一样，金刚石晶体全位错的柏氏矢量是〈110〉/2，滑移面也是｛111｝面。由于位错核心能量的关系，位错线方向通常与〈110〉方向成 0°（纯螺位错）或成 60°（称 60°位错），这些取向的位错核心能量最低。因为金刚石晶体的｛111｝面堆垛是双层式的，所以会有两类滑移面。其中第Ⅰ类滑移面是通过同样字母的层间（例如 C、c 之间），第Ⅱ类滑移面是通过不同字母所标记的层间（例如 a、B 之间），这两类滑移面在图 3-154b 中用虚线画出。以第Ⅰ类滑移面为滑移面的位错称为曳行态（shuffle set）位错；以第Ⅱ类滑移面为滑移面的位错称为滑行态（glideset）位错。图 3-155 为金刚石晶体中 3 种位错结构的空间网络模型。在图 3-155b、c 中，可以看见沿位错线核心每个原子形成悬挂键。

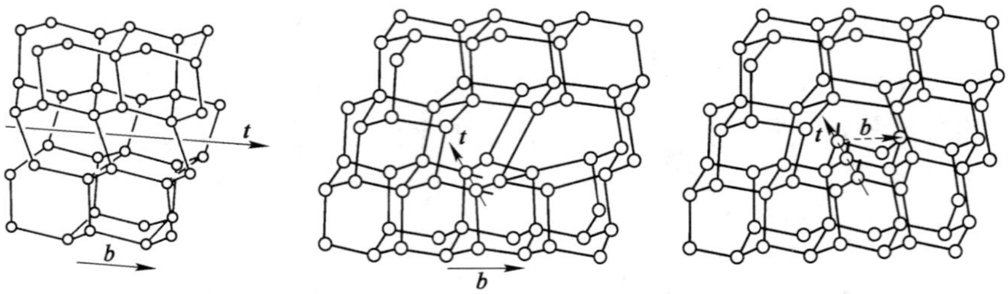

a b c

图 3-155 金刚石晶体中的全位错的空间网络模型

a—螺位错；b—滑行态位错；c—曳行态位错

如果插入或抽出相同字母组成的一对原子层，不会改变四面体方式的键合。如果抽出这样的一对原子层（例如抽出 Cc 层），堆垛顺序为：

···BbCcAaBb ¦ AaBbCcAa···

¦ 表示错排处，产生内禀层错（Ⅰ型层错）。这样的层错也可以由不同字母例如 b 层和 C 层移动〈112〉/6 生成。如果插入这样的双原子层（例如在 Bb 和 Cc 层间插入 Aa 层），则堆垛顺序变为：

···AaBbCcAaBb ¦ Aa ¦ CcAaBbCc···

产生外延层错（E 型层错）。对于共价键晶体，最近邻键的组态是最重要的，由于Ⅰ型和 E 型层错都分别涉及抽去和插入双层原子面，因此层错的存在仅影响第四近邻的组态，所以可以预期金刚石结构的层错能比 fcc 金属结构的层错能小。例如，Si 和 Ge 中的层错能约为 $60\mathrm{mJ/m^2}$。

滑行态全位错可以分解，其核心是可以滑动的。因为金刚石结构可以看成是两个穿插偏移量为（1/4，1/4，1/4）的 fcc 的点阵，所以还可以看成是两个按这种方法穿插的汤普逊四面体来讨论位错的柏氏矢量，其中一个汤普逊四面体以 ABCD 表示，则另一个汤普逊四面体以 A′B′C′D′表示。对于滑行态全位错，其滑移面在两个不同字母（例如 a、C）层之间，为了简单，把双层看成是一层，则可简单地用一个汤普逊四面体描述。像 fcc 金属晶体那样滑行态全位错分解成由Ⅰ型或 E 型层错分隔的两根〈112〉/6 型的 Shockley 部分位错，很多单元素和半导体化合物晶体在 TEM 下都观察到这种分解。图 3-156 为在 *d* 面柏氏矢量是 AB 的滑行态全位错（垂直于纸面）分解为 Aδ+δB 的两种情况的示意图，在图中同时画出了汤普逊四面体，虚线表示产生的滑行层错。图 3-156a 所示为 δB 位错在左边，Aδ 位错在右边，在两个部分位错之间是Ⅰ型层错；图 3-156b 所示为 Aδ 位错在左边，δB 位错在右边，在两个部分位错之间是 E 型层错。

曳行态位错的分解不像滑移态位错分解那样简单，因为滑移面在两层相同字母层之间（例如 A 和 a 层之间），所以这种位错的柏氏矢量位于 A′B′C′D′四面体上。如果这类位错分解，一个 Shockley 部分位错通过滑移面时将形成如下的堆垛顺序：

···AaBbCcA ¦ cAaBbCc···

这是一个高能的曳行层错，因此难以稳定存在。*d′*面上 A′B′位错要按照另一种方式分解。设想在 *d* 面上生成一对 Aδ 和 δB 位错，中间夹着Ⅰ型层错，其中 δB 位错是复合组态：dB+(BA+A′B′)，位于相距一个键长为 Dd/2 的两个面上。(BA+A′B′)是一对位错，其柏氏矢量大小相等，方向相反，是一个位错偶，此位错偶等价于一行间隙原子。复合位错组态 δB+(BA+A′B′)≡δB^i，上标 i 表示间隙型位错偶。图 3-157a 所示为曳行态全位错

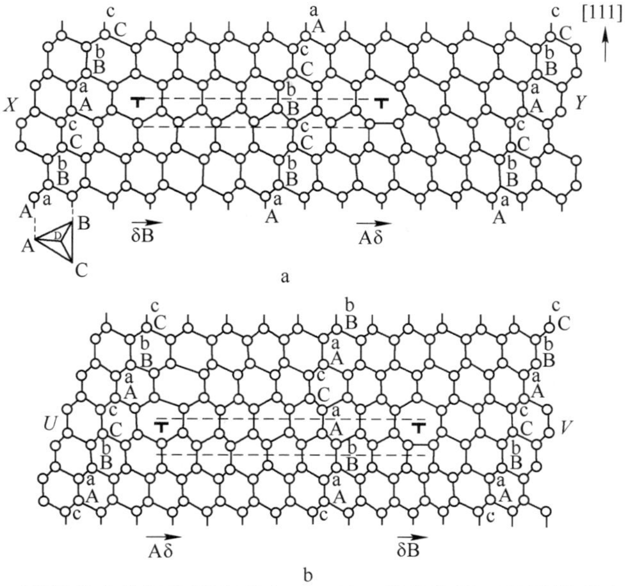

图 3-156　滑行态全位错分解为两个 Shockley 部分位错（位错线垂直于纸面）

a—部分位错之间是 I 型层错；b—部分位错之间是 E 型层错

AB 分解为 Aδ+δB^{i}部分位错的示意图，部分位错之间是 I 型层错；如果曳行态全位错分解为部分位错，而部分位错之间是 E 型层错，分解仍写作 δB＋Aδ，位错偶仍是（BA＋A′B′），但这时位错偶等价于一行点阵空位。复合位错组态 δB+(BA+A′B′)≡δB^{v}，上标 v 表示空位型位错偶。图 3-157b 所示为曳行态全位错 AB 分解为 Aδ+δB^{v}部分位错的示意图，部分位错之间是 E 型层错。图 3-158 所示为两种复合位错组态的空间网络模型。

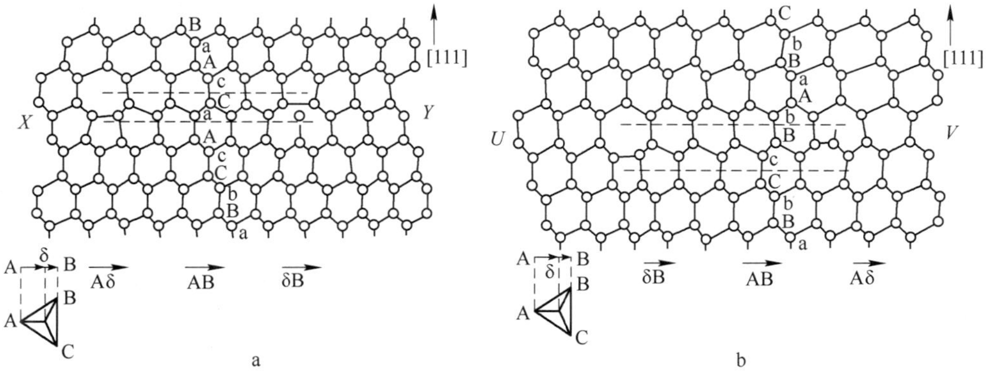

a　　　　b

图 3-157　曳行态全位错分解为两个部分位错（位错线垂直于纸面，虚线表示产生的曳行层错）

a—部分位错之间是 I 型层错；b—部分位错之间是 E 型层错

复合位错 δB^{i}和 δB^{v}不能作通常定义下的滑移，以间隙型位错偶的复合位错 δB^{i}为例看，参看图3-157a和图 3-158a，当这个位错向右移动时（参看图 3-158a 下面的图），必须使原子行 1-3 之间的键切移至原子行 1-2 之间，而 3、4 行还要作调整，3 行向右而 4 行向左移动。这种运动是一种短程的切动，涉及核心内的点缺陷的扩散运动，这种运动称曳步(shuffling)，曳行态位错因此得名。显然，曳行态位错的可动性比滑行态的差。如果曳行态位错通过扩散吸收或放出点缺陷而攀移，则可以使它转化为滑行态位错。

应用于光电器件具有闪锌矿结构的化合物（如 GaAs 等）的结构与金刚石结构相似，

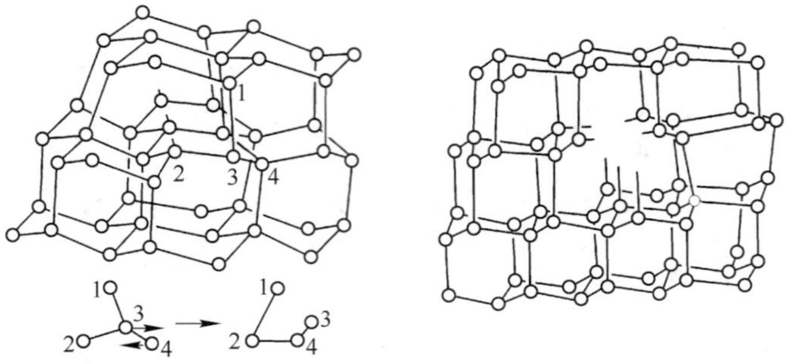

图 3-158　两种复合位错组态的空间网络模型

a—具有间隙型位错偶的复合位错；b—具有空位型位错偶的复合位错

也属于 fcc 晶格。但在（111）面堆垛…AaBbCcAaBbCc…中，Aa、Bb、Cc 中的两层面的原子不是同类的。例如 GaAs 晶体的同字母的双层原子面分别各由 Ga 和 As 原子组成，即其中 A、B、C 面含 Ga 原子，a、b、c 面含 As 原子。闪锌矿结构中的位错与金刚石结构中的位错具有相同的几何形式。但是，由于闪锌矿结构含有两种不同的原子，因此以第Ⅰ类滑移面为滑移面的 60°位错又可分为两种，视其悬挂键位于哪一种原子而定，它们的柏氏矢量方向相反。对于 AB 化合物，如果位错的半原子面终止在一行 A 原子，称为“A 位错”，位错的半原子面终止在一行 B 原子，称为“B 位错”。图 3-159 所示为这两种位错的示意图。在闪锌矿结构晶体中的全位错也可以如金刚石结构的全位错一样分解为由部分位错与层错组成的扩展位错，如图 3-156 所示。

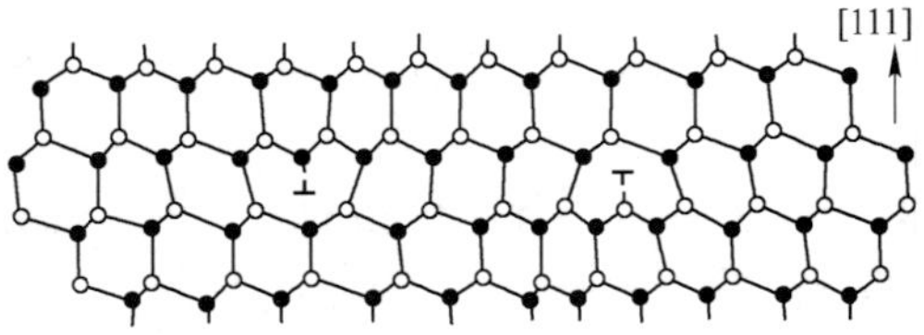

图 3-159　闪锌矿结构的两种曳行位错

（图中○和●分别表示两种原子）

3.2.9.6　离子晶体中的位错

在离子晶体中的位错，除了要考虑晶体结构的特点外，还要考虑离子的带电性，所以离子晶体中的位错比金属晶体中的位错复杂，但是对金属晶体中位错讨论的基本原理也是适用的。

以具有 NaCl 结构的离子晶体为例讨论离子晶体中位错的特点，MgO、LiF 和 AgCl 等也具有相同的晶体结构，图 3-160 所示为这类结构的晶胞。这类离子晶体中最短的矢量是图中所示的 $\boldsymbol{V}_1$，它是从一类离子指向另一类离子的矢量，即它并不是从等同点到等同点的矢量，虽然它是最短的矢量，但它不能是位错的柏氏矢量。$\boldsymbol{V}_2$ 和 $\boldsymbol{V}_3$ 都是从等同点到等同点的矢量，它们有可能成为位错的柏氏矢量。

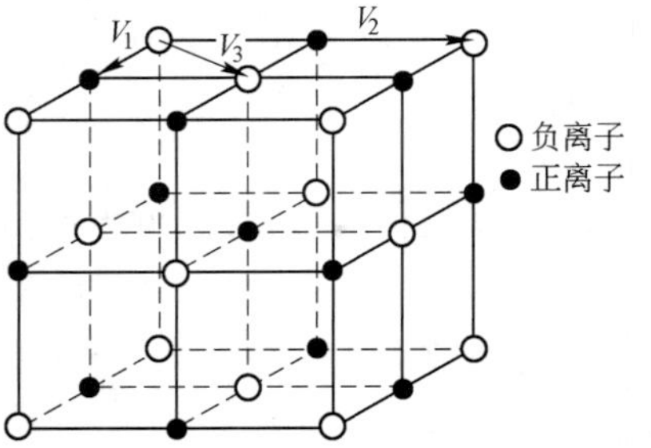

图 3-160　NaCl 型结构的晶胞

但是，$\boldsymbol{V}_3$的矢量长度是 $a\sqrt{2}/2$，$\boldsymbol{V}_2$矢量的长度是 a，因为位错能量与柏氏矢量大小的平方成正比，柏氏矢量为 $\boldsymbol{V}_3$的位错比柏氏矢量为 $\boldsymbol{V}_2$的位错能量更低，所以 $\boldsymbol{V}_3$应该是这类晶体中最常见的柏氏矢量。这样看来，离子晶体中的位错柏氏矢量并非一定是最密排方向的矢量。柏氏矢量方向并不是密排方向。

NaCl 型结构离子晶体的最密排离子面是｛001｝，但它不是晶体的滑移面。如果滑移面是（001），合理的柏氏矢量是 $\boldsymbol{V}_2$，即 $\boldsymbol{b}=a[010]$。从图 3-161a 中看出，当位错滑动了 $a/2$ 时，同号离子互相邻接（如图 3-161b 所示），结果会使晶体脆性失效。如果滑移面是 $(1\bar{1}0)$，合理的柏氏矢量是 $\boldsymbol{V}_3$，即 $\boldsymbol{b}=a[110]/2$，滑移后不会发生同类离子排斥的情况，如图 3-161c 所示。事实上，具有 NaCl 型结构离子晶体的滑移系是〈110〉｛011｝。再仔细考察柏氏矢量为 $\boldsymbol{b}=a[110]/2$ 的刃型位错，$a[110]/2$ 的长度是一层正离子面和一层负离子面的面间距之和，一个柏氏矢量为 $\boldsymbol{b}=a[110]/2$ 的刃型位错相当于插入了两层离子面，如图 3-162b 所示。如果仅插入一个离子面（如图 3-162a 所示），结果会使相同电荷的离子面相邻接，一方面破坏了晶体的整体电中性，另一方面会使晶体脆性失效。所以，稳定的位错应该是插入两层不同号的离子面。

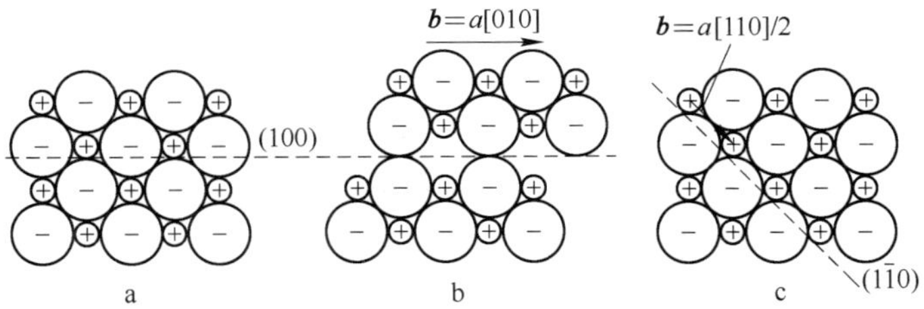

图 3-161 NaCl 型结构离子晶体的变形

a—未经变形的（001）晶面；b—一个柏氏矢量为 $a[010]$ 的位错扫过（100）面的中间过程；c—柏氏矢量为 $a[110]/2$ 的位错扫过 $(1\bar{1}0)$ 面的情况

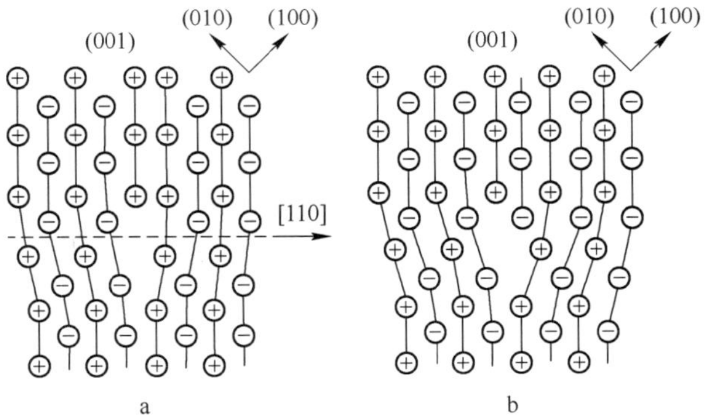

图 3-162 NaCl 型结构离子晶体中柏氏矢量为 $a[110]/2$ 的刃型位错的说明

a—插入一个额外的半离子面，不稳定的位错；b—插入两个不同号的离子面，稳定的位错

离子晶体中的位错产生割阶，有可能像离子晶体中的空位、间隙离子或杂质那样带电。例如图 3-163所示刃型位错上的割阶，负离子没有完全键合而使位错带 $-e/2$ 的有效电荷。

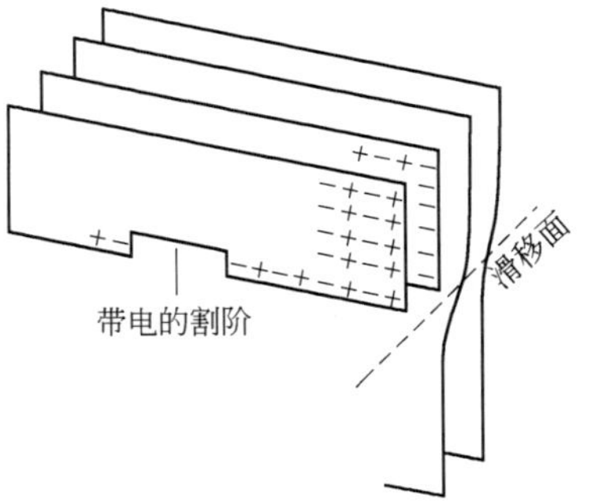

图 3-163 离子晶体中刃型位错的带电割阶

概括地说，离子晶体中的位错是比较复杂的。在晶体学等同位置间最短矢量方向不是离子接触的方向，因此位错的柏氏矢量不是离子间接触的最短矢量，这样，位错在离子晶体中滑动的阻力比在金属晶体中大；位错的滑移面不会是密排面；有效的

滑移系数目仅避免出现同号离子相邻接而受到限制，结果会降低位错在离子晶体中的活动性。所有的这些因素都会导致离子晶体的塑性很差，并容易脆性断裂。

例 3-27 确定 CsCl 型离子晶体稳定位错的柏氏矢量和位错滑移面。

解：图 3-164 所示为 CsCl 型离子晶体的晶胞，图中的 $\boldsymbol{V}_1$ 和 $\boldsymbol{V}_2$ 是比较短的点阵矢量，有可能是位错的柏氏矢量。$\boldsymbol{V}_2$ 是从一种离子指向另一种离子的矢量，它不是连接等同点的矢量，所以它不能是位错的柏氏矢量。虽然 $\boldsymbol{V}_1$ 矢量的长度（等于点阵常数 a）比 $\boldsymbol{V}_2$ 的长度（等于 $a\sqrt{3}/2$）长，但它是连接两个最近邻等同点的矢量，所以它（$\langle 100\rangle$）是稳定的位错柏氏矢量。

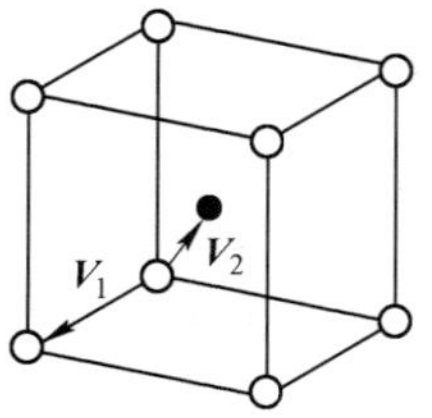

图 3-164 CsCl 型离子晶体的晶胞

与 $\langle 100\rangle$ 矢量平行（或 $\langle 100\rangle$ 矢量在其上）的较密排面是 {001} 和 {011} 面，它们可能是位错的滑移面。柏氏矢量为 $\langle 100\rangle$ 的位错在这两种面滑过都没有产生同类离子相邻接的情况，但是当位错在 {011} 面滑过时，滑移面两侧的晶面面间距要增加，而在 {001} 面滑动则不会出现这种情况。显然，位错在 {011} 滑动需要更大的分切应力。所以，虽然 {011} 面的离子密度比 {001} 面小，但它是位错最常见的滑移面。

3.2.10 位错和点缺陷交互作用

点缺陷周围有畸变，即有弹性应力场，这个应力场与位错的应力场会发生交互作用，交互作用表现为它们间的交互作用能 E_{I}。交互作用能是在系统中它们单独存在时的应变能与它们共存时的应变能的差值；又可以看成是当位错存在时，引入点缺陷时位错的应力场所做的功。可以想象，当交互作用能是正时，位错与点缺陷相斥；交互作用能是负时，位错与点缺陷相吸。

3.2.10.1 位错与引起球对称畸变的点缺陷的交互作用

讨论这个问题的最简单模型是：考虑在弹性介质中一个半径为 r_a 体积为 $\mathcal{V}_h$ 的球洞，塞入一个半径为 $r_a(1+\delta)$ 体积为 $\mathcal{V}_s$ 的弹性球缺陷，如图 3-165 所示，并设基体和塞入的球都是各向同性的弹性体，它们的切变模量 μ 和泊松比 ν 相同。缺陷体积与基体球洞体积之差（失配体积）$\mathcal{V}_{mis}$ 为：

$$\mathcal{V}_{mis} = \mathcal{V}_s - \mathcal{V}_h \approx 4\pi r_a^3\delta \quad (\delta \ll 1) \tag{3-219}$$

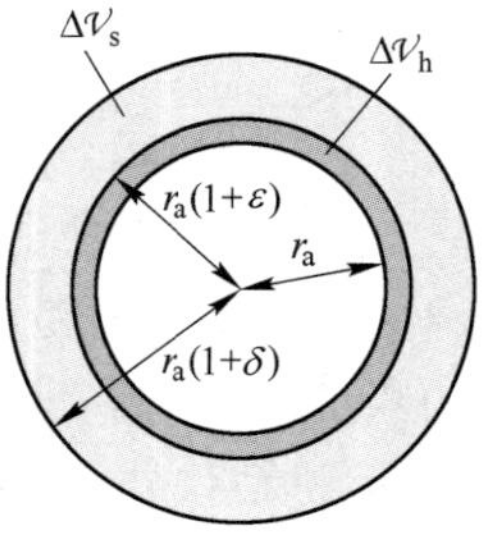

图 3-165 计算球形点缺陷引起的体积变化的模型

失配参数 δ 可正可负。当球塞入基体的球洞后，为了能容纳塞入的球，球洞体积 $\mathcal{V}_h$ 变化了 $\Delta\mathcal{V}_h$，塞入的球也发生变形，体积变化为 $\mathcal{V}_s$，最终的半径为 $r_a(1+\varepsilon)$。故 $\Delta\mathcal{V}_h$ 为：

$$\Delta\mathcal{V}_h = \frac{4}{3}\pi r_a^3(1+\varepsilon)^3 - \frac{4}{3}r_a^3 \approx 4\pi r_a^3\varepsilon \quad (\varepsilon \ll 1) \tag{3-220}$$

参数 ε 由终态时基体球洞表面与塞入的球的表面压力相等来确定，条件是：

$$\Delta\mathcal{V}_{\mathrm{h}} = \frac{1+\nu}{3(1-\nu)}\mathcal{V}_{\mathrm{mis}} \quad 即 \quad \varepsilon = \frac{1+\nu}{3(1-\nu)}\delta \tag{3-221}$$

$\Delta\mathcal{V}_{\mathrm{h}}$是在无正应变的无限大基体中的体积变化，在有限大的基体中，要求外表面是自由表面，所以总体积变化 $\Delta\mathcal{V}$ 是：

$$\Delta\mathcal{V} = \frac{3(1-\nu)}{1+\nu}\mathcal{V}_{\mathrm{h}} \tag{3-222}$$

这恰好等于失配体积 $\mathcal{V}_{\mathrm{mis}}$。

如果材料承受平均正应力 p，则这个应力 p 与点缺陷就有交互作用。刃位错的平均正应力（见式(3-87)）为：

$$p = -\frac{1}{3}(\sigma_{xx} + \sigma_{yy} + \sigma_{zz}) = \frac{1+\nu}{1-\nu}\cdot\frac{\mu b}{3\pi}\cdot\frac{\sin\theta}{r}$$

刃位错与点缺陷的交互作用能 $\mathcal{E}_{\mathrm{I}}$ 为：

$$\mathcal{E}_{\mathrm{I}} = p\Delta\mathcal{V} = \frac{4}{3}\frac{(1+\nu)}{(1-\nu)}\mu b\delta r_{\mathrm{a}}^{3}\frac{\sin\theta}{r} = 4\mu b r_{\mathrm{a}}^{3}\varepsilon\frac{\sin\theta}{r} = A\frac{\sin\theta}{r} \tag{3-223}$$

式中，$A = 4\mu b\varepsilon r_{\mathrm{a}}^{3}$。

如果认为塞入的球（点缺陷）是刚性的，即它不变形，这时 $\varepsilon=\delta$。对于给定材料，A 是常数。式(3-223)中的 r_{a} 可以由实际的 $\mathcal{V}_{\mathrm{h}}$ 来估算，对于空位和置换溶质原子，$\mathcal{V}_{\mathrm{h}}$ 可近似认为等于原子体积 V_{at}；对于间隙溶质原子则小一些。δ 由测量缺陷浓度引起基体点阵参数变化确定，对于空位，δ 为 $-0.1\sim0$；对于置换溶质原子，δ 为 $-0.15\sim0.15$；对于间隙原子，δ 为 $0.1\sim1.0$。

当存在刃位错时，尺寸比基体原子大的点缺陷（$\delta>0$）在刃位错滑移面上部的位置 $(0<\theta<\pi)$ $\mathcal{E}_{\mathrm{I}}$ 是正的，在滑移面下部的位置（$\pi<\theta<2\pi$）$\mathcal{E}_{\mathrm{I}}$ 是负的。这样，点缺陷有从滑移面上侧排斥到下侧的倾向。尺寸比基体原子小的点缺陷（$\delta<0$），吸引和排斥的倾向和上述的相反。在 $\theta=\pi/2(\delta>0)$ 或 $\theta=3\pi/2(\delta<0)$ 以及 r 为某一距离时交互作用能 $\mathcal{E}_{\mathrm{I}}$ 最小，即溶质原子与位错的作用力最大。在位错核心内 $r\approx b$ 处的作用能最强，由于溶质原子处在位错的“核心”，这时的交互作用能用键合能更为恰当。根据式(3-223)，交互作用能的范围从密排金属的约 $3|\delta|$eV 到硅和锗的约 $20|\delta|$eV。虽然在位错核心内采用线弹性公式是不可靠的，但这些能量值可以考虑是上限值。事实上它们与由实验及计算机模拟估算的结果在数量级上相同。

当溶质原子相对位错线的位置有变化时，相应的交互作用能也变化，即位错对溶质原子有作用力，作用力场 $\boldsymbol{F}_{\mathrm{I}}$ 是交互作用能的梯度场的反号：$\boldsymbol{F}_{\mathrm{I}} = -\nabla\mathcal{E}_{\mathrm{I}}$，即：

$$\boldsymbol{F}_{\mathrm{I}} = -\nabla\mathcal{E}_{\mathrm{I}} = -\left(\frac{\partial\mathcal{E}_{\mathrm{I}}}{\partial x}\boldsymbol{e}_x + \frac{\partial\mathcal{E}_{\mathrm{I}}}{\partial y}\boldsymbol{e}_y\right) = 2A\frac{xy}{(x^2+y^2)^2}\boldsymbol{e}_x + A\frac{x_2^2 - x_1^2}{(x^2+y^2)^2}\boldsymbol{e}_y \tag{3-224}$$

从式(3-224)看出，如果溶质原子距位错的距离 r 相等，交互作用能面是轴心线在攀移面上并和滑移面相切的一系列圆柱面，如图 3-166 中的实线所示，图中给出三个不同 r 值的交互作用能面，r 值越大，交互作用能面越靠近位错线。按式（3-224）定义的作用力可知，位错对溶质原子的作用力方向处处与等交互作用能面垂直，它的轨迹是轴心线在滑移面上并和攀移面相切的一系列圆柱面，如图 3-166 中的虚线所示。

位错对溶质原子作用力的 x 分量 $(F_{\mathrm{I}})_x$ 也是溶质原子影响位错滑动的力，图 3-167 是

交互作用能 $\mathcal{E}_I$ 和交互作用力 $(F_I)_x$ 与 x 之间的关系，其中 x 以 y 为单位表达，$(F_I)_x$ 的单位是 $2\beta/y^2$。计算可知，当 $y/x=\sqrt{3}/3$ 时 $(F_I)_x$ 最大，其值为 $3\beta\sqrt{3}/8y^2$。

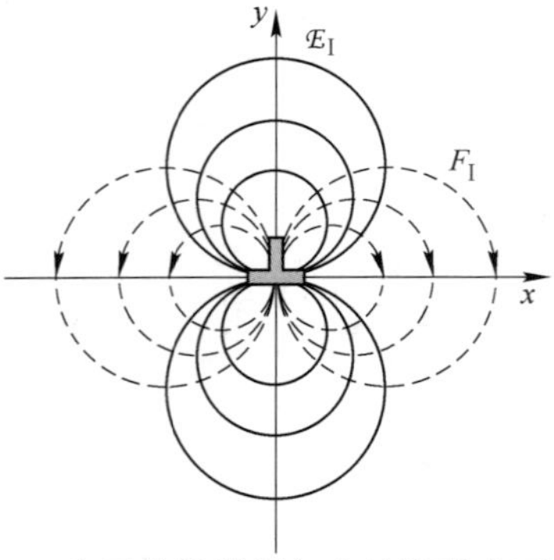

图 3-166 在刃位错附近与点缺陷的交互作用等能面（实线）及交互作用等作用力线（虚线）

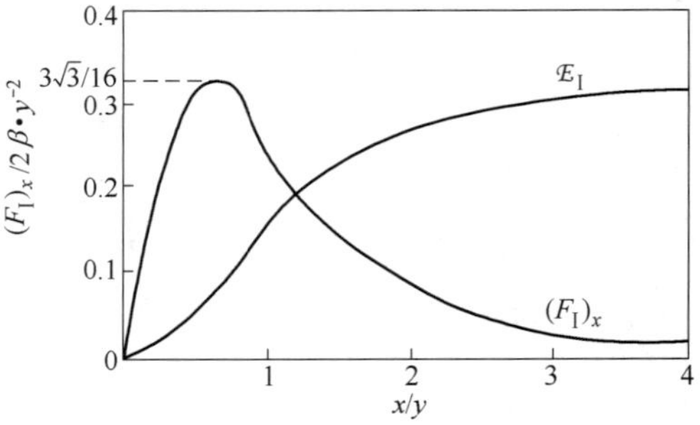

图 3-167 溶质原子和位错的交互作用力在滑移面的分量

由于点缺陷在位错附近不同位置的交互作用能不同，点缺陷（例如溶质原子）会发生重分布，建立一个非均匀的浓度场。按照经典统计力学，找到能量为 $\mathcal{E}_I$ 的原子的几率正比于 $\exp(-\mathcal{E}_I/k_BT)$，其中 k_B 是玻耳兹曼常数。如果 x_0 是在无位错存在的晶体中溶质原子的平均浓度，那么，在位错附近的溶质原子浓度 x 为：

$$x(r,\ \theta)=x_0\exp\left(-\frac{\mathcal{E}_I}{k_BT}\right)=x_0\exp\left(-\frac{A\sin\theta}{rk_BT}\right) \tag{3-225}$$

这个式子是在假设溶质原子之间没有交互作用的前提下得出的。由于溶质原子在位错核心区域的 $\mathcal{E}_I$ 值最大并且是负的，所以，溶质原子倾向于富集在位错核区域，这种富集称柯垂耳（Cottrell，柯氏）气团。因为螺位错的应力场无正应力分量，所以在它附近不会产生柯氏气团。浓度很低的溶体在刃位错附近就会形成很稠密的溶质原子气团，例如，若 $x_0=0.001$，当 $T=0.5T_m$ 时在 $-\mathcal{E}_I\geqslant 3k_BT_m$（$T_m$ 为熔点）范围可以形成 $x\geqslant 0.5$ 的稠密气团。图 3-168a 是 Caballero 等用 3D 原子探针观察贝氏体钢在奥氏体界面附近铁素体中碳在位错的偏析，图 3-168b～e 是图 3-168a 箭头所指处的各种元素 2D 投影原子图。形成柯氏气团的条件是要有一定温度以使溶质原子能扩散移动，但温度又不能太高，否则熵对自由能的贡献会使气团散开回到溶体基体中。

若在位错附近形成柯氏气团后，位错滑动时会改变气团相对于位错的平衡位置，从而提高了体系的弹性应变能，所以气团对位错滑动有一拖曳的阻力，对位错起钉扎作用。如果位错移动非常缓慢，气团能扩散跟上，这时气团对位错移动的阻力是很小的；如果位错移动得很快，气团无法跟上位错，即位错摆脱气团，这时气团对位错移动的阻力也是很小的；只有在位错以中等速度移动时，位错才强迫拖着气团一起移动，此时气团对位错移动的阻力最大。

3.2.10.2 位错与引起非球对称畸变的点缺陷的交互作用

当点缺陷引起的畸变是非球对称时，例如在 bcc 结构中的间隙溶质原子，它处在晶胞的面和棱的中部，即有 3 种等效位置：处于晶胞 x 轴、y 轴和 z 轴的中点，如图 3-169 所示，图中用正方形表示它引起的畸变是正方形的。3 种位置分别以 X、Y 和 Z 表示。

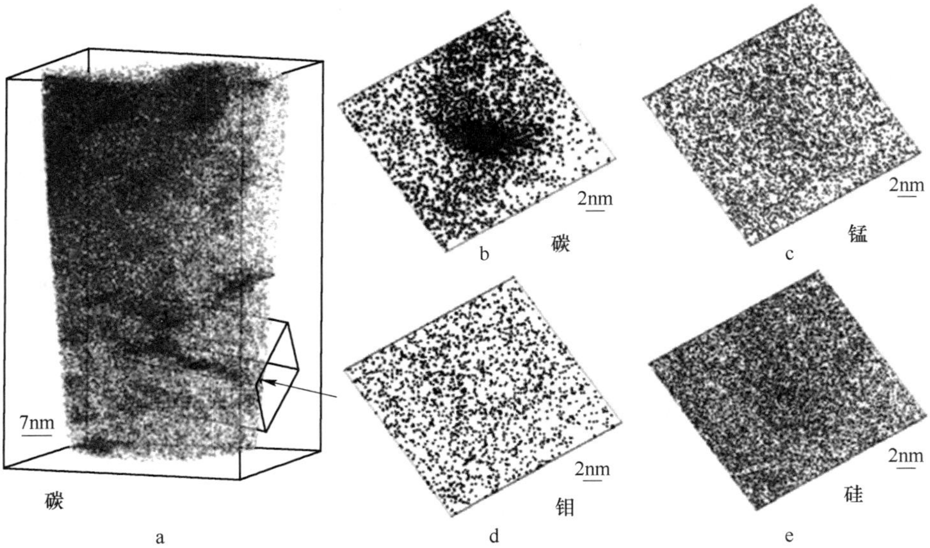

图 3-168 贝氏体钢中碳的 3D 原子图呈线性特征（a）及
在图 a 箭头所指处的碳（b）、锰（c）、钼（d）和硅（e）2D 投影原子图
（原图是彩色版本，参看原图：Caballero，F. G.，et al.，2007，Acta Mater. 55（1），381–390.）

对于 C 在 α-Fe 的固溶体，若 C 间隙原子处在 x 轴的棱上，则在棱的方向引起的失配度 $\delta_{xx}=+0.43$，而在 y 和 z 方向的失配度 $\delta=-0.05$，所以它引起的畸变是非球对称的。这种点缺陷亦会引起体积变化，所以它和水静压力有交互作用。以含有一个间隙原子的晶胞取代无间隙原子的晶胞所引起的体积变化作为一个间隙原子引起的平均体积变化。设一个晶胞中 4 个平行的棱都含一个间隙原子，即一个晶胞中含一个间隙原子，此时间隙原子和处在晶格阵点的原子的比例为 1/2。利用点阵常数和溶质浓度的关系，把它外推到浓度相当于碳原子和铁原子之比为 1/2 处，得出 c 和 a 的值，以此计算一个间隙原子引起的体积的变化：

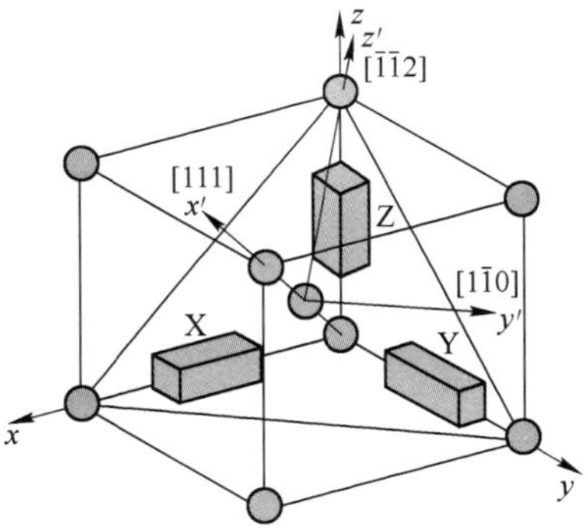

图 3-169 间隙原子在体心立方中可能的位置和引起的畸变

$$\Delta\mathcal{V}=ca^2-a^3$$

这样，它和刃位错的交互作用能可用 $p\Delta\mathcal{V}$ 计算：

$$\mathcal{E}_{\mathrm{I}}=p\Delta\mathcal{E}_{\mathrm{I}}=\frac{\mu b}{3\pi}\frac{1+\nu}{1-\nu}\Delta\mathcal{V}\frac{\sin\theta}{r} \qquad (3\text{-}226)$$

对碳在 α-Fe 的固溶体进行估算，测得 $\Delta\mathcal{V}$ 为 $0.78\times10^{-23}\mathrm{cm}^3$，Fe 的切变模量 μ 为 $8.14\times10^{10}\mathrm{Pa}$，$b$ 为 $2.48\times10^{-8}\mathrm{cm}$，$\nu\approx0.28$，设最大交互作用能位置在 $r\approx2\times10^{-8}\mathrm{cm}$ 处。把这些数据代入上式，得最大交互作用能为 $1.5\times10^{-19}\mathrm{J}\approx1\mathrm{eV}$。这个估算是过高的，因为它没有考虑畸变的正方性。实际测得的交互作用能约为 1/2～3/4eV。可以看出，间隙原子和刃位错的交互作用比代位原子强烈得多。在钢中的这种间隙原子气团对位错的作用对钢的性能有很重要的影响。

非球对称缺陷也能与螺位错发生交互作用。非球对称缺陷在 x、y 和 z 轴方向引起的错配应变分别为 ε_{xx}、ε_{yy} 和 ε_{zz}，螺位错在这一坐标下有正应力分量 σ_{xx}、σ_{yy} 和 σ_{zz}，并且在一个晶胞中有一个溶质原子，则螺位错与这缺陷的交互作用能就是：

$$\mathcal{E}_{\mathrm{I}} = (\sigma_{xx}\varepsilon_{xx} + \sigma_{yy}\varepsilon_{yy} + \sigma_{zz}\varepsilon_{zz})a^3 \tag{3-227}$$

式中，a 是点阵常数。现以 α-Fe 中的碳间隙原子与螺位错间的交互作用为例讨论，设一个右螺位错线平行于［111］方向，间隙原子处在 Z 位置（见图 3-169）。因为间隙原子引起的畸变的正方性，在以晶轴为坐标系时，Z 位置间隙原子引起的应变 $\varepsilon_{11} = \varepsilon_{22} \neq \varepsilon_{33}$。以位错线为 z'轴（［111］），$[\bar{1}10]$ 为 x'轴，$[\bar{1}\,\bar{1}2]$ 为 y'轴，在这个坐标系中右螺位错的应力场为：

$$\begin{aligned} \tau'_{xz} &= -\frac{\mu b}{2\pi r}\sin\theta \\ \tau'_{yz} &= \frac{\mu b}{2\pi r}\cos\theta \\ &\text{其他分量} = 0 \end{aligned} \tag{3-228}$$

式中，θ 是以［111］为转轴，从 $[\bar{1}10]$ 开始的转角；r 是距位错的最短距离。把螺位错应力场（式(3-228)）转换到以晶胞的晶轴为坐标系来表示，上述两个坐标的转变换矩阵 **A** 是：

T_{ij}	x'_1	x'_2	x'_3
x_1	$-1/\sqrt{2}$	$-1/\sqrt{6}$	$1/\sqrt{3}$
x_2	$1/\sqrt{2}$	$-1/\sqrt{6}$	$1/\sqrt{3}$
x_3	0	$2/\sqrt{6}$	$1/\sqrt{3}$

根据应力张量变换的规则，在晶体坐标架下，螺位错的 3 个正应力分量是：

$$\begin{aligned} \sigma_{xx} &= 2T_{11}T_{13}\tau'_{xz} + 2T_{12}T_{13}\tau'_{yz} = \frac{\mu b}{6\pi r}(\sqrt{6}\sin\theta - \sqrt{2}\cos\theta) \\ \sigma_{yy} &= 2T_{21}T_{23}\tau'_{xz} + 2T_{22}T_{23}\tau'_{yz} = \frac{\mu b}{6\pi r}(-\sqrt{6}\sin\theta - \sqrt{2}\cos\theta) \\ \sigma_{zz} &= 2T_{31}T_{33}\tau'_{xz} + 2T_{32}T_{33}\tau'_{yz} = \frac{\mu b}{3\pi r}\sqrt{2}\cos\theta \end{aligned} \tag{3-229}$$

把上式代入式(3-227)，就得到 Z 位置碳原子和沿［111］放置的右螺位错的交互作用能：

$$\mathcal{E}_{\mathrm{I}} = \frac{\mu b}{3\pi r}\sqrt{2}(\varepsilon_{zz} - \varepsilon_{xx})a^3\cos\theta = A'\frac{\cos\theta}{r} \tag{3-230}$$

上式中 A'是常数。可以看到，若是球对称畸变的溶质原子，这时 $\varepsilon_{xx} = \varepsilon_{yy} = \varepsilon_{zz}$，交互作用能为 0。对于间隙碳原子在 α-Fe 的情况，借用马氏体的点阵常数资料，在 Z 位置间隙原子引起的 $\varepsilon_{xx} = \varepsilon_{yy} \approx 0.026$，$\varepsilon_{zz} = 0.38$。把 α-Fe 的切变模量和上述的应变值代入上式，估算在最靠近位错处的最大交互作用能为 0.5eV。可以看出，这种交互作用和间隙原子与刃位错的交互作用同等强烈。

螺位错对 X 位置和 Y 位置的间隙原子的交互作用能的计算方法与上述的方法是一样

的，可以直接套用式(3-230)，不过此时的 θ 角分别加上 $2\pi/3$ 和 $4\pi/3$。如果以 $i=1$，2，3 分别代表 Z、X 和 Y 位置，这 3 个位置的交互作用能可统一写成：

$$(\mathcal{E}_{\mathrm{I}})_i = \frac{A'}{r}\cos\left[\theta + (i-1)\frac{2\pi}{3}\right] \tag{3-231}$$

从上式看出，若离位错的距离（r）相同，位错线对间隙原子有 3 个最大交互作用的地方，如图3-170所示，它们分别对应间隙原子处在 Z、X 和 Y 的位置。这样，螺位错的应力场使间隙原子在位错线附近产生局部有序排列，这种有序排列称 Snoek 气团。和柯氏气团不同，形成史氏气团原子只需跳动 $a\sqrt{2}/2$ 的距离而不需要长程扩散，所以在很短时间内就可完成。不过，在高温时，由于原子有序跳动太快，史氏气团的作用就不明显了。

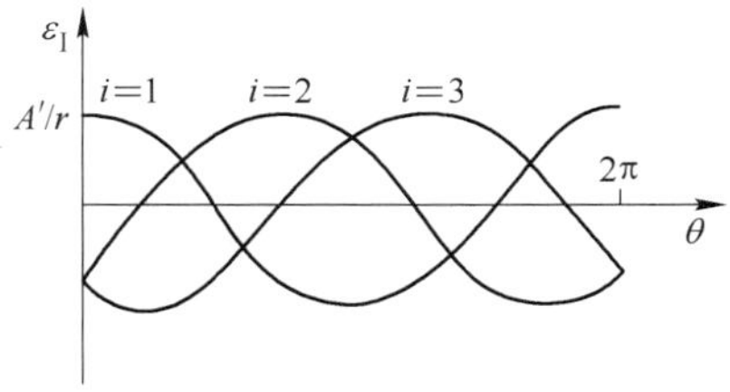

图 3-170 沿［111］方向的螺位错对 3 种不同间隙位置的间隙原子的交互作用能

在面心立方晶体中，溶质原子也会和螺位错发生类似的交互作用。

3.2.10.3 位错与溶质原子的化学交互作用

在密排结构晶体中的位错往往可以分解并扩展为两个部分位错并夹带一个层错区的扩展位错，层错宽度约有几个原子间距。若溶体含高价的金属溶质原子，它们进入层错区的量不大时，对层错能的影响很小，但当它们继续进入层错使层错中的自由电子浓度（平均每个原子的自由电子数）超过 1.05 时，层错能会急剧降低，当电子浓度达到 fcc 和 hcp 结构的电子浓度稳定界限（1.4）时，层错能降低至最小值。因而，在这类合金中，溶质原子会扩散到层错区域，从而使层错中富集溶质原子。这种现象是铃木最先提出来的，层错区富集溶质原子称为铃木气团。这种交互作用不是弹性的而是化学性的。

在 fcc 晶体中的层错是 hcp 结构。以 $\mathcal{G}^{\mathrm{f}}$和 $\mathcal{G}^{\mathrm{h}}$表示面心立方及密排六方结构中平均每原子的自由能，设层错区域所占的原子分数为 x^{h}，则非层错区域所占的原子分数就是 $1-x^{\mathrm{h}}$。如果溶质原子在层错内外的浓度都相同，则平均每个原子的自由能为：

$$\mathcal{G} = (1 - x^{\mathrm{h}})\mathcal{G}^{\mathrm{f}} + x\mathcal{G}^{\mathrm{h}} \tag{3-232}$$

若在层错中的溶质原子浓度由原来的 x_0变为 x_1，相应在基体中溶质原子浓度由原来的 c_0变为 x_0'，因为 $x^{\mathrm{h}} \ll 1$，故有：

$$x_0' = x_0 - x(x_1 - x_0)$$

溶质原子在层错偏聚后，平均每原子的自由能变为：

$$\mathcal{G} = (1 - x^{\mathrm{h}})\mathcal{G}^{\mathrm{f}}_{x=x_0'} + x^{\mathrm{h}}\mathcal{G}^{\mathrm{h}}_{x=x_1} = (1 - x^{\mathrm{h}})\mathcal{G}^{\mathrm{f}}_{x=x_0} + x^{\mathrm{h}}(x_0 - x_1)\left.\frac{\partial \mathcal{G}^{\mathrm{f}}}{\partial x}\right|_{x=x_0} + x^{\mathrm{h}}\mathcal{G}^{\mathrm{h}}_{x=x_1} \tag{3-233}$$

当体系达平衡时，要求 $\mathcal{G}$ 达极小值，即由 $\partial\mathcal{G}/\partial x_1=0$，求得的浓度 x_1是平衡时在层错中溶质原子的浓度。此时，x_1应满足如下关系：

$$\left.\frac{\partial \mathcal{G}^{\mathrm{f}}}{\partial x}\right|_{x=x_0} = \left.\frac{\partial \mathcal{G}^{\mathrm{h}}}{\partial x}\right|_{x=x_1} \tag{3-234}$$

假设层错和基体（B 在 A 中的溶体）都是理想溶液，则不论在层错内还是在基体中平均每个原子的自由能均可表达为：

$$\mathcal{G} = x\mathcal{G}_B + (1-x)\mathcal{G}_A + k_BT[x\ln x + (1-x)\ln(1-x)] \tag{3-235}$$

式中，$\mathcal{G}_A$和$\mathcal{G}_B$分别是纯组元A和B的平均每个原子的自由能；x是溶质原子浓度。把式(3-235)分别以$\mathcal{G}^f$及$\mathcal{G}^h$形式代入式(3-234)，得：

$$\mathcal{G}_B^f - \mathcal{G}_A^f + k_BT\ln\frac{x_0}{1-x_0} = \mathcal{G}_B^h - \mathcal{G}_A^h + k_BT\ln\frac{x_1}{1-x_1} \tag{3-236}$$

以$\mathcal{H}$表示，即$(\mathcal{G}_B^f - \mathcal{G}_A^f) - (\mathcal{G}_B^h - \mathcal{G}_A^h) = (\mathcal{G}_A^h - \mathcal{G}_A^f) - (\mathcal{G}_B^h - \mathcal{G}_B^f)$，即$\mathcal{H}$是纯A和纯B的层错能（平均每个原子）差。因为层错一般约为两个原子层厚，厚度约等于$2a$，故在单位面积层错中所含的原子数为$2a/V_{at}$（V_{at}是原子体积）。如果γ_A和γ_B分别表示纯组元A和B单位面积的层错能，则：

$$\mathcal{H} = \frac{V_{at}}{2a}(\gamma_A - \gamma_B) \tag{3-237}$$

根据式(3-236)，得出溶质在层错的平衡浓度x_1：

$$x_1 = \frac{x_0\exp(\mathcal{H}/k_BT)}{1-x_0+x_0\exp(\mathcal{H}/k_BT)} \tag{3-238}$$

这就是铃木气团的浓度，这个气团的溶质原子是均匀分布在层错中的。一般来说，化学交互作用对强度的贡献比弹性交互作用小，但弹性交互作用随温度上升而减小，而铃木效应不大随温度变化，所以在高温时它显得比较重要。

Cadel等用TEM、FIM和3DAP对B2结构掺杂硼的Fe-Al金属间化物的铃木效应研究，如图3-171所示。图3-171a是透射电镜图像，观察面是（001），在箭头所指处是（100）和（010）面的层错，显示了B在层错的偏析。图3-171b是3D原子探针探测的B原子分布。为了观察层错，重建体作了倾斜，以使层错垂直于图面，重建中清晰地显示出B在层错的强烈偏析。图3-171c是横过层错（即沿图b的［010］方向）的成分分布，看到硼的富集率达到15%。图3-171b和c估计偏析宽度为3nm，比TEM和FIM（场离子显微镜）中观察偏析宽度只是单原子层（$d(001)=0.29$nm），作者认为这是由于3DAP中的局部放大效应以及分析过程中硼原子优先从表面蒸发造成的。

3.2.10.4 位错与点缺陷的其他交互作用

（1）二级尺寸效应。从一级近似看，螺位错没有水静压力分量，所以它与球对称畸变的点缺陷无交互作用。事实上，从非线弹性理论计算，螺位错是有水静压力分量的，因此，它和引起球对称的点缺陷也有交互作用。这种交互作用能与到位错的距离r^{-2}成正比，它随距离的衰减比前面讨论的一级尺寸效应快得多，所以，这种交互作用只是近程的。据估计，对于代位溶质原子，这种交互作用能的最大值约为0.01eV，可见，这种二级尺寸效应是很弱的。

（2）弹性模量错配效应。溶质原子的存在会使它周围的晶体的弹性模量发生变化。由于位错应力场的弹性能密度与切变模量成正比，因此，当位错靠近溶质原子会改变位错线的能量，因此，溶质原子和位错有交互作用，这种交互作用是因溶质原子影响弹性模量而引起的，称弹性错配交互作用。这种交互作用的作用能也是与列位错的距离r^{-2}成正比，这种交互作用也是近程的。

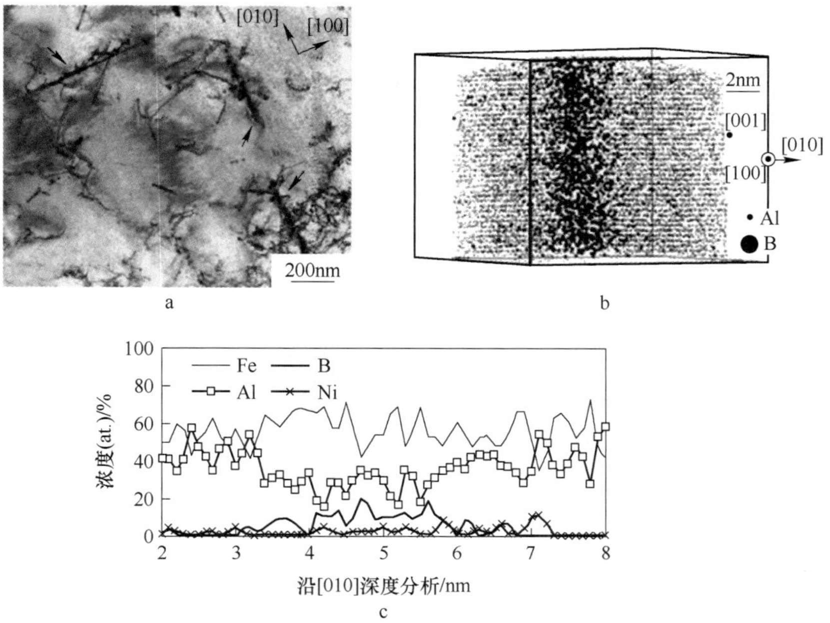

图 3-171 Fe-Al 金属间合金的铃木效应分析

a—TEM 层错图像；b—3DAP 探测 B 原子在层错偏聚；c—横过层错的成分分布图（Cadel et al，2004）

上述两种交互作用相对位错按距离 r^{-2} 衰减，所以通称二级效应。

（3）电交互作用。在金属中，在压缩区导电电子密度增加，而在伸张区域电子密度减小。因为刃位错应力场在滑移面上侧是压缩的而在滑移面下侧是伸张的，所以有电子从滑移面上侧向滑移面下侧流动。结果，在刃位错滑移面两侧出现电偶极现象。当有不同于溶剂原子价数的溶质原子溶入时，相当于有一定数量的点电荷加入，因而与位错产生静电交互作用。但是由于自由电子的屏蔽作用减小了这种交互作用，静电交互作用一般只是弹性交互作用的 1/7～1/3，所以这种交互作用一般可以忽略。对于离子晶体，没有这种屏蔽作用，导致这种交互作用特别是在割阶上比较重要，因为离子晶体的位错割阶是带电的（见图 3-163）。带电的割阶对空位和带电的杂质离子有静电库仑交互作用，交互作用能与距离 r^{-1} 成正比，这可能是这类材料总的交互作用能的主要部分。

练 习 题

3-1 计算 Cu 晶体在 1000K 的空位平衡浓度。在哪一个温度下的空位平衡浓度是 1000K 时的 10 倍？

3-2 测得金属单晶体在 300K 退火并淬火后的空位浓度 $x_v = 10^{-9}$，同一金属晶体从高温淬火的空位浓度为 2×10^{-3}，计算淬火温度 T。已知空位形成能 = 51.38kJ/mol。

3-3 以一个圆筒薄壁“半原子面”插入晶体，在圆筒薄壁下侧的圆线是不是位错？如果插入（010）和（100）半原子面，两个半原子面相连接，如图 3-172 的 *ADCD* 面和 *EFGH* 面所示，会有什么位错？

3-4 根据表 3-1 给出的熔点温度，粗略估计 bcc 金属钽、fcc 金属铂和 hcp 金属铟（熔点为 429K）的空位形成焓。

3-5 一个位错环能否各部分都是螺位错？能否各部分都是刃位错？为什么？

3-6 在简单立方晶体中有两个位错，它们的柏氏矢量 $\boldsymbol{b}$ 和位错的切向 $\boldsymbol{t}$ 分别是：位错（1）的 $\boldsymbol{b}^{(1)} = a$

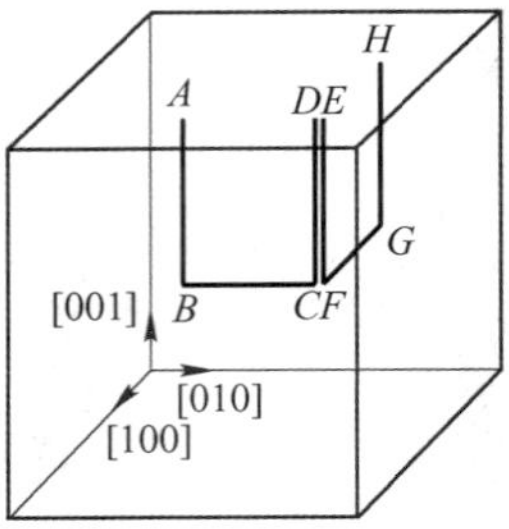

图 3-172

[010]，$t^{(1)}=[0\bar{1}0]$；位错（2）的 $b^{(2)}=a[010]$，$t^{(2)}=[00\bar{1}]$。指出两个位错的类型以及位错的滑移面。如果滑移面不是唯一的，说明滑移面所受的限制。

3-7 晶体的滑移面上存在一个位错环，外力场在其柏氏矢量方向的切应力为 $\tau = 10^{-4}\mu$，此位错环在晶体中能扩张的半径为多大？$b=2.55\times10^{-10}$m。

3-8 面心立方晶体中，把 2 个平行的同号螺位错从 100nm 推近到 8nm 做功多少？已知 $a=0.3$nm，$\mu=7\times10^{10}$Pa。

3-9 晶体中，在滑移面上有一对平行刃位错，它们的间距为多大时才不致在它们的交互作用下发生移动？设位错的滑移阻力（切应力）为 9.8×10^5Pa，$\nu=0.3$，$\mu=5\times10^{10}$Pa（答案以 b 表示）。

3-10 面心立方晶体中两个平行的反号刃型位错的滑移面相距 50nm，求它们之间在滑移方向以及攀移方向最大的作用力值以及相对位置。已知点阵常数 $a=0.3$nm，切变模量 $\mu=7\times10^{10}$Pa，$\nu=0.3$。

3-11 两个平行自由表面的右螺位错，柏氏矢量都是 $\boldsymbol{b}$，A 位错距表面的距离为 l_1，B 位错距表面的距离为 l_2，$l_2>l_1$，晶体的弹性模量为 μ。求这两个位错所受的映像力。

3-12 若空位形成能为 73kJ/mol，晶体从 1000K 淬火至室温（约 300K），b 约为 0.3nm，问刃位错能否攀移？

3-13 单晶体受拉伸形变，拉伸轴是［001］，求 $\boldsymbol{b}=a[\bar{1}01]/2$ 及 $\boldsymbol{t}$ 平行于［$1\bar{2}1$］的位错滑移和攀移方向所受的力。已知$a=0.36$nm。

3-14 以爆破成型加工工件，应力波持续的时间约为 10^{-6}s，若工件变形量为 10%，可动位错密度为 10^{10}cm^{-2}，则位错的平均速度有多大？已知 $b=0.3$nm。

3-15 设使位错滑移需要克服的阻力（切应力）对铜为 9.8×10^5Pa，对 3%Si-Fe 合金为 1.5×10^8Pa，铜、3%Si-Fe 合金的切变模量 μ 分别是 4×10^{10}Pa 以及 3.8×10^{11}Pa。问它们在表面的低位错密度层有多厚？已知点阵常数 $a_{\text{Cu}}=0.36$nm，$a_{\text{Fe-Si}}=0.28$nm。

3-16 如图 3-173 所示的简单立方晶体，点阵常数 $a=0.3$nm，晶胞轴平行于坐标轴。切变模量 $G=5\times10^{10}$Pa。在晶体中有两个位错，A 位错线的方向和柏氏矢量都是［001］；B 位错线的方向是［010］，柏氏矢量是［100］；在如下给出的均匀应力场 σ 作用下，

$$\sigma = \begin{bmatrix} 7 & 8 & 6 \\ 8 & 8 & -9 \\ 6 & -9 & 8 \end{bmatrix} \times 10^6\text{Pa}$$

（1）给出单位长度位错受力的大小和受力的方向；（2）如果位错滑移的阻力为 2×10^{-3}N/m，问两个位错能否滑动或攀移？（3）如果位错能滑动，它们滑动后会不会交割？如果交割，说明它们获得的是弯结还是割阶？（4）如果位错发生交割，交割后两个位错继续移动会发生怎样的情况？

3-17 当存在过饱和空位浓度时，请证明任意取向的位错环都受一力偶作用，此力偶使位错转动变成纯刃位错。

3-18 证明在均匀应力场作用下，一个封闭的位错环所受的总力为 0。

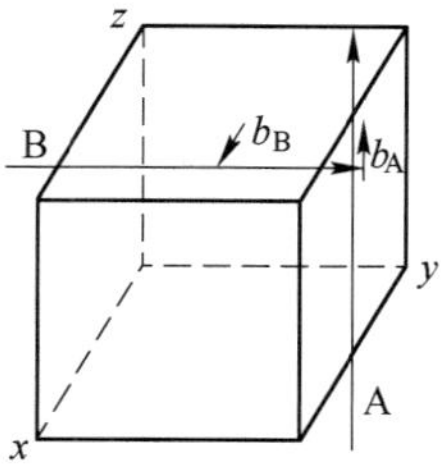

图 3-173

3-19　若面心立方晶体（铜）中开动的滑移系为 $(111)[\bar{1}01]$：（1）若滑移是由刃位错移动引起的，给出位错线的方向。（2）若滑移是由螺位错引起的，给出位错线的方向。（3）若在题 3-13 的外力作用下，求刃位错及螺位错线受力的大小和方向。已知 $a=0.36\text{nm}$。

3-20　设位错每隔 $10^3 b$ 长度有一个割阶，外力场在滑移面滑移方向的分切应力为 $5\times10^5\text{Pa}$，求位错在室温（约 300K）下的滑移速度。已知 $b=0.3\text{nm}$，自扩散系数 $D_s=0.009\exp(-1.9\text{eV}/k_B T)\text{cm}^2/\text{s}$。

3-21　拉伸试验的应变速度一般是 $1\sim10^{-6}\text{s}^{-1}$，设能动的位错密度为 10^8cm^{-2}，计算位错的平均速度。已知 $b=0.3\text{nm}$。

3-22　在无外力以及无过饱和空位浓度的条件下，在半径为 R 的圆柱体中心一对间距为 l 的平行于圆柱轴的反号位错，$l \ll R$，求两个位错相互接近的速度。

3-23　在无外力以及无过饱和空位浓度的条件下，求一个 S-弗兰克位错环收缩至原来尺寸一般所需的时间的表达式。

3-24　简单立方晶体（100）面有一个 $\boldsymbol{b}=[001]$ 的螺位错，（1）在（001）面有一个 $\boldsymbol{b}=[010]$ 的刃位错和它相截，相截后 2 个位错产生弯结还是割阶？（2）在（001）面有一个 $\boldsymbol{b}=[100]$ 的螺位错和它相截，相截后 2 个位错产生弯结还是割阶？

3-25　晶粒直径为 $50\mu\text{m}$，若在晶界萌生位错所需的应力约为 $\mu/10$，晶粒中有位错源，问要多大的外力才能使晶界萌生位错？塞积群中位错很多时，可以假设塞积群长度和位错源到领头位错的距离相同。已知 $b=0.3\text{nm}$，$\nu=0.3$。

3-26　图 3-174 表示在同一直线上有柏氏矢量相同的 2 个同号刃位错 AB 和 CD，距离为 x，它们作 F-R 源开动。

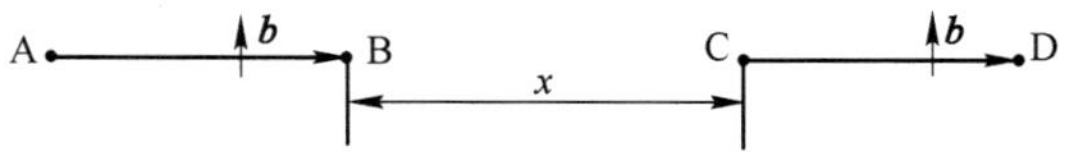

图 3-174　同一直线上相距 x 的两个 F-R 位错源

（1）画出这 2 个 F-R 源增殖时的逐步过程，两者发生交互作用时，会发生什么情况？

（2）若两位错是异号位错时，情况又会怎样？

3-27　在塞积位错群前往往会激发出裂缝。有一材料，分别处理成晶粒尺寸为 0.11mm 和 0.019mm，位错在晶界塞积，若距塞积群前沿约 $10b$ 处产生应力约等于理论强度值（$\mu/2\pi$）就会激发裂缝而开裂，估计这两种情况下材料的强度（以 μ 表示）以及塞积群中的位错数目。$\nu=0.3$；$b=0.3\text{nm}$。

3-28　一个长度为 $l=1\mu\text{m}$ 的 F-R 源在大小为 $2\times10^6\text{Pa}$ 切应力作用下放出位错，在一边受阻形成单边塞积群（设是螺位错塞积群，柏氏矢量 $b=0.3\text{nm}$），位错源距障碍 $d=20\mu\text{m}$，问塞积群的长度是多少？塞积群中的位错数目是多少？晶体的切变模量 $\mu=4\times10^9\text{Pa}$。

3-29　在 fcc 结构中，下面的 2 个位错反应 $a[\bar{1}10]/2+a[101]/2$ 及 $a[\bar{1}10]/2+a[10\bar{1}]/2$，哪一个能进行？对于后一个反应，2 个位错和 $[1\bar{2}1]$ 平行，假设位错芯部能量为位错弹性应变能的 1/10，$\nu=1/3$，这时又会怎样？

3-30　证明面心立方结构中，如果 $a[100]$ 位错是纯螺位错，下式的反应是可行的：$a[110]/2+a[1\bar{1}0]/2\rightarrow[100]$，如果是纯刃位错则是不可行的。若 $a[110]/2$ 位错滑移移动，上式反应在哪些面上进行？

3-31 写出位错反应 $a[01\bar{1}]/2+a[2\bar{1}1]/2$ 的反应结果，这个反应能否进行？形成的位错能不能滑动？为什么？

3-32 fcc 晶体有一反应：$a[10\bar{1}]/2 \rightarrow a[11\bar{3}]/6 + a[2\bar{1}\bar{1}]/6$。设 2 个 Shockley 部分位错的间距为 d。(1) 若 $a[10\bar{1}]/2$ 是纯刃位错，计算两个 Shockley 部分位错间的作用力；若 $a[10\bar{1}]/2$ 是螺位错，作用力又是多少？(2) 设层错能 $\gamma=100^{-3}\text{J/cm}^2$，$\mu=7\times10^{10}\text{Pa}$，点阵常数为 0.3nm，$\nu=1/3$。求上述两部分位错的扩展宽度。(3) 问把这扩展位错从平衡距离拉到 2nm，要做功多少？

3-33 以螺位错为例，计算 Ni 和 Cu 的扩展位错的平衡宽度。已知 Ni 和 Cu 的切变模量 μ 分别是 $7.9\times10^{10}\text{Pa}$ 和 $4\times10^{10}\text{Pa}$，点阵常数分别是 0.35nm 和 0.36nm；泊松比 ν 分别是 0.4 和 0.36，切变层错能 γ 分别是 $150\times10^{-3}\text{J/m}^2$ 和 $42\times10^{-3}\text{J/m}^2$。

3-34 在面心立方中，若对的面 BC 位错在一段分解为含 I 型层错的扩展位错，在紧接的另一段分解为含 E 型层错的扩展位错，这两种层错间应该存在一个怎样的位错？

3-35 fcc 晶体结构中，在 ($\bar{a}$) 面有一位错 DB、在 (c) 面有一位错 BA，两个位错的正向相同，当 (1) 两个位错不分解时；(2) 两个位错都扩展包含 I 型层错时；(3) 两个位错其中一个扩展包含 I 型层错，另一个包含 E 型层错时。问这 3 种情况下两个位错是相吸还是相斥的？

3-36 图 3-175 中 A 是面心立方结构中的扩展位错，B 是封闭的位错环，它的柏氏矢量和 A 左边的部分位错的相同。A 和 B 向左移动时，不改变其形状和尺寸，问位错扫过后滑移面两侧原子的移动方式是否相同（这是假想的情况，如果在同一应力场作用下，整个位错是不会同时向一侧移动的）？

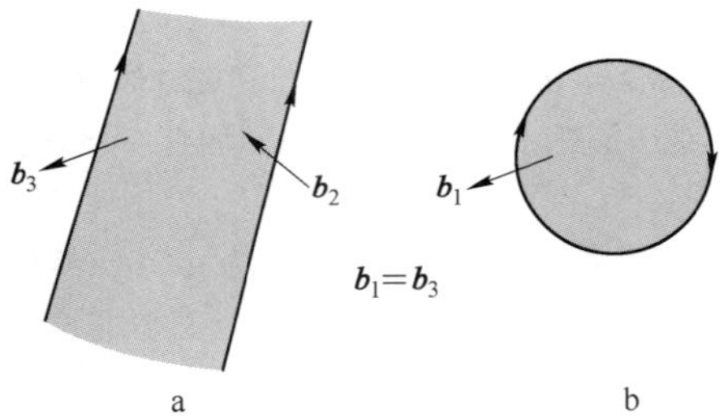

图 3-175 面心立方结构中的扩展位错（a）以及一个部分位错环（b）

3-37 图 3-176 是在电镜下观察到 fcc 结构中的扩展位错，测得图面是（d）面，照片方框内左下侧位错的柏氏矢量是 CB，右下侧位错的柏氏矢量是 CA，方框内位错的图形及测得的层错类型如下右图所示，请把图中所有位错的柏氏矢量用汤普逊符号标出，并加以解释。

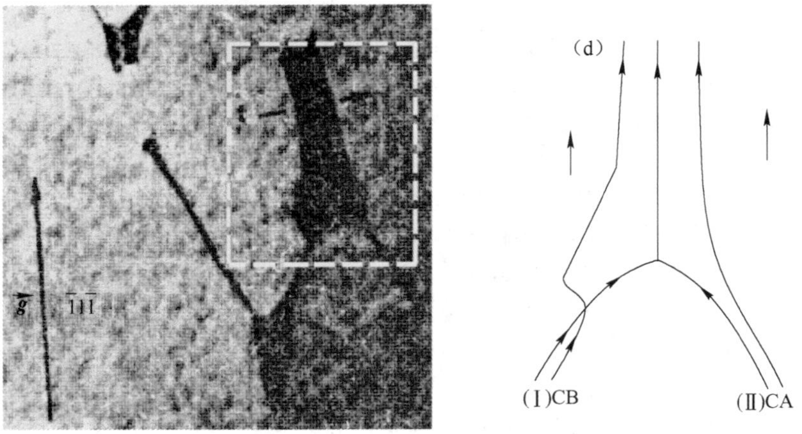

图 3-176 fcc 结构中的扩展位错

3-38 bcc 晶体结构中，在（211）面上有柏氏矢量为 $[\bar{1}11]/2$ 的刃位错分解为共面扩展的分位错：

$$\frac{1}{2}[\bar{1}11] \longrightarrow \frac{1}{6}[\bar{1}11] + \frac{1}{6}[\bar{1}11] + \frac{1}{6}[\bar{1}11]$$

设 I_2 层错能是 I_1 层错能的 1.5 倍，画出这组分位错，正确标出它们的层错类型，估算这两片层错的宽度的比值。

3-39 bcc 晶体结构中一个柏氏矢量为 $[1\bar{1}1]/2$ 的螺位错在 $\{112\}$ 面扩展为三叶分位错（层错都是 I_1 型，$\gamma_1=0.6\text{J/m}^2$）。已知 $\mu=5\times10^{10}\text{Pa}$，$b=0.25\text{nm}$，求各位错对扩展中心的距离。

3-40 晶体中的过饱和空位会沉积形成位错环或孔洞，在简单立方晶体中，若晶体表面能 $\gamma_s=\mu b/10$，μ 是晶体的切变模量，b 是位错的柏氏矢量，求空位沉积为位错环或沉积为孔洞的临界尺寸。

3-41 具有 B_2 型结构的 NiAl 金属间化合物，点阵常数 $a=0.29\text{nm}$。（1）最短的晶体平移矢量是什么？（2）这种结构的预期全位错柏氏矢量是什么？（3）在 NiAl 晶体中可以开动的滑移系是什么？（4）在NiAl 晶体中可以观察到什么样的部分位错，为什么？（5）在（4）中，两个部分彼此之间存在的错排是什么类型？

3-42 具有 NaCl 型结构的 MgO 密度为 3.65g/cm^3。它的柏氏矢量应该是什么？计算其柏氏矢量的长度。

3-43 Ni_3Al 的反相畴界能 $\gamma_{APB}=175\text{mJ/m}^2$，计算〈110〉超位错的宽度（以原子间距表示）。已知切变模量等于 $7.5\times10^{10}\text{Pa}$，点阵常数 $a=3.5\times10^{-10}\text{m}$。

3-44 当滑动位错密度由原来的 $10^9/\text{m}^2$ 增加两个数量级，估计上屈服切应力和屈服降落了多少。应变速率 $\dot{\varepsilon}$ 为 $10^{-3}/\text{s}$，位错以 10^{-2}m/s 滑动的切应力为 280MPa，应力与位错速度关系的指数 $n=20$，柏氏矢量 $b=2\times10^{-10}\text{m}$。

3-45 当溶质原子“凝聚”在刃位错上（即在位错线下面每原子间距有一个溶质原子）时，计算代位溶质原子以及间隙原子在 α-Fe 的位错线“凝聚”的最高温度。设溶质原子的浓度为 10^{-4}，代位溶质原子及间隙溶质原子与位错的最大交互作用能 E_b（键合能）分别是 0.1eV 及 0.5eV。

3-46 讨论低碳钢中发生不连续屈服时的应力-应变曲线的机制。若溶质原子和位错的最大键合能 E_b 为 0.5eV，溶质原子浓度为 10^{-4}，估算不发生不连续屈服的最低温度。并对你的估算作出解释。

3-47 低碳钢以应变速度 1/s 拉伸出现屈服效应。如果在出现屈服前后的移动位错密度分别为 $10^{11}/\text{m}^2$ 和 $10^{14}/\text{m}^2$。（1）估计上屈服点的位错运动速度；（2）估计屈服下落的幅度（点阵常数 $a=0.28\text{nm}$，应力与位错运动速度的指数关系系数 $n=35$）。

3-48 定性地给出二元合金的某一温度的自由能-成分曲线，其中一个合金成分会导致在层错的溶质原子浓度低于基体的浓度。

3-49 一个合金系，在某一温度下的 fcc 和 hcp 结构的成分自由能-成分曲线在同一成分有最小值。问这个成分合金在该温度下的扩展位错会不会出现铃木气团，为什么？

3-50 在 fcc 晶体结构中，空位在 $\{111\}$ 面沉积成空位片，设空位片是圆形。问位错环最小的半径为多大？已知 $\mu=6\times10^{10}\text{Pa}$，点阵常数 $a=0.4\text{nm}$，$\nu=0.3$，表面能 $\gamma_s=1\text{J/m}^2$，层错能 $\gamma=0.05\text{J/m}^2$（半径为 a 的 Frank 不全位错环的能量是 $E = 2a\dfrac{\mu b^2}{4(1-\nu)}\left(\ln\dfrac{4a}{r_0}-1\right)$，$r_0$ 约等于 b）。

3-51 一个脆性材料，表面能 $\gamma_s=1\text{J/m}^2$，杨氏模量 $E=100\text{GPa}$。（1）如果材料含微裂纹长度 $a=1\text{mm}$，它的断裂强度多大？（2）如果表面能增至 3000J/m^2，则断裂强度再增加多大？

参 考 文 献

[1] 哈宽富．金属力学性质的微观理论[M]．北京：科学出版社，1983.

[2] Hull D，Bacon D J. Introduction to Dislocations[M]. 5th ed. Oxford，et al：Butterworth-Heinemann，2011.

[3] Numakura Hiroshi，Defects in Metals，in Physical Metallurgy. Fifth edition. Elsevier Science BV. eds. D. E.

Laughlin and K. Hono. 2014, Vol. 1: 561–636.

[4] David Rodney, Joël Bonneville, Dislocations, in Physical Metallurgy. Fifth edition. Elsevier Science BV. eds. D. E. Laughlin and K. Hono. 2014, Vol. 2: 1591–1679.

[5] Pfeiler Wolfgang. Alloy Physics: A Comprehensive Reference[M]. Weinheim: Wiley-VCH Verlag GmbH & Co., 2007.

[6] Hirth J P, Lothe J. Theory of Dislocations[M]. 2nd ed. New York: John Wiley & Sons, 1982.

[7] 卡恩 R W，哈森 P，克雷默 E J. 材料科学与技术丛书（第1卷）：固体结构[M]. 北京：科学出版社，1998.

[8] Nabarro F R N. Dislocations in Solids (Vol. 2) [M]. Amsterdam, et al: North-Holland Publishing Company, 1979.

[9] Nabarro F R N, Duesbery M S. Dislocations in Solids (Vol. 10) [M]. New York: Elsevier Science Publishing Company, 1996.

4 晶态固体的表面和界面

晶体界面包括晶体/气体、晶体/液体以及晶体/晶体的界面。晶体界面是晶体的面缺陷，它们是二维（严格说不完全是二维）的结构缺陷。界面的结构不同于晶体内部的结构，因而具有很多不同于晶体内部的重要性质，这些性质不仅在晶体的一系列物理化学过程中起重要作用，而且对固态晶体的整体性能也有很重要的影响。

界面结构的复杂性按晶体/气体、晶体/液体、晶体/晶体界面的顺序而增加。晶体/气体和晶体/液体界面具有两个宏观几何自由度，所谓界面的宏观几何自由度是指为了定义界面所必需的几何参数的数目。因为气体和液体是各向同性的，晶体/气体和晶体/液体界面的结构只取决于与之邻接晶体的晶面，这个晶面的单位法线是确定这个晶面取向的最简单方法，所以这类界面的自由度数是 2。但是，晶体/液体界面更复杂一些，因为在界面的液体一侧靠近晶体的几个原子层受界面的显著影响而作为界面的一部分。晶体/晶体界面的两侧都是晶体，它们都是各向异性的，所以除了界面的法线两个自由度外，还要考虑两个晶体间的取向关系，确定两个晶体间的取向关系要有 3 个宏观自由度，即描述晶体/晶体界面需要 5 个宏观几何自由度。

在讨论具体界面前，先介绍几个与界面有关的概念，这些概念将在讨论具体界面时作更详细的讨论。

（1）锋锐界面和漫散界面。“锋锐”界面具有很窄的核芯结构，它的宽度大约是原子的最近邻距离。“漫散”界面具有比较宽的核芯结构，它大约有几层（或更多层）原子间距。很多晶体/气体界面和晶体/液体界面具有这种结构。漫散的晶体/晶体界面大多出现在化学或结构不稳定的系统中，如相分离、长程有序或位移式相变的系统中。

（2）奇异界面、邻位界面和一般界面。奇异界面是能量最低的稳定界面，界面的几何自由度值有任何变化都会使界面能量急剧升高。晶体/气体、晶体/液体的奇异界面所对应的晶体面大都是密排原子面，奇异晶体/晶体界面两侧都是比较密排的晶面，界面结构具有二维的周期性。邻位界面是界面的取向少许偏离奇异界面的界面，即界面能比奇异界面略高的界面。这类界面的结构一般是在奇异界面上附加一些如位错、台阶线缺陷或同时附加这两种线缺陷。附加的线缺陷是为了吸纳因偏离奇异界面取向或因界面与奇异界面位置倾斜引起的失配，从而降低界面能。一般界面是界面取向远离任何奇异界面的界面，连接界面的晶面通常是高指数晶面，界面具有非常长的周期或准周期结构。

在界面上的线缺陷有两种：禀性线缺陷和非禀性线缺陷。在邻位界面上的线缺陷是为了吸纳因偏离奇异界面取向或因界面与奇异界面位置倾斜引起的失配而引入界面的，它们在界面上排布均匀，属于最小能量平衡结构界面整体的一部分，所以称它们为禀性线缺陷；而在界面上的非禀性线缺陷的排布或多或少是随机的，所以它们的柏氏矢量相互抵消，不能系统地补偿它与参照结构的任何偏差，它们不属于最小能量平衡结构界面的一部分，它们是“超额”的线缺陷，所以称它们为非禀性线缺陷。

图 4-1a 是 bcc 结构的硬球堆垛模型图表示的邻位界面，其中的（100）面是奇异界面，因为存在界面台阶，所以宏观界面是（100）面奇异界面的邻位界面。图中黑和灰的球是相邻的（100）面，灰度不同仅是衬度不同而已。在图中看到（100）面的原子排列是整齐的，就这部分（100）面来说，它是“锋锐”界面。图 4-1b 是邻位界面结构的示意图。

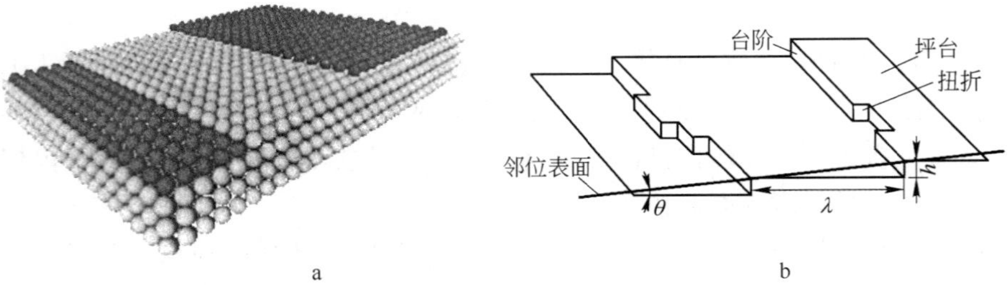

图 4-1　bcc 结构的（100）邻位界面

a—硬球堆垛模型；b—邻位界面结构的示意图

关于晶体/液体界面结构，将在本书中册第 7 章中讨论，这一章主要讨论晶体/气体界面（晶体表面）和晶体/晶体界面（晶界和相界）。

4.1　晶体表面

晶态固体的表面（晶体/气体界面）是晶态固体组织的重要组成部分。表面是晶体平移对称的终止处，它是材料与气相或真空之间的边界。晶体表面的很多物理化学过程，如晶体生长、外延生长、摩擦、润滑、磨蚀、分凝、表面钝化、催化、吸附、扩散以及各种表面的热黏附、光吸收和反射、热电子和光电子的吸收与发射等都和表面微观结构有直接的关系。随着科学技术的发展，越来越多的技术领域和表面科学密切相关。因而研究和了解表面的微观结构，机械、物理和化学性质，表面与外界系统交互作用的规律，对发展和推动这些科学技术领域以及开发和利用新型材料具有重要意义。

4.1.1　表面能定义及热力学函数

4.1.1.1　表面能和表面应力

表面张力最初是在研究液体表面时提出的。液体表面存在表面能，使液体尽量减小其表面以减小其总表面能，这种使表面缩小的力称表面张力。当增加表面积时，需要有外力克服表面张力做功，增加表面积相应增加的能量称表面形成能或表面内能（量纲为 J）。表面内能是广延量，用起来很不方便，故常用形成单位面积表面所需做的功来表征表面性质，称为比表面能，表示为 γ^{s}，为了方便，在没有特殊说明下，也常把比表面能简称为表面能。显然，表面能与表面张力具有相同的量纲：J/m^2 或 N/m。

固体表面与液体表面不同，液体的弹性模量几乎为 0，不会有表面弹性应力，而固体表面具有弹性应力，所以固体的表面张力的概念就比较含糊，并不如液体那样明确，所以，在固体中不常用这个术语。表面能和表面应力已足够描述所有固体表面的状态。可以通过两种途径来形成新表面：（1）简单地增加表面积；（2）通过弹性变形改变表面原子的位置从而改变表面的应力状态。

若固体增加表面积 dA，则需要破断一些键和移动一些邻域原子而对系统做功 δW^s。在恒温 T 和恒压 p 的平衡条件下，δW^s 为：

$$\delta W^s_{(T,\ p)} = \gamma^s \mathrm{d}A \tag{4-1}$$

在不存在任何不可逆过程的情况下，可逆功 $\delta W^s_{(T,p)}$ 等于总表面自由能的变化，总表面自由能的变化等于比表面自由能 G^s 与面积 A 的乘积的变化 $\mathrm{d}(G^sA)$：

$$\delta W^s_{(T,\ p)} = \mathrm{d}(G^sA) \tag{4-2}$$

考虑到上述形成新表面的两种途径，上式改写成：

$$\delta W^s_{(T,\ p)} = G^s\mathrm{d}A + A\mathrm{d}G^s \tag{4-3}$$

如果只是靠增加面积来形成新表面，即劈开表面而没有任何原子位置的调整，比表面自由能与表面积无关，即 $(\partial G^s/\partial A)_{T,\ P,\ n_i} = 0$，$n_i$是第 i 种组分的物质的量。则：

$$\delta W^s_{(T,\ p)} = G^s\mathrm{d}A \tag{4-4}$$

对比式(4-1)，$G^s = \gamma^s$，单元系的表面能等于比表面自由能。此时表面能定义为：在保持系统的温度 T、压力 p、物质的量 n_i 不变的条件下，把处于与其蒸气平衡时的晶体可逆地解理所做的功，这个功除以新生的两个表面的面积就是这两个表面的表面能 γ^s。

材料在经受弹性变形时，因弹性应变而导致增加（或减小）表面积，从而导致表面应力。表面应力的起因是：在材料表面层的原子的结合键数比内部原子的少，即有悬挂键，为了保持与内部原子相同的结构，表面原子的平衡距离与内部的不同，结果，内部的原子对表面沿表面的切方向施加了应力。当表面应力是正时，减小表面积其表面功为负，这表明在拉伸条件下表面收缩会降低表面的能量。当表面应力是负时，效应相反。

比表面自由能随温度的变化是比表面熵 S^s 的负值：

$$\left(\frac{\partial G^s}{\partial T}\right)_p = \left(\frac{\partial \gamma^s}{\partial T}\right)_p = -S^s \tag{4-5}$$

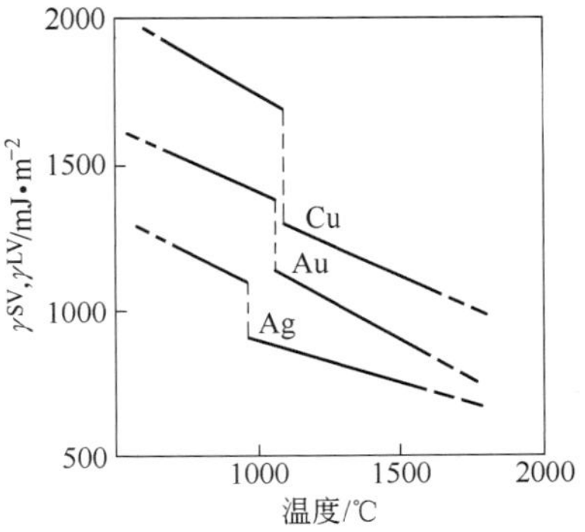

图 4-2　fcc 金属 Cu、Ag 和 Au 的固相和液相与其蒸气平衡的表面能随温度的变化关系

直观地知道，在表面的原子比在内部的原子有更高的活动自由度，同时，因形成表面空位而导致超额的组态熵，所以表面比内部具有更高的熵值。因为这些熵值都是正的，所以表面能随着温度升高而降低。测量了表面能随温度的变化便可以测量出表面熵值。图 4-2 是对 Cu、Ag 和 Au 的固体表面能 γ^{SV} 和液体表面能 γ^{LV}（上标的 V 表示与其平衡的蒸气相）与温度间关系的测量结果，在图中表面能发生突变的温度就是熔点温度 T_m，在熔点温度时 γ^{SV} 约等于 $1.25\gamma^{LV}$，一般情况下在熔点时 $\gamma^{SV}/\gamma^{LV} \approx 1.1 \sim 1.2$。从图 4-2 中的斜率可得到 Cu、Ag 和 Au 的$(\partial\gamma^{SV}/\partial T)_p$值分别为$-0.50$、$-0.47$ 和-0.43mJ/(m^2 · K)，大多数固态材料在熔点温度 T_m时$(\partial\gamma^{SV}/\partial T)_p$的合理近似值为$-0.45$mJ/(m^2 · K)。所以，可以由熔点温度液体的表面能 $(\gamma^{SV})_m$估算任一温度 T 的固体表面能 γ^{SV}：

$$\gamma^{SV} = 1.2(\gamma^{LV})_m + 0.45(T_m - T) \tag{4-6}$$

4.1.1.2 固体表面能与一些物理性质的关系

处在表面的原子没有在内部原子那样多的近邻，即在表面的原子有一些悬挂键，这是表面能的主要来源，所以，表面能与一些有关结合键强度的物理性质有很强的相关关系。例如，实验测量的固体表面能与其升华热近似有线性关系。图 4-3 给出了固体金属在熔点温度的摩尔表面能（表面层的范围约几个原子的厚度，参见 4.1.2 节）与其摩尔升华热间的关系。所谓在熔点温度的表面能是指接近熔点（略低于熔点）的测量值，在熔点温度虽然仍存在表面应力，但它比较低，近似地可以忽略它。摩尔表面能的量纲是 J/mol，它是指每摩尔表面原子（涉及表面的原子层）的表面能。表面能与弹性模量之间也有相似的关系，图 4-4 给出了固体金属在熔点温度的表面自由能与其弹性模量间的关系。表 4-1列出了一些金属在给定温度下实验测量的固体/气体和液体/气体的平均表面能。金属材料的固体/气体表面能在 1000～2000mJ/m^{2}范围。

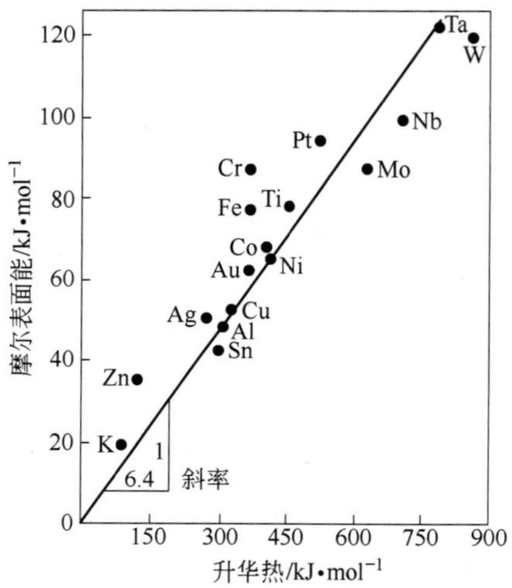

图 4-3 固体金属在熔点温度的摩尔表面能与其摩尔升华热间的关系

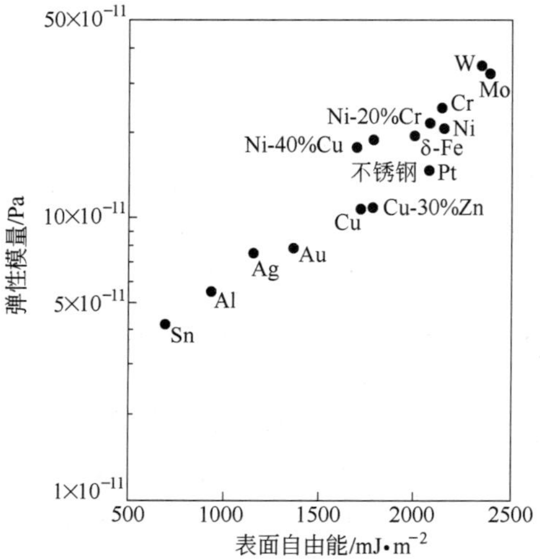

图 4-4 固体金属在 0.9T_m（T_m 是熔点温度）的表面自由能与其弹性模量间的关系

表 4-1 一些金属在给定温度下的固体/气体和液体/气体的平均表面能

金 属	γ^S/mJ·m^{-2}	T/℃	金 属	γ^S/mJ·m^{-2}	T/℃
W(固体)	2900	1727	Fe(液体)	1880	1535
Nb(固体)	2100	2250	Pt(固体)	2340	1311
Au(固体)	1419	1027	Cu(固体)	1670	1047
Au(液体)	1140	1338	Cu(液体)	1399	1535
Ag(固体)	1140	907	Ni(固体)	1850	1250
Ag(液体)	879	1100	Hg(液体)	478	16.5
Fe(固体)	2150	1400			

例 4-1 给出摩尔表面自由能 $\gamma^s_{(m)}$ 与比表面能 $\gamma^s_{(V)}$ 之间的关系，并根据表 4-1 给出的

表面能数据求 Cu 和 Ag 的摩尔表面自由能。

解：1mol 含 N_A（阿伏伽德罗常数）个原子，若已知摩尔表面自由能 $\gamma^s_{(m)}$，每个表面原子分摊的表面能是 $\gamma^s_{(m)}/N_A$。假设原子是立方体，每个原子的体积是 V_m/N_A（V_m是摩尔体积），每个原子的表面积是 $(V_m/N_A)^{2/3}$，结果，比表面能 γ^{SV}与 $(\gamma^{SV})_{mol}$的关系近似为：

$$\gamma^s = \frac{\gamma^s_{(m)}/N_A}{(V_m/N_A)^{2/3}} = \frac{\gamma^s_{(m)}}{(N_A)^{1/3}(V_m)^{2/3}}$$

从表 4-1 获得 Cu 在 1047℃的 γ^s_{Cu}为 $1670mJ/m^2$，$V_m=7.1cm^3/mol$，$N_A=6.022\times10^{23}/mol$，故 $\gamma^s_{(m)}$近似为：

$$\begin{aligned}\gamma^s_{Cu(m)} &= \gamma^s_{Cu}(N_A)^{1/3}(V_{Cu(m)})^{2/3} = 1670\times10^{-7}\times(6.022\times10^{23})^{1/3}\times(7.1)^{2/3}J/mol\\ &= 52.09kJ/mol\end{aligned}$$

Ag 在 907℃的 γ^s_{Ag}为 $907mJ/cm^2$，$V_m=13.1cm^3/mol$，故 $\gamma^s_{(m)}$近似为：

$$\begin{aligned}\gamma^s_{Ag(m)} &= \gamma^s_{Ag(m)}(N_A)^{1/3}(V_{Ag(m)})^{2/3} = 1140\times10^{-7}\times(6.022\times10^{23})^{1/3}\times(13.1)^{2/3}J/mol\\ &= 53.50kJ/mol\end{aligned}$$

Cu 的熔点为 1084℃，Ag 的熔点为 962℃，对照图 4-2，估算的 $\gamma^s_{(m)}$值是比较接近的。

4.1.1.3 乌尔夫（Wulff）图

因为晶体的各向异性，不同晶面作为表面的表面能不同（见下节计算说明）。为了表示表面能 γ^s对表面取向的依赖关系，往往采用一个矢量来表示表面能 γ^s，这个矢量的方向和所描述的表面外法向一致，这个矢量的长度（模）与所描述表面的表面能大小成正比。这样，晶体各个晶面的表面能 $\gamma^s_{(hkl)}$就可以用球坐标中的矢径表示出来。图 4-5a 给出了简单立方系的［001］晶带中一些晶面的表面能矢径，把这些矢径都平移到一个公共原点上，并把这组矢径的端部联结起来，可以得到一条曲线（图 4-5b）。按这样的方法对其他的{hkl}表面作矢径，再把矢径端部联结起来，可以得到一个曲面，这个曲面称表面能 γ^s 曲面图（γ^s-plot，简称 γ 图）或乌尔夫曲面图，这个曲面 $\gamma^s_{(hkl)}$可用函数表示（见下节讨论）。因为晶体的各向异性，晶体表面能曲面不是球面，它具有与该晶体点阵相同的对称性。图 4-5 中垂直于 γ^s矢径公共原点的[001]轴，在立方系中是 4 次对称轴，所以图 4-5b 只需给出 γ^s曲面在这个截面上的 1/4 即可。

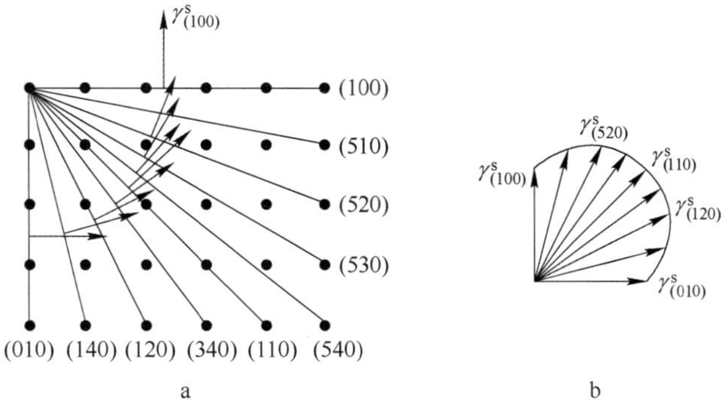

图 4-5 简单立方晶体［001］晶带中各晶面的表面能矢径（a）和矢径簇（b）

4.1.1.4 用最近邻断键模型计算 0K 时的表面能

如果考察的温度接近 0K，即表面自由能中的熵项可以忽略的情况下，用考察表面原子间键能以及破断键数目的方法，就可以估算出表面能 γ^s。考虑表面为（hkl）面上某一原子，它指向任一近邻 j 原子的矢量是该原子与 j 原子间的键矢量，以 q_j' 表示。以 V_{at} 表示 1 个原子在晶体中所占的体积（即晶胞体积除以晶胞含的原子数），则一个原子在（hkl）面所占的面积为 V_{at}/d_{hkl}，单位面积（hkl）面占有这种键的数量密度 $\rho_{(q_j)}$ 为：

$$\rho_{(\boldsymbol{q}_j)} = \frac{1}{V_{at}/d_{hkl}} = \frac{d_{hkl}}{V_{at}}$$

设（hkl）表面的外法线单位矢量为 $\boldsymbol{\nu}$，则 q_j' 在 $\boldsymbol{\nu}$ 的分量一定为（hkl）面面间距的整数倍，即 $\boldsymbol{\nu} \cdot \boldsymbol{q}_j' = md_{hkl}$，$m$ 为整数。把这一关系代入上式，得：

$$\rho_{(\boldsymbol{q}_j)} = \frac{d_{hkl}}{V_{at}} = \frac{\boldsymbol{q}_j' \cdot \boldsymbol{\nu}/m}{V_{at}} = \frac{\boldsymbol{q}_j \cdot \boldsymbol{\nu}}{V_{at}} \tag{4-7}$$

式中，$\boldsymbol{q}_j = \boldsymbol{q}_j'/m$。但是，只有那些与 $\boldsymbol{\nu}$ 夹角小于 π/2（即 $\boldsymbol{q}_j' \cdot \boldsymbol{\nu} > 0$）的键矢量才会被（$hkl$）表面截断（即产生破断键），它们才对表面能有贡献。若键矢量 $\boldsymbol{q}_j'$ 对应的键能为 $-u_{(\boldsymbol{q}_j)}$（键能是结合能的反号，下面为了表达方便，不加入负号，但暗示取结合能的绝对值），则单位面积断开的键能就是 $\rho_{(\boldsymbol{q}_j)} u_{(\boldsymbol{q}_j)}$。考虑到晶体各个键矢量，因而表面势能 $\mathcal{E}^s$ 应对 j 求和，即：

$$\mathcal{E}^s = \gamma^s = \frac{1}{2}\sum_j \rho_{(\boldsymbol{q}_j)} u_{(\boldsymbol{q}_j)} = \frac{1}{2}\sum_j \frac{\boldsymbol{q}_j \cdot \boldsymbol{\nu}}{V_{at}} u_{(\boldsymbol{q}_j)} \tag{4-8}$$

式中，1/2 因子是考虑到 1 个断开键分摊在形成的 2 个表面而引入的；求和是对 $\boldsymbol{q}_j \cdot \nu > 0$ 的 j 求和。正如假设的那样，上式计算表面能时设原子是刚性球，没有考虑表面弛豫的现象。所以，应该用有弛豫时的键矢量 $(\boldsymbol{q}_j)_{re}$ 取代原来的键矢量，同时不能用刚性模型计算势函数 $u_{(q_j)}$，应根据具体情况选取适当的模型来计算，这时的比表面势能 E^s 一般比上述计算的高。

对于给定晶系和已知表面面指数（hkl）的情况，也可以直接分析（hkl）表面破断的键（近邻或包括次近邻）数，根据键能来计算（hkl）表面能。

如果温度不是 0K，还必须考虑表面熵项。可以料想，表面原子运动比较自由，它的热熵比内部原子高，还有组态熵也可能引入表面。自由能的熵项使表面自由能的降低可以部分地补偿增高的表面势能。

例 4-2 导出二维立方系 γ^s 图的函数和相应的 γ^s 图，设晶体的点阵常数为 a。(1) 只考虑破断最近邻键，设每对最近邻原子的键能为 u_1；(2) 除考虑破断最近邻键外还考虑破断次近邻键，设每对次近邻原子的键能为 u_2，并设 $u_2 = u_1/4$。

解：图 4-6a 给出了二维立方系的原子排布图。现用平面极坐标系来描述。设 [10] 为起始轴，$\theta=0$。又因垂直于图面的是 4 次对称轴，所以只讨论 θ 的 0～π/2 部分，其他部分可由对称关系得出。

(1) 一个法线和 [10] 方向夹角为 θ 的表面，法线单位矢量为 $[\cos\theta, \sin\theta]$。若仅考虑破断最近邻键，最近邻键矢量只有 $\boldsymbol{q}_{[10]}(=a[10])$ 和 $\boldsymbol{q}_{[01]}(=a[01])$ 键穿过表面，这两种键的性质是相同的，它们的键能都是 u_1，点阵常数为 a，所以原子体积 $V_{at} = a^2$。根据式(4-8)：

$$\gamma^s(\theta) = \frac{u_1}{2a^2}(\boldsymbol{q}_{[10]} \cdot \boldsymbol{\nu} + \boldsymbol{q}_{[01]} \cdot \boldsymbol{\nu}) = \frac{u_1}{2a}(\cos\theta + \sin\theta)$$

上式对应的图形是一个过原点的圆，它从原点所引的直径方向为[11]，直径长为 $u_1/\sqrt{2}a$。把对称的其他部分一起考虑，Wulff 曲面图如图 4-6b 所示。

(2) 如果把次近邻的键矢量也考虑进去，表面法线和 [10] 方向夹角在 π/4~π/2 范围（不包括 π/4，即图 4-6c 的 Ⅰ 区域）内，这时考虑的最近邻键矢量有 $a[10]$、$a[01]$，次近邻键矢量有 $a[11]$、$a[\bar{1}1]$，这样，表面势能为：

$$\gamma^s(\theta) = \frac{a}{2a^2}[u_1([10] + [01]) \cdot \nu + u_2([11] + [\bar{1}1]) \cdot \nu]$$

$$= \frac{1}{2a}[u_1(\cos\theta + \sin\theta) + 2u_2\sin\theta]$$

按题意，$u_2 = u_1/4$，上式变为：

$$\gamma^s(\theta) = \frac{1}{2a}\left[u_1(\cos\theta + \sin\theta) + \frac{2}{4}u_1\sin\theta\right] = \frac{u_1}{2a}\left[(\cos\theta + \sin\theta) + \frac{1}{2}\sin\theta\right]$$

把对应的其他 7 个部分一起表示出来，它的 γ^s 图如图 4-6c 所示。

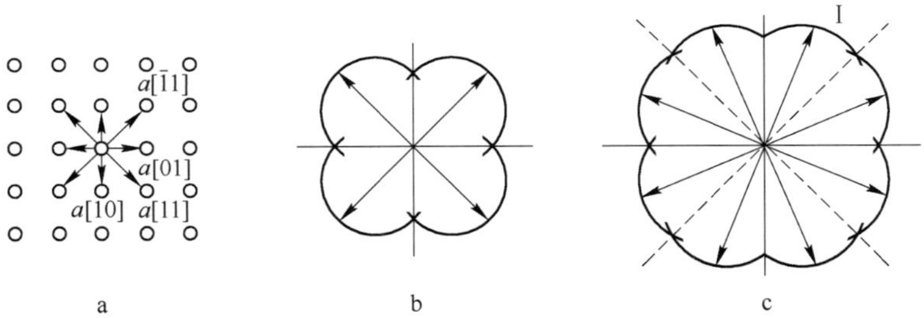

图 4-6　二维立方点阵

a—原子排列和所考虑的键矢量 $\boldsymbol{q}_j$；b，c—考虑了最近邻和次近邻键的 γ^s 图

这里计算的 Wulff 曲面图都在特定表面出现尖锐的脐点，在不是 0K 时，因为考虑了熵项的影响，曲线的脐点不会那么明显。

前面已经提过，由于金属原子间的斥力很强，一级近似可以把原子看做是硬球。如果表面平行于低指数面，在表面除了点阵常数略有变化外，原子的排列可以近似看做和内部的相同。这样可以忽略表面应力，表面能就源于表面的破断键。假设表面原子的键能与内部的相同，对于单原子晶体，因为升华热相当于把晶体所有结合键破断的能量，如果忽略次近邻和次近邻以外的键能，认为升华热只由最近邻键能所贡献，则最近邻键的键能 u 可以由摩尔升华热 ΔH^s 来估算。每摩尔有 N_A（阿伏伽德罗常数）个原子，若晶体的配位数是 z，则最近邻键对的数目是 $zN_A/2$，所以：

$$u = 2\Delta H^s / zN_A \tag{4-9}$$

例 4-3　利用升华热 ΔH^s 估算面心立方结构 {111} 面的表面能（只考虑最近邻键），设点阵常数为 a。

解：fcc 结构的配位数 $z=12$，用升华热表示的键能 $u=2\Delta H^s/12N_A=\Delta H^s/6N_A$。(111) 面的单位法线矢量 $\boldsymbol{\nu}=[111]/\sqrt{3}$，它破断最近邻的键矢量为 $a[101]/2$、$a[110]/2$ 和 $a[011]/2$（见图 4-7）。fcc 结构中每个晶胞含 4 个原子，所以原子体积 $V_{at}=a^3/4$；根据式(4-8)，表面能为：

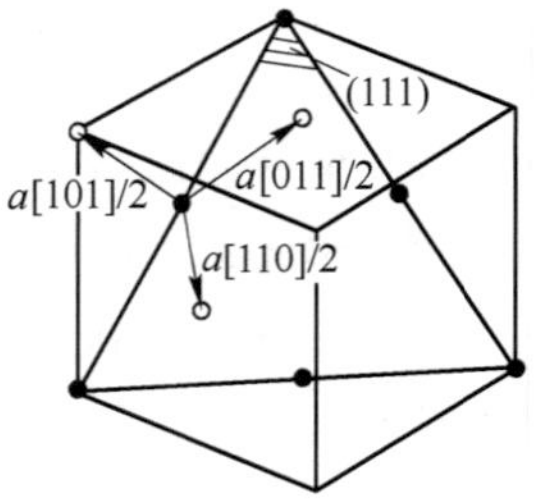

图 4-7 {111} 表面一个原子的最近邻原子

$$\gamma^s_{(111)}=\frac{1}{2}\sum_j\frac{\boldsymbol{q}'_j\cdot\boldsymbol{\nu}}{V_{at}}u=\frac{1}{2}\frac{\Delta H^s}{6N_A}\cdot\frac{4}{a^3}\cdot\frac{\sqrt{3}}{3}\cdot$$

$$\frac{a}{2}[111]\cdot([101]+[110]+[011])=\frac{\sqrt{3}}{a^2}\cdot\frac{\Delta H}{6N_A}$$

还可以用另一种方法计算。$z=12$，(111) 面上每个原子在面上已有 6 个近邻，在面的上层和下层各有 3 个近邻。所以，(111) 表面每个原子破断 3 个最近邻键。现考虑图 4-7 所示 (111) 面三角形，其面积为 $\sqrt{2}a\times\sqrt{2}a\cos30°/2=\sqrt{3}a^2/2$，三角形面积内有两个原子，所以表面能为：

$$\gamma^s_{(111)}=\frac{2\times3\times u/2}{a^2\sqrt{3}/2}=\frac{2\sqrt{3}}{a^2}\cdot\frac{\Delta H^s}{6N_A}=\frac{\sqrt{3}}{a^2}\cdot\frac{\Delta H^s}{6N_A}$$

所得的结果与上面计算的相同。

晶体是各向异性的，表 4-1 列出的是平均表面能，它应该是很多不同晶面表面能的平均值。因为“平均”晶面的表面原子破断的键数目是难以表达的，所以很难用最近邻破断键模型来计算表面能。另外的方法是用原子的表面尺寸来表达表面能。如果一个原子的体积是 V_{at}，则一个原子的表面积可认为是 $(V_{at})^{2/3}$。平均表面能 γ^s 可表达为：

$$\gamma^s=C\frac{\Delta H^s}{V_{at}^{2/3}} \tag{4-10}$$

式中，ΔH^s 是摩尔升华热；C 是比例常数，如果假设原子是立方体，C 等于 $(6N_A^{1/3})^{-1}=1.974\times10^{-9}\text{mol}^{-1/3}$。若表面能的量纲是 J/m^2，它的值约为 20。

表 4-2 给出了用不同方法获得的 Cu、Ag 和 Au 的表面能：其中 {111}、{100} 和 {110} 表面的表面能数据是用式(4-9)的破断最近邻键的方法以及用嵌入势原子模型（EAM）计算的，同时也给出用式(4-10)估算的平均表面能，在表中还给出了接近熔点 T_m 时实验测量的平均表面能。

表 4-2 用不同方法获得的 Cu、Ag 和 Au 的表面能 (mJ/m^2)

元 素	{111}	{100}	{110}	实验值	式(4-10)估算值
Cu（式（4-9））	1240	1430	1520	—	—
Cu(EAM)	1170	1280	1400	1670	1799
Ag(EAM)	620	705	770	1140	1195
Au(EAM)	790	918	980	1410	1537

从表 4-2 列出的数据可看出，简单的破断键模型能合理估算表面能值，其精确度在 10%以内。而用式(4-10)计算的结果比实验值略高，还是符合得较好。

图 4-8 是 fcc 晶体分别以最近邻破断键、最近邻和次近邻破断键和考虑了很多相邻交互作用的理论计算的等表面能线。从图 4-8a 看出，以最近邻破断键计算，表面能高低的顺序是（110）面、（100）面、（111）面。（210）面附近的表面能最高（相对值是 1.291），它与最低表面能（111）（相对值是 1）之间的差值约为 29%；当把次近邻破断键也计算进去时（图 4-8b），最大表面能面向（211）面移动，在（531）面附近达最大值（相对值是 1.139），而最低表面能不是（111）面而是（100）面（相对值是 0.962）；当计算的交互作用距离是最近邻距离的 22 倍时（图 4-8c），最低表面能面恢复为（111）面，这时各向异性差仅为 12%。Cu 的各晶面表面能的测量值高低顺序也是（110）面、（100）面、（111）面。但它们之间的差值比计算值小得多，在 830℃时约为 3.5%，在 1030℃时约为 1.7%。这些数据说明在 0K 以破断键计算（特别是只用最近邻破断键计算）的表面能是过高估计的。

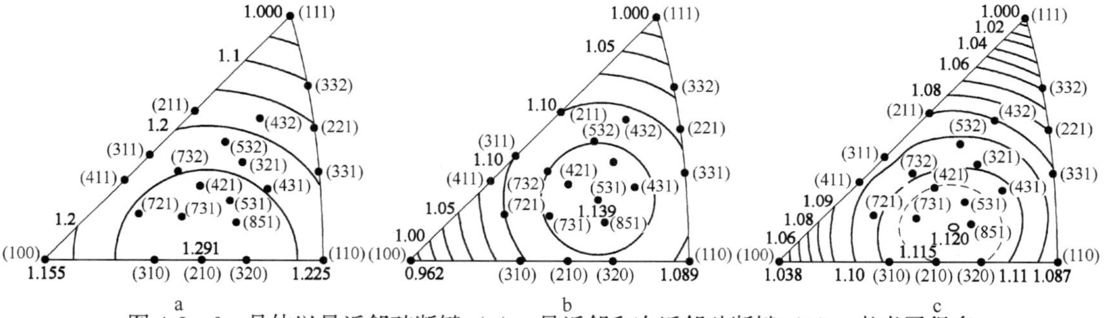

图 4-8　fcc 晶体以最近邻破断键（a）、最近邻和次近邻破断键（b）、考虑了很多相邻交互作用（c）的理论计算的等表面能线

（以（111）表面能为 1，黑体字表示表面能相对值）

例 4-4　（1）假设原子是立方体，说明式(4-10)中的 $C=(6N_A^{1/3})^{-1}$。（2）用式(4-10)计算 Cu、Ag 和 Au 的平均表面能，把结果与表 4-2 比较。

解：（1）分摊到每个原子的升华热为 $\Delta H^s/N_A$，其中 ΔH^s是摩尔升华热，N_A是阿伏伽德罗常数。因设原子是立方体，所以每个原子有 6 对近邻键，每对键的键能就等于 $\Delta H^s/6N_A$。一个原子的表面积是 $(V_m/N_A)^{2/3}$，其中 V_m是摩尔体积。这样，平均表面能应是：

$$\gamma^s=\frac{\Delta H^s/6N_A}{(V_m/N_A)^{2/3}}=\frac{\Delta H^s}{6(N_A)^{1/3}V_m^{2/3}}=\frac{1}{6(N_A)^{1/3}}\cdot\frac{\Delta H^s}{V_m^{2/3}}$$

对比式(4-9)，得 $C=(6N_A^{1/3})^{-1}=1.974\times10^{-9}\text{mol}^{1/3}$。

（2）查得 Cu、Ag 和 Au 的升华热 ΔH^s分别是 336、284 和 368kJ/mol，摩尔体积分别为 7.10、10.30 和 10.20cm^3/mol。根据式(4-9)得到在 0K 的表面能：

Cu　$$\gamma^s=C\frac{\Delta H^s}{V_m^{2/3}}=\frac{1.974\times10^{-9}\times336\times10^3}{(7.10\times10^{-6})^{2/3}}=1795.5\text{mJ/m}^2$$

Ag　$$\gamma^s=C\frac{\Delta H^s}{V_m^{2/3}}=\frac{1.974\times10^{-9}\times284\times10^3}{(10.3\times10^{-6})^{2/3}}=1184.2\text{mJ/m}^2$$

Au　$$\gamma^s=C\frac{\Delta H^s}{V_m^{2/3}}=\frac{1.974\times10^{-9}\times368\times10^3}{(10.2\times10^{-6})^{2/3}}=1544.5\text{mJ/m}^2$$

表 4-2 给出的 Cu、Ag 和 Au 在接近熔点的表面能实验值分别是 1670、1140 和 1410mJ/m^2，Cu、Ag 和 Au 的计算值与实验值的差别分别是 7.5%、3.9%和 9.5%，用式(4-10)计算的结果其误差范围都小于 10%。

4.1.1.5　晶体外形——乌尔夫定理

实验表明，晶体的表面能 γ^s 依赖于表面的取向，即取决于表面的晶面类型（hkl）。对于没有体力作用的晶体，在体积保持恒定时晶体将具有一定的平衡形状，从而使总界面自由能 $\mathcal{G}^\gamma$ 取极小值。在恒温恒压条件下：

$$\mathcal{G}^\gamma = \int_A \gamma^s(\boldsymbol{n})\,\mathrm{d}A = \min \tag{4-11}$$

式中，$\gamma^s(\boldsymbol{n})$ 是法线单位矢量为 $\boldsymbol{n}$ 的 dA 的比表面能。如果界面能为各向同性，$\gamma^s(\boldsymbol{n})$ 为常量，则上式的 $\mathcal{G}^\gamma = \gamma^s A$，即总界面能取小值就意味着界面面积取极小值。对于晶体，如何选择晶面可以使其总界面自由能最低？对此乌尔夫给出答案：对于具有对称中心的晶体，在其 γ^s 能量曲面的每个点上作垂直于其矢量半径的平面，这些平面的内包络面就给出了晶体的平衡形状，这一操作方法称乌尔夫构图法也称乌尔夫定理。例如图 4-9 所示的二维 γ^s 图，作出通过表面能矢径 1、2、3、4、…的尖端且与其垂直的平面 Ⅰ、Ⅱ、Ⅲ、Ⅳ、…。因为是二维图，一个平面退化为一条线。从图 4-9 可看出，这些平面标迹就是用粗线所画出来的折面（六边形），它就是平衡晶体外形的截面。其实，一般情况下，用上述方法得到的晶体外形就是由 γ^s 曲面中的鞍点或脐点（如图中的 m、n、o、p、…）所对应的晶面组成的多面体。由于脐点对应的表面能 γ^s 最小，所以也可以说，平衡条件下晶体的外形是由表面能最小的面构成的，即这些界面都是奇异界面。我们也可以采用和以上操作相反的途径，即测量晶体平衡形状上所有界面的 h_i（见下面的定义）值，就能得到 γ^s 图。

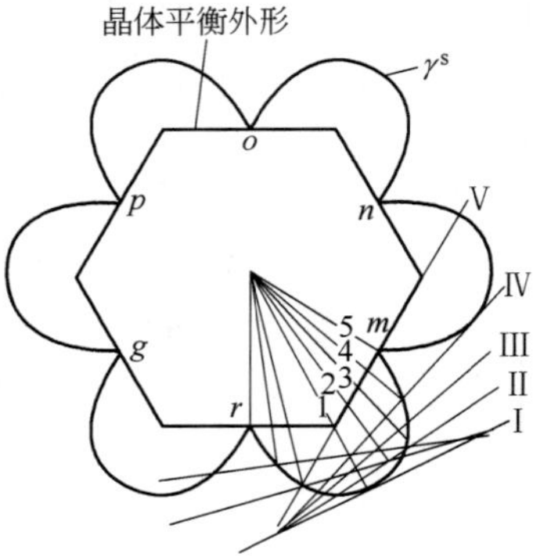

图 4-9　Wulff 构图的二维作图说明

乌尔夫定理可表述为：当外力作用可以忽略不计，晶体具有平衡形状时，则存在一点，由该点到晶体所有界面的垂直距离 h_j 与这些界面的比界面能 γ_j 之比为常数：

$$\frac{\gamma_j}{h_j} = \text{const} \tag{4-12}$$

下面证明这一式子：把多面体晶体划分为以 A_j 为底、h_j 为高的许多小棱锥体，晶体体积 $\mathcal{V}$ 是这些小棱锥体体积之和：

$$\mathcal{V} = \frac{1}{3}\sum_j h_j A_j \tag{4-13}$$

当晶体体积增大时，h 正比于 $A^{1/2}$ 增长。故晶体体积的微分为：

$$\mathrm{d}\mathcal{V} = \frac{1}{2}\sum_j h_j \mathrm{d}A_j \tag{4-14}$$

晶体体积的改变需要有原子（分子）进入或离开，每进入一个原子（分子），晶体体积增加一个原子体积 V_{at}。同时，引入一个原子（分子），晶体的化学势改变 $\Delta\mu$。结果，当晶体体积改变 $d\mathcal{V}$ 时，晶体自由能改变 $d\mathcal{G}$ 为：

$$d\mathcal{G} = -\frac{\Delta\mu}{2V_{at}}\sum_j h_j dA_j + \sum_j \gamma_j dA_j \tag{4-15}$$

在热力学平衡条件下，应有：

$$\left(\frac{\partial\mathcal{G}}{\partial A_j}\right)_{A_{i\neq j},\ \cdots,\ T,\ \Delta\mu} = 0 \tag{4-16}$$

由式(4-14)和式(4-15)得到：

$$\frac{\gamma_1}{h_1} = \frac{\gamma_2}{h_2} = \cdots = \frac{\gamma_j}{h_j} = \cdots = \frac{\Delta\mu}{2V_{at}} \tag{4-17}$$

这就证明了乌尔夫定理。若已知各个方向上的 γ_j，就可以利用乌尔夫定理求出晶体的平衡形状。乌尔夫定理广泛用以研究嵌埋在大的基体中细小第二相颗粒或晶体的平衡形状，但是，在固相基体中的第二相平衡与在其蒸气中的晶体平衡不同，除了考虑到总界面能最小外，还要考虑嵌埋在基体中第二相颗粒引起的弹性畸变能，因此其平衡形状是界面能和畸变能的复杂函数，这将在本书下册第 10 章固态转变中进一步讨论。

应当强调指出的是，平衡形状仅仅只对小晶粒才有实际意义。对于大的晶粒，表面自由能的影响和其他因素比起来就不是很显著了。此外，在实际上得到不受任何外力影响的平衡形状的晶体，也是十分困难的事，例如小晶粒的形状必然会在某种程度上受到承受它的支持物的影响。

例 4-5 图 4-10a 是在 200℃退火在石墨上的 Pb 晶体的扫描电镜照片（显示 Pb 晶体立体形状），照片上指出了〈111〉和〈100〉方向，这些晶体表面是平直的。设 {111} 面的表面能是 1，求 (100)、(112) 和 (113) 面的表面能。

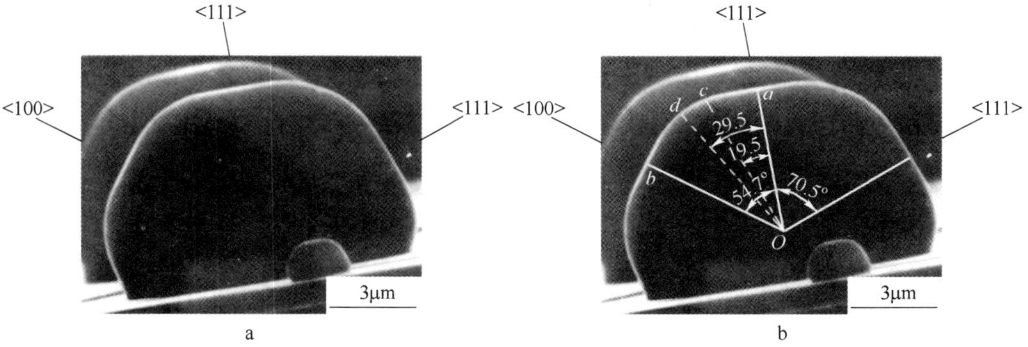

图 4-10 在 200℃ Pb 晶体的扫描电镜照片

解：Pb 的晶体结构是面心立方，其法线方向指数与晶面指数同名。在 200℃退火，可以认为 Pb 单晶体的外形是平衡形状，可用 Wulff 构图描述它的表面能。在图中作出 (111) 和 (100) 面的中分垂线以求出 Wulff 构图的中心点，图 4-10b 中的 O 点。为了利用 Wulff 平面构图来寻找各晶面的表面能关系，这些面必须是以构图的法线为晶带轴的晶面。如果设图 4-10a 中的 {111} 面和 {100} 面是（111）面和（100）面，则它们的晶带轴是 $[0\bar{1}1]$。测量中心点到（111）面和（100）面的长度（图中的 Oa 和 Ob）分别为 28.5 和 29.2（任意单位，下面的讨论用同一单位），即（100）面的表面能 $\gamma_{(100)}=(29.2/28.5)\gamma_{(111)}=1.025\gamma_{(111)}$。

{112} 面族中属于 $[0\bar{1}1]$ 晶带的面是（211），计算（211）面与（111）面的夹角 $\varphi_{(211)\wedge(111)}$：

$$\varphi_{(211)\wedge(111)}=\arccos\left(\frac{1}{\sqrt{6}}[211]\cdot\frac{1}{\sqrt{3}}[111]\right)=\arccos(0.943)=19.5°$$

在图 4-10b 中的 Pb 晶体作出与 Oa 夹角为 19.5°的线 Oc，量其长度为 29.5，即（211）表面能 $\gamma_{(211)}=(29.5/28.5)\gamma_{(111)}=1.035\gamma_{(111)}$。

{113} 面族中属于 $[0\bar{1}1]$ 晶带的面是（311），计算（311）面与（111）面的夹角 $\varphi_{(311)\wedge(111)}$：

$$\varphi_{(311)\wedge(111)}=\arccos\left(\frac{1}{\sqrt{11}}[311]\cdot\frac{1}{\sqrt{3}}[111]\right)$$

$$=\arccos(0.870)=29.5°$$

在图 4-10b 中的 Pb 晶体作出与 Oa 夹角为 29.5°的线 Od，量其长度为 30.2，即（311）表面能 $\gamma_{(112)}=(30.2/28.5)\gamma_{(111)}=1.059\gamma_{(111)}$。

图 4-11 是 Pb 以 {111} 面为参考表面的表面能 $\gamma^s_{(111)}$ 与（hkl）的表面能 $\gamma^s_{(hkl)}$ 的比值 $\gamma^s_{(hkl)}/\gamma^s_{(111)}$，图中的 θ 是（hkl）面与（100）面的夹角。注意到其中 200℃的几个数据与例 4-5 计算的结果大体相符。从图看出，在 {111} 面处出现最小尖点，随着温度升高，表面能降低，并且晶体表面能的各向异性程度降低，但 $\gamma^s_{(100)}/\gamma^s_{(111)}$ 几乎与温度无关。

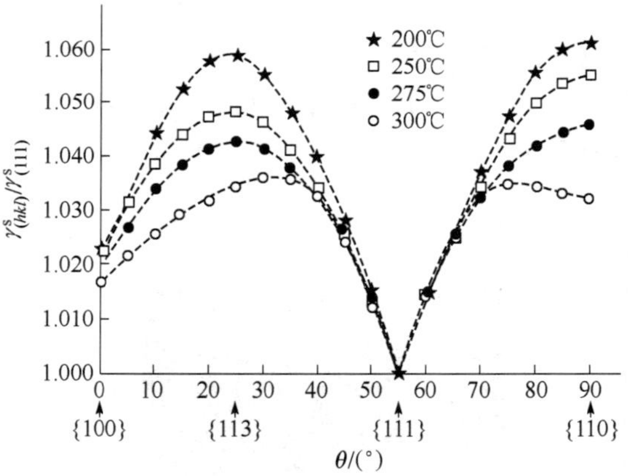

图 4-11 Pb 的不同宏观表面(hkl)的表面能与(111)表面能的比值 $\gamma^s_{(hkl)}/\gamma^s_{(111)}$ 随它们之间的夹角的变化（θ 是（hkl）面与（100）面的夹角）

4.1.2 表面结构

晶态固体的表面区不仅包括固体表面最外几层原子面，而且还应计入表面附近的真空区。如果表面有吸附层，还应计入这部分空间体积。一般情况下，表面区域大致包括以表面原子终结平面为基准，分别向体内和真空方向延伸 1~1.5nm 的范围。从晶体学角度看，所谓表面是指晶体内的三维周期性结构开始被破坏一直到真空之间的整个过渡区域，一般它只有几个原子层厚。

4.1.2.1 表面的坪台、台阶和扭折（TLK 模型）

在上节讨论时都是把表面看做是原子水平光滑的，没有发生弛豫和再构，因而也没有表面应力。因为它们相应的表面能都相应于 γ^s 图脐点取向的表面能，它们是奇异界面。如果表面是略偏离奇异取向的邻位界面，这些表面不是低表面能的表面，这些表面是不稳定的，它将会发生小面化。小面化过程是不稳定表面上的一些原子离开其平衡位置，转移到其他位置上，与另外一些原子组成一个新的属于平衡形状取向（即原来奇异界面）的小平面（称为“坪台”），在坪台上相隔一定距离有“台阶”，一般情况下，在台阶上也会存在“扭折”。图 4-1b 是邻位表面的示意图，其中宽面是坪台，也就是原来的奇异界面，坪台之间由台阶隔开，台阶的间距 λ 和台阶高度 h 取决于邻位表面与奇异界面间的夹角 θ。

邻位界面的表面能显然比奇异界面的表面能高，因为在台阶处的原子比坪台原子的破断键数多，从而增加了表面焓值，虽然存在台阶也会增加表面的排列熵从而降低表面自由能，但综合的结果仍然使表面能增加。设单原子高度台阶的单位长度超额能量为 $\mathcal{E}_1$，奇异表面的表面能为 γ_0，则邻位界面的表面能是邻位界面与奇异界面夹角 θ 的函数：

$$\gamma^s = \gamma_0\cos\theta + \frac{\eta\mathcal{E}_1}{h_1}\sin\theta \tag{4-18}$$

式中，η 是唯象系数，是用以定量台阶的熵值。对单位面积界面来说，$\cos\theta$ 就是坪台的面积，故 $\cos\theta$ 项是坪台（奇异界面）对表面能的贡献；而 $\sin\theta$ 是台阶的面积，$\sin\theta/h=1/\lambda$ 是台阶的密度，$\sin\theta$ 项是台阶对表面能的贡献。η 同时受温度以及台阶间距（从而熵值）的影响，前者是通过 $\beta=u/k_BT$（u 是结合能）影响而后者则是通过 θ 影响的。很明显，如果作出 γ^s-θ 曲线，坪台的表面是 $\theta=0°$ 的界面，其表面能处于曲线的低尖点。当 θ 偏离 0° 时，表面出现台阶从而使表面能增加。在 0K 的极限情况下，台阶是完整的直台阶，台阶自由能中没有熵的贡献，$\eta=1$，式(4-18)简化为简单形式，$\mathcal{E}_1/h$ 就是台阶的表面能 γ_1。随着温度升高，β 值降低（即温度升高或结合键能 u 降低）并且 η 小于 1。这样，因为台阶有弯曲和粗糙的倾向，从而降低了单位长度台阶的自由能。

如果按式(4-18)画出 γ^s-θ 曲线，则在 $\theta=0$ 处有最小的尖点。γ^s-θ 曲线对 T 和 θ 取导，并在 $\theta\to0$ 处有如下关系：

$$\gamma^s_{(\theta\to0)} = \gamma_0 \quad 和 \quad \mathcal{S}_{(\theta\to0)} = \mathcal{S}_0 \tag{4-19}$$

$$\frac{\partial\gamma^s_{(\theta\to0)}}{\partial\theta} = \frac{\mathcal{E}_1}{h_1} \quad 和 \quad \frac{\partial\mathcal{S}_{(\theta\to0)}}{\partial\theta} = -\frac{\partial\mathcal{E}_1/\partial T}{h_1} \tag{4-20}$$

式中，$-\partial\mathcal{E}_1/\partial T=\mathcal{S}$ 是台阶的熵值。可以由 γ^s-θ 曲线根据上两式得出这些参数。表 4-3 是不同温度下靠近 Cu 的 {111} 面的表面和台阶的焓和熵的实验测量值。

表 4-3 靠近 Cu{111}面的表面和台阶的焓和熵的实验测量值

温度/K	表面焓 /mJ·m^{-2}	表面熵 /mJ·(m^2·K)$^{-1}$	台阶焓 /mJ·m^{-2}	台阶熵 /mJ·(m^2·K)$^{-1}$
1100	1448	0.33	1.8×10^{-11}	0.7×10^{-12}
1200	1415	0.33	1.2×10^{-11}	0.7×10^{-12}
1300	1382	0.33	0.5×10^{-11}	0.7×10^{-12}

一个处于非 0K 的真实表面还会存在表面缺陷：热力学稳定的缺陷——空位和扭结，动力学稳定的缺陷——位错在表面的露头等。当温度不是 0K 时，表面层个别原子可能获得足够能量跃迁到表面层之上，同时在表面层留下 1 个空位，这个过程的能量是：一个表面空位打断一些键（例如 fcc 表面是（111）时破断 9 个最近邻键），产生这个空位所伴生的原子贴附在扭结上，又会生成一些键（例如 fcc 表面是（111）时形成 6 个最近邻键），两者之差才是产生一个空位所破断的键的数目（例如 fcc 表面是（111）时产生一个表面空位需破断 3 个最近邻键，即 $3u$，$|u|$ 是原子键合能）。当 $k_B T/u<0.6$ 时，表面只形成少量的跃迁原子和空位；温度升高到 $k_B T/u \approx 0.6$ 时，跃迁的原子数目增加，分散在表面上的原子可能聚集结合在一起，形成一个个孤立的坪台，空位也结合成空位团，在表面形成空缺。这时，沿表面法线方向有两层是不完整的，这种表面结构称双层结构或粗糙突变结构。当温度更高时，即 $k_B T/u>0.6$ 时，坪台和空缺的面积不断加大，当达到一定程度时，不仅表面最外层的原子发生跃迁，就是次外层或更低层的原子层的原子也可能跃迁，在大坪台上形成新的小坪台，在大空缺中形成新的小空缺，这样的表面产生（成为）复层结构，又称粗糙渐变结构，它是漫散界面。图 4-12 是不同 $k_B T/u$ 值时表面结构的示意图。

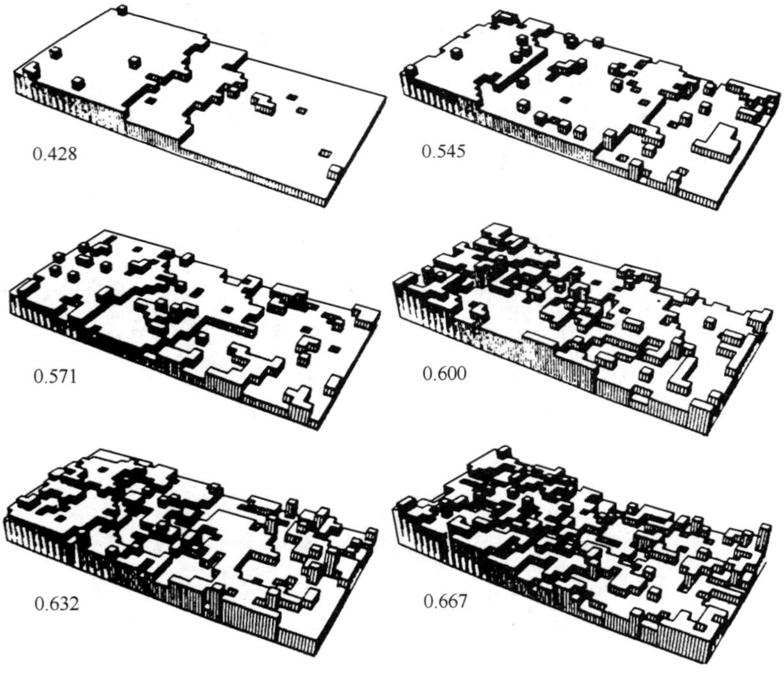

图 4-12　不同 $k_B T/u$ 值（图中的数字）时表面结构示意图

由分子动力学模拟也可以看出表面是漫散界面，图 4-13 所示为用分子动力学模拟液/固（111）界面从固相（第 5 层）到表面（第 8 层）的几层原子的活动轨迹。从图看出，越接近表面，固相原子活动范围越大，到达最外层时，原子差不多不能固定在原来位置。

例 4-6　用图 4-11 给出的资料，确定 Pb 的 {100} 和 {111} 面的单位长度台阶的超

额焓 $\mathcal{E}_1$。

解：从图 4-11 量得

(111) 表面的

$$[\partial(\gamma^s_{(\theta\to 0)}/\gamma^s_{(111)})/\partial\theta] = (\mathcal{E}_{1(111)}/h_{1(111)})(1/\gamma^s_{(111)}) = 2.90\times 10^{-3}$$

(100) 表面的 $[\partial(\gamma^s_{(\theta\to 0)}/\gamma^s_{(100)})/\partial\theta] = (\mathcal{E}_{1(100)}/h_{1(100)})(1/\gamma^s_{(111)}) = 1.433\times 10^{-3}$

Pb 的原子半径 $r_{Pb}=0.175\text{nm}$，(111) 表面和 (100) 表面单原子台阶高度等于它们的面间距，即 $h_{1(111)}=2\sqrt{6}r/3=0.2858\text{nm}$，$h_{1(100)}=\sqrt{2}r=0.2475\text{nm}$。所以，(111) 表面上单位长度台阶的超额焓 $\mathcal{E}_{1(111)}$ 为：

$$\mathcal{E}_{1(111)} = 2.90\times 10^{-3}h_1\gamma^s_{(111)} = 2.90\times 10^{-3}\times 0.2858\times 10^{-9}\gamma^s_{(111)}$$
$$= 8.2882\times 10^{-13}\gamma^s_{(111)}\text{ mJ/m}$$

上式 $\gamma^s_{(111)}$ 的单位是 mJ/m^2。(100) 表面上单位长度台阶的超额焓 $\mathcal{E}_{1(100)}$ 为：

$$\mathcal{E}_{1(100)} = 1.433\times 10^{-3}h_1\times 1.025\gamma^s_{(111)} = 1.433\times 10^{-3}\times 0.2475\times 10^{-9}\times 1.025\gamma^s_{(111)}$$
$$= 3.635\times 10^{-13}\gamma^s_{(111)}\text{ mJ/m}$$

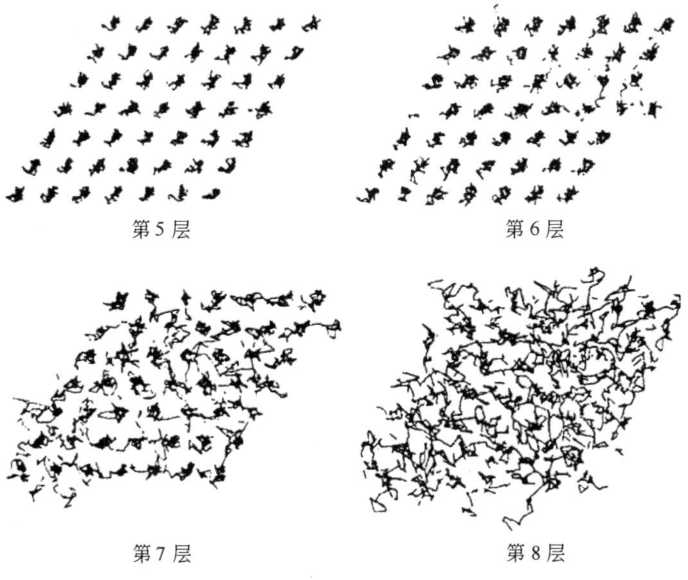

图 4-13 分子动力学模拟液/固 (111) 界面从固相（第 5 层）到表面（第 8 层）的几层原子的活动轨迹（Brougition，等）

4.1.2.2 表面弛豫和再构

在垂直表面方向上，靠近晶体表面的内部原子排列的周期性遭到破坏，因而在表面附近的电子波函数发生变化，形成新的电子态。这种电子态波函数的变化又必然影响表面原子排列。新的原子排列又影响电子波函数，这种相互影响最后在晶体表面建立起一个与晶体内部不同的自洽势，在表面形成一个势垒。在金属中，正离子实被高移动性的电子构成的原胞电子云均匀地屏蔽，图4-14是描述 fcc 金属晶体 {100} 表面沿着〈100〉往下看的情况。当没有形成表面时，电子云沿着原胞边界分布，如图 4-14 中的实线所示。一旦形成表面，表面电子减少了因失去的表面原子的束缚，可自由地改变空间分布，使表面的电子密度平滑化从而降低它的能量，如图 4-14 中的虚线所示，结果在表面形成电偶层。因为存在电偶层，在最外原子层的正离子实受到在它们原胞电荷的净排斥，发生表面法向收缩的弛豫，直到建立新的平衡为止。

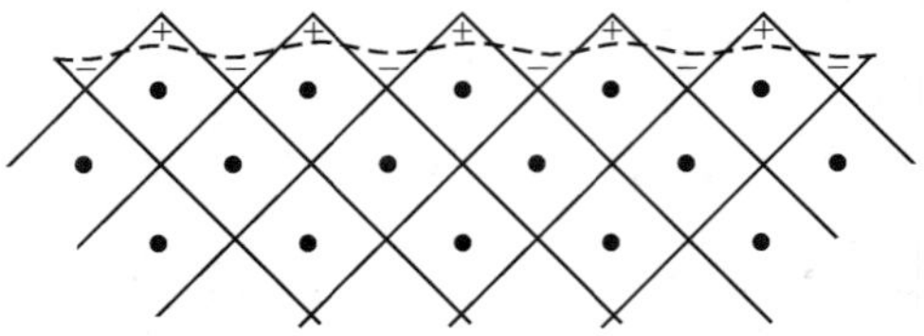

图 4-14 fcc {100} 表面电偶层的示意图

金属通常发生表面波动式的弛豫：相对于内部原子层来说，表面第一层原子法向收缩，第二层则是扩张，按这样的次序向晶体内部重复，但其弛豫的强度也随着减弱。这种行为可以用图 4-14 作定性解释：表面第一原子层的电子密度比内部的平均密度低从而向内收缩，这一收缩使相邻的第二原子层附加了额外的电荷密度，为了降低平均密度，第二原子层推开第三原子层，即第二原子层会扩张。第三原子层变成和第一原子层相似的收缩状态，上述的过程重复发生，导致表面发生波动式的弛豫。

表 4-4 是几种 fcc 金属低指数面的表面（表面层没有再构）各原子层（从表面开始往下三层）的弛豫实验数据，Δz 是相对内部面间距的变化量（nm），其下标 ij 是从表面原子层往下的相邻原子层数。从表看出，表层都有一些收缩，表面比较粗糙的 {110} 表面与表面比较光滑的 {100}、{111} 表面相比有比较大的弛豫，并且 {110} 表面的第二层原子面都有如上所说的微弱的膨胀。个别金属表面可能有扩张弛豫，例如表 4-4 中 Au 的 {111} 表面以及 Al 的 {111} 表面原子层有扩张弛豫，其原因目前还不清楚。对于 bcc 金属，例如 Na、V、Fe、W、Mo 等晶体，它们中大多数的 {100}、{110} 和 {111} 表面没有明显的表面法向弛豫，而 Mo 的 {100} 表面却发生了很大的表面法向收缩弛豫，收缩约11%～12%。

表 4-4 几种 fcc 金属的低指数面的表面原子层（从表面开始往下三层）的弛豫实验数据

（nm）

表 面	弛 豫	Cu	Ni	Au	Pd
(100)	Δz_{12}	-0.0020	-0.0156	0.0000	0.0050
	Δz_{23}	0.0031	0.0000	0.0000	0.0000
	Δz_{34}	0.0027	0.0000	0.0000	0.0000
(110)	Δz_{12}	-0.0108	-0.0050	-0.0125	-0.0080
	Δz_{23}	0.0029	0.0000	0.0070	0.0010
	Δz_{34}	0.0000	0.0000	-0.0025	0.0000
(111)	Δz_{12}	-0.0014	0.0000	0.0072	0.0000
	Δz_{23}	0.0000	0.0000	0.0000	0.0000
	Δz_{34}	0.0000	0.0000	0.0000	0.0000

表面弛豫所引发的点阵畸变不是很大，而表面再构使表面结构发生质的变化，所以它

对降低表面能的作用比弛豫更有效。一般的再构表现为形成表面超结构，表面超结构是表面层二维晶胞的基矢整数倍增大的结构。最常见的再构有重组型再构和缺列型再构。图 4-15 所示为简单立方晶体表面两种再构的示意图。面心立方金属金、铂、铱、钯等的 {110} 表面是缺列型再构，这是因为在 {110} 面缺列后变成两个相交的很窄 {111} 折面，从而降低了表面能。重组型再构通常发生在共价键晶体或有较强共价键的混合键晶体中。因为共价键有很强的方向性，被断开的悬挂键极不稳定，它们重新排成减少悬挂键的新表面结构，显然这种新结构是具有较大周期的超结构。重组型再构常伴有表面弛豫来进一步降低表面能。总的看来，当原子键没有明显方向性时，很少发生表面再构，若发生再构也只是以缺列型再构为主；当原子键有明显方向性时，在低指数表面上发生重组型再构是很常见的。

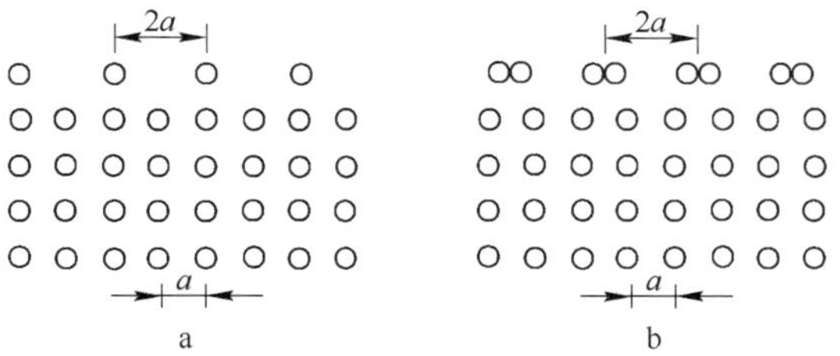

图 4-15 简单立方晶体两种表面再构的原子分布排列示意图

a—缺列型再构；b—重组型再构

非金属键的晶体（例如锗、硅等金刚石结构晶体）表面的弛豫和再构比较复杂。图 4-16a 是锗的 {111} 面的原子排列图，图中大圆圈表示最外层原子，小圆圈表示次外层原子。由于最外层原子有一个键（或 1 个价电子）伸向真空方向，没有配对（有 1 个“悬挂键”），电子要和第二层原子中的电子配对，使有些最外层原子（图 4-16a 中箭头向下的原子，占外层原子数目的 3/4）被拉向第二层原子。因为这些原子向下移动，必然挤压第二层中的一些原子，使它发生横向移动（图 4-16a 中带箭头的小圆圈表示的原子，箭头方向表示横向移动的方向）。这些原子的横向移动又会排斥另一些最外层原子（图 4-16a中箭头向上的双圆圈表示的原子，占外层原子数目的 1/4）向真空方向移动。表面原子的弛豫运动使理想解理表面产生形变。图 4-16b 画出了图 4-16a 所示的 AB 剖面的弛豫情况。从图中可以看到，原来表面的那一层原子弛豫后变成了 2 个原子层，其中上子层比理想解理面高 0.017nm，下子层比理想解理面低 0.013nm。这样，锗的 {111} 表面是一个隆起高度达 0.03nm 的高低不平的表面。

由多种原子组成的晶体，因为每种原子收缩和扩张的情况不一样，表面层原子的弛豫会比上面讨论的更为复杂。

除了因表面原子在表面发生弛豫而引起表面再构外，如果表面受其他原子的作用，甚至其他原子（这些原子可以来自外部，也可以来自内部）进入到表面中，也会引起表面的再构。再构后的这种表面称为覆盖表面。在大多数面心立方和体心立方结构的金属中，{100} 和 {110} 的覆盖表面的结构都比较简单，而少数金属（金和铂）{100} 覆盖表面的结构比较复杂，半导体锗、硅等覆盖表面的结构更为复杂。化合物覆盖表面的结构比单质表面的复杂。

4.1.3 表面吸附及偏析

吸附与偏析是材料表面的重要物理现象。表面吸附是指固相和气相（或液相）的两相系统中，分子或原子从气相（或液相）到固/气相（或液相）界面上的聚集，但不生成

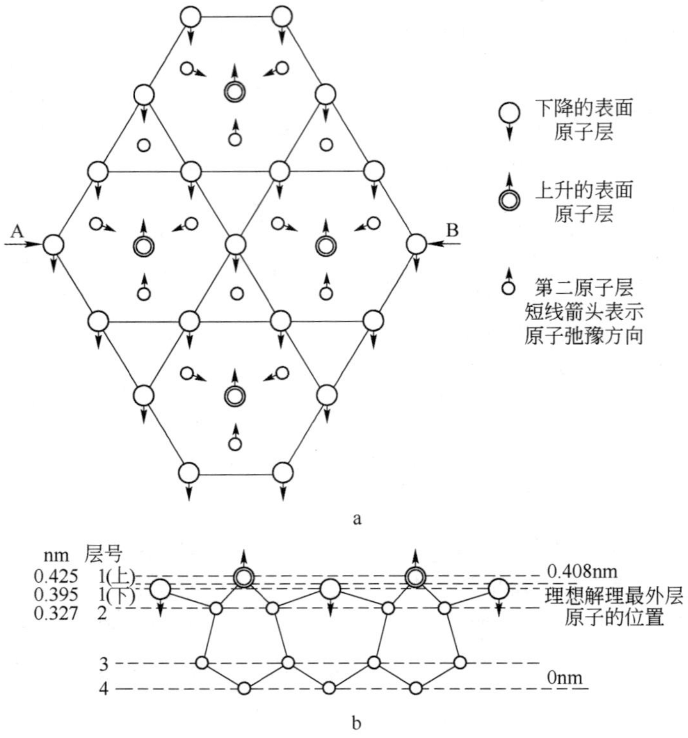

图 4-16 具有金刚石结构的锗的 {111} 清洁表面弛豫状况
a—俯视图；b—AB 剖面图（图中的小圆圈表示的原子是在 AB 剖面的投影）

稳定的凝聚相；表面偏析是指固相中溶质从凝聚相到固相/气相（或液相）界面上的聚集。在这里，必须注意区别偏析和析出，前者只是提高界面浓度而不生成新相，而后者则生成新的第三相。吸附和偏析是重要的表面和界面过程，它们可以改变材料表面和界面的成分和结构，使表面和界面的组分和结构发生变化，这些变化会引起材料实际表面的一系列物理、化学及力学性能发生变化。另外，许多重要的界面变化过程（例如，界面反应和催化、界面成核和生长、粘接、磨损等）都是以吸附和偏析开始的。

表面吸附可分为物理吸附和化学吸附两种。物理吸附是反应分子靠范德华力吸附在固/气交界面上。每一个原子或分子在某种程度上都是可极化的，当它接近表面时，表面原子和吸附原子相互极化，使系统能量降低。相互极化导致小的偶极子相互吸引，从而形成范德华力。范德华力的作用较弱，所以被物理吸附的分子在结构上变化不大，和在气态中的分子状态差不多。由于物理吸附热较低，所以在低温时表面以物理吸附为主。化学吸附类似化学反应，吸附剂和吸附物的原子和分子间发生电子转移，改变了吸附分子的结构。和物理吸附不同，化学吸附时吸附剂与吸附物分子或原子之间的作用力主要是静电库仑力。在化学吸附中，如果吸附剂和吸附物之间发生了完全的电子转移，使吸附剂和吸附物的原子或分子变成离子，两者之间的结合是纯离子键，这就称为离子吸附。如果在化学吸附中，吸附剂和吸附物之间的电子转移不完全，两者之一或双方都提供电子作为共有化电子，形成局部价键（共价键、离子键或配位键），同时，两者之间的共有化电子不是等同的，这称为化学键吸附。化学吸附的结合力主要是共有化电子与离子实之间的库仑力。

在实际的化学吸附中，除了上述两种情况外，也会有两者兼有的情况。

由于物理吸附和化学吸附的物理化学过程不同，它们之间有不同之处：(1) 吸附热不同。吸附本身是一个放热过程，吸附热是负值。化学吸附中，吸附热与化学反应热为同一数量级，一般为几十千焦每摩尔，而物理吸附最多不超过几千焦每摩尔。显然化学吸附的脱附温度比同种固体物理吸附的高。(2) 吸附和脱附的速率不同。物理吸附过程一般不需要热激活，而大多数化学吸附类似化学反应，是一个热激活过程，需要一定的激活能，所以化学吸附的吸附及脱附的速率比物理吸附的慢。(3) 吸附的选择性不同。化学吸附因化学本性的原因具有很高的选择性，即一种固体表面只能吸附某些气体而不吸附另一些气体。例如氢会被钨和镍化学吸附却不能为铝化学吸附。而物理吸附则无选择性，任何气体在任何固体表面在气体沸点附近都可以进行物理吸附。(4) 吸附层的厚度不同。化学吸附总是限于单原子层，或单分子层，而物理吸附在低压下是单层，在高压下会变成多层。(5) 吸附态的光谱不同。物理吸附只能使原来吸附分子的特征吸收峰发生一些位移，或使吸收峰的强度有所改变，而化学吸附会在紫外、红外或可见光谱区产生新的吸收峰。

物理吸附和化学吸附之间也有一定的联系。有些化学吸附可以直接在吸附剂和吸附物之间进行，但相当多的化学吸附必须先经过物理吸附之后再进行化学吸附。物理吸附和化学吸附可以在一定条件下转化。例如，氢分子在铜表面上的物理吸附，经活化而进一步与铜催化表面接近则可以转化为解理面的氢化学吸附。另外，在某些情况下，在物理吸附之后，吸附物和吸附剂之间的相互作用力会起到拉长某些化学键的作用，甚至使分子的化学性质改变，使得难以区别它是物理吸附还是化学吸附。

对于物理吸附，平衡吸附量是由吸附剂和被吸附物本身的性质决定的，外部条件（如温度、压力）也有一定的影响。按热力学知道，对于表面相能量 $\mathcal{E}^s$ 的微量变化，有如下关系：

$$d\mathcal{E}^s = Td\mathcal{S}^s - Pd\mathcal{V} + \sum_i \mu_i dn_i + \gamma^s dA \tag{4-21}$$

式中，μ_i 和 n_i 分别是表面第 i 种物质的化学势和表面上物质的物质的量。体系处于平衡态时，任意小的变化，表面性质可从 $\mathcal{E}^s$ 方程求出：

$$d\mathcal{E}^s = d(T\mathcal{S}^s) - d(P\mathcal{V}) + d\sum_i \mu_i n_i + d(\gamma^s A) \tag{4-22}$$

在恒压下，把上两式相减得吉布斯吸附方程：

$$d\gamma^s = -(\mathcal{S}^s dT + \sum n_i d\mu_i)/A \tag{4-23}$$

式中，γ^s 和 $\mathcal{S}^s/A$ 分别是单位表面的表面能和表面熵，$n_i/A = \Gamma_i^s$ 是单位面积第 i 种吸附物的摩尔量。为了方便，忽略了 Γ_i^s 的上标。当温度恒定时，式(4-23)变为：

$$\Gamma_i = -\left(\frac{\partial \gamma^s}{\partial \mu_i}\right)_{T,\ \mu_j(j\neq i)} \tag{4-24}$$

如果与表面平衡的蒸气是理想气体，因为有 $\mu_i = \mu_i^0 + RT\ln p_i$ 的关系，其中 p_i 是组元 i 的分压，μ_i^0 是在 10^5Pa(1atm)下纯蒸气 i 的化学势，这样式(4-24)变为：

$$\Gamma_i = -\frac{1}{RT}\left(\frac{\partial \gamma^s}{\partial \ln p_i}\right)_{T,\ p_j(j\neq i)} \tag{4-25}$$

对于表面偏析，按讨论表面吸附相同的道理，式(4-25)同样可以适用。讨论B在A中的稀溶液，溶质B的化学势μ_B为：

$$\mu_B = \mu_B^0 + RT\ln(\gamma_B x_B) \tag{4-26}$$

式中，x_B是组元B的摩尔分数；γ_B是组元B的活度系数，对于稀溶液，它可以近似为常数。按式(4-25)，单位面积的偏析物的摩尔量Γ_B为：

$$\Gamma_B = -\frac{1}{RT}\left(\frac{\partial \gamma^s}{\partial \ln x_B}\right)_{T,\ p} \tag{4-27}$$

按照上式，如果测量了晶体表面能随成分的变化函数，则可获得表面偏析量。图4-17是一些金属基的稀溶体在接近熔点时的表面能随溶体的浓度变化的实验曲线。曲线说明溶体成分对表面能有很大的影响，也就对表面偏析有很大的影响。溶体的浓度越高，表面能越低，并且表面偏析越严重。

因表面吸附或偏析而使表面成分改变，除了改变表面能外，还因在表面的超额原子的择尤分布，表面能的各向异性加大，改变了晶体的平衡形状。因表面存在超额原子而引起表面结构和性能变化的现象，提醒从事材料表面科学的工作者，要十分小心控制材料研究的环境和控制表面的吸附。

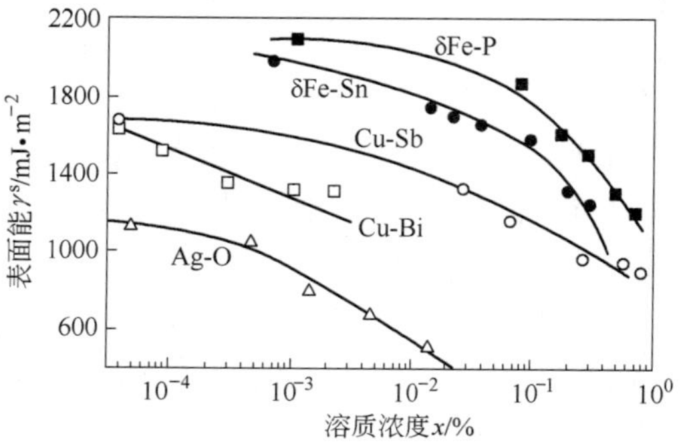

图4-17 金属基溶体（曲线中文字的前一个是溶剂）浓度对表面能（接近熔点）的影响

上面是用热力学方法讨论表面偏析，因为（$\partial\gamma/\partial\ln x_B$）不容易获得，它的应用上存在很大困难。有很多其他讨论表面平衡偏析的方法，下面重点介绍破断最近邻键模型所得的结果。设P个溶质原子随机地分布在N个晶内点阵位置上，p个溶质原子独立地随机分布在n个表面位置上，由溶质原子分布引起的自由能$\mathcal{G}$为：

$$\mathcal{G} = pe + P\mathcal{E} - k_BT\{\ln(n!\ N!\ ) - \ln[(n-p)!\ p!\ (N-P)!\ P!\ ]\} \tag{4-28}$$

式中，$\mathcal{E}$和e分别是溶质原子在晶内点阵及在表面的能量；含k_BT的项是溶质原子在晶内及表面的排列熵。$\mathcal{G}$最小是系统的平衡态。以p为变量对$\mathcal{G}$微分（注意$P+p$为常数），并令它等于0，引用Stirling近似式，求得：

$$\frac{x_s}{1-x_s} = \frac{x_B}{1-x_B}\exp\left(-\frac{\Delta\mathcal{G}}{k_BT}\right) \tag{4-29}$$

式中，x_s是在表面溶质原子位置分数；x_B是晶内的溶质原子分数；$\Delta\mathcal{G}$是溶质原子在表面与在晶内的自由能差（等于$e-\mathcal{E}$），其中包括除排列熵项以外的熵项能量。这一方程称Langmuir-McLean关系。对于稀溶体（$1-x_B\approx1$），上式可改写成：

$$-\frac{\Delta G}{RT} = \ln\frac{x_s}{(1-x_s)x_B} \tag{4-30}$$

式中，R是气体常数。如果进一步近似认为$1-x_s\approx1$，则还可以简化上式：

$$x_s = x_B\exp\left(-\frac{\Delta G}{RT}\right) \tag{4-31}$$

从上面的式子看出，表面偏析随溶质的平衡浓度而增加，这与由图4-17给出的数据并结合式(4-27)所得的结论是相同的。ΔG 包括 ΔH 焓项和 ΔS 熵项，从实验可知，表面偏析的 ΔS 通常是不大的（$-3R<\Delta S<3R$，同时参见式(4-93)），因而处理表面偏析时常常忽略 ΔS 熵项而把注意力集中在 ΔH 项。ΔH 直接关系到溶质与溶剂间的交互作用（键能），可以用断键模型来处理。Seah 对规则溶体的稀二元（A-B）合金研究获得$-\Delta G$ 为：

$$-\Delta G = (\gamma^{s}_{A(m)} - \gamma^{s}_{B(m)}) + 1.8\Omega + 2.66 \times 10^{35} C_4 r_A (r_B - r_A)^2 \qquad (4\text{-}32)$$

式中，$\gamma^{s}_{A(m)}$ 和 $\gamma^{s}_{B(m)}$ 分别是溶剂 A 和溶质 B 在 0K 的摩尔表面能；Ω 是规则溶体的交互作用参数；r_A 和 r_B 分别是 A 和 B 的原子半径。当 $r_A>r_B$ 时，C_4 等于 1，当 $r_A<r_B$ 时，C_4 等于 0。根据 Ω 的正负以及（$\gamma^{s}_{A(m)} - \gamma^{s}_{B(m)}$）的正负，溶质在表面可能富化也可能贫化。用式(4-32)估算的$-\Delta G$ 再根据式(4-31)获得的溶质在表面的富化（或贫化）率 β^s 为：

$$\beta^{s} = \frac{x_s}{x_B} = \exp\left[\frac{(\gamma^{s}_{A(m)} - \gamma^{s}_{B(m)}) + 1.8\Omega + 2.66 \times 10^{35} C_4 r_A (r_B - r_A)^2}{RT}\right] \qquad (4\text{-}33)$$

按上式计算的 β^s 与实验获得的富化的 β^s 之间的关系描述于图 4-18 中，从图看出，它们是近似相等的。

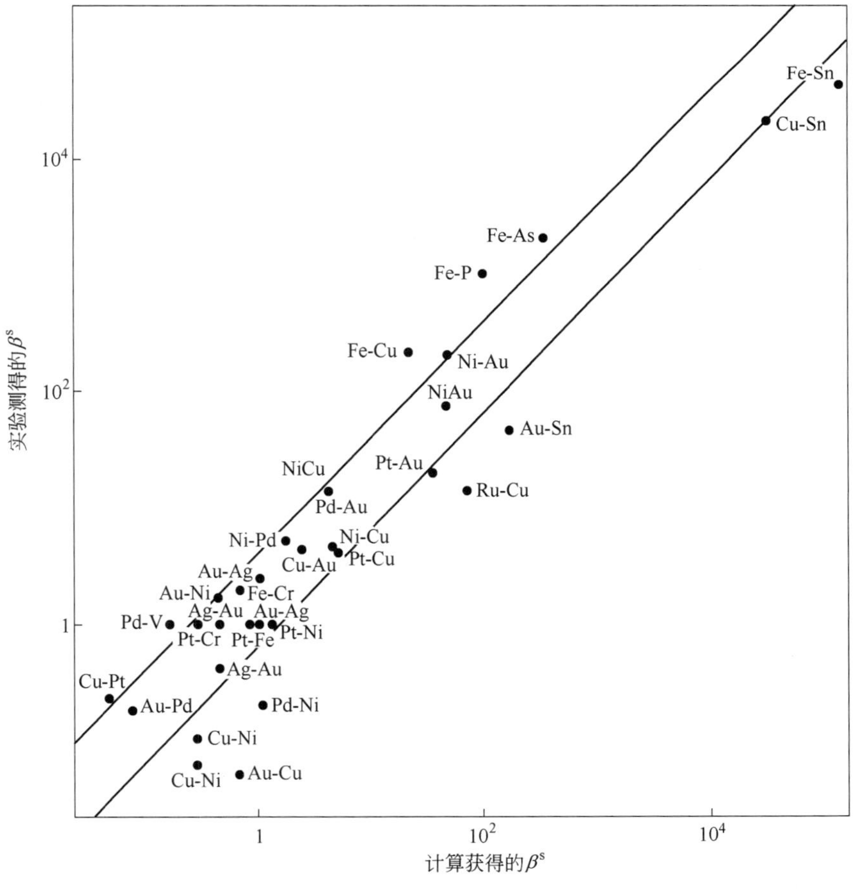

图 4-18 一些二元合金稀溶体（合金符号中后者为溶质）用式(4-30)和式(4-31)计算的 β^s 与实验测得的 β^s 之间的关系

Miedema 考虑了溶质 B 在基体 A 的混合热 ΔH_{mix} 和溶剂与溶质在 0K 的表面能差，利用 Langmuir-McLean 关系获得 $-\Delta G$ 的简单关系式为：

$$-\Delta G = 0.24\Delta H_{mix} + 1.3\times 10^8(\gamma_A^s - \gamma_B^s)V_B^{2/3} \tag{4-34}$$

式中，V_B 是 B 的摩尔体积；ΔH_{mix} 前的 0.24 因子是估算表面原子与真空接触的分数；系数 1.3×10^8 是由 $0.24/C$（C 的意义见式(4-10)和例 4-4）得来的，其量纲为 $mol^{-1/3}$。上式没有包括溶质原子和溶剂原子的尺寸错配能（但可以认为它已经包含在 ΔH_{mix} 项中）。按式(4-31)获得表面富化率 β^s 为：

$$\beta^s = \frac{x_s}{x_c} = \exp\left[\frac{0.24\Delta H_{mix} + 1.3\times 10^8(\gamma_A^s - \gamma_B^s)V_B^{2/3}}{RT}\right] \tag{4-35}$$

因为表面层中溶质原子周围的溶剂原子比内部的少，所以正的混合热将会增加溶质的表面偏析。

Burton 和 Machlin 提出了利用合金相图的液相线和固相线的走向来预测表面偏析的方法。他们的想法是基于固-气界面和固-液界面的相似性，即气相和液相都是低对称性，原子的低配位数和弹性模量为 0，从而没有弹性应变等。所以，他们认为如果固、液相平衡时液相的溶质浓度比固相的高（如图 4-19a 的合金相图表示的那样），则在固-气表面会富集溶质原子，即发生表面偏析；相反，如果固、液相平衡时液相的溶质浓度比固相的低（如图 4-19b 的合金相图表示的那样），则在固-气表面不会富集溶质原子，即不发生表面偏析。把固相-液相平衡时的固相质量分数 w^S 与液相质量分数 w^L 的比值 $w^S/w^L = k_0$ 定义为平衡分配系数，$k_0<1$ 的合金会发生表面偏析。这种看法还没有定量的描述，但很多实验证明这种看法是对的。这种看法暗示了表面的行为和其他界面的行为是有关联性的。

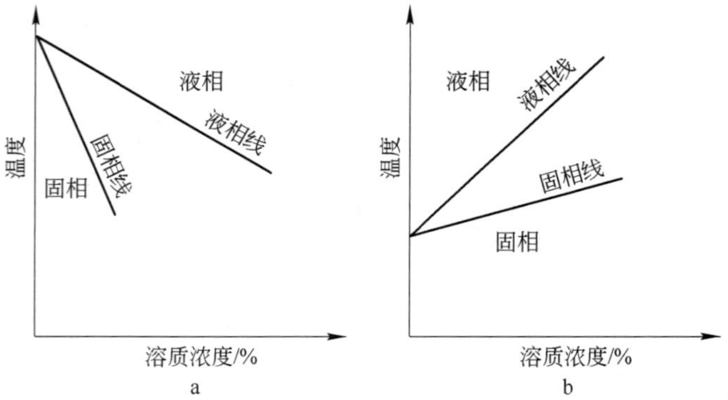

图 4-19　两种固、液相线不同走向的合金相图

a—$k_0<1$；b—$k_0>1$

例 4-7　溶质 Zn 在 Al 中的混合热 $\Delta H_{mix}=8.5$kJ/mol，Al 和 Zn 在 0K 的表面能分别为 1200mJ/m² 和 1020mJ/m²，Zn 的摩尔体积 $V_m=9.20$cm³/mol。(1) 求含 x(Zn)=0.1%的 Al-Zn 固溶体在 0℃、200℃、400℃和 600℃时的表面富化率 β 以及表面溶质浓度。(2) 画出富化率随温度的变化曲线。(3) 查找Al-Zn相图，看是否符合 Burton 和 Machlin 提出的观点。

解：(1) 根据式(4-35)，把题目所给数据代入，在 0℃(273K)时：

$$\beta^{s} = \frac{x_s}{x_{Zn}} = \exp\left[\frac{0.24\Delta H_{mix} + 1.3\times10^{8}(\gamma_A^s - \gamma_B^s)V_m^{2/3}}{RT}\right]$$

$$= \exp\left[\frac{0.24\times8.5\times10^{3} + 1.38\times10^{8}\times(1.20-1.02)\times10^{-4}\times(9.2)^{2/3}}{8.314\times273}\right] = 5.70$$

表面溶质浓度 $x_{s(Zn)} = \beta x_{(Zn)} = 5.70\times0.1\% = 0.570\%$

在200℃时，把上面β式子的热力学温度改为473K，重复上面的计算得：

$$\beta = 3.29 \qquad x_{s(Zn)} = \beta x_{(Zn)} = 3.29\times0.1\% = 0.329\%$$

在400℃时，把上面β式子的热力学温度改为673K，重复上面的计算得：

$$\beta = 2.31 \qquad x_{s(Zn)} = \beta x_{(Zn)} = 2.31\times0.1\% = 0.231\%$$

在600℃时，把上面β式子的热力学温度改为873K，重复上面的计算得：

$$\beta = 1.78$$

$$x_{s(Zn)} = \beta x_{(Zn)} = 1.78\times0.1\% = 0.178\%$$

（2）由（1）的数据，得Zn在Al表面的富化率β随温度的变化曲线，如图4-20所示。数据显示，随着温度升高β降低，这是因为温度升高晶体内部的结构与表面的结构差异减小，从而减小了溶质原子趋向表面的驱动力。

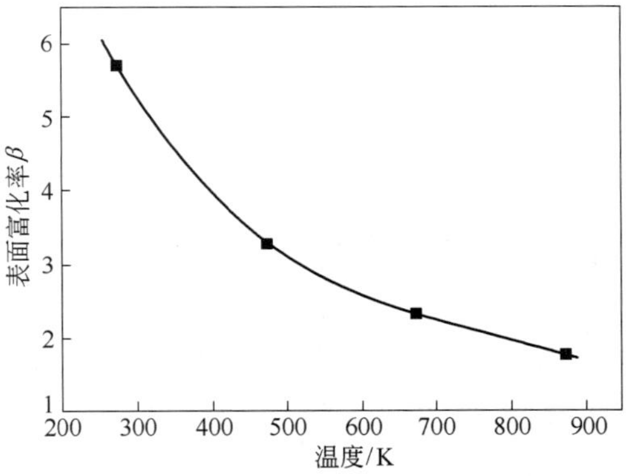

图4-20　Zn在Al表面的富化率β与温度的关系

（3）参见图5-16的Al-Zn相图的液、固相线可以看出，其平衡系数$k_0<1$，按Burton和Machlin的观点，表面应该发生正偏析，这和计算结果符合。

4.2　固-固界面

一般把固-固界面分为匀相界面和异相界面。

匀相界面：界面两侧的结构和成分相同、晶体学取向不同的界面。这类界面的例子有晶粒界、孪晶界、堆垛层错和反相畴界（APB）等。严格来讲，有序合金中的反相畴界因在界面两侧的相位不同，引起相界面两侧的错误排列，界面两侧的键合不同，所以也有人把它归属于异相界面。

异相界面：界面两侧的晶体成分不同、布拉维点阵不同或成分及布拉维点阵都不同的界面。按界面两侧原子匹配的程度不同，异相界面进一步分为：（1）完全共格界面：跨过界面的原子面和线是完全连续的。（2）半共格界面：两个晶体跨过界面的失配由界面的周期失配位错来吸纳。（3）非共格界面：两个晶体跨过界面的匹配很差，没有任何的原子面和线跨过界面是连续的甚至是局部连续的。

图4-21是共格、半共格和非共格界面结构的示意图，图中的虚线表示界面位置。图

4-22 是在 Al_2O_3 衬底上外延生长 TiO_2 的共格界面的 HRTEM 照片，水平白线是相界面，可以看到，跨过界面的原子面和线是完全连续的。图 4-23 是 Cu-Ag 合金时效 Cu 基体中析出的 Ag 与基体 Cu 间半共格界面的 HRTEM 照片，在界面上周期地分布失配位错。图 4-24 是 Al-Ge 合金中 Ge 颗粒与 Al 基体间非共格界面的 HRTEM 照片。

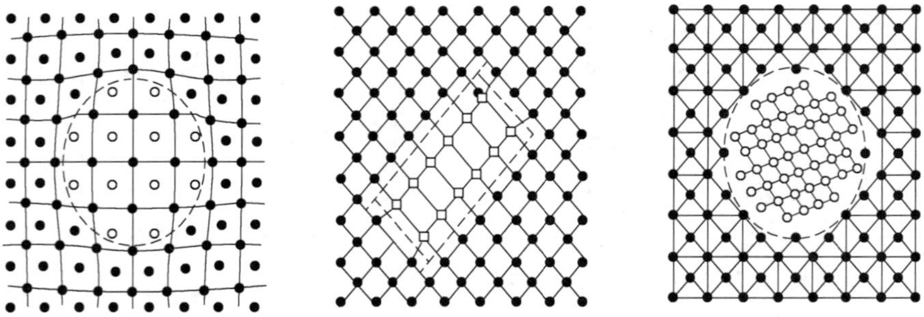

图 4-21　共格、半共格和非共格界面结构的示意图

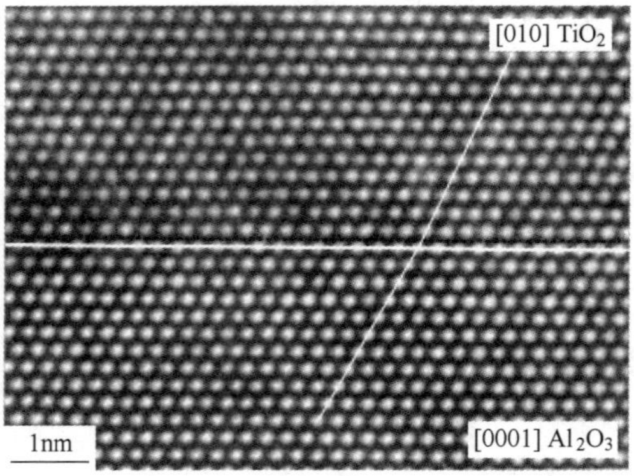

图 4-22　在 Al_2O_3 衬底外延生长 TiO_2 的共格界面的 HRTEM 照片（水平白线是相界面）

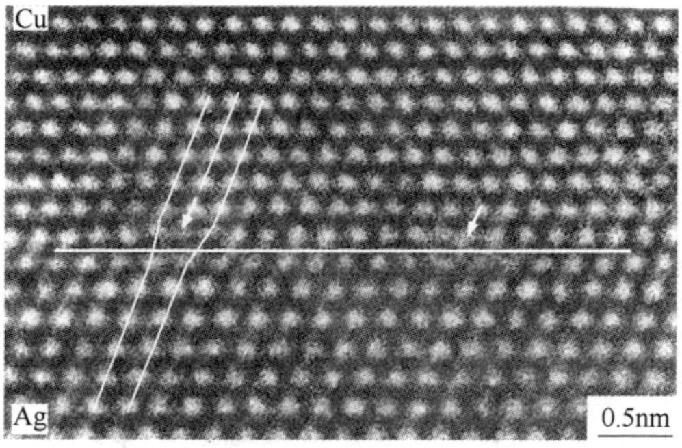

图 4-23　Cu-Ag 半共格界面的 HRTEM 照片（界面是 {111} 面，箭头指示在界面上周期分布的失配位错）

4.2.1　平移界面

在讨论线缺陷的沃特拉过程中知道，如果割面两侧相对位移一个点阵平移矢量，则除了在割面边缘留下一个位错外，晶体的其他地方还是保持完整状态。但是，如果割面两侧相对位移是一个非完整平移矢量 $\boldsymbol{R}$，则在割面区域留下界面，这类界面称平移界面。一般情况下，除了一些特定的非点阵平移，这种界面的能量非常高，是不可能稳定存在的。堆垛层错就是一种特定的非点阵平移所造成的低能界面；有序相晶体中的反相畴界（APB）是另一种非点阵平移矢量造成的低能界面。

层错和反相畴界两种界面的相同之处是它们都由移动一个非点阵平移矢量造成，而两者的差异在于：反相畴的特征平移矢量 $\boldsymbol{R}$ 是有序化超点阵中的非点阵平移矢量，却是其无序相中的平移矢量，因而它是完整有序相中连接被占位置间的矢量。而层错则不同，层错的位移矢量 $\boldsymbol{R}$ 通常都不是完整点阵中连接被占位置间的矢量。如果层错面改变，会造成严重错排而使能量迅速升高，所以层错只能固定在密排面上。对于反相畴界面，它的改变也只会改变界面近邻的配对情况，不会引起点阵畸变，所以能量变化不大。有些有序合金中反相畴界面呈择尤取向，而更普遍的是呈空间曲面。在第3章已经较详细地讨论了堆垛层错，这里主要讨论反相畴界面。

图4-25所示为A-B型二维有序合金中的反相畴界，在反相畴界（图中的实线）的两侧晶体结构是相同的，它们之间只是相对平移了一个位移矢量 $\boldsymbol{R}$。设反相畴界的单位法线矢量为$\boldsymbol{\nu}$，若 $\boldsymbol{R}$ 矢量处在反相畴界面上，即 $\boldsymbol{R}\cdot\boldsymbol{\nu}=0$，这种反相畴界称保守反相畴界，如图4-25中的 *AB* 边界就是保守反相畴界。若$\boldsymbol{R}\cdot\boldsymbol{\nu}\equiv t\neq 0$，$t$ 等于反相畴界晶面的面间距，这种反相畴界相当于插入或抽出厚度为 t 的片层所构成。如果插入或抽出的那个片层包含 *A* 和 *B* 原子的比例等于该有序合金的计量成分，则反相畴界没有改变成分，反相畴界仍称保守反相畴界，图4-25所示 *CD* 边界就是这样的保守反相畴界。如果插入或抽出的片层包含 *A* 和 *B* 原子的比例不是该有序合金的计量成分时，这种反相畴界称非保守反相畴界，图4-25所示的 *BC* 边界就是非保守反相畴界。一个保守反相畴界改变其取向时可能会变成非保守反相畴界。

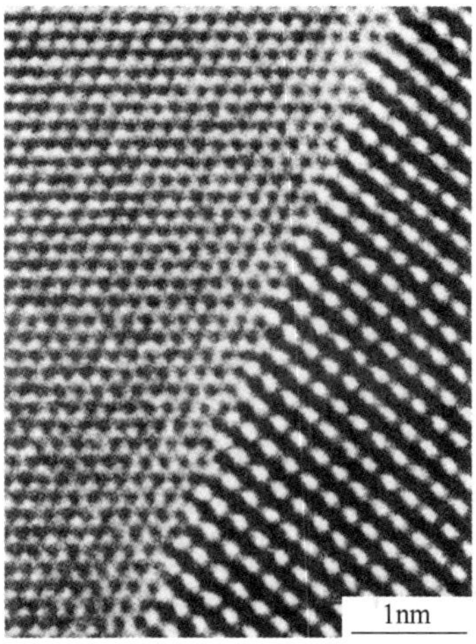

图4-24 Al-Ge合金中Ge颗粒与Al基体间的非共格界面的HRTEM照片

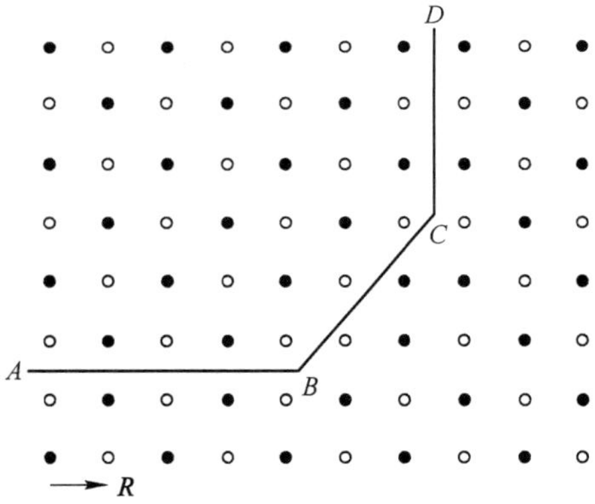

图4-25 A-B型二维有序合金中的反相畴界
（*AB* 和 *CD* 是保守畴界，*BC* 是非保守畴界）

再看一个 LI_2结构 Cu_3Au 型（A_3B）有序结构的例子。图4-26给出了 LI_2结构晶胞的球-杆模型（也可参见图2-55a）。这种结构在完全无序时是面心立方结构，有序后则变成简单立方结构，但一个晶胞内含4个原子。B原子占据[(0,0,0)]及其等效位置，A原子占据[(0, 1/2, 1/2)]、[(1/2, 0, 1/2)]和[(1/2,1/2,0)]以及它们的等效位置。反相畴的位移矢量 $\boldsymbol{R}$ 有3种类型：$\boldsymbol{r}_1=[110]/2$、$\boldsymbol{r}_2=[101]/2$ 和 $\boldsymbol{r}_3=[011]/2$。对于法线单位矢量$\boldsymbol{\nu}=[001]$的反相畴界［即

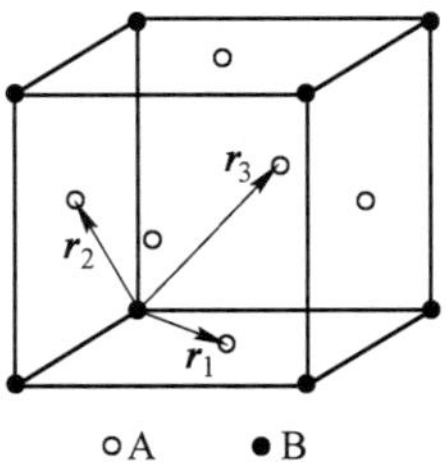

图4-26 Cu_3Au 型（A_3B）有序结构的晶胞及反相畴界位移矢量

（001）面］，只有 $\boldsymbol{R}$ 为 $\boldsymbol{r}_1$ 时反相畴界才产生保守反相畴界，其他两种 $\boldsymbol{R}$ 矢量都产生非保守反相畴界。图 4-27 所示为 Cu_3Au 中的反相畴界电子显微镜图像，图 4-27a 所示为［001］方向投影的 TEM 暗场图像，2 和 3 表示反相畴矢量为 $\boldsymbol{r}_2$ 和 $\boldsymbol{r}_3$ 的反相畴界，箭头所指是非保守反相畴界的例子；图 4-27b 所示为［001］高分辨电子显微镜图像，箭头所指处是沿（100）和（010）的保守反相畴界。

a

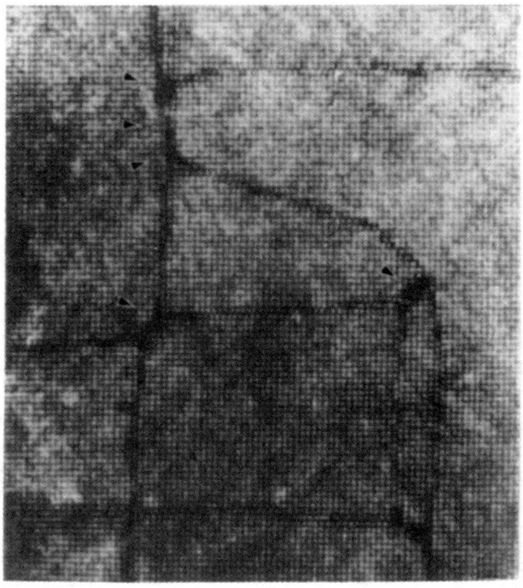

b

图 4-27 Cu_3Au 中的反相畴界

a—［001］方向投影的 TEM 暗场图像；b—［001］高分辨率电镜图像

（Loiseau et al.，1995，with permission）

例 4-8 A–B 合金的 B_2 型有序结构反相畴的特征平移矢量 $\boldsymbol{R}$ 是什么？图 4-28b、c 表示（100）面的投影，讨论其中的反相畴界的性质。

解：B_2 合金在无序时是体心立方结构，有序后 A 和 B 按 {001} 面分层排列，如图 4-28a 所示。有序化后，A 位置和 B 位置已经不是等同位置，所以从 A 指向 B 的矢量是产生反相畴界的特征平移矢量，即 $\boldsymbol{R}$ 可以是 $\langle 111\rangle/2$ 的四种矢量。因此，反向畴界两侧一定分别是 {002} 两层面。如果 $\boldsymbol{R}=[1\bar{1}1]/2$，和 $\boldsymbol{R}=[111]/2$ 等效，如图 4-28b 所示。对于（001）面的反相畴界面，图 4–28b 所示的 CD 界面，$\boldsymbol{R}\cdot\boldsymbol{n}=([111]/2)\cdot[001]=1/2$，抽出（或插入）一层（002）面，而（002）面是纯 A 或纯 B，不是 A：B=1：1，所以这一反相畴界是非保守的。对于 $(\bar{1}10)$ 面的反相畴界面，图 4-28b 所示的 DE 界面，$\boldsymbol{R}\cdot\boldsymbol{n}=([111]/2)\cdot([\bar{1}10]/\sqrt{2})=0$，所以这一反相畴界是保守的。若以 $\boldsymbol{R}=[1\bar{1}1]/2$ 讨论，可

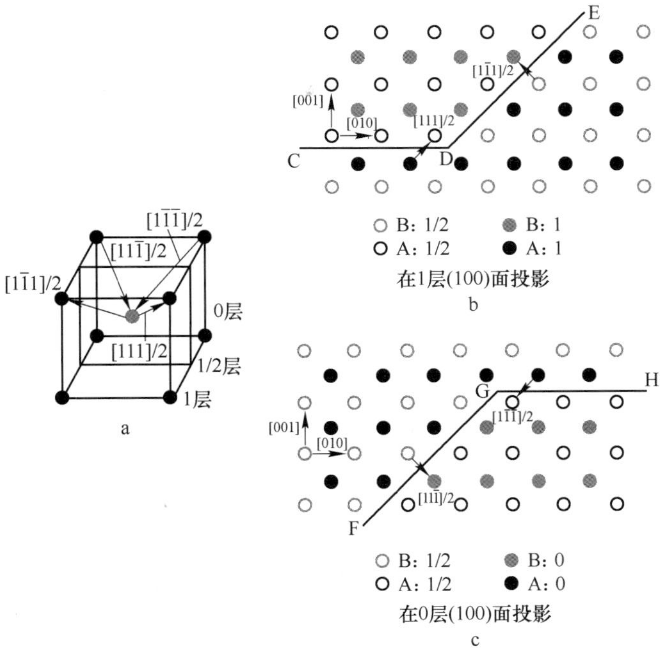

图 4-28 B_2型有序结构中的反相畴特征平移矢量及反相畴界

a—晶胞；b，c— (100)面投影

以获得同样结果。

如果以 $\boldsymbol{R}=[11\bar{1}]/2$ 和 $\boldsymbol{R}=[1\bar{1}\bar{1}]/2$ 讨论，反相畴界如图 4-28c 所示，HG 和 GF 反相畴分别与图 4-28c 的 CD 和 DE 平行，讨论反相畴界，结果不变。

4.2.2 匀相界面

晶态材料大多数是多晶体，晶界对多晶体的物理化学性质有重要影响。普通多晶体材料的晶粒直径在 15~24μm 之间，超细晶粒材料的晶粒直径小于 1μm。近来又发展出所谓纳米级晶粒材料，晶粒直径约在纳米数量级。晶粒越细小，晶界在多晶体材料的物理化学性能上所起的作用越为重要。

匀相界面是同材质同结构不同取向的晶粒之间的界面。这种界面比异相界面的结构简单，我们从匀相界面开始，得出界面模型，然后再推广到一般的相界上。

晶界理论的发展已经有近百年的历史，最早是罗森海因（Rosenhain）在 1913 年提出的非晶态膜模型。随后发现晶界能、晶界对位错滑移的阻碍、沿晶界扩散、晶界迁移和晶界偏聚等现象和 2 个晶粒间的相对取向有密切关系，所以，除了晶界上形成非晶态物质（如硅）的情况外，该模型都不适用，晶界的非晶态膜模型实际已被淘汰。哈格里夫斯（Hargreaves）和希尔斯（Hills）在 1929 年提出过渡点阵理论。他们认为晶界是一种只有几个原子层厚的过渡区（已被现代的高分辨率电镜观察证明，如图 4-24 所示），其中的原子占据了不同于两侧晶体点阵的居中位置，以使其势能最低，这是第一次把晶界结构和能量准则联系起来。这个理论还认为，晶粒的晶体学取向差对于晶界结构有着重要影响。随后人们开始区分小角度晶界（LGB，两晶粒的取向差约小于 10°~15°）和大角度晶界（HGB，两晶粒的取向差约大于 10°~15°）。

其实，从最简单的概念可以说明晶界的厚度是原子直径数量级的。因为分摊到每原子晶界能 γ^a 是对应于原子的融化热 $q=k_B T_m$，T_m 是熔化温度。若晶界厚度为 nb，设 b 是原子直径，故晶界能 γ 为：

$$\gamma = \frac{nb}{b^3} k_B T_m \tag{4-36}$$

大角度晶界能一般为 $\gamma \approx 0.5 J/m^2$，$b \approx 0.1 \times 10^{-9} m$，设熔化温度为 1000K，由上式得

$$n = \frac{\gamma b^2}{k_B T} = \frac{0.5 \times (0.1 \times 10^{-9})^2}{1.38 \times 10^{-23} \times 1000} \approx 1.4 \tag{4-37}$$

这样一个简单的模型也说明晶界的厚度也是原子直径数量级的。但这一模型无疑是过于简单，但对粗略估计晶界热力学性质是有用的。

柏格斯（Burgers）和布拉格（Bragg）建立了晶界的位错模型并成功地应用在小角度晶界上，弗兰克（Frank）和毕尔比（Bilby）则先后建立了一般晶界和相界的位错理论。对于大角度晶界，则有莫特（Mott）的小岛模型和葛庭燧的扩散结构模型。小岛模型把晶界看成是由原子排列和晶粒内一致的小块（小岛，好区）分散在原子排列混乱的介质中构成的区域（坏区）中。葛庭燧提出了晶界由点阵空位或无序原子群的集合构成的理论。但是，这两种模型都无法解释晶界扩散的各向异性。

与上述平行发展的另一思路，是弗里德尔（Friedel）在 1911 年就已提出后来称之为重合位置点阵，简称为重位点阵（简称 CSL）模型。布兰登（Brandon）在扩展大角度晶界 CSL 模型的基础上，在 1966 年提出完整图形平移点阵（简称 DSCL）模型。博尔曼（Bollmann）在 1967 年将 CSL 模型推广为 O 点阵（O-Lattice）模型，从而建立了晶体界面的普遍性的几何理论。位错模型和 CSL 模型都可以归结为 O 点阵模型的特殊情况。其实，O 点阵模型和小岛模型的思想是相似的，他们都认为晶界有匹配好的地方，从而可以降低晶界的能量。

从位错模型到 O 点阵模型都是将原子看做几何点，侧重研究其空间位置的几何特征，故可称作界面的晶体几何理论。这些理论在数学方法上是严格的，因而具有普遍性，不仅适用于晶界，还能较容易地推广到相界面。然而，这种几何学方法也有其局限性。因为原子之间存在交互作用，它们在空间的分布，取决于体系自由能，而不能只考虑原子的几何配置，所以它不能正确地推断晶界能量，因而也无法对晶界原子排布结构作出正确的描述。尽管如此，几何结构模型毕竟给出了晶界结构周期性的框架。这个框架可作为进一步研究或计算晶界原子排列结构的基础。利用计算机并结合适当的原子间势能公式，通过一定方法可以计算出最低能量的晶界原子排布结构。根据计算，反过来可以对几何结构模型的一些概念进行修正。

弗勒策（Fletcher）等在 1966 年根据原子交互作用势场，改变原子的位置，以求达到体系自由能的最低值。20 世纪 70 年代以后，人们进行了大量的原子模拟计算和相应的实验观察对比，发现晶界能并不直接和晶界上的重合位置数量或 O 点数量相关。在许多情况下，晶界上甚至没有重位原子。从能量的观点看，原子弛豫的作用远比保持重位原子重要。此外，人们还发现了晶粒偏离重位取向的刚体相对平移。在所有晶界中，都可以发现

弛豫导致形成原子密堆多面体的结构单元。这个模型在阐明晶界结构、晶界能和晶界扩散上有很大的优越性。

虽然人们对晶界结构和性质已作了大量的实验和理论工作，但仍存在很多未了解的问题，特别是已有的工作大多是针对静态晶界作出的，如果是移动的晶界，它的结构和性质就更不清楚，更不用说要考虑移动晶界伴随的其他各种可能变化了。由于晶界的复杂性，在这一章只介绍晶界结构和性能的一些最基本概念。

4.2.2.1 晶界面的自由度和取向差

晶界的性质取决于它的结构。晶界结构首先取决于它邻接的 2 个晶粒的相对取向。从晶粒 1 取向转换到晶粒 2 取向的转换矩阵 $\boldsymbol{g}$ 可以通过晶粒 1 某一轴 $\boldsymbol{u}$ 旋转一个角度 θ（取向差）来描述（见 1.10.5 节）。但即使确定两晶粒的取向差，晶界在 2 个晶粒之间的位置不同，即晶界的空间取向不同，晶界的结构和性质也不会相同。所以，从几何的角度看，一个晶界必须由以下几点来定义：

（1）获得相对取向的旋转轴 $\boldsymbol{u}$（取向差轴，经常用晶体的方向指数（uvw）表示）的取向；

（2）因为晶体的对称性，获得同一取向差可以有不同的旋转角 θ，要取最小旋转角度 θ 的值；

（3）晶界（假设是平面）在晶体中的位置。

相对于 1 个参考坐标系（可以选 1 个晶粒的晶体坐标），确定 1 个取向差轴 $\boldsymbol{u}$ 的取向应有 2 个变量，例如在球坐标下某一轴的辐角和极角，这就有 2 个自由度；旋转角度 θ 的大小又是一个自由度。因此，确定 2 个晶粒间的取向需要 3 个自由度。

晶界的位置由晶界法线 $\boldsymbol{\nu}$ 取向确定，这也需要 2 个变量。所以，几何描述任意一个晶界需要 5 个自由度。这 5 个自由度称宏观自由度。除了 5 个宏观自由度之外，晶界结构还依赖 3 个微观自由度。这 3 个微观自由度是 2 个平行及 1 个垂直于晶界的刚性平移。另外，晶界结构也还依赖原子尺度水平的局部位移。同时，晶界结构还受内部的诸如原子键合、成分和结构缺陷等参数以及外部的诸如温度和压力等变量的影响。

若一个晶粒的取向通过参考坐标以 $\boldsymbol{u}$ 轴顺时针转动 θ 描述，其变换矩阵 $\boldsymbol{g}$ 如式(1-18)所表达。如果知道转换矩阵，反过来可以求得取向差轴和旋转角度。根据式(1-20)和式(1-21)，得：

$$\cos\theta = 0.5(g_{11} + g_{22} + g_{33} - 1) = 0.5[\mathrm{trace}(\boldsymbol{g}) - 1] \tag{4-38}$$

$$u_1 = \frac{g_{23} - g_{32}}{2\sin\theta} \qquad u_2 = \frac{g_{31} - g_{13}}{2\sin\theta} \qquad u_3 = \frac{g_{12} - g_{21}}{2\sin\theta} \tag{4-39}$$

$$u : v : w = u_1 : u_2 : u_3 = (g_{23} - g_{32}) : (g_{31} - g_{13}) : (g_{12} - g_{21}) \tag{4-40}$$

如果从参考坐标转换到晶粒Ⅰ取向的变换矩阵是 $\boldsymbol{g}_{\mathrm{I}}$，从参考坐标转换到晶粒Ⅱ取向的变换矩阵是 $\boldsymbol{g}_{\mathrm{II}}$，则从晶粒Ⅰ取向转换到晶粒Ⅱ取向的变换矩阵 $\boldsymbol{g} = \boldsymbol{g}_{\mathrm{II}} \cdot \boldsymbol{g}_{\mathrm{I}}^{-1}$（见第 1 章图 1-119）。一般把晶粒Ⅰ点阵作为参考点阵，则 $\boldsymbol{g}_{\mathrm{I}}^{-1} = I$，$\boldsymbol{g} = \boldsymbol{g}_{\mathrm{II}}$ 就是从晶粒Ⅰ取向转换到晶粒Ⅱ取向的转换矩阵，这时可直接用式(1-18)得出转换矩阵，其中的 $\boldsymbol{u}$ 是晶粒的某一个晶向轴［uvw］（注意，用单位矢量），θ 就是两个晶粒间的取向差。因为晶体的旋转对

称性，从晶粒Ⅰ取向到晶粒Ⅱ取向的变换矩阵可能有多种，获得 θ 最小的变换才是合理的变换，最小的 θ 就是两个晶粒的取向差。

根据两个晶粒取向差的转轴 $\boldsymbol{u}$ 与晶粒界面位置 $\boldsymbol{\nu}$（晶界法线单位矢量）的关系又可把界面分为倾转界面和扭转界面。如果转轴处在晶界上，即 $\boldsymbol{u}\cdot\boldsymbol{\nu}=0$，这时的旋转轴又称倾转轴。如果晶界恰好就是对称面，两个晶粒的界面晶面是相同的：$(hkl)_{gb\,\mathrm{I}}=(hkl)_{gb\,\mathrm{II}}$，此晶界称对称倾转界面（STGB）；如果晶界不处在对称面上，两个晶粒的界面晶面是不同的：$(hkl)_{gb\,\mathrm{I}}\neq(hkl)_{gb\,\mathrm{II}}$，此晶界称非对称倾转界面（ATGB）。如果转轴与晶界垂直，即 $\boldsymbol{u}=\boldsymbol{\nu}$，这时的旋转轴又称扭转轴，两个晶粒的界面晶面是相同的：$(hkl)_{gb\,\mathrm{I}}=(hkl)_{gb\,\mathrm{II}}$，此晶界称扭转界面（TWGB）。如果转动轴既不处在晶界面上又不垂直于晶界面，相应必然是 $(hkl)_{gb\,\mathrm{I}}\neq(hkl)_{gb\,\mathrm{II}}$，则是一般的晶界。图 4-29 所示为（STGB）、（ATGB）和（TWGB）三种界面的示意图。

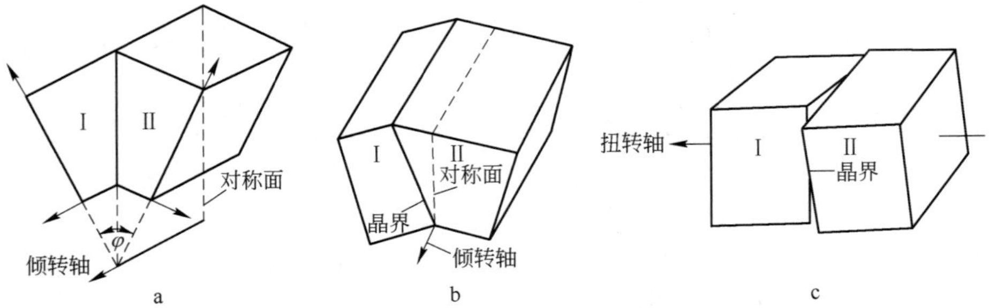

图 4-29 倾转界面和扭转界面的示意图

a—对称倾转晶界（STGB）；b—非对称倾转晶界（ATGB）；c—扭转晶界（TWGB）

4.2.2.2 小角度晶界的位错模型

用一个简单的例子来解释如何建立晶界位错模型：想象一个简单立方单晶，如图 4-30a所示。夹住晶体的左、右端把它弹性弯曲，中心角为 θ 角，如图 4-30b 所示，这样就产生了长程弹性应力场。这个应力场的建立可以用在弹性变形区域的一系列连续分布的小位错（“非真实位错”）产生来模拟，如图4-30c所示，这些位错称应力发生器位错。如果撤去夹头，晶体会回复图 4-30a 原状。引入第二种分布的晶体点阵位错作为应力消除器，它们的柏氏矢量密度与应力发生器位错的柏氏矢量密度相等，这些位错是“真实位错”，这样就消除了长程应力场，如图 4-30c 所示。为了降低系统的弹性能，位错重新排列形成晶界面，如图 4-30d 所示。

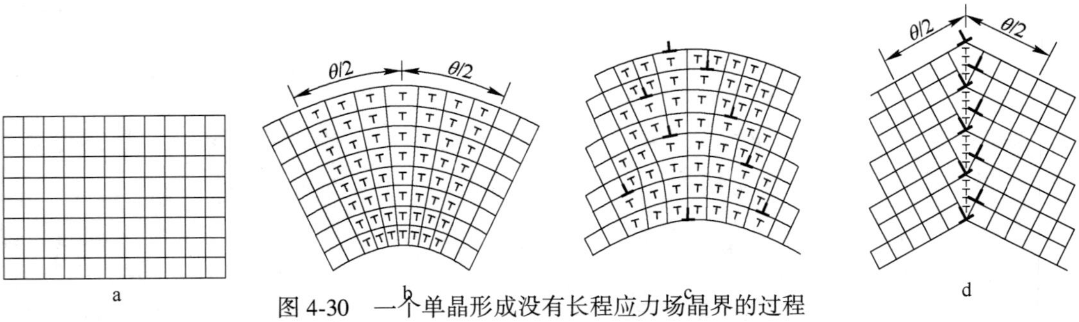

图 4-30 一个单晶形成没有长程应力场晶界的过程

图 4-31a 是简单立方晶体中的对称倾转晶界示意图。晶界两侧的相对取向是绕［001］轴（垂直于纸面）转动 θ 角产生的，交界面是一个对称面，和两个晶粒的平均（100）面平行。两个晶粒以这种方式接合起来产生的长程弹性应力场的畸变由排成界面的刃位错消除，从图 4-31a 很易看出，位错柏氏矢量 $\boldsymbol{b}$、位错间距 D 和旋转角 θ 间应有如下关系：

$$\frac{b}{D}=2\tan\frac{\theta}{2}\approx\theta \tag{4-41}$$

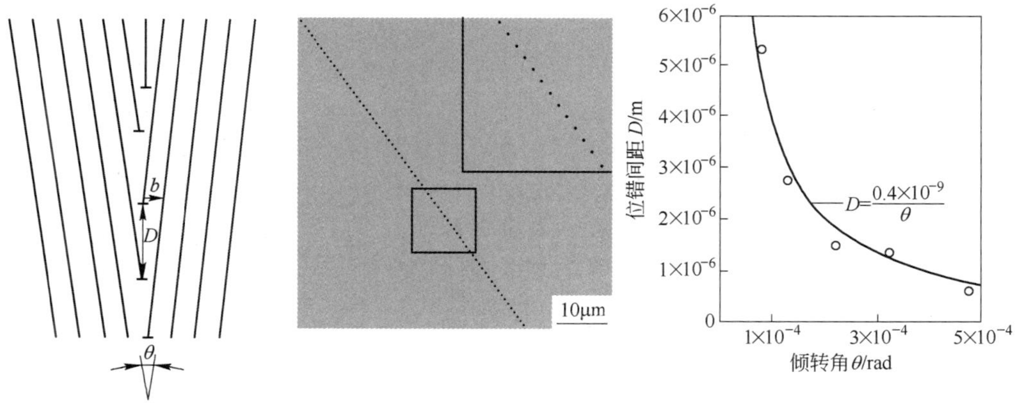

图 4-31 简单立方晶体中的对称倾转小角度晶界

a—晶界示意图；b—锗中小角度晶界中位错的侵蚀坑；c—Ge 晶体对称倾转晶界中的位错间距的测量值（图中○符号）和按式(4-41)所得的计算值（曲线）

实验可以直接验证式(4-41)。早期限于实验条件，用侵蚀坑观察位错，其中每一个侵蚀坑对应一个位错露头。图 4-31b 是 Ge 晶体对称倾转后晶界显露的腐蚀坑，测得位错间距为 2.585μm。X 射线测得旋转角为 38″，按式(4-41)计算位错间距为 2.972μm，它和实际还是吻合的。图 4-31c 所示为 Ge 晶体对称倾转晶界中的位错间距的测量值和按式(4-41)所得的计算值，同样，图形显示两者符合得很好。

图 4-32 是 Mo 晶体中倾转轴为［100］的对称倾转晶界的高分辨电子显微镜照片，单个原子间距约为 0.2nm。细心的读者会发觉，对称倾转晶界可以看做在晶界的一端存在一个刚性旋转角为 θ 的楔型向错。

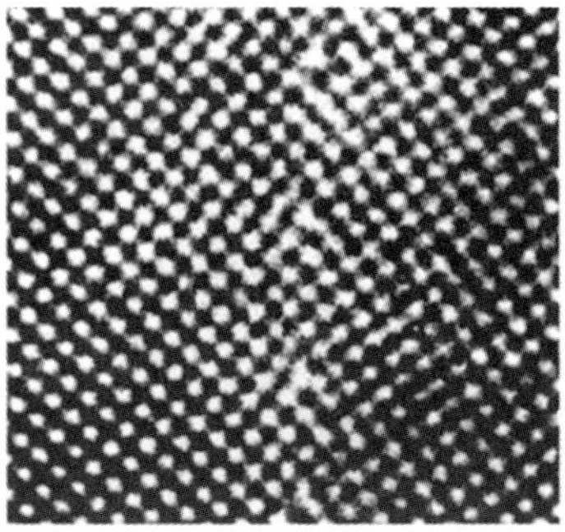

图 4-32 Mo 晶体中倾转轴为［100］的对称倾转晶界的高分辨电子显微镜照片

如果晶界偏离倾转的对称面位置，这种晶界称非对称倾转晶界。若晶界处于它和平均的［100］方向成 φ 角的位置，如图 4-33 所示，这时界面上要靠两组不同的刃位错共同松弛长程应力场。⊥类型的位错数目应是 $n_{\perp}=(\overline{EC}-\overline{AB})/b$，⊢类型的位错数目则应是 $n_{\vdash}=(\overline{CB}-\overline{EA})/b$。因为晶界面和平均的［100］方向的夹角为 φ，所以晶界和右侧晶体的［100］的夹角是 $\varphi+\theta/2$，和左侧晶体的［100］的夹角为 $\varphi-\theta/2$。假设 $AC=1$，则这两类位错的平均间距是：

$$D_{\perp} = \frac{1}{n_{\perp}} = \frac{b}{\cos\left(\varphi - \dfrac{\theta}{2}\right) - \cos\left(\varphi + \dfrac{\theta}{2}\right)} \approx \frac{b}{\theta\sin\varphi}$$

$$D_{\vdash} = \frac{1}{n_{\vdash}} = \frac{b}{\sin\left(\varphi + \dfrac{\theta}{2}\right) - \sin\left(\varphi - \dfrac{\theta}{2}\right)} \approx \frac{b}{\theta\cos\varphi} \tag{4-42}$$

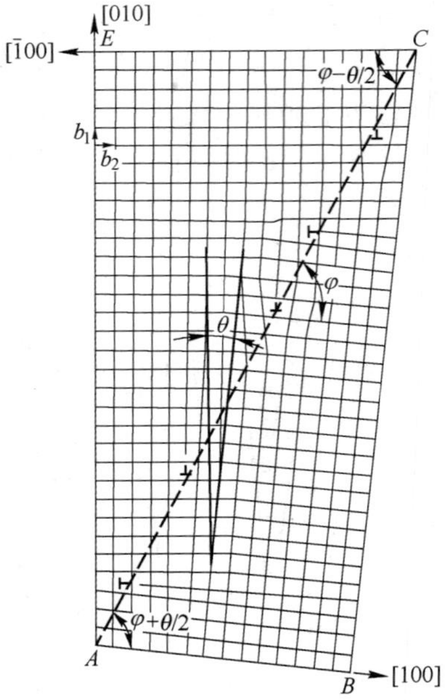

图 4-33 简单立方晶体中的不对称倾转晶界的位错模型

图 4-34a 所示是描述简单立方晶体晶界面平行于（001）面的扭转界面示意图。图中晶界面平行于纸面，实心圆是晶界一侧绕取向差轴 $\boldsymbol{u}=[001]$（在图中的中心位置）顺时针方向转动了 2.6°的原子位置，空心圆则是晶界另一侧反时针方向转动了 2.6°的原子。经过这样的刚性转动后，晶界两侧的取向差就是 5.2°。从图 4-34a 看出，经过这样的刚性转动后，晶界上下两侧出现了适配较好的周期花样，其周期比原子间距大得多。在适配较好的周期花样之间，沿着[100]和[010]方向原子有很大的失配，这会产生长程弹性应力场。如果界面原子发生弛豫，沿着上述两个方向引入螺型位错来收纳这些失配，如图 4-34b 所示，可以消除长程应力场，同时扩大晶界良好匹配的区域，从而降低晶界的能量。这样，简单立方晶体以（001）面为界面的扭转晶界结构由两组相互垂直的螺型位错构成。图 4-35 所示为这一纯扭转晶界的界面两侧原子配置示意图，图 4-35a 为刚性转动后的原子排布，图 4-35b 为引入螺位错后的原子排布，其中 A 是匹配良好区域，B 是匹配不好的区域，也就是存在螺位错的区域。

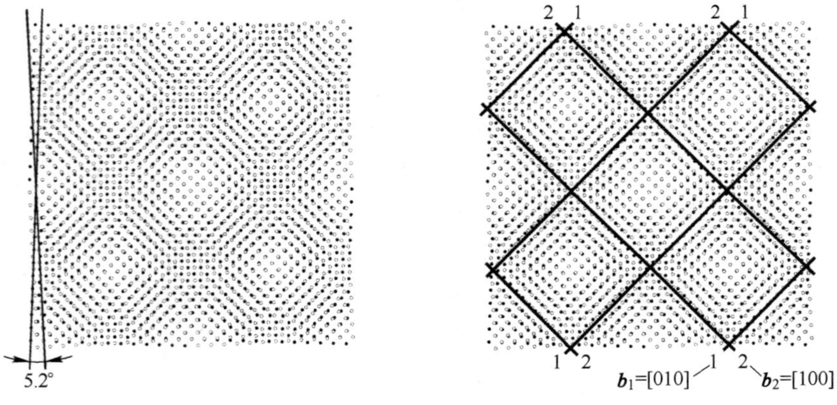

图 4-34 简单立方晶体中平行于（001）面的扭转界面上的原子位置

a—经刚性扭转后的原子位置；b—引入两组螺位错消除长程应力场形成低能晶界

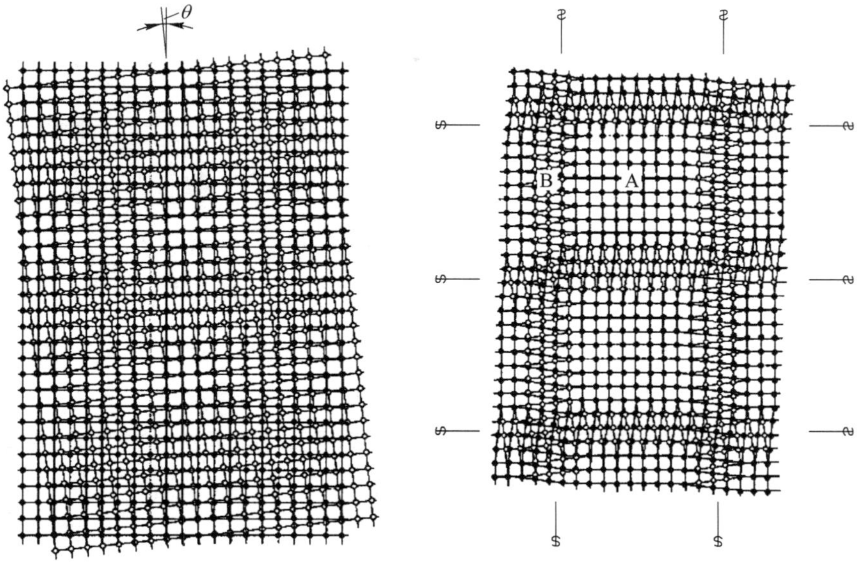

a b

图 4-35 简单立方晶体中的扭转晶界（晶界面是（001））两侧原子位置的示意图
a—刚性扭转后的原子位置；b—引入两组螺位错后两侧原子位置
（A 是匹配良好区域，B 是匹配不好区域（螺位错））

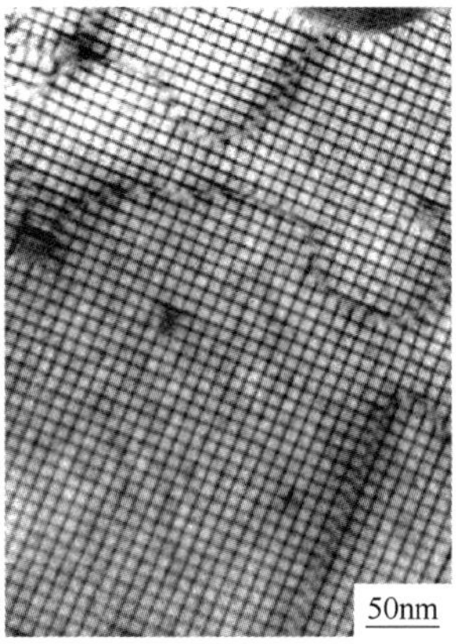

图 4-36 Si（001）扭转晶界的电子显微镜照片

图 4-36 所示为用人工方法制作 Si(001) 扭转小角度晶界的电子显微镜照片，人工制作的过程是：用两个 Si 单晶试样，其（001）面按设定的取向关系对接，在高温烧结或焊合起来，这样在两个试样之间就形成（001）面的扭转晶界。这个界面的电子显微镜照片显示了两组相互垂直的规则螺型位错。一般扭转晶界中螺型位错网络的几何形状，则取决于晶体的对称性和晶界面的位置。

晶界中的位错网络之间会发生反应，形成新的位错网络。例如体心立方结构以〈110〉为转轴的扭转晶界：一个以 $[0\bar{1}1]$ 轴为转轴界面为 $(0\bar{1}1)$ 的晶界，晶界上产生柏氏矢量为 $[\bar{2}11]/2$ 及 $[\bar{2}1\bar{1}]/2$ 的菱形位错网络，图 4-37a 中细黑线所示。柏氏矢量为 $[\bar{2}11]/2$ 及 $[\bar{2}1\bar{1}]/2$ 的两个位错相遇处会发生反应：

$$\frac{1}{2}[211]+\frac{1}{2}[\bar{2}1\bar{1}]\longrightarrow[010]$$

生成的位错六角网络如图 4-37a 中粗黑线所示。图 4-37b 是在 Nb 多晶体中的扭转小角度晶界的电子显微镜照片。

如果从界面的边缘观察，因为晶界上螺位错的柏氏矢量平行于位错线，没有垂直于观察方向的原子列的位移，所以不能像刃位错那样用 HRTEM 显示位错的原子结构（图 4-32），但是可以用 TEM 观察位错的衬度。图 4-38a 是 Au 的纯扭转小角度晶界（$\theta=1°$，

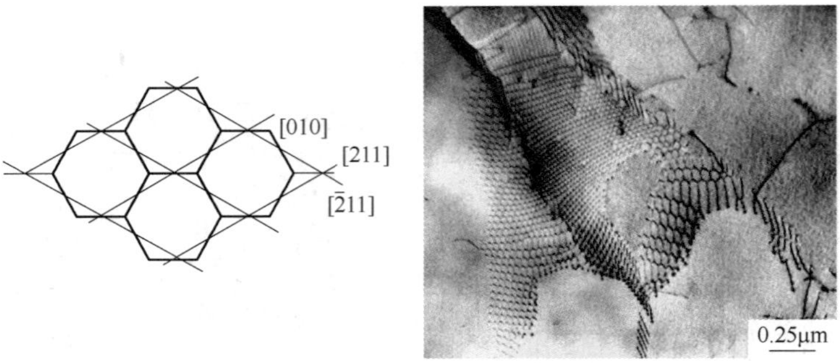

a　　　　b

图 4-37　bcc 结构以<110>为转轴的扭转小角度晶界位错分布（a）和 Nb 多晶体中的扭转小角度晶界的电子显微镜照片（b）

界面是（001）面）的 TEM 明场照片，其中的黑线显示位错网络。两组位错的柏氏矢量分别是[110]/2 和[1$\bar{1}$0]/2，界面上螺位错的间距仍是 $D=b/\theta$，图 4-38b 所示为实验测量（图中的实验点）与计算（按 $D=b/\theta$ 计算，图中的曲线）的位错间距的比较，两者符合得很好。

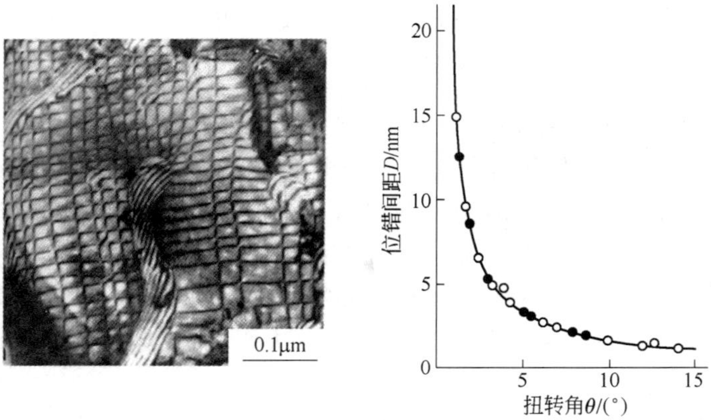

a　　　　b

图 4-38　Au 的纯扭转小角度晶界（$\theta=1°$，界面是（001）面）

a—TEM 明场照片；b—实验测量与计算的位错间距的比较

（Forwood and Clarebrough，1991）

4.2.2.3　Frank-Bilby 公式

一般的小角度界面都不会是纯倾转或纯扭转晶界，而是两者的混合。如果知道界面一侧的晶体点阵Ⅰ相对于参考点阵的变换矩阵 $\boldsymbol{g}_{\mathrm{I}}$ 和界面另一侧的晶体点阵Ⅱ相对于参考点阵的变换矩阵 $\boldsymbol{g}_{\mathrm{II}}$，则可根据 Frank-Bilby 公式求出在界面上任一矢量 $\boldsymbol{p}$ 截过的界面位错的柏氏矢量总和 $\boldsymbol{B}$：

$$\boldsymbol{B} = \sum_i n_i \boldsymbol{b}_i \tag{4-43}$$

式中，n_i是 $\boldsymbol{p}$ 截过的柏氏矢量为 $\boldsymbol{b}_i$的位错数目。图 4-39a 中左边和右边分别是 2 个晶体点阵 L_1和 L_2，设 L_1和 L_2的取向分别由参考点阵 L 以原点 O 经均匀线性变换 $\boldsymbol{g}_1$和 $\boldsymbol{g}_2$获得。$\boldsymbol{\nu}$ 是界面的单位法向矢量，$OP=\boldsymbol{p}$ 是界面上的一个矢量。根据位错的柏氏回路 FS/RH 规则，

在图 4-39a 中以 P 点为起点作右旋通路 PB_1OB_2P；然后在完整的参考晶体（如图 4-39b 中的 L）中作同样的回路 $Q_1B_1OB_2Q_2$，这个回路并不闭合，由回路终点 Q_2 指向起点 Q_1 的矢量 $\boldsymbol{Q_2Q_1}$ 就是所求的 $\boldsymbol{B}$。因为：

$$\boldsymbol{B}=\boldsymbol{Q_2Q_1}=\boldsymbol{OQ_1}-\boldsymbol{OQ_2}$$

而 $\boldsymbol{g}_1\cdot\boldsymbol{OQ_1}=\boldsymbol{p}=\boldsymbol{g}_2\cdot\boldsymbol{OQ_2}$

即 $\boldsymbol{OQ_1}=\boldsymbol{g}_1^{-1}\boldsymbol{p}\qquad\boldsymbol{OQ_2}=\boldsymbol{g}_2^{-1}\boldsymbol{p}$

所以 $\boldsymbol{B}=\boldsymbol{Q_2Q_1}=(\boldsymbol{g}_1^{-1}-\boldsymbol{g}_2^{-1})\boldsymbol{p}$ (4-44)

如果以 L_1 作为参考条件，则 $\boldsymbol{g}_1$ 变为单位矩阵 $\boldsymbol{I}$，以 $\boldsymbol{g}$ 表示 $\boldsymbol{g}_2$，则上式可改写为：

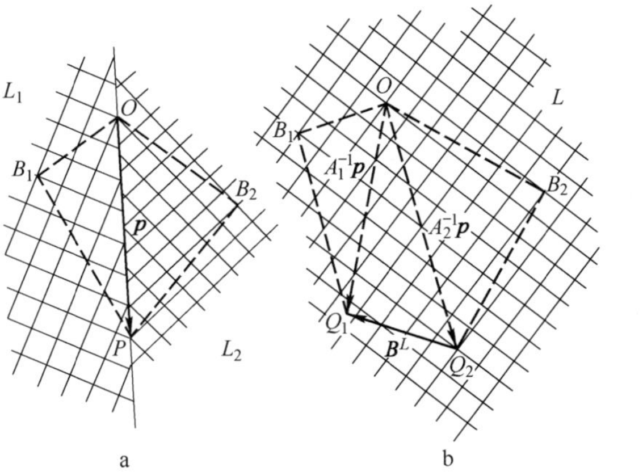

图 4-39 Frank-Bilby 公式的导出

a—绕过界面上矢量 $\boldsymbol{p}$ 的右旋闭合回路 PB_1OB_2P；b—在完整的参考点阵画相同的回路 $Q_1B_1OB_2Q_2$，不闭合矢量是 Q_2Q_1

（Christian，1981）

$$\boldsymbol{B}=(\boldsymbol{I}-\boldsymbol{g}^{-1})\boldsymbol{p} \tag{4-45}$$

上式就是 Frank-Bilby 公式。由 Frank-Bilby 公式预测的总位错柏氏矢量密度 $\boldsymbol{B}$ 就是前面所描述的应力消除器位错的柏氏矢量。

例 4-9 用 Frank-Bilby 公式验算图 4-33 表示的非对称倾转晶界上的位错分布。

解：以左侧点阵 L_{I} 为参考点阵，则获得右侧点阵 L_{II} 的变换矩阵 $\boldsymbol{g}$ 是绕［001］轴逆时针转动 θ 角得到的矩阵，即：

$$\boldsymbol{g}=\begin{bmatrix}\cos\theta & -\sin\theta & 0\\ \sin\theta & \cos\theta & 0\\ 0 & 0 & 1\end{bmatrix}$$

因为 θ 很小，可以作如下近似：$\cos\theta\approx1$；$\sin\theta\approx\theta$，则：

$$(\boldsymbol{I}-\boldsymbol{g}^{-1})=\begin{bmatrix}0 & \theta & 0\\ -\theta & 0 & 0\\ 0 & 0 & 0\end{bmatrix}$$

在晶界上取一单位长度的矢量 $\boldsymbol{p}$，这个矢量应是为［$\cos\varphi\quad\sin\varphi\quad0$］，结果 $\boldsymbol{B}$ 为：

$$\boldsymbol{B}=\begin{bmatrix}0 & \theta & 0\\ -\theta & 0 & 0\\ 0 & 0 & 0\end{bmatrix}\begin{bmatrix}\cos\varphi\\ \sin\varphi\\ 0\end{bmatrix}=\begin{bmatrix}\theta\sin\varphi\\ -\theta\cos\varphi\\ 0\end{bmatrix}$$

即 $\boldsymbol{B}$ 在坐标 x、y、z 三个方向上的分量 $\boldsymbol{B}_1$、$\boldsymbol{B}_2$ 和 $\boldsymbol{B}_3$ 分别为 $\theta\sin\varphi$、$-\theta\cos\varphi$ 和 0。因为 $\boldsymbol{p}$ 截过的位错和图中的纸面垂直，所以⊥类型位错的柏氏矢量总和等于 $\boldsymbol{B}_1$，而├型位错的柏氏矢量总和等于 $\boldsymbol{B}_2$。这和前面的讨论是一致的。

最后必须指出的是，从一个晶粒取向转换为另一个晶粒取向的变换矩阵 $\boldsymbol{g}$ 不是唯一的（这将在讨论异相界面时进一步说明），另外，Frank-Bilby 公式给出的位错柏氏矢量 $\boldsymbol{B}$ 是穿过晶界上 $\boldsymbol{p}$ 矢量的位错柏氏矢量的总和，因而由它只能得出位错的平均距离，而不能确切了解位错的真实分布情况，也不能给出任何关于位错核心处原子排列情况的信息，这是晶界几何结构理论共同不足之处。

4.2.2.4　Frank 公式

如果两个晶粒之间的取向关系是绕 $\boldsymbol{u}$ 轴转动 $\boldsymbol{\theta}$ 角获得的，则用第 1 章的式(1-15)代入式(4-44)得到：

$$\boldsymbol{B} = 2\sin(\theta/2)(\boldsymbol{p} \times \boldsymbol{u}) \tag{4-46}$$

这就是 Frank 公式。可以用另一种方法导出此式。上面对晶界的讨论指出，点阵Ⅰ和点阵Ⅱ相对于参考点阵的变换是不对称的。对参考点阵的另一种选择是：选取变换的中点，称之为中位点阵，点阵Ⅰ和点阵Ⅱ绕一个轴 $\boldsymbol{u}$ 向相反方向旋转 $\theta/2$，点阵Ⅰ和点阵Ⅱ就转到中位点阵。按照这种设想，在晶界上取矢量 $\boldsymbol{Op}=\boldsymbol{p}$ 矢量，如图 4-40a 所示。过 O 点绕旋转轴 $\boldsymbol{u}$（和 $\boldsymbol{Op}$ 的夹角为 φ）正向和反向旋转 $\theta/2$，使 $\boldsymbol{Op}$ 离开中位点阵分别到点阵Ⅰ的 $\boldsymbol{OA}$ 和点阵Ⅱ的 $\boldsymbol{OB}$ 位置。用柏氏回路的方法很易看出，从 A 到 B 的矢量 $\boldsymbol{AB}$ 就是 $\boldsymbol{p}$ 截过的位错的总柏氏矢量 $\boldsymbol{B}$。从图 4-40b 看出，$\boldsymbol{B}$ 为：

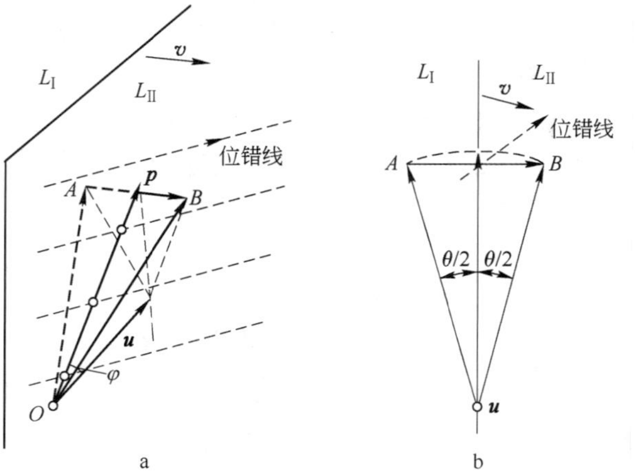

图 4-40　导出 Frank 公式的图示

$$\boldsymbol{B} = 2\sin(\theta/2)(\boldsymbol{p} \times \boldsymbol{u})$$

如果 $\boldsymbol{p}$ 在界面上的取向变化，则柏氏矢量的模 $|\boldsymbol{B}|$ 也变化。设 $|\boldsymbol{p}|$ 与 $\boldsymbol{u}$ 的夹角为 φ，则：

$$|\boldsymbol{B}| = 2\sin(\theta/2)|\boldsymbol{p}|\sin\varphi \tag{4-47}$$

式中，$\sin\varphi$ 为：

$$\sin\varphi = (\sin^2\mu\,\sin^2\Phi + \cos^2\Phi)^{1/2} \tag{4-48}$$

式中，Φ 是转轴 $\boldsymbol{u}$ 与晶界法线 $\boldsymbol{\nu}$ 之间的夹角；μ 是 $\boldsymbol{u}$ 在界面上的投影与 $\boldsymbol{p}$ 之间的夹角。它们之间的关系见图 4-41。当 $\sin\varphi=\pm1$ 时，$|\boldsymbol{B}|$ 获得最大值 $|\boldsymbol{B}|_{max}$：

$$|\boldsymbol{B}|_{max} = 2\sin(\theta/2)|\boldsymbol{p}| \tag{4-49}$$

当 $\sin\mu=0$ 时，$|\boldsymbol{B}|$ 获得最小值 $|\boldsymbol{B}|_{min}$：

$$|\boldsymbol{B}|_{min} = 2\sin(\theta/2)|\boldsymbol{p}|\cos\Phi \tag{4-50}$$

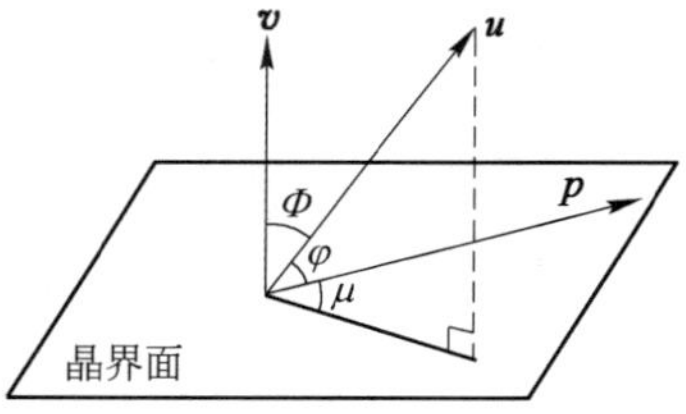

图 4-41　式(4-48)和式(4-50)中各项矢量之间的关系

从式(4-49)看出，$|\boldsymbol{B}|_{max}$ 随着取向差 θ 加大而增加，对于纯倾转晶界，当 $\boldsymbol{p}$ 与倾转轴 $\boldsymbol{u}$ 平行时 $|\boldsymbol{B}|$ 等于 0，而 $\boldsymbol{p}$ 与倾转轴 $\boldsymbol{u}$ 垂直时 $|\boldsymbol{B}|$ 等于 $|\boldsymbol{B}|_{max}$。对于纯扭转晶界，$\boldsymbol{p}$ 的任何取向 $|\boldsymbol{B}|$ 都等于 $|\boldsymbol{B}|_{max}$。

Frank 公式可以更普遍地讨论在界面上作为应力消除器位错的分布，设应力消除器位错的柏氏矢量密度 $\boldsymbol{B}$ 由 $\boldsymbol{i}$ 组独立柏氏矢量为 $\boldsymbol{b}_i$ 的离散位错提供，各组位错的切矢量（位错线的正向）为 $\boldsymbol{t}_i$，位错间距为 D_i。当 $\boldsymbol{p}$ 截过晶界上 3 组分别具有非共面柏氏矢量的位错

$\boldsymbol{b}_1$、$\boldsymbol{b}_2$和$\boldsymbol{b}_3$独立排列的界面位错时，这些位错的切向为$\boldsymbol{t}_1$、$\boldsymbol{t}_2$和$\boldsymbol{t}_3$并且间距分别为D_1、D_2和D_3，则式(4-46)可写成：

$$2\sin(\theta/2)(\boldsymbol{p}\times\boldsymbol{u})=\sum_{i=1}^{3}n_i\boldsymbol{b}_i=n_1\boldsymbol{b}_1+n_2\boldsymbol{b}_2+n_3\boldsymbol{b}_3 \tag{4-51}$$

设N_i在界面上垂直于第i列位错，其模等于这列位错间距D_i倒数的矢量：

$$\boldsymbol{N}_i=\frac{\boldsymbol{\nu}\times\boldsymbol{t}_i}{D_i} \tag{4-52}$$

则n_i（包括它的正负号）等于$\boldsymbol{N}_i\cdot\boldsymbol{p}$，式(4-51)可写成：

$$2\sin(\theta/2)(\boldsymbol{p}\times\boldsymbol{u})=\sum_{i=1}^{3}(\boldsymbol{N}_i\cdot\boldsymbol{p})\boldsymbol{b}_i \tag{4-53}$$

这是讨论一般晶界中位错的重要公式。若第i组位错的N_i已知，则这组位错线的取向可求出。用式(4-52)左右两端叉乘$\boldsymbol{\nu}$，得：

$$\boldsymbol{N}_i\times\boldsymbol{\nu}=\frac{1}{D_i}(\boldsymbol{\nu}\times\boldsymbol{t}_i)\times\boldsymbol{\nu}=N_i\boldsymbol{t}_i \tag{4-54}$$

即

$$\boldsymbol{t}_i=\frac{1}{N_i}(\boldsymbol{N}_i\times\boldsymbol{\nu})=D_i(\boldsymbol{N}_i\times\boldsymbol{\nu}) \tag{4-55}$$

因为$\boldsymbol{p}$是在界面上任意选取的，即一般情况下它既不垂直也不平行于位错线，设$\boldsymbol{p}$与某组位错线的垂线的夹角为η，则在$\boldsymbol{p}$上这组位错线的间距为$(D_i)_p=D_i/\cos\eta$（见图4-42），则$\boldsymbol{p}$方向的位错密度为：

$$(\rho_i)_p=1/(D_i)_p=\cos\eta/D_i=(\boldsymbol{N}_i\cdot\boldsymbol{e}_p) \tag{4-56}$$

式中，$\boldsymbol{e}_p$是$\boldsymbol{p}$方向的单位矢量。

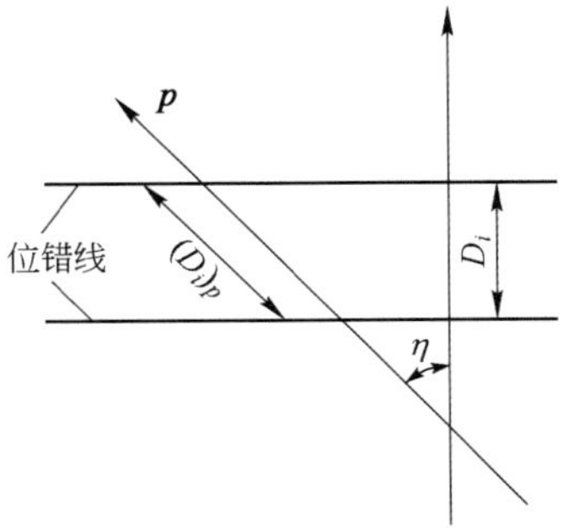

图4-42 在$\boldsymbol{p}$上的位错间距$(D_i)_p$与位错真实间距D_i的关系

和讨论Frank-Bilby公式相似，应用式(4-46)和式(4-51)时有几点需要注意：首先，它们只适用于界面是平直的并且界面没有长程应力的情况；其次，对给定的晶界，这些公式不能唯一地确定界面存在位错的排列方式，实际界面位错可能是多种存在方式中以能量最低的一种方式存在；第三，对于小角度晶界，界面位错密度直接正比于取向差θ；第四，即使界面含几组具有不同柏氏矢量的位错，但每组位错都是直的、等间距的和相互平行的；最后，一般的晶界要求三组具有非共面柏氏矢量的位错，Frank公式可用以分析所有可能的情况，如果知道$\boldsymbol{n}$、$\boldsymbol{u}$和$\boldsymbol{p}$则可以确定界面上位错的排列，或者相反，知道位错的具体情况来确定晶粒的取向。

例4-10 分析含一组平行位错以及含两组位错的晶界，求出晶界上位错分布的密度。

解：(1) 对于含一组平行刃位错的界面，根据式(4-53)：

$$2\sin(\theta/2)\boldsymbol{p}\times\boldsymbol{u}=(\boldsymbol{N}\cdot\boldsymbol{p})\boldsymbol{b}$$

因为$\boldsymbol{p}$在界面上任意取向都满足上式，所以$\boldsymbol{b}$必垂直于界面，同时，$\boldsymbol{u}$也一定在界面上。当$\boldsymbol{p}$取向平行于位错线方向$\boldsymbol{t}$时，$\boldsymbol{N}\cdot\boldsymbol{p}=0$，即$\boldsymbol{t}\times\boldsymbol{u}=0$，说明$\boldsymbol{u}$与$\boldsymbol{t}$平行，这种晶界是简单对称倾转界面。当$\boldsymbol{p}$垂直于$\boldsymbol{t}$时，因$\boldsymbol{p}$与位错线的夹角$\eta=90°$，根据式(4-53)得晶界上位错分布的密度为：

$$\rho = 1/D = 2\sin(\theta/2)/b \approx \theta/b$$

(2) 对于含两组位错的晶界，设两组位错的柏氏矢量互不平行并分别为 $\boldsymbol{b}_1$ 和 $\boldsymbol{b}_2$，在晶界上取一矢量 $\boldsymbol{p}$，根据式(4-53)，得：

$$(\boldsymbol{N}_1 \cdot \boldsymbol{p})\boldsymbol{b}_1 + (\boldsymbol{N}_2 \cdot \boldsymbol{p})\boldsymbol{b}_2 = 2\sin(\theta/2)(\boldsymbol{p} \times \boldsymbol{u}) \tag{4-57}$$

上式两侧点乘 $(\boldsymbol{b}_1 \times \boldsymbol{b}_2)$，得：

$$(\boldsymbol{p} \times \boldsymbol{u}) \cdot (\boldsymbol{b}_1 \times \boldsymbol{b}_2) = 0$$

根据三重积中点乘和叉乘可以互换的规律，上式变为：

$$\boldsymbol{p} \cdot [\boldsymbol{u} \times (\boldsymbol{b}_1 \times \boldsymbol{b}_2)] = 0$$

有两种情况可以满足这一方程：一种是 $\boldsymbol{u} \times (\boldsymbol{b}_1 \times \boldsymbol{b}_2)$ 与 $\boldsymbol{p}$ 垂直，另一种是 $\boldsymbol{u}$ 与 $(\boldsymbol{b}_1 \times \boldsymbol{b}_2)$ 平行。

1) $\boldsymbol{u} \times (\boldsymbol{b}_1 \times \boldsymbol{b}_2)$ 与 $\boldsymbol{p}$ 垂直的情况：由于 $\boldsymbol{p}$ 在晶界上，并可取任意方向，所以 $\boldsymbol{u} \times (\boldsymbol{b}_1 \times \boldsymbol{b}_2)$ 必平行于界面法线 $\boldsymbol{\nu}$，说明 $\boldsymbol{u}$ 和 $(\boldsymbol{b}_1 \times \boldsymbol{b}_2)$ 都在晶界上。$\boldsymbol{u}$ 的取向取决于 $\boldsymbol{b}_1$ 及 $\boldsymbol{b}_2$ 两组位错的密度。现令 $\boldsymbol{p}=\boldsymbol{u}$，则式(4-53)变为：

$$(\boldsymbol{N}_1 \cdot \boldsymbol{u})\boldsymbol{b}_1 + (\boldsymbol{N}_2 \cdot \boldsymbol{u})\boldsymbol{b}_2 = 0$$

因 $\boldsymbol{b}_1$ 与 $\boldsymbol{b}_2$ 不共线，只有 $(\boldsymbol{N}_1 \cdot \boldsymbol{u}) = (\boldsymbol{N}_2 \cdot \boldsymbol{u}) = 0$ 才能满足上式。显然，这两组位错应该是平行的，并平行于取向差轴 $\boldsymbol{u}$。这是一种非对称倾转晶界。下面求两组位错的密度，若 $\boldsymbol{p}$ 垂直于位错线，即 $\boldsymbol{p} = \boldsymbol{N}_1/N_1$，把 $\boldsymbol{p}$ 代入式(4-57)，得：

$$2\sin(\theta/2)\frac{\boldsymbol{N}_1}{N_1} \times \boldsymbol{u} = \left(\frac{\boldsymbol{N}_1}{N_1} \cdot \boldsymbol{N}_1\right)\boldsymbol{b}_1 + \left(\frac{\boldsymbol{N}_1}{N_1} \cdot \boldsymbol{N}_2\right)\boldsymbol{b}_2 = N_1\boldsymbol{b}_1 + \left(\frac{\boldsymbol{N}_1}{N_1} \cdot \boldsymbol{N}_2\right)\boldsymbol{b}_2$$

上式两端叉乘 $\boldsymbol{u}$，得：

$$2\sin(\theta/2)\left(\frac{\boldsymbol{N}_1}{N_1} \times \boldsymbol{u}\right) \times \boldsymbol{u} = N_1(\boldsymbol{b}_1 \times \boldsymbol{u}) + \left(\frac{\boldsymbol{N}_1}{N_1} \cdot \boldsymbol{N}_2\right)(\boldsymbol{b}_2 \times \boldsymbol{u})$$

上式两端再点乘 $\boldsymbol{b}_2$，得：

$$2\sin(\theta/2)\boldsymbol{b}_2 \cdot \left(\frac{\boldsymbol{N}_1}{N_1} \times \boldsymbol{u}\right) \times \boldsymbol{u} = N_1\boldsymbol{b}_2 \cdot (\boldsymbol{b}_1 \times \boldsymbol{u})$$

因为 $[(\boldsymbol{N}_1/N_1) \times \boldsymbol{u}] \times \boldsymbol{u} = -\boldsymbol{N}_1/N_1$，又 $\boldsymbol{b}_2 \cdot (\boldsymbol{b}_1 \times \boldsymbol{u}) = \boldsymbol{u} \cdot (\boldsymbol{b}_1 \times \boldsymbol{b}_2)$，故上式变为：

$$N_1 = \frac{\boldsymbol{b}_2 \cdot (\boldsymbol{N}_1/N_1)}{\boldsymbol{u} \cdot (\boldsymbol{b}_1 \times \boldsymbol{b}_2)}2\sin(\theta/2)$$

同理

$$N_2 = \frac{\boldsymbol{b}_1 \cdot (\boldsymbol{N}_2/N_2)}{\boldsymbol{u} \cdot (\boldsymbol{b}_2 \times \boldsymbol{b}_1)}2\sin(\theta/2)$$

因为 $\boldsymbol{u}$ 平行于两组位错线方向，即 $\boldsymbol{u}=\boldsymbol{t}_1=\boldsymbol{t}_2$，根据式(4-52)，上两式可写成：

$$\begin{aligned} N_1 &= \frac{\boldsymbol{b}_2 \cdot (\boldsymbol{\nu} \times \boldsymbol{u})}{\boldsymbol{u} \cdot (\boldsymbol{b}_1 \times \boldsymbol{b}_2)}2\sin(\theta/2) \qquad \rho_1 = \frac{1}{N_1} \\ N_2 &= \frac{\boldsymbol{b}_1 \cdot (\boldsymbol{\nu} \times \boldsymbol{u})}{\boldsymbol{u} \cdot (\boldsymbol{b}_2 \times \boldsymbol{b}_1)}2\sin(\theta/2) \qquad \rho_2 = \frac{1}{N_2} \end{aligned} \tag{4-58}$$

2) $\boldsymbol{u} \parallel (\boldsymbol{b}_1 \times \boldsymbol{b}_2)$（即 $\boldsymbol{u} = (\boldsymbol{b}_1 \times \boldsymbol{b}_2)/|\boldsymbol{b}_1 \times \boldsymbol{b}_2|$）的情况：

$$\boldsymbol{p} \times \boldsymbol{u} = \frac{\boldsymbol{p} \times (\boldsymbol{b}_1 \times \boldsymbol{b}_2)}{|\boldsymbol{b}_1 \times \boldsymbol{b}_2|} = \frac{\boldsymbol{b}_1(\boldsymbol{b}_2 \cdot \boldsymbol{p}) - \boldsymbol{b}_2(\boldsymbol{b}_1 \cdot \boldsymbol{p})}{|\boldsymbol{b}_1 \times \boldsymbol{b}_2|}$$

在这种情况下，晶界位置（$\boldsymbol{\nu}$）不能唯一确定。把上式关系代入 $(\boldsymbol{N}_1 \cdot \boldsymbol{p})\boldsymbol{b}_1 + (\boldsymbol{N}_2 \cdot \boldsymbol{p})\boldsymbol{b}_2 = 2\sin(\theta/2)(\boldsymbol{p} \times \boldsymbol{u})$，得：

$$\boldsymbol{b}_1(\boldsymbol{N}_1 \cdot \boldsymbol{p}) + \boldsymbol{b}_2(\boldsymbol{N}_2 \cdot \boldsymbol{p}) = \frac{\boldsymbol{b}_1(\boldsymbol{b}_2 \cdot \boldsymbol{p}) - \boldsymbol{b}_2(\boldsymbol{b}_1 \cdot \boldsymbol{p})}{|\boldsymbol{b}_1 \times \boldsymbol{b}_2|}2\sin(\theta/2)$$

因 $\boldsymbol{N}_1$、$\boldsymbol{N}_2$ 和 $\boldsymbol{p}$ 都在晶界上，并且上式对 $\boldsymbol{p}$ 任何取向都适用，所以，$\boldsymbol{N}_1$ 一定是 $\boldsymbol{b}_2/|\boldsymbol{b}_1 \times \boldsymbol{b}_2|$ 矢量在界面上的分量，$\boldsymbol{N}_2$ 一定是 $\boldsymbol{b}_1/|\boldsymbol{b}_1 \times \boldsymbol{b}_2|$ 矢量在界面上分量的反向，即：

$$\boldsymbol{N}_1 = \frac{\boldsymbol{b}_2 - (\boldsymbol{\nu} \cdot \boldsymbol{b}_2)\boldsymbol{\nu}}{|\boldsymbol{b}_1 \times \boldsymbol{b}_2|}2\sin(\theta/2)$$

$$\boldsymbol{N}_2 = -\frac{\boldsymbol{b}_1 - (\boldsymbol{\nu} \cdot \boldsymbol{b}_1)\boldsymbol{\nu}}{|\boldsymbol{b}_1 \times \boldsymbol{b}_2|}2\sin(\theta/2)$$

所以，一般来说，这两组位错线不平行，它们构成如图 4-43 所示的斜方位错网络。如果 $\boldsymbol{\nu} \parallel (\boldsymbol{b}_1 \times \boldsymbol{b}_2)$，此时 $\boldsymbol{\nu} \parallel \boldsymbol{u}$，这时是纯扭转晶界，则：

$$\begin{aligned} \boldsymbol{N}_1 &= \frac{\boldsymbol{b}_2}{|\boldsymbol{b}_1 \times \boldsymbol{b}_2|}2\sin(\theta/2) \\ \boldsymbol{N}_2 &= -\frac{\boldsymbol{b}_1}{|\boldsymbol{b}_1 \times \boldsymbol{b}_2|}2\sin(\theta/2) \end{aligned} \tag{4-59}$$

例 4-11 分析面心立方晶体中（1）由一组平行位错构成的界面以及（2）由两组平行位错构成的界面的性质和位错分布。为了分析简单，设点阵常数 $a=1$。

解： 面心立方晶体的滑移面是 $\{111\}$ 面，柏氏矢量 $\boldsymbol{b} = \langle 1\bar{1}0\rangle/2$。设位错的柏氏矢量 $\boldsymbol{b} = [1\bar{1}0]/2$，滑移面是 (111)。

（1）晶界上只有一组位错时，由例 4-10 的讨论可知，$\boldsymbol{\nu} \parallel \boldsymbol{b}$，取向差轴 $\boldsymbol{u}$ 平行于位错线方向。因设位错的柏氏矢量 $\boldsymbol{b} = [1\bar{1}0]/2$，故 $\boldsymbol{\nu} = [1\bar{1}0]/\sqrt{2}$，晶界面是 $(1\bar{1}0)$。因为界面是由滑移位错排列构成的，所以位错线方向 $\boldsymbol{t}$ 是滑移面的法线矢量与柏氏矢量的叉乘 $\boldsymbol{\nu} \times \boldsymbol{b}$，即 $[11\bar{2}]$ 方向，$\boldsymbol{u}$ 也是 $[11\bar{2}]$ 方向。这是对称倾转晶界，如图 4-44a 所示。如果晶界上的位错扩展，则晶界变成由具有一定扩展宽度的位错构成，如图 4-44b 所示。界面上的位错密度等于 θ/b。

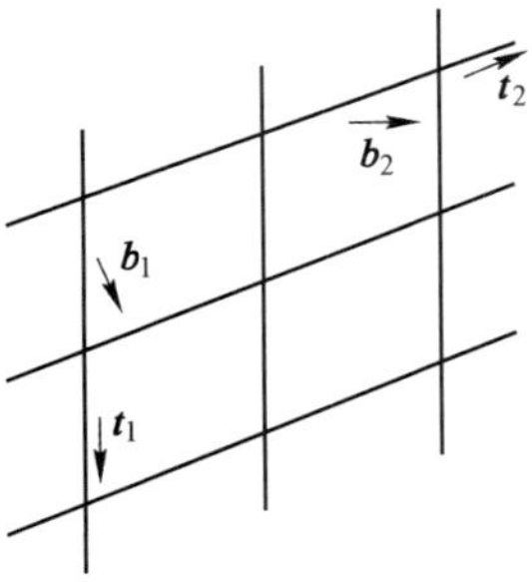

图 4-43 界面上两组位错构成的位错网络

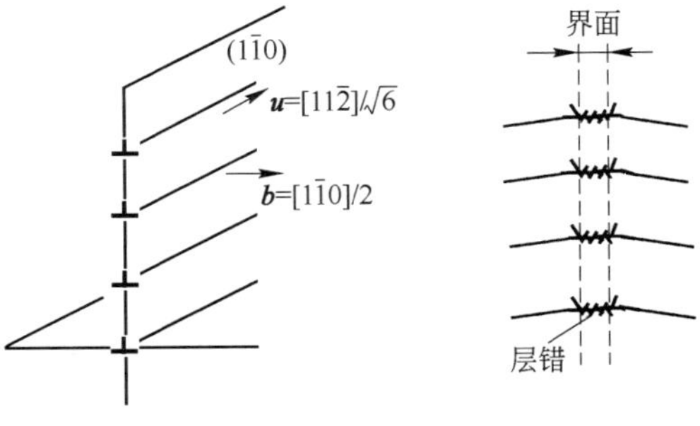

a b

图 4-44 面心立方晶体中的对称倾转晶界

a—界面为 $(1\bar{1}0)$，界面位错 $\boldsymbol{b} = [1\bar{1}0]/2$，$\boldsymbol{u} = [11\bar{2}]/\sqrt{6}$；b—晶界位错扩展的情况

(2) 晶界上有两组位错时，因为面心立方晶体的柏氏矢量是 $a\langle 110\rangle/2$ 类型，柏氏矢量之间可能是垂直或成 120°，所以这类晶界又可分两种情况：

1）两组位错的柏氏矢量相互垂直时，设两组位错的柏氏矢量分别为 $\boldsymbol{b}_1=[110]/2$ 和 $\boldsymbol{b}_2=[1\bar{1}0]/2$。

若两组位错线平行，由例 4-10 的讨论可知 $\boldsymbol{\nu}\cdot(\boldsymbol{b}_1\times\boldsymbol{b}_2)=0$。现在 $(\boldsymbol{b}_1\times\boldsymbol{b}_2)$ 的方向是 [001]，所以 $\boldsymbol{n}$ 的方向是 $[hk0]$，即晶界面是 $(hk0)$。又根据 $\boldsymbol{\nu}\parallel\boldsymbol{u}\times(\boldsymbol{b}_1\times\boldsymbol{b}_2)$，知道 $\boldsymbol{u}$ 在晶界上，其具体取向根据具体条件而定。如果晶界仅限于由滑移位错构成，因两个滑移面分别为 $(1\bar{1}1)$ 和 (111)，由例 4-10 讨论两组位错情况时知道，$\boldsymbol{u}\parallel(\boldsymbol{p}_1\times\boldsymbol{p}_2)\parallel[1\bar{1}1]\times[111]\parallel[\bar{1}01]$。

若两组位错互相不平行，因 $\boldsymbol{u}\parallel(\boldsymbol{b}_1\times\boldsymbol{b}_2)$，故 $\boldsymbol{u}=[001]$。这时晶界位置不能确定，要根据具体情况而定。如果晶界仅限于由位错滑移构成，位错保持在滑移面上。设两组位错的滑移面分别为 $(1\bar{1}1)$ 和 (111)，位错线一定在两滑移面与晶界面的交线上，即平行于 $\boldsymbol{\nu}\times[1\bar{1}1]$ 和 $\boldsymbol{\nu}\times[111]$ 方向。晶界的取向 $\boldsymbol{n}$ 是唯一的，$\boldsymbol{\nu}$ 应是 [001]。而 $(\boldsymbol{b}_1\times\boldsymbol{b}_2)$ 又恰好是 [001] 方向，即 $\boldsymbol{\nu}\parallel(\boldsymbol{b}_1\times\boldsymbol{b}_2)$，所以这时是纯扭转晶界。根据式(4-59)，两组位错的 $\boldsymbol{N}_1$ 和 $\boldsymbol{N}_2$ 为：

$$\boldsymbol{N}_1=\frac{\boldsymbol{b}_2}{|\boldsymbol{b}_1\times\boldsymbol{b}_2|}2\sin(\theta/2)=\frac{[1\bar{1}0]/2}{\left|[110]/2\times[1\bar{1}0]/2\right|}2\sin(\theta/2)=-[1\bar{1}0]2\sin(\theta/2)$$

$$D_1=\frac{1}{|\boldsymbol{N}_1|}=\frac{1}{2\sqrt{2}\sin(\theta/2)}$$

$$\boldsymbol{N}_2=\frac{\boldsymbol{b}_1}{|\boldsymbol{b}_1\times\boldsymbol{b}_2|}2\sin(\theta/2)=\frac{[110]/2}{\left|[110]/2\times[1\bar{1}0]/2\right|}2\sin(\theta/2)=-[110]2\sin(\theta/2)$$

$$D_2=\frac{1}{|\boldsymbol{N}_2|}=\frac{1}{2\sqrt{2}\sin(\theta/2)}$$

2）两组位错的柏氏矢量夹角为 120°，设 $\boldsymbol{b}_1=[1\bar{1}0]/2$，$\boldsymbol{b}_2=[01\bar{1}]/2$，这两个矢量的夹角是 120°。这又有两种可能的情况：一种是两组位错同属一个滑移面，滑移面是 (111)；另一种是 $\boldsymbol{b}_1$ 位错的滑移面是 (111)，$\boldsymbol{b}_2$ 位错的滑移面是 $(\bar{1}11)$。

若晶界不限于由滑移位错构成（即含攀移位错）并且位错线全都平行的话，这时有 $\boldsymbol{\nu}\cdot(\boldsymbol{b}_1\times\boldsymbol{b}_2)=0$ 的关系。因 $(\boldsymbol{b}_1\times\boldsymbol{b}_2)\parallel[111]$，所以 $\boldsymbol{\nu}\cdot[111]=0$，说明晶界面 (hkl) 中各指数满足 $h+k+l=0$ 的关系。转轴 $\boldsymbol{u}$ 也在晶界上。

若两组位错不平行，有 $\boldsymbol{u}\parallel(\boldsymbol{b}_1\times\boldsymbol{b}_2)$ 的关系，$\boldsymbol{u}$ 唯一地确定，并等于 $[111]/\sqrt{3}$。又因 $\boldsymbol{t}_1$ 的方向是 $(\boldsymbol{b}_2\times\boldsymbol{\nu})$ 的方向，故 $\boldsymbol{b}_2$ 的方向是 $(\boldsymbol{\nu}\times\boldsymbol{b}_1)$ 的方向。如果 $\boldsymbol{\nu}\cdot(\boldsymbol{b}_1\times\boldsymbol{b}_2)=0$，则 $\boldsymbol{t}_1\parallel\boldsymbol{t}_2$，这不是现在讨论的要求，而 $\boldsymbol{\nu}\cdot(\boldsymbol{b}_1\times\boldsymbol{b}_2)\neq0$，即要求界面 (hkl) 中的指数 $h+k+l\neq0$。在特殊情况下，界面是 (111)，$\boldsymbol{t}_1$ 是 $(\boldsymbol{b}_2\times\boldsymbol{\nu})$ 即 $[01\bar{1}]\times[111]=[2\bar{1}\bar{1}]$ 方向；$\boldsymbol{t}_2$ 是 $(\boldsymbol{b}_1\times\boldsymbol{n})$ 即 $[1\bar{1}0]\times[111]=[\bar{1}\bar{1}2]$ 方向。这种晶界的位错网络如图 4-45 的实线所示。这种结构

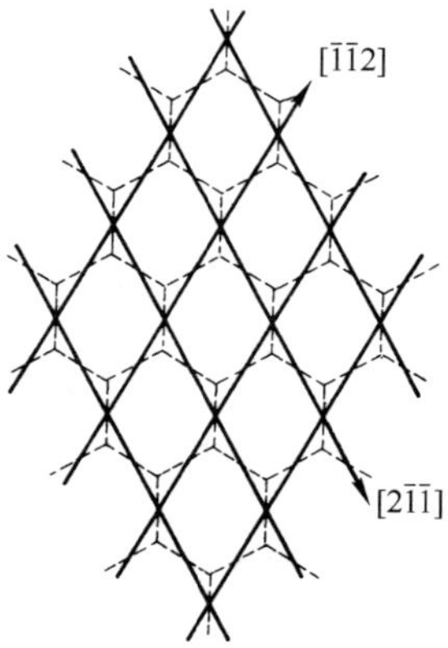

图 4-45　面心立方晶体(111)面纯扭转晶界上的位错网络

是不稳定的，在位错交点附近发生如下反应：

$$\frac{1}{2}[1\bar{1}0]+\frac{1}{2}[01\bar{1}]\longrightarrow\frac{1}{2}[10\bar{1}]$$

把原来四叉结点变成三叉结点，如图 4-45 的虚线所示。如果层错能较低，位错会扩展。网络的结点会打开，形成如图 3-124 所示的结构。没有打开的那个结点，在与它联系的 I 型层错中萌生肖克莱位错环，形成 E 型层错，把这个结点也打开，形成 I 型和 E 型相间的层错。

4.2.2.5 小角度界面的应力场和能量

由于位错晶界上的位错网络结构比较复杂，位错间的交互作用也比较强，所以晶界的应力场和能量的精确计算是复杂的。这里只以简单的对称倾转界面为例来讨论。

小角度对称倾转晶界由一组柏氏矢量相同的平行刃型位错构成。设位错间距为 D，把坐标原点放在一个位错上，y 轴放在位错墙上并与位错垂直，x 轴垂直于位错墙，z 轴与位错线平行，如图 4-46 所示。晶界的应力场就是位错墙中各个位错应力场的叠加。

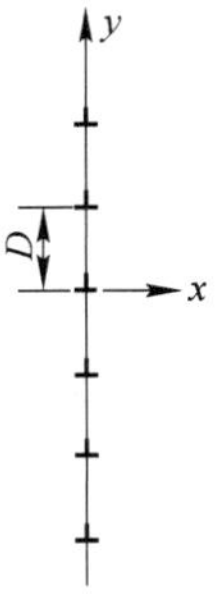

图 4-46 对称倾转位错晶界的位错排列，z 轴垂直于纸面

把处于坐标原点的位错编号为 0，其他位错按 y 正向和负向分别编号为 1、2、3、…和−1、−2、−3、…。根据刃位错应力场的公式（第 3 章式(3-85)），第 n 个位错应力场的 $\sigma_{xy(n)}$ 分量为：

$$\sigma_{xy(n)}=\frac{\mu b}{2\pi(1-\nu)}\cdot\frac{x[x^2-(y-nD)^2]}{[x^2+(y-nD)^2]^2}$$

整个位错墙的应力场的 σ_{xy} 分量是上式对 n 的求和：

$$\sigma_{xy}=\sum_{n=-\infty}^{\infty}\frac{\mu b}{2\pi(1-\nu)}\cdot\frac{x[x^2-(y-nD)^2]}{[x^2+(y-nD)^2]^2}$$

上式可以改写为：

$$\sigma_{xy}=\frac{\mu b}{2\pi(1-\nu)D^2}\sum_{n=-\infty}^{\infty}\frac{x[(x/D)^2-(n-y/D)^2]}{[(x/D)^2+(n-y/D)^2]^2} \tag{4-60}$$

上式的求和项可借助如下数列求出：

$$\sum_{n=-\infty}^{\infty}\frac{1}{n+a}=\pi\cot(\pi a) \tag{4-61}$$

通过运算，最后获得结果：

$$\begin{aligned}\sigma_{xy}&=\frac{\mu b\pi x}{(1-\nu)D^2}\cdot\frac{\cos(2\pi y/D)\cosh(2\pi x/D)-1}{[\cosh(2\pi x/D)-\cos(2\pi y/D)]^2}\\&=\sigma_0 2\pi(x/D)[\cos(2\pi x/D)\cosh(2\pi y/D)-1]\end{aligned} \tag{4-62}$$

式中

$$\sigma_0=\frac{\mu b}{2D(1-\nu)[\cosh(2\pi x/D)-\cos(2\pi y/D)]^2} \tag{4-63}$$

按同样方法求出其他应力分量：

$$\sigma_{xx}=-\sigma_0\sin(2\pi y/D)[\cosh(2\pi x/D)-\cos(2\pi y/D)+(2\pi x/D)\sinh(2\pi x/D)] \qquad (4\text{-}64)$$

$$\sigma_{yy}=-\sigma_0\sin(2\pi y/D)[\cosh(2\pi x/D)-(2\pi x/D)\cos(2\pi x/D)\sinh(2\pi x/D)] \qquad (4\text{-}65)$$

刃位错墙组成的晶界的应力场中各分量的正和负分布如图 4-47 所示，其中图 4-47d 是两个位错之间的 σ_{xy} 等应力线分布，它与图 4-47a 的示意图相符合。

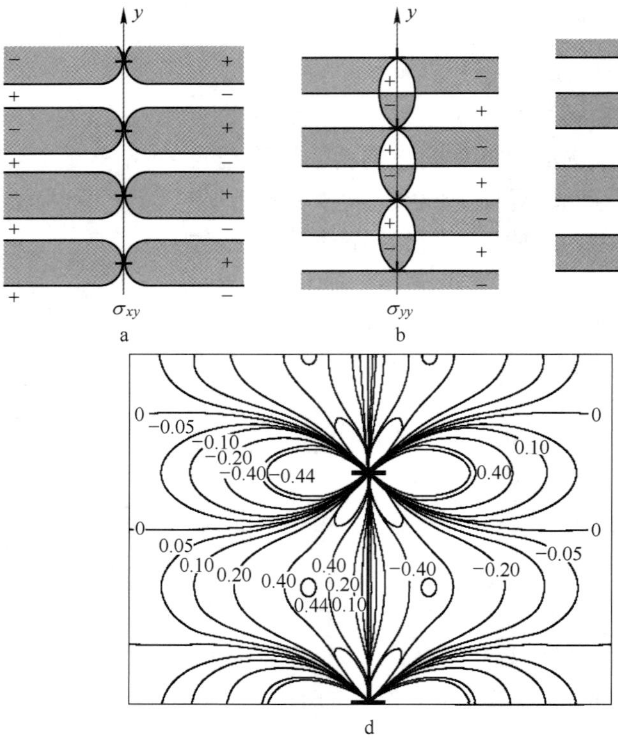

图 4-47　一组平行的刃位错产生的应力场各分量的正和负分布
（图 d 为两个位错之间的 σ_{xy} 等应力线分布，应力单位是 $\mu b/2(1-\nu)D$）

在远离晶界的地方，即 $|x| \gg D$，式(4-62)中分子的 1 以及分母中的 $\cos(2\pi y/D)$ 可以忽略，式(4-62)变为：

$$\sigma_{xy}=\frac{\mu b\pi x}{(1-\nu)D^2}\cdot\frac{\cos(2\pi y/D)}{\cosh(2\pi x/D)} \qquad (4\text{-}66)$$

因为

$$\cosh(2\pi X)=\frac{e^{2\pi x}+e^{-2\pi x}}{2}$$

故

$$\sigma_{xy}=\frac{2\mu b\pi x}{(1-\nu)D^2}\cdot\frac{\cos(2\pi y/D)}{e^{(2\pi x/D)}+e^{-(2\pi x/D)}} \qquad (4\text{-}67)$$

当 $x\to\infty$时，$\sigma_{xy}\to 0$。对式(4-64)和式(4-65)进行讨论，同样可得 $x\to\infty$时，σ_{xx}和 σ_{yy}也趋于 0。事实上，并不需要 $x\to\infty$，而只在 $x \gg D$ 时，应力场已接近于 0 了。例如当 $x=D$

（设 $D=20b$）时，$\sigma_{xy}<5\times10^{-4}\mu$，而 $x=2D$ 时，$\sigma_{xy}<10^{-6}\mu$，应力已经大大降低了。所以，晶界不存在长程应力场。

如果在很靠近晶界的地方，例如 $|x| \ll D/2$，应力场的数量级可由最邻近的 1~3 个位错决定，它的数值取决于 y 的相对位置。

晶界能是一个重要的物理量。下面以对称倾转晶界为例用一种简便的方法计算小角度晶界的能量。因为小角度界面是由位错构成的，所以晶界能量就是界面上位错能量总和。先求出界面上每一个单位长度位错线的能量，然后根据单位面积界面所含的位错线总长度算出界面能。严格来说，因为在界面上存在不只是单根位错，它们之间有交互作用，所以，在界面上单位长度位错的能量与单独存在的单位长度位错的能量是不同的。为了把其他位错的影响考虑进去，计算在位错存在的情况下，把一个同号刃位错在某个滑移面上从无限远处推到距某个位错的 r_0 处（即位错核心附近），这个过程所做的功就是界面与此位错的交互作用能，这个能量的一半就是位错墙中位错的能量。选取 $y=0$ 作为滑移面来讨论，由于 y 的正向和负向都趋于无穷，所以滑移面的选择不影响讨论结果。此时，σ_{xx} 和 σ_{yy} 都为 0，而：

$$\sigma_{xy}=\frac{\mu b\pi x}{(1-\nu)D^2}\cdot\frac{1}{\mathrm{ch}(2\pi x/D)-1}=\frac{\mu b\pi x}{(1-\nu)D^2}\cdot\frac{1}{2\mathrm{sh}^2(\pi x/D)}$$

单位长度位错线能量 E_w 为：

$$E_\mathrm{w}=\frac{1}{2}\int_{r_0}^{\infty}\sigma_{xy}b\mathrm{d}x=\frac{\mu b^2\pi}{4(1-\nu)D^2}\int_{r_0}^{\infty}\frac{x\mathrm{d}x}{\mathrm{sh}^2(\pi x/D)} \tag{4-68}$$

上式运算结果为：

$$E_\mathrm{w}=\frac{\mu b^2}{4\pi(1-\nu)}\{(\pi r_0/D)\mathrm{cth}(\pi r_0/D)-\ln[2\mathrm{sh}(\pi r_0/D)]\}$$

单位面积的界面有 $1/D$ 长度的位错线，所以界面能 γ_b 为：

$$\gamma_\mathrm{b}=\frac{\mu b^2}{4\pi(1-\nu)D}\{(\pi r_0/D)\mathrm{cth}(\pi r_0/D)-\ln[2\mathrm{sh}(\pi r_0/D)]\} \tag{4-69}$$

上式又可以写成：

$$\gamma_\mathrm{b}=\frac{\mu b^2}{4\pi(1-\nu)D}\left[(\pi r_0/D)\frac{\mathrm{e}^{\pi r_0/D}+\mathrm{e}^{-\pi r_0/D}}{\mathrm{e}^{\pi r_0/D}-\mathrm{e}^{-\pi r_0/D}}-\ln(\mathrm{e}^{\pi r_0/D}-\mathrm{e}^{-\pi r_0/D})\right]$$

因为 $r_0 \ll D$，则 $\mathrm{e}^{\pi r_0/D}\approx 1+\pi r_0/D$，$\mathrm{e}^{-\pi r_0/D}\approx 1-\pi r_0/D$，代入上式，得：

$$\gamma_\mathrm{b}=\frac{\mu b^2}{4\pi(1-\nu)D}[1-\ln(2\pi r_0/D)] \tag{4-70}$$

而 $D=b/\theta$（见式(4-41)），代入上式，获得晶界能 γ_b 与晶界两侧取向差 θ 的关系（称 Read-Shockley 方程）：

$$\begin{aligned}\gamma_\mathrm{b}&=\frac{\mu b\theta}{4\pi(1-\nu)}[1-\ln 2-\ln(\pi r_0\theta/b)]\\&=\frac{\mu b\theta}{4\pi(1-\nu)}[1-\ln(2\pi r_0/b)-\ln\theta]=E_0\theta(A-\ln\theta)\end{aligned} \tag{4-71}$$

式中，$E_0=\dfrac{\mu b}{4\pi(1-\nu)}$；$A=1+\ln\dfrac{b}{2\pi r_0}=\ln\dfrac{eb}{2\pi r_0}$。

如果更简单地以单独存在的位错能量来近似计算，可以认为，在离开位错的距离大于 D 处的弹性应力场基本抵消，并设 $r_0 \approx b$，则在晶界上单位长度位错的能量可写为：

$$E_E = \frac{\mu b^2}{4\pi(1-\nu)}\ln\frac{D}{b} + E_{co} \tag{4-72}$$

式中，μ 是切变模量；ν 是泊松比；E_{co}是位错中心的能量。单位面积的界面能 γ_b为：

$$\gamma_b = \frac{E_E}{D} = \frac{\theta}{b}E_E = \frac{\mu b\theta}{4\pi(1-\nu)}\ln\frac{1}{\theta} + \frac{\theta}{b}E_{co} = E_0\theta(A' - \ln\theta) \tag{4-73}$$

式中，$E_0 = \dfrac{\mu b}{4\pi(1-\nu)}$，$A' = \dfrac{E_{co}}{E_0 b}$。若单位长度位错核心能量近似为 $E_0 b$，则 $A' \approx 1$。如果把位错核心能量按照 P-N 模型进行估算（见式(3-153)），那么 A'和 A 近似相等。从式(4-73)看出，在开始时晶界能随 θ 角增大而增大。当 θ 很大时，虽然晶界上位错数目很多，但引起畸变区域变窄，每一个位错的能量减小，使界面能有降低的倾向，所以会在某一 θ_m值时获得最大值。当取向差角 θ 比较大时，因位错密度很大，位错芯部能量、位错弹性应力场的高次项以及界面两侧形变的影响都不能忽略，所以，这一式子只适用于小角度（不大于 10°）界面。要验证这一能量式子，同时为了避免不同材料的弹性模量差异使界面能的不可比性，首先求出获得界面能最大值 γ_{bm}的 θ_m，由式(4-73)求得：

$$\theta_m = e^{A-1} \tag{4-74}$$

θ_m的值大约在 15°~25°之间。若 $E_0 \approx 1.2\text{J/m}^2$，$\theta_m$的典型值是 25°左右，$\gamma_{bm} \approx 0.6\text{J/m}^2$。把界面能写成无量纲的形式，即：

$$\frac{\gamma_b}{\gamma_{bm}} = \frac{\theta}{\theta_m}\left(1 - \ln\frac{\theta}{\theta_m}\right) \tag{4-75}$$

对于各种金属求其 γ_b/γ_{bm}与 θ/θ_m的关系是否落在同一条曲线上。图 4-48 给出了 4 种金属的实际数据以及式(4-73)的理论曲线，结果表明式(4-73)描述的小角度晶界能是合适的。

实验证明，即使小角度晶界的取向差 θ 相同，若获得相同取向差的转轴不同，其晶界能不同。Rollett、Yang 和 Mullins 等测量了铝的小角度（小于 15°）平均相对晶界能，并进行了统计分析。在标准极射赤面投影图上的基本三角区（即 001-101-111 区）均匀地取 13 种取向，实验的晶界取向差轴与这 13 种取向中哪一种取向最接近，就归属于哪一种取向。此时测量的相对晶界能如图 4-49 所示。可以看出，几个低指数取向的取向差轴的晶界能大小为：$\gamma_{b[001]} \approx \gamma_{b[101]} > \gamma_{b[111]}$。

式(4-73)假设在界面上的位错是均匀分布的，这只有当位错的间距等于点阵的某一重复距离即相应于某些特殊的取向差时才有可能。如果取向差角 θ 处在这些特殊取向差中间的角度，界面位错则是不均匀排列的，从而引入能量的附加项。例如，立方晶体绕〈001〉轴转动有理取向差角 $\theta = 1/m$（m 是有理数），则界面位错会是均匀分布的，若转动角偏离 θ 角一个小的角度 $\delta\theta$，则界面附加能量的数量级为：

$$-\frac{E_0\delta\theta}{m}\ln\delta\theta \tag{4-76}$$

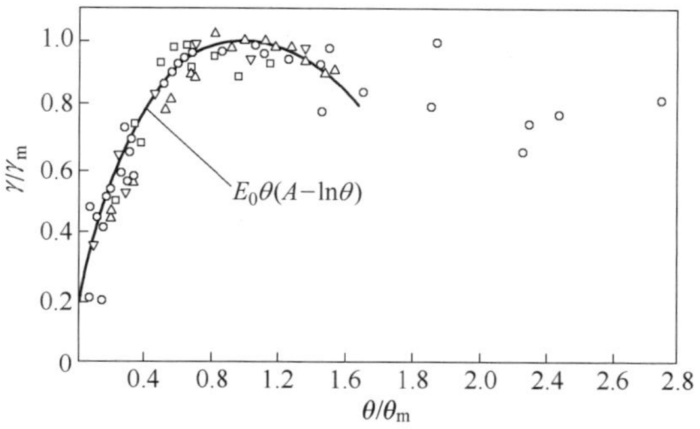

图 4-48 相对晶界能的实验数据及与其理论曲线的比较

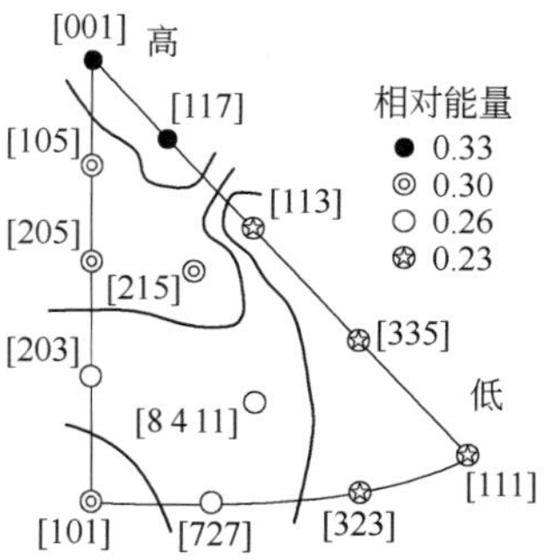

图 4-49 小角度晶界能与取向差轴取向间的关系

当 $\delta\theta\to 0$ 时，γ_B-θ 曲线斜率趋于无限大，因此曲线在有理取向差角 θ 处（界面位错均匀分布）出现下凹尖点，如图 4-50 所示，下凹尖点的界面能量值符合式(4-73)的计算值（图 4-50 中虚线所示）。式(4-76)的附加能量的可能解释是在均匀分布的柏氏矢量为 $\boldsymbol{b}$ 的一次位错之间附加了二次位错，二次位错的柏氏矢量是 $\boldsymbol{b}/m$。一次位错的参考态是原来的点阵，而二次位错则是以 $\theta=1/m$ 作为参考态。这样，二次位错等效于一次位错间距的非均匀性。仔细分析图 4-50 中看似光滑的曲线，它们在放大后仍会看到有小的下凹尖点，这现象也可以用附加的三次位错解释。由一次位错和二次位错引起的下凹尖点分别称为一次下凹尖点和二次下凹尖点。

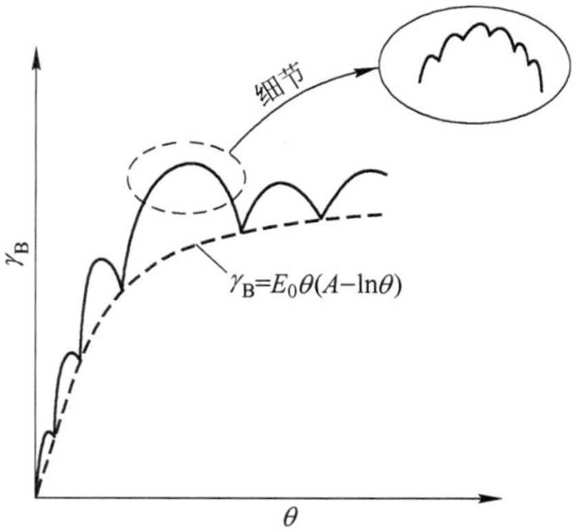

图 4-50 小角度晶界能 γ_B 与取向差角 θ 的关系

4.2.2.6 晶界结构的一般几何理论

上面所讨论的 Frank-Bilby 公式和 Frank 公式是描述小角度界面的位错模型，当取向差很大时，不能直接用原来点阵的位错来描述界面的结构，但是，Frank-Bilby 和 Frank 模型还可以描述在奇异界面基础上的邻位界面的次位错分布。下面我们进一步探求晶界更一般化的几何模型。

任何 2 个晶粒间的界面都处在与两侧晶粒呈现或多或少的适配位置上。晶界结构的几何模型首先是用数学方法描述 2 个周期点阵间的适配图样。

假想 2 个不同取向的晶体互相穿插，我们把其中的原子看做是数学几何点，即把 2 个穿插的晶体看做是 2 个穿插的点阵。具有这两个穿插点阵间的取向差的任何晶界可以按如下方式构成：

（1）在两个穿插点阵的空间中引入一个平面，在平面的一侧去掉一种阵点，在另一侧去掉另一种阵点，这个平面就是晶界。这种操作可获得晶界结构的刚性阵点模型。当两个晶粒的取向差固定时，比较稳定的晶界是晶界两侧原子匹配较好的晶界，即晶界希望在穿插点阵间匹配最好位置多的面通过。界面上匹配良好的位置越多，界面能量越低。

（2）为了进一步降低能量，晶界刚性点阵中的阵点发生弛豫，到达能量低的位置，这样构成最终的晶界结构。如果和很早以前的岛屿模型相比，匹配好的位置就是好区，其他是坏区。根据这种设想，下面分别讨论穿插点阵匹配好的位置以及相应的晶界结构几何模型。

A 相符位置点阵（Coincidence Site Lattice，CSL）

相符位置点阵也称重合位置点阵或重位点阵。设想两个点阵（L_1和L_2），从各点阵中任选一个点，让它们在原点重合，两个点阵的阵点按各自周期在三维空间互相穿插（互相穿插仅是几何概念，真实的点阵当然是不能穿插的），通常把L_1作为参考点阵，获得两晶粒相对取向的所有变换 $\boldsymbol{g}$（例如平移、旋转）都由L_2完成。例如，L_2可以绕公共轴［uvw］旋转 θ 角度(θ/［uvw］)获得。当两个点阵的相对取向给定后，互相穿插的L_1和L_2点阵如果有阵点重合，这些点必然构成周期性的相对于L_1和L_2的超点阵，这个超点阵就是 CSL。CSL 的阵点相对于L_1和L_2是没有畸变的位置，也就是最佳匹配的位置。晶界穿过 CSL 的最密排或密排面，晶界能会较低，晶界能 γ_B-转动角 θ 曲线上出现下凹尖点，所以这类晶界是奇异晶界。

图 4-51 所示为两个相互穿插的简单立方点阵，L_2是由绕［001］轴旋转 36.9°得来的。从图 4-51a 看到，两个点阵有部分阵点是重合的（图中的◉点），这些重合点的位置也是周期性的，它们构成一个L_2和L_1点阵的重合位置点阵（CSL），它也是L_2和L_1点阵的超点阵。从图 4-51b 的二维式样中看到，这两个点阵中每 5 个阵点就有一个重合，即重合密度为 1/5，以 Σ 表示倒易重合密度，即 $\Sigma=5$。这个重合位置点阵表示为 $\Sigma=5$，36.9°/［001］。两个穿插点阵获得的 CSL 的 Σ 值越低，两个穿插点阵的相符的阵点的频率越高。对于极端情况，当 $\Sigma=\infty$时，表示 2 个穿插的点阵之间完全不相符；若 $\Sigma=1$，则 2 个点阵的阵点全部相符，也即是两个点阵是同一点阵。

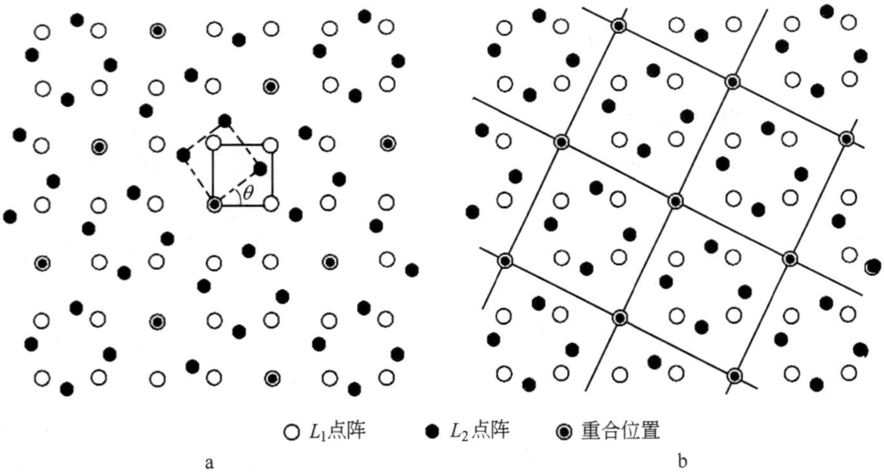

图 4-51　两个穿插的简单立方点阵

a—L_2是由 L_1绕［001］轴旋转 θ=36.9°得来的；b—Σ=5，36.9°/［001］重合位置点阵

重合位置是两个点阵匹配好的位置，如果晶界面处在 CSL 密排或较密排面上，这种晶界是低能界面（奇异界面）。图 4-52a 表示一个过重合位置点阵较密排面的界面，晶界面是L_1点阵（130）面，这个晶界是对称倾转晶界。从图看出，晶界结构也具有周期性。可以看到，晶界两侧是阶梯状，AB 为阶长，BC 为阶高，用阶长表示的晶界结构是…333

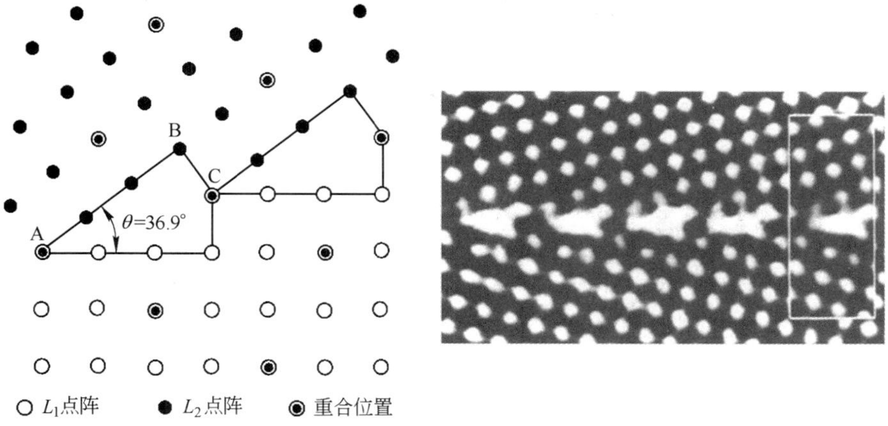

a b

图 4-52 过图 4-51b 重合位置点阵较密排面（点阵 L_1 的（130）面）的晶界面（a）与相应这种界面结构的 $\Sigma=5(130)$，36.9°/[001]氧化镍晶界的高分辨率电镜照片（黑点是离子影像）（b）（Merkle，1995）

…。图 4-52b 是与图 4-52a 对应的 $\Sigma=5(130)$，36.9°/[001]氧化镍晶界的高分辨电子显微镜照片。注意：用 CSL 讨论晶界结构时，CSL 只在晶界上才有意义，而在两侧的晶粒内部是没有意义的。

仔细观察图 4-52b 的真实晶界发现，它与图 4-52a 给出的用点阵表示的晶界模型是有少许差别的。当图 4-52a 的点加入原子后，在晶界上靠近重合位置的原子是会重叠的，如图 4-53a 所示。这显然是高能状态，为了降低能量，晶界两侧点阵相对位移到能量较低处，如图 4-53b 所示。刚性位移后，为了进一步降低能量，晶界上的原子还可能作少量局部位置调整，这称之为原子弛豫。经过刚性位移和原子弛豫的晶界，严格意义上的相符点阵关系就没有了，但由于这些松弛不包含转动，所以并不破坏晶界上的阶长和周期性。

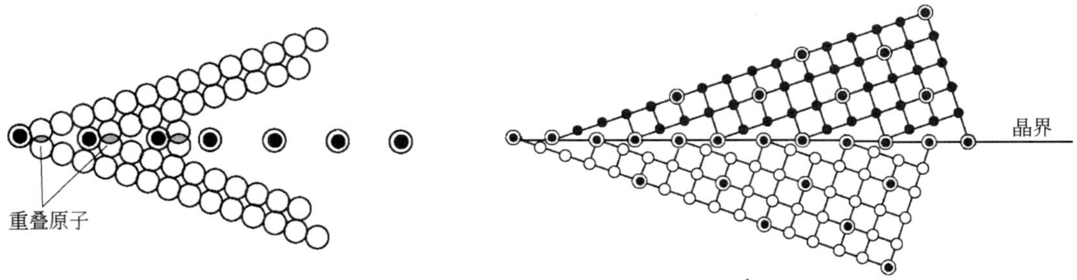

a b

图 4-53 刚性 $\Sigma=5(130)$，36.9°/[001]晶界上原子发生重叠（a）与发生弛豫后的晶界（b）

怎样构造或寻找 CSL？先看一个简单立方点阵的例子。如图 4-54a 所示的简单立方点阵的（001）面，以一个参考原点 O，把[(2,-1,0)]点（或广泛看是[(m,$-n$,0)]点，图中的 r）绕［001］轴逆时针转动到[(2,1,0)]([(m,n,0)])点，以这样的转动由点阵 L_1 生成点阵 L_2。显然，点阵 L_1 的[(2,1,0)]([(m,n,0)])点（图中的 r'）必是点阵 L_1 和点阵 L_2 重合的点。因为［001］轴是四次对称轴，[(-2,-1,0)]点([($-m$,$-n$,0)])也是重合点，同时根据点阵的周期性，矢量[2,1,0][(m,n,0)]和[-1,2,0][($-m$,n,0)]相加获得的点［(1，3，0)]也是重合点等等。在 z 方向各层相应的位置即 $z=\cdots$，−1，0，+1，…

也是重合点。根据[(2,1,0)]([(m,n,0)])点坐标可获得这一重合位置的转动角 θ 是：

$$\theta = 2\arctan(n/m) = 2\arctan(1/2) = 53.1°$$

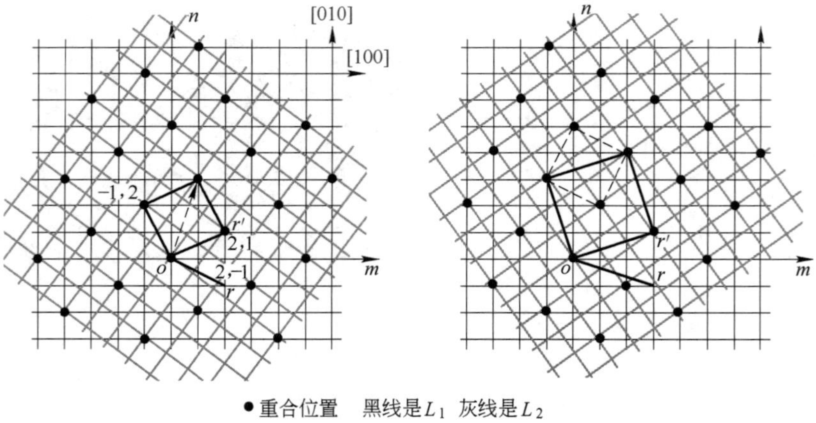

图 4-54 构建简单立方点阵 $\Sigma=5$，36.9°/[001]的 CSL 点阵

还可以看出，[2，1，0]、[−1，2，0] 和 [0，0，1] 三个矢量构成重合位置点阵单胞，or'是 CSL 的一个基矢，单胞体积是$(m^2+n^2)\times1=2^2+1^2=5$。这个 CSL 的布拉维点阵与原来的立方 P 点阵不同，是四方点阵。重合位置点阵单晶胞与实际点阵单胞体积之比就是重位点阵的倒易密度 Σ。这个 CSL 记为 $\Sigma=5$，53.1°/[001]。如果两晶粒间的晶界通过两晶粒间 CSL 的密排或较密排面，则两晶粒在晶界处的原子有较好的匹配，晶界的核心能就较低，并且晶界的应变场的作用范围和晶界结构的周期相近，在离界面比晶界结构周期大的地方的长程应力场可以忽略。这样，晶界的弹性应变能随 Σ 减小及晶界周期缩短而降低。

再看图 4-54b 的例子。它与图 4-54a 的不同之处是把[(3,−1,0)]点（图中的 r）绕[001]轴转动到[(3,1,0)]点，按图 4-54a 的相同程序得出 CSL 点阵，这时是绕 [001] 轴转动 $\theta=2\arctan(1/3)=36.87°$。如果把 or'还看做 CSL 的一个基矢，那么 $\Sigma=m^2+n^2=3^2+1^2=10$。但是，这样的一个 CSL 单胞包含两个 CSL 阵点（图中的粗黑线胞），它并不是 CSL 的真正单胞，图中的虚线才是 CSL 的真正单胞。因此 Σ 应该等于 5 而不是等于 10，CSL 和图 4-54a 所示完全一样。该 CSL 是 $\Sigma=5$，36.9°/[001]。既然图 4-54a 和图 4-54b 所示的 CSL 相同，为什么转动的角度却不同？注意到 [001] 轴是四次旋转轴，绕它逆时针旋转 53.13°和顺时针旋转(90°−53.1°)= 36.9°是完全等效的。从这个例子得知，对于立方晶系，Σ 只能取奇数值。从这个例子总结得出：对于立方晶系取向差轴是⟨001⟩的情况，两个穿插点阵能生成 CSL 的条件是：

$$\Sigma = m^2 + n^2$$

$$\theta = 2\arctan(n/m)$$

式中，m 和 n 是 {001} 面上相对原点的任一个阵点的坐标，并且，Σ 只有奇数值。

考察以 [110] 为转轴的情况。图 4-55 所示为简单立方点阵的 (110) 面，设点阵常数为 1，(110) 面是由长方格子组成的，它的边长分别是 1 和 $2^{1/2}$。

如果图 4-55 中的 a 点 ($m=1$，$n=-1$) 以原点 O 逆时针转动到 ($m=1$，$n=1$) 点，这点一定是转动后的点阵与原来点阵的重合位置。这个 CSL 的转动角 θ 和 Σ 是：

$\theta = 2\arctan(n \times 2^{1/2}/m) = 2\arctan(2^{1/2}) = 109.47°$

即 $180° - 109.47° = 70.53°$

$\Sigma = m^2 + 2n^2 = 1 + 2 = 3$

因为［110］轴是二次对称轴，所以，109.47°与70.53°等效。

如果图4-55中的 b 点（$m=1$，$n=-2$）以原点 O 逆时针转动到（$m=1$，$n=2$）点，这点也一定是转动后的点阵与原来点阵的重合位置。这个CSL的转动角 θ 和 Σ 是：

$\theta = 2\arctan(n \times 2^{1/2}/m) = 2\arctan(2 \times 2^{1/2}) = 141.06°$

即 $180° - 141.06° = 38.94°$

$\Sigma = m^2 + 2n^2 = 1 + 2 \times 2^2 = 9$

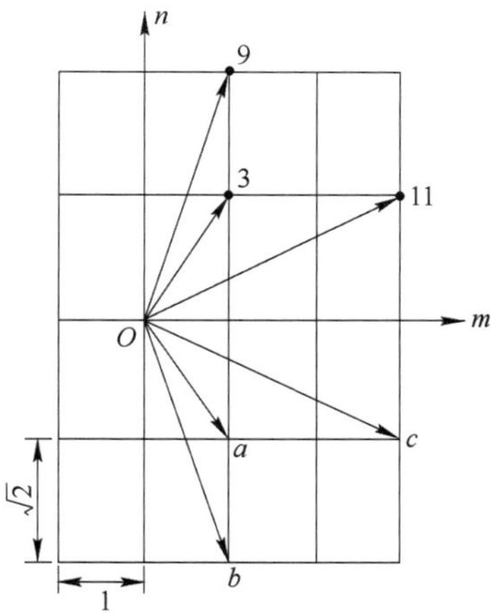

图4-55 简单立方点阵的(110)面，讨论以[110]为轴转动获得CSL的条件

再看图4-55中的 c 点（$m=3$，$n=-1$）以原点 O 逆时针转动到（$m=3$，$n=1$）点，这点也一定是转动后的点阵与原来点阵的重合位置。这个CSL的转动角 θ 和 Σ 是：

$$\theta = 2\arctan(n \times 2^{1/2}/m) = 2\arctan[2^{1/2}/3] = 50.48°$$

$$\Sigma = m^2 + 2n^2 = 3^2 + 2 \times 1 = 11$$

从构成这几个CSL可以归纳出生成CSL的条件。若转动轴为［uvw］，设 $N=u^2+v^2+w^2$，则生成CSL的条件为：

$$N = u^2 + v^2 + w^2$$

$$\Sigma = m^2 + Nn^2$$

$$\theta = 2\arctan(N^{1/2}n/m)$$

Ranganathan从更广泛的原理获得立方系一般有理取向差转动轴［uvw］获得的CSL，在与［uvw］垂直的面（uvw）（立方系晶面的法线指数与面指数同名）上建立了两个边分别平行于矢量［$0w-v$］和[$-(v^2+w^2)$ uv uw]、边长比例为（$u^2+v^2+w^2$）$^{1/2}$的矩形，然后分别以 m、n 个单元为边长构成一个组合矩形。将这个组合矩形的对角线作为重合矢量，那么，获得如上所述的立方系CSL的普适条件：

$$\Sigma = m^2 + Nn^2$$

$$N = u^2 + v^2 + w^2 \tag{4-77}$$

$$\theta = 2\arctan(\sqrt{N}n/m)$$

式中，u、v、w 是取向差转轴方向指数；m 和 n 是两个没有公因子的整数；Σ 为最小奇数，上式称Ranganathan关系（Ranganthan，S. Acta Cryst，21 197，1966）。

观察图4-54a中的CSL点阵发现，因为取向差轴是［001］，所以 $N=1$，设 $m=2$，$n=1$，得到 $\Sigma=5$，从而 $\theta=2\arctan(1/2)=53.1°$（绕［001］轴反方向转36.9°），这个相符点阵是 $\Sigma=5$，36.9°/[001]。

从式(4-77)看到，获得低 Σ 值CSL的前提是取向差转轴平行于低指数〈uvw〉方向（一般 u，v，w 的绝对值≤3），而且 n 和 m 的值都较小（一般 $n≤3$，$m<10$）。如果用罗德里格斯矢量（$\boldsymbol{R}=u \cdot \tan(\theta/2)$）来描述CSL的取向差，因为对应低 Σ 值CSL的取向差转轴为

低指数，取向差转轴单位矢量 $\boldsymbol{u}=\langle uvw\rangle/N^{-1/2}$，根据式(4-77)，$\boldsymbol{R}$ 恰好可以表达为 $\langle uvw\rangle n/m$。以这种方法表示立方系 CSL 的转动比使用 $[uvw]/\theta$ 的方法更能反映出角度的特殊性和组合矩形的构造几何。

根据 $\Sigma<100$ 范围内的计算结果，所有的 Σ 都是奇数，总共有 146 个 CSL。表 4-5 列出了立方系 $\Sigma<45$ 的 CSL 的 θ、Σ 和罗德里格斯矢量 $\boldsymbol{R}$。可见绝大多数低 Σ 值的重位点阵以 $\langle 100\rangle$、$\langle 110\rangle$、$\langle 111\rangle$ 为转轴，在 R-F 空间中这些同转轴的转动自然位于同一直线上。如果将实验数据在 R-F 空间表示，上述性质便于检验实验结果中满足低 Σ 值要求的重位点阵位向关系。另外，还可以根据表 4-5 的数据，算出两个点阵的变换矩阵 $\boldsymbol{g}$（见第 1 章 1.10 节）。

表 4-5　立方系绕低指数轴转动的一些相符点阵的 θ、Σ 和 R

轴/Σ	最小转角 θ/(°)	罗德里格斯矢量 $\boldsymbol{R}$			轴/Σ	最小转角 θ/(°)	罗德里格斯矢量 $\boldsymbol{R}$		
		R_1	R_2	R_3			R_1	R_2	R_3
⟨100⟩					**⟨210⟩**				
5	36.9	1/3	0	0	15	48.2	2/5	1/5	0
13*a*	22.6	1/5	0	0	27*b*	35.4	2/7	1/7	0
17*a*	28.1	1/4	0	0	41*b*	40.9	2/6	1/6	0
25*a*	16.3	1/7	0	0	43*b*	27.9	2/9	1/9	0
29*a*	43.6	2/5	0	0	**⟨211⟩**				
37*a*	18.9	1/6	0	0	11	63	2/4	1/4	1/4
41*a*	12.7	1/9	0	0	21*b*	2/6	2/6	1/6	1/6
⟨110⟩					31*b*	2/5	2/5	1/5	1/5
3	70.5	1/2	1/2	0	35	2/8	2/8	1/8	1/8
9	38.9	1/4	1/4	0	**⟨221⟩**				
11	50.5	1/3	1/3	0	17*b*	61.9	2/5	2/5	1/5
17	86.6	2/3	2/3	0	29*b*	46.4	2/7	1/7	1/7
19*a*	26.5	1/6	1/6	0	45*b*	36.9	2/9	2/9	1/9
27*a*	31.6	1/5	1/5	0	45*c*	53.1	2/6	2/6	1/6
33*a*	20.0	1/8	1/8	0	**⟨310⟩**				
33*c*	31.6	2/5	2/5	0	37*b*	43.1	3/8	1/8	0
41*c*	55.9	3/8	3/8	3/8	**⟨311⟩**				
⟨111⟩					9	67.1	3/5	1/5	1/5
3	60	1/3	1/3	1/3	15	50.7	3/7	1/7	1/7
7	38.2	1/5	1/5	1/5	23	40.4	3/9	1/9	1/9
13*b*	27.8	1/7	1/7	1/7	33*b*	33.6	3/11	1/11	1/11
19*b*	46.8	1/4	1/4	1/4	**⟨331⟩**				
21*a*	21.8	1/9	1/9	1/9	25*b*	51.7	3/9	1/9	1/9
31*a*	17.9	1/11	1/11	1/11	35*b*	43.2	3/11	1/11	1/11
31*c*	50.6	3/11	3/11	3/11	**⟨332⟩**				
39*a*	32.2	1/6	1/6	1/6	43*c*	60.8	3/8	3/8	2/8
43*a*	15.3	1/13	1/13	1/13					

注：表中 Σ 值的 *a*、*b* 和 *c* 符号，是获得此 Σ 值的一种操作。

图 4-56a 所示为 $\Sigma<29$ 的 CSL 在罗德里格斯空间垂直于［001］轴每隔 5°的截面分布。图 4-56b 所示为立方系 $\Sigma<45$CSL 的 $\boldsymbol{R}$ 矢量在 R-F 空间分布的 z 轴方向透视图。图中各种○符号的大小分别表示 R_3值的大小。如果 Σ 的转轴为［u00］，$\boldsymbol{R}$ 矢量的 $R_2=R_3=0$，则它们都处在图 4-56b 中 R-F 子空间的底边上；如果 Σ 的转轴为［uu0］，$\boldsymbol{R}$ 矢量的 $R_1=R_2$，则它们都处在图 4-56b 中 R-F 子空间的斜侧面上；如果 Σ 的转轴为［uww］，即转轴后两个指数相同，根据 u 和 w 不同，它们处在不同 u/w 的斜面上。

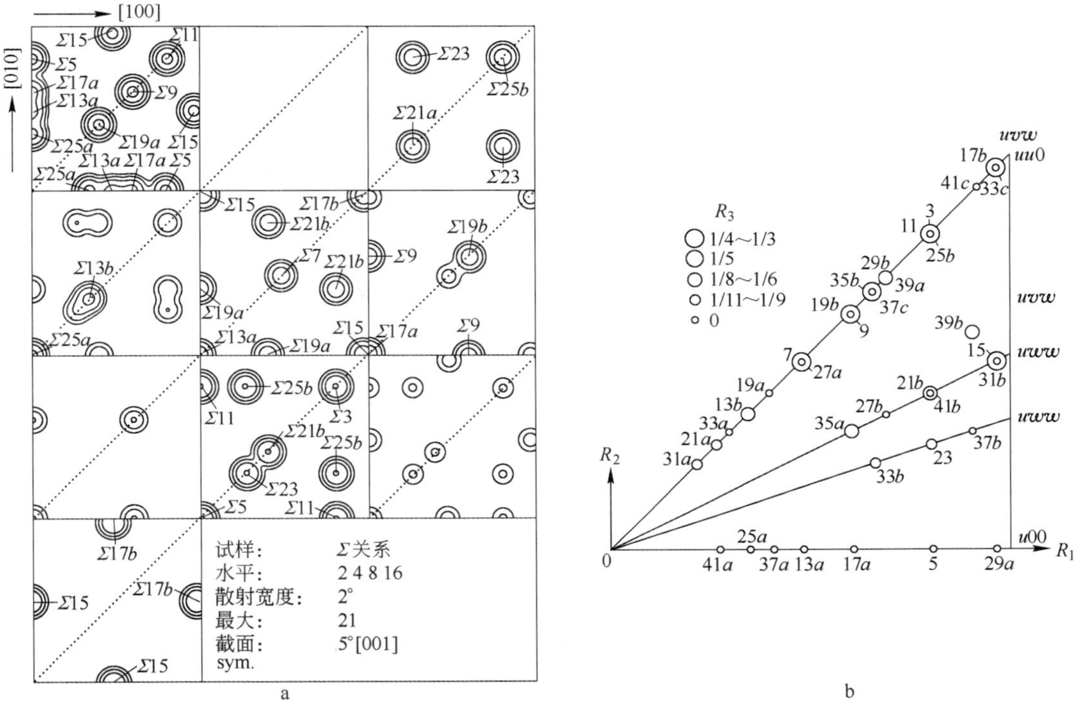

图 4-56　在罗德里格斯空间 CSL 的分布

a—$\Sigma<29$CSL 在垂直于［001］轴每隔 5°的截面的分布；b—立方系 $\Sigma<45$CSL 的 $\boldsymbol{R}$ 矢量在 R-F 空间分布的 z 轴方向透视图

现在再看一个立方系的 CSL 晶界的例子。fcc 点阵绕［111］轴转动，若想获得 $\Sigma=7$ 的 CSL，需要转动的 θ 角多大？此时 $N=3$，设 $m=2$，$n=1$，可得 $\Sigma=2^2+3\times1=7$，$\theta=\arctan(\sqrt{3}/2)=81.8°$。因为［111］是三次轴，若顺时针转动 81.8°，它等效于逆时针转动 120°−81.8°=38.2°，这个 CSL 点阵是 $\Sigma=7$，38.2°/[111]。图 4-57a 是（111）面阵点排列（去掉阵点）图，图 4-57b 是（111）面绕［111］轴转动 38.2°后与原来点阵穿插的（111）面阵点排列（去掉阵点）图，得出 $\Sigma=7$ 的 CSL，如图中的黑点所示。

如果晶界穿过 CSL 的密排面或较密排的面，它将是能量较低的界面。一个包含原点阵［$12\bar{3}$］方向并垂直于（111）的晶界面，是穿过 CSL 密排面的晶界，晶面法线方向为［111］×［$12\bar{3}$］=［$\bar{5}41$］，界面是（$\bar{5}41$）面，即是 $\Sigma=7(\bar{5}41)$，38.2°/[111]界面，界面的阶长是 AB，阶高是 BC，用阶长表示的晶界结构是…222…，如图 4-58a 所示。在 Al 中有这样的真实界面，图 4-58b 就是 Al 沿［111］方向观看这样的晶界的 HRTEM 影像，图 4-58c是以松弛晶界结构模拟的 HRTEM 图像，图 4-58d 是用分子动力学计算的原子分布图像，所有这些图像中的原子排列是和图 4-58a 的排列相对应的。

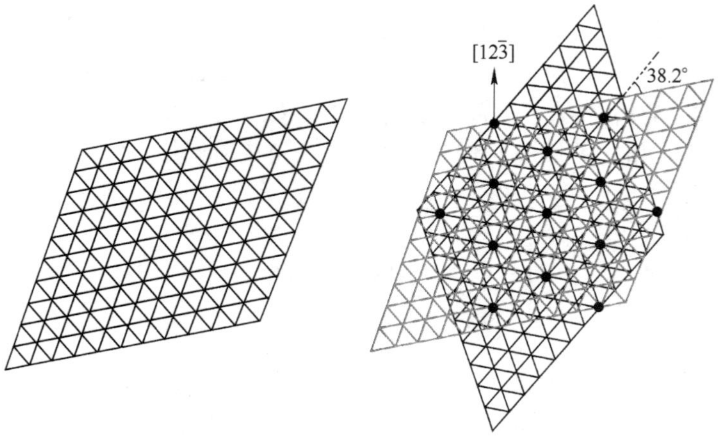

a b

图 4-57 fcc 绕［111］轴转动 38.2°获得的 CSL

a—（111）面；b—转动后与原来点阵穿插获得 $\Sigma=7$ 的 CSL

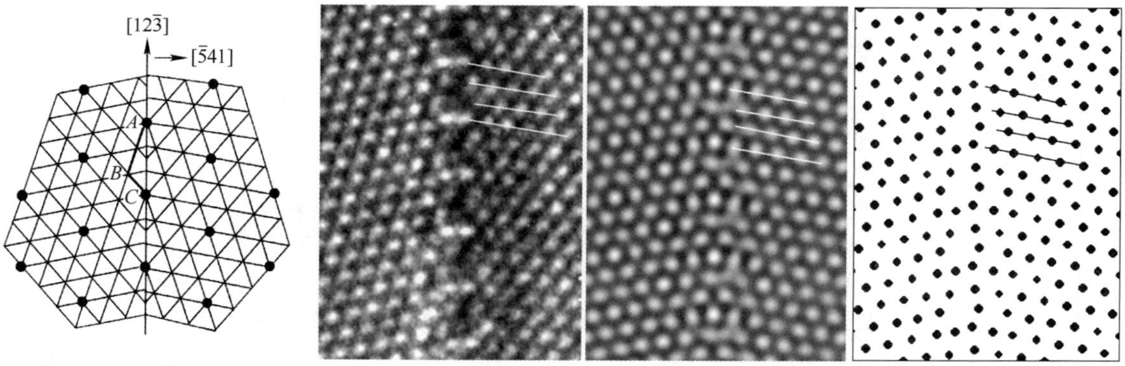

a b c d

图 4-58 fcc 从［111］观看 Al 的 $\Sigma = 7(\bar{5}41)$，38.2°/[111]界面

a—用点阵穿插描画的 CSL 阵点（黑点）以及 $\Sigma = 7(\bar{5}41)$，38.2°/[111]界面；b—HRTEM 影像；c—以松弛晶界结构模拟的 HRTEM 图像；d—用分子动力学计算的结构

例 4-12 构造面心立方点阵以⟨110⟩轴为转动轴 $\Sigma=3$ 的 CSL，并讨论两个晶粒具有这种取向可能的最低能界面。

解：因为 $\Sigma=3$，根据式(4-77)，$N=1^2+1^2+0=2$，选取 $m=1$ 和 $n=1$ 能满足 $3=m^2+2n^2$ 的式子。这样可以求出相应的旋转角 $\theta=2\arctan(N^{1/2}n/m)=2\arctan(2^{1/2}\times1/1)=$

109.47°。但是〈110〉轴是二次对称轴，选取旋转角 $\theta=180°-109.47°=70.53°$ 的效果是相同的。图 4-59a 显示以 $[110]_1$ 轴转动 70.53°的 L_1 和 L_2 穿插点阵的（110）面的图样。图中的 $[\bar{1}1\bar{2}]$ 方向是 $(\bar{1}11)$ 面与（110）面的交线，并且 $(\bar{1}11)$ 面垂直于（110）面，所以图中 $[\bar{1}1\bar{2}]$ 线是一层 $(\bar{1}11)$ 面的投影。从图 4-59 可看出，每三层 $(\bar{1}11)$ 面就有一层面的全部阵点都是重合位置，而 fcc 是以｛111｝面每三层重复排列的，所以 CSL 的 $\Sigma=3$。如果界面就是这个 CSL 的密排面，它将是这种取向差的一个最低能的界面，并且是对称倾转晶界。实际上，这种晶界就是将要在第 9 章中讨论的孪晶界，图 4-59b 是显示 Cu 的孪晶界的高分辨电子显微镜照片。

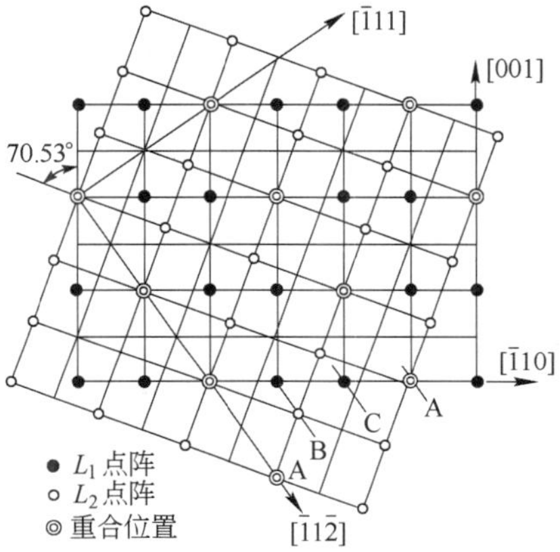

a

b

图 4-59 fcc$\Sigma=3$，70.53°/[110]的 CSL

a—L_1 和 L_2 的（110）面重叠；b—铜中 $\Sigma=3$，70.53°/[110]孪晶界的高分辨电子显微镜照片

（观察的是 $(1\bar{1}0)$ 面，箭头指示是晶界面，是 $[11\bar{2}]$ 方向，图中还标出了（111）面的堆垛顺序）

上面讨论了一些通过 CSL 密排或较密排面的界面，知道了具有某一 CSL 关系的两个晶粒，它们的取向差就确定了，但是它们之间的界面结构还不是确定的，界面结构还取决于界面的取向。例如 fcc 两晶粒的取向具有 $\Sigma=3$，70.5°/[110]CSL 关系是孪晶取向关系，如果界面是 CSL 密排面，即界面是 $\Sigma=3(\bar{1}11)$，70.5°/[110]，它是一个完全共格的孪晶界面，如图 4-60a 所示；如果界面是 CSL 另一个较密排的面，它与原点阵 $(\bar{1}11)$ 面垂直的面即 $(\bar{1}1\bar{2})$，界面是 $\Sigma=3(\bar{1}1\bar{2})$，70.5°/[110]，它是对称非共格孪晶界面，如图4-60b 所示。这两个晶粒的取向差虽然相同，并且晶界也都是对称倾转晶界，但取向不同的界面的结构却有很大的差异，从而能量也有很大的差异。

再看一个具有相同取向差但界面处于不同位置的例子。图 4-61 中两个 fcc 点阵的取向具有 $\Sigma=17$，28.1°/〈100〉的关系，它们间的晶界有两种位置：一种位置的晶界平面是｛530｝，如图 4-61 中左下方的晶界，它的结构可描述为…444…，即每 4 个原子出现 1 个台阶；另一种位置是晶界平面为｛410｝，如图 4-61 中右上方的晶界，它的结构可描述为…|212||212|…，即由 2 个原子的台阶加上 1 个原子的台阶构成一个周期的单元。它们

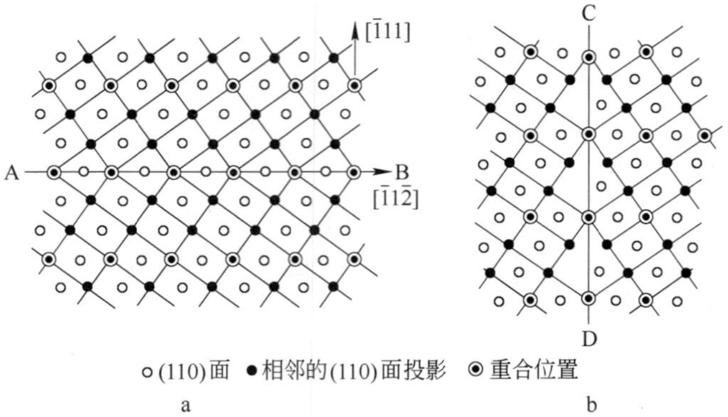

图 4-60 fcc 取向具有 $\Sigma=3$，70.5°/[110]关系的两种晶界

a—Σ = 3($\bar{1}$11)，70.5°/[110]，是完全共格界面；b—Σ = 3($\bar{1}1\bar{2}$)，70.5°/[110]

都是对称倾转晶界，但它们的结构有很大差异。

对于六方结构晶体，因为 c/a 一般是无理数，不可能有三维的 CSL，只有 $(c/a)^2$是有理数时才可能找到 CSL。因此，对一个真实的六方系点阵，只能将 c 轴稍作伸长或压缩以使 $(c/a)^2$为有理数并最接近真实 $(c/a)^2$的点阵来定义 CSL。例如 Be 的 $c/a = 1.586$，要讨论 CSL 时，通常用$(c/a)^2 = 5/2$ 即 $c/a = 1.581$ 的点阵作近似描述。

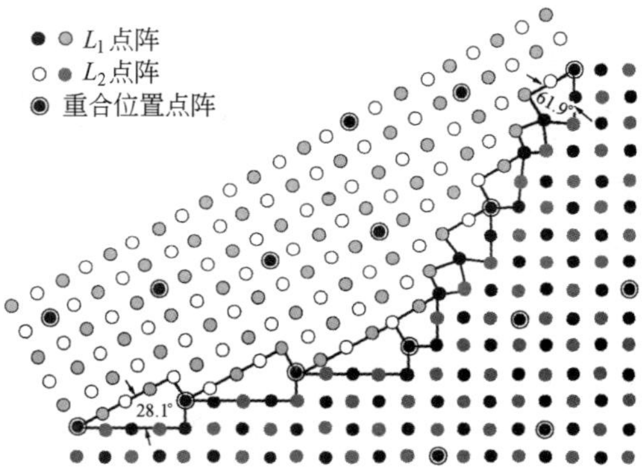

图 4-61 fcc 中的 Σ17，28.1°/⟨100⟩的倾转晶界

B DSCL 及晶界位错

由上面讨论可知，如果界面经过的重位阵点多，则过界面的断键少，因而界面能也低，这种界面在能量上是较为有利的。然而，这样的穿过 CSL 密排面的界面是很少能精确达到的。如果两晶粒的相对取向少许偏离了精确的 CSL 关系，严格意义上的 CSL 就没有了。这时，在通过 CSL 密排和较密排面的低能晶界将会在精确关系的界面上加入晶界位错（二次位错）或晶界台阶等特殊线缺陷，一方面调整其偏离精确的 CSL 的取向关系，另一方面调整晶界结构以保持比较低的能态。显然，引入的这些特殊线缺陷的特征矢量不是任意的，它要保证除了在线缺陷附近的范围外，整个界面仍然保持原来的通过精确 CSL 密排和较密排面的低能界面结构。在这个意义上，就像讨论小角度界面一样（对 Σ1 的 CSL 加入点阵位错来调节），在过精确 CSL 密排和较密排面的低能奇异界面的基础上，在界面加入位错（这些位错不是小角度界面中的一次位错，称二次位错）后，界面在二次位错之间仍保持完整的 CSL。这样，二次位错的柏氏矢量 $\boldsymbol{b}_g$不可能是任意的。

在原来的 CSL 基础上，两穿插点阵附加一个 t 的相对平移，能再次获得同样的 CSL，由平移 t 集合构成的点阵称 DSC 点阵，它是保持花样的移动（位移）（Displacement Shift

Complete）的缩写，是 Bollmann（1970）提出的。但从 DSCL 的性质看，DSCL 名称并不那么确切，因为经过附加这样条件的一个 t 的相对平移，并没有改变原来的对称性，所以 Sutton 和 Balluffi 称之为对称守恒的位移。

虽然，当 t 等于 CSL 的基矢是不会改变原来的对称性的，但是作为二次位错的柏氏矢量则太大了，它只能是 DSCL 基矢的某一整数的矢量，即 CSL 一定是 DSCL 的超点阵。实际上 DSCL 除了包括两个穿插点阵的实际阵点之外，还包括不属于两个实际点阵的虚点阵阵点，即这个点阵是能将两个穿插点阵中所有实际阵点连接起来的最大公共点阵。很易看出，DSCL 包含了从 L_1 转换到 L_2 而不改变穿插后原子排列花样（只是花样的原点移动了）的所有平移矢量，所以，DSCL 的平移矢量正符合完整晶界位错柏氏矢量的条件。DSCL 的基矢 $\boldsymbol{b}$ 是在穿插阵点中 L_1 和 L_2 两个相邻阵点的矢量 $\boldsymbol{s}_1$ 和 $\boldsymbol{s}_2$（以参考点阵表示）之差，即 $\boldsymbol{b}=\boldsymbol{s}_1-\boldsymbol{s}_2$。例如，图 4-62a 中所示的两个简单立方穿插点阵（$\Sigma=5$，36.9°/[001]CSL）DSCL 的两个基矢分别为：$\boldsymbol{b}_1=[\bar{1}00]-[\bar{7}\bar{1}0]/5=[210]/5$，$\boldsymbol{b}_2=[\bar{1}10]-[430]/5=[\bar{1}20]/5$，如图 4-62c 所示。从图看出，DSCL 的两个基矢分别平行于 CSL 的基矢，CSL 的基矢分别为［210］和［$\bar{1}$20］，而 $\Sigma=5$，所以可很方便地由[210]/5 和[$\bar{1}$20]/5 获得 DSCL 的两个基矢。从普遍看，DSCL 基矢等于 $\boldsymbol{b}_{\mathrm{DSCL}}=\boldsymbol{b}_{\mathrm{CSL}}/\Sigma$。图 4-62b 所示为图 4-62a 中的 L_2 点阵移动了一个 DSCL 的基矢（即 L_1 点阵的[210]/5）图样，从图可以看到，正如上面所说的，移动前后的原子排列花样没有改变，只是原点移动了，CSL 点阵移动了。

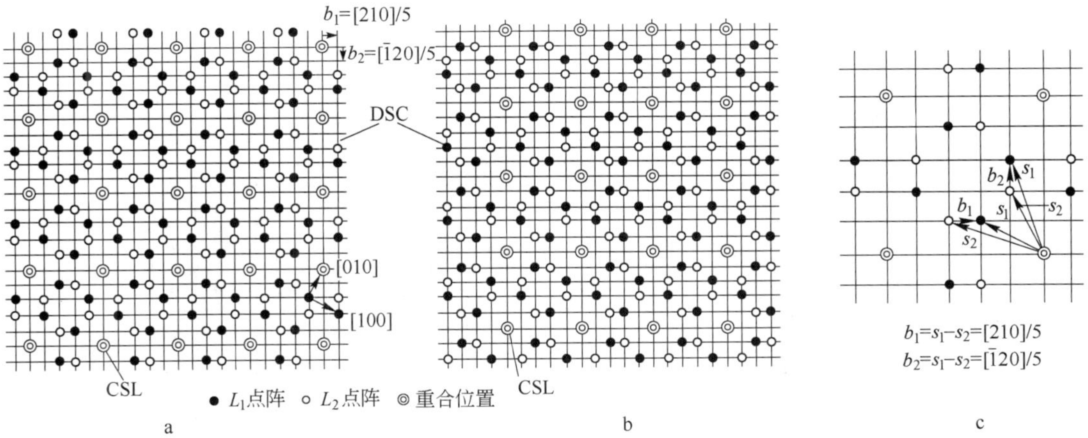

图 4-62 DSCL 及其几何特性

a—具有 $\Sigma=5$，36.9°/[001]CSL 简单立方点阵的 DSCL；b—图 a 的 L_2 点阵移动了一个 DSCL 的基矢（即 L_1 点阵的[210]/5）的图样；c—定出 DSCL 的柏氏矢量的说明

对面心立方点阵以［001］转动获得的 $\Sigma=5$，$\Sigma=13$，$\Sigma=17$ 纯扭转晶界，它们 DSC 基矢（晶界位错柏氏矢量）分别为〈310〉/10，〈510〉/26 和〈530〉/34。

CSL 是 DSCL 的超点阵，对于立方点阵，DSCL 与 CSL 互为倒易，有如下关系：CSL 单胞体积：实际晶体点阵单胞体积：DSCL 单胞体积 $=\Sigma:1:\Sigma^{-1}$。因为 DSCL 与 CSL 互为倒易，可以在 CSL 的倒易空间用 3 个不共面的基矢定义矩阵 $\boldsymbol{L}^*_{\mathrm{CSL}}$ 的行矢量，根据 $\boldsymbol{L}^*_{\mathrm{CSL}}\boldsymbol{L}_{\mathrm{DSCL}}=\boldsymbol{I}$ 求出正空间的 DSCL。关于求出 DSCL 基矢的计算参看本章例 4-15。

前面已经说过，界面上的线缺陷包括界面位错和界面台阶，真实的晶界通常不是平面而是含有台阶的，晶界台阶与晶界位错有密切关系，通常晶界位错核心就是晶界存在的台阶。下面讨论界面上线缺陷的特征。首先定义界面的法线矢量$\boldsymbol{\nu}$是从L_1点阵指向L_2点阵的矢量。界面位错的柏氏矢量$\boldsymbol{b}$是 DSCL 的平移矢量，界面台阶矢量$\boldsymbol{s}$一般是晶体点阵矢量，所以也包括 DSCL 矢量。界面台阶的高度（包括它的正负号）相对于L_1和L_2点阵分别为$\boldsymbol{s}_1 \cdot \boldsymbol{\nu}$和$\boldsymbol{s}_2 \cdot \boldsymbol{\nu}$，若$\boldsymbol{s}_1 \cdot \boldsymbol{\nu} \neq \boldsymbol{s}_2 \cdot \boldsymbol{\nu}$，则台阶高度应为$(\boldsymbol{s}_1+\boldsymbol{s}_2) \cdot \boldsymbol{\nu}/2$。一个没有位错特征的界面线缺陷即纯台阶线缺陷，$\boldsymbol{s}_1-\boldsymbol{s}_2=\boldsymbol{b}=0$；相反，一个没有台阶特征的界面线缺陷即纯位错线缺陷，$\boldsymbol{s}_1 \cdot \boldsymbol{\nu}=\boldsymbol{s}_2 \cdot \boldsymbol{\nu}=0$。例如，图 4-63 表示简单立方($a=1$) 从 [001] 观看的$\Sigma=5\{120\}[001]/36.9°$含位错和台阶界面的原子排列，图中黑粗线是界面，法线$\boldsymbol{\nu}$为$[\bar{1}\bar{2}0]$。界面的上侧是L_1，下侧是L_2，$VWUT$表示一个 CSL 的单胞（胞内同时给出L_1和L_2的阵点），细黑线是 DSCL。在界面C处的位错的柏氏矢量很容易由在 DSCL 作的柏氏回路得出：$\boldsymbol{b}=\boldsymbol{s}_1-\boldsymbol{s}_2=[\bar{1}10]-[\bar{3}40]/5=[\bar{2}10]/5$。在此处$\boldsymbol{s}_1 \cdot \boldsymbol{\nu} \neq \boldsymbol{s}_2 \cdot \boldsymbol{\nu} \neq 0$，它不是一个纯位错线缺陷，含有一个高度为$(\boldsymbol{s}_1+\boldsymbol{s}_2) \cdot \boldsymbol{\nu}/2=\{([\bar{1}10]+[\bar{3}40]/5)/2\} \cdot [\bar{1}\,\bar{2}0]/\sqrt{5}=-\sqrt{5}/5$的台阶；界面的$AB$段是界面台阶，台阶面恰好平行于 CSL 的面（图中$VTUW$的UV线），台阶矢量$\boldsymbol{s}_1=\boldsymbol{s}_2=[\bar{1}30]$，因矢量$\boldsymbol{s}_1-\boldsymbol{s}_2=0$，所以它是一个纯台阶，台阶高度为$[\bar{1}30] \cdot [\bar{1}\,\bar{2}0]/\sqrt{5}=-\sqrt{5}$。

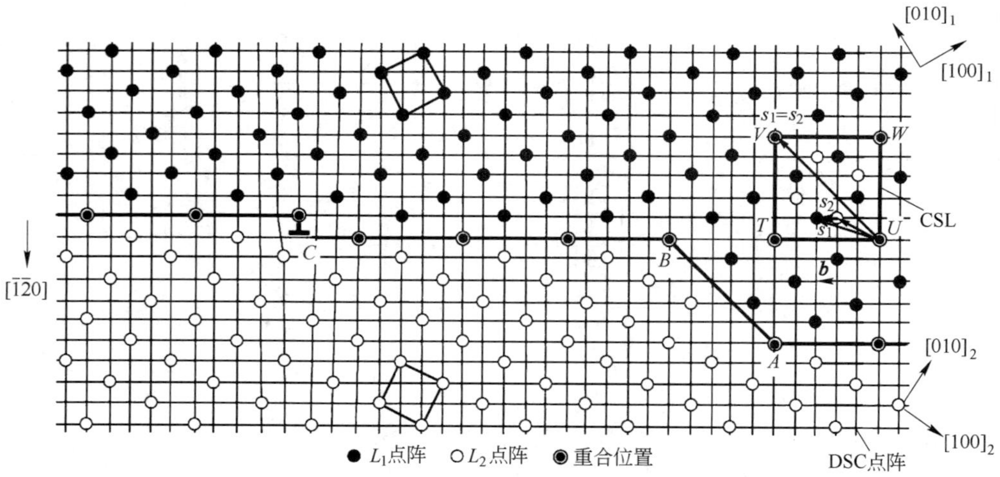

图 4-63 在简单立方由 [001] 转动 36.9°，$\Sigma=5$ 的对称倾转晶界 {120} 中的线缺陷
（在C处有界面位错，在AB处有纯界面台阶，在图的右上角显示位错的柏氏矢量和台阶矢量）
（Balluffi, et al., 1982）

从上面的讨论知道，晶界上的线缺陷具有如下的重要拓扑性质：（1）具有位错特征的线缺陷在晶界面上移动（可能要求滑移和攀移）会引起L_2相对于L_1移动；（2）具有台阶特征的线缺陷的移动会引起界面向L_2或L_1移动；（3）具有位错特征的线缺陷攀移，可作为点缺陷的源或阱；（4）一个点阵位错$\boldsymbol{b}_{(L)}$与界面相碰会分解为晶界位错$\boldsymbol{b}_{i(\mathrm{DSC})}$的整

数倍，并服从柏氏矢量守恒规则；（5）点阵位错切割过晶界会在晶界留下柏氏矢量为DSCL矢量的位错。

再讨论一个fcc具有孪晶取向（$\Sigma=3$）的晶界例子。图4-64a显示两个点阵（L_1和L_2，L_1为参考点阵）间有完全共格孪晶界的示意图，视图是（$1\bar{1}0$）面，孪晶界面是（111）面，它在图中表示为（$1\bar{1}0$）和（111）面的交线的［$11\bar{2}$］方向线，图中*VTWU*是CSL的单胞。当界面取向偏离完全共格取向时，界面再不是完全共格的了。例如界面是图4-64a中的*AB*位置，为了使界面有尽可能低的能量，界面尽量保持大部分仍为低能的共格状态，这就必须引入界面位错，同时产生界面台阶，如图4-64b所示。从图看出界面上的台阶矢量对L_1和L_2分别是$\boldsymbol{s}_1$和$\boldsymbol{s}_2$，这两个矢量在参考点阵L_1分别是［001］和［$11\bar{4}$］/6，所以引入的位错的柏氏矢量$\boldsymbol{b}=\boldsymbol{s}_1-\boldsymbol{s}_2=[001]-[11\bar{4}]/6=[\bar{1}\bar{1}2]/6$。界面法线$\boldsymbol{\nu}$是［111］方向，所以台阶高度等于$[(\boldsymbol{s}_1+\boldsymbol{s}_2)/2]\cdot\boldsymbol{\nu}=\{([001]+[11\bar{4}]/6)/2\}\cdot[111]/\sqrt{3}=\sqrt{3}/3$，即等于（111）的面间距。引入位错后，在位错附近的CSL就破坏了，但是，在位错之间的界面区域仍保持共格，所以在那里仍保留CSL。前面说过，CSL在晶粒内是没有意义的，CSL的重要性仅在于它提供两个晶粒在晶界上适配特别好的位置。图4-64c表示界面有一个纯台阶，这时台阶矢量$\boldsymbol{s}_1=\boldsymbol{s}_2=[111]$，台阶高度等于$\boldsymbol{s}_1\cdot\boldsymbol{\nu}=[111]\cdot[111]/\sqrt{3}=\sqrt{3}$，台阶高度是三层（111）面的面间距，台阶面是（$11\bar{2}$）面。图4-64d表示一个是（$11\bar{2}$）的界面，界面的结构见图4-60b，它是一个非共格的一般界面，但是对于DSCL来说，却是一个共格界面。

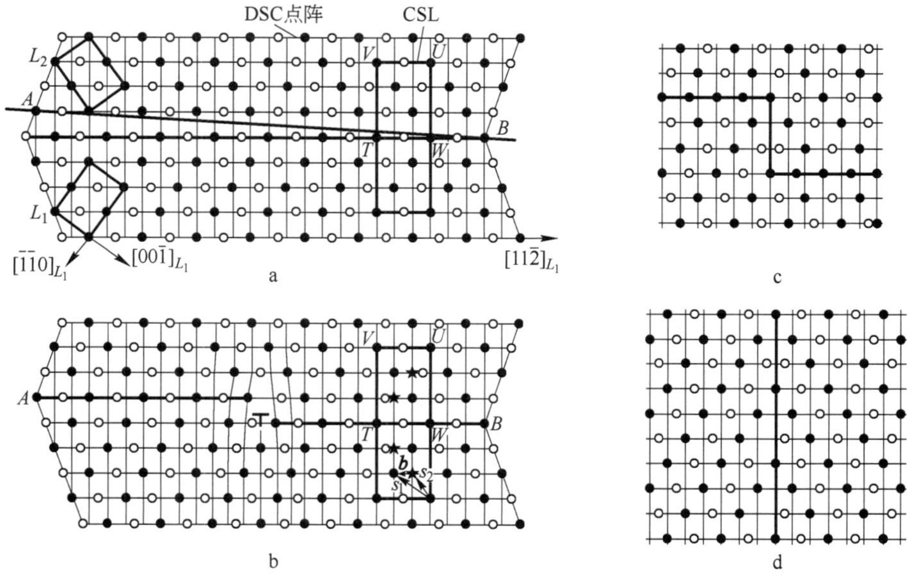

图4-64 fcc具有孪晶取向（$\Sigma=3$）的晶界

a—共格孪晶界；b—表示图a中的*AB*面作为界面弛豫后的含位错和台阶混合线缺陷的界面，在*VTMU*中的★是穿插的L_2的原子位置；c—含纯台阶的界面；d—界面为（$11\bar{2}$）面的一般非共格界面

（●和○分别表示两层（$1\bar{1}0$）的原子排列，黑粗线是晶界面）

例 4-13 简单立方（$a=1$）$\Sigma=5(210)$，36.9°/[001]的对称倾转晶界，给出晶界面的结构周期。引入柏氏矢量平行于界面的 DSCL 矢量的位错，晶界的结构周期如何变化？如果在每两个原来的结构周期中插入一个这样的位错，位错的间距是多大？界面的取向差改变了多少？

解： 图 4-65a 所示是题目所设的界面图示（视图是垂直于界面的面（001）面，灰色区域是晶界），晶界法线 $\boldsymbol{\nu}$ 是 $[\bar{2}\,\bar{1}0]$。平行于界面的 DSCL 基矢为 $\boldsymbol{b}_s=\boldsymbol{s}_1-\boldsymbol{s}_2=[\bar{1}10]-[\bar{4}30]/5=[\bar{1}20]/5$，在界面引入这样柏氏矢量的位错，如图 4-65b 所示。晶界上除了位错附近区域外其他所有地方的结构都没有改变，仅增加了一个晶界台阶，台阶高度是：$(\boldsymbol{s}_1+\boldsymbol{s}_2)\cdot\boldsymbol{n}/2=\{([\bar{1}10]+[\bar{4}30]/5)/2\}\cdot[\bar{2}\bar{1}0]/\sqrt{5}=\sqrt{5}/5$。当晶界存在位错后，晶界的结构周期…222…中插入一个 1 的周期，变为…22122…。

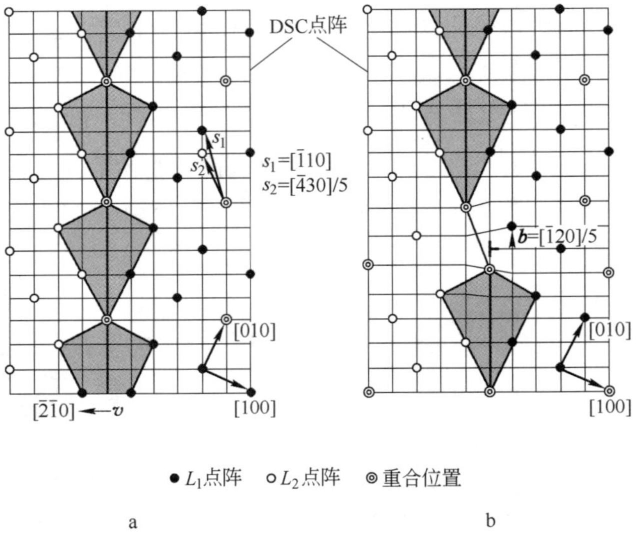

图 4-65 从［001］方向观察简单立方 $\Sigma=5(210)$，36.9°/[001]的对称倾转晶界（a）及在界面上含位错的邻位晶界（b）

如果在每两个原来的结构周期中插入一个这样的位错，晶界结构周期变为…|212||212|…。从图4-65b看出，一个 212 周期的长度是 13 个 DSC 基矢的长度，即 $D=13\times[\bar{1}20]/5=5.814$。这时，两个晶粒的取向不再是 $\Sigma=5[001]/36.9°$ 的关系。它偏离原来的取向差 $\Delta\theta=b/D=(1/13)\times180/\pi=4.4°$。

在晶界上引入位错是非常有意义的，因为两个晶粒之间只有在特殊取向差下才可能产生 CSL。当偏离这些特殊取向差时，要在晶界上产生一些晶界位错来调整取向差，使晶界在保留特殊取向差时仍具有良好适配位置的低能结构，这类晶界就是对奇异晶界的邻位晶界。

再看简单立方点阵 $\Sigma=5(210)$，53.1°/[001] 对称倾转晶界，图 4-66a 是从［001］观察的这一晶界，晶界面是 L_2 的（210）面，晶界结构周期是…222…。如果

两晶粒取向偏离 53.1°/[001]的关系，例如以［001］转动 50.0°时，即偏离 $\Sigma=5$ (210)，53.1°/[001]奇异晶界取向差 $\Delta\theta_{CSL}=3.1°$，为了使晶界面保持低能结构花样，在晶界的长阶处并排插入一对晶界位错，如图 4-66b 所示。晶面位错是奇异界面上的二次位错，它们在界面的分布可以用 Frank-Bilby 公式或 Frank 公式来描述。从图 4-62c 知道，DSC 点阵的基矢即位错的柏氏矢量 $\boldsymbol{b}_1=[210]/5$。二次位错的柏氏矢量 $\boldsymbol{b}_s=2\boldsymbol{b}_1=2[210]/5$，二次位错的间距 $D_s=|\boldsymbol{b}_s|/\Delta\theta_{CSL}=(2\sqrt{5}/5)\times(180/3.1\times\pi)=16.5$。这样，晶界结构周期变为…|2223222|…，这个周期的长度 ≈（2 × 6 + 3)cos(3.1/2) ≈ 15。因为插入了二次位错后界面稍偏离 L_2的（210）面，周期的长度与计算的位错间距基本相符。

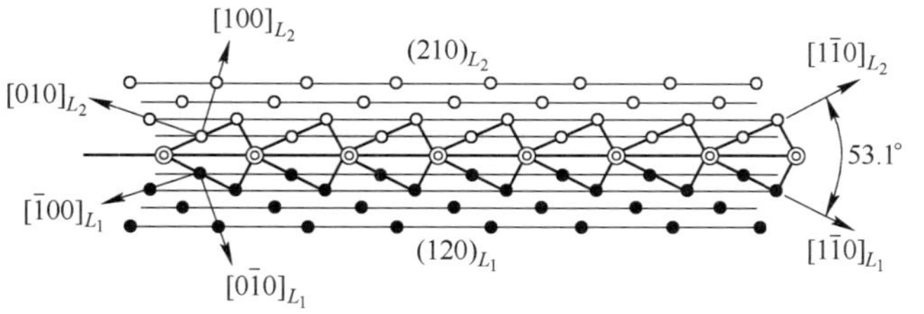

a

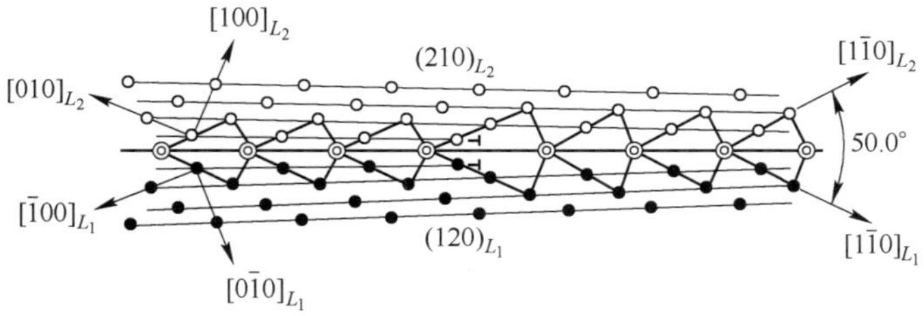

b

图 4-66 简单立方点阵的 $\Sigma=5(210)$，53.1°/[001]对称倾转晶界

a—奇异晶界；b—当两晶粒取向差偏离奇异晶界的取向差 $\Delta\theta=3.1°$，晶界中加入晶界位错的邻位晶界

图 4-67 显示 fcc 的两个晶粒取向关系是 $\Sigma=5$，53.1°/[001]的晶界，图 4-67a 中的界面是（120）的邻位界面，在界面上并排插入两个晶界位错。位错的柏氏矢量是 DSCL 的另一矢量（见图 4-62c）$\boldsymbol{b}_2=[3\bar{1}0]/10$，界面位错的柏氏矢量与界面平行，位错可以在晶界上滑移移动。因为 $\boldsymbol{s}'_1\cdot\boldsymbol{\nu}\neq\boldsymbol{s}'_2\cdot\boldsymbol{\nu}$，所以伴随出现台阶，台阶高度是 $[(\boldsymbol{s}'_1+\boldsymbol{s}'_2)/2]\cdot\boldsymbol{\nu}=\{([\bar{1}10]/2+[\bar{4}30]/5)/2\}\cdot[130]/\sqrt{10}=\sqrt{10}/10$。图4-67b 中右侧的晶界,晶界面是（210），在界面上并排插入两个柏氏矢量为 $\boldsymbol{b}_2=[3\bar{1}0]/10$ 的晶界位错，晶界位错的柏氏矢量和晶界斜交，位错在晶界移动需要联合滑移和攀移。因为 $\boldsymbol{s}'_1\cdot\boldsymbol{\nu}\neq\boldsymbol{s}'_2\cdot\boldsymbol{\nu}$，所以伴随出现台阶，台阶高度是 $[(\boldsymbol{s}'_1+\boldsymbol{s}'_2)/2]\cdot\boldsymbol{\nu}=\{([\bar{1}10]/2+[\bar{4}30]/5)/2\}\cdot[210]/\sqrt{5}=3\sqrt{5}/20$。仔细观察晶界两侧的原子排列，晶界两侧的 CSL 被断开了，不再存在 CSL。

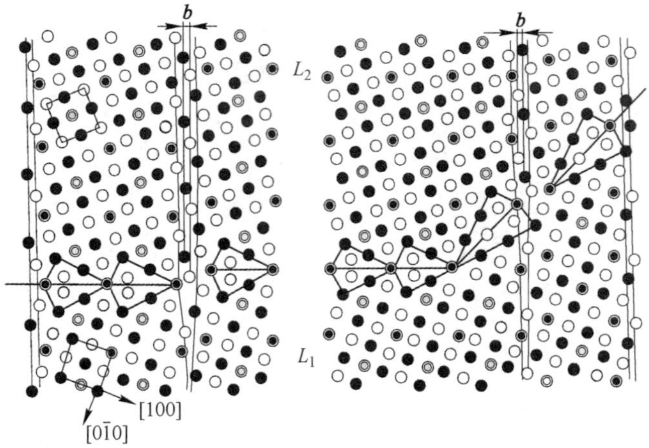

图 4-67 fcc 点阵中 $\Sigma=5$ 的倾转邻位晶界

a—晶界面是（120），晶界位错的柏氏矢量平行于晶界；b—左侧晶界面是（120），右侧晶界面是（310），位错的柏氏矢量与晶界斜交

图 4-68 所示为 Mo 中的 {112}，70.5°/[110] 倾转晶界的邻位晶界的 TEM 照片，显示出晶界上一组二次螺位错。这组二次螺位错是调整偏离 $\Sigma=3$ 的取向而引入的，这时两个晶粒的取向差不再是 70.5°。

图 4-68 Mo 中的 {112}，70.5°/[110] 倾转晶界的邻位晶界的 TEM 照片

二次晶界位错的平均分布可以用 Frank-Bilby 公式或 Frank 公式来描述。按照 Frank 公式的导出，得

$$\boldsymbol{B}_S = 2\sin(\Delta\theta_{CSL}/2)(\boldsymbol{p}\times\boldsymbol{u})$$

式中符号的意义与式（4-53）相同，不过现在 $\boldsymbol{B}_S$ 是在精确 CSL 晶界平面上的任意矢量 $\boldsymbol{p}$ 截获的二次晶界位错的总柏氏矢量。θ_{CSL} 是晶界两侧取向偏离精确 CSL 取向的角度。晶界中二次位错网络第 i 组位错的平均间距 D_{Si} 也可用式（4-38）表达：

$$D_{Si} = |\boldsymbol{b}_{Si}|/\Delta\theta_{CSL}$$

式中，$\boldsymbol{b}_{Si}$ 为晶界中二次位错，是柏氏矢量。

图 4-69a 所示为对 Au 计算所得的邻位晶界的晶界位错间距与偏离特殊取向的取向差 $\Delta\theta_{CSL}$ 的关系（图中实线为 Frank 公式计算值），图中的各种符号点是实验数据，计算结果与实验数据符合得很好。正如所料，当取向靠近奇异界面取向时，二次位错的间隔趋于无限大。注意，图中也包括了 $\Sigma=1$ 的晶界位错，但这时的 DSCL 就是原来的晶体点阵，所以晶界位错是一次位错。图 4-69b 是 Au$\Sigma=5(001)$纯扭转晶界的邻位界面的 TEM 图片，显示了〈310〉/10DSC 螺位错的排列。

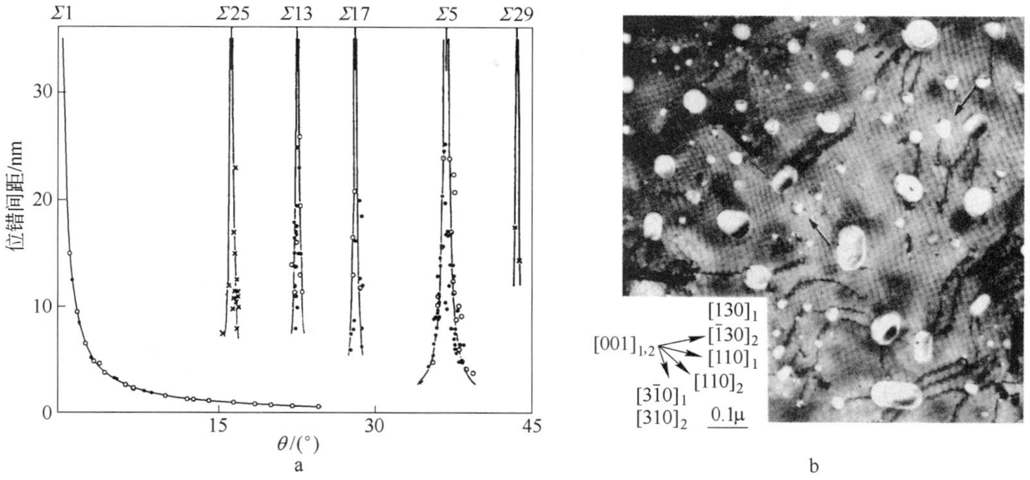

图 4-69 Au 的邻位晶界位错分布

a—观察到的（001）扭转晶界的位错（一次或二次位错）间距与扭转角 θ 的关系（Schober and Balluffi，1970；Larebrough，1991）；b—Au$\Sigma=5$(001) 纯扭转晶界的邻位界面的 TEM 图片（Schober and Balluffi，1970）

以二次位错调整奇异晶界的取向差的范围时，因奇异晶界的 Σ 值而不同的，Brandon 提出的调整最大偏离角度 $\Delta\theta_{max}$ 为：

$$\Delta\theta_{max} = \theta_0 \Sigma^{-1/2} \tag{4-78}$$

式中，θ_0 是小角度晶界取向差的上限，一般取 15°。Σ 值越低，可调整的范围越大。若 $\Sigma=1$，就是小角度晶界。也有人认为这个判据太过于宽松，将不具有奇异界面归类为奇异晶界。后来 Palumbo 和 Aust 以及再后来的 Randle 等提出调整最大偏离角度 $\Delta\theta_{max}$ 为：

$$\Delta\theta_{max} = \theta_0 \Sigma^{-5/6} \tag{4-79}$$

CSL 和 DSCL 模型对研究晶体材料的界面结构是十分有用的，但是，CSL 模型也还存在严重的不足，它还不能完全解决寻求两个点阵最佳匹配位置的问题。重位点的位置并没有提供关于该点周围情况的信息，而只是说明了重位点图形的周期性。当然，上述结果的逆定理并不成立，图形的周期性不一定意味着存在重位点；其次，在比较复杂的图形中，实际上是很难辨认出重位点的，其原因在于重位概念并没有给出位置偏差的定量度量。如果两个阵点是相对完全精确的，重合位置即使偏差了只有 0.0001nm，在数学上已经是完全没有 CSL 了。而从物理上看，两晶粒的取向稍微偏离 CSL 取向，虽然 CSL 全被破坏了，而事实上，晶界的性质却只有稍许的改变。重位阵点密度很高的两个点阵的无穷小的相对位移，在数学上会完全破坏 CSL，也就是说，CSL 特性随取向角的变化是极为不连续的，而从物理上看，最小应变能是 θ 角的连续函数。

上面说过，因六方点阵 c/a 值不是有理数而难以有精确的 CSL。但是，如果取向差轴是［0001］轴就不涉及 c/a 的关系，此时会有精确的 CSL。例如图 4-70a 所示为两个六方点阵绕［0001］轴相对转动 32.2°得出 $\Sigma=13$ 的 CSL（图中的空心圆），它们的 DSCL 基矢是 $[\bar{2}7\bar{5}0]/39$，基矢的模为 $0.277a$。图 4-70b 所示为沿［0001］观察到的 ZnO31.5°/

[0001] 晶界面，它是 $(\bar{2}7\bar{5}0)$ 面的高分辨电子显微镜图像。因为现在两晶粒的取向差与获得 CSL 的转角相差 $\Delta\theta=0.7°$，为了保持晶界的结构，在晶界上引入晶界位错，位错的柏氏矢量是 DSCL 基矢 $[\bar{2}7\bar{5}0]/39$，晶界位错的间距 $D=b/\Delta\theta\approx22.7a$。因为晶界位错的存在，在不存在晶界位错时的晶界结构周期为…555…，加入位错后，晶界结构周期为…|553|…，在短阶中含有一个界面位错。

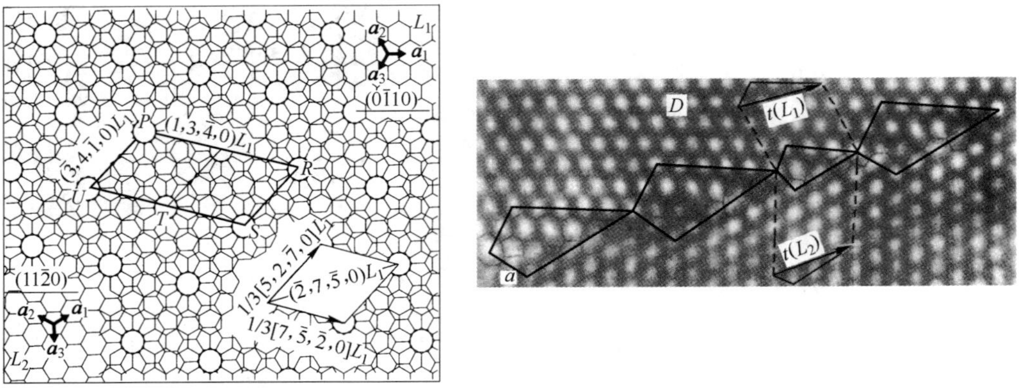

a　　　　　　　　b

图 4-70　六方点阵 $\Sigma=13$，32.2°/[0001]的 CSL 及过 CSL 阵点的界面

a—在（0001）面观察 CSL 的阵点分布；b—ZnO 的 $(\bar{2}7\bar{5}0)$ 31.5°/[0001]晶界面，图面是（0001）面

C　O 点阵模型

上面讨论了 CSL（加上 DSCL）的不足，这些不足的所有问题出在 CSL 取向的离散性上。因为晶体的整个空间并不只是由阵点构成，还应当包括阵点间的空间。这样，我们把 CSL 的概念推广，不要求穿插点阵的阵点重合，只要求相关等价点重合。所谓相关等价点是相同环境的点，也就是具有相同晶胞内坐标的几何点。由相关等价重合点组成的点阵是广义的重合位置点阵，定义为 O 点阵。显然，O 点阵并不要求两个点阵有特殊的取向，而是几乎在任意取向下都可以获得 O 点阵。同样，CSL 一定也是 O 点阵，它是 O 点阵的一个子集。另外，从点阵 L_1 到点阵 L_2 的变换 $\boldsymbol{g}$ 不限于旋转，还可以包含伸张、压缩、切变等操作，这样的变换可以由一种晶系点阵变换到其他任何一种晶系点阵，也就是说，O 点阵模型还可以应用到异相界面上。

先看一个 O 点阵的简单例子。图 4-71 所示为立方点阵 $\Sigma=17$，28.1°/[001]的 CSL，除了 CSL 阵点（即相当于两个实际晶体点阵晶胞内坐标是[(0,0)]的点）之外，在两个实际晶体点阵晶胞内坐标是[(0,1/2)]和[(1/2,0)]的几何点以及两个晶胞内坐标是[(1/2,1/2)]的几何点（它们上面都没有阵点）都是 O 点阵的阵点。图 4-71 中两个点阵的取向是以其中一个点阵的任一阵点为原点，以〈001〉轴转动 28.1°得来的。显然，以图 4-71 中 O 点阵的任一个阵点作原点（Origin），经相同变换操作也可以获得同样结果，O 点阵也因此而得名。另外还可以看到，O 点阵是两个穿插点阵中匹配最好的位置。前面说过，CSL 是 O 点阵的一个子集，但是，两个晶体点阵穿插必须在特殊的取向关系下才能出现 CSL，而两个晶体点阵穿插在任何取向关系下都可能找到 O 点阵。

可以有两种办法获得相符等价点：

（1）如图 4-72 所示的点阵 L_1 经变换 $\boldsymbol{g}$ 变换为 L_2 点阵，L_1 点阵中的一个点（以从原点到此点的矢量表示）$\boldsymbol{r}_{(1)}$ 相应变换为 L_2 点阵的 $\boldsymbol{r}_{(2)}$，即：

$$\boldsymbol{r}_{(2)}=\boldsymbol{g}\boldsymbol{r}_{(1)} \quad 或 \quad \boldsymbol{r}_{(1)}=\boldsymbol{g}^{-1}\boldsymbol{r}_{(2)} \tag{4-80}$$

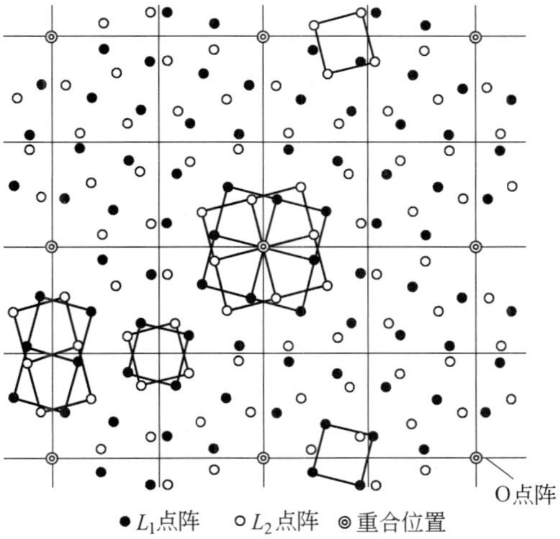

图 4-71 在立方点阵中 $\Sigma=17$，28.1°/[001]的 CSL 基础上建立起来的 O 点阵（在图中标出了 3 类 O 阵点）

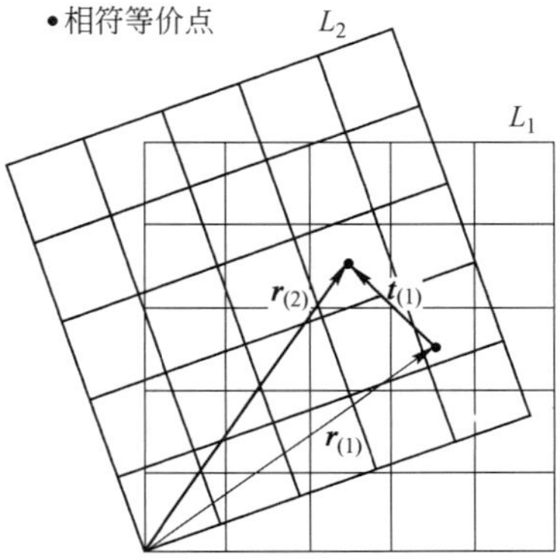

图 4-72 点阵 L_1 和点阵 L_2 的相符等价点

（2）在 L_1 中的 $\boldsymbol{r}_{(1)}$ 加上 L_1 的平移矢量 $\boldsymbol{t}_{(1)}$ 也可获得 $\boldsymbol{r}_{(2)}$，即：

$$\boldsymbol{r}_{(2)}=\boldsymbol{r}_{(1)}+\boldsymbol{t}_{(1)} \tag{4-81}$$

现在寻找 $\boldsymbol{r}_{(1)}$ 集的每一个“组元”对应的 $\boldsymbol{r}_{(2)}$ 集的相应“组元”，L_1 的等价点 $\boldsymbol{r}_0=\boldsymbol{r}_{(1)}+\boldsymbol{t}_{(1)}$，所以 $\boldsymbol{r}_{(2)}=\boldsymbol{r}_{(1)}+\boldsymbol{t}_{(1)}=\boldsymbol{r}_0$，因为相符点同属 L_1 点阵和 L_2 点阵，$\boldsymbol{r}_0$ 和 $\boldsymbol{r}_{(2)}$ 是没有区别的，即：

$$\boldsymbol{r}_0=\boldsymbol{g}^{-1}\boldsymbol{r}_0+\boldsymbol{t}_{(1)} \tag{4-82}$$

把式子重排列，得：

$$(\boldsymbol{I}-\boldsymbol{g}^{-1})\boldsymbol{r}_0=\boldsymbol{t}_{(1)} \tag{4-83}$$

式中，$\boldsymbol{I}$ 是单位矩阵。这一式子的意义是对一个给定的变换 $\boldsymbol{g}$，即给定两晶粒的取向关系，它可解出所有的相符等价点，也即点阵的 O 点。相符点是一般解的相符等价点的子集。把上式左右端左乘以（$\boldsymbol{I}-\boldsymbol{g}^{-1}$）的逆阵就可得 O 点阵：

$$\boldsymbol{r}_0=(\boldsymbol{I}-\boldsymbol{g}^{-1})^{-1}\boldsymbol{t}_{(1)} \tag{4-84}$$

为了更好地理解式(4-84)，下面用另一种方法来导出 O 点阵的式子。设 L_1 点阵以某一点 O_P（不一定是阵点）作原点，通过均匀线性非退化变换 $\boldsymbol{g}$，由点阵 L_1 得出点阵 L_2。由 O_P 点到 L_1 点阵任一阵点 X_1 的矢量为 O_PX_1，变换后成为由 O_P 点到 L_2 点阵的某一阵点 X_2 的矢量 $\boldsymbol{O}_P\boldsymbol{X}_2$，$\boldsymbol{O}_P\boldsymbol{X}_1$ 和 $\boldsymbol{O}_P\boldsymbol{X}_2$ 的关系是（见图 4-73）：

$$\boldsymbol{O}_P\boldsymbol{X}_2=\boldsymbol{g}\cdot\boldsymbol{O}_P\boldsymbol{X}_1 \tag{4-85}$$

而

$$\boldsymbol{X}_1\boldsymbol{X}_2=\boldsymbol{X}_1\boldsymbol{O}_P+\boldsymbol{O}_P\boldsymbol{X}_2$$
$$=-\boldsymbol{g}^{-1}\boldsymbol{O}_P\boldsymbol{X}_2+\boldsymbol{O}_PX_2$$

即

$$\boldsymbol{X}_1\boldsymbol{X}_2=(\boldsymbol{I}-\boldsymbol{g}^{-1})\boldsymbol{O}_P\boldsymbol{X}_2 \tag{4-86}$$

根据上式，如果选择一个固定 X_2 阵点，任意改变 X_1 阵点，则可以导出全部 O 点阵的阵点。例如，再在 L_1 中任取阵点 X_1'，则 X_1' 点经过 $\boldsymbol{g}$ 变换到 L_2 中的 X_2 点必然要由另一个原点 O_P' 变换得来，即：

$$\boldsymbol{X}_1'\boldsymbol{X}_2 = (\boldsymbol{I} - \boldsymbol{g}^{-1})\boldsymbol{O}_P'\boldsymbol{X}_2$$

把上式和式(4-86)左右两端相减，得：

$$\boldsymbol{X}_1\boldsymbol{X}_1' = (\boldsymbol{I} - \boldsymbol{g}^{-1})\boldsymbol{O}_P\boldsymbol{O}_P' \tag{4-87}$$

式中，$\boldsymbol{X}_1\boldsymbol{X}_1'$ 是点阵 L_1 的点阵矢量，$\boldsymbol{O}_P\boldsymbol{O}_P'$ 则是 O 点阵的点阵矢量。根据 L_1 的矢量 $\boldsymbol{X}_1\boldsymbol{X}_1'$ 可求出 O 点阵矢量 $\boldsymbol{O}_P\boldsymbol{O}_P'$：

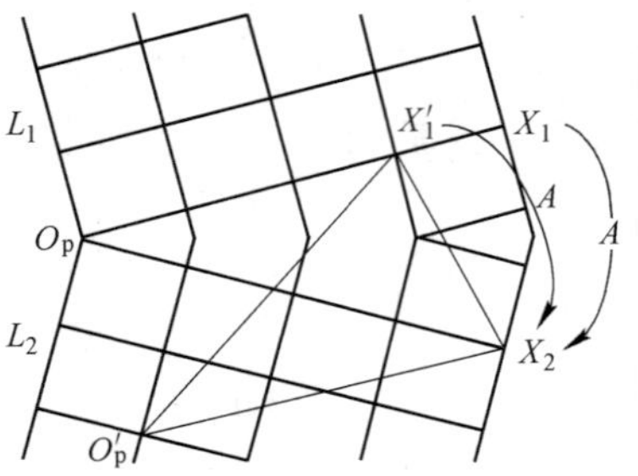

图 4-73　导出 O 点阵方程的示意图

$$\boldsymbol{O}_P\boldsymbol{O}_P' = (\boldsymbol{I} - \boldsymbol{g}^{-1})^{-1}\boldsymbol{X}_1\boldsymbol{X}_1' \tag{4-88}$$

上式和式(4-84)是完全相同的，这里的 $\boldsymbol{O}_P$、$\boldsymbol{O}_P'$ 相当于 O 点阵的任一个 O 点，$\boldsymbol{X}_1\boldsymbol{X}_1'$ 相当于 L_1 点阵的任一平移矢量。如果是 L_1 的最短点阵矢量（位错的柏氏矢量 $\boldsymbol{b}_i^{(L_1)}$），则 $\boldsymbol{O}_P\boldsymbol{O}_P'$ 是 O 点阵的基矢 $\boldsymbol{X}_i^0$。式(4-88)又可写成：

$$\boldsymbol{X}_i^O = (\boldsymbol{I} - \boldsymbol{g}^{-1})^{-1}\boldsymbol{b}_i^{(L_1)} = \boldsymbol{T}^{-1}\boldsymbol{b}_i^{(L_1)} \tag{4-89}$$

上式的 $\boldsymbol{T} = \boldsymbol{I} - \boldsymbol{g}^{-1}$ 称位移矩阵，所有的 O 点都是上面方程的解。满足上式的条件是 $\delta\boldsymbol{T} \neq 0$，当 $\boldsymbol{T}$ 的秩为 1 时，O 点阵将退化为 O 面（例如切变的不变平面）；当 $\boldsymbol{T}$ 的秩为 2 时，O 点阵将退化为 O 线（例如，倾转晶界的取向差轴）。前面说过，O 点阵是 CSL 的更一般化点阵，如果 X_2 点是相符点阵的阵点，用 $X_1 = X_2$ 的特殊选择，这时式(4-86)的左端为 0，即存在 $O_P = X_2$ 的解，所以阵点 X_2 和阵点 X_1 都是原点，因而 CSL 本身是 O 点阵的子集。

CSL 是 O 点阵的一个子集，CSL 与 DSCL 互为倒易点阵，所以，可以先求出 O 点阵，找出 CSL，然后求这个 CSL 的倒易点阵，即就求出 DSCL。

例 4-14　简单立方点阵的点阵常数为 1。求绕［001］轴逆时针旋转 θ 获得的 O 点阵。

解：据题意，由 L_1 点阵到 L_2 点阵的变换 $\boldsymbol{g}$ 为：

$$\boldsymbol{g} = \begin{bmatrix} \cos\theta & -\sin\theta & 0 \\ \sin\theta & \cos\theta & 0 \\ 0 & 0 & 1 \end{bmatrix}$$

式(4-89)中的 $\boldsymbol{T} = \boldsymbol{I} - \boldsymbol{g}^{-1}$ 为：

$$\boldsymbol{T} = \boldsymbol{I} - \boldsymbol{g}^{-1} = \begin{bmatrix} 1-\cos\theta & \sin\theta & 0 \\ -\sin\theta & 1-\cos\theta & 0 \\ 0 & 0 & 0 \end{bmatrix}$$

因为是绕 z 轴即［001］轴转动，每层 xy 面是相同的，所以为了计算方便，把上述讨论简化为二维问题，即只讨论 xy 面的点阵。计算得：

$$\boldsymbol{T}^{-1} = \begin{bmatrix} \dfrac{1-\cos\theta}{2(1-\cos\theta)} & \dfrac{\sin\theta}{2(1-\cos\theta)} \\ \dfrac{-\sin\theta}{2(1-\cos\theta)} & \dfrac{1-\cos\theta}{2(1-\cos\theta)} \end{bmatrix} = \frac{1}{2}\begin{bmatrix} 1 & \cot(\theta/2) \\ -\cot(\theta/2) & 1 \end{bmatrix}$$

L_1点阵的基矢是[10]和[01]，根据式(4-89)求得 O 点阵的基矢为[1/2-(cotθ/2)/2]和[(cotθ/2)/2 1/2]。图 4-74a 所示为 L_1点阵和 O 点阵的关系。图中用符号"○"点表示 O 点阵的阵点。O 点阵基矢的长度为：

$$\left[\left(\frac{1}{2}\right)^2+\left(\frac{1}{2}\cot\frac{\theta}{2}\right)^2\right]^{1/2}=\frac{1}{2\sin\theta/2}$$

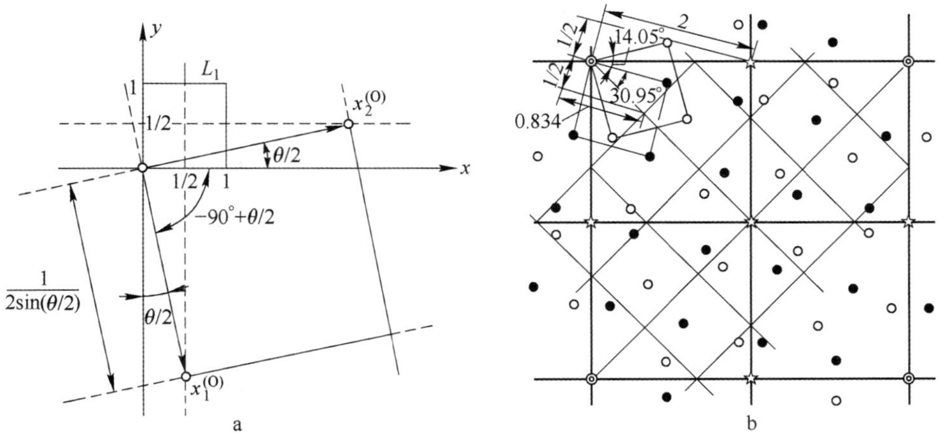

图 4-74　简单立方点阵绕［001］轴逆时针旋转 θ 获得的 O 点阵
a—L_1点阵和 O 点阵的关系；b—绕［001］轴旋转 28. 1°和 61. 9°所得的 O 点阵

从图 4-74a 中看出，这个 O 点阵相当于绕［001］轴转动-(90°-θ/2)并且垂直于取向差轴膨胀 1/(2sinθ/2) 获得的。

现在看图 4-71 所示的 O 点阵，其中的 L_1与 L_2间的变换 $\boldsymbol{g}$ 与上面讨论的相同，但转角 θ=28. 1°，cot(28. 1°/2)= 4，因此 O 点阵的基矢为[1/2-2]和[21/2]，O 点阵基矢长度等于 2. 06，见图 4-71 和图4-74b中的粗线。图中的☆和◎同时构成 O 点阵阵点；而◎则是 CSL 阵点，图中所示 CSL 是 O 点阵的一个子集。

但是，因为立方系的［001］轴是四次对称轴，绕［001］轴转动 θ 和转动 90°-θ 两个应该是等效的，获得的 CSL 是相同的。如果讨论 O 点阵，这两者不一定相同，但其中一个 O 点阵一定是另一个 O 点阵的子集。还是以图 4-74 作为例子讨论，当转角 θ=90°-28. 1°=61. 9°时，cot(61. 9°/2)= 0. 834，因此 O 点阵的基矢为[1/2-0. 834]和[0. 8341/2]，O 点阵基矢长度等于 0. 972，如图 4-74b 中的细线所示。粗黑线 O 点阵的对角线长度 (=(2×2. 06^2)$^{1/2}$=2. 91)恰好是细黑线 O 点阵基矢的 3 倍(3×0. 972=2. 91)，所以粗黑线 O 点阵和 CSL 都是细黑线 O 点阵的子集。

例 4-15　用 O 点阵原理求立方系[001]53. 1°的 DSCL 基矢。

解： 因为转动轴是［001］，直接用例 4-14 的结果：

$$T^{-1}=\frac{1}{2}\begin{bmatrix}1 & \cot(\theta/2)\\ -\cot(\theta/2) & 1\end{bmatrix}=\frac{1}{2}\begin{bmatrix}1 & \cot(53.1°/2)\\ -\cot(53.1°/2) & 1\end{bmatrix}$$

$$=\frac{1}{2}\begin{bmatrix}1 & 2\\ -2 & 1\end{bmatrix}$$

$\Sigma 5$CSL 是这 O 点阵的子集，CSL 基矢相同，但其长度是 O 点阵的 2 倍，即 CSL 基矢是［1$\bar{2}$0］和［210］（见图 4-51）。这个二维 CSL 是正方系，其倒易点阵也是正方系，因 $\Sigma=5$，故所示 DSCL 基矢是［1$\bar{2}$0］/5 和［210］/5。

O 点阵本身也是在讨论晶界上才有意义的。因为 O 点阵是两个穿插点阵匹配较好的位置，界面从 O 点阵的点阵面（特别是密排面）通过会使界面两侧原子有良好匹配，是一种低能的界面状态。为了扩大匹配良好的区域，把原来刚性模型经过弛豫发展为由匹配良好的共格区和由位错组成的半共格区，如果理论位错结构中的共格区域的尺度明显大于点阵的最小间距，则用 O 点阵方法获得的结构就可能代表真实的界面位错结构。

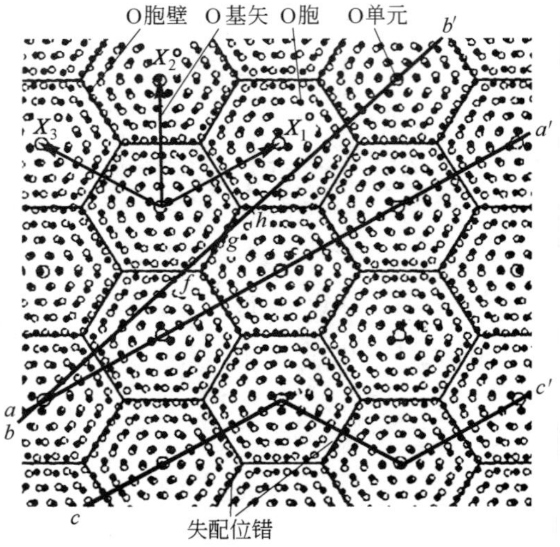

图 4-75 fcc L_1点阵绕［111］转动获得 L_2点阵穿插形成的二维 O 点阵示意图

图 4-75 是 fcc L_1点阵（图中的黑点，观察面是（111）面）绕［111］轴转动获得 L_2点阵（图中的小白圆圈），两个点阵穿插获得 O 点阵（图中的大白圆圈）。$\boldsymbol{X}_1^0$、$\boldsymbol{X}_2^0$和 $\boldsymbol{X}_3^0$是 O 点阵的基矢，O 阵点由周期分布的 O 单元组成，匹配好区的中心点就是 O 单元，在三维空间中 O 单元可以是点、线或面。O 点由匹配差区隔开，这些匹配差区的中心称 O 胞壁（图中的黑线六方网格），每个 O 单元必须由胞壁隔开，胞壁包围的区域是 O 胞，O 单元处于 O 胞的中心。图 4-75 的纸面就是一个纯扭转晶界，晶界上结构由螺位错组成的六方位错网格构成；过 aa'并垂直于纸面的面是对称倾转晶界，在胞壁处有垂直于纸面的刃位错线；cc'是垂直于纸面带台阶的晶界，在台阶中间也含一个位错；bb'是垂直于纸面的非对称倾转晶界，原则上在胞壁处都存在数学上计算的位错，但是在界面的 fg 和 gh 段相距较近，不太可能有真实的位错。

O 点阵是 CSL 的推广，所以它已包括了 CSL。比较式(4-45)Frank-Bilby 公式和 O 点阵的式(4-89)，可以看到它们在本质是相同的。如果设想在界面上有位错存在，根据式(4-89)，O 点阵基矢 X_i^O 所穿过的位错，其柏氏矢量的总和就是 $\boldsymbol{b}_i^{(L_1)}$。

回顾图 4-34 的纯扭转小角度晶界，它的晶界位错网络就是 O 点阵的胞壁，位错围成的方格就是 O 胞。图 4-34 与 O 点阵联系在一起，表示在图 4-76 中。回顾图 4-36 所示为用人工方法制作的 Si(001)扭转晶界的电子显微镜照片，这个界面的电子显微镜照片显示了两组相互垂直的规则的螺型位错。

从开始讨论晶界的几何模型到现在，我们知道 O 点阵模型是晶界普适模型，它概括了 CSL 模型以及小角度晶界的 Frank-Bilby 模型，在讨论界面上位错的平均分配情况时，可以用 Frank 公式来讨论。对于界面上的二次位错，可以在奇异界面的基础上应用 Frank-Bilby 模型和 Frank 公式来解决。图 4-77是 O 胞和截过 O 胞的界面上的失配位错。

最后，还要注意到应用 O 点阵模型时由 L_1 变换到 L_2 的变换 $\boldsymbol{g}$ 不是唯一的，这是因为 O 点阵是由变换性质而不是由取向来定义的。例如，简单立方的对称倾转晶界是点阵 L_1 与经某轴转某一角度而获得的 L_2 之间的晶界，显然，取向差轴就是 O 线，该线贯穿 CSL 点，根据转轴本身的对称性，获得同一取向的转动角度不是唯一的；另外，也可以通过在晶界面的均匀切变获得相同的取向，此时，切面就是 O 面，O 面是晶界本身，并且所有类似的平行面都穿过 CSL 点。例如，图 4-78 表示两个获得相同取向的穿插点阵（黑点和白点），可以由纯旋转或纯切动获得。从数学上看，这两者是没有区别的，但从物理上看，两者是有区别的。获得 O 点阵的变换 $\boldsymbol{g}$ 的不唯一性可能带来混乱，使得在把由 O 点阵定义的数学概念上的位错和实际观察的位错联系起来时要特别小心。合理选择的判据是：要保持转换前后原点周围两个点阵的最近邻相关性，并保证最少可能的位错含量。关于这方面的论述，读者可进一步参阅本章参考文献［13］。

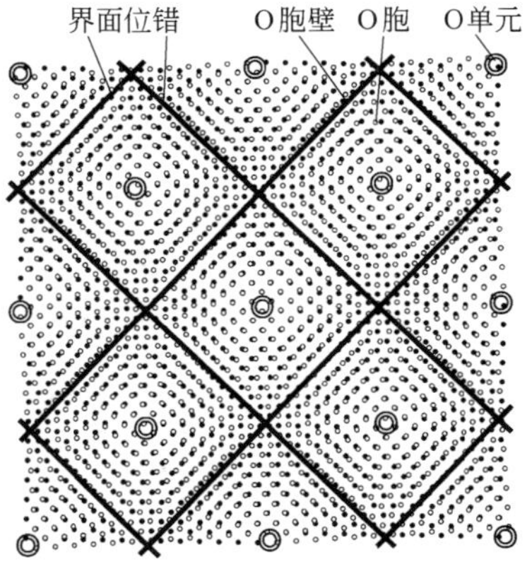

图 4-76　简单立方晶体界面为（001）面的纯扭转晶界 O 点阵及位错的配置

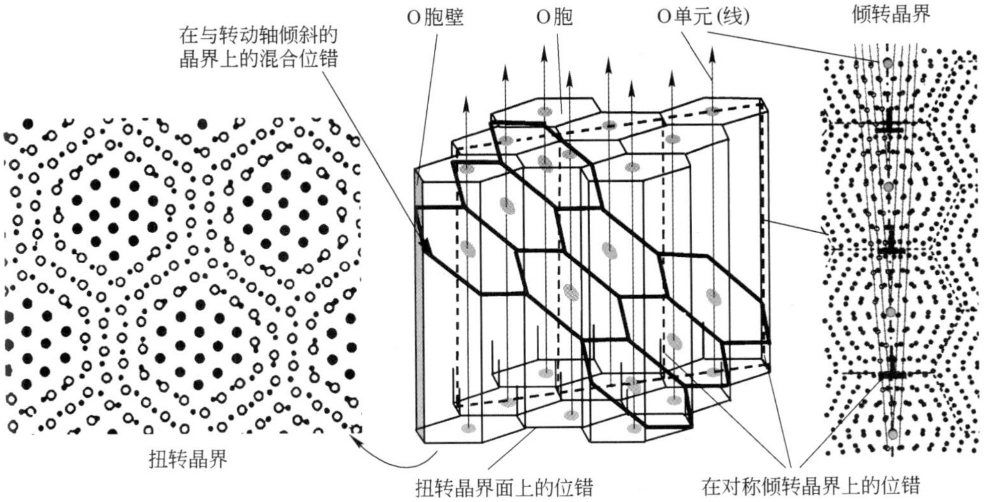

图 4-77　O 胞和截过 O 胞的界面上的失配位错

D　多面体单元模型

对称及非对称倾转晶界有一重要特征：在晶界处形成多面体群体的堆垛。金属键结构倾向于紧密堆垛，紧密堆垛的同时又要求尽量少的原子的重叠，这就限制了可能的多面体面的形状。图 4-79 是由计算机模拟确认在金属晶界中存在的几种多面体原子团。这些多面体原子团是四面体、八面体、三棱柱体、加盖三棱柱体、阿基米德方形反棱柱体、加盖阿基米德方形反棱柱体和五角双棱柱体 7 种。其中有一些与液体硬球模型的结构相似。

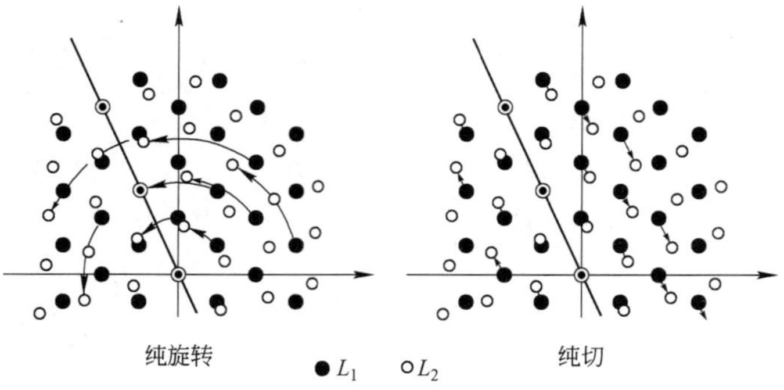

图 4-78 不同的变换 **g** 获得相同取向的例子

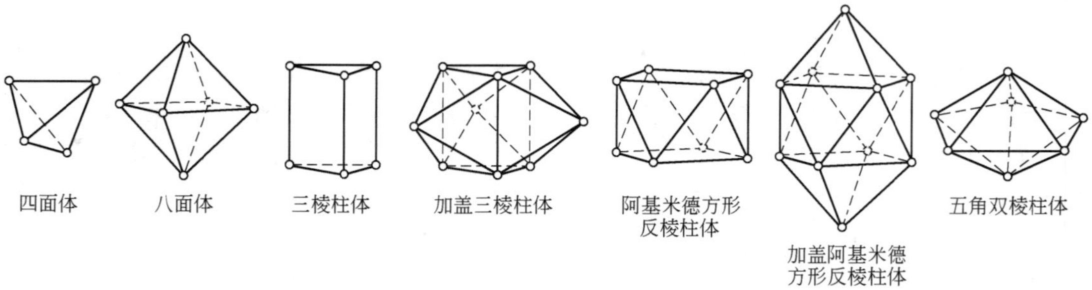

图 4-79 计算机模拟确认在金属晶界中存在的几种多面体原子团

在 Au 的 $\Sigma=5[001]$ 弯曲倾转界面的 HRTEM 影像中观察到局部松弛引入加盖三棱柱体结构；X 射线衍射和计算机模拟也证实了在 Au 的 $\theta=22.6°(001)$ 扭转晶界上有阿基米德方形反棱柱体结构。在 fcc 中以〈100〉、〈111〉及〈112〉作转轴的对称倾转晶界中，也发现多面体结构，但它们并不是密排堆垛的。bcc 结构中绕〈100〉、〈110〉轴旋转的对称倾转晶界也有类似的多面体特征的堆垛。

图 4-80 是由衍射实验及原子模拟测定的具有 fcc 结构的 Ag 的 $\Sigma=13$ 扭转晶界（晶界面是（001））的结构，在晶界中含有八面体和阿基米德方形反棱柱体结构。这些结构与液

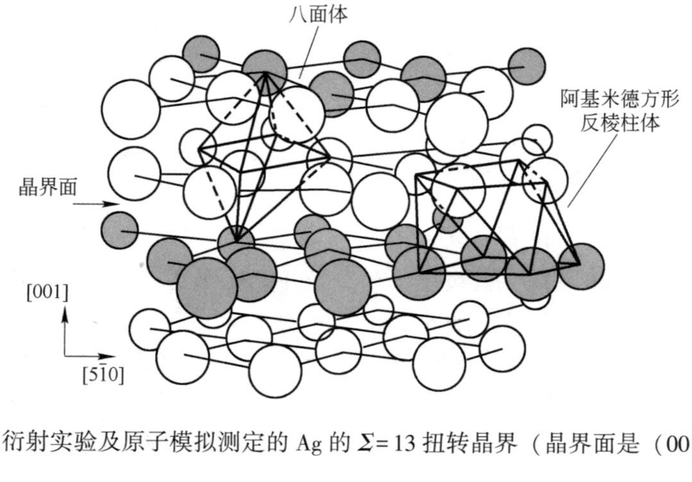

图 4-80 由衍射实验及原子模拟测定的 Ag 的 $\Sigma=13$ 扭转晶界（晶界面是（001））的结构

体硬球模型结构相似，说明在固体晶界最近邻和次近邻的环境与液体的相似，因此，Burton 和 Machlin 提出的用固/液相的平衡分配系数 k_0来推测晶界表面偏析的推想也可用到晶界偏析的讨论中。

图 4-81a 所示为 Au 的［110］转角约为 32°的对称倾转晶界 HRTEM 照片，图 4-81b 所示为根据图 4-81a 描绘出的相邻两层（110）面原子的位置，分别以+和 · 表示，从图4-81b看出，晶界结构可以看做由一系列多面体组成。

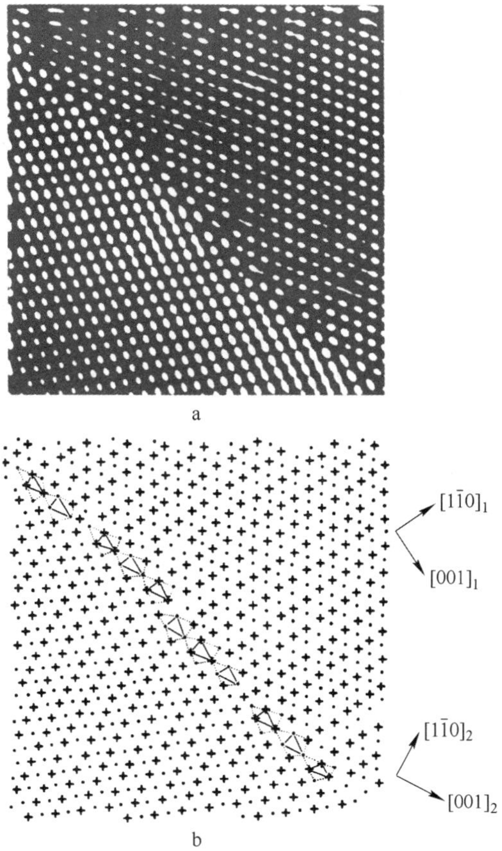

图 4-81 Au 的［110］转角约为 32°的对称倾转晶界
a—HRTEM 照片；b—按图 a 用+和 · 表示相邻的两层（110）原子位置，并描画出晶界的多面体

多面体单元模型最重要的物理概念是它描述局部松弛。这个模型不关注晶界面（不管是平面或是曲面）的长程周期性，它只是关注作用在原子的局部堆垛力以及这些力是怎样使界面的局部自由体积最小，最后在晶界某些部分获得高的原子配位和局部的较紧密堆垛。

由于在晶界处连接 2 个晶体所要求的相容性并不能完全由多面体堆垛来满足，因此，晶界结构不可能完全由多面体组成，即使在低能晶界，仍会存在与多面体结构不同的原子排列。多面体位置可能是杂质原子易偏析的位置，所以，可以依靠这一模型对晶界偏析做定量分析。另外，多面体堆垛可看做是晶界匹配良好的“好区”，其他区域是“坏区”。多面体堆垛模型仅能描述晶界，不可能预测晶界处多面体是如何分布的，也不可能预测这种分布是如何随晶粒间取向及界面取向分布而改变的，因而不能像其他模型那样对晶界结构进行数学处理，这是该模型的局限性。

E 结构单元模型

对于对称倾转晶界，从晶界的 CSL 模型看到，晶界具有周期结构。从上面讨论知道，晶界上的周期性的周期越长，界面两侧匹配程度越差，从而晶界能越高，因而任何长周期结构的晶界都倾向于分解成经一定变形的短周期结构。Sutton 和 Vitek 以总体积为常数和界面能最低为前提进行模拟计算，提出用周期排列的结构单元模型（SUM）来描述界面结构。对应于给定取向差轴下，能量最低的即应该是最偏好出现的晶界来定义一种结构单元。结构单元模型描述晶界的研究大多集中于 fcc 晶体的界面，下面主要以 fcc 晶体为例讨论。

对于 fcc 的〈001〉取向差轴的对称倾转晶界，最偏好出现的晶界是 $\Sigma1(110)$（完整点阵）、$\Sigma5(210)$、$\Sigma5(310)$以及 $\Sigma1(100)$界面，对应于它们的结构单元以 A ~ D 符号标记。〈001〉取向差轴最低的 Σ 值是 5，但是 Sutton 和 Vitek 惊奇地发现，对给定的取向差轴，最偏好出现的晶界通常并不是相应于最低的 Σ 值（即 $\Sigma5$）的晶界，而是 $\Sigma27(115)$ 和 $\Sigma11(113)$ 的晶界。

图 4-82 所示为 Cu 取向差轴为［001］的几种 Σ 值的晶界结构模型，这些晶界结构是经能量最小优化程序处理的。图的观察方向是图中所示的 z 轴，即［001］轴，在图中用黑线勾出结构单元。图 4-82a 所示为 $\Sigma5(310)$，36.9°界面的结构，整个界面由 C 结构单元组成。图 4-82b 所示为 $\Sigma5(210)$，53.1°界面的结构模型，整个界面由 B′型结构单元组成，B′结构单元是 B 经松弛畸变后略经变形的结构单元。界面上一个周期的 SUM 符号记为｜B′.B′｜，在符号中的“点”表示结构单元之间从｛001｝面移动到相邻的｛002｝面。B′结构单元由高分辨透射电镜（HRTEM）所证明，如图 4-82c 所示。能量不是最低的晶界通常由两种或更多种结构单元组成，例如图 4-82d 所示的 $\Sigma13(510)$，22.6°晶界结构模型，其中每个周期由一个 C 单元和两个 D 单元组成，一个周期的 SUM 符号记为｜CDD｜。又如图 4-82e 所示的 $\Sigma13(320)$，67.4°晶界结构模型，界面上每个周期由两个 A 单元和两个 B′单元组成，一个周期的 SUM 符号记为｜AB′.AB′｜，在符号中的“点”也是表示结构单元之间从｛001｝面移动到相邻的｛002｝面。$\Sigma17a(530)$，61.9°晶界的结构与上述的稍有差异，最小能量的晶界中心并不是相应于 CSL 的低指数的对称面，它的周期结构表示为｜ABB′｜或｜A_SB'｜。A_S结构单元包括在 B′单元之间含有一个台阶，如图 4-82f 所示。据计算，在 Cu 中｜A_SB'｜晶界的能量是 856mJ/m²，｜ABB′｜结构界面的能量为 906mJ/m²。虽然它的能量比含台阶的｜A_SB'｜结构界面的略高，但它符合 SUM 的理论预期，是合适的晶界结构。

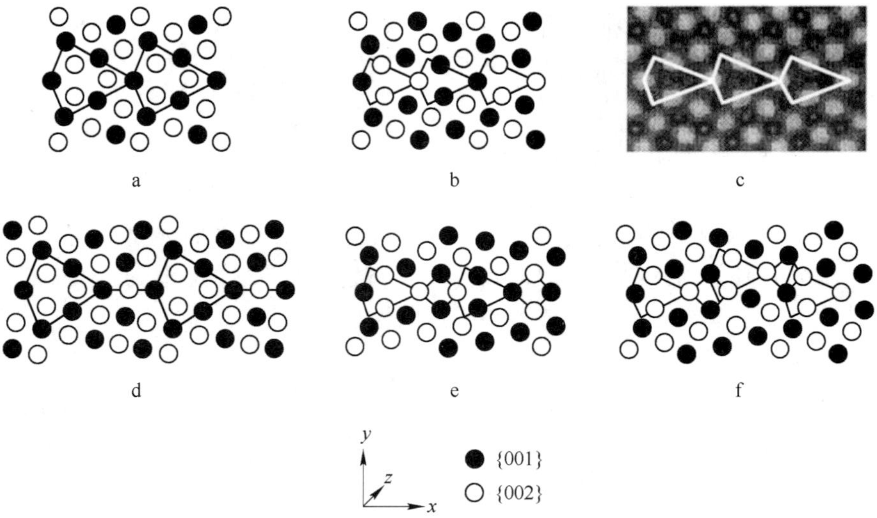

图 4-82　Cu[001]界面的结构模型

a—$\Sigma5(310)/36.9°$｜C｜；b—$\Sigma5(210)/53.1°$｜B′.B′｜；c—$\Sigma5(210)/53.1°$HRTEM；d—$\Sigma13(510)/22.6°$｜CDD｜；e—$\Sigma13(320)/67.4°$｜AB′AB′｜；f—$\Sigma17a(530)/61.9°$｜ABB′｜或｜A_SB'｜

为了更清楚地了解这些晶界的结构单元，图 4-83 以另一种形式给出了 A、B、B′结构单元以及由它们组成的晶界结构，图中同时给出了两个穿插的点阵和重合位置。图 4-83e

给出了在完整晶体（$\Sigma=1$）中平行于（110）面标记为 A 的结构单元（图中虚线平行于（110）面）。图 4-83a 所示为两个面心立方点阵贯穿产生 $\Sigma=5$ 的几何结构，空圆及实圆分别表示两个贯穿的点阵，虚线是（210）面，图中用黑线勾画的梯形标记为 B 结构单元。图 4-83b 所示的晶界面是（210）面，晶界结构为…B′B′B′…，B′是经松弛畸变后略经变形的四边形的结构单元（同时参阅图 4-82b）。图 4-83c 是 $\Sigma=17$ 的对称倾转晶界的松弛结构，平行于（530）面的界面由两种松弛畸变的结构单元组成，一种是 A 结构单元，另一种是 B′结构单元。在 B′结构单元之间相对移动了一个（001）面间距。结构单元是 B 的两侧晶粒的取向是 $\Sigma=17$ 的对称倾转的取向，而结构单元 A 两侧的取向差为 0，综合两种结构单元的晶界结构为…ABB′ABB′…，结构单元这样排列仍然构成 $\Sigma=17$ 的对称倾转晶界（同时参阅图 4-82f）。图 4-83d 是 $\Sigma=37$ 的对称倾转晶界的松弛结构，平行于（750）面的晶界也由 A 和 B 两种松弛畸变了的结构单元构成，晶界结构为…AABABAABAB…。

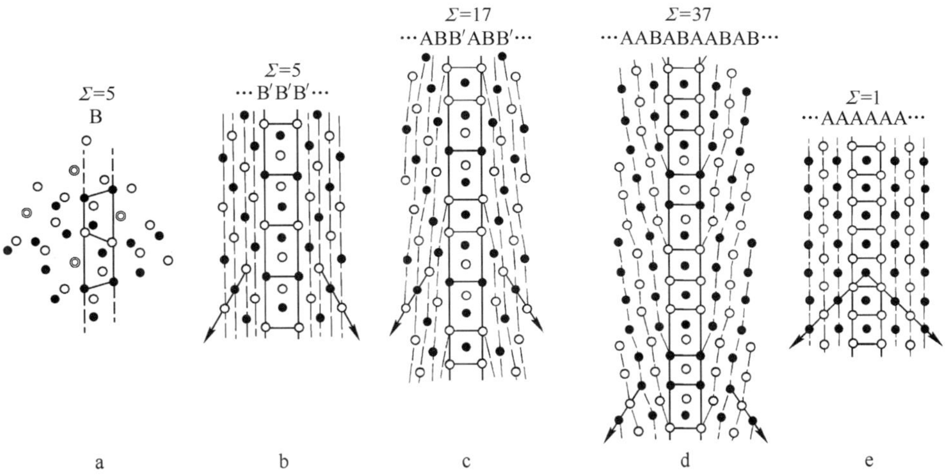

图 4-83 fcc 点阵以［001］轴旋转的对称倾转晶界的结构单元模型

a—$\Sigma=5$ 的 CSL，◎点是相符点阵阵点，虚线平行于（210）面；b—$\Sigma=5$ 晶界的松弛结构，晶界由 B′结构单元组成；c—$\Sigma=17$ 晶界的松弛结构，界面由 A 和 B 结构单元以…ABB′…顺序重复排列，平行于（530）面；d—$\Sigma=37$ 晶界的松弛结构，晶界按…AABAB…顺序重复排列，晶界面是（750）；e—$\Sigma=1$（即完整晶体）的情况，平行于（110）面构成的结构单元，以 A 表示（○和●是两个穿插的点阵的阵点）（Balluffi，1982；Fishmeister，1985）

从图 4-83 还可以看到，这些独立的结构单元相组合得出的新界面，界面指数之间有相加的关系。例如，具有单一的 B（或 B′）结构单元的晶界面是｛210｝面，具有单一的 A 结构单元的晶界面是｛110｝面，对于结构单元为 ABB′组合的晶界（图 4-83c）的界面是｛110｝+｛210｝+｛210｝=｛530｝；对于结构单元为 AABAB 组合的晶界（图 4-83d）的界面是｛110｝+｛110｝+｛210｝+｛110｝+｛210｝=｛750｝。

Rittner 和 Seidman 估算 fcc〈110〉取向差轴的全部晶界的能量，低能晶界是 Σ1(110)（完整点阵）、Σ27(115)、Σ11(113)、Σ3(111)、Σ9(221) 和 Σ1(110) 界面，与它们相关的结构单元分别以 A~E（Σ1“截面”定义为 A 结构单元）符号表示。注意到即使 Σ3 是重位密度最高的，但 Σ3(112) 却不是能量低即不是偏好出现的晶界。

图 4-84 所示为 Cu 取向差轴为［$1\bar{1}0$］的几种 Σ 值的晶界结构模型，这些晶界结构也是

经过能量最小优化程序处理的。图的观察方向是[$1\bar{1}0$]，即图中的z轴，黑线勾出结构单元。图 4-84a 所示为Σ3(111)/109.5°的共格孪晶界结构，它全部由 D 结构单元组成，D 结构单元就是截面中心结构。一个周期的 SUM 符号是|D.D|。图 4-84b、c 所示分别是Σ11(113)/50.5°和Σ9(221)/141.1°的晶界结构模型，它们分别全部由 C 结构单元（一个周期的 SUM 符号为|C.C|）组成和由 E 结构单元（一个周期的 SUM 符号为|E.E|）组成，其中的“点”也表示结构单元从（110）面移动到相邻的（220）面。上述的 3 种晶界结构的晶界是最偏好出现的晶界，并且晶界中心是对称面。图 4-84d 所示为Σ11(332)/129.5°的晶界结构模型，但界面中心并非是对称面，它的周期由两个 E 单元和两个 D 单元组成，SUM 符号是|EDED|。

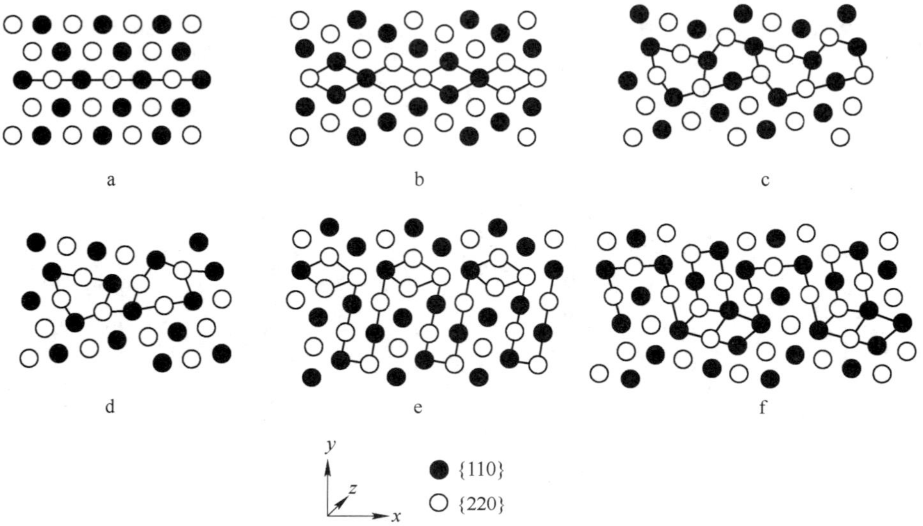

图 4-84　Cu[$1\bar{1}0$]界面的结构模型

a—Σ3(111)/109.5°|D.D|；b—Σ11(113)/50.5°|C.C|；c—Σ9(221)/141.1°|E.E|；d—Σ11(332)/129.5°|EDED|；e—Σ3(112)/70.5°|CD|；f—Σ17b(223)/86.6°|DDA′DC|

如果晶体的层错能比较低，一些〈110〉STGB 出现分解的界面结构，例如图 4-84e 所示的Σ3(112)/70.5°晶界结构模型，它由 C 结构单元和 D 结构单元（|CD|）组成。界面中内禀层错向界面的一侧扩展，D 结构单元处在层错的终点。这种偏离中心的结构是由晶界二次位错引起的非对称分解造成的。更复杂的界面分解结构形式如图 4-84f 所示，它表示Σ17b(223)/86.6°的晶界结构模型，它的重复单元是|DDA′DC|。以能量最小化可以预测沿界面的内禀层错的宽度和长度，此外，用中心对称参数确认至少有 3 种这类结构单元存在，其中包括上述的 A′结构单元。但是，按照 SUM 的原则，在这种取向差下这个 A′结构单元是不应该存在的。这样，因为 SUM 不能预测界面偏离中心结构的长度、宽度或它们之间的间距，所以结构单元模型不能正确描述分解晶界的结构。但是，图 4-84 以及一些文献的结果显示，在 fcc 金属材料中甚至更高的偏离中心界面结构仍然可以用重复结构来描述。

观察由界面扩展的内禀层错面是非常有意义的，因为这些层错面本质上就是与预先存在的不全位错相关的，所以它们在形变过程扮演潜在的重要角色。图 4-85 所示为 Cu 经能量最小优化处理的取向差轴为〈110〉的53.1°/〈110〉和59.0°/〈110〉的界面结构模型，它们都不是SUM认为最偏好出现或是用低Σ的CSL来描述的晶界。与界面相联系的内禀层错面由二次界面位错在(11$\bar{1}$)滑移面的非对称分解造成。每个层错层面终点定义为D结构单元，界面其他部分由与Σ11(113)/50.5°相对应的C结构单元组成。为了与层错面协调，C结构单元与x轴向下有所倾斜（参见图4-85b）。层错面间的距离随着界面的取向差角从53.1°增加到59.0°而降低。在53.1°时，每个分解的D单元相隔11个C单元（在图4-85a中没有全给出），而在59.0°时，每个D单元相隔只有3个C单元。

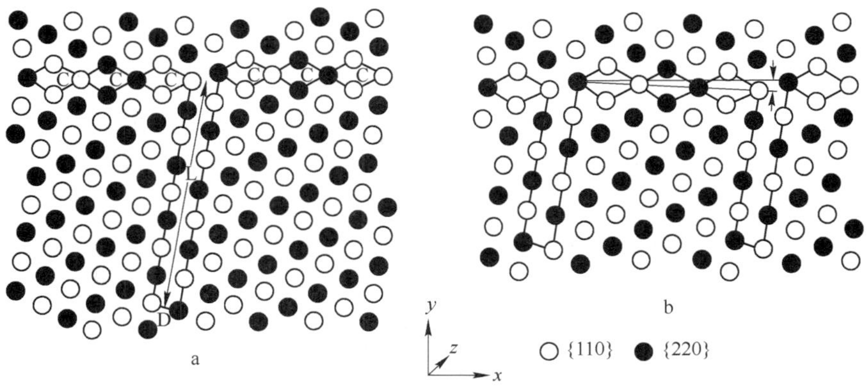

图4-85 Cu中[1$\bar{1}$0]界面的分解结构

a—53.1°；b—59.0°

Rittner和Seidman指出，界面结构因材料层错能的少许差异而有很大的差别，在高层错能材料的界面不会发生偏离中心结构的情况，高层错能材料的大角度晶界更适合用SUM来描述。图4-86所示为Al经能量最小优化处理的取向差轴[1$\bar{1}$0]的[1$\bar{1}$0]/53.1°和[1$\bar{1}$0]/59.0°的界面结构模型。Al的层错能很高，在界面扩展的层错面长度比起Cu显著短得多，并且，在界面上的二次位错以界面对称的形式分解，在界面上方分解发生在(11$\bar{1}$)滑移面，在界面下方分解发生在(111)滑移面。和Cu的情况相同，在层错面的终点联结D结构单元，界面的其他部分由C单元组成。层错面间的距离随着界面的取向差加大而减小，C和D单元数目的比值与Cu相同，并且层错扩展的长度减小（图4-86b）。在Al中，C结构单元不被二次位错分解而发生倾斜，即界面的中心仍是晶界面的对称面。

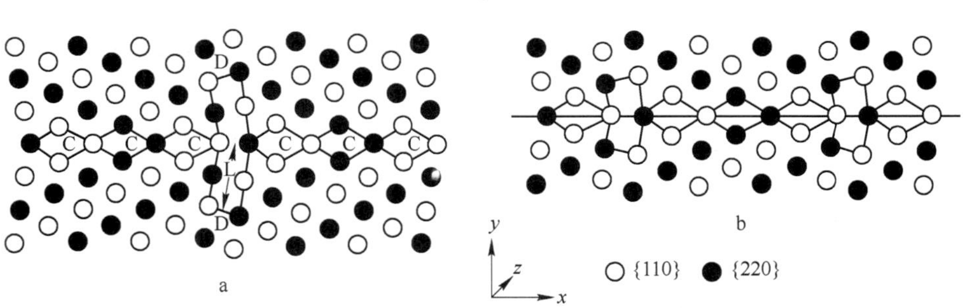

图4-86 Al中[1$\bar{1}$0]界面的分解结构模型

a—53.1°；b—59.0°

Al 的［001］界面的结构与 Cu 的结构（图 4-82）相同。同样，结构为 |A_SB'| 含台阶的 $\Sigma 17a(530)$ 界面能量是 465mJ/m^2，而结构为 |$AB'B'$| 的界面的能量计算值为 493mJ/m^2。虽然它的能量比含台阶的 |A_SB'| 结构界面的略高，但它符合 SUM 的理论预期，却是合适的晶界结构。

图 4-87 所示为 Al 一些经能量最小优化处理的取向差轴为［$1\bar{1}0$］的 $\Sigma 3$、$\Sigma 9$、$\Sigma 11$ 和 $\Sigma 17$ 的对称倾转晶界结构模型，并相应给出它们的 HRTEM 照片。从图 4-87 看出，它们和 Cu（图 4-84）的相应的界面有很大的差别，这是因为它们的层错能不同。但是还不清楚为什么层错能的差别对取向差［$1\bar{1}0$］轴晶界的影响较大，而对取向差［001］轴晶界却几乎没有影响。最偏好出现的取向差轴［$1\bar{1}0$］的晶界，即 $\Sigma 3(113)$、$\Sigma 9(221)$ 和 $\Sigma 11(332)$ 晶界的结构与 Cu 的相同，并且其结构也由 HRTEM 照片所证实。但取向差轴［$1\bar{1}0$］的其他取向差界面，例如图 4-87g 所示的 $\Sigma 3(112)$ 界面，它的层错面的长度比 Cu 的短很多（比较图 4-84e 和图 4-87g），这也由 HRTEM 照片（图 4-87h）所证实。而在 $\Sigma 17b$（223）界面（图 4-87f），则不出现层错，观察到由 A′结构单元分隔的 E 结构单元，A′单元的数目则取决于取向差角。这一结果相当有趣，因为对于 Cu 来说，取向差角低于 109.5°是不会出现 E 结构单元的。

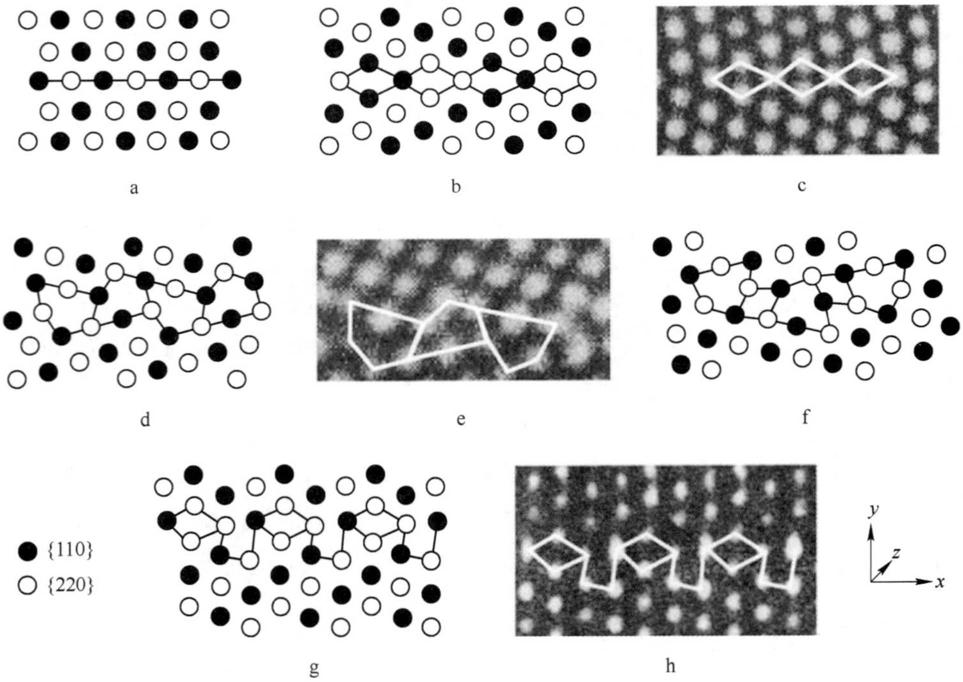

图 4-87　Al 中［$1\bar{1}0$］界面的结构模型以及相应的 HRTEM 照片

a—$\Sigma 3(111)/109.5°$ | D. D |；b—$\Sigma 11(113)/50.5°$ | C. C |；c—$\Sigma 11(113)/50.5°$HRTEM；d—$\Sigma 9(221)/141.1°$ | E. E |；e—$\Sigma 9(221)/141.1°$HRTEM；f—$\Sigma 17b(223)/86.6°$ | A′EA′E |；g—$\Sigma 3(112)/70.5°$ | CD |；h—$\Sigma 3(112)/70.5°$HRTEM

对于非对称倾转晶界和扭转晶界，同样可用结构单元描述，不过情况要复杂得多。要表征非对称倾转晶界结构，因为界面原子具有局部畸变环境，首先要定出哪些原子是属于晶界的结构单元，一般用阈值为 0.25 的中心对称参数来识别这些原子。现以 Cu 中与对称共格孪晶界 $\Sigma 3(111)$，109.5°/［$1\bar{1}0$］（CTB）倾斜的非对称倾转晶界为例讨论，φ 表示非对称倾转晶界的倾斜角。因为 $\varphi>70.53°$后会出现 9R 相（见下面讨论），所以又把非对称倾转晶界分为 $\varphi<70.53°$以及 $\varphi>70.53°$两类晶界讨论。

图 4-88 所示为 Cu 中 3 种 Σ3 倾斜角 $\varphi<70.53°$在 0K 的非对称倾转晶界（ATGB）结构，观察方向是倾转轴［$1\bar{1}0$］方向（即纸面是（$1\bar{1}0$）面），图中的黑点和白点分别代表（$1\bar{1}0$）面和（$2\bar{2}0$）面。在每个图左侧的上、下角的矢量表示以上侧和下侧晶体描述的晶界法线矢量和周期矢量；在每个图右上角的箭头表示理想的共格孪晶界（CTB）以及对称非共格孪晶界（SITB）的位置，同时也给出晶界的倾斜角 φ 的值。在每一种 Σ3 非对称倾转晶界（ATGB）晶界中都有两类小平面：一类是 CTB 小面，对应的结构单元（D）；另一类是 SITB 小面，对应的结构单元（C）。显然，Σ3ATGB 的结构可以用对称倾转共格孪晶界（CTB）加上对称非共格孪晶界 SITB 的结构组合来描述，这两种晶界结构参阅图 4-84a、e。

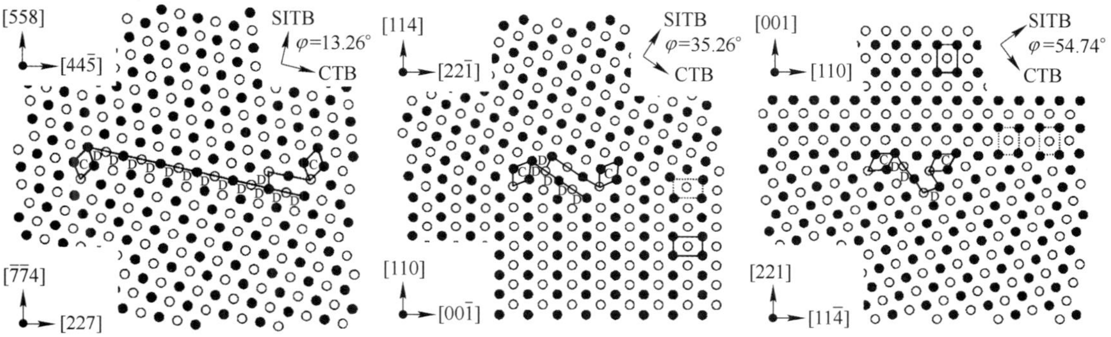

图 4-88　Cu 中 3 个 Σ3 倾斜角 $\varphi<70.53°$在 0K 的晶界结构

a—$\varphi=13.26°$；b—$\varphi=35.26°$；c—$\varphi=54.74°$

（黑点和白点分别代表（$1\bar{1}0$）面和（$2\bar{2}0$）面，左侧上、下角的矢量表示在上侧和下侧晶体描述的晶界法线和周期矢量，右上角的箭头表示理想的共格孪晶界（CTB）以及对称非共格孪晶界（SITB）的位置）

随着 φ 从 13.26°（对应理想 CTB 晶界 $\Sigma3(77\bar{4})_1/(558)_2$）增加到 54.74°（对应 SITB 晶界 $\Sigma3(110)_1/(114)_2$），结构单元 D 的数目减少。$\varphi=13.26°$的 ATGB 在每一个 CTB 小面含 12 个 D 结构单元，而 $\varphi=35.26°$的 ATGB 在每一个 CTB 小面仅含 4 个 D 结构单元，并且 SITB 小面同时含 C 和 D 结构单元。$\varphi<70.53°$的 ATGB 中所有的｜CD｜单元都被至少一个在 CTB 小面的 D 结构单元分开，即在 SITB 小面上会存在｜DCDC｜结构，但这种结构是亚稳的结构。与 SITB 相联系的 D 结构单元会在平行于共格孪晶界小面的方向分解，图 4-88a 中的 D 单元就是沿着共格孪晶界小面分解的。而 $\varphi>54.74°$后 D 结构单元在相反方向分解（对比图 4-88b、c）。Σ3ATGB 中，共格的 CTB 小面与非共格的 SITB 小面之间的距离直接影响 D 结构单元的分解方向。

图 4-89 所示为 Cu 中 3 种 Σ3 倾斜角 $\varphi\geqslant70.53°$在 0K 的非对称倾转晶界（ATGB）结构。在这组晶界中特别令人感兴趣的是因为有 9R 相相变发生，9R 相是菱方结构，这个相是在 fcc 结构中由每三层｛111｝插入一层内禀层错组成的，其堆垛序为…ABCBCACAB…，在低层错能的金属如 Cu、Ag 和 Au 等 fcc 晶体中都会出现。在图 4-89a 的 $\Sigma3(111)_1/(11\bar{5})_2$（$\varphi=70.53°$）是形成 9R 相的过渡晶界结构，在这一结构中，SITB 小面上的｜DC｜单元数目等于在共格界面上 D 单元的数目。所有 $\varphi>70.53°$的 ATGB 比共格界面有更大的 SITB 结

构单元比率。同时，$\varphi>70.53°$的ATGB的所有D单元都最低限度被在SIGB上的一个|DC|单元隔开，并且D单元在C单元的同一侧分解。D结构单元分解引起的内禀层错使在每三层面产生9R相。在CTB小面上的D单元与在SITB小面上的|DC|单元的比率随着倾斜角φ加大而减小。另外，D单元分解扩展的宽度则随着倾斜角φ加大而增加。这样，含有9R相的ATGB都由两个界面分隔开，晶界两侧的取向跨过含有9R相的两个亚界面发生改变（见图4-90）。这样的晶界结构已经由计算机模拟得出，相应也可在HRTEM照片中看到。

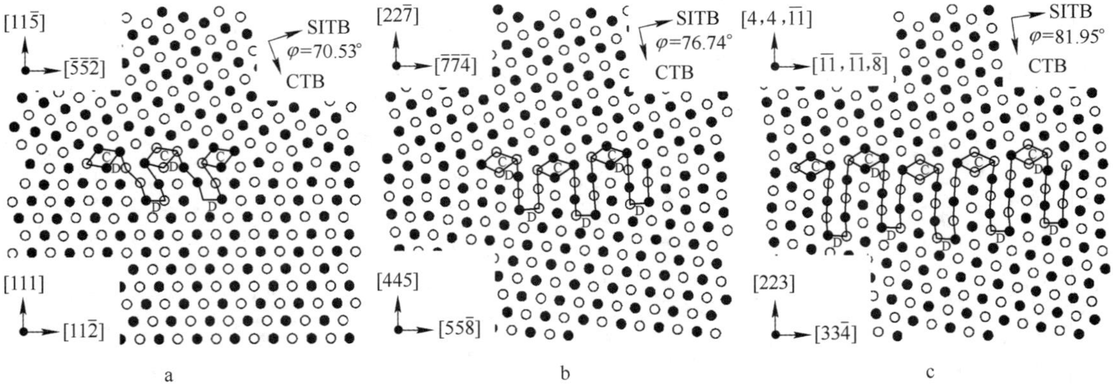

图4-89　Cu中3个Σ3倾斜角$\varphi\geqslant70.53°$在0K的晶界结构

a—$\varphi=70.53°$；b—$\varphi=76.74°$；c—$\varphi=81.95°$

（观察方向、图中上下角的矢量或箭头以及黑白点表示的意义与图4-88相同）

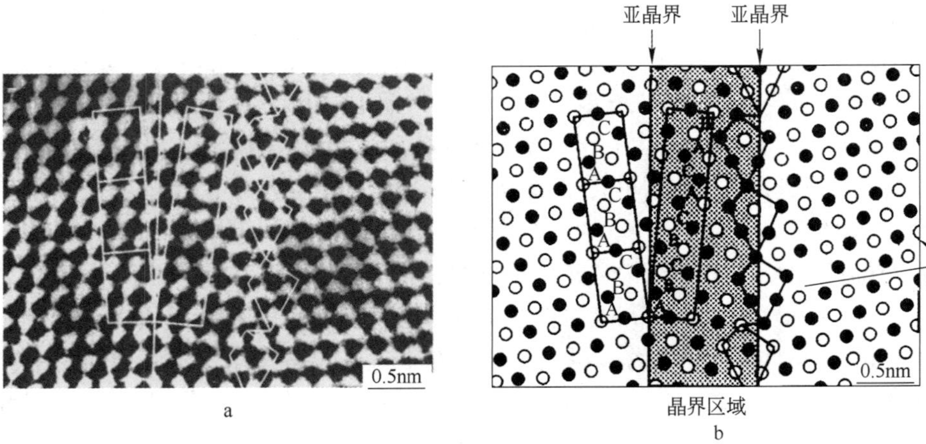

图4-90　Cu中[01$\bar{1}$]倾转(9$\bar{6}$ $\bar{6}$)/(11，4，4)晶界结构

a—沿着倾转轴观看的HRTEM照片，晶界是从上到下走向，黑点是原子列；b—计算机模拟的弛豫结构

图4-90a所示为Cu中[01$\bar{1}$]倾转(9$\bar{6}$ $\bar{6}$)/(11 4 4)晶界的HRTEM照片，照片是沿着倾转轴的视图。图4-90b所示为计算机模拟的弛豫结构，在晶界区域影线是一片毗连fcc晶体的9R相。在影线区域中的长方形可以看到9R相的…ABCBCACAB…堆垛序。图4-90a的白线与图4-90b的黑线对应，观察发现两者吻合得很好。

结构单元模型的局限性是它仅对用低指数轴（例如〈100〉、〈110〉、〈111〉及可能还有〈112〉）的纯倾转及纯扭转晶界才有可能有效描述。从理论上看，结构单元模型原则上也可以用于高指数取向差轴的晶界，但实际上它需要的结构单元类型数目很多，以致失去结构单元的意义。

晶界的结构单元模型的局限性是：（1）难以识别结构单元的三维特征（例如扭转晶界）；（2）结构单元模型不大适用于倾转和扭转混合型及高指数取向差轴的界面，例如对于〈001〉取向差轴的倾转晶界，只有4种结构单元，而对于高指数取向差轴的晶界可能有非常大数目的独立结构单元；（3）结构单元模型不能描述偏离中心的结构单元。尽管结构单元模型有这些局限，但是很多早期的工作都明白地显示，在晶界面上的结构即使因界面的分解本质而显得非常复杂，但还是可以辨认出重复的结构。

除了上述的各种晶界结构模型外，还有向错结构单元模型（DSUM，这个模型认为在晶界上分布向错），以及其他模型等，我们不作详细讨论了。所有的大角度晶界模型对解释一些特殊大角度晶界是有效的，但对于应用到那些与特殊大角度晶界偏离较大或任意大角度晶界上仍有争议。另外，所有的模型都忽略了界面的电性，而有一些晶界是对电子结构敏感的。

4.2.2.7 大角度晶界的晶界能

在小角度晶界中，晶界能的主要部分是组成晶界的点阵位错阵列的弹性能。Wow 和 Yip 研究了一些 fcc 晶体的（100）扭转界面，从界面开始，测量了平行界面的几层晶面原子的径向分布函数，从函数的宽展了解点阵的畸变。这些畸变除了由热振动引起外，还由界面缺陷引起。测量结果显示，在距界面几层原子面后这些畸变就大幅度减小。这说明大角度晶界的长程应力场很低，核心能是晶界能的主要部分。因此，近来采用计算表面能的断键模型（参见4.1.1.4节）来估算晶界能。虽然，早在半个多世纪前就提出表面能的断键模型，而这种方法最近十几年才用于晶界。用伦纳德-琼斯（Lennard-Johnes，LJ）势计算 Cu 的晶界能（图4-91a所示）、用 EAM 势计算 Au 的界面 a^2（a 是点阵常数）面积的最近邻断键数 $C_{(1)}$ 与界面能的关系（如图4-91b所示），为了比较，在图中同时给出自由表面能 γ。从图4-91看出，界面能基本上与单位面积的断键数成正比，但是数据比较分散。这里的计算忽略了较远的断键的贡献，例如，对于 fcc 晶体，这些贡献大约为10%～20%；而对于 bcc 晶体，次近邻断键的贡献与最近邻同等重要。

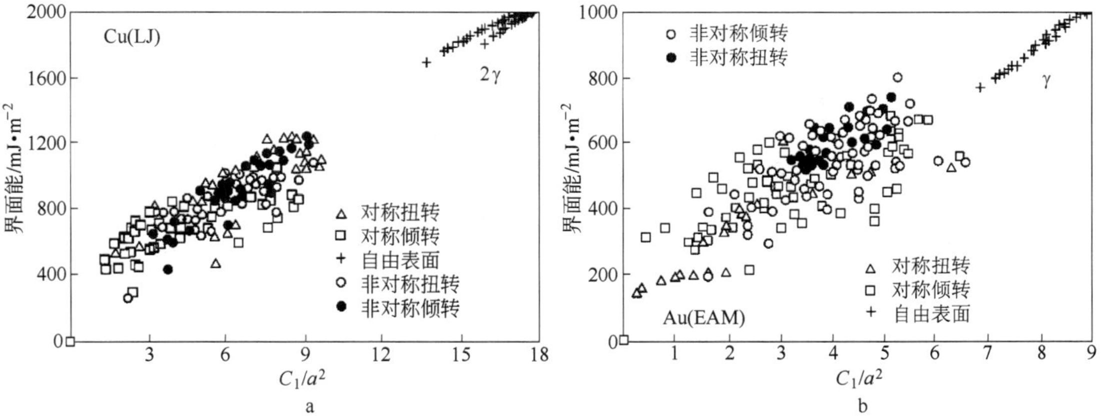

图4-91 界面能与单位面积的最近邻断键数 C_1/a^2（a 为点阵常数）之间的关系

a—对 Cu 用 Lennard-Johnes(LJ)势计算；b—对 Au 用 EAM 势计算

（Wolf and Merkle，1992）

图 4-91 所示的计算结果只考虑了断键数的贡献，所以晶界能和取向差 θ 的关系不大，近似为常数，典型的金属大角度晶界能在 $0.32J/m^2(Al) \sim 0.87J/m^2(Ni)$ 之间。考虑到界面上的如位错、台阶等缺陷的贡献，即对应于特殊取向的奇异晶界的邻位晶界，从重合位置点阵模型看，界面含有均匀分布的一次位错以及叠加上的二次位错（DSC 位错），计算小角度界面能的式(4-73)可以用来描述不均匀分布的一次位错和二次位错的附加能量。这样，晶界能不再是取向差 θ 的光滑函数，而会出现一些尖谷。γ-θ 曲线的尖谷点对应于特殊大角度晶界的取向，计算的 γ-θ 曲线确实在特殊大角度晶界的取向处出现能量的最低奇异点。

图 4-92a、b 分别是计算的 Al 和 Cu 的取向差轴［001］和［$1\bar{1}0$］晶界的对称倾转晶界能随取向角的变化关系。对于取向差轴［001］的晶界（图 4-92a），能量曲线在 $\Sigma5(310)/36.9°$ 和 $\Sigma5(210)/53.1°$ 界面处有小的凹点，它也相应于晶界结构单元模型最偏好出现的晶界。对于取向差轴［$1\bar{1}0$］的晶界（图4-92b），不论 Cu 还是 Al 的晶界能曲线在特殊取向都出现明显的凹点，$\Sigma3(111)/109.5°$ 晶界的能量最低，其次是 $\Sigma11(113)/50.5°$ 的界面。它们也是晶界结构单元模型最偏好出现的晶界。

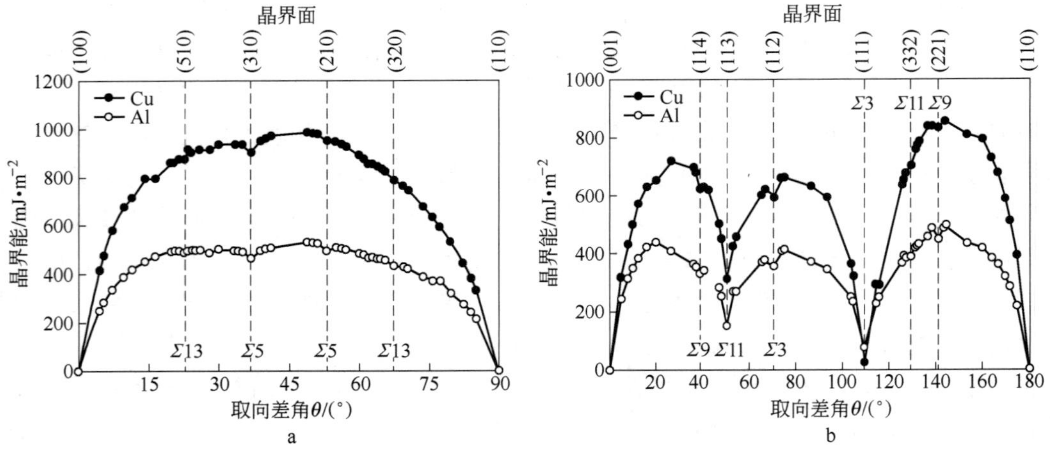

图 4-92　Cu 和 Al 对称倾转晶界能与取向差角的关系

a—取向差轴为［001］；b—取向差轴为［$1\bar{1}0$］

（Wolf and Merkle，1992）

图 4-93 所示为测量的 Cu 和 Al 的非对称倾转晶界的晶界能 γ_φ 与 φ 的关系（图中的圆点）。当 $\varphi=0°$ 时，晶界是对称共格孪晶界，它的晶界能 γ_{CTB} 最低；当 $\varphi=90°$ 时，晶界是对称非共格孪晶界（SITB），它的晶界能 γ_{SITB} 很高（这两种晶界的结构参阅图 4-60）。从上面讨论的结构单元模型知道，可以把非对称倾转晶界的结构看成由对称共格孪晶界（即 $\varphi=0°$）与对称非共格孪晶界（即 $\varphi=90°$）两部分组成，所以，非对称倾转晶界的晶界能 γ_φ 认为是这两部分晶界的晶界能的加和：

$$\gamma_\varphi = \gamma_{CTB}\cos\varphi + \gamma_{SITB}\sin\varphi \tag{4-90}$$

从图 4-92 知道，对于 Al，$\gamma_{CTB}=75.2mJ/m^2$ 和 $\gamma_{SITB}=354.4mJ/m^2$；对于 Cu，$\gamma_{CTB}=22.2mJ/m^2$，假设未弛豫的 γ_{SITB} 修正为 $700mJ/m^2$。按照式(4-90)计算的 γ_φ 也描画于

图 4-92中（图中的曲线）。可以看出，Al 的全部和 Cu 在 φ<70.53°的测量值与计算值符合得很好。对于 Cu，在 φ 比对称非共格孪晶界的小 5°~8°时，γ_φ有所降低并出现最低值。这是因为 Cu 的层错能低，非对称倾转晶界在 φ>70.53°后出现 9R 相的结果。

对于其他的低 Σ 值的非对称倾转晶界，例如取向差轴〈100〉的 Σ5 和 Σ13，取向差轴〈110〉的 Σ9 和 Σ11，也作过类似的计算，发现并非所有的非对称倾转晶界的晶界能都符合式(4-90)的关系。〈100〉非对称倾转晶界的晶界能与理想的式(4-90)符合得很好，但〈110〉Σ9 非对称倾转晶界的晶界能则严重偏离理想的式(4-90)关系，这与晶体对称倾转晶界的各向异性以及材料的层错能大小有关。

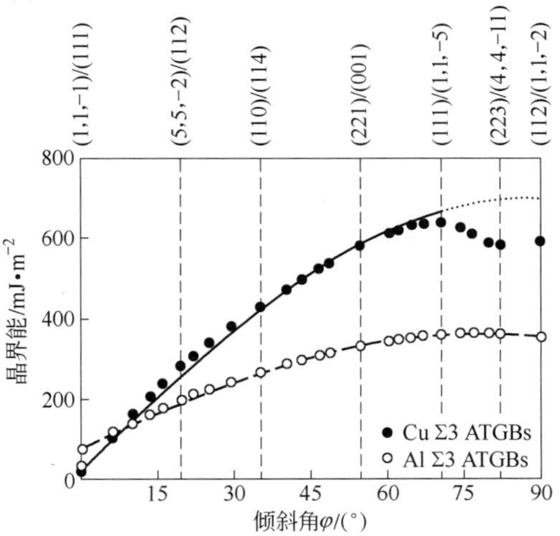

图 4-93 Cu 和 Al 的晶界能与界面相对于对称共格孪晶界的角度 φ 的关系
（图的上边表明晶界在相应于晶界两侧点阵的面指数）

图 4-94a、b 分别是 Al 和 Cu 的扭转晶界的 γ-θ 测量曲线，在特殊大角度晶界的取向处出现最低奇异点，界面结构周期越短，其最低奇异点越低，这些都可以用一次和二次位错模型解释。

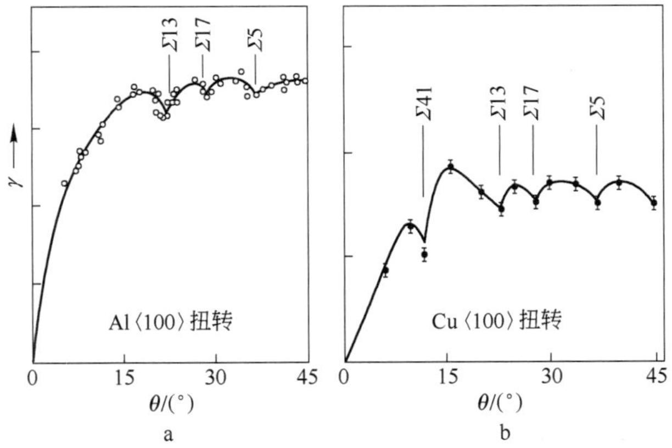

图 4-94 Al 和 Cu 的轴扭转晶界的 γ-θ 测量曲线
a—Al（Otsuki and Mizuno，1986）；b—Cu（Mori et al.，1988）

图 4-95a 所示为对各种扭转或倾转晶界的 γ_b-θ 曲线计算结果，5 条曲线的走向平行于扭转轴，分别表示{110}、{111}、{112}、{113} 和{100} 纯扭转晶界的 γ-θ 的关系。当 θ=180°时，晶界变为对称倾转晶界。0°<θ<180°的晶界可能是纯扭转晶界或包含一定倾转分量的混合晶界。图 4-95b 是利用图 4-95a 的结果用内插法建立的 3D 界面能图形。

实际测量的晶界能-取向差曲线没有这样明显的凹点，图 4-96a、b 所示分别为 Al 的取向差轴〈100〉和〈110〉的对称倾转晶界的晶界能与取向差的关系，和图 4-94 对比发现，图 4-96a 曲线的凹点并不明显，图 4-96b 晶界能曲线只在Σ3、Σ9 和 Σ11 的取向出现凹点，

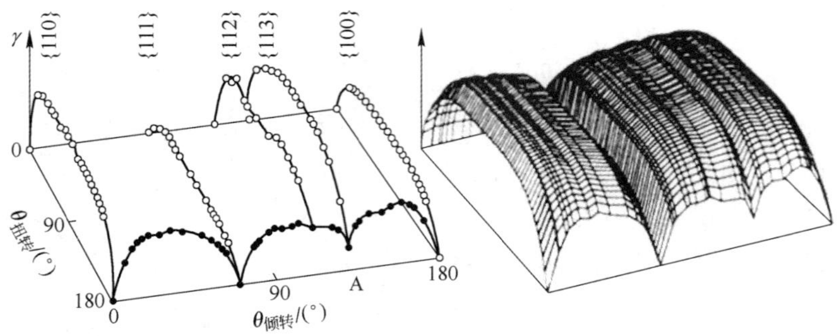

a b

图 4-95 各种扭转或倾转晶界的 γ_b-θ 曲线计算结果（a）及利用 a 图的结果用内插法建立的 3D 界面能图形（b）

（Wolf，1990）

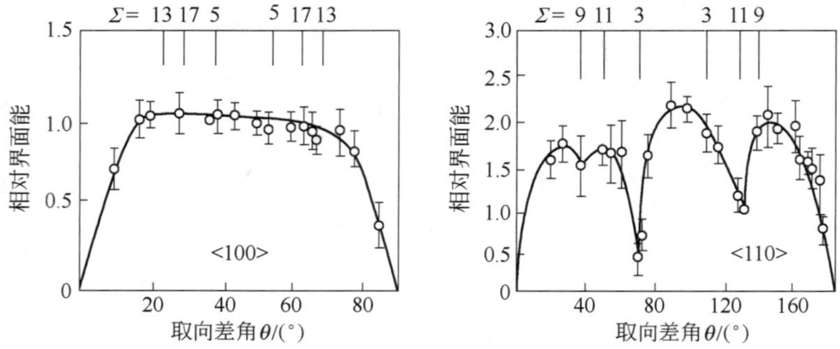

图 4-96 在 650℃下测量 Al 对称倾转晶界的晶界能

a—取向差轴为〈100〉；b—取向差轴为〈110〉

（Hasson et al.，1972；Balluffi，1982）

但并不如计算的凹点低，发生这种现象的原因是晶界有杂质偏析。对 Ag-Au 和 Cu-Pb 晶界能的测量发现，如果发生晶界偏析，偏析越严重，则奇异大角度晶界能和一般大角度晶界能越相近，图 4-97 是说明这一现象的示意图。

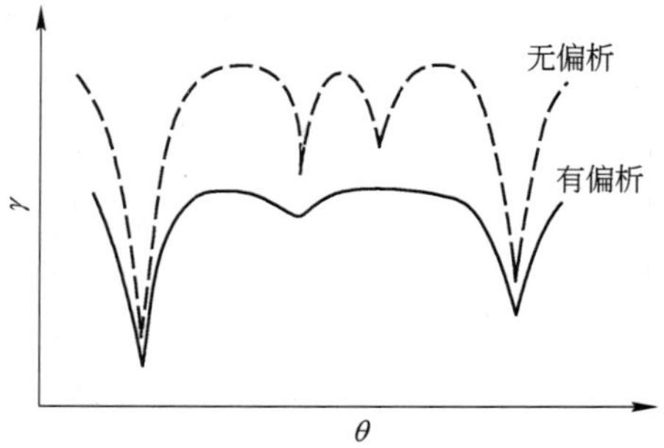

图 4-97 有(实线)和没有(虚线)溶质原子在晶界偏析对 γ-θ 曲线的影响的示意图

Wolf 和 Merkle 考察了 Au 和 Mo 的对称及非对称倾转晶界和扭转晶界的单位晶界面积在垂直于晶界面的以点阵常数 a 规范膨胀体积 $\Delta V_{gb}/a$ 与晶界能 γ 的关系，结果如图 4-98 所示。这些资料显示晶界能随单位晶界面积的膨胀与体积加大而增加，它们近似为线性关系。

实际上，晶界能除了上面讨论的结构项外，还应含有化学项，即应考虑化学键能的贡献。对于大角度晶界，这种化学项的确不能忽略，并且它往往占主导地位。仅根据上面讨论的几何模型用纯几何参数来推算晶界能是不合适的，虽然有一些只用结构模型模拟计算

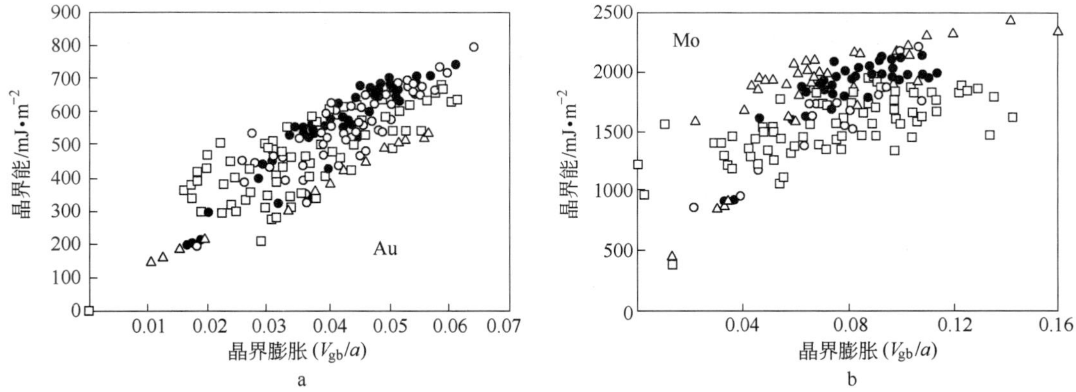

图 4-98　晶界能与晶界的膨胀的关系

a—Au；b—Mo

（图中各种符号是不同类型界面的值，a 是点阵常数）

晶界能也得出过较好的结果，但这可能是巧合。

4.2.2.8　晶界偏析

溶质原子往往会在晶界富集，这种现象称晶界偏析。晶界偏析有平衡偏析和非平衡偏析两类。所谓平衡偏析是指溶质在晶界富集后是平衡态，即系统的化学势是处处相同的；而非平衡偏析是指溶质在晶界富集后是非平衡态，即系统的化学势在晶界与晶粒内是不相同的。

A　平衡偏析

一般来说，晶界结构比晶内松散，溶质原子处在晶内的能量比处在晶界的能量要高，所以溶质原子有自发地向晶界偏聚的趋势，这就会发生晶界偏析。这种偏析使系统能量降低，它是一种平衡偏析。

分析晶界平衡偏析的原理和分析表面平衡偏析是相同的，所以，表面偏析的吉布斯方程式(4-27)及 Langmuir-McLean 关系式(4-29)是适用的，在这里仅把方程中的表面能 γ_s 改写为界面能 γ_b，并且，Γ_B 是单位面积界面的超额溶质原子量。

$$\Gamma_B = -\frac{1}{RT}\left(\frac{\partial \gamma_b}{\partial \ln x_B}\right)_{T,\ p} \qquad (4\text{-}91)$$

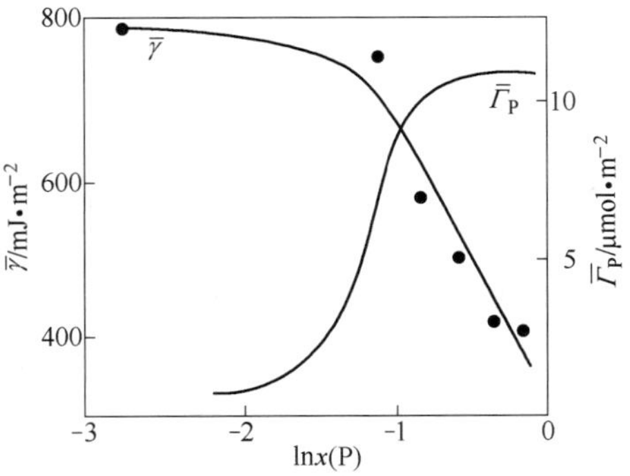

图 4-99　含 P 的 bcc Fe 多晶体的平均晶界能 $\overline{\gamma}$ 及晶面中 P 的平均超额量 $\overline{\Gamma}_P$ 随整体 P 浓度(ln$x$(P))的变化曲线

(Hondros and Seah，1983)

图 4-99 是实验测定的含 P 的 bcc Fe 多晶体的平均晶界能 $\overline{\gamma}$ 随整体磷浓度对数(ln$x$(P))的变化曲线，在图中同时给出了根据曲线由式(4-91)获得的在界面中磷的平均超额量 $\overline{\Gamma}_P$。从图 4-99 可看出，平均晶界能 $\overline{\gamma}$ 随着 x(P)增加而降低，而偏析量则是随着 x(P)增加而增加，当磷浓度达 0.1%(摩尔分数)时，晶界偏析

达到饱和值（每单层含 1/3 的 P）。

把 Langmuir-McLean 关系中的表面浓度换成晶界浓度，ΔG_b认为是溶质原子处在晶界与处在晶内的摩尔自由能差（偏析能），得：

$$\frac{x_b}{1-x_b}=\frac{x_c}{1-x_c}\exp\left(-\frac{\Delta G_b}{RT}\right) \tag{4-92}$$

式中，x_b和x_c分别是晶界中和晶内的溶质原子分数；ΔG_b包括了除排列熵项以外的熵项的能量。假设溶质在晶界会全部松弛在点阵的弹性畸变能为E_{el}，由溶质在点阵引起的弹性畸变能来估算ΔG_b，Wynblatt 和 Ku 给出的每摩尔溶质的弹性畸变能E_{el}计算式为：

$$E_{el}=\frac{24\pi\mu N_A K r_0 r_1 (r_1-r_0)^2}{3Kr_1+4\mu r_0} \tag{4-93}$$

式中，μ 和 K 分别是基体的切变模量和压缩模量；N_A是阿伏伽德罗常数；r_1和r_0分别是溶质以及溶质所处位置的半径。以这种方法估算ΔG_b，相差约有 2 的因子。表 4-6 给出了计算 Sb 和 Bi 在 Cu 中的畸变能的例子，同时在表中最后一行给出了晶界偏析能的实验值。

表 4-6　Sb 和 Bi 在 Cu 中的畸变能 E_{el}

元　素	K/GPa	r_1/nm	$(r_1-r_0)/r_1$	E_{el}/kJ · mol^{-1}	ΔG_b/kJ · mol^{-1}
Sb	41	0. 1528	+0. 194	37	65
Bi	31. 4	0. 157	+0. 266	66	100

对于稀溶体（$1-x_c\approx1$），Langmuir-McLean 关系可简化为：

$$-\frac{\Delta G_b}{RT}=\ln\frac{x_b}{(1-x_b)x_c} \tag{4-94}$$

如果进一步近似认为$1-x_b\approx1$，$x_c\approx x_0$，x_0是溶质平衡浓度（溶解度），则还可以简化上式：

$$x_b=x_0\exp\left(-\frac{\Delta G_b}{RT}\right) \tag{4-95}$$

x_b/x_0描述了溶质原子在晶界富集的程度。常用溶质原子浓度为溶解度极限x_{sat}的富化率$\beta_b=x_b/x_{sat}$作为不同系统的比较。图 4-100 是一些合金系在晶界中的富化率β_b与溶质溶解度极限x_{sat}间的关系。从图看出，溶解度低的溶质原子在晶界偏析的程度大。基于图 4-100可以得出ΔG_b值的典型范围是 0～−80kJ/mol，平均值是(−10±6) kJ/mol。

大量实验数据说明，对于锋锐的金属大角度界面，偏析的溶质原子只处在界面内一或两层原子面位置，在界面的中面（即界面层中处于中间的面层）是偏析最强烈的位置。图 4-101 是实验测定 W-Re 合金中 Re 原子在晶界附近平行于界面的各层原子面中的浓度，界面溶质原子在界面核心高度集中（第 10 层是界面的中心层）。这些结果是可以预期的：因为在核心外的点阵位置只有点弹性畸变，而与溶质原子的键合能比较小，只有在界面核心的位置才会找到与晶粒内部差别大、溶质原子键合能比较大的“缺陷”位置。

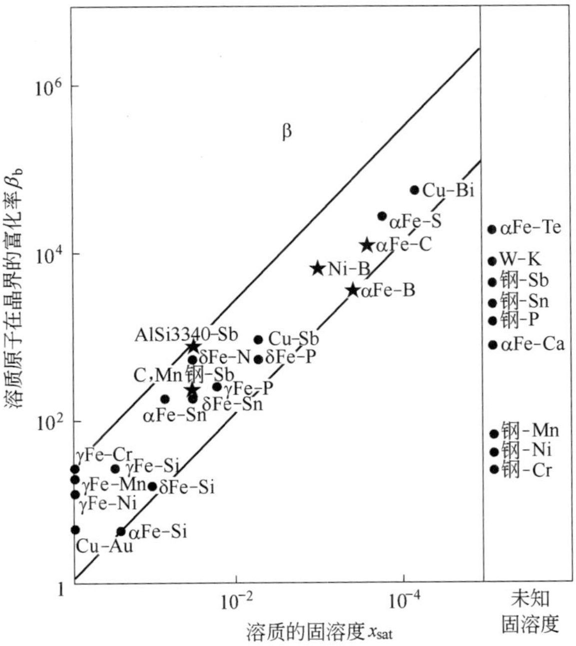

图 4-100 一些合金系中的溶质溶解度与它在晶界中的富化程度间的关系

(Seah and Hondros. Proc. R. Soc. London, Ser. A, 335: 191, 1973)

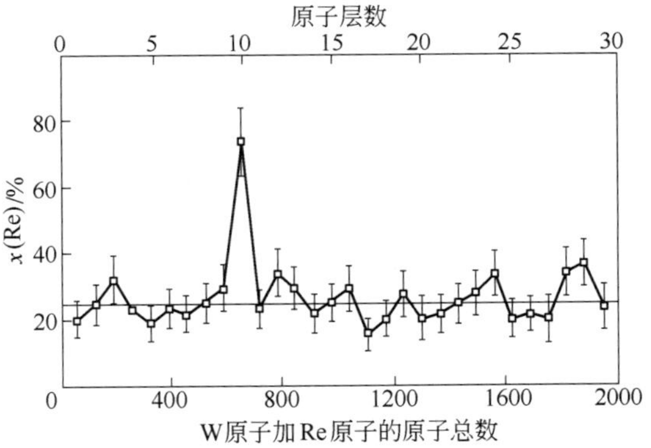

图 4-101 实验测定 W-Re 合金中 Re 原子在晶界附近平行于界面的各层原子面中的浓度

(Seidman et al., 1990)

很明显，ΔG_b应该与晶界结构有强烈的关系，即可能是晶界 5 个宏观自由度和 3 个微观自由度的函数。大量实验数据说明，晶界偏析与晶界间的取向差有密切关系。在相同的热、动力学条件下，一般大角度晶界的偏析比小角度晶界或奇异晶界的偏析大得多。对于大角度晶界，奇异晶界的偏析要比一般晶界的偏析小。例如，fcc 结构的 $\Sigma 3\{111\}$ 孪晶界的偏析程度非常小，而 $\Sigma=3\{112\}$ 孪晶界的偏析程度就很大（两者的晶界结构见图 4-60）。但是也不是所有 fcc 结构的 $\Sigma 3\{111\}$ 孪晶界的偏析都可以忽略，这要取决于溶剂和溶质配对。例如，对于 Cu-Bi 系，没有观察到 Bi 在 Cu 中的 $\Sigma 3\{111\}$ 孪晶界中有偏析，但同一试样，Bi 在退火时由其他原来含有偏析的取向为 Σ3 的晶界转变为 $\Sigma 3\{111\}$ 的孪晶界却发生很强的偏析。这是因为溶质原子在共格孪晶界的偏析能 ΔG_b很低，在现存的孪晶界发生的偏析可以忽略；而在 Σ3 的非孪晶界面，它们原来就存在偏析，它带着偏析一起转变为孪晶界。晶界由高分辨率电镜观察以及计算机模拟都得到 Bi 在 $\Sigma 3\{111\}$ 的孪晶界上是以单层原子分布的。图 4-102 所示为计算的 Bi 在 Cu 的（111）对称倾转孪晶界偏析的弛豫结构。由于 Bi 原子比 Cu 的原子大，它们不能像 Cu 原子那样在 {111} 面上作密排排列，而是每个 Bi 原子占据 3 个 Cu 原子位置，如图 4-102b 所示。在与 Bi 层直接靠近的 Cu 层，在每个 Bi 原子下面有一个 Cu 原子位置的空位（见图 4-102a），这些空位的存在可以减小界面的膨胀并增加原子的堆垛密度。

大量实验和计算说明如果平行于晶界面的点阵面平均间距 $\bar{d}$（$\bar{d}=\{d_{1(hkl)}+d_{2(hkl)}\}/2$，下标 1 和 2 表示晶界两侧的点阵）大则偏析会大。$\bar{d}$ 大则界面有比较大的自由体积和比较高的界面能，即意味着晶界的奇异性减小，从而倾向于发生较大的偏析。图 4-103给出了实

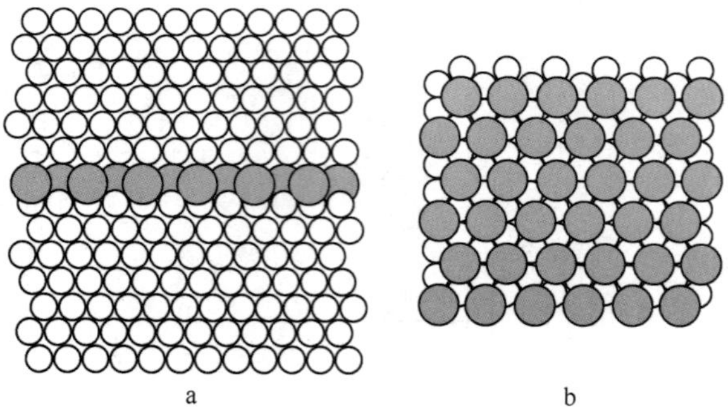

图 4-102 计算得到的 Bi(灰色)在 Cu(白色)的(111)对称倾转孪晶界偏析的弛豫结构
a—沿 [$1\bar{1}0$] 看的侧视图; b—晶界面
(Yan et al., 1993)

验测定的 C、P 和 Si 在 x(Si) = 3.5 的 bcc Fe-Si 合金中的晶界偏析能随 φ 角度的变化，φ 是与 Σ5CSL 对称位置（此时$(013)_1$平行于$(013)_2$）的倾斜角。图中所有最小值都对应比较大的 $\bar{d}$ 的界面，而 Si、P 和 C 的最大溶解度依次减小，其偏析程度按 Si—P—C 次序增加，这和图 4-103 的资料是一致的。

在很多系统中的偏析元素是非金属，它们倾向于与金属形成计量化合物。晶界的结构提供了与这些化合物结构相似的结构单元。因此，偏析原子愿意停留在这些几何和键合环境与化合物相似的结构单元位置上。计算表明，在晶界中不同位置的偏析原子的能量差异是很大的。图 4-104 给出了 Bi 原子在 Cu 的 Σ = 5/[001](210) 对称倾转晶界及 Σ = 17/[001](530)晶界中不同位置的偏析焓，不同位置的偏析焓差异会是非常大的。Bi 原子尺寸比 Cu 原子大得多，所以它倾向于进入晶界中周围有张应力场的位置，进入空间比较大的位置。因为 Bi 原子尺寸大，它在晶界中偏析会使在垂直晶界方向膨胀，从而弱化晶界。

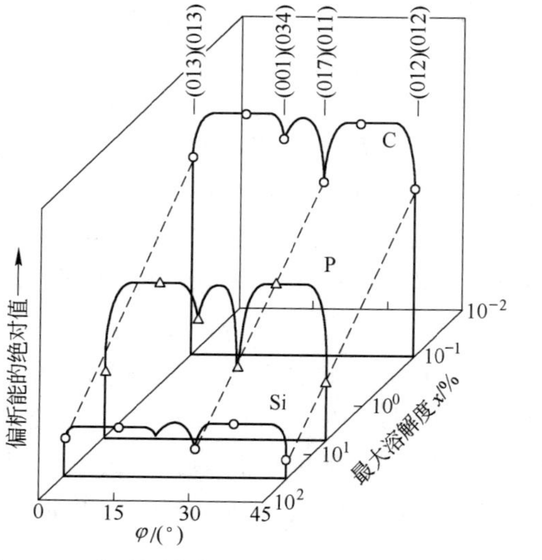

图 4-103 实验测定的 C、P 和 Si 在 x(Si) = 3.5 的 Fe-Si 合金中的晶界偏析能随 φ 角度的变化
(曲线上的数字是表示两个点阵平行于晶界面的点阵面)
(Hofmann and Lejcek, 1991)

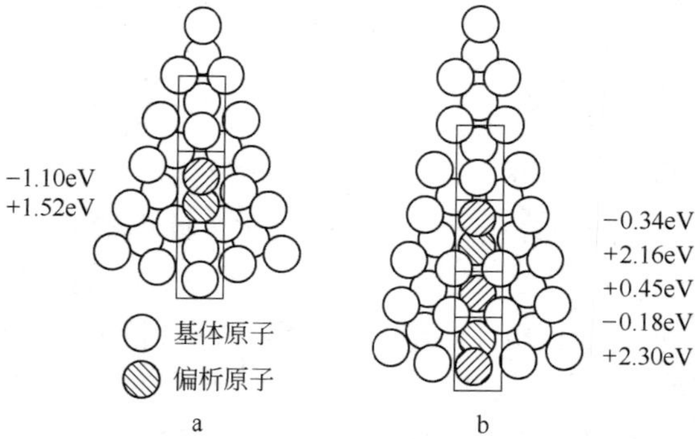

图 4-104 Bi 原子在 Cu 的对称倾转
a—Σ = 5/[001](210)晶界; b—Σ = 17/[001](530)晶界中不同位置的偏析焓 (eV/原子)
(Sutton and Vitek, 1982; Fishmeister, 1985)

再看对势模拟的 P 和 B 在 bcc α-Fe 的 $\Sigma=5(310)$ 和 $\Sigma=9(114)$ 对称倾转晶界的偏析情况。B 原子比 P 原子尺寸小，在溶体中 P 是置换溶质原子，B 是间隙溶质原子。清洁的（310）和（114）晶界各是由加盖三棱柱体和五角双棱柱体组成的，如图 4-105a、b 所示。在 0K 界面以置换方式或间隙方式分别引入单层的杂质原子 P 和 B，B 原子占据加盖三棱柱体和五角双棱柱体的间隙位置，B 原子导致的松弛是很小的；而 P 的引入无论对（310）还是（114）晶界都导致完全的再构，此时 P 不再居于置换位置而处于加盖三棱柱体中心的间隙位置，如图 4-105c、d 所示，和图 4-105a、b 对比，可以看到晶界发生再构，与此同时，晶界能量有大幅度的降低。注意到 P 在 Fe_3P 的晶体结构中就是处在 Fe 的三棱柱体中心的，在晶界中 P 所处位置与 P 在 Fe_3P 中的非常相似。如果偏析程度低，则 P 在晶界不会引起单层的再构。

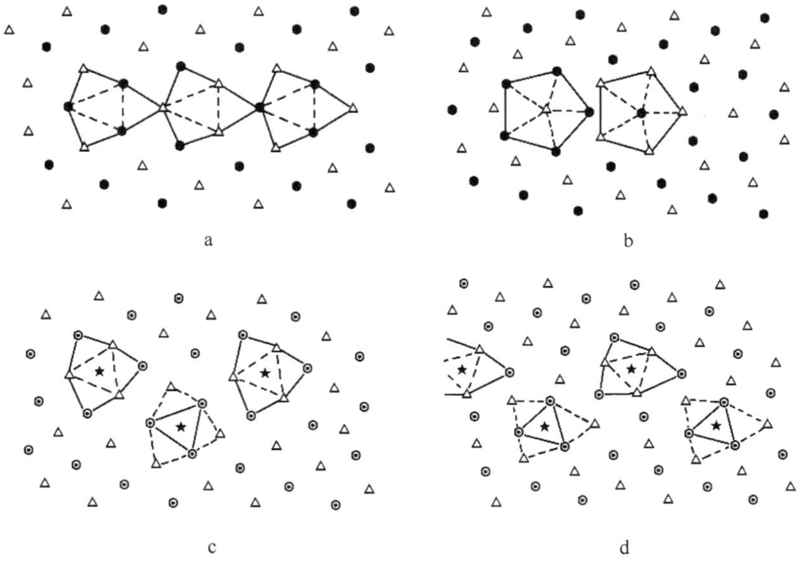

图 4-105 P 和 B 在 bcc α-Fe 的 $\Sigma=5(310)$ 和 $\Sigma=9(114)$ 对称倾转晶界的偏析的模拟
a—α-Fe 的 $\Sigma=5(310)$ 对称倾转晶界松弛结构（沿［001］倾转轴投影观看）；b—α-Fe 的 $\Sigma=5(114)$ 对称倾转晶界松弛结构（沿［$1\bar{1}0$］倾转轴投影观看）；c—含 P 偏析的 α-Fe 的（310）对称倾转晶界松弛结构，★表示 P 原子的位置（注意 P 占据加盖三棱柱体中心，多面体的位置已与 a 图的不同）；d—含 P 偏析的 α-Fe 的（114）对称倾转晶界松弛结构，★表示 P 原子的位置（注意 P 占据加盖三棱柱体中心，而这些多面体在 b 图是不存在的）

从上面的讨论可知，偏析是各向异性的，因为相对取向不同的晶界的结构不同，晶界两侧点阵的匹配好坏程度不同，从而偏析程度不同，图 4-106 就是说明偏析各向异性的例子。奇异界面的偏析通常都比偏离奇异界面取向的晶界的偏析程度低，偏离对称倾转晶界的对称倾转晶界比非对称倾转晶界的偏析低。Suzuki 等用断口（穿晶断裂）方法研究 $w(P)=1\%$ 的 Fe-P 合金的晶界偏析，测量 P 在 Fe 断口两侧（晶界两侧）的偏析量，结果如图 4-106 所示。图 4-106a 示意说明了平行于晶界的晶面的晶面指数与偏析的关系：晶面是低指数面一侧的偏析量小于高指数一侧的偏析量。图 4-106b 所示为用极射赤面投影图表示的各种平行于界面的晶面的偏析程度，可以看出，正如所料，低指数面的偏析程度小。

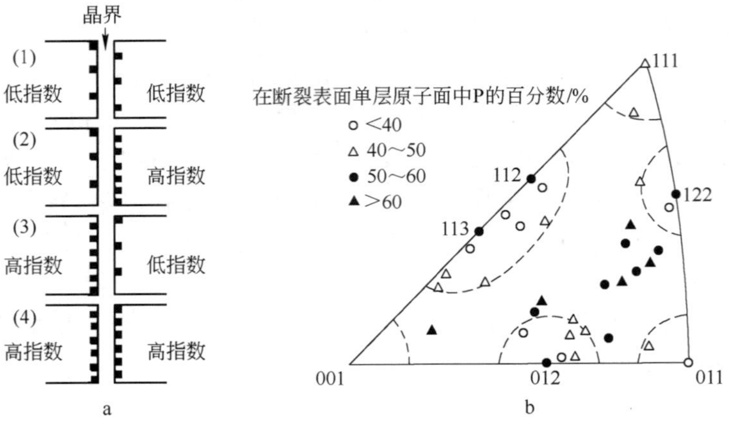

图 4-106　P 在 $w(P)=1\%$ 的 Fe-P 合金的晶界偏析的各向异性
a—在断裂面偏析原子（黑方形）的分布示意图；b—晶粒相对于不同晶界取向（平行于晶界的晶面不同）的不同偏析程度

当溶体存在多种杂质时，这些原子在晶界的偏析有“位置竞争性”，不同的原子会竞争晶界相同的偏析位置。如果某种原子在晶界的偏析能大于另一种原子，那么，它会赶走原来在晶界偏析位置的原子取而代之。图 4-107 的资料描述了 P 和 C 在 bcc Fe 晶界偏析的位置竞争现象。当 C 含量增加时，C 在晶界的偏析增加而 P 的偏析减小。

图 4-108 所示为 IF 钢（Fe-0.002C-0.01Si-0.16Mn-0.007P-0.01S-0.0027N-0.04Ti-0.006Nb-0.007B）(wt%) 3DAP 原子分布图。这一结果显示 B、C 和 P 在铁素体晶界的共偏析。B 的浓度虽然很低，但在铁素体晶界有很强的偏析倾向。并且看到即使有意加入强碳化物形成元素 Nb 和 Ti，浓度非常低的 C 仍与 B 在晶界共偏析。

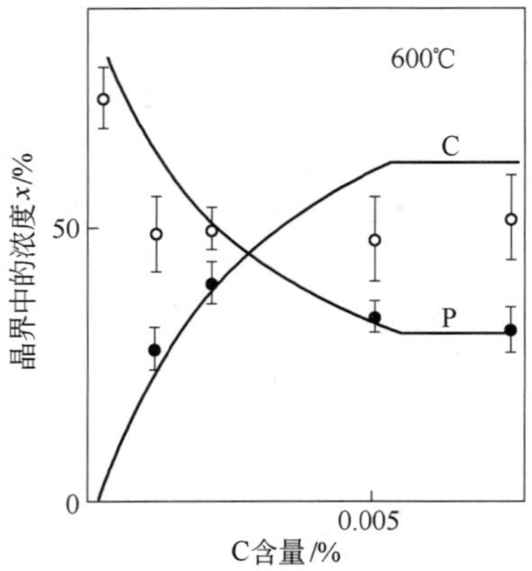

图 4-107　P 和 C 原子在 bcc Fe 晶界偏析的竞争
（Briant，1990）

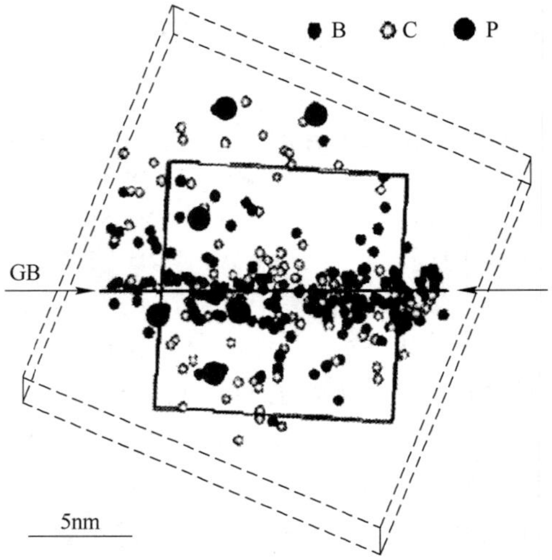

图 4-108　硼和碳在不同程度的再结晶的 IF 钢的共偏析的 3D AP 原子分布
（Miller，2000）

正如表面那样，晶界含较多的自由体积以及一些破断键，但其程度比表面的小，所以，出现表面偏析的合金也同样会出现晶界偏析，但晶界偏析程度比表面偏析程度要小。

随着温度增加，由于溶质原子在晶内和在晶界的能量差别减小，即偏析能 ΔG_b 减小，晶界偏析也减弱。因为 $\Delta G=\Delta H-T\Delta S$，温度对 ΔG_b 的影响主要来自 ΔS 项。这里的 ΔS 是 ΔS_ν（振动熵）、ΔS_a（与偏析原子位置的非谐性势相联系的熵）和 ΔS_m（排列熵）三项之和。这三项都随温度变化，而 ΔS_a 和 ΔS_m 的变化相对于 ΔS_ν 的变化小得多，可以忽略。按爱因斯坦模型，振动熵表达为：

$$S_\nu = 3R[1 + \ln(k_B T/h\nu)] \tag{4-96}$$

式中，R 是气体常数；h 是普朗克常数；ν 是爱因斯坦频率。若 $k_B T \gg h\nu$ 时，$h\nu$ 可以写成 $k_B\theta_E$ 或 $0.775k_B\theta_D$，其中 θ_E 和 θ_D 分别是爱因斯坦和德拜温度，所以：

$$\Delta S_\nu = 3R\ln(\theta_D/\theta_D^*) \tag{4-97}$$

式中，θ_D 和 θ_D^* 分别是溶质原子在基体和在界面（晶界或表面）畸变位置的德拜温度。由于在晶界（或表面）原子的振幅比较大，根据计算在 Fe 表面偏析 Sn 的 θ_D/θ_D^* 约为 3/2，按这样的办法，把基体原子与偏析原子交换位置一并考虑，对于表面的 ΔS_ν 约为 $3.5R$，对于晶界约为 $3.3R$。图 4-109 所示为计算预测的 Sn 在 Fe 表面和晶界的偏析能 ΔG 与温度的关系以及在两个温度下的 ΔG 实验数据，同时给出了在 550℃ 和 1420℃ 的实验数据。这些资料显示，不论表面还是晶界面的偏析能 ΔG 的绝对值都随着温度升高而减小；同时，在相同温度下，表面偏析能的绝对值比晶界面的低，说明表面偏析程度比晶界偏析高。

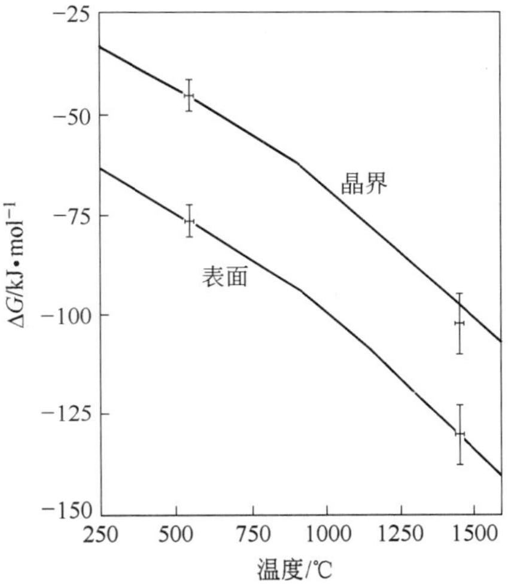

图 4-109 计算预测的 Sn 在 Fe 表面和晶界偏析能 ΔG 与温度的关系

例 4-16 Bi 在多晶体 Cu 的晶界上偏聚后（$x_B/x_B^0=0.99$）使 Cu 变脆。(1) 估算室温下 Bi 在晶内的浓度为多大？设 Cu 的晶粒直径约为 0.01mm。Bi 在 Cu 晶界上的畸变能可忽略（近似为 0），设 Bi 原子在晶内引起的畸变能为 6.6×10^4 J/mol，晶界为单原子层，$x_B^0\approx1$。原子体积约为 0.0425nm^3。(2) 估计 Cu 中 Bi 的平均浓度为多大时能发生这种现象？

解：(1) 根据杂质在晶界偏聚浓度的式(4-92)，可以改写成：

$$\frac{1}{x_B^0/x_B - 1} = \frac{x_C}{1 - x_C}\exp\left(-\frac{\Delta G}{RT}\right)$$

现在 $x_B/x_B^0=0.99$，$\Delta G=-6.6\times10^4$ J/mol，$T=298$K，故：

$$\frac{1}{1/0.99 - 1} = \frac{x_C}{1 - x_C}\exp\left(\frac{6.6\times10^4}{8.314\times298}\right)$$

即
$$99(1 - x_C) = 3.708\times10^{11}x_C$$

得
$$x_C = \frac{99}{3.708\times10^{11} + 99} = 2.67\times10^{-10}$$

（2）关于平均浓度，首先要把单位晶体内所有溶质原子数计算出来。以立方体表示一个晶粒，设原子体积为 V_A，则单位体积中的总原子数为 $1/V_A$；晶界厚度约为 $\sqrt[3]{V_A}$、晶粒直径为（立方体的边长）d，单位体积中晶界体积为 $3\sqrt[3]{V_{at}}/d$，则单位体积中晶界的原子位置数为 $3\sqrt[3]{V_A}/(V_A d)$；单位体积中晶粒内的体积为 $(1-3\sqrt[3]{V_A}/d)$，则单位体积中晶粒内的原子位置数为 $(1-3\sqrt[3]{V_A}/d)/V_A$。平均浓度 $\bar{x}$ 等于单位体积中晶界上 Bi 原子数加上单位体积中晶内 Bi 原子数再除以单位体积中的总原子数，即：

$$\bar{x}=\frac{3\sqrt[3]{V_A}(x_B/x_B^0)/V_A d+(1-3\sqrt[3]{V_A}/d)x_B/V_A}{1/V_A}=\frac{3\sqrt[3]{V_A}(x_B/x_B^0)}{d}+\left(1-\frac{3\sqrt[3]{V_A}}{d}\right)x_C$$

$$=\frac{3\sqrt[3]{0.0425}}{0.01\times 10^6}\times 0.99+\left(1-\frac{3\sqrt[3]{0.0425}}{0.01\times 10^6}\right)\times 2.67\times 10^{-10}\approx 1.036\times 10^{-4}$$

这个结果说明很低的平均浓度下就会发生这种危害性偏析。

B　非平衡偏析

产生晶界非平衡偏析的机制有多种：如持续辐照产生的缺陷的湮灭引起的；过饱和固溶体析出物因其长大速度与扩散速度不匹配所引起的（参见第 10 章）；由非平衡凝固溶质在界面堆积引起的（见第 8 章）；由空位-溶质原子对向晶界扩散湮灭而引起的等。这里，主要讨论最后一种情况引起的晶界非平衡偏析。

在高温时，空位可能与溶质（或杂质原子）结合成复合缺陷，它在不同温度下也有不同的平衡浓度，它同样遵循像单空位那样与温度的指数关系。当冷却时，这种缺陷的平衡浓度降低，过饱和缺陷向晶界或表面扩散，当空位湮灭后在界面留下溶质或杂质原子形成晶界或表面的偏析，这种偏析是非平衡的。Williams 等研究了 $w(B)=0.0018\%$ 的 316 型不锈钢（18%Cr-12%Ni-2.5%Mo）中 B 在晶界的非平衡偏析，理论计算表明，硼-空位对的平衡浓度在 900℃ 以及在 900℃ 以下可以忽略。他们把试样在 1350℃ 保温 0.5h，然后炉冷到 T_i(T_i = 1350～900℃)保温 0.5h，随后以 50℃/h 和 500℃/h 冷却到室温，获得自照射的光学显微镜照片，如图 4-110 所示（图中只给出 50℃/h 冷却的照片）。从图 4-110 看出，

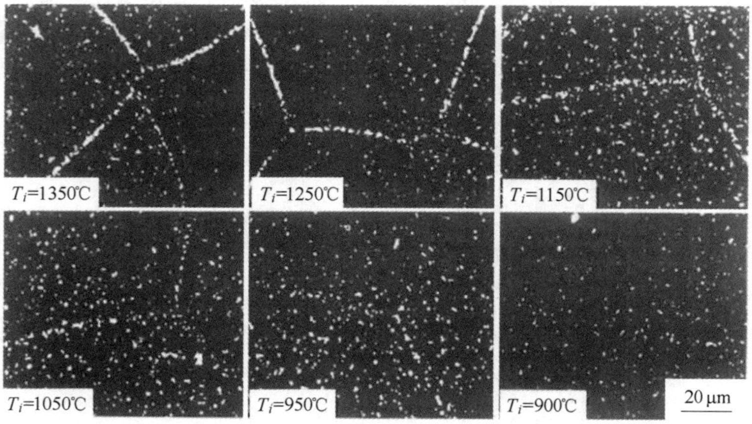

图 4-110　$w(B)=0.0018\%$ 的 316 型不锈钢在 1350℃ 保温 0.5h 后炉冷到 T_i(T_i = 1350～900℃)保温 0.5h，随后以 50℃/h 冷却到室温的光学显微镜自照射照片

在1350℃保温获得在此温度的硼-空位对平衡浓度后，以50℃/h冷却至室温，在缓慢冷却过程中过饱和缺陷相晶界扩散湮灭，留下硼在晶界。但在1350℃保温后炉冷到指定的各个温度并保温0.5h，这样已经获得在该温度的平衡缺陷浓度，在随后的冷却中，过饱和浓度缺陷也会湮灭而产生晶界的非平衡偏析。从图4-110看出，随着T_i的降低，因缺陷的平衡浓度降低，这种非平衡偏析减弱，到$T_i = 900$℃时，因为硼-空位对的平衡浓度在900℃可以忽略，所以，在$T_i = 900$℃的试样已看不到硼在晶界的非平衡偏析。如果冷却速度加大，则没有足够的时间给予缺陷湮灭，所以，这种非平衡偏析会减弱。

可以用图4-111来概括原始温度和淬火速度这类对非平衡偏析的影响。当淬火速度很高时，空位/溶质原子对在淬火过程没有足够时间扩散，不会产生由空位扩散湮没而引起的非平衡偏析；相反，当淬火速度很低时，空位/溶质原子对在淬火过程有足够时间扩散，但在空位湮没后溶质原子也有足够时间扩散均匀，这样也不会发生非平衡偏析；只有在中间淬火速度下，一方面空位/溶质原子可以有时间扩散而使空位湮没，但没有足够时间使溶质原子扩散均匀，这就引起非平衡偏析。另外，当原始温度高时，空位/溶质原子对的浓度比低温时高，它产生非平衡偏析的淬火速度可以相对高一些。当原始温度太低时，空位/溶质原子对的浓度太低，不足以产生这类非平衡偏析。

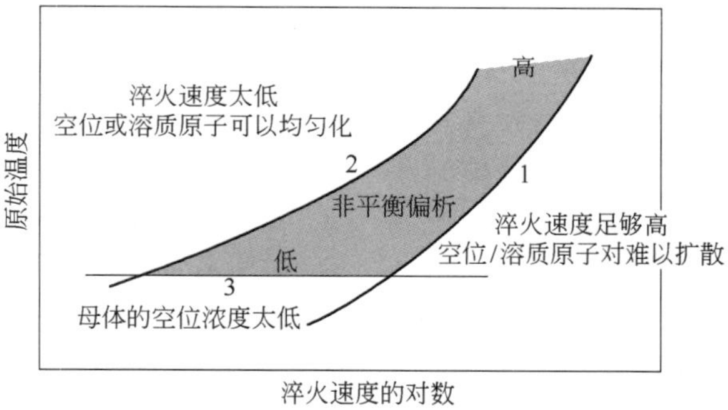

图4-111 可以产生非平衡偏析的淬火温度以及淬火速度范围的示意图

晶界富集杂质原子改变了晶界的结合状态，从而对材料很多物理化学性能起重要作用。例如，溶质原子的升华焓比基体的高，偏聚在晶界的溶质原子会增加基体晶界的结合强度，从而增加基体的延展性；相反，如果溶质原子的升华焓比基体的低，偏聚在晶界的溶质原子会降低基体晶界的结合强度，从而增加基体的脆性。图4-112所示为元素的升华焓与元素的点阵常数的关系。以Fe为基体作为例子，图中虚线以上的元素的升华焓值比Fe的大，它们是增加Fe的晶界结合强度的；虚线以下的元素则是增加Fe的晶界脆性的。又例如C的晶界偏析是增加W和Mo的晶界结合强度的，而O则相反；Li偏析降低Al晶界的结合强度；Bi和P偏析降低Cu晶界的结合强度等。

在不锈钢的晶界偏析还会使晶界敏化、晶界腐蚀，晶界偏析对粉末烧结过程和回火脆性等有重要作用。晶界偏析现象是比较复杂的，其中很多细节仍不十分了解。现代原子模型的模拟可能会对阐明晶界偏析有较好的帮助。

4.2.2.9 界面迁移

晶界迁移的微观机制涉及晶界邻域的原子过程，它受晶界结构、点缺陷（溶质和空位）以及外界条件（特别是温度和作用于晶界的力）等因素的影响。对于小角度晶界以及一些奇异大角度晶界，因为它们的界面结构包含位错，晶界迁移是以这些位错的滑移和攀移方式进行的。对于普通大角度晶界，晶界迁移的基本过程是原子从晶界的一侧到另一侧的热激活跳动。晶界还可以以突壁、台阶或晶界位错等晶界禀性缺陷的迁移而迁移。某些情况下，晶界可以以原子团无扩散协调运动的方式迁移。在特殊条件下，晶界会同时发生相对滑动方式迁移。

晶界迁移过程涉及的原子过程比较快，同时这一迁移过程都是在远离平衡条件下进行的，使得对晶界迁移无论是实验研究或是理论处理都十分困难。另外，晶体中含有很少量的杂质对晶界迁移就会有很大的影响，所以，很难测定晶界的禀性迁移率。虽然现在对晶界结构已有一定的了解（见前面的讨论），也有不少在晶界结构基础上对晶界迁移的模拟工作，但模拟结果与实验结果之间定量吻合得很好的情况并不多。

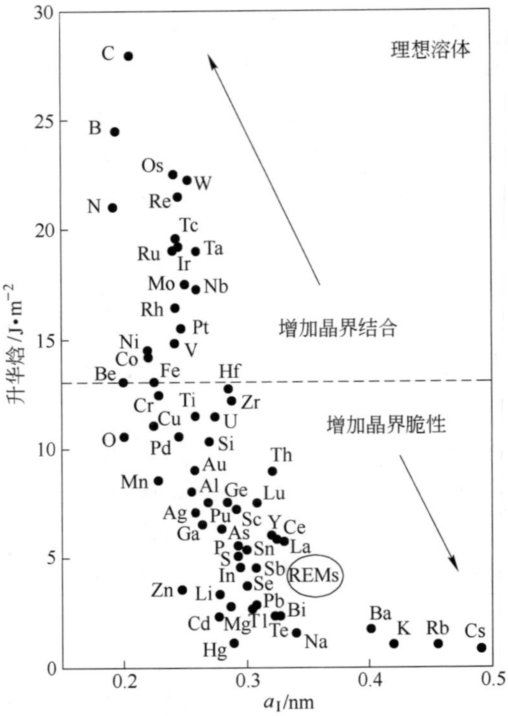

图 4-112　升华焓与相应溶质点阵常数的关系（REM 是稀土金属）

一般情况下，晶界迁移速率 v_b 与晶界所受的净驱动力 $p(=\Sigma p_i)$ 有如下关系：

$$v_b = Mp \tag{4-98}$$

式中，M 是界面迁移率，是单位驱动力的迁移速度。这种关系是由反应速度理论得出的。如果驱动力 $p \ll kT$，则迁移率与驱动力无关。在其他一些情况下，迁移率与驱动力是有关的（见下面讨论）。如果晶界存在偏析，它们对晶界迁移有拖曳作用，存在拖曳阻力 p_{sol}，若把净驱动力看成 p-p_{sol}，则迁移速度仍然服从上式。晶界迁移率与温度的关系通常服从 Arrhenius 关系：

$$M = M_0 \exp(-Q/RT) \tag{4-99}$$

式中，M_0 是常数；Q 是界面迁移的表观激活能。如果驱动力是常数，则 $\ln M$ 或 $\ln v$ 与 $1/T$ 呈线性关系。下面分别讨论迁移驱动力和迁移率。

A　界面迁移的驱动力

若界面迁移使系统的自由能降低，那么界面就有迁移的倾向，界面两侧的自由能梯度就是界面迁移的驱动力 p（作用在单位面积界面上的力）：

$$p = -\frac{\delta \mathcal{G}}{A\delta x} = -\frac{\delta \mathcal{G}}{\delta \mathcal{V}} \tag{4-100}$$

式中，右端是单位面积界面 A 在界面法线方向上迁移 δx 引起的能量变化，$\delta\mathcal{V}$ 是单位面积界面迁移 δx 引起的体积变化。因此，驱动力 p 相当于晶面两侧的体积自由能差 Δg。驱动力的来源是多种多样的，例如：

（1）相变过程，稳定新相与亚稳定母相间存在的自由能差 Δg，驱使界面从稳定的新相一侧向亚稳定的母相一侧迁移（这些将在第 7 章和第 10 章讨论）。

（2）多晶体承受外力时，界面迁移引起宏观形状的改变，外力因此而做功，这相当于对界面施加压力，从而使界面迁移。

（3）多晶体承受外加力时，由弹性不协调引起界面两侧晶体的应变不同，导致界面两侧有弹性应变能密度差值 Δg_s，因而界面有 $p=-\Delta g_s$ 的压力，驱使界面向低弹性能密度一侧迁移。Δg_s 的上限近似是 $E\varepsilon_c^2/2$，其中 E 是弹性模量（金属材料约为 $10^{10}\sim10^{11}$Pa），ε_c 是发生塑性变形要求的临界弹性应变（大约为 10^{-3}），所以 $p=10^4\sim10^5$Pa。

（4）再结晶过程，形变基体的储存能密度驱使形变基体与再结晶晶粒间的界面向形变基体晶粒一侧迁移（见第 11 章），这种驱动力可以变形的位错的能量估算，即 $p\approx\rho\mu b^2/2$，形变后的密度 ρ 约为 $10^{15}/\text{m}^2$，金属材料的 μ 约为 $10^{10}\sim10^{11}$Pa，位错柏氏矢量 $\boldsymbol{b}$ 约为 10^{-9}m，故 $p=10^6\sim10^7$Pa。

（5）若界面不是平直时，设晶界的平均曲率是 $(r_1^{-1}+r_2^{-1})/2$，其中 r_1 和 r_2 分别是主曲率半径，晶界所受的净压力为：

$$p=\left(\frac{1}{r_1}+\frac{1}{r_2}\right)\gamma \tag{4-101}$$

式中，γ 是晶界能。弯曲的界面在曲率为正一侧的压力大于曲率为负一侧的压力，结果晶界向着曲率为正的曲率中心方向移动。一般大角度晶界能约为 0.5J/m^2，界面曲率约为 10^{-4}m，所以，$P\approx10^4$Pa。

表 4-7 列出了可能作用在界面的各种压力 p，从表 4-7 可以看到，界面迁移的驱动力可以有多种，并且驱动压力数值也在很大范围内（约在 6 个数量级）变化。界面迁移时一个原子跨过界面输运使系统降低的能量 $g_m=pV_{at}$，V_{at} 是原子体积，这能量是界面迁移所散逸的能量。在表 4-7 中也同时列出了 g_m。一般来说，只有提供足够大的驱动能来驱动，相应的迁移机制才能获得较大的界面迁移速度。

表 4-7　可能作用在界面上的各种压力 p 及迁移时原子散逸的能量 g_m

界面类型	压力来源	p/Pa	$g_m=pV_{at}$/eV
相变时的非平衡相间的界面	两相的（体积）自由能差，Δg： $P=-\Delta g$	$10^7\sim10^9$	$10^{-3}\sim10^{-1}$
界面迁移时引起宏观形状变化	所加的应力，τ： $p=\tau\theta$（见式(4-102)）	$10^5\sim10^8$	$10^{-5}\sim10^{-2}$
形变基体与再结晶晶粒间的界面	单位体积的塑性变形储存能，$\Delta\bar{g}_d$： $\bar{p}=-\Delta\bar{g}_d\approx\rho\mu b^2/2$	$10^6\sim10^7$	$10^{-4}\sim10^{-3}$
多晶体界面的应力	因弹性不协调引起界面两侧晶体的弹性应变能密度不同，Δg_s： $p=-\Delta g_s$	$10^4\sim10^5$	$10^{-6}\sim10^{-5}$
面曲率	晶界曲率： $p=(r_1^{-1}+r_2^{-1})\gamma$（见式(4-101)）	$10^3\sim10^5$	$10^{-7}\sim10^{-5}$

例 4-17 假设再结晶时一个晶粒（简单地设为球形）尺寸 $r=1\mu m$ 的再结晶晶粒，形变基体与再结晶晶粒的位错密度差为 $10^{16}m^{-2}$，再结晶晶粒的界面向哪个方向移动？单位面积界面移动的净驱动压力是多大？能长大的再结晶核心的临界尺寸为多大（设切变模量 $\mu=10^{10}Pa$，位错柏氏矢量 $b=0.28nm$，界面能 $\gamma=0.5J/m^2$）？

解： 再结晶晶粒的界面受两种压力：其一是界面两侧的位错密度差引起的，这个压力 p_1 驱使界面向基体方向移动；另一是界面曲率引起的，这个压力 p_2 驱使界面向曲率中心即向结晶晶粒内移动。

单位长度位错能量等于 $\mu b^2/2$，所以：

$$p_1 = \Delta\rho\frac{\mu b^2}{2} = 10^{16}\frac{10^{10}\times(0.28\times10^{-9})^2}{2}Pa = 3.92MPa$$

球状晶粒的界面所受的向心压力 p_2 为：

$$p_2 = \frac{2\gamma}{r} = \frac{2\times0.5}{1\times10^{-6}}Pa = 1MPa$$

再结晶晶粒界面所受的总移动驱动压力等于 $p_1-p_2\approx2.92MPa$，界面向形变基体方向移动。

当再结晶核心的曲率半径很小时，曲率的影响不能忽略。再结晶核心的尺寸必须达到足以使曲率引起的向心移动压力小于由形变引起界面两侧的驱动压力时才能长大，即 $p_1\geqslant p_2$，所以，其临界尺寸 r^* 为：

$$p_1 = p_2^* = \frac{2\gamma}{r^*}$$

即

$$r^* = \frac{2\gamma}{P_1} = \frac{2\times0.5}{3.92\times10^6}m = 2.55\times10^{-7}m = 0.255\mu m$$

B 界面保守迁移与非保守迁移

界面保守迁移的定义为：界面迁移时没有任何组元的扩散流进入或流出界面的迁移。考虑到系统各类原子数量的守恒，这类迁移要求界面两侧晶体的成分相同来维持准稳态条件。因为界面两侧成分相同，界面迁移过程不需要原子的长程扩散，迁移过程只是一侧晶体简单地扩张进入另一侧晶体，一侧的原子简单地跨过界面进入另一侧晶体。有一些类型界面的保守迁移也可能需要以短程扩散的方式使原子从界面的一个区域输运到另一区域，但是从整体来看，没有长程扩散流进出界面。对于相界面，虽然界面迁移后没有成分变化，但是由于两个相的原子体积的差异，界面迁移后可能会有少许的体积变化（膨胀或收缩）。

相对于界面保守迁移的是界面的非保守迁移，这种迁移伴随着一种或多种组元的长程扩散。此时，扩散流可能进入或流出界面，即界面作为某种组元扩散流的源头（源）或尾闾（阱）。界面迁移使得这一组元的成分不再守恒。例如，不同成分的相的相界面迁移就要求有长程扩散来维持这一过程。当纯材料晶界作为点缺陷的源头或尾闾时，相应基体的原子流会进入或流出晶界，这样引起的晶界迁移是界面非保守迁移的另一例子。

a 界面保守迁移的迁移机制和模型

界面作保守迁移时原子跨过界面移动的机制取决于界面类型，表 4-8 概括了界面保守迁移的各种机制，其中包括了晶界迁移，相界迁移和相变时的界面迁移。在这一节，不讨论相变时的界面迁移，这些将在第 7 章和第 10 章讨论。

表 4-8 界面保守迁移的机制

机制		例子
锋锐界面	界面位错滑移	小角度晶界 大角度奇异和邻位晶界 马氏体界面
	界面位错滑移和攀移的综合	小角度晶界 大角度奇异及 CSL 邻位或靠近 CSL 晶界 奇异或邻位块形转变界面
	纯台阶的移动	大角度奇异或 CSL 邻位晶界
	非关联原子移动	一般晶界 一般异相界面
	非关联扩散输运	一般晶界 一般异相界面
漫散界面	非线性弹性波传播，共格位错滑移移动	位移性转变界面
	自扩散	反相畴界面

对于小角度晶界的保守迁移，因为小角度晶界是半共格界面，它由被位错分隔的共格区域构成。因此，晶界迁移的机制是构成小角度晶界位错的滑移和攀移，从而位错滑移和攀移速度是晶界迁移速度的控制因素。小角度晶界的结构和能量是晶界取向差的函数，所以，小角度晶界迁移率（M_{LGB}）对晶界取向差非常敏感。

图 4-113 是几种小角度界面迁移的示意图。图 4-113a 是对称倾转晶界，两晶粒的取向差为 θ，晶界包含一组刃位错，位错同步滑移使晶界迁移，迁移引起试样的形状改变。外加切应力 τ 使位错承受的滑移力 $|\boldsymbol{F}|=\tau b$，界面受的总力是界面上位错受力的总和。因为界面上位错的间距 $D=b/\theta$，单位面积界面所受的压力为 $p=\tau b/D=\tau\theta$。当所加的应力足够大时，界面上的位错同时在滑移面上滑动使界面迁移，这时并不改变晶界位错的分布，如图 4-113b 所示，两组位错同步移动（滑移与攀移晶界的综合）使晶界迁移。如果这是一个双晶的界面，界面迁移会导致外观形状的变化。此外可以从形状变化求出界面承受的压力，当单位界面向右移动 δx 时，外力做功为 $\delta x \cdot \theta\tau$，因而界面承受的压力为：

$$p=\delta x\cdot\tau\theta/\delta x=\tau\theta \tag{4-102}$$

这和用单个位错受力计算是相同的。对于由两组刃位错构成的非对称倾转晶界（如图4-113c和 d 所示），两组位错的柏氏矢量相互垂直并与界面成 45°。在如图 4-113 表示所加的切应力 τ 作用下，两组位错各受的纯攀移力 $|\boldsymbol{F}|=\tau b$，位错的间距 $D=b/\theta\sqrt{2}$，单位面积界面所受的压力为 $p=|\boldsymbol{F}|\cos45°/D=\tau\theta$。为了保持界面的低能结构，界面迁移后不能改变其结构，所以位错只能向垂直界面方向移动。位错这种移动是攀移和滑移的综合，

相邻的位错是相间地正攀移（空位阱）和负攀移（空位源），位错攀移的距离与位错的柏氏矢量及界面的法线夹角 α 成正比，界面迁移是保守的，界面迁移的结果如图 4-110e 所示。界面这样的迁移也使双晶的形状改变。相邻的两个位错可以等效地看做是一个 $\boldsymbol{b}=\boldsymbol{b}_1+\boldsymbol{b}_2$ 的位错，这样就变成图 4-113a 或 b 的情况，按照式(4-102)，也可得出界面压力 $p=\theta\tau$。若对于图 4-113d 的界面所加的切应力使两组位错只能在其滑移面作纯滑移滑动（如图 4-113f所示），每个位错受力 $|\boldsymbol{F}|=\tau b$，如果两组位错分别滑动则会倾向于撕裂界面，为了保持界面的低能结构，这一撕裂行为将会被两组位错的吸引力所阻止，所以没有净压力施于界面，界面保持不动。

尽管图 4-113f 晶界的位错在外加切应力下没有在各自的滑移面上滑动，但是这类晶界在弯曲的情况下会因毛细管力而在各自的滑移面上滑动，从而使界面变直。图 4-114a 表示了这样的弯曲晶界，在毛细管力作用下，弯曲段界面上的位错 1 和位错 2 各自在自己的滑移面滑动到达图 4-114b 所示的位置，这小段晶界向前迁移，并在晶界留下台阶。弯曲段的其他位错用相同的办法滑动，结果整个弯曲段向曲率中心移动了一段距离，如图 4-114c所示。这样的过程持续进行便使整个晶界变直。注意到一对位错按这样方式滑动会使位错非常靠近或可能发生交割，这就必须靠热激活来克服这一高能过程，此热激活热能相当于自扩散激活能。

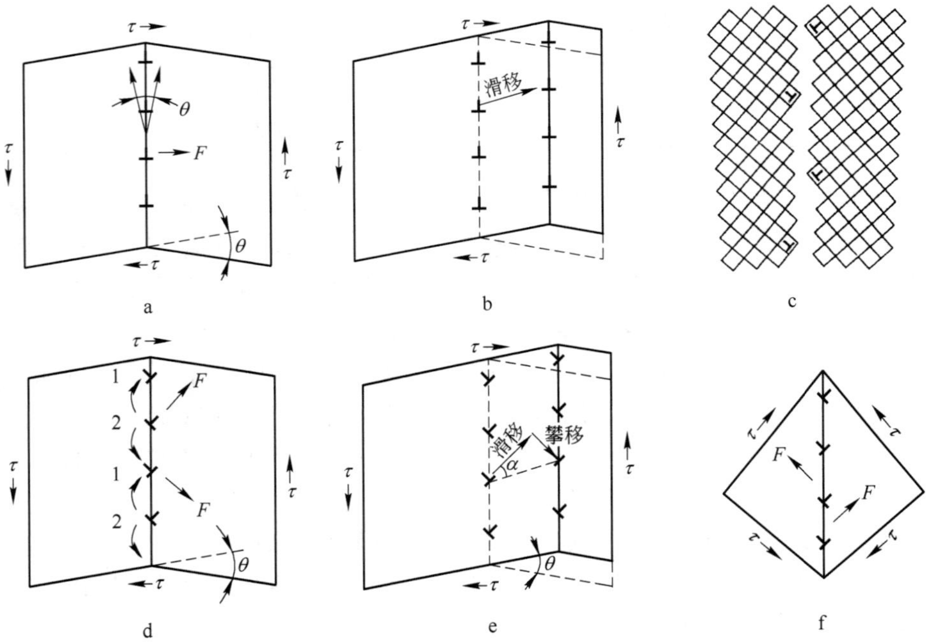

图 4-113　小角度晶界在外加切应力下的迁移

a，b—晶界含一组位错；c，d—晶界含两组位错，位错的柏氏矢量相互垂直并与界面成 45°；e，f—晶界的结构和 d 的一样，但所加应力方向旋转了 45°，应力使两组位错的滑移方向相反，晶界所受的净压力为 0

（W. T. Rsad and W. Shockley，Physical Review Vol 78，number 3　May 1，1950）

一个和自由表面斜交的对称倾转晶界，位错受自由表面的吸引而要滑动逸出晶体（图 4-114d）。靠近表面的一些位错逸出表面以及一些位错向表面滑移，这使原来直的晶界变成弯曲的晶界，同时破坏了晶界的平衡结构。为了维持晶界的平衡结构，必须在界面产生新的位错（如图 4-114d 中的 1 和 2 位错）。要求产生新的位错成为晶界迁移的附加的障碍。

上面讨论的界面位错滑动引起的晶界迁移都是简单的情况：位错的滑移面同属一个晶带并且晶带轴躺在界面上。而大多数位错结构界面中的位错组态是比较复杂的，它们的位错滑移面不一定同属一个晶带，或者晶带轴不一定在晶界上。这时，界面靠位错滑动来迁移需要很大的力，甚至晶界不可能迁移。在极端情况下，很大的力会把界面撕裂。

某些半共格大角度晶界可能发生保守界面滑动。但是，这类界面在位错之间的共格部分是比较稳定的，它是难以迁移的，这时，界面只能靠台阶的侧向滑动（以滑移和攀移的联合方式）使界面向前迁移。典型的例子是 fcc 结构中机械孪晶界面的滑动。孪晶界两侧的取向差是[111]/60°，属于大角度晶界，为了降低弹性应变能，孪晶呈透镜状。从微观看这个界面是由平行于（111）面的共格界面（Σ3 晶界）以及由位错构成的界面台阶组成的，如图 4-115 所示。当施加切应力后，台阶位错受力滑动使台阶侧向滑动，位错侧向扫过的那部分晶界面就向前迁移一个台阶高度 h。界面的这种滑动不需要原子长程扩散而只是局部原子协同地跨过界面，所以界面迁动是一种保守迁移。若在切应力 τ 的作用下，单位面积界面受力大小为 $\tau\times1$，这块界面被位错侧向扫过则做功为 τb，同时晶界向前迁移台阶高度 h，若界面向前迁移了 δx，使单位面积晶界形状改变而做功为 $(\delta x/h)\tau b$，相应界面承受的迁移的压力 p 为：

$$p=-\frac{\delta G}{\delta x}=\frac{(\delta x/h)\tau b}{\delta x}=\frac{\tau b}{h} \tag{4-103}$$

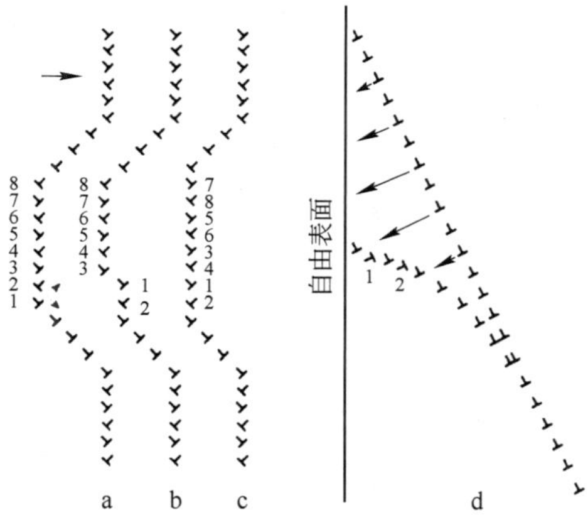

图 4-114　倾转晶界在毛细管力作用下靠位错滑动的迁移
a～c—位错移动使晶界向曲率中心方向移动（Scholz and Bauer，1990）；
d—在自由表面作用下晶界位错逸出表面的过程

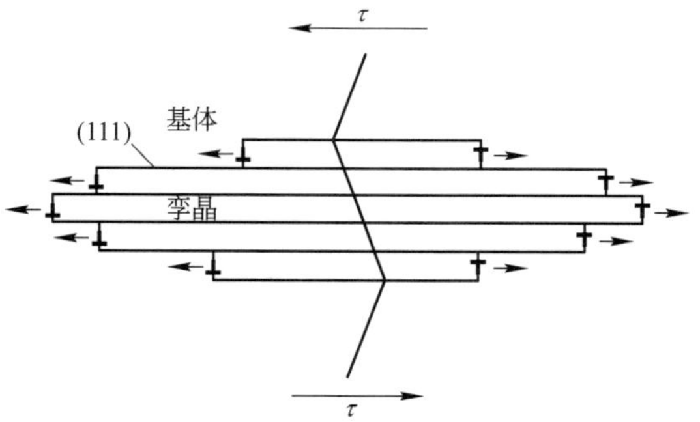

图 4-115　fcc 中透镜状孪晶界面靠台阶（位错）侧向滑动使界面向前滑动，观察方向是［$\bar{1}$10］

还可以用另一种方法考虑这个问题：在 τ 应力作用下，单位长度位错受力为 τb，若 n 个位错沿着界面扫过单位长度距离，则应力做功 $n\tau b$，它应等于单位面积界面向前迁移 nh 所做的功 nhp，这样也得出 $p=-\tau b/h$ 的关系。

一个与 Σ3{111} 共格孪晶界倾斜的邻位界面，它由 Σ3{111} 共格孪晶界以及与 Σ3{111} 共格界面正交的 Σ3{112} 台阶面组成（台阶界面结构示意图可参看图 4-64b），台阶两侧的原子跳动使台阶面侧向移动。图 4-116a 和 b 是台阶侧向移动前后的照片（图中的 *A*、*B* 和 *C* 处）。

大角度晶界保守迁移的另一个例子是由点阵位错钉扎在晶界上的位错段（这种晶界位错属于非禀性晶界线缺陷）移动引起的晶界迁移，图 4-117 是一个含非禀性晶界位错的界面放大后的示意图。晶界上的位错段在应力作用下可以像单边位错源开动那样侧向扫过界面，从而使界面向前迁移。*CB* 和 *EF* 分别是点阵位错 *AB* 和 *DE* 钉扎在晶界上的台阶，在晶界的驱动压力下，晶界的位错按图上的箭头方向侧向移动（滑移加上攀移）。*EF* 段台阶侧向移动使晶体 2 收缩，而 *CB* 段台阶侧向移动使晶体 1 长大，这一过程是通过原子从 *EF* 段台阶越过界面扩散到 *CB* 段台阶来完成的。当这些过程连续进行时，围绕位错的钉扎点产生螺旋面。这种情况与位错诱导晶体长大（在液体中或在气体中晶体长大，参见第 8 章）相似。图4-118是在 Al-Cu 合金和纯 Al 中观察到的螺旋状晶界位错。

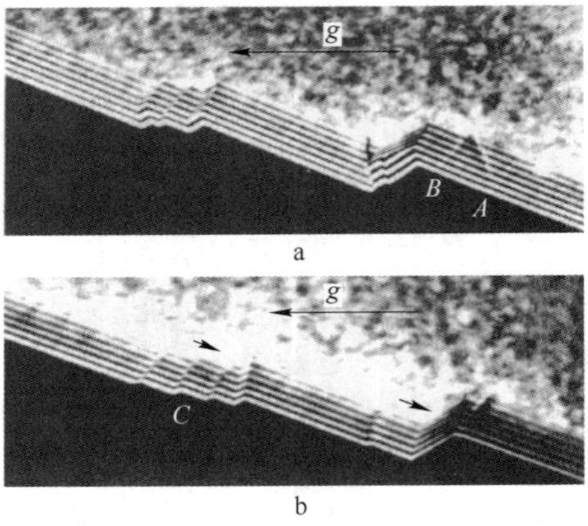

图 4-116　Σ3 倾转晶界通过纯台阶侧向移动（b 图箭头处）而迁移，晶界与 Σ3{111} 孪晶界倾斜，侧向台阶是与孪晶面垂直的 {112} 面
a—侧向移动前；b—侧向移动后
（Smith et al，1980）

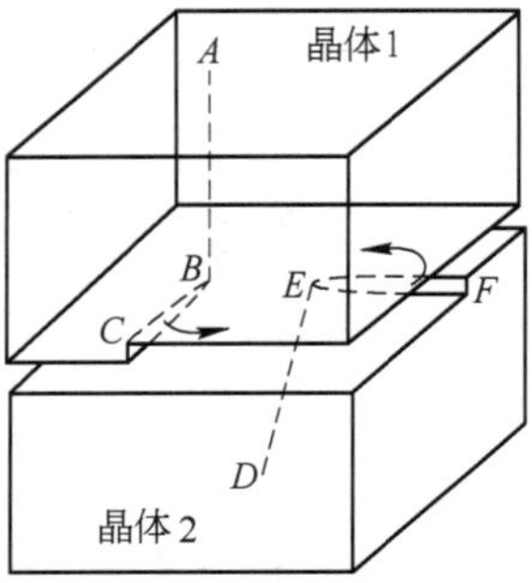

图 4-117　含晶界位错的界面放大后的示意图

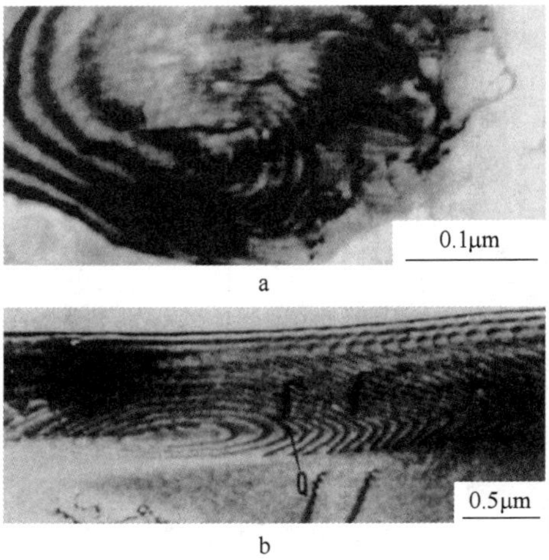

图 4-118　螺旋状的晶界位错
a—w(Cu) = 0.39%的 Al-Cu 合金（Gleiter，1969）；
b—纯 Al（Dingley and Pond，1979）

b　界面非保守迁移的迁移机制和模型

界面非保守迁移一定伴随某种组元（包括空位或自间隙原子）的扩散，而界面作为这些扩散流的源头或尾闾，并且所有的扩散物在界面保持局部平衡。当达到局部平衡时，若界面的迁移速率取决于原子的扩散进或出界面的速率，则这种迁移是“扩散控制”的；

如果界面的迁移速率取决于界面提供的扩散物的速率，则这种迁移是“源控制”或称“界面控制”的；也有由扩散控制和界面控制共同混合控制的界面迁移。有关界面迁移的控制过程的较详细讨论请参阅第 7 章。

“源/阱”的效率对界面迁移的动力学是很重要的，“源/阱”效率 η 定义为：

$$\eta = \frac{\text{实际的“源 / 阱”产生、吸收的原子流}}{\text{理想的“源 / 阱”产生、吸收的原子流}} \tag{4-104}$$

当实际的源/阱就是理想的源/阱时，$\eta = 1$。因为在界面产生/吸收原子流是依靠许多不同的物理过程协同工作的，所以，η 一般是复杂过程的函数。如果界面产生/吸收原子流是容易的，则界面迁移是扩散控制的，$\eta \approx 1$。

先考虑源/阱动作时散逸的能量。当界面迁移是扩散控制时，源/阱很易动作，这样，几乎全部能量都消耗在非平衡系统的长程扩散场上。相反，如果过程是界面控制的，能量直接消耗在界面的源/阱过程中。从系统中有效地获得最大驱动界面源/阱动作的能量是至关重要的，对于源/阱的情况，以 $\mathcal{G}_s$ 表示放出/吸收每个原子的能量，这个能量一般散逸在源/阱和它周围的扩散场中。当 $\mathcal{G}_s$ 比源/阱机制有效动作所要求的能量大时，源/阱操作效率比较高，反之，效率比较低。

对于晶界源/阱情况，$\mathcal{G}_s$ 的数值会在比较大的范围变化。若是过饱和点缺陷湮灭，$\mathcal{G}_s$ 等于点缺陷化学位即 $\mathcal{G}_s = \mu = k_B T\ln(x/x_0)$，其中 x 和 x_0 分别是点缺陷的浓度和平衡浓度，$\mathcal{G}_s$ 约在 $10^{-1} \sim 10^0$ eV 范围。

若位错环收缩作为源/阱，设位错环是半径为 R 的圆，其柏氏矢量为 $\boldsymbol{b}$，位错环的能量是：

$$W = \frac{\mu b^2 R}{2(1-\nu)}\left[\ln\left(\frac{8R}{r_0}\right) - 1\right] \tag{4-105}$$

当位错环吸收或放出一个原子，位错环半径改变 $V_{at}/(2\pi bR)$，V_{at} 是原子体积，位错能量改变（等于 $\mathcal{G}_s$）是：

$$\mathcal{G}_s = \frac{\mu b V_{at}}{4(1-\nu)R}\left[\ln\left(\frac{8R}{r_0}\right) - 1\right] \tag{4-106}$$

R 一般在 $10 \sim 10^2$ nm 范围，故 $\mathcal{G}_s$ 约在 $10^{-2} \sim 10^{-1}$ eV 范围。表 4-9 列出了用作驱动界面源/阱动作的最大能量 $\mathcal{G}_s$（吸收/放出每个原子）的近似值。表中同时列出了烧结、蠕变和相变的情况，这些情况将在其他章节讨论。

表 4-9　用作驱动界面源/阱动作的最大能量 $\mathcal{G}_s$（吸收/放出每个原子）的近似值

界面类型	$\mathcal{G}_s$ 来源	$\mathcal{G}_s$/eV
匀相界面	淬火或辐照后的过饱和点缺陷湮灭	$10^{-1} \sim 10^0$
匀相界面	退火时在收缩位错环附近	$10^{-2} \sim 10^{-1}$
匀相界面	烧结时在收缩空洞的附近	$10^{-6} \sim 10^{-4}$
匀相界面	扩散蠕变时在受力的界面附近	$10^{-6} \sim 10^{-4}$
异相界面	脱溶相的长大	$10^{-2} \sim 10^{-1}$

来源于各种实验（包括淬火空位、位错环退火、烧结）的资料都说明源/阱效率 η 的

高低依赖于 G_s 的大小。一般的情况是：G_s 很大时，无论高层错能或低层错能金属的源/阱效率 η 都比较高；当 G_s 减小时，低层错能金属的源/阱效率 η 降低，甚至变得很低。位错上的割阶是高效率吸收和放出空位的位置，低层错能金属的位错扩展比较宽，形成割阶比较困难，在位错上的割阶密度低，所以作为源/阱的效率比较低。

对于小角度晶界非保守迁移，最可行的机制是邻位界面上的一次位错攀移。对称倾转小角度晶界是平行排列的刃位错，这些位错可作为空位的源/阱。当存在过饱和空位浓度时，空位扩散到晶界并在位错割阶上湮灭引起位错攀移。位错持续攀移会连续地去除两晶粒共同邻接的晶面，即界面共格部分连续地扩大。界面作为源/阱的效率 η 与界面中的位错密度、位错周围的空位扩散场范围的大小以及单个位错湮灭前来空位的能力有关。纯扭转晶界是由螺位错构成的，它不可能直接作为点缺陷的源/阱，但是，如果过饱和空位使螺位错成为螺线就可以作为晶界源/阱。图 4-119 示意描述了简单立方中过饱和空位使螺位错成为螺线的过程：图 4-119a 表示一个空位接近直螺位错，图 4-119b 表示空位与螺位错连接形成小螺线，图 4-119c～e 表示加入 2、3、4 个空位的过程，最终形成较大的螺线，在螺线位错上有刃型分量，从而可以吸收空位作为空位阱。但是，这种包含攀移的过程会严重地扰乱晶界的结构，需要在大的界面驱动力（很大的过饱和或欠饱和点缺陷）下才可能发生。

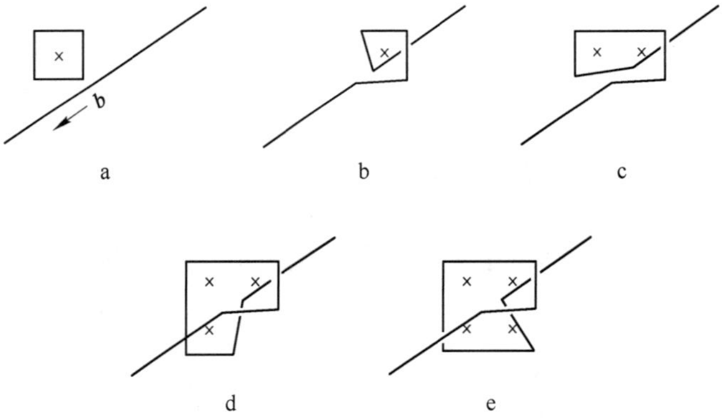

图 4-119 简单立方中直螺位错吸收空位形成螺线的过程的示意图

图 4-120a 显示了淬火 Au 试样中小角度晶界（取向差为 2°）作为高过饱和空位（G_s = 0.7eV）有效的阱的证据。在这样大的驱动力下，过饱和空位在远离界面的基体中沉积崩塌并成为小的层错四面体，而在邻近界面的区域（宽度为 w）由于晶界作为阱吸收了空位而不出现层错四面体。图 4-120b 是测量的沉积空位浓度 x_v 随离开晶界的距离 y 的变化。

大角度奇异晶界或邻位晶界含位错和台阶等线缺陷，它们可以通过攀移（可能伴随滑移）来吸收/放出点缺陷作为点缺陷的源/阱。界面上线缺陷之间的共格面保持不动，它们是比较稳定的，很难扰动凸起。这样，源的效率取决于攀移位错收集或散出沿着它自身及界面扩散的点缺陷的能力。

作为源/阱的奇异大角度界面，要有如图 4-117 那样有由点阵位错钉扎在晶界上的台阶。但是在足够高的驱动力下，也可以在界面上以均匀形核方式形成小刃位错环作为界面

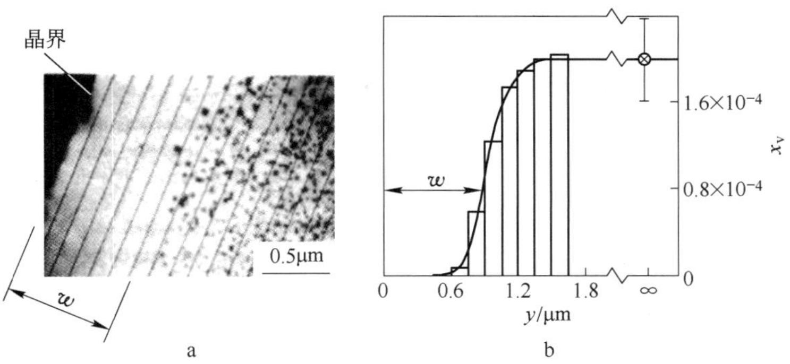

图 4-120 淬火 Au 试样过饱和空位沉积形成的层错四面体

a—在晶界附近的显微照片；b—沉积空位浓度 x_v 随离开晶界距离 y 的变化

（Siegel et al.，1980）

源所需的线缺陷。图 4-121 是实验观察到的经快离子辐照的 Au 中 $\Sigma=5(001)$ 扭转晶界的邻位界面作为过饱和自间隙原子阱（晶界位错攀移吸收自间隙原子）的例子。照片的背景是协调偏离奇异界面取向的次位错网络。

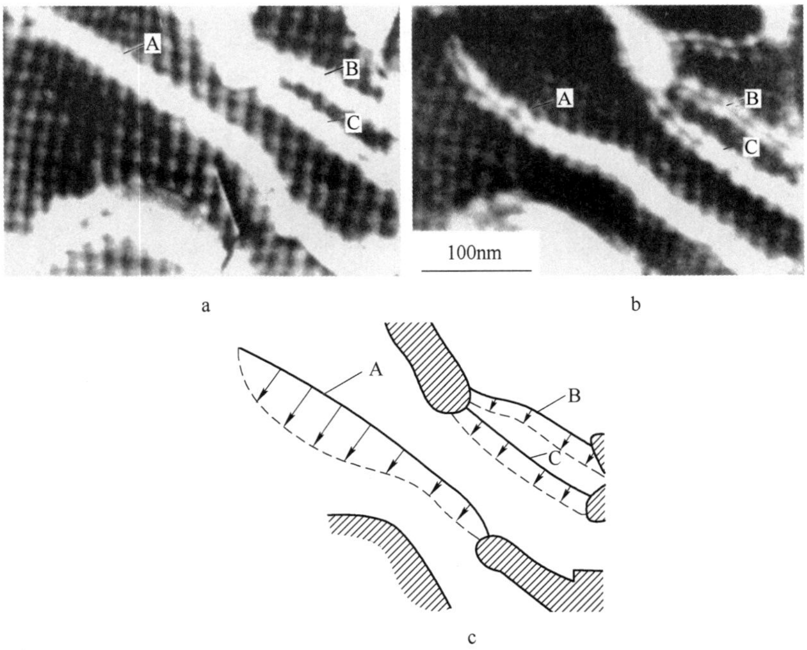

图 4-121 实验观察到的经快离子辐照的 Au 中〈001〉扭转晶界的邻位晶界上晶界位错（图中的 A、B 和 C）的攀移

a—辐照前的照片；b—a 图的同一地方经辐照后的照片，可看到位错的攀移；c—描述位错攀移距离的示意图

（照片背景是次位错网络，Komem el al.，1972）

C 晶界迁移以及迁移率

式(4-98)已经给出晶界迁移率 M 的定义，M 的大小是描述在相同的迁移驱动压力下

晶界迁移快慢的参数。

对于小角度晶界，构成小角度晶界的位错滑移和攀移是晶界迁移速度的控制因素。小角度晶界的结构和能量是晶界取向差的函数，所以，小角度晶界迁移率对晶界取向差是非常敏感的。小角度对称倾转晶界由一组柏氏矢量垂直于界面的刃位错组成，当位错受适当的切应力时，这一组位错一起滑动（见图 4-113b），界面是易迁移的，但是，这种迁移会引起晶体形状的改变，如果这个界面处在多晶体中，它的迁移引起的形状改变必然受其他晶粒约束，这种迁移也不是容易的。

在取向差很小的情况，随着取向差增加，晶界上位错的间距减小，使迁移率降低。图 4-122a 是锌的低取向差（小于 2°）对称倾转晶界在 350℃恒晶界驱动压力下的晶界迁移速度与取向差的关系，它显示迁移率随取向差增加而下降。当晶界取向差达到中等大小时，晶界迁移率大幅度上升，图 4-122b 是x(Si) = 0.05%的 Al-Si 合金单晶中亚晶晶界（小角度晶界）迁移率随晶界取向差的变化曲线，可以看到，取向差增加约 3°相应迁移率增加约 50 倍。当取向差增加到达大角度晶界后迁移率几乎不随取向差而变。已经确认，普通大角度晶界的迁移率比小角度晶界的迁移率大得多。例如铜，取向差为 20°的对称倾转晶界的晶界能是取向差为 2°的晶界能的 4 倍，而迁移率却是约 250 倍。又例如对经冷变形 99.995%的纯铝在 300℃退火中测得，大角度晶界的迁移率是小角度晶界的 19~25 倍。

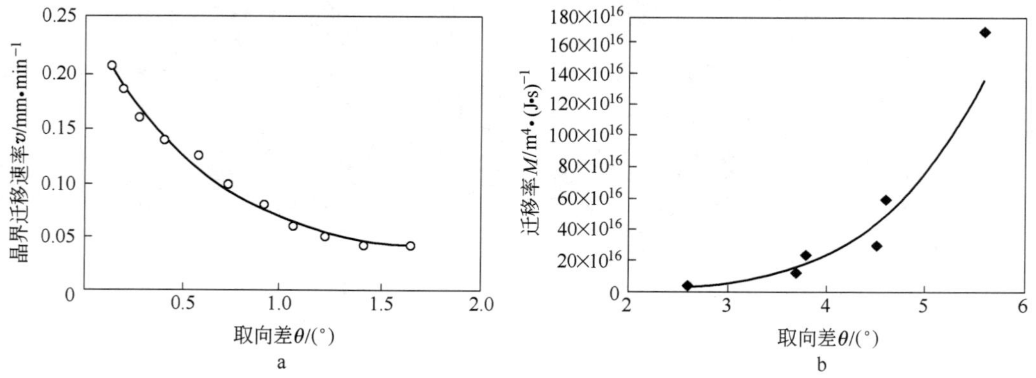

图 4-122 小角度晶界迁移率随晶界取向差的变化

a—锌的低取向差（<2°）对称倾转晶界在 350℃恒晶界驱动压力下的迁移率；

b—x(Si) = 0.05%的 Al-Si 合金单晶中亚晶界迁移率

a 小角度晶界迁移率的理论分析

设晶界的曲率半径为 R，这时晶界所受的压力 $p = 2\gamma_b/R$，根据式(4-98)，晶界的迁移速度为：

$$v_b = M\frac{2\gamma_b}{R} \tag{4-107}$$

把小角度晶界能的式子（见式(4-73)）代入，得：

$$v_b = \frac{2ME_0\theta}{R}(A - \ln\theta) = \frac{2c_1 M\mu b\theta}{R} \tag{4-108}$$

式中，$c_1 = (A - \ln\theta)/4\pi(1 - \nu)$，可近似看做是常数。

下面分析几种情况。

情况 A：取向差非常小（$\theta \to 0$）的情况。这时晶界中的位错之间的距离比较大，单个位错的行为起主要作用。单个位错弯曲成曲率半径为 R 时，单位长度位错所受的向心力 F 约为 $\mu b^2/2R$（见式(3-105)）。若 F 作为位错的攀移力，在忽略过饱和空位并且 $Fb^2 \ll kT$ 的情况下，位错的攀移速度 v_d（见式(3-165)）为：

$$v_d = D_s x_j \frac{Fb}{k_B T} \tag{4-109}$$

式中，D_s是自扩散系数；x_j是位错线上割阶的平衡浓度。

把上述的 $F \approx \mu b^2/2R$ 代入，得：

$$v_d = \frac{D_s x_j \mu b^3}{2k_B T} \cdot \frac{1}{R} \tag{4-110}$$

由于认为各个位错是独立的，所以晶界上各位错的速度都如上式所示。晶界的迁移速度 v_b与位错的迁移速度 v_d相同，令式(4-108)和式(4-110)相等，即：

$$v_b = \frac{2c_1 M\mu b\theta}{R} = \frac{D_s x_j G b^3}{2k_B T} \cdot \frac{1}{R}$$

获得晶界迁移率为：

$$M = \frac{D_s x_j b^2}{4c_1 k_B T\theta} \tag{4-111}$$

这种情况下位错的攀移是晶界迁移的主要机制，符合 $v_b = Mp$ 的关系，迁移率 M 与 θ 成反比。这一阶段是图 4-123 中从 A 到 C_2 的曲线。图 4-122a 就是这种情况的实验证明。

情况 B：晶界位错核重叠（$\theta > 15° \sim 20°$）的情况。这时的晶界已经是大角度晶界，原子跨过晶界的跳跃是晶界迁动的控制机制。符合 $v = Mp$ 关系，M 与 θ 无关。这一阶段是图 4-123 中标出的 B 段。有关大角度晶界的迁移在下面将会继续讨论。

情况 C：中间阶段的情况。这一阶段对再结晶（见第 11 章）非常重要，但是理论分析非常困难。其中又可以分 C_1 和 C_2 两个阶段分析。情况 C_1（中等取向差，$5° \sim 20°$）：当取向差角增加时界面位错的间距 D 减小，晶界迁移大体上由原子迁移距离 D 所控制，所以 M 与 D 成反比，即 M 与 θ 成正比。这一阶段是图 4-123 中标出的 C_1 段。情况 C_2（从低到中等取向差，$2° \sim 5°$）：这一阶段的控制机制还不是很清楚，一般认为存在 2 个相反的因素，一种是如在 A 情况所讨论的使 M 随 θ 减小的因素；另一种是 θ 增大时位错间距即空位源到阱的距离减小使位错攀移速度增加，从而使 M 随 θ 增加而增加。取向差极小时，M 随 θ 增加而下降，当下降到空位源，阱起控制作用时 M 达到最小值，相应于图 4-123 中的 C_2。迁移率的最小值比大角度晶界的迁移率低约 10～500 倍。在最小值阶段实际速度的控制机制现在还不清楚，所以这一阶段的分析十分困难，也不清楚 M 是否与驱动力有关，这一阶段 θ 约为几度。

上面讨论了取向差对迁移率的影响，Yang 等发现，即使取向差相同，迁移率与获得取向差的旋转轴亦有很大关系。他们对铝的小角度对称倾转晶界平均相对迁移率进行统计分析，在标准极射赤面投影图上的基本三角区（即 001-101-111 区）均匀地取 13 种取向，按取向差轴与 13 种取向中哪一种接近就归属该种取向，测量的相对迁移率如图 4-124 所示。可以看出，[001] 取向差轴的晶界迁移率比 [110] 和 [111] 轴的晶界迁移率低得多。

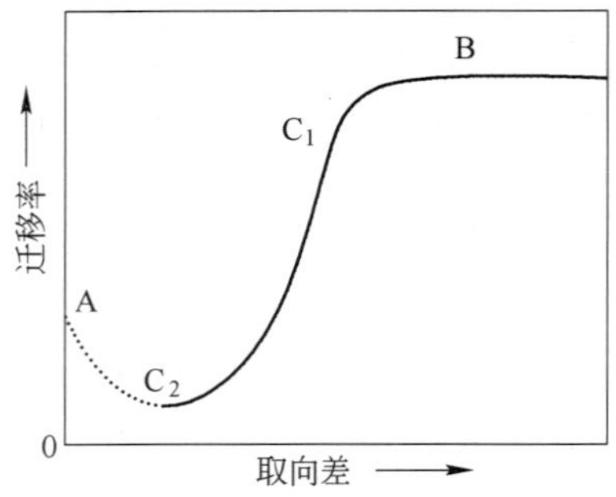

图 4-123 一般小角度晶界的迁移率与取向差可能的关系的示意图
(图中的字母见文中讨论的各种情况，实线区域为一些实验数据所证实)

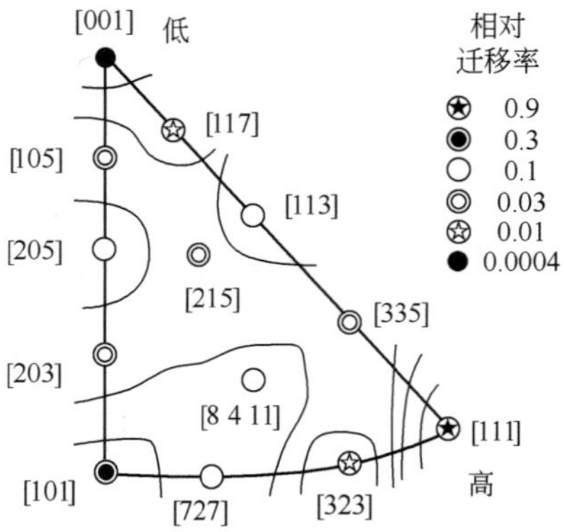

图 4-124 小角度对称晶界迁移率与取向差之间的关系

为什么[001]和[111]取向差轴的晶界迁移率相差如此大？应该从晶界位错移动的难易来解释。图4-125所示为面心立方晶体中以[001]及[111]为倾转轴的对称倾转晶界位错分布示意图，从图中看出，[111] 倾转轴晶界中位错的柏氏矢量与晶界面夹角 $\alpha=\theta/2$，即柏氏矢量与界面几乎垂直；而 [001] 倾转轴晶界中位错的柏氏矢量与晶界面夹角 $\alpha=45°+\theta/2$，晶界迁移时，后者的位错需要攀移更大的距离，所以迁移率要低得多。

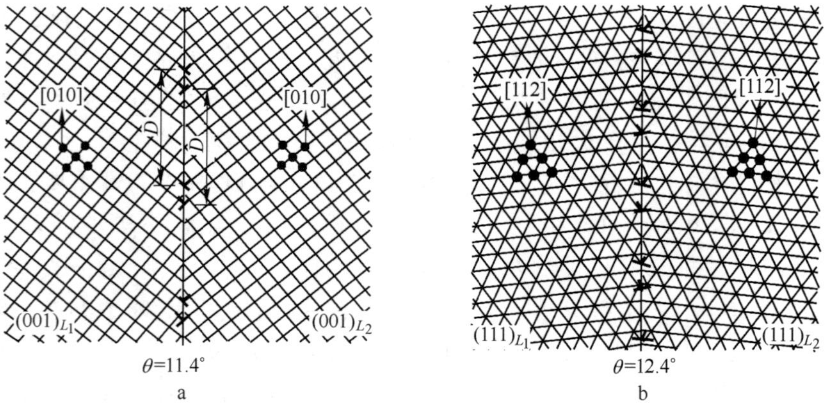

图 4-125 面心立方晶体中绕 [001] 转动的对称倾转晶界（观察面为(001)）(a)及绕[111]转动的对称倾转晶界(观察面为(111))(b)

对于大角度晶界，晶界迁移涉及跨过界面的扩散过程，可以预料，它的迁移率与温度以及晶界结构（晶界的取向差、晶界的位置）有关，特别是与存在的杂质浓度有密切关系。

b 影响大角度晶界迁移率的因素

(1) 温度的影响。大角度晶界的迁移率与温度之间通常服从 Arrhenius 关系(式(4-99))。高纯度金属晶界迁移的表观激活能的值大体和晶界扩散激活能相当。表 4-10 列出了一些高纯金属的大角度晶界的迁移表观激活能。

表 4-10 一些高纯金属的大角度晶界的迁移表观激活能

材 料	迁移激活能/kJ · mol^{-1}	指数前的因子/m · s^{-1}	温度范围/K	实验来源
Al	63	2×10^4	273~350	再结晶
	67	4.8×10^3	615~705	毛细管力
Cu	121	7.5×10^6	405~485	再结晶
	123	2.4	700~975	毛细管力
Au	80	5.8×10^{-1}	593~613	再结晶
Pb	25	1.1×10^{-2}	473~593	刻痕结构
Sn	25	4.5×10^{-1}	425~500	刻痕结构
Zn	63		525~625	毛细管力

即使是高纯度的金属和合金，也并不是在所有温度范围内的迁移激活能都相同，在很高的温度下，激活能降低，这可能是由如下两方面引起的：其一是晶界结构特别是特殊大角度晶界的结构在高温时变得比较无序；其二是高温时可能改变晶界迁移的机制。而非高纯金属或合金，晶界迁移率随温度的变化就复杂得多，一般在不同温度范围有不同的激活能。

（2）晶界取向的影响。晶界取向对晶界迁移率的影响和杂质浓度有密切关系，先讨论高纯度的情况，其他情况在介绍杂质浓度的影响时再讨论。因为晶界迁移涉及进入或跨过晶界的扩散，晶界结构影响它的迁移率是不难理解的。很多实验工作发现，高纯度金属晶界取向处在某些特殊取向附近时晶界迁移率很高。例如：铝取向为 40°/〈111〉左右的晶界有很高的迁移速度；铜取向为 22°~38°/〈111〉和 19°/〈100〉的晶界有很高的迁移速度。还有其他类似的情况，这类在特殊取向有高迁移率的晶界也称 Kronberg-Wilson 晶界，表 4-11 归纳了这类晶界的取向关系。乍一看，发生快速迁移的晶界的取向关系都和晶界上有很多相符位置有关。但是，仔细研究表 4-11 发现，发生快速迁移的晶界的取向的转角并非精确地对应该 Σ 值所要求的角度，有些还在比较大的范围内变动。因而，高迁移速度的晶界不是必须在晶界有大量数目的相符位置。相反，大家都知道，fcc 结构 $\Sigma=3$ 的孪晶界上所有原子位置都是相符位置，而这种晶界的迁移率却是极低的。

表 4-11 通常发现的快速迁移的取向关系

最近的相符关系			实验关系		金 属	结 构
Σ	转角/(°)	轴	转角/(°)	轴		
$\Sigma=7$	38.2	〈111〉	35~45	〈111〉	Al	fcc
			38	〈111〉	Cu	fcc
			36~42	〈111〉	Pb	fcc
$\Sigma=13a$	22.6	〈100〉	23	〈100〉	Al	fcc
			19	〈100〉	Cu	fcc
$\Sigma=13b$	27.8	〈111〉	30	〈111〉	Cu	fcc
			30	〈111〉	Ag	fcc
			20~30	〈111〉	Nb	bcc

续表 4-11

最近的相符关系			实验关系		金　属	结　构
Σ	转角/(°)	轴	转角/(°)	轴		
$\Sigma=13$	30	〈0001〉	30	〈0001〉	Zn	hcp
			30	〈0001〉	Cd	hcp
$\Sigma=17$	28.1	〈100〉	26~28	〈100〉	Pb	fcc
			30	〈100〉	Al	fcc
$\Sigma=19$	26.5	〈110〉	27	〈110〉	Fe-Si	bcc

晶界结构不但与晶界两侧的取向关系有关，在相同的取向关系下，晶界面的位置不同可以使晶界结构有很大的不同。例如上面说到，fcc 结构 $\Sigma=3$ 的共格孪晶界({111}面)的迁移率是极低的，但非共格孪晶界的迁移率却高得多。40°/〈111〉的对称倾转晶界的迁移率比扭转晶界的迁移率大十几倍，同时发现，40°/〈111〉的扭转晶界的迁移率与一般的随机大角度晶界的迁移率相近。

图 4-126 是对高纯度 Al 的晶界取向差与其迁移率间关系的精细测量的结果。图 4-126a 显示了两个较强的迁移率峰随温度的变化，在低温时 38.2°的峰比较突出，高温时则 40.5°的峰比较突出。这两种不同类型晶界迁移率的温度关系也明显地显示于图 4-126b 的

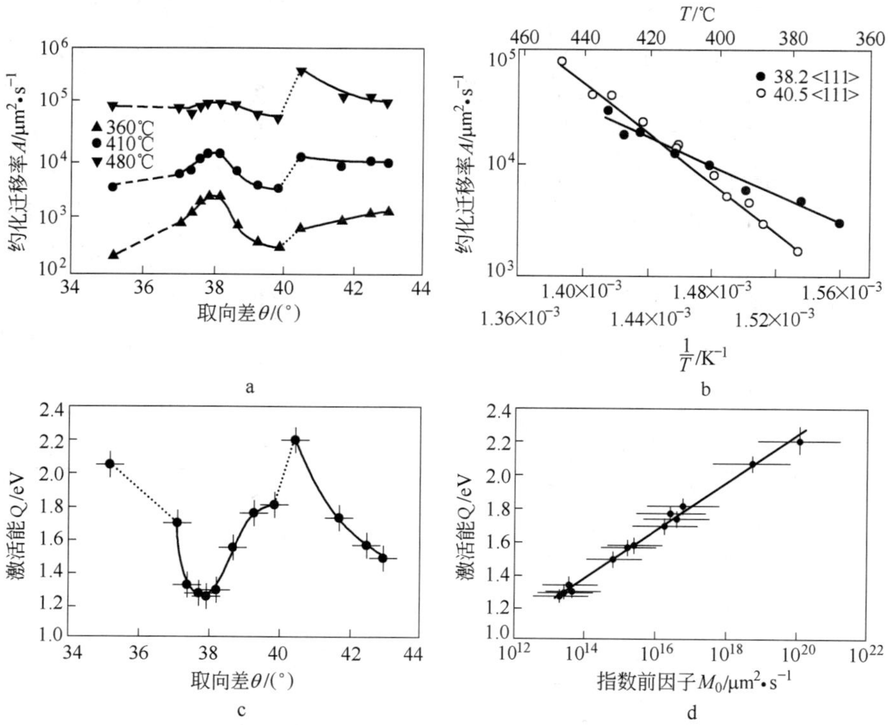

图 4-126　x(Al) = 99.999%高纯 Al〈111〉对称倾转晶界的迁移率

a—温度对约化迁移率的影响；b—38.2°/〈111〉和 40.5°/〈111〉倾转晶界的约化迁移率与温度的关系；c—迁移激活能；d—激活能与指数前因子的关系

$\ln M$ 与 $1/T$ 的直线关系中，图中两条直线的斜率不同（即激活能不同），交点温度称补偿温度。两种不同类型晶界的激活能差别表示于图 4-126c 中。38.2°/⟨111⟩是 $\Sigma=7$ 的取向，迁移率的峰值可能与晶界的特殊性质有关，而在高温下峰值移向 40.5°的原因尚不清楚，但可能与晶界转变为更随机的结构或与杂质有关，下面的讨论知道，对于高纯度的金属，极少量的杂质也会对晶界迁移率和激活能有巨大的影响。

对于特殊类型晶界，通常发现当其取向差变化时，存在迁移激活能 Q 与其指数前因子 M_0 的变化关系，这一关系称为“补偿效果”，关系表达为：

$$Q = \alpha\ln(M_0) + \beta \tag{4-112}$$

式中，α 和 β 是常数。图 4-126d 是高纯 Al 取向接近 $\Sigma=7$ 的倾转晶界的 Q 与 M_0 的关系，它与式(4-112)相符。其他热激活过程也发现有这一“补偿效果”。

（3）杂质的影响。溶质杂质对晶界迁移率影响很大，非常少的杂质含量就可以使迁移率降低几个数量级。例如，经 12 遍区域提纯的 Al 比经 4 遍区域提纯的 Al 界面迁移速度大 3 个数量级。图 4-127 所示为杂质铜、镁和银含量对变形铝的再结晶晶粒长大速度及表观迁移激活能的影响。从图 4-127 中看出，晶界迁移速度及晶界迁移表观激活能随杂质浓度变化有 2 个明显不同的区域：1）溶质浓度低时晶界迁移率比较高，溶质对迁移率的影响很小，这是因为晶界可以摆脱溶质气氛，因而迁移率与杂质浓度无关。杂质对晶界迁移的表观激活能也有类似的影响。2）溶质浓度高时迁移率是低的，并随溶质浓度增加而降低。这是由于晶界偏析的溶质对晶界的拖曳，溶质原子扩散是晶界迁移速度的控制因素，见图4-127b和 c。在大多数情况下，杂质浓度低时，晶界迁移表观激活能与杂质类型

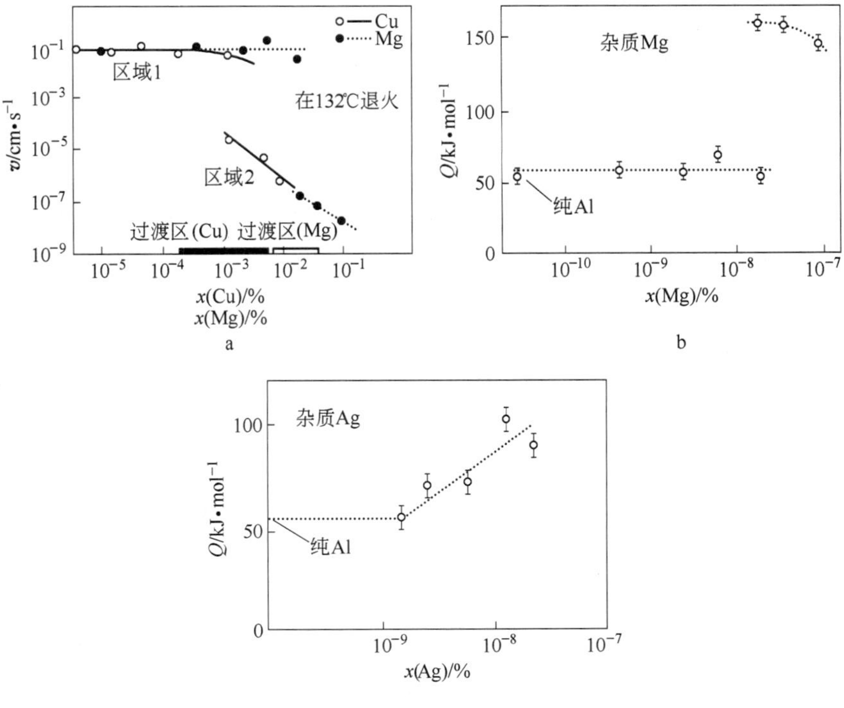

图 4-127 杂质对变形铝晶粒长大速度的影响

a—铜和镁杂质对长大速度的影响；b—镁对晶界迁移激活能的影响；c—银对晶界迁移激活能的影响

无关，它大体接近自扩散激活能或溶质在溶剂中的扩散激活能。从图 4-127a 看到，铜和镁浓度对铝的 2 个区域间晶界迁移的影响是跳跃过渡的，而银浓度对 2 个区域的影响则是连续的（图 4-127c）。事实上，对同一种溶剂，不同杂质引起的 2 个区域过渡的临界浓度是不同的，并且在低速区域杂质使迁移速度降低的量也是不同的。

杂质在晶界偏聚的程度取决于晶界的结构。特殊大角度晶界结构中有很多相符位置，所以它不像普通大角度晶界那样对杂质敏感。所以，杂质对特殊大角度晶界迁移的影响比对普通大角度晶界迁移的影响小得多。图 4-128 是在 300℃微量锡对区域提纯铅晶界迁移速率和迁移激活能的影响，从图可以看出，微量的杂质使普通大角度晶界迁移速率降低的量（达几个数量级）比对特殊大角度晶界迁移速度大得多。微量的杂质使普通大角度晶界的迁移激活能增大，而特殊大角度晶界的迁移激活能却与溶质浓度无关。

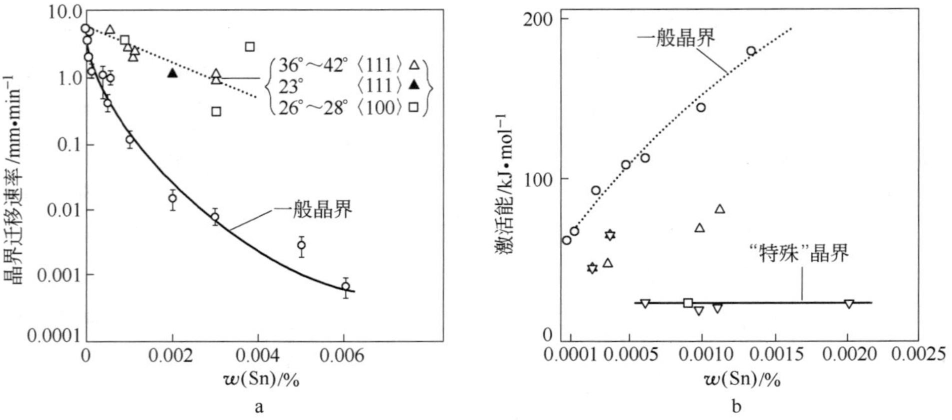

图 4-128　300℃时在相同驱动力下微量锡对区域提纯铅晶界迁移率（a）和迁移激活能（b）的影响
（Aust K T，Rutter J W. Transactions of the Metallurgical Society of AIME. 1959，215（1）：119～127）

图 4-129 所示为不同纯度的铝中〈100〉倾转晶界倾转角对晶界迁移率的影响。图 4-129a所示为x(Al)= 99. 9992%的情况，图中除了在高温（图中 636℃的情况，因为高温下已不能保持奇异晶界结构的有序性）外，对应奇异晶界的晶界迁移速度都比较高。但是超高纯度时，如图 4-129b 所示为 x(Al)= 99. 99995%的情况，不出现对应奇异晶界迁移速度高的现象。图 4-129c 所示的晶界迁移表观激活能也表明在超高纯度下晶界迁移激活能和晶界的取向差无关，并且，在低纯度（99. 89%）时，晶界迁移激活能又对取向差不再敏感。

大多数情况下，杂质总是或多或少存在的，杂质原子对晶界迁移的拖曳作用使得很难测量获得界面本质的迁移率（“禀性”迁移率）。所以，大角度晶界迁移率与晶界取向差的关系本质上是晶界取向差受杂质在晶界偏聚程度影响的关系，并非是晶界迁移率受晶界内禀结构影响的关系。图 4-130 综合示意了杂质和晶界取向差对晶界迁移激活能的影响。图中的低纯度、高纯度和超高纯度的晶界迁移率是实验结果：表示在超高纯度和低纯度时大角度晶界迁移率不受取向差的影响，而在高纯度（非超高纯度）的浓度范围内，某些特殊大角度晶界才会有较小的迁移激活能。但是，从晶界结构分析，随机（即任意）大角度晶界应该比特殊大角度晶界更容易迁移，虽然现在还不能得出完全纯的金属材料，但可以猜想，完全纯的金属的晶界的禀性迁移率应该受取向差的影响。图 4-130 中的完全纯

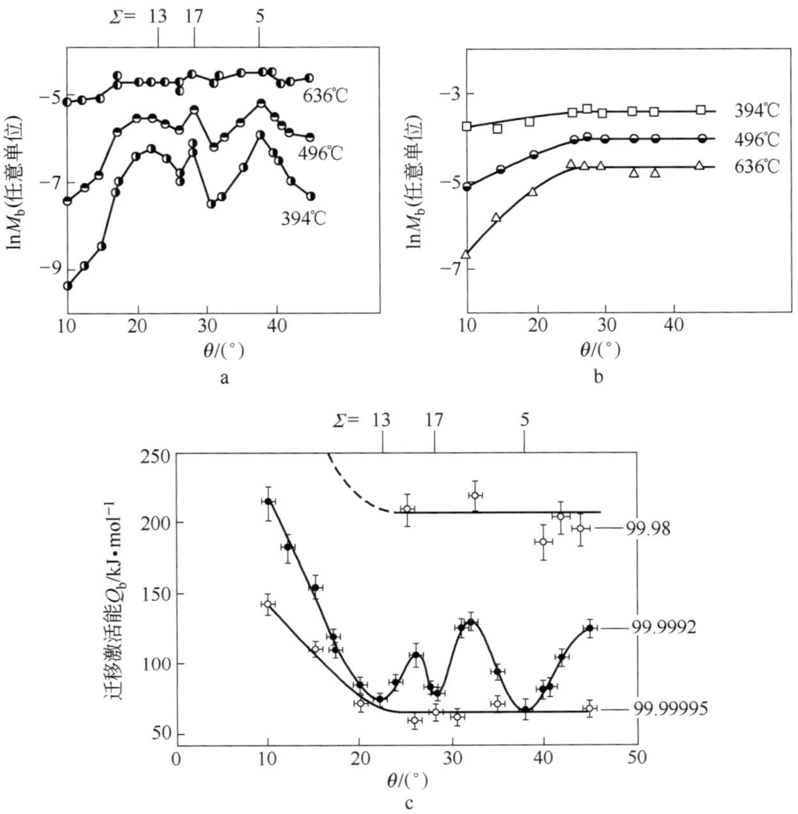

图 4-129　Al 中〈100〉倾转晶界的迁移率及迁移激活能

a—99.9992%铝的晶界迁移率与晶界取向差及温度的关系；b—99.99995%铝的晶界迁移率与晶界取向差及温度的关系；c—不同纯度的铝晶界迁移激活能与晶界取向差的关系

的材料的晶界迁移率是根据晶界结构分析的猜想结果。

（4）空位的影响。大角度晶界有足够多的缺陷可作为空位的源和阱，通常认为在单位面积晶界中含一定的空位浓度，但在晶界的实际空位浓度是严格限制的，从而也制约了任何与晶界扩散有关的过程的速度。以前认为晶界结构不会因吸收了空位而改变，但是对晶界迁移的测量发现，晶界吸收了空位会使其迁移速度增加，这间接证明了晶界吸收空位会改变它的结构。例如再结晶晶界移动时，其驱动力使塑性变形留下缺陷（储存能，参见第 11 章），因有点阵的超额空位浓度的供应，晶界迁动速度比较快。晶界迁移也可以放出空位，一个大角度晶界迁动变快或者变慢取决于它在迁动时进入和流出的空位之间的均衡。

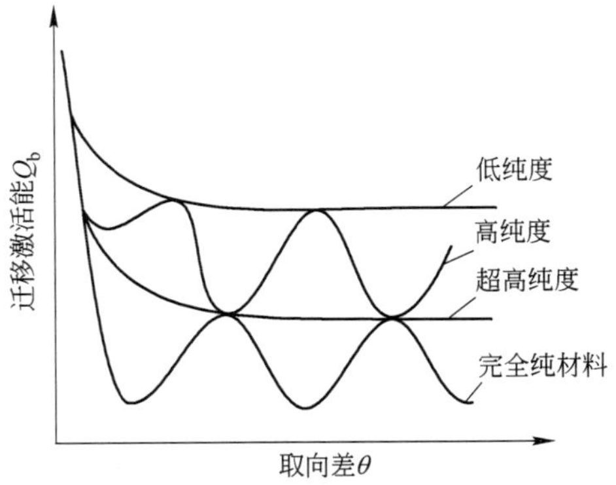

图 4-130　杂质和晶界取向差对晶界迁移激活能的影响

c 纯金属大角度晶界迁移的理论分析

图 4-131a 是大角度晶界的简单模型，晶界厚度为 δ。假设原子由热激活从晶粒分离（例如图 4-131a 中的 A 和 B）进入晶界中比较无序的区域（例如图 4-131a 中的 C），然后原子重新与一个晶粒连接，并且每个原子跳动是独立的，与其他原子不相关。如果垂直界面的 2 个相反方向的原子流量相等，晶界是静止的。但如果存在晶界迁移驱动力，则有一个方向的流量比相反另一方向的流量大，这就导致晶界迁移。设晶界两侧的自由能差（例如图 4-131b 中晶粒 2 与晶粒 1 的自由能差）为 $\Delta\mathcal{G}$，原子从晶粒跳离原来位置要求的激活能为 $\Delta\mathcal{G}_{mo}$，在单位时间能从晶粒跳离出来的次数为 $\nu\exp(-\Delta\mathcal{G}_{mo}/k_B T)$，其中 ν 是原子振动频率。如果单位面积晶界上有 n 个可能跳离的位置，但是并不是所有这些位置都能够真正跳离出来，根据原子在晶界的结构位置不同，只有 nA_j 个原子真正能够跳离出来，A_j 称晶界结构因子。这样，晶界一侧晶粒在单位时间单位面积上有 $nA_j\nu\exp(-\Delta\mathcal{G}_{mo}/k_B T)$ 个原子跳离出来。这些跳离出来的原子并不是所有都能在晶界另一侧晶粒找到合适的连接位置，所以再引入一个描述能成功连接的适应因子 A_A。结果从晶粒 1 到晶粒 2 的原子流量为：

$$A_j A_A n\nu\exp\left(-\frac{\Delta\mathcal{G}_{mo}}{k_B T}\right)$$

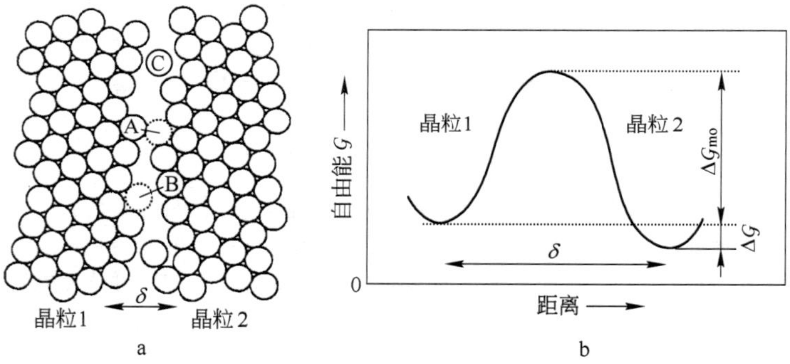

图 4-131 以原子跳跃方式的晶界迁移

a—迁移模拟；b—一个原子跨过晶界跳跃的自由能变化

同样道理，从晶粒 2 到晶粒 1 的原子流量为：

$$A_j A_A n\nu\exp\left(-\frac{\Delta\mathcal{G}_{mo}+\Delta\mathcal{G}}{k_B T}\right)$$

故从晶粒 1 到晶粒 2 的净原子流量 J 为：

$$J = A_j A_A n\nu\exp\left(-\frac{\Delta\mathcal{G}_{m}}{k_B T}\right)\left[1-\exp\left(-\frac{\Delta\mathcal{G}}{k_B T}\right)\right] \tag{4-113}$$

设晶界间距为 b，则晶界迁移速度 v_b 为：

$$v_b = J\frac{b}{n} = A_j A_A b\nu\exp\left(-\frac{\Delta\mathcal{G}_{mo}}{k_B T}\right)\left[1-\exp\left(-\frac{\Delta\mathcal{G}}{k_B T}\right)\right] \tag{4-114}$$

$\Delta\mathcal{G}$ 比较小，一般 $\Delta\mathcal{G} \ll k_B T$，把 $\exp(-\Delta\mathcal{G}/k_B T)$ 按级数展开，忽略高次项，上式变为：

$$v_b = A_j A_A b\nu \exp\left(-\frac{\Delta \mathcal{G}_{mo}}{k_B T}\right)\frac{\Delta \mathcal{G}}{k_B T} \tag{4-115}$$

设晶界迁移驱动压力为 p，则 $\Delta\mathcal{G}=pV_{at}\approx pb^3$，其中 V_{at}是原子体积。最后，晶界迁移速度为：

$$v_b = \frac{A_j A_A b^4 \nu}{k_B T} p \exp\left(-\frac{\Delta \mathcal{G}_{mo}}{k_B T}\right) \tag{4-116}$$

上式中的 $A_j A_A b^2 \nu \exp(-\Delta\mathcal{G}_{mo}/k_B T)$ 近似等于晶界扩散系数 D_b（参见本书中册第 6 章），上式可简化为：

$$v_b = \frac{b^2 D_b}{k_B T} p = \frac{\delta D_b V_m}{b^2 RT} p \tag{4-117}$$

若把晶界厚度 δ 近似等于 b，得出上式最右端的结果，其中 V_m是摩尔体积。可以看出，晶界迁移率 $M_{HGB}=b^2 D_b/k_B T$（或 $=\delta D_b V_m/b^2 RT$）。也就是说，晶界迁移的表观激活能与晶界扩散激活能相当。

例 4-18 晶粒曲率半径 r 分别为 10nm 和 1μm，晶界能 γ 为 1J/m²，原子体积约为 1.6×10^{-2}nm³。在 600℃时晶粒正常长大，这两种条件下是否符合 $\Delta Pb^3 \ll k_B T$ 的条件?

解：原子体积约等于 b^3。晶界两侧压力差与曲率半径的关系是：$\Delta p=2\gamma_b/r$。当晶粒曲率半径 r 为 10nm 和 1μm 时，Δp 分别是 10^8Pa 和 10^6Pa，Δpb^3 分别约等于 $10^8\text{Pa}\times1.6\times10^{-2}\text{nm}^3=1.6\times10^{-21}$J 和 $10^6\text{Pa}\times1.6\times10^{-2}\text{nm}^3=1.6\times10^{-23}$J。在 600℃时 $k_B T\approx1.2\times10^{-20}$J，所以，当曲率半径为 10nm 时不符合 $\Delta pb^3 \ll k_B T$ 的条件，而曲率半径为 1μm 时符合 $\Delta pb^3 \ll k_B T$的条件。一般的工业材料晶粒半径都比 1μm 大，所以，晶粒长大的晶界迁移率可以用 $M_{HGB}=b^2 D_s/k_B T$ 估计，而对于纳米材料上述的迁移率是不适用的。

上面的讨论是基于晶界迁移的基元过程是单个原子独立跳跃过程，事实上，晶界两侧的原子可以按单个或几个原子的原子团激活，并且激活的原子可以直接连接到晶粒上，也可以保留在晶界区域或在晶界区域移动，所以式(4-117)是比较简略的。其实，一方面，晶界上的某些原子（如图 4-131 中的 A、B 和 C 原子）可能比其他原子更容易跳动；另一方面，晶界不是平直的，一般是含有晶界台阶的。在台阶上的原子总是可以优先跳出，原子从晶界一侧的台阶移出并在晶界扩散再移入晶界另一侧的台阶导致晶界迁移。按照台阶模型，把式(4-115)中的结构因子 A_j和适应因子 A_A改为另一个修正因子 Ψ 就可表达台阶机制的晶界迁移速度：

$$v_b = b\nu\Psi \exp\left(-\frac{\Delta \mathcal{G}_{mo}}{k_B T}\right)\frac{pb^3}{k_B T} \tag{4-118}$$

Ψ 是包含了晶界厚度 δ 以及晶界台阶结构细节的函数：

$$\Psi = \frac{c}{b}\left[1 + \frac{b}{\delta}\left(\frac{1}{f_1} - \frac{1}{f_2}\right)\right] \tag{4-119}$$

式中，c 是常数；f_1和 f_2是晶界两侧晶粒的台阶密度的函数。

晶界迁移率取决于晶界取向差以及通过 f_1和 f_2建立了的晶界面取向。例如，对于 fcc

金属两晶粒取向以〈111〉轴转动的情况，{111} 孪晶界的台阶密度最低，其迁移率也最低。

一些特殊大角度晶界的台阶往往与晶界位错密切相关，一般在晶界位错的核心就存在台阶（参见图 4-65 的 Σ5 晶界）。晶界位错核心台阶的高度取决于位错的柏氏矢量、晶界面和晶界的晶体学几何。当这样的晶界位错移动和增殖时，不可避免地使台阶和晶界移动以保持其核心结构。在特殊情况下，位错在晶界面滑动就可能使晶界发生“非热”迁移。例如在 fcc 金属中的〈112〉/6 孪生位错，它们滑移扫过 {111} 面就使孪晶面向前移动一个面间距（参见第 9 章 9.4.3 节）。而在更一般情况下，位错不能在晶界面滑移，它的移动要求位错滑移和攀移协同移动。如果晶界位错的协同移动使晶界迁移，若晶界位错密度为 ρ，位错移动速度为 v，台阶高度为 h，则晶界迁移速度 v_b 为：

$$v_b = h\rho v \tag{4-120}$$

晶界位错的移动必然引起切变，从而引起形状的变化，如果应变没有被松弛掉，则引起的后应力会抵消部分界面迁移驱动力，这对晶粒长大有影响。

d　高温原子协同曳行晶界迁移

对于一些低 Σ 晶界，晶界两侧的原子彼此匹配较好，晶界一侧的原子作小量曳行变成晶界另一侧的原子，晶界可以这种局部原子协同曳行来迁移。图 4-132 是以 Σ5[100] 扭转晶界作为例子来描述这种晶界迁移现象。图 4-132a 所示为从 [001] 方向观看的平直的扭转晶界，黑和白的圆点表示晶界两侧的原子，当晶界一侧的原子，例如黑的原子协同向白的原子方向（图中的箭头方向）曳行 $a/2$ 时，就使晶界向 [001] 方向迁移 a 的距离；图 4-132b 所示为原子协同曳行后产生的方形边界台阶。

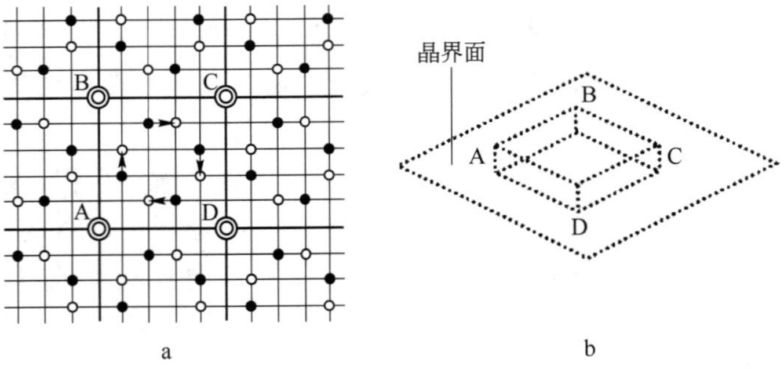

图 4-132　Σ5[100] 扭转晶界以原子协同曳行的晶界迁移模型
a—从 [001] 方向观看的平直的扭转晶界；b—协同曳行后产生方形边界台阶

e　溶质原子对晶界迁移的拖曳效应

溶质原子（不论它是设计使之存在或是并不希望存在的杂质）都会在界面建立“溶质原子气氛”或偏析，界面迁移时需要带着溶质气氛一起迁移或是摆脱这些气氛自己迁移。当界面迁移速度不大时，界面对溶质原子的作用力可以牵着溶质原子扩散来跟随界面移动；如果界面迁移速度很大，界面对溶质原子的作用力不足以使溶质原子有这样大的扩散速度来跟上界面的迁移，界面就会摆脱溶质原子气氛自己向前迁移。有很多模型描述溶质对界面的拖曳行为，Cahn 提出并后来由 Hillert 和 Sundman 改进的模型是最完整和最翔实的理论处理。图 4-133 所示的就是 Cahn 建立的描述溶质拖曳行为的模型。

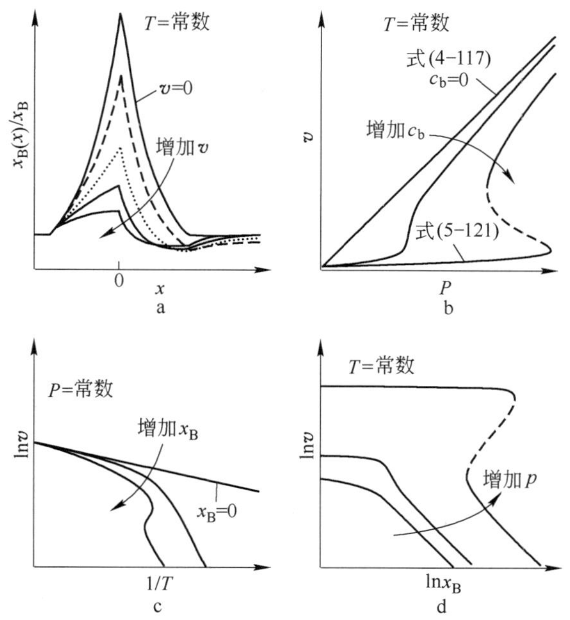

图 4-133 Cahn 模型描述溶质对晶界的拖曳现象

a—不同迁移速度下溶质原子在晶界附近的分布；b—不同溶质原子浓度下晶界迁移稳态速度 v 与迁移驱动压力 p 的关系；c—不同溶质原子浓度下温度与晶界迁移速度的关系；d—不同迁移驱动压力下溶质原子浓度与晶界迁移速度的关系

当没有溶质偏析的晶界（$x_B=0$）在驱动压力 p 驱动下移动时，它的界面迁移速度简单地与驱动压力成正比(式(4-117))，这就是所谓的“禀性行为”。当存在溶质偏析，驱动压力 $p=0$ 时，晶界是静止的，界面周围的溶质原子分布相对界面是对称的，溶质气氛对界面没有拖曳力，如图 4-133a 中 $v=0$ 的曲线所示。当界面移动时，溶质气氛不能完全同步移动，使气氛中溶质原子数目减少，并且在界面迁移方向前端的溶质数量低于后端，溶质原子分布变为非对称（图 4-133a 中 $v\neq0$ 的情况）。这样，溶质气氛就对界面移动呈现净的拖曳力。随着界面移动速度 v 增加，其非对称程度增加，拖曳力也加大。当 p 不大时，v 也单调地随 p 增加。对于简单的理想溶体，可以导出迁移速度 v 与驱动压力 p 间的关系：

$$v=\frac{2b^2D}{\Delta G_b c_0[\exp(\Delta G_b/k_BT)-1]}p \tag{4-121}$$

式中，D 为溶质扩散系数；ΔG_b为溶质原子处在晶界与处在晶内的摩尔自由能差（偏析能）；c_0为无偏析时的溶质浓度，也可以是有偏析时远离晶界的浓度；b 为原子间距。即偏析存在时的迁移率变为 $M=2b^2D/\{\Delta G_b c_0[\exp(\Delta G_b/k_BT)-1]\}$，这表明，偏析程度越大，迁移率越低。

图 4-133b 显示稳态速度 v 与驱动压力 p 的关系。当 $x_B=0$ 时，v 与 p 呈线性关系（如式(4-117)所示）；当 $x_B\neq0$ 并且 p 不大时，v 单调地随 p 增加（如式(4-121)所示），但当 p 增大到某一临界值后，界面摆脱溶质气氛，移动速度接近禀性速度。若溶质浓度足够高，v 随 p 的变化会出现一个不稳定区域（图 4-133b中的虚线区域）。但实验表明，晶界

迁动速度不会处在不稳定区域，当 p 加大到某一程度时，界面突然脱离气氛使其迁移速度也有突然的升高。图 4-134 所示为 Al 双晶在退火时晶界位置随时间的变化，在 t_d 时刻晶界迁移速度突然增加，并不出现中间阶段。

图 4-133c 显示当温度相当高时，迁移都会呈现禀性行为，即迁移速度等于禀性速度，这是因为高温使溶质气氛解散。然而，在低温时，溶质浓度 x_B 越高，拖曳作用越大。图 4-133d显示只要驱动压力 p 足够高，在很大的溶质原子浓度范围界面迁移就表现出禀性行为。总之，溶质原子浓度增加、驱动压力和温度降低使拖曳效应变得重要。随着 v 的增加其非对称程度增加，拖曳力加大。

随着温度增加，还观察到晶界迁移率不连续增加的现象。图 4-135 是实验测量的含 Fe 溶质原子的 Al 的（111）倾转晶界（倾转角是 46.5°）的 $\ln M_b$-$1/T$ 关系曲线。这种晶界迁移率随着温度增加而不连续增加的现象，推测是因为随着温度升高，晶界断续地部分摆脱溶质原子气氛钉扎。

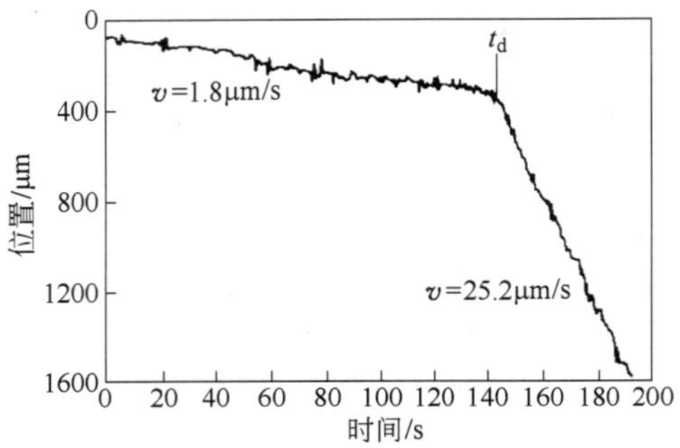

图 4-134　Al 双晶在退火时晶界位置随时间的变化

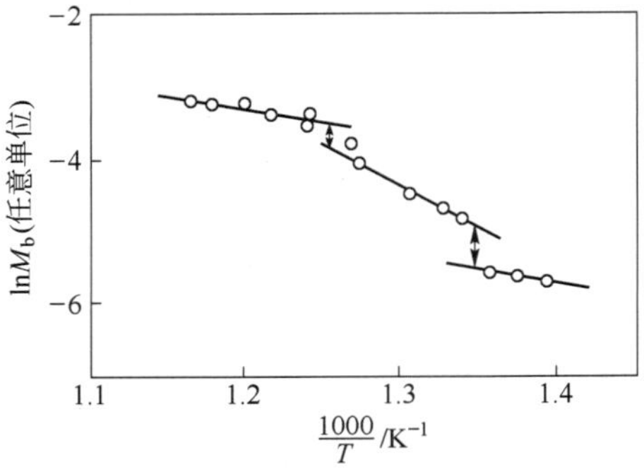

图 4-135　实验测量的含 Fe 溶质原子的 Al(111)倾转晶界（倾转角是 46.5°）的 $\ln M_b$-$1000/T$ 关系曲线

D　第二相颗粒对界面的钉扎

第二相颗粒的存在会对晶界迁移产生拖曳力。图 4-136 所示为含钽碳化物中的铬在 1300℃再结晶退火时，其中的钽碳化物颗粒（间距小于 1μm）对小角度和大角度晶界钉扎的图片。

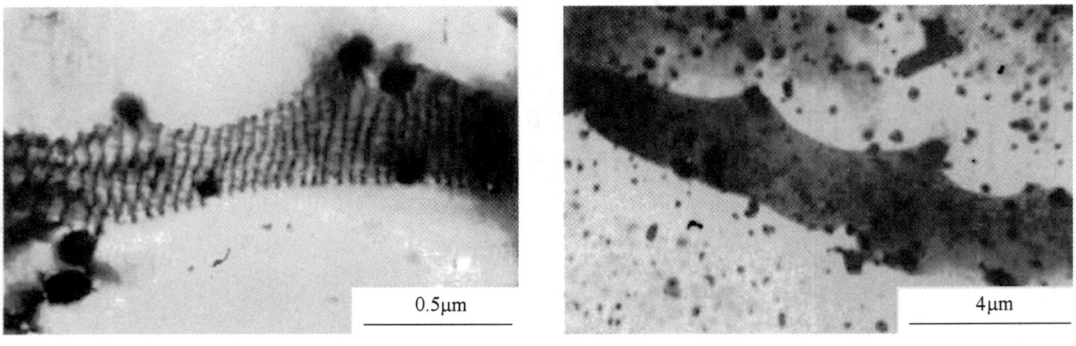

a　　b

图 4-136　铬在 1300℃再结晶退火时含钽碳化物颗粒（间距小于 1μm）对小角度晶界（a）和大角度晶界（b）的钉扎

Zener 最早讨论第二相颗粒对晶界的钉扎，从而对晶界迁移产生拖曳力，人们把这种钉扎作用称为 Zener 钉扎。界面迁移遇到颗粒并穿越颗粒时，如果界面两侧的晶体与颗粒的界面能相等，则界面穿越颗粒使界面面积减小从而帮助界面迁移，但是当界面穿越到达颗粒的最大截面面积后，界面继续穿越就会使界面面积增加从而阻碍界面迁移。如果界面是刚性的，因为界面处在各个颗粒的不同位置，它们对界面的力会相互抵消从而不会对界面有钉扎力。实际上界面不可能是刚性的，它会局部松弛从而改变它的平面状态，使晶界处在每个颗粒的最大拖曳力的位置。

界面迁移穿过颗粒都会受到颗粒钉扎，驱动压力驱使界面通过颗粒向前移动，界面能的作用使颗粒拉住界面，使得界面在颗粒周围拱起，如图 4-137 所示。为了简单，设颗粒是半径为 r 的球体。考察在颗粒与界面相交处的界面张力平衡的情况，有如下关系：

$$\cos\alpha = \frac{\gamma_{p/b_2} - \gamma_{p/b_1}}{\gamma_b} \tag{4-122}$$

式中，γ_{p/b_1}和γ_{p/b_2}分别是颗粒与晶粒 1 和晶粒 2 间的界面能；γ_b是晶粒间的界面能。对晶界迁移的净钉扎力 F 为：

$$F = 2\pi r\cos\varphi\gamma_b\cos(\alpha - \varphi) \tag{4-123}$$

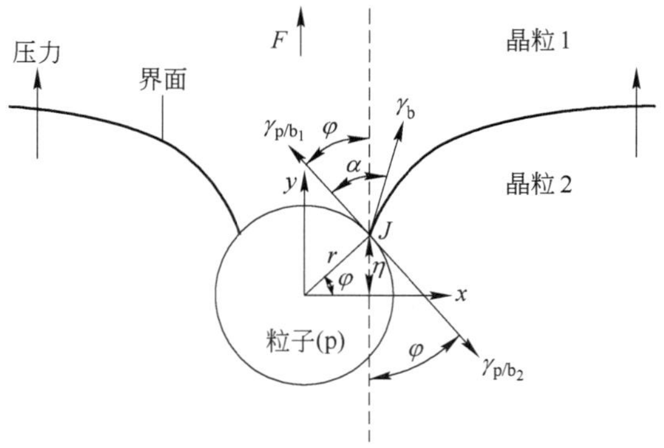

图 4-137 在晶粒 1 和晶粒 2 晶界上的一个球形第二相颗粒

最大的钉扎力是在 $\partial F/\partial\varphi = 0$ 处，即相应 $\varphi = \alpha/2$ 处。最大钉扎力 F_{max}为：

$$F_{max} = \pi r\gamma_b(1 + \cos\alpha) \tag{4-124}$$

对于简单的情况，$\gamma_{p/b_1} = \gamma_{p/b_2}$， $\cos\alpha \approx 0$ 即 $\varphi \approx \pi/4$，F_{max}为：

$$F_{max} \approx \pi r\gamma_b \tag{4-125}$$

F_{max}取决于颗粒直径 r 和界面能 γ。

现在考虑分散的均匀分布的颗粒系统，此时，单位面积界面会遇到的颗粒数目为 N_A（颗粒的面密度），它和颗粒的尺寸 r 以及颗粒的体积分数 f 有关。单位体积内的颗粒数 $N_V = 3f/4\pi r^3$，根据体视学原理，单位截面上的颗粒数 $N_A = 2N_V r = 3f/2\pi r^2$，如果认为每个颗粒对界面的钉扎力都是最大钉扎力，则界面受到的 Zener 钉扎压力 p_Z为：

$$p_Z = N_A F_{max} \approx \frac{3f\gamma_b}{2r} \tag{4-126}$$

另一种计算颗粒对界面的钉扎力的方法则认为在颗粒之间拱起的界面在脱离一个颗粒的同时与另一个新的颗粒接触，这样界面迁移过程始终保持相同的颗粒数。用界面驱动压力（毛细管力）与钉扎力平衡的方法计算，获得的钉扎压力为：

$$p_Z = \frac{1.3\gamma_b f^{0.92}}{r} \approx \frac{1.3\gamma_b f}{r} \tag{4-127}$$

式(4-126)和式(4-127)是相似的。

若晶界近似为平面，并且晶粒尺寸比颗粒间距大得多，则 Zener 拖曳的讨论才是合理的。事实上还要考虑颗粒与晶粒的相关性。图 4-138 定义了颗粒与晶粒相关的 4 种重要情况：图 4-138a 所示为晶粒尺寸比颗粒间距小得多；图 4-138b 所示为晶粒尺寸与颗粒间距相当；图 4-138c 所示为晶粒尺寸比颗粒间距大得多；图 4-138d 所示为晶粒不均匀分布，颗粒仅分布在晶界上。所有这些情况的颗粒对晶界迁移的拖曳力取决于颗粒以及晶粒排列的细节，一般是难以精确确定的。

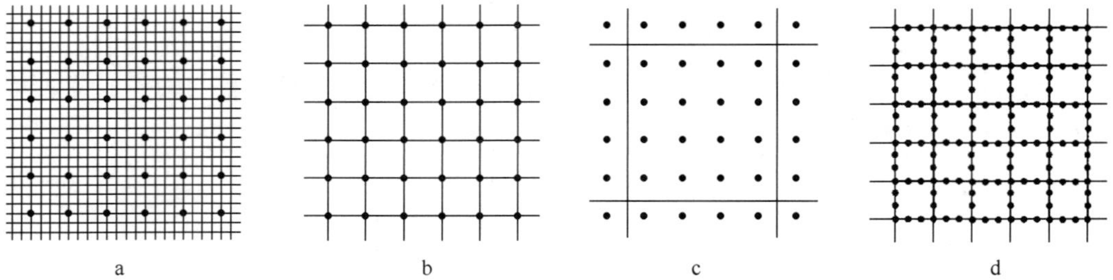

图 4-138　颗粒与晶粒相关的示意图
a—晶粒尺寸比颗粒间距小；b—晶粒尺寸与颗粒间距相当；c—晶粒尺寸比颗粒间距大；d—颗粒仅分布在晶界上

如果简单地考虑颗粒和晶界都是如图 4-138 那样三维的立方排列，对于图 4-138a 的情况，假设颗粒都分布在晶粒的角隅（晶棱交点）上，则这种假设是合理的，因为颗粒这样的分布可以减少晶界面积最多，在能量上是合适的。以 D 表示晶粒的棱长，则单位体积的晶界面积等于 $3/D$，单位晶界面积的颗粒数 N_A 为：

$$N_A = \frac{\delta N_V D}{3} \tag{4-128}$$

式中，δ 是取决于颗粒在晶界位置的因子。如果颗粒处在晶界面上，$\delta=1$。如果颗粒如图 4-138a 和 b 那样处在晶粒的角隅上，$\delta=3$，把 $N_V=3f/4\pi r^3$ 代入式(4-128)，得：

$$N_A = \frac{\delta N_V D}{3} = \frac{3Df}{4\pi r^3} \tag{4-129}$$

对于非共格球形颗粒，在这种情况下颗粒对晶界迁移的拖曳力为：

$$P_Z = N_A F_{max} = \frac{3D\gamma_b f}{4r^2} \tag{4-130}$$

当颗粒分布从如图 4-138a 直至如图 4-138b 那样分布在每个角隅上之前，这一关系都是有效的。如果是如图 4-138b 那样分布，这时晶粒尺寸 D 与颗粒间距 D_C 相同，D_C 等于：

$$D_C = D = N_V^{-1/3} = \left(\frac{4\pi r^3}{3f}\right)^{1/3} \tag{4-131}$$

这时，单位面积晶界角隅上的颗粒数 $N_C = 1/D^2$，所以，在图 4-138b 这种情况下，颗粒对晶界迁移的拖曳力为：

$$P_Z = N_C F_{max} = \left(\frac{3f}{4\pi r^3}\right)^{2/3} \pi r \gamma_b = \frac{1.2\gamma_b f^{2/3}}{r} \tag{4-132}$$

单位体积晶粒的角隅数为 $1/D^3$，当 $D \geqslant D_C$ 时，如果以 X 表示颗粒处在角隅处的分数，则：

$$X = \frac{1}{N_V D^3} \tag{4-133}$$

如图 4-138b 的情况，$X=1$，也就得出式(4-131)的结果。当 $X \neq 1$，单位面积晶界角隅上的颗粒数等于：

$$N_C = X N_V D \tag{4-134}$$

余下的颗粒分布在晶界或晶粒内部，按现在简单假设，这些余下的颗粒随机地与晶界相交截，因此，单位面积晶界与余下的颗粒相交截的颗粒数为：

$$N_r = 2 r N_V (1 - X) \tag{4-135}$$

单位面积晶界与颗粒相交截的总颗粒数是 N_C 与 N_r 相加，它们对晶界迁移的总拖曳力为：

$$P''_Z = \pi r \gamma_b [X N_V D + 2(1 - X) N_V r] \tag{4-136}$$

当 $D \geqslant D_C$ 时：

$$P''_Z = \pi r \gamma_b \left[\frac{1}{D^2} + 2\left(1 - \frac{1}{N_V D^3}\right) N_V r\right] \tag{4-137}$$

图 4-139 所示为颗粒的拖曳力与晶粒尺寸的关系的示意图。随着晶粒尺寸增加，拖曳力按式(4-130)增加，当晶粒尺寸增大至 D_C 时，即晶粒尺寸与颗粒间距相当时达到峰值，随后拖曳力按式(4-137)下降，直至 $D \geqslant D_C$ 时按式(4-137)变化。当 D 很大时，拖曳力回到式(4-126)表达的情况。

当驱动压力不大时，颗粒钉扎可能使界面不动；而驱动压力很大时，界面可以靠热激活摆脱颗粒而自由迁移。界面在热起伏前一刻颗粒施加于界面的力为 F，$F<F_{max}$，则在所有阶段摆脱钉扎的力 F' 是：

$$F' = 2\pi r \gamma_b \cos\varphi \sin\varphi = 2F_{max} \cos\varphi \sin\varphi = 2F_{max}(\eta/r)[1 - (\eta/r)^2]^{1/2} \tag{4-138}$$

式中，$\sin\varphi = \eta/r$，η 是界面在 y 轴方向的位移，当 $y=0$ 时 η 等于 0（坐标系见图 4-140）。

图 4-140 描述了 F' 与位置 η 间的函数关系。界面靠热激活摆脱颗粒钉扎所需的激活能

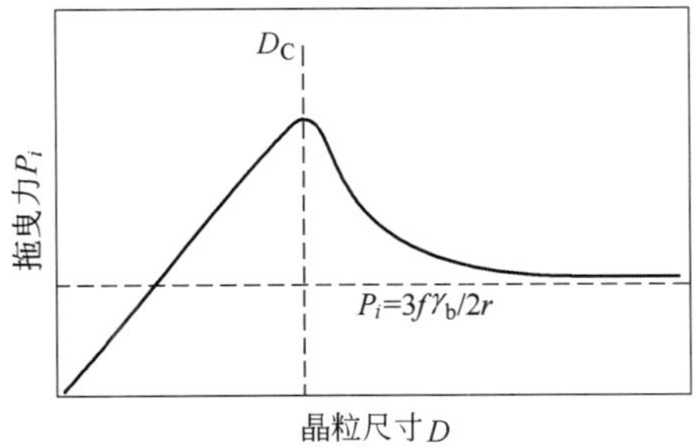

图 4-139 晶粒尺寸对颗粒拖曳力的影响

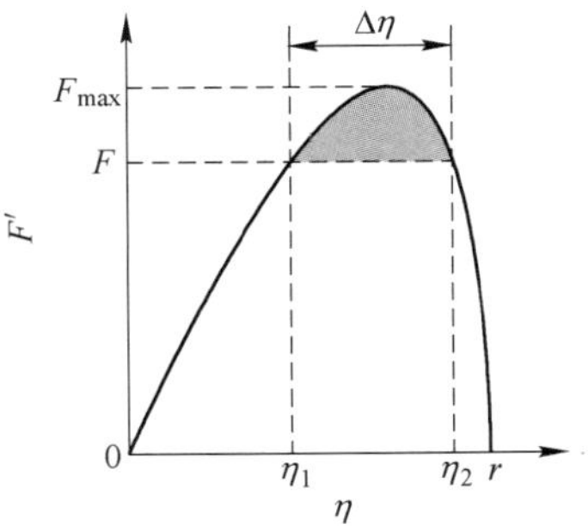

图 4-140 半径为 r 的球形颗粒对界面的钉扎力 F' 随界面移动距离 η 的变化，η 的方向是图 4-137 中的 y 轴方向

是图 4-137 中灰色部分的面积，即：

$$\Delta\mathcal{G}^* = \int_F^{F_{\max}} \Delta\eta(F')\mathrm{d}F' \tag{4-139}$$

式中，$\Delta\eta(F') = \eta_2(F') - \eta_1(F')$，由式(4-138)看出，给定 F'值对应的 φ_1 和 φ_2 有 $\varphi_2 = 90° - \varphi_1$ 的关系，因 $\eta = r\sin\varphi$，$\Delta\eta = \eta_2 - \eta_1 = r(\cos\varphi_1 - \sin\varphi_1) = r(1 - 2\sin\varphi_1\cos\varphi_1)^{1/2}$，根据式(4-138)，得 $\Delta\eta(F') = r(1 - F/F_{\max})^{1/2}$，于是，对式(4-139)积分得：

$$\Delta\mathcal{G}^* = \frac{2F_{\max}r}{3}\left(1 - \frac{F}{F_{\max}}\right)^{3/2} \tag{4-140}$$

正如直觉那样，激活能是随着颗粒尺寸减小和驱动力的增加而减小的。脱钉扎速度具有一般的 $\nu'\exp(-\Delta\mathcal{G}^*)$ 形式，ν'是尝试频率。当温度足够高颗粒尺寸足够小时，界面可以靠热激活摆脱颗粒的钉扎。此外，颗粒也可能因扩散而迁移，迁移的速度取决于温度、颗粒尺寸和其他因素，如果颗粒迁移速度能跟上界面迁移速度，它也可以跟着界面一起迁移。

如果颗粒的界面是共格界面，当大角度晶界扫过颗粒时，颗粒的界面会变为非共格界面，由于非共格界面能比共格界面能高，界面扫过颗粒时还要求补偿这部分能量，所以，共格颗粒对晶界移动的拖曳力更强。这时，图 4-137 中 γ_{p/b_1} 是共格界面能，γ_{p/b_2} 是非共格界面能，即 $\gamma_{p/b_1} \neq \gamma_{p/b_2}$，颗粒的最大拖曳力比式(4-125)表达的大。

小的共格颗粒被大角度界面扫过而丧失共格，变得不稳定，颗粒有可能在晶界扫过时发生溶解，然后在扫过的大角度界面后面重新沉淀为共格界面的颗粒，或者在界面发生不连续沉淀（不连续脱溶沉淀参见第 10 章 10.5.2 节）。另外，界面也有可能切割过共格颗粒。

E 表面沟槽的钉扎

若界面与表面相截，在表面与界面交截处由表面能和界面能的平衡出现沟槽，如图 4-141a 所示，这一平衡态必然会对界面迁移产生阻力。当界面没有承受压力时，在界面三叉交线上处于局部平衡，若认为界面能是各向同性的，界面能 γ_b、表面能 γ_s 和平衡角 θ 有如下关系：

$$\cos(\theta/2) = \gamma_b/2\gamma_s \tag{4-141}$$

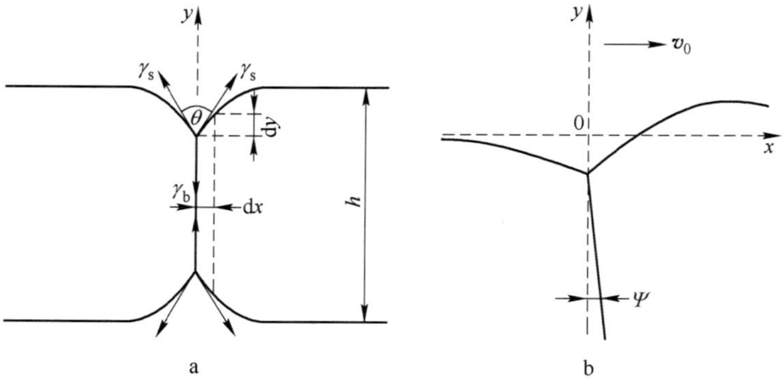

图 4-141 表面沟槽对晶界移动的拖曳
a—晶界面不受力时在表面形成的沟槽，沟槽相对于界面呈对称状；b—界面承受驱动压力后，界面迁移，沟槽对界面钉扎，沟槽呈非对称状

沟槽形成的机制主要是表面扩散，关于表面扩散参阅本书下册第 6 章 6.9.3 节。如果是一块薄板，板厚为 h，假设板中晶界垂直于表面，晶界在板面存在静态沟槽，如图 4-141a 所示。当晶界从沟槽根部迁移而增加晶界面积时，按照图 4-141a，可以看出相应对晶界移动的拖曳力 P_R 为：

$$P_R = -\frac{2\gamma_b}{h}\cdot\frac{dy}{dx} = -\frac{2\gamma_b}{h}\cot\frac{\theta}{2} \approx -\frac{\gamma_b^2}{h\gamma_s} \tag{4-142}$$

因 θ 与 π 仅相差几度，所以 $\sin(\theta/2)\approx 1$，而 $\gamma_b = 2\gamma_s\cos(\theta/2)$，故得到式（4-142）最后一项的近似值。从式（4-142）看出，拖曳的程度与板的厚度成反比，与沟槽的深度无关。实验证明，板厚很薄时，沟槽对晶界移动的拖曳特别严重。

事实上，现实的情况是复杂的，沟槽不是静态的，晶界也不会保持平直的对称状态。当界面受驱动压力迁移时，沟槽起钉扎作用，这时沟槽形状不再是对称的了，如图 4-141b 所示。如果迁移压力比较高，界面迁移速度相应比较大，没有足够的时间发生明显的沟槽，表面的影响可以忽略。但在低的驱动压力和低的迁移速度下，可以发生明显的沟槽，沟槽就对界面迁移起钉扎作用。在适当的条件下，沟槽可以在表面钉扎界面或者以一种稳态的试样跟随界面移动，也可能周期性地钉扎和摆脱钉扎。图 4-142 是厚度为 0.127cm 的 Cu 片界面迁移时在表面留下的痕迹，它是表面沟槽对晶界持续钉扎和摆脱钉扎的痕迹。

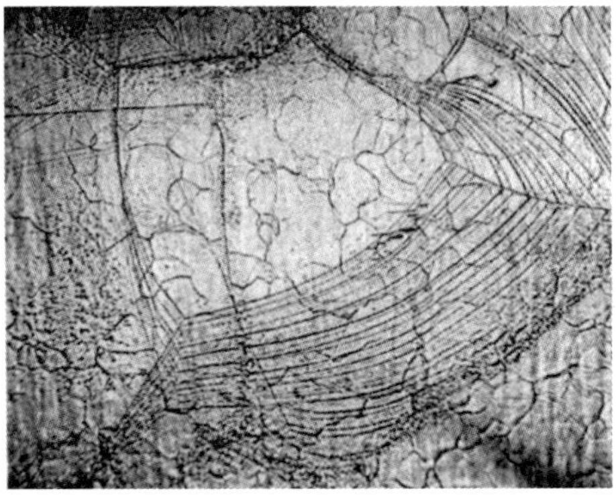

图 4-142 厚度为 0.127cm 的 Cu 片界面迁移时在表面留下的痕迹

例 4-19 厚度为 h 的单相双晶片，切割成对称的楔，如图 4-143a 所示。把它加热后，界面向着顶点迁移，$L(t)$是时间的函数，如图 4-143b 所示。（1）给出一个可以接受的模型解释观察的图 4-143b 资料。（2）设界面能 γ_b 与温度无关，估算这个界面迁移的激活能。

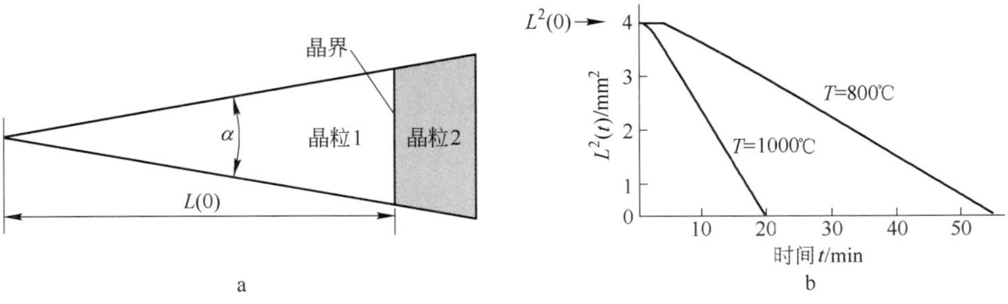

图 4-143 楔形单相双晶片晶界的迁移

a—晶界原始位置；b—在 800℃ 和 1000℃ 保温晶界迁移情况

解：(1) 假设晶界能是各向同性的。由于表面能和界面能间的平衡，界面很快就变为垂直于楔边缘的圆弧，曲率半径 $R = L/\cos(\alpha/2)$。这样，对界面产生的驱动压力 P 为：

$$p = \frac{\gamma_b}{R} = \frac{\gamma_b}{L}\cos\frac{\alpha}{2}$$

设界面迁移率 M_b 是常数，则界面迁移速度 v 为：

$$v = \frac{dL}{dt} = -M_b p = -\frac{M_b\gamma_b}{L}\cos\frac{\alpha}{2}$$

或

$$LdL = -\frac{M_b\gamma_b}{L}\cos\frac{\alpha}{2}dt$$

上式积分得：

$$L^2(0) - L^2(t) = 2M_b\gamma_b\cos\frac{\alpha}{2}t$$

这就解释了图 4-143b 的 $L^2(t)$ 与 t 之间的线性关系，同时，温度高的迁移率较大，也解释了图4-143b中为什么温度高的曲线斜率比温度低的更大（绝对值）。

注意到图 4-143b 中的曲线在开始时有一小段平台，即界面是等待一段时间才开始迁移的。这可能是界面原始位置在表面形成的沟槽的钉扎作用，界面迁移需要有一段时间来摆脱沟槽的钉扎。

(2) 在图 4-143b 中两个温度下，曲线的线性阶段的斜率正比于界面迁移迁移率 M_b，因界面能 γ_b 与温度无关，则 M_b 遵循 Arrhenius 规律：$M_b = M_b^0\exp(-Q_b/k_BT)$，$Q_b$ 是界面迁移激活能。T_1 和 T_2 两个温度下的迁移率之比为：

$$\frac{M_b(T_2)}{M_b(T_1)} = \exp\left[-\frac{Q_b}{k_B}\left(\frac{1}{T_2} - \frac{1}{T_1}\right)\right]$$

即

$$Q_b = k_B\frac{\ln M_b(T_2) - \ln M_b(T_1)}{(1/T_1) - (1/T_2)}$$

图 4-143 中 L^2-t 曲线的斜率与 M_b 成正比，设 $T_1 = 1073\text{K}$，$T_2 = 1273\text{K}$，根据这两个温度下的斜率，得：

$$M_b(T_1) \propto \frac{4}{55-6} = 0.0816 \qquad M_b(T_2) \propto \frac{4}{19-2} = 0.235$$

$$Q_b = \frac{(\ln 0.235 - \ln 0.0816)\times 1.38\times 10^{-19}}{(1/1073) - (1/1273)}$$

$$= \frac{1.058\times 1.38\times 10^{-19}}{1.464\times 10^{-4}} = 9.97\times 10^{-16}\text{J}$$

4.2.3 异相界面

因为相界面两侧的两个相的布拉维点阵可以不相同，成分也可以不相同，所以异相界面要比匀相界面复杂得多。除了个别情况外，相界面一般很难有精确的 CSL，更难有 DSCL，因此，不能直接应用 CSL/DSC 模型来讨论，但是，O 点阵的概念还是可以使用的。由于异相界面的复杂性，在这一章只介绍一些最一般的简单概念。

4.2.3.1 共格界面

如果两个相有某些面的原子排列结构相似，在这些面上的原子间距接近，则它们可以以这些面邻接作为共格界面。例如，一些合金的过饱和固溶体脱溶析出的预沉淀相与基体之间的界面很多都是共格界面。图 4-144a 是 Al-Ag 合金脱溶析出的富 Ag G. P. 区的 HRTEM 图像，图中黑点是 Ag 原子影像。箭头所指的是（111）面，这是两相点阵不变，只有成分变化的例子。又例如图 4-144b 是 Ni-Co 合金的马氏体的 HRTEM 图像，图中的直线是相界面，界面是十分平直的，它是成分不变只有点阵改变的共格界面的例子。前面的图 4-22 显示的是 Al_2O_3 与 TiO_2 间的共格界面，它是两相点阵不同、成分不同的共格界面的例子。

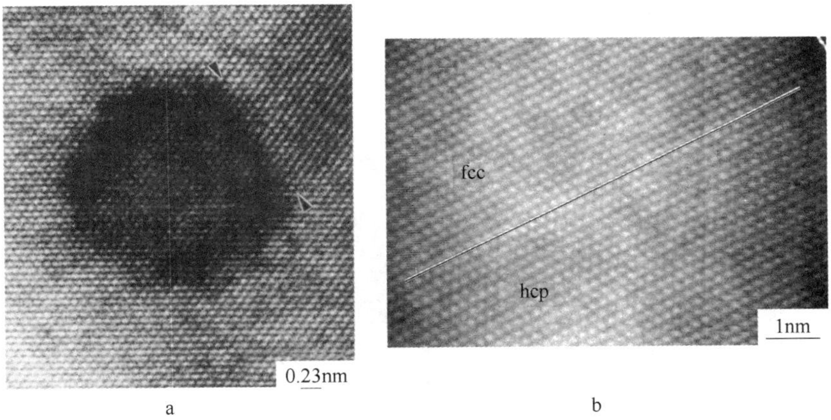

图 4-144 共格界面的 HRTEM 图像

a—Al-Ag 合金脱溶析出的富 Ag G. P. 区界面；b—Ni-Co 合金的马氏体相界面，直线是相界面

首先，用类似图 4-30 的应力发生器位错和应力消除器位错的方法来描述异相界面。图 4-145a 表述了一个 α 单晶点阵，它的下半侧弹性地转换成 β 相点阵，结果产生长程弹性应力场，用连续分布的应力发生器位错（共格位错）描述，如图 4-145b 所示。如果这个弹性应力场强度不大，两个晶体可以维持这个应力场而不发生弛豫，两个相跨过界面保持连续关系，这个界面就是完全共格界面。因为共格界面要求产生的弹性应力场强度不大，所以两个晶体点阵中不是任何面的邻接都会是共格界面，只有在界面两侧的两个相的

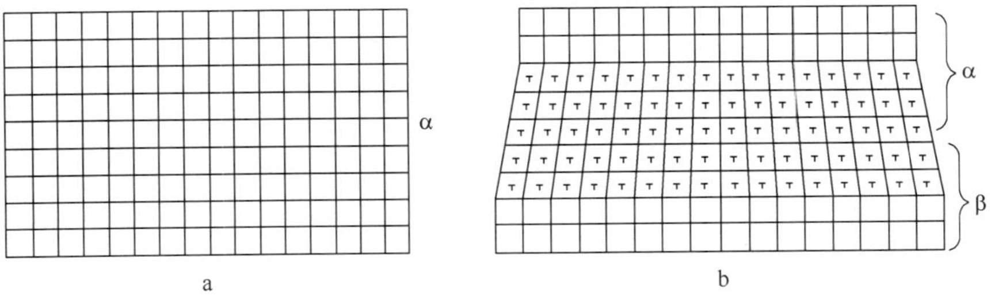

图 4-145 用应力发生器位错和应力消除器位错的方法来描述异相界面

a—一个 α 相单晶；b—α 相单晶的一部分弹性地畸变成另一相 β

结构和原子间距大小相似才有可能是共格界面。这样，两相之间一定具有某种特殊的取向关系：$\{hkl\}_1 \parallel \{k'h'l'\}_2$；$[uvw]_1 \parallel [u'v'w']_2$，下标 1 和 2 分别表示两个相。

例如，若 fcc-hcp 两个相存在共格相界面，两相的取向关系是：$(111)_{fcc} \parallel (0001)_{hcp}$；$[10\bar{1}]_{fcc} \parallel [11\bar{2}0]_{hcp}$，这种取向关系称 S-N（Shoji-Nishiyama，西山）取向关系（图 4-146b）。图 4-146a 所示是 Al-Ag 合金析出相 γ′（Ag_2Al，hcp）与基体 Al 间具有 S-N 取向关系的共格界面高分辨电镜照片。事实上，两个相之间的 $a_{fcc}[110]/2$ 和 $a_{hcp}[11\bar{2}0]/3$ 一般并不会相等，所以其中一个相要在这些方向作适当的膨胀才能得出完全共格界面。讨论这一共格界面时，可以完全不关心两个相的晶格之间的 O 点阵（或 CSL），因为 O 点阵（或 CSL）在晶界之外是没有意义的。如果研究这两个相之间的任意界面，则希望找出它们之间的 O 点阵，这样，它们之间的变换矩阵就必须包括膨胀和切变。图 4-146b 所示为经过变换获得从$\{110\}_{fcc}$面看 $\Sigma=3$ 的 CSL、相应的 DSCL 以及界面两侧的晶面的堆垛示意图。

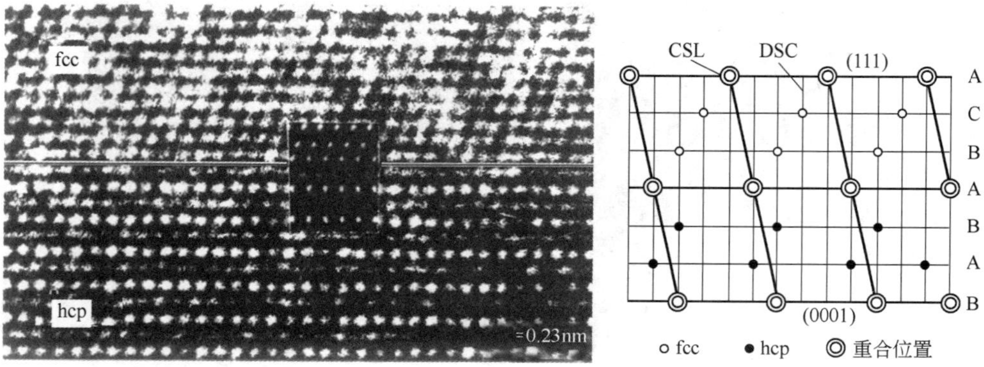

a　　b

图 4-146　Al-Ag 合金析出相 γ′（Ag_2Al，hcp）与基体 Al 间的共格界面

a—高分辨电镜照片；b—经适当变换后获得的 CSL、DSCL 以及共格界面两侧的晶面堆垛示意图

例 4-20　一个 fcc 结构和 hcp 结构间的半共格相界面上，两相之间有 S-N 取向关系。已知点阵常数 $a_{fcc}=0.33$nm，$a_{hcp}=0.26$nm。晶界上有什么样的位错？位错是如何布置的？位错间距有多大？

解： S-N 取向关系是 $(111)_{fcc} \parallel (0001)_{hcp}$、$[10\bar{1}]_{fcc} \parallel [11\bar{2}0]_{hcp}$。具有这样取向关系的界面，在界面中原子排布的取向相同，只是点阵间距不同。fcc 中 {111} 面上的原子间距 $d_{fcc}=a_{fcc}\sqrt{2}/2=0.33\sqrt{2}/2\text{nm}=0.233\text{nm}$，hcp 中 {0001} 面上的原子间距 $d_{hcp}=a_{hcp}=0.26$nm。当两相界面是半共格时，在$\langle 110\rangle_{fcc}$方向的失配度 δ 为：

$$\delta=\frac{d_{hcp}-d_{fcc}}{(d_{hcp}+d_{fcc})/2}=\frac{0.26-0.233}{(0.26+0.233)/2}=0.1095$$

这种失配应由错配位错吸纳。在界面上失配位错的柏氏矢量 $b=(d_{hcp}+d_{fcc})/2$，所以，失配位错的间距 D 为：

$$D = \frac{b}{\delta} = \frac{d_{hcp} + d_{fcc}}{2\delta} = \frac{0.26 + 0.233}{2 \times 0.1095}\text{nm} = 2.25\text{nm}$$

位错线垂直于$\langle 110\rangle_{fcc}$，所以位错线方向是$\langle 1\bar{1}2\rangle_{fcc}$。因为一个$\{111\}_{fcc}$面上有3个$\langle 110\rangle_{fcc}$方向，故在界面上有3组$\langle 1\bar{1}2\rangle_{fcc}$方向的位错，组成六方形的位错网络（参看图4-151c）。

共格相界能由两部分组成：维持界面两侧共格所产生的弹性畸变能，它的大小取决于界面两侧的匹配良好程度；考虑界面两侧原子间键合的差异所引起的化学能。如果弹性能不大，考虑界面两侧键合差异的最简单的早期模型是Backer模型。

以Backer模型讨论二元系锋锐平直的相界面。假设两个相的布拉维点阵相同，它们都是规则溶体，各相的成分一直至界面都是均匀的，如图4-147所示。用断键模型计算不同成分的两相在界面键合与在晶体内部键合的差异来估算界面能。以$N_{s(hkl)}$表示在界面平面（hkl）的单位面积的原子数，z_j是跨过界面的配位数，x_α和x_β是α和β相在界面两侧的平衡成分，u_{AA}、u_{BB}和u_{AB}分别是组元A-A、B-B和A-B的结合能，则界面能为：

$$\gamma_c = N_{s(hkl)} z_j (x_\alpha - x_\beta)^2 \varepsilon \qquad (4\text{-}143)$$

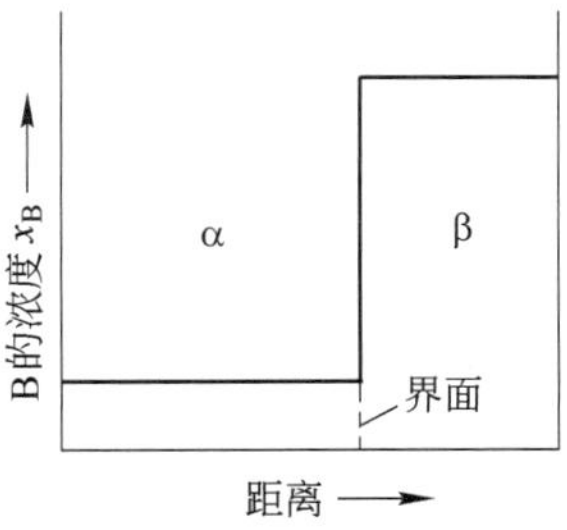

图4-147　α和β两相的相界面及成分分布的示意图

式中，$\varepsilon = u_{AB} - (u_{AA} + u_{BB})/2$。这一模型的局限性在于它假设界面是“锋锐”的，没有考虑界面具有一定宽度时界面的热力学变量。界面是“锋锐”的假设仅对那些在0K时有很大的正混合焓（$\Omega > 0$）的体系才是合适的。此方程非常简单，可以作为对界面能的估计。但是，它不能恰当地描述与相界面相关的物理本质。

例4-21　计算Au-Ni系400℃界面是共格（111）面的界面能。Au-Ni系的相图见第5章图5-15，相图具有互溶间隙，可以利用T_c求出ε。

解：在例5-15中利用相图求出$\varepsilon = 3.04\times10^{-21}$J/atom。再从相图（图5-15）查出在400℃时，$x_\alpha = 0.075$；$x_{\alpha'} = 0.985$。$(x_\alpha - x_{\alpha'})^2 = 0.828$。Au的点阵常数是0.40nm。因为相界面是（111）面，面上原子与相邻面的配位数$z_j = 3$。在例4-3中计算图4-7的那块（111）面的面积是$\sqrt{3}a^2/2$，这块面积上有两个原子，所以单位（111）面积上的原子数$N_s = 4/\sqrt{3}a^2 = 4/\sqrt{3} \times (0.4\times10^{-9})^2 = 1.44\times10^{19}$ atom/m^2。根据式(4-143)，表面能为：

$$\gamma_c = N_{s(hkl)} z_j (x_\alpha - x_{\alpha'})^2 \varepsilon = 1.44\times10^{19} \times 3 \times 0.828 \times 3.04\times10^{-21} = 0.109\text{J/m}^2$$

这个界面能是比较大的，主要是因为Au-Ni的混合焓比较大。

4.2.3.2 半共格界面

若图4-145b的应力场强度过大，界面再不能维持其连续而发生弛豫，即引入应力消除器位错（反共格位错）来消除其长程应力场，消除器位错的柏氏矢量与应力发生器位错的大小相等，符号相反，如图4-148a所示。应力消除器位错和应力发生器位错重新排列以减小弹性应变能，如图4-148b所示。这样就形成了一个半共格的相界面。

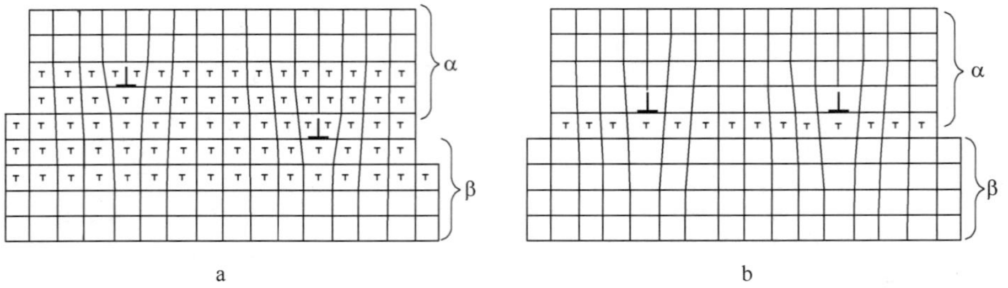

图 4-148　半共格界面

a—图 4-145b 中的长程应力场由引入应力消除器位错（反共格位错）来消除；
b—应力消除器位错和应力发生器位错重新排列以减小弹性应变能

如果用 O 点阵来描述，应力消除器位错就是界面上的失配位错，失配位错之间的中点就是 O 点阵的 O 阵点。先讨论一个简单半共格相相界：两个简单立方结构的 α 和 β 相，它们的点阵常数不同，相界面上侧 α 相的点阵常数 $a_\alpha=1$，下侧 β 相的点阵常数 $a_\beta=1.05$，界面是 {100} 面，如图 4-149a 所示。相界面两侧的原子不能对齐，它们之间的错配度 $\delta\approx(1.05-1)/1=5\%$。现在固定 β 相，对 α 相点阵作适当的均匀膨胀后和 β 相点阵互穿插就出现 O 点阵（也是 CSL），图 4-149b 中的黑粗线就是 O 线，在 O 线之间引入失配位错来收纳弹性畸变。

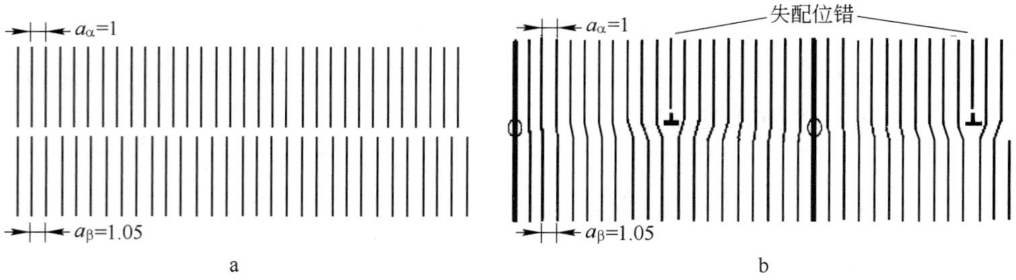

图 4-149　点阵常数不同的简单立方 α 和 β 点阵在 {100} 面上对接（a）及 α 点阵作适当的均匀膨胀后与 β 点阵穿插形成 O 点阵（b）

设两个简单立方点阵的点阵错配度为 δ，从 α 点阵变换到 β 点阵能产生 O 点阵需要作均匀的膨胀变换 $\boldsymbol{g}=(1+\delta)\boldsymbol{I}$，其中 $\boldsymbol{I}$ 是单位变换。根据式(4-89)，先求出 $\boldsymbol{T}^{-1}=(\boldsymbol{I}-\boldsymbol{g}^{-1})^{-1}$：

$$\boldsymbol{T}^{-1}=(\boldsymbol{I}-\boldsymbol{g}^{-1})^{-1}=\boldsymbol{I}(1+\delta)/\delta \tag{4-144}$$

把 $\boldsymbol{T}^{-1}$ 以及 α 点阵的基矢（柏氏矢量）$a^\alpha[100]$、$a^\alpha[010]$ 和 $a^\alpha[001]$ 代入式(4-89)，得出 O 点阵的基矢 $\boldsymbol{X}^0$ 的长度是 $a^\alpha(1+\delta)/\delta$，方向是 α 点阵的 3 个基矢方向。对于上述例子，$\delta=0.05$，$\boldsymbol{X}^0$ 的长度是 $a^\alpha(1+0.05)/0.05=21a^\alpha$，从而位错间距也是 $21a^\alpha$，这和图 4-148b 是相符的。

在计算失配度时选择不同的参考点阵会有不同的结果，特别时失配度大时是这样。这样，有人认为失配度应当相对平均点阵而言，即在界面上两侧点阵的失配度 δ 应为：

$$\delta = \frac{a^{\beta} - a^{\alpha}}{(a^{\alpha} + a^{\beta})/2} \tag{4-145}$$

在界面上失配的柏氏矢量也应为平均点阵的柏氏矢量，$b = (a^{\alpha} + a^{\beta})/2$。对于上述的简单立方情况，位错间距 D 可简单地写成：

$$D = \frac{b}{\delta} = \frac{(a^{\alpha} + a^{\beta})^2}{4(a^{\alpha} - a^{\beta})} \tag{4-146}$$

但是，这样计算 D 就很不方便。如果作为比较，用哪一个点阵或平均点阵都不影响可比性，因此采用单一的参考点阵还是方便可行的。

半共格界面中除了在失配位错的区域，界面上其他区域两侧点阵完全适配，是共格区域。若相界两侧点阵面失配度 δ 加大，则界面上失配位置密度加大，共格区域减小。当 $\delta>0.25$时，大约每隔 4 个原子就有 1 个位错，因此，相邻位错的芯部畸变区域几乎连接，整个界面实际上已无任何共格区域存在，也就是说，界面已经变成非共格界面。

例 4-22 讨论 Cu 和 Au 间可能的半共格相界面。

解： Cu 和 Au 的晶格点阵都是 fcc 点阵，Cu 的点阵常数 $a^{Cu}=0.3615$nm，Au 的点阵常数 $a^{Au}=0.4070$nm。设它们的取向相同，以 Cu 的点阵为 L_{Cu}（参考点阵），Au 的点阵为 L_{Au}。两个点阵的失配度 $\delta=(0.4070-0.3615)/0.3615=0.1259$，则从 Cu 的点阵转换为 Au 的点阵仅需作适当的膨胀。转换矩阵 $\boldsymbol{g}=(1+\delta)\boldsymbol{I}$，即：

$$\boldsymbol{g} = \begin{bmatrix} 1+\delta & 0 & 0 \\ 0 & 1+\delta & 0 \\ 0 & 0 & 1+\delta \end{bmatrix} = \begin{bmatrix} 1.1259 & 0 & 0 \\ 0 & 1.1259 & 0 \\ 0 & 0 & 1.1259 \end{bmatrix}$$

根据求 O 点阵的式子 $\boldsymbol{X}_i^{O} = \boldsymbol{T}^{-1} a^{Cu}$，先求出 $\boldsymbol{T}^{-1} = (\boldsymbol{I} - \boldsymbol{g}^{-1})^{-1}$，根据式(4-144)，得：

$$\boldsymbol{T}^{-1} = \begin{bmatrix} (1+\delta)/\delta & 0 & 0 \\ 0 & (1+\delta)/\delta & 0 \\ 0 & 0 & (1+\delta)/\delta \end{bmatrix} = \begin{bmatrix} 8.9428 & 0 & 0 \\ 0 & 8.9428 & 0 \\ 0 & 0 & 8.9428 \end{bmatrix}$$

所以，O 点阵基矢的长度是 8.9428×0.3615nm $=3.2328$nm。O 点阵仍为 fcc 点阵。在 O 阵点连线之间作垂面，这些垂面就是 O 胞壁，O 胞壁围成一个 O 胞。图 4-150表示其中一个 O 胞。

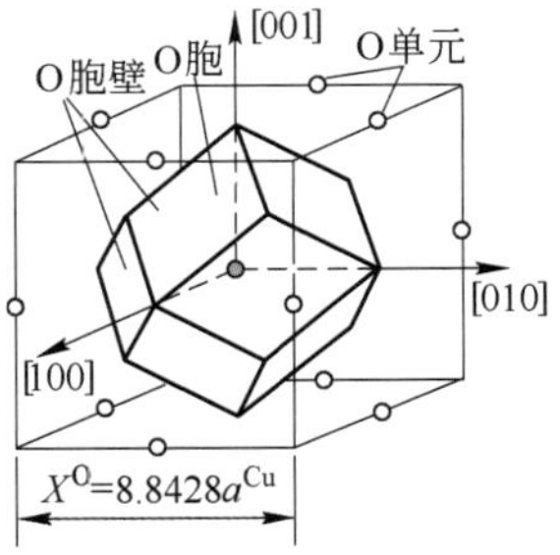

图 4-150 Cu 点阵在膨胀转换成 Au 点阵获得的 O 点阵
（这里的 O 点阵单胞是一般表示的单胞平移了 $X^{O}[001]/2$）

为了获得较低的界面能，界面都会通过 O 点阵的点阵面。如果晶界面是 {001} 面，则界面与 O 胞壁的截线就是位错线的位置，这时界面上有两组相互垂直的位错线，位错间距等于 $X^{O}\sqrt{2}/2 = 2.2860$nm，如图 4-151a 所示。如果晶界面是 {110} 面，这时界面上也有两组相互垂直的位错线，但这两组位错线的间距不同，其中一组位错线间距等于 $X^{O}\sqrt{2}/2 = 2.2860$nm，另一组位错线间距等于 $X^{O} = 3.1967$nm，如图 4-151b 所示。如果晶界面是 {111}，这时界面上有 3 组互成 120° 的位错线，位错线的间距都等于 $X^{O}\sqrt{2}\sin60° =$

2.2860nm，如图 4-151c 所示。

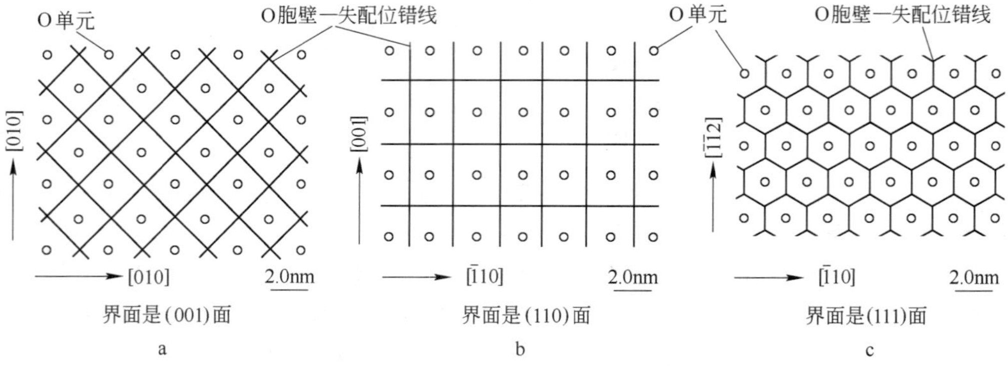

图 4-151 Cu-Au 间的半共格界面

在微电子器件生产中常遇到晶体外延生长另一相的薄膜的过程，薄膜生长初期，为了使相界面能最低，尽量与衬底相保持共格关系。随着膜的厚度增加，弹性应变能加大，达到某一临界厚度时，弹性应变能太大便会萌生失配位错以松弛弹性应变能，变为半共格相界面。

这种失配位错密度可达到（$10^7 \sim 10^8$）/cm。对于半导体器件，如果引入位错，导致电、光性能变坏。按照力学平衡的概念，可获得萌生位错的临界厚度 h_c 的方程：

$$h_c = \frac{b}{8\pi\delta(1-\nu)}\ln\frac{eh_c}{r_0} \tag{4-147}$$

式中，b 是位错柏氏矢量；δ 是错配度；ν 是柏桑比；r_0 是位错核心半径。

图 4-152 是根据这一超越方程得出的 h_c 与 δ 间的关系（包括两种近似解）。但是，实验测量的 h_c 值通常大于式（4-147）确定的数值，这部分是由于实验方法有误差，部分是由于动力学原因。对于半导体常用的 Si 衬底，其近似解为：

$$h_c = \frac{b}{9.9\delta} \tag{4-148}$$

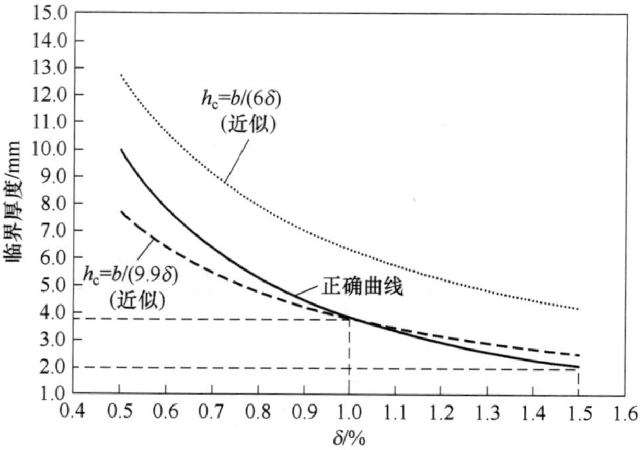

图 4-152 式（4-147）的正确解和两种近似解所表达的 h_c 与 δ 的关系

Si 的 $b=0.376$nm，若外延生长的相与 Si 之间的错配度 $\delta=1\%$，h_c 大约为 4 nm；若$\delta=1.5\%$，h_c 大约为 2 nm，可见临界厚度是很薄的。为了避免外延生长错配位错出现，使外延生长厚度不超过临界厚度，或者采用适当的工艺缓解错配位错出现来获得较厚的外延生长层。

图 4-153 给出 GaN 衬底上外延生长 InN 的例子。

在 GaN（六方点阵）衬底上外延生长 InN（六方点阵），开始时，两相界面保持共格：$(0001)_{GaN} \parallel (0001)_{InN}$，$[11\bar{2}0]_{GaN} \parallel [11\bar{2}0]_{InN}$，当薄膜厚度增加到某一临界值后便萌生界面位错。图 4-153a 为垂直界面的 HRTEM 图像，为了看清界面上的位错，对 HRTEM 图像进行 Fourier 变换，得到 InN、GaN$[11\bar{2}0]$晶带轴的衍射斑点（图 4-153 右上角的小图），再由 $\{10\bar{1}0\}$ 衍射斑点进行反 Fourier 变换，获得 $\{10\bar{1}0\}$ 晶面的衍射变换条纹，如图 4-153b 所示。界面是（0001）面，在变换条纹中可清楚地看出界面上的位错（图中箭头所指处可看到 GaN 的半原子面）。

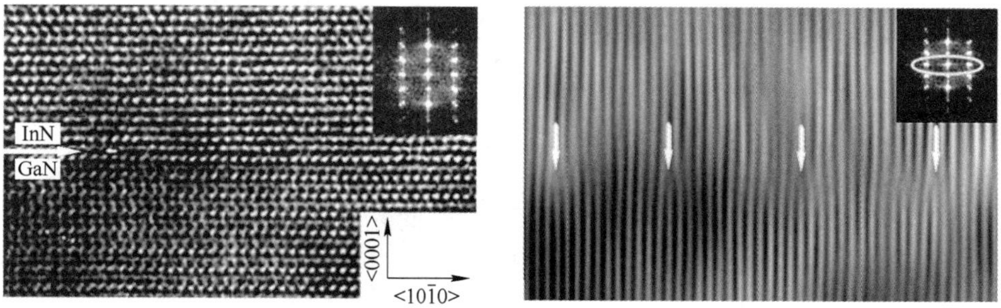

a b

图 4-153 在 GaN 衬底上外延生长 InN 界面

a—在界面附近的 TEM 图像；b—用衍射斑点进行反 Fourier 变换获得 $\{10\bar{1}0\}$ 晶面的衍射变换条纹（王辉）

因为晶界是（0001）面，可以只考虑在（0001）面上两相的匹配情况，它们的点阵常数分别是 $a^{InN}=0.3535$nm 和 $a^{GaN}=0.3189$nm，在$[11\bar{2}0]$方向点阵的错配 $\delta=(a^{InN}-a^{GaN})/[(a^{GaN}+a^{InN})/2]$，$\delta=0.1029$。按照式（4-147），当厚度约为 4nm 时，就会产生错配位错。在直角坐标下（如图 4-154 所示），从 InN 点阵（0001）转换为 GaN 点阵（0001）的变换矩阵 $\boldsymbol{g}$ 是：

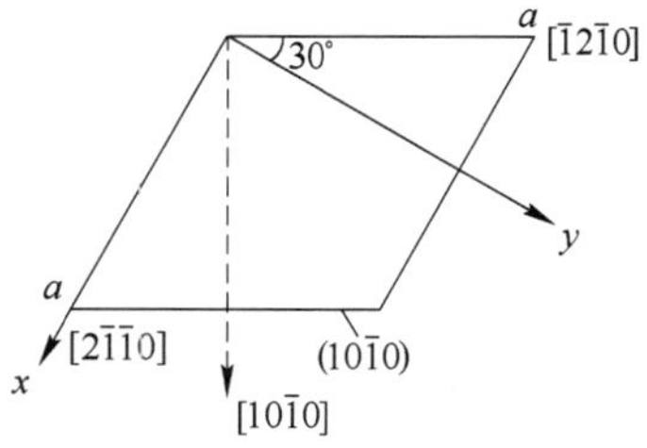

图 4-154 计算 O 点阵的坐标系

$$\boldsymbol{g}=\begin{bmatrix}1+\delta & 0\\ 0 & 1+\delta\end{bmatrix}$$

求经变换后两个点阵获得的 O 点阵：$\boldsymbol{X}_i^{O}=\boldsymbol{T}^{-1}a_i^{GaN}$，根据式(4-144)，其中的 $\boldsymbol{T}^{-1}$为：

$$\boldsymbol{T}^{-1}=\begin{bmatrix}(1+\delta)/\delta & 0\\ 0 & (1+\delta)/\delta\end{bmatrix}=\begin{bmatrix}10.718 & 0\\ 0 & 10.718\end{bmatrix}$$

在（0001）面上 O 点阵的两个基矢分别是：

$$X^{O} = \begin{bmatrix} 10.718 & 0 \\ 0 & 10.718 \end{bmatrix} \begin{bmatrix} a^{GaN} \\ 0 \end{bmatrix} = \begin{bmatrix} 10.718a^{GaN} \\ 0 \end{bmatrix}$$

$$Y^{O} = \begin{bmatrix} 10.718 & 0 \\ 0 & 10.718 \end{bmatrix} \begin{bmatrix} -a^{GaN}\sin 30^\circ \\ a^{GaN}\cos 30^\circ \end{bmatrix} = \begin{bmatrix} -10.718\sin 30^\circ a^{GaN} \\ 10.718\cos 30^\circ a^{GaN} \end{bmatrix}$$

Y^{O}实际还是原来六方点阵的$[\bar{1}2\bar{1}0]$方向，在这个方向的长度仍然是$10.718a^{GaN}$，所以O点阵仍是六方点阵。O点阵的基矢长度就是失配位错的间距，所以每10.718个GaN$(10\bar{1}0)$面的距离就有一个失配位错，位错也是六方网络。统计了InN/GaN界面约50nm长度上失配位错的间距，得到失配位错的平均周期数为11个GaN$(10\bar{1}0)$原子面，失配位错密度略低于理论计算的数值，如果考虑到外延GaN层自身是处于压应力状态，那么我们可以得到结论：在GaN层上生长的InN薄膜中约95%以上的晶格失配可以通过失配位错来弛豫。

再看一个Pt在单晶NiO的（001）面外延生长Pt-NiO界面的实例：界面的取向关系是$(001)_{Pt} \parallel (001)_{NiO}$，$[110]_{Pt} \parallel [110]_{NiO}$；观察到界面沿[110]和$[1\bar{1}0]$方向的方形位错网络，位错间距是(5.2±0.5)nm。当有扭转错配角θ时，仍观察到方形位错网络，但位错间距随θ增加而减小。$\theta=1.5^\circ$时，间距为(3.8±0.5)nm；位错线与⟨110⟩的夹角约为25°。图4-155是这种外延生长的一个例子。

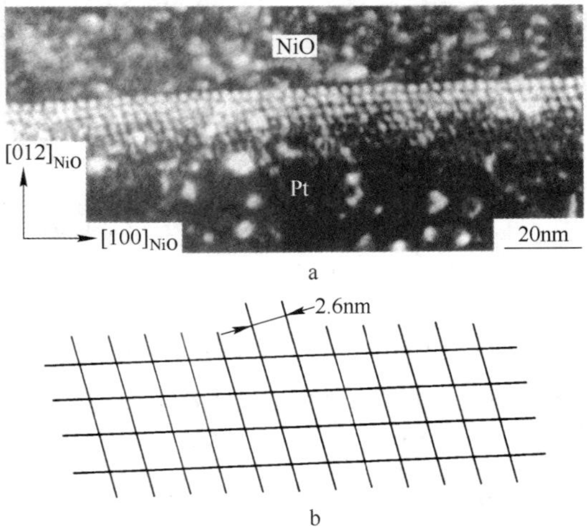

图4-155 Pt单晶NiO的(001)面外延生长Pt-NiO界面

a—NiO-P 界面的暗场电镜照片，界面两侧的取向差是相对垂直界面轴约3.2°并绕在界面NiO的$[1\bar{1}0]$轴转动约1°；b—在界面的两组位错的示意图

现在用O点阵理论预测在1200℃界面位错的分布。在界面上两个点阵的失配度$\delta = (a^{NiO} - a^{Pt})/a^{Pt}$。查得20℃时$a^{Pt}=0.39239$nm，Pt的线膨胀系数是$9\times10^{-6}$℃$^{-1}$，计算获得在1200℃时$a^{Pt}=0.39656$nm。又查得275℃时$a^{NiO}=0.41946$nm，因为查不到NiO的膨胀系数，而NiO与MgO比较相近，故借用MgO的线膨胀系数来计算，它的膨胀系数是12.8×10^{-6}℃$^{-1}$，计算获得在1200℃时$a^{NiO}=0.42443$nm。这样，在1200℃时：

$$\delta = (a^{NiO} - a^{Pt})/a^{Pt} = (0.42443 - 0.39656)/0.39656 = 0.07$$

从Pt点阵转换为NiO点阵的变换矩阵$\boldsymbol{g}$是：

$$g = \begin{bmatrix} 1+\delta & 0 & 0 \\ 0 & 1+\delta & 0 \\ 0 & 0 & 1+\delta \end{bmatrix}$$

求经变换后两个点阵获得的 O 点阵：$\boldsymbol{X}_i^{\mathrm{O}} = \boldsymbol{T}^{-1} a_i^{\mathrm{Pt}}$，根据式(4-144)，其中的 $\boldsymbol{T}^{-1}$ 为：

$$\boldsymbol{T}^{-1} = \begin{bmatrix} (1+\delta)/\delta & 0 & 0 \\ 0 & (1+\delta)/\delta & 0 \\ 0 & 0 & (1+\delta)/\delta \end{bmatrix} = \begin{bmatrix} 15.2857 & 0 & 0 \\ 0 & 15.2857 & 0 \\ 0 & 0 & 15.2857 \end{bmatrix}$$

把 Pt 点阵的 3 个基矢 $a^{\mathrm{Pt}}[100]$、$a^{\mathrm{Pt}}[010]$、$a^{\mathrm{Pt}}[001]$代入求出 O 点阵的 3 个基矢，基矢的长度 X^{O} = 15.2857×0.39656nm = 6.0602nm。基矢的方向恰好是原来 Pt 点阵的 3 个基矢方向。因为观察到平行于〈110〉的两组相互垂直的位错，图 4-156 是界面上位错分布的示意图，位错间距是 $X^{\mathrm{O}}[110]/2 = a^{\mathrm{O}}\sqrt{2}/2 = 6.0602\times\sqrt{2}/2\mathrm{nm} = 4.28\mathrm{nm}$。而实际观察测量的位错间距是(5.2±0.5)nm，估算的比实际的略小。

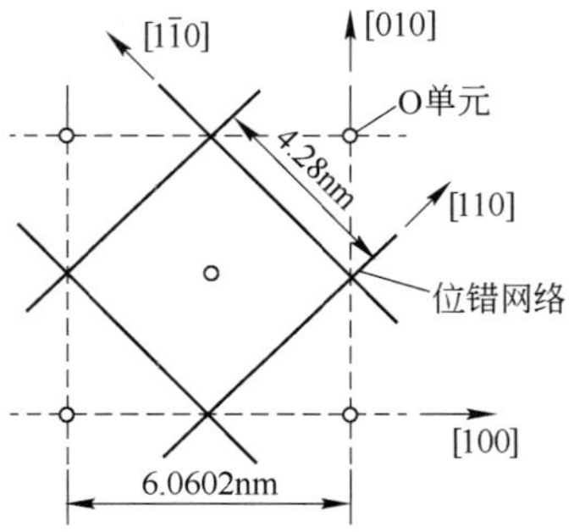

图 4-156 Pt 在单晶 NiO 的(001)面外延生长的 Pt-NiO 界面上位错分布的示意图

如果两相的取向差是在（001）面上$[110]_{\mathrm{NiO}}$轴与$[110]_{\mathrm{Pt}}$轴的取向差角，其值等于 θ，这时两个点阵的变换是均匀膨胀加上绕［001］轴逆时针转动 θ，并且考虑界面是（001）面，只关心界面的情况，两种操作分别是：

$$\begin{bmatrix} 1+\delta & 0 & 0 \\ 0 & 1+\delta & 0 \\ 0 & 0 & 1+\delta \end{bmatrix} \quad 和 \quad \begin{bmatrix} \cos\theta & -\sin\theta & 0 \\ \sin\theta & \cos\theta & 0 \\ 0 & 0 & 1 \end{bmatrix}$$

综合变换矩阵 $\boldsymbol{g}$ 是上面矩阵的相乘，应注意操作的先后，因为是先膨胀后旋转，所以：

$$\boldsymbol{g} = \begin{bmatrix} \cos\theta & -\sin\theta & 0 \\ \sin\theta & \cos\theta & 0 \\ 0 & 0 & 1 \end{bmatrix}\begin{bmatrix} 1+\delta & 0 & 0 \\ 0 & 1+\delta & 0 \\ 0 & 0 & 1+\delta \end{bmatrix} = (1+\delta)\begin{bmatrix} \cos\theta & -\sin\theta & 0 \\ \sin\theta & \cos\theta & 0 \\ 0 & 0 & 1 \end{bmatrix}$$

$$\boldsymbol{g}^{-1} = \frac{1}{1+\delta}\begin{bmatrix} \cos\theta & \sin\theta & 0 \\ -\sin\theta & \cos\theta & 0 \\ 0 & 0 & 1 \end{bmatrix}$$

$$\boldsymbol{T}^{-1} = \begin{bmatrix} \dfrac{(1+\delta)(1+\delta-\cos\theta)}{1+(1+\delta)^2-2(1+\delta)\cos\theta} & \dfrac{(1+\delta)\sin\theta}{1+(1+\delta)^2-2(1+\delta)\cos\theta} & 0 \\ \sin\theta & \cos\theta & 0 \\ -\dfrac{(1+\delta)\sin\theta}{1+(1+\delta)^2-2(1+\delta)\cos\theta} & \dfrac{(1+\delta)(1+\delta-\cos\theta)}{1+(1+\delta)^2-2(1+\delta)\cos\theta} & \dfrac{1+\delta}{\delta} \end{bmatrix} \tag{4-149}$$

把 δ=0.07 和 θ=1.5°代入，得：

$$\boldsymbol{T}^{-1} = \begin{bmatrix} 13.3610 & 4.9721 & 0 \\ -4.9721 & 13.3610 & 0 \\ 0 & 0 & 15.2857 \end{bmatrix}$$

把 Pt 点阵的 3 个基矢 $a^{Pt}[100]$、$a^{Pt}[010]$、$a^{Pt}[001]$代入 $\boldsymbol{X}_i^{O}=\boldsymbol{T}^{-1}a_i^{L_{Pt}}$ 求出 O 点阵的 3 个基矢。我们关心在（001）面（界面）上的 O 阵点分布，在界面上 O 点阵仍是面心正方，基矢长度是：

$$\boldsymbol{X}^{O}=a^{Pt}(13.3610^2+4.9721^2)^{1/2}=14.265\times0.3956\text{nm}=5.64\text{nm}$$

O 点阵的基矢与 Pt 点阵的基矢的夹角 φ 是：

$$\varphi=\arctan(4.9721/13.3610)=20.4°$$

实验观察的角度是 25°，考虑到这个角度对 θ 角十分敏感，计算与实验观察还是吻合得比较好。界面上位错网络在 O 点阵平行⟨110⟩方向的两组相互垂直的位错，位错间距是 $D=X^{O}[110]/2$，所以：

$$D=X^{O}\sqrt{2}/2=5.64\times\sqrt{2}/2\text{nm}=3.99\text{nm}$$

实验观察测量位错间距是(3.8±0.5)nm，预测结果和实验结果符合得很好。

4.2.3.3　有取向关系的两相之间的界面

考虑这类相界面结构的基本原则也是希望它们之间的密排面和密排方向相互平行，构成半共格界面，这样会有最小的界面能。这种倾向特别是在第二相在晶体的外延生长中经常看到。例如 bcc 点阵与 fcc 或 hcp 点阵之间的界面，bcc 的密排面 {110} 常与 fcc 的最密排面 {111} 或 hcp 的最密排面 {0001} 平行，bcc 的密排方向⟨111⟩常与 fcc 的最密排方向⟨110⟩或 hcp 的最密排方向 $[11\bar{2}0]$ 平行，即两个点阵有一定的取向关系。如果 bcc 点阵与 fcc 点阵之间的界面如图4-157b那样结合，称 K-S(Kurdjumov-Sachs 库久莫夫-萨克斯)取向关系：

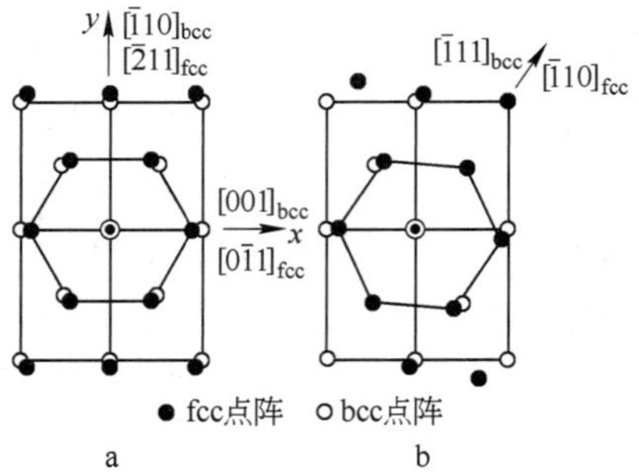

图 4-157　单层 fcc(111)面在 bcc(110)面上
a—$[0\bar{1}1]_{fcc}\parallel[001]_{bcc}$，N-W 关系；b—a 图转动 5.26°，$[0\bar{1}1]_{fcc}\parallel[\bar{1}11]_{bcc}$，K-S 关系

$$(111)_{fcc}\parallel(011)_{bcc};\quad [0\bar{1}1]_{fcc}\parallel[1\bar{1}1]_{bcc} \tag{4-150}$$

如果是 bcc 点阵与 hcp 点阵之间的界面，把上式的$(111)_{fcc}$换为$(0001)_{hcp}$，$[0\bar{1}1]_{fcc}$ 换为 $[11\bar{2}0]_{hcp}$，即：

$$(0001)_{hcp}\parallel(110)_{bcc};\quad [11\bar{2}0]_{hcp}\parallel[1\bar{1}1]_{bcc} \tag{4-151}$$

这一关系称柏格斯（Burgers）取向关系。另外还有一种 bcc 点阵与 fcc 点阵之间的界面取向关系，它是 K-S 关系中的 fcc 密排面相对 bcc 点阵转动 5.26°得来的，如图 4-157b 所示，称 N-W 取向（Nishiyama-Wassermann）关系，又称西山关系：

$$(111)_{fcc}\parallel(101)_{bcc};\quad [1\bar{2}1]_{fcc}\parallel[10\bar{1}]_{bcc} \tag{4-152}$$

如果图 4-157a 的 N-W 关系把 fcc 绕图中的中心轴顺时针转动 5.26°就变成图 4-157b 的 K-S 关系。计算证明，具有 N-W 取向关系的晶界能比较低，而具有 K-S 取向关系的晶界能最低。图 4-157b 可以看到在两个点阵间有一条“不变线”（即在这线上两个点阵的阵点完全吻合），相当 O 点阵的 O 线。设想图4-157a的 bcc 点阵在 y 方向作弹性膨胀 ε_y，在 x 方向作压缩 ε_x，就可以使图 4-157a 的 bcc 点阵面与 fcc 点阵面重合。这一变换矩阵 $\boldsymbol{g}_1$ 为：

$$g_1 = \begin{bmatrix} \eta_x & 0 \\ 0 & \eta_y \end{bmatrix} \tag{4-153}$$

式中，η_x 和 η_y 分别等于 $1+\varepsilon_x$ 和 $1+\varepsilon_y$。一个矢量 $\boldsymbol{p}$ 经 $\boldsymbol{g}_1$ 变换后成为矢量 $\boldsymbol{q}$，则 $|\boldsymbol{q}| = |\boldsymbol{gp}|$。若变换前是一个圆（$p_x^2+p_y^2=1$），变换后它变成椭圆（$q_x^2/\eta_x^2+q_y^2/\eta_y^2=1$）。在原来的圆上总能找到经变换后长度不改变的矢量，如图 4-158a 的 C′线，它在变换前后的长度相等。如果再经一次绕 z 轴的刚性转动（转动角 θ）把椭圆转动使 C′与 C 重合，C 就是一个不变线（O 线），如图 4-158b 所示。转动变换矩阵 $\boldsymbol{g}_2$ 是：

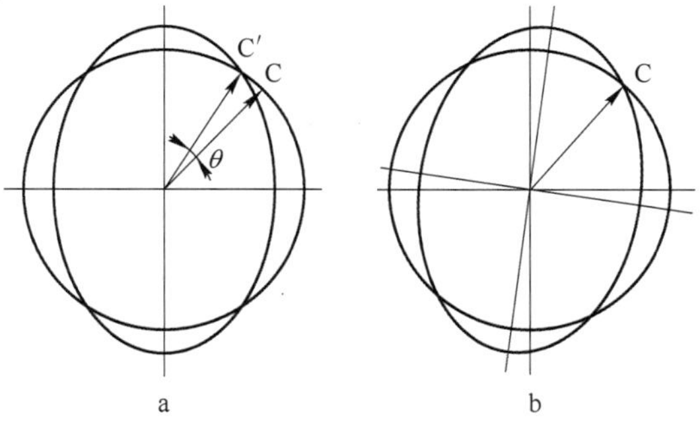

图 4-158　图 4-157 的点阵应变的连续统一（连续统一体）表达

a—圆（bcc 面）转换成椭圆 fcc 或 hcp 面；b—一个小的转动使 C′和 C 重合产生一个不变线（Dahmen，1982）

$$g_2 = \begin{bmatrix} \cos\theta & \sin\theta \\ -\sin\theta & \cos\theta \end{bmatrix}$$

原始状态变换到具有不变线的变换矩阵 $\boldsymbol{g}=\boldsymbol{g}_2\cdot\boldsymbol{g}_1$ 是：

$$g = g_2 \cdot g_1 = \begin{bmatrix} \cos\theta & \sin\theta \\ -\sin\theta & \cos\theta \end{bmatrix} \begin{bmatrix} \eta_x & 0 \\ 0 & \eta_y \end{bmatrix} = \begin{bmatrix} \eta_x\cos\theta & \eta_y\sin\theta \\ -\eta_x\sin\theta & \eta_y\cos\theta \end{bmatrix} \tag{4-154}$$

图 4-157a 经这样的变换后成为图 4-157b，使 $[011]_{fcc} \parallel [111]_{bcc}$。产生不变线需要转动的角度 θ 与两个点阵的点阵常数有关，即与 η_x 和 η_y 有关。如果 $\boldsymbol{p}$ 矢量经 $\boldsymbol{g}$ 变换后长度和方向不变，即：

$$gp = p \quad 或 \quad (g - I)p = 0$$

因为 $\boldsymbol{p}$ 不为 0，所以 $|\boldsymbol{g}-\boldsymbol{I}|=0$，即：

$$\det\begin{vmatrix} \eta_x\cos\theta - 1 & \eta_y\sin\theta \\ -\eta_x\sin\theta & \eta_y\cos\theta - 1 \end{vmatrix} = 0$$

解出：

$$\cos\theta = \frac{1+\eta_x\eta_y}{\eta_x+\eta_y} \tag{4-155}$$

从图 4-157a 得出：

$$\eta_x = \sqrt{2}\,\frac{a_{bcc}}{a_{fcc}} \qquad \eta_y = \frac{2\sqrt{3}}{3}\cdot\frac{a_{bcc}}{a_{fcc}} \tag{4-156}$$

以 κ 表示两个点阵的点阵常数之比 a_{fcc}/a_{bcc}，则产生不变线需要转动的角度 θ 为：

$$\cos\theta = \frac{1+(2\sqrt{6}/3)\kappa^2}{(\sqrt{2}+2\sqrt{3}/3)\kappa} \tag{4-157}$$

图 4-159 所示为产生不变线需要转动的角度 θ 与点阵常数比 κ 的关系。当 $\theta=0°$ 即有精确的 N-W 关系时，$\kappa=1/\sqrt{2}$ 和 $\sqrt{3}/2$；而当 $\theta=5.26°$ 即有精确的 K-S 关系时，$\kappa=3/4$ 和 $\sqrt{6}/3$。当 $\kappa<1/\sqrt{2}$ 或 $>\sqrt{3}/2$ 时，方程(4-157)对 $\cos\theta$ 无实根。

根据式(4-157)预测 fcc 与 bcc 点阵间的取向关系表示于图 4-160 中。很多实验资料都与这一预测相符。如果讨论 hcp 与 bcc 点阵，因为$\{0001\}_{hcp}$与$\{111\}_{fcc}$的阵点排列相同，因此把 κ 定义为 $2^{1/2}a_{hcp}/a_{bcc}$，则可以直接采用上面讨论的 fcc 与 bcc 的式子，此时 K-S 关系改为 Burgers 取向关系。对于其他类型的取向关系和不变线，可以仿照上述方法讨论。

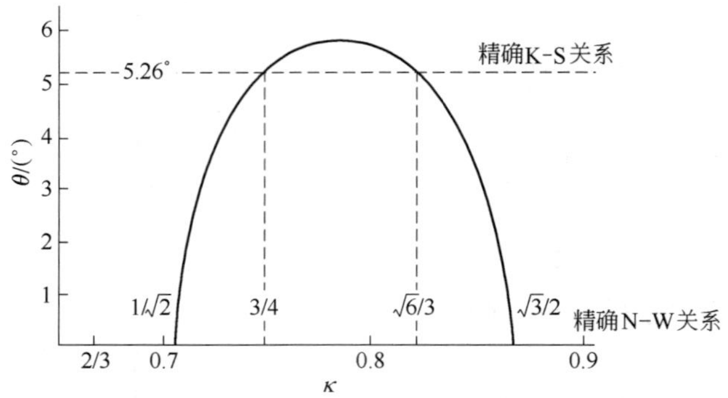

图 4-159 以密排面法线为转轴产生不变线所需要转动的角度 θ 与点阵常数比 κ 的关系
（Dahmen，1982；Kato，1991）

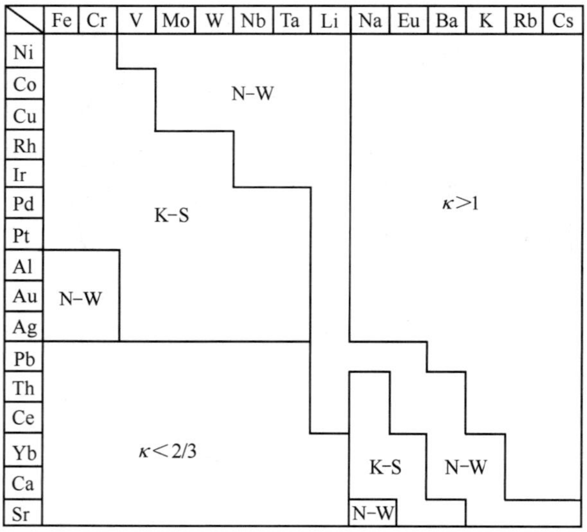

图 4-160 根据不变线判据对各个 fcc/bcc 体系
$\{111\}_{fcc} \parallel \{110\}_{bcc}$取向关系的预测

从上面讨论可知，在讨论异相界面时，如果知道其取向关系，创建变换矩阵 $\boldsymbol{g}$（可包括膨胀、切变和转动等），用 O 点阵模型以及相近 CSL/DSCL 模型近似描述，在界面上建立低能的准周期结构。

相近 CSL/DSCL 模型的方法是在两个相的点阵 L_1 和 L_2 中找出相近的 CSL，分别为 CSL_1 和 CSL_2，注意这两种 CSL 的单胞所含的原子数不一定相同，即 Σ 值不同。CSL_1 和 CSL_2 通常是二维的，并且取向不同。用适当的变换 $\boldsymbol{g}$ 把 CSL_1 转换成 CSL_2，再把转换后的两个 CSL 连接起来，它们就有一个相近的 DSCL。根据相近的 DSCL 可分析界面上的线缺陷（位错及台阶），图 4-161 给出一个说明这一程序的简单例子。图中画出了 CSL_1 和 CSL_2，CSL_1 的 $\Sigma=3$ 而 CSL_2 的 $\Sigma=4$。在 CSL_1 中同时给出两个点阵穿插后 L_2 的原子位置。

在界面的左上侧有一个含位错和台阶的混合线缺陷，根据在 L_1 和 L_2 的台阶矢量 $\boldsymbol{s}_1$ 和 $\boldsymbol{s}_2$，获得位错柏氏矢量等于 DSCL 的基矢 $\boldsymbol{a}_{DSC}$，台阶高度等于。$(\boldsymbol{s}_1-\boldsymbol{s}_2)\cdot\boldsymbol{\nu}$，$\boldsymbol{\nu}$ 是界面法线的单位矢量。在界面的中部也有一个含位错和台阶的混合线缺陷，此时 $\boldsymbol{s}_1=0$，位错的柏氏矢量等于 $\boldsymbol{s}_2$，也等于 DSCL 的基矢 c_{DSC}，台阶高度也等于 c_{DSC}。在界面的右下侧亦有一个含位错和台阶的混合线缺陷，它的位错的柏氏矢量和台阶高度与界面左上侧的线缺陷相同。

图 4-161 所示的界面如果迁移，柏氏矢量是 DSCL 矢量的位错可以滑移，但其中的点阵位错需要攀移，即需要伴随原子的扩散。图 4-161 是二维的，并且假设点阵在与图垂直的方向上具有相同的维数。如果两个点阵之间这个维度不同，尽管上面讨论同样的考虑也适用，需要更复杂的界面结构，这些结构特征也难以量化。

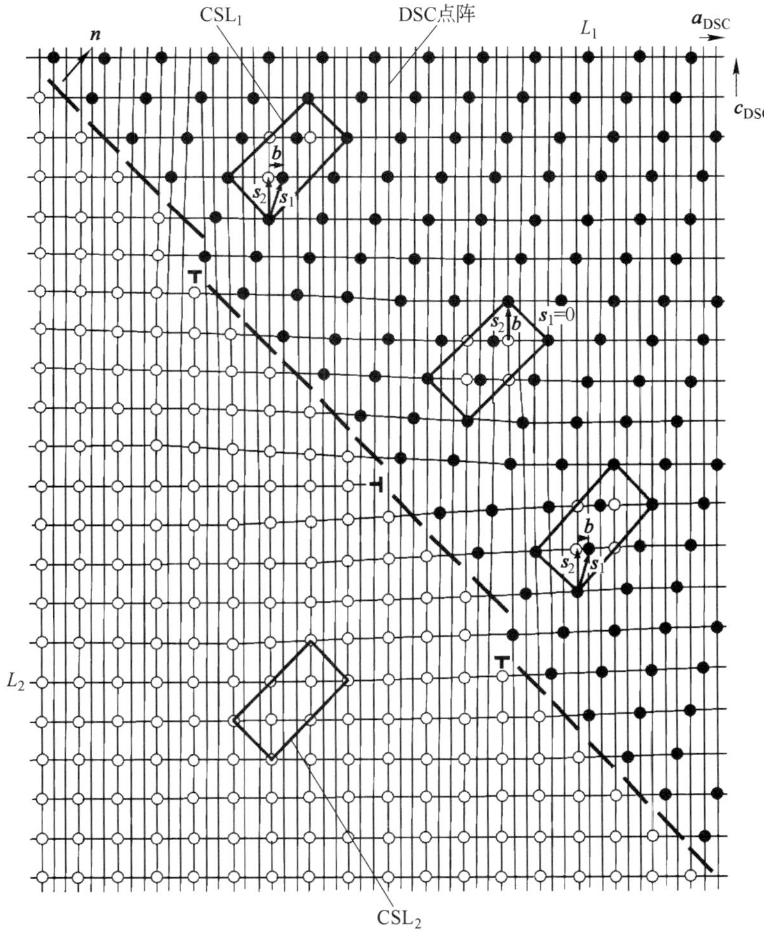

图 4-161 L_1点阵（α 相）与 L_2点阵（β 相）间的界面（粗黑虚线所示）

（Balluffi et al.，1982）

例 4-23 给出 bcc 与 hcp 两点阵间具有 N-W 取向关系和 Burgers 取向关系的 O 点阵表达式。

解： 根据给定的取向关系，选择两者具有最近邻点阵位置的相似单胞，两个单胞的点阵常数如表 4-12 所列，并如图 4-162 所示。

表 4-12 两个单胞的点阵常数

点阵常数	坐标系		点阵常数	坐标系	
	bcc	hcp		bcc	hcp
a	$a_{bcc}[1\bar{1}\bar{1}]/2$	$a_{hcp}[1\bar{2}10]/3$	α	90°	90°
b	$a_{bcc}[111]/2$	$a_{hcp}[11\bar{2}0]/3$	β	90°	90°
c	$a_{bcc}[0\bar{1}1]/2$	$a_{hcp}[0001]$	γ	109.47°	120°

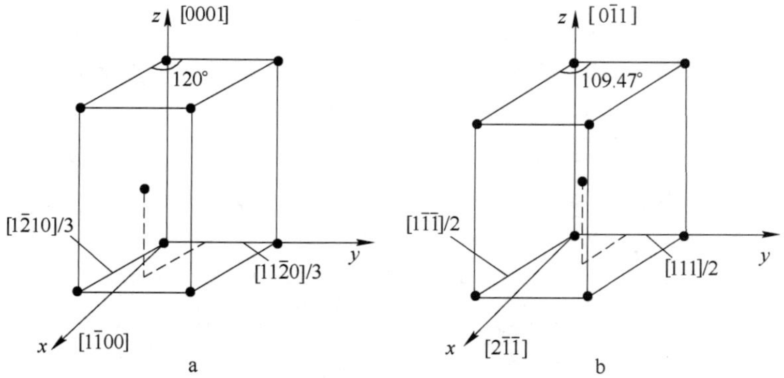

图 4-162 对 hcp 和 bcc 点阵根据取向关系选择作为 O 点阵计算的单胞
a—hcp 点阵；b—bcc 点阵

在图 4-162 中以直角坐标 x-y-z 作为参考坐标系，从参考系变换到 hcp 点阵的变换矩阵 $\boldsymbol{g}_1$(见式(1-102))是：

$$\boldsymbol{g}_1=\begin{bmatrix} a_{hcp}\sqrt{3}/2 & 0 & 0 \\ -a_{hcp}/2 & a_{hcp} & 0 \\ 0 & 0 & c_{hcp} \end{bmatrix}=a_{hcp}\begin{bmatrix} \sqrt{3}/2 & 0 & 0 \\ -1/2 & 1 & 0 \\ 0 & 0 & (c/a)_{hcp} \end{bmatrix}$$

从参考系变换到 bcc 点阵的变换矩阵 $\boldsymbol{g}_2$是：

$$\boldsymbol{g}_2=\begin{bmatrix} a_{bcc}\sqrt{2/3} & 0 & 0 \\ -a_{bcc}/\sqrt{12} & a_{bcc}\sqrt{3}/2 & 0 \\ 0 & 0 & a_{bcc}\sqrt{2} \end{bmatrix}=a_{bcc}\begin{bmatrix} \sqrt{2/3} & 0 & 0 \\ -1/\sqrt{12} & \sqrt{3}/2 & 0 \\ 0 & 0 & \sqrt{2} \end{bmatrix}$$

因此，从 hcp 变换为 bcc 的变换矩阵 $\boldsymbol{g}=\boldsymbol{g}_3\boldsymbol{g}_2(\boldsymbol{g}_1)^{-1}$。其中 $\boldsymbol{g}_3$为旋转矩阵，它由取向关系确定。对于 N-W 取向关系 $\boldsymbol{g}_3=\boldsymbol{I}$，设 $c_{hcp}/a_{hcp}=\kappa$，$\boldsymbol{g}$ 为：

$$\boldsymbol{g}=\frac{a_{bcc}}{a_{hcp}}\begin{bmatrix} 2\sqrt{2}/3 & 0 & 0 \\ 1/6 & \sqrt{3}/2 & 0 \\ 0 & 0 & \sqrt{2}/\kappa \end{bmatrix}$$

对应的 O 点阵 $\boldsymbol{X}_i^O=\boldsymbol{T}^{-1}a_i$，设 $a_{bcc}/a_{hcp}=h$，$\boldsymbol{T}^{-1}=(\boldsymbol{I}-\boldsymbol{g}^{-1})^{-1}$ 为：

$$\boldsymbol{T}^{-1}=h\begin{bmatrix} 4/(4h-3\sqrt{2}) & 0 & 0 \\ -\sqrt{6}/(3h-2\sqrt{3})(4h-3\sqrt{2}) & 3/(3h-2\sqrt{3}) & 0 \\ 0 & 0 & 2/(2h-\kappa\sqrt{2}) \end{bmatrix}$$

O 点阵的 3 个基矢是 $\boldsymbol{T}^{-1}$ 乘以 hcp 的 3 个基矢在所设坐标的分量[$a_{hcp}\cos30°, -a_{hcp}\sin30°, 0$]，[$0, a_{hcp}, 0$]，[$0, 0, c_{hcp}$]，即：

$$X^0 = [4a_{bcc}\cos30°/(4h - 3\sqrt{2}),\ 0,\ 0]$$

$$Y^0 = [-a_{bcc}\sqrt{6}\cos30°/(3h - 2\sqrt{3})(4h - 3\sqrt{2}),\ 3a_{bcc}\sin30°/(3h - 2\sqrt{3}),\ 0]$$

$$Z^0 = [0,\ 0,\ 2a_{bcc}\kappa/(2h - \kappa\sqrt{2})]$$

对于 K-S 关系，$\boldsymbol{g}_3$ 为：

$$\boldsymbol{g}_3 = \begin{bmatrix} \cos\theta & \sin\theta & 0 \\ -\sin\theta & \cos\theta & 0 \\ 0 & 0 & 1 \end{bmatrix}$$

精确的 K-S 关系时，$\theta = 5.26°$。这时 $\boldsymbol{g}$ 为：

$$\boldsymbol{g} = h\begin{bmatrix} 2\sqrt{2}\cos\theta/3 + \sin\theta/6 & \sqrt{3}\sin\theta/2 & 0 \\ \cos\theta/6 - 2\sqrt{2}\sin\theta/3 & \sqrt{3}\cos\theta/2 & 0 \\ 0 & 0 & \sqrt{2}/\kappa \end{bmatrix}$$

$$\boldsymbol{g}^{-1} = \begin{bmatrix} \dfrac{2\sqrt{6}h - \sin\theta - 4\sqrt{2}\cos\theta}{2\sqrt{6}h - \sin\theta - 4\sqrt{2}\cos\theta + 6/h - 3\sqrt{3}\cos\theta} & \dfrac{-3\sqrt{3}\sin\theta}{2\sqrt{6}h - \sin\theta - 4\sqrt{2}\cos\theta + 6/h - 3\sqrt{3}\cos\theta} & 0 \\ \dfrac{4\sqrt{2}\sin\theta - \cos\theta}{2\sqrt{6}h - \sin\theta - 4\sqrt{2}\cos\theta + 6/h - 3\sqrt{3}\cos\theta} & \dfrac{2\sqrt{6}h - 3\sqrt{3}\cos\theta}{2\sqrt{6}h - \sin\theta - 4\sqrt{2}\cos\theta + 6/h - 3\sqrt{3}\cos\theta} & 0 \\ 0 & 0 & \dfrac{\sqrt{2}}{\sqrt{2} - \kappa/h} \end{bmatrix}$$

同样，$\boldsymbol{g}^{-1}$ 乘以 hcp 的 3 个基矢在所设坐标的分量就获得 O 点阵的 3 个基矢。

看一个具有 N-W 取向关系的 bcc 与 fcc 界面的真实例子：钢中奥氏体（fcc）和铁素体（bcc）的界面。图 4-163a 所示为界面上单层原子分布的示意图。从图中看到，为了使界面原子适配得比较好，实际上两个点阵已经稍许偏离严格的取向关系。另外，$(111)_{fcc}$ 具有三次对称而 $(110)_{bcc}$ 具有二次对称，所以，这样的界面是不可能完全共格的。如果以一个阵点重合，只会在以这个阵点为中心的很小的一个菱形区域中双方原子较好适配，约有 8%的区域接近完全共格。离开这个区域越远，界面两侧原子越不适配。为了扩大界面的适配程度，必须引入线缺陷（位错和台阶）。为了提高共格程度，在界面上插入与界面垂直的单原子厚结构小台阶。在每个台阶的顶面上都可以通过原子位置的局部调整而生成许多共格小块，如图 4-163b 所示，结果使整个界面上的共格程度增加至 25%。在结构台阶的顶面上，两个共格小块之间用失配位错来吸纳这个区域内的错配，使界面的共格程度又进一步提高至 32%，如图 4-163c 所示。结构台阶的存在使得界面偏离原来的共格平面，偏离角度 θ 随两相点阵常数之比和位向关系而变化。例如，含 Si 的低碳钢中奥氏体（fcc）与魏氏体（bcc）的这种界面，θ 角在 9°～18°之间。这类界面的结构特征是固定的。所以，这类界面是不可能移动的，只能通过形成成长台阶和这些台阶的侧向移动来完成界面的法向移动，即由台阶机制来完成界面移动。成长台阶和结构台阶无论在几何尺寸、共格程度还是可动性等方面都不相同。

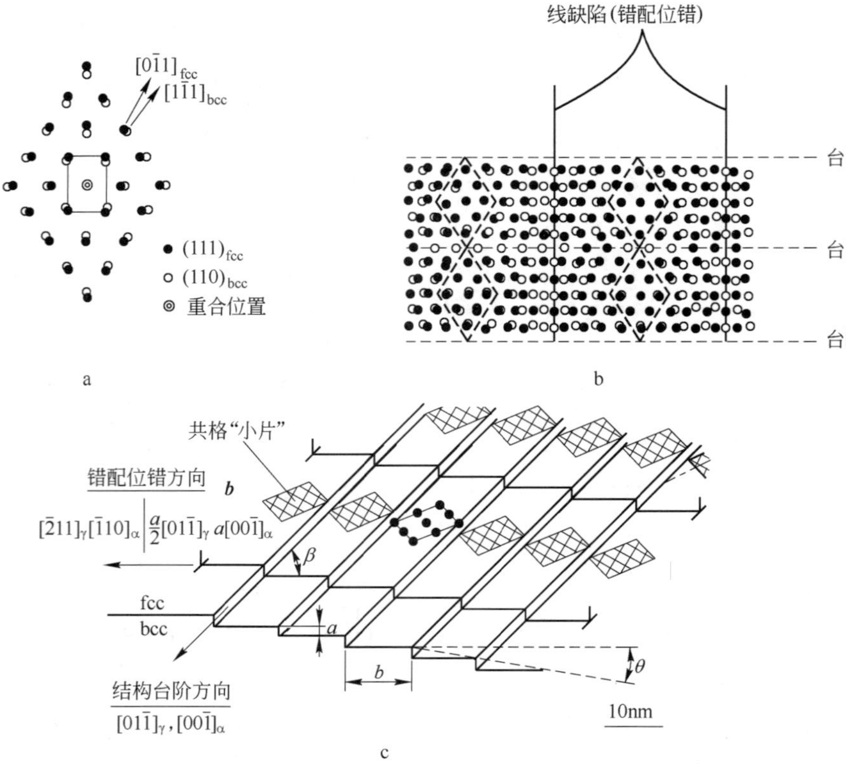

图 4-163 有 N-W 位向关系$\{111\}_{fcc} \parallel \{110\}_{bcc}$的 fcc 与 bcc 的界面原子排列情况

a—有 N-W 关系的两个点阵在界面上原子排列示意图；b—界面上通过结构台阶和失配位错提高共格程度，结构台阶的存在，使界面偏离共格平面；c—b 图中界面的等效示意图（a 是结构台阶的高度，b 是结构台阶的间距，$\theta = \arctan(a/b)$）

4.2.3.4 相界面能

讨论相界面能比讨论晶界能量要复杂得多，如果两个相的布拉维点阵相同，它们之间的半共格界面能可作如下处理：只考虑一个方向的失配（δ），在失配位错邻域的原子可以发生弛豫，跨过界面原子的交互作用按正弦力处理，并假设两相都是连续介质。界面能量的弹性部分（γ_b）$_s$为：

$$(\gamma_b)_s = \frac{\mu a'}{4\pi^2}\{1 + \Lambda - (1 + \Lambda^2)^{1/2} - \Lambda\ln[2\Lambda(1 + \Lambda^2)^{1/2} - 2\Lambda^2]\} \tag{4-158}$$

式中，$\Lambda = 2\pi\delta(C_8\mu)$，$1/C_8 = (1 - \nu^\alpha)/\mu^\alpha + (1 - \nu^\beta)/\mu^\beta$，$\nu^\alpha$和$\nu^\beta$分别是 α 和 β 相的泊松比，$\mu^\alpha$和$\mu^\beta$分别是 α 和 β 相的切变模量；$\mu$ 是界面的切变模量；$a' = (a^\alpha + a^\beta)/2$。值得注意的是，这一式子与小角度晶界能式(4-73)是相似的。如果$\mu = \mu^\alpha = \mu^\beta$，则 Λ 简化为 $\pi\delta/(1 - \nu)$，结果为：

$$(\gamma_b)_s = \frac{\mu a'\delta}{4\pi(1 - \nu)}(A_0 - \ln\delta) \tag{4-159}$$

式中，A_0是常数，相当于位错核心能量，用 b 取代 a'，这就和式(4-73)完全相同。可见，半共格界面的弹性能部分是来源于失配位错能量。

如果相界面两侧的结构（甚至成分）不同，化学键能不那么单一，使定量估算相界面能更为复杂化。由于相界面的复杂性，虽然对相界面能已经作过一些原子模型的计算和一些测量工作，但是数据比较分散。表 4-13 只给出了供参考的固-固相界面的界面能 $\gamma_{s/s}$ 的范围。

表 4-13　固-固相界面的界面值能范围

界　面	$\gamma/mJ \cdot m^{-2}$	界　面	$\gamma/mJ \cdot m^{-2}$
共格界面	5~200	非共格界面	800~2500
半共格界面	200~800		

4.3　多晶体和多相材料中的平衡

晶体表面、晶界和相界都是高能区。从能量角度看，应该尽量减少晶界或相界。例如，一个多晶体在放置足够长的时间后，理应变成单晶体。但事实并非如此，这是因为晶体中的晶界（或相界）通过自身的调整，在晶界或相界相交接处产生亚平衡（Metastable Equilibrium），晶界能（相界能）对控制材料的显微组织形貌有重要作用。

4.3.1　与表面相交的晶界与表面之间的平衡

一个晶界与表面相交（假设简单的情况，晶界与表面垂直），如图 4-164（与图 4-141a 相同）所示，在一定温度保温足够长时间后，在表面能 $\gamma_{s/v}$ 与晶界能 γ_b 作用下通过蒸发-凝聚在表面产生沟槽，平衡后在三交叉点有如下关系：

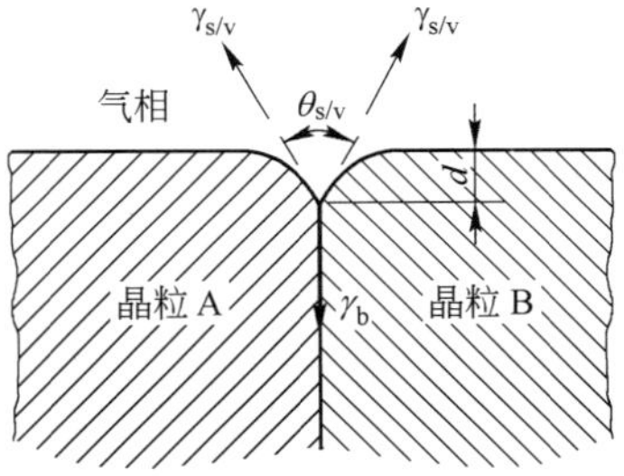

图 4-164　晶界-表面平衡的热沟槽

$$\gamma_b = 2\gamma_{s/v}\cos(\theta_{s/v}/2) \tag{4-160}$$

若已知表面能，通常可以通过在高温保温使表面产生沟槽的办法来测量晶界能。但是，正如上面讨论所知，晶界能是和与它邻接的晶粒的取向差以及晶界的取向有极大关系的，所以，如果没有注意这点，就不能解释测量数据的分散性。如果测量的是一般非共格晶界，它的界面能与取向差关系不大，这样测量结果比较一致。另外，还要注意表面是否受到污染，这也会大大影响测量结果。表 4-14 列出了一些用此方法测量 fcc 金属的晶界能和晶界能的温度系数数据。晶界能也是随着温度升高而降低的。

表 4-14　用表面沟槽法测定的一些 fcc 金属的晶界能

金　属	$\gamma_b/\gamma_{s/v}$	温度/℃	$\gamma_b/mJ \cdot m^{-2}$	$d\gamma_b/dT/mJ \cdot (m^2 \cdot ℃)^{-1}$
Al	0.23	450	324	−0.12
Cu	0.34	950	625	−0.10
Ni	0.38	1060	866	−0.20
Ag	0.25	950	375	−0.10
Au	0.27	1000	378	0.10
Pt	0.29	1300	660	0.18

4.3.2 多晶体中的晶粒平衡形貌

在多晶体中，一般含有大角度晶界和小角度晶界，很多晶界两侧的取向差接近特殊取向。图 4-165 所示为对奥氏体钢（fcc 结构）采用电子背散射衍射（EBSD）所作的取向成像图，图中显示了各种类型的晶粒界。图中的黑粗线是一般大角度晶界（图中的 A），细灰线是 Σ3 晶界（图中的 B），点线是 Σ9 晶界（图中的 C），白线是 Σ27 晶界（图中的 D）。因为确定晶界结构需要 5 个自由度，故只给出晶界两侧的取向关系还不能完全确定晶界的结构。对于 Σ3 晶界，两侧的取向具有孪晶取向（参阅本书下册第 9 章 9.4 节）关系，仅具有这种取向关系的晶界还不能确定晶界是完全共格或是非共格晶界。但是，从形貌看，平行的近似平直的晶界可能是共格孪晶界。图 4-165 的原图是彩色的，它用不同颜色表示不同类型晶界，现在转换成灰度图，为了能在灰度图识别各种类型晶界，对该图进行了人为加工：一般大角度晶界经黑色描粗，Σ9 晶界改成点线，这样可能与原图相比有一些偏差。

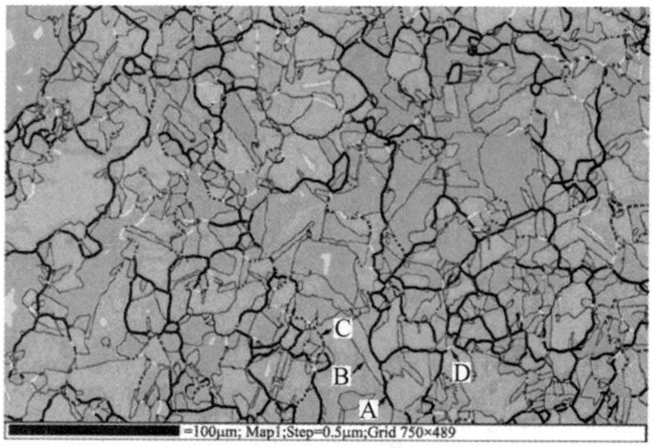

图 4-165 奥氏体钢的取向图（Orientation map）
A——一般大角度晶界；B—Σ3 晶界；
C—Σ9 晶界；D—Σ27 晶界

从图 4-166 看出，在大角度晶界的晶粒内，还会有小角度晶界的亚晶。经过变形后的晶粒内会有大量的亚晶和小角度晶界（参见第 9 章）。图 4-166a 所示为 NiAl 在 900℃压缩 70%后在大角度晶界（图中的 GB）附近的粗亚晶结构，图中标出用 EBSD 测量的靠近晶界（GB）的 1~7 亚晶的取向变化；图 4-166b 是图 4-166a 中 CD 方向的反极图，图中线表示试样 CD 方向在各晶粒的取向的等密度线，这些取向大体接近各晶粒的［111］方向；图 4-166c 是 1~7 亚晶的（111）极图，在同一个大角度晶界的晶粒内的亚晶，它们之间的取向差不大，在图 4-166c 中看到的 1~6 亚晶的取向接近，而 7 亚晶处于另一大角度晶界的另一侧，即处在另一个大角度晶界的晶粒内，它与 1~6 亚晶的取向有很大的差别。

多晶体组织的形貌取决于各晶粒在空间的连接方式。由于界面能（界面张力）的作用，平衡时一般的规律是：2 个晶粒相遇于 1 个面（晶面），3 个晶面相遇于 1 条线（晶棱），4 个晶粒相遇于 1 点（晶粒角隅）。即 1 个晶面由 2 个晶粒共有，1 个晶棱由 3 个晶粒及 3 个晶面所共有，1 个角隅由 4 个晶粒、4 个棱、6 个晶面所共有，这些是多晶体组织中的共享关系。根据欧拉方程，多晶体中的晶粒数 N_3、晶面数 N_2、晶粒棱数 N_1 和晶粒角隅数 N_0 间符合如下的拓扑关系（欧拉方程）：

$$N_0 - N_1 + N_2 - N_3 = 1 \tag{4-161}$$

根据上述的共享关系，有：

$$N_1 = 2N_0$$

$$6N_0 = N_2\langle N_{20}\rangle \tag{4-162}$$

式中，$\langle N_{20}\rangle$ 是每个晶面所含的角隅的平均数。还可以导出有关 N_3、N_2、N_1 和 N_0 的另外一些关系式，这些拓扑关系对定量分析组织是很有用的（参看本书下册第 11 章的

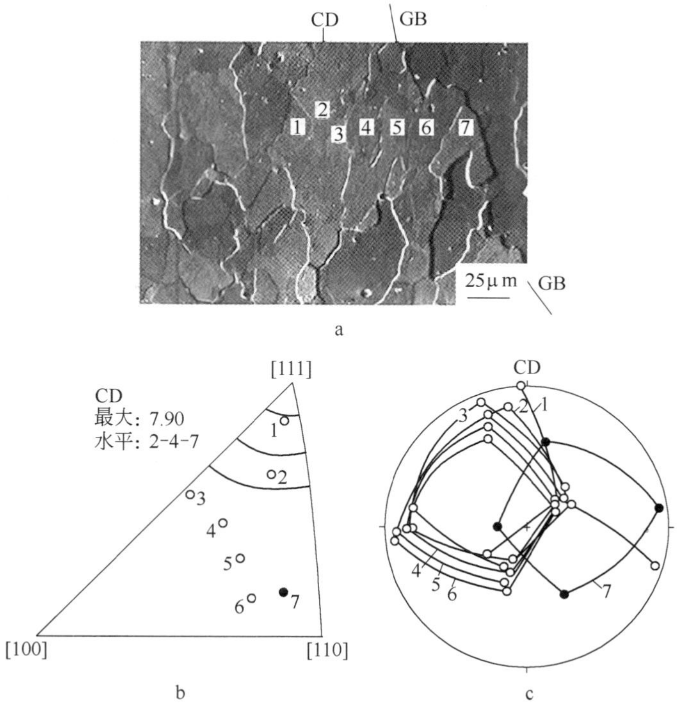

图 4-166　NiAl 在 900℃压缩 70%后的亚晶界

a—在大角度晶界（图中的 GB）附近的粗亚晶结构；b—图 a 中试样宏观反极图，图中给出接近［111］方向的等密度线，并标出用 EBSD 测量靠近晶界（GB）1~7 亚晶的取向；c—1~7 亚晶的（111）极图

11.4.1.2 小节）。

例如，对于二维晶粒（具有柱状晶薄片的多晶体），式(4-161)变为：

$$N_0 - N_1 + N_2 = 1 \qquad (4\text{-}163)$$

4 条晶棱相遇于 1 点（晶粒角隅），1 个晶棱由 2 个晶粒共有，故：

$$N_1 = 4N_0/2 = 2N_0 \qquad (4\text{-}164)$$

每条晶棱与两个晶粒相连接，故平均每个晶粒的棱（边）数 $\langle N_{21} \rangle = 2N_1/N_2$，因为 N_0、N_1和 N_2都比 1 大得多，故式(4-163)可近似为 $N_0+N_2=N_1$，把它代入式(4-164)，得 $N_1=3N_2$，所以：

$$\langle N_{21} \rangle = \frac{2N_1}{N_2} = 6 \qquad (4\text{-}165)$$

这就是我们常看到二维多晶体（或三维多晶体的截面）每个晶粒的平均边数为 6 的拓扑证明。

确定了 2 个晶粒的取向关系，位置不同的晶界的结构也会不同，从而晶界能不同，即界面能和界面的位置有关，也就是说，界面会承受指向低能位置的力。若晶界的一端固定，晶界相对于固定端转动 α 角，另一端单位面积界面就会受 $\partial\gamma_b/\partial\alpha$ 的力。如果界面保持亚平衡，界面的这一端必须有和上述相反的力作用以保证界面不发生转动。现在用图 4-167 来分析晶界亚平衡的条件。这个图是垂直于晶粒棱的截面，O 点是晶粒棱的位置，它连接 3 个晶粒以及 3 个晶界。晶粒间的界面能分别以 γ_{12}、γ_{23}、γ_{31}表示。晶粒棱在 O

点位置时单位长度棱长相应的能量 $\mathcal{G}_0$（只考虑晶界引起的能量）为：

$$\mathcal{G}_0 = \gamma_{23}\,\overline{Oa} + \gamma_{31}\,\overline{Ob} + \gamma_{12}\,\overline{Oc} \tag{4-166}$$

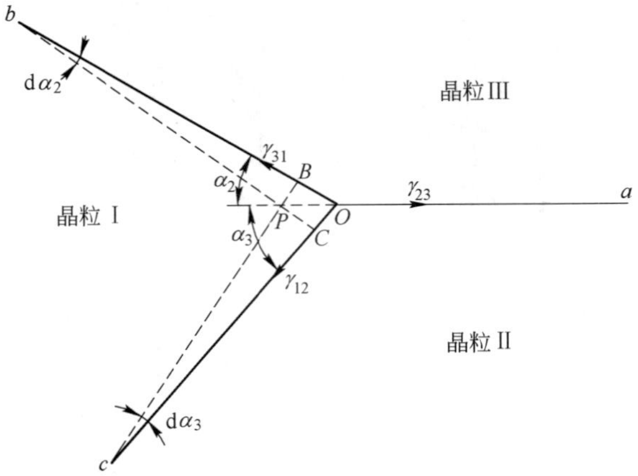

图 4-167　一个垂直于晶粒棱的截面，讨论晶界亚平衡的条件

若棱的位置从 O 点作无穷小位移到 P 点位置，这时能量 $\mathcal{G}_P$ 为：

$$\mathcal{G}_P = \gamma_{23}\,\overline{Pa} + \left(\gamma_{31} + \frac{\partial \gamma_{31}}{\partial \alpha_2}d\alpha_2\right)\overline{Pb} + \left(\gamma_{12} + \frac{\partial \gamma_{12}}{\partial \alpha_3}d\alpha_3\right)\overline{Pc} \tag{4-167}$$

式中，$\partial\gamma_{31}/\partial\alpha_2$ 和 $\partial\gamma_{12}/\partial\alpha_3$ 是晶界能随位置改变的变化率。晶粒棱移动前后系统能量的变化 $\Delta\mathcal{G}$ 为：

$$\Delta\mathcal{G} = \gamma_{23}(\overline{Pa} - \overline{Oa}) + \gamma_{31}(\overline{Pb} - \overline{Ob}) + \overline{Pb}\frac{\partial \gamma_{31}}{\partial \alpha_2}d\alpha_2 + \gamma_{12}(\overline{Pc} - \overline{Oc}) + \overline{Pc}\frac{\partial \gamma_{12}}{\partial \alpha_3}d\alpha_3 \tag{4-168}$$

因为位移是无穷小的，即 $\overline{OP}$ 无穷小，可以有如下关系：

$$\begin{cases} \overline{Pb} - \overline{Ob} \approx -\overline{OB} = -\overline{OP}\cos\alpha_2 \\ \overline{Pc} - \overline{Oc} \approx -\overline{OC} = -\overline{OP}\cos\alpha_3 \\ \overline{PB} \approx \overline{Pb}d\alpha_2 = \overline{OP}\sin\alpha_2 \\ \overline{PC} \approx \overline{Pc}d\alpha_3 = \overline{OP}\sin\alpha_3 \end{cases} \tag{4-169}$$

把上面的关系代入式(4-169)，并且考虑到平衡时 $\Delta\mathcal{G}=0$，得：

$$\gamma_{23} - \gamma_{31}\cos\alpha_2 - \gamma_{12}\cos\alpha_3 + \frac{\partial \gamma_{31}}{\partial \alpha_2}\sin\alpha_2 + \frac{\partial \gamma_{12}}{\partial \alpha_3}\sin\alpha_3 = 0 \tag{4-170}$$

这就是晶界平衡时所必须满足的条件。因为这式子并没有涉及晶界的结构，所以它对于相界也是适用的。一般非共格大角度晶界（非奇异界面）的界面能与界面的位置关系不大，即 $\partial\gamma/\partial\alpha \approx 0$，这时式(4-170)变成：

$$\gamma_{23} - \gamma_{31}\cos\alpha_2 - \gamma_{12}\cos\alpha_3 = 0 \tag{4-171}$$

这个关系可直接由界面张力平衡导出，同样这个式子对于相界也是适用的。对于小角度晶界、奇异大角度晶界（例如孪晶界），由于界面处在低能的位置，当界面偏离这些位置时晶界能会有很大的提高，即 $\partial\gamma/\partial\alpha > 0$，这些界面不易移动，晶界稳定。$\partial\gamma_b/\partial\alpha$ 值越高，界面就越不易移动。

平衡时，界面张力与界面间的夹角的关系还有另一种表达方法（图 4-168）：

$$\frac{\gamma_{12}}{\sin\alpha_3}=\frac{\gamma_{23}}{\sin\alpha_1}=\frac{\gamma_{31}}{\sin\alpha_2} \tag{4-172}$$

注意这里的 α_1、α_2 和 α_3 和式(5-169)中的定义不同。上式对相界也适用。如果界面能随位置变化，例如奇异晶界从特定位置（如 CSL 堆垛密排面）移开后，界面能会升高，平衡关系还应根据界面能随位置的变化来修正。如果界面能不随位置变化，从式（4-172）知道，平衡时 $\alpha_1=\alpha_2=\alpha_3=120°$。

单相多晶体平衡时，晶界的三叉结点界面夹角接近 120°。我们通常观察到的是截面组织，因此，即使是经良好退火的多晶体，观察到晶界的三叉结点界面夹角不一定是 120°。但是，测量的结果表明，晶界的三叉结点界面夹角的角度呈统计的高斯分布，其峰值是在 120°处。图 4-169 所示为 α-黄铜（Cu-30%Zn）经良好退火后在截面上测量的晶界三叉结点界面夹角角度的分布，其峰值是在 120°处。

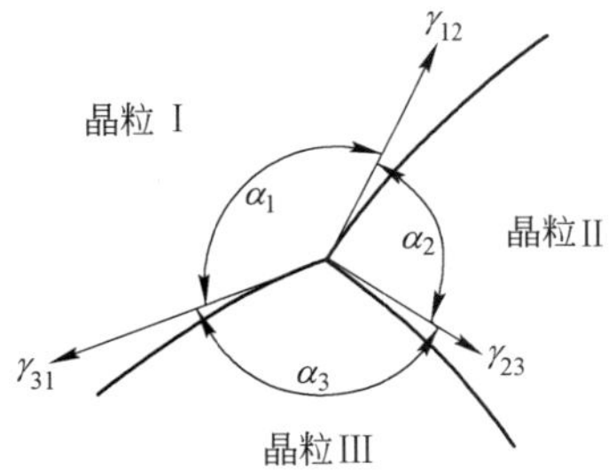

图 4-168　界面张力平衡示意图

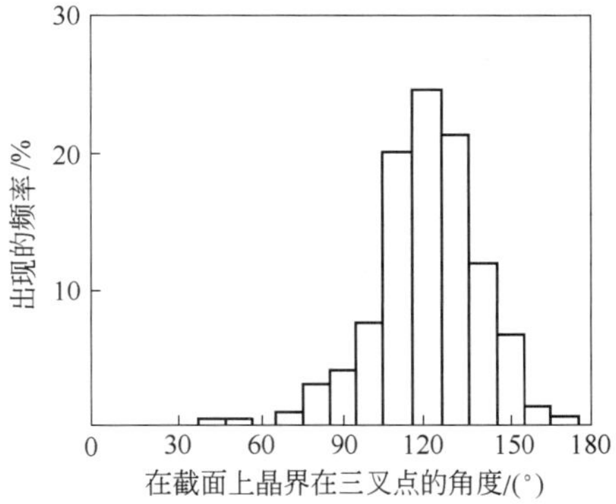

图 4-169　经良好退火的 α-黄铜在截面上测量的晶界三叉结点界面夹角角度的分布

为了满足夹角为 120°的要求，晶粒的边数不同，晶界的弯曲程度不同。当晶粒的边界面为 6 时，晶界的交角恰好是 120°；边数小于 6 时，界面的曲率中心在晶粒内；边数大于 6 时，界面的曲率中心在晶粒外，如图 4-170 所示。多晶体在组合中，小晶粒的边数少，曲率中心在小晶粒一侧，即小晶粒凹面向内；相反，大晶粒凹面向外，如图 4-170a 所示。因为 1 个弯曲的晶界会受到 1 个指向曲率中心的力，界面将向小晶粒一侧移动，最后大晶粒把小晶粒吞并。若 4 个晶粒相交于 1 条棱，这是不稳定的情况，在一定条件下，它会自动分解为 2 条三界面交汇的棱；从界面上看，1 个四棱结点要分解为 2 个三棱结点，如图 4-170b 所示。这种分解使系统能量降低。

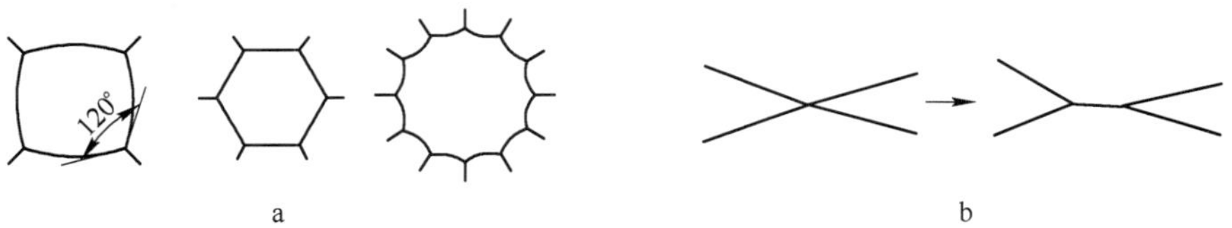

图 4-170　界面曲度随晶粒边数不同而变化（a）及 1 个四棱结点分解为 2 个三棱结点（b）

单相多晶体平衡时，在 4 个晶棱相交的角隅上两两晶棱间的交角应是 109.5°。没有一种规则的多面体可以填满空间并且它们的棱之间是符合平衡条件的，满足这些要求的最接近的是规则十四面体（图4-171a），它们能填满空间，但棱之间不具有完全正确的角度。把规则十四面体作一些改动使得各棱之间的夹角都等于 109.5°，这时，它的面和棱都必须有一些弯曲，如图 4-171b 和 c 所示。这两种多面体分别称为开尔文（Kelvin）α-十四面体和 β-十四面体，多面体的面是五边形，由这些多面体堆垛既可以填满空间又可满足平衡条件，因此，常把它作为单相多晶体的完整晶粒形状的模型。

图 4-171d 所示为用衍射衬度断层扫描（DCT）观察的钛合金多晶体晶粒的三维结构，从图看到，各晶粒的形状大体是 α 和 β-十四面体的形状。

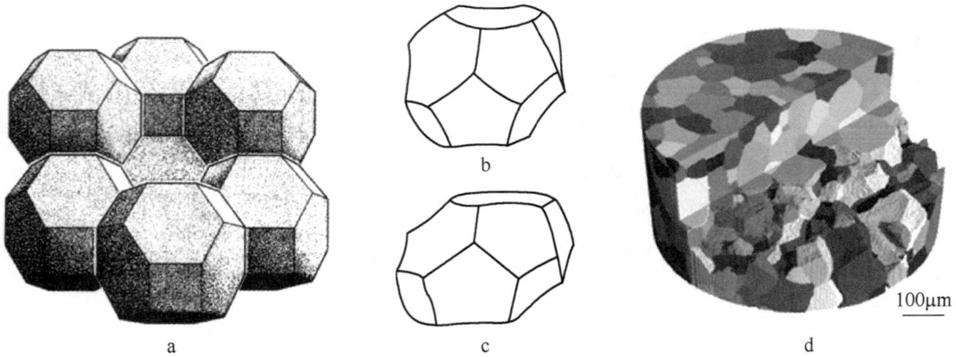

图 4-171　十四面体

a—规则十四面体的堆垛；b—α-十四面体；c—β-十四面体；d—用衍射衬度断层扫描（DCT）观察的钛合金多晶体晶粒的三维结构

（原图是彩色的，参看原图：Ludwing et al.，2009b，Review of Scientific Instruments 80，033905）

实际多晶体的晶面数不是单一的，面数小至 5，大至 36 都有可能出现，图 4-172a

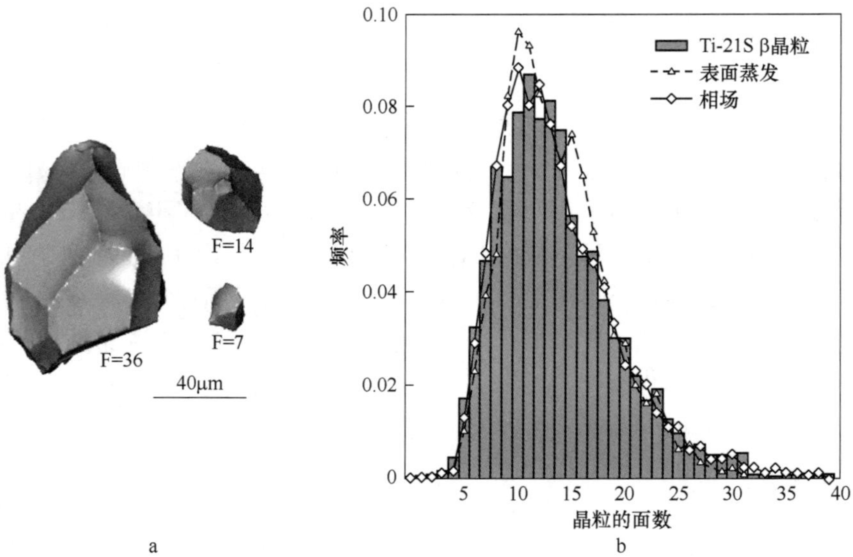

图 4-172　Ti-21S 合金晶粒

a—剥离的几种多面体晶粒；b—实测的和用表面蒸发以及相场模拟的晶粒面数分布

（Rowenhorst et al.，2010. Materialia 58，5511~5519）

所示为剥离的β钛稳定合金（Ti-21S）36、14、7 面体晶粒。但是，从统计看，出现最大几率的晶粒面数都是在 14 左右。图 4-172b 所示为 Ti-21S 合金多晶体晶粒的晶粒面数分布，从图看出，无论是实测的和用表面蒸发以及相场模拟，最大几率的晶粒面数都是 13.4。

对各向同性晶界能的多晶体用相场、Monte Carlo 等方法模拟获得晶粒的平均面数 $\langle N_2 \rangle = 13.3 \sim 13.8$，晶面的平均棱数 $\langle N_1 \rangle = 5.01 \sim 5.07$。对实际的 Al-Sn 合金用立体显微镜进行测量，获得 $\langle N_2 \rangle$ 为 12.48，$\langle N_1 \rangle = 5.02$；测量了 72 个 Fe 的晶粒，获得 $\langle N_2 \rangle = 13.42$，$\langle N_1 \rangle = 5.1$；测量了大约 1000 个不锈钢晶粒，获得 $\langle N_2 \rangle = 14$，$\langle N_1 \rangle = 5.1$。

4.3.3 多晶体中的晶界特征分布（CBCD）

描述一个晶界的结构需要 5 个自由度，在图 4-165 以及类似图 4-166 中对晶界的描述只表达了晶界两侧晶粒的取向关系（$\boldsymbol{g}$），还没有表达晶界相对于晶粒的取向，即没有给出晶界面平行于两个晶粒的那个晶面，要全面表达晶界结构和性质还必须表述晶界本身相对于晶粒的取向。在近来发展的测量技术中，例如自动 EBSD 成像与连续剖面、立体步骤结合可能获得多晶体晶界统计分布、三维 X-射线衍射显微镜和三维计算机模拟等可以提供研究多晶体晶界分布的有力工具。相对于在第 1 章讨论的多晶体的统计取向分布（宏观织构），现代把晶界的取向差分布称之为介观织构。

描述一个晶界的结构除了要知道其两侧晶粒的取向差外，还要知道晶界的法线 $\boldsymbol{\nu}$ 的取向，从图4-173b、c 和图 4-172 看出，晶界并不是平直的，因此一个晶界并非只有唯一的一个$\boldsymbol{\nu}$。按照 G. S. Rohrerdg 等的讨论，把晶界面分成三角形小块的组合，如图 4-173 所示。三角形法线 $\boldsymbol{\nu}'_{ij}$表示第 i 个晶粒的第 j 个小面的法线单位矢量，若第 i 个晶粒相对于参考坐标的取向矩阵为 $\boldsymbol{g}$，则相对于参考坐标的法线矢量 $\boldsymbol{n}_{ij} = \boldsymbol{g}\boldsymbol{\nu}'_{ij}$。同时，还要注意到晶体的对称性，如果晶体有 M 个对称操作，则$\boldsymbol{\nu}_{ij}$有 M 个等价矢量。用 $\lambda(\boldsymbol{\nu})$ 来描述所有取向为$\boldsymbol{\nu}$ 的界面的面积，它是经每个取向平均面积归一化了的。如果取向是随机的，则 λ 对所有$\boldsymbol{\nu}$ 都是同一常数。λ 的变化说明某些晶界面偏向于某些取向。

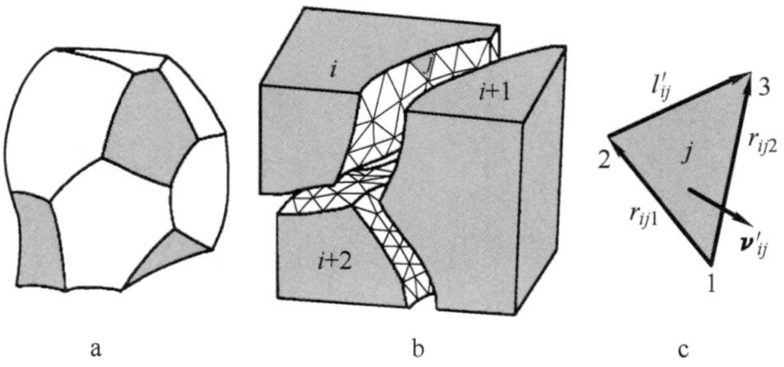

图 4-173 弯曲晶界各微元的法向矢量

a—多晶体晶粒的形状；b—多晶体中 3 个晶粒的连接（为了看到内晶面，把晶粒拉开）；
c—第 i 个晶粒界上的第 j 个三角形小面(图 b 中的深灰色三角形)

现在已经测量了很多晶界能 $\gamma(\boldsymbol{\nu})$ 是各向异性的多晶体晶界的取向分布 $\lambda(\boldsymbol{\nu})$，图 4-174所示为 Al 多晶体对所有取向差的晶界面的取向分布 $\lambda(\boldsymbol{n})$在（001）投影图的表示，

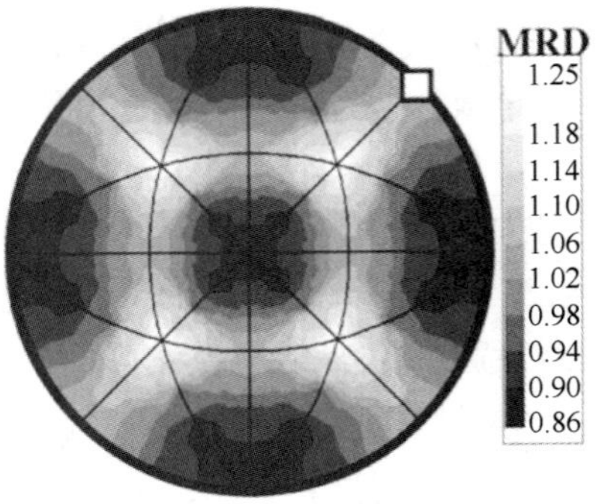

图 4-174 Al 多晶体对所有取向差的晶界面的取向分布在（001）投影图的表示

图中右侧的灰度表示取向密度为随机分布（MRD）取向的倍数。在这个图可以看出，Al的晶界法线倾向密集于｛111｝方向，而这样的晶界恰好是晶界能比较低的晶界。

因为晶界是属于两个晶粒的，所以如按上面的统计，每小块晶面的 $\lambda(\boldsymbol{\nu})$ 会计算两次。若把两晶粒间的取向差考虑进去，则表述晶界分布的 $\lambda(\boldsymbol{\nu})$ 要用 $\lambda(\boldsymbol{g},\boldsymbol{\nu})$ 取代（$\boldsymbol{g}$ 是描述两晶粒间取向关系的矩阵，见第 1 章 1.10 节）。这样，$\lambda(\boldsymbol{g},\boldsymbol{\nu})$ 是一个五维的分布，因为晶体的对称性，$\lambda(\boldsymbol{g},\boldsymbol{\nu})$ 的等价数目很大。因为晶界面经常倾向为低指数面以及为非对称倾转晶界，所以通常可以简单地用固定取向差（确定 $\boldsymbol{g}$）来描述 $\lambda(\boldsymbol{g},\boldsymbol{\nu})$。

图 4-175 所示为 $SrTiO_3$ 4 种低 ΣCSL 取向差时晶界面的分布，在这种情况下，纯扭转晶界（在图4-175中以○表示）和对称倾转晶界（在图 4-175 中以□表示）的重合点阵位置数目最高。对于 Σ3(60°/[111]) 晶界，在纯扭转晶界邻近的晶界分布有最大值，这种

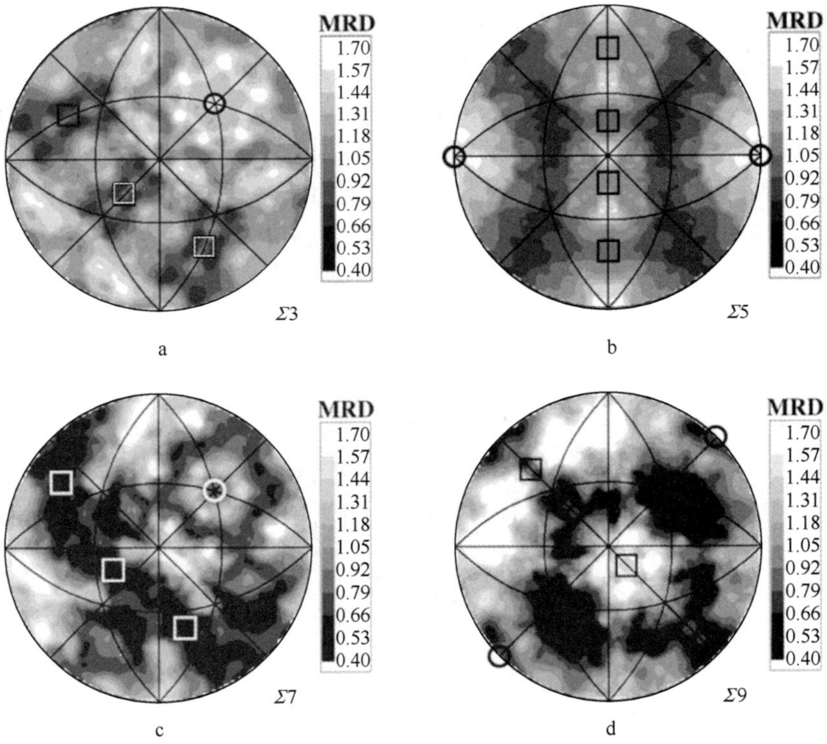

图 4-175 $SrTiO_3$ 4 种低 ΣCSL 取向差时晶界面的分布

a—Σ3(60°/[111])，扭转晶界：(111)；倾转晶界：$(\bar{2}11)$、$(\bar{1}\,\bar{1}2)$ 和 $(1\bar{2}1)$；b—Σ5(37°/[100])，扭转晶界：(100) 和 $(\bar{1}00)$；倾转晶界：(031)、(012)、$(0\bar{1}3)$ 和 $(0\bar{2}1)$；c—Σ7(38°/[111])，扭转晶界：(111)；倾转晶界：$(\bar{3}21)$、$(\bar{2}\,\bar{1}3)$ 和 $(1\bar{3}2)$；d—Σ9(39°/[110])，扭转晶界：(110) 和 $(\bar{1}\,\bar{1}0)$；倾转晶界：$(\bar{2}21)$ 和 $(1\bar{1}4)$

晶界的两边晶粒面都是{111}，而 $SrTiO_3$ 的 {111} 面是高表面能面，为什么这种晶界面的分布密度高，这可能由这种晶界的重合位置密度最高来解释。但是，还注意到在{211} 类型的非对称倾转晶界，在晶界的重合位置密度仅次于最高的扭转晶界，但它的分布几率却很低（图中的□位置）。对于 $\Sigma5(37°/[110])$、$\Sigma7(38°/[111])$、$\Sigma9(39°/[110])$ 晶界，$\Sigma5$ 的 (100) ‖ (100) 的扭转晶界分布密度最高。其他所有 [100] 取向差的晶界都会有这种倾向，虽然这类界面的重合位置密度不是最高，但晶界分布 λ 很高，这可以用这种晶界的两个晶界面的表面能低来解释。对于 $\Sigma7$ 和 $\Sigma9$ 晶界，在高重合位置密度面没有明显的高晶界分布 λ 值。

图 4-176 所示为晶粒尺寸为 17μm 的 Cr-Ni-Mo-Mn 不锈钢的晶界取向差分布，直方图为以取向差角表示的分布，在图中还给出取向差轴在投影图上的分布。如果只是晶界取向差角 θ 的分布就没有相关的取向差轴的信息，所以经常一起给出取向差轴在投影图上的分布。更好的描述方法是用罗德里格斯矢量来描述。从图 4-176 看出，以 [111] 为取向差轴转动 60°的晶界（孪晶界）出现的几率非常高。另外，还有用晶界特征分布来描述晶界取向分布的，这种描述是把注意点集中在每个晶界的本质：即 Σ 图。图4-177所示为 Fe-6.5(wt%)Si 合金快速凝固，双辊轧制后在 1363K 退火 3.6ks 的晶界特征分布，测量了 387 个晶界，其中 $\Sigma1$ 小角度晶界占 24.8%，并含有大量的特殊晶界，从 $\Sigma1\sim\Sigma29$（不包括 $\Sigma1$）的晶界占 20.2%。

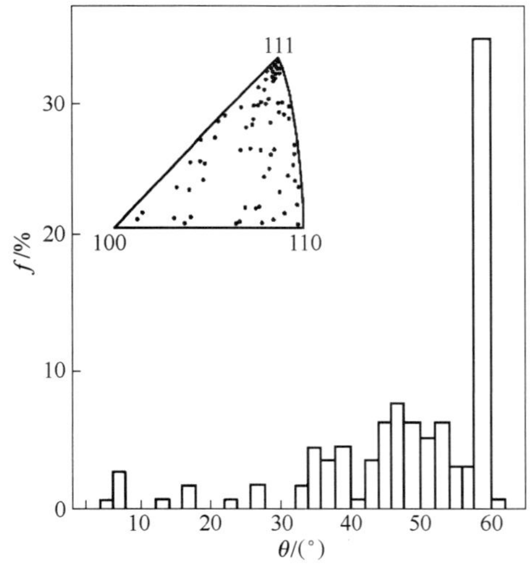

图 4-176 晶粒尺寸为 17μm 的 Cr-Ni-Mo-Mn 不锈钢的晶界取向差分布

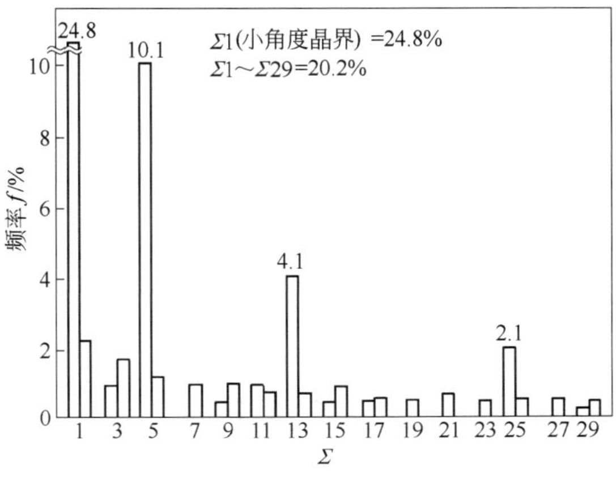

图 4-177 Fe-6.5(wt%)Si 合金快速凝固，双辊轧制后在 1363K 退火 3.6ks 的晶界特征分布

图 4-178 所示为 MgO 的纯倾转 $\Sigma5/[100]$ 晶界面的 λ 与相应晶界能 γ 之间的比较，图中显示一般高的晶界分布 λ 对应低的晶界能。最高的晶界分布 λ 的晶界面对应{100} ‖ {430}的非对称倾转晶界面；在高密度重合位置的共格的对称{120} ‖ {120}晶界，它的晶界分布 λ 却最低，而界面能也达到最高，这也与 TEM 观察到的 NiO 双晶中的 $\Sigma5$ 对称倾转晶界面的结果一致。在图 4-178 所示的 MgO 倾转晶界系统中，其他的如{310} ‖ {310}和{100} ‖ {430}非对称倾转晶界只有部分的重合位置，两者的晶界能对很低，{100} ‖

{430}晶界面的 λ 很高，而{310} ‖ {310}晶界面的 λ 却不高。

因为实验数据是按每 5°或 10°取向差获得的，用这样离散的数据来讨论问题还是应该有一定保留的，但是，它可以说明分布的倾向性。

上面的实验结果表明，虽然一般认为总是倾向于形成具有低 Σ 的 CSL 高重合位置密度的晶界面，但是也不能忽略形成低指数面晶界面的倾向。必须注意到，某些低 Σ 的 CSL（具有高的重合位置密度）晶界，不一定具有低的界面能。另外，因为低 Σ 的 CSL 高重合位置密度的晶界面只发生在特定的 5 个自由度，所以，一般晶界的数量往往远大于这些特殊晶界的数量。

很显然，$\lambda(\boldsymbol{g},\boldsymbol{\nu})$ 与 $\gamma(\boldsymbol{g},\boldsymbol{\nu})$ 这两个量有很强的反向的关系，即 $\gamma(\boldsymbol{g},\boldsymbol{\nu})$ 越低 $\lambda(\boldsymbol{g},\boldsymbol{\nu})$ 就越高。图4-179所示为 MgO 的 $\ln(\lambda+1)$（其中 $\lambda+1$ 是为了避免对数出现负值）与相对界面能 γ 的函数关系，图中显示出相对界面能高的界面出现的几率非常低。

关于界面分布的研究工作还不是很多，这些工作还是初步的，随着测试技术的发展，将会出现更多的这方面的研究工作。

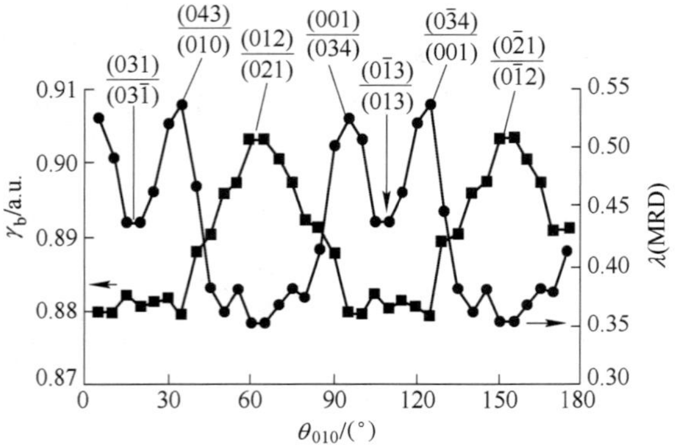

图 4-178 MgO 的纯倾转 $\Sigma 5/[100]$ 晶界面的 λ（图中的●，最大相对密度）与相应晶界能 γ（图中的■，任意单位）之间的比较（θ_{010} 是[010]与晶界面法线的夹角，以 (010) ‖ $(04\bar{3})$ 晶界面以 5°间隔获得数据）

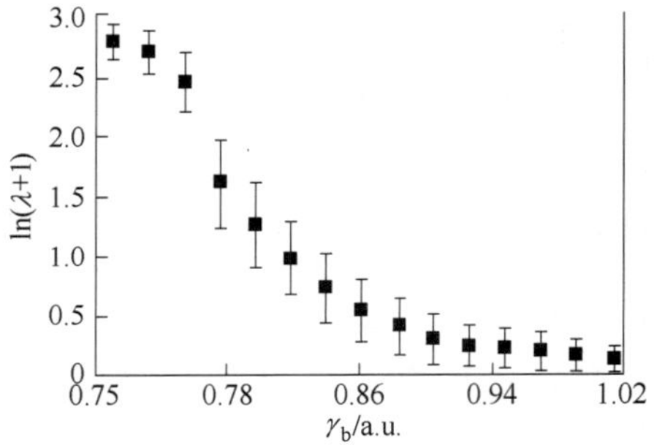

图 4-179 晶界 $\ln(\lambda+1)$ 与相对晶界能 γ_b（任意单位）的函数关系

4.3.4 多晶体的取向连接性

在研究多晶体中晶粒的拓扑关系时，提出取向连接性的概念。取向连接性的内容包括：

（1）晶粒形状、分布和取向；

（2）有关特殊取向的晶粒（颗粒）的分布；

（3）裂纹通过显微组织的路径 “Decision trees”；

（4）晶界的连接性；

（5）取向元素的聚集。

对于多晶体的晶棱（3 个晶粒相交的线），取向连接性可以运用“加法规则”。如果 3 个晶粒间的取向差矩阵为 $\boldsymbol{g}_{1\sim2}$、$\boldsymbol{g}_{2\sim3}$ 和 $\boldsymbol{g}_{3\sim1}$，其中下标 $i\sim j$ 表示从第 i 个晶粒到第 j 个晶粒的取向矩阵，则加法规则为：

$$\boldsymbol{g}_{1\sim2}\cdot\boldsymbol{g}_{2\sim3}\cdot\boldsymbol{g}_{3\sim1}=\boldsymbol{I} \tag{4-173}$$

$\boldsymbol{I}$ 是单位矩阵。要符合式(4-173)关系的相交于一个晶棱的 3 个晶粒，表示它们之间的取向差 $\theta/\langle uvw\rangle$ 的取向差轴必须相同，而一般取向差角 θ 用最小角度表达，这样表达取向差的 $\theta/\langle uvw\rangle$ 的取向轴一般相同。例如，相邻的 3 个晶粒的取向差关系表示为：

$$180°/\langle 210\rangle \longleftrightarrow 106.6°/\langle 210\rangle + 73.4°/\langle 210\rangle$$

因为它们的取向差角之和为 360°，它们符合式(5-173)的关系。但是，要注意，如果用取向差角 θ 最小角度来表达它们取向差之间的关系却是：

$$53.1°/\langle 001\rangle \longleftrightarrow 43.3°/\langle 133\rangle + 38.3°/\langle 111\rangle$$

它们的 θ 和 $\langle uvw\rangle$ 都与上述表达的是不同的。对于相互连接的 CSL 晶界，因为它们具有共同的取向差轴，所以这一规则非常重要，由同一取向差轴的两个晶粒取向差角之和得出第三个晶粒的取向差角，例如：

$$60°/\langle 111\rangle - 21.8°/\langle 111\rangle = 38.2°/\langle 111\rangle$$

$$\Sigma 3 - \Sigma 21a = \Sigma 7 \tag{4-174}$$

或者更一般的表示：

$$\Sigma_{1\sim2}\Sigma_{2\sim3} = k^2\Sigma_{3\sim1} \tag{4-175}$$

$\Sigma_{i\sim j}$是第 i 个晶粒与第 j 个晶粒取向的 Σ 值，k 是 $\Sigma_{1\sim2}$和 $\Sigma_{2\sim3}$的公因子。式(4-174)和式(4-175)是一致的，因为 3 和 21 的公因子是 3，故式(4-174)为 $3\times21=3^2\times7$。

对晶粒汇合处感兴趣的实际原因是：和界面的扩展有关的过程（扩散、腐蚀和开裂等）都是由晶界结合处所控制的。上述的过程总是喜欢沿着那些非特殊晶界（一般晶界）传播，所以，将晶界连接分为特殊的和非特殊的连接是恰当的。

例 4-24 用式(4-175)的 3 个相邻晶粒关系，证明式(4-174)。

解：$60°/\langle 111\rangle-21.8°/\langle 111\rangle=38.2°/\langle 111\rangle$ 式可以写为 $38.2°/\langle 111\rangle+21.8°/\langle 111\rangle-60°/\langle 111\rangle=0$，即：

$38.2°/\langle 111\rangle+21.8°/\langle 111\rangle+300°/\langle 111\rangle=0$。根据式（1-18）：

$$\boldsymbol{g}=\begin{bmatrix}(1-u_1^2)\cos\theta+u_1^2 & u_1u_2(1-\cos\theta)-u_3\sin\theta & u_1u_3(1-\cos\theta)+u_2\sin\theta\\ u_1u_2(1-\cos\theta)+u_3\sin\theta & (1-u_2^2)\cos\theta+u_2^2 & u_2u_3(1-\cos\theta)-u_1\sin\theta\\ u_1u_3(1-\cos\theta)-u_2\sin\theta & u_2u_3(1-\cos\theta)+u_1\sin\theta & (1-u_3^2)\cos\theta+u_3^2\end{bmatrix}$$

$38.2°/\langle 111\rangle$ 的取向矩阵 $\boldsymbol{g}_{1\sim2}$为：

$$\boldsymbol{g}_{1\sim2}=\begin{bmatrix}(1-1/3)\ \cos38.2°+1/3 & (1-\cos38.2°)\ /3-\sin38.2°/\sqrt{3} & (1-\cos38.2°)\ /3+\sin38.2°/\sqrt{3}\\ (1-\cos38.2°)\ /3+\sin38.2°/\sqrt{3} & (1-1/3)\ \cos38.2°+1/3 & (1-\cos38.2°)\ /3-\sin38.2°/\sqrt{3}\\ (1-\cos38.2°)\ /3-\sin38.2°/\sqrt{3} & (1-\cos38.2°)\ /3+\sin38.2°/\sqrt{3} & (1-1/3)\ \cos38.2°+1/3\end{bmatrix}$$

$$=\begin{bmatrix}0.8572 & -0.2857 & 0.4284\\ 0.4284 & 0.8572 & -0.2857\\ -0.2857 & 0.4284 & 0.8572\end{bmatrix}$$

$21.8°/\langle 111\rangle$ 的取向矩阵 $\boldsymbol{g}_{2\sim3}$为：

$$\boldsymbol{g}_{2\sim3}=\begin{bmatrix}(1-1/3)\cos21.8°+1/3 & (1-\cos21.8°)/3-\sin21.8°/\sqrt{3} & (1-\cos21.8°)/3+\sin21.8°/\sqrt{3}\\(1-\cos21.8°)/3+\sin21.8°/\sqrt{3} & (1-1/3)\cos21.8°+1/3 & (1-\cos21.8°)/3-\sin21.8°/\sqrt{3}\\(1-\cos21.8°)/3-\sin21.8°/\sqrt{3} & (1-\cos21.8°)/3+\sin21.8°/\sqrt{3} & (1-1/3)\cos21.8°+1/3\end{bmatrix}$$

$$=\begin{bmatrix}0.9523 & -0.1906 & 0.2382\\0.2382 & 0.9523 & -0.1906\\-0.1906 & 0.2382 & 0.9523\end{bmatrix}$$

300°/〈111〉的取向矩阵 $\boldsymbol{g}_{3\sim1}$ 为：

$$\boldsymbol{g}_{3\sim1}=\begin{bmatrix}(1-1/3)\cos300°+1/3 & (1-\cos300°)/3-\sin300°/\sqrt{3} & (1-\cos300°)/3+\sin300°/\sqrt{3}\\(1-\cos300°)/3+\sin300°/\sqrt{3} & (1-1/3)\cos300°+1/3 & (1-\cos300°)/3-\sin300°/\sqrt{3}\\(1-\cos300°)/3-\sin300°/\sqrt{3} & (1-\cos300°)/3+\sin300°/\sqrt{3} & (1-1/3)\cos300°+1/3\end{bmatrix}$$

$$=\begin{bmatrix}0.6667 & -0.3333 & 0.6667\\0.6667 & 0.6667 & -0.3333\\-0.3333 & 0.6667 & 0.6667\end{bmatrix}$$

求 $\boldsymbol{g}_{1\sim2}\cdot\boldsymbol{g}_{2\sim3}\cdot\boldsymbol{g}_{3\sim1}$。$\boldsymbol{g}_{2\sim3}\cdot\boldsymbol{g}_{3\sim1}$ 为：

$$\boldsymbol{g}_{2\sim3}\cdot\boldsymbol{g}_{3\sim1}=\begin{bmatrix}0.9523 & -0.1906 & 0.2382\\0.2382 & 0.9523 & -0.1906\\-0.1906 & 0.2382 & 0.9523\end{bmatrix}\begin{bmatrix}0.6667 & -0.3333 & 0.6667\\0.6667 & 0.6667 & -0.3333\\-0.3333 & 0.6667 & 0.6667\end{bmatrix}=\begin{bmatrix}0.8572 & 0.4282 & -0.2857\\-0.2857 & 0.8572 & 0.4282\\0.4282 & -0.2857 & 0.8572\end{bmatrix}$$

$\boldsymbol{g}_{1\sim2}\cdot\boldsymbol{g}_{2\sim3}\cdot\boldsymbol{g}_{3\sim1}$ 为：

$$\boldsymbol{g}_{1\sim2}\cdot\boldsymbol{g}_{2\sim3}\cdot\boldsymbol{g}_{3\sim1}=\begin{bmatrix}0.8572 & -0.2857 & 0.4284\\0.4284 & 0.8572 & -0.2857\\-0.2857 & 0.4284 & 0.8572\end{bmatrix}\begin{bmatrix}0.8572 & 0.4284 & -0.2857\\-0.2857 & 0.8572 & 0.4284\\0.4284 & -0.2857 & 0.8572\end{bmatrix}=\begin{bmatrix}1 & 0 & 0\\0 & 1 & 0\\0 & 0 & 1\end{bmatrix}$$

即 $\boldsymbol{g}_{1\sim2}\cdot\boldsymbol{g}_{2\sim3}\cdot\boldsymbol{g}_{3\sim1}=\boldsymbol{I}$。

4.3.5　多相系统晶粒的平衡形貌

对于多相系统，在晶粒棱上连接的不是一种相，讨论其平衡形貌的思想与讨论晶粒界平衡形貌是相同的。若是两相系统，如图 4-180 中的 Ⅰ 和 Ⅱ 相，在平衡时，有如下关系：

$$\cos\frac{\theta}{2}=\frac{\gamma_{11}}{2\gamma_{12}}\qquad(4\text{-}176)$$

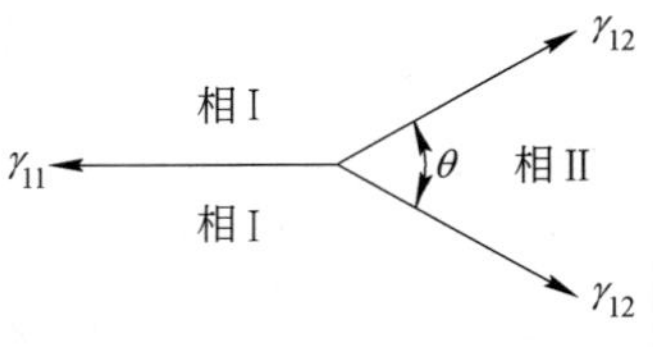

图 4-180　相界与晶界平衡关系的示意图

式中，γ_{11} 是 Ⅰ 相的界面能；γ_{12} 是 Ⅰ 相和 Ⅱ 相间的相界能。θ 角的大小决定了第二相的形貌，而它又取决于晶界能与相界能之比。从式(4-176)看出，相界能不能小于晶界能的一半。先看两种极端的情况：当 $2\gamma_{12}\leqslant\gamma_{11}$ 时（即 $\theta=0$），Ⅱ 相与 Ⅰ 相完全浸润，Ⅱ 相沿 Ⅰ 相晶界渗入，甚至把 Ⅰ 相的晶粒完全剥离；当$\theta=180°$时，Ⅱ相与Ⅰ相完全不浸润，Ⅱ相在Ⅰ相的角隅上成球状。θ角从0°逐渐增加时，Ⅱ相由在Ⅰ相的界面分布逐渐变为在Ⅰ相的晶粒棱上分布，然后在角隅上分布。图4-181是不同θ角下的第二相分布的形态。第二相分布的设计对粉末冶金的液相烧结是很重要的。液相烧结的关键是选择一种合适的外加剂，这种外加剂可以在烧成温度初始阶段形成有合适黏度的液相，并使它与晶粒有互溶作用，增加液相与晶粒的浸润性，促使材料致密化。在致密化以后的烧成后期，随着成分的变化，固液两相的θ角增大，液相会聚集到晶粒的交界处，使材料进一步致密化。

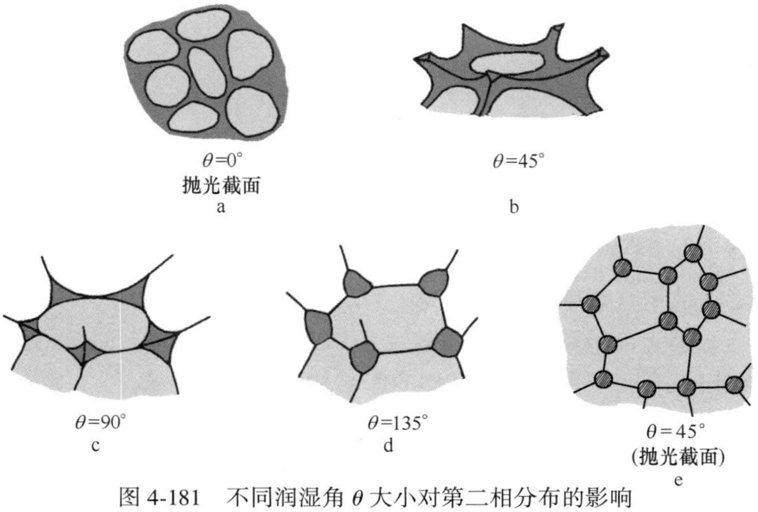

图4-181　不同润湿角θ大小对第二相分布的影响

4.4　纳米颗粒和纳米材料的界面

前面的讨论主要是对一般传统的晶体材料，如果颗粒或晶粒尺寸减小为纳米级时(关于定义纳米结构和传统材料之间的界限的临界尺度提出了不同的观点，一般定义为<100nm)，一般金属的原子间距约为1/3nm，$1nm^3$可能包含64个原子，由少于100个原子组成的粒子通常称为纳米团簇。纳米颗粒的形状除了球状外，还有其他形状，这和制备方法有关。如果多晶体中晶体区的特征尺度（晶粒或晶畴直径或薄膜厚度）达到某种特征长度时（如电子波长、平均自由程、共格长度、相关长度等），材料的性能将不仅依赖于晶体点阵中原子的交互作用，也受其维数、尺度的减小和高密度缺陷控制。事实上，纳米晶体的许多特性与传统的多晶体和无定形的固体颗粒之间存在本质上的不同。

4.4.1　纳米颗粒表面

因为颗粒的尺度很小，颗粒表面的原子数占颗粒的总原子数的比例随着颗粒尺寸减小而急剧增大。图4-182是假设颗粒是等轴状的表面原子数占总原子数的比例与颗粒尺寸d的关系。从图看出，当颗粒尺寸减小到20nm以下时表面原子分数的快速增长，表面原子分数在纳米团簇域中占主导地位。

表面原子与体积平衡从而使表面结构扭曲，这样的表面特征会导致不寻常的结构。此外，由于表面原子数增多，原子配位不足和高的表面能，使表面的原子可以与环境中的其

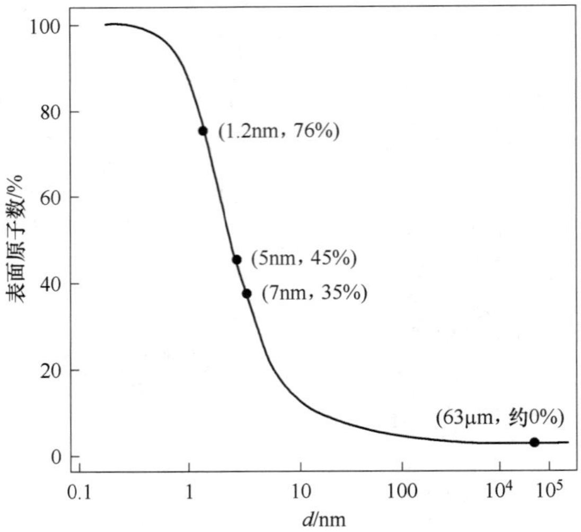

图 4-182　颗粒表面的原子数占颗粒的总原子数的比例与颗粒尺寸 d 的关系

他原子或分子紧密地相互作用，从而使表面为活性物质，在作为高效催化剂、表面吸附储氢和生物工程具有很大的价值。但是，较大的纳米粒子（例如，>20nm）与传统的微粒子大小的粒子相比，表面平衡对内部结构的影响就不那么重要了。

尺寸小的颗粒，因为一方面比表面能增加，另一方面颗粒体积与表面积的比减小，从热力学看，吉布斯-汤姆逊方程描述了熔点温度 T_r 随着粒子尺寸 r 减小而减小的趋势（详见第 8 章 8.4.1 节）。图 4-183 是 Au 颗粒尺寸 d（$=2r$）与熔点的关系，从图看出，如果颗粒直径为 3nm，熔点约降低 600K。

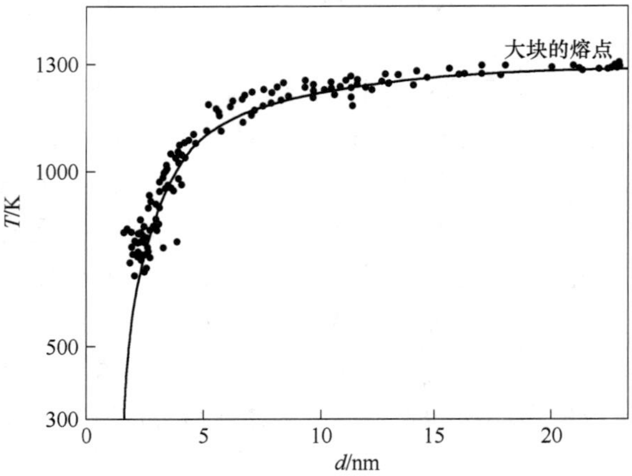

图 4-183　Au 颗粒尺寸 d 与熔点 T 的关系

但是，在特定的情况下，会出现反常的行为。在基体中嵌入纳米颗粒的熔化动力学很大程度上取决于颗粒/基体界面结构（颗粒与液相的浸润）的条件。当纳米粒子与基体之间形成低能的共格或半共格的界面时，可以在较高的温度抑制纳米颗粒熔化，使其熔点温度比大块材料的平衡熔点温度 T_m 高，也就是纳米粒子的过热现象发生。这一现象在一些金属系统 Pb/Al、In/Al 和 Ag/Ni 等都观察到。所有这些情况下，一个共同的特征是形成纳米颗粒的特定形状，每一个颗粒/基体界面都有相应的取向关系，界面是半共格的。卢柯等对两种类型（熔融纺丝法和球磨法制备）In 嵌入 Al 的纳米 In 颗粒测试熔点温度 T_m 随颗粒直径 d 的变化，如图 4-184 所示。球磨法制备纳米 In 颗粒，In/Al 界面是随机的非共格界面，和孤立的颗粒相似，熔点温度随颗粒尺寸减小而降低；而熔融纺丝法制备的纳米 In 颗粒，In/Al 具有立方取向关系，界面是半共格的，颗粒的熔点温度随颗粒尺寸减小而升高。这种现象可能是由于抑制在颗粒/基体界面中外延非均匀形核引起的，当界面上外延关系破坏时，就不会得到这样的过热（关于形核和长大参见第 7 章）。

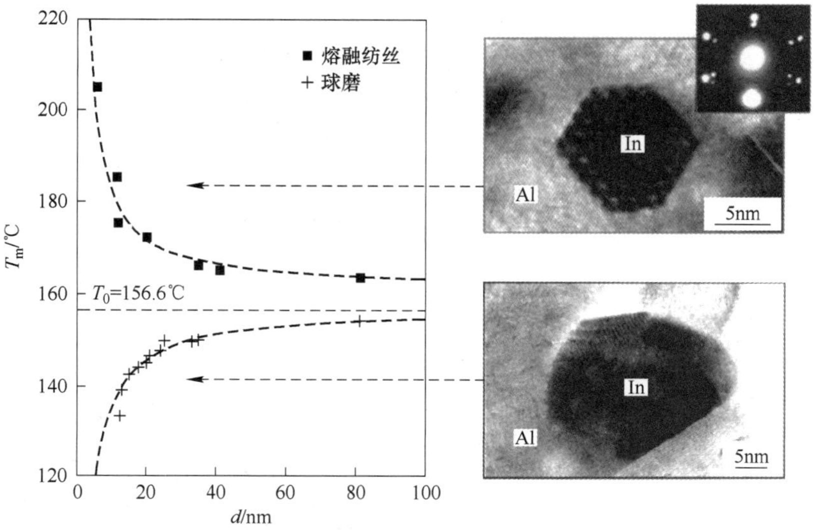

图 4-184　两种类型（熔融纺丝法和球磨法制备）In 嵌入 Al 的纳米颗粒熔点温度随颗粒直径的变化
（T_0是 In 的平衡熔点温度，右侧是相应的 HRTEM 图像）

4.4.2　纳米多晶体的界面

纳米结构的多晶金属材料的特征是高密度的内界面，晶界区域的原子排列“无序”使比体积和自由能（局部）增加。因此，可以预期，材料的所有性质都受到整体纳米结构的影响，而不仅仅是只由纳米级尺度的有序排列晶粒内部的影响。

4.4.2.1　界面结构

由于纳米材料和制做纳米多晶的方法不同，其界面结构有差异。这里主要讨论金属纳米多晶的界面。

纳米多晶存在小角度和大角度晶界。实验证据表明，在单相材料中，随机大角度的界面在靠近的无序核心位置的原子是锋锐的共格点阵，因为这些位置快速松弛在能量和空间上都是最不利的。图 4-185 是一个假想的纳米晶材料的二维硬球模型的示意图。其中圆圈代表原子，黑圈代表晶粒内的原子，白圈代表在晶界区域的原子。在晶界区域中心原子排列是无序的，但靠近晶粒的原子排列是锋锐的共格的。

图 4-186 是 Pd 纳米多晶体的 HREM 图像，样品是由电解减薄和离子束铣削所制备。从图 4-186a 和 b 看出，晶界区域是不完全无序或无序的，支持了纳米材料的颗粒边界的原子结构由有序无序区域组成的观点。但是，在电子束辐照下，颗粒边界的微观结构发生缓慢的变化，在增加电子束辐照时间，晶界区域把自身重构成一个更有序的结构。

图 4-185 由晶界以及晶界区域组成的纳米材料的二维示意图

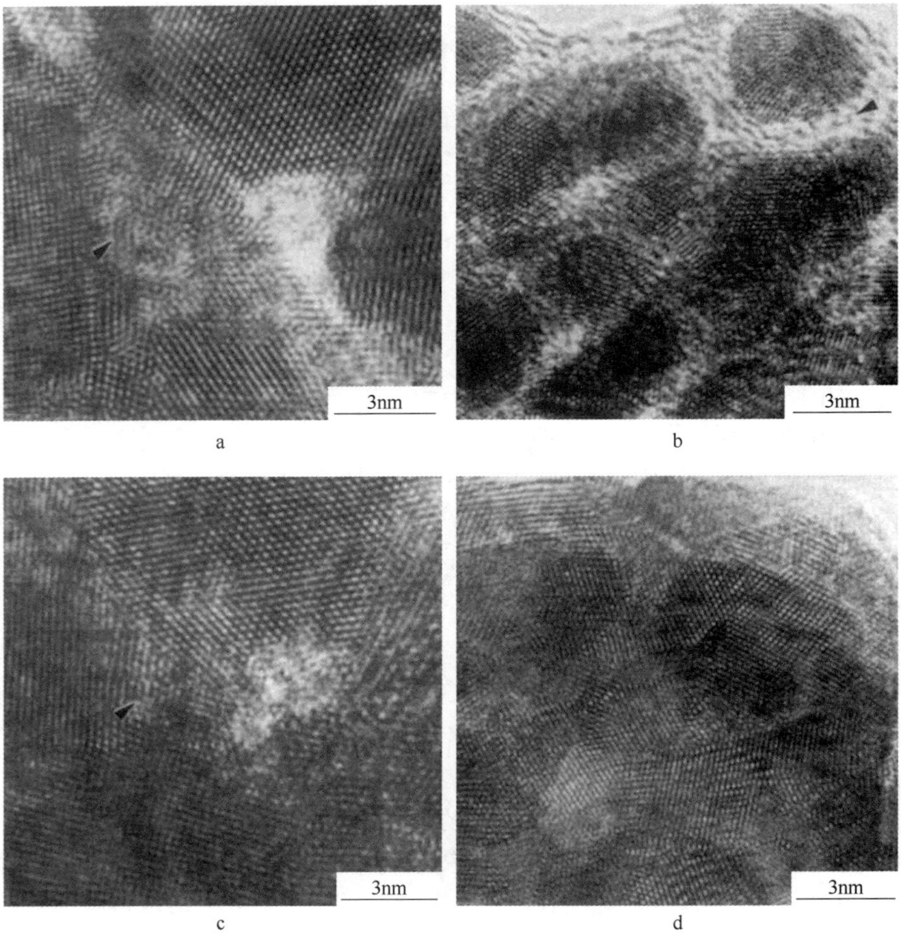

图 4-186 Pd 纳米多晶体的 HREM 图像

图 4-186c、d 所示是经电子束照射 650 和 837min 后样品，其中的不完整或无序的区域消失。

在晶界中的密度比晶体内部要小得多，如果晶粒变得更小，界面中的原子的比例就会增加。对于典型 fcc 金属的随机大角度晶界，0.5nm 是晶界宽度的一个很好的近似。而晶粒尺寸小到 20nm，并没有观察到 GB 宽度的增加。如果填满空间的晶粒，晶粒平均尺寸小于 20~30nm，则有大于 10%的原子处在晶界中。如果晶粒尺寸是 5~10nm，简单的估计表明大约 50%的原子位于晶界区域中。另外，还需要考虑晶界区域中其他类型的缺陷：连接三个相邻晶粒的三叉棱（TJs，如图 4-186a 中的白区域）或连接 4 个三叉棱相交的四角隅点。图 4-187 是假设晶界厚度 $\delta=1$nm，计算的晶粒尺寸对晶粒间（晶界区域）、晶界和三叉棱的体积分数的影响。从图看出，当晶粒尺寸小于 20nm 后，在晶界区域三叉棱所占的体积分数不可忽视。对于纯 fcc 材料，三叉棱提供的超额自由能每单位长度约 1~2nJ/m，这说明三叉棱具有位错相同的特征。而四角隅点要在晶粒更小的情况下才显得重要性。

纳米材料这些高密度缺陷，无论对材料的物理和化学性质、材料的物质输运、形变和相变都起重要作用。

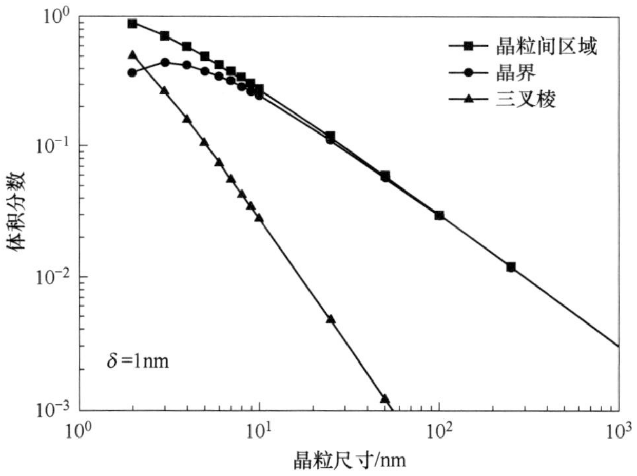

图 4-187　假设晶界厚度 $\delta=1$nm，计算的晶粒尺寸对晶粒间（晶界区域）、晶界和三叉棱的体积分数的影响

4.4.2.2　偏析与纳米结构的稳定性

纳米材料远离热力学平衡，含高密度的晶界、三叉棱和四角隅点等缺陷，造成特定高的过剩自由焓。如果是纯元素的纳米材料，应该容易通过回复、再结晶（参见第 11 章）和晶粒生长松弛过量自由焓。从前面的式（4-97）给出晶粒长大的驱动力 $p=2\gamma_b/R$ 看，对于纳米大小的颗粒来说，即使在室温晶粒也会获得大的长大速度。然而，与预期相反的是，实验观测结果表明，通过各种方法合成的大多数金属或化合物的纳米晶体材料，表现出固有的晶粒大小稳定性。晶粒尺寸稳定可能保持到高达约 $0.5T_m$（T_m 是熔点温度），这与传统的粗粒度多晶体的晶粒长大相当。例如，铜的稳定晶粒尺寸温度升到 373K，Pd 则升到 523K，Ti-Mg 合金上升到 723K。12nm 的 TiO_2 试样中的晶粒开始生长温度高达 0.4~$0.5T_m$。纳米晶材料固有的晶粒尺寸稳定性对传统的晶粒生长理论提出了挑战。

以结晶法合成的纳米晶 Fe-Si-B 合金显示结构的热稳定性，平均粒径约 30nm 的试样，在 723K 保持 18ks（5h）没有察觉晶粒生长；在 773～873K 温度晶粒开始快速长大，但在退火大约 2.5～12ks 后，晶粒尺寸趋于稳定值，与退火时间无关，如图 4-188 所示。

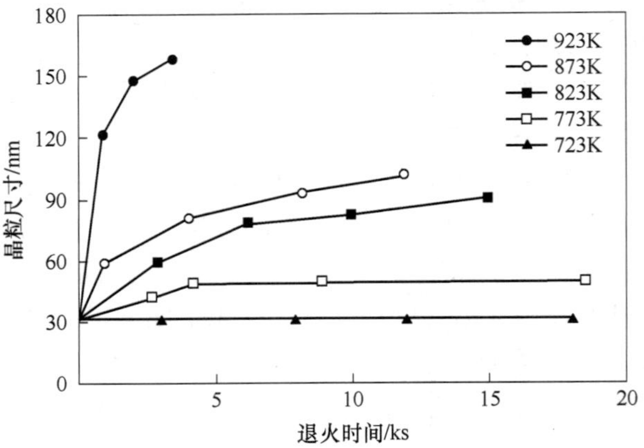

图 4-188　纳米 Fe-Si-B 合金在不同退火温度晶粒尺寸随退火保温时间的变化

（H. Y. Tong，等）

纳米晶质材料晶粒尺寸的这种本征稳定性，也表现为一些样品中步进式晶粒长大行为。在加热时，晶粒尺寸保持不变，直到达到某一临界温度 T_s（T_s 与加热速率有关）晶粒开始逐渐长大，但晶粒尺寸达到一定的大小后便停止长大。在晶粒长大过程中，即使试样加热到相当高的温度，仍然保持在纳米状态下的大小。例如，以恒定的加热速率加热纳米结晶 Ni-P 试样时，示差扫描量热（DSC）曲线上出现了两个放热峰，前一个峰对应于 Ni_3P 相的晶粒生长过程，后一个峰对应 Ni（P）固溶体纳米晶体生长。在两个放热峰（晶粒生长过程）之后，平均晶粒尺寸从 13nm 增加到 36nm，直至高达 800K 的温度下晶粒尺寸仍保持稳定。用其他方法制备的纳米晶质材料中也可看到类似的步进晶粒长大行为。这种稳定的晶粒大小与加热速率无关。

纳米晶体材料的晶粒尺寸稳定性与材料的结构特征密切相关，如：晶粒尺寸、晶粒尺寸分布、颗粒形态、界面的三叉棱的性质、试样中的孔隙度，或由晶界与复杂的位错排列的相互作用，这可能会受到动力学阻碍。

Gottstein 等人（2010），Chokshi（2008）认为，在 50nm 以下的材料中晶粒尺寸的生长动力学，要考虑晶界三叉棱对晶粒生长驱动力的热力学贡献，同时更要考虑它们对晶界迁移的拖曳作用。图 4-189 是由 IGC（惰性气体冷凝）获得的在室温纯 NC-Pd 晶粒生长实验数据和由不同晶粒生长模型的预测之间的比较。很明显，忽略三叉棱的阻力会导致对晶粒生长速率的过高估计。

对于不是纯的元素固体纳米合金，由于在晶界出现了偏析层或偏析区域，可以以双重方式提高晶界的稳定：通过 Zener 钉扎和降低界面能来稳定晶界。图 4-190 是不同含 Zr 量的 Pd-Zr 合金的晶粒大小随加热温度的变化。Zr 在 Pd 中是强偏析的溶质，Pd-Zr 合金中 Zr 含量越高，在晶界偏析的程度越高，使晶粒尺寸更稳定。从图 4-190 看出，$Pd_{80}Zr_{20}$ 合金晶粒在 1000K 以上才显著长大。但是，对于纯的纳米 Pd，即使在室温下晶粒也显著长大，这表明了晶界偏析对于稳定纳米结构的有效性。

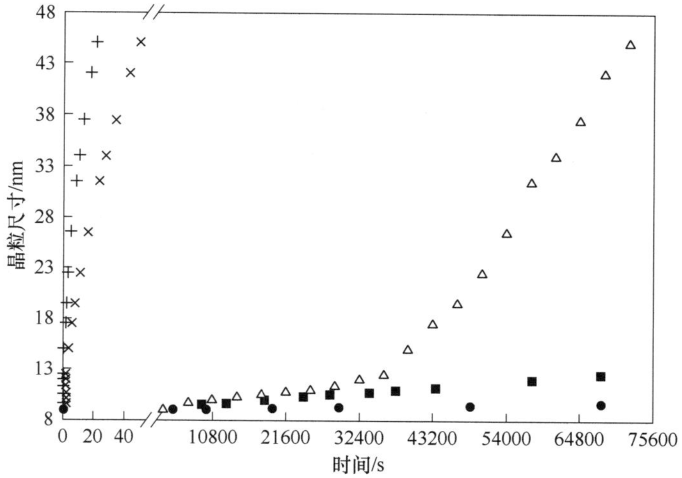

图 4-189　NC-Pd 纳米晶体在室温的晶粒生长

（△符号代表实验结果，■ 和 ● 符号代表包括三叉棱和四角隅点影响的不同近似，+和×符号表示忽略了三叉棱拖曳效应的影响）

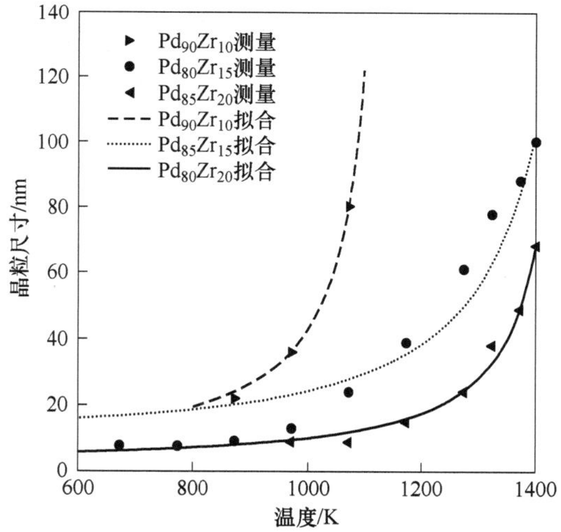

图 4-190　不同含 Zr 量的 Pd-Zr 合金的晶粒大小随加热温度的变化

纳米晶材料的一些新的结构信息，例如，随着晶粒细化和纳米晶体的晶格变形，界面能的减少，在控制纳米晶材料的晶粒尺寸稳定性方面也起着重要的作用。这些结构特征对纳米晶材料粒度稳定性的影响需要进一步研究。

练　习　题

4-1　（1）估计 fcc 结构以 {111}、{100} 和 {110} 作表面的表面能，设升华热为 H^S(J/mol)，点阵常数为 a。(2）以 {111} 表面能为 1，求 {100} 和 {110} 表面能的相对大小。

4-2　设二维长方形晶体，边长为 L_1 和 L_2，L_1 和 L_2 两边的表面能分别为 γ_1 和 γ_2，若面积保持不变，求证

其平衡形状有 $L_1/L_2=\gamma_2/\gamma_1$ 的关系。

4-3 图 4-191 给出了 fcc 晶体 [1$\bar{1}$0] 晶带的晶面表面能 γ 图。(1) 给出晶体这个截面的平衡形状；(2) 以 (111) 表面能为 1，求 (110)、(221)、(112)、(114) 和 (001) 表面的表面能；(3) 画出此晶带从 (110) 到 (001) 之间各晶面的表面能的变化曲线（以 (111) 表面能为 1)。

4-4 根据下面给出的数据，(1) 计算给出各元素与 Al 组成的固溶体在 0℃、200℃、400℃、600℃和 800℃的表面溶质富化率 β，在 0K 时 Al 的表面能是 1200mJ/m^2。(2) 画出各种溶质的 β 随温度变化的曲线，比较和解释它们的差异。(3) 查找相图，看是否符合 Burton 和 Machlin 提出的观点。

组元	ΔH_{mix}/kJ·mol^{-1}	0K 的表面能 γ/mJ·m^{-2}	摩尔体积/cm^3·mol^{-1}
Si	49.4	1290	12.1
Ti	64.0	2050	10.60

4-5 图 4-192 是沿着⟨110⟩轴观看的在石墨衬底上生长的钯颗粒的照片。确定 {100}、{110} 表面能与 {111} 表面能的比率。

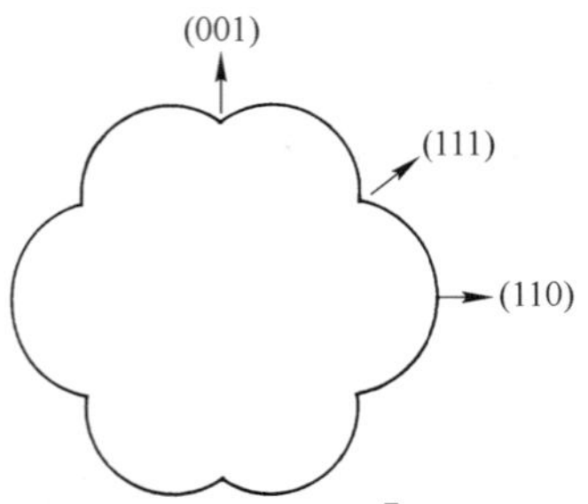

图 4-191 fcc 晶体 [1$\bar{1}$0] 晶带的晶面表面能 γ 图

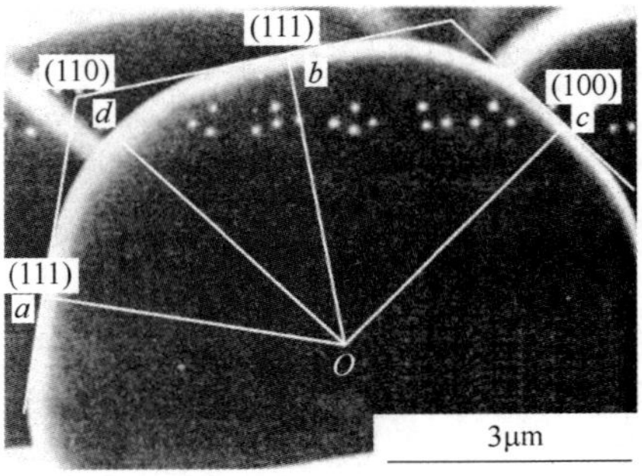

图 4-192 沿着⟨100⟩轴观看的在石墨衬底上生长的钯颗粒的照片

4-6 已知 $\gamma_{Al}^s=1200$mJ/m^2，利用式(4-35)以及下面给出的热力学资料计算 4 个 Al 合金：Al-Zn、Al-Si、Al-Ti 和 Al-Fe（各含 $w=0.1\%$的溶质原子）在 200℃的表面富化率 β，解释你的结果。

溶质元素	ΔH_{mix}/kJ·mol^{-1}	γ_A^s/mJ·m^{-2}	$V_A^{2/3}$/cm^2·mol$^{-2/3}$
Si	49.4	1290	5.25
Ti	63.0	2050	4.82
Fe	95.8	2050	3.69

4-7 图 4-193 所示为 LI_2 型 (A_3B) 有序结构 (010) 面投影中 A 和 B 原子排列的示意图，其中虚线是反相畴界。确定哪一段畴界是保守 APB，哪一段是非保守 APB。说明原因。

4-8 考虑简单立方晶体的 [100] 轴倾转晶界，晶界上柏氏矢量为 [00$\bar{1}$] 位错的平均距离为 4nm，柏氏矢量为 [010] 位错的平均距离为 8nm，点阵常数 $a=0.3$nm。这是具有几个自由度的晶界？取向差多大？求出晶界法线与 [010] 的夹角。

4-9 两个面心立方晶粒的点阵常数是 0.4nm，它们之间的取向差是绕 [11$\bar{2}$] 轴转动 0.6°，如果晶界是对称倾转晶界：(1) 晶界面是什么面？(2) 每单位面积晶界所含的位错长度是多少？(3) 如果位错均匀分布，位错的间距是多大？(4) 如果界面上的位错距离减小到不可能分辨出单个位错（例如，位错距离约为 3 个柏氏矢量长度），

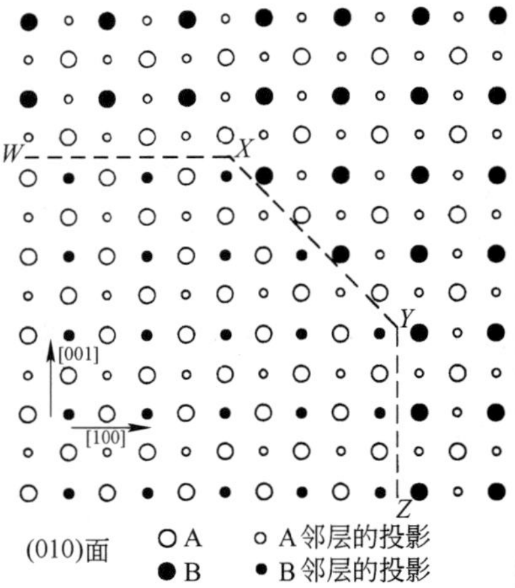

图 4-193 LI_2 型(A_3B)有序结构(010)面投影中 A 和 B 原子排列的示意图

晶界两侧的取向差角为多大？

4-10　简单立方晶体含一个与基体取向有少许差别的立方体，这个立方体与基体的取向差是由［001］轴转动 θ 得来的。画出立方体各个面的位错分布。

4-11　两个平行的小角度倾转晶界，它们的取向差角分别为 θ_1 和 θ_2，是否可能发生这两个晶界合并为一个取向差角为 $\theta_1+\theta_2$ 的小角度晶界的情况？

4-12　设两晶粒取向差为 θ，如果界面（小角度晶界）由很多小的柏氏矢量位错构成或由较少的柏氏矢量较大的位错构成，两者的界面能哪一个最低？

4-13　简单立方晶体中，3 个倾转晶界相交于一条晶粒棱上，它们两两之间获得取向差的转轴相同，各晶界与倾转对称位置夹角分别为 φ_1、φ_2 和 φ_3，位错密度分别为 ρ_1、ρ_2 和 ρ_3。求证：

$$\sum_i \frac{\rho_i}{\sin\varphi_i + \cos\varphi_i} = 0 \quad (i = 1,\ 2,\ 3)$$

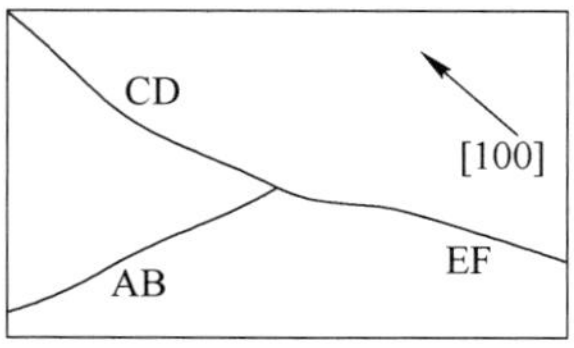

图 4-194　简单立方晶体中 3 个相交于一条晶粒棱上的倾转晶界

用这个式子来验证位错界面模型的优点。如图 4-194 所示的 3 个晶界，测量得到下面所列数据，根据这些数据验证上述式子。

晶界	与[100]方向的夹角 φ/(°)	ρ/cm^{-1}
CD	6	2.01×10^3
AB	56	1.95×10^3
EF	32.5	4.46×10^3

4-14　测得的 Fe 和 Pb 的小角度晶界能和取向差的数据如下所示，证明它们符合 $\gamma_b=\gamma_0\theta(A-\ln\theta)$ 的关系，求出 E_0 和 A 值。把测量的 E_0 值和理论计算的 E_0 值作比较。$\mu^{Fe}=8.8\times10^{10}$Pa，$\mu^{Pb}=1.01\times10^{10}$Pa，$a^{Fe}=0.286$nm，$a^{Pb}=0.494$nm，设泊松比 ν 都为 1/3。

Fe	θ/(°)	2.13	4.73	5.32	5.90	7.69	13.4
	γ/J·m^{-2}	0.227	0.473	0.587	0.612	0.761	0.973
Pb	θ/(°)	2.85	3.42	6.27	8.00	12.00	
	γ/J·m^{-2}	0.065	0.081	0.115	0.122	0.149	

4-15　用蚀坑方法测得小角度晶界蚀坑之间的距离为 6.87μm，用 X 射线衍射测量两晶粒间的取向差为 30″（1″=0.00028°），晶界中位错的柏氏矢量是多大？

4-16　氟化锂多晶体经抛光和浸蚀后，观察到沿直线排列的浸蚀坑间距为 10μm，施加切应力后晶界位错垂直于晶界面移动。说明晶界的结构。若晶界位错的柏氏矢量大小是 0.283nm，晶界两侧的取向差是多少？

4-17　fcc 晶体以［100］为轴转动多大的角度才会出现 $\Sigma=5$ 的重合点阵？画图加以证明。

4-18　在上题的穿插点阵中，如果晶界面是 L_2 点阵的（130）面和（$1\bar{2}0$）面，描述晶界结构。比较这两种界面的结构，估计哪一种界面的界面能高。两种界面的晶粒取向差是多少？它们是倾转晶界还是扭转晶界？

4-19　图 4-195 所示为 fcc 的 $\Sigma=7(111)[111]/21.8°$扭转晶界，●和○分别表示 L_1 和 L_2 点阵的阵点。用 Ranganathan 关系验证它们的相符位置关系。

4-20　立方系中一个扭转晶界，晶界面是｛210｝，在这个面上有重合位置。设 Ranganathan 关系中 $x=2$，

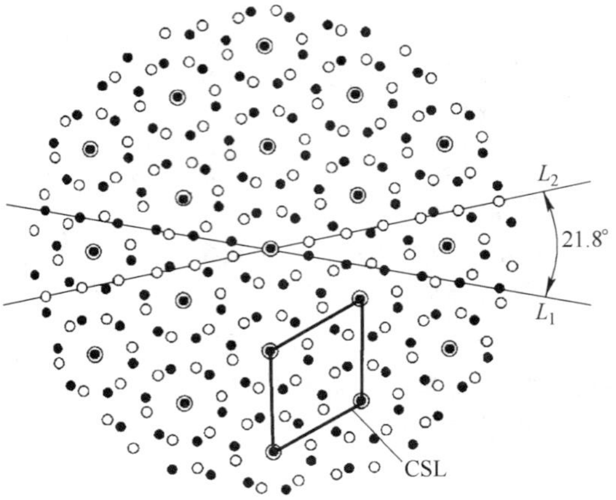

图 4-195 fcc 的 $\Sigma=7(111)[111]/21.8°$扭转晶界的原子排列
（●和○分别表示晶界两侧的原子）

$y=1$。扭转角是多大？Σ 等于多少？画出这一晶界面两侧的阵点分布（注意：只要是立方系都是符合上述关系的）。

4-21 简单立方点阵的点阵常数为 1，两晶粒的取向差是绕［001］轴转动 8.185°，给出 O 点阵的基矢。若晶界面是（001）面，给出晶界上位错的间距。

4-22 两个简单立方晶粒的点阵常数是 0.25nm，它们之间的取向差是绕［001］轴转动 2°。（1）如果晶界是扭转晶界晶界面是什么面？（2）这是 $\Sigma=?$ 的晶界，是奇异晶界还是邻位晶界？（3）CSL、DSC 点阵和 O-点阵的基矢是什么？（4）如果晶界含位错，位错的柏氏矢量是什么？位错线如何布置？如果位错在晶界均匀分布，位错的间距是多大？（5）如果晶界是对称倾转晶界，晶界面可能是什么面？它们中的晶界位错间距是多大？（6）如果界面上的位错距离减小到不可能分辨出单个位错（例如，位错距离约为 4 个柏氏矢量长度的距离），这时晶界两侧的取向差角为多大？

4-23 图 4-196 所示为面心立方结构（$1\bar{1}0$）面的投影图，其中含有一个共格孪晶界。（1）画出重合位置点阵（CSL）。（2）这个晶界的 Σ 是多少？（3）画出 DSCL。（4）最短的两个 DSC 矢量是什么？

4-24 DSC 点阵是如何定义的，它对分析晶界的几何结构有什么意义？设立方晶系的点阵常数 $a=1$，有两种晶界取向：［100］/36.9°，$\Sigma=9$ 以及［100］/0°，$\Sigma=1$，它们的 DSC 点阵基矢分别是<012>/5 和<001>。在过重合点阵密排面的对称倾转晶界插入一组间距 $D=20a$ 柏氏矢量为 DSC 点阵基矢的界面位错，问这两种晶界的取向差是多少？

4-25 图 4-197 所示为简单立方纯扭转晶界两侧原子的投影图，晶界面是（001）面。（1）取向差角 θ 为多大？（2）在图中示意画出并计算 O 点阵的基矢（设点阵常数 $a=1$）。

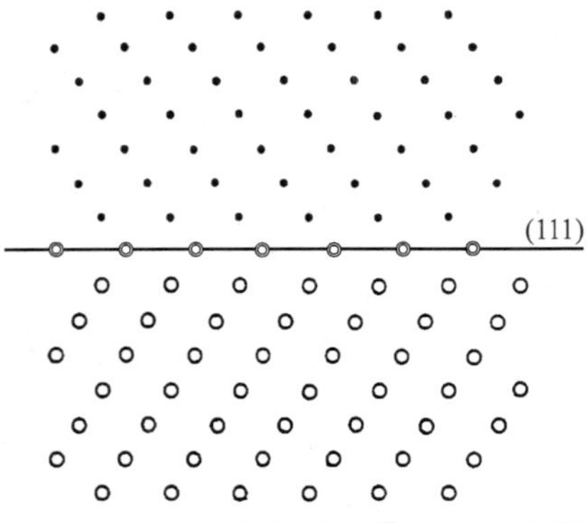

图 4-196 面心立方结构（$1\bar{1}0$）面的投影图

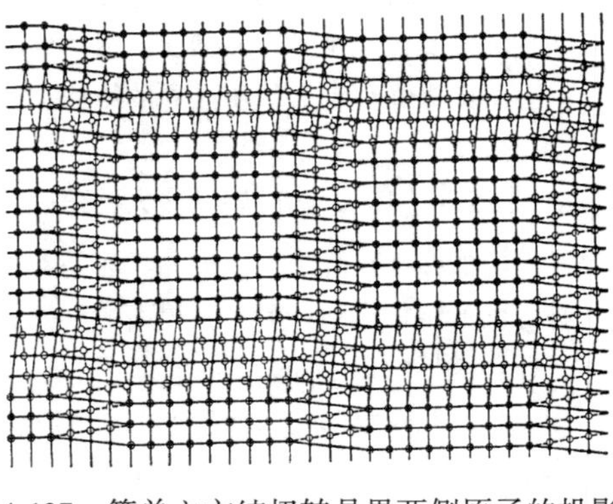

图 4-197 简单立方纯扭转晶界两侧原子的投影图

4-26　图 4-198 表示 fcc 点阵中扭转晶界的 4 种情况。观察面是（110）面，黑粗线表示晶界面。（1）图 4-198a 中的晶界是什么晶界，晶界面是什么？（2）图 4-198c、d 是图 4-198a 中晶界的邻位界面，它们各含线缺陷（不包括一次位错），定出这些线缺陷的特征矢量。

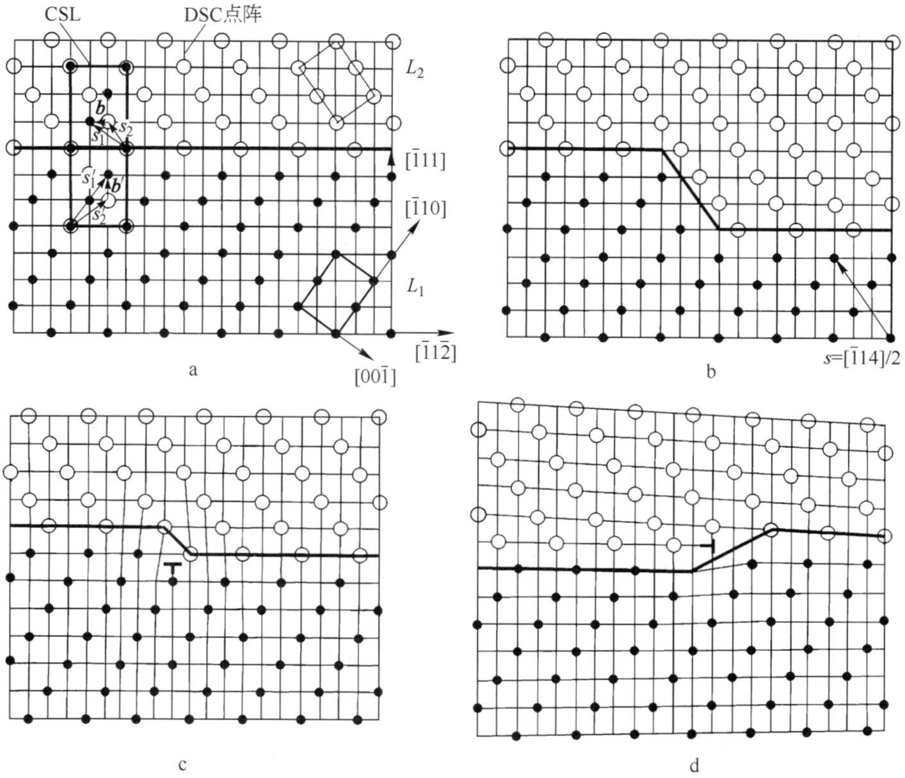

图 4-198　fcc 点阵中的扭转晶界

4-27　Ti-Cr 合金在 β 相（bcc 结构）析出 α 相（hcp 结构），两相的点阵常数是 $a^{\beta}=0.325\text{nm}$，$a^{\alpha}=0.29564\text{nm}$，$c^{\alpha}=0.46928\text{nm}$。在界面有取向关系：$(0001)_{\alpha}\parallel(0\bar{1}1)_{\beta}$，$[11\bar{2}0]_{\alpha}\parallel[111]_{\beta}$。求点阵不变线。

4-28　硫在 α-铁中发生晶界偏析，测得在 700℃ 和 550℃ 下硫在晶界的富化率（x_B/x_0）分别是 7170 和 15700。估算硫原子在 α-铁晶界中与铁的键合能（答案以 kJ/mol 及 eV/at 表示）。

4-29　如果 Bi 在多晶 Cu 晶界中的含量降低到饱和浓度的 1/3 就可以消除 Cu 的脆性，要加热到什么温度淬火才能消除其脆性（有关数据参阅例题 4-15）？

4-30　一根很细的铜丝，一个大角度晶界贯穿其截面，晶界和铜丝轴成 25°，如图 4-199 所示。经高温退火后，晶界发生什么变化？这种变化的驱动力随界面与丝轴的夹角 θ 如何变化？若上述的晶界是孪晶界，退火时会发生什么变化，为什么？

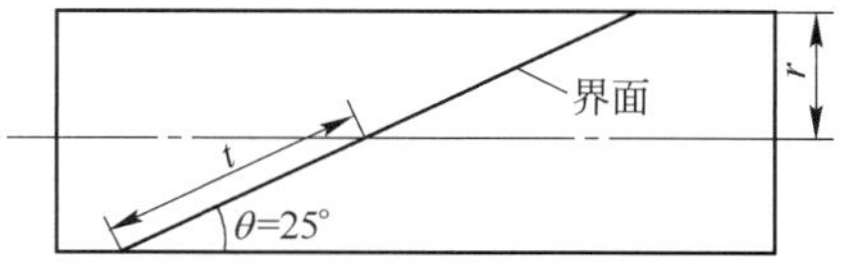

图 4-199　一个贯穿铜丝截面的大角度晶界

4-31　在 bcc 与 hcp 晶体间有 Burgers 取向关系：$(0001)_{hcp}\parallel(0\bar{1}1)_{bcc}$，$[11\bar{2}0]_{hcp}\parallel[111]_{bcc}$，其中有一界面如图 4-200 所示。界面间以 bcc 为参考点阵，定出界面上的线缺陷的特征矢量。

4-32　在一块薄晶体片中有一垂直薄片面的半径为 R_0 的圆柱晶粒（如图 4-201 所示），晶界能为 γ_b，晶

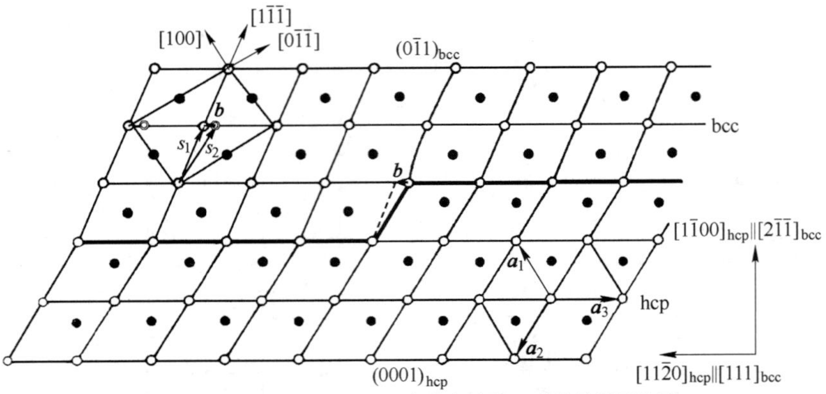

图 4-200 bcc 与 hcp 晶体之间的一个相界面

界的迁移率为 M_b。（1）这个晶粒是否稳定？为什么？（2）导出晶界半径随时间变化的函数；（3）如果要消失，求圆柱晶粒消失的时间 t。

4-33 图 4-202 所示为一个由平行的等距离小角度晶界分隔的竹节形结构的多晶体，横截面面积为 a，晶界宽度为 δ，各晶界的取向差均为 θ_0。（1）这些晶界能否合并？（2）计算晶界迁移的驱动力？（3）确定晶粒长大停止的时刻？（4）设 $\theta_0 = 0.6°$（0.001 弧度）找出在此条件下晶粒尺寸？

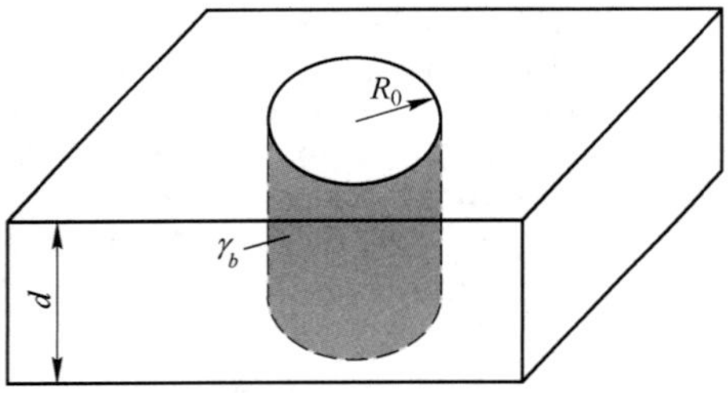

图 4-201 薄晶体片中有一垂直薄片面的半径为 R_0 的圆柱晶粒

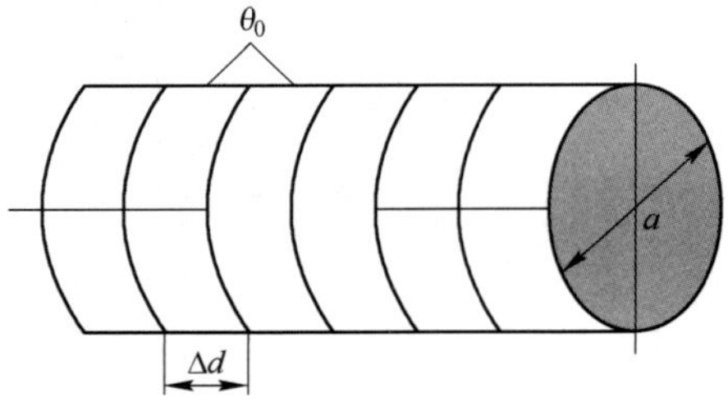

图 4-202 由平行的等距离小角度晶界分隔的竹节形结构的多晶体

4-34 图 4-203 是 Zr 多晶体的显微组织照片，放大倍数是 350 倍。Zr 的晶界能 $\gamma_{\gamma\beta} = 1J/m^2$，根据体视学的公式：$S_V = 2P_L$（$S_V$是单位体积中的界面积，$P_L$是在随机界面上的单位长度随机直线与界面相截的点数），试估算此 Zr 多晶体单位体积含的总界面能。

4-35 图 4-204 显示了 $x(Al) = 40\%$的 Ag-Al 合金细丝多晶体表面的沟槽。（1）测量箭头所指的沟槽的二面角。（2）该合金的 $\gamma_b/\gamma_{s/v}$是多少？（3）在 748K 的表面能等于 2190mJ/m^2，在此温度下的晶界能是多少？

4-36 在 α 相中含第二相 β，它在晶粒内为球状，在界面上为双球冠状。设有两种情况：（1）β 与 α 的润湿二面角 2θ 为 120°；（2）β 与 α 的润湿二面角 2θ 为 0°。在这两种情况下，β 处在晶界上稳定还是在晶粒内稳定？已知双球冠体积为 $2\{\pi R^3[(2-3\cos\theta+\cos^3\theta)/3]\}$；双球冠的表面积为 $2[2\pi R^2(1-\cos\theta)]$，其中 R 是球冠的曲率半径。

4-37 将某金属在 Al_2O_3板表面上加热熔化。（1）若 Al_2O_3的比表面能为 1J/cm^2，熔融金属的比表面能和 Al_2O_3相同，熔体与 Al_2O_3间的相界面能为 0.3J/cm^2，它们间的润湿二面角是多大？（2）若熔体的比表面能仅是 Al_2O_3的一半，而熔体与 Al_2O_3间的相界面能是其表面能的两倍，估计润湿二面

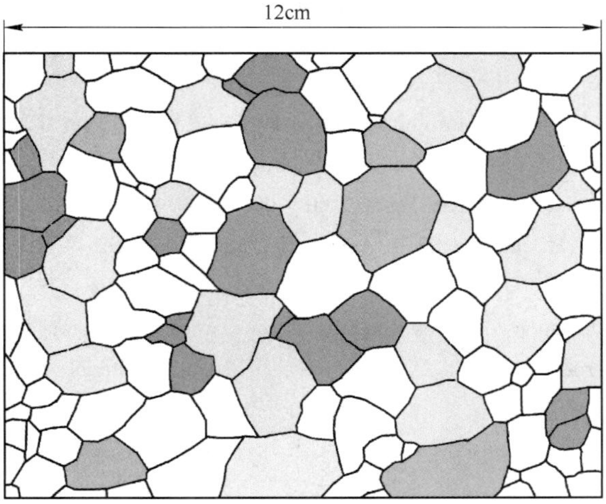

图 4-203　Zr 多晶体的显微组织照片

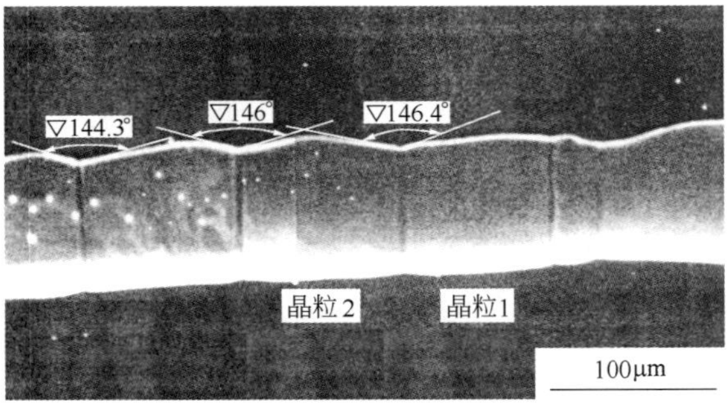

图 4-204　$x(Al)=40\%$的 Ag-Al 合金细丝多晶体表面的沟槽

角。(3) 在第 (1) 问所给的条件下，用 30%金属与 Al_2O_3粉末混合并在金属熔点温度以上烧结制造陶瓷，示意画出烧结后的组织。

参 考 文 献

[1] Bollmann W. Crystal lattices, interfaces, matrices: an extension of crystallography[M]. Berlin, et al.: Springer, 1982.

[2] Sutton A P, Balluffi R W. Interfaces in crystalline materials[M]. Oxford: Oxford University Press, 1995.

[3] James M Howe. Interfaces in materials: atomic structure, thermodynamics and kinetics of solid-vapor, solid-liquid and solid-solid interfaces[M]. New York: John Wiley & Sons, 1997.

[4] Balluffi R W, Allen S M, Carter W C. Kinetics of Materials[M]. Hoboken, New Jersey: John Wiley & Sons, 2005.

[5] Tschopp M A, Spearot D E, Mcdowell D L. Influence of Grain Boundary Structure on Dislocation Nucleation in FCC Metals, in Dislocation in Solids (Vol. 14) [M]. Netherlands: Elsevier Science Publishing Company, 2008.

[6] Humphreys F J, Hatherly M. Recrystallization and Related Annealing Phenomena [M]. 2nd ed. New York, et al: Elsevier Ltd, 2004.

[7] Gottstein G, Shvindlerman L S. Grain Boundary Migration in Metals: Thermodynamics, Kinetics,

Applications[M]. 2nd ed. CRC Press, London: Taylor & Francis Group LLC, 2010.

[8] Gerold V. Structure of Solids. Materials Science and Technology (Vol. 1) [M]. New York, et al: Wiley-VCH, 1993.

[9] Allen S M, Thomas E L. The Structure of Materials[M]. New York: John Wiley & Sons, 1999.

[10] Randle V. Scr Mater, 2006; 54: 1011.

[11] Gertsman V Y, Bruemmer S M. Acta Mater. 2001; 49: 1589.

[12] Rohrer G S, Saylor D M, Dasher B E, Adams B L, Rollett A D, Wynblatt P. J Mater Res, 2004; 95: 197.

[13] Zhang Wenzheng. Calculation of interfacial dislocation structures: rerisit to the o-lattice theory [J]. Metallurgical and Material Transaction A, The Minerals, Metals & Materials Society and ASM International, 2013.

[14] Saylor D M, Dasher B E, Adams B L, Rohrer G S, . Metall Mater Trans, 2004; A 35: 1981.

索　引

背散射电子衍射(Electron Back-scatter Diffraction, EBSD)　135,137,138,522,523,527
鲍林规则(Pauling's Rules)　211
保守移动(Conservative Motion)　282,297,336
表面能(Surface Energy)　388,463,502,521,533
柏氏回路(Burgers Circuit)　263,422,443
柏氏矢量(Burgers Vector)　263,282,330
不完整性(Imperfection)　238

C

磁性转变(Magnetic Transformation)　182
层错,堆垛层错(Fault,Stacking Fault)　330,350,353
　内禀层错(Intrinsic Fault)　330
　外延层错(Extrinsic Fault)　332
　复杂堆垛层错(Complex Stacking Fault,CSF)　365
层错能(Stacking Fault Energy)　332
层错四面体(Stacking Fault Tetrahedron)　347
层错矢量(Fault Vector)　330
超点阵(Superlattice)　210,363,365
超位错(Super-Dislocation)　270,359,362,368
超部分位错(Super-Partial Dislocation)　360
弛豫(Relaxation)　244,401,433,462,469,507,520
初基平移矢量,初基矢量,基矢(Primitive Translation Vector)　4
初基胞,初基格子(Primitive Cell)　5
　复式初基格子(Multiple-Primitive Cell)　5
长周期超结构(Long-period Superlattice)　205, 208,209

D

倒易空间(Reciprocal Space)　55
倒易点阵(Reciprocal Lattice)　55,210,450
等同点(Equivalent Point)　13,23,102
点阵(Lattice)　3
　空间点阵(Space Lattice)　4,30,99
　布拉维点阵(Bravais Lattice)　30,37,107
点阵平移矢量(Lattice Translation Vector)　4
点阵常数(Lattice Parameter)　32,194
点缺陷(Point Imperfection)　238
　禀性点缺陷(Intrinsic Point Defect)　238,248
　非禀性点缺陷(Extrinsic Point Defect)　238
　肖脱基缺陷(Schottky Defect)　248
　弗兰克尔缺陷(Frenkel Defect)　238,247,256
电负性(Electronegativity)　155,162,188
电子浓度,价电子浓度(Electron Concentration) 188,190,198
电子背散射衍射(Electron Backscatter Diffraction, EBSD)　135
多形性(Polymorphism)　182
　多形性转变(Polymorphic Transformation)　182
多晶体(Polycrystal)　2,107,113
多面体单元模型(Polyhedral Unit Models)　454
对称性(Symmetry)　1,3
对称变换,操作(Symmetry Translation ,Operation)　7
　主动操作(Active Operation)　7
　被动操作(Passive Operation)　7
　点对称操作(Point Symmetry Operation)　7,14
　恒等操作(Identity)　14
　旋转操作(Rotation Operation)　14
对称元素(Symmetry Elements)　14
　旋转轴(Rotation Axes)　14
　　二次轴(Two-fold Axes,Diad)　14
　　三次轴(Three-fold Axes,Triad)　16
　　四次轴(Four-fold Axes,Tetrad)　16
　　六次轴(Six-fold Axes,Hexad)　17
　螺旋轴(Screw Axes)　26
　平面反映,镜像反映(Reflection Across a Plane) 17
　滑移面(Glide Plane)　27
　　轴向滑移(Axial Glide)　27
　　对角线滑移(Diagonal Glide)　27
　　金刚石滑移(Diamond Glide)　27

对称群(Symmetry Group) 13,77
对形关系(Enantiomorphic Relation) 18

F

反常屈服应力(Yield Stress Anomaly,YSA) 365
反相畴(Antiphase Domain) 205
反相畴界(Antiphase Boundary,APB) 205,360
反演、对称中心(Inversion,Centre of Symmetry) 18
旋转反演,非真旋转(Rotation-Inversion,Improper Rotation) 19,80
非保守移动(Non-Conservative Motion) 282,297,336
封闭性(Closure) 31,78
费伽(Vegard)定律(Vegard's Law) 194
辐照损伤(Radiation Damage) 256

G

各向异性(Anisotropy) 3,281,357,391,471,527
国际符号(International Notation) 14,21,80,96
割阶(Jog) 301,314,345,373,484
固溶体(Solid Solution) 187
端际固溶体(Terminal Solid Solution) 188
初次固溶体(Primary Solid Solution) 188
置换固溶体(Substitutional Solid Solution) 188
填隙固溶体(Interstitial Solid Solution) 188,192
构型熵(Configurational Entropy) 239,250
硅酸盐(Silicate) 147,225
链状硅酸盐(Chain Silicates) 225
层状硅酸盐(Phyllosilicates) 225
岛状硅酸盐(Island Silicates) 225

H

黑格相(Hägg Phases) 177
化合物(Compounds) 146,187
间隙化合物(Interstitial Compounds) 197
电子化合物,电子相(Electron Compounds,Electron Phase) 195,197
尺寸因素化合物(Size-Factor Compounds) 199
金属间化合物(Intermetallic Compounds) 163
滑动(Glissile) 260,297
滑动面(Glide Plane) 264
共格位错(Coherency Dislocation) 505
反共格位错(Anticoherency Dislocation) 507
交滑移(Cross Slip) 300,340,365
双交滑移(Double Cross Slip) 300,322
滑移系(Slip System) 343
滑移面(Slip Plane) 264,282
滑移方向(Slip Direction) 282,330
滑移线(Slip Lines) 297
滑移带(Slip Bands) 297,321

J

交互作用参数(Interaction Parameter) 351,407
极射赤面投影(Sterographic Projection) 65,69,93
迹点(Trace Point) 68
极点(Poles) 69
经线(Longitude) 69,71
纬线(Latitude) 69,71
赤道平面(Equator Plane) 69
标准投影图(Standard Projection) 73
极网(Pole Net) 71
极图(Pole Figures) 75,112,135
反极图(Inverse Pole Figures) 112,124,137,522
结构基元(Motif) 1,3,6
结构符号(Structure Symbol) 147
结构单元模型(Structural Unit Models) 455,463
间隙(Interstice) 149
四面体间隙(Tetrahedral Interstice) 150,192,197,214,223
八面体间隙(Octahedral Interstice) 149,192,197,223
间隙位置(Interstitial Positions) 149,197
晶带(Zone) 51,55,62,72
界面(Interfaces) 387
邻位界面(Vicinal) 387,399,432,447
奇异界面(Singular Interfaces) 387,396,399,432,471
一般界面(General Interfaces) 387
漫散界面(Diffuse Interfaces) 387,400,479
共格界面(Coherent Interfaces) 400,410,440,462,505,521
半共格界面(Semicoherent Interfaces) 409,507,520
非共格界面(Incoherent Interfaces) 399,410,

521,535
界面能(Interfacial Energy) 387,396
界面迁移(Interface Migration) 475,478,482,496
晶界(Grain Boundaries) 136,413
小角度晶界(Low Angle Grain Boundaries,LAGB) 413,416,429,431
大角度晶界(High Angle Grain Boundaries,HAGB) 413,463,488,494
倾转晶界(Tilt Boundary) 416
对称倾转晶界(Symmetrical Tilt Grain Boundary,STGB) 416,427,429,454,465,470,487
非对称倾转晶界(Asymmetrical Tilt Grain Boundary,STGB) 416,454,460,464,528
扭转晶界(Twist Boundary,TWGB) 416,418,420,427,447,452,485,490,528
晶界迁移率(Grain Boundary Mobility) 476,485,488,496
晶界特征分布(CBCD) 527
晶粒长大(Grain Growth) 491,537
晶体(Crystal) 1
金属晶体(Metal Crystal) 156,192,246,256
离子晶体(Ionic Crystal) 147,149,154,157,210,223,372
共价晶体(Covalent Crystal) 154,368
晶体学(Crystallography) 1
晶体几何学(Geometrical Crystallography) 1
晶体结构学(Crystallogy) 1
晶体生成学(Crystallogeny) 1
晶体物理学(Crystallophysics) 1
晶体化学(Crystallochemistry) 1
晶体学点群(Crystallographic Point Group) 77,92,102,106
晶体结构(Crystal Structure) 3
金刚石结构(Diamond Structure) 155,174,226,368
氧化物结构(Oxide Structure) 215,223
岩盐结构(Rock Structure) 215
纤维锌矿结构(Wurtzite Structure) 217
闪锌矿结构(Zinc Blende Structure) 216
尖晶石结构(Spinel Structure) 219
α-Al_2O_3 结构(Corundum Structure) 220
金红石结构(Rutile Structure) 217
萤石结构(Fluorite Structure) 218
钙钛矿结构(Perovskite Structure) 221
钛铁矿结构(Ilmenite Structure) 222
氯化铯结构(Cesium Chloride Structure) 222
骨架结构(Framework Structure) 225
晶系(Crystal Systems) 7,30
三斜晶系(Triclinic System) 32,37,39,45,80,104,108,148
单斜晶系(Monoclinic System) 32,39,59,61,64,80,81,100
正交晶系,斜方晶系(Orthogonal System) 32,33,37,40,64,75,80,82,97
四方晶系,正方晶系(Tetragonal System) 34,39,40,65,83,92,148
立方晶系(Cubic System) 34,37,41,65,80,89,120,128,343,434
六方晶系(Hexagonal System) 32,36,37,39,41,42,51,65,67,75,80,87,109,121,179
菱形晶系(Rhombohedral System) 36,42
晶面族(Form of Plane) 47
镜面(Mirror Plane) 13,17,22
晶态(Crystalline) 1,80
均匀性(Homogeneity) 3
矩阵(Matrix) 7
变换矩阵(Transformation Matrix) 8,11,79

K

Kronberg-Wilson 晶界(Kronberg-Wilson Boundaries) 489
开尔文十四面体(Kelvin Tetrakaidecahedron) 526
空间变换(Space Translation) 6
空位(Vacancies) 196,238,243
双空位(Divacancies) 238,246
空位浓度(Vacancy Concentration) 239,240,242,248,288,484,493
空位形成焓(Vacancy Formation Enthalpy) 239,243
空位形成熵(Vacancy Formation Entropy) 243,244

L

拉姆伯格规则(Ramberg's Rule) 211
Langmuir-McLean 关系(Langmuir-McLean Relation-

ship） 406
莱夫斯 Laves 相（Laves Phase） 200
离子半径（Ionic Radius） 155，157，211
临界分切应力（Critical Resolved Shear Stress，CRSS） 260
连续统（Continuum） 263，515
罗德里格斯-弗兰克空间（Rodrigues-Frank（R-F）Space） 91
  罗德里格斯矢量基础区（Fundamental Zone of the R Map） 98
  罗德里格斯矢量（Rodrigues Vector） 97，101
孪生（Twining） 333，354，496

M

毛细管力（Capillary force） 480，489，500
密度（Density） 113，150
  体密度（Volumetric Density，ρ_V） 150
  面密度（Planar Density，ρ_P） 150
  线密度（Linear Density，ρ_L） 150
密勒指数（Miller Indices） 47

N

纳米碳管（Carbon Nano Tube） 175
凝聚态（Condensed State） 146

O

欧拉角，欧拉空间（Euler Angle Euler Space） 118，132

P

佩尔森符号（Pearson Symbol） 148
皮奇-凯勒方程（Peach-Koehler Equation） 283，289
派-纳（P-N）能（Peierls-Nabarro Energy） 304
派-纳（P-N）应力（Peierls-Nabarro Stress） 304
坪台-台阶-扭折模型（Terrace- Ledge- Kink Model） 399
偏析（Segregation） 376，380，403，407
  平衡偏析（Equilibrium Segregation） 406，467
  非平衡偏析（Nonequilibrium Segregation） 474
  晶界偏析（Grain-Boundary Segregation） 467
  表面偏析（Surface Segregation） 403，473
彭罗斯拼图（Penrose Tiling，PT） 227
配位数（Coordination Number） 147，151，154，156，160，212
配位多面体（Coordination Polyhedra） 151，211
攀移（Climb） 282，289，312，314，325，342，479

Q

取向分布函数（Orientation Distribution Functions，ODF） 121
取向差分布函数（Misorientation Distribution Functions，MODF） 129
取向连接性（Orientation Connectivity） 530
取向关系（Orientation Relationship） 107，123，126，422，489，506，514，527，534
驱动力（Driving Forces） 476，538
气团（Atmosphere） 376
  科垂尔气团（Cottrell Atmosphere） 376
  史诺克气团（Snoek Atmosphere） 379
  铃木气团（Suzuki Atmosphere） 379
群（Group） 7
  空间群（Space Group） 96
  晶体学点群（Crystallographic Point Group） 77
  点式空间群（Symmorphic Space Group） 97，99
  非点式空间群（Nonsymmorphic Space Group） 99
迁移率（Mobility） 476，485，486，489

R

9R 相（9R-Phase） 461
RH/FS 规则（RH/FS Convention） 264，420
Read-Shockley 方程（Read-Shockley Equation） 429
溶体（Solutions） 187
溶解（Dissolution） 187
溶解度（Solubility） 187

S

Strukturbericht 符号（Strukturbericht Symbols） 147
熵（Entropy） 182
  摩尔熵（Molar Entropy） 182
  构型熵（Configurational Entropy） 239，250
  混合熵（Mixing Entropy） 239
适配（Matching） 418，431，509，519
失配（Misfit） 374，387，409
  失配参数（Misfit Parameter） 374
  失配位错（Misfit Dislocation） 409，453，508，519
石英（Quartz） 2

受主(Acceptor)　175
施主(Donor)　175
渗透力(Osmotic Force)　287
渗碳体(Cementite)　198
生殖元素(Generating Element)　79,92

T

汤普逊四面体(Thompson's Tetrahedron)　334
弹性(Elastic)　188,260,270
弹性应变能(Elastic Strain Energy)　246,270,273,277,434,507
同素异构,多形性(Allotropy)　182,184
同素异构转变(Allotropic Transformations)　156,182
同宇(Congruent)　17
脱溶,沉淀(Precipitation)　483,505
拓扑密堆相(Topologically Close-Packed Phase)　152,199
团簇,丛簇(Clusters)　193,248,533
退化结构(Degenerate Structures)　204

W

弯结(Kink)　301,309,367
完整图形平移点阵,DSCL(Displacement Shift Complete Lattice)　414,441
微晶(Crystallite)　1
位错(Dislocation)　259,261
　全位错(Perfect Dislocation)　330
　刃型位错(Edge Dislocation)　259,261
　螺型位错(Screw Dislocation)　259,261
　混合型位错(Mixed Dislocation)　262
　部分位错或不全位错(Partial Dislocation)　307,330,335
　肖克莱部分位错(Shockley Partial Dislocation)　336
　弗兰克部分位错(Frank Partial Dislocation)　336
　分位错(Fractional Dislocation)　356
　扩展位错(Expanded Dislocation)　337,340
　压杆部分位错,压杆位错(Stair-rod Partial Disloca tion)　341
　Lomer-Cottrell 位错(Lomer-Cottrell Dislocation)　341,343
　超位错(Super-Dislocation)　270,359,362
　林位错(Forest Dislocation)　306
　超部分位错(Super- Partial Dislocation)　359
　晶界位错(Grain Boundary Dislocation)　416,420,425,441,447,452,476,482,496
　　二次位错(Secondary Dislocation)　431,441,445,447,453,458,464
位错芯(Dislocation Core)　273,275,279,304,307,430
位错网络(Dislocation Network)　266,324,346,419,427,446,452,485,512
位错环(Dislocation Loop)　265,285,301,314,320,321,325,327,352
　棱柱位错环(Prismatic Dislocation Loop)　347,352
位错偶极子(Dislocation Dipole)　295,317
位错密度(Dislocation Density)　267,319,423
位错的弹性能(Elastic Energy of Dislocation)　277
位错线张力(Tension of Dislocation)　286,301,322
位错增值(Multiplication of Dislocation)　321
位错源(Dislocation Source)　317,321,482
　弗兰克-瑞德位错源(Frank-Read Source)　321
　B-H 位错源(Bardeen-Herring Source)　325
位错塞积群(Dislocation Pile-up Group)　327
位错螺线(Helical Dislocation)　315,321
位错交截(Intersection of dislocation)　300
位错宽度(Width of Dislocation)　305,307,347
位错墙(Dislocation Wall)　291,427
沃特拉过程(Volterra Process)　258,260,278,297
沃特拉位错(Volterra Dislocation)　259,264
乌尔夫平面(Wulff Planes)　391
乌尔夫图(Wulff Plot)　391
吴氏网(Wulff Net)　71

X

熊夫利斯符号(Schoenflies Notation)　14,21,95,101,104
吸附(Absorption)　403,404
　物理吸附(Physisorption)　404
　化学吸附(Chemisorption)　404
西格马(σ)相(σ Phase)　199,203
西山-魏瑟曼关系(Nishiyama-Wassermann Relationships,N-W Relationships)　514,516,519
线缺陷(Line Imperfection)　238,258,587,410,441,482,517,543
向错(Dislination)　259,417

选区电子衍射(Selected area electron diffraction, SAD)　135
休姆-罗瑟里规则(Hume-Rothery Rules)　188
　尺寸因素(Size Factor)　188
　电负性效应(Electronegativity Effect)　189
　价电子浓度(Valency Electron Concentration)　190
　相对价效应(Relative Valency Effect)　190

Y

亚稳相(Metastable Phase)　231
哑铃结构(Dumbbell Split Configuration)　246
衍生结构(Derivative Structures)　204
液晶(Liquid-crystal)　2,260
映像力(Image Force)　293,321
应力张量(Stress Tensor)　271
应变张量(Strain Tensor)　271
有序化(Ordering)　204
　短程有序(Shot-Range Ordering)　183,193
有序固溶体,超结构(Ordered Solid Solution, Super Lattice)　204
有序参数(Order Parameter)　209
　长程有序参数(Long-Range Order Parameter)　209
　短程有序参数(Shot-Range Order Parameter)　209
原子半径(Atomic Radius)　155
原子结构体积(Volume of Structure per Atom)　157

Z

轧制方向(RD,Rolling Direction)　108,113
Zener 钉扎(Zener Pinning)　499
择尤取向(Preferred Orientations)　117,120,411
　择尤取向分布(Preferred Orientation Distribution)　107
织构(Texture)　107
　微观织构,微观取向分布(Microtexture)　107,129,135
　宏观织构(Macrotextures)　107,135,527
　介观织构(Mesotextures)　136,527
自间隙原子(Self-Interstitial)　238,241,244,246,257,314,337,485
自力(Self-Forces)　286
正规点系(RPS,Regular Point System)　79,96
正电子湮没谱(Positron Annihilation Spectrum)　242
致密度,空间填充效率(Efficiency of Space Filling)　150,164
准晶(Quasicrystal)　227,231
准周期(Quasiperiodic)　227,230,387
中间相(Intermediate Phases)　187,190,196
阻塞(Lock)　291,341
　L-C 阻塞(L-C Lock)　342,366
　赫思阻塞(Hirth Lock)　343
　K-W 阻塞(Kear-Wilsdorf Lock)　366

冶金工业出版社部分图书推荐

书　名	作　者	定价(元)
合金相与相变(第2版)	肖纪美	37.00
金属学原理习题解答	余永宁	25.00
金属材料学(第3版)	强文江	66.00
金属材料学	颜国君	45.00
金相实验技术(第2版)	王　岚	32.00
物理化学(第4版)	王淑兰	45.00
冶金物理化学	张家芸	39.00
冶金物理化学研究方法(第4版)	王常珍	69.00
冶金与材料热力学	李文超	70.00
冶金与材料近代物理化学研究方法(上册)	李文超	56.00
冶金与材料近代物理化学研究方法(下册)	李文超	69.00
冶金热力学	翟玉春	55.00
冶金动力学	翟玉春	36.00
冶金电化学	翟玉春	47.00
冶金工程实验技术	陈伟庆	39.00
轧制工程学(第2版)	康永林	46.00
钢铁冶金原理(第4版)	黄希祜	82.00
钢铁冶金学教程	包燕平	49.00
材料科学与工程实验指导书	李维娟	20.00
金属材料凝固原理与技术	沙明红	25.00
电磁冶金学	亢淑梅	28.00
特种熔炼	薛正良	35.00
相图分析及应用	陈树江	20.00
稀土金属材料	唐定骧	140.00
高纯金属材料	郭学益	69.00
软磁合金及相关物理专题研究	何开元	79.00
有色冶金原理(第2版)	傅崇说	35.00
稀有金属冶金学	李洪桂	34.80
炼钢工艺及设备	郑金星	49.00
炼铁工艺及设备	郑金星	49.00
冶金专业英语(第2版)	侯向东	36.00
金属学及热处理	范培耕	38.00